U0319818

张寿荣　院士

1949 年北洋大学毕业照

张寿荣院士与夫人张好学结婚照

20 世纪 60 年代工作照

1979 年欢送武钢同事支援宝钢

20 世纪 80 年代武钢领导接待宋任穷

1985 年和刘玠一起接待万里视察武钢

20 世纪 80 年代和黄墨滨、刘淇研究工作

2009 年与刘本仁一起向参加“武钢院士行”
活动的院士们介绍武钢科技工作

20 世纪 70 年代在湖北省金属学会炼铁烧结学术交流会上作学术报告

2006 年在日本参加国际会议

2007 年和中国金属学会代表团在欧洲考察交流

2008 年参观 POSCO 并会见郑俊阳会长

1997 年当选为墨西哥工程院院士

2009 年魏寿昆先生为张寿荣院士颁发首届“魏寿昆冶金奖”

2013 年参加“湛江钢铁院士行”活动

80 岁高龄在工作人员搀扶下参观矿山

2010 年和部分博士合影

张寿荣院士主编的三部技术著作

中国工程院 院士文集

Collections from Members of the Chinese Academy of Engineering

張壽荣文集

A Collection from Zhang Shourong

本书编委会 编

北京
冶金工业出版社
2017

内 容 提 要

本书收录了中国工程院张寿荣院士及其团队自1951年至今所撰写的部分中英文学术论文及报告共88篇，从炼铁技术进步、钢铁工业战略思考、科技管理和继续工程教育等方面进行归纳汇编。这些文章既是张寿荣院士科学实验和生产实践成果的总结，也是几十年来武钢技术进步的一个缩影，反映了我国钢铁工业从小到大、逐步走向钢铁强国的历史进程。

本书可供冶金领域的科研、生产技术及管理人员，以及高等院校相关学科的师生阅读和参考。

图书在版编目(CIP)数据

张寿荣文集/《张寿荣文集》编委会编．—北京：冶金工业出版社，2017.7

(中国工程院院士文集)

ISBN 978-7-5024-7450-8

Ⅰ.①张…　Ⅱ.①张…　Ⅲ.①冶金工业—文集　Ⅳ.①TF-53

中国版本图书馆CIP数据核字(2017)第029031号

出 版 人　谭学余

地　　址　北京市东城区嵩祝院北巷39号　邮编　100009　电话　(010)64027926

网　　址　www.cnmip.com.cn　电子信箱　yjcbs@cnmip.com.cn

策　　划　任静波　责任编辑　曾　媛　美术编辑　彭子赫

版式设计　孙跃红　责任校对　石　静　责任印制　牛晓波

ISBN 978-7-5024-7450-8

冶金工业出版社出版发行；各地新华书店经销；固安华明印业有限公司印刷

2017年7月第1版，2017年7月第1次印刷

787mm×1092mm　1/16；46.75印张；4彩页；1084千字；733页

280.00元

冶金工业出版社　投稿电话　(010)64027932　投稿信箱　tougao@cnmip.com.cn

冶金工业出版社营销中心　电话　(010)64044283　传真　(010)64027893

冶金书店　地址　北京市东四西大街46号(100010)　电话　(010)65289081(兼传真)

冶金工业出版社天猫旗舰店　yjgycbs.tmall.com

(本书如有印装质量问题，本社营销中心负责退换)

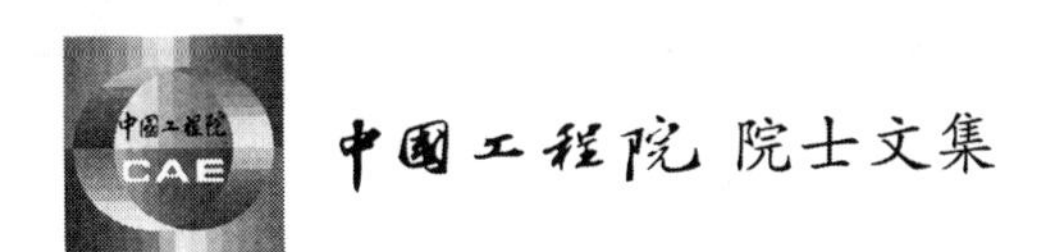

《张寿荣文集》编委会

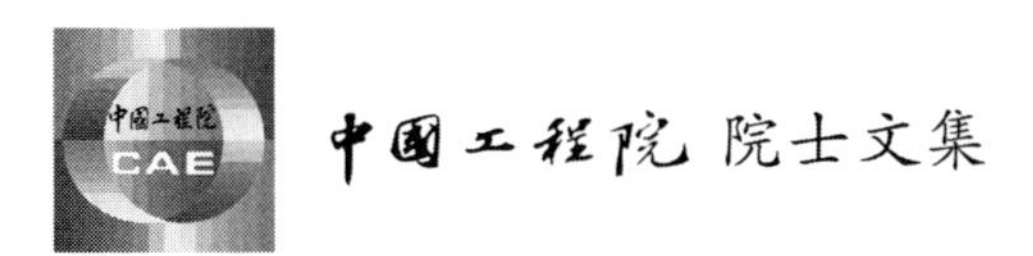

《中国工程院院士文集》总序

2012年暮秋，中国工程院开始组织并陆续出版《中国工程院院士文集》系列丛书。《中国工程院院士文集》收录了院士的传略、学术论著、中外论文及其目录、讲话文稿与科普作品等。其中，既有院士们早年初涉工程科技领域的学术论文，亦有其成为学科领军人物后，学术观点日趋成熟的思想硕果。卷卷文集在手，众多院士数十载辛勤耕耘的学术人生跃然纸上，透过严谨的工程科技论文，院士笑谈宏论的生动形象历历在目。

中国工程院是中国工程科学技术界的最高荣誉性、咨询性学术机构，由院士组成，致力于促进工程科学技术事业的发展。作为工程科学技术方面的领军人物，院士们在各自的研究领域具有极高的学术造诣，为我国工程科技事业发展做出了重大的、创造性的成就和贡献。《中国工程院院士文集》既是院士们一生事业成果的凝炼，也是他们高尚人格情操的写照。工程院出版史上能够留下这样丰富深刻的一笔，余有荣焉。

我向来认为，为中国工程院院士们组织出版院士文集之意义，贵在“真、善、美”三字。他们脚踏实地，放眼未来，自朴实的工程技术升华至引领学术前沿的至高境界，此谓其“真”；他们热爱祖国，提携后进，具有坚定的理想信念和高尚的人格魅力，此谓其“善”；他们治学严谨，著作等身，求真务实，科学创新，此谓其“美”。《中国工程院院士文集》集真、善、美于一体，辩而不华，质而不俚，既有“居高声自远”之澹泊意蕴，又有“大济于苍生”之战略胸怀，斯人斯事，斯情斯志，令人阅后难忘。

读一本文集，犹如阅读一段院士的“攀登”高峰的人生。让我们翻开《中国工程院院士文集》，进入院士们的学术世界。愿后之览者，亦有感于斯文，体味院士们的学术历程。

2012年7月

前　言

张寿荣院士是我国著名的钢铁冶金专家。20 世纪 80～90 年代，他曾担任武汉钢铁（集团）公司副经理、总工程师，1995 年当选中国工程院院士。

张寿荣院士 1928 年生于山东济南，1949 年毕业于北洋大学冶金系。他大学毕业恰逢中华人民共和国成立前夕，当时我国钢铁工业的基础几乎是一片废墟。1949 年 9 月，他怀着建设新中国的壮志，热情投身到鞍钢恢复、重建工作之中。在鞍钢，他从基层生产岗位干起，历任高炉工长、生产科长、工程师、厂长助理。

1957 年，他调入武钢参加一期工程建设工作。在此期间，他参加审查苏联提供的高炉及配套的矿山、烧结、焦化、能源介质、运输等设计，提出不少改进意见，节省了投资，缩短了建设工期。1958 年 9 月 13 日，武钢 1 号高炉顺利出铁，作为历史性的标志载入了中国钢铁工业的史册。

20 世纪 60～70 年代，他在武钢炼铁厂先后任生产科长、副总工程师，在现场积累了丰富的实践经验。20 世纪 80～90 年代，张寿荣先后任武钢公司副总工程师、副经理、总工程师，负责武钢的技术研发和管理工作。他组织引进技术的消化、吸收和创新攻关项目“武钢一米七轧机系统新技术开发与创新”荣获 1990 年国家科技进步特等奖；“武钢新 3 号高炉建设”项目（5 号高炉），对多国先进技术实施技术集成，完全依靠国内力量设计、施工、建设，使武钢新 3 号高炉的总体技术装备达到当时的国际先进水平，并在武钢和国内很多大型钢铁厂得到推广。时任武钢总经理黄墨滨提出，他具体实施的全面质量管理工作，大大提高了武钢的产品质量。1991 年，国务院办公厅要求全国学习武钢走质量效益型企业发展道路的经验。

张寿荣院士不仅实践经验丰富，而且勤奋治学，笔耕不止，著述颇丰。在炼铁领域，他对高炉设计、布料、长寿、上下部调剂、操作、精料等有很深的学术造诣，在国内外炼铁学术界享有很高的声誉；他非常熟悉大型钢铁企业的生产流程和新产品开发，对全面质量管理、技术进步管理和继续工程教育也颇有建树；他对我国钢铁工业结构调整、节能减排、可持续发展等问题十分关心，为我国钢铁工业的健康发展提出许多有价值的建议；此外，他十分热心学术活动，20 世纪 80 年代以来在美国钢铁协会年会、中日（德）双边钢铁学术会议、世界钢铁大会以及国内钢铁学术会议和刊物上发表了百余篇有重要影响的论文。

在张寿荣院士 90 华诞之际，我们在 2008 年出版的《张寿荣文选》的基础上进行精选、补充，整理了 88 篇张寿荣院士有代表性的中英文论文和报告，其中包括了数篇最新发表的文章，按照炼铁技术、战略思考、科技管理和继续工程教育四个篇章重新集结成册。这些文章不仅反映了武钢科技进步的历史进程，也是近几十年我国钢铁工业发展的一个缩影。希望本文集的出版，能对提高我国钢铁生产技术水平有所裨益。

编委会
2016 年 12 月

目　录

院士传略

炼铁技术

战略思考

科技管理

继续工程教育

院士传略

• 张寿荣简历

1928 年 2 月 17 日	出生于山东省济南市
1945 年 9 月 ~ 1949 年 9 月	北洋大学冶金系学习毕业，获工学学士学位
1949 年 9 月 ~ 1956 年 5 月	任鞍钢炼铁厂高炉工长、技术科长、厂长助理
1956 年 5 月 ~ 1964 年 12 月	任武钢生产筹备处工程师、炼铁厂生产科长
1964 年 12 月 ~ 1965 年 9 月	任武钢中央试验室炼铁研究室主任
1965 年 9 月 ~ 1980 年 3 月	任武钢炼铁厂副总工程师
1980 年 4 月 ~ 1981 年 3 月	任武汉钢铁公司副总工程师
1981 年 3 月 ~ 1993 年 5 月	任武汉钢铁公司副经理、总工程师
1990 年	“武钢一米七轧机系统新技术开发与创新”（第一完成人）获国家科技进步特等奖
1992 ~ 1998 年	任国际继续工程教育协会副主席
1992 ~ 2002 年	任湖北省科学技术协会副主席 中国质量管理协会副理事长 中国材料研究学会副理事长
1995 年	当选中国工程院院士
1997 年	当选墨西哥工程院外籍院士
2002 年	获第四届光华工程科技奖
2009 年	获首届魏寿昆冶金奖

张寿荣传略

张寿荣，祖籍河北定县（今定州），1928年2月17日出生于山东济南一个知识分子家庭，1980年加入中国共产党。1945年，张寿荣以优异成绩毕业于济南一中，同时考取了理科和工科两所大学。抱着工业兴国的志向，他最后选择就读工科的北洋大学矿冶系。在他毕业前，北洋大学矿冶系分成采矿、冶金两个系，在冶金系他遇到了对其一生有重要影响的恩师魏寿昆教授。1949年9月，张寿荣从北洋大学冶金系毕业，获工学学士学位。

大学毕业后张寿荣被分配到鞍钢参加恢复生产工作。他从基层生产岗位干起，历任高炉工长、生产科长、工程师和厂长助理。1953~1954年，他组织推行炉顶调剂法，使鞍钢高炉生产创造了历史最好水平，操作经验在全国普遍推广。50年代苏联专家到鞍钢指导生产，他被分配协助专家一道工作。1956~1957年，他研究低锰生铁冶炼与脱硫、全国炼铁生产发展等问题，在《钢铁》杂志发表数篇论文，对提高全国炼铁生产水平起了重要作用。

1957年，张寿荣被调入武钢参加一期工程建设，参与审查苏联提供的高炉及配套的矿山、烧结、焦化、能源介质、运输等设计。在设计审查工作中他提出不少改进意见，节省了投资，缩短了建设工期。1号高炉投产前，他组织矿石冶炼性能实验，选定开炉原燃料，制定开炉方案并组织实施。1958年9月13日，1号高炉顺利出铁，揭开了武钢历史新的一页。

20世纪60~70年代，张寿荣任武钢炼铁厂生产科长、副总工程师，还曾任武钢中央试验室炼铁室主任。1970年，根据他提出的方案，武钢用$1513m^3$高炉设备改造建成了当时国内容积最大（$2516m^3$）的4号高炉。针对高炉渣Al_2O_3含量高、生铁合格率低的问题，他组织研究高MgO渣冶炼，确定了合理的造渣制度。他组织高炉料槽下烧结矿过筛的技术改造，使高炉利用系数、焦比等指标显著提高。70~80年代，他组织了多次高炉大中修破损调查，研究高炉破损机理，并据此改进高炉结构设计，组织开发出球墨铸铁冷却壁和多种优质高炉耐火材料，推动了高炉长寿技术进步。

20世纪80~90年代，张寿荣先后任武钢公司副总工程师、副经理、总工程师，全面负责武钢的生产技术管理工作。他组织了矿山、烧结、炼焦和炼铁等工序的技术改造，以适应“一米七”轧机系统生产需要。针对“一米七”轧机系统各厂投产后的薄弱环节，他组织了对引进技术的消化、吸收和创新攻关，建立了武钢的质量管理体系。在5号高炉建设项目中，他组织对国内外先进技术实施技术集成，高炉总体技术达到当时的国际先进水平，其炉型在大型钢铁厂普遍推广。

从20世纪80年代至今，张寿荣一直担任武钢技术委员会主任，对武钢重大技术改造项目，如大型高炉、烧结机、球团厂等的技术方案决策发挥了关键作用。2007年，国家要求组建一批国家级工程技术中心，年近80岁的张寿荣专门到国资委向有关领导建言，希望将“国家硅钢工程技术研究中心”放在武钢。获批后该中心以武钢为依托，发挥武钢几十年在硅钢研究开发、生产技术和管理等方面的优势，与国内科研院所和生产企业合作，产—学—研一体化，将硅钢研究成果进行深度开发和工程化研究，为国家能源发展战略对硅钢的要求提供技术支撑。该中心经过近十年的运行，为武钢超过新日铁成为全球产能最大硅钢片生产基地提供了支撑。

20世纪90年代以来，张寿荣对我国钢铁工业结构调整、节能减排、可持续发展等问题发表多篇论文，提出许多有价值的建议，对制定我国钢铁产业政策做出了重要贡献。他提出的高炉永久型炉衬的理念和技术措施，使高炉长寿技术提高到一个新的水平。他以八十岁高龄业界翘楚的声望，自2008年以来组织武钢和国内著名炼铁专家，耗时8年主编并出版了《武钢高炉长寿技术》《高炉失常与事故处理》和《高炉高效冶炼技术》等专著。这些著述对我国高炉炼铁技术的发展和创新，起了很大的推动作用。

张寿荣于1988年获湖北省劳动模范称号，1990年获全国“五一”劳动奖章，1990年获“武钢一米七轧机系统新技术开发与创新”国家科技进步特等奖（第一完成人），1992年获国务院政府特殊津贴，2003年获中国工程院光华奖，2009年获武钢终身成就奖、魏寿昆科技教育奖（冶金奖）。

1995年，张寿荣当选为中国工程院院士，1997年当选为墨西哥工程院外籍院士。90年代以来，他在学术团体担任过的主要职务有：国际继续工程教育协会副主席（1992～1998年），湖北省科协第四届、第五届副主席（1992～2002年），中国金属学会炼铁学会副理事长，中国质量管理协会副理事长，中国材料研究学会副理事长（1992～2000年）等。主要大学兼职有武汉理工大学管理学院名誉院长和兼职教授、武汉科技大学特聘教授等。

转化科研成果创新生产技术的炼铁专家

从1949年北洋大学冶金系毕业算起，张寿荣从事炼铁生产技术工作接近70年了。在漫长的工作经历中，他十分重视理论与实践的紧密结合，始终坚持将科研成果用于生产，成为新中国著名的第一代炼铁专家。在武钢近

60年的炼铁生产技术发展历史中，几乎所有重大技术措施的实施都有张寿荣作出的贡献，闪烁着他将科研成果转化为生产技术的光彩。

早在1958年，武钢1号高炉投产前夕，他组织筹建了矿石还原实验室，对武钢可能采用的几种铁矿石开展还原性、软化性试验。根据试验研究结果，确定了适宜用于开炉和正常生产的矿种，为1号高炉顺利开炉和生产奠定了基础。20世纪60年代初，由于原燃料、电力供应不足，全国钢铁企业的高炉生产转入低冶炼强度操作时期。针对炉缸不活跃、风口破损多等问题，他组织中央试验室炼铁室开展了炉缸煤气取样的试验研究。研究发现，鼓风动量是影响回旋区长度的主要因素，而鼓风动量又和料柱透气性、上部装料制度有关。他据此提出，高炉操作应采取上下部操作制度相结合的方针，该方针实施对稳定高炉生产发挥了重要作用。60年代中期，他组织炼铁室开展1∶1布料模型试验，发现武钢烧结矿平均粒度小、含粉率高，导致烧结矿堆角小于焦炭堆角，因而引起高炉布料规律“反常”，据此确定了合理的高炉装料制度。

20世纪70年代初期，武钢高炉生铁合格率很低，主要原因是高炉渣中Al_2O_3含量偏高，黏度大，脱硫能力差。他组织炼铁室开展了提高炉渣MgO含量的实验室研究，并在2号高炉开展工业试验，取得明显效果，然后推广到全厂高炉。全厂高炉的生铁合格率从1970年的87.10%提高到1973年的98.47%。此后，高MgO渣冶炼成为武钢高炉的基本造渣制度。

20世纪70年代末到80年代初，武钢高炉炉料结构经历了深刻的变化。此前，高炉使用单一碱度（$CaO/SiO_2=1.2\sim1.3$）的烧结矿配少量块矿，料柱透气性差，高炉生产指标欠佳。1980年3~5月，根据烧结研究室的试验研究结果，他组织了高碱度烧结矿（$CaO/SiO_2=1.7\sim1.8$）的工业试验，烧结矿质量和高炉生产指标明显改善。与此同时，根据炼铁室对二烧车间生产的球团矿的实验研究，认为其强度差（1100~1300N/球），还原粉化率高，不宜作为高炉含铁原料使用。作为武钢领导的他做出决策，二烧车间从1980年6月起停止球团矿生产，筹备进行烧结矿生产的技术改造。这一时期，武钢高炉确定了以高碱度烧结矿为主，配加少量块矿的基本炉料结构。

“一米七”轧机系统引进技术消化、吸收、创新的组织实施者

20世纪60~70年代，我国所需要的高质量冷轧薄板、热轧薄板、镀锌板、镀锡板和冷轧硅钢全部依赖进口。为了减少对国外产品的依赖，1974年国家决定引进“一米七”轧机系统并建在武钢。“一米七”轧机系统包括热轧带钢厂、冷轧带钢厂、冷轧硅钢片厂和二炼钢厂的连铸车间，1981年这一项目通过了国家验收。

“一米七”轧机系统的建设，实质上是在武钢原有生产系统的炼钢工序之后加上当时国际先进水平的连铸和轧钢的后工序。这一新系统和武钢的老系统，在技术水平上相差大约20年，导致“一米七”轧机系统投产后出现了一系列的不适应，最主要的是前工序的半成品不适应新系统的要求。例如，老系统炼钢厂的钢质不能适应新系统需要，废品率高达10%，武钢生产陷入极其被动的局面。

在此困境中，时任武钢副经理、总工程师的张寿荣，一方面抓“一米七”轧机系统引进技术的消化、吸收和创新，一方面抓老系统的技术改造，加强职工培训，建立全面质量管理体系。老系统重点技术进步项目有：(1) 选矿采用细筛再磨工艺，磁选、浮选结合，降低精矿含硫量，提高含铁量；(2) 建设矿石混匀料场；(3) 改进烧结及整粒系统，增加铺底料设施；(4) 对破损的焦炉大修；(5) 对平炉进行吹氧改造，以适应冶炼低碳钢的需要；(6) 对能源系统改造，以满足“一米七”轧机系统对电、水、煤气、空气、氧、氮、氩的质量要求。

在“一米七”轧机系统引进技术的消化、吸收和创新方面，重点项目包括：(1) 1984年，在二炼钢厂转炉上自主开发顶底复合吹炼工艺；(2) 转炉增设铁水预处理和钢水精炼工艺，引进KR脱硫装置和RH真空脱气装置以净化钢质；(3) 1985年，二炼钢厂突破原设计连铸比80%，实现全连铸，成为国内第一座全连铸炼钢厂，同时实现了连铸坯热装热送；(4) 改进硅钢工艺，将取向硅钢原引进专利的模铸改为全连铸，并自行开发了原专利未引进的硅钢品种；(5) 根据国内需求开发引进品种以外的钢材新品种；(6) 对炼钢、连铸耐火材料以及一些关键设备、材料组织国内单位攻关，提高国产化率。

1985年，武钢钢、铁年生产能力和“一米七”轧机系统各厂均达到了设计水平。在引进技术的消化、吸收、创新方面，共开发新技术、新设备、新工艺197项，开发新钢种86种，取得一大批重大科研成果：“转炉复合吹炼技术”攻关项目获“七五”国家科技攻关奖；“大型板坯连铸机开发”项目获国家科技进步一等奖；“铁路耐大气腐蚀钢”项目获“七五”国家科技攻关奖；“硅钢系列新产品开发”项目，开发出高磁感纯铁，成功地用于北京正负电子对撞机，获国家攻关奖励；“武钢一米七轧机系统新技术开发与创新”项目获1990年国家科技进步特等奖等。

集成国内外先进技术建设高水平的国内大型高炉

20世纪50～60年代建设的武钢一期工程，1号、2号高炉是按苏联的炉型设计建造的，容积分别为1386m³和1436m³。60年代中期以后，以日本为代表的工业化国家开始了高炉大型化的进程。1970年，在武钢4号高炉设计时张寿荣提出了利用原苏联1513m^{3}炉顶设备建设2516m^{3}高炉的设计方案。这是当时国内容积最大的高炉，首次采用了水冷炭砖薄炉底设计，炉底厚度从原苏联设计的5.2~5.6m减少到3.2m。4号高炉1970年9月投产，第一代寿命达到13年10个月，充分显示了水冷炭砖薄炉底安全、长寿的优点。

1985年武钢“一米七”轧机系统超过设计生产能力后，国家决定将武钢的生产规模由年产钢、铁各400万吨扩大到年产钢、铁各700万吨。当时有两种建设方案可供选择：一种是将已有的装备采用“摆积木”的方式叠加，另一种是采用最先进的技术装备。最后决策建设3200m^{3}高炉1座和250t转炉钢厂1座。武钢5号高炉的建设采取了引进多项国外先进技术和装备，由武钢自行集成的方案。该高炉从国外引进了无钟炉顶、软水密闭循环冷却系统、环形出铁场、炉渣炉前粒化装置、内燃式热风炉陶瓷燃烧器、炉顶煤气余压发电（TRT）、电动交流变频鼓风机、高炉炉况监控计算机系统等单项技术，采用了武钢开发的球墨铸铁冷却壁和磷酸浸渍黏土砖，还采用了炉体全冷却壁冷却和水冷炭砖薄炉底结构。这座以长寿技术为主要特征的大型高炉1991年投产，第1代炉役生产15年8个月，其技术经济指标和寿命指标都达到了同期高炉的国际先进水平。

武钢5号高炉的成功实践，加快了我国高炉大型化、国产化的步伐。进入21世纪以来，武钢相继建设了6号、7号、8号等大型高炉，国内不少企业新建的大型高炉也借鉴了武钢5号高炉的炉型。为了检验炼铁先进技术自主集成的效果，武钢7号高炉在2007年进行了强化冶炼试验，取得了月平均日产生铁9000t的好成绩，这一水平属于国际领先水平。实践证明，张寿荣提出的实施自主技术集成建设大型高炉的技术方案是成功的。

对高炉长寿技术和高效冶炼技术作出重大贡献

几十年来武钢高炉长寿技术的研究、开发和应用，凝聚着张寿荣的智慧和心血，武钢高炉长寿技术的每一项进步都有他的重大贡献。

1964年6月，采用全高铝砖炉缸、炉底的2号高炉发生了炉缸烧穿事故，这是由于不恰当地修改炭砖、高铝砖综合炉底设计引起的。炉缸烧穿事故的教训迫使武钢的高炉工作者认真思考炉缸、炉底的改进问题。1970年建设4号高炉时，采用了全炭砖水冷薄炉底设计，很好地解决了炉缸、炉底寿命问题。

20世纪70~80年代，高炉炉身寿命短、炉喉钢砖易变形成为影响生产的重要难题。张寿荣根据停炉检修期间的观测资料，对炉喉钢砖的材质和结构，炉身冷却器的结构、数量和布置方式，以及耐火材料的破损情况进行分析，提出了系统的解决方案。主要改进包括：采用纵向排列的条形炉喉钢砖取代小块槽形钢砖，炉身冷却采用带钩头的镶砖冷却壁取代支梁式水箱，炉身上中部采用磷酸浸渍黏土砖取代普通黏土砖，炉身下部采用氮化硅结合的碳化硅砖或铝炭砖等。由于这些改进，80年代末武钢高炉炉身寿命短的问题基本上得到了解决。

1978年10月，武钢1号高炉在生产20年之后结束了第1代炉役，张寿荣决定利用大修机会开展高炉和热风炉炉体破损调查，系统总结其长寿经验。他组织武钢和武汉地区冶金院所、设计单位的50多名专业技术人员，通过炉内观察、测量、照相和取样检验，分析炉体耐火材料和冷却设备的破损原因，探讨破损机理，为改进高炉设计提供依据。从那时起，武钢高炉每次大修、中修都要开展高炉炉体破损调查工作。这项坚持了几十年的高炉寿命调研工作，在国内外都是仅有的，对认识高炉破损机理和发展高炉长寿技术起了重要的作用。

20世纪80年代中后期，武钢承担了原冶金部下达的球墨铸铁冷却壁研制以及微孔炭砖、半石墨炭砖和高炉用石墨砖研制等课题。1989年起，武钢承担了原冶金部下达的起草高炉耐火材料试验方法标准的任务。1991～1997年期间，武钢起草的7个高炉耐火材料试验方法标准相继发布和实施，逐渐使这些试验设备和试验方法走向规范化，促进了长寿耐火材料的开发工作。这些工作都是在张寿荣的领导下，由武钢技术部和钢铁研究所实施的。

进入21世纪以来，张寿荣在总结武钢5号高炉第1代长寿经验的基础上，在武钢1号、4号、5号高炉改造性大修和6号、7号、8号高炉新建项目中，又进一步发展了长寿技术，主要包括：2001年1号高炉采用砖壁合一薄壁炉身，取消砌砖，采用铜冷却壁；2006年7号高炉在炉缸贮渣铁区采用铸铜冷却壁等。

张寿荣对高炉长寿技术的贡献不仅表现在武钢高炉寿命的进步，在学术上他也提出了独到的见解。早在1982年他就提出，为了延长高炉寿命必须做到：（1）高炉设计得当；（2）耐火材料质量良好；（3）砌砖质量优良；（4）重视高炉内衬的维护。在这个认识的基础上，他在2000年提出了延长高炉寿命是系统工程，高炉长寿技术是综合技术的观点。在7号高炉长寿技术集成的过程中，他进一步提出了构筑高炉永久型炉衬延长高炉寿命的观点。他提出构筑永久型炉衬的措施有：（1）改进高炉炉体的结构；（2）强化高炉炉衬的冷却系统；（3）采用抗熔蚀性能好的优质耐火材料；（4）提高高炉工程施工质量；（5）优化高炉操作。采取以上措施，高炉高效、安全地生产20年以上而不中修，是完全可能的。

十几年前，国内炼铁界对大小高炉孰优孰劣展开了学术争论，他提出了大型高炉高效冶炼技术的理念。从工艺技术观点分析，制约高炉炼铁工艺效率提升有两个限制性环节：一个是下降的固、液相炉料与上升煤气流逆向运动区，另一个是整个高炉冶炼过程中的热量收入与热量支出的动态平衡。2003年以来，他组织武钢和武汉科技大学在高炉下部气液两相流气体力学特性和初成渣行为模拟两方面开展实验室研究，对应用这些研究结果形成一些认知。在此理论研究基础上，在武钢大型高炉上开发了一系列高效冶炼技术，取得显著成效并加以推广。

谦虚勤奋求实严谨的学者风范

张寿荣对武钢和我国的钢铁事业作出巨大贡献，成为国内外著名钢铁专家，他把这些成绩归功于国家的培养和机遇。2008年2月17日，在武钢举办的张寿荣院士80岁华诞庆祝会上，他动情地回顾了自己的工作经历。他谦虚地说："这是机遇，都是机遇，从1949年到现在的60年来，党和国家一直把我放在钢铁生产第一线，才使我能在钢铁生产的实践中学习，不断增长知识，总结实践经验。这些知识和经验都是国家给我的，我要把我所有的知识和经验毫不保留地贡献给我国的钢铁事业，传授给青年一代"。由于他在冶金科技教育方面的突出贡献，他获得了2009年魏寿昆科技教育奖（冶金奖）。

如果说谦虚是张寿荣待人处世的态度，勤奋、求实、严谨则是他一贯的工作作风。凡是同张寿荣接触过的人都公认，他的记忆力是惊人的。尽管如此，他仍然保持多年养成的良好习惯，时时、处处笔记不离手。在炼铁厂工作期间，他的工作服里总有小本子和钢笔。他每天要在几座高炉上来回跑几趟，把生产数据、操作中的大事记载下来。有时因出差、开会几天没上高炉，他也会把那几天的数据补齐。在他的脑子里，所有高炉的生产过程都是连贯的。炉况、设备稍有变化，他总能及时发现，并能最快地判断发生的原因，采取正确的对策。

他求实、严谨的事例更是不胜枚举。2003年以来，张寿荣担任"武钢高炉专家系统"开发项目的顾问，他要求项目组把专家系统做成高炉工长操作的一个平台，使它真正在生产中发挥作用。2005年下半年，就在项目组认为开发工作已接近完成，准备申请鉴定的时候，他拄着手杖，登上1号高炉陡峭的3楼平台，亲自考察高炉专家系统的功能，询问现场工长应用的情况。他对项目组人员强调，搞技术开发不是为了追求成果和评奖，而是要真正解决生产技术问题。按照操作人员提出的意见和需求，项目组立即进行整改，进一步完善了系统功能。在整改过程中，张寿荣不靠听汇报，而是亲自上1号高炉五六次，一直到系统功能的整改达到要求为止。张寿荣正是这样一位治学严谨、勤奋务实的钢铁专家，他用毕生的精力实现着科技强国的崇高理想。

炼铁技术

高炉的炉顶调剂法*

1　炉顶调剂法的优越性

1.1　高炉操作的“上部”与“下部”调剂法

高炉操作的目的在于使高炉生产生铁数量多，品质好，成本低。要达到这个目的，首先须使高炉顺行——高炉顺利地装入最多的炉料；高炉煤气的热能及化学能充分地利用。另外，要控制高炉炉温，使其适宜而稳定，以保持生铁一定的品质。

高炉的顺行，煤气能量的充分利用及适宜的炉温，必须在高炉工作稳定时才可得到。但是到目前为止，我们用来冶炼生铁的原料——矿石、燃料及熔剂——的化学成分及物理性质还不能稳定不变。由于生产条件的变化，破坏了高炉工作的稳定性。这时为了使高炉工作恢复正常，就不得不采取一些措施来调剂。

沿用已久的调整高炉行程的方法是风温、风量及焦炭负荷的调剂。负荷的调剂要在炉料降至炉缸之后才可见效，不如风量及风温的调剂及时。虽然风温及风量的调剂比较及时，但也只是当高炉行程已发生变化之后，才变更风量及风温来纠正。风温及风量的调剂能够挽救高炉使其恢复正常，但纵然挽救过来，然而这些调剂是落在高炉变化之后了。

因为风温及风量的调剂是在高炉的下部开始，它首先影响到的是高炉炉缸的工作，所以称之为高炉的“下部”调剂。

炼铁事业的发展要求调剂高炉在炉料发生变化之前，即当炉料开始装入高炉时即予以控制。这就产生了高炉的“上部”调剂——炉顶调剂法。

1.2　炉顶调剂法的优点

风温及风量的调剂是当炉料已在高炉内发生变化之后才开始的，炉顶装料的调剂却在炉料刚开始装入高炉时即予以控制。在时间上，后者较前者要提前六、七小时以上。因为炉顶装料调剂法变更了，炉料在高炉内分布的情况，也就是改变了煤气分布的情况，这就大大地改变了高炉工作的状态，与风温风量的调剂法比较，炉顶调剂法的效果也比较大。需要指出，炉顶调剂法与调整焦炭负荷是不同的。焦炭负荷的变更是调整矿石批重，只有等到改变了的炉料降至风口区时效果才能表现出来。装料的变更，在炉料降至炉身时（大约4h）煤气的分布就会改变了。因为炉顶调剂法有着许多优点，苏联的先进工厂中，都已普遍地采用了。事实证明，炉顶调剂是及时而有效的。鞍钢炼铁厂在推行中也有这样的认识。

---

* 原发表于《鞍钢》，1951(26)：8 ~ 19。

1.3 炉顶调剂法的目的

高炉操作最好的情况是：上升的煤气与下降的炉料能密切的接触，炉料得以充分地预热还原，煤气的化学能和热能能够充分利用，这时高炉的产量最大，燃料消耗量最低。不好的情况是：某些区域煤气流通过盛，煤气的热能及化学能未得很好利用；某些区域煤气流通不畅，炉料不能充分预热和还原，这时高炉产量降低，燃料消耗量升高。最坏的情况是煤气的通路被堵死，炉料被上升的煤气支住不得下降，这就造成难行或悬料。

煤气分布的情况决定于炉料的透气性，炉料的透气性决定于炉料分布的状况。炉顶调剂所要控制的对象就是炉料的分布。

高炉炉顶调剂的第一个目的是保证炉料顺行。要使炉料不被上升的煤气支住，炉料必须有充分的透气性。高炉内煤气流通面积最大的是靠炉墙的区域，因此，炉顶调剂法的目的之一是使边缘煤气流柱能有适当的（不过分的）发展；第二个目的是保证煤气能力充分利用。如前所述，只有煤气能力利用充分时高炉产量才会高，燃料消耗量才会低。所以除了有适当发展的边缘煤气流柱之外，还要使炉料分布均匀，煤气能与炉料密切接触。

只有当炉料分布适宜时，高炉才能达到全风量快速操作，最高的产量和最低的燃料消耗方可获得。因此炉顶调剂法的推广在炼铁事业的发展过程中具有非常重要的意义。

2 炉顶调剂法概述

影响炉料在炉顶分布的因素，大约有以下几个：（1）炉颈直径；（2）炉颈直径与大钟直径的比例；（3）大钟直径与漏斗口直径的差；（4）大钟下降的速度；（5）焦炭的批重；（6）料线；（7）装料的次序；（8）原料的筛分成分；（9）高炉剖面轮廓的状态；（10）煤气流柱的分布及炉料在高炉断面上的下降速度。

上面的十个因素，1~3 项除非高炉经过修理一般是不变的。第 4 项除非大钟下降的设备是可调整者外，一般也不变动。8~10 项虽是变动的因素，但十分难以控制。调整炉料分布主要的是依靠变更焦炭批重、料线及装料的次序。

炉料在高炉炉颈分布的情况，矿石与焦炭是不同的。许多测量研究的结果说明，矿石有较陡的堆角（38°~43°），焦炭的堆角较平（26°）。因此，矿石层在靠近炉墙部分较厚，靠近炉心较薄。

炉颈直径大小对布料的影响，按理论上讲，炉颈愈大，中心未铺矿石的圈愈大。但许多在开炉装料时的测量说明，与此相反；在某些场合，炉颈愈大，中心未铺矿石的圈反而愈小。

炉颈直径与大钟直径的比例对布料有很大的影响。大钟与炉颈之间的距离愈小，炉料分布在边缘的愈多。

大钟直径与漏斗口直径的差，根据理论及实际测量结果，其差额愈大时，炉料分布在边缘愈多。

大钟下降的速度对布料的影响是：大钟下降速度愈快，矿石集中的环愈窄，下降速度慢时，矿石的环变宽。

焦炭批重对布料的影响可以由图 1 看出。左边所画的是矿↓焦↓矿↓焦↓的装入法，右边所画的是矿↓矿↓焦↓焦↓，焦炭批重较左边增加一倍。假定每层矿石靠边缘的厚度是 a，中心厚度是 b，则左边边缘矿石的总厚度是 $2a$，中心总厚度是 $2b$。右边第一批矿石的厚度与左边相同，第二批由于所落上的平面是矿石，因此平均的分布，假定矿石层的厚度是 c，则 $c<a$，$c>b$。焦炭批重增加一倍之后，矿石边缘的厚度是 $a+c$，中心的厚度是 $b+c$。很明显的 $a+c<2a$，而 $b+c>2b$。这就说明焦炭批重增加时，中心矿石数量增多。

料线对布料的影响可以看图 2，料线愈降低时，矿石的尖峰愈靠近炉壁。

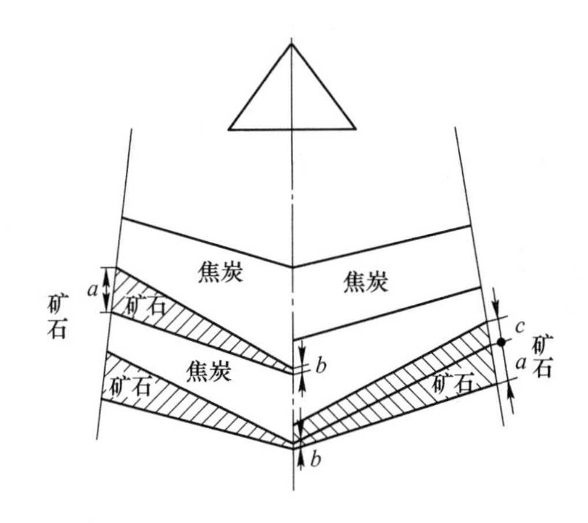

图 1　焦炭批重对布料的影响

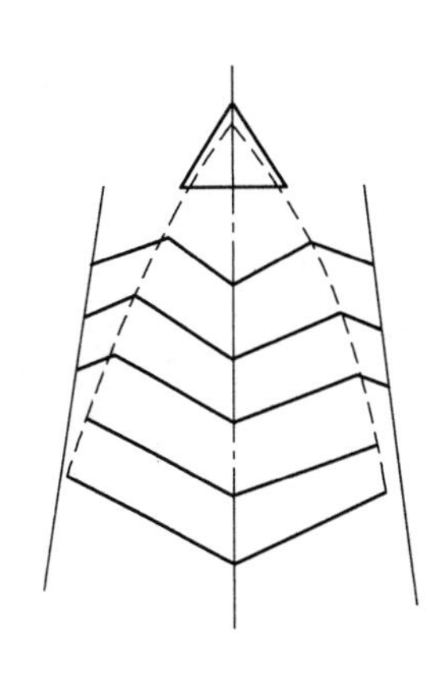

图 2　料线对布料的影响

实地测量的结果说明，料线降低时发生下列的现象：

（1）炉顶没有矿石的圆圈减小，直到在一定深度，炉顶全部被矿石铺蔽为止。

（2）所有原料的堆角减少。

装料次序对炉料分布的影响，一般是先焦后矿时矿石边缘分布较少，先矿后焦时矿石边缘分布较多。

3　鞍山炉顶调剂法推行经过及其收获

3.1　推行经过

鞍钢炼铁厂推行炉顶调剂法由 1951 年第一季度开始。在开始时，因为没有炉顶煤气取样的装置，对炉料在炉颈的分布状态不能科学的推断。因此，虽然做了些装料制度及料线的变更，由于事先对布料情况了解不够，变更之后得到的效果也不大。所以炉顶调剂法未能受到重视，相反，甚至产生有反抗推行的思想。1951 年 5 月 C 高炉将焦炭批重增加一倍改为变装料法。改装后炉况空前稳定，生铁品质空前均匀。在改变装料之前，C 高炉生产情况不太好，炉况经常波动，生铁品质也不均匀。改变装料后，炉况起了空前的好转。这个事实，使炉顶调剂法开始被人重视。

由此时起开始有系统的进行了炉顶调剂法的工作。1951 年下半年在 C 高炉装设煤气取样管，并进行炉喉取样。煤气取样管的构造如图 3（a）所示。取样管是 76.2mm

直径的钢管，水平地焊在炉顶沙箱上，外端装一活门。采样管用38.1mm的钢管制成，如图3（b）所示。取样时将采样管插至炉中心，同时取出炉喉上不同点的煤气试样。

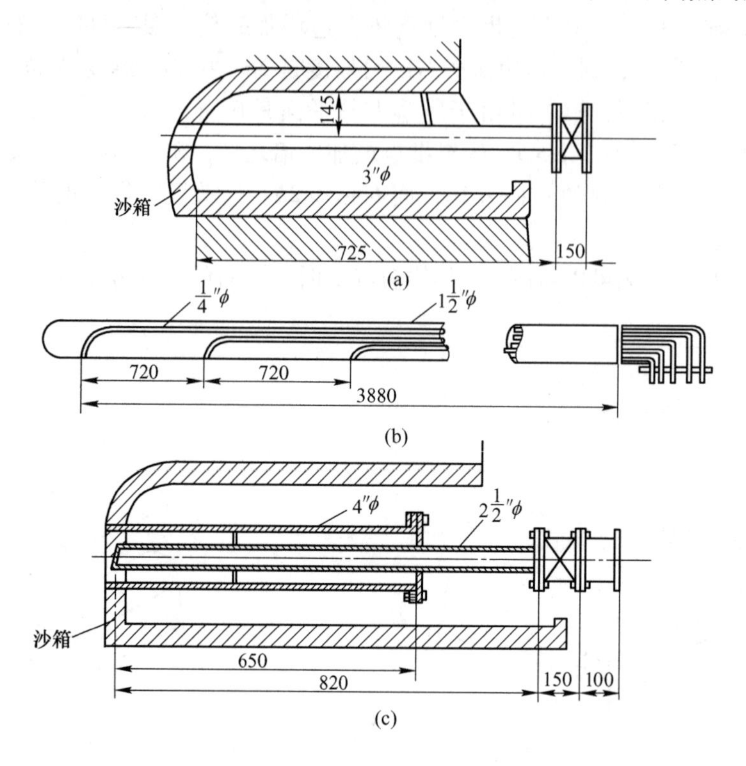

图3　煤气取样管构造（单位为mm）

在取样中间，遭遇到一些困难：采样管小支管的孔常为矿石及焦炭的粉末堵死，取不出煤气样，取样管里常堵满矿石及焦炭块，采样管插不进去。最后，使用冷风吹灰，解决了小支管堵塞的问题；改变煤气取样管为图3（c）的样式，解决了取样管堵焦炭的问题。图3（c）取样管是由两个套管构成，外层管子焊在沙箱上，内层管子由螺丝连在外层管上，并在内管内端装一活门，防止矿石及焦块进入。

当在C炉初步取得经验之后，其他的高炉相继在1952年安装了取样管。由于高炉构造的不同，这些取样管是穿过炉喉铁砖的。

在取样设备未改进之前，取样的工作条件非常恶劣。工友们冒着火及煤气取样，他们的忘我劳动是推行炉顶调剂工作的基础。另外，漏料工不断地改进漏料操作，这对炉顶调剂法的顺利推进提供了有力的保证。

3.2　推行炉顶调剂法的收获

推行炉顶调剂法的成绩表现在高炉达到快料顺行操作，产量提高，焦比降低。这可举出下列事实说明（表1和表2）。

由于炉顶布料改进，煤气利用改善，焦比降低，炉料顺行，崩料悬料减少。上面的比较，产量的提高是惊人的。当然原料条件改善及高炉操作技术提高的影响是不能忽略的。不过炉顶调剂得当是产量提高的主要原因之一。

表1　C高炉操作指标

日　期	装料制度	日产量/%	焦比	每批料矿石重量/kg	焦炭负荷	煤气 CO_2/%[1]	风量×1000 /$m^3 \cdot h^{-1}$	风温/℃	崩料/次·日$^{-1}$	悬料/次·日$^{-1}$	烧结率/%	矿石含铁/%
1月10日～1月20日	矿↓焦↓料线1.0m	100	1.04	10720	1.57	8.30	109	550	2.8	0.7	56.5	53
6月1日～6月10日	矿↓矿↓焦↓焦↓料线1.0m	118	0.859	11800	1.74	10.09	112	572	0.9	0.2	86.7	54.7
10月1日～11月30日	矿↓矿↓焦↓焦↓料线1.0m	134	0.799	12126	1.84	10.8	106	657	0.3	0.03	86.63	59.2

表2　B高炉操作指标

日　期	装料制度	日产量/%	焦比	每批料矿石重量/kg	焦炭负荷	煤气 CO_2/%	风量×1000 /$m^3 \cdot h^{-1}$	风温/℃	崩料/次·日$^{-1}$	悬料/次·日$^{-1}$	烧结率/%	矿石含铁/%
9月1日～9月10日	矿↓焦↓东指尺1.0m石灰石在矿石中间	100	0.918	8371	1.42	8.9	77.0	587	1.0	0.5	85.92	
9月13日～9月23日	矿↓焦↓西指尺1.0m石灰石在矿石上面	114	0.825	9555	1.64	10.7	80.6	590	0.7	0.1	87.10	
10月14日～10月29日	矿↓焦↓西指尺1.2m	121	0.780	10970	1.86	12.1	76.9	591	0.25	0.4	84.3	

炉顶布料对B高炉的影响比C高炉更明显。9月12日改变了料线及装料次序之后，炉温上升，被迫降低风温操作，甚至连续增加负荷，仍不能使炉温很快降低。

	9月11日	12日	13日	14日	15日	16日	17日	18日	19日
日产量/%	100	92	104	114	110	109	116	106	127
焦比/kg	0.91	0.91	0.87	0.84	0.89	0.87	0.78	0.81	0.77
料铁每批矿石重/kg	8500	8500	8650	9000	9170	9390	9670	9900	9900
风温/℃	636	604	505	475	501	485	428	489	571
生铁 Si/%	0.65	0.75	0.66	0.84	0.72	0.65	0.65	0.56	0.78
煤气 CO_2/%	8.6	9.0	9.4	9.7	9.8	9.6	10.9	10.8	11.4

B高炉开工以来是产量比较低的炉子。为提高这座高炉的产量，曾采取了很多措施，结果收效不大。但在充分了解并改善了炉料分布之后，高炉的产量空前提高。

以上的例子可充分说明，推行炉顶调剂法是保证高炉达到全风量快料顺行操作的最重要手段之一。

4　炉顶调剂的因素

下面要谈到鞍钢炼铁厂在推行过程中所观察到的，某些影响炉顶布料的因素对布料影响的例子。

---

[1] 此处指体积分数，本书余同。

4.1 装入次序的影响

鞍山的高炉都是用料罐装料，焦炭按容积计。装料是以焦炭为一罐，矿石、熔剂及其他为一罐。虽然这种装料设备对调剂布料来说，不如料车式的机动，但是，实践证明对料罐式的装料设备，装入（装罐）次序的影响仍然很大。

A 高炉原来的装罐次序是：锰矿、铁矿、平炉渣、石灰石、碎铁。1952 年 8 月 30 日改为锰矿、碎铁、铁矿、平炉渣、石灰石。变更后由于碎铁先落在靠炉墙处，促使矿石滚向中心，所以边缘煤气 CO_2 降低，中心增高。9 月 11 日又改为原来的装入次序，边缘煤气 CO_2 重行升高，中心降低。变更前后 CO_2 的曲线见图 4。

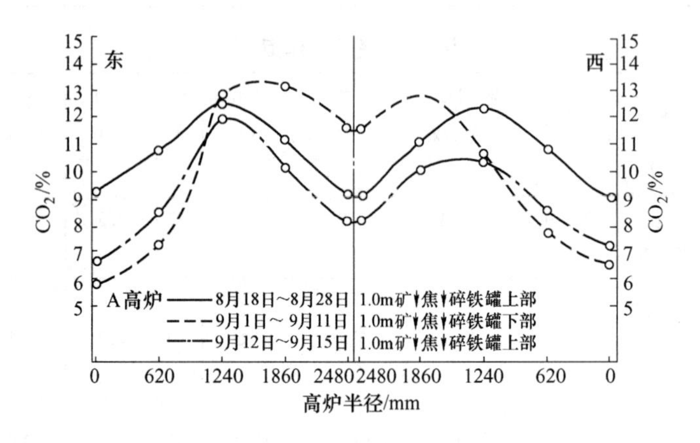

图 4　鞍钢 A 高炉 8 ~ 9 月 CO_2 曲线

石灰石装罐的次序对炉料分布影响也很大。B 高炉在 11 月 22 日将装料次序由锰矿、铁矿、平炉渣、石灰石、碎铁，改为锰矿、石灰石、铁矿、平炉渣、石灰石。改装后边缘煤气中 CO_2 降低，中心 CO_2 升高（见图 5）。A 高炉在 11 月 7 日装料次序也改变，由锰矿、铁矿、镁石、石灰石、碎铁，改为锰矿、镁石、石灰石、铁矿、碎铁。改变后边缘煤气 CO_2 降低，中心煤气 CO_2 升高（见图 6）。煤气曲线的变更说明石灰石下移使中心矿石数量增多。在罐下部的石灰石先落下，在炉墙附近堆集，形成较陡的料面，使以后落下的矿石滚向炉心。

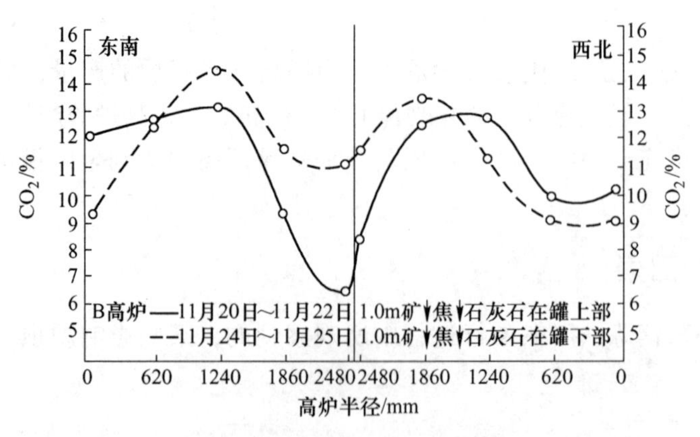

图 5　鞍钢 B 高炉 11 月 CO_2 曲线

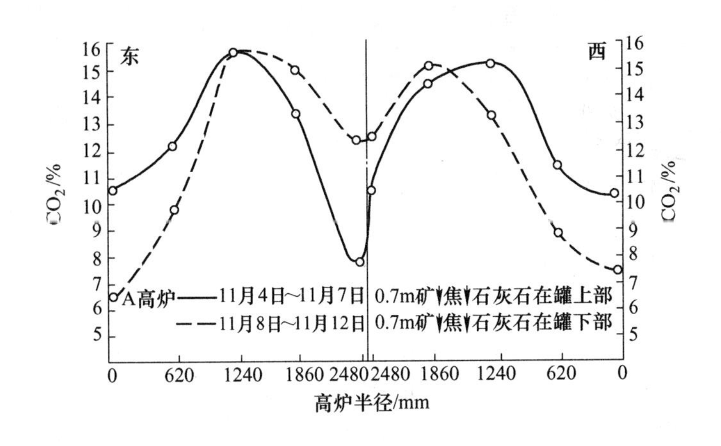

图6 鞍钢A高炉11月 CO_2 曲线

以上的例子说明，装罐次序中矿石愈在罐下部，则分布在边缘的矿石愈多。

4.2 装入制度的影响

装入制度的变更对高炉操作有很大的影响。B高炉几次装入制度变更的例子充分证明这一点（表3~表5）。

表3 鞍钢B高炉2月操作指标

日期	装料制度	日产量/%	焦比	每批料矿石重量/kg	焦炭负荷	煤气 CO_2/%	风量×1000 /$m^3 \cdot h^{-1}$	风温/℃	崩料/次·日$^{-1}$	悬料/次·日$^{-1}$	烧结率/%
2月14日~2月17日	1.0m矿↓焦↓	100.0	0.98	8916	1.51	8.85	79.8	566	0.8	0	62.3
2月20日~2月23日	1.0m焦↓矿↓	98.5	0.98	8900	1.48	8.85	79.6	578	4.2	1	59.3

由矿↓焦↓改为焦↓矿↓，使高炉产量降低，负荷降低。

表4 鞍钢B高炉3月操作指标

日期	装料制度	日产量/%	焦比	每批料矿石重量/kg	焦炭负荷	煤气 CO_2/%	风量×1000 /$m^3 \cdot h^{-1}$	风温/℃	崩料/次·日$^{-1}$	悬料/次·日$^{-1}$	烧结率/%
3月18日~3月23日	1.0m焦↓矿↓	100.0	1.03	9092	1.51	8.25	79.8	616	3.0	0.8	64.8
3月24日~3月26日	1.0m矿↓焦↓	108.3	1.02	9177	1.52	8.55	84.5	507	1.7	0.7	65.1

由焦↓矿↓改为矿↓焦↓，产量增高，负荷增高，煤气利用改善，焦比降低。

表 5　鞍钢 B 高炉 8 月操作指标

日　期	装料制度	日产量/%	焦比	每批料矿石重量/kg	焦炭负荷	风量×1000/$m^3 \cdot h^{-1}$	风温/℃	生铁成分 Si/%	煤气 CO_2/%	崩料/次·日$^{-1}$	悬料/次·日$^{-1}$	烧结率/%
7 月 30 日～8 月 3 日	1.0m 焦↓矿↓	100.0	0.969	8240	1.41	73.6	538	0.67	9.5	2	0.4	77.06
8 月 16 日～8 月 29 日	0.7m 矿↓焦↓	106.2	0.901	8690	1.49	72.8	635	0.77	9.7	1.6	1.0	68.59

这次由焦↓矿↓改为矿↓焦↓虽然提高了料线，但焦比仍然降低，负荷增高，煤气 CO_2 增多，产量增高。这次改装前后炉顶煤气曲线见图 7。由焦↓矿↓改为矿↓焦↓，边缘煤气中 CO_2 升高，中心煤气 CO_2 降低，这表示矿↓焦↓的装入制度分布在炉喉靠边缘的矿石较焦↓矿↓的装料制度多些。因此边缘煤气利用改善，CO_2 含量升高，焦比降低。

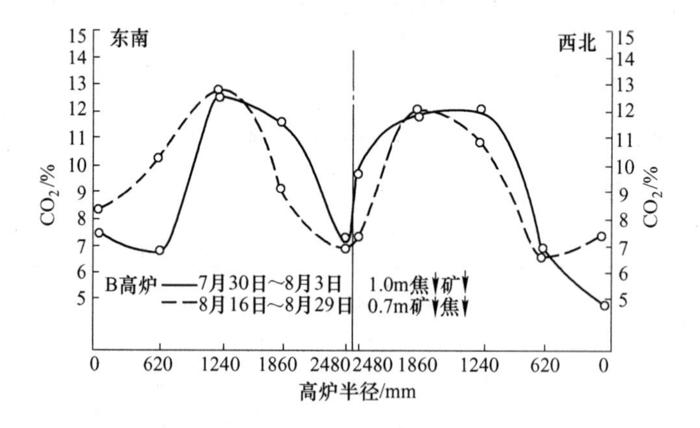

图 7　鞍钢 B 高炉 7～8 月 CO_2 曲线

A 高炉几次改装的结果也与 B 高炉相似（表 6）。

表 6　鞍钢 A 高炉 1～4 月操作指标

日　期	装料制度	日产量/%	焦比	每批料矿石重量/kg	焦炭负荷	煤气 CO_2/%	风量×1000/$m^3 \cdot h^{-1}$	风温/℃	崩料/次·日$^{-1}$	悬料/次·日$^{-1}$	烧结率/%	烧结铁分/%
1 月 21 日～2 月 2 日	1.0m 焦↓矿↓	100.0	0.957	9740	1.65	9.56	79.7	580	5.4	1/13	46.2	52.86
2 月 14 日～2 月 21 日	1.0m 矿↓焦↓	103.9	0.896	10030	1.71	10.40	74.5	560	1.6	1/8	59.8	53.37
4 月 5 日～4 月 9 日	1.0m 焦↓矿↓	104.8	0.850	10084	1.73	9.99	75.0	584	2.6	2/5	72.6	53.67
4 月 11 日～4 月 29 日	1.0m 矿↓焦↓	108.3	0.823	9855	1.66	10.20	72.5	610	1.2	5/19	65.7	54.65

上面两次变更的结果都是产量增加焦比降低。4 月 11 日至 29 日焦炭负荷反较焦↓矿↓时低，主要是因为烧结配合率减少和烧结含铁分提高。

A 高炉矿↓焦↓及焦↓矿↓两种装料制度的曲线见图 8。由矿↓焦↓改为焦↓矿↓，中心煤气的 CO_2 升高。

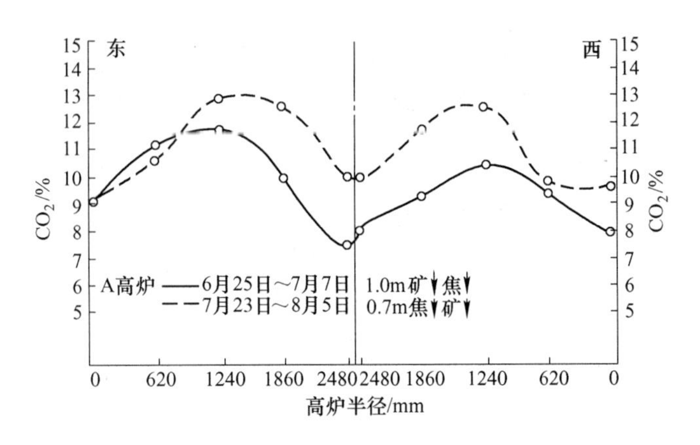

图 8　鞍钢 A 高炉 6 ~ 8 月 CO_2 曲线

4.3　料线的影响

料线的变动对布料的影响很大。1951 年以来各高炉都曾做过许多料线的调整，但因为没有炉顶取样的设备，加以变动的因素又多，所以变动的效果很难得出规律。9 月份 B 高炉曾做了连续的料线变动，效果明显。变动期操作情况见表 7。

表 7　鞍钢 B 高炉 9 ~ 10 月操作指标

日　期	装料制度	装料批数/%	产量/%	焦比	每批料矿石总量/kg	焦炭负荷	烧结率/%	风量×1000 /$m^3 \cdot h^{-1}$	风温/℃	生铁 Si/%	煤气 CO_2/%	崩料/次·日$^{-1}$	悬料/次·日$^{-1}$
9 月 1 日 ~ 9 月 10 日	矿↓焦↓ 1.0m(东尺)	100.0	100.0	0.918	8378	1.42	85.92	77.0	587	0.86	8.9	1.0	0.4
9 月 13 日 ~ 9 月 23 日	矿↓焦↓ 1.0m(西尺)	102.4	113.8	0.825	9555	1.64	87.10	80.6	529	0.82	10.7	1.0	0.1
10 月 14 日 ~ 10 月 29 日	矿↓焦↓ 1.2m	102.7	121.2	0.737	10970	1.86	84.30	76.9	592	0.65	12.1	0.5	0.9

B 高炉的料尺东西两尺经常相差约在 0.2m，9 月 12 日的变更由东尺 1.0m 上料改为西尺，相对的等于料线降低至 1.2m 上料。改变同时把石灰石由罐中部铁矿石的中间移至罐顶。这两个改变使边缘煤气 CO_2 升高，煤气总 CO_2 升高，因此炉温升高，连续增加矿石，最后由于矿石总重增加使煤气 CO_2 曲线平均升高（见图 9）。10 月 19 日至 29 日的煤气曲线的改变比较明显。料线 1.2m 的边缘煤气 CO_2 要比 1.0m 高得多，煤气平均 CO_2 升高 1.5%，焦比降低 0.045。

A 高炉 10 月份一连串的变更也有相似的结果（表 8）。

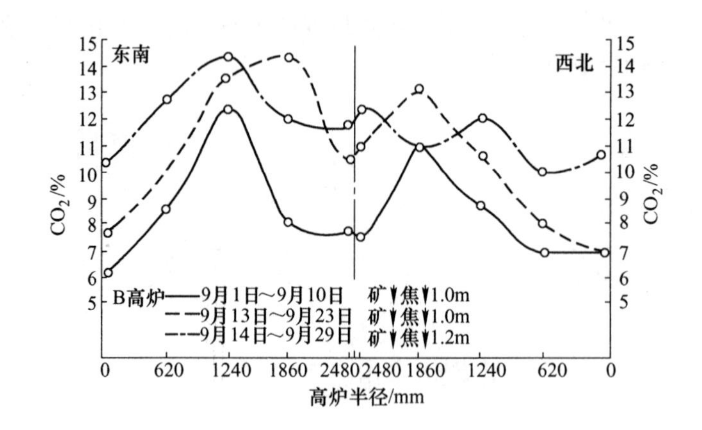

图9 鞍钢B高炉9月 CO_2 曲线

表8 鞍钢A高炉10月操作指标

日 期	装料制度	批数/%	日产量/%	焦比	每批料矿石量/kg	焦炭负荷	烧结率/%	风量×1000/m³·h⁻¹	风温/℃	崩料/次·日⁻¹	悬料/次·日⁻¹
10月2日~10月7日	矿↓焦↓1.0m	100.0	100.0	0.830	10710	1.82	88.5	75	640	0.5	0
10月12日~10月13日	矿↓焦↓1.5m	92.6	95.3	0.803	11020	1.87	86.6	71	590	1.3	0
10月14日~10月17日	矿↓焦↓1.2m	86.8	88.6	0.806	10574	1.79	82.8	67	630	0.7	0
10月18日~10月22日	矿↓焦↓0.7m	87.6	88.7	0.813	10211	1.72	89.3	67	600	0.4	0

变更前后煤气曲线见图10及图11。由1.0m改为1.5m边缘煤气 CO_2 升高。由1.2m改为0.7m，边缘煤气 CO_2 降低，中心煤气 CO_2 升高。降低料线使矿石分布边缘较多，边缘通风度降低，从而影响崩料。应当注意，由于崩料的严重，10月份的下半月采取了减风操作，这是后两期风量少，装料少和产量低的原因。可以看出，提高了

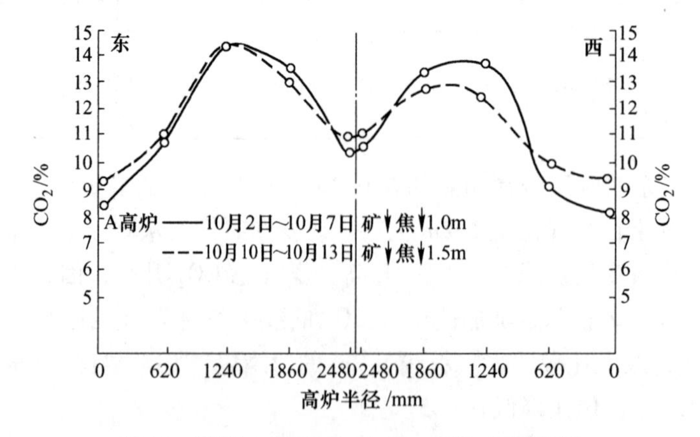

图10 鞍钢A高炉10月 CO_2 曲线（变更前）

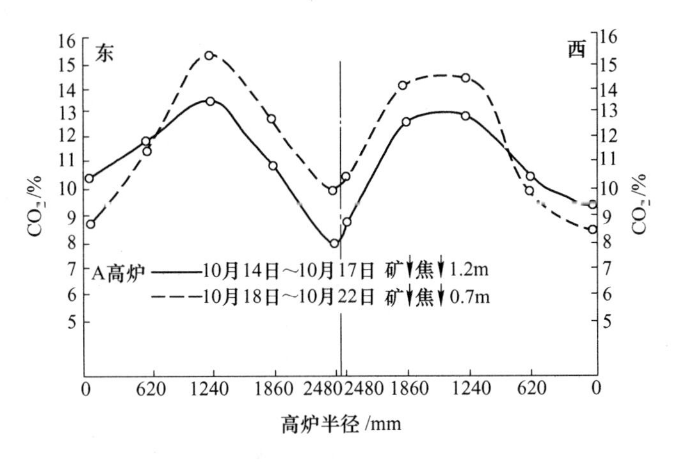

图 11　鞍钢 A 高炉 10 月 CO_2 曲线（变更后）

料线，改善炉料边缘通风之后，崩料减少。

上面的例子说明，降低料线促使矿石集中边缘，提高料线使矿石滚向中心。

4.4　批重的影响

料罐式的装料设备，变更焦炭批重是相当困难的。只有 C 高炉将料罐容积由 $12m^3$ 扩大至 $14m^3$，并进行了双装料的试验。改用大料罐是在 1952 年 1 月。改用前后的煤气 CO_2 曲线见图 12。图上很明显地看出加大批重后中心矿石数量增多，煤气 CO_2 量升高。因此，煤气的平均 CO_2 含量由 7.83% 升至 8.30%。

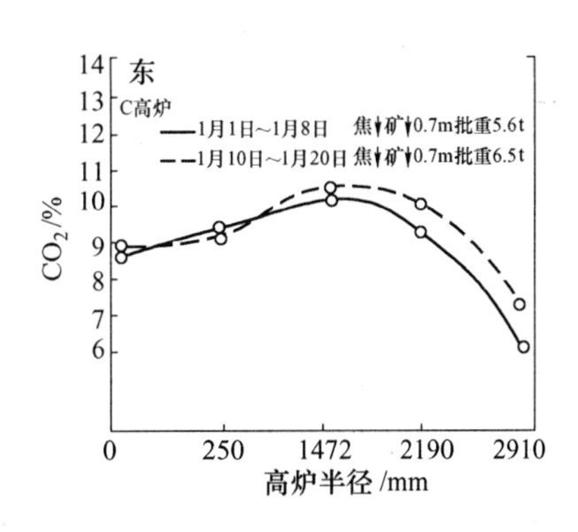

图 12　鞍钢 C 高炉 1 月 CO_2 曲线

1951 年 5 月份曾使用 $12m^3$ 的罐进行双装料，现将改装前后一周操作列于表 9。

表 9　鞍钢 C 高炉操作指标

装料制度	批数 /%	产量 /%	焦比	焦炭负荷	烧结率 /%	风量 ×1000 /$m^3 \cdot h^{-1}$	风温 /℃	风压 /mmHg❶	煤气 CO_2/%	送风机回转 /$r \cdot min^{-1}$
矿↓焦↓0.7m	100.0	100.0	1.01	1.50	47.2	10.3	577	534	8.3	2200
矿↓矿↓焦↓焦↓0.7m	97.8	98.1	1.00	1.50	50.9	98.3	540	580	8.6	2200

由于改装双料后料层加厚，虽然送风机回转数不变，但风压增加风量减少。另外的表现是煤气 CO_2 升高，最突出的生铁成分前后均匀，当时这种现象是空前的。

C 高炉扩大料罐容积之后，从 $12m^3$ 料罐的双装改为 $14m^3$ 料罐的单装，以后又进行大罐的改装，以及双料和单料的混合装，试验结果见图 13 和表 10。

❶　1mmHg 约为 133.32Pa，本书余同。

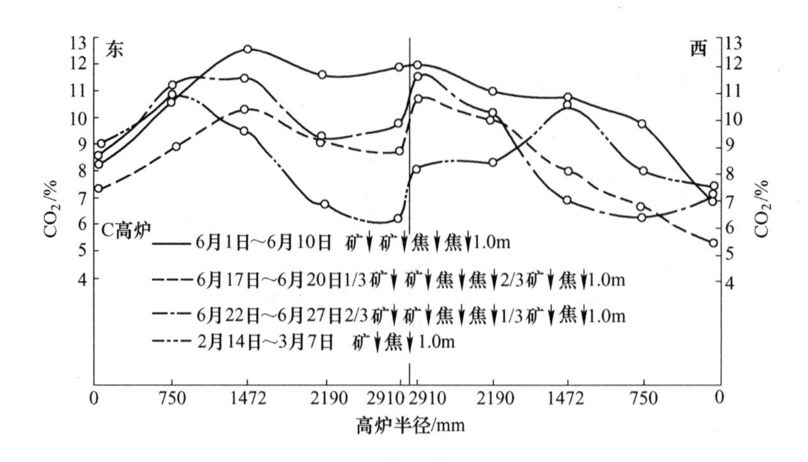

图 13　鞍钢 C 高炉扩容前后 CO_2 曲线

表 10　鞍钢 C 高炉扩容前后操作指标

日　期	批数/%	产量/%	焦比	矿石总量/kg	焦炭负荷	烧结/%	风量×1000/$m^3 \cdot h^{-1}$	风温/℃	煤气CO_2/%	崩料/次·日$^{-1}$	悬料/次·日$^{-1}$	烧结含Fe/%	装料制度
6月1日~6月10日	100.0	100.0	0.859	11800	1.74	86.7	113	572	10.2	0.9	0.2	54.6	1.0m 矿↓矿↓焦↓焦↓
6月17日~6月20日	99.4	93.2	0.92	10900	1.60	77.5	109.5	660	9.2	3.0	1.0	54.5	1.0m 两班矿↓焦↓一班矿↓矿↓焦↓焦↓
6月22日~6月27日	97.2	92.4	0.908	10935	1.61	77.2	110.5	590	9.1	1.0	2.0	54.0	1.0m 一班矿↓焦↓两班矿↓矿↓焦↓焦↓
2月14日~3月7日	97.2	90.7	1.00	11095	1.63	56.6	109.8	570	8.5	2.0	0.3	53.5	1.0m 矿↓焦↓

从煤气曲线看出，双料时中心矿石数量最多，煤气 CO_2 含量最高，单料时中心矿石数量最少，CO_2 含量最低，双料单料混装时煤气 CO_2 含量在双料与单料之间。如按中心煤气 CO_2 之多少排次序则应为双料，两班双料一班单料，两班单料一班双料，单料。也就是说中心矿石的数量按双料，两班双料一班单料，一班双料两班单料，单料的顺序减少。煤气 CO_2 含量的升高及焦比的降低也沿着这个顺序。应当说明，单料时焦炭负荷反较单料双料混装时为高，主要的原因是矿石含铁分低的关系。

矿石的批重增加同样的也要增加炉中心的矿石量。9 月 12 日 B 高炉改变装料制度之后，由于炉热而连续增加矿石量，矿石批重增加使中心矿石增加，结果中心煤气 CO_2 连续上升。图 14 表示 9

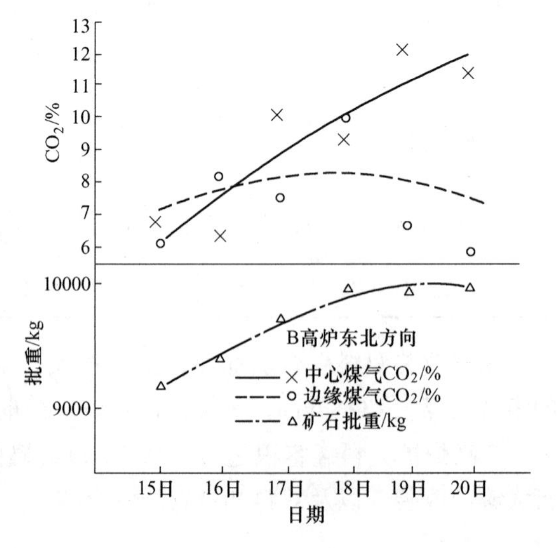

图 14　9 月 15 ~ 20 日批重和 CO_2 曲线

月15日至20日间矿石和批重增加时中心煤气及边缘煤气的变化。增加矿石批重时边缘煤气 CO_2 只有少许的降低，中心煤气 CO_2 急骤上升。

上面的例子充分说明批重增加时，炉中心矿石数量增多。

4.5 原料变动的影响

原料的改变对炉料分布有极大的影响。烧结使用率的增减会引起炉料分布极大的变化。例如B高炉在烧结使用率高时，高炉中心煤气 CO_2 过高（约13%），但烧结减少后中心煤气 CO_2 减低到6%～7%（图15）。这说明烧结改变为弓磁时中心矿石数量减少。

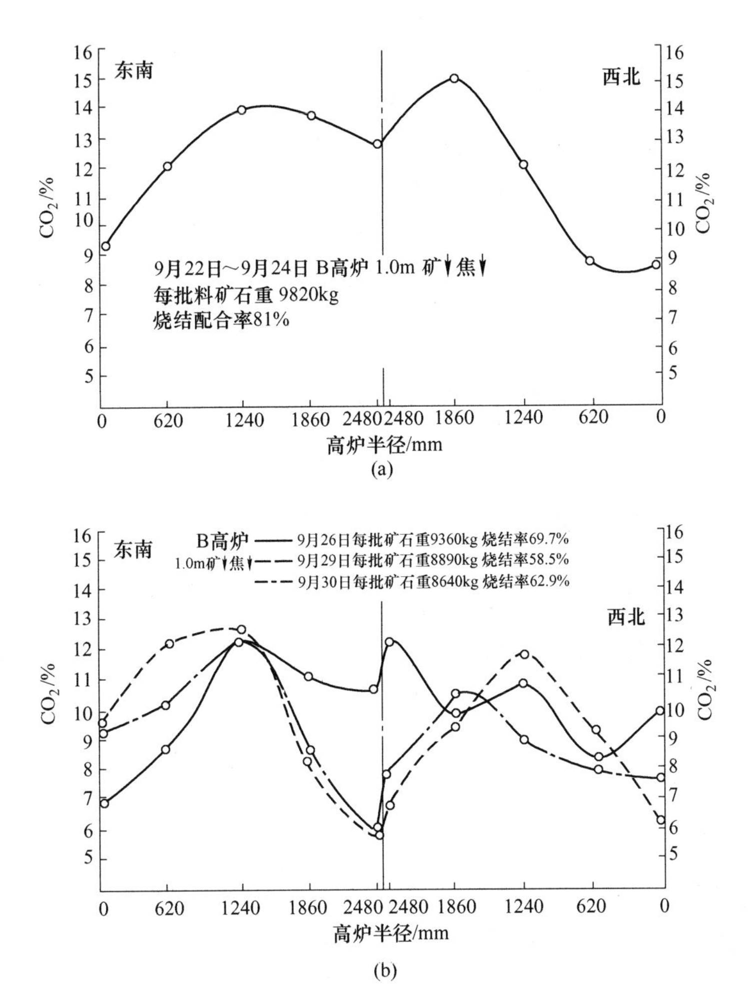

图15 鞍钢B高炉9月 CO_2 曲线

几个因素对布料的影响的结果，概要叙述如上。炉顶调剂的目的是要掌握这些因素，并使炉料分布达到最理想的情况。但是哪一种分布是最理想的呢，这里就产生了问题。

炉料最理想的分布状态（也就是说，最适宜的煤气曲线），需要从实践中寻找。在这方面，可举出B高炉的资料为例。

B高炉9月下半月产量较大，料较顺，其操作指数见表11。

表11　鞍钢B高炉10月操作指数

日　期	有效容积利用系数 /t·(m³·d)⁻¹	冶炼强度 /t·(m³·d)⁻¹	焦比	焦炭负荷	风量×1000 /m³·h⁻¹	风温 /℃	崩料 /次·日⁻¹	悬料 /次·日⁻¹	煤气 CO_2/%	装料制度	备　注
10月17日～10月31日	0.696	1.09	0.76	1.88	79	558	0.2	0	12.4	矿↓焦↓ 1.2m	10月23日悬料五次，该日未包括

与此相适应的煤气曲线为双峰式（见图16）。B高炉的煤气曲线为双峰式时一般操作较好。如果曲线形状特殊炉况就波动。9月9日炉大凉，悬料三次，由煤气曲线得知矿石集中炉心（见图16）。9月11日至13日炉况波动剧烈，由曲线也可看出炉中心负荷太重。A高炉的情况与B高炉相同，煤气曲线双峰式时炉况好，如边缘高中心低时易发生崩料，矿石集中炉心时冷热波动大。所以，寻找适宜的煤气曲线是炉顶调剂法的第一个重要工作。

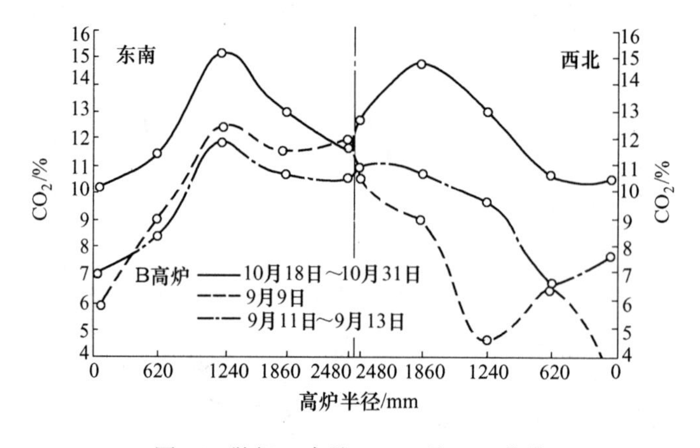

图16　鞍钢B高炉9～10月 CO_2 曲线

5　结语

综括以上所述，可得出以下初步的结论：

（1）炉顶调剂法是最先进的调节高炉的方法，因为它走在高炉变化之前，而且效力最大。高炉操作应以炉顶调剂法作为最主要的调剂高炉行程的方法。

（2）鞍山观察到的几个因素对布料的影响为：

装料次序——矿石愈靠近罐下部则分布在高炉炉颈边缘的愈多。

装入制度——先矿后焦促使矿石分布在边缘，先焦后矿促使矿石滚向中心。

料线——料线降低促使矿石集中边缘，料线提高促使矿石集中中心。

批重——增加批重促使矿石滚向中心。

鞍山所观察到的结果与苏联炉顶调剂法的原则是符合的，这是苏联经验适用在我国工业建设中的一个证明。

上面只是初步的结论，为了进一步提高高炉产量，在推行炉顶调剂法中还要做很多工作。需要更细心地对照研究计器指字与煤气曲线，研究高炉行程变化与煤气曲线变化间的关系。根据研究结果制订出炉顶调剂规程，使操作人员充分掌握这新的操作方法，这样才能把高炉操作的技术水平提高一步。

我国炼铁生产发展中的几个问题*

摘　要　1956年9月冶金工业部会同重工业工会在鞍山召开了高炉工长工作经验交流会议，会后组织了炼铁轮回经验交流小组，本文就是炼铁轮回小组到各厂交流经验后经小组讨论由张寿荣工程师执笔写成的。文中所提各点，希望有关企业领导，炼铁车间同志，能够进行讨论并提出意见。

作为重工业主要部门的炼铁事业，在解放后的七年中突飞猛进地在发展着。生铁产量早已远远超过了我国历史上最高年产量，并能提前一年多达到第一个五年计划所规定的水平。生铁的质量也有极大的改进，全国所有的高炉都先后相继按照生铁规格生产，不合格产品已大大减少。1956年内，许多高炉在降低生铁含硫上又取得了成绩。原材料节约方面特别是焦炭的节约非常突出，解放前焦比大约为1.0～1.2，最差的高炉甚至高达2.0，解放后焦比逐渐降低，1956年1～11月份全国炼钢生铁平均焦比为0.782，达到了国际水平。高炉有效容积利用系数1956年上半年全国平均为0.769，已赶上苏联同年同期的全国平均系数。随着高炉设备维护的加强及修建质量的改善，事故逐年在减少，基本上已消除了炉缸溃破及爆炸事故；高炉寿命大大地延长了，自1952年实行高炉中修后，高炉大修的一代寿命有些已经达到七年以上。

在我国炼铁事业的发展中苏联先进科学技术的帮助起了极大的作用。1951年推行了全风量操作，许多高炉产量比解放前提高了0.5～1.0倍。1952年开始推行了炉顶调剂法，使大部分高炉保证了顺行及焦比的降低。在原料准备方面，进行了大规模的天然矿石中和以及铁矿石按粒度分级，改善了原料条件的稳定性；使用了高碱度的自熔性烧结矿后，对降低焦比、提高产量方面起了极大的作用。1954年起推行了热风炉快速燃烧法，最好的高炉风温已达850～900℃以上。降低平炉炼钢铁含锰量的试验成功，不仅提供了新的增产手段，并推翻一些夸大锰在高炉中的作用的传统看法。1956年8月在苏联的帮助下，我国又出现第一座高压炉顶高炉，产量约可比一般常压高炉提高10%。

为了给推行新技术创设条件，这些年来对旧有的设备进行了一系列的技术改造。在大型高炉中改建了六座自动化高炉，在中型及小型高炉中加强了炉体结构及炉衬，增设了炉顶旋转布料器及热风炉压力送风的燃烧器。为了摆脱炉缸事故的威胁，全国大部分高炉都装有炉缸冷却壁及机械堵铁口设备。在炉前操作方面，改进了泥炮质量，推行了先进操作法。在设备维护方面，建立了各种维护制度，推行了快速检修法和高炉中修的经验，使得高炉作业率大大提高了，高炉一代寿命也延长了很多。高炉开炉工作的进步，不仅使高炉增产，也是提高炉龄的因素之一。此外，我国各炼铁车间都

* 原发表于《钢铁》，1957(1)：17～28。

已建立起成套的管理制度及规程，这是保证实现上述一切措施的先决条件。

在谈到高炉生产成绩的同时，必须指出，我国炼铁生产中还存在着严重的缺点，缺点的主要方面是全国高炉发展的严重不均衡现象。

发展的不均衡现象，首先表现在高炉生产增长快，原料生产增长慢，造成了矿石供应不足。矿石铁分逐年下降，矿石成分波动大。选矿与烧结厂投入生产的速度落后于高炉增长的速度，配料中烧结矿的比例不能增长，不得不大量使用天然富矿，因而造成天然富矿供应紧张。原料的落后限制了高炉产量的增长，同时削弱了新技术的效果。我国西南地区高炉生产指标落后与铁矿品位低、渣量大的原因是分不开的。

其次是设备与高炉操作要求的不均衡。有许多高炉虽然允许提高冶炼强度，但由于风量不足不得不维持冶炼强度在 1.0 以下。钢铁局所属的铁厂，由于送风机能力不足，高炉在夏季不可能保持规定的装料批数，每年夏季减产几乎已成定律。到目前为止，除了鞍山、石景山、本溪、太原等厂使用风温在850℃以上外，其余各厂风温都在800℃以下，甚至在700℃以下，其主要原因是煤气洗涤设备不完善，含灰量太高，热风炉构造不合理。因此各厂使用风温的高低相差悬殊，焦比相差自然也大。到现在还有些厂因为蒸汽不足而不能实行加湿鼓风。

第三，各厂先进经验与新技术推广的不均衡。几年来先进经验与新技术在几个产量较大的厂内推行得较好，因此进步也快；而在其余厂内，新技术接受较少，进步也慢。例如炉顶调剂法，有些厂内早已用作经常性的调剂手段，但也有些厂内对最有利的装料制度的观念仍相当模糊。由于新技术推广的不均衡，生产水平相差愈来愈大。

以上是目前我国炼铁生产发展中的主要矛盾的三个方面，其中以原料及设备与高炉发展的矛盾尤为重要，因为高炉操作归根结底取决于原料与设备条件。

现在的任务就在于消灭这种不均衡现象，以期达到炼铁事业的普遍高涨。必须扭转矿山落后于高炉的现象。以适当地改造与补充现有旧设备的办法，消除设备落后于高炉需要的情况。以加强组织先进经验交流与推广的方法消除技术水平上的不均衡现象。那么，我国炼铁事业的发展速度与生产水平将都会有更大的提高。

1 矿石冶炼前的准备

在炼铁生产中原料所占的比重为70%，设备及高炉操作才占30%，用这个比喻来说明冶炼前矿石准备的重要性是很恰当的。苏联 И. П. 巴尔金院士关于矿石冶炼前准备的重要性曾说过："近几年来全世界炼铁生产的主要成绩是和原料准备工作的基本改善、矿石富选、矿石按化学成分中和按粒度分级、粉矿的烧结分不开的。"又说："马格尼托哥尔斯克和库兹涅茨克钢铁公司的炼铁专家们的经验在实践中证明了：细致地准备原料是高炉特别是大型高炉操作良好的必要条件。……我们一致认为，新建高炉时如不运用一切可能这样准备原料，就是说这些人要不就是不学无术的人，要不就是些对事物漠不关心的官僚，而这些人在客观上却给钢铁工业的发展带来莫大的危害……"。❶

最近几年，学习了苏联经验，我国的炼铁工作者进行了一定的原料准备工作。

❶ 见1955年8月16日苏联《劳动报》И. П. 巴尔金著《为黑色冶金业的技术进步而努力》一文。

1954 年以来，大部分的炼铁车间都开辟了贮矿场，进行天然富矿的中和。石景山钢铁厂在中和矿石方面取得较大的成绩。该厂改造了矿石破碎筛分设备，合理地组织了运输，将矿石分堆分层平铺及切取。中和后的矿石含铁分比波动以前减少了一半以上。此外，石景山厂又利用贮矿槽中和矿石，效果也很大（大块庞家堡铁分波动大于 ±0.5% 者中和前为 67%，中和后为 25%）。其他炼铁车间在这方面也取得良好的效果。

矿石成分波动减少，炉况就得以稳定下来。石景山厂曾经比较过二高炉原料改进前后原料热制度变化情况：整顿原料前（1953 年 7 月）全月变料 46 次，其中改变铁种 2 次。调整其石灰石 42 次，生铁品种合格率为 47%。整顿原料后（1954 年 10 月）全月变料 26 次，其中改变铁种 6 次，调整石灰石 12 次，生铁品种合格率为 92%。

在矿石按粒度分级方面，石景山厂首先在一高炉进行矿石分级试验，当时分级部分占总量的 60%，试验结果如下：

（1）炉况顺行，风压平稳；

（2）产量增加 1.83%；

（3）焦比降低 2.3%。

全国绝大部分炼铁车间都进行了矿石中和及分级工作。

现在各高炉所使用的烧结矿都是自熔性的，烧结矿碱度 CaO/SiO_2 不低于 1.0。使用自熔性烧结矿获得了以下几个利益（表 1 和表 2）：

（1）高炉内用于分解石灰石的热量被节约了，焦比降低；

（2）自熔烧结矿容易还原，煤气利用改善，焦比降低；

（3）自熔烧结矿有利于造渣，高炉顺行；

（4）自熔烧结矿铁分较天然矿石稳定，对高炉炉况稳定有利。

表 1　鞍钢六高炉使用自熔烧结矿的效果

日　期	烧结碱度	烧结配合率/%	冶炼强度 /t·(m^3·d)$^{-1}$	焦比	利用系数 /t·(m^3·d)$^{-1}$	渣铁比	风温 /℃	煤气 CO_2/%	焦炭负荷
1955 年 6 月	0.582	53	1.041	0.798	0.781	0.700	799	11.30	2.196
1956 年 10 月	1.00	78.61	1.050	0.729	0.697	0.801	899	13.3	2.582

表 2　石景山厂一高炉使用自熔烧结矿的效果

日　期	烧结碱度	烧结配合率/%	冶炼强度 /t·(m^3·d)$^{-1}$	焦比	利用系数 /t·(m^3·d)$^{-1}$	渣铁比	风温 /℃	煤气 CO_2/%	焦炭负荷
1955 年 9 月	0.54	29.24	0.956	0.843	0.786	0.610	785	11.8	2.025
1956 年 5 月	0.98	41.15	1.03	0.763	0.690	0.684	981	12.8	2.432

在本溪与太原等厂也获得类似的结果，这都说明了大量使用自熔烧结矿是提高高

炉设备利用率的主要方法。高压炉顶操作可使高炉增产5% ~10%，但增加大量设备，远不如提高烧结碱度来得经济。

以上事实充分证明加强与改进原料准备工作是增加生铁产量的首要措施。

必须注意到目前国内高炉原料的情况。1956年许多高炉原料的含铁分下降了。有些在中和矿石方面已经获得成绩的炼铁车间，矿石成分的波动又变大了。尤其严重的是矿石供应不足，高炉无储备矿石，某些高炉面临停工待料的威胁。

造成目前矿山落后于高炉的原因主要是由于几个大炼铁厂矿山，选矿、烧结的开工进度落后于高炉的开工进度。鞍钢因选矿烧结能力不足，本溪钢铁公司的烧结厂比高炉晚开工将近一年，都需要由外地运入大量天然富矿，加剧了矿石供应不足的严重性。

原料落后的情况必将影响并妨碍了高炉技术经济指标的改善。现在需要尽一切可能增加天然富矿的产量，对新建或改建的钢铁厂应抓紧矿山及选矿、烧结的工程进度，才能扭转目前的紧张局面。因为足够的矿石储备是进行原料准备的基础。

但是目前并不是不可能进行原料准备工作了，恰恰相反，矿石供应愈紧张，准备工作就愈重要。现在需要进行比以前更多的工作，利用一切可能中和矿石，选出废石才能挽救矿石质量的降低。

仅仅靠炼铁车间中和矿石是不够的，必须组织从矿山开始的准备工作。但是现在只有很少的矿山进行了中和工作。许多矿山工作人员对矿石中和重视不够，只管出矿，不管矿石成分的波动。马鞍山铁厂扩建的事实是很好的例子。该厂在矿山扩建时不考虑中和，到碎矿场将建成时才增加了新的中和设备。

某些矿山及选矿工作者对选矿的必要性认识不足。重庆钢铁公司炼铁车间所用的綦江矿石在1955年下半年及1956年上半年在中和方面已经有了些成绩。但1956年下半年，该矿为了追求产量取消了矿石破碎前的手选，铁矿含铁分由49% ~50%降到44% ~45%。大量的废石浪费着运输力、高炉有限的容积和贵重的焦炭。这种不合理的现象应即刻改变。

我国大多数炼铁车间原料准备工作机械化程度很低，除鞍钢及马鞍山厂外，全是人力中和矿石，这不仅劳动生产率低，矿堆不能太大，而中和效率不高，分级设备能力也受到限制。今后需要逐步地推行原料工作的小型机械化。

某些高炉工作者喜欢矿石粒度大，不愿用粒度小而不含粉末的矿石。许多小高炉用的矿石分三级：50 ~35m/m，35 ~25m/m，25 ~10m/m。某些车间不愿意使用25 ~10m/m的矿石，或是微量地使用着。虽然用大块矿石风压可以低些，但另一方面煤气利用要坏，这对炉身特别短的小高炉非常不利。矿石在炉身未经很好的准备而下降，就增加了炉缸的负担，结果焦比高、炉缸冷。小高炉应当使用粒度小而不含粉末的矿石，其粒度范围可在10 ~40m/m分两级，分三级是多余的。

现在块矿供给紧张，粉矿在某些矿山或厂内还有些剩余，但由于缺乏烧结设备，不能利用而堆存起来。因此增加烧结设备，不仅可以解决一部分矿石供应问题，还可以使高炉焦比降低和产量增加。

总之，矿石问题是目前炼铁生产中的关键。我们需要迅速增加富矿的产量，加快选矿、烧结工厂的建设进度，积极地进行矿石的中和和分级，提高自熔烧结矿的生产量，在完成了这些工作之后，炼铁生产一定会进一步提高。

此外，焦炭的质量虽在解放后有很大改进，但自从1953年以后质量的改进就变得非常缓慢，而且有些厂出现了后退趋势。这种情况虽与洗煤质量有密切关系，但焦化厂在碎煤、备煤、调火、消火操作上存在很多问题，以致焦炭强度不足，生焦与过熟焦齐备，焦炭水分由1%以下波动到6%以上。土焦的质量更难令人满意。挥发分在3%～4%，转鼓鼓内指数的波动由220kg至280kg。

改进焦炭质量工作是很艰苦的，但焦炭的质量必须改进，否则就不能适应强化高炉行程的要求。

由于现在焦炭供应数量渐感不足，有的焦化工作者企图缩短炭化时间来增加焦炭产量。这种企图不仅会使焦炭质量恶化，也将会破坏高炉正常操作。解决焦炭不足最根本的办法是增加新焦炉。在新焦炉投入生产前改进焦炭质量是解决焦炭不足的一个办法。焦炭质量改进后，高炉焦比降低，生产一定数量生铁所需的焦炭量即将减少，无异于增加了焦炭产量。

2　高炉的技术装备

新技术与先进经验的推广，大大地提高了高炉设备的利用率。因此现有的旧设备愈来愈不能满足高炉操作的要求了。

2.1　送风机

送风机能力不足是多数高炉设备中的薄弱环节。每年夏季，小高炉由于风机风量不足而减产的情况最为严重。下面比较某些炼铁车间冬夏季冶炼强度的差别。

厂　名	本　溪	阳　泉	龙　烟	大　冶	马鞍山
1955年1月	1.038	0.997	0.910	0.829	1.119
1955年8月	0.943	0.902	0.903	0.899	1.062
1956年1月	1.087	0.944	0.934	1.036	1.089
1956年8月	1.023	0.981	0.996	0.959	1.061

在龙烟、阳泉、大冶等厂内送风机串联送风，增加了一些风量，但仍感不足。上面的数字表明冬夏冶炼强度之差可达0.10。既然冬季可以接受高的冶炼强度，夏季也应当能够保持。此外风机能力不足也成为高炉扩大容积的障碍。

需要为现有的小高炉增加一批能力为300～600m^3/min的送风机。当高炉风量足够之后，夏季减产的现象一定会消除，全国生铁产量可以大大提高。

在安装新送风机前，消灭送风设备的漏风也可以减少高炉产量的损失。本溪第一铁厂在消灭了热风炉漏风之后高炉增产10%。

石景山厂在送风机喷水，降低了机温，部分地解决了夏季风量不足的问题。这种办法在设备能力允许的车间是可以採取的。

2.2　热风炉及煤气清洗设备

如前面指出，还有些高炉风温低于700℃。风温低，在热风炉燃烧制度方法有一些原因，但最主要的是热风炉构造上的缺陷及煤气太脏。

从下面几座高炉热风炉的资料（表3）可以看到，许多风温高的热风炉废气温度不高。风温低的炉子废气温度高于或接近于600℃。如果比较一下格子砖型式及格砖内风速，原因就很明显了。格孔太大，热交换效率低，燃烧废气中的热量未很好地传给砖墙的携出烟道，就是这些高炉热风温度提不高，废气温度降不下的主要原因。

表3　我国几座高炉热风炉的资料

厂　名	加热面 /$m^2 \cdot m^{-3}$	炉顶温度 /℃	废气温度 /℃	风温/℃	格砖型式 /$m \cdot m^{-1}$	格砖内风速 /$m \cdot s^{-1}$	燃烧器型式	备　注
鞍　钢	51.2	1200	250	900	80×80	—	压力送风	一高炉
	52.23	1250	250	950	180×180 70×190 80×80	—	压力送风	六高炉
石景山	60.2	1190	380	980	80×80	—	压力送风	一高炉
本　溪	50	1150	520	910	145×145	2.43	压力送风	第一铁厂
重　庆	46.5	1150	<600	180	152 圆形	1.38	压力送风	一高炉
阳　泉	57.5	—	400	600	120×85	—	自然送风	二高炉
	48.8	—	600	630	150×150	—	自然送风	三高炉
马鞍山	55	1150	700	650	150×150	1.16	压力送风	一、二高炉
大　冶	56	1150	650	650	—	—	自然送风	

煤气太脏是改造热风炉的障碍。使用脏煤气就不可能缩小热风炉砖孔。使用脏煤气的热风炉需要每两周清扫砖孔一次。每次清出灰量由数百千克至一吨以上。燃烧器要频繁地清扫。即使如此仍不可避免地使格砖表面附着煤气灰而结成釉，影响热交换。煤气脏也不能提高炉顶温度。

大部分小高炉仅仅有干式除尘器。个别有洗涤塔的高炉洗涤塔效率也不高。这就使大量的煤气灰进入荒煤气管道。在这些厂内未进行煤气含灰量的测定，所以也不知道煤气含灰程度。但由燃烧器及管道堵塞情况，热风炉清灰情况可以肯定含灰量很高。有些厂在计划安装台森洗涤机这将是提高热风温度的关键。

当煤气含灰量降低之后，就可以缩小热风炉砖孔。这不仅增加热风炉加热面而更提高了煤气及风在孔道内的速度，能使废气温度下降，热风温度提高。

鞍钢与石景山厂的情况与前面各厂不同。在这两厂内风温已达到900℃以上，而热风炉仍有余力供给更高的风温。现在的问题是风管及热风管道经受不住更高的温度，需要组织合金风管的制造来保证进一步提高风温。

2.3　高炉装料设备

高炉装料设备应当满足以下几个要求：（1）保证炉料在炉喉分布均匀；（2）允许进行炉顶调剂；（3）保证按高炉操作要求装入最大数量的矿石和焦炭。

如按这三项要求来检查全国每座高炉的装料设备，就可以发现很多高炉的装料设备不合格。

龙烟、重庆两厂是用料车装料的，但没有旋转布料器，当然毫无例外地造成布料偏析。龙烟铁厂因为受到大、小钟间漏斗容积的限制而采取了一种非常复杂的装料制度。太原的二高炉装料设备是四点布料（布朗式），无论焦炭或矿石都要分为四份才能布料均匀，这就限制了上部调剂范围。由于大、小钟间容积不足，马鞍山厂的旧高炉不能采用同装。卷扬能力不足使批重和装料批数受到限制的更多。鞍钢的一、二、四高炉只能炼铸造铁不能炼钢铁，因为炼钢铁负荷高，卷扬能力不足。如果一定要炼钢铁，则只能用700℃左右的风温。

装料设备的缺陷妨碍了高炉正常操作。长期布料不匀，使煤气利用变坏，焦比升高，造成偏行，使炉形失常。重庆钢铁公司一高炉的偏行就是布料失常的结果。上部调剂受到装料设备的限制，因卷扬机能力不足使高炉不能增加批重提高负荷，这一切都妨碍了高炉增产。

根据马鞍山铁厂自制旋转布料器的经验看来，为我国的小型高炉增加旋转炉顶并没有多大困难。投资不大，在安装时也不需很长时间。只要抓紧进行，在一年内解决小高炉布料不匀的问题是可以办到的。

装料设备不合理或能力不够的高炉需要利用中修或大修的机会进行改造。装料设备的正常对高炉顺行及操作经济有极大意义。

2.4 渣铁处理

许多小高炉的出铁场很狭窄。在这些厂里没有炼钢车间及铸铁机，高炉铁水要在出铁场铸成铁块，狭小的出铁场就成了高炉增产的阻碍。

在龙烟、马鞍山和大冶几个厂里，高炉每天出铁在十次以上。有时出铁不匀，受到铸床限制，铁不出净就堵铁口。这种情况对出铁口的维护非常不利，且比出铁次数多，大大地增加了工人的劳动强度。

在龙烟、阳泉等厂，炉渣流到沙铺成的沟里，然后用小车装走。装运热的渣块需要很多人力，同时，也容易发生烫伤事故。

这些厂里的同志们都有将高炉容积扩大的打算，但如果渣铁处理不了，扩大容积也不能增产。

龙烟和马鞍山厂的高炉数目多，而且还在扩建，就十分有研究利用铸铁机的必要。利用25t铁水罐出铁就可以精减大批的铸床工并把出铁次数改为六次。这可以大大提高劳动生产率，同时提高了铁块质量。

利用渣罐处理矿渣要比增加铸铁机简单得多。马鞍山和大冶厂都有小渣车，他们的经验应当推广。

2.5 动力供应

在某些厂里水和蒸汽的供应也有困难。

阳泉铁厂水的质量很差，硬度高，悬浮物多，水量不足。必须加速寻找新水源，否则高炉就不能合理地进行冷却。

马鞍山铁厂的蒸汽供应很困难。因此没有推行加湿鼓风。马鞍山地区昼夜大气湿分相差很大，控制鼓风湿分非常必要。显然应当尽快地为马鞍山安装锅炉。

2.6 计器

除了鞍钢及本溪的新高炉外，其他各厂高炉的计器都是比较简陋的。计器最贫乏的是龙烟铁厂，计器主要的就是几根U形管。

大多数小高炉没有风量记录计，有的甚至连指示计也没有。很多高炉没有风压记录计。有炉顶煤气压力计及煤气温度计的就更少。风温大多是指示计，因为维护不好常常发生差错。这样的计器显然不能满足高炉操作的要求。

现在有些高炉计器我国已能制造，有些计器像风压记录计厂内也可自制。为了提高高炉操作水平，十分必要有计划地为每座高炉增设计器。

2.7 高压炉顶高炉

我国第一座高压炉顶高炉——鞍钢九高炉，虽然开工时间很短，但已显示出高压操作的优越性。这由表4所示的技术指标可以看出。

表4 鞍钢九高炉技术指标

月份	炉顶压力 /atm	冶炼强度 /t·(m³·d)⁻¹	焦比	利用系数 /t·(m³·d)⁻¹	日产量/%	焦炭负荷	渣铁比	风压 /atm❶	风温 /℃	煤气 CO_2/%
8	0.15	1.048	0.856	0.835	100	2.042	0.720	1.00	927	11.5
10	0.7	1.081	0.775	0.719	116	2.109	0.633	1.47	924	11.6

高压操作使高炉增产约16%。九高炉改建工程中，由于高压操作额外增加的投资尚不足40万元，但是却获得如此之高的经济效果。

1957年内将有两座改建大型高炉开工，还有两座900m³以上的高炉中修和大修，因此就有将这四座高炉改为高压炉顶的必要。这四座高炉采用高压相当于增加400m³高炉一座。从投资上看，改高压当然比新建高炉经济得多。

2.8 高炉构造的研究

现在应当对高炉设备进行有系统的研究工作。解放以来，恢复改建了几十座高炉。这些高炉大小不同、型式各异，现在需要根据它们的工作指标来比较分析，究竟哪一种尺寸和型式是最理想的。这会给今后的恢复改建工作很大的帮助。

鞍钢和本溪的高炉都是用料罐装料的。在国外，用料罐装料的绝大部分是容积小的旧高炉，而我们的料罐式高炉都是高度机械化自动化的，拥有自动化的装料系统，并且采用了高压操作。我们要从这些高炉中寻出各种设备的最好型式及最合理的炉形，这将会给今后改建作有益的参考。

我国有在数目上占很大比例的小高炉。不仅现在而在将来也要发挥重要的作用。这些小高炉大部分设备简陋，布置不当，不利于采用新技术提高产量。所以如何对小高炉进行改造是一个急待研究的问题。

---

❶ 1atm为一个大气压，约为101325Pa，本书余同。

由于国外无小高炉标准设计，需要我们有系统地根据现有小高炉资料全面地研究小高炉构造问题。首先要研究平面布置、运输。研究原料如何运输、装料设备的型式、热风炉的构造及炉体构造。最后还要寻找出约 $100m^3$ 及 $200m^3$ 高炉的标准炉形。

在小高炉上硬搬大高炉的经验有时是行不通的。最近两年我国一些小高炉采用大高炉型的冷却壁使炉腹结厚的事实就足以说明大、小高炉需要不同程度的冷却。这类的例子还很多。

当我们研究分析与总结了现有高炉构造之后，一定会使今后恢复与改建高炉工作发挥更有效的作用。

上面谈到的种种问题，目的在于为进一步发挥现有高炉潜力创设条件。我国高炉工作者们在逐步地消除了这些设备落后现象之后，一定会使全国炼铁生产水平出现新的高涨。

3　高炉的技术操作

在高炉技术操作方面，现在仍存在着许多问题和错误，严重地阻碍了高炉生产前进。

3.1　高炉技术操作方针

解放以来，我国高炉工作者在技术操作方针上曾走了不少弯路。1951 年开始推行的全风量操作在提高全国炼铁生产水平上起了很大作用，但也造成高炉操作人员不顾条件盲目吹风的倾向。有些高炉不顾一切地将冶炼强度提高到 1.2。1953 年至 1954 年间全国各厂高炉普遍结瘤与盲目追求冶炼强度有密切关系。

结瘤的教训使高炉工作者认识到“高炉风量必须与炉料的透气性相适应”，和“强化高炉行程在于增加每昼夜熔化矿石的数量而不只是燃烧焦炭的数量”。在这个技术操作方针的指导下，高炉工作者不再盲目地追求冶炼强度而从事于大力降低焦比的工作。结果是高炉结瘤事故大大减少了，1955 年及 1956 年高炉有效容积利用系数空前地改善。

虽然在全国范围内高炉技术操作方针基本上明确了，但在个别的厂及个别的高炉工作者中间认识并不一致。

太原厂的一高炉过去因为装料制度不合理及慢风操作使高炉操作失常。1956 年 5 月份改变了装料制度加大了风量，炉况好转了。某些操作人员得到这样的结论：风愈大，高炉愈顺行。过多的吹风使一高炉终于产生了崩料。他们还把同样的原理应用到情况完全不同的二高炉，把二高炉经常悬料的原因归咎于风量太小。这显然是不恰当的。

重庆钢铁公司高炉的工作条件很差，矿石贫，渣量大，渣铁比约 1，焦炭强度很低。在这种条件下，冶炼强度不可能太高，但在 1955 年以前却经常保持在 1.1 至 1.2 之间，所以焦比很高（>1.0），产量也不多，高炉结瘤。今年纠正了不正确的操作方针，生产有很大的进步。然而在某些操作人员中间仍然不满足于现有冶炼强度，企图提高到 1.1 以上。显然这种想法是不恰当的。

许多高炉工作者对降低焦比重视不足。事实上，降低焦比比提高冶炼强度有更大的增产潜力。除了西南的高炉外，我国大部分高炉的矿石是较富的，渣量一般不多，而有些高炉渣量很少（大冶 400kg/t Fe，本溪约 550kg/t Fe），完全有可能降低焦比。用降低焦比来增产是最经济的增产方法。

从下面 1956 年综合焦比的数字中（表 5）可看出降低焦比的潜力。

表 5　1956 年各厂渣铁比和焦化数据　　（kg）

厂名	苏联马钢	鞍钢	石景山	本溪	太原	龙烟	阳泉	马鞍山	大冶	重庆	昆明
渣铁比	400	750 ~ 800	650 ~ 700	500 ~ 600	650 ~ 700	800 ~ 850	<500	550 ~ 600	400	1000	1100
焦比	653	770	886	773	844	1047	799	894	777	1008	1024

渣量少的高炉应比渣量大的高炉焦比低。如果渣量少而焦比不低，则证明在降低焦比方面有很多工作可以做。我国的高炉应当做到渣铁比 400kg 的，焦比不高于 0.7，渣铁比 600kg 以下的，焦比不高于 0.8，渣铁比 900kg 以下的，焦比不高于 0.9。如果使用自熔烧结矿，焦比应当更低。

为了降低焦比还需要做许多工作。

某些操作人员对控制规定冶炼强度的观念还不是很明确的。有些厂里仅规定了冶炼强度的上限而不规定装料批数的范围。批数忽多忽少引起炉温波动。需要着重指出，装料批数的稳定是高炉操作稳定的必备条件。

不允许高炉过吹并不是说反对高炉提高冶炼强度。如果原料条件好，就应当提高到原料透气性所允许的最大冶炼强度，单纯追求焦比的作法也应当反对。譬如，大冶受风机限制维持 1.0 以下的冶炼强度是不应当的，如果风量足够可以提高到 1.05 ~ 1.10 之间。我们所反对的是不顾客观条件的盲目吹风。

3.2　湿风高风温操作

1954 年开始大力推广的加湿鼓风操作在这两年中间取得了极大的成绩。鞍钢 1955 年焦比比 1954 年降低 0.062，其中有 70% 是推行湿风高风温操作的结果。热风温度鞍钢由 1954 年的 650 ~ 670℃ 提高到 1956 年的 850℃。石景山厂大高炉由 1954 年的 630 ~ 650℃ 提高到 1956 年的 900℃。

有些高炉推行湿风操作很成功，也有些高炉虽然推行了，但并未获得利益，甚至失败了。还有一些高炉现在尚未推行。

本溪在推行加湿鼓风后风温提高了百余摄氏度，同时鼓风湿分也增加了约 20g/m^3，干风温度（指风温减去湿分分解所需温度后的风温）由 600℃ 以上降至 550℃ 以下。焦比不仅未降低，相反升高了（表 6）。

表 6　本溪一高炉风温及鼓风湿分指标

日　期	1955 年 2 月	1956 年 1 月	1956 年 8 月
本溪一高炉风温/℃	800	840	910
湿分/g · m^{-3}	17.0	24	43
干风温度/℃	647	624	523
焦　比	0.735	0.753	0.805

大冶厂1956年开始试验加湿鼓风操作，增加了3g/m³湿分，但并未相应地提高风温。炉温渐渐下降，料快，并未引起操作人员注意，却认为是加湿鼓风的效果来了。最后造成大凉，连续生产废品，大量减产。

他们推行湿风操作没有获得利益。主要的原因是没有随着湿分的增加相应地提高风温，以补偿水分在炉缸内分解所消耗的热量。由此可以得出结论，推行湿风操作时，必须提高风温才能获得利益。

如同前面指出的，有许多高炉热风炉设备能力不足，风温不能提高。热风温度无有后备的情况下使用高湿分是不利的，但不能认为，不能推行湿风操作。我国大多数高炉所在地区昼夜大气湿分波动很大，在鼓风中加蒸汽以保持可能最低而稳定的湿分一定会对高炉顺行有利。

为了更广泛而有利地推行湿风操作，必须创造提高热风温度的条件，并纠正以往推行中的不正确的作法。

必须防止提高风温中的片面性。虽然现在还不可能从理论上说明热风温度有没有极限，但必须注意到，风温的高低（和风量大小一样）是取决于炉料的特性的。只有在高炉顺行的条件下才能提高风温，否则就会得到和盲目吹风一样的恶果。

鞍钢、石景山、本溪、太原等厂湿风操作的方法由固定湿分变为固定风温，以湿分作为调剂手段。这种作法对热风温度已达设备允许最高限度的高炉来说是经济的。需要指出，风温与湿分两个因素必须固定一个，如果两个因素都不固定一定会使高炉操作紊乱。

3.3 高炉的上部调剂

炉顶调剂法的推广，在保证高炉顺行及降低焦比方面起了极大的作用。全国的高炉都进行了一系列的试验，并规定了正常的装料制度。在鞍钢、石景山、本溪等厂内上部调剂已经成为日常的调剂手段。

在炉顶调剂的问题上现在有一些争论，最主要的争论是小高炉最有利的煤气分布的问题。有些高炉工作者认为小高炉与大高炉煤气分布应当一样，另外有些高炉工作者认为不应当一样。在龙烟、马鞍山和阳泉等厂，被大多数高炉操作人员认为最有利的煤气分布是边缘8%~10%，中心12%~14%，草帽状的CO_2曲线。

这种煤气分布被认为有利，因为这时风压较低，高炉较顺。这种煤气分布实质上是边缘过分发展的煤气分布，当然风压低。由于边缘发展，焦比一定要高。中心堆积，炉缸要冷，生铁含硫就高。中心堆积过分并不能保证顺行。所以这些高炉也发生悬料、崩料。

大冶厂的实践给小高炉煤气分布的问题做了结论。大冶厂高炉的煤气曲线经常是边缘CO_2 8%~10%，中心CO_2 8%~10%，最高峰在半径1/2处，CO_2 17%~18%（见图1）高炉非常顺行，1956年的10个月内崩料

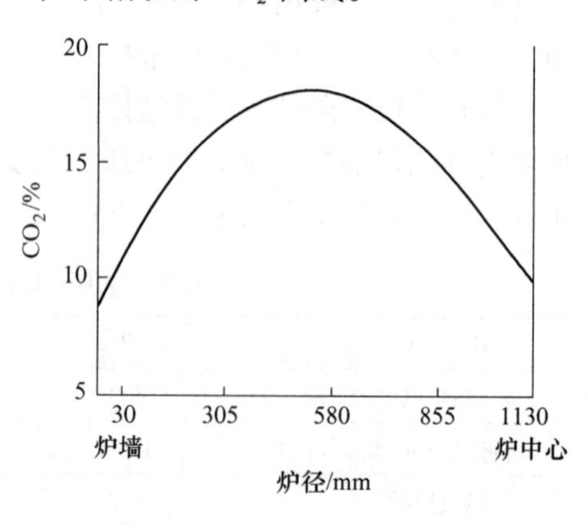

图1 大冶厂高炉煤气曲线

仅25次（其中有几次是休风后送风引起的），炉缸温度充足，炉渣脱硫良好，生铁含硫低（渣中(S)1.4% ~1.5%，铁(S)0.04% ~0.05%）。高炉达到了全国最低的月平均利用系数0.654。

小高炉和大高炉一样，要求边缘和中心都有适当的煤气流柱来保证顺行，煤气热能的充分利用和炉料的充分准备。这一点已经不用再怀疑了。

因此需要在这些小高炉上继续进行各种装料制度的试验，以获得类似大冶厂高炉的煤气分布。这将会对高炉顺行及焦比降低有所帮助。

在某些厂里，炉顶调剂法利用得还不充分。有些车间没有把一定范围内炉顶调剂的权力交给工长。高炉炉况失常的萌芽是煤气分布的失常，能及时利用炉顶调剂来纠正将会是最经济及最有效的。车间的领导者应当明确各种调剂方法的作用，并把一定范围内调剂的权力交给工长。这对保证高炉顺行会有很大好处。

3.4 高炉造渣制度及脱硫

关于冶炼铸造铁的造渣制度，有两种不同的看法。鞍钢、本溪冶炼铸造铁时造渣比炼钢铁酸，而在龙烟、马鞍山、阳泉冶炼铸造铁一向使用碱度很高的渣。

从这许多高炉冶炼铸造铁的操作指标比较，显然利用酸一些的渣是合理的。鞍钢冶炼铸造铁渣碱度 CaO/SiO_2 一般在1.00~1.05，焦比在0.80~0.85。而在利用碱性渣冶炼铸造铁的厂里焦比在0.95甚至1.0以上，每次改炼铸造铁即使高炉大量减产。

看来生铁中硅的还原不仅依靠造成碱性而难熔的渣，渣的化学性能有很大作用。高碱度的渣 SiO_2 的还原一定比酸性渣困难。可以认为冶炼高硅生铁必须采用较酸的渣。鞍钢的实践证明了这种看法是合理的。

每个车间都需要根据原料条件寻出冶炼各种生产最有利的渣成分。这种造渣制度既能保证高炉顺行又要保证生铁品质优良。

毫无疑问，采用酸性渣对高炉顺行有利，但不可避免地生铁含硫要高。马鞍山铁厂1956年上半年的情况就是例子。炼钢铁渣碱度 CaO/SiO_2 仅1.0左右，生铁含硫0.08% ~0.09%。渣碱度显然是不够的。下半年将渣碱度提高到1.15以后，生铁含硫在0.05%左右。生铁含硫问题解决了。

为保证生铁含硫合乎要求，适当的碱度是必要的。原料中含硫愈高，渣碱度也应愈高。但是仅靠提高渣碱度并不能全部解决生铁含硫问题，因为另外一个因素——"炉缸工作"，对脱硫有很大影响，只有炉缸工作均匀，热度充足时炉渣脱硫力才可充分发挥。龙烟和重庆一高炉含硫高的原因就是炉缸工作不匀，热度不足。适当的造渣制度及工作良好的炉缸是降低生铁含硫必须兼备的条件。

改善炉缸工作要由改善炉身工作做起。布料均匀，炉料在炉身充分经过还原，炉缸工作一定会好，高炉的脱硫不仅是造渣制度一个问题而是和高炉全部反应相关联的。

降低生铁含硫时方向在于：

（1）维持适当的渣成分。

（2）改善炉缸工作，使炉缸工作均匀，热度充足。

（3）改进矿石的还原性能。例如，使用自熔烧结矿、矿石分级、缩小矿石粒度的上限等。

（4）降低原料含硫。

3.5 低锰炼钢铁

鞍钢冶炼低锰炼钢铁的经验证明了：降低生铁含锰是一项既节约又增产的措施。

传统的看法使高炉工作者们对炼低锰铁后的生铁含硫抱着疑虑。鞍钢的实践扫清了这疑虑，并且指出降低生铁含锰后含硫并不升高，用低锰铁炼钢对钢质没有不良影响。

现在的问题就是如何推行低锰操作。

在本溪、石景山、太原、马鞍山等厂，生铁含锰已经降到1.0%以下，生铁含硫也好，可以进一步降低锰到0.5%以下。龙烟和重庆生铁含硫仍高，不宜于降低含锰量。在这两厂内首先要解决的是硫磺问题，然后才是降低生铁含锰。

3.6 炉前操作

近几年来，炉前重大事故已基本上消灭了。但一般事故及操作失常的现象仍然很多。随着高炉产量增加，炉前工作的负担将要加重，如果不能及时改善炉前操作，高炉增产将受到阻碍。

从下面简单的资料（表7）可以看出炉前工作的现有水平。

表7 各钢铁厂炉前工作水平

厂 名	鞍 钢		石景山		本 溪		太 原		龙 烟		重 庆		马鞍山	
月 份	6	10	6	10	6	10	6	10	6	10	6	10	6	10
按时出铁/%	90.5	79.2	73.2	87.6	84.1	76.0	63.9	64.8	90.0	88.1	93.7	89.1	97.97	93.97
按时出渣/%	96.6	91.6	—	—	94.1	86.6	81.4	82.2	—	—	—	—	95.35	88.01
出铁放风/次	3	17	—	—	—	—	—	—	—	—	—	—	—	—

有些厂里按时出铁率及按时出渣很低，这都说明炉前工作混乱。可惜没有铁口深度合格率及出铁量差的统计，不能更详细地说明炉前工作的情况。在太原和重庆铁量相差有时达一倍，铁未出净堵铁口的情况常常出现。在另外厂里铁口过深或过浅的现象经常发生。

铁口操作不好的首要原因是炮泥的质量不好。制炮泥的原料不合要求，例如重庆大量的使用耐火度很低、Fe_2O_3高的黄泥，阳泉和龙烟使用的片干黏土质量也很差。配泥比不妥当配黏土过多，很少或是根本不用沥青，备泥也不好，加水过多而又不很好地碾匀。由于泥质不好，虽然每次打泥量很多但仍不能很好地保护铁口。

在铁口的操作上也有些问题，有些炉前工制作泥套非常马虎，只挖一个洞就了事。有些厂的炉前工现在还没有烤铁口的习惯。潮铁口出铁是非常普遍的现象。

对放渣工作高炉工长和炉前工一样地不加注意，上渣常常放不净。有些高炉经常出铁前风压高，出铁后风压低。有些高炉下渣量大于上渣量。这对铁口保护十分不利。

在很多厂里对冷却设备的监督是不够的。对冷却水温差及水量管理不够细致，就有过分冷却及冷却不足现象。马鞍山渣口二套及风口二套常常烧坏，这是一种特殊现象。原因是炉缸冷却不够，炉缸冷却水温差在7~8℃，因为同一原因还发生过风口下部烧穿事故。很多厂里未建立冷却设备的清洗制度，这对冷却设备寿命也有不良影响。

为改进炉前工作必须改进泥炮质量，改善配料比增加必需的设备，并同时提高炉前工的技术水平。在这方面组织炉前工先进经验学校将会有很大帮助。

3.7 煤气操作

目前煤气操作中存在两个问题：（1）某些高炉风温不能提高；（2）小高炉煤气设备安全问题严重。

热风炉快速燃烧法的推广使某些厂风温提高很多。这种燃烧法推广得还不够普遍，在阳泉、马鞍山和龙烟等厂还没有正规的燃烧制度。这些厂里热风炉设备根本就不完善，加上燃烧不好，风温自然不能提高。

在这些厂里操作人员不去注意控制煤气与风的配合比。一般仅单独按照热风炉顶温度控制燃烧（如果没有炉顶温度就什么也不看），不去注意废气温度。燃烧废气的取样基本上流于形式。废气中 CO_2 含量有时高达6%。

高炉工作者必须对每座热风炉燃烧制度进行些试验，根据试验确定出最有利的燃烧制度。这是提高风温必做的工作。

热风炉及送风管道的漏风在小高炉上是普遍现象。漏风必须消灭，特别是小高炉风机能力不足更不应当漏风。管道及热风炉壳烧红现象也很多，这都说明了煤气设备缺乏健全的维护制度。

煤气设备系统漏煤气现象在阳泉和龙烟已经严重到难以令人相信的程度。这些厂里经常有工人中煤气毒。消除管道漏煤气并不复杂困难。主要是厂和车间领导不重视。

必须迅速地改善煤气设备的状况，如果继续忽视可能发生严重的事故。

3.8 开炉及休风后的送风

在许多厂里开炉及休风后的送风到现在还常常进行得不顺利。大冶及太原开炉后不久即结瘤。太原厂1956年一次休风后的送风经过三十余小时才正常下料。许多高炉要在送风后12小时至两班期间才恢复正常。

大冶厂高炉开始结瘤的原因是开炉配料不当。渣量太少，1t焦渣量仅100kg，渣中 Al_2O_3 高达30%，碱度又高（$CaO/SiO_2=1.4$）。这种渣在炉腹非常容易结住，鞍钢历年开炉比较成功，配料采用渣碱度 $CaO/SiO_2=1.0\sim1.05$，渣 $Al_2O_3<15\%$，渣量每吨焦0.4～0.5t。本溪新高炉用类似的配料开炉也很成功，这些经验可供参考。

休风后送风不当一般不外两个原因：（1）休风前准备不充分；（2）送风后操作不当。

休风前必须适当加入空焦，并减石灰石以造成酸性的初渣。空焦太多不必要，不仅无益反而有害。在鞍钢每次休风所加净焦不过10～15t。空焦分段加入，使休风时一部分在风口，一部分在炉腰，一部分在炉身。不带石灰石料休风时正好在炉腹。这样可以保持炉温，并可以使高炉不至于送风后就急于增加风温。

有些高炉在送风时把“休风后立刻加回全风”理解为休风后在一秒钟内把风量加全。这样做十分容易引起悬料。因为已经压紧的炉料不可能立刻接受数百立方米的风量。加风时必须给炉料接受风量的时间。

另外，休风后一定要减足够的风温。今年本溪两次送风都是在大减风温之后下料才恢复正常的。

3.9 结瘤

结瘤并不是高炉操作中一个单独存在的问题，它是一切原料、设备缺陷及高炉操作失常的集中表现。

1956年仍有一些高炉结瘤。每座高炉结瘤各有其独特的原因。阳泉结瘤应当首先归咎于左右摇摆的大钟。龙烟结瘤与料车布料偏析有密切关系。重庆结瘤主要是雨季矿石粉末太多。马鞍山六高炉结瘤主要是布料不匀，在安装旋转布料器后炉瘤就不发展了。鞍钢四高炉结瘤的原因只有高炉工长最清楚，因为结瘤的原因是操作波动。

绝大部分高炉都建立了监督炉形的制度。这种做法能够及时地向操作人员敲警钟。事先在几乎所有的高炉都经常洗炉，在炉瘤形成之初即将瘤洗掉。

和炉瘤作斗争单单靠这两项措施是不够的。彻底防止炉瘤形成必须消除造成炉瘤的一切原因。上面提到的原料、设备及高炉操作中的任何一项失常都可以导致结瘤。

因此，防止炉瘤就在于消除原料准备中的问题，纠正设备上的缺陷及改善高炉技术操作。任何专医炉瘤的特效处方是没有的。

3.10 高炉操作

最后一个问题：高炉工长的操作。

严格遵守操作规程，三班操作统一是保证高炉顺行必不可少的条件。虽然具备优良的原料、先进的设备、合理的操作制度，如果高炉操作紊乱，炉况永远不会正常。

必须指出，全国各厂在贯彻操作规程上存在很多问题，三班操作不统一现象严重。这一切必将妨碍高炉利用系数的改善。

鞍钢的工长遵守操作规程的情况是很差的。在1956年10月份内违反操作规程的次数据不完全统计就有120次，也无怪乎废品率高到3%。在另外一些厂里的情况也好不了多少。

必须经常地整顿操作，贯彻操作规程。这在新工长不断增加时尤为重要。

当更深入地贯彻了全国高炉会议决议及广泛地推广了各项先进经验之后，相信全国高炉工作者会更充分地利用已有的原料和设备的积极因素，把高炉生产推进一个新的阶段。

4 高炉的生产技术管理

推广先进经验，采用新技术，要求操作人员具有较高的技术水平来掌握它们。先进的生产水平是要靠先进的生产技术管理水平来保证的。

现在全国各炼铁车间管理水平落后于生产发展虽不特别突出，但在某些厂已相当严重。例如龙烟即没有技术领导核心。因此对技术操作方针上的许多问题，厂里很模糊。技术人员各有一套看法，得不到统一。技术认识混乱的现象在其余一些厂里也存在。生产技术管理必须加强和改进，如不改进，不仅现有旧厂生产进步困难，新钢铁基地的正常生产也有困难。因为我们新建厂都是用世界上第一流技术装备起来的。

第一个厂或车间必须有一个强有力的技术领导核心。这个问题在第二次全国高炉会议中就已经提出来了。但是一年半后的今天不少的厂技术领导仍很薄弱，这就使得许多技术改进工作处于无力的状态。加强技术领导是改进生产技术管理工作的重要环节。希望部和局能对技术力量薄弱的厂给以帮助和支持。

每一个厂或车间必须有明确的技术操作方针和统一的操作方法。这是保证高炉顺行、产量提高的必备条件。在高炉操作方法上必须三班统一，技术问题的研究和争论是必要的，但行动必须一致。全国高炉技术操作基本规程制订了已一年多了，然而很多厂还未贯彻，这不能不引为遗憾。希望钢铁局能对未贯彻全国高炉技术操作基本规程的厂督促执行。

需要健全车间的管理制度，并贯彻到底。以设备维护制度为例，现在高炉设备维护情况是不能令人满意的。休风率很高。龙烟铁厂还常有些极不应当发生的事故（例如电工操作错误使全厂停电等事故）。

在许多厂和车间里对提高现有技术人员水平和培养新技术力量的工作注意不够，厂里没有系统地组织技术学习，对新毕业学生的实习指导也很差，我国要新建和扩建很多厂，不加速培养技术力量就不能满足形势需要。现有人员技术水平必须很快予以提高，否则就不能在十到十二年内赶上国际先进水平。

必须加强科学技术研究工作。我国炼铁事业正处于钢铁工业飞跃发展前夜的重要阶段，我们需要科学技术研究工作积极和有效地指导和帮助炼铁生产前进。

炼铁生产中有许多问题急待于研究。例如高碱度自熔烧结矿及自熔团矿的生产问题，各厂生产的自熔烧结矿强度很低，大家都知道鞍钢自熔团矿（$CaO/SiO_2=0.5$）试验失败了。高炉结瘤问题需要系统地分析和研究。加湿鼓风操作是成功的，但理论上始终没有一个圆满的解释。我国已有高压高炉，高压操作中的许多问题要研究，希望科学研究机构能集中力量解决实际生产中的冶金问题。这对我国炼铁事业的发展会有很大的帮助。

5　结语

（1）目前炼铁生产中的主要矛盾在于：一，矿山及矿石准备工作、炼焦生产的发展速度落后于高炉发展速度；二，现有设备与高炉推广新技术要求不能适应；三，各厂与各车间之间技术发展不平衡。高炉工作者的任务就在于解决这些矛盾，以期炼铁生产进一步发展。

（2）在炼铁生产的今后发展中要大力发展矿山，选矿及烧结，扩大高碱度自熔烧结矿的生产，组织从矿山开始的矿石中和及分级工作。新建焦炉，改进洗煤及备煤，改变焦炭从数量上及质量上都不能满足高炉需要的现状。

（3）在炼铁生产的今后发展中除集中主力建设以最新技术装备起来的新钢铁基地外，并应逐步地对现有高炉的设备薄弱环节进行改造：加强送风设备、热风炉及煤气清洗设备；改造装料系统及渣铁处理系统；并为在大高炉上采用高压操作及全国范围内采用高风温湿风温操作创设条件。

（4）在炼铁生产的今后发展中要继续更深入而广泛地推广新技术及先进经验，采用各种方式加速经验交流；组织先进经验交流小组，各厂互相访问，召开先进经验会议，举办先进经验学校等，以达到互相学习共同提高的目的。

（5）在炼铁生产的今后发展中要继续改进生产技术管理，加强厂（或车间）的技术领导，认真地贯彻全国高炉会议决议，健全各种制度，使生产技术管理适应发展需要。为此，要加速工人、技术人员及干部的教育与培养，以提高整个企业技术水平。

（6）要求科学研究机关积极而有效地帮助和指导高炉生产不断前进。

武钢高炉降低焦比的前景*

1962 年以来，武钢高炉焦比有了显著的降低。焦比降低的原因，一方面是原燃料供应的改善；另一方面是高炉技术操作的进步。对 1962 年降低焦比的分析结果为，在焦比降低中原燃料改善所占的比重为 56.6%，高炉技术操作所占的比重为43.4%。1963 年以来，焦比进一步降低。一季度平均焦比为 688.4kg/t，比 1962 年降低 69.3kg/t，4 月份焦比为 628kg/t，比 1962 年降低 129.7kg/t。

原燃料改善及高炉操作改进使焦比降低，表现在高炉内热量的利用上是：冶炼单位生铁的热量消耗减少和非焦炭燃烧热量来源的增加。对 1962 年 9 月份 1 号高炉热平衡曾做过计算：这一时期的焦比为 646kg/t，是 1 号高炉 1962 年焦比最低的时期。计算表明，焦比低的原因之一是，冶炼单位生铁消耗热量减少，由以往12560kJ以上下降至11313kJ。焦比降低的另一原因是热风带入的热量增加，由 1884kJ 以下增至 2186kJ。1963 年焦比继续降低，也是沿着同一方向。4 月份 1 号高炉焦比达到 595kg/t（实物量焦比，铁水焦比 588.8kg/t），就在于消耗热量的进一步降低（表 1）。

表 1　热风带入热量与焦比关系

日　期	高炉	铁　种	总热量收入 /kJ · kg^{-1}	热风带入热量 /kJ · kg^{-1}	焦比 /kg · t^{-1}
1961 年 8 月	2 号	热制钢铁	12807	1851	809.1
1961 年 9 月	1 号	热制钢铁	12974	1892	747.4
1962 年 9 月 11 ~ 25 日	1 号	制钢铁	11312	2186	646.0
1963 年 4 月	全厂	制钢、铸造各约 1/2	11221	2123	628.0
1963 年 4 月	1 号	制钢铁	10735	2026	595.0

在目前焦比逐步降低的形势下，进一步降低焦比的潜力究竟有多大？毫无疑问，低冶炼强度操作时期，降低焦比是高炉技术操作主要任务之一。因此，武钢高炉降低焦比的前景不能不是武钢高炉工作者极为关心的问题。

1　从计算中看最低焦比

焦炭在高炉中的重要作用体现在它是还原剂及热量的供给者。从矿石还原每单位生铁所需的炭量及供给冶炼单位生铁必需热量的炭量都是直接还原率的函数。高炉实际操作达到的焦比必须满足这两方面对碳素的需要。

---

* 本文合作者：文学铭、宋盛梅。原发表于《武钢技术》，1963(1)。

从这一原理出发，根据武钢条件，按照 A. H. 拉姆的方法计算不同直接还原率的焦比，计算结果如图 1 所示。计算采用的原燃料成分系根据 1962 年下半年平均分析得出的（表 2）。

表 2　原燃料成分（质量分数）　　　　（%）

原燃料	Fe	FeO	Fe_2O_3	SiO_2	Al_2O_3	CaO	MgO	MnO	P_2O_3
铁山矿	55.40	2.96	75.95	11.58	3.58	1.210	0.309	0.132	0.135
烧结矿	52.43	13.53	59.68	9.62	3.53	11.521	1.151	0.218	0.178
石灰石	2.00		2.86	1.45	0.93	52.370	0.750		
焦　炭	1.15		1.64	6.88	5.52	0.808	0.268		
原燃料	SO_3	CuO	P	S	烧损	挥发分	$S_{有机}$	$C_{固定}$	灰分
铁山矿	0.298	0.433	0.059	0.119	3.431				
烧结矿	0.175	0.216	0.078	0.078					
石灰石					42.930（CO_2）				
焦　炭						0.51	0.73	83.47	15.29

1962 年下半年烧结矿使用率在 70% 左右，所以假设原料条件为烧结矿 70%、铁山矿 30%。生铁品种为低锰平炉炼钢生铁，$w(\mathrm{Si}) = 0.9\%$，$w(\mathrm{C}) = 4.0\%$，$w(\mathrm{S}) = 0.03\%$。炉渣碱度 $w(\mathrm{CaO})/w(\mathrm{SiO_2}) = 1.2$。鼓风水分 3%。炉顶温度 200℃。炉渣及铁水含热为 1884kJ/kg 及 1256kJ/kg。热量损失为（以碳素计）1507kJ/kg。风温假定了几种不同情况：800℃、900℃、1000℃、1100℃，分别计算了不同风温时不同直接还原率焦比的变化。考虑到使用 90% 烧结矿的可能性，也计算了 90% 烧结矿和风温分别为 900℃、1000℃、1100℃ 时不同直接还原率的焦比。计算出的曲线可用公式表示：

烧结矿使用率 70% 时，风温 800℃，$K = 366.5 + 658r_d$；风温 900℃，$K = 346.7 + 632r_d$；风温 1000℃，$K = 330.3 + 610r_d$；风温 1100℃，$K = 316.7 + 586r_d$。

烧结矿使用率 90% 时，风温 900℃，$K = 325 + 590r_d$；风温 1000℃，$K = 307 + 570r_d$；风温 1100℃，$K = 295 + 550r_d$。

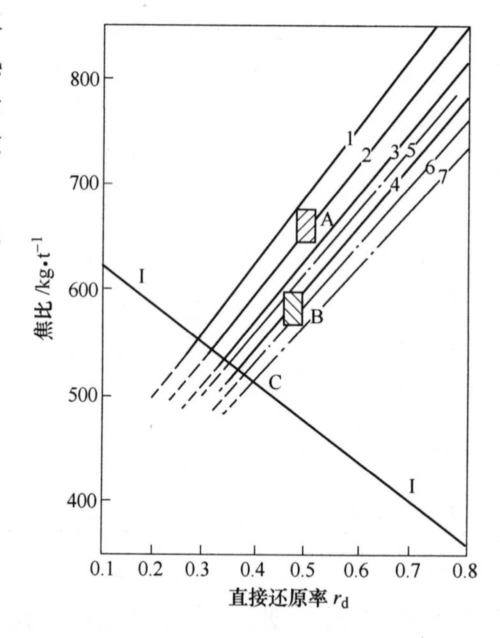

图 1　不同直接还原率下的焦比

1—烧结矿使用率 70%，风温 800℃；2—烧结矿使用率 70%，风温 900℃；3—烧结矿使用率 70%，风温 1000℃；4—烧结矿使用率 70%，风温 1100℃；5—烧结矿使用率 90%，风温 900℃；6—烧结矿使用率 90%，风温 1000℃；7—烧结矿使用率 90%，风温 1100℃；A—1962 年，4 季度；B—1963 年，4 月；C—可达到的最低焦比

这些线与 I—I 线交点以下的部分是不能达到的。因为该段所代表的焦比不能满足还原对炭量的需要，所以在理论上是不能成立的。但 I—I 交线以上的焦比在实践上也并不是全能达到的。例如，烧结矿使用率为 70%，风温 900℃ 时，理论最低焦比为

550kg/t。但是，达到这样低的焦比要求直接还原率不高于0.32%。在目前实践中这样低的直接还原率是不能达到的。1962年第4季度焦比达到的范围相当于图1的“A”区。1963年4月份，由于烧结矿使用率的增加和风温的提高，炼钢铁焦比下降至600kg/t以下，相当于图1的“B”区。从图中可以看出，随着风温进一步的提高和技术操作的改善，焦比还可以降低到“C”点，即焦比为525kg/t左右。

理论计算显示，武钢高炉降低焦比的前景是广阔的，巨大的潜力有待于发掘。

2 热平衡的分析

为找出降低焦比的潜力所在，下面取两个典型例子加以分析。第一个例子是烧结矿使用率70%，风温900℃，r_d =0.5，焦比662.7kg/t。第二个例子是烧结矿使用率为90%，风温1100℃，r_d =0.42，焦比525kg/t。从热平衡的分析中找潜力。

两个例子的热平衡如表3、表4所示。从表3、表4看出，焦比由662.7kg/t降至525kg/t，冶炼单位生铁的热量减少了11708.68kJ－10859.39kJ＝849.29kJ（7.35%），热风携带的热量所占的比例由17.9%增加至18.7%，从而减少了由焦炭燃烧必需供给的热量9423.57kJ－8701.59kJ＝721.98kJ，所以焦比降低。

表3 焦比662.7kg/t的高炉热平衡 (kJ/kg)

热量收入		热量支出	
焦炭燃烧	9423.57	氧化物还原	7046.80
鼓风含热	2110.61	碳酸盐分解	313.84
成渣热	241.70	炉料水分蒸发	75.82
		鼓风水分分解	358.81
		生铁含热	1256.04
		炉渣含热	1114.94
		煤气带走	708.41
		热损失	834.01
合计	11775.88	合计	11708.68
收入支出相差：11775.88－11708.68＝67.20（约0.57%）			

表4 焦比525.0kg/t的高炉热平衡 (kJ/kg)

热量收入		热量支出	
焦炭燃烧	8701.59	氧化物还原	6934.47
鼓风含热	2057.02	碳酸盐分解	136.78
成渣热	119.78	炉料水分蒸发	52.75
		鼓风水分分解	277.84
		生铁含热	1256.04
		炉渣含热	1044.19
		煤气带走	511.88
		热损失	645.44
合计	10878.39	合计	10859.39
收入支出相差：10878.39－10859.39＝19.00（约0.17%）			

为了比较详细地分析热量需要的变化，计算了这两个例子的区域热平衡。将高炉按炉料的温度分为4个区：900℃以下区，900～1200℃区，1200～1500℃区，>1500℃区（图2）。

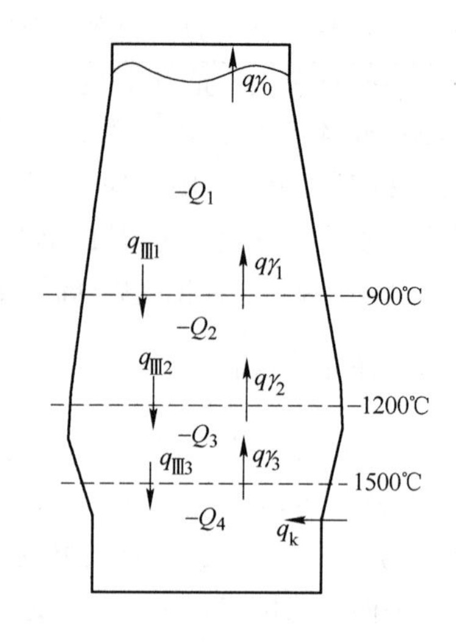

图2　高炉按炉料温度分区

对每个区来说，热量来源是炉料显热 $q_{Ⅲn-1}$、上升煤气显热 $q\gamma_n$、温度降低了的煤气携带的热量 $q\gamma_{n-1}$。在每一区域内，收入和支出处于动平衡状态：

$$q_{Ⅲn-1} + q\gamma_n = Q_n + q_{Ⅲn} + q\gamma_{n-1}$$

从上述观点出发，计算了两个例子的区域热平衡，见表5、表6。

焦比525kg/t时热量消耗少，主要是900～1200℃区域及<900℃区域热量消耗的减少，其数值为233234J及304552J。热量消耗减少的原因是：烧结矿使用率增加，石灰石分解热量减少、直接还原率降低。

表5　焦比662.7kg/t的高炉区域热平衡　　(J/kg)

项　　目	<900℃	900～1200℃	1200～1500℃	>1500℃
铁的间接还原	+120798			
铁直接还原	-259774	-779214	-259774	
其他元素的还原		-42144	-128418	-82145
脱硫反应			-5342	-8014
水分蒸发	-75823			
碳酸盐分解		-313843		
风中水分分解				-538213
铁水热焓 $q_{Ⅲn}$	-591595	-1050887	-1256040	-1256040→
渣水热焓 $q_{Ⅲn}$	-512883	-681716	-873241	-873241→
焦炭热焓 $q_{Ⅲn}$	-673099	-858809	-936658	-936658
H_2 的还原	+46767			
热量损失	-166802	-166802	-287717	-208503
合计 $Q_n + q_{Ⅲn}$	-2112412	-3893414	-3747190	-3902814
炉料潜热 $q_{Ⅲn-1}$		→+1777577	→+2591411	→+3065939
净热耗 $Q_n + q_{Ⅲn} - q_{Ⅲn-1}$	-2122412	-2115837	-1155779	-836874
焦炭燃烧热量 q_k				+6922493
煤气含热 $q\gamma_n$	+2814003←	+4929840←	+6085618←	
$q\gamma_{n-1}$	←+684843	+2814003	+4929840	+6085618
煤气温度/℃	193	920	1610　1972	2120

表 6 焦比 525kg/t 的高炉区域热平衡 (J/kg)

项 目	<900℃	900 ~ 1200℃	1200 ~ 1500℃	>1500℃
铁的间接还原	+141208			
铁直接还原	-208678	-626035	-208678	
其他元素的还原		-43823	-130532	-82145
脱硫反应			-4346	-6523
水分蒸发	-52754			
碳酸盐分解		-136783		
风中水分分解				-417382
铁水热焓 $Q_{Ⅲn}$	-591595	-1050887	-1256040	-125604→
渣水热焓 $Q_{Ⅲn}$	-480473	-702897	-925241	-925241→
焦炭热焓 $Q_{Ⅲn}$	-522261	-661824	-715373	-715373
H_2 的还原	+35772			
热量损失	-129079	-129079	-225890	-161347
合计 $Q_n+q_{Ⅲn}$	-1807860	-3351328	-3466101	-3564051
炉料潜热 $q_{Ⅲn-1}$		+1594329	+2415608	+2896654
净热耗 $Q_n+q_{Ⅲn}-q_{Ⅲn-1}$	-1807860	-1756999	-1050493	-667397
焦炭燃烧热量 q_k				+5771395
煤气含热 $q\gamma_n$	+2296506	+4053505	+5103998	
$q\gamma_{n-1}$	←+488646	+2296506	+4053505	+5103998
煤气温度/℃	192	980	1710 2146	2300

比较煤气温度的变化，问题就更加清楚了（图 3）。煤气离开 900 ~ 1200℃ 区时的温度，当焦比为 662.7kg/t 时为 920℃，当焦比为 525kg/t 时为 980℃。为使热交换顺利进行，20℃ 的温差太少了。计算结果说明，焦比 662.7kg/t 的热交换比焦比 525kg/t 反而更紧张一些。这一区域的热量平衡不仅影响焦比的高低，同时还决定了高炉能否使用高风温来降低焦比。

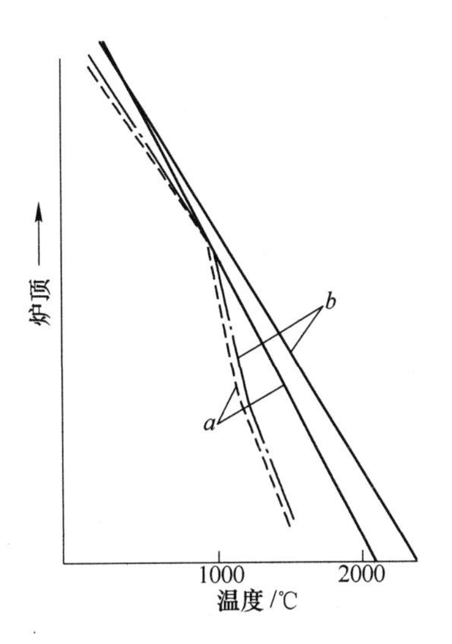

图 3 煤气温度变化

a—焦比 662.7kg/t；*b*—焦比 525kg/t；—煤气；---和-·-炉料

区域热平衡的分析表明，在武钢原料条件下有可能达到最低焦比 525kg/t。办法是：多用烧结矿，高炉内少加石灰石，改善煤气利用和提高风温。多用烧结矿是最主要的措施。

既然多用烧结矿是高炉降低焦比的必要条件，改善烧结矿质量使其更加适应高炉需要将是今后一件重要工作。烧结矿质量不好，高炉就不可能大量使用，也不可能更好地利用煤气的热能与化学能达到较低的直接还原率。日本大阪 1 号高炉焦比达到 490kg/t 以下，煤气 $\varphi(CO_2)$ 达到 20% 以上，与烧结矿质量好是分不开的。

武钢烧结矿的特点是粉末多。1963 年 3 月份称量车取样平均筛分见表 7。

表 7　烧结矿粒度分析

粒径/mm	<6	6 ~ 10	10 ~ 25	25 ~ 40	>40
占比/%	29.8	22.5	27.5	9.3	11.0

武钢烧结矿筛分组成与日本大阪烧结矿的比较见图 4。由图可见，武钢烧结矿粒度不好。但如果筛去粒度小于 6mm 以下的粉矿，则可以达到相当令人满意的粒度。

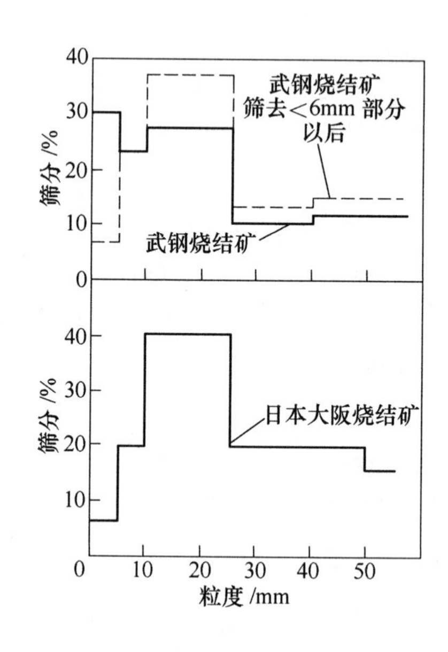

图 4　武钢烧结矿与日本大阪烧结矿的筛分组成

改善烧结矿的粒度十分必要，特别是在冶炼强度提高之后，要想保持最低焦比，必须改善炉料粒度组成。

3　进一步降低焦比的可能性

上面已经讨论了焦比降低至 525kg/t 的种种因素。需要研究降低焦比至 500kg/t 以下的可能性。

焦炭在高炉内消耗在 3 个方面：渗入生铁，进行直接还原，风口前燃烧。进一步降低焦比在于减少焦炭在这 3 方面的消耗。最近几年发展起来的风口喷吹燃料的操作方法，实质就在于用其他燃料代替焦炭。

武钢如采用风口喷吹燃料只有几种可能：喷吹焦炉煤气，喷吹沥青，喷吹粉煤。苏联广泛采用天然气，取得良好的效果，但武钢无天然气可用。某些国家喷吹油的效果很好，但我们得不到廉价的油类。武钢可以得到的气体燃料，只有焦炉煤气可以用于风口喷吹技术。在液体燃料中，只有沥青有积压时可以利用。

首先从理论计算上预测喷吹焦炉煤气或沥青降低焦比的效果。计算采用的焦炉煤气成分见表 8，沥青的成分见表 9。

表 8　焦炉煤气成分（体积分数）　　（%）

成　分	CH_4	CO	H_2	CO_2	N_2	C_nH_m	O_2
含　量	25.00	6.71	58.40	2.59	4.25	2.27	0.78

表 9　沥青成分（质量分数）　　（%）

成　分	C	H	N	O	S
含　量	92.30	3.79	2.18	1.43	0.30

原料条件为烧结矿 90%，铁山矿 10%（化学成分同以前提理论计算）。高炉风温 1100℃，湿分 3%。计算结果见图 5。

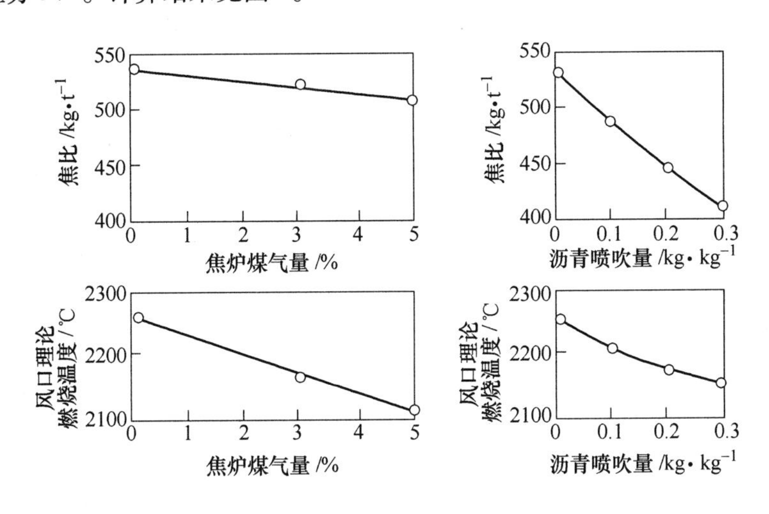

图 5　喷吹焦炉煤气或沥青降低焦比的效果

从图 5 看到，喷吹焦炉煤气降低焦比的效果不高。每吹 1m^3 焦炉煤气，焦比只降低 0.39kg，经济价值不大，而且喷吹焦炉煤气炉缸温度降低很厉害。看来，喷吹焦炉煤气不会有多大收益。

喷吹沥青效果很大，根据计算，风口每吹 1kg 沥青可代替的焦炭量如下：

沥青喷吹量 0.1kg/kg 风口燃烧碳素时：1.50kg；

沥青喷吹量 0.2kg/kg 风口燃烧碳素时：1.15kg；

沥青喷吹量 0.3kg/kg 风口燃烧碳素时：1.02kg。

喷吹沥青炉缸温度降低程度比喷吹焦炉煤气小。

看来，喷吹沥青可以降低生铁成本。特别是武钢沥青积压，如高炉能采用风口喷吹沥青则可一举两得。

但是，喷吹沥青在国内外尚无先例，毫无疑问会有很多困难。但从理论上推测，这一操作方法是可以实现的。

喷吹粉煤也是经济的。每千克煤粉可代替焦炭 0.9kg。但喷吹煤粉设备复杂，不易解决，目前来看不能很快实现。

4 结语

综上所述，可见武钢高炉降低焦比前景十分乐观。在现有条件下，通过改善原料，提高烧结矿强度，多用烧结矿，减少入炉石灰石量，提高风温，改善煤气利用，改进高炉日常调剂，焦比可以降低到600kg/t以下，在此基础上，采用风口喷吹燃料方法，可以降低焦比至500kg/t以下。作者认为，武钢可以试验风口喷吹沥青，因为这一措施能一举两得。

关于武钢高炉的设计问题*

武钢从1958年1号高炉投产至今已有16年了。16年中间又先后有3座高炉投产。现有4座高炉，在结构上有共同点，也有不同点。16年来在高炉寿命方面，武钢有成功的经验，如1号高炉从1958年投产至今尚未大修，至1974年底已生产生铁783.8万吨，预计这一代的产铁量可能达到900万吨。但武钢高炉也有失败的教训，如2号高炉第1代自1959年7月投产，1963年12月中修，1964年6月炉缸烧穿；又如3号高炉投产后，炉缸水温差经常过高，有时处于烧穿的边缘，而不得不减产，甚至休风。因此，对武钢高炉所采用的设计，根据16年的生产实践加以比较分析，找出经验教训，对武钢今后高炉的建设和改造都是有益的。本文试图对武钢高炉的设计问题加以讨论，错误之处请批评指正。

武钢4座高炉每代使用年限，产铁量以及中修情况见表1。

表1　武钢高炉每代使用年限、产量及中修情况

高　炉		1号高炉	2号高炉	3号高炉	4号高炉
	投产日期	1958年9月13日	1959年7月13日	1969年4月9日	1970年9月30日
第1代	第1次中修日期	1962年6月19日至7月9日	1963年10月30日至12月13日	尚未中修	1974年2月17日至10月16日
第1代	由投产至第1次中修的产铁量	189.3万吨	196.7万吨		234.7万吨
第1代	第2次中修日期	1965年11月15日至12月14日	无第2次中修，1965年5月30日大修		
第1代	第1次与第2次中修间产铁量	155.6万吨	第1代共产铁254.9万吨		
第1代	第3次中修日期	1970年3月5日至4月10日			
第1代	第2次与第3次中修间产铁量	180.7万吨			
第2代	投产日期	尚无第2代	1965年8月30日	尚无第2代	尚无第2代
第2代	第1次中修日期		1971年5月26日至6月23日		
第2代	由投产至第1次中修的产铁量		289.2万吨		
从第1代投产至1974年底止共产生铁量		783.8万吨	第2代至1974年底止共产生铁471.6万吨	253.7万吨	258.9万吨

* 原发表于《武钢技术》，1975(2):38~46。

下面分几个问题对武钢高炉的设计问题加以讨论。

1 炉底与炉缸

武钢4座高炉采用5种炉底炉缸结构。1号高炉是炭砖高铝砖综合炉底，炉底厚度5600mm，炭砖炉缸。2号高炉第1代是高铝砖炉底，黏土砖炉缸，炉底厚度5600mm。2号高炉第2代炉底厚度仍为5600mm，但改为炭砖高铝砖综合炉底，增加了炉底风冷和炉底下部的平铺炭砖。3号高炉炉底厚度为5600mm，炉缸与炉底上部与2号高炉第2代相同，但炉底下6层不是炭砖而是炭捣预制块砌筑，炉底也有风冷。4号高炉采用炭砖炉底炉缸，炉底为水冷，炉底下部为两层立砌炭砖，厚度2300mm，其上为两层高铝砖，厚度800mm，炉底总厚度3100mm。各高炉炉缸炉底结构示意图见图1。

16年来的实践证明：

（1）炭砖高铝砖综合炉底，炉底厚度5600mm，无炉底冷却，可以达到炉底长寿，1号高炉就是例子。

（2）高铝砖或黏土砖的炉缸炉底是不能长寿的，2号高炉第1代就是证明。

（3）炭捣预制块砌筑高炉炉底是不安全的，3号高炉是一个例子。

（4）炭砖炉缸炉底是有发展前途的，经多方面测定与计算，4号高炉炉底虽在施工上有缺陷，现剩余厚度仍有2000mm，炉底厚度减薄，并采用水冷砖炉底，是今后发展方向。

厚度5600mm的炭砖高铝砖炉底可以达到长寿。由于周围炭砖的冷却作用，炉底侵蚀深度受到限制，这样厚的炉底其冷却实际上不发挥作用。2号高炉第2代虽有炉底冷却，但未使用。炉底最下层平砌的炭砖也未发挥作用。从武钢的实践看，这种炉底实际上是浪费，这样厚的综合炉底其冷却和底部砌炭砖都是多余的。

炭捣预制块代替炭砖看来不合要求。炭捣时加压很低，又不经焙烧，受热后必然产生收缩，从而在炉底产生缝隙。3号高炉投产后连续炉底水温差过高与炭捣预制块分不开。

炭砖薄炉底加水冷看来是合理的。炭砖加水冷可以发挥炭砖的作用，待炉底侵蚀到建立新的平衡后炉底的侵蚀就停止了。实际上这种炉底是寿命最长的。它的另一优点就是投资低。

炉底要不要密封？1号高炉炉底没有密封，炉底漏煤气。4号高炉炉底加了密封板，但焊接得不好，也漏煤气。2号高炉炉底密封板焊得较好，不漏煤气。对高压操作的高炉来说，炉底密封是必要的。同时要注意施工质量。

武钢采用过两种铁口结构。1号、2号、3号高炉都是铁口区不用炭砖，代之以高铝砖。4号高炉是炭砖铁口（图2）。实践证明高铝砖比炭砖好。1号、2号、3号高炉铁口虽有时过浅，但未出现过烧穿事故。4号高炉东铁口烧穿过两次。堵铁口用的泥是含水分的，而炭砖是怕水的。铁口总是要用氧气烧的，而炭砖是怕氧化的。今后高炉铁口区以采用高铝砖为好。

铁口的数目，1号、2号、3号高炉是1个，4号高炉是2个。实践证明两个铁口好。武钢的实践用无水炮泥，1个铁口1天可出铁2500t。鞍钢、本钢二铁2000m^{3}高炉1个铁口，日产可达3000t。看来1个铁口1天出铁3000t以上有困难。

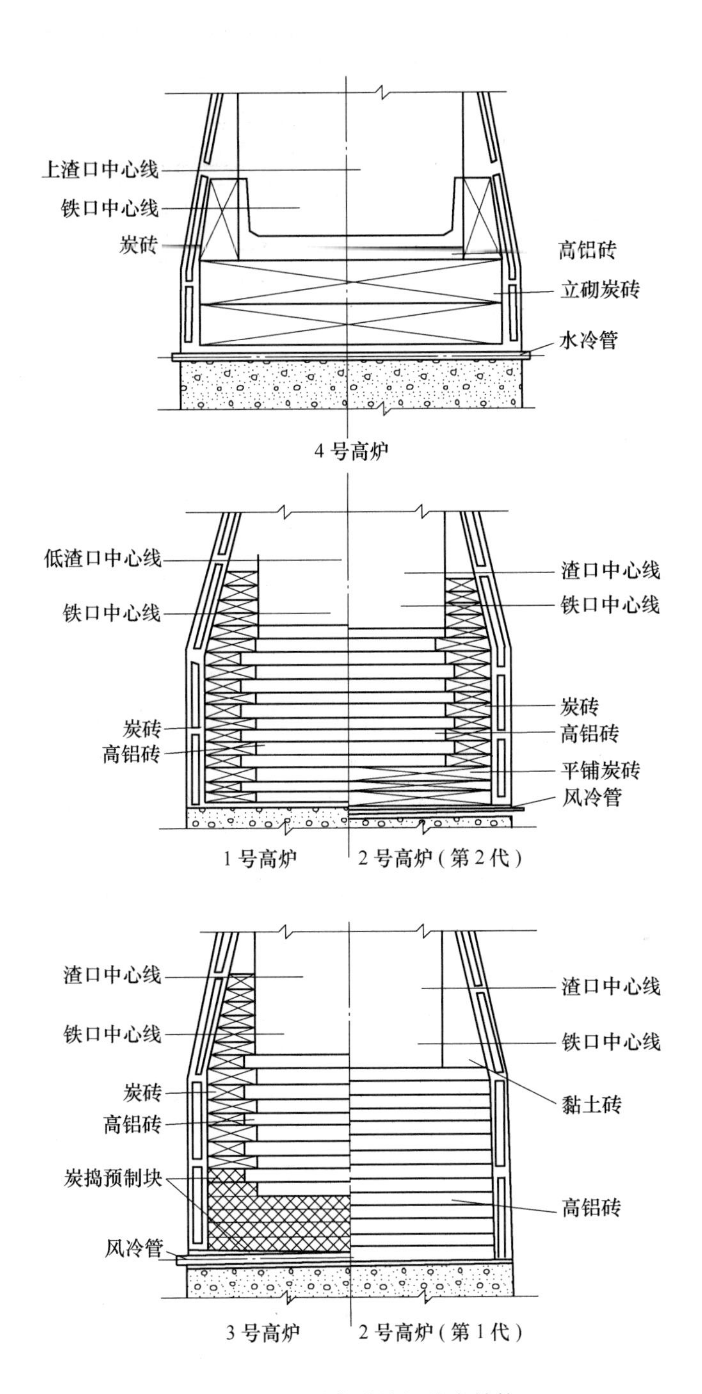

图 1　1 ~4 号高炉炉缸炉底结构

1 ~4 号高炉都是两个渣口。看来容积再大两个渣口也够用。

风口数目，看来 1 号、2 号高炉风口数目偏少。1 号、2 号高炉风口数目比 2 × 炉缸直径还少（1 号高炉炉缸直径 =8. 2m，2 × 炉缸直径 =16. 4m，实际为 16 个；2 号高炉炉缸直径 =8. 4m，2 × 炉缸直径 =16. 8m，实际为 16 个）。3 号高炉风口数目稍高于 2 × 炉缸直径（炉缸直径 =8. 6m，2 × 炉缸直径 =17. 2m，实际为 18 个）。4 号高炉风口数目相当于

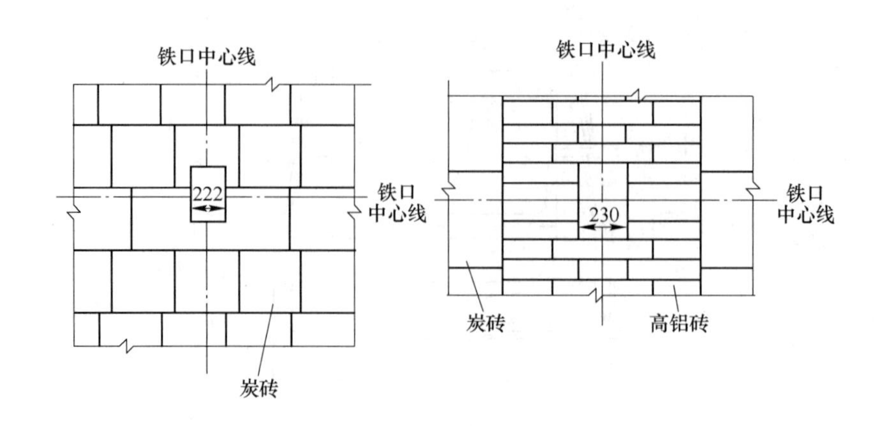

图 2 铁口砌砖的比较

2×炉缸直径+2（炉缸直径=10.8m，2×炉缸直径+2=23.6m，实际为24个）。扩大高炉容积不增加风口数目，增产效果不大。风口数目多，操作起来比风口少的容易些。

2 炉腹、炉腰与炉身

武钢高炉都采用薄壁炉腹，外面是镶砖冷却壁。大、中修拆炉时观测炉腹砖虽已蚀去，但均有较厚的渣壁保护，只有个别的例外，炉腹冷却壁烧坏。烧坏的都是与边缘气流过分发展以及与局部长期管道行程分不开的。这种结构是可取的。炉腹镶砖冷却壁如采用双层水管冷却则更好。

1号、2号、3号高炉有炉缸支柱和托圈。4号高炉取消了炉缸支柱，也取消了托圈，代之以带鹅头的冷却壁。从停炉情况的比较看，有托圈的高炉，炉身砖不易在停炉过程中塌落，停炉后清理较容易。没有托圈，在停炉过程中上部的砖全塌下来，给施工造成很大困难。采取薄壁炉腹的高炉以不取消托圈为好。

武钢高炉采用过5种炉身结构：（1）托圈以上4层扁冷却水箱，其上系支梁式水箱；（2）托圈以上1层扁冷却水箱，其上砌炭砖至炉身高度1/2，外部光面冷却壁，其上系支梁式水箱；（3）托圈以上1层扁冷却水箱，上砌高铝砖，外面是镶砖冷却壁，其上为支梁式水箱；（4）无托圈，炉身1/2和炉腰均为炭砖，外面是光面冷却壁汽化冷却，其上是支梁式水箱；（5）无托圈，炉腰砌6层炭砖，其上为高铝砖，外面是光面冷却壁，汽化冷却，其上为支梁式水箱（图3）。

上述5种结构第5种才投产，不好比较。其余4种以第2种寿命最长。1号高炉1970年3月采用第2种结构至今。2号高炉1971年7月采用第3种结构到1973年末已发现炉身冷却箱中间无砖，炉壳烧穿。4号高炉1970年10月投产，采用第4种结构，1972年8月就发现炉身局部无砖，不得不在1974年2月中修。第1种结构根据1号、2号高炉实践，一般3年左右炉身即无砖，不得不靠炉壳喷水冷却。

采用炭砖炉缸炉底后，高炉炉缸和炉底寿命大大延长。大修一代寿命大都在10年以上。但炉身的寿命很少达到10年，5年的也不多。所以今后提高高炉作业率的重要方面是延长炉身寿命。从上述5种结构的比较看，炭砖炉身寿命比高铝砖、黏土砖都长。4号高炉用炭砖，而炉身寿命短的原因是汽化冷却设备漏水，使炭砖损坏。如炉身

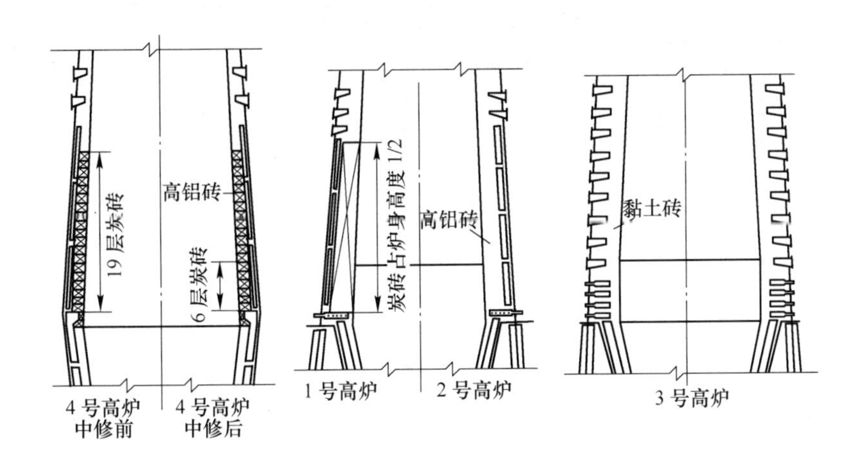

图3　武钢采用过的炉身结构

采用炭砖，加强冷却，同时又可确保不漏水，则炉身的寿命是可以大大延长的。

3　炉喉

武钢采用过两种炉喉结构。一种是长方形钢砖，一种是长条式钢砖（图4）。两种钢砖都用吊挂板固定在炉壳上。第1种钢砖的最大缺点是受热变形，以致脱落。这样就改变了高炉炉喉内形，恶化了炉料分布。1号高炉1958年9月投产，1962年初即发现钢砖变形，部分脱落，影响须行。1962年6月更换钢砖后，由于煤气分布改善，焦比下降20kg/t。2号高炉钢砖在同一时期也严重损坏。其后对这种型式的钢砖多次改进，仍避免不了变形。

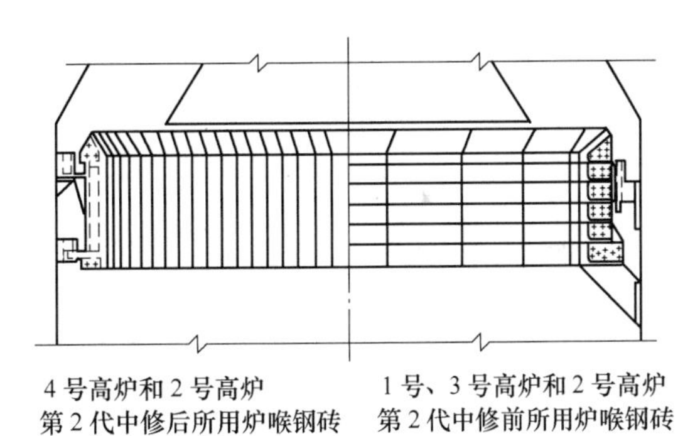

图4　长条式钢砖与长方形钢砖的比较

1970年4号高炉采用长条式钢砖。1971年2号高炉中修也改为长条式钢砖，1974年中修时观察这种钢砖变形远比老式长方形钢砖为少。今后高炉大、中修均应改成这种钢砖。

4　炉顶设备

武钢高炉都采用传统的双钟式炉顶设备。1号、2号、3号高炉炉顶设备尺寸相同，大钟直径为4800mm，小钟直径为2000mm。4号高炉大钟直径为6200mm，小钟直径为2500mm。高压操作的实践证明，当设备制造质量较好时，这种炉顶可以经受0.13MPa的炉顶压力，大钟寿命可达3～4年，小钟寿命可达1.5～2年。如设备制造质量较差时，则寿命大大缩短。武钢开工以来大钟使用情况见表2。

大钟使用寿命短，主要原因是使用后大钟或漏斗变形，使大钟与漏斗接触面产生缝隙，从而将接触面吹漏。硬质合金焊接质量差、硬质合金硬度低，也有很大影响。

表2　武钢高炉大钟使用情况

高　炉	钟　名	开始使用和更换时间	使用及损坏情况
1号高炉	第1套大钟①	1958年9月~1962年6月	最高顶压0.14MPa，换下时未吹漏
	第2套大钟①	1962年6月~1965年12月	最高顶压0.10MPa，换下时未吹漏
	第3套大钟②	1965年12月~1970年3月	最高顶压0.14MPa，换下时未吹漏
	第4套大钟②	1970年4月~1974年10月	最高顶压0.13MPa，1975年12月已漏，更换前补焊2次，常压操作
2号高炉	第1套大钟①	1959年7月~1963年12月	最高顶压0.12MPa，换下时未吹漏
	第2套大钟③	1963年12月~1965年6月	最高顶压0.04MPa，换下时未吹漏
	第3套大钟②	1965年8月~1971年6月	最高顶压0.14MPa，1970年11月吹漏，换前补焊2次
	第4套大钟②	1971年6月~	最高顶压0.13MPa，至今仍完好
3号高炉	第1套大钟②	1969年4月~1970年5月	最高顶压0.12MPa，换下时已严重变形，但大钟未吹漏
	第2套大钟④	1970年5月~1971年5月	最高顶压0.13MPa，1970年10月吹漏，换前补焊1次
	第3套大钟⑤	1971年5月~1972年2月	最高顶压0.13MPa，1971年11月吹漏，换前补焊1次
	第4套大钟⑤	1972年2月~1973年3月	最高顶压0.13MPa，1972年12月吹漏，换前补焊1次
	第5套大钟⑤	1973年3月~1973年7月	最高顶压0.13MPa，1973年7月吹漏后即更换
	第6套大钟⑤	1973年7月~	最高顶压0.13MPa，1973年4月封炉后发现大钟、漏斗均吹漏，已补焊2次，顶压维持0.08MPa
4号高炉	第1套大钟⑤	1970年9月~1972年2月	最高顶压0.14MPa，1971年11月发现吹漏，换前补焊，顶压维持0.05MPa
	第2套大钟⑤	1972年2月~1973年4月	最高顶压0.10MPa，1973年12月发现吹漏，换前补焊，顶压维持0.05MPa
	第3套大钟⑤	1973年4月~1974年2月	最高顶压0.09MPa，换下时发现局部接触合金损坏，但未吹漏

① 沈阳重型机器制造厂；

② 富拉尔基重型机器制造厂；

③ 沈阳重型机器制造厂制造毛坯武钢焊合金；

④ 富拉尔基重型机器制造厂不合格品；

⑤ 武汉钢铁公司。

实践证明，这种双钟式的炉顶设备，不能适应0.15MPa以上的炉顶压力，除了大、小钟外，布料器密封、拉杆密封也承受不了。为进一步提高炉顶压力，炉顶设备结构必须改进。

1974年武汉钢铁设计院、武汉钢院与炼铁厂合作进行了双钟双阀炉顶设备的模型试验。由于今后大修改造时斜桥的高度不易改变，必须在现有的高度内装上双钟双阀。

模型试验结果表明，在不改变现有高度的条件下，可以将炉顶设备改为双钟双阀。改造后大钟寿命将大大延长，炉顶压力将提高至0.15～0.20MPa。双钟双阀炉顶设备示意图见图5。

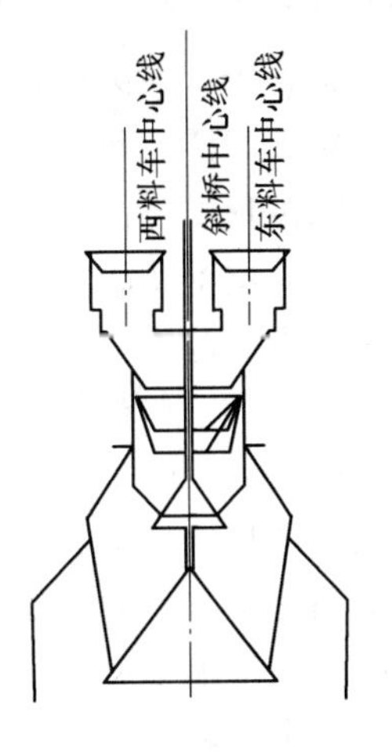

图5　改进后双钟双阀炉顶设备示意图

5　高炉支撑结构

武钢4座高炉有两种支撑结构。1号、2号、3号高炉是炉缸支柱式。4号高炉取消了炉缸支柱，改为炉体4根支柱，取消了托圈。炉缸支柱的缺点是使用风口区过于狭窄，同时限制了风口数目。但由于托圈以上有炉身支柱，炉顶结构的重量被炉身支柱承受，与4号高炉相比也有优点。4号高炉取消了炉缸支柱，风口区宽敞。但由于取消了托圈，炉身砖重全压在炉腰鹅头式冷却壁上面的炭砖上，高炉砖衬侵蚀后，炉身砖是不稳定的。1974年2月4号高炉中修停炉过程中全部炉身砖衬塌落就是证明。这种现象1号、2号、3号高炉过去的大、中修中都没有过。由于炉顶设备和上升管等的重量都压在炉壳上，当砖衬严重侵蚀炉壳发红时就会造成炉壳变形、上升管下沉、炉喉钢圈变形倾斜，炉壳开裂等问题。4号高炉中修前炉壳（第7、8、9段冷却壁区）严重变形下沉，东北上升管下沉开裂，中修时发现炉喉钢圈水平面已成波浪形。这些现象在1、2、3号高炉上都没有发生过。

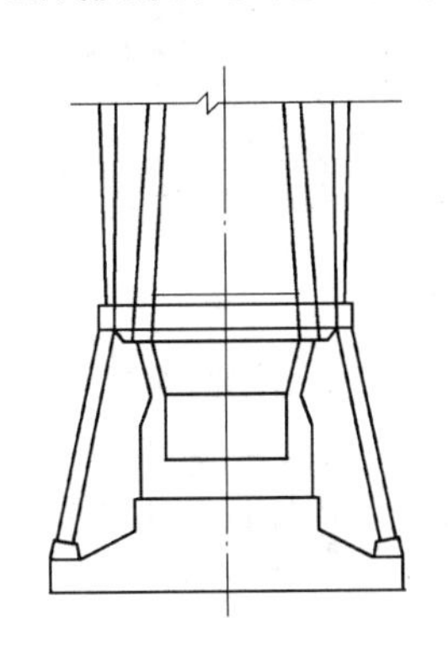
图6　四斜柱高炉支撑结构示意图

虽然4号高炉支撑结构有这些问题，但我们不能再退回到1号、2号、3号高炉的炉缸支柱支撑结构上去。作者认为，如果取消托圈，采用自立式高炉，就必须采用厚壁炉腹。采用薄壁炉腹而取消托圈是不恰当的。作者建议应将现有的4根垂直支柱改为斜支柱，斜支柱在炉腰处构成大四方框架，保留托圈，将托圈用8个大吊挂挂在方框架上，方框架上立炉身支柱承受全部炉顶结构重量。这样的结构保留了4号高炉现用结构的优点，从而可以避免目前已发现的缺点（图6）。

炉身支梁式水箱对炉身砖衬有支撑作用。4号高炉在炉身冷却壁以上有2层支梁式冷却水箱。中修停炉炉身砖全部塌落的事实证明，支梁式冷却水箱的支撑作用是有限度的。2层支梁式冷却水箱是不够的，最少要装3层。此外，现在用的支梁式冷却水箱冷却效率太低，也应改进。

6　热风炉

武钢高炉热风炉都是两通式。1号、2号、3号高炉热风炉蓄热室采用平板砖。4号高炉蓄热室采用五孔砖。1号、2号、3号高炉热风炉尚未大修过，只有个别热风炉因拱顶或燃烧室损坏进行过小修或中修。4号高炉热风炉普遍发生燃烧室倒塌和蓄热室严重塌落，到现在4座热风炉都已修过1次。1号、2号、3号、4号高炉热风炉的风温都可达到1100～1150℃。

两通式热风炉共同的缺陷，是燃烧室墙向蓄热室侧倾斜，在武钢热风炉上都存在。拱顶裂缝、或因砌筑质量不好而局部塌落，外部保温砖损坏引起热风炉外壳发红。10多年来规定热风炉拱顶温度不低于1300℃，就是为了保护拱顶。为进一步提高风温，提高拱顶温度，热风炉拱顶砖总厚度必须增加，在现有高铝拱顶砖外加1层轻质高铝砖和1层绝热砖是必要的。这样热风炉顶部必须扩大，即要在现有炉壳上加1个大帽子（图7）。

4号高炉热风炉五孔砖严重塌落主要原因是五孔砖外形尺寸公差太大，不能按要求错砌，而只能从下到上垛着砌，格子砖根本砌不紧。热风炉投产后蓄热室多次升降和水平位移，使蓄热室内产生空洞而造成塌落。从理论上讲，五孔砖应当比平板砖好。然而4号高炉的实践结果是五孔砖不如平板砖。为发挥五孔砖的优越性，除改进五孔砖的质量缩小尺寸公差外，五孔砖的外形应加以改进，便于咬砌（图8），使蓄热室连成一个整体。外燃式热风炉比两通式热风炉优越，如能利用大修机会将两通式热风炉改为外燃式最好。但已投产的高炉由于场地的限制，大部分不具备改为外燃式热风炉的条件。如果采用上述改进的五孔砖，也可部分补救两通式热风炉的缺点，加上改进拱顶，高温区采用高铝砖等措施，热风温度也可提高到1200℃以上。

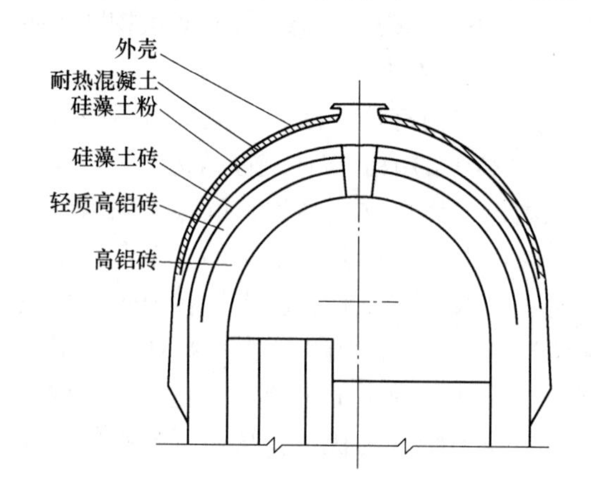

图7　两通式热风炉大帽子拱顶图

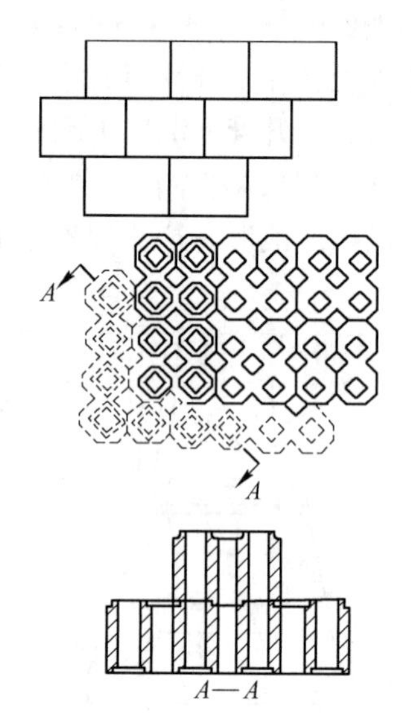

图8　热风炉五孔砖改进示意图

7　沟下装料设备

1号、2号、3号高炉沟下装料都采用称量车。4号高炉取消称量车改为皮带机上料。实践证明，无论从装料的准确性和设备发生故障的可能性以及设备维修工作量来看，皮带机上料较称量车优越得多。使用转鼓的称量车，改为全自动化比皮带机困难多得多。1974年4号高炉中修增加了烧结矿槽下过筛，改进了电子秤。目前虽由于返矿系统未建成，尚未进行过筛，但中修开炉以来的实践证明，电子秤皮带机上料设备是好的，比称量车好得多。因此，1号、2号、3号高炉今后大修应取消称量车改为皮带机上料，为提高高炉产量，也应增加槽下烧结矿过筛。梅山铁厂试验成功用电磁振动给料器改振动筛。梅山的经验我们应当采取。

8 其他

武钢建设时原设计对以下问题是考虑不足的，如：原料运输系统和沟下装料系统的除尘、高温操作区域的通风与降温、繁重体力劳动的机械化、电气化与自动化、原料运输系统的集中操作和自动化、沟下装料系统的全自动化等。这些不足之处都要通过技术革新和科研在今后的改造中逐步解决。

9 结语

综上所述，作者认为在今后武钢高炉的设计中应考虑以下几点：

（1）用较薄的炭砖炉底代替目前的较厚的综合炉底。炉底总厚度由5600mm减至3200mm（其中炭砖厚度1600mm、高铝砖厚度1600mm），炉底水冷。炭砖炉缸，铁口渣口均砌高铝砖。这种结构不仅长寿，而且投资比综合炉底少。

（2）不增加风口数目，单纯扩大高炉容积，所得的增产效果是不明显的。扩大高炉容积必须增加风口数目。建议按“2×炉缸直径(m)+2”来计算风口数。两个渣口是足够的，扩大容积不必增加渣口。当高炉日产水平超过3000t时应考虑两个铁口。

（3）炉身以采用炭砖高密度黏土砖综合结构为佳。仍保留现在薄壁的炉腹，炉腰以上至炉身3/5为炭砖，其上为高密度黏土砖。为杜绝漏水以保护炭砖取消炉身冷却壁，改用炉壳外部喷水冷却。炭砖以上设3~4段支梁式冷却箱。这种结构比目前1号、2号、4号高炉的炉身结构投资要少，寿命要长。

（4）炉喉采用长条式钢砖。

（5）炉顶设备采用改进的双钟双阀式。

（6）逐步取消炉缸支柱，改用前述4个斜支柱的炉体支撑结构。

（7）4号高炉热风炉应改为外燃式。1号、2号、3号高炉热风炉，拱顶应改造为大帽子式。为弥补现在蓄热室砖的缺陷，建议采用改进的五孔砖（如上述）。热风管道系统应加以改进，并采用低级高铝砖。

（8）沟下装料设备应取消称量车，改为电子秤皮带机上料，并增加烧结矿槽下过筛，装料实现自动化。

（9）对灰尘区域的除尘问题，高温区域通风降温问题、繁重劳动的机械化、电气化问题以及生产过程的自动化、电子技术的采用等问题，在今后的设计中应加以充分考虑。

关于武钢高炉利用系数达到 $1.8t/(m^3 \cdot d)$ 以上、焦比降至 450kg/t 以下的若干问题*

按照“五五”规划，武钢1980年4座高炉年产量为400万吨。按年工作日350天计，高炉利用系数为 $1.64t/(m^3 \cdot d)$，能否在1980年前较短的期间内生铁产量达到并超过400万吨是武钢广大职工十分关心的问题。现在公司提出如何使高炉利用系数达到 $1.8t/(m^3 \cdot d)$，焦比降至450kg/t的课题要大家讨论，这对武钢炼铁生产赶超国内外先进水平是十分必要的。

利用系数 $1.8t/(m^3 \cdot d)$、焦比450kg/t究竟是怎样的水平？与目前已经达到的水平差距如何？看看表1就清楚了。

表1　利用系数 $1.8t/(m^3 \cdot d)$、焦比450kg/t应达到的水平与目前的差距

高炉	产量/$t \cdot d^{-1}$			利用系数/$t \cdot (m^3 \cdot d)^{-1}$			焦比/$kg \cdot t^{-1}$		
	应达到的水平	实际水平	差距	应达到的水平	实际水平	差距	应达到的水平	实际水平	差距
1号	2494.8	1623.0	-871.8	1.800	1.223	-0.577	450.0	490.1	+40.1
2号	2584.8	1599.0	-985.8	1.800	1.151	-0.649	450.0	526.3	+76.3
3号	2723.4	2550.0	-173.4	1.800	1.685	-0.115	450.0	477.4	+27.4
4号	4528.8	4087.0	-441.8	1.800	1.624	-0.176	450.0	505.8	+55.8
全厂	12311.8	9859.0	-2472.8	1.800	1.458	-0.392	450.0	499.2	+49.2

从表1所列高炉利用系数达到 $1.8t/(m^3 \cdot d)$、焦比降至450kg/t应达到的水平与1978年7月份已达到的水平的差距，可以看出：

（1）总起来看差距是大的，利用系数的差距较大，焦比的差距较小。

（2）就4座高炉来看，3号、4号高炉差距较小，而1号、2号高炉差距较大，当然这与原料条件的差别有关。

必须指出，1978年7月份的生产水平远不是潜力挖尽。由于焦炭产量的限制，7月份高炉操作重点在节焦，各高炉冶炼强度尚有提高的可能性。各高炉焦比之间仍有不少差距。差距就是潜力。我们的任务就是尽快地从1978年7月份的水平上，产量提高2400t/d，焦比降低50kg/t，努力在较短的时间内使利用系数达到 $1.8t/(m^3 \cdot d)$ 以上，焦比降至450kg/t以下。

1　近年来的主要措施与效果

为便于分析，有必要回顾一下1978年以来高炉生产发展的过程。1978年7月份高炉主要生产技术指标与1977年12月份的比较见表2。

* 原发表于《武钢技术》，1979(1)：19～33。

表2　高炉生产技术指标比较

高炉	平均日产量/t			冶炼强度/t·$(m^3 \cdot d)^{-1}$			焦比/kg·t^{-1}		
	1978年7月	1977年12月	差值	1978年7月	1977年12月	差值	1978年7月	1977年12月	差值
1号	1623.3	1212.3	+411.0	0.585	0.600	-0.015	490.1	664.2	-174.1
2号	1598.5	1237.5	+361.0	0.603	0.618	-0.015	526.3	679.0	-152.7
3号	2550.0	1969.4	+580.6	0.818	0.769	+0.049	477.4	553.1	-75.7
4号	4086.6	3264.0	+822.6	0.847	0.800	+0.047	505.8	605.8	+99.7
全厂	9858.3	7823.3	+2035.0	0.736	0.715	+0.021	499.2	613.0	-133.8

高炉	生铁合格率/%			风温/℃			炉顶煤气CO_2(体积分数)/%		
	1978年7月	1977年12月	差值	1978年7月	1977年12月	差值	1978年7月	1977年12月	差值
1号	100.00	98.66	+1.34	986.0	856.0	+130.0	12.5	12.8	-0.3
2号	100.00	96.83	+3.17	1031.5	914.0	+117.5	12.9	12.0	+0.9
3号	100.00	95.95	+4.05	1090.0	1009.5	+80.5	18.0	13.9	+4.1
4号	100.00	100.00	0	1052.0	927.0	+125.0	16.0	13.9	+2.1
全厂	100.00	98.21	+1.79	1040.0	983.0	+57.0	14.9	13.2	+1.65

从表2可以看出，1978年以来高炉生产水平比1977年12月有显著提高，平均日产量增加2035t，增加26%；焦比下降113.8kg/t，下降18.5%；高炉其他技术经济指标均有明显改善。1978年高炉生产发展较快的根本原因主要是从生产技术上采取了如下措施。

1.1　克服设备隐患和设备缺陷

如3号高炉大修，解决了炉缸水温差高的隐患，克服了炉型失常和沟下装料设备不适应的薄弱环节，创造了沟下烧结矿过筛的条件。4号高炉中修，解决了炉身汽化冷却设备破损漏水的薄弱环节，换上大鼓风机。这就为高炉贯彻精料、大风、高温的操作方针打下了基础。实践已经证明，如果3号高炉不大修，4号高炉不中修，3号、4号高炉生产不可能提高到目前的水平。

1.2　抓措施贯彻精料方针

为高炉创造一个不断改善并渐渐趋向稳定的生产条件，主要有以下几项。

1.2.1　3号、4号高炉烧结矿沟下过筛

1977年10月中旬3号高炉开始实施沟下过筛。4号高炉11月中修后也开始沟下过筛。3号、4号高炉过筛前后生产指标的变化见表3、表4。

表 3　1977 年 10 月 3 号高炉沟下烧结矿过筛前后比较

状　态	时期	平均日产铁量/t	利用系数 /t·$(m^3 \cdot d)^{-1}$	焦比 /kg·t^{-1}	冶炼强度 /t·$(m^3 \cdot d)^{-1}$	熟料率 /%	风量 /$m^3 \cdot min^{-1}$	风温/℃
未过筛	上旬	2185.6	1.445	587.2	0.852	99.65	2835	1001
过　筛	下旬	2685.3	1.775	568.0	1.045	96.35	3175	1081
状　态	时期	风压 /MPa	炉顶压力 /MPa	油量 /kg·t^{-1}	石灰石用量 /kg·t^{-1}	生铁 Si/%	炉渣 CaO/SiO_2	煤气 CO_2（体积分数）/%
未过筛	上旬	0.249	0.119	53.4	144.7	0.426	1.02	13.1
过　筛	下旬	0.271	0.127	38.6	64.0	0.431	1.04	13.0

表 4　4 号高炉过筛前后比较

状　态	时　期	平均日产铁量/t	利用系数 /t·$(m^3 \cdot d)^{-1}$	焦比 /kg·t^{-1}	冶炼强度 /t·$(m^3 \cdot d)^{-1}$	熟料率 /%
未过筛喷油	1975 年 11 月	2812.6	1.120	551.5	0.634	100
过筛不喷油	1977 年 12 月 1 日～12 月 23 日	3230.6	1.284	623.7	0.827	100
过筛喷油	1977 年 12 月 24 日～1978 年 1 月 9 日	3732.0	1.488	551.1	0.846	100
状　态	时　期	焦炭负荷 /t·t^{-1}	风量 /$m^3 \cdot min^{-1}$	风温 /℃	风压 /MPa	炉顶压力 /MPa
未过筛喷油	1975 年 11 月	3.42	2881	1059	0.201	0.087
过筛不喷油	1977 年 12 月 24 日～1978 年 1 月 9 日	2.93	3504	969	0.220	0.101
过筛喷油	1977 年 12 月 24 日～1978 年 1 月 9 日	3.23	3893	999	0.244	0.104

状　态	时　期	油量 /kg·t^{-1}	生铁 Si /%	炉渣 CaO/SiO_2	煤气 CO_2（体积分数）/%
未过筛喷油	1975 年 11 月	42.7	0.893	0.91	13.90
过筛不喷油	1977 年 12 月 1 日～12 月 23 日		0.834	0.99	13.45
过筛喷油	1977 年 12 月 24 日～1978 年 1 月 9 日	28.5	0.680	1.01	13.92

根据测定，沟下过筛筛除粉末量约为 10%。过筛前后比较，校正各因素后，3 号高炉每筛除粉末 1%，可增产 2.3%，降低焦比 0.33%；4 号高炉每筛除粉末 1%，可增产 2.36%，降低焦比 0.46%。由此可见，沟下烧结矿过筛对 3 号、4 号高炉 1978 年

生产水平的提高起了重大作用。

1.2.2 使用澳矿

1978 年初由于对澳矿特性缺乏认识，高炉使用后曾出现不顺而未大量使用。2 月下旬 3 号高炉使用澳矿取得较好效果，其后各高炉澳矿使用量相继增加（表 5）。

表 5 1978 年 2～7 月各高炉使用澳矿情况（配比） （%）

炉 别	2 月	3 月	4 月	5 月	6 月	7 月
1 号	9.2	8.7	2.7	14.0	20.4	30.6
2 号	4.9	12.8		25.7	21.3	30.9
3 号	9.1	38.4	23.4	19.4	29.6	27.4
4 号		22.9	11.3	9.0	13.2	19.9

澳矿铁分高，平均 64%；SiO_2 低，为 3%～4%；渣量少，软化开始温度高（澳矿 1145℃，铁山矿 815℃，灵乡矿 863℃），软化区间窄（澳矿 205℃，铁山矿 243℃，灵乡矿 247℃），对高炉操作有利。澳矿在 400～500℃范围内有热裂现象，对高炉操作不利。后者使料柱透气性变差，前者由于渣量大幅度减少和成渣区变窄而改善了料柱透气性，而前者的有利作用大于后者的不利影响，从而使用澳矿获得好效果。

根据计算，用 10% 澳矿代替第一烧结车间烧结矿可降低焦比 1.9kg/t；用 10% 澳矿代替第三烧结车间烧结矿可降低焦比 1.4kg/t。以往使用铁山、灵乡、海南岛等块矿代替烧结矿总使高炉减产，焦比升高。澳矿虽是生矿，但使用效果与武钢现有人造富矿相近。

澳矿的使用改善了原料供应条件。以往烧结矿减产，高炉待料时，以块矿代烧结矿，则高炉减产，焦比升高。用了澳矿这种情况根本改变了，烧结矿减产时不仅不待料休风而且高炉不减产。

1.2.3 稳定原料配比

澳矿的使用消除了待料休风和人造富矿减产而使高炉减产的现象。此外由于澳矿化学成分稳定，澳矿的冶炼效果与烧结矿相近，互换没有很大影响，对稳定炉况起了良好作用。澳矿的使用为烧结机安排计划检修创造了条件，烧结矿产量波动幅度减小，使高炉变料次数减少。1978 年上半年 1 号、3 号、4 号高炉变料次数比生产较好的 1973 年下半年减少 120 次。原料配比的稳定是高炉提高生产水平的必要条件。

1.2.4 第一烧结车间烧结矿铁分提高

1978 年 6 月 15 日起第一烧结车间烧结矿铁分由 51% 提高到 55%，1 号、2 号高炉产量和焦比均明显改善。以 1 号高炉为例，6 月 15～30 日比 1～14 日铁分提高 2.84%，风量增加 $145m^3/min$（7.2%），产量增加 157t/d（10.73%），焦比降低 28.8kg/t（5.3%）。铁分每升高 1%，增产 3.78%，焦比降低 1.87%。

1.3 抓措施，开展技术革新，克服生产薄弱环节

虽然生产水平提高了，但也不断出现薄弱环节。例如 1978 年初焦炭供应数量不足成为提高生铁产量的主要矛盾。2 月份，焦化厂将焦炭筛孔由 28mm 改为 25mm，冶金焦利用率提高 6% 左右。3 月 18 日 3 号高炉将焦炭筛孔由 25mm 改为 20mm，其后 1 号、

2号、4号高炉也相继改小筛孔。这样入炉焦炭量又增加6% ~7%。改小焦炭筛孔的措施相当于每天增加入炉焦量600 ~650t。为弥补焦炭的不足，将原卸焦炭用的33号皮带加以修复和改造，改造后每天可从33号皮带补充500 ~700t焦炭。为了保证3号高炉烧结矿沟下过筛，对3号高炉沟下振动筛加以改造。为使3号高炉使用从一烧结车间来矿也可以过筛，增加了18号皮带。4号高炉产量提高后，砂口不适应，将单砂口改为双砂口。为保证高产所用铁口泥的质量，碾泥增加了原料烘干设施，降低了原料水分。生产上薄弱环节逐步被克服，高炉生产水平的提高从而得到了保证。

1.4 在生产条件改善的基础上，高炉操作上采取了措施和改进办法

1.4.1 增加喷吹量提高风温

1978年1月因供油量不足，高炉基本未喷油。1月份全厂平均焦比610.9kg/t。2月下旬3号、4号高炉相继喷油。2号、1号高炉分别于2、3月份开始喷煤粉。5月份全厂高炉都喷油，其后喷油量增至50kg/t左右。随着喷吹量的增加，高炉顺行改善，风温水平提高。1977年12月全厂平均风温仅915℃，1978年7月提高到1040℃。这对高炉焦比的降低起了重要作用。

1.4.2 高炉炸除炉瘤及炉身喷补

1976年，2号高炉在悬料情况下被迫封炉234天，送风后炉况不顺，生产指标很差，1978年4月18日停炉。停炉后发现炉身下部结瘤（图1），最厚处达1500mm，且炉身侵蚀严重，相当大的范围无砖。炸除炉瘤后对炉身进行喷补，喷补厚度为250 ~300mm。5月中旬送风后下料大有好转（图2）。生产指标逐步改善，焦比降低。1月份2号高炉焦比为667.9kg/t，炸瘤后的6月份焦比降低至535.9kg/t，降低132kg/t。

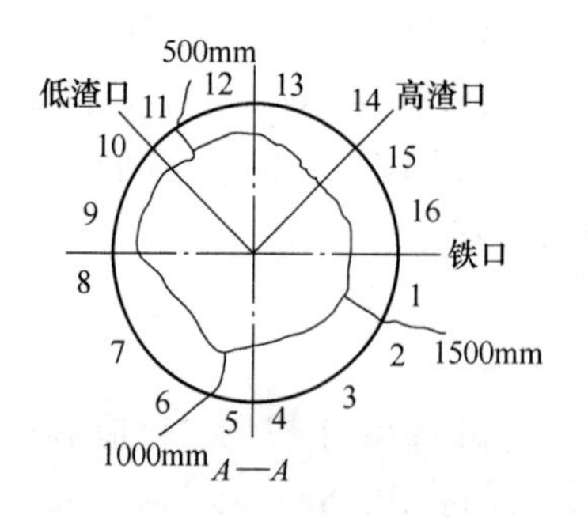

图1 2号高炉结瘤情况

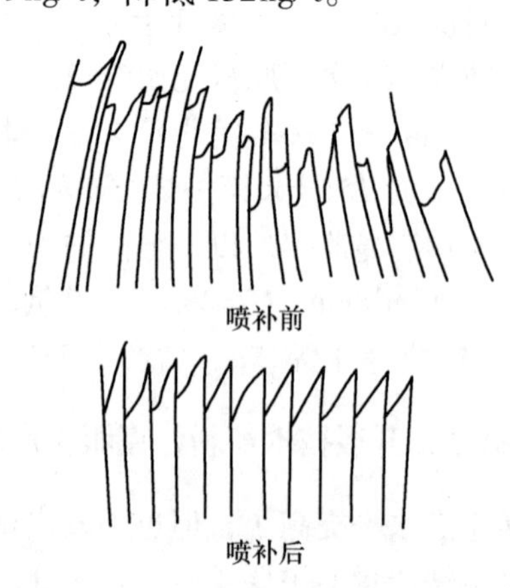

图2 2号高炉炸瘤前后情况比较

1.4.3 3号高炉采用正分装

1978年以来3号、4号高炉在沟下烧结矿过筛的基础上，高炉操作不断改进。为了大力节焦，6月份3号高炉进行加大批重正分装试验。试验前装料制度为焦$_3$矿$_2$↓，矿石批重29t。6月5日进行试验，先用倒分装：焦$_3$↓矿$_3$↓，炉况不顺，6月6日改正分装：矿$_3$↓焦$_3$↓，批重扩大到35~39t，由于煤气利用改善而提高了焦炭负荷。3号高炉正分装试验前后的操作指标见表6。炉喉CO_2曲线见图3。

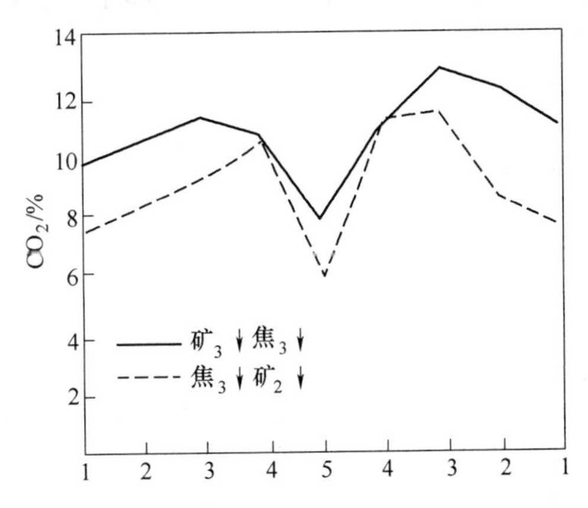

图3 3号高炉正分装前后CO_2曲线（体积分数）

从表6和图3可以看出，采用正分装使煤气CO_2曲线上移，边沿升高6.1%，中心升高4.6%，边沿仍保持高于中心。炉顶煤气平均CO_2提高2.6%（体积分数）。试验期铁分升高0.87%，喷油量增加13.1kg/t，校正后因煤气利用改善使焦比下降33kg。

3号高炉采用正分装的另一优点是风口破损显著减少。6月5日至7月底共坏风口2个，平均每月不到1个（1978年前5个月平均每月坏16个以上），休风率大为降低。

3号高炉正分装的试验促进了全厂其他高炉装料制度的试验。

表6 3号高炉正分装试验前后的操作指标

时期	装料制度	矿焦批重/$t \cdot t^{-1}$	平均日产量/t	利用系数/$t \cdot (m^3 \cdot d)^{-1}$
1978年5月	焦$_3$矿$_2$↓1.8m，1.9m	29/(8~9)	2501.6	1.655
1978年6月11日~7月31日	矿$_3$↓1.9m，焦$_3$↓1.25m	(36~39)/(10~11)	2571.8	1.698

时期	焦比/$kg \cdot t^{-1}$	煤气成分(体积分数)/%		炉喉CO_2(体积分数)/%	
		CO	CO_2	边沿	中心
1978年5月	539.1	24.7	15.5	4.5	3.6
1978年6月11日~7月31日	481.0	21.2	18.1	10.6	8.2

1.4.4 4号高炉装料制度改进

1978年以来4号高炉在装料制度方面也进行了一些试验。一季度采用m焦$_2$矿$_2$↓+n焦矿$_2$焦↓。4月中旬以后改用4焦$_3$矿$_2$↓+矿$_2$↓。7月下旬试验矿$_3$↓焦$_3$↓。试验结果见表7及图4。

由表7及图4可以看出，由倒装与半倒装的组合的装料法改为倒装与抽矿法，煤气利用改善，焦比下降，产量提高。改为正分装，煤气利用改善，焦比降至500kg/t以下，由于冶炼强度降低而产量略有下降。4号高炉采用正分装在降低焦比方面效果也是显著的。

表7　4号高炉采用不同装料制度的结果

时　　期	装料制度	矿石批重/t	平均日产量/t	利用系数/$t \cdot (m^3 \cdot d)^{-1}$
1978年3月	m焦$_2$矿$_2$+n焦矿$_2$焦↓(1.79m)	30~36	3718.2	1.478
1978年5~6月	4焦$_3$矿$_2$↓+矿$_2$↓(1.96m)	约36	4271.0	1.698
1978年7月下旬至8月上旬	矿$_3$↓　焦$_3$↓(1.85m)　(1.25m)	36~62	4180.3	1.661

时　　期	焦比/$kg \cdot t^{-1}$	炉喉CO_2(体积分数)/%		除尘器煤气(体积分数)/%		
		边沿	中心	CO_2	CO	η_{CO}
1978年3月	554.2	4.6	3.8	14.2	25.5	0.357
1978年5~6月	529.1	6.0	4.9	15.5	23.9	0.393
1978年7月下旬至8月上旬	493.0	6.5	5.0	16.2	23.1	0.412

1.4.5　1号高炉提高生铁质量和改善品种

1号高炉自1958年投产至今将近20年。炉身冷却壁大部分已破损，靠外部喷水冷却。炉喉钢砖大部脱落。在设备条件不利的情况下1号高炉自1978年2月份以来保持生铁合格率100%，二季度以来炼铸造铁，品种完成较好，7月份焦比降至490.1kg/t。1号高炉在高炉操作上主要注意了以下问题。

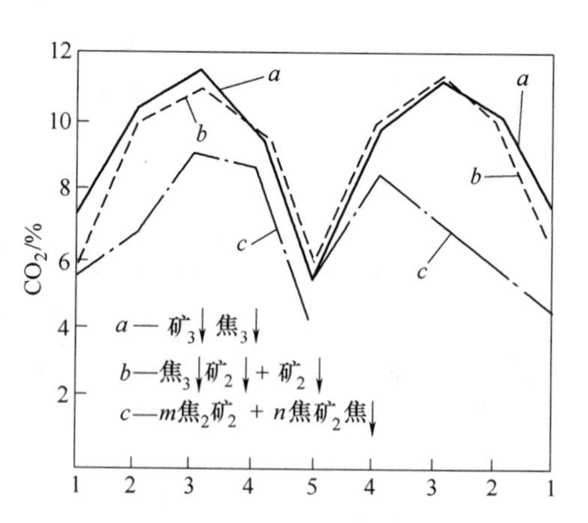

图4　4号高炉不同装料制度的煤气CO_2曲线（体积分数）

（1）认真调整焦炭负荷，使炉缸有适当的热量储备。

（2）加强日常调剂，减少风量风温波动，调好炉渣碱度，控制炉温波动范围。

（3）认真搞好喷煤，喷煤量达30~40kg/t。

（4）改进装料制度。6月份装料制度由倒装改为倒装加正分装并加大批重。炼铸造铁时降低料线，炼制钢铁时提高料线，稳定煤气流分布。

（5）加强冷却设备检查，防止向炉内漏水。

（6）炼铸造铁时适当使用锰矿，防止炉缸堆积。

从1978年前7个月情况看，生产水平的提高在技术方面抓了4项工作：抓设备；抓贯彻精料方针；抓克服薄弱环节措施；在此基础上抓高炉操作的改进。

2　进一步降低焦比的途径

焦比降至450kg/t以下，即在1978年7月份的基础上降低50kg/t。7月份全厂平均焦比499.2kg/t，但各高炉之间的差距是不小的（表8）。

表 8　1978 年各高炉燃料消耗情况

炉号	每吨铁燃料消耗/kg				炉料含 Fe/%	风温/℃	煤气 CO_2（体积分数）/%	渣铁比/$kg \cdot t^{-1}$
	焦炭	重油	煤粉	合计				
1 号	490.1	43.6	39.9	573.6	57.69	986	12.5	444.7
2 号	526.2	44.9	18.6	589.7	57.71	1031	12.9	495.0
3 号	477.4	54.3		531.7	56.08	1090	18.0	578.6
4 号	505.8	59.5		564.3	55.54	1052	16.0	
全厂	499.2	53.1	9.6	561.9	56.35	1040	14.9	507.8

3 号高炉焦比最低，2 号高炉焦比最高，相差 48.8kg/t，按燃料总消耗相差 58kg/t。如果缩小各高炉的差距，全厂平均焦比可降至 480 ~ 490kg/t，燃料总消耗可降至 550kg/t。各高炉焦比为什么有差别？就原料条件看，1 号、2 号高炉铁分高，但 1 号、2 号高炉烧结矿使用率低，实际每吨铁渣量与 3 号高炉相差不大。1 号、2 号高炉炼了部分铸造铁。最主要的则是在风温与煤气利用上（表现为 CO_2 含量）的差别。为分析差别的原因，制出 1 号、3 号、4 号高炉 7 月份操作线图如图 5 所示。从操作线图可以看出 3 号高炉炉身效率为 92.2%，直接还原率为 39%，而其他高炉直接还原率高，炉身效率低。从操作线图也可以看出，进一步降低焦比在高炉操作方面要抓提高风温和改善煤气利用这两个措施的实施。如果 1 号、2 号、4 号高炉平均风温能提高到 1050℃，煤气利用提高 CO_2 1%，则全厂达到 550kg/t 的总燃料比是可能的。如喷吹燃料能置换焦炭 100kg/t，则焦比可降至 450kg/t 以下。

与鞍钢、首钢相比，武钢燃料喷吹率低得多（表 9）。

表 9　1978 年首钢、鞍钢、武钢高炉燃料喷吹率

厂　家	喷吹率/%	焦比/$kg \cdot t^{-1}$
首钢（6 月）	22.21	457.0
鞍钢（6 月）	15.13	505.0
武钢（6 月）	9.74	515.0
武钢（7 月）	11.10	499.2

由此可见，提高喷吹率是武钢焦比降至 450kg/t 以下的主要措施。按综合燃料比 550kg/t 计，喷油为 50kg/t，置换比为1.1，相当焦炭 55kg/t，如煤粉喷吹可置换 45kg/t，则焦比即可降至 450 kg/t。现在煤粉置换比为 0.6，45 kg/t 焦炭相当于煤粉 75kg/t。利用系数为 1.8t/(m^3 · d)，日产铁 12772t，日用无烟煤 962t。现用的无烟煤灰分高达 22% 以上，因而置换比低。如改用灰分低的无烟煤，灰分为 15%，置换比可提高到 0.70 ~ 0.75，则每吨铁煤粉用量可降至 64 ~ 60kg，日用无烟煤 730 ~ 790t。选用好煤种对搞好煤粉喷吹十分重要。煤灰分低，置换比高；煤可磨性高，球磨机产量高，这些都对提高喷吹率降低焦比有利。现有的晋城煤灰分高可磨性差，选用好煤种代替晋城煤十分必要。为了达到每天 960t 的喷煤量，煤粉车间二期工程及 3 号、4 号高炉喷煤站必须建成投产。现有 1 号、2 号球磨机制粉系统及 1 号、2 号高炉喷吹站粉尘回收装置不好，漏煤粉严重，压缩空气含水量高，粉尘回收及压缩空气脱水都需解决。喷煤

粉措施上去，将高炉燃料喷吹率提高至20%以上是武钢焦比降至450 kg/t以下的关键。

改善煤气利用，提高炉身效率对降低焦比有重要意义。3号高炉煤气CO利用率（η_{CO}）达到0.45，但仍有提高的可能。其余高炉η_{CO}均低于3号高炉，尤有提高的必要。必须指出，煤气利用的改善也必须以精料为基础。基塔也夫的研究对精料与煤气利用率的关系作了很好的说明（图6）。当使用过筛的原料时，煤气成分接近于理论值，而使用不过筛的原料时则远离理论值。原料透气性不好，为保持顺行必须采用疏松边沿与中心的装料制度，这必然使煤气利用变差。此外粉末多，堵塞了矿石颗粒中的空隙使煤气不能均匀地与矿石接触。实践证明，改善煤气利用必须采取"焖"的装料制度。当原料粒度差时"焖"的办法是高炉所不能接受的。由此可见改善原料粒度组成提高透气性对降低焦比的重要性。从这点出发，1号、2号高炉增设沟下矿石过筛，澳矿在矿石场过筛，烧结机增加铺底料设施是十分必要的，而且这些措施实现得愈快愈好。

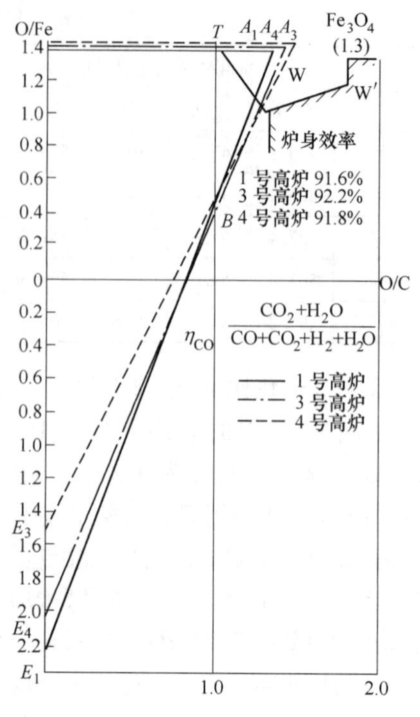

图5　1978年7月1号、3号、4号高炉操作线图

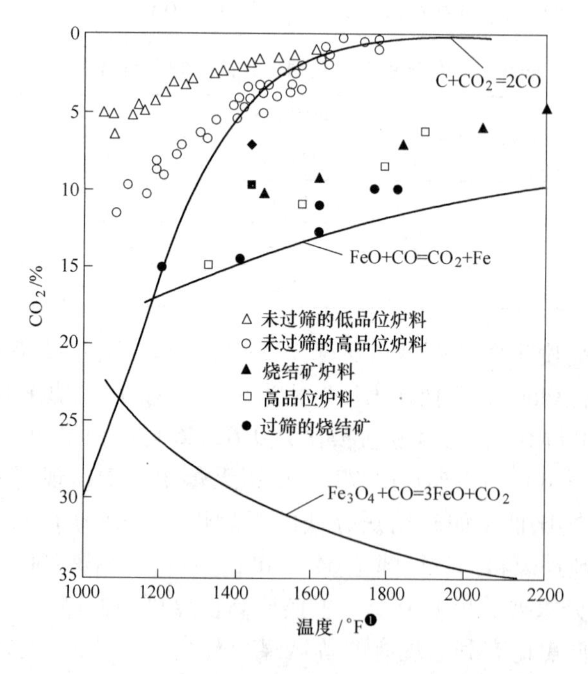

图6　原料过筛与不过筛对煤气利用的影响

❶ 华氏度，相当于（摄氏温度×1.8+32）℉，本书余同。

选择合理的配料比对降低焦比有重要作用。为比较不同原料配比对焦比的影响，按1978年上半年原料成分计算了理论焦比，计算结果见表10。从计算结果看出，使用澳矿代替烧结矿，焦比略有降低。用公司自产块矿代替烧结矿，焦比升高。配料中以澳矿代替自产块矿大为有利。若按利用系数为1.8t/(m^3·d)，高炉每天需用铁矿石22000t，若人造富矿日产量约为17000～18000t，则每天需用澳矿4000～5000t，在平均配料比中占20%。1979年有澳矿粉，将澳矿粉加入烧结矿可提高烧结矿铁分，对降低焦比有利。为此必须进行烧结配料中加澳矿粉的研究，选择烧结配料中澳矿粉的最佳配比以便获得冶炼性能良好的烧结矿。这些工作对今后降低焦比是十分必要的。

表10　不同原料配比的理论焦比　　(kg/t)

指标	风温/℃	直接还原度	一烧矿（100%）	一烧矿（80%）武钢块矿（20%）	一烧矿（70%）澳矿（30%）	三烧矿（100%）	三烧矿（70%）澳矿（30%）	三烧矿（60%）球团矿（20%）澳矿（20%）
数值	1000	0.5	555.0	581.0	548.6	553.0	549.0	548.0

原料配比的稳定性，各种原、燃料成分的稳定性，对高炉炉况的稳定顺行有很大影响。人造富矿产量与质量的稳定性对原料配比及成分的稳定有决定性作用。为使高炉焦比达到450kg/t以下，必须下决心花大气力去抓。在抓稳定性的同时必须以质量第一的思想提高原、燃料质量；为使提高质量得到保证，应当在原、燃料供应方面执行“优质优价”的政策。

提高风温问题。现有4座高炉除3号高炉外热风炉蓄热面积都偏小。随着焦比降低高炉煤气发热值越来越低，现在煤气发热值已低于3349kJ/m^3，这给高炉使用高风温带来很大困难，如果不采取措施今后风温水平不仅不能提高反而可能被迫降低。可能采取的措施有：

（1）提高煤气发热值。最简单的办法是混以焦炉煤气，每混入1%焦炉煤气，煤气发热值可提高142kJ/m^3，热风炉理论燃烧温度可提高26～28℃。

（2）改造热风炉增加蓄热面积。1号、2号、4号高炉热风炉设计蓄热面积为62～64m^2/m^3高炉容积，实际低于60m^2/m^3高炉容积。为使风温达到1200℃，蓄热面积应提高至75～80m^2/m^3以上。为此必须利用大修机会对热风炉进行改造。2号高炉1979年要大修，热风炉必须进行改造。

（3）热风炉助燃空气预热也是提高风温的途径之一。根据估算，助燃空气加热到450℃可提高热风炉炉顶温度150℃。但助燃空气预热要建加热炉及助燃风机，根据国外资料换算，每立方米高炉容积需投资1200元。4座高炉热风炉全部增加助燃空气预热装置共需投资800万元。这当然比用渗入焦炉煤气提高煤气发热值的措施花费投资要多。

（4）目前高炉煤气含水分高。煤气含水分高对煤气发热值及热风炉炉顶温度都有不利影响（表11）。

由表11可知煤气含水分量必须降低，办法就是加强洗涤塔的冷却，降低煤气温度。由以上数据可看出煤气温度由45℃降至30℃相当于混入1.2%焦炉煤气。

这些措施都有待尽快实施，否则就不可避免地会出现风温水平下降的趋向。

表 11　煤气含水分量与发热值、炉顶风温的关系

煤气温度/℃	饱和水/$g \cdot m^{-3}$	煤气发热值/$kJ \cdot m^{-3}$	理论燃烧温度/℃
30	35.10	3349	1285
35	47.45	3287	1271
40	63.27	3232	1258
45	81.10	3174	1245

若生铁日产 12172t，焦比 450kg/t，则日需入炉焦炭 5480t，折合全焦 6400t。现有 6 座焦炉中有 1 座大修，要达到 6400t 的平均日产量比较艰巨。由此可见，为确保高炉利用系数 1.8t/(m^3 · d)，焦比必须降至 450kg/t 以下。

3　为提高冶炼强度创造条件

即使高炉焦比降至 450kg/t，如不大幅度地提高高炉冶炼强度，高炉利用系数也不可能大幅度提高。1978 年 7 月份高炉焦炭冶炼强度为 0.736t/(m^3 · d)，燃料综合冶炼强度为 0.819t/(m^3 · d)，即使焦比降至 450kg/t，利用系数仅能达到 1.51t/(m^3 · d)，日产 10345t，与达到 1.8t/(m^3 · d)利用系数的要求相差很远。由此可见，要达到 1.8t/(m^3 · d)的利用系数必须在降低焦比的同时大力提高冶炼强度。

高炉操作实践早已证明，提高冶炼强度的根本措施在于加大风量，而风量的大小取决于高炉炉料的透气性。由此可见，提高冶炼强度的关键在于改善炉料的透气性。

高炉上部炉料透气性通常作为散状料床考虑，是以单位高度内的压差来表示的。根据尔根方程：

$$\frac{\Delta P}{L} = f\frac{\rho u^2(1-\varepsilon)}{\varphi_s D_p g_c \varepsilon^3}$$

式中　ΔP——炉料总压差；
L——炉料总高度；
D_p——炉料颗粒平均直径；
ρ——气体密度；
u——气体在空炉内的流速；
ε——炉料空隙度；
φ_s——颗粒形状系数；
g_c——重力换算系数；
f——摩擦系数。

基塔也夫提出与尔根不同的方程：

$$\frac{\Delta P}{H} = \frac{\lambda w_{or}^2 \rho_r F}{2V_0^3}$$

式中　w_{or}——炉身总截面上气体流速；
ρ_r——气体密度；
F——炉料比表面积；

λ ——阻力系数；

V_0 ——炉料空隙度；

H ——料柱高度。

上述两个方程虽不同，但其共同点都是压差与炉料空隙度的立方成反比。炉料空隙度愈大，压差愈低。

根据惹厄沙尔的研究，不同原料有不同的空隙度，同一种原料粒度也并非均匀，空隙度也不同。由图7可以看出，粒度均匀的烧结矿空隙度大于粒度不均匀的烧结矿，而粒度不均匀的烧结矿的空隙度又大于粒度均匀的块矿，粒度均匀的块矿的空隙度又大于粒度不均匀的块矿。高炉操作实践与理论研究都已证明：炉料中粉末含量越少，空隙度越大；炉料粒度越均匀空隙度越大；焦炭在炉料中占的比例越多空隙度越大；空隙度的变化导致 $\varepsilon/(1-\varepsilon^3)$ 的更大的变化。

此外必须指出，焦炭粒度与炉料粒度之比对压差有相当大的影响。当料粒中炉料所占的体积不变时，炉料与焦炭粒径比 d_B/d_C 不同对无因次压力降有很大影响。d_B/d_C 有一个最佳范围，在这个范围内无因次压力降最低。图8中 d_B/d_C 的最佳范围为0.25～0.30。假如烧结矿的粒度范围为8～25mm，平均粒度为15mm，则焦炭的粒度范围应为25～80mm，平均粒度为50mm。武钢烧结矿粒度小，而焦炭粒度偏大，对焦炭进行整粒，缩小焦炭粒度的上下限对改善炉料的透气性是十分必要的。

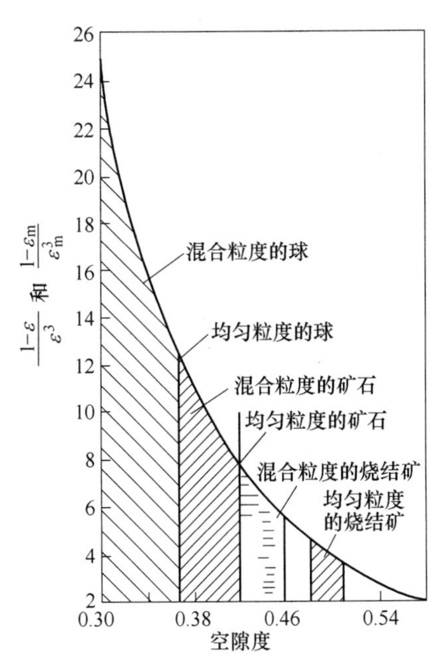

图7　不同原料空隙度 ε 与 $\frac{1-\varepsilon}{\varepsilon^3}$ 的比值

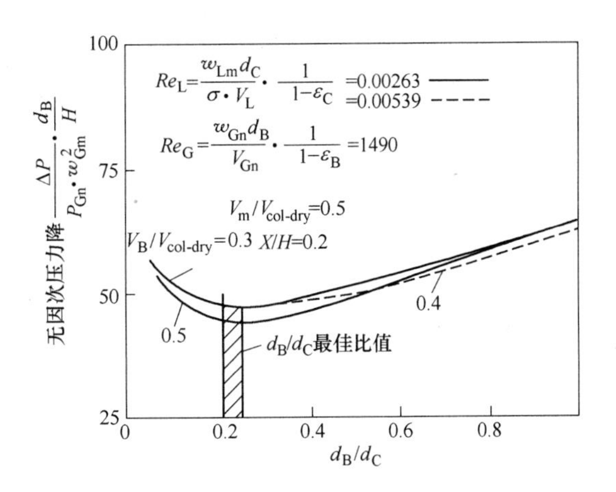

图8　炉料和焦炭的粒度比与无因次压力降的关系

焦比降低，焦炭负荷提高，焦炭在炉料中所占的比例降低，炉料的透气性变差。由此可见，在降低焦比的同时要提高冶炼强度，则非改善炉料透气性不可。1978年以来焦比总的趋势是降低的，与此同时高炉透气性指数下降。图9所示是1978年以来3号、4号高炉透气性指数与焦比及焦炭负荷的关系。从图9可以看出，随着焦比的降低炉料透气性变差。为了达到既降低焦比又大幅度地提高冶炼强度的目的，必须采取一切可能采取的措施改善炉料透气性。为此必须：

（1）1978年1号高炉大修时增加沟下过筛工序，筛除矿石中的粉末。1979年2号高炉大修后也必须增加沟下过筛工序。根据3号、4号高炉过筛的经验，1号、2号高炉大修越早，沟下过筛上得越快越有利。

（2）澳矿在矿石场过筛，筛去6mm以下粉末。

（3）一、三烧结车间增加铺底料措施，改善烧结矿粒度组成。

（4）焦炭整粒，使焦炭粒保持在25～75mm内。

（5）提高球团矿质量，提高球团矿强度，特别是还原后的强度。

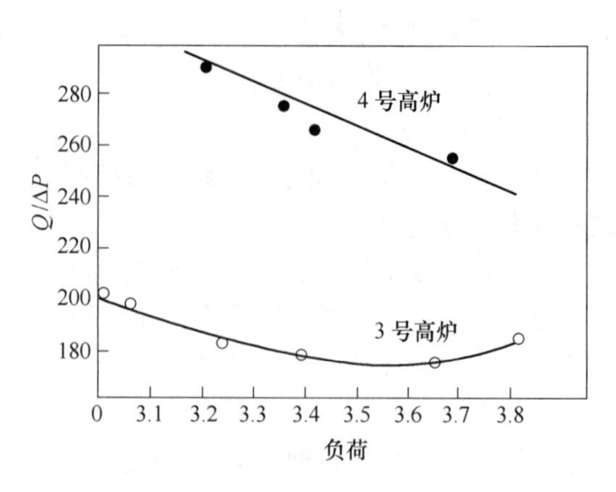

图9　3号、4号高炉透气性指数与焦炭负荷的关系

有了上述改善炉料透气性的措施，还必须改进高炉操作，才能充分发挥精料的作用把冶炼强度提高。在高炉操作制度上要通过实践找出最有利的上下部操作制度，以达到合理的煤气流分布和活跃而均匀的炉缸工作。在高炉日常操作上则要提高日常调剂的技术水平，使高炉经常处于稳定顺行的强化状态。

高压操作是提高高炉冶炼强度的有效手段。武钢实践证明，炉顶压力每提高0.01MPa，冶炼强度可提高1.7%～2.0%。如果炉顶压力能由目前的0.12～0.13MPa提至0.17～0.18MPa，高炉即可增产10%。4号高炉如果能将炉顶压力由目前的0.12MPa提至0.22MPa，可增产20%。4号高炉目前利用系数在1.7t/(m^3·d)左右，提高20%，就会超过2.0t/(m^3·d)。

要提高炉顶压力必须克服设备上的薄弱环节。首先鼓风机要提高出口风压和风量。目前K-4250-41风机的出力已低于风机特性曲线规定。必须采取措施使K-4250-41风机达到设备应有的出力。送风管道系统，特别是鼓风机站的管道系统漏风严重，必须采取措施加以消除。这些问题如能妥善解决，1号、2号、3号高炉的炉顶压力有可能提高到0.15～0.17MPa。4号高炉鼓风机潜力大，风机能力可保证4号高炉炉顶压力提高到0.25MPa。

炉顶设备是妨碍炉顶压力提高的薄弱环节。目前炉顶压力为0.12～0.13MPa，大钟寿命1年有余。除了提高大、小钟制造质量外必须对炉顶设备结构型式进行改造。从武钢条件看最简单易行的改造方案是在现有炉顶设备上加两个密封阀。

热风炉和热风管道系统也是妨碍炉顶压力提高的薄弱环节。热风阀必须加以改进。今后高炉大、中修必须对热风炉和热风管道系统进行彻底的改造。

炉顶压力提高将给炉前操作带来负担。炉前操作能否搞好是今后高炉能否长期高产的重要因素。为此必须组织专门班子搞炉前革新攻关。

目前3号、4号高炉利用系数大致为1.7t/(m^3·d)。如果1号、2号高炉大修后增加了沟下过筛工序，利用系数也不会低于1.7t/(m^3·d)。如果入炉料粒度在5mm以下的粉末比目前水平再减少3%～5%，利用系数可提高6%～10%。炉顶压力如果可由目前的0.12～0.13MPa提高到0.14～0.15MPa，则利用系数可提高4%。这些措施全部实现后，高炉利用系数应当可保持在1.8～1.9t/(m^3·d)的水平。

4 结语

4.1 抓设备、精料、薄弱环节和高炉操作

1978 年上半年以来高炉生产水平提高幅度较大，从生产技术的观点上看主要是：抓了设备检修，克服了阻碍高炉高产的设备隐患；抓了精料方针的贯彻，3 号、4 号高炉实现沟下过筛，使用澳矿，基本上改变了原料供应不能保证高炉正常生产的被动局面；抓了措施，克服了生产薄弱环节，初步形成了一个相对稳定的生产条件；在此基础上大胆地改进了高炉操作，发挥了客观条件的优越性，从而出现了武钢开工以来的大好局面。今后要想使高炉生产水平继续不断提高，必须从上述 4 个方面进一步抓下去。

4.2 为使武钢高炉利用系数提高至 1.8t/(m^3·d) 以上、焦比降至 450kg/t 以下必须采取的措施

4.2.1 *在贯彻精料方面*

（1）1 号、2 号高炉尽快实现沟下过筛。

（2）一烧结机增加铺底料措施，力争 1978 年内实现，并立即着手采取三烧结机增加铺底料措施。

（3）提高球团矿强度，特别是还原后强度。

（4）烧结配料中增加澳矿粉，找出最佳操作制度以获得高质量烧结矿。

（5）工业港矿石场增加卸矿和装矿能力，为大量使用澳矿作装备并进行澳矿过筛。

（6）改进原料平衡和供应，力求高炉配料比稳定。

（7）进行焦炭整粒。

4.2.2 *在设备方面*

（1）尽快进行 1 号高炉大修，力求高质量高速度。

（2）着手进行 2 号高炉大修准备。利用大修进行改造，增加沟下过筛工序，改造炉顶设备，改造热风炉及送风系统，改造炉前设备，增加除尘与环境保持设施。力争 2 号高炉早日大修。

（3）解决热风炉及热风管道系统的薄弱环节。

（4）提高 K-4250-41 风机出力，消灭管道漏风。

（5）尽快使煤粉二期工程投产。现有煤粉设备要解决除尘问题，提高球磨机出力，增加压缩空气脱水装置。使煤粉日产量提高到 800～900t。建好 3 号、4 号高炉喷煤装置，使各高炉喷煤量达到 70kg/t 左右。

（6）解决高炉煤气含水量过高的问题。

4.2.3 *在高炉操作方面*

（1）在 1978 年 3 号、4 号高炉上部调剂取得进展的基础上，进一步寻找更有利的操作制度，以提高冶炼强度与改善煤气利用，降低焦比。

（2）搞好油、煤联合喷吹。

（3）着手进行重油乳化喷吹。

（4）提高风温，力求使用热风炉所能供应的最高风温。

（5）组织炉前专题攻关。

4.2.4　在企业管理方面

（1）开展群众性技术革新和合理化建议运动，针对生产薄弱环节组织攻关。

（2）以贯彻责任制为中心加强管理。

（3）按经济规律办事，落实经济政策。

（4）开展职工技术教育和技术练兵。

4.3　提高生产水平的初步预想

目前高炉的生产水平，日产 9800～10000t，焦比 490～500kg/t。要达到利用系数 1.8t/(m^3·d)、焦比 450kg/t，日产量要提高 2400t，焦比要降低 50kg/t。1978 年 5 月开始的高产拉练是提高生产水平的一个好办法。初步预想：

（1）1 号高炉大修期间，烧结矿中加澳矿粉，使 2 号、3 号、4 号高炉日产水平达到 9000t，焦比达到 490kg/t 以下，即比目前水平产量增加 500t，焦比下降 10kg/t。

（2）1 号高炉大修后 4 座高炉日产水平提高至 11000t，即比目前水平提高 1000t。

（3）1 号高炉沟下过筛，一烧结机改造措施见效，澳矿过筛，煤粉设备全部投产，4 座高炉日产水平 11500t，焦比 450kg/t 左右，即比目前日产水平提高 1500t，焦比下降 50kg/t。估计这要在 1979 年才能实现。即使达到这个水平与利用系数 1.8t/(m^3·d)的要求尚差 900t。要增产这 900t 则有待于上述措施的实现。

高炉设计不宜定型化*

20 世纪 50 年代后期我国高炉设计开始走向定型化，从苏联引进了 1386m^3 及1513m^3 定型设计。国内自行完成的高炉定型设计有：8m^3、13m^3、28m^3、55m^3、83.5m^3、100m^3、255m^3、620m^3。20 世纪 60 年代以后又有 1053m^3 及 1200m^3 高炉定型设计出现。这些定型高炉设计在大办钢铁中对全国各地大量普遍地建造中小高炉起了重要的促进作用。

在高炉设计定型化的过程中曾有过不同的看法，并对定型设计加以改变。如武钢 1 号高炉为苏联 1386m^3 定型设计，而 2 号高炉建设时在炉壳结构均不改变的条件下改变了炉衬厚度，容积扩大至 1436m^3。武钢 4 号高炉在建设过程中利用苏联 1513m^3 标准设备（包括料车卷扬机、大小钟卷扬机、大钟平衡杆、热风炉燃烧器及各阀、炉前吊车、电炮、开口机、堵渣机等）局部加以改造，仅采用 7000m^3/min 风机就将容积由 1513m^3 扩大至 2516m^3。马鞍山钢铁公司将 210m^3 及 250m^3 高炉改为 300m^3。湘钢将 620m^3 高炉改为 750m^3。鞍钢将 10 号高炉由1513m^3改为 1800m^3。本钢、攀钢及其他厂中这样的例子颇为不少。这些改变中有一些取得较好的经济效果，现举马钢 1972 年 250m^3 与 300m^3 的生产情况为例（表 1）。

表 1　马鞍山钢铁公司 1972 年 250m^3 高炉与 300m^3 高炉生产指标的比较

炉　号	容积/m^3	年产量/t	利用系数 /t·(m^3·d)$^{-1}$	冶炼强度 /t·(m^3·d)$^{-1}$	焦比 /kg·t^{-1}	风温/℃
13 号	250	142.402①	1.634	0.996	590	984
9 号	300	174.764	1.597	0.915	551	998
10 号	300	178.808	1.635	0.914	551	1014

炉　号	烧结率/%	炉料（扣 CaO）Fe/%	重油/kg·t^{-1}	煤粉/kg·t^{-1}	废铁/kg·t^{-1}
13 号	85.47	57.57	66		37
9 号	93.28	58.18	50		10
10 号	89.64	58.0	41	67	27

① 其中包括铸造铁 1.4 万吨。

表 1 所列 3 座高炉生产条件有差别，但差别不太大，与 250m^3 高炉相比，300m^3 高炉平均日产量要多 80t 以上，焦比要低 20～40kg/t，虽然利用系数低一些，但设备效率发挥得要好一些。

武钢 1 号、2 号高炉虽然容积只差 50m^3，但 2 号高炉的产量在条件相近的年份要

* 原发表于《武钢技术》，1980(1):25～28。

比 1 号高炉多一些，现举 1966 年与 1973 年为例（表 2）。

表 2　武钢 1 号高炉（1386m^3）、2 号高炉（1436m^3）生产指标的比较

年份	炉号	年产/t	平均日产量/t	利用系数/$t\cdot(m^3\cdot d)^{-1}$	冶炼强度/$t\cdot(m^3\cdot d)^{-1}$	焦比/$kg\cdot t^{-1}$	风温/℃
1966	1 号	701090.5	1909.8	1.383	0.810	586	1041
	2 号	744194.0	2024.5	1.423	0.836	578.3	1085
	相差	+43103.5	+114.7	+0.040	+0.026	-7.7	+44
1973	1 号	662932.7	1816.3	1.313	0.742	557.2	1037
	2 号	663275.9	1817.2	1.269	0.722	558.3	1060
	相差	+343.2	+0.9	-0.044	-0.020	+1.1	+23

年份	炉号	矿石 Fe/%	烧结率/%	休风率/%	重油/$kg\cdot t^{-1}$	沥青/$kg\cdot t^{-1}$
1966	1 号	50.68	79.86	0.79	32.6	5.0
	2 号	50.39	82.00	1.45	32.0	5.0
	相差	-0.29	+2.14	+0.66		
1973	1 号	50.2	92.8	1.55	71.6	
	2 号	50.16	92.9	2.08	71.6	
	相差	-0.04	+10.1	+0.53	0	

1965 年 5～8 月 2 号高炉大修了，同年 12 月 1 号高炉中修了，1966 年 1 号、2 号高炉设备状况都好，原料条件相近，可是 2 号高炉产量比 1 号高炉高。1973 年 2 号高炉因更换炉顶设备而小修，所以作业率低，尽管如此，产量仍略高于 1 号高炉。武钢 4 号高炉用 1513m^3 高炉设备，扩大炉容为 2516m^3，在 7000m^3 风机未使用前，原料条件差，但产量比 3 号高炉（1513m^3）高。1978 年使用 7000m^3 风机后，年产量达到 1400681.4t，而 1513m^3 的 3 号高炉年产量只 849828.6t，相差 550852.8t。当然由于 1513m^3 设备用到2516m^3高炉上，出现了一些薄弱环节，但总起来看，设备利用效率比 3 号高炉高得多。

这些对定型设计加以改变的尝试给我们提出了一个问题：高炉设计定型化究竟是好处多还是缺点多？鉴于现在仍有一种定型化的倾向，因此对高炉设计定型化是否有利有加以讨论的必要。

1　我国高炉设计不宜定型化

一切工作必须从实际出发，根据具体情况采取切合实际的工作方针。高炉设计也是这样。我国幅员辽阔，自然条件差别大，想用定型设计适应千差万别的条件是困难的，其原因有：

（1）高炉设计必须以原料条件为基础。原料条件不同，高炉不可能采用相同的设计。焦炭强度高，允许高炉有较大的炉容和较高的高度；焦炭强度低，只能设计矮而小的高炉。矿石品位高，渣量少，高炉可以取消渣口；矿石品位低，渣量大，则渣口不仅不能取消，反而要增多。炉料透气性好，允许达到较高的冶炼强度，则可以设计巨型高炉。如果用同样的鼓风机，则炉容可以设计得小一些；炉料透气性差，则不宜设计巨型高炉。如果用同样的鼓风机，对炉料透气性差的原料，则炉容可以设计得大一些，以便充分发挥设备能力。熟料率高，矿石还原性能好，则可以设计矮胖高炉；熟料率低，矿石还原性能差，则炉型以倾向瘦长为佳。我国铁矿石资源种类繁多，且有相当数量的多种金属共生矿和难选矿，所得到的入炉料品位相差大，冶炼性能千差万别，要想使定型设计对各种不同的原料都能适应是难以办到的。

（2）高炉设计必须充分考虑建厂地点的气候、地质、水文、地震、能源条件、地形条件（如平原或山区等）、地理条件（如靠河、湖、海、靠山及经济地理条件等），并根据这些条件选择最经济合理的设计方案。要想使定型设计能适应我国各地区千差万别的自然条件也是难以办到的。

（3）即使撇开上述两个问题就单高炉设备而言，也应当允许不同的方案同时存在，让这些不同的方案经受实践的考验，进一步发展完善。换句话说，也应当百家争鸣，而不应一家独唱。从这点出发，高炉设计定型化也是不适宜的。

2 国外高炉定型化情况

高炉定型设计是从苏联引进的经验，因此有必要分析一下国外定型化的情况。美国钢铁工业生产能力在 1953 年就达到 10125 万吨，1973 年最高产量为 13680 万吨，20 年内增长 3555 万吨，每年平均增长不到 180 万吨。大家都知道美国高炉设计是没有定型化概念的。世界主要产钢国中发展速度最快的是日本和苏联。二次世界大战期间，日本的钢产量最高为 765 万吨。日本钢铁工业底子不厚，钢产量的增长以新建厂为主。1960 年日本钢产量为 2213 万吨，1973 年为 11932 万吨，13 年总共增长 9719 万吨，平均每年增长 763 万吨。同一时期，日本生铁产量由 1889 万吨增长到 9000 万吨，平均每年增长 601 万吨。日本大规模地建设新高炉是否采用了定型设计呢？事实是没有。作者统计了日本现存的 70 座高炉，发现除新日铁室兰厂 2 号、3 号高炉和住友金属和歌山厂 1 号、3 号高炉容积相同外，其余的高炉没有设计相同的炉型。同一厂内各高炉炉型设计差别也相当大，容积相近的高炉炉型各部尺寸相差也很明显。图 1 是日本五大钢铁公司高炉内容积与炉缸直径的关系。

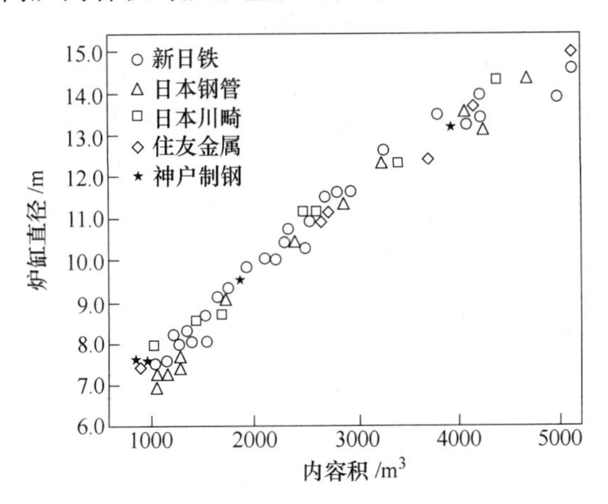

图 1　日本高炉内容积与炉缸直径的关系

由图1可以看出，内容积相近的高炉炉缸直径相差相当大，有时内容积小的高炉炉缸直径反而大些。从这一点就足以说明日本高炉炉型不仅没有定型设计，而且没有一致的设计公式。日本高炉每大修一次就要进行改造，改造时炉型大都有变化。钢铁工业发展速度最快的日本不采用高炉定型设计，它的原料基本依靠进口，各钢铁公司原燃料条件相差比我国小得多，地理条件相差也比我国小，他们的高炉不用定型设计，而我们又有什么必要把高炉设计定型化呢？再看高炉定型设计的发源地苏联的情况如何。1950年苏联钢产量为2730万吨，1978年为15200万吨,28年间增长12470万吨，平均每年增长445万吨。同一期间，苏联生铁产量由1950年的1920万吨增长至1978年的10810万吨，平均每年增长317.5万吨。但是在苏联目前生产的高炉并不都是定型设计。作者对苏联年产量在300万吨以上的14家钢铁企业86座高炉进行了不够完整的统计，最小的高炉容积为269m^3，最大的为5026m^3。在这86座高炉中，属于1386m^3、1513m^3、1719m^3、2000m^3、2700m^3、3200m^3、5026m^{3}标准设计的共有29座，约占1/3。近年来，苏联高炉大修也出现了改造扩容变更炉型的趋向。高炉定型设计的创始者苏联情况如此，我们又有什么必要一定再沿着高炉设计定型化的道路走下去呢?

就高炉专用设备看，各国都是趋向多样化。如炉顶设备，日本5家钢铁公司就有IHI型、NSC型和NKK型，又从西欧引进了PW无钟炉顶。欧美炉顶设备的型式比日本更多。又如热风炉除了老式的两通式热风炉外，近年来出现了外燃式（其中有各种型式，如Didder式、Martin式、Kopper式、NSC式）以及霍戈文式内燃式热风炉。至于炉体结构、冷却设备型式、装料设备、高炉布局等，更是花样繁多。日本5家钢铁公司各有其特点。在欧美有的一家公司内也不求统一。如ESTEL公司是联邦德国与荷兰的跨国公司。这个公司的霍戈文厂高炉炉身冷却采用冷却板式，而其赫施厂则采用汽化冷却及无砖衬的冷却壁。该公司认为采用不同型式便于比较，并加以改进和发展。

3 高炉设计定型化产生的弊病及应对建议

由上所述，高炉设计定型化必然产生以下弊病：

（1）用定型设计去适应千差万别的自然资源与地理条件，实质上是以不变应万变的思想的表现，使设计工作不能从实际出发选择最佳方案。其结果必然造成投产后相当多的环节不相适应，使设备长期达不到预期的综合生产能力。

（2）既然是定型设计，必然在采用某种型式的同时抛弃其他型式。定型设计又不可能频繁修改，其结果必然是凝固技术进步，使设计工作僵化，妨碍学术上的百家争鸣，阻碍高炉生产技术的发展。

（3）为追求高技术指标出现了高炉容积小辅助设备能力大的倾向。由于忽视了原料条件，高炉长期达不到设计技术指标，使设备能力不能充分利用，投资效果不能充分发挥。

因此作者建议：

（1）鉴于高炉设备除部分标准设备外其余都是非标准设备，而炉体、热风炉、装料系统和送风系统等都是在施工时制造安装的，根本不可能用标准化方法制造。因此只需要对标准设备（如风机、泥炮、卷扬机、热风炉阀类及铁水罐车等等）由小到大制订出不同系列加以定型化，以便于制造、采用和备品备件供应。其余部分则应根据建厂当地自然资源、地理、经济等方面条件进行设计，不应定型。现在的实际情况是应当系列化加以定型的迟迟不定型，而不需要定型的则花很大力气去搞定型设计，显然是不妥当的。

（2）在进行设计中应对不同方案进行综合比较，以经济效果为尺度选择最佳方案。衡量设计方案是否先进合理最佳化，不应当只看设计的技术指标，而应当看经济效果，即生产能力与投资之比（每万吨或每100万吨年产能力所花的投资）及投产后的生铁成本。投资少而产品成本低的设计方案是最佳方案。

我们现在在钢铁工业设计方面已经有了一支相当大的队伍。我们已经具有独立进行设计的能力。大办钢铁时期一种高炉定型设计许多厂套用的时代已经过去了。为了加速我国钢铁工业的现代化，今后高炉设计不宜定型化。

对武钢高炉来说，应当本着充分发挥设备潜力的原则，利用大中修的机会进行改造，在充分利用原有设备的基础上，采用行之有效的适合武钢具体条件的新技术，使武钢高炉生产经过几年调整之后提高到一个新的水平。

原料对高炉操作制度的影响*

摘　要　本文叙述了武钢高炉操作的特点。根据在生产高炉上及1∶1冷态模型中进行的研究工作，作者指出：（1）风口回旋区长度与风口动能无关，而是风口鼓风动量除以料柱阻力的函数；（2）烧结矿布料反常系由烧结矿粒度小所造成；（3）烧结矿中加白云石，将炉渣中MgO提高至9%～12%时，对冶炼低硅低硫铁有利；（4）改善炉料透气性是高炉操作的中心环节。

武钢高炉自1958年投产以来，技术操作上遇到炉缸堆积与烧结矿布料反常两大问题。在克服炉缸堆积与了解烧结矿布料规律的过程中对高炉操作制度之间的关系的认识逐步加深。

1　高炉炉缸工作状况（下部操作制度）

1961年起高炉冶炼强度由1.0t/(m^3·d)左右降至0.6t/(m^3·d)以下，高炉炉况不顺，风口破损增多，铁水物理热不足，呈现明显的炉缸堆积。经过缩小风口进风面积、提高风速、减小矿石批重疏松中心等办法，炉况逐步好转。为研究炉缸工作状况，进行了风口取样，并测量了风口回旋区长度及取样管插入炉缸时所受的阻力。测试结果表明，风口回旋区过小时炉况大都不顺，有时插入0.6～0.8m时取样管所受阻力达0.4～0.6t以上。炉况正常时风口回旋区深度在1.0～1.4m。炉缸煤气曲线因炉缸料柱状况而异。测试结果表明，风口回旋区大小与鼓风动能无明显关系。经过计算$\frac{Q^2T_b}{AP_rWHN}$值，发现回旋区长度D与$\left(\frac{Q^2T_b}{AP_rWHN}\right)^{0.5}$有一定关系（图1）。式中，$Q$为入炉风量，$m^3/min$；$T_b$为风温,℃；$A$为风口进风面积，$m^2$；$P_r$为风口风压，0.1MPa；$W$为炉料堆比重，$kg/m^3$；$H$为风口以上料柱高度，m；$N$为风口数目，个。

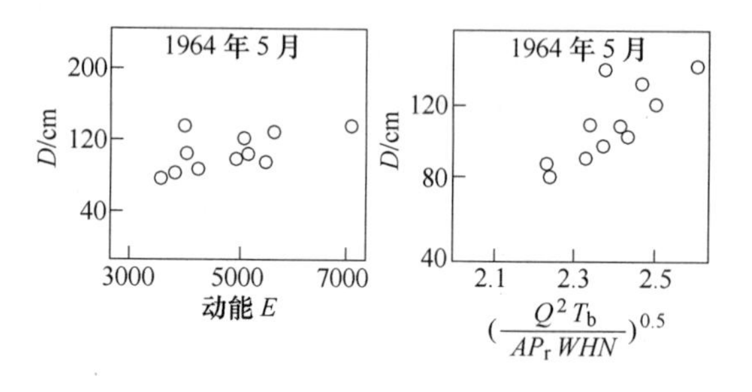

图1　回旋区长度D与鼓风动能E和$\left(\frac{Q^2T_b}{AP_rWHN}\right)^{0.5}$的关系

$\frac{Q^2T_b}{AN}$代表风口鼓风动量(M)，P_rWH代表风口平面上回旋区形成所受的阻力（R）。由此推断风口鼓风动量是形成风口回旋区的推动力，而料柱在炉内的阻力则是限制风

* 原发表于《钢铁》，1980，15(4):47～52。

口回旋区形成的因素。风口回旋区长度 D 是鼓风动量 M 与所受阻力 R 的函数，即 $D^2=K\frac{M}{R}$。图 1 上各点离散度较大，因为 P_rWH 不能完全代表阻力，尤其包括不了炉料粒度及炉料分布对阻力的影响。然而由此可得出结论：改善炉缸工作一方面要靠增大 M，另一方面要靠减小 R，既要改善下部操作制度也要从上部调剂及改善料柱透气性方面采取措施。

实际操作中利用上部调剂改善炉缸工作的例子很多。如 1964 年 11 月 19 日 1 号高炉炉况不顺，测得回旋区长度为 0.8m，炉喉煤气曲线中心重（图 2（a））。将装料制度由全部“焦矿矿焦”改为“3 焦矿矿焦↓ +2 焦焦矿矿↓”后，炉况好转。20 日测得回旋区为 1.06m。23 日炉缸煤气曲线为经典式，炉喉煤气曲线中心下降，风量增加 200m³/min（图 2（b））。

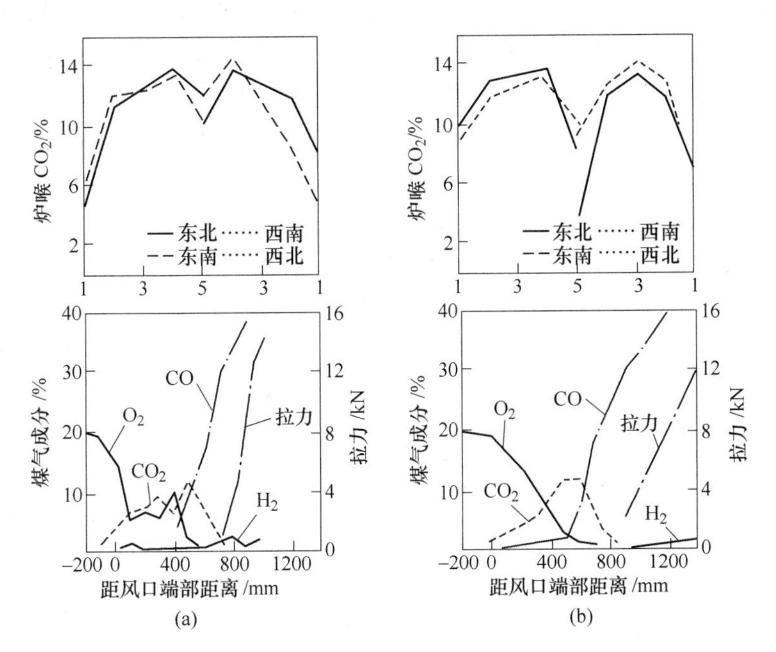

图 2　风口煤气成分和炉喉煤气曲线（体积分数）

（a）1964 年 11 月 19 日；（b）1964 年 11 月 23 日

顺便指出，炉缸煤气 CO_2 含量与回旋区长度无关。用 $CO_2=2\%$（体积分数）含量点确定回旋区长度是不正确的。

高炉风量水平是由炉料透气性决定的。透气性好时风量大，风口动量 M 大，而允许高炉在布料上采取抑制煤气流的措施（加重边缘加大批重等）。采取这些措施虽使阻力 R 增加，但由于 M 增大仍能保持必要的风口回旋区长度使炉况工作正常。反之，如炉料透气性恶化风量减少，则必须缩小风口面积提高风口风速以保持必要的风口动量 M，同时也要从上部加以疏导以减少阻力 R 才能保持炉缸工作正常。

造成炉缸堆积的主要原因之一是风量少，风口回旋区短，其根源大都是料柱透气性差。这在大高炉上表现尤为明显。武钢 4 号高炉（炉缸直径 10.8m）1970 年开炉后，由于烧结机未投产使用生矿质量差，风量少，炉缸堆积，风口烧坏多，产量低，生铁质量差，1972 年内共烧坏风口 750 个。1973 年三烧车间投产后情况开始好转，全年烧坏风口数减少到 479 个。1977 年 10 月中修后实现了烧结矿沟下过筛并用了 7000m^3/min 风机，风口破损大为减少。1978 年全年总产铁量达到 140 万吨以上，有 6 个月平均日产 4000t 以上。由此可见改善炉料透气性对改善高炉炉缸工作的重要性。

2 武钢烧结矿布料特点（上部操作制度）

1959 年武钢高炉使用烧结矿后，发现其布料规律与传统观念不同：正装加重中心，同时略微加重边沿；倒装较强烈地疏松中心并发展边沿；半倒装发展边沿并加重中心，因而称为“布料反常”。为寻找原因，进行了操作中高炉的料面形状和下料速度的温量，测量了炉喉各点温度并取了矿石样；高炉开炉时进行了料面测量和料面解剖；并在 1∶1 大模型中进行了研究。结果表明，烧结矿布料反常是在一次布料时形成的。烧结矿正装时，烧结矿堆角距炉墙较远而滚向中心，焦炭堆尖距炉墙较近堆角大滚向中心少，因而加重中心(图 3(a))。烧结矿倒装时在从大钟落下过程中烧结矿产生超越现象，焦炭先落到料面滚向中心，其后是烧结矿与焦炭混合料落到料面将先落的焦炭挤向中心，最后烧结矿落在靠边沿的中间环带上并填进料面空隙(图 3(b))，所以疏松中心。半倒装时先落下的少量焦炭布在边沿，然后烧结矿与焦炭的混合料落在料面并滚向中心，其后烧结矿落在混合料上，最后是焦炭，所以疏松边沿加重中心(图 3(c))。这是因为武钢烧结矿粒度小，粒度在 5mm 以下者占 20% ~25%，5 ~10mm 者占 25% ~35%，平均粒径 13 ~15mm（当量直径 6 ~7mm），而焦炭平均粒径 65mm（当量直径 55mm），因而堆角及落下轨迹差别大所致（表 1 ~表 3）。

表 1　武钢烧结矿的粒度组成

时　间	类　别	粒度组成/%					平均粒径/mm	当量直径/mm
		>40mm	40 ~25mm	25 ~10mm	10 ~5mm	<5mm		
1965 年 10 月	一烧①	5.50	9.00	45.30	19.10	21.10	15.7	7.00
1979 年 5 月	一烧①	8.65	7.71	30.66	27.83	25.15	15.1	6.28
1976 年 3 月	三烧①	5.80	7.90	34.90	28.60	21.90	14.4	6.70
1978 年 7 月	三烧②	4.20	5.00	41.40	33.90	15.50	14.0	7.50
1979 年 5 月	三烧②	4.32	4.74	33.53	34.99	22.42	12.9	6.34

① 未过筛；
② 过筛。

表 2　武钢焦炭的粒度组成

时　间	粒度组成/%					平均粒径/mm	当量直径/mm
	>80mm	80 ~60mm	60 ~40mm	40 ~25mm	<25mm		
1977 年 11 月	26.9	38.5	27.6	4.9	2.1	65.4	55.6

表 3　武钢焦炭、块矿与烧结矿堆角测定结果

类　别	料线/m	焦炭 $\alpha_{炭}$	块矿 $\alpha_{矿}$	烧结矿 $\alpha_{烧}$	堆角比较
生产料面测量	1.125	27°46′	24°34′	21°45′	$\alpha_{炭} > \alpha_{矿} > \alpha_{烧}$
	1.25	29°45′	15°52′	11°48′	$\alpha_{炭} > \alpha_{矿} > \alpha_{烧}$
	1.50	27°59′	23°08′	19°22′	$\alpha_{炭} > \alpha_{矿} > \alpha_{烧}$
1∶1 模型试验	1.50	34°	32°	31°	$\alpha_{炭} > \alpha_{矿} > \alpha_{烧}$

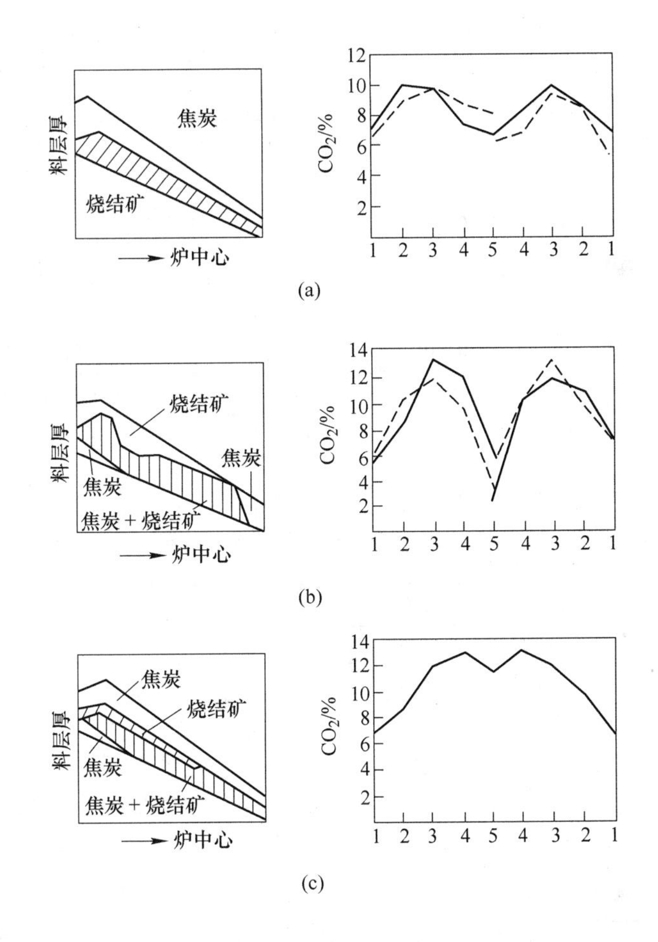

图 3　使用烧结矿时不同装料制度的料层情况及煤气曲线

（a）2 号高炉，矿矿焦焦↓，料线 1.4m，矿批 20t，焦批 5.7t，烧结率 75%；

（b）3 号高炉，焦焦矿矿↓，料线 1.9m，矿批 23t，焦批 7.5t，烧结率 65.8%；

（c）1 号高炉，焦矿矿焦↓，料线 1～1.25m，矿批 15.2t，焦批 6.3t，烧结率 76.5%

——东北-西南；------东南-西北

既然武钢烧结矿“布料反常”是由烧结矿粒度小引起，只有烧结矿粒度组成有根本性改变后布料规律才能改变，而在未改变前只能按“反常”规律进行操作。武钢高炉装料制度多用倒装其原因就在于需要疏松中心防止炉缸堆积。实践证明，不论冶炼强度高低都必须使炉喉 CO_2 曲线中心低于边沿才有利于顺行和活跃炉缸。表 4 所列各高炉操作指标可以证明。

表4　武钢各高炉操作指标

炉号	时间	平均日产量/t	利用系数 /t·(m^3·d)$^{-1}$	冶炼强度 /t·(m^3·d)$^{-1}$	焦比 /kg·t^{-1}	熟料率 /%	矿石 Fe /%
1号	1966年11月	2396.4	1.731	0.955	550.4	83.78	50.08
2号	1966年11月	2411.4	1.680	0.880	519.8	80.26	51.43
3号	1978年3月	2661.9	1.760	0.965	542.4	61.62	56.31
	1978年7月	2550.0	1.685	0.818	477.4	72.63	56.08
4号	1978年5月	4294.0	1.707	1.003	544.7	90.96	53.98
	1978年9月	4352.7	1.730	0.864	496.6	62.61	55.23

炉号	渣铁比 /kg·t^{-1}	风温 /℃	炉顶压力 /MPa	热风压力 /MPa	装料制度及料线
1号	778	1058	0.128	0.256	4焦$_2$矿$_2$↓+焦矿$_2$焦↓1.625m
2号	778	1075	0.131	0.262	4焦$_2$矿$_2$↓+ 焦矿$_2$焦↓1.625~1.675m
3号	575.6	146	0.110	0.250	焦$_2$矿$_2$↓1.8~1.9m
	578.6	1090	0.128	0.259	矿$_3$↓焦$_3$↓矿$_3$↓1.8m 焦$_3$↓1.25m
4号	水冲渣	1050	0.118	0.279	4焦$_3$矿$_2$↓+矿$_2$↓1.95m
	水冲渣	1039	0.116	0.270	矿$_3$焦$_3$↓1.85~1.95m 矿$_2$↓矿↓焦$_3$↓1.25m

炉号	矿石批重 /t	煤气 CO_2/%			制钢铁/%		碱度 CaO/SiO_2
		除尘器	边沿	中心	Si	S	
1号	16	14.6	7.5	5.4	0.658	0.036	1.15
2号	16	14.89	6.6	6.4	0.670	0.039	1.15
3号	28~29	15.30	5.5	4.2	0.558	0.036	1.07
	38~39	18.00	10.9	8.2	0.519	0.025	1.11
4号	约36	14.60	5.6	4.6	0.527	0.021	1.04
	45~55	17.40	9.0	7.6	0.464	0.020	1.07

1977年底3号、4号高炉沟下烧结矿开始过筛，入炉烧结矿粉末减少6%~10%。1978年开始使用澳矿，渣量减少。此时，3号、4号高炉与提高冶炼强度的同时加大批重，并将装料制度由全倒装改为倒装加单矿和正分装，收到改善煤气利用降低焦比的效果。1978年10月下旬起三烧烧结矿粒度在10mm以下部分增至67%以上，3号、4号高炉均出现中心重(CO_2 8%~10%)，炉况不顺、悬料、崩料，而不得不增加倒装、减少分装、减小批重（矿石批重3号高炉由38t减至22t，4号高炉由51t减至40t)。中心负荷减轻后顺行好转，但焦比升高产量下降。

由此可见，高炉上部操作制度是由原料特性决定的。而改进上部操作制度的关键在于改善炉料的透气性。

3　武钢炉渣特性（造渣制度）

武钢矿石中 Al_2O_3 含量高，炉渣 Al_2O_3 14%~15%。高炉投产初期，炉渣碱度

CaO/SiO_2 维持 1.15～1.20，由于黏度高，炉温波动时引起不顺，冶炼低硫低硅铁困难，炉前清渣劳动繁重。1972 年起在烧结矿中加白云石，烧结矿强度改善，炉渣 MgO 由 5% 提高到 10%～12%，流动性改善，脱硫能力提高，性能稳定。

1976～1977 年进行了实验室试验以确定武钢炉渣的适宜 MgO 含量。结果表明 MgO 以 9%～12% 为佳。根据生产数据统计 MgO 由 6%～7% 提高到 10%～11%，炉渣脱硫能力指数 $K_{Si,S}\left(\frac{(S)}{[S]\sqrt{[Si]}}\right)$ 由 30～40 提高到 60～80（图 4）。由于使用高 MgO 渣，武钢高炉渣碱度由 1966 年以前的 1.15～1.20 降低到目前的 1.05～1.08。炼钢生铁含硅、硫明显降低，成分稳定性显著改善。此外必须指出，炉缸工作改善对冶炼低硅低硫生铁也有重要作用。而炉缸工作活跃的关键则在于改善料柱的透气性。

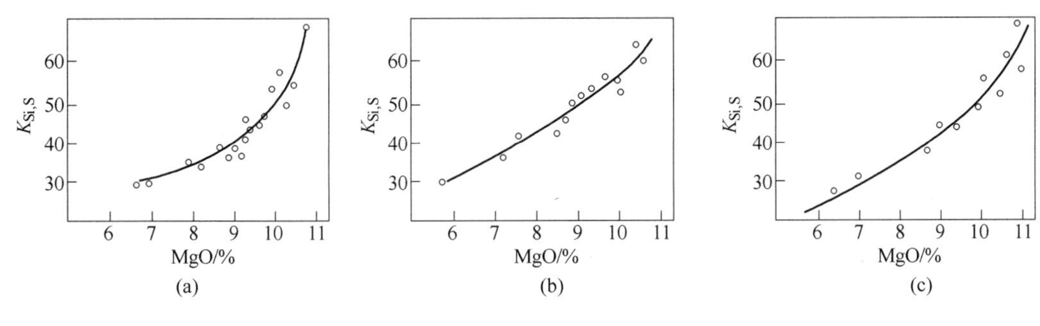

图 4　炉渣 MgO 含量与脱硫能力的关系$\left(K_{Si,S}=\frac{(S)}{[S]\sqrt{[Si]}}\right)$

（a）CaO/SiO_2 = 1.00～1.01；（b）CaO/SiO_2 = 1.03～1.04；（c）CaO/SiO_2 = 1.06～1.07

4　改善料柱透气性是改进高炉操作制度的中心环节

从上述例子可看出，高炉上下部操作制度是互相联系的。下部操作制度影响煤气分布（上部），上部操作制度也影响炉缸工作（下部），造渣制度影响透气性（煤气分布），炉缸工作又影响造渣制度。决定操作制度特点的则是炉料特性：粒度、强度、还原性、品位、脉石成分及结构等。由此可见，高炉技术操作必须以原料为基础。由于原料条件的不同，必然会出现高炉操作制度的多样化。在同一座高炉上，随着原料条件的变化其操作制度必须相适应地加以变化，才能获得较好的生产效果，这一点已为国内外许多高炉的实践所证实。那种认为可以不根据原料条件选择高炉操作制度的看法是脱离实际的，而认为对不同高炉，都可以找出一个标准操作制度的想法也是不对的。

武钢高炉的操作实践一再证明了改善炉料透气性的重要性。高炉的风量水平是由炉料透气性决定的。炉料透气性好，风量大，冶炼强度得以提高，此时风口鼓风动量大，料柱对风的阻力小，风口回旋区大，炉缸工作活跃，允许从装料制度上加重边沿负荷，改善煤气利用，提高炉身效率，获得低燃料比。高炉造渣制度直接影响高炉下部透气性，只有造渣制度合理且炉缸工作活跃时才能获得优质生铁，而炉缸工作是受炉料透气性制约的，这里又表现出炉料透气性对造渣制度的反作用。由此可见，改善炉料透气性是改善高炉操作制度的中心环节。

The Influence of Raw Materials on the Blast Furnace Operation

Abstract This paper discusses the blast furnace practice at Wuhan Iron and Steel Company. Based on investigation carried out on the actual furnace operation and on an 1 : 1 cold model, it is pointed out that: (1) the kinetic energy of the tuyere blast bears no relation to the depth of penertation of the raceway, which is really a function of the tuyere blast momentum divided by the burden column resistance; (2) anomalies in the distrbution of sinter burden are mainly caused by the sinter being too small-sized; (3) raising the MgO content of the blast furnace slag to 9% ~ 12% by means of adding dolomite to the sinter charge favours the production of low silicon, low sulphur hot meatal; (4) an improvement of the permeability of the burden materials is the key link of a satisfactory blast furnace operation.

碱金属与维护高炉合理操作炉型*

高炉操作必须以原料为基础。其意义不仅仅在于只有抓好精料，高炉才能实现高效率生产——高产、优质、低耗、长寿，而是高炉操作制度必须根据其所使用的原料条件来确定。高炉操作制度能适应其原料特性时则可以达到正常生产或实现高效率生产。反之则不仅不能高效率生产甚至连正常生产都难达到。

对不同的原料条件选择适宜的操作制度必须经过反复试验与生产实践。走许多弯路，生产受损失常常是不可避免的。武钢烧结矿粒度偏小，粉末较多，矿石碱金属含量高，高炉碱负荷较高，吨铁约7kg。通过反复试验认识了小粒度烧结矿的布料规律，即称之为烧结矿布料反常。走了不少弯路最后选择了倒装为主的装料制度，使沿高炉断面边缘与中心都有适当发展的煤气流，且使中心气流强于边缘。在下部操作制度方面注意保持一定的风速与风口动能，并与上部操作制度相配合，保持必要的风口回旋区长度藉以防止炉缸堆积。在造渣制度方面则采用高 MgO 和较低的碱度 CaO/SiO_2，以保持顺行和炉渣的良好流动性与脱硫能力。武钢采用上述操作制度是武钢原料特性所决定的。

1　3 号高炉结瘤的教训

1977 年末 3 号、4 号高炉相继实现了烧结矿沟下过筛，入炉粉末（小于 5mm 部分）减少。炉料透气性改善后高炉冶炼强度提高，焦比降低。为降低焦比 1978 年 6 月份在 3 号高炉进行正分装（矿矿↓焦焦↓）装料制度的试验取得煤气利用改善、CO_2 升高与燃料比下降的效果。其后又将正分装推广到 4 号高炉，也取得同样效果。3 季度后原料条件变化，烧结矿小粒度部分增多。3 号、4 号高炉顺行普遍变差，崩料、悬料增多。不得已将装料制度改变为以倒装为主并缩小了批重。其后 3 号、4 号高炉的生产水平都比 1978 年下降。3 号高炉炉身中下部结瘤，炉瘤体积达 180m³。1979 年 9 月炸除炉瘤。但因为炉瘤形成时炉型遭到破坏，虽炸除了炉瘤生产情况仍不好。经过半年多的调整，生产才恢复到 1978 年结瘤前的平均水平（图 1）。4 号高炉虽未结瘤，但也

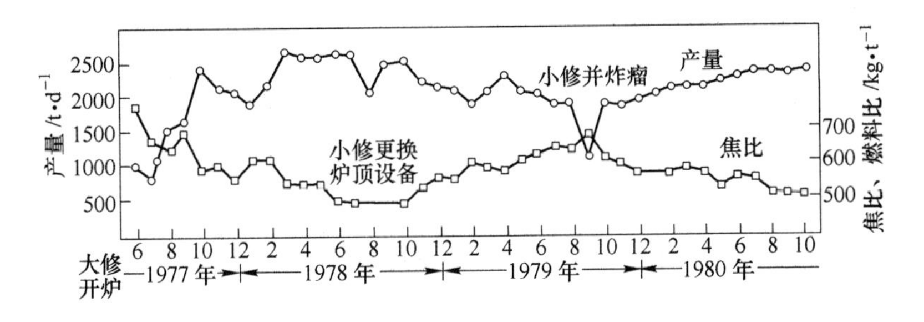

图 1　武钢 3 号高炉产量、焦比的变化

* 原发表于《武钢技术》，1981(2):1 ~7。

形成炉身不均匀侵蚀。1979 年内月平均日产水平未超过 4000t。经过 1980 年的调整，3 季度后才有好转，9 月份平均日产量恢复到 4000t 以上（图 2）。

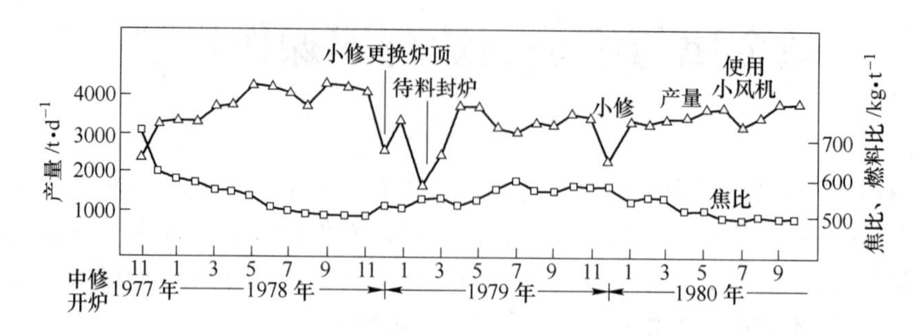

图 2　武钢 4 号高炉产量、焦比的变化

分析 3 号、4 号高炉两年多来的生产变化，归结到一点，即所采用的操作制度与原料条件不相适应。沟下烧结矿实现过筛后究竟允许高炉装料制度边缘加重到何等程度心中无数。因而导致边缘负荷过重气流不足，产生局部管道，使炉墙结厚而最终结瘤。3 号、4 号高炉相比，3 号高炉受损失较大，4 号高炉受损失较少。其原因在于：

（1）3 号高炉加重边缘时间较长而 4 号高炉加重边缘时间较短。3 号高炉用正分装比 4 号高炉早。4 号高炉在出现不顺后改变装料制度较快。3 号高炉在悬料较多的情况下未及时改变装料制度。3 号高炉边缘负荷比 4 号高炉重（表 1）。

（2）4 号高炉炉渣碱度比 3 号高炉低（表 2）。

3 号高炉边缘负荷较重，边缘温度较低，炉渣碱度高，在武钢原料粉末多和碱金属负荷较高的情况下，这都是有利于炉墙黏结以致形成炉瘤的主要因素。

表 1　1978 年 3 号、4 号高炉装料制度和边缘煤气 $\varphi(CO_2)$ 变化

月份	装料制度		边缘煤气 CO_2/%	
	3 号	4 号	3 号	4 号
5	焦$_3$ 矿$_2$ ↓1.8m 1.9m	4 焦$_3$ 矿$_2$ ↓ + 矿$_2$ ↓焦$_3$ 矿$_2$ + 矿$_3$ 1.95m	7.0	5.6
6	矿$_3$ ↓焦$_3$ ↓1.8m 1.25m	4 焦$_3$ 矿$_2$ ↓ + 矿$_2$ ↓1.95m	10.3	6.4
7	矿$_3$ ↓焦$_3$ ↓1.85m 1.25m	4 焦$_3$ 矿$_2$ ↓ + 矿$_2$ ↓1.95m 1.25m 矿$_3$ 焦$_3$ ↓1.85m 1.25m	10.9	6.4
8	矿$_3$ ↓焦$_3$ ↓1.8m 1.0m	矿$_3$ ↓焦$_2$ ↓1.75m 1.25m 矿$_3$ ↓焦$_3$ ↓1.85m 1.25m	10.1	7.2
9	矿$_3$ ↓焦$_3$ ↓1.7～1.9m 1.0m 矿$_2$ ↓矿↓焦$_3$ ↓ 1.65～1.9m 1.25m 焦$_3$ ↓矿$_2$ ↓1.8m	矿$_2$ ↓矿↓焦$_3$ ↓1.95m 1.25m 矿$_3$ ↓焦$_2$ ↓1.95m 1.25m	10.4	8.9
10	焦$_3$ ↓矿$_2$ ↓1.8m 矿$_3$ ↓焦$_3$ ↓1.6m 1.0m 3 矿$_2$ ↓焦$_2$ ↓ +2 焦$_2$ 矿$_2$ 1.7m 1.0m	矿$_2$ ↓矿↓焦$_3$ ↓2.07m 1.25m 3 矿$_2$ ↓矿↓焦$_3$ ↓ +2 焦$_2$ 矿$_2$ 1.96m 1.25m	9.35	8.7

续表 1

月份	装料制度		边缘煤气 CO_2/%	
	3 号	4 号	3 号	4 号
11	3 矿$_2$↓焦$_3$↓ +2 焦$_3$ 矿$_2$↓ 1.7m 1.0m 矿$_2$↓焦$_2$↓1.7m 1.0m 焦$_2$ 矿$_2$↓1.8m	3 矿$_2$↓矿↓焦$_3$↓ +2 焦$_2$ 矿$_2$↓1.8m 1.25m 4 矿$_2$↓矿焦$_3$↓ +焦$_2$ 矿$_2$ 1.8m 1.25m	9.22	8.4
12	焦$_2$ 矿$_2$↓1.8m 3 焦$_2$ 矿$_2$↓ +2 矿$_2$↓ 焦$_2$↓1.7m 1.0m	3 焦$_2$ 矿$_2$↓ +2 矿$_2$↓矿↓焦$_3$↓2.1m 1.25m 4 焦$_3$ 矿$_2$↓ +矿$_2$↓2.0m 1.25m	8.15	7.33

表 2　1978 年 3 号、4 号高炉炉渣碱度变化

月　份	CaO/SiO_2		MgO/%	
	3 号	4 号	3 号	4 号
5	1.08	1.04	7.40	7.90
6	1.08	1.04	7.62	8.09
7	1.11	1.05	7.65	8.34
8	1.13	1.06	8.05	8.41
9	1.11	1.07	8.58	8.67
10	1.08	1.07	8.58	8.67
11	1.08	1.06	9.24	9.67
12	1.05	1.06	8.38	9.18

2　武钢高炉的碱金属

碱金属对高炉的危害已为高炉工作者所普遍认识。其所以造成危害在于在高炉内形成积累。如果装入高炉的碱金属能顺利排出则不会造成危害。武钢高炉内的碱金属主要来自人造富矿和焦炭。表 3 和表 4 列出 3 号、4 号高炉碱金属收支情况。

碱金属平衡很难做到计算结果为收支相抵，取样很难做到有充分代表性是不平衡的原因之一。由于碱金属在高炉内能够积累，且有时又可将积累排出。收入多于支出、支出多于收入的情况都可能出现。

表 3　3 号高炉吨铁碱金属收支情况（1980 年 10 月 15 日）

收入				支出			
原料名称	单耗/kg	碱金属量/kg		原料名称	单耗/kg	碱金属量/kg	
		K_2O	Na_2O			K_2O	Na_2O
烧结矿	1561.4	3.90	2.03	炉　渣	471	4.99	2.26
澳　矿	124.2	0.03	0.10	炉　尘	24.3	0.11	0.03
海南矿	88.7	0.11	0.03	洗涤塔水	7778	0.62	0.14
焦　炭	513	0.69	0.69				
煤　粉	48.6	0.17	0.12				
合　计		4.90	2.97	合　计		5.72	2.43
收支差值：4.90kg + 2.97kg − 5.72kg − 2.43kg = −0.28kg							

表4　4号高炉吨铁碱金属收支情况（1980年3月）

收入				支出			
原料名称	单耗/kg	碱金属量/kg		原料名称	单耗/kg	碱金属量/kg	
		K_2O	Na_2O			K_2O	Na_2O
烧结矿	1451.3	2.3	3.33	炉　渣	470	1.50	3.39
球团矿	69.8	0.11	0.17	炉　尘	21.1	0.04	0.10
澳　矿	239.4	0.07	0.03	洗涤塔水	5328	0.52	1.60
石灰石	42.1	0.009	0.003				
焦　炭	554.5	0.47	0.47				
煤　粉	19.2	0.04	0.04				
合　计		3.02	4.04	合　计		2.06	5.09
收支差值：3.02kg＋4.04kg－2.06kg－5.09kg＝－0.09kg							

装入高炉的碱金属一部分随炉渣排出，一部分形成挥发物随煤气及炉尘排出。靠炉渣排碱是主要的。国内外的高炉实践都证明了采用低炉渣碱度操作对排碱有利。图3是武钢3号高炉炉渣碱度 CaO/SiO_2 与碱金属含量的关系。从图3可以看出炉渣碱度 CaO/SiO_2 由1.05提高到1.15，碱金属质量分数降低约30%。炉渣带出的碱金属多则形成碱金属气挥发的就少，从而造成碱金属在炉内积累的就少。实验室试验得到的数据证明：炉渣碱度 CaO/SiO_2 愈高，碱金属挥发愈多，炉渣排碱愈少，与生产结果一致（图4）。武汉钢铁学院进行的实验室测定指出，用MgO代替CaO，降低 CaO/SiO_2 值可以减少碱金属的挥发，有利于炉渣排碱（图5）。武钢在20世纪60年代以前炉渣碱度 CaO/SiO_2 维持1.15～1.20，常常引起炉况不顺且炉渣脱硫能力低。1972年以后逐渐提高炉渣MgO含量，降低碱度 CaO/SiO_2 至1.05左右不仅对高炉顺行有利，且很容易地冶炼出低硅低硫生铁。其所以如此，与武钢高炉碱金属负荷高有一定关系。

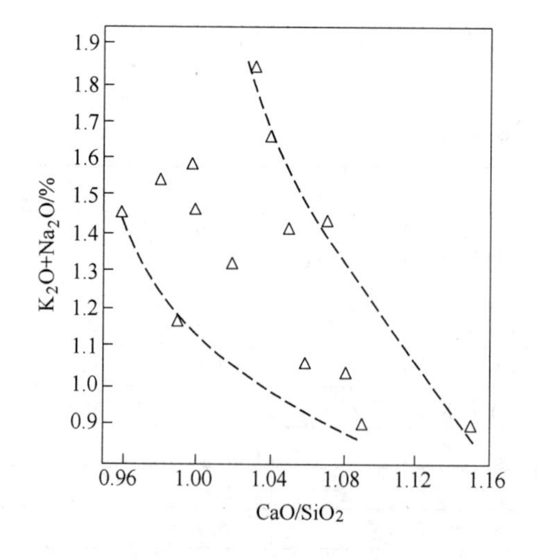

图3　炉渣碱度与碱金属含量的关系

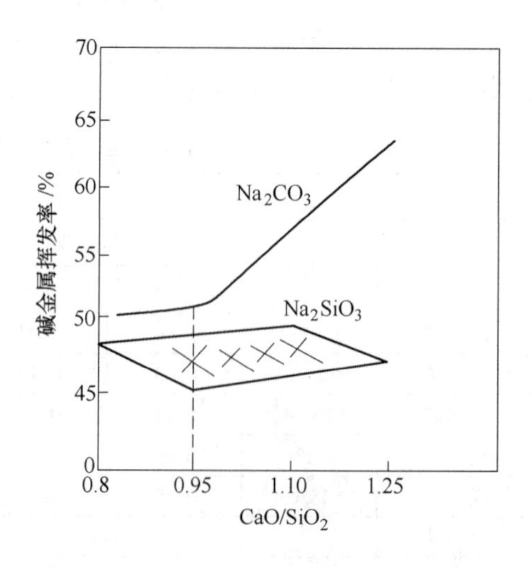

图4　炉渣碱度对碱金属挥发的影响

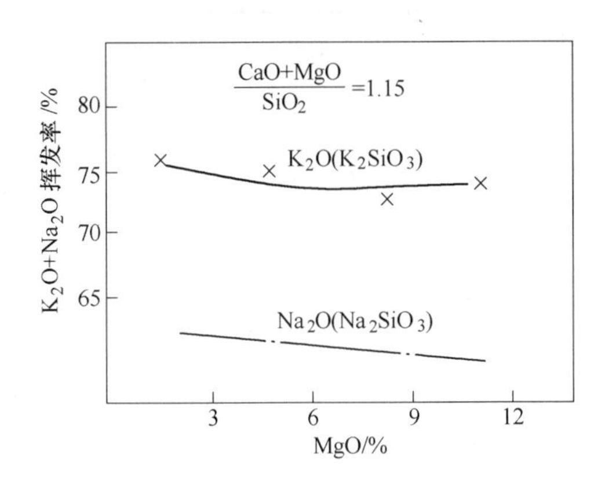

图 5　以 MgO 替代 CaO 对碱金属挥发的影响

碱金属气在高炉炉身低温处凝聚是高炉内碱金属积累的基本原因。如果高炉布料边缘负荷过重，边缘气流不足，炉墙温度低，则为碱金属的积累创造了条件。为防止碱金属的积累，在装料制度上采取措施，保持适当发展的边缘煤气流是非常必要的。

加拿大 Dofasco 厂原料碱金属含量高。他们采取的办法是降低炉渣碱度排碱，生铁含硫高采用炉外脱硫。结果是高炉产量增加、燃料比下降。他们认为这种做法是成功的。

3　造成结瘤的诸因素

1979 年 3 号高炉炸瘤是在冷却壁间隙中开孔装炸药，没有取到炉瘤试样，不可能了解炉瘤的碱金属含量。1978 年 1 号高炉大修时曾对炉身渣壁和残余砖衬进行了取样化验，发现残余砖衬中碱金属含量相当高（图 6），且其含量与高度有一定关系。由 1 号高炉的取样结果可以推测 3 号高炉炉瘤碱金属含量也相当高。对 3 号高炉来讲，碱金属是造成结瘤的因素之一。

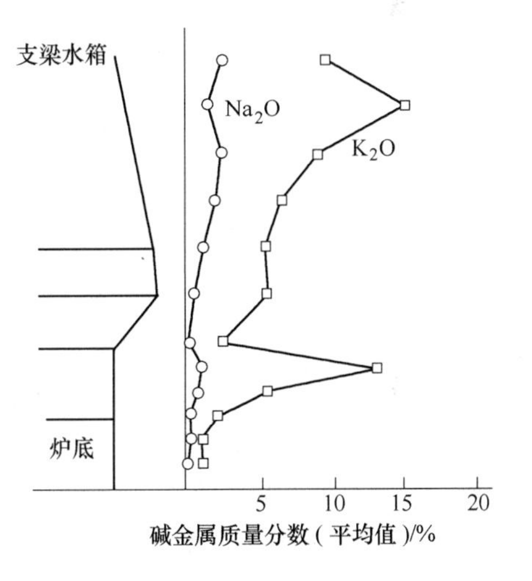

图 6　1 号高炉沿炉体高度碱金属含量的变化

是不是结瘤都是由碱金属引起？碱金属是可能引起结瘤的因素之一，但不是唯一的因素。1953～1954 年鞍钢高炉频繁结瘤，特别是 1954 年，当时有 5 座高炉生产，差不多 1 个月就要有 1 座高炉休风炸瘤。当时高炉炉身结构为冷却板，炸瘤时取样方便，曾对不同高炉不同部位的炉瘤取了试样并进行了化验。有的炉瘤碱金属含量高，有的碱金属含量低。现将部分化验结果列入表 5。

表 5　20 世纪 50 年代鞍钢高炉炉瘤化学成分　（%）

炉　别	取样地点	TFe	MFe	FeO	Fe_2O_3	SiO_2
1 号（1952 年 3 月）	东西钢砖下 1.4m 外壳，距炉皮 1.1m	65.8	60.40	6.47	2.12	16.40
	东西钢砖下 1.4m 外壳，距炉皮 0.9m	51.55	25.70	20.98	13.66	18.58
	东西钢砖下 1.4m 外壳，距炉皮 0.9m	58.70	42.70	15.88	5.85	19.34
	炉瘤内，距炉皮 0.9m	42.00	29.46	15.09	1.17	26.02

续表 5

炉　别	取样地点	TFe	MFe	FeO	Fe_2O_3	SiO_2
4 号（1953 年）	瘤壳，炉瘤上部距炉墙 1.2m	65.57	58.59	5.75	3.59	14.78
	瘤内部	46.97	19.51	31.83	3.82	11.88
	瘤　壳	71.96	68.56	2.73	0.84	11.52
	瘤内部	25.47	21.00	5.55		19.08
	瘤　根	80.96	75.22	6.74	0.73	8.40
	瘤　壳	43.28	40.89	2.08	1.10	20.36
	瘤内部	57.86	49.64	8.48	2.27	16.30

炉　别	Al_2O_3	CaO	MgO	Na_2O+K_2O	C	MnO
1 号（1952 年 3 月）	1.64	5.26	0.36	2.06	0.54	0.54
	2.10	8.48	0.50	1.77	0.283	6.34
	1.34	6.17	1.15	2.21	0.829	0.66
	12.64	6.44	0.50	2.58	0.182	1.74
4 号（1953 年）	2.66	4.59	1.88	6.77		0.82
	2.06	3.70	2.33	0.49		0.74
	3.47	3.36	0.92	7.70		0.58
	5.52	14.95	3.55	11.90		3.24
	2.09	3.30	1.52	2.63		0.85
	5.22	10.75	3.76	15.26		1.48
	2.66	7.34	1.77	7.28		0.50

从表 5 炉瘤化学成分可以看出，碱金属并不是当时结瘤的主要原因。当时的情况是原料条件变差，铁分下降，渣量增加到 900 ~ 1000kg/t。为了保持原有的产量水平，期望将高炉冶炼强度提高到 $1.1t/m^3$ 以上来弥补焦比升高的损失。这个操作方针是不符合实际的。主观背离了客观条件造成高炉频繁结瘤。其后，总结了结瘤的教训，认识到高炉风量必须与原料透气性相适应这一基本原理，改变了单纯盲目追求冶炼强度的操作方针。高炉频繁结瘤的局面得到彻底扭转。引起结瘤的因素很多，如原料强度差，粉末多，焙烧温度低，碱金属或锌、Al_2O_3 等杂质含量高，设备缺陷、高炉操作制度选择不当都可引起结瘤。高炉结瘤是许多因素综合造成的，而要防止结瘤也必须从多方面采取措施。从以上的分析可以这样说：高炉结瘤并非都是由碱金属引起；另一方面，原料碱金属负荷高也不一定非结瘤不可。克服碱金属危害的根本措施是用选矿方法除去。但在选矿除去条件不具备时，也有可能在操作工艺上加以适应，使高炉达到正常生产。这时可能技术指标差一些，但不至于频繁结瘤。

4　维护合理操作炉型是高炉上下部调剂的基本任务之一

高炉上、下部调剂的任务是根据高炉原料特性，在设备允许条件下，选择适当的操作制度（包括装料制度、送风制度及造渣制度），使高炉达到高产、优质、低耗、长寿。由于条件不同，高产、优质、低耗、长寿是相对的。对于这一点已为广大高炉工作者所认识。但如何使高炉长期稳定保持高效率生产，对大多数高炉来说问题并没有完全解决。如前面提到的武钢3号、4号高炉在大修或中修之后都有一段生产较好的时期，但不久就保持不住而下降。原料条件不稳定是原因之一。然而尤其重要的是操作炉型受到破坏而限制了高炉的生产水平。除武钢外，国内也有某些高炉在大修或中修后生产创先进水平，但先进水平保持时间不太长，有的一二年后即开始下降，有的甚至每况愈下，只能等到再次大、中修后才能高效率生产。究其原因，最主要的就是我们在选择高炉操作制度时只注意一个时期的生产水平，而忽视了维持高炉合理操作炉型。国外有不少高炉长期维持高效率生产的典型。图7、图8举出日本君津3号高炉及苏联契钢4号高炉的例子。它们产量水平是稳定的，燃料消耗是稳定并趋向下降的。它们原料稳定是重要因素。此外，注意炉型维护也是一个原因。我们在研究高炉上下部调剂时不仅要着眼于高炉一个时期的高产优质、低耗，而要看得更远些，努力使高炉一代稳定地达到高产、优质、低耗、长寿。而要做到这一点，就必须维护好合理的高炉操作炉型。因此，必须把维护高炉合理操作炉型作为高炉上、下部调剂的基本任务之一。

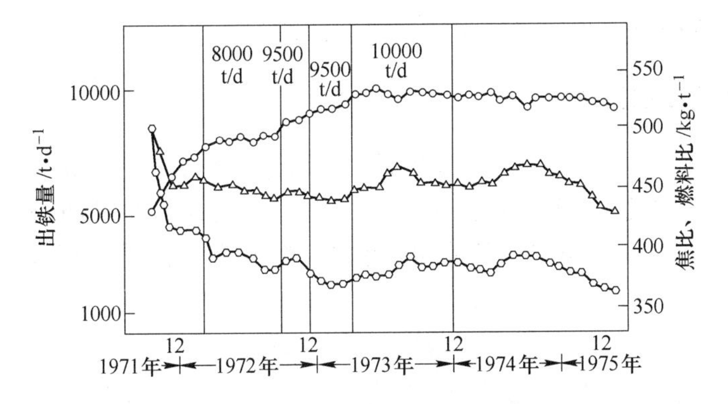

图7　君津3号高炉焦比、燃料比和出铁量的变化

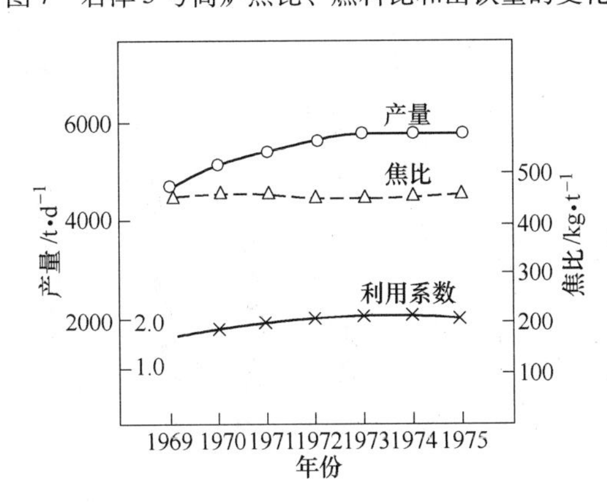

图8　契钢2700m³ 高炉产量、焦比和利用系数的变化

武钢高炉炉身结构及寿命分析*

武钢4座高炉（容积分别为$1386m^3$、$1436m^3$、$1513m^3$、$2516m^3$）炉身寿命一般仅3~4年，一代炉役中需要进行2~3次中修。因此炉身下部和炉腰是目前武钢高炉寿命短的关键部位。

影响炉身寿命的原因很多，如原燃料条件、冷却结构和冷却方式、内衬材质、操作和维护等，且互相制约，本文侧重讨论结构问题。

从1958年1号高炉建成投产到1984年4号高炉大修，按炉身冷却器的结构形式大体可分为3种类型：第1类为全部支梁式冷却箱结构（炉腰部分为4层冷却板）；第2类为冷却壁加支梁式冷却箱结构；第3类为全部冷却壁结构。其具体结构见图1。

1　结构和寿命分析

1.1　全部支梁式冷却箱结构

武钢1号、2号、3号高炉第一代均采用此种结构形式(图1(a))，炉身为厚炉墙黏土砖内衬。5个炉代的炉身寿命为50~90个月，产铁183万~346万吨，低冶炼强度操作（$0.55 \sim 0.70t/(m^3 \cdot d)$）。从使用效果看，炉身寿命似乎不算太短，但实际状况

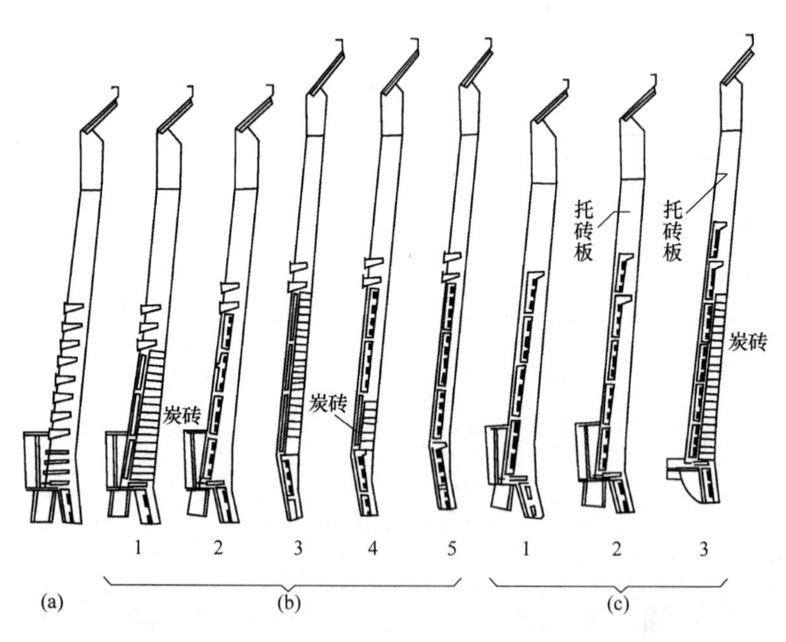

图1　炉身结构示意图

* 本文合作者：张世爵。原发表于《炼铁》，1985(1):8~13。

是在大、中修开炉后 1 年左右，炉身下部砖衬即被侵蚀殆尽。随之表现为煤气流分布不稳，炉况失常增多，生产指标下降。1965 年 1 号、2 号高炉分别进行了中修和大修，1966 年 2 座高炉焦比、冶炼强度等主要技术经济指标，都创历史最好水平。但开炉后 1 年左右冷却板又开始烧坏，此后随着砖衬侵蚀，冷却器破损增多，炉皮发红，后期被迫炉皮喷水。由于这种结构本身冷却效率低，又是点阵冷却，对砖衬的冷却呈不均匀状态。再则冷却箱插入炉墙较深，前部砖衬一旦被侵蚀就呈孤立犬牙状凸出，势必容易烧坏。

从砖衬材质看，黏土砖的抗渣、抗碱侵蚀性能都较差。已经查明，武钢高炉原燃料中碱负荷达 8 ~ 9kg/t。在 1973 年之前，为保证脱硫效果而采取了较高炉渣碱度的操作，导致大量碱金属在炉内的富集循环，这是造成耐火砖迅速侵蚀的重要原因之一。1977 年前没有槽下过筛设施，烧结矿粉末多，为维持顺行，边缘气流较为旺盛，炉墙温度高，促使碱金属在炉衬中富集，加快了炉衬侵蚀速度，导致炉身内衬寿命大为缩短。另外冷却箱烧坏漏水，往往不易及时发现，因此多次引起炉凉渣黑和生铁出格。再从 1 号高炉 1983 年中修看，3 层经改进的铸钢空腔式支梁水箱，尽管个个完好，但炉身上部砖衬仍不能稳固存在。它的托砖功能也很有限。据此，武钢已不采用这种结构。

1.2 支梁式冷却水箱加冷却壁结构

此类结构如图 1(b)所示，又可分成有炉腰托圈和无炉腰托圈两大类。

1.2.1 带炉腰托圈

根据炉身冷却壁和砖衬的不同，又可分为下面两种：

(1) 光面冷却壁配合炭砖内衬（图 1(b)中的 1）。1970 年 1 号高炉中修时采用了这种结构，用工业水冷却。使用情况表明，这种结构形式寿命较长。1973 年底开始出现冷却壁破损。炭砖在炉身下部维持大约 3 年半时间。1975 年下半年，冷却壁破损加剧，说明砖衬已不复存在，冷却壁亦已至暮年。1978 年 10 月停炉大修。一代炉身寿命达 8 年半。在此期间，炉顶压力较高，特别是 1973 年年平均压力达到了 121.5kPa，这表明炉身密封性能良好。分析其寿命较长原因：首先是炉身下部使用炭砖内衬配合光面冷却壁加强冷却，有效地降低了砖衬温度。1978 年前 1 号高炉的原料条件也差，非计划封炉次数多，给炉体维护增加不少困难。但由于碳素材料具有良好的导热性、高温强度以及较强的抗碱金属和耐渣铁侵蚀能力，因此它在炉身的服役时间比一般黏土砖要长得多。据 1 号高炉破损调查中观测，炉腰托圈上还残存两层炭砖，紧贴冷却板的一层砖尚有 600mm 厚，其上层炭砖断面呈三角形，在残砖上并积有 400 ~ 600mm 厚的渣皮。经过 8 年半仍有炭砖幸存，充分显示了它的优越性能。

其次，炉腰托圈对上部砖衬有很好的支托作用，在结构上增强了砖衬的稳固性。从大修停炉观测：3 层支梁式水箱破损 50% 以上，第 8 段冷却壁有 8 块完整，第 7 段冷却壁有 13 块较好，而位于炉腰托圈处的第 6 段冷却壁全部完好无缺，这是由于托圈以上的炭砖和渣皮保护了冷却壁不受高温直接侵袭的结果，从而大大降低了冷却壁表面温度，避免了铸件内铁的晶体转变，使其能保持固有的强度，同时可减小构件本身的温度应力。

（2）镶砖冷却壁配高铝砖内衬（图1(b)中的2）。1971 年5 月，2 号高炉中修采用了此种结构，但效果不好。同年 12 月炉腰托圈处冷却板开始烧坏。表明该部位砖衬被迅速侵蚀掉。1973 年末从冷却箱中间打孔探测已数处无砖。此后炉皮多处鼓包并发生烧穿事故，可见这种结构的炉身寿命更短。炉身使用普通高铝砖抗碱性能差是原因之一，其次炉料含粉多，边缘煤气流旺盛，炉墙温度高，加剧了碱金属对砖衬的侵蚀。

1.2.2 无炉腰托圈

4 号高炉新建时的炉身结构如图 1(b)中的 3 所示。炉腰以上为 3 段光面冷却壁，由第 6 段冷却壁顶部钩头（凸台）支托炉身下部 19 层炭砖。炉腹以上为汽化冷却。开炉不到 1 年，汽化冷却便出了不少问题，特别是检漏不过关，向炉内大量漏水，致使风口大套、二套和渣口各套都往外淌水，渣铁冷凝，炉缸严重堆积，大量烧坏风口，并使生铁出格，以致不得不将炉缸部位炉皮开孔排水，水往外喷出 1m 多远。由于漏水，无法维持正常生产，因此于 1972 年 2 月被迫改气冷为水冷，但冷却壁烧坏仍难以控制。后将第 8 段冷却壁全部停用，第 7 段和第 9 段水管部分关闭，漏水现象才得以减轻。1973 年 1 月炉皮温度显著升高，第 8 段冷却壁部位炉皮发红，随之炉身下部炉皮大面积发红。1974 年 2 月停炉中修，一代炉身寿命 40 个月，生产水平也是各炉代中最低的。停炉后观测，大部分支梁式水箱断裂，有些已剥落 120 ~ 250mm，第 8 段冷却壁已不存在，第 7 段和第 9 段完好率分别为 27% 和 20% 。即使有部分挂在炉壳上像是完整的，但拆除时就断裂，可见强度已很低。

4 号高炉第 1 次中修炉身结构如图 1(b)中的 4 所示。1974 年中修，对炉身结构进行了改进，将气冷管改为铜质材料，第 8 段和第 9 段改为镶砖冷却壁，内衬高铝砖，但第 7 段为利用剩余炭砖仍为光面冷却壁，内砌 6 层炭砖，保留自然循环汽化冷却。这一代炉身寿命也是短寿。1975 年 9 月第 7 段气冷管首先损坏，以后犹如防线崩溃，气冷管连续损坏，并大量向炉内漏水，后改为工业水冷仍无济于事，只得停炉中修。这一代炉身只维持生产 36 个月，第 7 段冷却壁全部烧坏，第 8 段和第 9 段破损也很严重，整个炉身已无砖衬。

4 号高炉第 2 次中修炉身结构如图 1(b)中的 5 所示。1977 年中修设计全改为工业水冷，但并未因此扭转局面。1980 年 12 月小修，炉身上部已大面积无砖。为此进行了砌砖修补，1981 年 2 月底发生了上部砖衬全部塌落事故，被迫再次中修。这一代炉身寿命为 40 个月。

生产实践表明：4 号高炉不设炉腰托圈，其炉身寿命比有炉腰托圈的要短，可见炉腰托圈对延长炉身寿命是至关重要的。

4 号高炉第 3 次中修炉身结构没有改变。1984 年 7 月停炉大修，生产了 38 个月后冷却水箱以上砖衬大部分存在，炉墙剩余厚度为 600 ~ 700mm，炉墙断面无碎裂疏松带，很少发现碱金属、锌和碳的沉积。情况比前 3 次好。

4 号高炉三代炉身寿命都短，分析其主要原因是：（1）按水冷常规设计来设计气冷构件。例如冷却壁仍采用普通铸铁，壁厚和水冷时相同，气冷管没有防渗碳措施等。（2）取消了炉腰托圈，仅用第 6 段冷却壁上部的钩头托砖，钩头总长 560mm，减掉上端冷却壁厚和砖衬的间隙，实际支砖长度不足 400mm，当炉腹砖衬很快消失之后，上部砖衬就失去稳固性。（3）由于检漏技术不成熟，汽化冷却壁破损并大量漏水，在炉身下部

1100～1200℃的温度条件下，炭砖被氧化侵蚀。（4）在维护方面缺乏经验，1972 年 1 月频繁出现操作事故，加速了冷却壁的烧毁。（5）缺乏必要的检测设施和手段，无法根据不同的热流强度和有关信息采取相应的措施。

第 3 次中修后至大修，炉身破损情况没有前几次严重，初步分析认为：（1）重视了对碱害的认识，采用较低的炉渣碱度，加强了排碱工作。在 1984 年 4～6 月份 4 号高炉炉料和产品碱平衡计算中，曾多次出现排出多于加入的现象。（2）这些年来随着原料条件的不断改善，为改善煤气利用和维护炉墙，长时间都采用加重边缘的装料制度。炉身温度显著降低，因此大大降低了碱金属的含量。如果不是因为炉底问题，估计还可以继续生产 1 年多。

1.3　全镶砖冷却壁结构

这种结构见图 1(c)所示。其特点是取消了支梁式水箱，由最上一层冷却壁顶部的钩头支托上部砖衬（图 1(c)中的 1、2、3 分别为 3 号高炉第 1 次大修、1 号高炉 1983 年中修和 4 号高炉 1984 年大修采用的结构）。3 号高炉冷却壁钩头长 640mm，炉身全为黏土砖衬。从 1977 年 6 月到 1982 年 12 月共生产了 5 年半。从调查中发现：（1）炉身上部砖衬非常完整，无局部塌陷和开裂，上层砖衬磨损轻微。（2）砖墙断面中间有一条宽 200～300mm 的碎砖带，该带外沿距炉壳约 400mm，在碎砖带缝隙中有碱金属、锌和碳的沉积物。（3）在第 8 段冷却壁钩头以上 1.8m 范围内，砖衬侵蚀较严重（图 2），最薄处仅剩 320～350mm。（4）第 7 段和第 8 段冷却壁的镶砖槽内均无残砖，大部分由焦粉、石墨碳及少量的碱金属化合物充填。（5）炉腰托圈以上约 700mm 高度范围内尚有 6～7 层残砖，靠近冷却板的砖层尚有 600mm，最上层残砖仅有 80～90mm。（6）镶砖冷却壁的边框及横肋有许多裂纹，而且边框裂纹比横肋深。

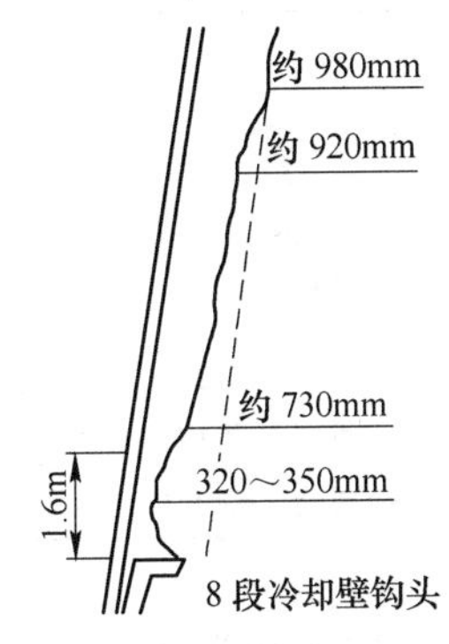

图 2　3 号高炉炉身上剩余砖衬示意图

调查分析认为：（1）化学作用侵蚀和炉料的机械磨损对炉身上部黏土砖并不严重。其他高炉炉身上部砖衬不能长期工作，主要原因是中部砖衬侵蚀以后，失去有效支托而脱落。（2）钩头以上 1.6m 范围内侵蚀严重，此处温度较高并有初渣生成，砖衬易受到化学侵蚀，应适当增加冷却高度，以降低此部位的砖衬温度。（3）炉身上部砌体中间砖体碎裂，裂缝中有大量沉积碳，在此温度范围，锌可能是 CO 分解的触媒剂。（4）镶砖冷却壁槽内充填大量石墨碳和碱金属化合物沉积这一事实，表明石墨碳有很强的抗碱性能。为此建议采用炭质材料捣制冷却壁。（5）冷却壁肋条上裂纹横向大于纵向，深度可达 170mm，易引起水管断裂。不少研究资料指出：镶砖冷却壁由框式改为单向条式，镶砖槽肋条高度适当降低，并且采用含铬铸铁，可提高耐高温及热冲击性能，利于延长其寿命。（6）砖衬侵蚀后，镶砖冷却壁较光面冷却壁易结渣皮。3 号高炉炉身镶砖冷却壁使用了 5 年半仅破损 1 块，与此有密切关系。

另外，3 号高炉炉身寿命较长，与炉内操作也密切相关。尽管原料的碱金属和锌负荷较高，若操作制度选择适当，不仅可取得较好的生产指标，也可以控制和减轻有害元素对炉衬的危害。在2号和3号高炉的破损调查中发现，两座高炉的碱负荷为8~9kg/t，锌负荷为0.5~0.6kg/t，条件基本相同，但2号高炉残砖中的碱金属含量比3号高炉高得多（表1）。其砖衬的侵蚀速度比3号高炉快，冷却壁破损也严重得多。据分析，一方面是3号高炉采用带钩头的镶砖冷却壁结构比支梁式水箱优越；另一个重要原因就是3号高炉基本上采用加重边缘的操作制度（边缘CO_2为6%~7%，炉墙温度也较低）。2号高炉边缘气流则较强（边缘CO_2只有4%~6%），炉衬温度也比3号高炉高。这样势必大大增加了碱金属在炉衬中富集。根据研究，进入砖衬的碱金属和锌不仅与煤气发生反应，也与砖中的莫来石（$3Al_2O_3 \cdot SiO_2$）作用，产生钾霞石化合物（$xK_2O \cdot yAl_2O_3 \cdot zSiO_2$）、铝酸钾和硅铝锌钾化合物等。钾霞石化合物将使砖衬发生体积增大70%的异常膨胀，钾锌化合物及沉积碳使砖质疏松，在煤气流作用下逐渐剥落，造成砖衬迅速破损。

表1　2号、3号高炉炉身残砖碱金属含量比较　（%）

2号高炉					3号高炉				
取样位置	Na_2O	K_2O	ZnO	C	取样位置	Na_2O	K_2O	ZnO	C
支梁水箱上残砖	3.2	13.18	0.446	10.1	标高28m处残砖Ⅰ	0.27	3.8	3.56	0.18
					标高28m处残砖Ⅱ	0.35	1.88	32.4	13.77
					钩头上1.5m处残砖	0.58	3.4	2.31	1.99
炉腰托圈处残砖Ⅰ	2.63	48.0	0.78		炉腰托圈处残砖Ⅰ	0.43	4.0	55.8	17.8
炉腰托圈处残砖Ⅱ	2.26	19.5	0.96		炉腰托圈处残砖Ⅱ	0.69	8.9	27.5	24.1

2　几个问题的讨论

2.1　炉衬采用高铝砖还是炭砖

从武钢高炉实践看，炉身采用高铝砖内衬寿命都不长。4号高炉炉身使用炭砖内衬寿命短，其主要原因是炭砖下部缺乏良好的支托结构和汽化冷却失败。而1号高炉炉身采用炭砖加冷却壁水冷效果则较好。根据试验，目前所用Al_2O_3为70%左右的高铝砖，抗碱性能很差，在炉内将被迅速侵蚀。3号高炉1983年中修后，根据炉身热负荷测定推断，炉身下部冷却壁开炉后2个月即接近中修前热负荷值。最上一段冷却壁的热负荷开炉半年后也达到中修前水平。估计中修前冷却壁表面覆盖有不同厚度渣皮。这表明开炉后不久砖衬所剩无几，同时说明高铝砖不能持久。炭砖在高温下抗碱性能虽也减弱，但比高铝砖强得多。温度低于900℃时，它仍有较好的抗碱性。国外炉身下部使用自结合碳化硅砖取得了较为满意的效果，但目前国内生产的碳化硅材料，不但价格昂贵，而且质量也难以保证。从现实条件出发，采用炭砖还是可取的。

2.2　采用冷却壁还是密集冷却板

国外实践表明，密集式铜冷却板配以石墨砖或碳化硅砖炉衬，能有效延长炉身寿命。在西欧、北美等地区高炉炉身采用冷却壁也相当成功。武钢1号和3号高炉镶砖冷却壁分别使用了5年半和4年9个月，基本上没有破损漏水，效果较好。调查中发现镶砖冷却壁的肋上出现许多裂纹，原铸铁晶体改变，强度明显下降。为保证冷却壁有足够的高温强度和能承受更大的热负荷，其材质和结构尚需进一步研究改进。关于铜冷却板，由于铜的纯度要求非常高，工艺也复杂，加之当前我国铜的资源短缺，价格很高，而我们使用冷却壁已积累了一定的经验，因此使用冷却壁可能更为现实。

2.3 采用水冷还是汽化冷却

汽化冷却在降低动力消耗、节约用水等方面具有很大的优越性。但是武钢4号高炉两次采用汽化冷却效果均不理想。尽管第2次对气冷构件作了不少改进，但仍连续出现气冷管断裂漏水而被迫改为水冷。据分析，由于气冷时冷却壁的温度比水冷时要高得多，铸铁体有可能更早地出现金相转变，发生体积“长大”和力学性能变差。冷却壁水管接头及其连接处在水冷条件下很少损坏，但在气冷时破损却十分严重，表明汽化冷却时的热应力比水冷时要大得多。另外，在设计、制造、安装等方面还有不少缺陷，特别是检漏不过关，维护困难，这些都使冷却壁的寿命受到影响。在上述问题没有得到很好解决之前，大型高炉采用汽化冷却要持慎重态度。

2.4 加强冷却还是控制冷却

从武钢多年的生产实践看，高炉较好的技术经济指标是在大、中修开炉后一段时间取得的。这与形成一个合理的操作炉型是分不开的。加强冷却、降低耐火砖衬的温度是降低侵蚀速度和延长寿命的有效办法。但当炉身砖衬全被侵蚀后，冷却强度过大可能导致结瘤，而此时以控制冷却强度预防结瘤或者用来消除炉墙结厚，又是一种可行的措施。因此，加强冷却和控制冷却之间是一种相辅相成的辩证关系。

3 今后的改进意见

（1）从武钢几座高炉的破损调查情况看，炉身冷却高度目前仅为其高度的50%左右是不够的，应达到其高度的2/3。国外新建高炉一般为60%～70%。

（2）采用带钩头的冷却壁支托上部砖衬，取消支梁水箱的支托形式。

（3）采用钩头设置在镶砖冷却壁中部的结构（即鼻型），改变炉身下部砖衬仅由炉腰托圈单一支承的状态。

（4）目前以采用炭砖炉衬为宜，将来条件许可，可采用自结合碳化硅砖或半石墨化炭砖综合炉衬，增强炉衬抗碱侵蚀能力。

（5）加强炉身检测手段，监测炉衬厚度并及时调节冷却强度，维护合理操作炉型。

武钢炼铁系统的技术改造*

在武钢高炉投产后的头20年中（1958～1978年），炼铁生产水平一直较低，只有个别月份利用系数达到1.7t/(m³·d)以上。武钢高炉指标落后，曾是武钢以及国内炼铁工作者关心的主要问题之一。通过多年的研究和实践，我们已清醒地认识到：武钢高炉指标落后虽有多方面的原因，但最根本的是原料质量差，特别是入炉烧结矿强度低、粉末含量高，影响了高炉料柱的透气性和生产指标。在武钢的条件下，提高高炉精料水平是改善高炉操作指标的关键，也应当作为炼铁系统技术改造的重点。

1978年以来，武钢炼铁系统进行一系列重大的技术改造。随着这些技术改造项目的完成和其他工艺技术的进步，近年来，武钢炼铁生产有较大幅度的改善，开始摆脱落后被动的局面，走上了健康发展的道路。1985年，生铁产量比1978年增加86.6万吨，达到406.4万吨；入炉焦比比1978年降低45.3kg/t，达到487.4kg/t。本文着重介绍武钢近年炼铁系统技术改造的情况，并概述我们的认识和体会。

1 武钢炼铁系统的技术改造

1978年，在讨论武钢如何实现年产400万吨生铁的目标时，本文作者曾著文，从理论和实践两方面强调了改善原燃料质量、提高高炉料柱透气性对改变武钢炼铁生产落后面貌的特殊意义。当时指出，武钢高炉要达到利用系数1.8t/(m³·d)、入炉焦比450kg/t的水平，一要贯彻精料方针，二要克服设备缺陷，三要改善高炉操作，四要加强企业管理。并提出了对武钢的炼铁系统，包括矿石场、烧结厂、焦化厂、炼铁厂进行全面的技术改造的设想[1]。

这些年来，武钢炼铁系统的技术改造就是在以上指导思想的基础上进行的。表1列出了炼铁系统各厂主要技术改造项目和工艺技术进步的实施情况。

表1 1977～1985年武钢炼铁系统大修改造和工艺技术进步实施情况

厂 别	项 目	实 施 情 况
炼铁厂	高MgO渣	1972年起采用高MgO渣
	大中修实现烧结矿过筛	1977年3号高炉大修，4号高炉中修；1978年1号高炉大修；1981年2号高炉大修；1982年起全厂高炉实现烧结矿沟下过筛
	碱金属对策	1982年起确定有利排碱的高炉操作制度
	大修技术改造	1984～1985年，4号高炉大修采用PC584上料、液压泥炮、炉前除尘
	贯流式风口	1984～1985年，1号、4号高炉采用高压水贯流式风口
	延长铁沟寿命	1985年起，采用SiC沟泥

* 本文合作者：于仲洁。原发表于《武钢炼铁40年》，1998：5～13。

续表1

厂别	项目	实施情况
烧结厂	一烧冷却改造	1978年起，一烧车间烧结机冷却系统改造
	点火系统改造	1979年起，点火器改造，保温炉
	高料层烧结	1980年起，提高烧结料料层高度到420~510mm
	高碱度烧结矿	1980年起，提高烧结矿碱度到1.6
	辅底料整粒	1984年起，三烧上铺底料整粒
	点火工艺进步	1985年起，低温低负压点火
矿石场	扩建码头	1977年起，扩建码头堆场，增加装卸能力
	粉矿混匀	1980年起，用DQ3025型堆取料机进行粉矿混匀
	块矿过筛	1981年起，块矿振动筛过筛
焦化厂	大修焦炉	1978年起，5座焦炉相继大修

1.1 改革矿山工艺流程，降低精矿含硫量，提高输出精矿品位

1.1.1 降低精矿含硫量

大冶铁矿的部分矿床含磁黄铁矿。这种矿石中磁黄铁矿呈细粒嵌布，选硫比较困难。1978年前后，选别后的精矿有时含硫量（质量分数）高达0.71%~1.08%。1980年武钢矿研所对含硫较高的矿石进行了强化选别试验，使精矿含硫量可降低到0.28%~0.40%。1982年大冶铁矿采用了再磨再选工艺，即对原流程生产的精矿经过再磨后进一步脱硫。采用这种工艺使精矿含硫量再降0.1%~0.3%。这种工艺的缺点是增加矿山的生产成本，对铁的回收率有些不利影响，因此通常仅用在磁黄铁矿矿段的矿石处理。近年来，矿山地质条件变化，高硫矿体较多，仅靠再磨再选流程已不能完全保证精矿含硫合格（弱磁精矿 S≤0.6%，强磁精矿 S≤0.7%），今后须从分矿分选、磨矿细度、选矿流程和工艺制度等方面采取综合措施。

1.1.2 将精矿品种由原生精矿、混合精矿改为强磁精矿和弱磁精矿

20世纪70年代初，武钢铁山和灵乡两铁矿的地质条件有了很大变化，出现了由磁铁矿、菱铁矿、赤铁矿组成的低品位混合矿石。两矿原用的浮选铜、硫精矿后得到合格精矿或粉矿的流程已不适用。为此，1981年和1983年在大冶和金山店分别改用了浮选→弱磁→强磁和弱磁→浮选→强磁流程，将弱磁精矿和强磁精矿合并成铁分50%~52%的混合精矿输出。但是，原生精矿不足，混合精矿过剩，给烧结厂生产带来很大困难。从1984年10月起，大冶和金山店选矿厂又改变选矿工艺流程，用生产弱磁和强磁两种精矿，取代原生精矿和混合精矿。新流程的弱磁精矿除弱磁选出的精矿外还包括原生精矿，而强磁精矿则是指经过强磁机入选的精矿。改革后，弱磁产量增加，在精矿金属量不变的前提下，大冶铁矿输出的精矿综合品位升高3%左右，每年少运出尾矿7万~10万吨。矿山改流程后，一烧配用8%~10%强磁精矿，对烧结矿产量、质量没有不利影响；三烧配用弱磁精矿，则使烧结矿质量得到了提高。

1.2 矿石场扩建和技术改造

位于长江边的工业港是武钢的矿石场，过去以原燃料装卸为主。从1980年起，矿石场增设了DQ3025型堆取料机，进行粉矿混匀。同年又增设了块矿振动筛，筛除块矿中粒度在8mm以下的粉末。此后，矿石场逐步把向高炉提供精料作为其生产方针。1981～1985年，在矿石场共筛选块矿570万吨，筛去粉矿33万吨。块矿过筛后，粒度在8mm以下粉末减少了5%～7%，铁分波动降低1.0%～6.5%，特别是综合矿过筛后，铁分波动极差已由原来的17%左右降低到11%左右。

为了使大部分原料在进入烧结厂和炼铁厂以前在工业港过筛或混匀，以减少化学成分波动和烧结、高炉的变料次数，1978年以来，扩建了工业港码头，增加了装船和装车能力。1985年，工业港散料卸船量达到455万吨，超过了设计能力1倍，总装卸量达到1425万吨。

1.3 生产高碱度烧结矿，改善炉料结构，取消石灰石入炉

1980年以前，武钢高炉含铁炉料中90%以上是碱度1.2～1.3的自熔性烧结矿。这种烧结矿强度差，粉末含量高，加上入炉前不过筛，高炉料柱透气性很差，影响高炉强化冶炼和指标的改善。

通过1980年的高碱度烧结矿工业试验，武钢开始生产碱度为1.5～1.7的烧结矿。与自熔性烧结矿相比，这种高碱度烧结矿的转鼓指数提高3%～4%，<5mm粉末降低1%～4%，<10mm粉末降低5%～7%，RDI指数也有所改善。根据1号、4号高炉的生产实践，使用高碱度烧结矿后，产量分别增加8.9%和11.6%，综合焦比下降15.5kg/t和13.0kg/t。此后，武钢高炉采用80%左右的高碱度烧结矿，配加20%左右的块矿，取消了石灰石入炉。采用这种炉料结构后，武钢烧结矿的产量、质量逐渐满足了高炉强化冶炼的要求，并且保证了高炉配比的稳定。

1.4 烧结工艺技术改造

1.4.1 一烧车间烧结机冷却系统改造

武钢一烧投产后，烧结矿冷却问题一直未能解决，成品烧结矿靠大量打水冷却，烧结矿中小于5mm的粉末高达20%以上，岗位空气粉尘浓度超过国家标准数10倍，成品皮带寿命只有20天左右。为了解决上述问题，1978～1980年对一烧车间进行了以下改造：

（1）为了控制冷却机上烧结矿粒度的上限，采用ϕ1500mm×2800mm单辊破碎机，对烧结矿进行适当破碎。

（2）为彻底分出返矿，新增了3100mm×7500mm耐热振动筛。

（3）设计安装了台时产量为120t/h的带式冷却机，代替冷却效果差的冷却盘。

（4）增添了电除尘系统。

上述改造完成后，一烧烧结矿冷却问题得到了彻底解决，皮带烧损减少，烧结矿中小于5mm的粉末比改造前降低7%左右，岗位空气含尘量也达到了国家标准。

1.4.2　三烧增设铺底料整粒系统

1984年10月，三烧车间有2台烧结机建成并投产了铺底料整粒系统。>50mm的烧结矿冷却后，用双齿辊破碎机进行一次破碎，50～20mm粒级的入炉，<20mm的进入二次筛分室，筛出10～20mm的作为烧结铺底料使用。

三烧实现铺底料整粒后，烧结矿10～40mm粒级增加6%，<5mm的粉末降低2%，平均粒度增加约2mm，转鼓指数提高1%。根据矿相鉴定，铺底料烧结矿中起固结作用的铁酸钙发育较好。另外，在铺底料烧结流程中，大块烧结矿破碎后去除了粘结较差的颗粒，使转鼓强度和筛分组成改善。

3号、4号高炉使用铺底料烧结后，生产指标明显改善。根据对3号高炉采用铺底料烧结矿前后的指标对比，由于采用铺底料整粒的烧结矿，3号高炉日产提高143.2t（5.5%），焦比下降7.3kg/t（1.3%）。按3号、4号高炉年产量计算，年经济效益为700万元，扣除烧结生产多支出的费用后，净收益约400万元/年。

1.4.3　烧结点火保温炉改造及低温低负压点火工艺的采用

1979年以前，武钢烧结点火器结构不合理，不仅煤气消耗高，烧结料层断面的质量也不均匀。近年来，逐步改进点火器点火段的结构和烧嘴配置，并增设了保温段。

1983年3月，三烧2号点火器改造以后，煤气消耗降低约20%，固体燃料消耗降低3%～5%。由于烧结层表层质量的改善，转鼓指数提高1%～2%，烧结矿成品率提高2%～4%。1984年10月，三烧4台点火器改造全部完成，投产后煤气消耗降低27.4%，达到1.82×10^5kJ/t。

在试验室研究的基础上，1985年5月，三烧车间进行了低温低负压点火试验。在烧结矿产量、质量基本不变的条件下，点火温度由原来的1200～1300℃降到（1150±50）℃，负压由7.85～8.83kPa降到2.94～3.92kPa，煤气消耗降低了20%～30%。此后，武钢8台烧结机全面推广了这一工艺。由于点火保温炉的改进和低温低负压点火工艺的应用，烧结煤气消耗降低约45%，年收益250万元。

1.4.4　厚料层烧结工艺的采用

1980年以来，武钢烧结料层高度逐渐由280mm提高到380～420mm。1985年8月，三烧1号、2号烧结机又更换了料层挡板，料层高度进一步提高到510mm。

为了研究高料层烧结对产品质量的影响，沿烧结料层高度采集试样进行了对比。料层高度为510mm时，上下层烧结矿的转鼓指数比料层为410mm时提高0.5%～1.5%，中层几乎未变。此外，提高料层高度使固体燃料消耗降低6%左右。

1.5　对失修的焦炉进行大修，改善设备状况，稳定焦炭质量

武钢焦化厂有6座65孔焦炉，设计年产能力为270万吨。除6号焦炉于1977年6月1日新建投产外，1978～1980年大修了2号、3号焦炉，“六五”期间相继对1号、4号、5号焦炉进行了大修技术改造，包括上升管采用汽化冷却，采用双集气管排放荒煤气，消火塔安装焦粉捕集器，蓄热室用新型格砖，改进燃烧室结构，选用新型保温材料等。另外，对焦化回收系统的煤气管道及设备腐蚀穿漏进行了处理，以充分发挥焦炉的生产能力。通过技术改造和加强管理，1985年9月，6座焦炉全部达到了红旗焦炉标准，保证了焦炭质量的稳定（表2）。

表 2　1978～1985 年焦炭质量　(%)

年份	水分	灰分	S	M_{40}	M_{10}
1978		13.05	0.71	78.10	7.30
1979		13.20	0.67	78.55	7.1
1980		12.89	0.66	79.17	6.71
1981		12.87	0.65	79.90	6.60
1982	3.28	13.26	0.67	80.50	7.20
1983	3.40	13.21	0.73	79.86	7.20
1984	3.56	13.49	0.65	78.90	7.30
1985	2.81	13.49	0.64	78.92	7.45

1.6　高炉技术改造

1.6.1　烧结矿沟下过筛

1977～1982 年，利用各高炉大修（或中修），实现了烧结矿入炉前过筛。近年来，我们不断改进筛分设备，完善筛分工艺，包括多台筛同时筛料，扩大筛网过筛有效面积，改人字形筛孔为一字形筛孔，采用多层筛，采用铸造筛网代替钢板冲制的筛网延长其寿命，以及采用双振子给料器提高筛分效率等。烧结矿入炉粉末（<5mm）过筛前在 20% 以上，1985 年已降到 7% 左右，烧结矿的平均粒径也由过筛前的 13mm 左右提高到 1985 年的 16.8～18.6mm（图 1）。烧结矿粒度组成的改善，为高炉强化冶炼和改进操作制度，提供了重要的前提条件。

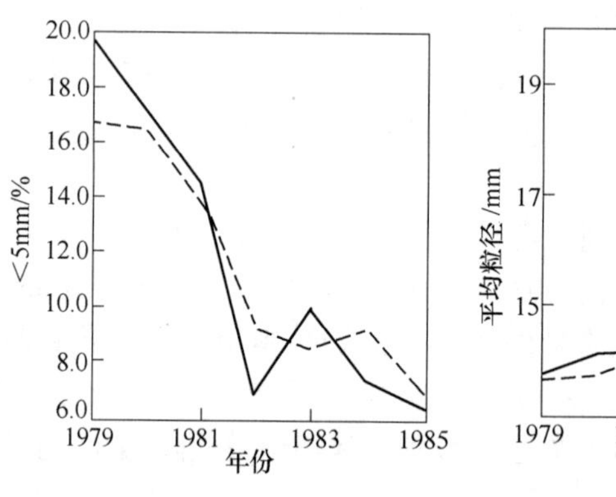

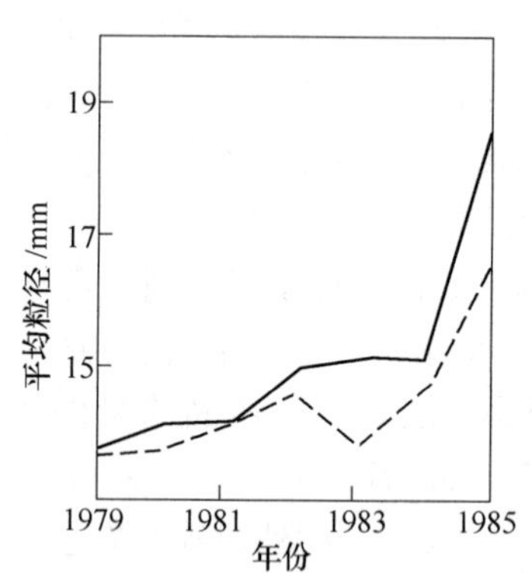

图 1　1979～1985 年武钢入炉烧结矿粉末含量和平均粒径
——一烧车间；---三烧车间

1.6.2　对失修的高炉抓紧大修，还清欠账，用新技术装备高炉

20 世纪 70 年代，1 号、2 号高炉中修时炉缸已严重破损。由于当时生产被动，检修欠账太多，各高炉大修不得不一拖再拖。直到 1978 年、1981 年和 1984 年，1 号、2 号、4 号高炉才分别进行大修。大修时除实现了烧结矿入炉前过筛外，各高炉还改进了炉体结构，采用了一些新技术，如 PC584 微型机上料（2 号、4 号高炉）、炉顶液压传

动、液压泥炮以及炉热指数监测、CRT画面等（4号高炉），提高了高炉装备水平。

1.7 高炉工艺的改进

1.7.1 采用高MgO渣

武钢高炉渣中Al_2O_3为13%～15%，炉渣黏度大，冶炼低硅低硫生铁困难。1972年起，在烧结矿中加白云石，不仅改善了烧结矿强度，还使高炉渣中MgO由5%左右提高到10%～12%，改善了炉渣流动性和脱硫能力。生产数据表明，碱度一定时，MgO由6%～7%提高到9%～12%，可使脱硫指数$K_{Si,S}=\frac{[S]}{[S]\sqrt{[Si]}}$由30～40提高到60～80，保证了顺利冶炼低硅低硫生铁[2]。

1.7.2 碱金属对策

武钢烧结矿中K_2O+Na_2O含量（质量分数）约0.4%，炉料碱负荷7～8kg/t，对高炉生产造成一定的危害，如内衬过早侵蚀，烧结矿、焦炭吸收碱金属后粒度变差、恶化料柱透气性等。通过试验研究，发现在炉渣中用MgO取代一部分CaO，适当降低CaO/SiO_4是提高炉渣排碱能力的有效途径。在武钢的条件下，当CaO/SiO_4从1.15降低到1.05，通过炉渣排出炉外的碱金属氧化物约提高30%。根据以上研究，在保证炉渣脱硫能力的前提下，炉渣碱度已由1978年的1.07左右降到近年的1.00～1.03；在碱负荷较高的条件下，改善造渣制度对生产指标的提高起了一定作用。

1.7.3 装料制度的演变

武钢对高炉装料制度进行过长期的研究，在烧结矿平均粒度过小时出现“布料反常”现象。这时只有采用小批重倒装，保持边缘和中心两道煤气流通路，才能保持炉况顺行。采用这种装料制度时，煤气利用率低（CO_2仅13%～15%），焦比高。实现烧结矿入炉前过筛后，焦、矿的平均粒径比减小，料柱透气性改善，高炉可接受较大的风量。在这种条件下，与下部调剂的变化相适应，装料制度逐渐变为以正同装或正分装为主，批重相应扩大；煤气曲线由双峰式变为整个剖面CO_2含量升高、边缘加重、中心疏通的型式。1985年，全厂4座高炉煤气利用率相近，CO_2的平均值为17.5%。

1.7.4 炉前技术进步

长期以来，繁重的炉前工作曾是武钢高炉强化冶炼的薄弱环节之一。其特点是风口破损多，铁沟（特别是主沟）寿命短。

1984年5月，1号高炉试验了由机械总厂、炼铁厂研制的高压水贯流式风口，风口平均寿命达到131天，比普通铸造风口的寿命提高1倍多（过去风口平均寿命为55.6天）。风口损坏已由过去主要是烧坏变为磨坏，损坏位置多在喷煤嘴处。目前有高压水系统的1号、4号高炉均已采用这种风口。

1984年炼铁厂试验成功硅铝质沟泥，其寿命比原来用的碳质沟泥提高2～3倍。1985年2月又研制成功碳化硅质沟泥，使主沟上、下段寿命分别达到15天和22天，比硅铝质沟泥又提高5～7倍，已达到日本采用高级耐火材料捣制沟泥的水平。

2 炼铁系统技术改造的效果

表3为武钢炼铁系统技术改造主要项目的投资情况及其工艺效果。

表3　炼铁系统技术改造投资及工艺效果

厂　别	项　目	固定资产投资/万元	技术经济效果
炼铁厂	烧结矿过筛	1039.65	入炉粉末（<5mm）由1977年的20%以上降到1985年的7%左右，1978年数据为：筛除粉末1%，增产2.3%，节焦0.3%
烧结厂	一烧车间烧结机冷却系统改造	1340	使<5mm粉末降低约7%，解决了岗位粉尘污染
	三烧车间铺底料整粒	1850	入炉烧结平均粒度增大2mm，转鼓指数提高1%，3号、4号高炉用铺底料整粒烧结机，增铁节焦年效益700万元，年净效益400万元
矿石场	粉矿中和混匀	450	减少入炉矿石成分波动，铁分波动降低1.0%～6.4%，筛除块矿粉末5%～7%
	块矿过筛	68.83	
矿　山	生产弱磁、强磁精矿	327①	精矿输出品位提高3%，每年少输出尾矿7万～10万吨

① 大冶流程改造。

随着这些技术改造项目的完成以及其他工艺技术的进步，高炉精料水平提高，对增铁节焦起了决定性作用。与1978年相比，生铁产量从319.8万吨提高到1985年的406.4万吨；焦比从532.7kg/t降低到1985年的487.4kg/t。图2和图3所示为2号高炉1985年中修前后和4号高炉1984年大修前后操作线的变化。2号高炉中修前主要由于炉型失常，风温低，燃料比高（焦比566kg/t，煤粉46.9kg/t）；中修后炉身效率提高0.1，煤气中CO_2由15.05%提高到17.88%。4号高炉大修后采用了铺底料整粒的烧结矿，炉料质量全面改善，炉身效率由0.81提高到0.87，燃料比降低。1985年与1978年相比，炼铁系统技术改造带来的经济效益为年增产生铁86.6万吨，节焦18.41万吨，生铁含硫由0.026%降至0.021%，扣除价格因素后，利税增加67.8%，达到13071万元；每吨生铁的利税额由1978年的24.26元增加到1985年的32.16元。

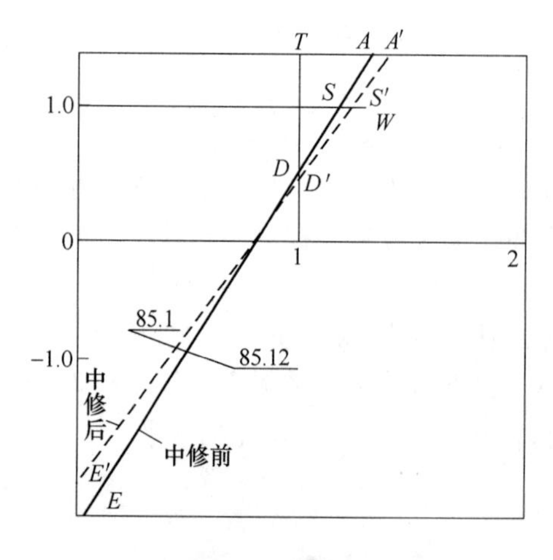

图2　2号高炉中修前后操作线变化

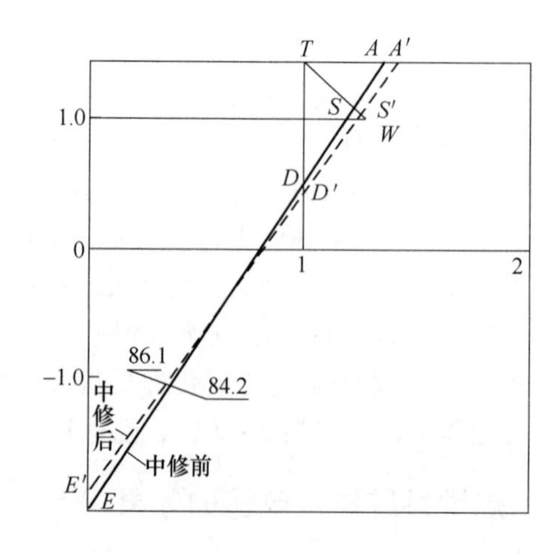

图3　4号高炉中修前后操作线变化

3 结语

1978～1985 年间，武钢炼铁系统以提高精料水平为中心进行技术改造，取得了明显的经济效益。"七五"期间，武钢将主要依靠技术进步、挖掘改造、3 号高炉易地大修，使生铁产量在 1990 年达到 500 万吨。在此期间，我们要继续加强精料工作。在矿山系统，抓好大冶、金山店铁矿降低采矿贫化率攻关，提高精矿品位。在矿石场投资 2.36 亿元，完成中和混匀料场改造、扩建工程，以改善烧结用料，减少成分波动。采用新工艺、新技术建设好第 2 烧结车间。1989 年完成新 3 号高炉的易地大修，采用无钟炉顶、计算机控制等新技术。同时利用大中修机会改造其他烧结机和高炉。在焦化厂，抓好回收系统的技术改造，解决污染问题。"七五"后期将筹建第 4 烧结车间和 7 号焦炉，以便到"八五"期间，武钢的钢铁生产能力能达到"双 600 万吨"。

根据近年来武钢的生产实践，我们有以下体会：

（1）提高炼铁生产水平，必须用系统的观念对整个炼铁系统加以考虑。炼铁生产的优劣，决不只是炼铁厂一家的责任，更不单纯属于高炉操作问题。炼铁生产必须从原料抓起。1978 年以来，武钢炼铁系统的技术改造和技术进步基本上是以贯彻精料方针为中心进行的，因而对增铁节焦起了作用。

（2）现代化的新工艺最终都要渗透到设备改进中去。因此必须利用一切大中修机会，从实际出发，对现有设备进行技术改造。

（3）要使我国炼铁事业赶上国际先进水平，必须从原料抓起，把投资用在原料准备、炼结、炼焦方面，以及高炉技术装备的改善方面。

参 考 文 献

[1] 张寿荣. 关于武钢高炉利用系数达到 1.8t/(m^3·d)以上、焦比降至 450kg/t 以下的若干问题[J]. 武钢技术，1979(1):19～33.

[2] 张寿荣. 原料对高炉操作制度的影响 [J]. 钢铁，1980(4):47～52.

武钢高炉寿命与高炉结构的技术进步*

高炉炉体的安全和长寿是炼铁生产中的关键问题之一。为了延长炉体寿命，30年来武汉钢铁（集团）公司（以下简称武钢）的炼铁工作者对炉体结构，包括炉底和炉身结构，进行了许多改进，本文扼要地回顾在这方面的技术进步。

1 武钢高炉炉体结构的变迁

1.1 20世纪50年代末及60年代

武钢1号、2号、3号高炉和1965年大修的2号高炉，沿用了苏联的高炉设计，其基本特征是：炉喉采用槽形钢砖；有炉缸支柱及炉腰托圈；托圈以上有4层扁冷却水箱，其上为支梁式水箱；炉腹为镶砖冷却壁，薄炉墙，黏土砖内衬，工业水冷却；炉底炉缸为浅死铁层厚炉底结构。高炉炉底采用过炭砖高铝砖的综合炉底及炭砖炉缸与全高铝砖炉底两种类型（图1）。

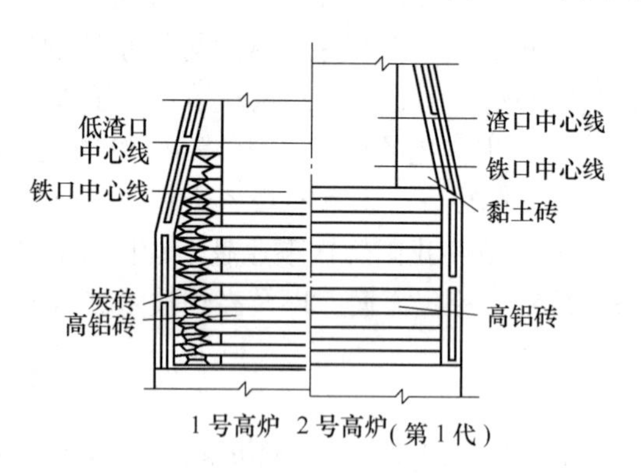

图1 1号、2号高炉第1代炉缸底结构

上述炭砖高铝砖综合炉底，炉底厚度5600mm，无炉底冷却，也有长寿的例子，如1号高炉。高铝砖的炉底不能长寿，且发生过烧穿事故，如2号高炉第1代。炉喉槽形钢砖结构不合理，受热易变形，使用不久便发生翘曲变形，互相挤压以致脱落，影响布料。用冷却箱冷却的炉身寿命比较短，高炉投产1年后炉身下部的冷却板开始烧坏，随后炉身中下部支梁式水箱破损，此后需靠炉壳外部喷水冷却。由于炉身砖衬侵蚀严重，只好中修重砌内衬。生产中煤气流难以控制，冷却箱漏水又常常是造成炉凉或失常的原因。针对这些问题，在实践的基础上，吸收国内外的先进经验，武钢高炉结构从20世纪70年代初开始，进入了自主发展的新阶段。

1.2 自主发展探索阶段

1.2.1 炉喉采用长条形钢砖

1970年4号高炉首先采用纵向排列的长条形钢砖（图2），使用效果良好，以后几座高炉检修时相继采用，它的变形远比老式槽形钢砖小，能满足高炉生产的要求。

---

* 原发表于《武钢炼铁40年》，1998：333～343。

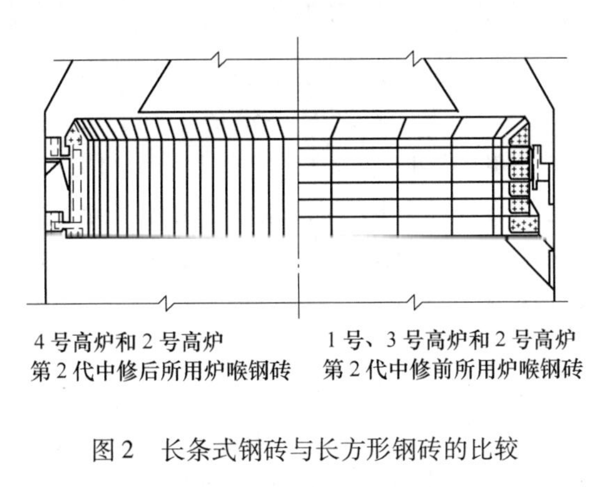

图 2　长条式钢砖与长方形钢砖的比较

1.2.2　1 号高炉炉身采用炭砖

1 号高炉 1970 年 3 月中修，在炉身下部采用 3 段光面冷却壁配炭砖内衬，炉身上部保留 3 层支梁式水箱。这一代炉身寿命达到 8.5 年。1978 年大修时看到，炉腰托圈扁水箱上残留 3 层炭砖，最下层残余长度 600mm。第 6 段冷却壁没有一处外露，也无一块破损。裸露的第 7、第 8 段冷却壁和上部支梁式水箱则破损十分严重。这一情况表明，支梁式水箱的护砖和支托作用是有限的。光面冷却壁有不易粘结渣皮缺陷。

1.2.3　4 号高炉炉身汽化冷却和全炭砖水冷炉底

为了节能，1970 年新建的 4 号高炉，炉腹以上采用汽化冷却，炉身下半部和炉腰为炭砖内衬配光面冷却壁，取消了炉缸支柱和炉腰托圈。炉腰以上砖衬由炉腹冷却壁上端的钩头支托（图 3）。炉身上部靠两层支梁式水箱支托。当时汽化冷却的工艺技术在冷却壁制作及维护检漏手段等方面还都处于探索阶段。自行设计的汽化冷却系统投产不久汽冷管大量破损漏水，炭砖损坏严重，生产很被动。第 2 次汽化冷却也未取得预想的结果。从 4 号高炉的生产实践看，取消炉腰托圈，仅靠炉腰冷却壁的钩头和炉身上部两层支梁式水箱，是砖衬不稳固、炉身寿命缩短的重要原因。

1970 年设计的 4 号高炉在国内首次采用了炭砖炉底及炉缸炉底水冷装置。炉底为两层立砌炭砖，厚 2300mm，其上为两层高铝砖厚 800mm，炉底总厚 3100mm，死铁层 1100mm。与 1 号、2 号、3 号高炉相比，其炉底减薄了 2500mm，死铁层也加深 400mm。尽管因汽化冷却设备漏水危害了炉缸炉底砖衬，但寿命仍达到 13 年 9 个月，产铁 1293 万吨。实践表明，这种炉底结构是成功的。

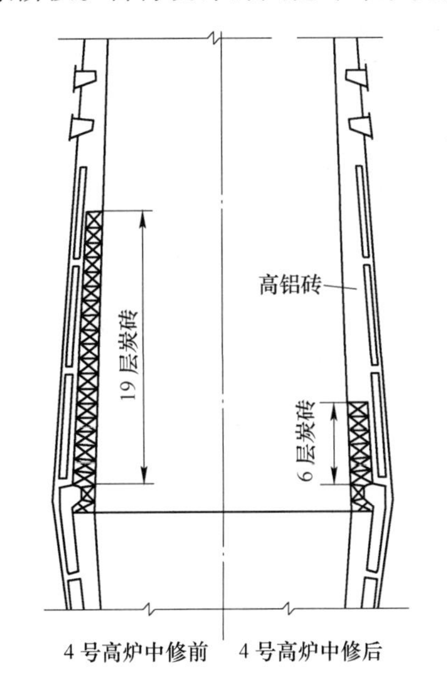

图 3　4 号高炉炉腰结构

1.2.4　3 号高炉炉身结构的改进

在研究了支梁式水箱结构的缺陷和炉腹冷却

壁钩头托砖存在的问题后，1976 年在 3 号高炉炉身采用带钩头的镶砖冷却壁，取消了支梁式水箱（图 4）。1982 年年底中修时观察，钩头以上的砖衬相当完整。尽管因冷却高度不够，钩头以上 1.0m 处炉墙仅剩 250～350mm，也未发现局部掉砖或塌落现象。采用这种结构的 1 号高炉 1987 年年底停炉，炉身上部砖衬完好程度又优于 3 号高炉，第 9 段冷却壁以上的砖衬十分完整，第 9 段的钩头仅有部分外露。实践表明，带钩头的冷却壁有良好的托砖功能。这一改进和长条钢砖的推广对稳定炉料和煤气分布，提高生产水平起了相当大的作用。

1.2.5　全炭砖炉底推广

4 号高炉第 1 次采用全炭砖水冷炉底结构（图 5）。当时工期紧，施工质量差，开炉后不久炉基四周冒煤气严重，又由于汽化冷却系统大量漏水，造成了难以对付的局面，曾从风口大套间及炉底炉皮多处开孔排水，冷却壁水温差升高，生产十分被动。在 1972 年底就提出 4 号高炉大修问题，研究人员曾经采用多种方法对炉底和炉缸状况进行调查研究，认为炉底可继续使用 5 年以上，公司和冶金部领导决定把大修改为中修。这一决策不但节约物力、人力和财力，缩短了检修工期，增加了生铁产量，更重要的是使我国第 1 个炭砖水冷炉底免于夭折。与综合炉底相比，水冷炭砖炉底具有省料、省工和易于使砌筑、吊装机械化的优点，改善了施工条件，节省工期又能做到安全长寿。因此 1977 年大修的武钢 3 号高炉首先推广使用了炭砖水冷炉底。此后，武钢 1 号、2 号高炉大修相继采用了这种结构，在防止炭砖漂浮及改善碳糊质量和砌筑工艺等方面都有了新的进展。1985 年冶金部组织了技术鉴定，建议在国内新建或改建的大、中型高炉上普遍推广。

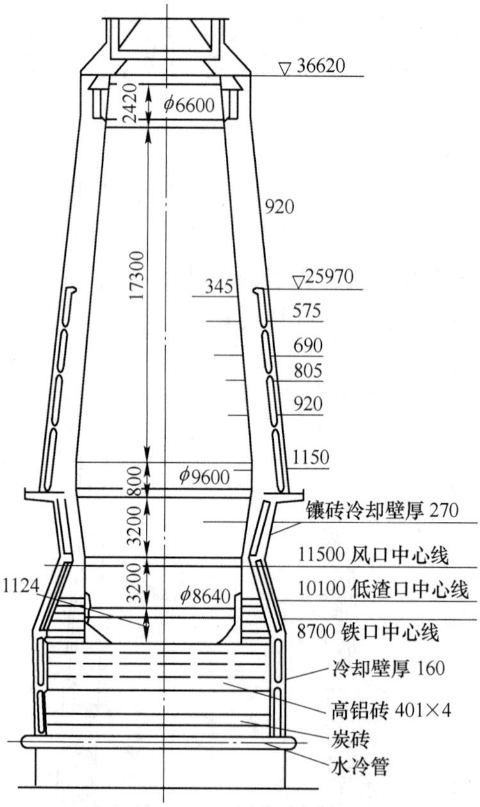

图 4　3 号高炉第 2 代结构特点和内型尺寸（1977 年大修后炉型）

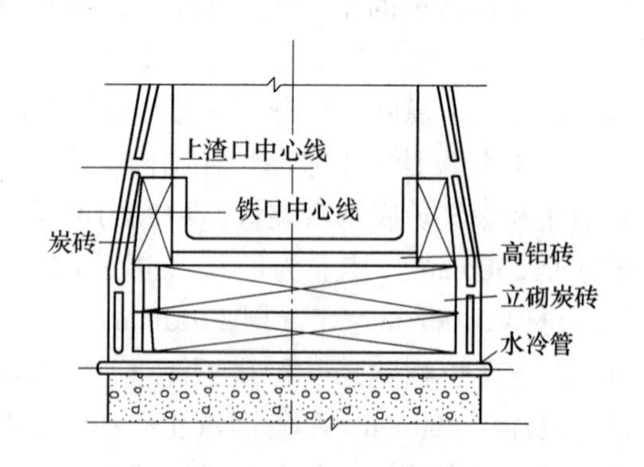

图 5　4 号高炉炉底结构示意图

1.2.6　取消汽化冷却

鉴于前面已提及的 4 号高炉采用汽化冷却后所暴露的问题，1972 年 2 月被迫将冷却壁改为工业水冷。但冷却壁烧坏漏水仍很严重，后来将第 8 段全部冷却壁和第 7、9 段部分冷却壁停用，漏水问题才得以减轻。1973 年 1 月起，第 8 段冷却壁区炉皮局部烧红。1974 年中修时看到，第 8 段冷却壁全部烧掉，第 7 段完整的只有 27%，第 9 段完整的仅 20%。

1974 年重新设计了汽化冷却的炉身结构，其使用结果和第 1 代情况基本相同。高炉投产 1 年后，第 7 段汽冷管出现破损，1975 年年底损坏的冷却管已超过 30 根。此后改成工业水冷，但仍未扭转冷却壁继续破损的被动局面，最后只得靠对炉皮喷水维持生产。根据 4 号高炉投产后汽化冷却暴露的问题，1977 年中修时决定取消汽化冷却。从世界范围看，原采用汽化冷却的一些高炉（如日本、澳大利亚和西欧的高炉）从 20 世纪 70 年代末开始也将汽化冷却改为软水或纯水密闭循环冷却，改变后效果较好。

2　炉体破损调查及炉体侵蚀机理的研究

2.1　1978 年以来的炉底破损调查

1978 年以来，武钢 1 号、2 号、4 号高炉各进行了 1 次大修，停炉后均进行过细致的破损调查和炉体寿命的研究。1 号高炉 1958 年投产，第 1 代炉底寿命达到 20 年；2 号高炉第 2 代炉底寿命达到 16 年。这两座采用综合炉底的高炉第 1 代炉役较长，调查中看到 1 号高炉炉底侵蚀深度为1600mm（为设计炉底厚度的 28.5%）；2 号高炉炉底侵蚀呈反锅底状，中心侵蚀为 1200～1300mm，周边侵蚀成一个环形槽，侵蚀深度为 2000mm，表明厚度 5600mm 是不必要的。采用水冷炭砖炉底的 4 号高炉第 1 代寿命为 13 年又 9 个月，侵蚀深度 2000～2300mm，剩余厚度 800mm 左右，但底部侵蚀和下炉缸周壁的侵蚀比其他高炉严重。4 号高炉第 1 代炉底 800mm 的剩余炭砖内，就有 3 处大的凝铁，不少残砖缝中亦有凝铁，证明砌筑时砖缝相当大。如能克服以上缺陷，水冷炭砖炉底的侵蚀深度将会减少。

2.2　碱金属对炉体侵蚀的影响

在几座高炉的破损调查中发现，高炉各区域炉衬不论是在黏土砖、高铝砖、炭砖还是渣皮中，都存在有碱金属和锌。不同高炉砖衬和渣皮里碱金属含量相差很大（表 1）。

从试样的检验发现，碱金属与 SiO_2、Al_2O_3 反应，形成了新的化合物。耐火砖受碱金属侵蚀后结构受到破坏，其耐火度便会降低。高铝砖变成含钾的铝硅酸盐或含锌的铝硅酸盐并有沉积碳。沉积碳和氧化钠、氧化锌一起存在。碱金属和锌生成碳酸盐或氧化物，以及产生的沉积碳，都会引起体积增大，气孔扩大，砌体的结构就被破坏。可以认为这是武钢高炉炉身砖衬破损的主要原因之一。研究还表明：碱金属对硅铝质砖的侵蚀比炭砖严重，而铁水渗透破坏炭砖的作用较大。在高炉炉身下部和炉腹区域的条件下，没有任何一种耐火材料能完全不受钾的侵蚀。

表1 武钢2号、3号高炉附着物中碱金属含量对比 (%)

2号高炉部位	Na_2O	K_2O	ZnO	C	3号高炉部位	Na_2O	K_2O	ZnO	C
炉喉煤气取样孔	0.67	7.20	13.10	4.16	32.7m标高处	0.87	7.50	1.68	86.40
第9段冷却壁上部	0.65	27.52	0.79	27.30	28.38m标高处	0.59	3.87	1.41	3.57
第9段冷却壁	4.48	35.12	0.46	27.10	第8段冷却壁钩头上	0.38	2.50	63.05	3.55
第8段冷却壁	11.00	40.40	0.99	14.30	第7段冷却壁	0.65	5.58	1.93	13.12
第7段冷却壁	2.84	23.30	0.89	45.00	第6段冷却壁	0.46	6.54	1.31	63.40
第6段冷却壁	7.10	29.20	1.76	32.40	第5段冷却壁	0.98	8.14	2.79	65.25
第5段冷却壁	3.55	24.20	13.39	33.50	第4段冷却壁	2.05	18.85	16.57	38.95

2.3 炉缸底侵蚀机理探讨

通过几座高炉的破损调查，发现炉底炉缸侵蚀的两个基本特征：(1) 从铁口往下，周壁炭砖侵蚀逐渐严重，断面呈蒜头状；(2) 炉缸炭砖均出现环形断裂。这种裂缝有以下特点：1) 裂缝与冷却壁平行；2) 裂缝贯穿多层炭砖，上层裂缝较宽，其中充满渣铁或含有大量碱金属化合物的碳粉，下层裂缝中无填充物；3) 环形断裂延伸深度与炉底侵蚀深度一致。

铁口以下的炉缸侵蚀严重主要有以下原因：(1) 铁水流动的机械磨损；(2) 铁水对炭砖的熔蚀；(3) 铁水渗透炭砖产生气孔、裂纹而引起炭砖的侵蚀，在高压操作和提高冶炼强度的情况下侵蚀更趋严重。

据观察分析，在炭砖高铝砖综合炉底中，两种砖的热膨胀系数不同，产生的应力是综合炉底的高炉出现环形裂缝的主要原因。炭砖产生裂缝后煤气、水蒸气、碱金属和渣铁更易侵入，使炭砖强度急剧下降而被更大破坏。

2.4 影响高炉寿命的因素分析

高炉寿命受很多因素影响，主要有冷却方式和冷却器设计，耐火材料的性质和砌筑质量，高炉的操作维护和原燃料质量等。

武钢高炉自采用炭砖炉缸、综合炉底或水冷炉底以来，未发生过炉底炉缸烧穿事故。尽管炉缸下部的侵蚀比较严重，但由于我们多年来坚持热流强度检测并以它作为衡量炉衬侵蚀程度的标志，正确掌握侵蚀状况，采取相应维护措施，炉底炉缸寿命大为延长。

目前4座高炉都采用工业冷水。工业水易结垢，严重影响了冷却效率。不论是冷却箱或是冷却壁结构的炉身，寿命都不太长。改善水质亦是延长高炉寿命的关键措施之一。

1987年以前采用的普通铸铁材质的冷却壁延伸率低，抗热震性能差，不适应炉身下部的工作环境。

武钢高炉炉身的内衬采用过黏土砖和高铝砖，也用过炭砖。黏土砖或高铝砖都未实现长寿。1号高炉采用炭砖炉身是寿命较长的一例。破损调查表明：武钢入炉料中碱金属含量较高，在炉内的富集较严重，陶瓷材料不能有效地抵抗碱金属的侵蚀，是炉身寿命短的主因之一。碳素材料抗碱性能比陶瓷材料好可能是1号高炉炉身寿命较长的主要原因。

炉衬砌筑质量对延长炉体寿命有重要意义。1号高炉炉底寿命20年，炉底侵蚀仅1.6m，炉底高铝砖形成一个大的熔结层，但是没有金属铁渗入，应归于施工质量好。4号高炉炉底施工质量差，使炉底侵蚀深度大是另一个例子。2号高炉1982年6月投产，9月底炉身砖衬大面积塌落，主要原因也是砌筑质量差。建设高炉不但要选择优质耐火材料，而且一定要讲究砌筑质量。

高炉的操作维护是延长炉体寿命的又一关键。采用加重边沿的装料制度，控制边沿气流的发展，降低炉衬温度，能减缓炉衬侵蚀。武钢高炉使用高氧化镁渣冶炼，适当降低炉渣碱度，有利碱金属的排除。近年来炉身上部砖衬使用4～5年后仍能保护完整，除托砖方式的改进外，改进操作，减少碱金属的富集，也是重要因素。

3 以延长高炉寿命为目标的科研工作

3.1 冷却壁材质与结构的研究

根据多次调查资料，冷却壁材质结构的问题日益突出。1986年钢研所与机总厂合作，研制成功球墨铸铁生产工艺，1987年为1号高炉制造了106件冷却器并安装使用。这种球墨铸铁，延伸率达到20%，抗拉强度达到392.3MPa，抗热震超过600次，导热系数达到34.8W/(m^2·K)。实物质量达到和超过新日铁冷却壁的质量标准，预计将获得良好的使用效果。

原来的镶砖冷却壁在结构上存在若干缺陷：(1)冷却壁热面有两条边框，妨碍冷却壁竖向自由膨胀，形成很深的横向开裂，深入到基体中易拉断水管。(2)冷却壁没有凸台，不能托砖，一旦失去砖衬保护，它便加速了破损进程。(3)基体厚120mm，刚度不够，易于变形，影响长寿。(4)水冷蛇形管为ϕ44.5mm×6mm，水量不足，冷却强度低，影响对炉衬的冷却。根据上述这些研究结果，对新设计的冷却壁进行了改进和完善。

3.2 耐火材料抗碱性能的研究及高炉内衬材质的选择

根据炉内不同区域的工作条件，合理选择适宜的耐火材料对延长炉体寿命有重大意义。在武钢条件下，炉身内衬主要受碱金属侵蚀而破坏。因此，几年来对多种耐火材料进行了试验研究。表2列出几种耐火砖在1100℃的抗碱试验资料。根据多次试验的结果，高铝砖抗碱性能不如黏土砖，在较低温度下（小于900℃）炭砖的抗碱性能明显优于高铝砖和黏土砖；但在高温下，其抗碱性能明显降低。葫芦岛自结合碳化硅砖抗碱性不太好，但仍优于陶瓷材料。浸磷酸的黏土砖有较好的抗碱性，但它的抗渣性差，用于炉身下部也不适合。国外认为Si_3N_4结合的碳化硅砖是目前用于炉身下部恶劣条件的最佳选择，其强度、导热性和抗震性、抗碱性优于他种耐火材料，在大高炉上采用日渐增多。

炉底炉缸采用炭砖是成功的。但炭砖的质量也必须改进。表3列出国内几家碳素厂产品的实验数据。在抗碱性能方面，贵州炭砖优于吉林和兰州炭砖，但强度下降仍高达23.3%，体积膨胀也大，和宝山使用的新日铁炭砖比较仍有较大差距，有改进必要。

表2 各种耐火砖抗碱试验

材料名称	抗压强度下降率/%	体积膨胀率/%	试样外观及断口状况
浸磷酸黏土砖	16.6	7.03	表面光洁，无裂纹，断口渗碳1mm厚
葫芦岛碳化硅砖（自结合）	20.1	6.40	出现裂纹
山东黏土砖	39.0	11.48	表面粗糙，断口碳侵入深度8mm
唐山高铝砖	41.0	7.78	表面疏松，掉边角，断口全变黑
吉林炭砖	55.4	10.83	裂纹多，掉边角

表3 国内几家碳素厂产品实验数据

产品厂家	抗压强度/MPa	抗碱后强度/MPa	强度降低/%	导热系数/W·(m²·K)⁻¹		膨胀系数(900℃)/℃⁻¹	体积密度/g·cm⁻³	显气孔率/%	石墨化程度/%	灰分/%
				300℃	900℃					
吉林炭砖	23.83	10.62	55.3	4.95	5.64	3.0×10^{-7}	1.50	15.0	<20	8.24
兰州炭砖	45.51	22.11	51.4				1.54	11.35	63	-
贵州炭砖	27.26	20.99	23.3	5.8	7.07	6.94×10^{-7}	1.55	13.15	55~63	7.3
宝钢炭砖	32.33	33.25	12.95	14.4	17.20	2.89×10^{-7}	1.55	16.68	59	4.25

3.3 维护炉缸炉底的操作措施

一代炉缸炉底后期，不可避免地会出现局部严重侵蚀现象。这时冷却壁水温差升高，热负荷增大，威胁高炉安全生产。例如1970年2号高炉冷却壁第3段34号，水温差达到6℃（常压水），热负荷曾高达15.35kW/m²(13200kcal/(m²·h))。1号高炉第2段冷却壁31号和32号，水温差达到5.0℃，热负荷达到9.77~10.35kW/m²(8400~8900kcal/(m²·h))。在这种情况下，维护时曾采取了清洗冷却壁、通高压水和改双联为单走供水冷却等措施。3号高炉1969年炉缸水温差达到6.0℃，采取了堵风口、降顶压及休风凉炉的措施。这些防范措施有延长寿命的作用，但往往要影响高炉的技术经济指标。1984年9月，3号高炉第2段冷却壁9号、14号水温差超过5.3℃，热负荷达到13.84kW/m²(11900kcal/(m²·h))，根据国内外有关资料，进行了钒钛铁矿护炉的试验，取得了良好效果。在武钢条件下初次用量应达到二氧化钛10~12kg/t入炉，在生铁Si为0.6%时Ti可达0.1%。这一用量可使水温差在短期内降到规定范围。当热负荷降低后，用量可减少，二氧化钛一般维持在5.0kg/t左右，水温差便可稳定，但不能一劳永逸。若停用钒钛矿时间太长，水温差又会增长，这时则必须迅速恢复使用。3号高炉连续使用钒钛铁矿3个多月，停用13个月水温差再度增大，1986年9月恢复使用，至今仍在继续。

3.4 新3号高炉延长炉体寿命的尝试

为满足后工序对铁水的需要，武钢将兴建新3号高炉。该炉容积3200m³，在国内是仅次于宝山的大型高炉。因此，有必要采取措施，使其生产指标和炉体寿命都跨入国际先进行列。

（1）炉体冷却采用了软水密闭循环。这种冷却系统，消除了水管结垢，极大地改善传热过程，能有效地降低炉衬温度。国外采用这种方法冷却的高炉，炉身寿命已超过 10 年。

（2）在镶砖冷却壁的结构上，设计为横向贯通筋，凸台在中间，砖衬与冷却壁相互依托。镶砖材料采用碳素材料，一方面增强抗碱金属侵蚀的能力，另一方面改善传热。

（3）冷却壁内水管为 ϕ70mm ×6mm，增大水量，提高冷却能力。

（4）冷却壁材质采用球墨铸铁。

（5）炉身上部采用浸磷酸黏土砖或优质黏土砖，炉身下部采用碳化硅砖。

（6）在死铁层，自铁口往下逐渐缩小炉缸内径增加周壁炭砖长度，抗衡铁水异常侵蚀。

（7）炉底及下炉缸，采用高密度微气孔炭砖，增加石墨化程度，抵抗铁水的渗透侵蚀。

此外，将进一步改善砌筑工艺，提高砌筑质量。并在炉底和炉缸增加新的检测手段。

新 3 号高炉采取上述措施后，预计其寿命将会达到新水平。

关于今后10年我国高炉的技术改造问题*

当前国际上正在致力于钢铁生产新工艺的开发，试图用熔融还原替代传统的高炉炼铁工艺，取消烧结和炼焦工序，直接用矿石和煤冶炼铁水；用转炉和接近最终尺寸的薄板坯连铸代替铸锭、开坯和热连轧工序，一句话，即改变传统的高炉→转炉→开坯→粗轧→精轧工艺，使之简化。虽然最近几年已取得一些进展，如COREX法，薄板坯连铸的工业规模化，但取代传统的高炉工艺不是二三十年内所能实现的。由此可以肯定在今后二三十年内高炉仍然是钢铁生产的主力。我国钢铁工业还要继续发展才能满足国民经济今后增长的需要。从我国国情出发，今后钢铁产量的增长主要依靠现有钢铁企业的技术改造。因此，对现有高炉确定合理的技术改造方针是今后10年内实现钢铁工业发展目标必须解决的重要课题。

1 我国高炉现状

1990年我国已是世界第4产钢大国。如按生铁产量算，1990年我国共产生铁6186.6万吨，已超过美国的铁生产量，为第3产铁大国。虽然生铁产量增长很快，但与国际水平仍有不小差距。

1.1 装备水平

根据已有统计数字，我国现有高炉1123座，其中重点企业75座，地方骨干企业123座，其余均为县以下的乡镇企业。重点企业与地方骨干企业按容积分档，不同档次的高炉座数及容积数见表1。

表1 重点企业与地方骨干企业高炉按容积分档

重点企业			地方骨干企业		
容积范围/m^3	座数	容积合计/m^3	容积范围/m^3	座数	容积合计/m^3
80~149	9	966	55~185	61	6101
250~380	18	5298	215~350	56	15590
550~750	11	6852	544~620	6	3644
831~1260	19	18720			
1327~1627	10	14791			
1800~2000	2	3800			
2516~2580	3	7676			
3200~4063	3	11396			
总　计	75	69429	总　计	123	25335

从表1可以看出，高炉装备水平实际上是20世纪50年代大跃进时代的土洋结合的高炉到20世纪80年代国际先进水平的高炉并存。总起来讲装备水平高的不多。

* 本文合作者：银汉。原发表于《钢铁研究》，1991(6):3~8。

1.2 原料条件

我国高炉原料条件差别很大。重点企业与地方骨干企业大都使用了烧结矿与球团矿。1990年重点企业熟料比达到89.59%。地方骨干企业熟料比达到79.73%，与“六五”期间相比应当说是一大进步。但原料的质量，如烧结矿、球团矿冶金性能差别很大。入炉矿石的含铁量相差十分悬殊，有的入炉矿的铁质量分数高达57%～58%，有的则低到50%以下。焦炭质量同样悬殊。1990年全国机焦产量为4790万吨，其中重点企业为2608万吨，约占机焦产量的55%。但焦炭强度，冶金性能与灰分相差大。1990年重点企业焦炭平均灰分为14.26%，最低在12%以下，高者可达15%～16%。总之近几年来焦炭质量是下降的。因而焦比升高成了全国性的问题。由于有以上原因，虽然1990年重点企业高炉利用系数平均为1.741t/(m^3·d)，地方骨干企业为1.664t/(m^3·d)，但焦比是上升的。入炉焦比重点企业为525kg/t，地方骨干企业为622kg/t，综合焦比重点企业为571kg/t，地方骨干企业为640kg/t。至于大量的乡镇企业高炉的焦比究竟是多少则难以估计了。

1.3 生产情况

虽然我国高炉容积与装备水平差别很大，但就重点企业中的高炉看，不论容积300m^3级、500～600m^3级，1000～1200m^3级，1500～1600m^3级，2500m^3级以及4000m^3级，都有高产的典型（表2）。这些高炉原料条件差别不小，入炉矿石铁质量分数从52%到57%，熟料率也不同。装备水平差距更大，有的高炉属于20世纪80年代国际先进水平，有的则是20世纪60年代水平。尽管在生产条件上有这些差别，但都可以达到当代国际水平的利用系数，即1.9左右或更高。与当代国际高炉生产水平相比，焦比偏高，这与我们原料含铁量低，焦炭灰分高有关。但就高炉冶炼生铁的效率来看，这些高炉并不落后。虽然就全国范围来看，我国高炉生产指标与国际先进水平相比是相对落后的。但在总体相对落后中存在着先进的因素。从这一实际的分析对比中提出了以下问题。

表2 不同容积高炉生产水平（1990年平均指标）

企业	高炉座数	高炉容积/m^3	年实产生铁/万吨	一级品率/%	利用系数/t·(m^3·d)$^{-1}$	综合焦比/kg·t^{-1}	入炉焦比/kg·t^{-1}	喷煤量/kg·t^{-1}	入炉矿石Fe/%	熟料率/%	富氧率/%	煤气CO_2/%	风温/℃
马钢	4	294	89.0	78.09	2.336	555.0	495.0	87.4	52.00	86.81	—	18.30	1034
本钢	2	350	50.70	72.71	2.116	602.0	539.0	86.0	56.39	98.21	—	17.10	915
首钢①	1	576	缺	49.75	3.053	486.5	425.0	80.9	57.93	100	3.59	—	1015
梅山	1 1	1080 1250	159.5	84.72	1.907	515.0	475.0	70.0	55.87	80.57		18.95	1055
首钢	1	1200	113.9	77.52	2.600	535.5	430.0	142.9	58.36	—	3.85	18.24	960
鞍钢②	1	1627	—	—	1.954	553.0	509.0	—	54.03	—	—	17.38	1044
武钢②	1	1536	103.5	89.93	1.848	512.0	478.5	53.8	54.09	77.47	—	17.96	1048
武钢	1	2516	176.7	91.9	1.926	538.9	489.0	31.5 21.5油	54.88	75.89	0.77	17.50	1036
宝钢	1	4063	329.5	92.96	2.223	495.0	430.0	51.0油	57.48	86.55		21.77	1209

① 存在高炉加废铁164.21kg/t的情况；
② 为1987年指标。

（1）决定高炉生产效率（包括各项技术经济指标）的主导因素是什么？是容积大小，是装备的机械化自动化程度，还是原料条件？为什么不同容积、不同装备、不同原料条件的高炉都能达到相对较好的指标？

（2）今后我国炼铁生产挖潜要靠现有钢铁企业高炉的技术改造。那么今后高炉技术改造的方针是什么？

2　今后高炉技术改造的指导方针

我国炼铁生产的现实是：已有一批高炉，总容积已超过11万立方米，但设备利用率相差悬殊，平均水平不高，炼铁焦比高，生铁质量优劣并存。国家资金紧张，不可能花大量投资建设新厂。矿山建设滞后于炼铁生产发展速度，矿石供应不足。炼焦用煤供应不足。

从目前实际出发，今后10年高炉技术改造应以采用实用技术，讲究改造效果，改善炉料性能，延长高炉寿命，稳定生产过程，提高设备效率，节约能量消耗，提高生铁质量，完善操作环境为总方针，即：

（1）重点立足于现有钢铁企业高炉的挖潜，提高现有高炉的设备利用率。

（2）必须把降低能耗（重点是降低焦比）放在突出位置，因为焦炭不足是今后生铁产量增长的限制性因素。

（3）必须提高生铁质量，使其满足提高钢的质量的要求。

（4）尽可能有效地利用投资，技术改造所采用的新技术必须讲求效益。

（5）逐步提高劳动生产率。

根据以上方针，作者认为今后高炉的技术改造应根据实际分层次地进行。我国的工业现在实质上是20世纪80年代的先进工厂，20世纪50～60年代的老厂与半手工劳动的乡镇企业并存。现在的高炉也是20世纪80年代的现代化大高炉，20世纪50～60年代的大中型高炉与土洋并举的小高炉并存。因此，高炉技术改造必须针对不同层次高炉的实际采用不同的具体做法，才能落实以上的方针，决不可能采用一种模式。为使高炉技术改造取得预期效果，必须把炼铁生产作为一个系统来看，不单纯看高炉的技术改造，还要看高炉前工序的技术改造，使前工序可供应满足高炉强化要求的原燃料。为此，作者提出两个问题：（1）高炉技术装备的层次论；（2）高炉技术改造的系统论，供炼铁界同行参考。

3　高炉技术装备的层次论

如上所述，作者认为高炉技术改造不能采取一种模式，而应从实际条件按不同层次进行。这里所讲的层次是指技术装备的层次。提出层次的目的是希望高炉技术改造能从实际出发，以较少的投入取得较多的产出。

3.1　关于高炉容积

高炉容积对高炉利用系数无明显影响。从表2可见，无论300m^3级高炉或4000m^3级都可以达到较高的利用系数。从理论上讲，高炉容积大时焦比要低些。对于300m^3以上的高炉来讲由于影响因素很多，实际上有时影响并不明显。大高炉与小高炉对经济效益的明显影响主要在两点：大高炉单位容积投资高，小高炉投资较低；大高炉劳动生产率高，小高炉劳动生产率低，见表3和表4。

表3　不同容积等级高炉每立方米容积所需投资　（万元）

$300m^3$ 级	$1000\sim1200m^3$ 级	$2500m^3$ 级	$4000m^3$ 级
17	21	24	30

表4　某些重点企业工人劳动生产率

企 业 名 称	高炉容积范围/m^3	工人劳动生产率/吨·(年·人)$^{-1}$
宝钢炼铁厂	4063	8160
鞍钢炼铁厂	800 ~ 2580	2495
首钢炼铁厂	576 ~ 1370	2764
本钢一铁厂 本钢二铁厂	350 ~ 2000	1349
马鞍山铁厂	294 ~ 300	1094
梅山炼铁厂	1080 ~ 1250	1693
武钢炼铁厂	1386 ~ 2516	2593

高炉容积的选择主要应考虑以下因素：

（1）原燃料条件。高炉容积愈大对原燃料质量的要求愈高。原燃料条件不好，不能建大容积高炉。如果不顾原燃料质量建大容积高炉、效果必定不好，这在国内外都有先例。

（2）生产规模。高炉容积要与企业生产规模相适应。在原燃料条件允许的范围内，较大的高炉容积是有利的。为生产组织协调方便，以建2座高炉达到预定生产规模为原则来确定高炉容积为宜。如建设规模为年产生铁200万吨，则建2座 $1300\sim1500m^3$ 的高炉比建1座3 000m^3 高炉更为有利。对现有高炉，如今后要扩大规模的，应利用大修机会扩容，扩容的程度要看高炉辅助设备有无潜力可挖。将两座容积较小的高炉通过大修改造为1座大容积高炉则要看扩容的外部条件是否具备。条件不具备效果不会好。

（3）外围生产条件。包括辅助设备的能力、原燃料供应能力、公用设施能力以及总图布置等等。

总起来讲我国现有高炉平均容积偏小。重点企业共有高炉73座，总容积 $63232m^3$，1989年年底的统计平均炉容为 $881m^3$。地方中小高炉初步统计为1051座，总容积 $48009m^3$，按此计算平均炉容不足 $50m^3$。按1989年年底的统计，地方骨干企业高炉平均炉容为 $101m^3$。按产业政策 $100m^3$ 以下的高炉要逐步淘汰。要通过技术改造逐步使高炉容积的下限提高到 $200\sim300m^3$。

3.2　关于高炉炉体结构

对于不同容积的高炉炉体结构型式应不同。炉缸支柱式的炉体结构比大框架自立式结构造价低，对 $1000m^3$ 以下的高炉没有必要采用自立式结构。高炉炉体外壳对 $1000m^3$ 以下的高炉采用普碳优质镇静钢板就足够了。对 $1000m^3$ 上炉顶压力0.15MPa 的高炉则以采用碳素锅炉钢板为宜。对于2000m^{3}以上，炉顶压力0.25MPa以上的高炉则应采用低合金钢（HSLA）。高炉冷却式，由于我国铜资源不足，铜冷却板的冷却方式不宜采用。我们已开发出可锻球铁冷却壁制造技术，建议今后高炉采用此种型式的冷却壁。至于用净化水冷却或是用软水闭路循环则应依据具体条件选定。采用软水闭路及可锻球铁冷却壁可大幅度延长炉衬寿命。炉体耐火材料对300m^{3}级高炉可在炉缸、炉底采用碳捣料，炉缸以上可采用高铝砖、浸磷酸黏土砖及高炉黏土砖。对600～1500m^{3}级高炉可采用普通高炉炭砖炉底及炉缸，并增加炉底冷却系统，炉缸以上可采用高铝砖、铝炭砖或浸磷酸黏土砖，如有条件可在高温区采用硅炭砖。对2000m^{3}以上的高炉，如有条件可在炉缸、炉底与铁水接触区采用微孔炭砖，以延长炉缸炉底寿命。炉体耐火材料是影响高炉一代寿命的重要因素，但不是唯一的因素。冷却设备是否有效也是一个重要因素，高炉操作制度是否合理对高炉寿命影响极大。在选定炉体结构时必须对当地具体条件进行综合经济分析。

3.3 关于高炉装料设备

采用无钟炉顶自20世纪70年代以来是新建高炉与技术改造的主流，不少高炉利用大修机会将钟式炉顶改造为无钟炉顶。但最近几年出现了例外。新日铁大分厂的高炉大修仍保留原有双钟式炉顶，只采用了延长大钟寿命的技术。神户加古川厂高炉保留双钟式炉顶增加了中心装焦装置。这两座高炉都达到了较好的生产指标。作者建议，对新建高炉在容积1000m^{3}以下的仍可采用双钟炉顶和布料器，不一定非采用无钟炉顶不可。对于新建1000m^{3}以上的高炉建议选用无钟炉顶。对现有高炉的改造由于原有装料设备高度的限制，2000m^{3}以上的高炉不一定非改为无钟炉顶不可。

关于装料设备，作者认为料车式装料设备，对2500m^{3}级及以下的高炉都可以满足装料需要，不一定非采用皮带上料不可。对新建高炉料车装料设备具有投资少，占用总图位置小等优点。对老高炉的改造则应进行综合经济分析确定。

关于矿槽下设备，作者认为焦炭和烧结矿的槽下过筛对各种容积的高炉都是绝对必需的。如有条件可以增加烧结矿分级入炉和筛下焦炭的二次过筛，以便利用小块焦。

3.4 关于炉前装备水平

炉前繁重体力劳动的机械化和工作环境的改善是一个总方针。但装备水平不能强求一致，应当根据出铁出渣的多少和炉顶压力水平采用不同层次的装备。电动或液压泥炮、开口机、堵渣机是必备的，其水平应与炉顶压力水平相适应。对于炉顶压力在0.15MPa以下，风温在1100℃以下的高炉送风弯管、风管等可以采用国内通用设备。只对炉顶压力和风温高于以上水平的高炉才有必要采用风管弯头整体式结构。对于日产水平在2500t以内的高炉可只设1个铁口，2500～5000t的高炉可设2个铁口，5000t以上的高炉必须设3个铁口。对有2个铁口以上的高炉可不设渣口。运送铁水使用敞口罐或鱼雷罐则应根据具体条件确定。炉渣处理，如在炉前粒化以INBA工艺为佳，如不具备条件可采用水力冲渣。炉前除尘装置是必要的，通风装置也是必要的，但设置水平应根据具体条件确定。

3.5 关于热风炉

国内大多数高炉采用内燃式热风炉。近年来某些高炉采用外燃式热风炉。热风炉能否供给平均高于1150℃以上的风温不仅取决于热风炉的结构而且依赖于能否掺用高发热值煤气。当内燃式热风炉随着风温提高出现一系列问题之后，外燃式热风炉曾是20世纪70年代新建热风炉的发展趋势。由于霍戈文式内燃式高风温热风炉的出现，近年来内燃式热风炉有发展之势。作者认为以上两种型式均可适应高风温。从投资费用看内燃式热风炉造价比外燃式热风炉约低30%。作者认为没有条件使用1100℃高风温的高炉宜采用内燃式热风炉。有条件使用高风温的高炉也宜采用内燃式（霍戈文式）热风炉。对风温高于1150℃以上的热风炉上部耐火材料可以采用硅砖，否则高铝砖即可满足使用要求。视风温水平蓄热面积可在70～90m^2/m^3炉容之间。热风炉的座数对2000m^3以下高炉可为3座，大于2000m^3高炉可建4座。

3.6 关于煤气除尘系统

长期以来高炉煤气除尘系统一直采用重力除尘与湿式清洗相结合。这一过程的缺点是煤气洗涤水和瓦斯泥的处理以及防止环境污染的问题较为麻烦。自高炉煤气干式除尘出现后得到越来越多的厂家的重视。作者认为今后新建大型高炉以选用干式除尘为宜。对高压操作的高炉宜逐步用双文氏管替代洗涤塔。

3.7 关于节焦与降低能耗

从我国焦煤短缺的现实出发，今后炼铁系统技术改造的重点应是节焦增铁。节焦包括提高高炉热效率降低焦比和用喷吹燃料代替焦炭两个方面。因此在高炉技术改造中必须重视原燃料入炉前的筛分，炉料在炉顶分布的控制，选择合理炉型等。此外还要重视高炉余热余能的利用，如炉顶压力余压发电、热风炉余热利用等。高炉高产不是炼铁生产的唯一目的。高炉技术改造应当以优质、低耗、高产、稳产、长寿为目标，特别对重点企业的大型高炉，必须全面贯彻这个方针。

3.8 关于自动化水平

不同条件的高炉自动化程度必须是不同层次的。高炉必须有计器仪表才能使操作人员有监控炉况的手段，但计器仪表的水平应因炉容不同选用不同的层次。对大型高炉的技术改造，基础自动化是必要的，至于是否选用计算机应根据具体情况不应强求一律。自动化的目的是提高劳动生产率和产品质量，如果增加了自动化系统而劳动生产率不能提高，则不如不上自动化。

4 高炉技术改造的系统论

炼铁生产是钢铁生产过程的重要组成部分。炼铁生产本身包括原燃料的准备、烧结（或球团）过程、炼焦、最后到高炉。高炉生产过程实际上是前工序操作效果的集中体现。高炉生产水平的高低实质上是炼铁生产各工序工作质量的综合反映。炼铁生产是一个系统，高炉是炼铁系统的一个组成部分。因此，考虑高炉技术改造必须从炼铁系统总体出发，否则投资就可能得不到应有的效益。

决定炼铁系统最终生产水平的不只是高炉的技术装备水平和操作管理水平，尤其重要的是原燃料的水平，因为炼铁系统的最终水平是这两方面水平的总和。在进行高炉技术改造的过程中必须始终把改善原燃料水平放在重要地位，即贯彻精料方针。

谈到精料人们马上就联想到入炉矿石铁分和焦炭灰分。实践早已证明，铁分并不是决定性因素。常常出现入炉铁分低而高炉生产水平和燃料比反而优于入炉铁分高的情况。灰分低的焦炭不一定比灰分高的焦炭焦比低。人们通过研究认识到精料的含义实质上是指具有良好的冶金性能的原燃料。炼铁工作者的任务就在于不断地改善原燃料的加工、筛分、混匀过程，改善烧结（球团）和炼焦工艺过程，使其冶金性能不断改善。

进入20世纪70年代国内外关于改善原燃料冶金性能的研究浩如烟海，迄今仍是一项重要的研究课题。对于需要进行技术改造的高炉来说，必须从具体条件出发，为其创造较好的原燃料条件。首先要解决的问题是选择合理的炉料结构。至于什么是最佳炉料结构并没有统一的模式，因各高炉具体条件而异，要通过系统的试验研究和反复生产实践才能确定。

合理炉料结构确定后，与高炉技术改造的同时必须考虑炼铁前工序的技术改造，如矿石的加工与混匀，焦炉工艺的改进，烧结（或球团）工艺的改进。千万不可只改造高炉而不管炼铁前工序的技术改造。如果原料条件不改善，即便高炉技术装备再先进也发挥不了作用。如果资金不足，宁肯减少高炉技术改造项目，前工序改善原料条件的项目也不能取消。这样讲可能有人想不通，但如果认识到炼铁生产是一个系统，技术改造的投资不能只投到高炉上去，而要投到这个系统里去，投到哪里效果最好就应当投到哪里，思想也就通了。作者认为孤立地把高炉改造得很先进，对炼铁前工序的技术改造全然不顾的做法是不合理的。这样做即使高炉技术装备先进也不会取得好的生产效果。

5 结论

（1）虽然我国已是世界第3产铁大国，但高炉技术装备总体水平不高。今后炼铁事业的发展必须把节焦和提高质量放在首位，否则炼铁事业就不能发展。

（2）由于我国高炉目前是20世纪80年代先进水平与20世纪50~60年代装备并存，大中小并存，土洋并存，对今后高炉技术改造必须根据具体情况采用不同层次的技术装备，即按高炉技术装备“层次论”的观点进行。为使高炉技术改造取得预期效果，建议用“系统论”的观点对待高炉技术改造。

（3）作者建议请冶金部技术主管部门牵头，组织生产、设计与建设单位的同志，拟出不同层次高炉技术改造的有关技术政策，作为我国高炉今后10年的技术改造的指导性文件，使我国高炉技术改造顺利健康发展。

我国炼铁工业的回顾与展望*

摘　要　20 世纪 80 年代以来，我国炼铁工业得到了长足发展，现已成为第一产铁大国。实践表明，十几年来执行的以现有钢铁企业现代化改造为重点的政策是正确的。在 20 世纪 90 年代，我国炼铁工业必须把扩大喷煤量和降低能耗作为基本技术方针。

关键词　炼铁工业；技术改造；喷煤

20 世纪 80 年代是我国钢铁工业走向高速发展的年代，炼铁工业有了长足发展。1980 年全国生铁产量为 3802 万吨，到 1992 年生铁产量增长到 7589 万吨，比 1980 年近乎翻了一番。1993 年我国生铁产量达到 8730 万吨，1994 年又进一步增加到 9641. 8 万吨。我国已成为当代第一产铁大国。我国炼铁工业高速发展可以列举出诸多主观、客观因素，但最基本的一条应归功于国内市场对钢铁产品的强劲需求的推动，否则就不可能在国际钢铁工业普遍不景气中出现高速发展，而国内市场对钢铁产品的强劲需求则恰恰是中国经济高速发展的一个象征。

1　我国炼铁工业的现状

我国炼铁工业与日本、欧洲、美国最明显的区别之一是铁的生产不是集中的若干产铁厂家而是分布在全国各地数百家炼铁厂。实际上我国生铁生产是由不同层次的炼铁厂实现的。重点钢铁企业的炼铁厂属于第 1 层次，地方骨干企业的炼铁厂属于第 2 层次，乡镇企业的小高炉铁厂属于第 3 层次。不同层次高炉共存是我国炼铁工业最重要的特征之一。1980 年以来我国炼铁生产的演变及不同层次生铁产量的变化见图 1。

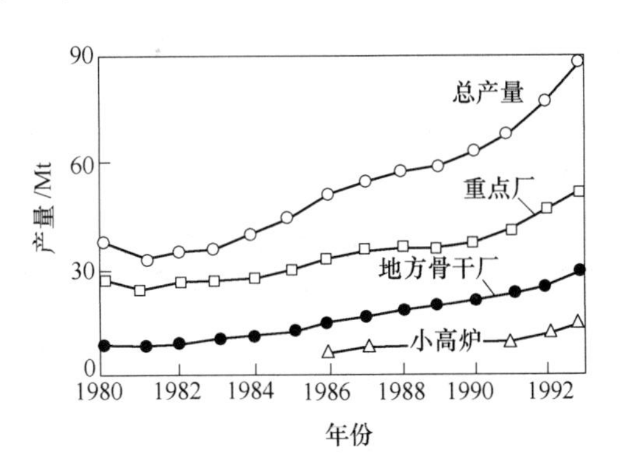

图 1　20 世纪 80 年代以来我国生铁产量的演变

据统计，1992 年我国生产中的高炉有 533 座，其中属于重点钢铁企业的有 80 座，

* 本文合作者：银汉。原发表于《炼铁》，1995，14(2)：9 ~ 12。

属于地方骨干企业的有129座，属于县以下乡镇小高炉有324座。不同层次高炉并存的状况见表1。

表1　我国高炉不同层次并存状况

高炉层次	高炉座数	总容积/m^3	平均炉容/m^3	产量/万吨		
				1991年	1992年	1993年
第1层次	80	76163	952	4143	4628	4937
第2层次	129	29472	228	1565	1779	2361
第3层次	324	12528	39	1017	1182	1432
合　计	533	118163		6720	7589	8730

注：此表数据不完整，相当多的乡镇以下小高炉未统计在内。

不同层次高炉的技术装备有较大差异。某些第1层次高炉采用现代装备与技术，高炉容积大，操作效率高，焦比也低。不同层次高炉使用的原料也有差别，进口矿主要供给第1层次高炉使用，大部分高炉使用国内矿。不同层次高炉的操作指标见表2。

表2　1992年不同层次高炉的操作指标

高炉级别	利用系数 /t·(m^3·d)$^{-1}$	焦比 /kg·t^{-1}	炉料 Fe/%	熟料率 /%	喷煤量 /kg·t^{-1}	喷煤高炉座数
第1层次	1.830	510.3	54.40	89.20	50.5	60
第2层次	1.841	595.0	52.50	81.13	26.0	58
第3层次	1.840	717.0	51.29	70.30		

上述533座高炉分布在238家钢铁厂中，其中年产生铁50万吨以上的炼铁厂1992年为33家，1994年为35家。有4家企业炼铁能力超过400万吨，最大的炼铁厂在鞍山。年产生铁100万~300万吨的铁厂13家。

2　我国生铁产量快速增长的因素

2.1　高炉总容积增加

1980年至1992年的12年，高炉总容积由81138m^3增至118163m^3，即增加了45.6%。不同层次高炉容积的变化见表3。

表3　1980~1992年全国高炉容积的变化

年份	高炉级别	高炉座数	总容积/m^3	平均容积/m^3	产量/万吨·年$^{-1}$
1980	第1层次	62	52023	839	2783.6
	第2层次	115	19711	171	749.0
	第3层次	564	9404	17	269.8
	合　计	741	81138		3802.4
1992	第1层次	80	76163	952	4628.0
	第2层次	129	29471	228	1779.0
	第3层次	324	12528	39	1182.0
	合　计	533	118163		7589.0

在1980～1992年间，具有现代化装备的大型钢铁企业宝山钢铁总厂投产，它拥有大型焦炉、450m^2烧结机、4063m^3高炉、300t转炉及大型冷、热连轧机及无缝管轧机。在现有钢铁企业的扩建改造中，这12年间投产的装备现代化的高炉有3200m^3高炉1座，1200～1350m^3高炉5座，750m^3高炉1座，220～600m^3高炉21座。大部分现有高炉大修时扩大了容积。在过去12年生铁产量的增长中1992年与1980年相比有45.6%是由于高炉容积增加得来的，其中21.9%属于新建钢厂的高炉带来的，其余所增加的容积都是现有钢铁企业的扩建改造带来的。

2.2 炉料质量的改善

过去12年中烧结生产有了一系列进步，一批新烧结机投产。原有的烧结机经过改造采用了一些新技术，如烧结矿冷却、过筛、整粒及增设铺底料系统，采用新型点火器、混合料预热以及生产高碱度烧结矿等等。因此烧结矿产量增加、质量改善。与此同时，若干球团厂建成投入生产。表4列出重点钢铁企业烧结生产的变化。

由于烧结矿产量与生铁产量同步增长，第1层次与第2层次高炉的烧结矿使用率及质量均有所改善，见表5。

表4　重点钢铁企业烧结生产的变化

年　份	烧结产量/万吨·年$^{-1}$	合格率/%	转鼓指数/%	烧结矿Fe/%	烧结矿碱度	固体燃料消耗/kg·t^{-1}
1980	4350.0	94.73	78.91	13.91	1.42	98.00
1992	7466.2	95.00	80.54	10.05	1.66	56.33
增减值	3116.2	0.27	1.63	-3.86	0.24	-41.67

表5　高炉炉料的烧结率和含铁量

年　份	高炉级别	烧结率/%	烧结矿Fe/%
1980	第1层次	88.37	53.74
	第2层次	81.47	51.75
1992	第1层次	89.28	54.10
	第2层次	81.13	52.50

2.3 高炉操作的改进

1980年高压操作高炉只有36座，最高炉顶压力为130～140kPa，大部分高压操作高炉的操作压力为60～80kPa。到1992年，第1层次高压操作高炉有46座，第2层次高压操作高炉有8座。部分大型高炉炉顶压力保持200～250kPa。使用热烧结矿的高炉炉顶压力只能维持60～100kPa。第2层次高压操作高炉炉顶压力较低，由于风机能力不足只能维持30～50kPa。

1980年只有少数第1层次的高炉采用煤粉喷吹技术。12年后喷煤高炉增至118座，其中第1层次60座，第2层次58座。最近几年大部分高炉喷煤量保持在50～90kg/t，少数高炉喷煤量达145kg/t。

1980年只有1座无料钟高炉。到1992年无料钟高炉数增至18座。若干双钟式高炉装备有可调炉喉或中心装焦装置。愈来愈多的高炉操作人员认识到炉料分布控制对高炉操作的重要性。

2.4 计测技术及自动化

在过去12年中，大多数炼铁厂老式的监测仪表被新式的自动控制仪表所取代，老式的接触器——继电器式的电控系统为PLC所替代。某些新建的高炉配备有计算机集中控制系统。高炉监控系统的现代化对高炉操作的进步起着重要的作用。

以1980年的生铁产量为基数，1992年生铁年产量增长有45.6%来源于高炉容积的增加，约为1734万吨，其余2053万吨则是原燃料质量改善及高炉技术操作改进的结果。

3 经验与问题

如前所述，不同层次的高炉共存是我国炼铁工业的重要特点。过去的12年中，不同层次高炉的生铁产量均有增长。不同层次高炉的产量1980年与1992年的对比见表6。

表6 不同层次高炉生铁产量对比

年份	重点钢铁企业		地方骨干企业		小高炉		合计	
	产量/万吨	占比例/%	产量/万吨	占比例/%	产量/万吨	占比例/%	产量/万吨	占比例/%
1980	2783.6	73	749.0	20	269.8	7	3802.4	100
1992	4628.0	61	1779.0	23	1182.0	16	7589.0	100

从表6可见，第3层次的生铁产量的增长速度最高，这主要是国内市场对钢铁产品需求日益强劲所推动，县以下小高炉发展迅猛。不同层次高炉生铁产量同步高速增长是我国炼铁工业高速成长的决定性因素。

1992年的生铁产量比1980年几乎增加了1倍，其中约600万吨铁（占总增长量的15.8%）是新建钢铁企业生产的，其余近3200万吨（占总增长量84.2%）是原有铁厂和钢铁企业的扩建改造得来的。这足以证明过去十几年来执行的以现有钢铁企业现代化技术改造为发展我国钢铁工业的重点的政策是正确的。

据推算，过去12年中生铁产量增长的3200万吨如完全依靠建4000m^3级高炉，至少需国家投资220亿元人民币。实际上过去12年中现有铁厂的技术改造与扩建共花费的资金约为75亿元人民币。换句话说，采用老厂扩建技术改造比新建钢铁厂实现同一生产规模所需投资大约可节约2/3。

由于不同层次高炉间技术水平的差异，过去12年中虽然在生产规模和产量增长方面取得了巨大成功，但仍留下了一系列的问题，如：（1）操作效率低；（2）焦比高、能耗高；（3）污染控制不完善；（4）劳动生产率低。

4 2000年我国炼铁工业的展望

根据国民经济发展预测，到2000年我国钢的年产量将达1亿吨，按现在铁钢比，生铁产量需要达到9300万~9400万吨以上才能满足生产1亿吨钢的需求。为达到这一目标必须继续贯彻现有企业改造挖潜扩建的方针。1993年以来重点企业中已开始建设或已建成的高炉有：宝钢3号高炉（4350m^3），马钢2500m^3高炉，本钢6号高炉（2500m^3），唐钢2号高炉（1260m^3）及3号、4号高炉（约为2500m^3），湘钢3号高炉（1000m^3），包钢4号高炉（2500m^3），梅山3号高炉（1250m^3），鞍钢10号高炉（2580m^3，大修），首钢1号、3号高炉（2536m^3，大修）。上述高炉全部建成投产后我国高炉总炉容将增加25000m^3，相当于年产量增加1700万吨。我国生铁产量将超过1.1亿吨。对满足2000年我国钢产量达到1亿吨，在高炉的生产能力方面是没有大的困难的。

对于我国炼铁工业的发展，决不能仅仅看到产量和规模，必须考虑技术水平和经济性以及国际市场的竞争力，也就是必须解决生产效率低、焦比高、能耗高，劳动生产率低和环境污染等问题。为此，必须依靠技术进步提高炼铁工业的总体技术水平。在20世纪90年代要进一步提高原燃料的质量以适应高炉冶炼强化的需要，必须把扩大喷煤量和降低能耗作为基本技术方针，大幅度地改善高炉技术操作指标，使装备现代化的高炉在本世纪末进入当代国际先进水平的行列。

改善炼铁生产过程的环节、消除污染和提高炼铁生产的劳动生产率要比改善生产技术操作指标困难得多，既有技术问题，也有管理问题，更有人员素质的提高问题，要花费较长的时间付出更大的努力。要使我国钢铁工业在国际上有竞争力，这些问题必须解决。

当前钢铁工业正处的新技术革命的前夜，某些新工艺已初露端倪。继炼钢连铸替代模铸和初轧开坯工艺后，薄板连铸已开始取代传统的连铸和热轧粗轧工艺，而且在商业化之后取得了极大的效益。熔融还原工艺的开发已取得明显的进展，COREX法在南非ISCOR投产后经多次改进已取得令世人瞩目的成就。虽然COREX法尚不能取消铁矿石造块工艺，但取消了炼焦工序毕竟是一大进步。最近日本宣布将在2000年建成日产5000t铁水的DIOS法熔融还原装置。这表明炼铁工艺的新技术革命的到来将为期不远了。在21世纪即将来临之际，我国的炼铁工作者既要抓紧现有高炉的技术改造，推广喷煤技术，使我国炼铁生产技术不断上档次，又要跟踪国际钢铁工业新技术的发展，使我国钢铁工业跟上国际新技术发展的步伐。鉴于我国炼铁生产能力已有相当大的规模，对新高炉的建设特别是对大型高炉的建设要十分慎重，避免犯类似的连铸工艺已成熟时建初轧机的错误，在新技术革命的浪潮中少走弯路。

Review and Prospect of Ironmaking Industry in China

Abstract Since the eighties China's ironmaking industry has been rapidly developed, now its pig iron production is in the first place in the world. Practice shows that the policy with the emphasis on the technical modernization of existing iron and steel enterprises, which has been carried out in last decade, is correct. During the ninties the promotion of coal injection and reduction of energy must be taken as a basic policy of ironmaking technology.

Key words ironmaking industry; technical modernization; pulverized coal injection

当代高炉炼铁发展趋向及我们的对策*

摘　要　扼要叙述了世界和我国炼铁工业的发展趋势，指出目前的技术进步是寻求一条可替代高炉炼铁工艺与高炉工艺进一步完善化两条工艺路线的竞争。我国炼铁工艺与国际先进水平有相当大的差距。文章提出了改善我国炼铁工业的对策。

关键词　高炉炼铁；发展趋势；对策

进入20世纪80年代以来，全世界钢产量徘徊在7.0亿~7.8亿吨之间，我国钢铁工业却有很大发展。就世界范围而言，铁的产量是下降的，而在中国则相反，铁的增长超过了钢的增长，见图1。

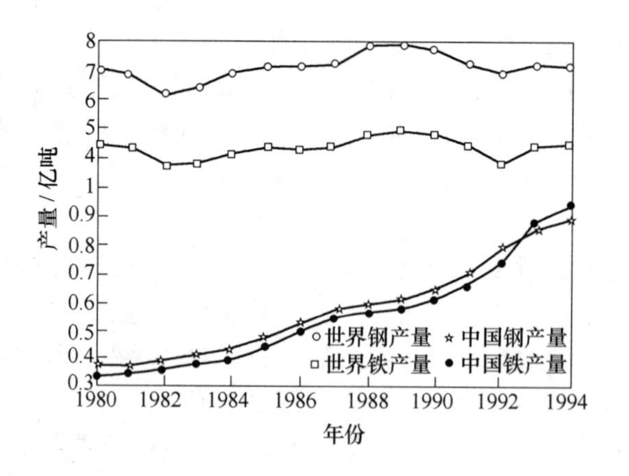

图1　1980~1994年我国和世界钢铁产量的变化情况

1　世界炼铁技术的发展趋向

1.1　高炉座数减少，单产增大

美国1973年有高炉170座，产铁共1.01亿吨，到1993年高炉只剩下49座，产铁共5900万吨，20年间，美国高炉减少70%，而生铁产量只减少40%。日本1973年有高炉63座，产铁约9000万吨，到1993年高炉减少到33座，生铁产量为7300万吨，高炉数减少近一半，产量却相当原来的80%。欧共体12国的情况也类似，1987年有高炉75座，产铁1.09亿吨；到1992年高炉减为73座，产铁量1.08亿吨。但在此期间，欧洲高炉利用系数提高12%，焦比由平均445kg/t减少到385kg/t，减少13%。荷兰霍戈文钢铁厂的高炉焦比年平均只有338kg/t。

* 原发表于《钢铁》，1996，31(5)：1~16。

高炉座数减少、单产增加、焦比降低是国际上高炉炼铁的一个明显趋向。

1.2 自然资源变差，原料质量改进

钢铁工业发展到今天，好矿已越来越少。以澳大利亚两个矿山在市场销售的产品为例，从1990~1995年财政年度，以Fe_2O_3为主组成的赤铁矿数量减少，而假象赤铁矿和褐铁矿的数量增多，烧结性能差。

但是，由于高炉大型化和冶炼过程的强化，特别是喷吹煤粉，对原料的要求却越来越高。因此，烧结、球团技术近年来获得很大进步，尽管自然资源条件变差，高炉入炉原料质量仍不断改善。

炼焦煤的质量也变差，结焦性好的煤减少，很多国家都在开发炼焦新技术，想办法多配差一些的煤，同时还要提高焦炭质量。

1.3 环保要求严格，焦炉压力大

很多国家的环保法对工业排放的粉尘、污水、SO_2、NO_x等都有严格规定，超过标准不允许生产。焦炉是重要的污染源，所以各国对环境保护的要求越来越高，给焦炉造成很大压力。

1.4 喷煤大发展

焦炉坏了不大修，把修焦炉的钱用来搞喷煤装置，向多喷煤发展，以煤代焦。现在，美国、日本和欧洲都走这条路，喷煤得到很大发展。日本共有生产高炉33座，其中26座喷煤，1993年全国平均喷煤量达81kg/t。欧洲喷煤水平也相当高，1992年荷兰艾莫伊登6号高炉达到年平均喷煤178kg/t、焦比304kg/t。欧洲在克利夫兰一座炉缸直径5.6m（相当容积600m^3）的高炉上做富氧喷煤试验，富氧率达12%，喷煤量达300kg/t，高炉冶炼铸造铁，焦比接近300kg/t。该试验表明，增加喷煤量还有潜力。欧洲高炉下一步加大喷煤量的计划是实现喷煤250kg/t。

2 我国高炉炼铁的发展与技术进步

2.1 高炉容积增加，3个层次格局依旧

中国炼铁、炼钢、轧钢有一个共同点，即多层次并存。我国高炉同样也分3个层次，第1个层次是国家重点企业的高炉，其特点是炉容较大，技术装备比较先进；第2个层次是地方骨干企业的高炉，一般为中型高炉，其技术装备水平是在20世纪50~60年代的基础上加以改进，不同程度地采用一些新技术；第3个层次是县级以下，包括乡镇企业的高炉，一般都是小高炉，其装备水平比较差。尽管我国高炉也有向大型化、现代化发展的趋势，但到目前，3个层次的格局依然存在，见表1。从表1可见，我国高炉总容积从1980年到1992年增加了约45%，而生铁产量增加了近1倍。炉容和产量增加都很快。现在，我国已是世界第1产铁国，但生铁总产量中有相当大一部分是中小高炉生产的。1980年中小高炉产量占生铁产总产量的28%，到1992年约占生铁总产量的39%。即中小高炉产量占比重呈上升趋势。从表2可知，中小高炉的利用系数虽与大

高炉大致相同，但焦比却高得多。所以从节能、降耗的观点看，3个层次并存的格局不一定是经济的。

表1 1980~1992年全国高炉容积的变化

年 份	高炉级别	高炉座数	总容积/m^3	平均容积/m^3	产量/万吨·年$^{-1}$
1980	第1层次	62	52023	839	2783.6
	第2层次	115	19711	171	749.0
	第3层次	564	9404	17	269.8
	合 计	741	81138		3802.4
1992	第1层次	80	76163	952	4628.0
	第2层次	129	29471	228	1779.0
	第3层次	324	12528	39	1182.0
	合 计	533	118163		7589.0

表2 1992年不同层次高炉的操作指标

高炉级别	利用系数 /t·(m^3·d)$^{-1}$	焦比 /kg·t^{-1}	炉料 Fe/%	熟料率 /%	喷煤量 /kg·t^{-1}	喷煤高炉座数
第1层次	1.830	510.3	54.40	89.20	50.5	60
第2层次	1.841	595.0	52.50	81.13	26.0	58
第3层次	1.840	717.0	51.29	70.30		

2.2 原料改进

近年来，我国高炉用的烧结矿数量增加，质量有所改进。重点企业烧结矿年产量由1980年的4350万吨增加到1992年的7466.2万吨，增加70.6%。与此同时，烧结矿的各项质量指标都有改进，合格率、转鼓强度提高，碱度提高，FeO的含量降低，还原性提高，特别是固体燃料消耗由98kg/t降低到56.33kg/t，下降幅度很大。主要原因是近年来推广了高碱度、厚料层、低碳、低温烧结等新技术的结果。

2.3 高炉操作改进

高炉炉顶压力提高、风温提高、炉顶布料和设备维护技术改进。

2.4 装备水平提高

近年来，我国有些高炉，特别是重点企业的高炉，通过技术改造、技术引进等途径，更新了设备，提高了装备水平。如采用无钟炉顶、改进炉体结构和材质、采用软水密闭循环冷却系统、装备先进的检测设备与过程控制系统，为高炉高产、优质、低耗、长寿创造了条件。

2.5 增加喷煤量

20世纪70年代末至80年代初我国搞高炉喷煤的企业只有几家，现在喷煤的高炉多起来了。武钢近年来喷煤量也在增加，今年上半年的喷煤比达到80kg/t。

总的说，我国高炉炼铁技术的发展趋势与世界各国比较，有相同点：高炉向大型化发展，原料、操作、装备改进，这是国际上共同发展趋势。但是国际上高炉数目减少，铁的产量减少，钢的产量基本保持稳定，铁产量低于钢产量，而我国的情况则相反，铁和钢的产量增长都很快，而且铁的产量超过钢的产量，这表明我国的钢铁工业能耗高，有必要调整结构。

3 高炉炼铁面临的挑战

钢铁工业是传统工业，预计21世纪钢铁材料将仍然是主要的材料。但是，目前钢铁工业面临着四个方面的挑战：（1）资源的挑战；（2）环境保护的挑战；（3）质量的挑战；（4）成本的挑战。这四个方面的挑战对钢铁工业的压力很大，也制约着炼铁工艺的改革。

当前，可供选择的炼铁工艺有：高炉炼铁、直接还原、熔融还原三种类型。将来究竟哪一种工艺能取得主导地位，可做一个分析。

3.1 高炉工艺路线的优点与缺点

高炉→转炉→轧钢工艺路线是现代钢铁生产中占主导地位的工艺路线。高炉的优点：（1）生产能力大，还没有任何一种炼铁工艺能像高炉这么高产。3200m^3 高炉1年产铁200多万吨，4000m^3 高炉1年产铁300多万吨，这是其他炼铁工艺都不可能达到的。（2）能源最省。一般，高炉炼1t铁消耗500kg燃料，目前还没有任何一种工艺能达到这么低的能耗。（3）铁水质量好，特别是大高炉炼出来的铁水含硫、硅低，铁水温度高，便于后续工序处理，其他工艺的产品质量都赶不上高炉生铁。（4）钢铁联合企业的能源平衡中，高炉煤气起着重要的作用，是钢铁生产中不可缺少的燃料。但是，高炉也有缺点：（1）原料要求高，对烧结矿（球团矿）和焦炭质量都有较高的要求，而且高炉越大，对焦炭的质量要求就越高。（2）高炉离不开焦炉，没有焦炭，高炉就没有燃料、没有还原剂，就不能生产。在这种情况下，有2种工艺形成对高炉的挑战，一个是直接还原，另一个是熔融还原。

3.2 直接还原工艺

现行的直接还原工艺有煤基直接还原和气基直接还原两类。目前世界上应用直接还原法最成功、生产规模最大的是Midrex法用天然气还原的工艺，此外还有回转窑直接还原法、海绵铁、热压团块法等。再一个就是美国纽柯公司计划在特利尼达建立的生产Fe_3C的工厂，也是属于直接还原一类的。

3.3 熔融还原工艺

熔融还原的方法很多，较出名的有10种。现在国际上公认比较重要的有6种：

（1）COREX法，奥地利专利。1980年完成方案研究，1985年前后建立一套年产6万吨的试验厂，1990年在南非建成一套年产30万吨的工业设备，在建的有为韩国浦项和韩宝设计的3套年产60万~80万吨的生产装置。

（2）Hismelt 法，又称为 CRA-Midrex 法。于 1982 年建立了 1 个 10t 的试验装置，1990 年建立 1 套年产 10 万吨的试验装置。

（3）DIOS 法。1987 年由日本 8 家钢铁公司参加研究，得到日本政府资助。1988 年建立了 1 个 5t 的反应器，进行试验研究，1993 年达到年产 15 万吨规模。

（4）CCF 法。这是由意大利、荷兰、英国等国合作研究的项目之一，现已完成方案研究，计划于 1995 ~1997 年建立两套 5t/h 熔融还原铁的试验装置。

（5）JUPITER 法。由德国蒂森公司和法国索拉克公司联合进行研究。现已完成方案研究，计划于 1997 年建立 1 套年产 30 万吨的示范装置。

（6）AISI-DOE 法。这是一种直接炼钢法，由美国钢铁学会与美国能源部合作投资的，于 1988 ~1990 年确定方案，1990 年起在生产 5 ~10t/h 的试验装置上进行试验，计划 1995 年以后进一步开发研究。

上述方法中进展最快的是 COREX 法，已用于工业生产。

COREX 法生产的生铁成分和温度都和高炉差不多，但生产 1t 铁水需耗煤 1180kg，耗氧气 609m^3，消耗太高，虽然不需焦炭，但对煤的品种、质量也有要求，所以实际在能耗上并不合算。而且要求用好的块矿，不能用粉矿，用块矿产量水平不高，最好用人造富矿，产量水平可提高15% ~20%，所以烧结球团工艺还是省不了。COREX 法同时产生大量的煤气，可以用来生产直接还原铁，还可以用来生产化肥、发电、制氧气。但是，发电和制氧都需要投资，各项基建投资加在一起，最后炼铁成本就增高了。所以，COREX 法还没有达到能代替高炉的程度。其他熔融还原方法还没有达到工业生产的程度，而且生产的铁水含硫高，炼钢前必须进行脱硫处理。

虽然如此，直接还原、熔融还原工艺仍然很有吸引力，国际钢铁界都把它看作应付挑战的手段，花大力气进行广泛深入的研究，以期代替高炉工艺，进一步缩短钢铁生产流程。

炼钢以后的工序在美国纽柯公司建立的薄板坯连铸连轧新工艺取得了成功，显示出巨大的优越性。但是炼钢以前的工序能否缩短流程，以熔融还原或直接还原工艺取代或部分取代高炉，还要看各工艺的发展以及因地制宜的条件。总之，在面临挑战的形势下，炼铁专业存在着寻找一条可替代高炉的工艺路线和使高炉工艺本身进一步完善化两条工艺路线的竞争。竞争的结果将取决于这两条路线今后各自的技术进步。

4　高炉工艺进一步完善化的途径

4.1　新炼焦工艺

为应付资源和环境的挑战，主要开发了两种新的炼焦工艺：

（1）型焦。型焦生产比以前有很大进步。经改进的型焦质量达到传统焦炉焦炭的水平。大高炉也可以用了，将来型焦有可能代替焦炉炼焦。

（2）炭化室式焦炉的下一代炼焦工艺。这种炼焦工艺的特点是将煤先干燥预热，压成型煤，入炭化室炭化，最后加热处理。这种方法可利用更多的粘结性差的煤。

4.2 完善矿石处理

为适应原料资源条件变差的情况，在矿石的准备、处理方面有很大的进步。特别在烧结方面，开发了各种原料预处理新技术和工艺，改善不同原料的烧结性能。

4.3 高炉加大喷煤量及喷矿粉

欧洲共同体研究喷煤的结果，提出三条看法：（1）到现在为止，喷煤可能不是受燃烧问题的限制，因为用不同质量的煤（挥发分10%～30%），不管是粒煤还是粉煤，也不管使用氧枪否，在不同的高炉上都能达到年平均180kg/t的喷煤量；（2）要获得好的喷煤效果，必须解决的问题是喷吹系统的可靠性和炉内煤气的分布控制，以减少热损失和降低燃料比；（3）喷煤的极限现在还不清楚，但首先要把已经开发出来的技术推广到大多数高炉。

所以，喷煤技术仍需进一步发展。此外，喷矿粉（包括铁矿和熔剂）也是现在的一个发展趋势。

4.4 高炉下部的研究与控制

高炉下部，包括风口区，实际存在4个相的运动和反应。4个相是固相（焦炭填充床）、液相（熔融渣铁）、气相（煤气），第4相为未燃烧完的煤粉，称之为Char。这4个相的运动和反应，决定着高炉下部冶炼过程状况。随喷煤量的增加，焦比降低，焦炭层越来越薄，矿石层越来越厚，煤气、未燃烧煤粉和焦炭的比例也在变化。在这种情况下，如何维持炉内的透气性，保证顺行是一个关键性的问题。高炉的下部工作状况，是决定煤粉喷吹量极限的关键因素，因此，国外很重视这方面的研究。

4.5 高炉长寿与节能、降低成本

随着高炉大型化和高炉座数的减少，高炉长寿问题显得尤为突出。国外高炉寿命的目标已不是10年，而是15年、20年，一代炉役没有中修，只是每年1次定修。因此炉役长，经济效益好。

5 我们的对策

随着国家建设的发展，对钢铁的需求增加，促进了我国钢铁工业的发展，加速建设有中国特色的社会主义，恢复在国际贸易组织中的缔约国地位是大势所趋，我国将受到国际市场的严重挑战。目前，我国钢铁工业在产品品种、质量、能源与原材料消耗、劳动生产率、成本等方面与国际水平相比，还存在很大差距。为加强在国际市场上的竞争力，还要做许多工作。

5.1 抓好现有炼铁系统的技术改造

我国炼铁生产3个层次并存的局面还要存在相当长的时期。但对每个层次，每个企业都有合理化和用先进技术改造的问题。必须解决以下问题：（1）精料问题。到目

前为止，还有一部分大高炉使用热烧结矿，原燃料质量与高炉需求很不适应。只要把精料水平提高，不用再建新高炉，我国炼铁生产水平也会有相当大的提高。(2) 长寿问题。高炉长寿矛盾已很突出，其中有结构与设计问题，有施工质量问题，也有管理操作问题。(3) 节能、降耗、提高劳动生产率的问题。炼铁系统的技术改造既要解决工艺流程的合理化问题，也要解决用先进技术武装现有老厂问题，这是关系我国钢铁工业在21世纪发展前途的重大问题。

5.2 提高管理水平

管理落后的问题，仍是钢铁企业突出的问题。生产管理、操作管理、设备管理仍不能适应我国钢铁工业健康发展的需要。这要求企业下大力气提高管理水平，先进的科学技术，需要先进的企业管理才能转化为生产力。要是将老的一套管理方法用到新设备上，非出问题不可。必须搞好点检、专检、定修，提高设备作业率，减少故障率，维护高炉正常运行。提高管理水平，提高设备效率，充分发挥技术改造的效益，是迎接市场经济挑战的重要措施。

5.3 开展系统的原料、燃料研究

我国铁矿石资源中贫矿多，复合矿多。矿石资源比日本和欧洲的高炉要复杂得多。煤资源也千差万别。近两年我国铁矿石年进口量已达3000万吨，如何利用好两种资源，如何以最经济合理的办法满足钢铁工业精料要求，是必须认真研究的重大课题。怎样选煤种、怎样配煤、采用什么样的炼焦技术，提高焦炭质量；烧结选用什么矿、采用什么样的烧结新技术提高烧结矿产量、质量，降低能耗，这些问题都需进行系统研究、加以解决。要研究国内矿源，也要研究国外矿源。

5.4 推广大量喷煤技术

进一步发展高炉喷煤技术，不单纯是高炉降低焦比的需要，也是关系到高炉炼铁工艺完善的大问题。在高炉炼铁工艺与其他工艺的竞争中，关键在于高炉喷煤量能扩大到何种程度。高炉大量喷煤是高炉炼铁进入21世纪的关键技术。必须指出，大量喷煤是以精料为基础的。要大量喷煤必须提高喷煤系统作业率，其次要搞好高炉操作。推广大量喷煤技术，以煤代焦，其经济效益、社会效益是很大的。

5.5 节能、降耗、提高劳动生产率

我国炼铁系统高炉劳动生产率还不到2000吨/(人·年)，提高劳动生产率的潜力还大得很，为了进一步节能、降耗、提高劳动生产率，还要做很多工作。

5.6 组织对高炉下部反应过程的系统研究

高炉下部的反应过程与大量喷吹煤粉、冶炼过程强化、延长炉役寿命等一系列问题密切相关，研究这一问题可为下一步的工作指明方向，这是高炉工艺完善化过程研究的热点，在有能力的情况下，应考虑将高炉下部状况的研究列入科研课题。

The Current Trend of Blast Furnace Ironmaking Technology and Our Countermeasures

Abstract This paper describes the current trend of ironmaking technology both at home and abroad and points out that core of technological improvement is the competition between looking for a new ironmaking route capable of replacing blast furnace and further perfecting the existing blast furnace ironmaking technology. At present the Chinese ironmaking industry is lagging behind the advanced technological levels in the world. The author raises the countermeaures for improving Chinese ironmaking industry.

Key words blast furnace ironmaking; development trend; countermeasures

当前炼铁精料技术的发展*

摘　要　介绍了武钢炼铁实施精料技术前后所存在的问题和经验，提出了精料技术水平不进则退的警示。文中力陈当前国际炼铁精料技术的经验和发展水平，高炉大喷煤对原料质量的要求，在原料质量变差和环保要求日高的趋势下，开发应用的新工艺、新技术和新设备；同时，提出了改进我国炼铁精料工作的意见。

关键词　炼铁；精料；技术；发展

1　概况

武汉钢铁（集团）公司（以下简称武钢）的发展经历过曲折。20 世纪 80 年代以前，武钢是全国有名的"老、大、难"单位。武钢没有正式的原料场，没有矿石混匀；由于烧结矿冷却不过关，使用的是打过水的热烧结矿；粉末多；高炉也没有沟下的过筛，武钢高炉的生产在全国处于落后水平。20 世纪 80 年代以后，即"六五"以来，武钢着力抓了精料工作：原料场混匀，高炉沟下过筛，使用高碱度烧结矿，改善高炉炉料结构，解决了烧结矿冷却问题，改进焦炭过筛，对焦炉大修等，使焦炭、烧结矿的质量大为改善。武钢"六五"期间，实现了钢铁"双四百万吨"。"一米七"轧机达到了设计生产能力。

武钢的精料水平是不进则退。精料技术的重要性不能忽视。同时，研究世界钢铁界对精料工作的一些有参考价值的经验及做法，也是非常必要的。

20 世纪 80 年代以来，世界钢产量一直在 7.0 亿 ~ 7.8 亿吨徘徊，生铁产量在 5 亿吨左右。从表 1 可见铁钢比呈缓慢下降的趋势。其主要原因是：世界废钢积蓄量增加，电炉炼钢比例提高，导致整个铁钢比下降。

表 1　1935 ~ 1995 年世界铁钢比的变化情况

年　份	1935	1940	1945	1950	1955	1960	1965
铁钢比	0.7440	0.7095	0.6824	0.6888	0.7085	0.7432	0.7097

年　份	1970	1975	1980	1985	1990	1995
铁钢比	0.7195	0.7279	0.7080	0.6971	0.6878	0.7030

从世界范围看，高炉炼铁技术发展主要特点如下：

（1）高炉座数减少，高炉容积增加，高炉寿命延长。

举例说明见表 2。

---

* 原发表于《武钢技术》，1997，35(1)：11 ~ 26。

表 2　1973 ~ 1993 年美国、日本及欧洲高炉座数和生铁产量的变化

国家或地区	年　份	高炉座数	生铁产量/万吨 · 年$^{-1}$
美　国	1973	170	9163
	1993	49	5352
日　本	1973	63	9000
	1993	33	7374
欧　洲	1973	95	10900
	1993	72	10800

此期间，欧洲高炉利用系数增加了 12%，焦比由 445kg/t 降为 385kg/t，最低焦比降到 300kg/t 左右。日本、欧洲高炉的寿命普遍延长，由原来的 8 ~ 10 年增加至目前的 15 年，甚至更长。

（2）自然资源变差，但入炉原料质量仍有所改进。

铁矿石以澳大利亚输出铁矿为例，澳大利亚矿含 Fe 品位高（Fe > 60%），自然条件优越，不需选矿，采矿成本很低。但经过二三十年的开采，矿石质量也有所下降，品位逐渐降低，矿石中赤铁矿的比例减少，而褐铁矿和针铁矿所占比例增加。另外，炼焦煤资源日趋减少，焦煤价格相对较高，因而不得不使用大量弱黏结性煤和非黏结性煤。但通过采取一些相应的精料措施，入炉原料质量得到了一定的改善。

（3）环保要求严，炼焦压力大。

目前，国际上对新建焦炉，由于环保要求越来越高，炼焦面临的压力很大。

（4）喷煤大发展。

喷煤发展迅速的主要原因之一是以非炼焦煤代替焦炭。现在，全世界范围内都在大力发展喷煤。

中国高炉炼铁的发展趋向与国际趋向有共同点也有不同点：

（1）高炉容积增大，但三个层次的格局依旧，即大、中、小高炉并存，且这几年小高炉所占的比例增加。

（2）设法改善原料条件。

（3）改进高炉操作，如提高风温，改进炉顶调剂等。

（4）提高高炉装备水平。

（5）大力发展喷煤技术。

下面分三个方面阐述精料技术的发展。

2　高炉大喷煤对原料质量的要求

高炉喷吹煤粉后，对原料条件，特别是焦炭质量的要求更加严格。焦炭质量对高炉操作的影响见图 1。当焦炭质量好时，软熔带及风口回旋区都很正常，炉缸工作状态良好，上升气流顺畅。当焦炭质量差时。风口焦炭堆积使风口回旋区变小，渣、铁流靠近炉墙，导致炉墙热负荷增加。高炉中心死料柱变大，软熔带形状改变，使炉内边缘气流发展，高炉稳定和透气性均变差。

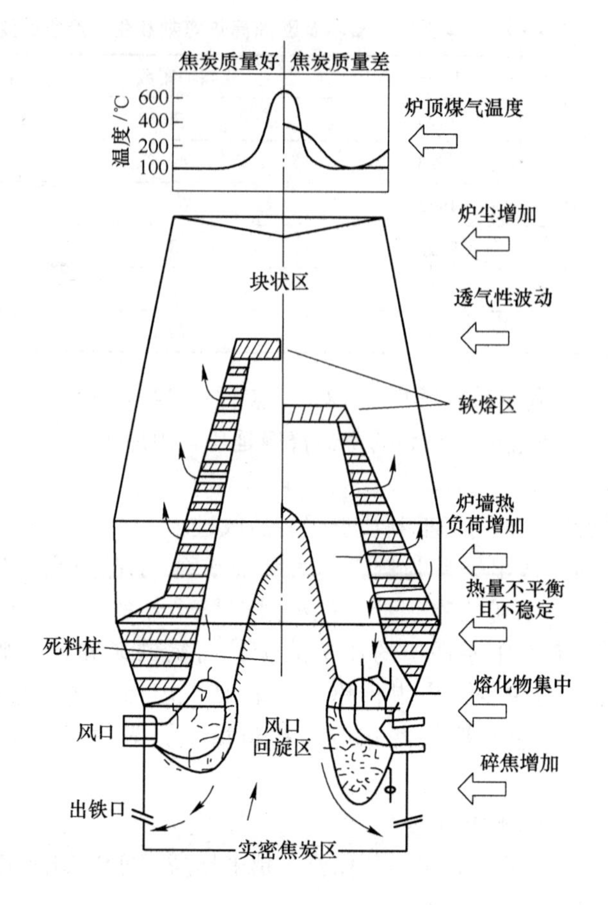

图1　焦炭质量与高炉操作

图2所示为喷煤前后，焦炭层与矿石层厚薄的变化。焦炭层厚度不变时，喷煤后矿石层厚度增加（由53cm→210cm），而当矿石层厚度不变时，焦炭层厚度变薄（60cm→15cm），这表明随着喷煤量的增加，焦炭层和矿石层厚度的比例不同，但无论采取何种方法，两者的焦炭气窗面积明显减少，透气性变差。因此，采用大喷煤技术，必须改善原料质量，特别是改进焦炭质量，否则不可能使高炉操作稳定、顺行。

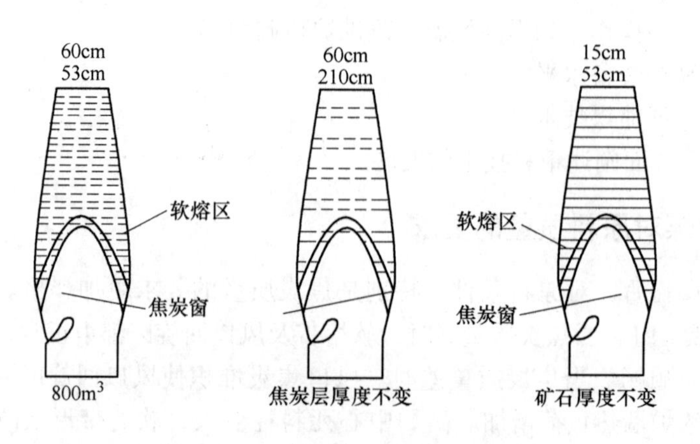

图2　高喷煤比时矿石层和焦炭层的厚度

许多学者专门研究过焦炭的反应性对高炉操作的影响，结果表明：反应性好的焦炭，在高炉下部易碎，使焦炭溶解损失增大，高炉透气性恶化，不利于高炉顺行，因而操作者都希望焦炭的反应性不高。同时，M_{40}越高，灰分及湿分越低，也有利于高炉操作，从而获得比较好的技术经济指标。

现举一最低焦比的例子。Queen Victoria 号高炉炉缸直径为6～7m，通过大喷煤量实验，得到一系列数据，然后进行线性回归得图3。由图3可知，最低焦比280 kg/t，相应煤比为210kg/t，加起来燃料比不到500kg/t，并且该高炉不仅喷煤是非常有前途的，喷吹的煤与焦比有可能达到1∶1。假若喷煤发展了，高炉炼铁工艺将具有相当大的生命力。

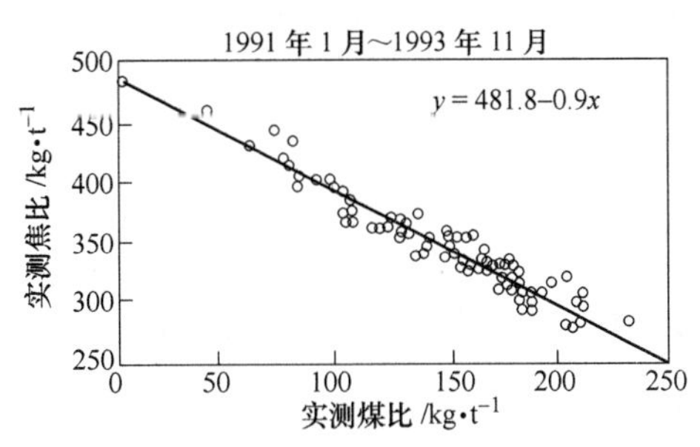

图3　在Queen Victoria号高炉测量出的燃料置换比

一位美国学者从理论上计算喷煤对高炉操作的影响。计算结果表明：在焦炭层厚度不变的情况下，矿石层厚度随喷煤量的增加而增加；在日产量不变的情况下，喷煤量越大，焦比越低，且焦炭在炉料中所占比例减少，矿石在炉内停留时间延长。

表3列出了影响焦比的因素，及对焦比影响的程度。

表3　操作参数变化对焦炭消耗量的影响

操作参数	参数变化	焦炭消耗量变化 /kg·t⁻¹	操作参数	参数变化	焦炭消耗量变化 /kg·t⁻¹
焦炭灰分/%	+1	+5.0	铅/锌/kg	+0.1	+1.0
焦炭硫分/%	+1	+5.0	风温/℃	+100	-10
废钢铁/kg	+10	-2.5	鼓风湿度/g	+1	+0.6
钛铁矿/kg	+10	+6.0	生铁含Si/%	+0.1	+5.5
碱金属/kg	+1	+3.5	渣量/kg	+100	+20

注：表内百分数为质量分数。

图4示出在不同喷煤量的情况下，高炉产量的变化情况。

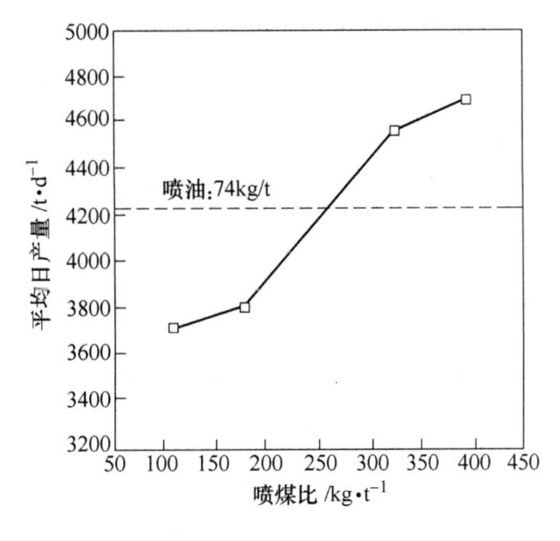

图4　喷吹煤粉对生铁产量的影响

综上所述，高炉喷吹煤粉后，如果原料质量允许，不仅可以以煤代焦，降低焦比，而且能使高炉生产能力显著上升。但前提是焦炭质量要好，使其能够接受大喷煤量，因为煤在炉内不可能完全燃烧，没有燃烧的煤在高炉下部会堆积起来，使炉内透气性变差，不利于高炉的稳定顺行。因而，决定喷煤最关键性的因素是原料质量。

3 原料资源质量变差

目前，铁矿石中好的块矿资源日趋减少，粉矿粒度变细，且烧结性能变差（图5）。

图6所示为日本钢铁界统计的结果，由于焦煤资源缺乏及价格因素，从20世纪70年代中期至90年代，非结焦性煤及弱结焦性煤使用呈增长的趋势。

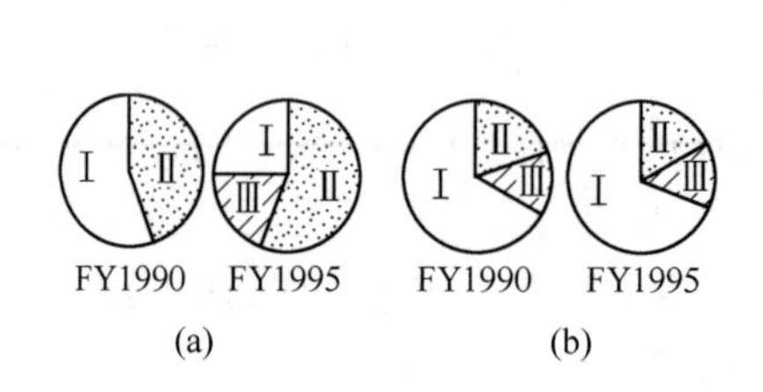

图5 澳大利亚铁矿石供应厂商出售的矿石的矿相组成变化评估图

（a）A供应商；（b）B供应商

Ⅰ—赤铁矿；Ⅱ—赤铁矿/针铁矿；Ⅲ—赤铁矿/褐铁矿

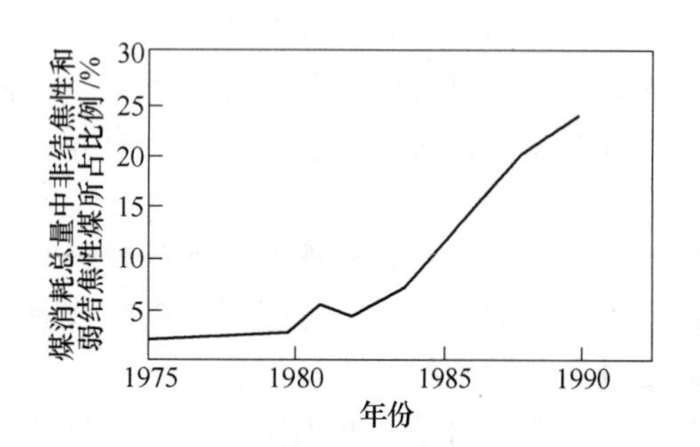

图6 日本钢铁工业用煤总量中非结焦性和弱结焦性煤所占比例的变化趋势

可见，原料质量的变化，更需要发挥精料技术的作用，以保证烧结（或球团）矿和焦炭的质量。

4 烧结与球团矿工艺的改进

4.1 含铁原料混匀

含铁原料混匀是20世纪20年代初就已用于生产的技术。实践证明，混匀技术不仅能缩小原料成分的波动，而且有提高烧结矿质量的效果，促使高炉增产节焦。

目前，欧、美及日本现代化大钢铁厂几乎都有混匀料场。武钢的混匀料场已经建成，应当充分发挥原料混匀的作用。原料混匀要增加成本，但给高炉增加了效益。在考虑效益时，应落实在公司整体效益上，而不仅仅是某个工序的成本。

4.2 球团烧结或小球烧结

球团烧结（HPS-Hybrid Pelletized Sinter）技术是日本NKK公司开发的。1988年，福山5号烧结机改造为HPS工业化生产设备。实践证明，HPS工艺可提高烧结机利用系数到1.9t/(m^2·h)，还原度提高，RDI降低，固体燃料消耗降至38kg/t，高炉焦比下降5.9kg/t。

我国安阳、酒泉均已建成HPS生产的烧结机，且均取得预期效果。

小球烧结是我国小型烧结机开发的一种技术。

现有烧结机采用 HPS 技术要对烧结机设备进行改造才能实现。

4.3 适应矿粉变差的烧结工艺的改进

烧结用粉矿质量变差的趋势是不可能转变的。所以，必须改进烧结工艺，使其生产出好烧结矿来。

4.3.1 调整辅助原料粒度

用优化辅助料粒度的办法，可使矿粉变差时混合料烧结性能不变差。图 7 即以石灰石为例，在实验室通过测定不同粒度范围内的烧结时间、低温还原粉化率、强度等各项指标，选择最佳的粒度范围。经比较，可知该试验结果是 3 ~ 5mm 为最佳范围。

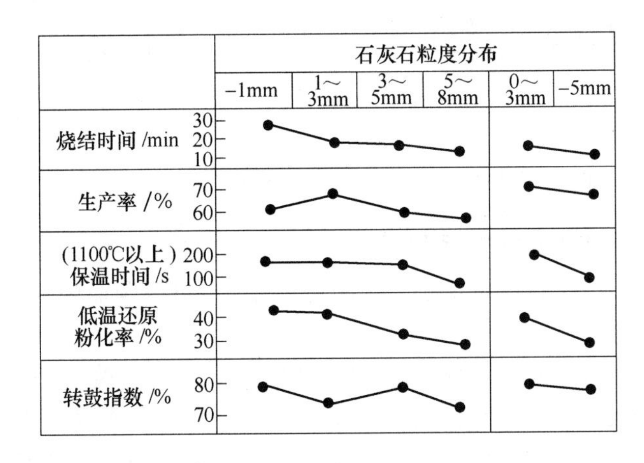

图 7 不同粒度石灰石的烧结实验结果

4.3.2 用热风循环防止烧结机后端的急冷

此法是利用热风循环，使烧结机后端烧结矿缓慢冷却，以此提高烧结矿的强度。

4.3.3 混合料水分控制

根据铁矿石性能的变化，找出最佳造球水分含量，用以改进混合料的烧结性能，改善烧结矿质量。

表 4 列出了针铁矿在不同配比下的最佳成球湿度和含水量。表中 OGM = WHC + 2.8 混合料含水量最佳时，烧结混合料成球性最好。

表 4 针铁矿的最佳成球湿度及含水量 （%）

配料比	最佳成球水分含量（OGM）			混合原料保水能力（WHC）		
	A	B	C	A	B	C
0		6.5			3.72	
15	7.0	7.0	8.0	4.24	4.35	4.90
30	7.5	7.5	8.5	4.76	4.98	6.08

4.3.4 布料工艺的改进

这种改进的目的在于改善混合料在台车上的烧结过程，许多研究者做了大量的工作。图 8 所示是德国在使用针铁矿后，为改进烧结混合料的烧结性能而设计的。烧结机给料时，加一个箅条式给料板，大粒度矿石布在底下，小粒度的则布在上面，这是很多厂都已使用的方法。其特点是加了针幕这种装置，也即将 3 层很细的铁棍加到料层的底部。

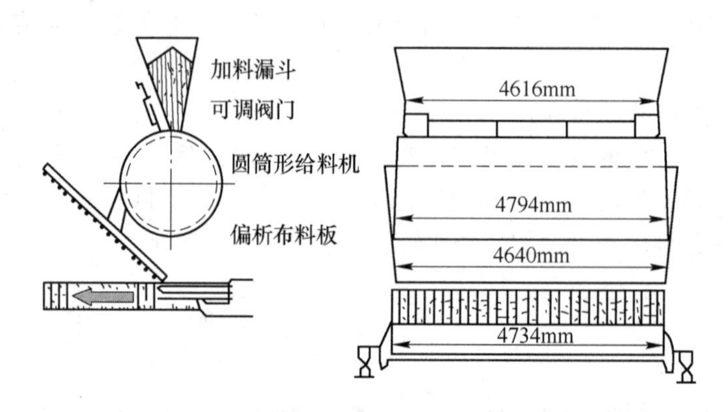

图 8　3 号带式烧结机采用倾斜溜槽和针幕的布料工艺图

大量实验验证了使用不同数目和层数针幕后对混合料比重及烧结速度的影响。使用全部 3 层针幕后，混合料比重最小且烧结速度最大，RDI 显著降低，对烧结矿强度的影响不大。

使用质量不好的针铁矿，应加 1.5% 左右的生石灰来保证烧结的质量。

使用添加生石灰和加装针幕两种措施后，整个烧结机产量显著提高。没有使用针幕与使用了针幕的烧结机比，烧结产量大幅降低。同样情况下，不论有无针幕，只要加生石灰，烧结产量显著上升。

下面再举韩国浦项公司光阳厂的例子。该厂对下料板进行改造，使之成为不同尺寸的筛子。如图 9 所示，混合料中粒度最大的布在料层最底部，由下到上，粒度逐渐减小。经过改进后，布料更趋合理。图 10 所示即为混合料粒度及含碳量在改进前后和不同布料位置时的变化情况。显而易见，改造后的布料方式更符合混合料在烧结机上烧结的实际需要。

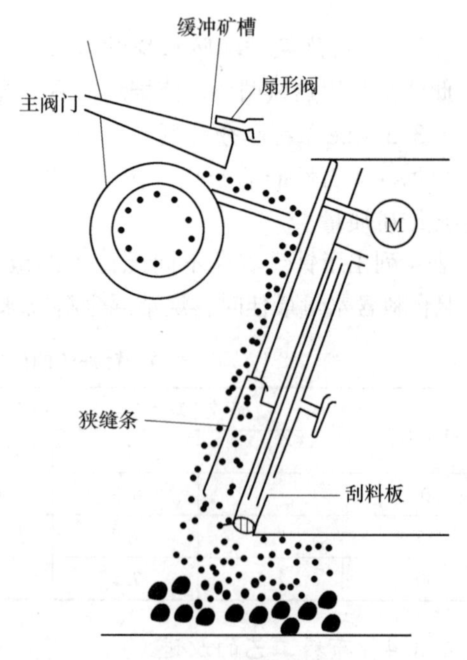

图 9　布料装置的改进

4.3.5　制料工艺的改进

日本住友金属也有一个成功经验，即加强混合料的搅拌混合。搅拌强度增加，混合料混匀得好。强搅拌前后，烧结机返矿、转鼓指数、RDI 等指标变化不显著，但高炉返矿及小于 5mm 的烧结矿大为减少，高炉透气性大为改善。

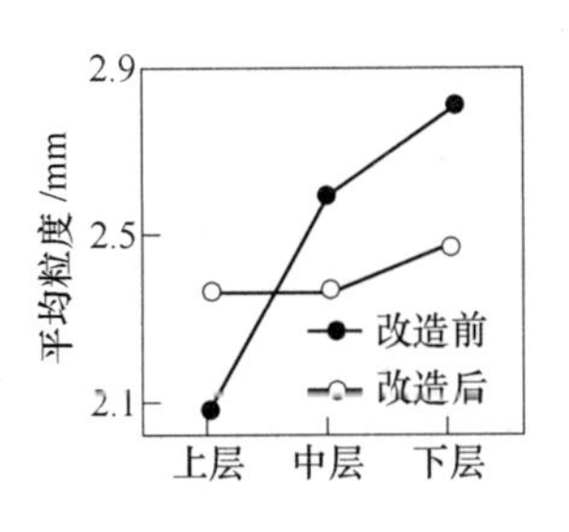

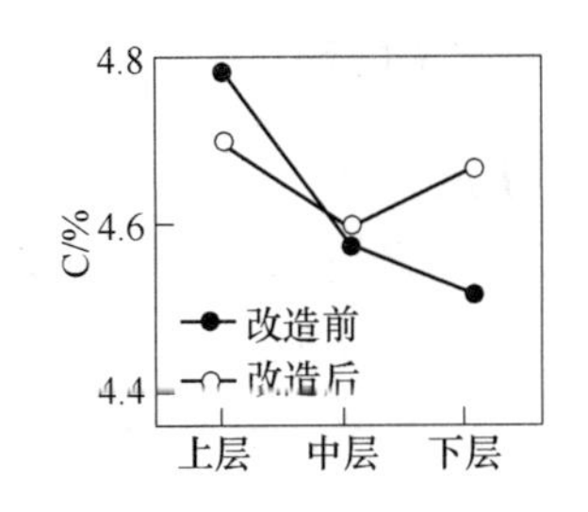

图 10 混合料的粒度及碳偏析

4.3.6 台车断面温度控制技术（THPCS）

浦项光阳厂还有一个经验，在台车上进行断面温度测量，控制断面的均匀性。

4.4 球团工艺的改进

目前，我国使用球团矿的高炉较少。国际上，北美球团使用比例较大，日本和欧洲只有神户制钢和霍戈文厂大量使用。概括起来讲，球团工艺的改进方向有：

（1）用自熔性球团矿代替酸性球团矿，以降低焦比，软熔带范围变窄；

（2）降低球团中 FeO 含量；

（3）用有机结合剂代替膨润土，减少渣量；

（4）满足熔融还原工艺的要求。

目前，熔融还原工艺工业化生产的只有 COREX 法。该法可使用块矿或球团矿，但用球团矿产量高得多。例如浦项 C-2000 设备，用块矿设计年生产能力为 64 万吨/套，若用球团可到 70 万 ~75 万吨/套。可见，熔融还原也需要质量好的原料。表 5 所示为不同的熔融还原工艺所需的原料条件。

表 5 新涌现出的炼铁工艺及每个工艺所用主要原料

工 艺 名 称	主要含铁原料	燃 料
AISI 直接还原炼钢法	球团/块矿	煤
COREX	球团/块矿	煤
DIOS	粉 矿	煤
HIsmelt	粉 矿	煤
Romelt	粉 矿	煤

5 炼焦的技术进步

炼焦工业所承受的压力主要是：结焦性好的炼焦煤供给不足，环保的压力愈来愈大。就全球范围讲，焦炉日趋老化，在未来的 10 ~15 年内一半以上现在生产的焦炉将大修，大修费用在满足环保要求的条件下是非常昂贵的（按美国市场价格估算，每座焦炉需 2.5 亿美元）。另一方面，高炉为少用焦炭，到处都在推行大喷煤，但喷煤对焦炭质量的要求更加严格。

因而，综合起来讲，炼焦技术进步的方向是：适应上述挑战，多使用弱黏结性煤或非黏结性煤；提高焦炭质量，适应新的环保要求。其趋向如下。

5.1 对现有工艺的改进创新

5.1.1 捣固装煤技术

捣固装煤其实是项老技术，因有漏煤气等缺点，20世纪50年代以后很少采用。但为适应目前的新情况，这项老工艺，通过设备技术改进，仍有很大发展潜力，其主要优点是可多用黏结性差的煤，在投资方面（表6）也比较省。

表6 捣固与顶装技术焦炉的投资比较

焦炉类型	炭化室高度/m	焦炉总容积/m^3	焦炉有效容积/m^3	每孔装煤量/t	体积密度/$kg \cdot cm^{-3}$	周转时间/h	总孔数	投资比较/%			
								整体	每孔	炉组	机械
捣固	6	45.2	41.0	41.0	1.00	19.5	181	91	85	82	133
顶装	6	49.5	46.3	34.5	0.75	17.3	191	100	100	100	100

5.1.2 装炉煤水分控制（即煤调湿）技术

这项技术日本用得很广泛，国内目前已开始推广。因运输等因素影响，装炉煤含水量波动相当大，采用水分控制技术后，装炉煤水分稳定，使焦炭质量有明显改善。

5.1.3 配型煤炼焦技术

这是宝钢从日本引进的一项技术。这项技术可多配弱黏结性煤，且其焦炭强度与不配弱黏结性煤一样好。但这项技术的投资大，且占地面积也大，在武钢没有发展条件。

5.1.4 干熄焦技术

熄焦技术分干法和湿法两种。干熄焦法生产的焦炭比湿法熄焦出来的粒度均匀，没有特别大的，且强度非常好，M_{40}要高2% ~3%。我国宝钢引进了一套75t的干熄焦设备。目前，最大的干熄焦设备在德国，为250t。干熄焦的优点是：改善焦炭质量，回收能源（每吨焦炭可产4MPa蒸气0.5t），有利于环保（无湿法熄焦出来的含氰、酚废水）。缺点是投资大。其流程简图见图11。

5.1.5 焦炉大型化技术

在污染防治设施不完善状况下，据国外介绍，焦炉生产时排放的污染物为：

总悬浮微粒（T. S. P）　约3500g/t
苯并芘（BaP）　约4.0g/t
苯族烃（B）　约350g/t

以年产200万吨为例，大、中型焦炉可导致污染物泄漏的比较见表7。

表7 我国焦炉污染物泄漏与德国厂家的比较

国家	厂家或型号	炭化室有效尺寸/m			炭化室每孔有效容积/m^3	每孔产焦量/$吨 \cdot 次^{-1}$	炉孔数	焦炉泄漏口总数	密封面长度/km	每天出焦炉数	每天开启泄漏口总数
		高	长	宽							
中国	JN4.3	4.30	14.08	0.45	23.9	13.5	304	2432	10.0	405	3242
	JN6.0	6.00	15.98	0.45	38.5	21.3	193	1737	6.9	257	2316
德国	曼内斯曼厂	7.85	17.20	0.55	70.0	43.0	120	1080	6.0	128	1152
	凯萨Ⅱ厂	7.63	18.00	0.61	78.9	47.8	120	1080	5.5	115	1035

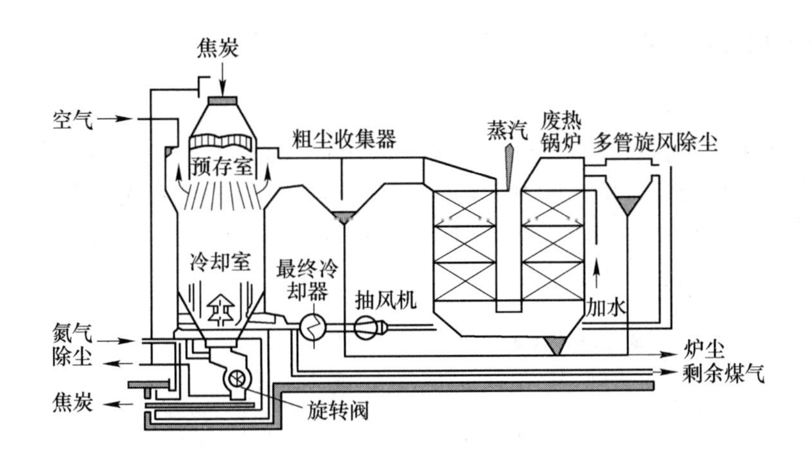

图 11　干熄焦工艺简图

焦炉大型化后的好处：第一是用相同的配煤，焦炭强度要好；第二是污染减少。表 8 表明国外大型焦炉生产的焦炭质量明显地优于我国的中型焦炉。

表 8　1994 年重点企业焦炭与国外大型高炉用焦质量要求的对比　　（%）

国　家	焦炭灰分	焦炭 S	转鼓强度	
			M_{40}	M_{10}
中国国家标准值	12.00 ~ 15.00	0.60 ~ 1.00	≥80.0（Ⅰ） ≥76.0（Ⅱ）	≤8.0（Ⅰ） ≤9.0（Ⅱ）
中国重点企业 1994 年平均值	13.43	0.64	78.7	7.8
日　本	10.00 ~ 12.00	<0.60	>92.0（DI_{15}^{30}）	
法　国	6.70 ~ 10.00	0.70 ~ 1.00	>80.0	<8.0
英　国	<8.00	<0.60	>75.0	<7.0
德　国	9.80 ~ 10.20	0.90 ~ 1.20	>84.0	<6.0

注：1. 国外数据，英国为标准协会规定，其他大型高炉用焦达到实际水平；
2. 重点企业 1994 年焦炭产量占原大型焦炉能力的 69%；
3. 18 个重点企业中，灰分大于 13.0% 的有 14 家，其中两家大于 14.0%，两家大于 15.0%；强度指标 M_{40} ≥50 的只有四家，在 76.0 以上的有六家。

5.1.6　煤预热装炉技术

煤预热后装焦炉的优点是结焦时间可以缩短，但其设备复杂，输送过程必须用惰性气体保护，投资也大。日本新日铁室兰的焦炉采用煤预热装炉取得成功。但目前没有推广的趋向。

5.1.7　巨型焦炉反应器（Jumbo Coking Reactor）

欧洲设想建 300m³ 的 JCR，以解决污染问题。1993 年在德国建成的两孔高 9.5m、长 9m、宽 0.85m、窖 72m³ 的试验反应器，同年 4 月投入运行，但未见报道使用效果。

5.2 发展新的炼焦工艺

5.2.1 型焦技术

型焦是项老技术，该技术所产的型焦一向只适用于小高炉，大高炉使用还存在问题。如何提高型焦质量，使之适用于现代化大型高炉，国外学者做了大量研究。最近日本人发明了一种高级型焦（Advanced Formed Coke）技术，效果较好。图 12 即为传统型焦技术与高级型焦技术的比较。

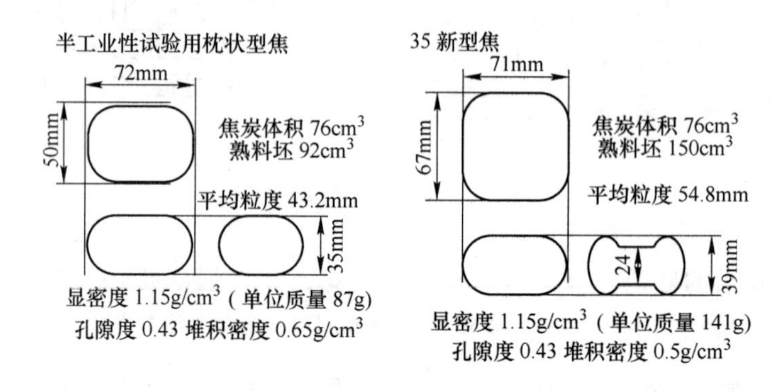

图 12 型焦形状

与原型焦相比，主要不同在于形状，后者带凹槽。这种新型型焦与普通型焦性能对比见表 9。AFC（高级型焦）这种新型型焦粒度与焦炭相当，压降与焦炭相似，其性能优于普通型焦。据有关报道，日本已成功地在 4000m^3 级大高炉将 AFC 这种新型焦使用到 30%，已从实践上证明 AFC 型焦是极有发展前途的。

表 9 透气性测量结果（在 ϕ600mm 透气压差下实验）

焦 炭 种 类	焦炭粒度/mm	压差/kPa · m^{-1}
传统焦炭	55	0. 300
枕状型焦	43	0. 48
大粒度枕状型焦	55	0. 390
新型焦	55	0. 295

5.2.2 封闭式连续炼焦技术

根据这几年乌克兰、日本等国的研究表明，在炼焦反应过程中，焦炭质量与加热速度关系密切，当最后的结焦温度在 800℃ 以上时，焦炭质量相同。因而降低炼焦温度，能使炼焦过程能耗降低，且炼焦副产品的分解结果也不同。若焦炭反应全部在密闭容器中进行，也可以大幅度减少污染。基于上述种种考虑，封闭式连续低温炼焦技术也就应运而生了。乌克兰目前正在进行实验研究。图 13 即为其简单流程。日本也有意向以该工艺取代传统炼焦工艺，已着手建试验工厂。

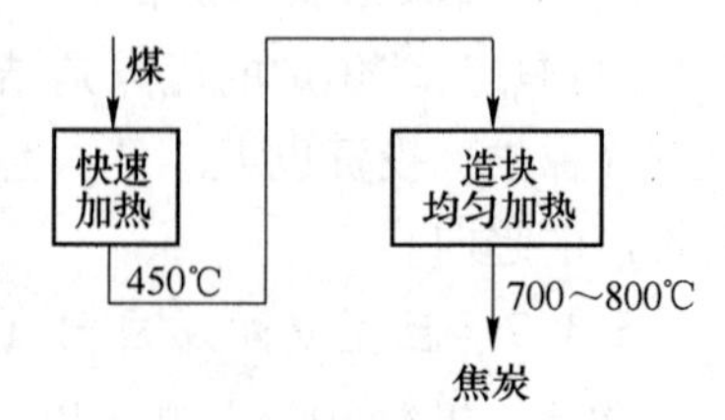

图 13 封闭式连续炼焦工艺简图

以上所述为当今国内外精料技术发展的一些情况。我国可以从外国人做的工作中得到启发。

6 关于改进我国炼铁精料工作的意见

6.1 从总体上讲我国钢铁工业尚未实现精料

我国从20世纪50年代后期就开始讲精料的重要性。讲得不少，但具体行动不多。我国拥有混匀料场的钢铁企业，现在除整套从国外引进的宝钢外，在老厂中经技术改造装备了混匀料场的只有酒钢、唐钢、武钢几家。相当多的钢铁厂只有原料场而无混匀料场。到目前为止，有的企业的高炉还在使用热烧结矿。烧结矿、球团矿、块矿和焦炭的质量，相当多的企业尚未达到精料要求。我国高炉技术经济指标水平，总体上水平不高，属于粗放型经营方式，精料方针没有实现是重要原因之一。

6.2 提高钢铁企业各级领导人员对贯彻精料方针重要性的认识是当务之急

我国经济长期以来属于短缺经济。企业领导者长期习惯于单纯追求产量，能超额完成产量任务的就是好领导。只要能达到产量目标，原料质量差，生产出的产品质量低劣，消耗再高，也在所不惜。有一个时期，钢铁企业把使用低质原料称之为“瓜菜代”。由于计划经济体制转变为市场经济了，钢铁企业的产品必须满足用户需求，产品的成本必须有竞争力。钢铁企业的领导者再不抓精料就将维持不下去了。贯彻精料方针必然会遇到许多困难和阻力，只有领导者努力克服困难才能实现精料。领导者对精料方针的重要性认识不足，就没有克服困难的勇气、决心和信心。提高企业领导对精料重要性的认识是当务之争。

6.3 从具体条件出发，因地制宜地采用精料技术是我国钢铁工业由粗放型转变为集约型的关键

国外精料工作的经验，值得借鉴、学习，但决不能不加分析，照搬照套。我国钢铁工业的铁矿石要利用国内、国外两种资源，但仍以国内资源为主。日本钢铁工业全部资源靠进口，各钢铁公司原料基本相同，高炉操作制度基本属于同一类模式。我国铁矿石资源千差万别，其中有不少复合型矿。我国精料工作必须根据所使用资源，寻找出最佳的选矿工艺、矿石处理工艺、烧结工艺和高炉最佳炉料结构。精料工作的目的就是从资源具体条件出发，寻找并确定高炉炉料最佳结构。高炉炉料结构最佳化是高炉实现高产、优质、低耗、长寿的基本条件。我国钢铁工业由粗放型向集约型转变，首先必须使高炉由单纯追求产量、不顾质量、能耗和高炉寿命的生产方式转变到产量、质量、消耗、寿命全面兼顾的生产方式上来。因此，从实际出发，因地制宜地采用精料技术是我国钢铁工业由粗放型转变为集约型的关键。

6.4 组织系统的科研工作推进精料技术

精料技术要依靠科研工作。我国自然资源的选择和综合利用，烧结工艺的改进，烧结与球团矿质量的提高，大喷煤技术，合理高炉炉料结构，合理配煤，焦炭质量的改进等都是为推进精料技术有待深入研究的课题。这些年来这方面的工作削弱了，必须尽快加强。

面对新世纪挑战的我国炼铁工业*

摘　要　简要回顾了我国炼铁工业 50 年的发展过程，指出形势稳定是我国炼铁工业发展的前提，科技进步是发展的动力，我国以现有老企业改造为主的发展方针是正确的。为迎接新世纪的挑战，为能在 21 世纪的国际市场竞争中生存和发展，我国炼铁工业必须从具体条件出发贯彻精料方针，对现有高炉进行重组，推行大量喷煤和其他新技术，进行企业改革，使高炉座数由现有的3000 座减至 200 座以内，利用系数达 2.0t/(m^3·d)以上，焦比 400kg/t 以下，并控制对环境的污染。

关键词　炼铁工业；新世纪；挑战

1　50 年来我国炼铁工业的回顾

旧中国留下的钢铁工业是一个技术落后，残缺不全的烂摊子。1949 年生铁产量 25 万吨，钢产量为 15.8 万吨，仅占世界钢产量 0.10%。新中国成立后，把优先发展重工业作为指导方针。首先组织原有钢铁工厂恢复生产，到 1951 年，鞍钢、本钢、北京石景山、太原、宣化、阳泉、马鞍山、大冶、重庆等地的高炉，凡具备条件的，均已恢复生产。1952 年全国生铁与粗钢产量分别达到 193 万吨与 135 万吨，均超过了解放前的历史最高年产量。

1.1　新中国炼铁工业的创建

建国初期恢复生产的钢铁厂，相当一部分是日本占领时期建成，如鞍钢、本钢、石景山铁厂，技术装备水平低、生产指标落后。1952 年起鞍钢带头学习苏联炼铁经验，取得成效，生产水平大幅度提高。这些经验在全国推广，提高了我国炼铁工业的总体水平。鞍钢以一年恢复重建一座高炉的速度恢复了日本投降时停产的 6 座高炉。到 1957 年，9 座高炉全部恢复生产。在此期间本钢两座 900m^3 级高炉也经过重建恢复生产。石景山、太原等炼铁厂对原有高炉进行了改建。1954 年，国家决定建设鞍钢、武钢、包钢 3 个钢铁基地，并着手筹建。鞍钢属于恢复重建，武钢、包钢属于新建（均为当时苏联援助的项目），1957 年进入施工阶段。当年，我国产铁 594 万吨，产钢 535 万吨，占全界钢产量的 1.83%，至此我国炼铁工业开始形成产业。

1.2　大办钢铁

1958 年“大跃进”运动中大办钢铁遍布全国城乡，形成声势浩大的群众运动。不仅工矿企业要炼铁，街道、学校、机关和人民公社都要炼铁。这一期间，除了国家投资建设的钢铁厂外，相当一部分省、市、自治区建设了一批省属钢铁企业，部分县建

* 本文合作者：银汉。原发表于《钢铁》，1999，34(增刊):57~67。

设了一批县级钢铁厂。有的公社也建设了小高炉。这时中央直属的钢铁企业的装备大都属于20世纪30～40年代技术水平。鞍钢、本钢重建采用的装备属于20世纪50年代技术水平。“大办钢铁”提出的方针是：大、中、小并举，土洋并举。实际上，除了国家投资的湘潭、水城、酒泉等钢铁厂外，省级钢铁厂大都是300m³级以下的小高炉，而县以下的高炉则以100m³以下的小高炉为主。技术装备则以20世纪40年代的为主。县以下还有一些土高炉。“大办钢铁”使我国生铁产量猛增，1959年和1960年铁的产量均超过2000万吨（图1）。但其中相当一部分是质量极差、难以利用的不合格铁。部分地区用木炭炼铁，破坏了森林。“大办钢铁”造成国民经济比例失调。

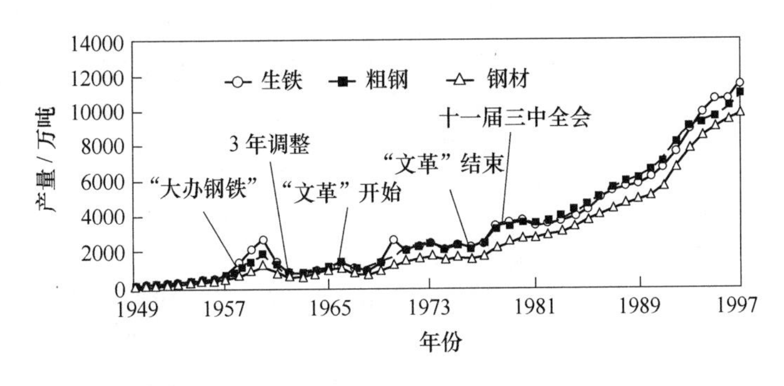

图1　新中国成立以来历年钢、铁、钢材产量变化情况

1.3　三年调整

“大跃进”“大办钢铁”使国民经济比例失调，加上自然灾害造成农业歉收。1961年不得不开始进行三年调整。调整期间，不具备条件的项目下马、工厂停办，进入城市的农业人口返回，缩短工业战线，缩小生产规模，并将发展农业放在首位。三年调整期间中央直属企业限产，“大办钢铁”期间涌现出的钢铁厂除具备条件的省属企业保留外其余均停办。1962年全国生铁产量降至805万吨；1963年再降至741万吨，1964年开始回升至902万吨，1965年增至1077万吨（图1）。经过调整，生铁产量虽比大办钢铁期间少，但质量大幅度提高；消耗大幅度下降，技术经济指标大幅度改善。一些铁厂创造了历史最佳指标，某些指标赶上或超过了当时国际先进水平。调整使我国炼铁工业健壮起来。

1.4　文化大革命时期

1966年夏开始的“文化大革命”使刚走向健康发展的我国钢铁工业严重倒退。有的工厂被迫停产，但与其他产业不同，钢铁工业的建设并未停止。当时的指导方针是，工业以钢为纲。地处三线的攀钢一期工程和地处南京的梅山铁厂建成投产，重点钢铁企业建设并投产了一批高炉，包括当时国内容积最大的2516m³级高炉。为结束我国钢铁工业徘徊不前的局面，文革期间曾3次组织突击年产钢2600万吨，但均未达到目标。质量差、消耗高，技术经济指标落后是文革期间钢铁工业的通病。由于生产规模不断扩大，“文革”期间的生铁产量在起伏波动中上升（图1）。

1.5 高速发展时期

1978 年，党的十一届三中全会拨乱反正，确立了以经济建设为中心的基本路线。从此我国钢铁工业步入高速发展时期。由于财力不足，钢铁工业发展不能只靠建新厂，而采取了以现有钢铁厂的技术改造、挖潜、扩建为主的发展方针。1978 年至今，我国新建的全盘引进的钢铁企业主要是宝山钢铁总厂及天津无缝钢管厂少数几家。1978 年前我国最大的钢铁企业是鞍钢，年产铁超过 400 万吨。到 1988 年生铁产量超过 600 万吨的企业就有宝钢、鞍钢、首钢、武钢四家，除宝钢为新建外其余均属老厂改造扩建。年产生铁超过 100 万吨的企业已有 27 家。进入 20 世纪 90 年代，生铁产量的增长进一步加速。1995 年我国生铁产量超过 1 亿吨，成为世界第一产铁大国（图 1）。

回顾新中国成立以来我国炼铁工业 50 年的曲折历程，可以得到以下启示：

（1）稳定是经济发展的前提。由图 1 可以看出，从 1949 年到 1957 年我国钢、铁产量增长幅度大，生铁产量年增幅超过 20%；这一阶段我国经济形势是稳定的。“大办钢铁”时期虽然开始钢铁产量增长速度惊人，但由于超出了国力所能承担的范围，不得不进行调整。“文化大革命”期间，破坏了稳定，国民经济受到严重破坏，虽然国家对钢铁工业继续投资，扩大规模，但钢铁产量起伏波动，3 次冲击 2600 万吨，均未实现目标。十一届三中全会以后确立了“一个中心，两个基本点”的基本路线，出现了建国以来持续最长的稳定时期，钢铁生产快速增长，成为世界第一产铁大国。实践充分证明，稳定是发展经济的前提。

（2）科学技术是第一生产力。解放前留下的钢铁企业，除鞍钢、本钢拥有部分日本从德国引进的 20 世纪 40 年代的技术装备外，其余均属于 20 世纪 30 年代技术装备。20 世纪 50 年代初，经引进和学习苏联炼铁技术使这些设备恢复生产，并大大超过了设计能力。通过消化、掌握苏联援建 156 项工程的技术，使我国具备了自主设计 1000m^3 级大型高炉、焦炉和烧结机的能力和相应设备的制造能力，并培养出一支从事钢铁科技工作的队伍。20 世纪 60 年代，我国自主开发高炉喷油和高炉喷煤技术，攻克使用钒钛铁矿高炉炼铁的技术难关。20 世纪 70 年代，我国独立自主设计并建设了利用钒钛铁矿的大型钢铁企业，建设了 2500m^3 级大型高炉。20 世纪 80 年代，在消化、掌握、移植宝钢成套引进技术的基础上，提高了老钢铁企业的技术改造和扩建的技术水平。20 世纪 80 年代以来，除宝钢成套引进技术外，其他铁厂也单项引进了多项技术。这些技术对我国炼铁工业的高速发展起了关键作用。

（3）“大办钢铁”的失与得。“大办钢铁”造成国民经济负担过重，比例严重失调。生产出的产品，相当一部分不合格，不能使用，造成严重的浪费，有的地方破坏了自然资源，在“大办钢铁”中建立的小钢厂、小高炉，大都在三年调整中停办。然而其中一部分地方政府兴建的钢铁厂保留下来，成为地方发展钢铁工业的基础。十一届三中全会以来，地方钢铁企业中有一部分条件好的发展成年产 100 万吨以上的钢铁厂，成为我国钢铁工业发展中的重要力量。这对改善我国钢铁工业的布局起了重要作用。应当说是“大办钢铁”九分消极因素伴生的一分积极因素。

（4）以老企业改造为主是符合国情的正确方针。1978 年以后，我国新建的钢铁企业只有少数几家，在大型钢铁联合企业中只有宝钢一家。钢铁产量的增长主要依靠原有钢铁企业的技术改造。我国财力有限，依靠已有老企业技术改造、挖潜、扩建要比建新厂节省得多。

一般规律是钢铁工业投资3年后才发挥作用。1980年我国产铁3802万吨、产钢3712万吨。与此相对应的是1977年为止的累计投资；1997年我国产铁11511万吨，产钢10891万吨，与其相对应的是1994年为止的累计投资；1980年到1997年我国生铁年产量增加7709万吨，钢年产量增加7178万吨，与此相对应，1978年到1994年钢铁工业的总投资为2250亿元，见图2。宝钢两期规模为670万吨，投资300亿元。按宝钢同一投资强度计算，即钢的增长，相当于10.71个宝钢的产量，需要投资3214亿元。实际投资2250亿元与3214亿元相比约占69.4%，换句话说，以老企业改造为主的方针比全部新建节约投资30%以上。实际上要求国家对钢铁工业如此高的资金投入也是不现实的。

然而老企业技术改造的做法也有不足之处，即技术起点不高。据1995年工业普查，在炼铁高炉中达到国际水平装备的生产能力仅占高炉炼铁总能力的19.3%，而装备落后的高炉的生产能力则占35.2%。我国钢铁工业技术经济指标总体水平不高与技术装备差有很大关系。这也是我国钢铁工业发展中存在的问题。

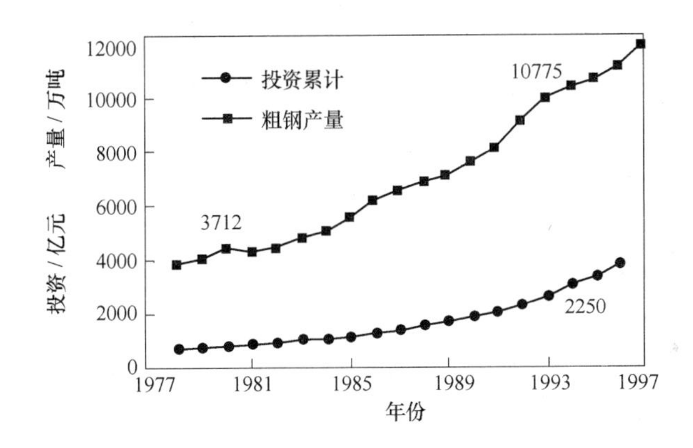

图2　我国历年钢产量和累计投资情况

2　50年来我国炼铁工业的成就

2.1　我国成为世界第一产铁大国

1995年我国产铁超1亿吨，其后继续增长。1998年产铁1.1863亿吨，成为世界第一产铁大国。迄今为止，世界各国年产钢超1亿吨的除中国还有美国、日本、苏联。而生铁年产量美国与日本均未超1亿吨。我国目前的生铁年产量已超过苏联的最高水平，见表1。

表1　年产钢超1亿吨国家的生铁年产量

国　别	年　份	粗钢年产量/万吨	历史最高生铁年产量/万吨
美　国	1973	13680.4	9410.2
日　本	1974	11713.4	9270.4
苏　联	1987	16193.6	11400.0
中　国	1998	11558.0	11863.0

我国虽是世界第一产铁大国，但铁钢比过高，表明我国钢铁工业结构不合理，大而不强。

我国生铁产量的持续增长发生在20世纪80年代以后。促成炼铁工业持续增长的内部因素如下：

（1）高炉容积增加。1980～1998年高炉座数与容积的变化见表2。

1980年我国生铁产量为3802万吨，其中冶金系统产铁3759万吨，冶金系统以外产铁43万吨。冶金系统内高炉容积为81138m³。到1998年，高炉产铁11863万吨，其中冶金系统10345万吨，冶金系统以外1518万吨。冶金系统的高炉容积增至152058m³，为1980年的1.87倍，其中重点企业（第1层次）增至94497m³（1.82倍），地方骨干（第2层次）企业增至37258m³（1.89倍）；地方小铁厂（第3层次）增至20303m³（2.16倍）。高炉容积增加是我国生铁产量大幅度提高的重要原因。

表2　1980～1998年我国高炉容积变化

高炉分类		年份	高炉座数	高炉容积/m³	占总容积比/%	高炉平均容积/m³	产量/万吨·年⁻¹	占总产量比/%
冶金系统	第1层次	1980	62	52023	64.1	839	2783	74.0
		1998	86	94497	62.1	1099	6141	59.4
	第2层次	1980	115	19711	24.3	171	749	20.0
		1998	147	37258	24.3	253	2988	28.9
	第3层次	1980	564	9404	11.6	17	227	6.0
		1998	325	20303	13.4	62	1216	11.7
	小计	1980	741	81138	100	109	3759	100
		1998	558	152058	100	273	10345	100
其他系统		1980	92*	1493*	1.8	16	43	1.1
		1998	2602*	28914*	16.0	11	1518	12.8
全国合计		1980	833	82631	100	99	3802	100
		1998	3160	180972	100	57	11863	100

注：带“*”号者为无确定统计数据。

（2）原燃料供应改善。1980～1997年，我国铁矿石产量由11258万吨增至26861万吨，铁矿石进口量由725万吨增至5511万吨，这对提高入炉矿石品位起了重要作用；烧结矿产量由5760万吨增至14864万吨；球团矿产量由242万吨增至1634万吨；焦炭产量由4343万吨增至13902万吨（其中机焦7067万吨、土焦6835万吨）。与原燃料供应增加的同时，入高炉原燃料质量也有显著改善（表3）。

表3　1980～1997年入炉料质量变化　　（%）

高炉分类	年　份	入炉矿石Fe	入炉熟料比	入炉焦炭灰分
第1层次	1980	52.74	88.37	13.55
	1997	55.14	88.25	13.16
第2层次	1980	51.57	81.47	
	1997	54.68	84.34	13.69

20世纪80年代以来，各铁厂对合理炉料结构重要性的认识有很大提高。许多铁厂根据自身原料条件选择合理的炉料组成。大多数高炉采用高碱度烧结矿配酸性料（球团或块矿）的办法，改善炉料透气性。

（3）高炉工艺操作技术进步。1980年以来，通过对现有炼铁厂的技术改造和扩建，新建和改造了许多300m³、750m³、1200～1350m³、2000～2500m³和3200m³高炉。第1层次高炉多数装备有高压操作、无钟炉顶、高温热风炉、喷吹煤粉和计算机自动化系统，高炉工艺操作水平明显提高。表4为1980年与1998年不同层次高炉主要炼铁技术经济指标的对比。

表4　1980年与1998年炼铁技术指标对比

高炉分类	年份	利用系数 /t·(m³·d)⁻¹	焦比 /kg·t⁻¹	煤比 /kg·t⁻¹	炉料 Fe/%	炉料 熟料比/%	烧结矿 Fe/%	烧结矿 FeO/%	烧结矿 CaO/SiO_2	送风温度 /℃
第1层次	1980	1.555	539	39.0[①]	52.74	88.37	52.00	13.91	1.42	978
	1998	1.895	448	98.8	55.48	88.47	53.98	—	—	1056
第2层次	1980	1.450	654	—	51.57	81.47		—	—	881
	1998	2.242	524	50.0	55.09	84.56	53.38	—	—	976

① 油比为12.3。

不同层次的高炉技术指标对比表明，第2层次的利用系数高，其原因是在地方骨干铁厂中300m³级高炉占多数；容易吹风强化。从燃料比看（包括焦比和煤比）则远不如第1层次经济。然而1998年与1980年相比，每个层次的平均指标都有明显进步。到1998年无论是2000m³以上或进1000～2000m³，300～1000m³都出现了一批技术操作指标先进的高炉，说明高炉操作仍在进步。

在上述几个生铁产量增长的因素中，按冶金系统或全国分析，高炉容积增加占70%，原燃料改善与操作技术进步占30%。

2.2　我国钢铁工业布局趋向合理

建国初期，我国钢铁工业集中在东北和华北，到1966年东北与华北的生铁产量占全国总产量的60%以上。1980年东北地区的生铁产量仍领先于其他地区。20世纪80年代以来，经济发达地区对钢铁需求增长快，促进了地区钢铁工业的发展。到1998年年产铁超100万吨的27家铁厂中，年产铁500万吨以上的有4家，300万～500万吨的有5家，100万～300万吨有18家，在全国无100万吨以上铁厂的只有6个省（自治区），见图3。建国以来各地区钢产量及在总产量中所占的比重的变化见表5。

从表5可以看出，我国钢铁生产能力由建国初期的东北、华北地区领先逐步演变为华东与华北地区领先。标志着钢铁工业的发展与地区经济发展的速度靠拢，钢铁工业分布趋向合理。

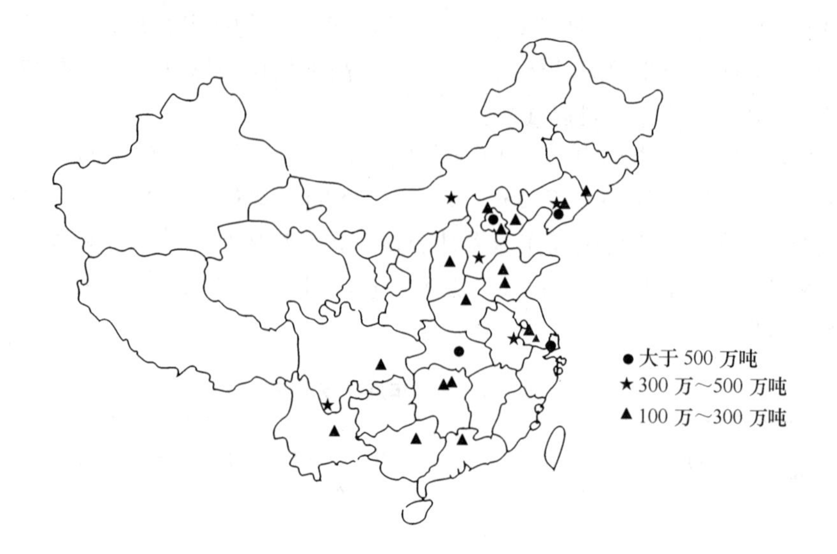

图 3　1998 年我国年产生铁 100 万 ~500 万吨以上的企业分布情况

表 5　我国各地区钢产量在总产量中所占比重的变化

年　份	华北地区		东北地区		华东地区		中南地区		西南地区		西北地区		全　国	
	产量/万吨	占比例/%	产量/万吨	占比例/%	产量/万吨	占比例/%	产量/万吨	占比例/%	产量/万吨	占比例/%	产量/万吨	占比例/%	产量/万吨	占比例/%
1949	2.6	16.6	11.4	72.6	0.8	5.1	—	—	0.9	5.8	—	—	15.7	100
1950 ~ 1952	47.6	15.8	221.1	73.5	15.0	5.0	7.1	2.4	9.8	3.3	0.1	0.3	300.7	100
1953 ~ 1957	273.6	16.4	1039.8	62.4	174.4	10.5	55.0	3.3	119.9	7.2	4.4	0.3	1667.4	100
1958 ~ 1962	817.2	14.6	2813.6	50.3	1050.2	18.8	454.6	8.1	415.3	7.4	37.8	0.7	5588.7	100
1963 ~ 1965	389.3	13.2	1403.9	47.6	671.3	22.8	319.3	10.8	151.7	5.1	13.5	0.5	2949.0	100
1966 ~ 1970	1192.1	18.1	2655.0	40.4	1644.1	24.9	755.0	11.5	280.3	4.3	51.1	0.8	6577.6	100
1971 ~ 1975	2340.5	20.4	3846.0	33.5	2870.4	25.0	1562.9	13.6	700.7	6.1	173.7	1.5	11494.2	100
1976 ~ 1980	3035.7	20.6	4360.3	29.5	3710.2	25.1	2036.3	13.8	1316.5	8.9	300.5	2.0	14759.5	100
1981 ~ 1985	4328.5	21.3	5138.7	25.3	5016.3	24.7	3310.0	16.3	2079.8	10.2	419.5	2.1	20293.1	100
1986 ~ 1990	6439.6	21.8	6561.2	22.2	8078.3	27.3	4947.9	16.7	2279.9	7.7	770.6	2.6	29577.5	100
1991 ~ 1995	10490.4	24.4	7775.5	18.1	12498.2	29.1	6773.9	15.8	4082.0	9.5	1327.8	3.1	42947.8	100
1996 ~ 1998	8527.1	26.2	5144.5	15.8	10043.7	30.0	4984.6	15.7	2868.5	8.8	1093	3.4	32473.6	100

2.3　钢铁工业基本适应了国民经济发展的需要

1980 年以来，我国国民经济进入了持续增长时期。由于钢铁产量的持续增长，钢材的自给率已提高到 90% 以上。目前我国自产不能满足而必须进口的钢材，年平均在 700 万 ~800 万吨。我国生铁的产量，20 世纪 90 年代以来实际上是供大于求，事实上已成为生铁出口国。炼铁工业耗能多，污染重，是工业发达国家不希望在本国多生产的。我国钢材与生铁自给率近 20 年来的演变见表 6。

表6　1980年以来国民生产总值及钢材、生铁自给率的变化

年　份	国民生产总值/亿元	钢　材			生　铁		
		表观消费量/万吨	国内生产量/万吨	自给率/%	表观消费量/万吨	国内生产量/万吨	自给率/%
1980	477.0	3163	2715	85.84	3793	3802	100.24
1985	8994.6	5477	3692	67.41	4673	4384	93.82
1990	18544.7	5361	5153	96.12	6304	6237	93.82
1991	21665.8	5713	5638	98.69	6737	6765	100.42
1992	26651.4	7209	6694	92.86	7551	7589	100.50
1993	34476.7	10621	7707	72.56	8804	8738	99.25
1994	44918.0	10537	8428	79.98	9625	9741	101.21
1995	57277.0	9784	8980	91.78	10000	10529	105.29
1996	67559.7	10514	9338	88.81	10366	10721	103.42
1997		10847	9987	92.07	10963	11511	105.00

2.4　促进相关产业发展

钢铁工业属于原材料工业，必须满足其下游产业发展的需要，如制造业、建筑业等。另一方面，钢铁工业的发展也促进了为其服务的产业的发展，如采矿业、运输业、航运业、电力和为其服务的制造业。我国钢铁工业在国民经济发展中起着重要作用。

3　影响21世纪我国炼铁工业竞争力的主要问题

随着世界经济的走向全球化，无论我国是否参加世贸组织，作为第一钢铁大国的我国钢铁工业，实际上已经受到了国际市场的挑战，近3年来我国钢材大幅度降价，固然有本身的原因，更重要的是受东南亚金融危机的影响。分析我国炼铁工业竞争力问题必须以国际市场竞争力为尺度才能抓住主要问题。

我国虽是产铁大国，但远非炼铁强国，影响因素很多。重要原因之一是在计划经济体制下长期追求产量、规模，而对效益（企业与社会效益）、质量重视不够，基本属于粗放型经营方式。在这种指导思想下发展起来的钢铁工业，显然竞争力不足。从目前情况看，对我国炼铁工业提高竞争力有以下不利因素：

（1）国内铁矿石资源不能满足炼铁工业发展需要。我国铁矿石贮量按金属铁含量排序在世界各国中排名第九位，与第一产铁大国的地位极不适应。我国铁矿石资源的特点是：平均地质品位Fe为34%，其中90%的铁矿石必须经过选矿，而且有一部分是复合难选矿。这种条件注定了我国发展钢铁工业必须依靠国内、国外两种资源。1976年起我国开始进口澳大利亚铁矿石，以后扩大到进口巴西、印度和南非铁矿石。1996年铁矿石进口量达到4387万吨，1997年增至5511万吨，其产铁量约为3500万吨，占当年生铁总产量的31%。由于国产矿石品位低，虽使用国内、国外两种资源，炉料的综合品位仍赶不上日本、西欧和北美。对于我国炼铁工业，如何合理利用国产矿和进口矿，生产优质的烧结矿和品位稍高的球团矿，是具有挑战性的技术课题：为提高高

炉的喷煤量，如何采取技术措施利用国产焦煤生产高强度焦炭同样也是挑战性的课题。

（2）不同技术层次的高炉并存。1997 年我国高炉的基本情况见表 7。由表 7 可见，1000m^3 以上的高炉我国只有 44 座；这些高炉主要集中在重点钢铁企业，其平均炉容为 1787m^3，生铁产量只占全国总产量的 41.94%。它们的技术装备也是参差不齐的，其中有 13 座属于 20 世纪 80 年代以后的工艺技术，13 座为 20 世纪 70 年代的工艺技术，其余的均属于 20 世纪 60 年代的工艺技术装备，所以 1000m^3 以上高炉的平均操作指标与国际水平有很大差距。300～700m^3 的高炉主要集中在地方骨干企业；特别是 300m^3 级高炉，产量所占的份额相当大。300m^3 以下高炉主要集中在县及县以下的小铁厂，相当一部分在 50m^3 以下，这些高炉技术装备落后，消耗高；劳动生产率低，污染环境。高炉数量多且技术层次差别大是我国炼铁工业的一个显著特点。也是一个重要的弱点。

表 7　1997 年我国高炉炉容的基本情况

炉容级别/m^3	高炉座数	高炉总容积/m^3	生铁产量/万吨·年$^{-1}$	平均单炉产量/万吨·年$^{-1}$	占总产量比/%
>2000	15	42004	2708.25	180.5	23.80
1000～2000	29	36620	2064.14	71.2	18.14
700～1000	10	8340	191.12	49.1	4.80
300～700	117	10202	2513.22	21.5	22.25
<300	2 970	53517	3579.27	1.2	31.51

20 世纪 80 年代以来，工业发达国家为提高钢铁工业的竞争力，减少高炉座数，努力提高高炉的单产。如日本，高炉座数已由 20 世纪 70 年代的 65 座减至 20 世纪 90 年代的 33～30 座，每座高炉平均年产量超过 200 万吨，欧、美高炉的平均年产量也超过 100 万吨。我国 300m^3 以上高炉的年平均单炉产量不到 50 万吨，300m^3 以下高炉的年平均单炉产量不足 2 万吨。这样的设备结构是不能形成经济规模的。为提高我国钢铁工业的国际竞争力，对我国钢铁企业及炼铁高炉进行重组和现代化技术改造，是十分必要的，而且也是一个非常紧迫和艰巨的任务。

（3）管理机构臃肿，企业负担过重。根据公布的数字，1996 年我国钢铁工业职工总数为 309 万人，人均年产铁不到 40t。由于长期计划经济体制影响，管理机构重叠、臃肿、人浮于事，完全不适应市场经济要求。企业社会负担重。近年来的技术改造与扩建，除少数企业由国家投资外，多数是靠贷款，企业资产负债率高，财务负担重。当钢材价高时，钢铁企业利润高，企业呈现虚假繁荣。就国际范围看，钢铁工业已是微利企业。当钢材价格与国际市场接轨时，企业经营就要陷入困境。我国钢铁工业经济体制的改革已迫在眉睫。

4　我国炼铁工业迎接 21 世纪的对策

今年是 20 世纪的最后一年。20 世纪是钢铁工业大发展的世纪，全世界钢产量由 1900 年的 2 850 万吨增加到世纪末的近 8 亿万吨（1997 年 7.9 亿吨，增加 27 倍），涌现出一批新工艺、新技术、质量提高，新钢种层出不穷，劳动生产率大幅度提高，且 20 世纪 70 年代以来，产品价格基本稳定。20 世纪也是我国钢铁工业大发展的世纪，我国钢铁产量由1949年占世界产量0.1%发展为世界第一钢铁大国，但在品种、质量、劳动生产率、环境保护及科学技术水平上仍然落后，大而不强。

21世纪将进入知识经济时代，工业经济向知识经济过渡是一个渐进且不断加速的过程。知识经济时代，并不意味着工业经济的停滞或衰落，而是工业经济继续发展，且其科学（知识）的含量将进一步增强，如同农业经济在工业经济时代中继续发展一样。知识经济在全球经济中的份额增长更快，并逐渐占据主导地位，但并不意味着工业经济中传统工业将停滞或消亡。传统工业不会成为夕阳工业，将继续进步。在21世纪，钢铁工业仍将是最主要的材料工业。在知识经济时代，没有“夕阳工业”，只有夕阳工艺，没有“夕阳产业”，只有夕阳企业。21世纪钢铁工业科学技术进步将进一步加速，国际竞争将进一步加剧。由“大国”向“强国”转变，实质上是我国钢铁工业在新世纪能否生存和发展的生死攸关的大问题。

我国炼铁工业要在激烈的国际竞争中求得生存和发展，必须创造具有中国特色的符合可持续发展战略的炼铁发展方针。从总体上讲，是将炼铁工业粗放型的经营方式改造为集约型的经营方式，其推动力是科学技术进步，其目标是构筑符合可持续发展战略的具有中国特色的炼铁工业框架。为这一目标，今后必须做好以下工作。

4.1 从我国资源条件出发贯彻精料方针

从总体上讲，我国炼铁工业精料基础尚未形成，在高炉炼铁方面表现为：入炉含铁炉料（烧结矿、球团矿、块矿）成分波动大，粉末多，强度低，低温还原粉化率高，渣量大；入炉焦炭成分波动大，灰分高，粉末多，高温强度低。其结果是高炉消耗高，技术经济指标落后。从1997年我国不同容积高炉的年平均主要技术经济指标中可以看出，从2000m^{3}到300m^{3}高炉，容积利用系数差别不大，但燃料比与焦比相差近100kg/t，容积愈小，燃料比与焦比愈高，高炉愈小，风温低，燃料比高，渣量愈大。

我国铁矿资源多为贫矿，其中31%为复合型矿。而且矿石总产量不足，必须大量进口铁矿石，依靠国内、国外两种铁矿资源虽已是定局，但并不可能像日本、韩国的钢铁工业那样，全部依赖进口。从降低成本考虑，只有沿海与沿江的高炉可以使用进口矿，然而相当多的高炉只能同时使用自产矿和进口矿。因此，必须借鉴而不是照搬国外的经验，通过实践来确定实现炼铁精料的最佳工艺流程和最佳炉料结构，为我国炼铁技术全面进步创造基本条件。由于企业具体条件千差万别，各钢铁厂精料工作不可能有统一的模式，而只能从实际出发，博采众长，多种模式并存。我国不可能要求所有高炉的渣量小于300kg/t或小于400kg/t，这是不现实的。然而要求所有铁厂都能找到适合本厂的最佳炉料结构，而且入炉铁矿石和焦炭具有良好的冶金性能则是可能而且应当做到的。

贯彻精料方针，是我国炼铁工业走向集约化的基础，应抓好以下三方面的工作：

（1）从铁矿石准备抓起。从具体条件出发，建立铁矿石的整粒和混匀系统。这样不仅缩小了铁矿石成分和粒度的波动，更重要的是使入炉铁矿石矿相组成均匀稳定，冶金性能改善。铁矿石品种愈多，成分波动愈大，建立整粒和混匀系统的必要性就愈大，所能获得的经济效益就趋高。

（2）根据各厂原料具体情况，通过试验和实践，确定合理的高炉炉料结构。首先要保证高炉料柱良好的透气性，其次要能充分利用煤气热能与化学能，第三要确保铁水优质。日本高炉炉料结构大都以高碱度烧结矿配酸性块矿（或球团矿）为主，其原因在于日本铁矿石全部靠进口粉矿与块矿。美国高炉铁矿石靠自产的高铁细精矿，故高炉炉料结构以球团矿为主。我国铁厂原料条件差别很大，每个铁厂都必须找出适合本厂原料条件的高炉炉料最佳结构。

（3）针对提高原燃料质量和改善生产工艺进行系统的研究开发。随着时间的推移，易选矿、易烧矿、强黏结性煤的储量日益减少。从经济上考虑必须使用较便宜的原料，但必须保证烧结矿（或球团矿）和焦炭的质量不变差，而且还有所改善，这就必须改进选矿、烧结和炼焦工艺。20 世纪 90 年代以来，国外许多企业已在这方面取得不少经验，有的企业烧结料中难烧粉矿用量已超过 20%，炼焦配煤中的弱黏结性煤用量已超过 1/4。关键在于从具体条件出发，开展系统的精料技术的研究开发。

4.2 重组钢铁企业的高炉结构

据 1995 年全国工业普查，我国拥有高炉数已达 3228 座，其中大于 $1000m^3$ 的高炉只有 44 座；$100 \sim 1000m^3$ 的高炉有 295 座；小于 $100m^3$ 的小高炉占绝大多数，达2889 座，其中小于 $50m^3$ 的小高炉有 2613 座。从表 7 可看出，我国生铁产量的 30% 是由炉容小于 $300m^3$、单炉平均年产不到 2 万吨的小高炉生产出来的。这样的生产规模，无论采用任何先进技术也不可能形成经济规模。因此，重组我国钢铁企业的高炉结构势在必行。

20 世纪 80 年代以来，工业发达国家高炉趋向大型化，高炉座数减少，一些工厂停掉 2～3 座小容积高炉，新建大容积高炉。究其原因，在于大高炉劳动生产率高，消耗相对低，成本低。我国幅员辽阔，资源条件差别大，国民经济对钢铁的需求多层次并存，不可能要求只允许 $2000m^3$ 或 $1000m^3$ 以上容积的高炉存在。作者建议，为使我国钢铁工业在国际市场上有竞争力，第一步应逐步淘汰 $250 \sim 300m^3$ 以下的高炉，使全国高炉总数减少到 200 座以内。生铁年产超 200 万吨以上的铁厂，应当利用大修扩容改造的机会淘汰 $1000m^3$ 以下的高炉。在高炉重组过程中，必须十分重视精料工作，原燃料质量与高炉容积相适应是必须遵循的原则，原燃料质量差，扩大高炉容积不会带来好效果。芬兰拉赫厂的经验证明，只要技术先进，管理出色，$1000m^3$ 级的高炉同样可以具有国际一流水平的竞争力。县以下小铁厂，则应根据资源条件和市场需求进行重组，以淘汰落后。

长期以来有一种看法认为小高炉投资省，实际上，如果技术水平相同，投资并不省，见表 8。

表 8　20 世纪 90 年代我国新建不同容积高炉的投资

炉容级别 /m^3	铁厂	高炉炉容 /m^3	建成时间	总投资 /亿元	产能 /万吨·年$^{-1}$	单位投资	
						万元/立方米	元/(吨·年)
300	凌钢	380	1998 年	1.370①	30.0	36.05	456.67
	南京	350	1997 年	1.794	30.0	51.25	598.00
	韶钢	350	1996 年 2 月	1.600①	30.0	15.71	553.00

续表 8

炉容级别/m^3	铁厂	高炉炉容/m^3	建成时间	总投资/亿元	产能/万吨·年$^{-1}$	单位投资	
						万元/立方米	元/(吨·年)
750	莱钢	750	1993 年 6 月	2.457①	52.5	32.76	468.00
1250	梅钢	1250	1995 年 2 月	5.760	87.5	16.08	658.30
2500	首钢	2536	1994 年 8 月	8.550	248.5	33.71	344.00
	鞍钢	2580	1996 年 2 月	14.000	180.6	54.26	775.20
	唐钢	2560	1998 年 10 月	14.500	179.2	56.64	809.15
	马钢	2500	1994 年 4 月	8.700	175.0	34.80	497.00
3000	武钢	3200	1991 年 10 月	9.430	224.0	29.47	421.02
4000	宝钢	4063	1991 年 6 月	12.870	325.0	31.68	396.00
	宝钢	4350	1994 年 9 月	16.790	325.0	38.60	516.62

① 决算投资，其余均为设计概（预）算投资。

过去小高炉投资少是因为装备水平低。新建的小高炉装备水平与大高炉相同，投资就不省。高炉容积大小只取决于当地条件和建厂规模。现代化铁厂高炉数一般为 1 ~ 3 座。多座小高炉共存不可能适应国际市场竞争。对新建小高炉应采取慎重态度。因为，无论采用何种新技术，劳动生产率也是无竞争力的。

从我国的实际条件出发，不同容积高炉并存的局面将会长期存在，但达不到经济规模的小高炉必须淘汰。不同容积高炉并存，并不意味着不同技术层次的高炉并存。无论 2000m^3 以上的高炉或 1000m^3 级的高炉，都要采用行之有效的新技术，以确保我国钢铁工业在国际市场上的竞争力。

炼钢工序要求高炉铁水低硫、低硅，物理热充足，铁水温度高。实践证明，高炉容积愈大，在含硅相同时，铁水温度愈高。为满足炼钢要求，联合钢铁企业中扩大高炉容积是有利的。

高炉大型化后，随之而来的就是高炉长寿问题。实践证明，高炉长寿是多项技术的集成，是综合技术。20 世纪 90 年代以来，我国在高炉长寿方面已取得一定经验。通过重组和技术改造，我国有条件做到：1000m^3 以上高炉，1 代炉役寿命（不中修）达到 10 年以上；2000m^3 以上高炉，1 代炉役寿命（不中修）达到 12 ~ 15 年。考虑到技术创新，高炉大修是采用新技术的最佳时机，高炉寿命也不是愈长愈好。

我国高炉重组是一项艰巨复杂的任务。我国炼铁工业能否在 21 世纪生存和发展，关键在于能否顺利地重组。为取得成功，各企业必须从国家全局出发，局部服从全局。否则是困难的。

4.3 推广高炉喷煤与节能降耗

迄今为止高炉炼铁是效率最高、最经济地将矿石冶炼成生铁的工艺。没有哪一种非高炉炼铁法曾经达到能与高炉相比的规模、效率和经济性。高炉工艺最大的弱点是离不开焦炭，而焦炭则离不开炼焦煤。熔融还原工艺的产生就是试图甩掉对焦炭和炼焦煤的依赖。如果高炉能将其对焦炭的依赖减少 1/3 或 1/2，则高炉炼铁的生命力将大为加强，高炉的经济效益将大幅提高。

20 世纪 90 年代以来，高炉喷煤技术发展很快，国外 90 年代前期就出现喷煤量

200kg/t 的高炉，其焦炭置换量达 40%。去年我国宝钢高炉喷煤量也达到 200kg/t 以上，进入国际先进行列。用非黏结性煤替代 30% ~50% 焦炭，意味着部分到期的老焦炉可停炉不必大修，省去的大修费可用于炼焦工序的环境保护。焦炉减少，炼焦煤的消耗也相应减少。用喷煤替代焦炭，可以降低炼铁与炼焦工序能耗，从而降低生产成本。这项技术进步意义重大，不仅增强了高炉炼铁的生命力，而且提高了钢铁工业的总体竞争力。

高炉实现大量喷煤，精料是首要的关键因素。喷煤量增大后，高炉炉料中焦炭所占的体积减少，为保持炉料必需的透气性，焦炭强度必须改善，渣量必须减少，高炉所能接受的最大喷煤量，首先是由料柱的透气性决定的。

高炉实现大量喷煤，第二个关键因素是控制沿高炉高度的温度分布。喷煤后，风口火焰温度降低，必须对风口前的火焰燃烧温度进行热补偿，最经济的办法是使用高风温，国外大喷煤量的高炉风温大都保持在 1150 ~ 1250℃。为发展大喷煤技术，提高我国高炉的风温，对热风炉进行改造是十分必要的。近年来，我国在高风温热风炉方面进步显著，内燃式热风炉全使用高炉煤气可达 1150 ~ 1200℃ 风温，掺用转炉煤气后可达 1250℃ 以上的风温。我国高炉在提高风温方面潜力巨大。第二个办法是富氧鼓风，目前的趋势是用较低的富氧率（如 2% 以下）达到 200kg/t 以上的喷煤量。

高炉实现大量喷煤，第三个关键因素是制粉与喷吹系统的可靠性。喷煤量达到入炉焦炭量的 30% ~40% 以后，喷煤量的波动或中断必定引起炉况剧烈波动甚至失常。保证煤粉制粉能力充足，喷吹系统可靠，是高炉大量喷煤的绝对必要条件。喷煤系统也应采用节能型的工艺流程和设备。

喷煤技术的直接效益是节焦、节能和降低成本。为提高国际竞争力，节能降耗和降低成本是长期的技术方针。凡是有助于节能降耗的新技术，均应结合实际积极采用。

4.4 采用高新技术与提高劳动生产率

钢铁工业是传统产业。20 世纪中叶涌现出的新技术，如高炉高压操作、高炉大型化、氧气转炉、连续铸钢、钢水炉外精炼、薄板坯连铸连轧、高炉大量喷煤等都对本世纪钢铁工业的发展起了巨大的推动作用。21 世纪的钢铁工业是呼唤与地球环境和睦相处的钢铁工业。而新一代的钢铁工业只能在 20 世纪钢铁工业的基础上，通过新技术开发、创新、重构与重组逐步形成。高新技术在构筑 21 世纪新型的钢铁工业中起关键作用。

钢铁工业对环境的污染日益受到人们的关注。焦炉污染是当今钢铁工业最重要的污染源，炼焦工作者在近 30 年来做了大量工作。1998 年 3 月美国印第安纳州投产了年产 120 万吨焦炭、无煤气回收污染的焦炉，使人们看到了新型焦炉的雏型。我国是世界第 1 产焦大国，焦炭的主要出口国，土焦在焦炭产量中占很大比例。土焦的改造只能依靠新工艺。

钢铁工业的发展要靠本身不断涌现出新的技术。虽然钢铁工业本身不产生高技术，但高技术能够应用于钢铁工业，使钢铁工业发生飞跃式变化。无论采用传统工业的新技术，还是将高技术应用于钢铁工业，从根本上讲，其目的最终都体现在劳动生产率和质量的提高上。我国钢铁工业在国际市场上要想有竞争力，就必须把其质量与劳动生产率提高到国际水平。推广新技术及将高技术应用于钢铁工业，应该是我国钢铁工业科学技术进步的主要内容。在推广应用中，要防止一哄而起和形式主义，其办法就是必须把高新技术的应用落实到劳动生产率的提高上。只有把科技进步与提高劳动生产率紧密结合起来，我国钢铁工业才能在国际市场竞争中生存发展。

4.5 改善环境与实现可持续发展战略

我国年产生铁超1亿吨，从环保观点看，是以牺牲环境为代价的。因此，改善环境是炼铁工业的重要课题。要做到的第一步目标，是使钢铁厂与生活环境和睦相处。（1）高炉要停止煤气放散，利用煤气发电、供热，既有企业效益，又有社会效益。（2）解决炼铁系统的除尘及粉尘回收后的利用问题。（3）进一步拓宽高炉渣的利用领域，目前大部分炼铁厂的高炉渣利用解决得比较好。（4）炼铁系统的余热余能利用需要进一步开发。（5）关停对环境污染严重的土焦炉、小焦炉。随着高炉炼铁焦比的降低、煤比的提高，焦炭消耗减少，对需要继续存在的焦炉则必须进行技术改造，增设环保设施。不论新一代炼焦炉何时问世，这些工作都是必须进行的。

4.6 以改革促进企业机制转变

我国炼铁工业由大变强，必须依靠科学技术进步和全员素质的提高。科学技术进步转化为现实生产力则有赖于管理的科学化和现代化。人们常常把科学技术与管理比喻为推动企业前进的两个轮子，我国钢铁工业由大变强的过程实质上是由粗放型向集约型转变的过程。经济体制改革的目的在于使我国的管理体制适应社会主义市场经济发展的需要，企业人浮于事、机构臃肿、效率低下，包袱沉重的矛盾只有通过改革才能解决。企业机制的转变是科学技术转化为生产力的前提。

5 关键在善于学习

20世纪后半叶以来，科学与技术的发展愈来愈快。一项发明从理论发现到商业化的周期，有的已用不了10年。在21世纪，随着知识经济时代的来临，科学技术的发展将进一步加速，与知识经济相适应的将是学习型社会（Learning Society）。钢铁工业作为传统产业，要密切注视科技进步的新成果，并借鉴和应用这些新成果来促进钢铁工业的技术创新和科技进步。这种情况下知识的更新速度越来越快，新的有用的知识需要从头学习。因此，跟上时代发展的唯一办法在善于学习。在21世纪学会善于学习是钢铁工业、各企业以及每位职工生存并发展的基本条件。每一位同志都要努力使学习成为个人的自觉需要。

参考文献

[1] 张寿荣．试论我国解放后的炼铁技术路线[J]．金属学报，1997，(1):22～28.

[2] 国外钢铁统计（1949—1978）[C]．北京：冶金部信息标准研究院，53，141.

[3] Zhang Shourong，Yin Han. A Review of China's Ironmaking Industry in the Past two Decades[C]. ICSTI，Ironmaking Conference Proceedings，1998：219～230.

[4] 1997年不同容积高炉技术经济指标[J]．炼铁，1998(3):53～58.

[5] Allen R，Ellis，et al. Heat Recovering Cokemaking at Indiana Harbor Coke Company-an Historic Event for Steel Industry[C]. Ironmaking Conference Proceedings，1999：173～185.

延长高炉寿命是系统工程 高炉长寿技术是综合技术*

今天，我主要结合武汉钢铁（集团）公司（以下简称武钢）高炉的长寿实践来阐述我的观点，正像向长寿老者请教长寿经验一样，问10个人就可能有10种说法。高炉长寿与此相似，长寿决不是一两项因素所能决定的，而是很多因素的综合。

1 武钢高炉炉体结构的3个发展阶段

第一阶段：20世纪50~60年代完全照搬苏联设计的阶段。20世纪70年代以前，武钢共有3座高炉（1号、2号、3号高炉）投入运行。而且这3座高炉全都采用苏联的标准设计。这些高炉生产一段时间后，陆续出现了诸如冷却板烧坏、炉壳变形等问题，而且还发生过烧穿事故。造成这种状况的原因除了设计的毛病外，我们自己也有不可推卸的责任。2号高炉炉底按苏联人的设计思路本是采用炭砖、高铝砖综合炉底，而当时的环境是提倡节约，为省钱将炭砖、高铝砖综合炉底全改成高铝砖。对此做法，当时我是极不赞成的。2号高炉于1964年6月2日发生了炉缸烧穿事故，只好在次年的大修中将炉底、炉缸恢复炭砖、高铝砖综合结构。当然，苏联的炉体设计也存在许多问题，如炉身寿命特别短、炉喉钢砖易变形等。武钢的1号、2号、3号高炉和1965年大修的2号高炉炉喉均沿用苏联的设计，采用小块槽形钢砖，这种钢砖结构不合理，受热易变形，使用不久便发生翘曲变形，互相挤压以致脱落，影响布料。1号高炉为更换炉喉钢砖还专门进行了小修。

第二阶段：20世纪70~80年代的探索改进阶段。进入20世纪70年代，我们开始反思以前出现的种种问题。由于当时的冶炼强度不高，利用系数约为1.5t/(m^3·d)左右，因此，采用炭砖、高铝砖综合炉底是合适的。根据以往的经验和教训，我们主要依次进行了如下改进：

（1）1970年建设4号高炉（是当时国内唯一的2000m^{3}级以上高炉）时，采用纵向排列的长条形钢砖，使用效果良好，以后几座高炉检修时相继采用，它的变形远比老式槽形钢砖小，能满足高炉生产的要求。

（2）4号高炉在国内首次采用炭砖水冷薄炉底。原来苏联设计的炭砖、高铝砖综合炉底采用风冷，厚度达5.6m，而4号高炉炉底为2层立砌炭砖、2.3m，其上为两层高铝砖厚800mm，炉底总厚3100mm，采用水冷管水冷。

（3）为了节能，同时也为解决炉身长寿的问题，4号高炉炉腹以上采用汽化冷却。汽化冷却最初是由苏联开发的，我们对其在公开刊物上发表的文章进行研究后，决定在4号高炉率先尝试。但当时汽化冷却的工艺技术在冷却壁制作及维护检漏手段方面

* 原发表于《炼铁》，2000，19(1):1~4。

都还处于探索阶段，为保险起见，将苏联的自然循环改为用水泵强制循环。开工 2 年后，汽冷管大量破损漏水，炭砖损坏严重，生产很被动。4 号高炉自开炉后，进行了多次中修。第一次中修时将强制循环汽化冷却改成自然循环冷却，使用效果仍不理想，2 年后汽冷管的破损已相当严重，1975 年底损坏的冷却管已超过 30 根。此后改成工业水冷却，但仍未扭转冷却壁继续破损的被动局面，最后只得靠炉皮喷水维持生产。根据 4 号高炉投产后汽化冷却暴露出的问题，1977 年中修时决定取消汽化冷却。

（4）在研究了支梁式水箱结构的缺陷和炉腹冷却壁钩头托砖存在的问题后，1976 年在 3 号高炉炉身采用了带钩头的镶砖冷却壁，取消了支梁式水箱。实践表明，带钩头的冷却壁有良好的托砖功能。这一改进和长条钢砖的推广对稳定炉料和煤气流分布，提高生产水平起了相当大的作用。

（5）1982 年 2 号高炉大修时炉身下部采用浸磷酸黏土砖。综上所述，经过一系列的改进和探索后，高炉长寿的问题仍旧没有得到很好解决。20 世纪 70 年代后期，我们专门成立了一个高炉长寿问题的研究小组。从 1978 年 1 号高炉大修时开始，各高炉大、中修时都做炉体破损调查。根据破损调查的结果来开发适合武钢情况的长寿冷却壁是该研究小组的主要任务之一，当时冶金部对这项工作也非常支持。正是在武钢高炉短寿以及逐步改进的实践结果和破损调查获得的认识的基础上，形成了3200m^3 高炉的设计方案。在 3200m^3 高炉设计建设过程中，武汉钢铁设计研究院的同志们和我们一起做了大量的工作。

第三阶段：20 世纪 90 年代的综合创新阶段。武钢 3200m^3 的 5 号高炉于 1988 年 7 月动工兴建。1991 年 10 月 18 日正式投入运行。5 号高炉本体采用的长寿技术主要是：水冷全炭砖薄炉底，与其他几座高炉不同的是，在炉缸炉底交界区（通常称之为异常侵蚀区）使用了 7 层微孔炭砖，以缓解该区的异常侵蚀；采用全立式冷却壁炉身结构和软水全密闭循环冷却系统；对炉衬侵蚀状况进行监测；采用 PW 无料钟炉顶，提高控制煤气流的有效性；炉身采用抗碱侵蚀的耐火材料等。5 号高炉开工后的生产实践证明，我们关于延长高炉寿命的设想是可行的。因此，1996 年 4 号高炉大修时，将 5 号高炉的新技术推广到 4 号高炉。5 号高炉已运行了近 8 年，除垂直管损坏 1 根，钩头管损坏 8 ~ 9 根外，其他设备运行良好。目前，5 号高炉的年平均利用系数达 2.1 ~ 2.2t/(m^3·d)，生产形势是稳定的。尽管 5 号高炉的设计炉龄为 10 年，但以其目前的生产、设备状况来看，运行 12 年后以较好的炉体状况进行大修完全是可能的。日本川崎千叶厂 6 号高炉的炉龄虽然长达 20 年，但其后期的利用系数仅为 1.6t/(m^3·d)，经济效益和高炉的稳定性并不高。所以，我认为高炉长寿不应只片面追求运行时间长，还应强调其经济性和稳定性，既要“长寿”，又要“健康”。武钢 1 号高炉自 1978 年大修以来，中修了多次，现在也停炉了，准备将该炉由原来的 1386m^3 扩容至 2200m^3，并采用和发展 5 号高炉的长寿技术，这样武钢采用上述新技术的高炉将达到 3 座（5 号、4 号、1 号高炉）。

2　炉体破损机理的研究

2.1　炉底、炉缸侵蚀机理

1978 年通过 1 号高炉大修破损调查得知，炉缸、炉底砌体的局部位置侵蚀颇为严重，炉缸炭砖层较薄，炉底的高铝砖已熔结成致密坚实的整体，还发现1号高炉的铁水渗入普通炭砖的现象非常严重。炭砖中铁质量分数随铁口水平面以下距离的增加而升高，在炉底侵蚀线处达到最大值40.37%。炉体解剖时取出的炭砖上发现许多白色亮点，即渗铁。铁水在1300~1350℃温度范围内流动性良好，而普通炭砖的气孔率较大，铁水容易渗入炭砖气孔，经过长期生产后，炉底水平面处的铁水对炭砖产生较高的侧压力，进而填充炭砖工作端面几乎全部的气孔和裂缝：渗铁同碳起作用生成 Fe_2C 或 FeC 使气孔和裂缝扩大，破坏炭砖的工作端面，造成炉底的“异常侵蚀”。所以，如何改进炭砖的抗渗铁水性成为武钢刻不容缓要予以解决的问题。这些问题促使武钢十分重视微孔炭砖的研制开发，在研制成功后直接运用于4号高炉。其使用效果要等到将来4号高炉大修进行解剖分析时才能彻底弄清，但5号高炉目前的生产状况足以证明，在炉底炉缸的“异常侵蚀”区采用微孔和超微孔炭砖的发展方向无疑是正确的。另外，1984年4号高炉大修破损调查得知，4号高炉炉缸炭砖环裂严重，在炉缸炉底交界区形成“蒜头状”侵蚀。

2.2 碱金属和锌对炉体的侵蚀

通过破损调查，我们得知炉体侵蚀并不仅仅是由于砖衬的耐磨性不好或是砖的抗渣性不强，更重要的因素之一是钾、钠、锌的影响和破坏作用。但是这种破坏作用和冷却的关系密切。只要采用适当的冷却系统使冷却强度足够、把耐火材料热端温度降到碱金属和碳素沉积的化学侵蚀反应温度以下，那么炉身寿命的延长是有望达到的。

2.3 冷却壁破损的原因

4号高炉的汽化冷却系统运行2年后，冷却壁破损严重。最初我们认为造成损坏的原因是受热后冷却壁和钢板的膨胀系数不一致，因而在第一次中修时，将冷却管改成套管式且内管可伸缩。但是改进后使用效果也不好、可见损坏并不仅是膨胀系数不同导致的。在对破损冷却壁解剖调查中发现，冷却壁水管渗碳非常严重，水管原碳质量分数不到0.1%。由于冷却壁浇铸过程中渗碳，原来7mm厚的水管，完全没有渗碳的只剩下0.6mm，而且金相组织发生了质的变化，由原来纯粹的铁素体变成以珠光体为主的组织。因此，冷却壁水冷管的渗碳问题必须尽快解决，否则就会影响高炉冷却壁的长寿。为此，1986年我们专门成立了一个研究小组研究长寿冷却壁，解决冷却壁渗碳和延伸率等问题。普通铸铁的延伸率是较低的，而要保证冷却壁在高炉的炉温波动范围内不断裂，铸铁的延伸率必须达到22%。围绕上述问题，经过2~3年的研究，我们开发出了球墨铸铁冷却壁，解决了冷却壁结构及制造等问题。球墨铸铁冷却壁在5号高炉的使用效果不错，运行近8年来没有一块冷却壁损坏。

2.4 耐火材料抗碱及铁水渗入炭砖的研究

关于各种耐火材料性能的研究，我们做了大量的工作，并开发出了微孔炭砖、浸磷酸黏土砖、铝炭砖。实践证明，尽管高铝砖较贵，但在耐碱能力方面并不比黏土砖强。而 SiC 砖只有用 Si_3N_4 结合时抗碱性才好，若是用黏土结合，其抗碱性还不如较它便宜的铝炭砖。可见，耐火材料并不是越贵越好，高炉各段用什么材料，应该根据高炉不同部位的工作条件和侵蚀机理具体问题具体分析。

根据前面的论述可知，高炉长寿技术是多种技术的综合（高炉长寿技术包括的内容参见表1），延长高炉寿命是个系统工程。例如，不同的耐火材料需要不同的冷却装置，冷却壁和冷却板都有各自独特的优点与缺点，现代高炉结构的发展趋势是采用强化冷却的薄壁高炉，炉腹以上的内衬厚度已薄至100~150mm，并与冷却壁组合成整体结构，从而取消了该区域的内衬砌筑工程，以实现经济、高效、长寿的综合目标。我个人更倾向使用冷却壁，因为它具有全面冷却保护炉壳、密封性强、能形成光滑的操作炉型等最为重要的优势。据霍戈文公司的代表介绍，该公司使用密集冷却板的效果很不错，不仅容易更换，而且使用寿命长，当然该公司所用的砖衬结构与我们不同。日本人设计的高炉容易患“腰疼病”，日本人称之为“下部不活性”。如宝钢高炉投产后，常常“腰疼”，影响生产，主要原因是冷却板区域容易结厚。而武钢3200m^3的5号高炉开炉后没有患过“腰疼病”。2500m^3的4号高炉采用了同样的冷却装置，使用效果很好。因此，冷却板和冷却壁各有所长，同时也各有所短，但长寿的原则是相同的，采用的长寿技术是综合的。

表1 高炉长寿技术包括的内容

项 目	技 术 内 容
符合长寿要求的设计	（1）炉体结构； （2）冷却方式和冷却系统； （3）耐火材料的选用； （4）监控手段； （5）炉内煤气流控制手段； （6）精料保证手段
设备及材料的质量	（1）优质耐火材料； （2）冷却设备制造质量； （3）设备质量
优良的施工质量	（1）冷却设备安装质量； （2）筑炉工程质量； （3）计控系统施工质量
精料保证	（1）控制有害杂质； （2）良好的冶金性能
良好的高炉操作及管理	（1）煤气流控制； （2）冷却系统管理； （3）炉体侵蚀检测； （4）炉前出铁出渣管理

3 延长高炉寿命的探索

（1）1970年3月中修时，1号高炉将炉喉钢砖改成条形。

（2）1970年3月中修时，1号高炉炉身下部，不再使用抗热震性差、抗碱金属和渣铁侵蚀性差的高铝砖。

（3）1970年9月，4号高炉开炉时，首次采用了水冷炭砖薄炉底。根据我们的实践，$2000m^3$级和$3000m^3$级高炉炉底厚度约3.2m（包括炭砖和高铝砖），可适应利用系数2.1~2.2t/(m^3·d)的强化冶炼以及长寿要求。

（4）炉体采用汽化冷却，武钢在这方面经历了曲折的探索过程，由强制循环改为自然循环，最后采用了软水密闭循环。另外，在软水密闭循环冷却系统设计与生产中，我们还强调冷却水中不能有气泡聚集，气泡气膜隔热层的存在会导致冷却壁的升温，加速冷却元件的损坏。

（5）炉体采用T形冷却壁取消冷却水箱。这种冷却壁的环形凸台，比冷却板、冷却箱都可靠。

（6）水冷炭砖薄炉底技术目前已推广到5号高炉、3号高炉、2号高炉。即将大修改造的1号高炉也将采用这项技术。

（7）2号高炉1982年大修时，炉身上部采用了浸磷酸黏土砖，不仅便宜，而且气孔少，使用效果非常好。

（8）1991年3月1号高炉中修时，炉身下部开始采用铝炭砖。SiC砖性能好，但价格较贵，而且SiC砖必须用Si_3N_4或赛隆结合，若是黏土结合，其性能价格比还不如铝炭砖。

（9）5号高炉综合长寿技术的采用。我个人认为无料钟炉顶比可调炉喉炉板使用效果好且方便，尽管日本人非常推崇后者。采用无料钟炉顶调节控制冷却壁的热负荷是高炉长寿必须具备的配套技术，不过开炉时一定要详细测量料面，并对不同原燃料条件下的布料规律与特点有清醒的认识，否则无法发挥无料钟炉顶根据炉况调节布料、合理控制煤气流的功能。

（10）1996年4号高炉大修时，也基本采用了与5号高炉相同的炉体结构。

4　效果与展望

5号高炉自1991年10月投产以来，运行状况一直不错，估计安全、稳定、高效地生产12年是不成问题的。4号高炉1996年9月28日投产，目前冷却壁无一损坏。尽管我们在高炉长寿方面做了很多工作，但长寿技术仍需不断完善，特别是冷却壁凸台部分是薄弱环节，还需进一步改进。将要进行扩容改造大修的1号高炉（$2200m^3$）设计中就进行了一些改进，如：为了彻底消除冷却壁的凸台易破损、影响炉料和煤气流的合理分布等缺点，在炉腹以上至炉身上部全部采用砖壁合一的新型冷却壁，取消凸台，将内衬厚150mm带燕尾的衬砖镶铸入冷却壁的燕尾槽内：在炉腰及炉身下部高热负荷部位，采用2段厚120mm铜冷却壁进行强化冷却，以形成稳定的渣皮保护层；在软水密闭循环冷却系统，采用串联冷却工艺流程，节约循环水量50%，以降低能耗和简化高炉冷却系统的工艺流程等。采用以上高炉长寿技术，并配套采用精料技术和炉顶布料技术，将为1号高炉实现炉龄15年、利用系数在2.2t/(m^3·d)以上，燃料比在500kg/t以下的高效长寿目标创造有利条件。

进入21世纪中国炼铁工业面临的挑战*

——结构重组与节能降耗

20世纪80年代以来，中国钢铁工业进入了快速发展阶段。1995年我国生铁产量超过1亿吨。从表1可见，与1998年相比，1999年全国炼铁企业技术经济指标取得了很大进步，无论是重点企业或是地方骨干企业，其高炉利用系数、煤比、焦比、风温使用水平等技术经济指标得到明显改善。高炉利用系数升高和焦比降低幅度较大，是近年来进步最快的。这说明了一个问题：即进步源于压力，没有压力就难以进步。近年来钢材价格普遍下降，钢铁企业日子不好过，这就使大家想办法来改善高炉操作，降低消耗，因而进步很快。但是总体上与发达国家相比，仍有很大差距。我国目前已是世界上第一产铁大国（表2）。1999年我国产生铁1.25亿吨，生铁产量超过了历史上其他任何国家。苏联1987年产铁1.14亿吨，产钢1.619亿吨；美国1973年产铁0.941亿吨，产钢1.368亿吨。而我国铁多钢少，是生铁净出口国，出口生铁是不经济的，实际上是出口能源。我国虽是产铁大国，但不是产铁强国，表现在高炉数量多，总体装备水平差，大多数高炉的技术经济指标落后，风温水平低、能耗高，劳动生产率低，总体质量水平差，环境污染严重，国际市场竞争力不强。为迎接21世纪国际市场的挑战，必须认真抓好两件大事：高炉结构重组与节能降耗。

表1　1998～1999年我国高炉炼铁技术经济指标

企业类型	年份	利用系数 $/t\cdot(m^3\cdot d)^{-1}$	合格率/%	入炉焦比 $/kg\cdot t^{-1}$	喷煤比 $/kg\cdot t^{-1}$	热风温度 /℃	熟料率 /%
重点企业	1998	1.895	99.92	448	99.00	1056	88.47
	1999	1.993	99.97	426	114.00	1075	87.73
	增减值	+0.098	+0.05	-22	+15.00	+19	-0.74
地方骨干企业	1998	2.242	99.95	524	72.00	976	84.56
	1999	2.412	99.95	498	87.51	995	88.88
	增减值	+0.170	0	-35	+15.51	+19	+4.32

表2　世界各国历史最高产铁量及粗钢产量

国　别	年　份	粗钢产量/万吨	历史最高生铁年产量/万吨
美　国	1973	13680.4	9410.2
日　本	1974	11713.1	9270.0
苏　联	1987	16193.6	11400.0
中　国	1999	12370.8	12539.2

* 本文合作者：银汉、毕学工。原发表于《中国冶金》，2000，10(6)：1～6。

1 高炉结构

1.1 我国高炉结构、技术装备的现状

我国炼铁高炉总数已超过3000座，达到3228座（表3），其高炉容积分布情况如下。

表3 我国高炉结构状况

高炉级别/m^3	炉容范围/m^3	高炉座数	总容积/m^3	平均容积/m^3	产能/万吨·年$^{-1}$	占总产能比/%
>2000	2000~4350	18	49064	2726	3434	26.4
1000~2000	1000~1800	29	36907	1273	2583	19.8
500~1000	554~983	23	16047	698	1123	8.6
200~500	203~380	106	33078	312	2315	17.8
100~200	100~175	52	6092	117	426	3.3
<100	8~94	3000	125600	42	3144	24.1
总 计		3228	266788	83	13025	100

（1）容积大于1000m^3的高炉47座。1000~2000m^3高炉29座，其中1000~1350m^3高炉22座，1386~1800m^3高炉7座，生产能力2583万吨/年。大于2000m^3高炉18座，其中2000~2200m^3高炉5座，2500~2580m^3高炉9座，3200m^3高炉1座，4063~4350m^3高炉3座，生产能力3434万吨/年。

（2）容积小于1000m^3高炉3183座。小于200m^3小高炉3052座，有3000座属地方小厂（其中小于50m^3高炉2613座，50~90m^3高炉387座），有52座属地方骨干企业，其中100m^3高炉33座，120~128m^3高炉14座，140~175m^3高炉5座，小于200m^3高炉的生产能力为3570万吨/年。200~500m^3高炉106座，其中203~255m^3高炉11座，300m^3高炉106座，350m^3高炉22座，380m^3高炉7座，生产能力2315万吨/年。500~1000m^3高炉23座，其中544~750m^3高炉18座，831~983m^3高炉5座，能力1123万吨/年。

（3）小高炉座数多。容积小于100m^3高炉占全国高炉座数的93%，小高炉单产，劳动生产率低，污染环境严重。国际上具有竞争能力的钢厂高炉容积都在1000m^3以上，如芬兰的罗德鲁基钢铁公司，高炉容积1033m^3已改为1200m^3，经济效益好。

我国高炉总体装备水平低，如表4所示。表中国内先进水平相当国际20世纪70年代的水平。国内一般水平相当于国际20世纪60年代水平。全国大于1000m^3的47座高炉中工艺装备水平达到20世纪80年代以后国际水平的只有16座，13座为20世纪70年代的工艺技术装备，19座属于20世纪60年代的工艺技术装备水平，小于200m^3的3093座高炉中工艺技术装备水平非常落后，这就是为什么我国高炉总体能耗高，缺乏竞争力的原因。这样的高炉结构，显然是不合理的，不适应迎接21世纪挑战的需要。总之，我国高炉结构不合理主要表现为：（1）小高炉多，高炉总座数多、单产低，劳动生产率低；（2）技术装备落后，工艺落后，导致消耗高，技术经济指标落后，环境污染严重。

表4　我国炼铁高炉技术装备水平现状

技术装备水平	高炉座数	产能/万吨	占总产能比/%
国际水平	16	2438	19.28
国内先进水平	16	1360	10.75
国内一般水平	157	4394	34.73
落后水平	3093	4456	35.23

注：我国高炉的总生产能力为12648万吨。

1.2　造成我国高炉结构不合理的主要原因

（1）我国钢铁工业起点低。我国高炉起始于旧中国遗留下来的小高炉及20世纪50年代苏联援建的高炉。这部分高炉技术装备水平不高，相当于20世纪50年代或40年代的工艺技术水平，20世纪60~70年代我国奉行闭关自守的政策，高炉工艺技术装备水平提高缓慢。

（2）当世界高炉向大型化发展时，我国刚刚起步，以后又在大办钢铁中迷失方向，建设了一批小高炉、土高炉，直到20世纪70年代才走回来，但所采用的基本上是20世纪50年代的技术。

（3）长期以来的发展属于计划经济体制下规模、数量的扩张，像摆积木一样增加高炉座数，没有质量和技术水平的提高。

（4）部分人士过分地夸大了小高炉的优越性。当时有一个说法，即热烧结矿比冷烧结矿好，小高炉比大高炉好。对国际钢铁工业发展趋势研究不够。

1.3　高炉结构重组应遵循的原则

（1）必须从我国企业的实际出发，以保持我国钢铁工业的持续稳定发展为前提。要保持稳定的过渡，要满足国民经济的发展对生铁的需要。

（2）必须符合世界炼铁工业科学技术发展趋向。钢铁工业的发展有其自身的规律，不以人的意志为转移，只有保证与世界钢铁工业相同的发展方向，才不会重犯大错误，少走弯路，逐步使我国的炼铁工业的高炉结构趋于合理。

（3）必须以提高我国钢铁工业总体竞争力为目标。

1.4　我国高炉结构重组的具体做法

1.4.1　必须从淘汰落后入手

必须首先淘汰落后，因为不淘汰落后，有发展前途的企业也难发展。淘汰落后并不容易，因为要触及一部分既得利益，光靠行政手段不够。小炼铁企业关系地方经济，受地方保护，淘汰落后只能靠两项措施：

（1）按环保法规要求淘汰落后。要求炼铁高炉达到规定环保标准，每个指标都不能超标，超了就勒令停产。这是淘汰小高炉最有力的手段。采用行政手段遇到的问题是下有对策。只有用环保法规才能淘汰落后。

（2）按质量法淘汰落后。高炉产品质量要达到国家标准，质量不过关的，要淘汰掉。

下面是根据我国高炉现状，假定高炉结构重组中的几种可能性，以及重组后的高炉结构。

我国淘汰 200m³ 以下高炉后的高炉结构见表5。

表5　淘汰 200m³ 以下高炉后冶金系统内的高炉结构

高炉级别/m³	炉容范围/m³	高炉座数	总容积/m³	平均容积/m³	产能/万吨·年⁻¹	占总产能比/%
>2000	2000～4350	18	49064	2726	3434	36.3
1000～2000	1000～1800	29	36907	1273	2583	27.3
500～1000	554～983	23	16047	698	1123	11.9
200～500	203～380	106	33078	312	2315	24.5
总　计		176	1358096	768	9455	100

从表5可见淘汰3052座小于 200m³ 高炉后，高炉总数降为176座，平均炉容 768m³，年产生铁能力9455万吨，当然实际重组过程中不可能仅淘汰 200m³ 以下小高炉，但由此可以看到，淘汰掉 200m³ 以下高炉不会使中国钢铁工业伤筋动骨。

1.4.2　利用大修机会对保留的高炉进行技术改造——扩容与结构合理化

中国现有高炉座数多，建新高炉不是当务之急，重点应是改造旧高炉。淘汰 200m³ 以下小高炉，并进行工艺技术改造，改造扩容后的高炉结构如表6所示。

表6　冶金系统大于 200m³ 高炉扩容后的高炉结构

高炉级别/m³	炉容范围/m³	高炉座数	总容积/m³	平均容积/m³	产能/万吨·年⁻¹	占总产能比/%
>2000	2000～4350	21	57772	2751	4044	36.3
1000～2000	1000～1800	27	34208	1267	2395	27.3
750～1000	750～983	23	17128	745	1199	11.9
300～750	300～700	106	37478	356	2623	24.5
总　计		177	146586	828	10621	100

从表6可见，将 200m³ 以上高炉进行扩容改造后，年产铁能力超过1.0亿吨。按"九五"规划进行扩容与合理化重组后，我国高炉总座数将降为146座，单座高炉平均容积达 1121m³，全年生铁总产量达1.197亿吨（表7）。平均单炉产铁将超过80万吨，那时我国高炉结构将达到国际平均水平。

表7　按"九五"规划合理化重组后的高炉结构

高炉级别/m³	炉容范围/m³	高炉座数	总容积/m³	平均容积/m³	产能/万吨·年⁻¹	占总产能比/%
4000	4500	3	13500	4500	1040	8.7
3000	2800～3500	6	18300	3050	1409	11.8
2500	2500～2580	9	22960	2551	1768	14.8

续表 7

高炉级别/m^3	炉容范围/m^3	高炉座数	总容积/m^3	平均容积/m^3	产能 /万吨·年$^{-1}$	占总产能比/%
2000	1800 ~ 2250	9	18650	2072	1436	12.0
1500	1350 ~ 1650	22	33250	1511	2328	19.4
1000	900 ~ 1250	29	30350	1047	2125	17.7
750	750	4	3000	750	210	1.8
300	300 ~ 380	64	23680	370	1658	13.8
总　计	300 ~ 4500	146	163690	1121	11947	100

以上计算不可能与实际结构重组完全一致，但由计算可以得出结论，上述的重组原则是可行的。作者对高炉重组并不认为应该“一刀切”。对不同具体条件下高炉的合理炉容应是有差别的。但高炉结构重组的方向是淘汰小高炉，高炉容积趋于大型化。高炉大型化有很多好处，其中一个好处与高炉炼铁本身没有太大的关系，而是与炼钢及铁水预处理有关。在高炉铁水含硅相同的情况下，大高炉的铁水温度比小高炉高，如图 1 所示。在铁水中 Si 为 0.4% 的条件下，300m^3 的小高炉的铁水温度比 1500m^3 大高炉铁水温度低 100℃ 左右，而大型高炉之间的铁水温度相差不大。如 2500m^3 高炉、3200m^3 高炉与 4000m^3 高炉的铁水温度相差很小。因此将炉容扩大到 1000m^3 以上有利于维持铁水充沛的物理热，对铁水预处理及炼钢工序提高质量、增加品种、实现集约化十分必要。

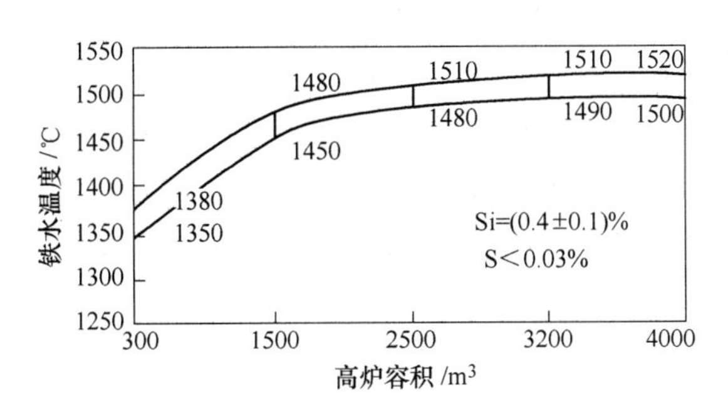

图 1　高炉铁水温度与高炉容积的关系

1.5　搞好高炉结构重组必须取得共识的若干问题

1.5.1　大高炉单位容积投资并不比小高炉高

表 8 示出了 20 世纪 90 年代我国新建不同容积高炉的投资情况，从表中看到投资有的是决算额，有的是概算投资，根据投资及高炉容积算出单位立方米高炉投资额，20 世纪 90 年代建成的小高炉单位立方米投资额并不比大高炉少，甚至高于武钢（3200m^3）、宝钢（4063m^3）高炉。因此不能说建小高炉便宜。实际上，建 300m^3 高炉并不便宜，建 4000m^3 大高炉也不贵。为什么会形成建小高炉便宜的概念呢？那是因为

过去所建的小高炉非常简陋，设备装备差，技术含量低，因此花钱少。

但是要建一座装备水平高的小高炉花钱并不会少，由表8可见20世纪90年代建成的小高炉与大高炉单位容积投资的变化情况。

表8　20世纪90年代我国新建不同容积高炉的投资

炉容级别 /m³	铁厂	高炉炉容 /m³	建成时间	总投资 /亿元	产能 /万吨·年⁻¹	单位投资	
						万元/立方米	元/(吨·年)
300	凌　钢	380	1998年	1.370①	30.0	36.05	456.67
	南　京	350	1997年	1.794	30.0	51.25	598.00
	韶　钢	350	1996年2月	1.600①	30.0	15.71	553.00
750	莱　钢	750	1993年6月	2.457①	52.5	32.76	468.00
1250	梅　钢	1250	1995年2月	5.760	87.5	16.08	658.30
2500	首　钢	2536	1994年8月	8.550	248.5	33.71	344.00
	鞍　钢	2580	1996年2月	14.000	180.6	54.26	775.20
	唐　钢	2560	1998年10月	14.500	179.2	56.64	809.15
	马　钢	2500	1994年4月	8.700	175.0	34.80	497.00
3000	武　钢	3200	1991年10月	9.430	224.0	29.47	421.02
4000	宝　钢	4063	1991年6月	12.870	325.0	31.68	396.00
	宝　钢	4350	1994年9月	16.790	325.0	38.60	516.62

① 决算投资，其余均为设计概（预）算投资。

表8所列的几座300m³ 高炉装备水平均较高，有必要的检测仪表，有监控装置，也有无钟炉顶，因此这些小高炉花钱并不少，其单位容积投资与武钢、宝钢大型高炉相比不便宜，甚至高于大高炉。

1.5.2　从高炉投资结构上来看，高炉容积必须与附属设备匹配

表9示出了不同容积高炉各系统的投资比例。高炉投资包括：高炉本体、供料、上料系统、鼓风加热系统、渣铁处理系统、高炉煤气系统、喷吹煤粉系统、供水排水系统、除尘系统及其他。从表中可看出，投资所占比例高的是鼓风加热系统、供料上料系统、渣铁处理系统和高炉本体。从表9可见，高炉投资中鼓风加热系统投资所占份额最大，其次是渣铁处理系统，高炉本体投资比例最小。而且炉容越大，高炉本体投资比例越小。假如建高炉为了追求利用系数高、附属装备按高系数的产量配置，高炉本体虽然少花钱，但节省的恰恰是最小的部分，附属系统部分该花的都花了。如果长期达不到所追求的高利用系数，则附属设备能力均不能充分发挥，实质上是一种投资浪费。因此高炉容积必须与附属设备能力匹配。建一座利用系数3.0t/(m³·d)的1000m³ 高炉，其附属设备能力必须与利用系数2.0t/(m³·d)的1500m³ 的一样大。这样大头的资金按1500m³ 的规模高炉投入了，小头的钱（建高炉本体）按1000m³ 高炉花，最后建成的1000m³ 高炉的利用系数长时间达不到3.0t/(m³·d)，这样的投资效益发挥不好，因而造成了资金浪费。不该用大高炉的装备建一座容积小的高炉来追求高利用的系数。

表 9　我国高炉投资结构组成

高炉容积/m^3	各系统占总投资比例/%								
	高炉本体系统	供料上料系统	鼓风加热系统	高炉煤气系统	渣铁处理系统	喷吹煤粉系统	供水排水系统	三电系统	其他
300	15.2	23.5	19.8	4.0	8.6	—	4.0	3.3	21.6
620	14.2	21.5	28.4	5.0	8.7	—	6.6	1.6	14.0
1000	12.3	13.7	28.8	8.0	12.2	6.1	10.4	—	8.5
1060	14.0	12.3	33.0	3.2	20.2	3.0	8.4	2.1	3.8
1200	16.2	12.0	30.4	5.3	12.2	—	3.9	3.2	16.8
1500	8.0	11.2	27.6	18.0	14.5	7.3	4.7	8.7	0
2500	10.3	8.0	22.7	4.6	14.4	1.5	2.4	—	36.1
3200	6.4	9.6	19.0	6.2	11.7	4.2	4.6	7.0	31.3

1.5.3　高炉容积只能根据具体条件合理选定

到底建多大容积的高炉才合适呢？事实上，不是喜欢建多大的高炉就建多大，高炉容积受诸多因素的制约：（1）生产规模。假如要求年产钢 100 万吨的钢铁企业，生铁产量最多 100 万吨，那么建一座 1500m^3 的高炉就够了，这样投资最省。如要建一座年产 50 万吨钢铁的企业，那么建一座 700～800m^3 的高炉就够了。（2）原燃料条件。高炉越大，对原、燃料质量要求越高，如果能供给高炉的原燃料好，则宜建大高炉；反之，如果原燃料质量差，烧结矿铁分低、SiO_2 高，焦炭强度差，灰分高，渣量大，这样的原燃料条件就不宜建太大的高炉。

总之，高炉容积既不是越大越好，更不是越小越好。一座钢铁厂高炉数要尽可能少，要根据企业总体生产规模与原燃料条件来定。

此外，还必须合理地利用炼铁高炉现有的资产存量；采用新技术要因地制宜，讲求实效；高炉结构重组既不是追求特大炉容，也不是追求特高利用系数，重组的核心是提高我国钢铁工业的总体竞争力。

2　我国高炉的节能降耗

2.1　我国高炉能耗状况

我国近年来高炉炼铁取得了很大进步，如表 1 和表 10 所示，高炉利用系数与国外平均水平已相差不大（地方骨干企业高炉平均利用系数超过 2.0t/(m^3·d)，大高炉 2.0t/(m^3·d)左右)，但我国高炉总能耗比外国高得多，尤其是燃料消耗高，燃料比平均在 550kg/t 以上，焦比在 400kg/t 以上，而目前工业发达国家高炉燃料比在 500kg/t 左右，焦比在 400kg/t 以下。我国只有几座高炉的燃料消耗能达到这样的指标。

另外，国外注重使用高风温，其风温水平 1150～1250℃，我国高炉风温使用水平近年来提高不大，总体比国外低得多。无论是原重点企业还是地方骨干企业的平均技术经济指标与发达国家相比，差距很大，在 2000m^3 以上的高炉中，只有宝钢达到了国际先进水平，我国高炉燃料消耗高是我国与国际水平的最大差距。节能降耗是我国迎接 21 世纪国际市场挑战的重大对策之一。

表10 1999年我国大于2000m³高炉平均技术经济指标

高 炉	炉容/m³	利用系数 /t·(m³·d)⁻¹	燃料比 /kg·t⁻¹	焦比 /kg·t⁻¹	煤比 /kg·t⁻¹	Fe/%	风温 /℃	CO_2 /%	矿耗 /kg·t⁻¹	休风率/%
首钢1号	2536	2.137	510.9	386.8	124.1	59.02	1071	—	1646.6	4.08
首钢3号	2536	2.240	498.0	389.0	109.6	58.65	1059	—	1654.3	1.67
首钢4号	2100	2.177	516.7	409.3	107.4	58.04	1054	—	1742.2	3.34
包钢3号	2200	1.798	549.3	450.7	98.6	56.69	1213	12.34	1687.1	1.26
包钢4号	2200	1.763	543.7	434.3	109.4	56.54	1201	18.63	1681.6	1.51
鞍钢7号	2580	1.764	555.0	431.0	124.0	54.19	1119	19.30	1863.0	1.34
鞍钢10号	2580	1.966	541.0	417.0	124.0	55.86	1122	9.10	1796.0	1.53
鞍钢11号	2580	1.833	555.0	429.0	126.0	55.89	1035	18.80	1793.0	2.77
本钢5号	2000	1.748	543.9	478.0	65.9	57.27	—	—	1705.0	5.45
宝钢1号	4063	2.264	501.7	263.7	238.0	60.20	1245	22.70	1611.6	1.93
宝钢2号	4063	2.197	499.5	324.8	174.7	59.91	1232	22.30	1617.9	2.37
宝钢3号	4350	2.305	499.0	292.3	206.7	60.39	1246	22.70	1607.6	1.97
马钢8号	2500	1.995	511.0	402.0	109.0	57.09	1069	20.36	1690.0	2.89
武钢4号	2516	2.075	534.9	425.9	109.0	57.97	1117	18.40	1640.2	7.28
武钢5号	3200	2.160	525.9	405.9	120.0	58.52	1125	19.20	1630.8	2.36

2.2 喷煤是降低焦比的有效手段

图2示出我国重点大中型钢铁企业入炉焦比与喷煤比的状况，从图中可见不喷煤的高炉其入炉焦比在600kg/t以上，喷吹煤粉的高炉的焦比在500kg/t以下，喷煤比增加，焦比降低。

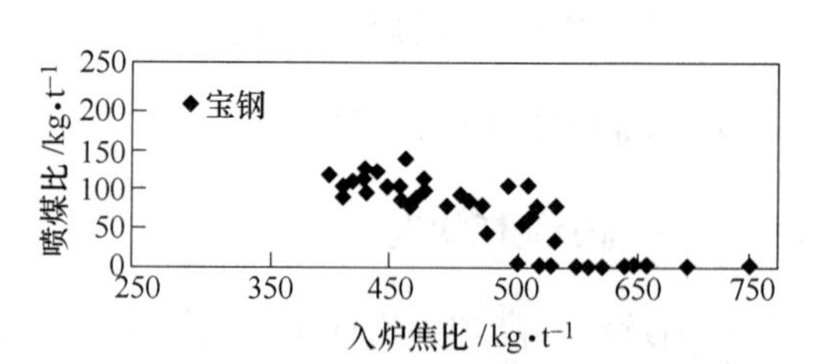

图2 1999年重点大中型钢铁企业入炉焦比与喷煤比

据统计，1999年我国55家重点与地方骨干企业中，焦比500kg/t的有32家，小于400kg/t的只有2家，其中宝钢小于300kg/t；焦比大于500kg/t的有23家，大于600kg/t有7家。全国炼铁企业中焦比最低与次最低的是宝钢与首钢，宝钢焦比298kg/t，煤比207kg/t，燃料比500kg/t；首钢平均焦比399kg/t，燃料比514kg/t。由此可见，喷吹煤粉是一项重要的降焦措施。

2.3 大幅提高煤比的限制条件

1998年宝钢高炉煤比大幅提高，其中1座高炉实现长期喷煤200kg/t的稳定操作，1999年宝钢3座高炉全部推广，使全厂平均煤比达到207kg/t。将煤比提高200kg/t以上的想法并不是1998年提出来的。在此之前，为提高喷煤比，包钢、鞍钢分别进行了工业性试验，但均未达到预期目标。鞍钢在试验期间煤比达到200kg/t时，炉况顺行变差，且煤粉对焦炭的置换比明显降低，与喷煤比150kg/t时相比炉况差得多。国家没有在宝钢组织过试验，但宝钢根据实际情况直接将煤比逐步提高到200kg/t以上，并实现了高炉长期稳定顺行且煤粉置换比没有降低（表11）。为什么包钢、鞍钢组织攻关都做不到的，而宝钢在生产实践中却能做到呢？其主要原因是宝钢的原燃料条件比试验时包钢、鞍钢原燃料条件好，从对比（表12）可知，前者的精料水平高，宝钢烧结矿的铁分高、SiO_2低、还原性好，入炉焦炭的M_{40}高，灰分低M_{10}低，还原后强度高。显然宝钢入炉原燃料的质量比包钢、鞍钢提高煤比试验期的原燃料质量好得多。因此，包钢、鞍钢在煤比提高到200kg/t时，炉况很难维持顺行。而宝钢高炉能在高煤比条件下维持炉况长时期顺行。因此，对高喷煤比来说，精料是关键，精料使渣量减少，1999年宝钢每吨铁渣量在300kg以下，而试验期包钢、鞍钢渣量都大于400kg/t，较少渣量与高焦炭强度（常温强度与还原后强度）可保持高炉高喷煤比条件下高炉料柱有良好的透气性，尤其是炉身下部成渣带有良好的透气性。

表11　1999年宝钢3座高炉平均操作指标

高　炉	利用系数 /t·(m³·d)⁻¹	焦比 /kg·t⁻¹	煤比 /kg·t⁻¹	炉料 Fe/%	作业率 /%	炉顶煤气 CO/%	送风温度/℃
1号高炉	2.264	263.72	237.95	60.20	98.07	22.7	1245
2号高炉	2.197	324.81	174.69	59.91	97.63	22.3	1232
3号高炉	2.305	292.27	206.70	60.39	98.03	22.7	1246

表12　包钢、鞍钢试验期间的原燃料主要指标与宝钢1999年指标的比较　（%）

厂　家	原燃料	TFe	FeO	SiO_2	灰分	M_{40}	M_{10}	*CSR*
包　钢	烧结矿	50.66	10.81	6.21				
	团　矿	61.50	2.12	7.80				
	块　矿	48.73	7.01	8.68				
	焦　炭				13.37	77.4	7.7	
	煤　粉				10.30			
鞍　钢	烧结矿	52.97	10.45					
	焦　炭				13.30	>82.0	<5.6	56.1
	煤　粉				12.52			
宝　钢	烧结矿	58.50	6.48	4.60				
	球团矿	65.93		2.51				
	块　矿	63.36		4.73				
	焦　炭				11.52	89.0	<5.0	69.54
	煤　粉				约8.0			

2.4 问题讨论

2.4.1 高炉下部的液泛现象

高炉下部透气性受液泛因素的制约，提高煤比后，随料柱焦炭量的减少，料柱孔隙率降低，煤气流速加快，成渣带产生液泛现象的可能性加大。液泛现象是影响煤比大幅提高的关键因素，提高入炉焦炭强度与减少渣量可改善液泛限制条件。据 H. Beer 与 G. Heynert 的研究，高炉下部出现液泛现象是高炉强化冶炼的限制环节，并将液泛极限用下式表示：

$$\log f_f = -0.559\log f_r - 1.519 \tag{1}$$

式中 f_f——液泛因子；

f_r——液气流比。

$$f_f = (\omega^2 F_s / g\varepsilon^3)(\rho_G/\rho_L)\eta^{0.2} \tag{2}$$

$$f_r = (L/G)(\rho_G/\rho_L)^{0.5} \tag{3}$$

式中 ω——炉腹煤气的表观速度，m/s；

F_s——焦炭颗粒的比表面积，m^2/m^3；

g——重力常数，取 $9.8m/s^2$；

ε——焦炭充填床的空隙度；

ρ_G——气体密度，kg/m^3；

ρ_L——炉腹渣密度，kg/m^3；

η——炉腹渣黏度，$10^{-3}Pa\cdot s$；

L——炉腹渣表观质量流速，$kg/(m^2\cdot h)$；

G——炉腹煤气表观质量流速，$kg/(m^2\cdot h)$。

焦炭充填床的空隙度由焦炭平均粒度按下式求出：

$$\varepsilon = 0.153\log d_p + 0.724 \tag{4}$$

高炉下部产生液泛现象的临界条件由式（1）推出：

$$f_f^2 f_r \approx 10^{-3} \tag{5}$$

假定高炉冶炼条件是受液泛现象制约，则可用式（1）~式（5），计算出炉渣量、渣黏度、焦炭充填床空隙度和焦炭粒度对高炉利用系数的影响。

计算的基础条件参照宝钢3号高炉的正常操作条件，见表13和表14。

表13 计算液泛临界条件的基础工艺参数

高炉容积/m^3	利用系数 /$t\cdot(m^3\cdot d)^{-1}$	焦比/$kg\cdot t^{-1}$	煤比/$kg\cdot t^{-1}$	送风温度/℃	鼓风湿度 /$g\cdot m^{-3}$
4 350	2.185	260	250	1 250	20
富氧 O/%[1]	渣量/$kg\cdot t^{-1}$	直接还原率	炉渣黏度/$mPa\cdot s$	料柱空隙度	全焦操作焦比 /$kg\cdot t^{-1}$
1.5	260	0.35	300	0.455 382	487

[1] 此处指体积分数，本书余同。

表 14　计算液泛临界条件的原、燃料成分　(%)

原燃料	Si	Mn	S	F. C	H	N	挥发分
铁　水	0.45	0.30	0.02				
焦　炭				88.00	0.04	0.14	1.00
晋城煤				79.69	4.10	0.77	13.81
神府煤				59.13	6.80	1.01	34.36

经计算并将计算结果作图（图3）。从图3（a）可知，随着渣量的增加，利用系数降低。渣量在400kg/t，高炉利用系数只有1.85t/(m³·d)，要维持利用系数在2.0t/(m³·d)以上，入炉渣量必须小于300kg/t，宝钢高炉渣量只有260kg/t，因而其利用系数可达2.2t/(m³·d)左右。高炉要大幅提高煤比必须设法降低渣量，从图3(c)～(d)可知，在一定范围内，随着焦炭充填床的空隙率与粒度的增加，利用系数增加。要维持2.0t/(m³·d)以上的利用系数，焦炭床的空隙变化必须大于0.44，宝钢为0.455；焦炭在高炉下部的平均粒度必须大于33mm，宝钢焦炭粒度36mm；因此要实行大喷煤条件下的高强化冶炼（利用系数大于2.0t/(m³·d)），高炉入炉焦炭必须具有较好的粒度组成，良好的常温与高温强度。图3的计算结果只能是定性的。由于实测数据不全，不可能在定量上反映高炉操作参数。但可以认为计算的定性结论是可行的，即低渣量与良好的焦炭质量是实现高炉大喷煤量操作的关键因素，高炉实现大喷煤关键是精料。

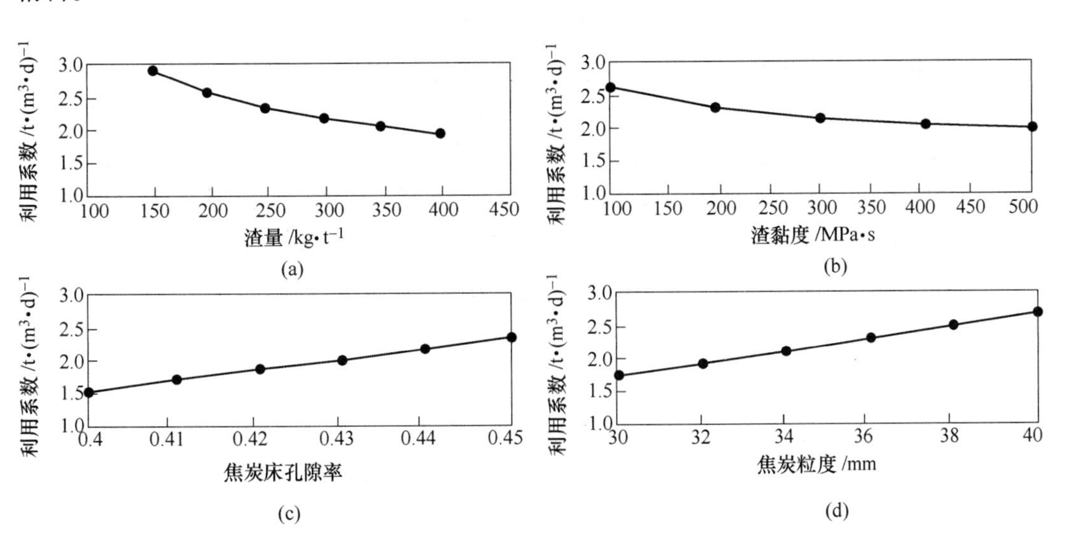

图3　各项参数对利用系数的影响

2.4.2　大喷煤后的理论燃烧温度与热补偿问题

喷入高炉的低温燃料直接进入风口区，在此过程中，燃料迅速被加热和分解，因此，高炉喷燃料后势必造成风口区温度下降。为维持高炉顺行，采用风口喷煤吹燃料时需要对风口区进行热补偿。长期以来，用计算风口理论燃烧温度作为采取热补偿的依据。理论燃烧温度计算值与实际肯定有差别。传统的风口理论燃烧温度的计算式为：

$$T_f = (Q_{CO} + Q_{coke} + Q_b - Q_{out})/(V_s \cdot c_{p1}) \quad (6)$$

式中 Q_{CO}——风口区碳素燃烧为 CO 放出的热量，kJ；

Q_{coke}——风口前燃烧焦炭带入的热量，kJ；

Q_b——热风及喷煤气体带入的显热，kJ；

Q_{out}——喷吹物及鼓风湿分分解消耗的热量，kJ；

V_s——风口区产生的煤气量，m^3；

c_{p1}——风口区煤气比热容，kJ/(kg·K)。

新日铁所用的回归式（新日铁给宝钢的数模中所带的关系式）为：

$$T_f = 1\,524.0 + 60R_{O_2} + 0.84T_b - 2.7R_{coal} - 6.3M_b \quad (7)$$

式中 R_{O_2}——富氧率，%；

T_b——风温，℃；

R_{coal}——喷煤比，kg/t；

M_b——鼓风湿分，g/m^3。

将宝钢高炉正常生产条件下的喷煤比 200kg/t，风温 1240℃及其他相关数据代入传统理论燃烧温度计算式（6），计算得到其理论燃烧温度还不到 1800℃，用新日铁（NSC）提供的关系式计算出的理论燃烧温度也低。一般情况下，理论燃烧温度低，高炉热补偿不够，造成炉缸凉，炉况难以长期稳定；但实际上宝钢煤比大于 200kg 的 3 座 $4000m^3$ 级高炉的炉况能维持长时期的稳定顺行。显然式（6）和式（7）有缺陷，用它们计算出的理论燃烧温度不符合高炉生产操作实际，有必要对其进行修正。事实上，这两个关系式是在高炉喷煤量很少的情况下提出的，笔者将高喷煤比及其他影响因素考虑进去后提出新的理论燃烧温度计算关系式，新关系式考虑了：（1）喷入煤粉的显热；（2）鼓风湿分耗热按水煤气反应计算，而不是水分的分解热；（3）煤粉在风口区的不完全燃烧性，实际上在大量喷煤时，煤粉不可能完全燃烧，也没有必要完全燃烧，计算时应将不完全燃烧考虑进去。新理论燃烧温度计算式如下：

$$T_f = (H_b + H_{coal} + H_{coke} + RHCO_{coke} + RHCO_{coal} - RH_{coal} - RH_{H_2O})/V_s \cdot C_{ps} \quad (8)$$

式中 H_b——热风显热，kJ/h；

H_{coal}——喷入煤粉显热，kJ/h；

H_{coke}——燃烧焦炭显热，kJ/h；

$RHCO_{coke}$——焦炭形成 CO 的燃烧热，kJ/h；

$RHCO_{coal}$——煤粉形成 CO 的燃烧热，kJ/h；

RH_{coal}——煤粉的分解热，kJ/h；

RH_{H_2O}——鼓风中湿分与焦炭中碳的反应热，kJ/h；

V_s——风口区煤气体积，m^3/h；

C_{ps}——风口区煤气比热容，kJ/(kg·K)。

根据宝钢高炉生产操作条件用关系式（6）~式（8）计算了喷吹晋城煤（无烟煤）与神府煤（烟煤）时，鼓风温度、鼓风湿分、富氧量、喷煤比对理论燃烧温度的影响，计算结果做图得图 4。

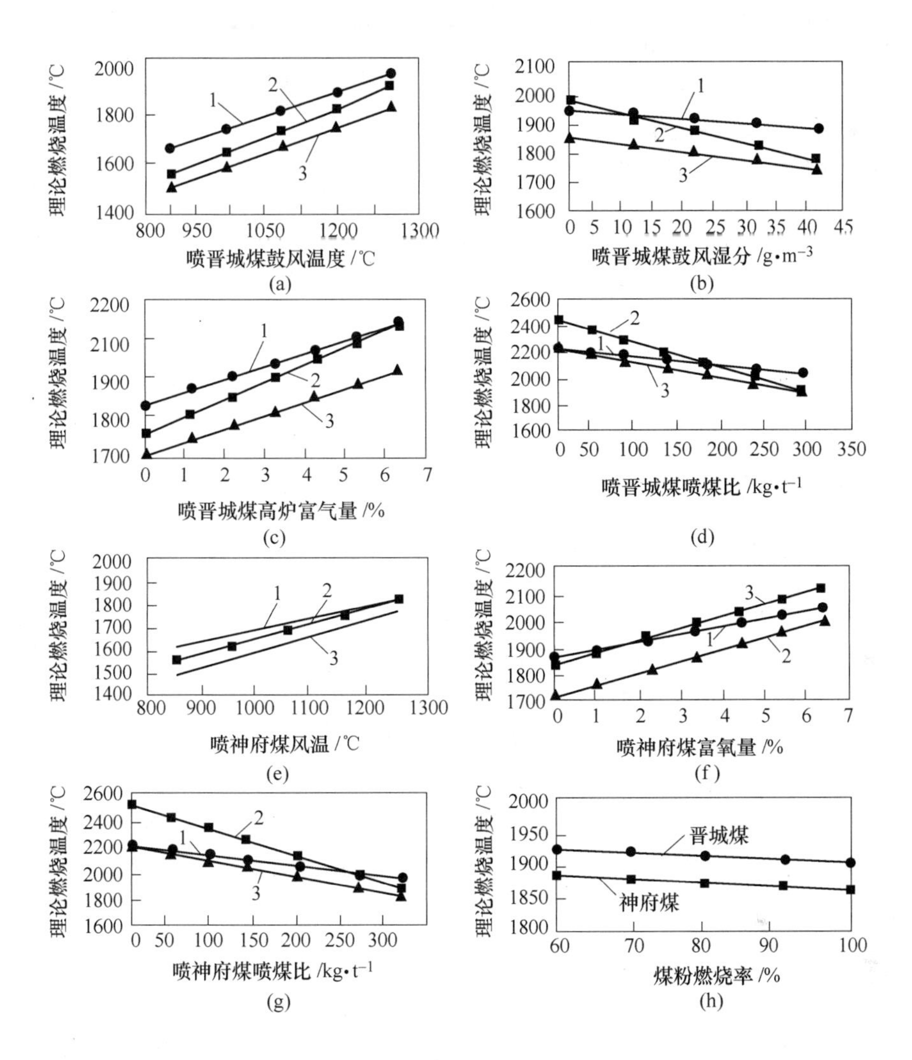

图 4　各种参数对 T_f 的影响

1—新方法；2—NSC 方法；3—传统方法

从图 4 中可知：（1）新方法比传统方法计算出的理论燃烧温度高，对烟煤（神府煤）高 70～100℃，对无烟煤（晋城煤）高 110～160℃；（2）比较新方法与新日铁（NSC）方法计算出的 T_f，其差别无一致性：在不同温度条件下，新方法 T_f 高，而在喷煤量少或不喷煤或鼓风湿分低时，NSC 计算出的 T_f 太高；如不喷煤时，其计算的 T_f 达 2500℃以上，由此可见 NSC 提供的回归式在大喷煤条件下是不适用的；（3）风温对 T_f 的影响比富氧大，风温升高 100℃，T_f 可提高约 70℃；富氧 1%，T_f 约升高 40℃；风温升高 100℃，成本增加 2. 36 元/吨，富氧提高 1%，成本增加 4. 6 元/吨；使用高风温比富氧更经济有效，因而高风温对高喷煤比强化冶炼时是十分必要的。

2.5　富氧的作用

提高风中氧含量，可以强化高炉冶炼。从图 5 中可见，无论是喷吹烟煤或是无烟煤，随着富氧量的增加均使高炉利用系数上升；在大喷煤的条件下，富氧可增加煤粉在风口前的燃烧率，但富氧的主要作用是减少了炉腹煤气量，降低煤气在高炉下部区域的流速，改善了炉腹发生液泛现象的临界条件，可减少成渣区出现液泛现象的可能性，从而利于高炉进一步强化冶炼，利于提高喷煤量。

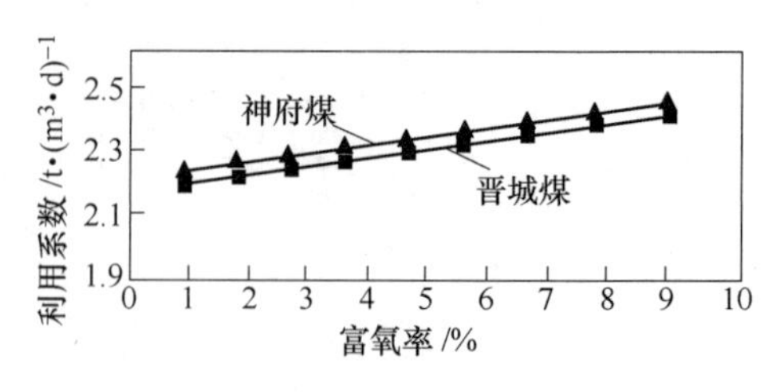

图 5　富氧对高炉利用系数的影响

2.6　改善喷吹用煤质量，提高喷煤系统的可靠性

随着喷吹煤量的增加，煤粉在高炉燃料总的比例中上升到 40% ~50%，故应当像重视炼焦用煤一样来重视喷吹用煤的质量与配比。从计算可知，讨论喷吹烟煤与无烟煤已无多大意义；烟煤与无烟煤各有利弊，烟煤挥发分高，利于燃烧，但根据宝钢的经验，煤粉在风口区燃烧状况好坏已不构成的高喷煤比的限制环节，喷入的煤粉会在高炉中消耗，起到降焦作用，至于在何处被消耗，并不重要；无烟煤挥发分低，固定碳高，燃烧性能不如烟煤，但其固定碳高，有利于提高煤粉对焦炭的置换比。因此，喷吹用煤不存在是烟煤好或无烟煤好的问题，关键是因地制宜，选择好不同煤种，摸索出合理的配比，提高喷吹用煤的质量。随着喷煤量的提高，高炉对煤粉的依赖性增加，制粉或喷吹系统的任何环节发生故障，影响正常喷煤，都将使高炉操作产生波动甚至失常。因此，提高制粉、喷吹系统的工作可靠性，保证稳定喷吹也是十分重要的。

2.7　高炉喷煤的上限与大喷煤量的意义

焦炭在高炉内的作用包括：（1）料柱的骨架作用。它能维持料柱必要的透气性，是高炉冶炼的必要条件；（2）燃烧产生热量和还原气体。焦炭燃烧产生的热量和还原性气体可以被其他含碳物燃烧所代替，高炉喷煤只能代替部分焦炭产生热量参与还原，因此高炉焦比降低是有限度的。根据计算，高炉正常操作所达到的最低焦炭消耗量是 220 ~250kg/t，因此煤比只能提高到焦比降到最低的水平。经推算，高炉喷煤上限为燃料比的 50% ~55%。理论上，高炉喷煤能够替代一半焦炭，目前宝钢已实现了焦煤各半，节焦效果显著。

大喷煤技术已不是一个单项技术，而是一项决定高炉炼铁发展前途的技术。在炼铁史上用焦炭代替木炭给高炉炼铁带来了重大的进步，虽然我们只能用喷煤来代替部分焦炭，但高炉燃料由全部是焦炭到煤粉代替一半左右焦炭，也是一种带有工艺革命性的进步。

到目前为止，高炉炼铁仍是一种效率最高、产品质量好、单产能力最大的炼铁工艺。在这方面，直接还原与融态还原都还无法与之抗衡，但高炉的弱点在于对优质焦炭的依赖，高炉大量喷煤降低了高炉对焦炭的依赖程度，使高炉炼铁这个老工艺增强了生命力。因此，大量喷煤对高炉炼铁具有重大意义。

2.8 创造高炉炼铁节能降耗的条件及铁矿资源的合理利用

2.8.1 因地制宜地贯彻精料方针，是高炉节能降耗的基础

高炉要大幅提高煤比，必须以精料为基础。只有料精，炉况才能维持长期稳定顺行，企业要根据自身原燃料条件来制定精料方针，要具体情况具体分析。宝钢的精料水平高，但全国高炉不可能都模仿宝钢进口外国铁矿来生产高铁分、低 SiO_2、高碱度烧结矿。我们以前过分强调学苏联的经验，而不根据自己的具体情况具体分析，我们曾经搞过细精矿烧结，当时就一个劲地想办法如何把细精矿烧结好，结果浪费了许多人力、物力与时间，为什么就不去尝试用细精矿来生产球团矿呢？细精矿对生产球团有利，却偏要将它进行烧结，显然是不合算的。只有合理地贯彻精料方针，才能有效降低能耗。

2.8.2 合理的炉料结构

各炼铁厂都有自己的合理的炉料结构，这种炉料结构既能较长时间内保持炉况稳定顺行，又能充分地利用当地的矿产与原料资源。合理的炉料结构需要企业在生产实际中摸索总结。目前用得较多的炉料结构有：（1）高碱度烧结矿 + 酸性球团矿；（2）高碱度烧结矿 + 高铁分块矿 + 酸性球团矿；（3）高碱度烧结矿 + 较高 SiO_2 块矿 + 进口高铁分块矿 + 酸性球团矿。国外较多地采用炉料结构（1），宝钢主要采用炉料结构（3），并且尝试增加进口块矿比例来增加入炉料铁分，降低渣量，取得了一定的经验，有待进一步实践。如果增加了高铁分块矿比例，而不影响炉况顺行，则可明显降低炼铁工序能耗，因为省去了磨矿、烧结、造球等工艺。只有炉料结构合理，高炉才能高效。

2.8.3 焦炭与铁矿资源的合理利用问题

资源的合理利用已经受到全世界钢铁界的广泛重视，国外正致力于研究用弱黏结性煤生产优质焦炭、用褐铁矿生产优质的烧结矿，而且已经取得了显著的成效。目前其褐矿粉用量已经达到30% ~40%，我们也应该进行这方面的研究。高炉炼铁综合能源的应用也是很重要的，我国高炉使用风温较低，应该研究提高风温的办法，目前用高炉煤气烧炉，风温已经能达到1100℃以上，如果在高炉煤气中配加适量的转炉煤气，则热风温度可提高到1250℃，这样在不使用焦炉煤气的情况下，可实现高风温操作，取得节能降耗效果。

另外，高炉的余热回收、余压回收与余能回收都有很大的开发潜力。我们已经成功地用热风炉废气温度来预热热风炉的助燃空气与煤气，用高炉余压发电。要实现高炉可持续发展战略，搞好能源综合利用是非常重要的。

武钢 $3200m^3$ 高炉的建设*

——我国高炉炼铁走向可持续发展的一次尝试

摘　要　对武钢 $3200m^3$ 高炉的建设以及 10 年的生产实践进行了总结分析，认为武钢 $3200m^3$ 高炉的建设达到了预期的效果，达到了设计的技术经济指标，从总体上讲是成功的。$3200m^3$ 高炉的炉型选择，总体布局合理，广泛采用了国内外高炉炼铁新技术，如：PW 式无料钟炉顶、软水密闭循环冷却系统、喷吹煤粉、内燃式高风温热风炉、INBA 炉渣粒化装置、环形出铁场、炉前静电除尘、煤气干式除尘和 TRT 等等，在生产实践中努力使这些新技术的集成发挥综合效应，弥补了采用国产原燃料的弱点，高炉技术经济指标逐年改善，2000 年高炉利用系数 2.185t/(m^3·d)，焦比 398.7kg/t。尤其是 $3200m^3$ 高炉在长寿方面取得显著业绩，高炉炉衬在这 10 年不仅没有修过，连小修和喷补都未有过，到目前为止炉体冷却壁的水管仅发现 17 根损坏，预计 $3200m^3$ 高炉一代炉役寿命（不中修）有可能达到 15 年。这将是我国第一座最长寿的高炉，这也是我国高炉炼铁技术向可持续发展迈出的重要一步。

关键词　大型高炉；炉型；长寿；环保；节能

1　引言

经过“八五”期间的努力，1986 年武钢实现了钢、铁年产量双超 400 万吨和“一米七”轧机系统超设计生产能力的目标。根据国民经济发展的需要，国家确定武钢的规模为钢、铁双 700 万吨。当时，有 4 座高炉生产，可以达到年产生铁 400 万～460 万吨。为将生铁年产量提高到 700 万吨，必须建年产 240 万吨生铁的高炉 1 座。经过反复研究比较，确定建设 1 座 $3000m^3$ 级的高炉，采用当代国内外高炉炼铁先进技术，使这座高炉的技术装备进入 20 世纪 90 年代先进水平。这座高炉的建设将发挥以下作用：

（1）带动武钢炼铁系统的技术改造。武钢炼铁系统技术装备基本属于 20 世纪 60 年代水平，“六五”以来，为满足“一米七”轧机系统需要，虽然进行了一些技术改造，但主要技术装备仍停留在 20 世纪 60 年代后期水平。尽快将武钢炼铁系统技术装备提高到 20 世纪 90 年代水平，已是武钢进一步发展的需要。武钢建设一座集当代炼铁先进技术于一体的 $3000m^3$ 级高炉，将推进武钢炼铁系统的现代化建设。

（2）自 20 世纪 70 年代以来，我国自主设计建设的大型高炉只达到 $2500m^3$ 级，而且 $2000m^3$ 以上高炉的技术经济指标不如 $1000m^3$ 级高炉。当时有一种观点认为，我国原燃料质量差，高炉不宜大型化。1985 年，上海宝钢 $4000m^3$ 级高炉建成投产，但宝钢的高炉是日本设计的，全套技术装备由日本提供，并且原燃料也是按日本的技术条件供应。采用中国的原燃料，中国的高炉能否大型化，这在当时仍是一个疑问。如果武

* 原发表于《炼铁》，2001，20(增刊)：2～7。

钢依靠国内力量成功地设计并建设好 $3000m^3$ 级高炉，将对我国高炉的大型化作出有益的贡献，并将推动我国高炉结构的重组。

（3）长期以来，我国高炉炉身寿命短，一代炉龄中间，往往需要中修 2～3 次，有时甚至在 4 次以上。而我国高炉的中修，不单是换风口以上的砖衬和冷却设备，有时连炉缸砖也更换，只保留炉底砖不动。这种中修方式，不仅减少了高炉的有效作业时间，而且浪费大量的耐火材料、设备和人力物力，属于粗放型生产模式。20 世纪 80 年代，国外已出现高炉一代炉役寿命（不中修）达 10 年以上的高炉。武钢能否在高炉长寿研究工作的基础上，采用先进技术，将 $3000m^3$ 级高炉建成我国一代炉役寿命最长的高炉？如能达到这一目标，我国高炉炼铁将向可持续发展迈出重要的一步。

新建的 $3000m^3$ 级高炉能否发挥上述三个作用，关键大于高炉的技术方案如何确定。

2　$3000m^3$ 级高炉的技术方案

2.1　制定技术方案的基本原则

$3000m^3$ 级高炉的技术方案必须满足以下要求：

（1）必须满足年产生铁 240 万吨的要求。

（2）原燃料必须是武钢自产的，即用国产煤炼出的焦炭和武钢自产的烧结矿。

（3）建设场地只能限制在 4 号高炉西侧预留的场地范围内。

（4）必须采用当代行之有效的先进技术，使高炉长寿，操作指标先进、经济，工作环境良好，使我国高炉炼铁向可持续发展前进一步。

国产原燃料的主要弱点是：焦炭灰分高、强度低；铁矿石含铁量低、渣量大。能否依靠当代炼铁新技术的综合效应来弥补国产原燃料的弱点，使 $3000m^3$ 级高炉达到国际水平的技术经济指标和一代炉役寿命（不中修）10 年以上，是 $3000m^3$ 级高炉建设必须解决的核心问题。

因此，$3000m^3$ 级高炉技术方案的基本原则必须是：力求炉型选择和总体布局合理化，广泛采用 20 世纪 80 年代以来国内外高炉炼铁的新技术，使新技术的集成发挥综合效应，弥补国产原燃料的弱点，使 $3000m^3$ 级高炉利用系数达到 $2.0t/(m^3 \cdot d)$ 以上，焦比 450kg/t 以下，一代炉役寿命（不中修）10 年以上。

2.2　高炉炉型的确定

年产生铁 240 万吨，如年平均利用系数在 $2.0t/(m^3 \cdot d)$ 以上，则高炉有效容积应不小于 $3200m^3$。高炉炉型的确定必须以使用国产原燃料为前提：由于国产焦炭强度不高，所以高炉的高度不能太高；使用国产铁矿，渣量大，则炉缸要加高，炉腹要加大。另外，武钢 4 号高炉（$2516m^3$）的炉型（表 1）可作为确定新建 $3000m^3$ 级高炉炉型的参考，武钢 4 号高炉已不用渣口放渣，故新高炉不设渣口。新高炉炉型与国外 $3200m^3$ 高炉炉型的比较见表 1。以武钢原燃料条件为基础，考虑到所采用新技术的效果，计算出 $3200m^3$ 高炉的生产技术指标见表 2。

表 1　3200m³ 高炉炉型的比较

项　目	武钢 5 号	武钢 4 号(第二代)	新利别茨克 6 号	苏联标准设计
有效容积 V_u/m³	3200	2516	3200	3200
炉缸直径 d/mm	12200	11000	12000	12000
炉腰直径 D/mm	13400	12000	13300	13100
炉喉直径 d_1/mm	9000	8200	8900	8900
有效高度 H_u/mm	30600	29400	32200	32130
死铁层高度 h_0/mm	1900	1100	1200	1185
炉缸高度 h_1/mm	4800	4000	4600	3900
炉腹高度 h_2/mm	3500	3400	3400	3400
炉腰高度 h_3/mm	2000	1200	1900	2300
炉身高度 h_4/mm	17900	18300	20000	19600
炉喉高度 h_5/mm	2400	2300	2300	2990
炉腹角 α	80°16′20.7″	81°38′2.81″	79°10′37″	80°48′40″
炉身角 β	82°59′36.5″	84°13′44.6″	83°43′22″	83°53′4″
高径比 H_u/D	2.283	2.45	2.421	2.457
风口数/个	32	28	32	28
铁口数/个	4	2	4	3
渣口数/个	0	0	0	0

表 2　3200m³ 高炉生产技术指标

利用系数 /t·(m³·d)⁻¹	焦比 /kg·t⁻¹	煤比 /kg·t⁻¹	热风温度 /℃	烧结矿率 /%	渣比 /kg·t⁻¹	炉顶压力/MPa
2.0（最高 2.5）	≤450	100～120	1200	80～85	470～480	0.195（最高 0.245）

2.3　强化冶炼技术

为确保达到表 2 所列的生产技术指标，应采用以下一些技术措施：

（1）改善 3200m³ 高炉的原燃料的质量。国产煤、铁矿石质量，虽然不如进口焦煤和进口矿，但是，如果能在工艺技术装备上加以完善，入炉原燃料的质量仍有提高的潜力。具体措施包括：

1）原燃料入炉前过筛。高炉料槽中焦炭料槽与矿石槽均装有振动筛，以筛除烧结矿中小于 5mm 粉末和焦炭中小于 25mm 部分。筛下焦中，要筛分回收大于 10mm 的焦丁，然后再加入高炉。

2）配套建新焦炉与烧结机。为 3200m³ 高炉配套新焦炉两座：每座 55 孔、炭化室高度为 6m，采用改进式的燃烧室结构，结焦时间由 16h 延长至 19h。在使用相同配煤条件下，新焦炉焦炭的 M_{40} 比旧焦炉焦炭高 2%～4%，M_{10} 低1%～1.5%。此外，在焦炭转运站加切焦机，将大于 80mm 焦块切小，也有利于提高焦炭强度。为 3200m³ 高炉配套的四烧结车间，设 1 台 435m² 烧结机，采用当代烧结技术装备，烧结矿质量明显改善，转鼓指数提高4% ~6%。

3）改造三烧结车间。由于四烧结车间的建设滞后于3200m³ 高炉，3200m³ 高炉投产的前几年还要由三烧结车间供料。因此，必须在新高炉投产前对三烧结车间进行改造，主要改进混合料系统、点火器、环冷机，整粒和铺底料系统。

（2）采用PW式无料钟炉顶。在3200m³ 高炉建设之前，武钢4座高炉均为双钟式炉顶，炉顶压力一般在0.13 ~0.14MPa。为弥补炉料透气性差的不足，要提高炉顶压力水平。并增强炉顶布料调节的灵活性，为此决定引进PW并罐式无料钟炉顶。该装置的特性是：1）齿轮箱采用水冷替代原设计氮气冷却；2）旋转溜槽4m长，有11个倾角（16° ~53°），溜槽倾动速度1.6°/s，溜槽转速8r/min；用PLC控制，可按环形、螺旋形或定点布料；3）料罐容积70m³。

（3）内燃式高风温热风炉。随着内燃式热风炉的不断改进，到20世纪80年代中期，供应风温的水平也可以达到1200℃以上，而外燃式热风炉的造价比内燃式热风炉要高出20% ~25%，占地面积亦大，因此，3200m³ 高炉采用内燃式热风炉。为确保热风温度可以达到1150 ~1200℃水平，采取了以下技术措施：

1）采用眼睛形燃烧室和霍戈文式矩形陶瓷燃烧器，以确保煤气与助燃空气均匀混合与燃烧，降低空气过剩系数，提高拱顶温度。

2）利用热风炉废气对煤气及助燃空气进行预热。

3）4座热风炉采用交叉并联送风制度。

4）使用混合煤气（高炉煤气掺焦炉煤气），以提高煤气发热值。

（4）喷吹煤粉。喷煤设施采用串罐式喷煤塔，共设4个喷煤塔，每塔供8个风口，喷煤量可达32t/h。

上述4项措施的作用：一是改善炉料透气性；二是利用布料手段，充分利用煤气热能及化学能；三是提高炉顶压力，强化高炉冶炼过程；四是利用高风温和大喷煤量，强化高炉操作。

2.4 高炉长寿技术

高炉寿命愈长，一代炉龄中单位炉容所生产出的铁愈多，则吨铁的建设投资愈低，相应地也增强了最终产品的市场竞争力。炉龄愈长，一代炉龄中有效作业时间增加，相应增加了产量。一代炉龄中取消了中修，不仅增加了有效作业时间，而且节省了大量人力物力消耗。因此，高炉长寿是高炉炼铁走向可持续发展的重要步骤。3200m³ 高炉建设以前，武钢高炉大修周期比较长，但两次大修中间有多次中修，并不属于真正的长寿。3200m³ 高炉建设的重要目标之一，就是一代炉役寿命（不中修）要达到10年以上。所采取的技术措施如下：

（1）水冷全炭砖薄炉底。1970年武钢建设4号高炉时，首先采用水冷全炭砖薄炉底。由于炭砖导热性好，水冷全炭砖薄炉底可使炉底侵蚀长期稳定在一个平衡界面上，实践证明炉底是长寿的。20世纪80年代以来，武钢高炉均改为这种炉底结构。3200m³ 高炉仍采用这种结构，炉底为2层1200mm炭砖立砌，其上砌2层400mm高铝砖保护层，炭砖以下为水冷管。与其他高炉不同的是，在炉缸炉底交界区（通常称之为异常侵蚀区），使用了7层微孔炭砖。

（2）全立式冷却壁炉身结构。武钢使用立式冷却壁已多年，发现存在不少缺点。20世纪80年代中期武钢自行开发了一种球墨铸铁铸造的冷却壁，其平均抗拉强度为395MPa，平均延伸率为22%，耐热震性性能好。与其他高炉不同的是，3200m^3 高炉从炉底到炉喉保护板，全为立式冷却壁结构，共有17段立式冷却壁，炉身8段为带凸台的冷却壁，其余为光面冷却壁。炉身下部及炉腹采用 Si_3N_4 结合的SiC砖，砌1环，炉身中部以上为浸磷酸黏土砖，炉身、炉腰砖衬内面喷55～70mm可塑料，炉衬总厚度为400mm。

（3）软水密闭循环冷却系统。高炉能否长寿与冷却系统的有效性和可靠性有很大关系。因此，3200m^3 高炉采用软水密闭循环冷却系统，该系统由3个子系统组成：

1）炉体冷却壁密闭循环冷却系统，水压0.781MPa，流量4416m^3/h。

2）风口（包括风口及二套），热风炉热风阀密闭循环冷却系统，水压1.03MPa，流量2640m^3/h。

3）炉底水冷管密闭循环冷却系统，水压0.43MPa，流量440m^3/h。此密闭循环冷却系统所携带的热量经板式换热器传给净化水冷却系统（该系统有冷却塔）。软水密闭循环冷却系统的补充水量为冷却水总流量的3‰～5‰，即最多不超过35t/h。

（4）炉衬监测。为准确掌握炉体侵蚀状况，除监测炉身砖衬温度和炉底砖衬温度外，还用监测冷却壁温度和各段热负荷的办法来监测炉衬变化。

2.5 改善炉前环境的技术

改善炉前环境主要从两方面入手：一是改善炉前通风除尘；二是减轻炉前劳动强度。主要有如下技术措施：

（1）环形出铁场。3200m^3 高炉采用环形出铁场，高炉的4个铁口按夹角90°均匀分布。出铁场设环行吊车2台，每台起重能力为20t/5t+5t，沿环形轨道可围绕高炉360°环行。出铁沟、渣沟均为固定式。2台环行吊车可覆盖出铁场作业面积的98%，卡车可直接到达出铁场。与常规的矩形出铁场相比，环形出铁场面积小，渣、铁沟短，吊车少且吨位小、覆盖面积大，自然通风条件好，具有明显的优越性。

（2）炉前炉渣粒化。为避免炉前冲水渣对环境的污染，提高炉渣粒化系统的作业率，减少维修费用，提高水渣质量，3200m^3 高炉采用INBA粒化装置。2个铁口共用1套装置，共设2套，设计平均熔渣流量为3t/min，最大为8t/min，吨渣粒化水消耗量为5.2～10t，作业率不小于97%。渣粒化后经转鼓过滤，用皮带运至原已废弃的渣坑，用抓斗吊车装车。在每套INBA装置旁设于渣坑1个，作为INBA系统故障时备用。

（3）炉前静电除尘。武钢4号高炉炉前曾采用布袋除尘器，因布袋易粘灰，阻力大，维修量大，使用效果不好，因此3200m^3 高炉拟改用静电除尘电器。为此，对出铁场粉尘进行研究，测定其特性，确认电除尘器对出铁场粉尘有效。3200m^3 高炉的炉前除尘系统设224m^2 静电除尘器2台，静电电压72kV，阻力损失0.35～0.5kPa，设离心式抽风机2台，风量7.0×10^{5}m^3/h，负压4.4kPa，电动机功率1600kW。电除尘器排出风的粉尘浓度低于50mg/m^3。

2.6 节能技术

（1）煤气干式除尘。由于场地限制，3200m^3 高炉不能采用常规湿式除尘，决定采用干式除尘。干式除尘有两种方案，一种是布袋除尘器，另一种是静电除尘器。经对布袋除尘器（BDC）和静电除尘器（EP）进行比较，结论如下：

1）BDC 建设投资少，但维修费用高。EP 建设投资高，但维修费用少、作业率高。

2）BDC 对煤气通过的阻损较大，EP 对煤气通过的阻损较小，对能量回收有利。

3）EP 可以承受较高的煤气温度（约 250℃），而 BDC 则以不超过 100℃ 为宜。

4）与 EP 相配合，由于煤气温度高，TRT 发电量较湿式除尘可多 30%。

为开炉初期或 EP 故障时备用，在高炉除尘器后装设一文氏管（湿法除尘），一文氏管的排水进入原有的高炉煤气洗涤水系统。

（2）高炉煤气余压透平发电（TRT）。3200m^3 高炉采用的透平机为干式轴流反动式，型号为 MAT180D-3 型，发电机端输出为 25000kW。

（3）热风炉余热回收。如前所述，在热风炉烟道上装设有热管式余热回收装置，用废气余热加热热风炉煤气及助燃空气，可加热至 130℃ 以上，可提高热风炉拱顶温度 50～60℃，相应提高热风炉热效率 3%。

（4）采用电动鼓风机。为德国 GHH 公司生产的 AG120/16RL6 型，设计风量为 7710m^3/min，风压 0.48MPa。交流电动机启动时，通常对电网产生很大冲击负荷，因而采用交流变频启动，启动过程中不会产生冲击负荷。

3 3200m^3 高炉生产操作实绩

1991 年 10 月 19 日 10：41，武钢 3200m^3 高炉点火送风，10 月 20 日 4：54 出第一炉铁，至今生产已将近 10 年。开炉后的最初几年，由于焦炉建设进度比高炉晚，焦炭供应不足；高炉设备大都为国产的，某些属于首次制造，故障率高；操作人员掌握新设备需要一个过程等原因，高炉技术经济指标没有达到设计要求。随着国产设备运行过关，操作人员水平提高，新焦炉建成投产，原燃料质量改善，3200m^3高炉的主要技术经济指见表 3。应当指出的是，3200m^3高炉在长寿方面取得了显著成绩：在这 10 年中，高炉炉衬不仅没有修过，连小修和喷补都未有过；炉体冷却壁的水管至今仅发现 17 根损坏漏水，其中 4 根已穿管通水。预计3200m^3高炉第一代炉役寿命有可能达到 15 年，这将是我国第一座最长寿的高炉。

从总体上讲，武钢 3200m^3 的建设与生产实践达到了预期的效果。从 1991 年 10 月投产至 2001 年 6 月累计产铁量已达 2066.413 6 万吨，到 2001 年 10 月预计累计产铁量将达 2150 万吨，高炉单位炉容产铁量将达 6720t/m^3。预计到 2006 年 10 月，累计产铁量可达 3375 万吨，高炉单位炉容铁产铁量将达 10550t/m^3，属于国际先进水平。武钢 3200m^3 的建设投产，推动了武钢高炉、烧结机和焦炉的技术改造，使武钢炼铁系统的技术装备总体上达到 20 世纪 90 年代国际水平。

表 3 3200m^3 高炉的主要技术经济指标

年 份	平均日产量 /$t \cdot d^{-1}$	利用系数 /$t \cdot (m^3 \cdot d)^{-1}$	焦比 /$kg \cdot t^{-1}$	煤比 /$kg \cdot t^{-1}$	焦丁比 /$kg \cdot t^{-1}$	燃料比 /$kg \cdot t^{-1}$	风量 /$m^3 \cdot min^{-1}$	风温/℃
1991	3324.9	1.073	590.5	0	0	590.5	3212	
1992	4534.0	1.424	533.8	31.5	9.8	575.1	4941	1034

续表 3

年　份	平均日产量 /t·d⁻¹	利用系数 /t·(m³·d)⁻¹	焦比 /kg·t⁻¹	煤比 /kg·t⁻¹	焦丁比 /kg·t⁻¹	燃料比 /kg·t⁻¹	风量 /m³·min⁻¹	风温/℃
1993	5485.1	1.718	486.9	69.4	17.4	573.7	5843	1088
1994	5485.1	1.829	471.6	77.9	15.5	565.0	5902	1130
1995	5791.4	1.812	478.4	82.8	16.3	577.5	6001	1133
1996	5012.6	1.572	478.5	79.5	22.6	580.6	5313	1075
1997	6658.1	2.082	429.1	99.5	30.0	558.6	6133	1136
1998	7004.5	2.189	412.9	108.2	32.4	553.5	6224	1130
1999	6911.4	2.160	405.9	120.0	29.7	555.6	6274	1125
2000	6991.8	2.185	398.7	122.1	22.3	543.1	6283	1102
2001（1～6月）	7192.4	2.187	392.9	124.5	26.7	544.1	6244	1100

年　份	热风压力/MPa	炉顶压力/MPa	压差 /MPa	炉顶温度/℃	入炉品位/%	熟料比/%	[Si] /%	[S] /%	CaO/SiO_2
1991	0.234	0.104	0.130	126	53.80	80.4	0.975	0.022	1.04
1992	0.297	0.152	0.145	205	55.19	77.2	0.700	0.020	1.03
1993	0.342	0.187	0.155	206	57.89	88.3	0.612	0.020	1.07
1994	0.346	0.191	0.155	184	57.97	92.8	0.611	0.019	1.09
1995	0.345	0.188	0.157	177	57.91	88.7	0.623	0.021	1.11
1996	0.312	0.168	0.144	180	57.76	89.3	0.640	0.022	1.11
1997	0.356	0.199	0.157	166	57.91	87.2	0.602	0.021	1.13
1998	0.361	0.207	0.154	168	58.36	87.7	0.572	0.016	1.09
1999	0.364	0.210	0.154	185	58.52	87.3	0.548	0.016	1.09
2000	0.357	0.208	0.149	184	58.67	87.7	0.520	0.019	1.08
2001（1～6月）	0.353	0.201	0.152	207	58.87	88.02	0.496	0.022	1.11

4　问题讨论

4.1　我国高炉大型化问题

原来担心我国铁矿石、焦炭质量差，妨碍高炉大型化的问题，现在看来，实际上只是焦炭质量有问题。我国生铁产量居世界首位，而铁矿石金属铁的蕴藏量居世界第8位，钢铁工业规模与铁矿石蕴藏量十分不适应，钢铁工业利用国内与国外两类资源已是定局。2000年我国进口铁矿石量已近7000万吨，预计在2005年将达1亿吨。进口铁矿石含铁品位高，国内矿山在提高品位方面也在努力，入炉料含铁品位低的矛盾将会缓解。武钢3200m³ 高炉用的焦炭全是国内煤生产的，历年来焦炭质量变化见表4。表4所列的焦炭质量指标，国内大部分钢厂都可以做得到。由此可以认为，国内高炉大型化到 3000m³ 级应当是可行的。对我国高炉炼铁来讲，提高国际市场竞争力的主要对策之一就是高炉结构的重组，实现炼铁生产的集约化。根据具体条件，推行高炉大型化，减少高炉座数，提高劳动生产率，减轻环境负荷，是我国钢铁工业进入 21 世纪技术改造的主要任务之一。应当根据生产规模确定钢铁厂高炉的炉容，钢铁厂高炉座数可以 2～3 座为佳，最多以 4 座高炉为限。推行高炉大型化，不仅有利于提高劳动生产率，有利于提高铁水温度，对炼钢有好处，而且对减轻环境负荷有利，因为多一座高炉就多一个污染源。我国炼焦煤资源的质量不如某些工业发达国家，实践证明，经过选煤方面的改进是可以满足建设 3000m³ 级高炉要求的。我国炼焦工艺装备，大部分落后，在工艺改进上提高焦炭质量还有很大空间。我国经过“十五”和“十一五”的技术改造，建立起以 2000～3000m³ 高炉为主力的炼铁高炉结构完全是可以做到的。这对增强我国钢铁工业的总体竞争力将起到重要作用。

表 4　3200m³ 高炉用焦炭质量指标　　（%）

年　份	灰　分	硫	M_{40}	M_{10}
1991	13.88	0.50	78.5	7.8
1992	13.57	0.52	79.5	7.6
1993	13.30	0.52	80.5	7.5
1994	13.50	0.52	79.6	7.8
1995	13.22	0.52	79.4	7.5
1996	13.25	0.51	79.3	7.6
1997	13.01	0.54	78.8	7.5
1998	12.82	0.50	78.8	7.4
1999	12.42	0.50	81.4	6.8
2000	12.24	0.48	81.8	6.8
2001(1～6 月)	12.23	0.49	81.6	7.1

注：M_{40} 和 M_{10}——1991 年为 5、6 号焦炉，1992～1999 年为 5、6、7 号焦炉，2000 年以后为 5、6、7、8 号焦炉的指标。

4.2　我国高炉长寿问题

武钢 3200m³ 高炉的实践证明，我国高炉是可以做到一代炉役寿命（不中修）10 年以上，而且有可能达到 15 年。这里讲的长寿，是高炉稳定高产的寿命周期，而不是靠“特护”——花费大量人力物力的延长寿命特殊维护而换来的寿命周期。应当认为，长寿是高炉炼铁走向可持续发展的第一步。高炉长寿是为了降低人力物力消耗，如果靠消耗大量人力物力来延长高炉寿命，这样的长寿是不符合可持续发展要求的。武钢 3200m³ 高炉一代炉役寿命（不中修）达到 10 年以上的事实表明，我国大型高炉依靠我国的技术和装备是可以实现长寿的。对于我国高炉结构重组和实现大型化，这是十分重要的技术支撑。高炉大型化以后，一个钢厂的高炉座数将减至 2～3 座，一座高炉大修将使钢厂产量减少 1/3～1/2，这时的最佳选择只能是力求高炉长寿。现在看来，利用现有技术使我国高炉一代炉役寿命（不中修）达到10～15年是有把握的。有人提出问题：有没有必要将高炉一代炉役寿命（不中修）延长到20～25年？20世纪末叶，钢铁工业技术进步非常迅速，相当多的炼铁新技术必须利用高炉大修机会实现。高炉一代炉役寿命20年以上，则意味着20年技术不更新，从技术进步的这个观点来看是不可取的。

4.3 高炉炼铁如何走向可持续发展

20世纪科学技术进步推动了人类社会的工业化进程，大规模生产创造了空前丰富的工农业产品，人类社会生活水平空前提高。大规模生产必然大量消耗自然资源，并排放大量废弃物和垃圾，这对人类的生活环境造成危害。人们认识到人类赖以生存的地球只有一个，自然资源是有限的。人类社会要想持续地延续下去，人类必须学会与地球和谐相处，于是提出了人类生产和消费必须走可持续发展道路。

21世纪世界钢铁工业将继续发展，钢产量将继续增长。为了不再增加对地球环境的负荷，必须努力减少钢铁工业的资源消耗，对流程中的排出物实行无害化、再资源化，首先要做到的是对人类社会无害化，实现清洁生产，进而使钢铁工业成为绿色的先进制造业。

在21世纪，高炉炼铁走向可持续发展的重要步骤就是降低资源消耗（包括能源消耗）。高炉长寿，降低了人力消耗和物力消耗，提高了高炉有效利用率，因而是高炉炼铁走向可持续发展的重要一步。高炉进一步地节约能源和降低能耗，将是21世纪高炉炼铁技术进步的重要课题。目前，燃料比在先进高炉上已降到450～500kg/t，如能把燃料比降到450kg/t以下，则全世界高炉排出的温室气体CO_2将减少1亿吨以上，这将是对改善地球环境的重要贡献。对我国钢铁工业来讲，首先要在节能降耗的基础上实现清洁生产，并将钢铁工业逐步纳入可持续发展道路，这是21世纪我国钢铁工业技术进步的主旋律。

5 展望

武钢3200m^3高炉投产10年来的实践表明，这项建设工程发挥了预期的作用，达到了设计的技术经济指标，应当认为是成功的。但是实践中，也显露了所确定的技术方案有不足之处，有待改进和提高。2001年投产的武钢1号高炉（2200m^3）在大修改造中对某些方面已作出改进。我们期望1号高炉能成为新一代的长寿高炉，而且能成为高效、优质、低耗、环境负荷小的新型高炉。

高炉冶炼强化的评价方法*

摘　要　21 世纪，高炉炼铁仍将是炼铁工艺的主流，高炉冶炼强化仍将是技术方针的主要内容之一。在新世纪，面对新的形势，对高炉冶炼强化的评价应增添新的内容。为此，对高炉冶炼强化的评价方法进行了分析，并提出了具体建议。

关键词　高炉冶炼；强化；评价方法；建议

1　问题的提出

20 世纪是世界钢铁工业大发展的世纪。全球钢产量由 1900 年的 2850 万吨增加到 2000 年的 8.43 亿吨，增长近 29 倍。钢铁已成为人类社会所使用的最主要的材料。21 世纪，随着经济的日趋全球化，科学技术进步的不断加速，全球经济将在波动中继续增长，人类社会对钢铁的需求仍将增加。钢铁在 21 世纪仍是人类社会所使用的最主要的结构材料和产量最大的功能材料。钢铁工业决非“夕阳工业”。

在全球钢铁工业中，高炉炼铁是生铁制造工艺的主流。由于全球性的经济不景气，2001 年钢产量低于 2000 年，但仍超过 8 亿吨，是历史上仅次于 2000 年的第二个高产年。预计 2001 年全球生铁产量仍高于 5.7 亿吨，高炉炼铁继续居主流地位。

随着经济的增长和全球人口的增加，人类社会对地球资源和环境造成的负荷日益增加，引起地球资源和环境恶化。如何使人类社会的活动与地球环境和谐相处，是 21 世纪人类必须解决的重大课题。对钢铁工业来讲，则是将钢铁工业逐步纳入可持续发展的轨道。具体讲，一方面要保持钢铁供给的增长，另一方面要减轻钢铁工业给地球资源环境造成的负担。为此，必须提高钢铁工业装备的效率、资源的利用率，并减少不利于环境的排放。对高炉炼铁来讲，21 世纪必须寻找出符合可持续发展战略的强化途径。

2　高炉冶炼强化的概念

在我国，高炉冶炼强化概念的提出始于20 世纪50 年代。建国后，我国钢铁工业恢复期间提出超设计公称能力的创新纪录运动。接着引进了高炉容积利用系数的评价指标，推行全风量操作。1958 年在大跃进运动中，本钢的 300m^3 级高炉创造了 1m^3 高炉容积 1 天生产 2t 铁的高产纪录。这一纪录在当时国际钢铁界处于领先水平。根据本钢的经验，1959 年总结并提出了“以原料为基础，以风为纲，提高冶炼强度与降低焦比并举”的高炉技术操作方针。当时，高炉冶炼强化的概念包括提高高炉冶炼强度与降低焦比两个内容。高炉冶炼强化的措施则是改善原料条件与多吹风，而实施过程中则孤立地强调多吹风。“大跃进”运动导致我国国民经济全面失调，而不得不进行 3 年调

* 本文合作者：银汉。原发表于《炼铁》，2002，21(2)。

整。调整期间，大批小高炉关闭，重点企业也大幅度减产，高炉操作方针由片面追求高冶炼强度转到重新认识高炉低冶炼强度操作的规律。1965 年以后，我国钢产量开始恢复，但不久“文化大革命”席卷全国，不少钢厂停产或半停产。经过 20 世纪 60 年代至 70 年代的实践，随着人们对高炉冶炼过程认识的深化，对降低焦比的重要性体会逐渐加深。70 年代后期至 80 年代，由于对钢铁质量要求的提高，生铁优质成为高炉冶炼强化的第三个内容，于是，高炉强化冶炼的标志概括为六个字：“高产、低耗、优质”。

1980 年，我国产钢 3712 万吨，我国钢铁工业的快速增长实际上是从 20 世纪 80 年代开始的。随着高炉产量的增加，炉体损坏加剧，高炉冶炼强化与高炉寿命的矛盾凸显出来。人们开始认识到仅仅要求高炉冶炼“高产、低耗、优质”还不够，必须把长寿作为高炉冶炼强化的目标之一。于是高炉冶炼强化的目标概念概括为八个字：“高产、低耗、优质、长寿”。这八个字已在我国炼铁界取得共识，直到进入 21 世纪。

3 高炉冶炼强化评价方法分析

“高产、低耗、优质、长寿”属于高炉冶炼强化的方向性的定性目标。达到什么水平才能算高产、低耗、优质、长寿？这要求我们建立一套科学、符合实际且通用性强的评价方法。

3.1 高产的评价方法

长期以来，我们用高炉容积利用系数评价高炉的产量水平和高炉利用率，公式如下：

$$\eta_v = \frac{P}{V}$$

式中 η_v——高炉容积利用系数，t/(m^3 · d)；

P——高炉日产量，t/d；

V——高炉容积（有效容积或内容积），m^3。

我国采用的高炉容积是指铁口中心线水平面以上至料线平面以下的高炉容积，习惯称之为有效容积。日本采用的高炉容积是铁口下缘平面以上至料线平面的容积，习惯称之为内容积。由于铁口中心线平面至铁口下缘平面的高度差仅 250 ~ 350 mm，其体积所占比例不大，所以用有效容积和用内容积计算出的高炉利用系数相差不大。欧洲与美洲采用的方法与亚洲不同，计算公式如下：

$$\eta_w = \frac{P}{V}$$

式中 η_w——高炉工作容积利用系数，t/(m^3 · d)；

P——高炉日产量，t/d；

V——高炉工作容积，m^3。

高炉工作容积指风口中心线平面以上至料线平面以下的容积。工作容积一般占高炉容积的 82% ~88%。

欧洲报道的高炉利用系数较高，就是因为是用工作容积计算的。用两种不同容积计算出的欧洲及日本的某些高炉的利用系数对比见表1，根据表1中数据绘制出的曲线如图1所示。

表1　欧洲、日本某些高炉容积利用系数和工作容积利用系数比较

厂　家	炉号	高炉容积/m^3	工作容积/m^3	日产量/$t \cdot d^{-1}$	η_v /$t \cdot (m^3 \cdot d)^{-1}$	η_w /$t \cdot (m^3 \cdot d)^{-1}$
Raahe	1	1195	1059	3328	2.780	3.140
	2	1255	1118	3395	2.706	3.040
Hoogovens	6	2678	2328	6487	2.420	2.790
	7	4450	3790	9273	2.080	2.450
Oita	1	4884	4070	10428	2.135	2.560
	2	5245	4312	11331	2.150	2.630
Nagoya	1	4650	3880	9505	2.044	2.450
Taranto	5	4400	3650	10627	2.420	2.910

注：Hoogovens为1996年9月～1997年3月的数据，其他均为1998年数据。

同一高炉的η_w要比η_v高出15%～20%，即按η_w计算利用系数为3.0t/(m^3·d)，按η_v计算大致相当于2.7t/(m^3·d)。虽然绝对值有差别，但趋势是一致的，η_w高的高炉，η_v也高。

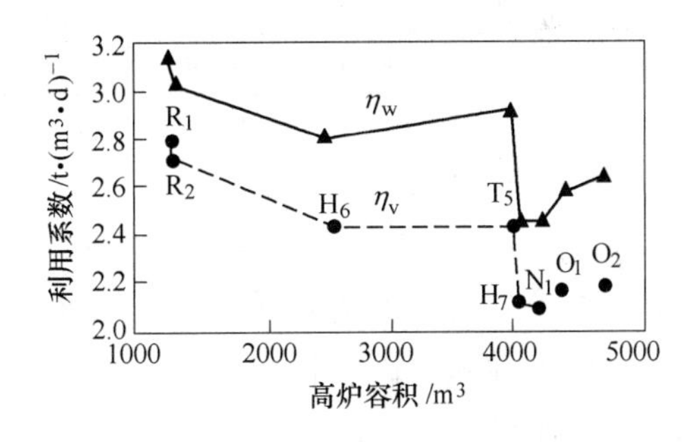

图1　国外某些高炉两种利用系数的比较

R_1，R_2—Raahe 1号和2号；

H_6，H_7—Hoogovens 6号和7号；T_5—Taranto 5号；

N_1—Nagoya 1号；O_1，O_2—Oira 1号和2号

上面讲的是按高炉容积利用率评价高炉产量高低的方法。许多年来，欧美沿用过按高炉炉缸风口中心线平面面积为基础评价高炉生产水平的方法，具体计算公式如下：

$$\eta_h = \frac{P}{A}$$

式中　η_h——高炉炉缸断面积利用系数，t/(m^2·d)；

P——高炉日产量，t/d；

A——高炉炉缸断面积，m^2。

用高炉容积和用炉缸断面面积评价高炉冶炼强化程度都有依据的。高炉冶炼过程是在高炉容积内进行的，以单位炉容的日出铁量评价高炉冶炼强化程度是有道理的。高炉冶炼所需燃料的燃烧（氧化）和释放热量主要在炉缸风口区进行，用炉缸断面单位面积上的日产铁量评价高炉冶炼强化程度也是有道理的。国内外不同容积高炉实际数据计算结果见表2，计算结果表明，高炉容积利用系数η_v与炉缸断面面积利用系数η_h的趋向并不完全一致（图2）。

由图2可看出，按高炉容积计算出的利用系数，高炉容积越小，η_v越高；而按炉缸断面面积计算出的利用系数，则是高炉容积越大，η_h越高。换句话说，若把η_v作为衡量冶炼强化的尺度，则可能得出高炉容积越小越容易强化的结论；但若把η_h作为衡

量冶炼强化的尺度，则可能认为高炉容积越大，越容易强化。看来，η_v 和 η_h 两种评价方法必须并用。

表 2 不同高炉的容积利用系数 η_v、炉缸断面积利用系数 η_h、冶炼强度 I_s、V/A 对比

炉 号	容积 /m³	炉缸直径/m	A/m^2	η_v /t·(m³·d)⁻¹	η_h /t·(m²·d)⁻¹	V/A	I_s /t·(m³·d)⁻¹	I_c /t·(m²·d)⁻¹
三（明）钢 1 号高炉	350	5.2	21.24	3.40	56.00	16.48	1.73	28.50
莱钢 2 号高炉	750	6.8	36.32	2.42	49.97	20.56	1.28	26.43
攀钢 3 号高炉	1200	8.2	52.81	2.69	61.12	22.79	1.33	30.22
Raahe 2 号高炉	1255	8.0	50.27	2.78	69.50	24.97	1.24	30.90
首钢 2 号高炉	1726	9.6	72.38	2.13	50.70	23.85	1.04	24.85
首钢 4 号高炉	2100	10.4	84.95	2.15	53.15	24.72	1.11	27.32
武钢 4 号高炉	2516	11.2	98.52	2.12	54.14	25.45	1.09	27.84
Hoogovens 6 号高炉	2678	11.0	95.03	2.51	70.73	28.18	1.24	35.01
武钢 5 号高炉	3200	12.2	116.9	2.19	59.80	27.37	1.13	30.96
宝钢 3 号高炉	4350	14.0	153.9	2.29	64.80	28.26	1.05	29.76
Schwelgern 1 号高炉	4416	13.6	145.27	2.24	68.10	30.40	1.12	34.10

注：表中 Raahe 数据为 1999 年的高炉数据，Hoogovens 为 1998 年 1～9 月数据，Schwelgern 为 1999 年 1～8 月数据，其余均为 2000 年的高炉数据。

η_v 与 η_h 计算结果趋向不一致的根本原因是高炉炉型设计上的差异。η_v 是以高炉容积（m³）来衡量高炉日产量的，而 η_h 是以炉缸断面积（m²）来衡量高炉日产量的，不同容积高炉的容积与炉缸断面积的比例不是固定不变的。表 2 也列出了各高炉容积与炉缸断面积之比 V/A 以及按高炉容积计算出的冶炼强度 I_s 和按炉缸断面面积计算出的燃烧强度 I_c。由表 2 可以看出，容积小的高炉，V/A 比值小，虽炉缸断面燃烧强度不很高，而按容积计算的冶炼强度大大高于大高炉，所以利用系数特高。由此可见，评价高炉冶炼强化的程度，必须既考虑 η_v 又考虑 η_h。

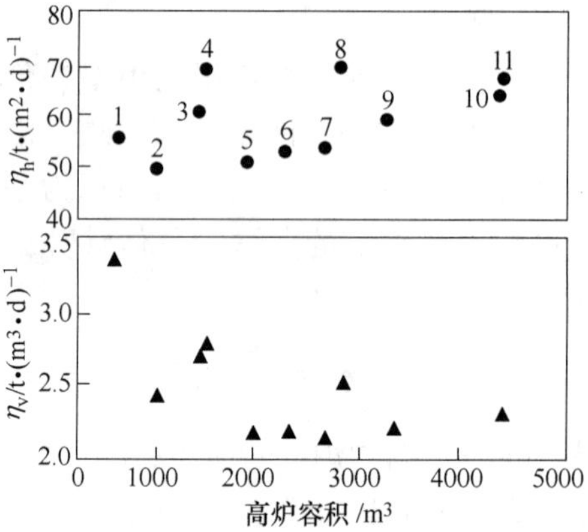

图 2 不同容积高炉两种利用系数算法的对比
1—三钢 2 号；2—莱钢 2 号；3—攀钢 3 号；
4—Raahe 2 号；5，6—首钢 2 号和 4 号；
7，9—武钢 4 号和 5 号；8—hoogovens 6 号；
10—宝钢 3 号；11—Schwelgern 7 号

3.2 低耗的评价方法

低耗指的是高炉冶炼过程的热能利用率要高，燃料消耗要低。在风口喷吹技术未出现前，高炉的燃料是从炉顶装入的焦炭（或木炭），而现在还包括风口喷入的燃料。目前，通用的燃料消耗评价指标为焦比（每炼 1t 铁需装入高炉的焦炭量）及燃料比（焦比 + 每炼 1t 铁从风口喷入的燃料量）。

燃料比不仅反映高炉热能利用率，同时反映高炉精料水平。表 3 列出了 2000 年我国某些 1000m^3 以上高炉及 300m^3 级高炉渣比与燃料比的实际数据。根据表 3 数据绘出的趋势如图 3 所示。

表 3　2000 年国内部分高炉的渣比与燃料比　(kg/t)

项目	宝钢3号	武钢5号	首钢1号	鞍钢10号	昆钢6号	梅山3号	攀钢3号	安钢6号	二钢2号	杭钢2号	北台2号	济钢3号	南京4号	韶钢1号	邯钢3号	安钢3号
渣比	234	309	314	370	377	325	678	361	293	269	427	309	287	311	369	319
燃料比	494	521	497	537	526	507	564	538	533	528	594	543	534	536	558	540

我国常用折算焦比、综合焦比作为高炉燃料消耗评价指标。现在与 20 世纪 80 年代相比，焦炭灰分已大幅度下降，喷吹用煤质量也大幅度改善，已具备按国际惯例不进行折算直接计算燃料比的条件。

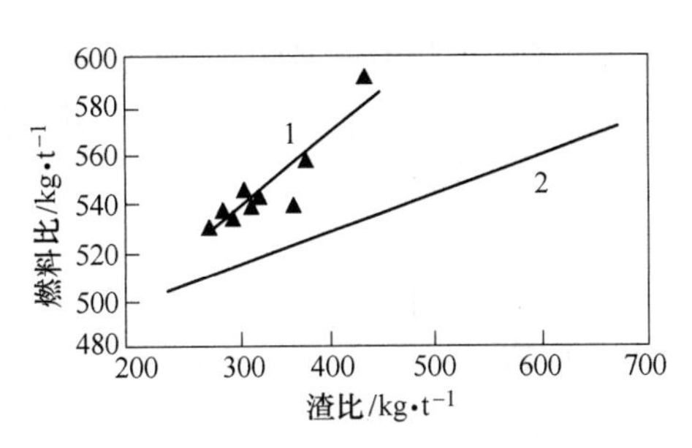

图 3　2000 年某高炉的渣比与燃料比

1—300m^3 级高炉；2—1000m^3 以上高炉

3.3　优质的评价方法

20 世纪 50 年代，我国以苏联国家标准为依据制订了我国生铁的质量标准，这个标准比较宽松。长期以来，我国以生铁合格率作为高炉炼铁的质量评价指标。现在几乎所有铁厂的生铁合格率都是 100%，这一评价指标已经不起评价作用了。

科学技术进步对钢材质量要求不断提高。为提高钢材质量，要求供炼钢用的铁水低硫、低硅，物流热充足（铁水温度高），于是在生铁合格率的基础上增加了一级品率。仅用一级品率也不能评价生铁质量能否满足用户要求。目前，1000m^3 以上高炉 [Si] 质量分数在 0.3% ~0.5%，[S] ≤0.03%，铁水温度不低于 1470℃；300m^3 级高炉 [Si] 质量分数在 0.5% ~0.7%，[S] ≤0.03%，铁水温度 1370 ~ 1380℃。评价高炉铁水质量的指标需要重新确定。

3.4　长寿的评价方法

长期以来，长寿未列入高炉冶炼强化的评价指标中。长寿的概念不够明确，一般的概念只要不更换炉底，高炉就不属于大修；部分更换炉缸也只算中修，两次大修之间可以有多次中修。1000m^3 以上高炉设计一代大修寿命一般为 8 ~ 10 年，而实际上对高炉寿命并无明确要求。有的高炉盲目追求大风和高利用系数，2 ~ 3 年中修 1 次，还以为创造了高炉冶炼强化经验。20 世纪 90 年代以后，高炉长寿受到大多数炼铁厂的重视，但通用的评价方法尚未形成。

20 世纪末，实施可持续发展战略的重要性日益受到我国钢铁界的重视，但尚未在广泛共识的基础上形成评价方法。由此可见，迄今为止，我国高炉冶炼强化的评价方法仍不完备。在进入 21 世纪之初，对这一问题进行研究是十分必要的。

4 完善高炉冶炼强化评价的必要性和重要性

与所有的制造业一样，我国钢铁工业在21世纪将要走集约型可持续发展道路。提高效率、降低消耗、改善质量、减轻环境负荷将是炼铁工业技术的发展方向。高炉冶炼强化仍将是炼铁工艺技术发展的一项主要课题。

“无规矩不成方圆”，任何事物都要有适当的度量方法，高炉冶炼强化也是一样。在21世纪，我们需要一套能促进炼铁工业技术进步的评价方法。这不仅是为了度量和比较，更重要的是对炼铁科学技术进步起正确的导向作用。

4.1 高炉冶炼强化的目的

简言之，高炉冶炼强化是使同一座高炉生产更多的铁，每吨铁的消耗更低。这样，设备利用率提高，劳动生产率提高，成本降低，企业利润增加，企业的市场竞争力增强。

对高炉炼铁来讲，高炉冶炼强化是战胜其他炼铁方法并继续保持主流地位的主要手段。

对我国钢铁工业讲，高炉冶炼强化是提高国际竞争力并在国际市场上立于不败之地的重要举措。

对全球钢铁工业讲，高炉冶炼强化是战胜其他材料工业并保持其首要地位的关键措施之一。

4.2 高炉冶炼强化的途径

对我国高炉炼铁来讲，最重要的是炼铁高炉的结构调整。高炉结构调整不能简单地概括为大型化。我们主张要根据企业生产规模、资源条件来确定高炉炉容。从我国实际状况看，高炉座数必须大大减少，平均炉容的大型化是必然趋势。预计21世纪我国钢铁工业经过结构调整后平均高炉炉容将在1000m^{3}以上。但并不是说，所有高炉都大于1000m^3，在地区条件合理化的前提下，一部分小于1000m^{3}的高炉仍将存在。

如前所述，并不是高炉容积越小越容易强化。美国的Owen Rice曾用风口前燃烧带深度有一定限度说明小高炉比大高炉更容易强化的观点。如果这个解释是正确的，则小高炉每平方米炉缸断面的燃烧强度I_c应远远高于大高炉，但我们对某些国内外操作指标较好的高炉进行了计算，结果并不如此，大高炉的I_c高于小高炉（表2）。因为风口燃烧区的燃烧是一个化学动力学过程，燃烧带的深度不是决定燃烧强度的主要因素。大高炉风压高，风速高，对风口区燃烧强度可能起更为重要的作用。由此可以推断，我国300m^{3}级高炉的容积利用系数虽达3.0t/(m^3·d)以上，但未达到大高炉强化的下限，因为η_h仍低于60t/(m^2·d)。如果300m^{3}级高炉炉缸断面积利用系数η_h达到65t/(m^2·d)，则高炉容积利用系数η_v将达到4.0t/(m^3·d)，这时限制性环节将是炉料的还原性能否适应如此短的冶炼周期。对于大高炉，由于炉缸断面积利用系数已超过60t/(m^2·d)，甚至达到70t/(m^2·d)，进一步强化的障碍则是炉身下部软熔带的流体力学过程。

推动高炉冶炼强化必须依靠科学技术进步。首先是采用、推广国内外先进实用的新技术、新工艺。20世纪80年代以来，我国钢铁工业快速发展，技术水平的提高与国外先进技术的引进、掌握和推广是分不开的。目前，我国尚有大批落后工艺技术装备急待淘汰，先进技术的采用和推广尤为重要。我国钢铁工业的生产规模已达到1.5亿吨/年，应当把自主技术创新作为21世纪推动我国钢铁工业发展的动力源泉，只有依靠自主技术创新才能后来居上。高炉冶炼强化评价将对炼铁技术创新起重要的导向作用。

4.3 必须把高炉冶炼强化与实施可持续发展战略统一起来

高炉冶炼强化将提高高炉的生产效率和一系列经济效益，但同时也增加对地球环境的负荷。如何将高炉炼铁纳入可持续发展的轨道将是21世纪面临的重要课题。

从我国实际状况出发，实现我国钢铁工业的结构调整是走向可持续发展最重要的关键的第一步。在结构调整的基础上进行综合治理，使我国的炼铁厂成为清洁工厂。第二步是使钢铁工业转变为绿色制造业，其中包括工艺改进，排放物的再资源化与回收利用。绿色钢铁制造业是钢铁工业实施可持续发展的起点。当前高炉冶炼强化的评价应以促进钢铁工业清洁工厂的建立为目标。

5 具体建议

建议高炉冶炼强化采用如下评价指标：

(1)高炉有效容积的利用系数$(t/(m^3 \cdot d)) = \dfrac{\text{高炉平均日产量}(t/d)}{\text{高炉有效容积}(m^3)}$

高炉炉缸断面积利用系数$(t/(m^2 \cdot d)) = \dfrac{\text{高炉平均日产量}(t/d)}{\text{高炉风口平面炉缸断面积}(m^2)}$

炼铁工人实物劳动生产率(吨/(年·人)) $= \dfrac{\text{高炉年产铁量}(t/a)}{\text{高炉实有职工数(人)}}$

(2)高炉燃料比(kg/t)＝入炉焦比＋喷吹比

入炉焦比$(kg/t) = \dfrac{\text{高炉日平均入炉焦炭量}(t/d)}{\text{高炉平均日产量}(t/d)} \times 1000$

喷吹比$(kg/t) = \dfrac{\text{高炉日平均风口喷入燃料量}(t/d)}{\text{高炉平均日产量}(t/d)} \times 1000$

(3)生铁成分(%)：[Si]，[S]，$\sigma_{[Si]}$，$\sigma_{[S]}$

(4)高炉一代炉役寿命(年)＝高炉一代从开炉到停炉大修的寿命(无中修)

高炉一代单位炉容产铁量$(t/m^3) = \dfrac{\text{高炉一代炉龄总产铁量}(t)}{\text{高炉有效容积}(m^3)}$

(5)高炉炼铁系统排放合格率(%)

高炉耗新水量$(m^3/t) = \dfrac{\text{高炉平均日耗新水量}(m^3/d)}{\text{高炉平均日产量}(t/d)}$

目前建议的评价内容共13项，有的内容是过去不常采用的。现在的评价方法，在20世纪后半叶曾发挥过促进钢铁生产的作用。为适应21世纪国际竞争和炼铁科技进步的需要，更新评价方法是十分必要的。

参考文献

[1] 张寿荣．关于21世纪我国钢铁的若干思考[C]．2001中国钢铁年会论文集．北京：冶金工业出版

社，2001：61～69.
[2] 张寿荣．可持续发展战略与我国钢铁工业的结构调整[J]．钢铁研究，2002(2,3).
[3] 张寿荣．试论我国解放后的炼铁技术路线[J]．炼铁，1997(4)：1～5.

Evaluation of Blast Furnace Intensified Smelting

Abstract In the 21st century, BF ironmaking process is still the main process of ironmaking, and intensifying BF smelting is still the main content of technical policy of BF ironmaking. Some new contents should be added to the evaluation of blast furnace intensified smelting in the new century. The evaluation method is analysed, and some practical suggestions are put forward.

Key words blast furnace smelting; intensifying; evaluation method; suggestion

试论进入21世纪我国高炉炼铁技术方针*

摘 要 分析了自1959年提出“以原料为基础，以风为纲，提高冶炼强度与降低焦比并举”的高炉技术方针以来的变化，指出21世纪钢铁工业面临的两大课题是提高总体竞争能力并实现与地球环境友好及可持续发展。提出以调整和优化高炉结构，从具体条件出发贯彻精料方针，开发强化冶炼技术，使高炉实现清洁化生产并走向绿色制造化，用高新技术提升钢铁工业并走向先进制造技术化作为高炉炼铁迎接21世纪挑战的对策，提出高炉炼铁技术进步的奋斗目标是实现钢铁工业的可持续发展。对如何评价高炉冶炼强化提出了具体建议。

关键词 钢铁工业；21世纪；高炉炼铁；技术方针

1 问题的提出

1953年，本钢第一炼铁厂的两座300m³级高炉（1号高炉333m³、2号高炉329m³）创造了高产经验，使高炉利用系数由1.3～1.5t/(m³·d)提高到2.2～2.4t/(m³·d)。本钢第一炼铁厂高炉高产的实践在我国炼铁界引起震动。1959年根据本钢第一炼铁厂的实践，总结出“以原料为基础，以风为纲，提高冶炼强度与降低焦比并举”的经验，后来成为指导全国高炉炼铁的技术方针。当时我国高炉容积利用系数的先进水平是1.5t/(m³·d)。本钢的实践使我国高炉工作者打开了思路，开始破除对苏联科学技术是不可超越的迷信，思想开始解放了。由于当时发展经济强调的是量的增长，这一技术方针在执行过程中出现了片面性，过分夸大了“以风为纲”，造成了一些损失。但总的来看，这一技术方针的效果是积极的。

“大跃进”之后我国经济不得不进行调整，高炉炼铁由追求高冶炼强度转为低冶炼强度操作。经济调整取得成效后又进入“文革”的十年动乱，直到党的十一届三中全会拨乱反正。20世纪80年代，我国钢铁工业开始进入快速发展时期。在我国钢铁工业经历曲折的过程中，人们对高炉炼铁技术的认识不断深化。到20世纪90年代，高炉冶炼强化的概念已扩大为“高产、低耗、优质、长寿”，并在我国高炉炼铁界取得共识。

1996年我国产钢突破1亿吨成为世界第一产钢大国，且其后每年都在增长。在进入21世纪之后，我国高炉炼铁应当采用什么技术方针？作为世界第一产铁大国的我国不能不思考这一问题。

2 形势的变迁和面临的挑战

1959年，我国提出高炉炼铁技术方针时钢铁工业的情况与目前有很大不同。20世纪50年代到80年代我国实行计划经济体制，钢铁工业的发展以追求数量增长为主，我国国内钢材市场基本上是封闭的。我国高炉炼铁技术方针把高产、低耗、优质作为追

* 原发表于《中国冶金》，2002(5,6):8～9，5～10。

求的目标就能满足计划经济体制要求。在进入21世纪时，我国已是WTO成员，我们面对的是来自国际市场的挑战。在考虑21世纪我国高炉炼铁技术方针时，我们不能不考虑国际与国内钢铁工业的形势。

2.1 国际钢铁工业形势

20世纪是钢铁工业大发展的世纪。1900年全球钢产量为2850万吨，2000年增至8.43亿吨，增长29倍。20世纪50年代至70年代增长最快，到1973年全球钢产量突破7亿吨。其后由于石油危机及世界经济不景气等原因增长趋缓，呈现在波动中缓慢增长的趋向，到2000年达到8.43亿吨，27年间增长1.1亿吨。21世纪世界钢产量的变化见图1。

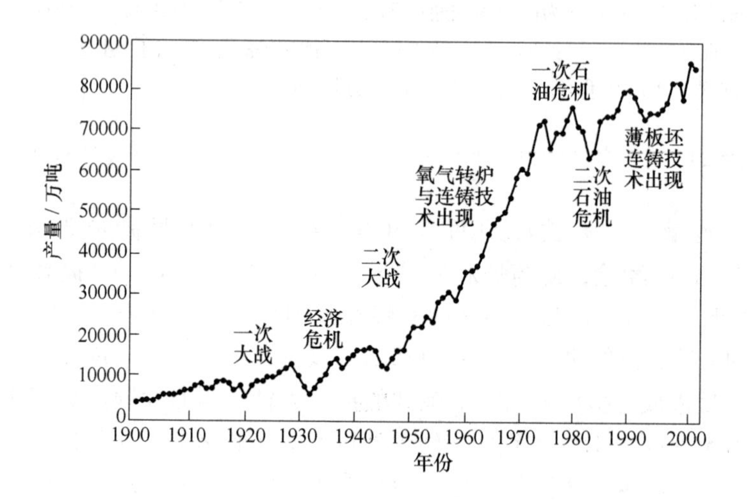

图1　21世纪世界钢产量的变化

科学技术进步使钢铁工业生产效率提高，消耗下降，质量改善，成本下降，全球钢铁产品的生产能力大于需求，从而钢铁工业内部竞争日趋激烈。科学技术进步使各制造行业之间的竞争日趋激烈。钢铁工业不得不面对其他行业的严峻挑战。

20世纪进入后半叶，钢铁工业出现以下变化。

2.1.1　20世纪后半叶钢铁工业优势衰退

20世纪前期，钢铁、石油、汽车是各产业中的大王。20世纪中期以后，钢铁工业的领先地位让位于汽车工业。从《财富》杂志1960年以来500强的变化中可见一斑。表1示出了《财富》500强历年来企业规模的变化。

表1　《财富》500强历年来年销售额和利润变化　（百万美元）

年份	500强第1位企业			500强第500位企业			500强合计	
	名称	年销售额	年利润	名称	年销售额	年利润	年销售额	年利润
1960	General Motor	12736.0	959.04	Marement	72.4	2.62	204723	11632.9
1970	General Motor	18725.0	609.08	Arvin Industries	165.7	2.67	463928	21667.7

续表 1

年份	500 强第 1 位企业			500 强第 500 位企业			500 强合计	
	名称	年销售额	年利润	名称	年销售额	年利润	年销售额	年利润
1980	Exxon	103142. 8	5650. 09	Fiat - Allis	447. 6	-54. 97	1650263. 3	81194. 0
1990	General Motor	125126. 0	-1985. 70	Rarhmann International	2586. 2	328. 4	5062286. 4	178348. 9
2000	Exxon Mobil	210382. 0	1772. 0	Sodexho Alliance	10306. 2	83. 4	19064960. 2	667209. 8

从表 1 可见，《财富》500 强企业的规模越来越大。1960 年 500 强第一名的通用汽车公司年销售额为 127. 36 亿美元，其后，逐年增加，到 2000 年第一名的埃克森石油公司年销售额达到 2103. 82 亿美元。500 强企业的总销售额 1960 年为 2047. 23 亿美元，到 2000 年则扩大为 190649. 60 亿美元，相当于 2002 年全球 GDP 的 60%。500 强最后一位的规模也逐年增加。1960 年最后一位的年销售额为 7240 万美元，而 2000 年最后一位的年销售额为 103. 06 亿美元。说明随着工业化的发展，企业的集中度越来越高。

科学技术进步推动着社会物质财富不断增长，工农业产品的数量和质量都在增加。在各产业中汽车、石油发展速度更快，20 世纪后半期起，钢铁工业的优势减退。从钢铁工业在《财富》500 强中地位的变化可看出这种趋势。表 2 示出了历年来钢铁企业在《财富》500 强中地位的变化。

表 2　在《财富》500 强中钢铁企业历年来年销售额和利润变化　（百万美元）

年份	500 强中钢铁企业第 1 位				500 强中钢铁企业最后 1 位			
	排名①	名称	年销售额	年利润	排名①	名称	年销售额	年利润
1960	5	U. S. Steel	3698. 0	304. 1	479	Ceco Steel Product	78. 2	1. 8
1970	12	U. S. Steel	4814. 0	147. 4	484	Carpenter Technologies	174. 3	11. 0
1980	19	U. S. Steel	12492. 1	504. 5	446	Carpenter Technologies	559. 0	43. 0
1990	48	Thyssen	21491. 3	537. 6	478	SSAB	2721. 5	57. 7
2000	104	Thyssen Krupp	35948. 1	509. 1	435	Kawasaki Steel	11898. 5	-164. 9

① 排名是指在《财富》500 强中的排名顺序。

由表 2 可见，1960 年全球最大化的钢铁企业美钢联在 500 强中名列第 5，到 1970 年降至第 10。1990 年钢铁企业的第 1 名美钢联让位于德国的蒂森，而蒂森在当年 500 强中名列第 48 位，美国钢铁公司则降到 52 位。2000 年钢铁工业的第一位是合并后的蒂森·克鲁伯公司，名列 500 强的第 104 位，美钢联则名列 500 强的第 106 位。从《财富》500 强中钢铁企业位次的变化可以清楚地看出钢铁工业优势的衰退。2001 年《财富》500 强第一名是商业公司，美国的沃尔玛，属于第三产业。

必须指出，这种优势衰退只是相对而言，实际上钢铁工业仍在不断增长。从表2可见，1960年美钢联年销售额为36.98亿美元，到1980年则增至124.92亿美元，2000年蒂森·克鲁伯公司的年销售额则增至358.48亿美元。从表3美国钢铁公司历年销售额与利润的变化中能更清楚地看出这一趋势。对美钢联讲，从1960年到2000年，年销售额增长9倍，但其增长幅度远低于石油与汽车等行业，所以在《财富》500强中排名位次下降。表3列出美国钢铁公司历年销售额与利润的变化。

表3 美国钢铁公司历年销售额与利润的变化 （百万美元）

年 份	1960	1970	1980	1990	2000
销售额	3698.0	4814.0	12492.1	19492.0	35570.0
利 润	304.1	142.4	504.5	818.0	411.0

2.1.2 20世纪后半叶起钢铁逐渐变成微利行业

20世纪50年代以来的科技进步推动了钢铁工业的发展，扩大了钢铁工业的规模，新建了一批采用新工艺技术装备的钢铁厂，用新工艺淘汰落后工艺，改造了一批老钢铁厂。科技进步使设备效率提高，生产能力扩大，消耗下降，质量改善，成本下降。估计全球粗钢生产能力已达10亿吨/年。由于市场需求不足，国际钢材市场竞争激烈，自20世纪70年代以来钢材价格总体基本稳定，进入90年代后期出现下降趋势。从《财富》500强中钢铁企业的销售利润率的变化可以看出这一趋势。表4列出了《财富》500强中钢铁企业销售利润率的变化。

表4 《财富》500强中钢铁企业销售利润率的变化

年 份	总企业数	总销售额/百万美元	总纯利润/百万美元	平均销售额/百万美元	平均纯利润/百万美元	平均销售利润率/%
1960	29	13550.4	800.5	467.2	27.6	5.907
1970	14	15663.9	489.9	1118.8	35.0	3.127
1980	13	47123.4	1426.4	3624.8	109.7	3.026
1990	22	196515.4	5264.0①	8932.5	239.2①	2.777①
2000	11	204522.9	2878.3	18592.9	261.6	1.407

① 不包括浦项钢铁公司。

由表4可见，自20世纪60年代以来，进入《财富》500强的钢铁企业的规模愈来愈大，总销售额增加，但销售利润率愈来愈低。1960年钢铁企业销售利润率大致在6%，20世纪70年代至80年代大致在3%，到2000年则降至1.407%，实际上钢铁全行业已处于微利状态，这时不少企业已经亏损。

2.1.3 钢铁工业内部的竞争，钢铁与其他行业之间的竞争日趋激烈

钢铁工业企业情况千差万别，在日趋全球化的国际市场上竞争十分激烈。作为材料工业组成之一的钢铁材料与其他金属材料、非金属材料和高分子材料间的竞争也十分激烈。钢铁材料的优势在于其性能价格比。如果某一材料能在性能价格比方面取得更大的优势，钢铁工业就可能面临生存危机。

2.1.4　钢铁工业面临减轻环境负荷和实现可持续发展战略的严峻考验

长期以来钢铁工业是资源消耗大户，污染排放大户。经过几十年的努力，虽在世界范围内出现了一批清洁钢铁厂，但总体上钢铁工业造成的地球环境负荷在所有产业中仍属较高的。如何减轻地球环境负荷，将钢铁工业逐步纳入可持续发展的轨道，是21世纪钢铁工业面临的严峻挑战之一。

2.2　国内钢铁工业形势

20世纪80年代以来我国钢铁工业步入快速增长期，由图2可见，20世纪90年代增长速度之快，在国际上也是少见的。图2示出中华人民共和国成立以后钢铁产量的变化（1949～2001年）。

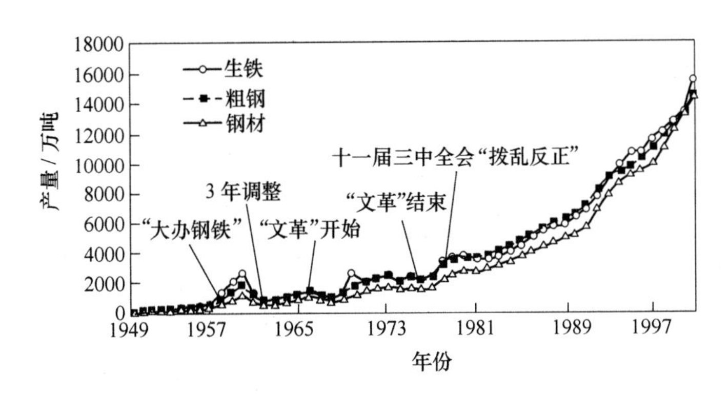

图2　中国钢铁产量的变化（1949～2001年）

2.2.1　20世纪我国钢铁工业的成就

我国钢铁工业50多年的成就可以概括为：

（1）我国已成为世界第一产钢、产铁大国。

（2）我国钢铁企业的地理分布大大改善，已基本适应地区经济发展需要。

（3）我国钢铁产量的增长，近88%是20世纪70年代以前的老厂技改和扩建的贡献，2000年我国已有年产钢100万吨以上的钢铁厂36家，到2001年增至42家。

（4）我国钢铁工业支持了国民经济的快速增长，已是国民经济的支柱产业。

（5）我国已拥有一支强大的钢铁工业科技队伍。

2.2.2　我国钢铁工业的特点

我国虽已是世界第一钢铁大国，但仍是发展中国家，国民经济属于多层次并存。我国钢铁工业的特点是：

（1）工艺技术结构和装备多层次并存，既有国际先进水平的技术装备，也有属于淘汰的落后工艺。

（2）国内资源不足，必须依靠国内与国外两类资源，原燃料质量水平与国际有较大差距。

（3）产品质量，技术经济指标，能源消耗落后于国际先进水平。

（4）总体上环境负荷沉重，虽然已有一批清洁工厂，但相当多的企业排放无害化的问题尚未解决。

2.3 进入21世纪我国高炉炼铁面临的挑战

2.3.1 21世纪钢铁工业将继续持续发展

21世纪钢铁仍将继续是人类社会使用的最主要的结构材料和产量最大的功能材料。其依据如下：

（1）铁是地壳中含量最多的元素之一。地壳中元素的含量为氧45.2%，硅27.2%，铝8.0%，铁5.8%，钙5.1%，镁2.8%，钠2.3%，钾1.7%，钛0.9%。

地壳中氧是以氧化物状态存在的，不可能以氧元素的状态作为结构材料使用。硅也不能当结构材料使用。铝由于加工费用高，目前全球铝金属年产量在2500万吨以下。除非在技术上有重大突破，铝的应用范围比钢铁要小，钢铁材料的主导地位不会有大的变化。

（2）钢铁材料的价格性能比最好，是所有材料中的首选。

（3）钢铁材料易于回收再利用，有利于实现可持续发展。

社会钢材需求量与农业发展阶段有关，与产业结构有关，与一个国家或地区的人口有关，与人均GDP有关。作者对21世纪前期全球与我国钢产量进行预测，表5做出21世纪全球钢产量和我国保持经济增长的最低钢产量预测。

表5计算出全球钢产量的上限2000年为8.47亿吨，据国际钢协2000年64国钢产量为8.29亿吨，我国最低钢产量2000年下限为1.30亿吨，基本接近。

表5 21世纪全球钢产量和我国保持经济增长的最低钢产量预测

全球人口数/亿	按人均不同消费量计算全球钢产量/亿吨		全球人口数/亿	按人均不同消费量计算全球钢产量/亿吨	
	120千克/人	140千克/人		120千克/人	140千克/人
60.5	7.26	8.47	13.0	1.30	1.56
68.5	8.22	9.59	14.1	1.41	1.69
76.6	9.19	10.70	15.1	1.51	1.81
85.0	10.20	11.90	16.0	1.60	1.92

由表5可见，21世纪世界钢铁工业和我国钢铁工业将继续发展，钢铁工业不是“夕阳工业”。

2.3.2 21世纪高炉炼铁仍将是炼铁工艺的主流

全球钢产量中，70%以上的金属铁来源于铁矿石。在从铁矿石提取金属铁的工艺中，DRI工艺的年产量大致在4000万吨，COREX工艺的生铁产量不超过500万吨，高炉铁的产量大致在5.6亿~5.8亿吨。这种格局在21世纪前期不会有大的改变。

我国钢铁工业长期铁产量大于钢产量，随着工艺技术进步，铁钢比将降至1.0，然而生铁产量仍将是世界最高的。由于自然资源条件的限制，其他炼铁工艺发展不会快，21世纪我国钢产量的增长仍将继续由高炉炼铁工艺支持。

2.3.3 我国高炉炼铁面临的挑战

近20年来，我国高炉炼铁总体水平有很大进步。特别是1990年以后，技术经济指标显著改善，表6和表7示出1990年以来我国重点企业炼铁技术经济指标的变化。

表 6　1990 年以来我国重点企业高炉炼铁技术经济指标的变化

年　份	利用系数/t·(m³·d)⁻¹	入炉焦比/kg·t⁻¹	喷吹煤粉/kg·t⁻¹	熟料比/%	热风温度/℃	劳动生产率/吨·(人·年)⁻¹
1990		516	50.80	89.60	973	1579
1991	1.78	524	51.10	90.10	971	1682
1992	1.77	514	50.30	89.30	975	1769
1993	1.82	510	53.70	90.70	975	1848
1994	1.81	504	61.30	91.50	970	1868
1995	1.79	553	56.43		946	799
1996	1.75	495	39.80	60.07	1018	1918
1997	1.82	475	93.90	88.25	1046	2098
1998	1.90	448	98.80	88.47	1056	2292
1999	1.99	426	114.00	87.73	1075	
2000	2.22	429	118.00	88.45	1062	1794

表 7　1990 年以来我国重点企业烧结和焦化工艺技术经济指标变化

年　份	烧结工艺		焦化工艺		
	利用系数/t·(m²·h)⁻¹	烧结矿品位/%	灰分/%	硫分/%	M_{40}/%
1990	1.35	52.79	14.26	0.66	76.64
1991	1.33	52.44	14.06	0.67	77.12
1992	1.34	52.89	13.51	0.65	77.50
1993	1.36	52.97	13.36	0.65	78.50
1994	1.34	53.36	13.43	0.64	78.40
1995	1.36	53.00	13.72	0.66	
1996	1.34	53.34	13.33	0.65	74.50
1997	1.34	53.49	13.16	0.65	83.57
1998	1.34	53.98	13.01	0.62	82.67
1999	1.35	54.71	12.58	0.59	76.96
2000	1.44	55.65	12.18	0.55	82.91

虽然我国部分企业炼铁技术经济指标达到国际水平或国际先进水平，但总体上与国际先进水平仍有较大差距。表现为：

（1）工艺结构与技术装备上先进与落后并存。

（2）原燃料质量与国际水平有较大差距。

（3）技术经济指标、质量、能源消耗落后于国际先进水平。

（4）环境负荷沉重，尚未实现排放的无害化。

作为我国钢铁工业的重要组成部分，高炉炼铁面临的挑战是增强总体竞争力和实现与地球环境友好。

3　我国高炉炼铁应对挑战的对策

3.1　我国高炉结构的调整

自20世纪90年代提出高炉结构调整以来，我国已取得进展。如，鞍钢已着手将7座1000m^3以下高炉淘汰，新建2座3000m^3级高炉；马钢建成2500m^3级高炉淘汰300m^3级以下的高炉；邯钢、昆钢新建2000m^3级高炉已投产。在国外，高炉结构调整从20世纪80年代已经开始。日本20世纪70年代高炉运行60座，而目前运行30座，平均单炉年产生铁由150万吨提高至230万吨。欧洲EBFC12国20世纪80年代高炉运行95座，到2005年将减至57座，单炉年产铁水平将由90万吨提高至140万吨。北美20世纪70年代运行高炉170座，到2000年减至约40座，单炉年产铁水平由60万吨增至130万吨。国外高炉结构调整的目的是提高效率，提高劳动生产率、降低消耗，即提高钢铁企业的总体竞争力。

我国高炉结构调整不能简单地理解为就是大型化。我国高炉结构调整的目的是提高企业的总体竞争力和改善地球环境。大高炉可以达到较高的效率和劳动生产率、较低的消耗，较好的铁水质量和较少的污染排放，高炉结构调整的结果必然总体上趋向大型化。高炉结构调整必须按企业生产规模、原燃料条件确定高炉数目和炉容。一般情况，大型企业应力求高炉座数不超过2～3座。高炉结构调整并不要求淘汰所有1000m^3级以下高炉，在特定条件下，300m^3级高炉仍可能是合理的。高炉结构调整的核心是合理化与优化和淘汰落后，反对以结构调整之名，行扩大规模之实。

3.2　贯彻精料方针

近20年来，特别是20世纪90年代以来，我国高炉炉料质量显著改善，主要原因是使用大量进口铁矿石，进口铁矿铁分高，提高了高炉入炉料的品位。2000年我国进口铁矿石达7000万吨，2001年超过9000万吨，进口铁矿炼出的铁已超过我国铁产量的40%。

近十几年来我国高炉用焦炭的质量也明显改善，达到建国以来的最好水平。这应归功于市场经济机制的作用，炼焦用煤灰分下降、质量改善。新技术装备（烧结机、焦炉等）的建成与工艺技术进步提高了烧结矿和焦炭的质量。但我国炼铁高炉的精料水平与国际先进水平相比，还有很大差距。我国炼铁高炉渣量在300～400kg/t Fe或更多，而国际先进高炉的渣量大多不大于300kg/t Fe，有的不大于200kg/t Fe。在高炉入炉料的稳定性方面，我国与国际水平也有很大差距。

我国铁矿资源含铁量低，含SiO_2高，选出的精矿含铁量也低，含SiO_2高，成为实现精料的重要障碍，而实现精料只能靠多用进口铁矿。最近鞍钢矿山选矿工艺改进，以降SiO_2提铁，使铁精矿铁提高3%～4%，高炉焦比下降，利用系数提高，使2002年以来炼铁生产创历史最好水平，生铁成本大幅下降，今年一季度在全国钢铁企业利润下滑的情况下，鞍钢利润上升。鞍钢的实践证明，提高我国国内铁矿石资源的精料水平仍有很大潜力，有待去挖掘。我国钢铁工业发展，必须依靠国内、国外两种资源。从我国铁矿石资源情况看，不能要求国内矿山增产，但要求我国矿山在技术上有所创新，提高入炉矿石品位，减少炼铁高炉渣量，不断提高矿石处理及加工技术水平是完全必要的。这是提高我国高炉炼铁竞争力的重要措施之一。21 世纪我国必须在深入贯彻精料方针上下大工夫。

3.3 强化冶炼技术

高炉强化冶炼不仅是技术问题，而且是经济问题。高炉强化冶炼追求的目标是设备利用率最高化，能源消耗最低化，高炉寿命长、维修量最少化，生铁质量最佳化，同时不断降低生产成本，提高钢铁厂的总体竞争力。高炉强化冶炼要追求高利用系数，但绝不仅限于高利用系数，还包括低能耗（低燃料比和低焦比）、长寿（无中修的一代寿命）和生铁优质（满足炼钢需要）。

高炉利用系数有两类衡量方法。第一类以高炉容积为衡量基础，即每立方米高炉容积一天 24h 的出铁量。其中又有两种计算方法，一种以高炉容积（料线至铁口平面）为基准，另一种以高炉工作容积（料线至风口平面）为基准。按工作容积计算出的利用系数比按高炉容积计算要高 15% ~20% 。

第二类以高炉炉缸风口截面积为衡量标准，即每平方米风口截面积一天 24h 的出铁量。作者与银汉同志对国内外部分 300 ~ 400m^3 级高炉的操作实绩进行了分析，发现两种计算方法得出的结果不完全一致。容积小的高炉的容积利用系数高，而容积大的高炉的炉缸断面积利用系数高。

高炉容积利用系数 η_v 与炉缸断面积利用数 η_h 计算结果趋向不一致的根本原因是高炉炉型设计上的差异。不同容积高炉的容积与炉缸断面积的比例不是固定不变的。容积小的高炉 V/A 值小，虽炉缸面积燃烧强度不很高，而按容积计算的冶炼强度大大高于大高炉，所以容积利用系数高。

并不是炉缸直径越小越容易强化，小高炉每平方米断面积的燃烧强度 I_c 低于大高炉。由此可见，炉缸尺寸并不是决定高炉强化程度的支配性因素。高炉风口燃烧是一个化学动力学过程，不是几何尺寸所能决定的。

对国内外不同高炉操作实绩的分析表明，我国在强化冶炼方面还有相当大的潜力可挖。我国 300m^3 级高炉的利用系数虽已达 3.0t/(m^2 · d)以上，但 η_h 仍低于 60 t/(m^2 · d)。如 300m^3 级 η_h 提高到 65t/(m^2 · d)，则高炉容积利用系数 η_v 将达到 4.0 t/(m^3 · d)，这时限制性环节将是炉料的还原性能否适应如此短的冶炼周期。我国大高炉 η_h 多低于 60t/(m^2 · d)，在现有炉料质量前提下，提高到 60 ~ 65t/(m^2 · d)是有可能的。大高炉进一步强化的障碍将是高炉炉身下部的流体力学过程。

我国已掌握一批成熟的高炉强化冶炼技术，如布料与煤气流控制，高压操作、高煤比喷吹、高风温、高炉长寿等。现在要做的是将这些技术的推广应用和进一步开发与集成，并用高新技术促进这些技术的集成与提升。炼铁应用基础研究在某些方面是重要的，否则就不会有技术上的新突破。

3.4 实现清洁生产并走向绿色制造化

总体上，我国钢铁工业排放物无害化的任务尚未完成。为尽快改变钢铁企业污染环境的面貌，必须抓钢厂的末端治理与实现清洁生产并举。钢铁企业从末端治理到制造绿色化过程的示意图见图 3 ~ 图 5。

图 3 为末端治理前钢铁厂环境负荷示意图，图 4 为末端治理后钢铁厂环境负荷示意图，图 5 为绿色制造化的钢铁厂环境负荷示意图。

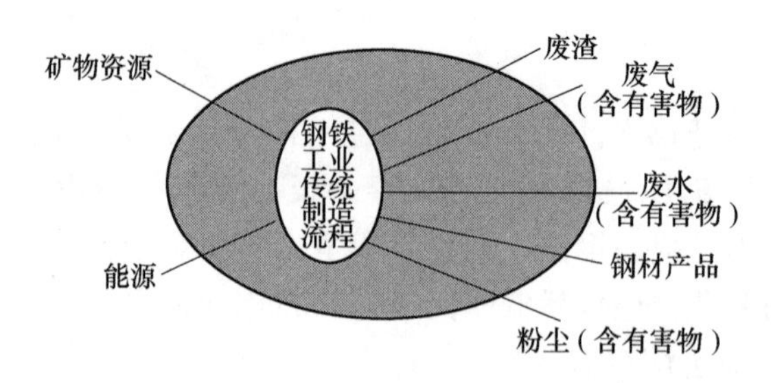

图 3　末端治理前钢铁厂环境负荷示意图

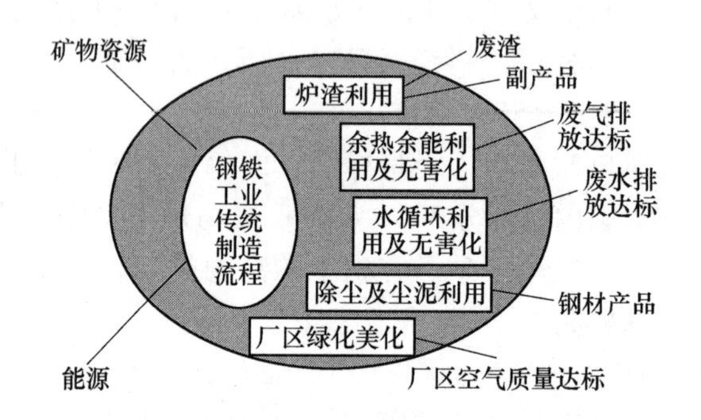

图 4　末端治理后钢铁厂环境负荷示意图

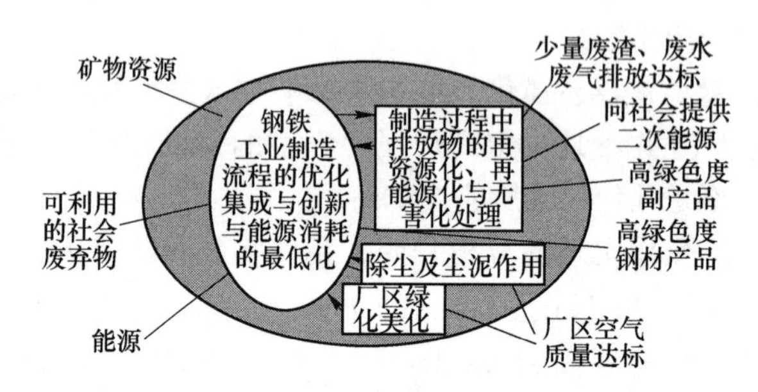

图 5　绿色制造化的钢铁厂环境负荷示意图

钢铁厂的绿色制造化是在清洁生产的基础上把钢铁厂作为工业生态链的一个组成部分，提高产品与副产品的绿色度，并利用其他产业的废弃物作为资源。我国钢铁工业减轻环境负荷的第一步目标是实现清洁生产。钢铁工业的绿色制造化是一项长期任务。高炉炼铁作为钢铁工业的组成部分，当务之急是降低消耗，特别是降低能耗，从源头上减少排放，尽量减少向钢厂外的排放，降低新水的消耗，以期尽可能地降低环境负荷。

3.5　用高新技术提升钢铁工业制造技术水平

制造业是指对原材料（采掘业的产品和农产品）进行加工或再加工，以及对零部件装配的工业的总称。因此，钢铁工业属于制造业。

制造业的发展方向是采用先进制造技术，淘汰和改革落后的技术、流程和管理。先进制造技术是制造业发展的基础。用高新技术提升钢铁工业制造技术水平是使钢铁工业先进制造技术化的必由之路。

3.6 高炉炼铁技术的奋斗目标——实现钢铁工业的可持续发展

作为制造业主要支柱之一的钢铁工业最终将要成为工业生态链的一个组成部分，才能实现可持续发展。这个目标的实现可能需要一个世纪甚至更长。

应对国际市场挑战，我国钢铁工业面临两大课题，即提高总体竞争力和实现清洁生产，在此基础上逐步走向先进制造技术化和钢铁工业的绿色制造化。这个过程将是漫长的。在进入21世纪前期，高炉炼铁的技术方针可以归纳为：调整结构，实施精料，强化冶炼，节能降耗，提高质量，实现清洁生产，进入国际先进行列。我国正处于工业化阶段，在工业化阶段这一方针将是适用的。

4 关于高炉冶炼强化的评价问题

与所有制造业一样，21世纪我国钢铁工业也必须走集约型可持续发展道路。对高炉炼铁来讲，高炉冶炼强化将是炼铁工艺发展的一项内容。

任何事物都要有适当的度量方法，高炉冶炼强化不能例外。需要一套能促进高炉炼铁工艺技术进步的评价方法。这不仅为了度量和比较，更重要的是为了对炼铁技术进步起正确的导向作用。

作者曾在《炼铁》2002年第2期建议对高炉强化冶炼采用效率评价、能耗评价、质量评价、长寿评价、环境评价等评价指标。其中效率评价指数包括高炉容积利用系数，高炉炉缸断面积利用系数，炼铁工人实物劳动生产率；能耗评价指标包括高炉燃料比、入炉焦比、喷吹比；质量评价指数包括生铁含硅质量分数，生铁含硫质量分数；长寿评价指标包括高炉一代炉役寿命，高炉一代单位炉容，产铁量；环境评价指标包括高炉炼铁系统排放合格率，高炉耗新水量等。

高炉造渣过程的优化与提高喷煤量的关系*

摘　要　高炉造渣过程经历初渣、炉腹渣、风口渣和终渣等几个阶段，其中对高炉强化最重要的阶段是炉腹渣。随着高炉喷煤量的不断增加，要求千方百计减少炉腹渣量和改善腹渣的流动性。实践证明，将添加在烧结矿中的熔剂改由风口喷吹进入高炉，不仅能够改善炉腹渣和风口渣的性能，提高下部透气性，而且有利于降低焦比，提高高炉的脱硫和脱碱能力。

关键词　高炉；造渣；喷煤

旺盛的市场需求正刺激着各钢铁企业不断追求更高的高炉强化水平，而减少高炉座数、实现大型化的趋势同样要求不断提高高炉的单炉生产能力。如何在不断提高喷煤量的同时实现高强冶炼，是当前具有普遍意义的研究课题。通过提高铁矿石入炉品位、降低燃料灰分含量来降低渣量，当然是一种有效的措施，目前国内不少高炉的入炉品位已经接近60%，焦炭灰分含量下降到12%左右，高炉利用系数提高很快。但是进一步提高入炉品位和降低燃料灰分受到采购价格、供应能力和产品（烧结矿和焦炭）性能等的制约，有必要从不同的角度探索解决问题的新路子。本文将通过分析高炉造渣过程与喷煤的关系，提出一条通过优化造渣过程提高大量喷煤高炉强化能力的新技术路线。

1　高炉内炉渣的形成过程

高炉炼铁是一个把固态铁氧化物在高温下还原成液态铁水的过程。为了使高炉稳产高产，并能生产出优质铁水，这需要有一个适当的炉渣形成过程，即铁矿石中的脉石、燃料中的灰分以至熔剂中的各组分熔解后形成的液态炉渣要具有良好的性能。

在软熔带，炉渣的形成是一个复杂的过程。从部分炉料的软化开始，随着不同炉料如熔剂、铁矿石中的脉石以及直接还原和渗碳所消耗燃料中灰分组成的相互熔解，软化熔融部分的数量逐渐增多，直至生成液态金属和炉渣而滴落。在这个过程中，炉渣在化学成分和物理性能方面都发生了很大变化。物理方面，炉料逐渐从固态发生软化、半熔化直至最后完全熔融，炉料的孔隙度降低，透气性变差；化学方面，炉渣成分不仅依赖于入炉原料的化学成分，而且与到达软熔带时铁矿石的还原度及入炉原料的分布有关。在炉渣形成阶段主要发生两个反应：（1）铁矿石中剩余铁氧化物的直接还原；（2）熔剂在渣中的熔解使炉渣碱度发生改变。这两个反应导致了所生成的炉渣黏度和熔点的不稳定。

对高炉不同部位炉渣的称谓，为了方便讨论，建议使用以下 4 个术语。初渣：由

---

* 本文合作者：毕学工。原发表于《2003 年中国钢铁年会论文集》，2003：408 ~411。

含铁炉料中的脉石所生成。炉腹渣：熔解了从炉顶加入的熔剂和其他炉料的组分后的初渣，同时还包括直接还原、渗碳所消耗的焦炭中的灰分。风口渣：由风口前燃烧的焦炭、煤粉中的灰分所形成，当从风口喷入铁矿石、熔剂粉末时，也包括这些粉末所带入的组分。终渣：由炉腹渣和风口渣混合而成，并扣除因还原而减少的 MnO、FeO、SiO_2 等的重量。

2　炉腹渣渣量及黏度对高炉生产的影响

众所周知，渣量和炉渣性能对高炉生产有着显著的影响，对这一点的最好的证明是高炉与直接还原竖炉之间生产率的巨大差异。两者使用的铁矿石基本相同，前者生产铁水，而后者的产品为金属化率92%左右的固体海绵铁，因此，前者生产过程中有渣相存在，而后者没有。以瑞典 SSAB 公司工作容积为 $1253m^3$ 的 2 号高炉和加拿大 Sidbbedosco 公司容积为 $230m^3$ 的直接还原竖炉为例，前者的利用系数为 $2.4t/(m^3 \cdot d)$，而后者的利用系数为 $10t/(m^3 \cdot d)$，后者为前者的 3 ~4 倍。

高炉生产实践表明，提高产量的限制性环节在于下部透气性和透液性的好坏，特别是大量喷煤高炉，由于存在料柱中焦炭体积比下降、严重的焦炭劣化现象、未燃煤粉对炉腹渣流动性能的不利影响等因素，千方百计改善高炉下部料柱的透气性和透液性就显得尤为重要。

在高炉下部同时存在着固、气、液和粉四种相，气相与液相做逆向流动。正常条件下流进焦炭料层的液体量等于流出量，而在某些条件下，流出的液体量少于流进的量，料层中滞留的液体量急剧增加，下行的液态渣铁被煤气反吹向上，阻塞了气体通道而使压力损失急剧增加，这就是所谓的液泛现象。高炉内一旦发生了液泛，正常的炉料运动就会遭到破坏，高炉顺行也必然遭到破坏，使高炉生产受到限制。Beer 和 Heynert[1]确定的高炉液泛极限近似表达式如下：

$$\log f_f = -0.559\log f_\gamma - 1.519 \tag{1}$$

式中　f_f——液泛因子；

f_γ——流量比。

$$f_f = (\omega^2 F_s/g\varepsilon^3)/(\rho_g/\rho_l)\eta^{0.2} \tag{2}$$

$$f_\gamma = (L/G)(\rho_g/\rho_l)\eta^{0.5} \tag{3}$$

式中　ω——煤气的表观流速；

F_s——焦炭颗粒比表面积；

g——重力常数；

ε——料层空隙度；

ρ_g——煤气密度；

ρ_l——炉渣密度；

η——炉渣黏度；

L——炉渣表观质量流速；

G——煤气表观质量流速。

由式（1）可导出高炉下部发生液泛的临界条件：

$$f_f^2 f_\gamma \approx 10^{-3} \tag{4}$$

此式表示当以上乘积超过 10^{-3} 时可能发生悬料。文献［2］以宝钢3号高炉的正常操作条件为基础，计算研究了渣量、炉渣黏度、料层空隙度和焦炭粒度对高炉最大产量的影响。计算时使用了终渣的渣量，炉渣黏度为估计的炉腹渣的黏度。图1显示，降低渣量和炉渣黏度都能够达到使高炉强化的目的。

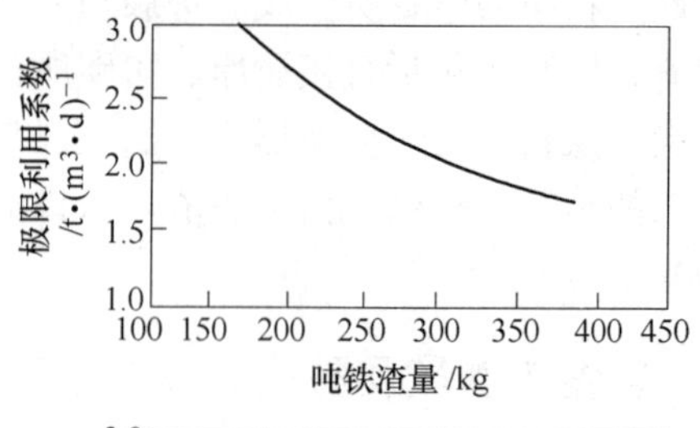

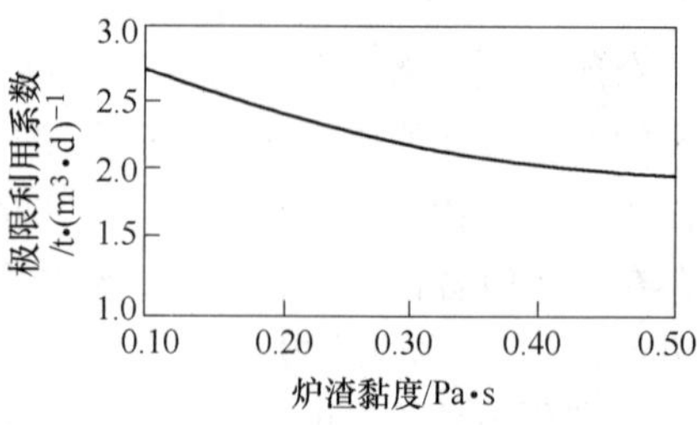

图1　渣量和流动性对高炉最高产量的影响

3　熔剂加入方式对炉渣形成过程的影响

与终渣不同，炉腹渣是一种变化的概念，从初渣生成并滴落开始，炉腹渣的渣量、化学成分及流动性都处在不断变化之中。从操作角度出发，当然希望炉腹渣的流动性在向下滴落的过程中尽可能地始终保持稳定。从 $CaO-SiO_2-FeO$ 三元渣系相图可知，当炉渣碱度 CaO/SiO_2 小于1时，在一个较大范围内，FeO 和 CaO 含量的变化对炉渣熔点的影响都很小。但当二元碱度超过1时，不论 FeO 含量降低还是 CaO 含量增加都会使炉渣的熔点显著增高，炉渣黏度也随之增大。这说明高炉中应尽量避免在炉腹部位生成超高碱度的炉渣。否则，由于 FeO 的还原和 CaO 的熔入，炉渣的流动性可能会变差，甚至发生再凝固而引起高炉料柱透气性的恶化。

用何种方式向高炉内装入造渣所需要的熔剂，经历了一个发展过程。最开始为从炉顶将矿石和熔剂完全分开装入，后来是预先将熔剂加入到烧结混合料中，然后随生产的熔剂性烧结矿一道装入炉内，如果烧结矿或球团的碱度比较低（1.0左右），还需要同时装入少量块状熔剂。

从炉顶装入的熔剂是用来中和铁矿石中的脉石和燃料中的灰分的，由于熔剂的传统加入方式是从炉顶装入，而燃料的绝大部分灰分是燃料在风口前燃烧时才释放出来的，因此，在熔入了熔剂之后炉腹渣的碱度一般要高于终渣。炉腹渣碱度和终渣碱度的差异取决于入炉熔剂量、燃料带入的灰分量和初渣量，初渣量越小，差值越大。

文献［3］的计算表明，瑞典 SSAB 公司使用100%橄榄石球团矿、吨铁34kg石灰石和吨铁41kg转炉渣时，吨铁终渣量为150kg，碱度 CaO/SiO_2 为1.03，相应的炉腹吨铁渣量为142kg，碱度为1.23，炉腹渣的碱度比终渣高0.2（计算中假定有吨铁50kg的焦炭中的灰分进入了炉腹渣）。由于该高炉的熔剂与矿石是分开加入的，当熔剂与球团矿发生局部偏析时，炉腹渣的碱度则可能高达1.82。作者计算了安钢高炉中炉腹渣与终渣在碱度方面的差别，当烧结矿、海南矿与水冶球的配比分别为83%、7%和10%时，终渣碱度为1.11，而炉腹渣的碱度为1.36，高出0.25。这说明，虽然终渣的碱度很接近于1.0，但是炉腹渣的碱度却远远高于1.0。这意味着炉腹渣在滴落过程中由于 FeO 被还原和 CaO 熔入，流动性可能会变差，甚至重新凝固而恶化料柱透气性。

在某种炉料结构下，从炉顶分开装入矿石和熔剂还可能造成初渣与炉腹熔点的巨大差别。为了进一步降低渣量和改善球团矿的质量，瑞典 LKAB 矿山公司开发了一种石灰基自熔性球团矿，该球团矿的还原性好，品位高，脉石含量少，高炉吨铁渣量低到120kg左右，因此曾预计使用该球团矿将使高炉各种指标得到显著改善。但是工业试验并没有得到预想的结果，而且出了一些异常现象：压差升高且波动大，炉温虽然正常但是渣沟中炉渣的流动性差且碱度波动大。马积棠先生从理论上对其原因进行了分析[3]，发现使用自熔性球团矿时初渣的碱度（0.98）虽然比使用橄榄石球团矿时初渣的碱度（0.13）高，但MgO却低得多（从31.55%降低到9.24%），由CaO-SiO_2-MgO三元渣系相图估算的初渣熔点从1600℃左右下降到1400℃左右。当初渣熔入全部从炉顶装入的熔剂之后，形成的炉腹渣的碱度增加到1.92，估算熔点增大到1700℃左右。这样，当炉腹渣中的FeO被还原时，黏度可能明显升高而使软熔带的透气阻力增大，而且一旦炉腹渣的熔点高于炉腹位置所能达到温度时，液态炉渣还可能发生再凝固，引起炉况恶化。

研究表明，采用传统的熔剂加入方式形成的风口渣的性能也不利于高炉强化。一般仅靠燃料灰分所形成的风口渣碱度小于0.1，酸度很高，黏度很大。Yamagata等曾经估算和实际测定了由焦炭灰分和煤粉灰分形成的风口渣的熔点，估算的熔点在1650~1720℃，实测的熔点分别为1500~1580℃[4]。由于风口渣的熔点高，黏度大，在风口回旋区外侧形成了一层透气性很差的“鸟窝”，使风压升高，风压波动增大，限制了高炉的进一步强化。

4 改善高炉造渣过程的理论研究和工业实验

在保证烧结矿的低温粉化性、转鼓强度和还原性的前提下，尽可能地减少烧结矿中SiO_2、MgO、CaO造渣物质含量，可以显著改善烧结矿的1000℃以上高温还原性和透气性，但高炉脱硫要求维持一定的渣量和炉渣成分，所以需要额外补充一定数量的SiO_2、MgO、CaO造渣物质，加入方法可以是从高炉炉顶以块状装入，也可以是从风口以粉状喷入。日本北海钢铁公司的工业实验证实[5]，当吨铁喷煤量从140kg提高到170kg时，由于改由风口喷吹部分熔剂，高炉下部透气性的改善使得高炉的透气阻力系数并未升高。

为解决使用新型球团矿出现的造渣问题，瑞典开展了深入的科学研究[5]。LKAB公司在MEFOS建有工作容积为8.2m^3实验高炉，2000年11月在此高炉上做了为时两周的试验，从风口将煤粉和熔剂混喷。炉腹渣的碱度从基准期的1.64降低到1.19，风口渣的碱度从基准期的0.03提高到0.95。解剖研究发现，单独喷吹煤粉的回旋区是典型的“鸟窝”结构，是由酸性渣和附着在回旋区外壳上的未燃煤颗粒形成的，透气性很差，而煤粉与转炉渣混喷的回旋区却很疏松，透气性良好。实验高炉炉况稳定顺行，操作指标很好，吨铁燃料比降低了11kg，铁水中Si降低了0.3%，高炉的脱硫脱碱能力也得到了增强。

5 改善造渣过程与提高喷煤量关系的分析

对高炉终渣进行的实验研究证实，未燃煤粉会降低炉渣的流动性，当炉渣中含碳量超过一定数量以后，炉渣变稠，黏度和熔化性温度急剧上升。随着煤粉喷吹量不断增大，可以想象进入炉腹渣中的未燃煤数量将会越来越多，炉腹渣的黏度也必定随之增大。由于炉腹渣的化学成分及性能与终渣有很大不同，所以需要深入研究未燃煤的混入量对炉腹渣的流变性能的影响，以确定适应大量喷煤条件的炉腹渣组成。

适当降低炉腹渣的碱度可能收到改善炉渣性能和减少渣量的双重效果，为此需要深入研究不同的熔剂加入方式及相关工艺，以及为保证烧结矿、球团矿的冶金性能所需采取的相应技术措施。

6 结论

本文对高炉造渣过程与高炉顺行及强化能力的关系做了系统分析，得出以下结论：

（1）炉腹渣的渣量和流动性对大量喷煤高炉的顺行和强化具有决定性意义。

（2）改变熔剂的加入方式可改善炉腹和风口渣的性能，提高下部透气性，有利于提高喷煤量。

（3）需要深入研究大量喷煤条件下炉腹渣性能的变化规律及相应的铁矿石造块技术。

参考文献

[1] H. Beer，G Heynert. Stahl u. Eisen，1964，84：1353.

[2] 张寿荣，毕学工．高炉喷煤与炼铁技术的未来[J]. Asia Steel，2000，1(1).

[3] J. Ma. ISIJ International. 1999，39(7):697 ~ 704.

[4] Chisato Yamagata，et al. 从高炉风口同时喷吹粉煤和白云石[J]. 湘钢译丛，1992(3):1 ~ 13.

[5] 山口一良．添加造渣剂改善高炉底部透气性的有效方法[J]. 谢德，译．现代冶金，2001(2)：18 ~ 26.

[6] Peter Sikstrom et al. Injection of BOF Slag through Blast Furnace Tuyeres-Trails in an Experimental Blast furnace[C]. 2002 Ironmaking Conference Proceedings，2002：257 ~ 266.

Relatonship between Optimization of Slag Forming Process in the Blast Furnace and Increase in Pulverized Coal Injection Rate

Abstract The slag forming process occurs in stage of primary slag, bosh slag, tuyere slag and tapped slag, among which the most important stage is the bosh slag. As the rate of pulverized coal injection into the blast furnace is constantly increasing, it is required to reduce the amount of bosh slag and to improve its fluidity by any means. Industrial practices have demonstrated that to inject into the furnace through the tuyeres the flux materials that is usually added into sinter mix can not only improve the properties of bosh slag and tuyere slag, leading to better stack permeability in the lower furnace, but also is favorable for the decrease in coke rate and the enhancement of the capability of desulfurization and dealkalization of the blast furnace.

Key words blast furnace; slag forming; coal injection

构建可持续发展的高炉炼铁技术是21世纪我国钢铁界的重要任务*

摘　要　对建国后我国炼铁技术的发展进行回顾，对成就、现状和问题进行分析，并对构建符合可持续发展的21世纪具有中国特色的炼铁工艺流程提出初步设想。

关键词　21世纪；可持续发展；中国特色；高炉炼铁工艺流程

1　中国的和平崛起需要强大的钢铁工业支撑

我国经济建设的第二步战略目标是在21世纪前20年实现工业化，到2020年GDP比2000年翻两番，实现中国和平崛起。研究表明，具有相对完整工业体系的国家，人均GDP达到1000美元时，人均钢年产量不得低于0.1吨/(人·年)[1]。我国20世纪90年代以来的实践也证明了国民经济的增长需要钢铁工业的支撑。我国在21世纪前20年，GDP要翻两番，必须有强大的钢铁工业来支撑。研究表明，支撑我国工业化进程的人均钢产量的最低值应在0.16~0.18吨/(人·年)[1]。换句话说，支撑我国GDP在2020年翻两番的最低钢产量应在2.4亿~2.8亿吨。建设强大的钢铁工业是我国21世纪实现和平崛起的必要条件。

我国废钢积蓄量少，钢产量增长速度快，决定了我国电炉钢的比例远低于国际平均水平。我国钢产量的增长主要靠转炉钢的增长。而转炉钢的增长必须依靠生铁产量的增长。这就决定了我国钢铁工业的发展必须保持铁与钢同步。强大的钢铁工业包括强大的高炉炼铁产业。

2　建国后我国高炉炼铁技术发展过程的回顾[2]

旧中国留下的钢铁工业是个陈旧落后、残缺不全的烂摊子。当时我国炉容在300m³以上高炉只有16座，其中鞍钢9座、本钢4座、石（景山）钢2座、太钢1座，最大的是鞍钢9高炉，容积944m³。而且鞍钢6座、本钢2座800m³以上高炉的机电设备全部被苏联军队拆走，留下的均属于20世纪20年代的老装备。

2.1　恢复生产阶段

1949年，东北的鞍钢、本钢将未拆走的高炉恢复生产。1950年华北的高炉也相继恢复生产。当时东北的铁厂沿用日本的高炉操作技术，风量少、风温低、焦比高，容积620m³高炉的生产能力仅为500t/d。恢复生产后不久，东北地区展开了创新纪录活动。1951年，高炉生产超过了日本统治下的最高纪录。然而，生产水平仍是很低的：高炉利用系数为0.9~1.0t/(m³·d)，焦比在1000kg/t，炼钢生铁Si质量分数超过1.0%，

* 原发表于《钢铁》，2004，39(9):7~13。

远落后于当时高炉炼铁的国际水平。

2.2 学习苏联技术阶段

20世纪40年代后期,当时苏联炼铁技术在国际领先,巴甫洛夫院士总结了欧美高炉炼铁理论研究和实践经验,使炼铁理论系统化,并领导科研小组,在苏联高炉上进行了许多研究。1950年,苏联生铁产量达1920万吨,居世界第2位,占世界总产铁量的15%。

1950年后,苏联技术传入我国。鞍钢在推广苏联技术方面起了带头作用。鞍钢结合实际推广了自熔性烧结矿,解决了细精矿造块问题,否定了方团矿的流程;解决了[Si]的质量分数在0.9%以下炼钢生铁的冶炼问题;推行炉顶(上部)调剂法等。苏联炼铁技术的推广,提高了我国高炉炼铁技术水平。一批高炉的利用系数超过1.4t/(m^3·d),焦比降至750~700kg/t水平,风温达到900~1000℃。学习苏联技术成为我国当时炼铁技术发展的主流。

2.3 大跃进阶段

1958年,本钢一铁2座300m^3级高炉(1号333m^3、2号329m^3)创造了高产经验:烧结矿过筛,筛除小于5mm粉末;焦炭分级入炉;提高烧结矿品位;提高高炉压差增加风量;利用装料制度调节、增加批重;扩大风口直径等。采用这些措施后,高炉利用系数由1.3~1.4t/(m^3·d)提高到2.2~2.4t/(m^3·d)。本钢的高产经验不仅在我国炼铁界引起很大震动。在国际上也引起关注。这时正值"大跃进"高潮,本钢的经验,既是对炼铁界的推动,也是压力。本钢一铁总结出的"以原料为基础,以风为纲,提高冶炼强度与降低焦比并举"的高炉操作方针后来成为指导全国的炼铁技术路线。本钢的实践打开高炉工作者的思路,认识到不能仅局限于照搬苏联经验,要解放思想。虽然"大跃进"给我国经济造成严重损失,但对技术思想的解放是有贡献的。

2.4 经济调整阶段

"大跃进"造成国民经济比例严重失调,而不得不于1961年进行经济调整。钢铁工业由"大上"转为"大下",相当多的铁厂停产、减产。1962年生铁产量降为805万吨,1963年进一步降为741万吨。高炉炼铁技术面临着低冶炼强度操作的新课题。通过克服高炉低冶炼强度操作带来的一系列困难,使高炉工作者对高炉冶炼规律的认识得到了深化。

2.5 独立发展阶段

经过全面学习苏联、"大跃进"和经济调整,我国高炉工作者的思想明显开阔。大家认识到不能完全照搬苏联的炼铁经验,必须独立自主地发展我国的炼铁技术。1963年,因我国甩掉了"贫油国"的帽子,重油供应开始充裕。鞍钢高炉开始喷吹重油,取得成功后在全国重点炼铁厂推广。1964年,首钢高炉喷吹煤粉试验成功,并在部分铁厂推广,当时欧美掌握高炉喷煤技术的也只有Armco的Ashland工厂。1965年,在大量试验研究的基础上,我国解决了攀枝花钒钛磁铁矿的高炉冶炼问题,做到在炉渣TiO_2为25%~30%的条件下高炉正常操作,使我国丰富的钒钛铁矿的发展成为现实。

这些都表明，我国的炼铁生产技术走上了独立发展阶段。虽然经济调整之后，因大批高炉下马生铁产量低于大跃进时期，但1966年的高炉技术经济指标却达到了历史最好水平。重点企业的高炉焦比降至558kg/t，仅次于日本，居当时世界第二位，某些大量喷吹的高炉焦比降至400kg/t水平，属当时国际领先水平。

2.6 “文化大革命”阶段

“文化大革命”初期，部分钢铁厂被迫减产、停产。“文化大革命”期间，工厂生产遭受重大损失。由于当时的方针是“工业以钢为纲”，随着运动的时起时伏，生铁产量时降时升。这10年间，我国自行设计的2500m^{3}级高炉、梅山炼铁厂，以及采用我国自主开发的高炉冶炼工艺的攀枝花钢铁公司等相继投产。政治运动使钢铁生产徘徊起伏，人民企盼由乱到治。

2.7 引进技术与独立发展相结合的新阶段

1978年十一届三中全会后，我国钢铁工业进入新的发展阶段。改革开放以来，我国陆续引进了欧美、日本的当代先进工艺技术。宝钢一期成套引进了日本20世纪70年代后期包括原料场、烧结、焦化、高炉炼铁和转炉炼钢等在内的整套先进技术。其他单项引进的技术包括无料钟炉顶、烧结矿冷却，炼铁系统的环保技术等，这些引进技术促进了我国炼铁系统的技术进步。除新建宝钢外，利用这些引进技术对已有的钢铁企业进行大规模的扩建和技术改造，促进我国钢铁工业进入快速发展时期。1996年我国成为世界第一产铁、产钢大国。

2.8 快速增长阶段

20世纪90年代，我国生铁产量以年均6% ~7%的速度增长。进入21世纪，增长速度加快，年均增长速度超过20%。钢、铁产量的增长的拉动力是市场需求。我国GDP增长速度加快，建设投资规模迅速扩大，使国内市场对钢铁产品需求日趋强劲。总体来看，从20世纪90年代至2002年，钢铁工业的发展是健康的。主要标志是：炼铁主要经济技术指标显著改善，与国际先进水平的差距日趋缩小，一部分技术指标进入国际先进行列。从2002年起，我国出现了“钢铁投资热”，大量资金涌入钢铁行业，一批规模小、装备落后、能耗高，属于长线产品的项目上马。其中包括一批装备落后、耗能高、环境污染严重的高炉、焦炉、烧结机。这对正处于结构调整中的我国钢铁工业在技术上是倒退。2003年，虽然我国生铁产量超过2亿吨，但技术经济指标已出现退步的迹象。我国矿产资源不足，能源紧张，交通运输公用设施能力薄弱，环境负荷沉重，难以适应钢铁工业的投资热，势必破坏国民经济协调、可持续发展。资源、能源和保护地球环境，是我国钢铁工业发展的限制因素。适应客观形势需求，我国高炉炼铁技术只有走可持续发展道路才有出路。

3 我国高炉炼铁的成就、现状和问题

3.1 成就

1949年我国铁产量与苏联十月革命后的1923年相当。苏联1975年生铁产量突破1

亿吨，其间用了 52 年。我国生铁产量 1995 年突破 1 亿吨，从 1949 年算起用了 46 年，比苏联快。从年产 1 亿吨到年产超 2 亿吨，我国用了 8 年，在世界上是空前的。我国是世界历史上唯一的钢、铁产量超 2 亿吨的国家。

从 1980 年到 1995 年生铁年产量超过 1 亿吨，我国新建的钢铁企业只有宝钢、天津无缝和张家港沙钢。这一期间，生铁产量净增 6727 万吨，主要是原有老厂扩建与技术改造的贡献。我国钢铁工业发展快，与执行的老厂技术改造为主的建设方针是分不开的。

20 世纪 90 年代后期，引进技术装备大部分实现了国产化，使吨钢投资由 80 年代和 90 年代前期的 1 万元降至不足 5 千元，大大提高了钢铁行业的投资收益率，促进了钢铁行业投资规模的扩张。

20 世纪 90 年代后期以来，我国高炉炼铁的技术操作水平加速提升。高炉利用系数提高、焦比降低，喷煤量增加，原燃料质量改善见图 1。

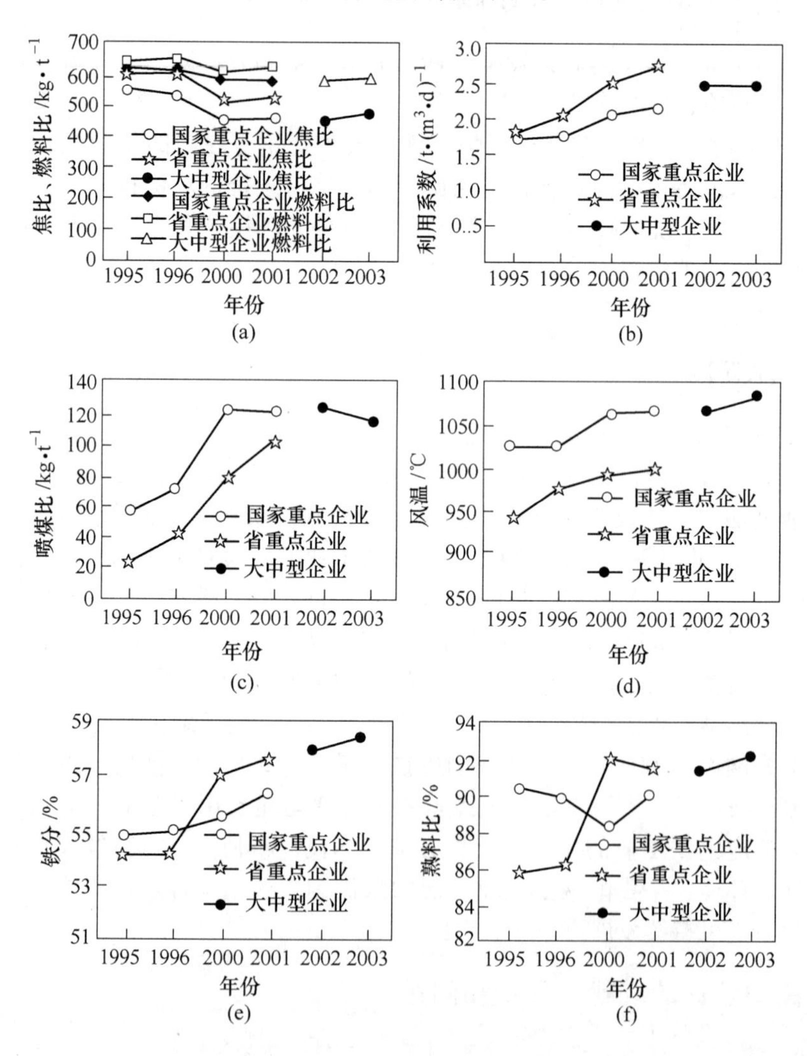

图 1　1995 年以来高炉各项技术指标的变化

（a）焦比、燃料比；（b）利用系数；（c）喷煤比；（d）风温；（e）铁分；（f）熟料比

由于老厂改造扩建、高炉结构调整，高炉总容积增加。2001 年与 1995 年相比，生铁产量增加 4363 万吨，其中由于高炉总容积增加 793 万吨，占总增量的18.2%，由于技术进步增加的为 3571 万吨，占总增量的 81.8%，2003 年以来，由于大批新建中小高炉投产，高炉总容积的增加成为生铁产量增长的主流。

3.2 现状[3,4]

长期以来，我国钢铁工业是多层次并存。第一层次是国家投资兴建的重点企业，如鞍钢、首钢、本钢、太钢、包钢、武钢、宝钢等。20 世纪 80 年代以来，除宝钢是 80 年代新建外，其余企业炼铁系统技术装备属于国际 20 世纪 50 ~60 年代水平。第二个层次是大跃进时期建设的地方骨干钢铁企业，炼铁系统装备以中、小型为主（大跃进时代称之为“小洋群”），基本上是属于 20 世纪 40 ~50 年代的技术装备。第三个层次是县以下的小钢铁厂，属于 20 世纪 40 年代以前的技术装备。我国钢铁工业企业的多层次并存，实质上是技术装备先进与落后并存的反映。长期以来，我国钢铁工业技术装备先进与落后并存，总体落后，是我国高炉炼铁技术经济指标落后于国际水平的重要原因之一。

20 世纪 80 年代后期，我国借鉴引进技术，对老厂进行扩建和技术改造。90 年代技术改造规模日益扩大，到 21 世纪初，重点企业主要技术装备已达到 20 世纪 80 年代以后的国际水平。第二层次的企业，通过技术升级和结构调整，装备水平大幅提高，其中某些钢厂实现了由长材向板材的转变。其中若干企业的高炉步入大型化，年产规模达到和超过了 500 万吨。1995 年以来高炉炼铁技术经济指标改善，迅速缩小与国际水平差距，与老厂技术装备升级是分不开的。

2002 年出现的钢铁投资热是对我国炼铁事业的一次干扰，使正在进行的结构调整后退，使今后技术进步的任务更加繁重。

总体上讲，我国高炉炼铁仍属于粗放型。表现为：高炉座数多，单炉产量低；燃料消耗高，劳动生产率低；高炉寿命短；排放量大，环境负荷沉重。虽然有若干高炉或某些炼铁厂技术经济指标进入国际行列，某些钢铁厂已达到清洁工厂水平，但总体上仍落后于国际水平，距实现可持续发展仍十分遥远。

3.3 问题

3.3.1 资源与能源不足

虽然我国现在产铁能力已超过 2 亿吨/年，但与支撑我国工业化的最低钢产量相比，还有规模发展空间。而且上述产铁规模还要维持相当长时间。我国的铁矿资源并不丰富，据美国矿山局公布的数据，铁矿石储量换算成的金属储量居世界第 9 位。目前国内铁矿产量可保证年产铁 1 亿吨，由于我国铁矿矿石品位低，要消耗我国矿石可采储量 3.5 亿吨。按目前可采储量 115 亿吨计，保障年限为 30 ~33 年。我国 2002 年铁矿石进口量 1.48 亿吨，随着产量的增加，进口量将增至 1.8 亿 ~2.0 亿吨。除铁矿外，所需锰矿石 50% 以上，近 100% 铬矿石要依靠进口。

我国石油与天然气储量不足，能源组成以煤为主。高炉炼焦所需炼焦煤在煤储量中所占比例在 6% ~7%。初步估计到 2020 年，我国炼焦用煤的缺口将达到 2000 万 ~4000 万吨/年。

我国属于贫水国家，人均占有淡水量在世界上排名104位，远低于世界平均水平。我国水资源分布不均，南方多，华北，东北少。华北与东北的水资源仅占全国的11%，钢产量占全国钢产量的40%以上。水资源是制约我国经济发展的瓶颈。

3.3.2　环境负荷沉重

长期以来，我国钢铁工业发展实行的是先生产后治理的办法，环境保护长期欠账。20世纪90年代以来，重视环境治理，虽出现了若干清洁工厂，但环境污染严重的小高炉，小焦炉、烧结机仍大量存在。可以认为，我国钢铁产量的增长，在一定程度上是以牺牲环境为代价的。如不治理环境污染，地球环境将不能承受我国钢铁产量增长带来的环境负荷。减轻环境负荷是我国钢铁工业21世纪面临的严峻挑战。

3.3.3　炼铁系统结构落后[3,4]

炼铁系统结构包括：技术装备结构、工艺结构和流程结构。我国仍有许多落后的焦炉、烧结机和高炉在生产。20世纪90年代期开始的结构调整刚刚迈出一步，2002年开始的钢铁投资热，使结构调整又退回一步。以炼铁高炉结构为例，见表1～表3。

表1　1995年我国炼铁高炉结构（据工业普查结果）[5]

高炉容积/m^3	容积范围/m^3	高炉数/座	总容积/m^3	平均炉容/m^3	占总产能的比例/%
>2000	2000～4350	18	49004	2726	26.4
1000～2000	1000～1800	29	36907	1273	19.8
500～1000	544～983	23	16047	698	8.6
200～500	203～380	106	33078	312	17.8
<200	8～175	3052①	131692	43	27.4
合　计	—	3228	266788	83	100.0

① 包括已停产高炉。

表2　2001年我国炼铁高炉结构[5]

高炉容积/m^3	容积范围/m^3	高炉数/座	总容积/m^3	计算产能/万吨·年$^{-1}$	计算利用系数/$t\cdot(m^3\cdot d)^{-1}$	占总产能比例/%	平均炉容/m^3
>2000	2000～4350	21	56064	4513	2.3	37.0	2670
1000～2000	1000～1800	29	36384	2929	2.3	24.0	1255
500～1000	500～983	22	15547	1252	2.3	10.0	707
200～500	200～450	124	40451	3539	2.5	29.0	326
合　计	—	196	148446	12233	—	100.0	757

注：200m^3以下高炉数据不全。

表3　2003年我国炼铁高炉结构

高炉容积/m^3	容积范围/m^3	高炉数/座	总容积/m^3	平均炉容/m^3	计算产能/万吨·年$^{-1}$	产能比例/%
>2000	2000～4350	24	63164	2644	5109	34.2
1000～2000	1000～1800	33	41698	1264	3357	22.5
500～1000	500～983	26	18197	700	1465	9.8
200～500	200～450	164	57157	349	5001	33.5
合　计	—	247	180516	731	14932	100.0

注：200m^3以下高炉数据不全。

在1995～2001年间，高炉结构调整的最大成就是大部分容积在$200m^3$以下的小高炉停产（表1、表2），高炉结构得以改善。这一期间，生铁产量的增加主要依靠技术进步。2002年开始的建钢厂热，增建了大量小于$1000m^3$的高炉，尤其是$400m^3$级高炉，使高炉结构调整出现后退，使2003年某些高炉技术经济指标出现退步。这种方式的生铁产量增长是不可持续的。

4 关于构建符合持续发展的我国高炉炼铁技术的若干思考

4.1 高炉炼铁技术在钢铁技术发展中的重要性

目前钢铁生产工艺流程：还原铁矿石得到生铁，氧化生铁中的碳冶炼成钢，在可预见的将来内不会改变。虽然从铁矿石获取生铁的工艺有许多种，但能从铁矿石直接得到铁水工艺中最有竞争力的，首推高炉炼铁。高炉炼铁工艺致命的弱点是对高质量焦炭的依赖。高炉喷煤技术的发展，一定程度上缓解了对焦炭的依赖程度，但炼焦煤的短缺仍是高炉炼铁的制约因素。在经济性和生产规模上，其他工艺均不如高炉炼铁。预计在21世纪高炉炼铁仍是主流工艺。

钢铁企业大约70%的能源和资源消耗发生在高炉炼铁及以前的工序。同样，大约70%的排放物来自炼铁系统。钢铁工业要实现可持续发展，必须把炼铁及其前工序作为重点。

4.2 用科学发展观指导炼铁技术的发展

我国实现第三步战略目标需要强大的钢铁工业支撑。而钢铁工业的发展又受诸多因素的制约。因此，不能就钢铁工业本身谈发展，必须就国民经济的全局看钢铁工业的发展。即以科学发展观指导我国钢铁工业炼铁技术的发展。

4.2.1 用较少的人均产钢量和人均产铁量支撑GDP翻两番

由于我国人口多，长期以来我国人均产钢量低于世界平均水平。2003年，我国产钢2.22亿吨，人均产钢量才超过世界平均水平，达0.141吨/(人·年)。我国资源、能源短缺，不可能沿用先期工业化国家的老路实现工业化，而必须寻找新型工业化道路。20世纪60～70年代，先期工业化国家进行大规模基础设施建设期间，世界人均产钢量曾达到0.16～0.18吨/(人·年)。我国应力求用人均产钢0.16～0.18吨/(人·年)的水平来支撑我国实现第三步战略目标，即以（2.6±0.2）亿吨/年的钢产量和(2.4±0.2)亿吨/年的生铁产量来支撑我国的工业化进程。换句话说，以2000年为基础，用钢产量翻一番的我国钢铁工业生产能力来支撑我国GDP翻两番。

4.2.2 努力降低能源和资源消耗

以2000年为基数，用总能源增加50%支撑2020年GDP翻两番。换句话说，吨钢能耗由885kg/t降至650kg/t以下。大力降低新水消耗。用目前的总新水消耗量的50%来支撑钢产量翻一番，即吨钢消耗量由目前15t降至6.5t。

4.2.3 减少排放，努力降低地球环境负荷

降低能源消耗，相应减少排放。对固体排放物，如废渣、尘、泥进行综合利用，

对有害排放物进行无害处理。提高钢厂水循环率，对排水进行处理。充分利用煤气、降低排放率。充分利用余热、废热、余能。对粉尘和生产环境进行综合治理，达到清洁生产要求。

4.2.4 实现炼铁工艺流程的多功能化、向工业生态链迈进

除了生产铁水外，高炉还产出大量炉渣、大量高压煤气和含铁尘、泥。就炼铁系统而言，除焦炭外，焦炉还产出大量煤气和焦油等副产品，烧结机除烧结矿外还产出大量高温烟气和含铁粉尘。高炉炼铁工艺实际上也是一个能源转换过程，将燃料转换为高压煤气。高炉炼铁是个高温反应过程，有能力消纳可燃的工业和城市废弃物。充分发挥高炉炼铁的三方面功能对构筑循环经济将发挥主要作用。将炼铁生产过程产生的含铁尘、泥加工，返回生产。将高炉炉渣加工，作为建筑材料的原料。使用焦炉和高炉煤气发电，作为钢厂自备电厂的能源。实现上述功能，可以大大减少钢厂的排放，减轻地球环境负荷，并促进包括钢铁工业、发电和建材生态链的形成。

4.3 构建21世纪具有中国特色的炼铁工艺流程

对钢铁工业，工艺流程的合理化与优化具有决定性作用。新型工业化道路要求我国钢铁工业实现集约化。首先要进行钢铁工业的结构调整与优化。我国目前高炉炼铁的状况与实现集约化差距相当遥远。不实行以集约化为目标的炼铁工艺流程的调整与优化，就不可能做到以能耗增加50%，钢产量翻一番，支撑我国GDP翻两番的目标。

首先，要进行现有钢铁厂的结构调整，淘汰落后工艺与装备。从具体条件出发，调整工艺流程结构，提高产能的集中度，缩短工艺流程，实现集约化生产。在共性技术方面的主要研究开发的内容如下：

（1）利用高比例非黏结性煤的炼焦技术的研究开发；

（2）国内铁矿石提铁降硅技术的推广与开发；

（3）煤基链箅机回转窑生产优质球团矿技术的推广与开发；

（4）烧结机排放烟气的治理技术；

（5）高炉冶炼强化技术；

（6）高炉长寿技术；

（7）炼铁系统的节水技术；

（8）炼铁系统余热、余能回收技术；

（9）高炉、焦炉利用废弃塑料的技术；

（10）炼铁系统节能技术。

4.4 构建符合可持续发展的高炉炼铁技术有关的几个认识问题

（1）我国不可能走先期工业化国家的老路。先期工业化国家的代表七国集团（七国集团下用G7代表），完成大规模工业化是在20世纪60～80年代。这些国家的人口当时占世界人口的14%～15%。当时世界上大多数国家尚未进入工业化阶段，这些国家可以掠取世界的资源以满足其工业化的需求，资源和能源不是其工业化的限制性因素。G7国家对地球资源、能源的占用，可以认为是捷足先登。到目前为止，G7国家仍

消费着大部分的地球资源。进入21世纪，G7国家人口约为7亿，占世界总人口的11.3%～11.5%，而其消费的地球资源远高于其人口的比例。G7国家每年消费的石油超过6亿吨，占全球石油产量的46%，G7国家消费的天然气，占世界天然气年总产量45%。G7国家消费的煤炭，占世界年总产量35%～37%。G7国家消费的铁矿石占世界总产量的25%～27%。G7国家中以美国的消费量最高。美国人口仅占世界人口的4.5%，但其石油、天然气、煤炭、铁矿石的消费量分别占世界总消费量25%、26%、24%和5%（由于美国电炉钢的比例高，所以消费铁矿石少）。如果我国实现工业化过程中，人均资源消费量达到目前G7国家的水平，则全世界的资源全部给我国还不够用。

由此可见，我国实现工业化不可能走先期工业化走过的老路。必须寻求一条用尽可能少的资源消耗来完成工业化的新路，即新型工业化道路。

（2）我国必须努力做到以最低的钢铁年产量支撑2020年GDP翻两番。20世纪后期，科学技术发展，使钢的性能大幅改善。工业各部门的物耗与能耗大幅降低。为我国在21世纪前20年用比先期工业化国家低得多的资源与能源消耗实现工业化提供了可能。

另一方面，由于我国人口众多，如按目前G7国家人均资源、能源的消耗水平来实现我国工业化，远超过了地球环境的承载能力，是不可能的。用较低的人均钢产量（前述的人均0.16～0.18吨/(人·年)），是我国家实现工业化的唯一选择。

（3）以尽可能低的钢产量支撑我国GDP翻两番必须依靠创新与技术进步。新型工业化道路，本质上讲就是从我国具体条件出发，对生产要素进行新的组合，使其产生资源更节约、效率更高的新的生产力。

在技术创新方面，要实行开放式的自主创新战略。开放式指的是既要引进消化国际上的先进技术，同时开展自主开发，将引进、消化与自主开发结合起来。世界上一切科学技术成就，都是人类智慧的结晶。先进技术的集成和应用是创新的重要内容。

（4）工艺流程的优化、创新和集成是炼铁技术进步的主要内容。原创性创新是重要的。但对当前我国钢铁工业来讲，不可能靠原创性创新或填补若干个空白来支撑我国GDP在2020年翻两番。起决定性作用的是工艺流程结构的合理化和优化、共性技术的创新以及已有先进技术与创新技术的集成。

参考文献

[1] 张寿荣．进入21世纪我国钢铁工业面临的机遇与挑战——兼论中国需要多少钢[C]．中国科协2003年学术年会大会报告汇编，沈阳，2003：201～213.

[2] 张寿荣．试论我国解放后的炼铁技术路线[J]．金属学报，1997(1):22～28.

[3] 张寿荣．“九五”以来我国炼铁的技术进步及高炉结构调整[J]．中国冶金，2003(1)：21～23.

[4] 张寿荣．“九五”以来我国炼铁的技术进步及高炉结构调整[J]．中国冶金，2003(2)：6～9.

[5] Zhang Shourong，Yin Han. Technological Progress of China's Ironmaking after its Annual Tonnage Surpassed 100 mtons in 1995[C]. Proceedings of 3rd ICSTI，2003：44～49.

Building-up Blast Furnace Ironmaking Technology with Sustainable Development of Chinese Steel Industry in the 21st Century

Abstract The development of Chinese ironmaking technology is reviewed since the founding of People' s Republic of China in this paper. After the analysis of the achievements, present status and existing problems, the idea for the build-up of blast furnace ironmaking technology with Chinese features in accordance with sustainable development in the 21st century is suggested.

Key words 21st century; sustainable development; Chinese features; blast furnace ironmaking technology

中国高炉炼铁的现状和存在的问题*

摘　要　2006 年中国生产了 4.1878 亿吨粗钢和 4.04167 亿吨生铁，快速扩张的中国钢铁工业带来了对自然资源的极大的需求和对全球环境的巨大冲击。介绍了进入 21 世纪以来中国高炉炼铁的现状和取得的进步，分析了存在的问题，展望了中国炼铁的前景。

关键词　中国高炉炼铁；现状；问题

从 20 世纪的最后 10 年开始，中国钢铁工业进入了一个快速发展的阶段。1995 年中国生铁产量超过了 1 亿吨（1.0529 亿吨）。随后，1996 年的钢产量达到了 1.0124 亿吨。2001 年中国产钢 1.5163 亿吨，2003 年产钢 2.2234 亿吨，2005 年产钢 3.4936 亿吨。2006 年创造了 4.1878 亿吨粗钢和 4.0416 亿吨生铁的纪录。10 年间中国钢铁工业的年生产能力翻了两番。图 1 是 20 世纪中叶以来中国钢铁年产量的变化图。中国钢铁工业快速发展的主要驱动力是中国经济快速增长导致的国内市场对钢铁产品的大量需求。中国经济的快速增长表现为 GDP 和 IFA（固定资产投资）的高速增长（表 1）。

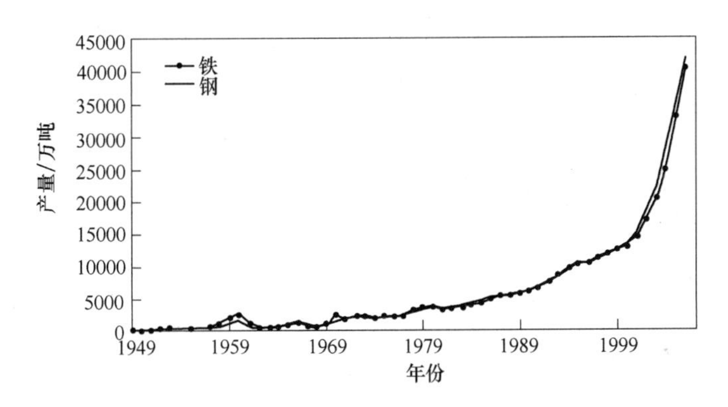

图 1　20 世纪中叶以来中国钢铁年产量的变化

表 1　1998～2006 年中国的钢铁年产量、GDP 和固定资产投资

年　份	1998	1999	2000	2001	2002	2003	2004	2005	2006
钢产量/万吨	11459	12395	12850	15163	18225	22234	27280	34936	41878
增长率/%	100.00	108.17	112.14	132.32	159.04	194.03	238.08	304.87	365.46
GDP/亿元	84402	89677	99215	109655	120333	135823	159878	182321	209407
增长率/%	100.00	106.24	117.55	129.92	142.57	160.92	189.42	216.01	248.11
固定资产投资/亿元	28406	29855	32619	33793	43202	55118	70083	88604	109870
增长率/%	100.00	105.10	114.83	118.96	152.09	194.04	246.72	311.92	386.78

* 本文合作者：银汉。原发表于《钢铁》，2007，42(9)：1～8。

与1998年相比，2006的钢产量增长率为365.46%，高于同期的GDP增长率。但是，同期固定资产的增长率高于钢产量的增长率。这说明固定资产投资在决定中国国内的钢铁产品消费上起重要作用。

钢铁产量的快速增加打破了上游供应链的平衡，引起了铁矿石和焦炭的短缺。钢铁产量的增加主要来自新涌现的小高炉和小钢厂。这导致了不合理的钢铁产业结构、对资源的大量需求和对全球环境的巨大冲击。中国钢铁工业的健康发展取决于我们如何应对这些问题。

1 中国高炉炼铁的现状

1.1 进入21世纪以来的快速增长

由图1清晰可见，中国钢铁业的蓬勃发展始于21世纪初。20世纪的最后10年，中国生铁年产量的增加值为687万吨，从2000年到2006年的平均增加值跃升为6200万吨。如表2所列，进入21世纪以来，中国钢铁工业的固定资产投资有力地推动了铁产量的迅速增加。

表2 1986~2005年中国钢铁工业的固定资产投资

年 份	固定资产投资/亿元	年 份	固定资产投资/亿元
1986~1990	658.21	2001~2004	4583.94
1991~1995	1728.33	2005	2562.44
1996~2000	2153.76	2001~2005	7147.38

进入21世纪以来，中国钢铁工业的固定资产投资大幅增长。2001~2004年的投资额约等于1986~2000年的投资总额（4540.3亿元）。而2001~2005年的投资额等于1953~2000年的投资总额（5164亿元）的1.38倍。21世纪以来固定资产投资的大幅增长是中国钢产量飞速增加的主要原因。中国用了7年（1996~2003年）时间将钢的年产量从1.0124亿吨提高到2.2234亿吨；接着用了2年时间（2003~2005年）提高到3.4636亿吨；而提高到4.1878亿吨仅用了1年时间。生铁年产量的增加与钢大致同步。中国钢铁产量的高增长率源于进入21世纪以来固定资产投资的加速。

预计2020之前中国钢产量将继续保持增长的趋势，但是增速会下降。

1.2 炼铁能力的地区分布

地区生铁产能的巨大提高是中国炼铁能力快速增加的原因。2005年，31个省市自治区中的9个行政区生铁产量大于1000万吨，2006年这一数字达到13个。其中最大的产铁省份——河北，生产了8250万吨铁。全部31个行政区中，生铁产量为8250万吨的有1个；产量在3000万~5000万吨的有4个；产量为1000万~2000万吨的有8个；200万~1000万吨的有14个；低于50万吨的有1个。全国只有西藏没有炼铁生产能力。炼铁生产能力集中于沿海省份，2006年达到2.4468亿吨，占全国炼铁生产能力的60.54%。

1.3 高炉数量的增加

2000年之前，中国的钢铁厂曾以中央直属和省属这样的行政系统分类。从2001年开始，分类变为重点统计钢铁企业和其他钢铁企业。所有的中央直属和省属的钢铁企业都包括在重点统计钢铁企业中，而其他钢铁企业包括了乡镇的小钢厂和私营高炉。2001年以来中国炼铁生产能力的变化见表3。

表3　2001年以来的中国炼铁生产能力

年　份	重点钢铁企业			其他钢铁企业			全国总产量	
	产量/万吨	比例/%	增长率①/%	产量/万吨	比例/%	增长率①/%	产量/万吨	增长率①/%
2001	13631	91.52	—	1262	8.48	—	14893	—
2005	25575	75.80	187.62	8165	24.20	649.99	33741	226.56
2006	30271	74.90	222.07	10145	25.10	803.88	40416	271.37

① 是指当年产量与2001年相比的产量增长率。

中国生铁年产量从2001年的1.4893亿吨增加到2006年的4.0416亿吨，即2006年是2001年的2.71倍。2006年的生铁产量，重点统计钢铁企业占74.9%，其他钢铁企业（乡镇钢铁企业、小钢厂和小高炉）占25.10%。由表3可见，从2001~2006年重点统计钢铁企业的铁产量增加了2.22倍。但是，同期其他钢铁企业的铁产量增加了8.03倍。重点统计钢铁企业在生铁总产量中所占的份额从2001年的91.52%降到2006年的74.9%。

2001年重点统计钢铁企业炼铁高炉的结构组成列于表4。

表4　2001年我国重点统计钢铁企业高炉结构状况

高炉类级/m^3	炉容范围/m^3	高炉数目/座	高炉总容积/m^3	理论产能/万吨	占总产能份额/%
>2000	2000~4350	21	56064	4501	38.4
1000~2000	1000~1800	29	36384	2502	21.4
500~1000	500~983	22	15547	1205	10.3
200~500	200~420	124	40451	3504	29.9
合　计	—	196	148446	11712	100.0

注：不包括容积在200m^3以下的高炉。

21世纪初起，在已有和新建的钢铁厂内建成了许多高炉，同时许多小高炉也在县、乡建成。中国炼铁高炉结构发生了很大的变化。表5是2005年中国重点统计钢铁企业炼铁高炉的结构，表6是2006年中国重点统计钢铁企业炼铁高炉的结构（其他钢铁企业的高炉数据不详）。

表5　2005年中国重点统计钢铁企业高炉结构状况

高炉类级/m^3	炉容范围/m^3	高炉数目/座	高炉总容积/m^3	理论产能/万吨	占总产能份额/%
>3000	3200~4747	9	33223	2674	10.67
2000~3000	2000~2680	33	76838	6186	24.68
1000~2000	1000~1800	48	62628	5042	20.12
300~1000	300~983	260	109671	9651	38.49
100~300	100~294	75	12880	1414	5.60
<100	—	12	983	108	0.40
合　计	—	437	296223	25075	100.0

表6 2006年中国重点统计钢铁企业高炉结构状况

高炉类级/m³	炉容范围/m³	高炉数目/座	高炉总容积/m³	理论产能/万吨	占总产能份额/%
>3000	3200~4800	12	44710	3599	12.25
2000~3000	2000~2850	39	92708	7463	25.39
1000~2000	1000~1800	60	78095	6787	21.39
300~1000	300~973	278	118700	10446	35.54
100~300	100~294	86	14512	1596	5.43
<100	—	—	—	—	—
合　计	—	475	348725	29331	100.0

从2001年到2005、2006年，重点统计钢铁企业的生铁产量从1.3631亿吨增加到2.5575亿吨和3.0271亿吨，高炉座数从196座增加到437座和475座。这一期间，高炉座数增加了2.42倍，而生铁年产量增加了2.22倍。高炉座数的增加是铁产量增加的主要因素。而其他钢铁企业的小高炉还没有统计在内。

从2001年到2005年，从某种程度上来说，重点统计钢铁企业炼铁高炉的结构恶化了。1000m³以上的高炉从50座增加到90座，增加了1.8倍。但是，1000m³以下的高炉从146座增加到了347座，增加了2.4倍。同期，2000m³以上高炉的产能份额由2001年的占38.4%下降到2005年的35.35%，1000m³以上高炉的产能份额由2001年的占59.8%下降到2005年55.47%。

2005年到2006年，重点统计钢铁企业炼铁高炉的结构略有优化。1000m³以上的高炉从90座增加到111座，增加了23%。同时，1000m³以下的高炉从347座增加到了364座，增加了4.9%。同时，2000m³以上的高炉产能的比例由35.35%上升到2006年的37.64%，1000m³以上的高炉的产能比例由55.47%上升到2006年的59.03%。2006年可能成为中国炼铁高炉结构重组的转折点。

2006年，重点统计钢铁企业的高炉大都集中在300~1000m³，100~300m³和1000~2000m³的范围内（图2）。而大部分产能由容积范围300~1000m³，2000~3000m³和1000~2000m³的高炉提供的（图3）。

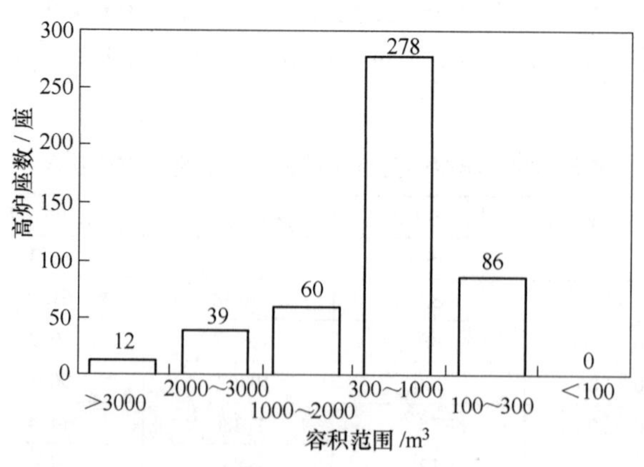

图2 2006年不同容积高炉的座数

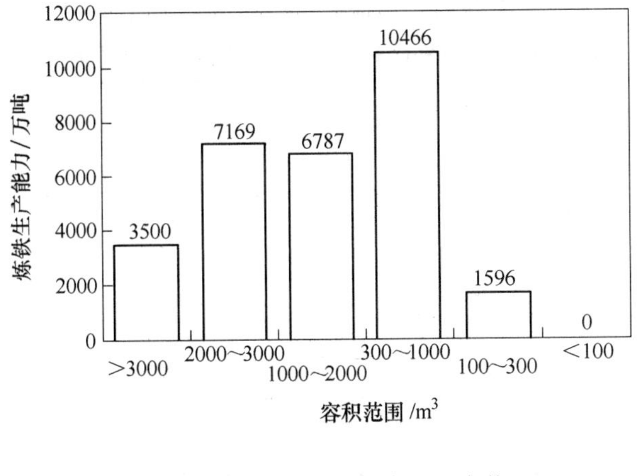

图3　2006年不同容积高炉的产能

很明显，铁产量增长的主要原因是高炉数量的增长。例如，2005～2006年，重点统计钢铁企业生铁产量从2.5575亿吨增加到3.0271亿吨，增长率为18.4%。重点统计钢铁企业高炉的总容积从296223m³增加到348725m³，增长率为17.7%。产量的增长率比容积的增长率高0.7%，这可能归功于高炉操作水平的提高。

1.4　炉料结构的改善

生铁产量的快速增长带来了铁矿石需求的增加。国内铁矿石资源储量不能满足支撑第一产钢大国的需求。因此，从21世纪以来中国的钢铁工业要同时依靠国内和国外两种铁矿石资源，表7列出了2000～2006年国内铁矿石产量和进口铁矿石量。

表7　2000～2006年进口铁矿石量和国内铁矿石产量

年　份	进口铁矿石量/万吨	国内铁矿石产量（原矿）/万吨
2000	6990	22225
2001	9200	21701
2002	11110	23261
2003	14500	26272
2004	20800	31131
2005	27522	42623
2006	32630	58817

大部分国内铁矿石都属于贫矿，必需经富选。2000年用进口铁矿石生产的生铁约占34.5%，2001年约为38.6%。但是到2005年和2006年分别增长到52.06%和50.46%。2004年以来，进口矿价格的飞涨刺激了国内铁矿石的产量。在过去的5年中，中国开发了铁矿石“反浮选工艺”，这种工艺将精矿粉中SiO_2质量分数降至3%～4%，同时可使铁矿石中铁的质量分数达到67%～69%。此项新技术的开发提高了国产精矿的质量。由于精矿粉的粒度细，因此需进一步制成球团。在过去的5年中已有一些矿山建设了煤基球团厂。预计今后中国高炉炼铁的炉料结构将逐渐从“烧结矿＋生

矿”向“烧结矿+球团矿+生矿”转变。球团的产量正在逐年增加，如表8所示。

表8 2000～2006年我国烧结矿、球团矿和焦炭产量

年 份	烧结矿/万吨	球团矿/万吨	焦炭/万吨
2000	16678	1360	10058
2001	19276	1796	10184
2002	22600	2620	11494
2003	27044	3885	13879
2004	30446	4401	18770
2005	36923	5911	23281
2006	45000①	8000①	28054

① 为估计值。

随着新建的焦化、烧结和球团设备的投产，高炉炉料质量已经有了进一步的改善。表9给出了烧结矿、球团矿和焦炭的部分年平均指标。

表9 2000～2006年烧结矿、球团矿和焦炭的平均指标

年 份	烧结矿			球团矿		焦 炭			
	Fe/%	CaO/SiO_2	转鼓指数/%	Fe/%	抗压强度/N·球$^{-1}$	灰分/%	S/%	M_{40}/%	M_{10}/%
2001	55.73	1.76	66.42	不详	不详	12.22	0.56	82.06	7.04
2002	56.54	1.83	83.72	不详	不详	12.42	0.57	81.10	7.13
2003	56.74	1.94	71.83	不详	不详	12.61	0.61	81.25	7.06
2004	56.90	1.93	73.24	63.06	2458	12.76	0.63	81.40	7.15
2005	56.00	1.94	83.77	62.85	2389	12.77	0.65	81.82	7.10
2006	56.80	1.94	75.75	不详	不详	12.54	0.65	82.94	6.81

1.5 操作水平提高

前面提到，2006年中国生铁产量4.0416亿吨，是2001年产量的2.73倍。其中重点统计钢铁企业产量3.0271亿吨，是2001年产量的2.22倍。现阶段生铁产量增加的主要原因是高炉的增加。表10是2001～2006年重点统计钢铁企业高炉炼铁技术经济指标的比较。

表10 2001～2006年重点钢铁企业炼铁技术经济指标的变化

年 份	利用系数/t·(m^3·d)$^{-1}$	焦比/kg·t^{-1}	喷煤比/kg·t^{-1}	燃料比/kg·t^{-1}	入炉矿品位/%	熟料比/%	高炉风温/℃
2001	2.337	426	120	546	57.16	92.03	1081
2002	2.448	415	125	540	58.18	91.53	1066
2003	2.474	433	118	551	58.49	92.41	1082
2004	2.516	427	116	543	58.21	93.02	1074
2005	2.642	412	124	536	58.03	91.45	1084
2006	2.675	396	125	531	57.78	92.21	1100

影响高炉操作改善的一个重要因素是新高炉的建成和投产。其中某些大型高炉配备了现代化装备，如无料钟炉顶、高温热风炉、槽下筛分、高压炉顶、喷煤系统等。大部分新建高炉运行都较好。表 11 列出了重点统计钢铁企业 2001 年、2005 年和 2006 年不同容积高炉座数的变化。

表 11　重点钢铁企业高炉座数的变化（2001 年、2005 年和 2006 年）

年　份	容积范围/m^3					重点钢铁企业高炉总计①
	>4000	4000～3000	3000～2000	2000～1000	>1000	
2001	3	1	17	29	50	196①
2005	4	5	33	48	90	437
2006	5	7	39	60	111	475

① 不包括容积 200m^3 以下的高炉。

虽然 1000m^3 以上高炉座数的增长低于高炉总座数的增长速度。但是，新建大型高炉对于高炉操作的改善具有积极的作用。

从 2001～2006 年的高炉技术经济指标中可以看出，利用系数有明显提高。笔者分析，这是小高炉比例增加的结果。小高炉的特点是高度低、容积与炉缸截面积的比值较小，炉缸断面冶炼强度相同条件下小高炉的容积利用系数要高，如图 4 所示。

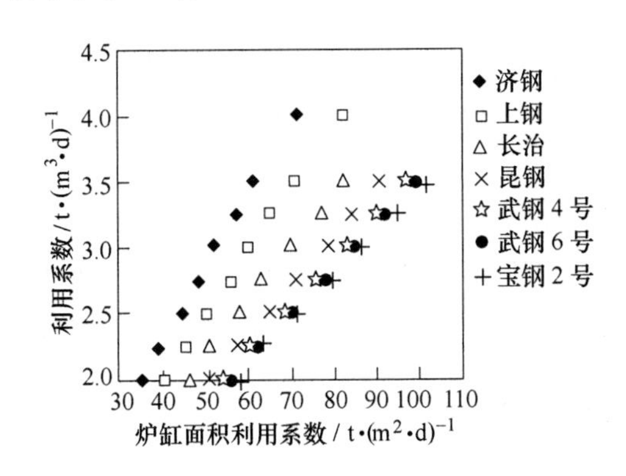

高炉型号	有效容积 /m^3	炉缸直径 /m	高炉有效容积与炉缸截面积的比值
济　钢	370	5.2	17.40
上钢一厂	750	6.9	20.15
长　治	1080	7.7	23.19
昆　钢	2029	10.0	25.83
武钢 4 号	2516	10.8	27.50
武钢 6 号	3407	12.4	28.21
宝钢 2 号	4063	13.6	28.81

图 4　高炉型号对炉缸面积利用系数和有效容积利用系数的影响

从图 4 可以看出，一座内容积为 370m^3 的高炉，利用系数为 3.5t/(m^3·d) 时，其按炉缸面积系数为 61t/(m^2·d)；相当于一座内容积为 2500m^3 的高炉容积利用系数为 2.2t/(m^3·d) 时的炉缸冶炼强度。

众所周知，小高炉的燃料比要高于大高炉，因为炉腹煤气在炉身中的上升时间（停留时间）较短，参见图 5。

2006 年，73 家全国重点钢铁企业中有 24 家焦比低于 400kg/t（比 2005 年增加 3 家），其中宝钢焦比达到 296kg/t，但焦比最高的企业达到 597kg/t；平均高炉风温为 1100℃，其中宝钢 1183℃，最低水平为 876℃；平均喷吹煤比为 135kg/t，其中最高水平为 187kg/t（宝钢），但仍有 2 家企业还没有喷吹煤粉装置。2006 年很多企业炼铁工序都取得了很好的成绩，但企业之间的差距仍是惊人的。

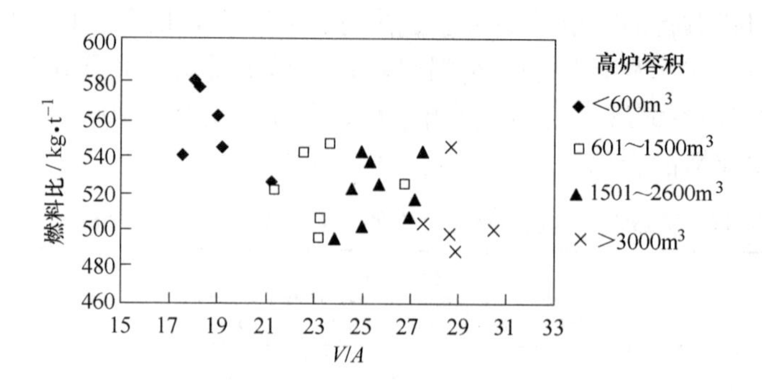

图5 高炉大小和 V/A（炉容/炉缸断面积）对炼铁燃料比的影响

1.6 高炉长寿

在20世纪80年代，高炉炉衬的侵蚀是影响高炉炉龄的一个重要原因。最短的炉衬寿命仅为2~3年，频繁的修理炉身砖衬是不可避免的。这种状况在20世纪90年代开始有所改进。进入21世纪后，一些大型高炉无中修炉龄可达到10年甚至更长。宝钢的2号高炉的内容积为4063m³，1991年6月29日开炉，2006年8月31日停炉，一代炉龄15年零2个月，单位炉容产铁量达11613t/m³。2号高炉2006年9月1日开始大修，为期98天，同时扩容到4700m³。大修过程中应用了模块施工技术，炉体的拆除和新炉体的安装分别耗时10天和19天。新2号高炉2006年12月7日开炉，12月13日（6天后）日产量达到10388t。在投产后的第一个月就创造了利用系数2.024t/(m³·d)，燃料比528.21kg/t，喷煤比175.76kg/t的纪录。

武钢的5号高炉内容积为3200m³，1991年10月19日投产。至今无中修，连喷补都没有过，稳定运行超过15年零6个月。截至2007年3月5号高炉的单位炉容产铁量已达10979t/m³。目前5号高炉容积利用系数为2.3t/(m³·d)，焦比302kg/t，喷煤比186kg/t。

20世纪90年代以后，很多1000m³以上高炉都采用了高炉长寿技术，炉龄有望进一步延长。

2 中国高炉炼铁存在的问题

对目前我国高炉炼铁总体情况进行审视后，可以看出我国钢铁工业的不同层次并存的全貌：即先进技术与落后技术并存；先进设备与落后设备并存；不同生产规模（大于4000m³高炉和小于200m³高炉）并存；不同环保水平企业（清洁生产型企业和污染严重的小型企业）并存。21世纪，对中国这样的世界第一钢铁生产大国，多层次并存现象将会影响钢铁工业的可持续发展，妨碍我国的工业化进程，因此改变多层次并存现象是中国高炉炼铁当务之急。

2.1 炼铁高炉结构重组

我国重点统计钢铁企业的高炉座数超过400座，中国每座高炉平均年产铁约60万吨，远远低于可允许的下限。

国内市场的需求使得大量的小高炉出现，钢铁企业的生铁产量快速增长，这些小高炉主要建在县、乡，这使得重点统计钢铁企业生铁产量占总产量的比重从2001年的91.52%下降到2006年的74.90%，如表3所示。这些小高炉的大量存在对环境和资源能源的有效利用都产生了不利影响。目前重点钢铁企业高炉结构组成非常不合理，如表5和表6所示。

伴随着大量小高炉的涌现，小高炉附近建设了大量的小烧结厂和小焦炉。以焦炉为例，2005年，占总产量16%的焦炭是6m以上焦炉生产的，4.3～6.0m焦炉的焦炭产量占49%，落后焦炉（甚至是土焦炉）的产量占35%。这些事实表明，结构重组（包括高炉、烧结厂、焦炉和球团厂）是中国钢铁工业的必然趋势。为了纠正中国钢铁工业发展的有害倾向，中国政府2004年发布了“钢铁产业发展政策指南”。但是高炉炼铁的结构重组不仅是技术问题，而且牵涉地方的经济利益。实施发展指南是一个艰巨的工作，结构调整可能是一个漫长的过程。

2.2 自然资源的有效利用

自然资源短缺已成为中国钢铁工业的瓶颈。对国内和进口的资源进行有效利用已成为中国工业的永恒主题。因为运输便捷，进口铁矿石将主要用在沿海钢铁厂。对于国内铁矿石来说，重点在于采选工艺的提高，以提高全铁含量和收得率。钢铁工业的可持续发展应该将铁矿资源的开发放在首位。除有效利用铁矿资源外，还要强调钢铁厂中含铁废物（废钢、尘泥等）的回收利用。

2.3 节约能耗

中国钢铁工业占全国能源消耗的13%～14%。炼铁的能源消耗通常占钢铁厂总能耗的70%。2006年重点统计钢铁企业的平均焦比是396kg/t，喷煤比是135kg/t，平均燃料消耗531kg/t。但是各重点钢铁企业之间的差别很大。燃料消耗最低的是483kg/t（宝钢：焦比296kg/t，煤比187kg/t），而燃耗最高的是593kg/t（滦河钢厂：焦比551kg/t，煤比42kg/t）。重点统计钢铁企业降低能耗的空间还很大。

2006年，中国重点统计钢铁企业的铁产量大约占总量的3/4，其余1/4由其他钢铁企业生产。不幸的是目前无法获得其他钢铁企业的实际数据。所有的参数都来自重点钢铁企业。据笔者估计，其他钢铁企业实际的能源消耗远高于重点钢铁企业的平均值。

2006年，平均焦比是396kg/t（重点统计钢铁企业），中国生铁的总产量是4.0416亿吨。假设全国的平均焦比都为396kg/t，那么加入高炉的冶金焦总量就为1.6005亿吨，相当于焦炉产量1.7588亿吨。2006年中国焦炭的总产量是2.08054亿吨，出口焦炭1450万吨。根据高炉炼铁的消耗推算，还有9000万吨的余量。除掉化工、机械制造、非金属等行业消耗的焦炭仍有3000万～3500万吨的余量。笔者认为其他钢铁企业的高炉消耗了这部分焦炭。那么，2006年中国炼铁高炉的实际焦比要比396kg/t高70～80kg/t。由此可见，中国钢铁工业的可持续发展，淘汰落后高炉是一个紧迫任务。

2.4 推行清洁生产

中国钢铁工业的快速发展给环境带来巨大冲击，特别是在大量小钢厂的周边地区。

大型的建在市区的钢铁厂的污染控制取得了显著进步，相当一批城市钢铁厂达到了清洁生产的要求。但是从总体上看，污染控制对大多数钢铁厂来说是一个紧迫的任务。过去5年里，在控制排放方面取得的进步参见表12。

表12 2000~2006年中国钢铁厂的排放情况（吨钢）

年 份	新水消耗/$m^3 \cdot t^{-1}$	污水排放/$m^3 \cdot t^{-1}$	废气排放/$m^3 \cdot t^{-1}$	SO_2 排放/$kg \cdot t^{-1}$
2000	25.24	16.83	18678	6.09
2001	18.81	12.86	15074	4.6
2002	15.58	10.97	14973	4.0
2003	13.73	7.70	16386	3.21
2004	11.62	7.47	16098	3.2
2005	8.60	4.89	16470	2.77
2006	6.58	—	16180	2.66

“钢铁产业发展政策指南”指出中国钢铁工业必须环境友好，并提出了对中国钢铁厂污染物控制和废弃物排放的要求。首先，最紧迫的任务是关闭污染严重的小钢铁厂和小轧钢厂。但是，关闭这些小钢厂是非常艰巨的任务。推行清洁生产将是一个长期的工作。

2.5 提高操作水平

2000~2006年，中国钢铁的年产量约增加了3倍。快速增长的主要驱动力是国内市场对钢材的大量需求。钢铁工业投资快速增加支持了数以千计的乡村钢铁厂和小轧钢厂的出现。中国的人力资源能够满足钢铁工业对劳动力的需求。但是到目前为止，缺乏专业人员还是一个严重问题。就炼铁操作而言，大厂和小厂悬殊的差距导致钢铁厂之间运行操作的巨大差异。改进中国高炉炼铁的运行管理是永恒的主题。

3 中国炼铁业的前景

从20世纪90年代开始，中国进入了经济高速增长阶段。在21世纪的前20年里，中国经济会保持相当高的增长速度，国内市场对钢铁产品的大量需求也会持续。2010年之前增长率会降低，但是增长的趋势会延续。固定资产投资是国内市场对钢铁产品强劲需求的主要驱动力。据估计，2010年以后中国对基础设施的投资会逐渐下降。表13是对2010~2020年中国国内市场钢铁产品需求的预测。

表13 2010~2020年中国国内市场钢材需求的预测

年份	国内市场表观消费量和钢产量/万吨	相应的粗钢产量/万吨		
		如果进出口平衡	如果出口10%	如果进口10%
2010	38000 ±7%	40000 ±7%	44000 ±7%	36000 ±7%
2015	37000 ±9%	38900 ±9%	42800 ±9%	35000 ±9%
2020	31000 ±10%	39600 ±10%	35900 ±10%	29400 ±10%

2006年的粗钢产量为4.1870亿吨，出口钢的数量为：钢材4403万吨，板坯903万吨，钢锭4万吨；进口数量为：钢材1851万吨，板坯13万吨，钢锭7万吨。理论上

（计算得出的）国内钢铁厂的钢材产量为3.8970亿吨，而国内市场钢材的表观消费量为3.6424亿吨。

2005年的粗钢产量为3.5345亿吨，出口钢的数量为：钢材2091万吨，板坯707万吨，钢锭16万吨；进口数量为：钢材2588万吨，板坯131万吨，钢锭4万吨。理论上国内钢铁厂的钢材产量为3.3019亿吨，国内市场钢材的表观消费量为3.3517亿吨。

2006年的钢产量为4.1878亿吨，是2005年产量（3.5345亿吨）的1.1848倍。而2006年的钢材表观消费量是2005年的1.0867倍。这意味着表观消费量的增长率比粗钢产量的增长率低9.81%，这也标志着钢材消费的增长率处于下降的趋势。

中国钢铁工业发展的瓶颈是自然资源不足和环境的沉重负荷。因此，中国钢铁工业必须是内需主导型。中国钢铁出口量的上限应为总产量的10%。在21世纪前10年的后期，废钢供应会慢慢变得充足，对铁水的需求量会下降，生铁产量也会下降。如何处理过剩的炼铁产能将会成为中国钢铁业面临的严峻而复杂的问题。

在现有的炼铁设备中，落后炼铁设备所占的生产能力超过1亿吨，其中有些是陈旧过时的，有些是污染严重的。21世纪前10年的后期，炼铁生产能力将开始超过需求。中国钢铁工业的竞争会加剧。为了迎接挑战，以下的应对措施是必须的：

（1）淘汰落后的炼铁生产能力。

（2）实施"钢铁产业发展政策指南"。

（3）高炉炼铁的结构重组。

（4）进口铁矿石和国产铁矿石供应链的合理化及高炉炉料结构的优化。

（5）提高钢铁厂高炉炼铁系统的运行管理水平，包括原料处理、烧结、球团、炼焦和高炉操作。

（6）积极推广先进的炼铁技术。

21世纪的前20年，中国钢铁工业的健康发展取决于我们如何应对存在的问题。

参考文献

[1] Zhang Shourong, Yin Han. Technological Progress of China's Ironmaking after Its Annual Tonnage Surpassed 100 mtons[C]. 1995 3rd ICSTI Proceedings, Düsseldorf, 2003: 44~49.

[2] Zhang Shourong, Yin Han. Challenges to China's Ironmaking Industry in the First Two Decades of 21st Century[C]. The 4th International Congress on the Science and Technology of Ironmaking, Osaka, 2006: 18~28.

Current Situation and Existing Problems of Blast Furnace Ironmaking in China

Abstract In 2006, Chinese steel industry produced 418.78 million tons of crude steel and 404.16 million tons of iron. This paper describes the current situation of Chinese blast furnace ironmaking and the progress achieved after entering the 21st century. The rapid growth of Chinese steel industry has brought about high demand for natural resources and heavy impact on global environment. This paper analyses the existing problems and anticipates the prospect of ironmaking industry in China.

Key words Chinese blast furnace ironmaking; current situation; problem

高炉高温综合操作指数的研究与开发*

摘　要　对高炉高温综合操作指数（*HMR*）的研究与开发应用进行了阐述。通过对世界上不同地域、不同冶炼条件下现役8座高炉的操作参数、技术经济指标等进行统计分析、归纳与研究，提出了*HMR*概念，并结合中国武钢1号高炉的生产数据，分析了*HMR*的作用及应用效果，说明了*HMR*应用范围、使用方法以及需要注意的事项。结果表明，*HMR*可以准确反映高炉的生产操作与炉况运行情况，具有适应性强、应用范围广、可靠性高等特点；正确使用*HMR*，可促使高炉实现高效强化冶炼，达到增产、降耗与环境友好的目的；通过一定的软件设计，*HMR*可为高炉的高效操作提供有效指导；同时，*HMR*对企业的各层管理者均有重要参考作用。

关键词　大型高炉；高温综合操作指数（*HMR*）；热能；化学能 ；煤气利用率；强化冶炼

1　引言

高炉是一个密闭、高温与高压的复杂反应器，几乎有2700种以上的化学反应在同时进行。尽管当今计算机及软件发展迅速，但到目前为止还没有一种模型能真正说明或解释高炉全过程。大部分时间内，人们只能依靠经验与运气来操控高炉。因此，高炉技术人员希望能够寻找一种基于分析总结高炉历史操作并且简便直观的方法，来解决生产中的具体问题，以指导高炉实现强化冶炼。

高炉下部的高温区域的运行情况对高炉炼铁十分重要，尤其是风口燃烧区。该区域是高炉冶炼所需热能与气体化学能的发源地，通常人们用理论燃烧温度来衡量高炉高温区的热状态。当然，在相当长的时间内，该方法是十分有效的。但是，近年来，随着高炉强化程度的提高，尤其是受环境保护与炼焦煤资源限制等的影响以及降低产品成本的需要，高炉不得不以喷吹煤粉、天然气等燃料来代替部分用以产生热量与还原剂的焦炭。随着喷吹煤粉与天然气的增加，计算出的理论燃烧温度越来越低。按照以往的经验或观点，当理论燃烧温度低于1950℃时，高炉很难实现稳定生产。但是，实际上大喷吹高炉在计算的理论燃烧温度低于该限度时，高炉仍然能达到长时间的稳定与顺行。因此，单独用理论燃烧温度来衡量高炉的高温状态已经不太适用，也较难合理解释当代高炉的运行规律。

喷吹燃料（煤粉与天然气）时，因为加热与裂解需要较多热量，所以导致理论燃烧温度偏低，但其产生了较多的还原气，尤其是氢气，而氢气在高温区的还原能力好于一氧化碳。因此，如果采用一种能将热能与化学能相结合的综合方法，来评估高炉高温区的运行状态，那就会更加合理与实用。这正是本课题所涉及的范围与希望达到的目标。通过这样的研究与开发，可为当代大喷吹高炉的稳定顺行提供合理的分析与

* 本文合作者：杨佳龙、W-K. Lu。原发表于《炼铁》，2007，26(5):1~5。

解释，同时为不同原燃料条件与不同操作制度下的高炉强化冶炼提供一定的技术与操控指导，以实现高炉炼铁的增产、降耗、长寿与环境友好，为企业创造更好的经济与社会效益。

为使本课题有效推进并且实用范围更广，在加拿大钢铁企业及政府的资助下，加拿大麦克马斯特大学设立了以 W-K. Lu（卢维高）教授为首的研究小组，分析处理世界范围内不同类别高炉的生产操作数据，以求使开发出的高温综合操作指数更具代表性。本文以中国武钢 1 号高炉为例，重点阐述高温综合操作指数的研究与开发情况。

2 高温综合操作指数概念的提出

合理控制进入与排出高炉的热能与化学能，对稳定生产与操作十分必要。炼铁所需物质或能量流入高炉的部位分别为风口区域与炉顶区域。由于炉顶装入的原燃料一般需要经过一个冶炼周期（5～7h），才能显现其作用或效果，因此高炉只有在出现较大波动时才调整炉顶供料参数。然而，高炉风口燃烧区是热能与气体化学能的产生地，是高炉内温度最高的区域，该处进行着激烈的热量与质量传输，大量的冶金物化反应在此进行。在该区调整任何操作参数，如热风温度、风量、鼓风湿分、喷吹燃料等，都将产生较迅速的反应与效果，因此高炉风口带的操作十分重要。基于此，本研究自然以高炉风口带为基础，研究高炉内的高温燃烧、气化现象及其产生的综合效果。将高温区所产生的热能与化学能以及化学能的利用效率等作为重点研究对象。进行计算、对比与研究，结果表明，高炉高温区的热能有 55%～65% 来自燃烧反应热，30%～35% 来自热风带入热，余下少部分来自其他物理热。燃烧反应的产物与高温区的化学能直接有关，正常情况下，高温区内的热能与化学能应该具有较强的相关性，而煤气利用率代表高炉化学能的使用效果，因此，热能、化学能与煤气利用率三者之间必然存在某种内在联系。经过计算、推导、分析与归纳，研究小组提出了高温综合操作指数（*HMR*），即：

$$HMR = H^{\alpha} R^{\beta} \eta^{\gamma}$$

式中 H——热能；

R——化学能；

η——煤气利用率。

α、β、γ 根据不同炉况、不同原燃料条件、不同炉型、不同冷却情况来进行确定。

按照 *HMR* 的定义，根据世界上不同地域、不同冶炼条件下的 8 座高炉的技术经济指标与操作参数进行统计、分析、理论计算与作图，得出几乎完全相同的变化趋势，即：随着高炉生产率的提高，*HMR* 呈下降走势。

下面，以武钢 1 号高炉为例，对 *HMR* 的趋势形成原因及其应用等进行说明、比较、分析，并进行适当的讨论。

3 武钢 1 号高炉近年来 *HMR* 的变化情况

武钢 1 号高炉 1958 年投产，2001 年 5 月第二次大修时将炉容从 1386m^3 扩大到 2200m^3，其是中国首家使用铜冷却壁薄炉衬结构的高炉，炉缸直径为 10.7m，料车上料，串罐无料钟炉顶，无渣口，2 个铁口，26 个风口。1 号高炉开炉后的 1 年内，强化程度较高，但随后出现炉况不太稳定，其中下部区域容易形成黏结，后来逐步好转。近年来，高炉生产率及其他技术经济指标趋于优化。这里所使用数据的时间为2006年1月1日到2007年6月30日，以天为最小单位，去掉有休风的当天数据。图1示出了高炉部分指标随时间（天）的变化情况。显然，1号高炉2006年中后期炉况较稳定，各操作参数变化较小。2006年末至2007年初，由于定修多，加上风口及其二套频繁损坏，造成休风次数多，影响正常生产，此期间内高炉各种指标均较差。2007年一季度开始增加富氧率，因高炉风口损坏减少，风量、产能均有所增加，但尚未达到最佳效果。显然，高炉在2006年中期达到过较优化状态，表现为风量与风压稳定、生产率高且入炉总焦比低、喷煤比较高且稳定、燃料比低。此期间也正是下文所述及的高温综合操作指数最小的时期。

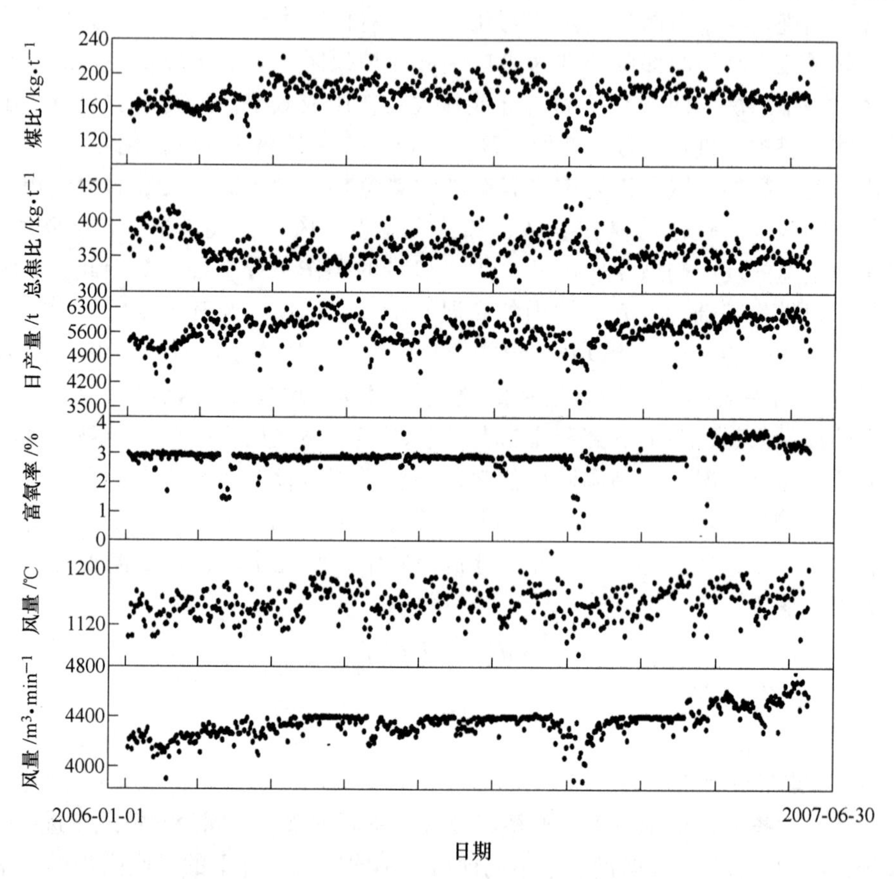

图1　武钢1号高炉操作参数与技术经济指标的变化

图2和图3分别示出了高炉生产率与高温区热能、化学能的关系。显然，随着高炉强化程度的提高，单位生铁所消耗的热量与还原剂量均呈递减之势。图4表示高炉高温区所消耗的热能与化学能的关系。从图中可见，高炉高温区的热能消耗与化学能消耗存在良好的对应关系，如果热能消耗高，化学能也随之升高，反之亦然。因此，无论是高温区的热能还是化学能均对高炉强化冶炼构成较大影响，任何厚此薄彼的做法都不可能维持高炉的长期稳定生产。只有将两者综合起来，同时考察它们对高炉冶炼的作用，才能收到更好的效果。

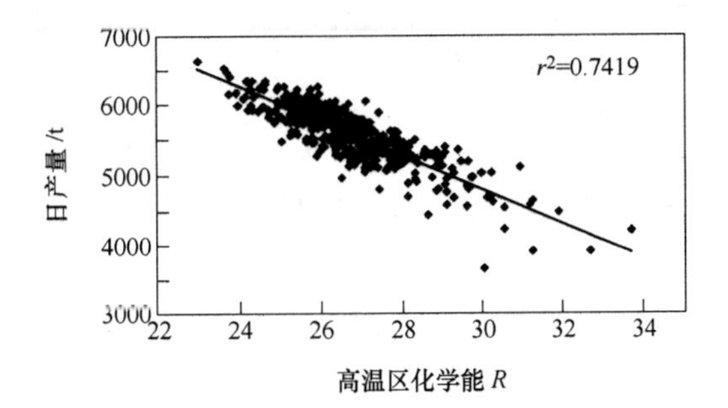

图 2　武钢 1 号高炉生产率与高温区化学能的关系

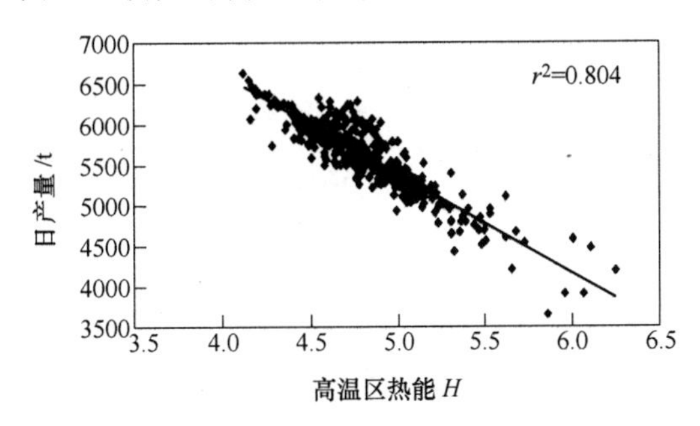

图 3　武钢 1 号高炉生产率与高温区热能的关系

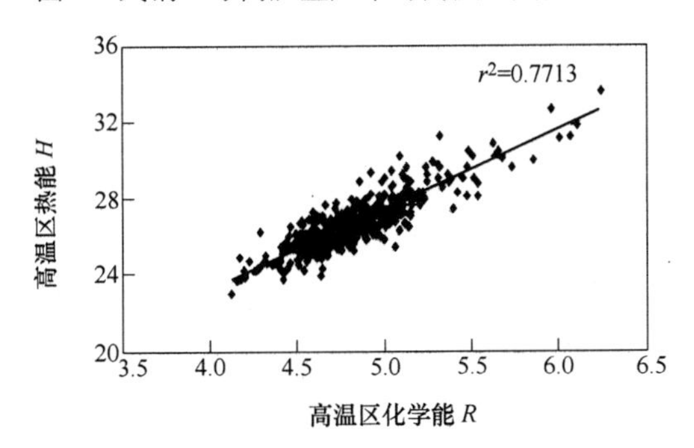

图 4　武钢 1 号高炉高温区热能与化学能的关系

正因如此，提出了 *HMR* 指数，以展示热能与化学能对高炉生产的综合作用。图 5 示出了高炉生产率与高温综合操作指数的关系，显然，其效果好于单独采用热能或化学能的情况。

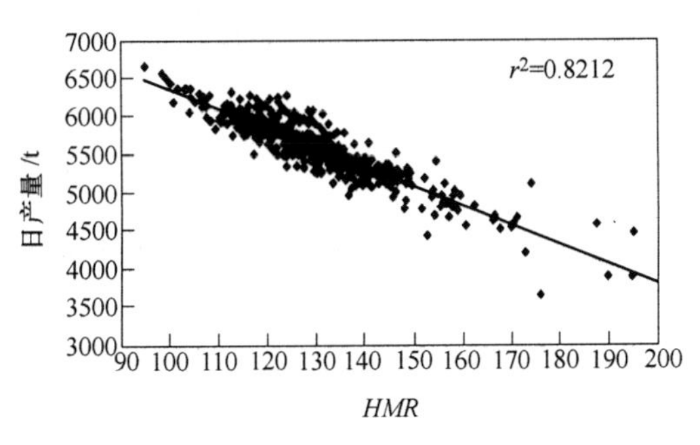

图 5　武钢 1 号高炉生产率与 *HMR* 的关系

4 关于高温综合操作指数的解释

传统的评价高炉高温热状态的方法是计算风口燃烧带的理论燃烧温度。前已述及，理论燃烧温度已不能合理解释当代大喷吹高炉的生产实际。武钢 1 号高炉的计算结果也显示，理论燃烧温度与高炉强化程度基本没有多大联系（图 6）。因此，单纯用理论燃烧温度来衡量高温状态已不合理，因而 *HMR* 的提出是高炉炼铁发展的需要与必然结果。*HMR* 不仅可以说明高炉高温特征与现象，而且很好地将高温状态与高炉的强化程度联系起来，从而可为高炉优化操作与节能降耗提供参考与指导。

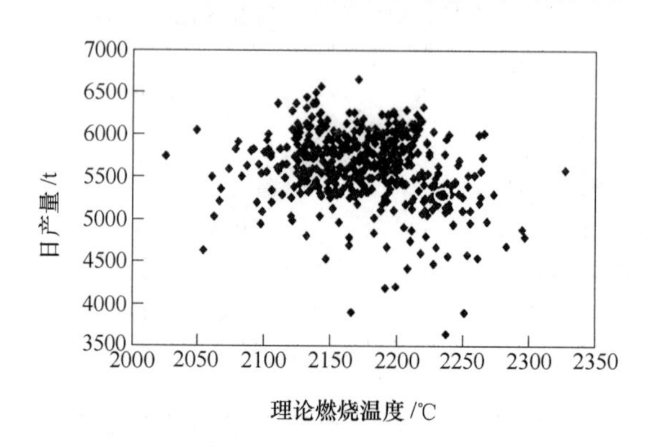

图 6　武钢 1 号高炉生产率与理论燃烧温度的关系

那么，为什么会出现图 5 所示的关系？一般情况下，高炉保持着相对过热状态，尤其是入炉原燃料条件不太稳定、气流不稳定、炉型不规则、高炉的某些运行设备的可靠性欠佳等不确定因素存在时，高炉操作者会选择较高的热储备，也就是选择较高的炉温控制水平。此时，高炉产生的热能与化学能会偏多，高温区的煤气温度升高，煤气体积增加，形成炉腹煤气量的相对过剩，高炉压差会升高，下料变差。为了维持炉况的相对稳定，防止出现管道与悬料，高炉操作者可能会选择适当减少入炉风量方法来应对，减风的结果可能会导致下料速度变慢，高炉生产率因此降低。同时，由于炉腹煤气温度升高、体积增加、料速变慢等，可使高炉软熔带的位置与形状发生改变。一般会使软熔带的位置升高，促使高炉块料区高度降低、煤气利用率变差，碳溶损反应增加，形成高炉化学能消耗增加，最终产生高炉化学能与热能同时增加而生产率下降，即出现图 5 中的右下方区域。该区域内绝大部分点对应图 1 中的 2006 年底至 2007 年初时间段，此间武钢 1 号高炉设备检修多，风口频繁损坏，风量较少，产量较低，入炉总焦比高，炉况欠稳定，生产成本高。

如果高炉使用的原燃料条件较好且稳定，相关设备与控制系统运转正常，炉型合理，上料与布料系统工作可靠，炉前能及时排尽渣铁，总之，高炉本体及其相关各环节能协调运作，高炉稳定生产的主要条件可有效保证，此时高炉可维持相对较低的热能与化学能操作。而一般情况下，当采取某种措施使得高炉下部高温区的单位生铁的热量与化学能的消耗适当地降低时，会促使单位生铁的炉腹煤气量减少，炉腹煤气温度有可能降低，这样会使整个料柱的压差降低，透气性得以改善。这时，高炉将可以相对增加风量，结果使高炉下料速度加快，生产率提高。众所周知，运动的炉料比静止炉料具有更高的空隙度与更好的透气性，高炉料速提高的结果将使更多的煤气能够进入含铁的炉料之中，使炉料与煤气具有更多的接触机会，更多的氢与一氧化碳气体会参加间接还原反应，铁矿石在块料区的还原度将得到提高，还原良好的含铁料又能使其软化与熔化温度相应升高，这样可以促使高炉软熔带位置的下移。显然，较低的软熔带将使高炉块料区的高度增加，这又会提高含铁块料的间接还原度。如此周而复始地形成良性循环，使高炉的化学能利用不断提高。当然，此时如果没有及时进行降低能耗调整，高炉的热能与化学能将会出现过剩，炉况将向热，甚至出现波动。因此，高炉在提高料速、改善煤气利用的同时，需要适当地减少还原剂及热能的供给，中国最常用的处理方法是采取适当调整装料制度、加重焦炭负荷等措施来减少高温区单位生铁的热能与化学能，即降低 *HMR*，实现降低入炉焦比、提高产量的目的。而加拿大的 STELCO 厂通常采用减少天然气的方法来降低 *HMR*，达到增产降耗的效果。总之，通过降低 *HMR*，可实现高炉的强化生产。图 5 中左上部分的是生产率高、*HMR* 低的区域，也是武钢 1 号高炉生产操作稳定、强化程度高的时段，对应图 1 上主要集中在 2006 年 5 月中下旬，此期间高炉日产量高，*HMR* 低，焦比低，燃料比低。2007 年 2 ~ 4 月间，武钢 1 号高炉采取提高富氧率的办法来进行强化冶炼，虽然高炉日产量处在高水平状态，但由于中心气流较发展，风量增加且不太稳定，其单位生铁化学能与热能消耗的降低幅度有限，此期间的高炉尽管达到了高产，但 *HMR* 也没有降低到希望水平，降低能耗的力度也不到位，说明此期间内高炉在操作调整上还未达到理想状态。

5 高温综合操作指数的应用

由于各高炉的装备水平不同，使用的原燃料条件不同，测控设备的可靠性与精度各异等，因此，不同高炉必须以自身的操控数据与技术经济指标为依据，进行 *HMR* 计算分析。因为高炉的生产操作都不可能稳定不变，总会经历相对高强化、中等强化、一般生产、炉况波动、炉况调整等阶段，所以任何高炉均可以得到类似图 5 所示的生产率与 *HMR* 的关系图，该图能准确反映高炉的生产操作与炉况运行情况。以武钢 1 号高炉为例，其用途主要有：

（1）评估以往高炉运行的优劣。图 5 所示的左上角区域为高炉运行较优的时段，中部区次之，下部区最差。将这些时段与相对应的操作者或管理者相联系在一起，就可以更加客观地评价其工作实绩。

（2）分析高炉操作存在的问题或失误，寻求避免与改进的方法。如图 5 中有些天的生产率高，但 *HMR* 并不低，其原因是中心煤气流偏旺，煤气利用不太好。改进方法应为控制高炉焦炭负荷或减少中心加焦量。

（3）为高炉的生产计划提供切合实际的参考。生产计划既不能定得太高，也不能定得太低，定于图 5 中的中上部是比较合适的。

（4）为今后的高炉生产与操作提供有益的参考与指导。首先，可激励后来的高炉操作者与管理者，发奋努力，创造高生产率与低消耗，使如图 5 所示的回归直线能够向左上方继续延伸，直到出现一个高产位的拐点区，该区也许就是实际生产中 *HMR* 的最低限度。从目前 8 座高炉的生产率与 *HMR* 关系图来看，还没有一座高炉的 *HMR* 出现实际最低下限，说明操作上尚存一定潜力。其次，可以通过编制计算机软件，计算某一条件下的较优的操作与管理参数。如确定某一段时期的日均产量后，在生产率与 *HMR* 图上可以找到相对应的 *HMR* 值，其中有 3 ~ 5 个调整参数可供调整，如风温 1150 ~ 1200℃，加湿 10 ~ 35g/m^3，富氧率 3% ~ 7%，喷煤比 160 ~ 190kg/t，入炉焦比 340 ~ 360kg/t。每种变量设定一定步长，然后进行必要的演算，会得到很多组结果，操作人员可根据高炉炉况、资源情况、环保需要及生产成本等限制条件进行优化选择，最后找出一组最合理的操作参数去进行高炉生产。这样就有可能达到预定目标。该软件已经开发出来，并在加拿大的 STELCO 厂进行试用，效果明显。

6 讨论与说明

（1）生产率与 *HMR* 的关系图中显示，日产量越高，*HMR* 就越低。*HMR* 的低点肯定是有限度的，其理论上的限度应该是高炉需最低碳消耗所对应的 *HMR*。实际生产中，首先应努力实施高炉强化操作，力争使高炉运行在图 5 的左上部，同时又要根据炉料、设备、外围等的变化情况及时调整，保证渣铁有较充沛的物理热，避免出现炉凉。

（2）本课题研究所述及 *HMR* 中的热能与化学能均是以单位生铁来计算的。高炉生产率升高时，*HMR* 会明显降低，但是单位时间内供给高炉的热能与化学能并没有降低，有时还应适当升高，只有这样才能保证必要的热量与化学能平衡。因为，随着高炉强化的进行，高炉冷却强度、单位时间渣铁与煤气所带走的热量或化学能会相应增加。

（3）本课题研究尚在进行中，相信将会得到更多、更好与更合理的结论。

The Research and Development of Blast Furnace High Temperature Comprehensive Operational Index

Abstract The work of searching for a blast furnace high temperature comprehensive operational index is illustrated in some details. Based on operating data of eight commercial blast furnaces in three continents and under various economic conditions, through synthesis as well as statistical analysis, the index *HMR* has been proposed and its validity established. The data from No. 1 blast furnace of WISCO is used here as an example; the characteristics of the index *HMR* and the ranges and limitations in its applications are explained. The results show that *HMR* index reflexes reasonably well the production level and operation conditions of a blast furnace. Further more this index has been demonstrated, in comparison with alternatives, of better adaptability, wider range of application and higher stability. With appropriate use of the *HMR* index, the goal of higher productivity, lower consumption of energy and more environment-friendly practice would be within our reach. The *HMR* index can be used to advise blast furnace operators, with some software which are being developed, to operate a blast furnace more effectively. This index could be helpful for executives of a company to evaluate the working state of a blast furnace because *HMR* is relatively concise and complete.

Key words large sized BF; high temperature comprehensive operational index; thermal energy; chemical energy; the ratio of gas utilization; high productivity

高炉长寿技术展望*

摘　要　提出了高炉长寿应达到的目标。高炉长寿技术的核心是构建一个合理操作炉型的永久性炉衬，以实现长寿的目标。高炉实现长寿，可以减少高炉的座数，使能源消耗最低，运行效率更高，实现钢铁工业的可持续发展。分析了国内外高炉寿命的现状，展望了我国高炉炼铁的前景。

关键词　高炉寿命；目标；可持续发展

1　高炉长寿的涵义

高炉为什么要长寿？初看是一个老生常谈的问题。如果进一步思考，人们似乎对这个问题的认识并不一致。

从长远观点看高炉长寿应当是钢铁工业走向可持续发展的一项重要措施，以减少资源和能源消耗、减轻地球环境负荷为目标。在这一点上容易取得共识，而对达到什么程度的高炉才能算长寿，钢铁界的认识并不一致。

高炉长寿是为钢铁工业走向可持续发展服务的。高炉长寿应包含以下目标：

（1）高炉一代寿命（不中修）在20年以上。

（2）高炉的一代炉龄是在高效率生产的状态下度过的，一代寿命内平均容积利用系数在2.0t/(m³·d)以上，一代寿命单位炉容产铁量在15000t/m³以上。

（3）高炉大修的工期缩短到钢铁联合企业可以承受的范围之内，例如两个月之内，大修后在短期内生产达到正常水平，例如7～10天，使钢铁厂成为高效率的钢铁企业。

高炉长寿技术的核心是高炉一代构建一个合理操作炉型的永久性炉衬，使高炉一代寿命达到上述目标。如能达到上述目标，高炉座数可以最少，能源消耗可能最低，运行效率可能最高。

我国高炉现在的长寿水平与上述目标差距很大。国际上炼铁高炉寿命也未达到上述目标，见表1和表2[1]。

为了钢铁工业的可持续发展，高炉长寿技术应当为实现上述目标服务。

表1　国内部分2000m³以上高炉寿命指标

厂名炉号	炉容/m³	炉　役	服役时间/年	一代产铁总量/万吨	单位炉容产铁/t·m⁻³	一代利用系数/t·(m³·d)⁻¹
武钢5号	3200	1991-10-19～2007-05-30	15.63	3550.92	11097	1.950
宝钢1号	4063	1985-09-15～1996-04-02	10.55	3229.70	7949	2.060
宝钢2号	4063	1991-06-29～2006-09-01	15.17	4718.00	11612	2.097

* 原发表于《钢铁研究》，2009(4)：1～3。

续表1

厂名炉号	炉容/m^3	炉 役	服役时间/年	一代产铁总量/万吨	单位炉容产铁/$t \cdot m^{-3}$	一代利用系数/$t \cdot (m^3 \cdot d)^{-1}$
宝钢3号	4350	1994-09-20	14.20		统计至2008年底	
鞍钢10号	2580	1995-02-12	13.80		统计至2008年底	
首钢1号	2536	1994-08-09	14.30		统计至2008年底	
首钢3号	2536	1993-06-02	15.50		统计至2008年底	

表2 国外某些大型高炉的寿命指标

厂名炉号	炉容/m^3	炉 役	服役时间/年	一代产铁总量/万吨	单位炉容产铁/$t \cdot m^{-3}$	一代利用系数/$t \cdot (m^3 \cdot d)^{-1}$
大分2号	5245	1988-12-12～2004-02-26	15.22	6202.82	11826	2.13
千叶6号	4500	1977-07-17～1998-03-27	20.75	6023.00	13385	1.77
仓敷2号	2857	1979-03-20～2003-08-29	24.42	4457.00	15600	1.75
光阳1号	3800	1987-04～2002-03-05	15.00	4300.00	11316	2.07
光阳2号	3800	1988-07～2005-03-14	16.67	5151.00	13555	2.23
霍戈文6号	2678	1986～2002	16.00	3400.00	12696	2.17
霍戈文7号	4450	1991～2006	15.14	4910.00	11034	2.00
汉博恩9号	2132	1988～2006	18.00	3200.00	15000	2.28
迪林根5号	2631	1985-12-17～1997-05-16	11.40	2040.00	7754	1.86

2 21世纪钢铁工业发展趋向

从当前世界科学、工程、技术发展水平看，钢、铁仍然是人类社会21世纪最主要的使用材料——使用范围最广、使用数量最大的结构材料和功能材料。世界钢铁工业将继续发展[2,3]。

刚刚过去的20世纪是世界钢铁工业大发展的世纪，钢铁产量由1900年的2850万吨增长到2000年的8.4亿吨，增长超过28倍。二次世界大战后，欧、美、前苏联及东欧各国以及日本的战后重建对钢铁需求的拉动，20世纪50年代至70年代末期，世界钢铁工业出现了第一个高速增长期，钢年产量由不到2亿吨增至7亿吨以上。20世纪末，由于中国等发展中国家进入工业化基础设施大规模建设阶段对钢铁需求的拉动，出现了第二个高速增长期，钢年产量由不足8亿吨增长到2007年的13.4亿吨，目前仍处于高速增长期内。如果印度的工业化高峰不能持续，世界钢铁工业将保持在年产13亿吨的平台上。印度工业化将把全世界的钢年产量提升到15亿吨平台。全球进入工业化之后，世界钢年产量有可能达到20亿吨。

世界钢产量的增加，将使社会钢、铁积蓄量增加，由铁矿石提供的产钢量的比例下降，世界铁钢比将下降。世界生铁产量的增长速度会低于粗钢产量的增长速度。从长远发展看，世界生铁产量大致等于世界粗钢产量的60%。假如世界钢年产量为20亿吨，则世界生铁年产量大约为12亿吨。世界钢铁工业的规模还有相当大的发展空间。

然而，由于不同地区、国家工业化的程度不同，经济状况存在差别，21世纪钢铁工业将呈现不同的发展态势。工业发达国家在工程技术方面仍将处于领先地位，技术创新能力强，在产品和工艺技术上，仍将引领钢铁工业发展潮流。由于经济结构的变化，钢铁需求量减少以及环境负荷的压力，使这些国家在世界钢产量中的份额将下降。发展中国家和进入工业化阶段的国家将成为21世纪钢铁工业增长的主流。经济增长和大规模基础设施建设是这些国家钢铁工业规模扩大的动力。地球资源和能源的有限性和地球环境负荷的约束，使钢铁工业在发展过程中艰难地走向绿色化。

由于资源条件、社会需求和经济发展阶段的不同，21世纪钢铁工业将发展为不同的类型：以供应大规模通用普通钢材为主的地区性钢厂和以供应高技术附加值为主的跨地区大型钢铁联合企业是不同类型钢厂的主要代表。前一种类型钢厂的优势是其产品的经济性。钢铁成为人类社会使用的主要材料的重要原因是其价格低廉，大量以较低的价格供应普通钢材是地区性钢厂的优势。高技术附加值产品往往制造工艺复杂，技术装备投入高，管理要求严格，形成规模经济条件苛刻，需要集中在技术开发能力强的跨地区大型钢铁联合企业中生产。在上述两大类钢厂之外，还有生产专用钢材品种的钢厂和既大量生产普通钢材又生产部分专用钢材的地区性钢厂。地域条件、社会需求和经济发展的多样性，将决定21世纪钢铁工业发展模式的多样性。然而，节约资源和能源，减轻地球的环境负荷，则是各种模式钢厂必须履行的基本准则。实现钢铁工业可持续发展将是21世纪的奋斗目标。

3 我国高炉炼铁的前景

长期以来，由于我国社会钢铁积蓄量少，我国钢铁工业的铁钢比大致维持在1.0左右[4]。在我国钢年产量超过1亿吨以前，世界钢铁工业的铁钢比大致为0.65左右。世界钢铁工业进入第二个高速增长期后，由于我国在世界总产量份额增加，2000年世界铁钢比达0.685，2003年达0.727，2007年达0.756，同年我国铁钢比为0.959。预计2015年后我国铁钢比将开始下降。我国不仅转炉炼钢使用铁水，连一向国际上用废钢的电炉炼钢在我国也用铁水代替废钢，从而造成我国钢铁工业的铁钢比高。

我国生铁产量的规模如此之大，减少高炉座数，实现高炉大型化，延长高炉一代炉龄比对其他产钢国更为重要。我国炼铁高炉一向炉容小，座数多。在近10年中，地方县乡小钢厂无序发展，重点统计单位产量的比例愈来愈低。究竟我国有多少座高炉，至今没有可靠的统计数字，许多人认为在1000座以上。重点统计单位的生铁产量占全国总产量的3/4，这些企业的高炉座数早已超过400座。连重点统计单位的单座高炉的产量水平也好似比较低，见表3。

表3 2001年、2005年、2006年我国重点统计单位高炉结构及单炉产量

年份	生铁产量/万吨		≥2000m³			2000～1000m³			<1000m³		
	全国	重点统计单位	座数	总容积/m³	占总产能比率/%	座数	总容积/m³	占总产能比率/%	座数	总容积/m³	占总产能比率/%
2001	14893	13631	21	56064	38.40	29	36384	21.40	146	55998	40.20
2005	33741	25575	42	110061	35.35	48	62628	20.12	347	123534	44.53
2006	40416	30271	51	134718	37.64	60	78095	21.39	364	133212	40.97

日本生铁年产量目前大致为7000万吨，用28～29座高炉生产，平均单座高炉年产在200万吨以上。即使中国的高炉单座平均达到年产200万吨，以2006～2008年的产量水平，也要有200座高炉生产。如此多的高炉，对地球环境仍是沉重的负担。我国高炉的大型化和高炉长寿技术应用和推广已是我国钢铁工业走向新型化工业道路的必然选择。经过多年的实践，大型高炉的长寿技术，在我国从理论到实践上已经形成。我国已能够依靠自己的技术力量，使大型高炉实现一代（不中修）炉龄达到20年以上。现在的问题在于认真应用和推广。对于幅员辽阔、人口众多、经济环境差别大的我国，高炉全部实现大型化是困难的。这就要求钢铁工业实现结构重组，使钢厂的数量减少，同时把大型高炉的长寿技术在中型高炉上推广应用。对于非高炉炼铁要予以重视，以便用非高炉炼铁工业取代中型高炉以减轻钢铁工业的环境负荷。总之，对高炉长寿技术，必须从钢铁工业可持续发展的高度予以重视。

参 考 文 献

[1] 项钟庸，王筱留．高炉设计：炼铁工艺设计理论与实践．北京：冶金工业出版社，2007.
[2] 张寿荣．21世纪的钢铁工业及对我国钢铁工业的挑战[J]．天津冶金，2001(1)：5～15.
[3] 张寿荣．关于21世纪我国钢铁工业的若干思考[J]．炼钢，2002，18(2)：5～10.
[4] 张寿荣．我国钢铁工业发展的潜在危机[J]．中国冶金，2004，14（1)：1～5.

21世纪炼铁发展趋势及对中国高炉炼铁的挑战*

摘　要　20世纪钢铁工业得到极大的发展，世界钢产量从1900年2850万吨增长至2000年8.43亿吨。第一个快速增长时期出现在20世纪50年代到70年代中期，第二个快速增长时期从20世纪90年代开始至今。经济快速发展对钢铁产品需求的增长是钢铁生产的拉动力，技术进步是钢铁工业发展的推动力。预计21世纪世界钢产量将达到20亿吨/年，铁产量可能超过13亿吨/年。基于国内市场需求，中国钢铁工业产量保持在4～4.5亿吨/年，2015年后铁的年产量有可能下降。中国炼铁将面临资源短缺、炼铁高炉结构不合理、能源过度消费和环境压力的挑战。中国钢铁工业必须是以国内需求为导向型的。中国炼铁工业健康发展取决于我们是否能够应对挑战。

关键词　趋势；钢铁工业；中国炼铁的挑战；21世纪

19世纪末，在早期工业化国家出现的钢铁联合企业（例如美钢联、蒂森、八幡等）使得钢铁制造业成为工业的一个重要的部门。20世纪，钢铁工业在工业化支柱产业中扮演着重要的角色。二战后从20世纪50年代至70年代中期，世界经济发展带动世界钢铁生产从2亿吨/年增长到超过7亿吨/年。然而20世纪70年代后世界范围的经济衰退导致钢铁工业进入徘徊期。在这一时期，工业化国家“钢铁工业已成为夕阳产业”的观点开始流行。然而从20世纪末钢铁工业开始新一轮的繁荣，在过去的几年中世界钢产量持续攀升达到了一个新的水平。这就提出了以下的几个问题：

（1）钢铁工业是夕阳产业还是朝阳产业；

（2）从过去50年的经验中我们学到了什么；

（3）21世纪炼铁的发展趋势是什么；

（4）中国高炉炼铁的前景如何。

1　20世纪世界钢铁工业的简单回顾

20世纪是钢铁工业极大发展的世纪。1900年世界钢产量为2850万吨，2000年世界钢产量达到8.43亿吨，这意味着20世纪世界钢产量增长了28.5倍。20世纪50年代后钢铁工业出现了两个快速发展时期。即20世纪50年代中期到20世纪70年代，20世纪90年代末到21世纪前期，见图1和表1。

表1　2000～2008年世界铁、钢产量情况

年　份	2000	2001	2002	2003	2004	2005	2006	2007	2008
钢产量/亿吨	829.60	833.75	885.76	950.79	1046.23	1107.14	1230.48	1322.22	1329.72
钢产量增长率/%		0.50	6.24	7.34	10.04	5.82	11.14	7.46	0.57
铁产量/亿吨	610.13	609.08	645.75	707.47	768.23	848.62	925.68	1001.13	983.46
铁产量增长率/%		-0.172	6.021	9.558	8.588	10.464	9.081	8.151	-1.765

* 本文合作者：银汉。原发表于《中国冶金》，2009(9)：1～8。

图 1　1900 ~ 2008 年世界钢铁产量和铁钢比发展情况

1.1　经济发展是钢铁工业的拉动力

对比钢产量快速增长的两个时期，表 2 中列出了一些特点。

表 2　钢铁工业两次快速发展期的对比

	第一次快速发展时期	第二次快速发展时期
起　因	欧洲国家，北美和日本第 2 次世界大战后重建，基础设施建设和工业化	中国和一些发展中国家基础设施建设和工业化
时　间	20 世纪 50 年代中期至 70 年代中期	开始于 20 世纪末，还在进行中
持续时间	大约 20 年	预计持续到 21 世纪第二个十年
增长率	1900 万吨/年	近 6000 万吨/年
涉及人口	约 8 亿人	约 13 亿 ~ 14 亿人
采取的技术	发达国家自主创新的技术，如转炉、连铸、计算机自动化	应用成熟技术或引进发达国家技术

从表 2 中可以明显看出两次快速增长时期的动力是相同的。经济发展要求钢铁工业生产更多的产品。经济发展总是拉动钢铁产能的增长。由于第二次快速发展时期涉及人口巨大，大约是第一次的 1.8 倍，所以也表现出更高的增长率。

1.2　技术进步是钢铁工业的推动力

从技术观点看，钢铁冶金的历史就是冶金工艺技术创新的历史。氧气转炉炼钢和连续铸钢在第一次快速发展时期扮演了决定性的角色，在 20 世纪 70 年代至 80 年代，钢铁厂投入全部力量进行技术创新从而度过了危机。因此技术进步总是钢铁工业发展的推动力。

1.3　钢铁工业发展的限制因素

地球资源、能源和环境压力一直是钢铁工业发展的限制因素，见图 2。

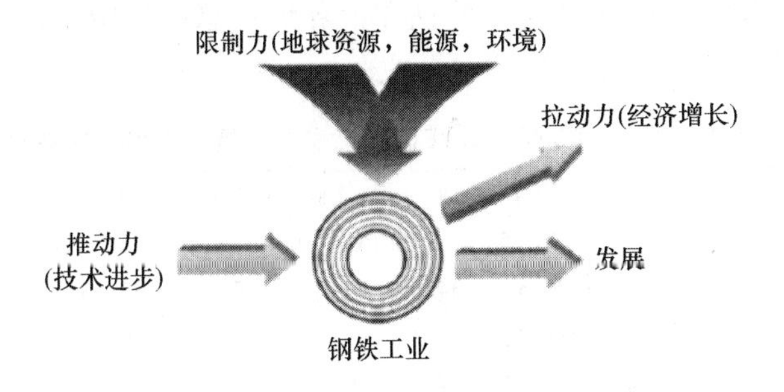

图2　世界钢铁工业发展的控制因素

20世纪以来钢铁工业发展受到三个力量的控制：拉动力、推动力和限制力。这种发展模式将会在21世纪继续存在。

2　21世纪炼铁发展趋势

2.1　钢铁工业将继续发展

尽管受世界金融危机影响，全世界钢、铁产量2008年分别达到13.29亿吨和9.27亿吨。估计21世纪世界钢产量将达到20亿吨。假如铁钢比保持在0.65～0.70范围内，世界铁产量最高将达到13亿～14亿吨。21世纪炼铁产能的发展空间大约为4亿～5亿吨。

2.2　高炉炼铁工艺保持主导地位

2000～2008年世界高炉炼铁和直接还原铁生产演变见表3。

表3　2000～2008年世界高炉炼铁和直接还原铁生产进展

年　份	2000	2001	2002	2003	2004	2005	2006	2007	2008
世界钢产量/百万吨	829.60	833.75	885.76	950.79	1046.23	1107.14	1230.48	1322.22	1329.72
世界高炉炼铁产量/百万吨	576.26	578.46	611.07	670.09	724.08	800.77	875.02	946.42	926.70
直接还原铁产量/百万吨	33.87	30.62	34.68	37.38	44.15	47.85	50.66	54.71	56.76
世界铁产量总和/百万吨	610.13	609.08	645.75	707.47	768.23	848.62	925.68	1001.13	983.46
铁钢比	0.724	0.734	0.728	0.749	0.742	0.766	0.76	0.764	0.74

铁钢比与钢铁工业高炉炼铁和废钢供应密切相关。在工业化国家，废钢供应充足，铁钢比比较低。在钢铁工业繁荣的发展中国家，因为废钢短缺，铁钢比高。表4列出了一些主要钢铁生产国家铁钢比情况。

表4　2008年主要钢铁生产国家铁钢比情况

国　家	中　国	日　本	美　国	俄罗斯	印　度	韩　国	德　国	乌克兰	世界总计
粗钢产量/百万吨	502.01	118.73	91.49	68.51	55.05	53.49	45.83	37.10	1329.72
高炉炼铁产量/百万吨	471.10	86.17	32.99	48.29	28.90	31.21	29.10	30.98	926.70
直接还原铁产量/百万吨	—	—	—	—	20.15	—	—	—	56.76
铁总产量/百万吨	471.10	86.17	32.99	48.29	49.05	31.21	29.10	30.98	983.46
铁钢比	0.938	0.726	0.361	0.702	0.891	0.583	0.635	0.835	0.740

表5中列出了2000~2008年高炉炼铁在世界炼铁总产量中所占份额的演变。由表5可见21世纪高炉炼铁仍将保持炼铁主导地位。

表5 2000~2008年高炉炼铁在世界炼铁总产量所占份额的变化情况

年 份	2000	2001	2002	2003	2004	2005	2006	2007	2008
高炉炼铁/百万吨	576.26	578.46	611.07	670.09	724.08	800.77	875.02	946.42	926.70
直接还原炼铁/百万吨	33.87	30.62	34.68	37.38	44.15	47.85	50.66	54.71	56.76
世界炼铁总产量/百万吨	610.13	609.08	645.75	707.47	768.23	848.62	925.68	1001.13	983.46
高炉炼铁所占份额/%	94.44	94.97	94.63	94.72	94.25	94.36	94.53	94.54	94.23

2.3 节约自然资源和通过减少排放保护地球环境将是21世纪炼铁工艺技术主要发展趋势

钢铁工业要持续发展就必须节约自然资源。

首先，必须强调有效利用自然资源。更加关注铁矿石选矿和含铁金属材料的回收利用。在利用非炼焦煤和弱黏结性煤基础上提高焦炭冶金性能将是炼焦生产最重要的课题。提高入炉料质量是炼铁工艺技术进步的基础。高炉炼铁结构合理化是21世纪高炉炼铁的紧迫任务，采用先进技术和淘汰落后设备是结构调整和合理化的原则。对节约能源，减少排放和保护环境是有利的。

20世纪晚期炼铁领域的技术进步使一些技术指标接近理论计算数值。例如理论计算高炉燃料比大约为450kg/t Fe，近年来一些先进大型高炉燃料比大约在460~470kg/t Fe。

基于目前可选择的炼铁工艺情况，还没有一种可以替代高炉炼铁的工艺。寻找新的炼铁工艺是必须的，但是，在21世纪寻求现有流程减少能源消耗和向环境排放最小化可能是一种可行的办法。

综上所述，技术进步是钢铁工业的推动力，我们必须竭尽全力促进炼铁技术的创新。

3 中国高炉炼铁面临的挑战

3.1 目前中国高炉炼铁的情况

3.1.1 进入21世纪后快速发展

20世纪中期至2008年中国炼铁年产量变化情况见图3。

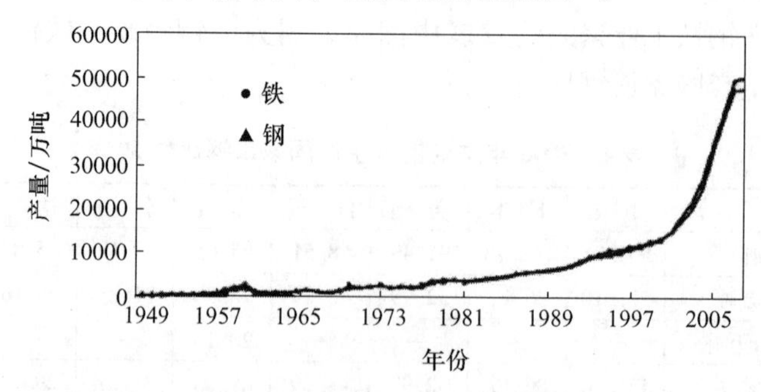

图3 20世纪中期至2008年中国炼铁年产量变化情况

进入21世纪后中国炼铁产量快速增长的主要原因反映在引人注目的钢铁工业固定资产投资的增长上，钢铁工业固定资产投资见表6。

表6 1986~2008中国钢铁工业固定资产投资情况

年　份	1986~1990	1991~1995	1996~2000	2001~2005	2006	2007	2008
固定资产投资/亿元	658.21	1728.33	2153.76	7147.38	2246.5	2616.71	3920.8

3.1.2 炼铁产能的地区分布

快速发展的中国炼铁导致中国各地区炼铁的引人注目的发展。2008年31个省、市、自治区中有15个省年产铁超过1000万吨，在最大的河北省产量达到1.1356亿吨。图4显示了2008年中国按地区炼铁产能的分布情况。除西藏自治区，在所有30个省都有炼铁设备。炼铁产能主要分布在沿海省份，2008年产量达到2.7905亿吨。

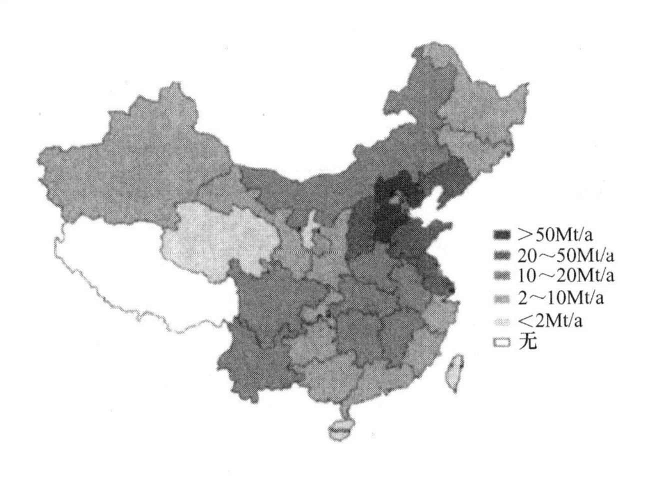

图4 2008年中国炼铁产能地区分布

3.1.3 高炉座数增加

从2001年起钢厂分类变为重点大中型企业和非重点企业，其中重点大中型企业包括中央直属和地方钢厂，非重点企业包括乡镇小企业和私营高炉。2001~2008年中国炼铁产能变化情况见表7。

在过去3年中，重点大中型企业的在炼铁产量总量中的份额已经降到3/4以下，这意味着大量小高炉的出现。

因为目前缺少非重点企业的可信的数据，我们只能参考重点大中型企业高炉炼铁的发展情况。2001年、2005年和2006年高炉结构情况分别列在表8~表10。

重点大中型企业2001年至2005年炼铁产量增长1.194亿吨，2005年至2006年炼铁产量增长1.164亿吨。同一时期高炉座数从2001年196座增至2005年437座，2006年增至475座。高炉座数增长是炼铁产量增长的主要原因。

3.1.4 炉料改进

炼铁产量的快速增长导致对铁矿石需求的激增。2000~2008年进口铁矿石量和国产矿石量见表11。

表7　2001～2008年中国炼铁产能变化情况

年　份	2001	2005	2006	2007	2008	2008～2001
总吨数/亿吨	148.93	337.41	404.16	469.44	470.67	+321.74
占比/%	100	100	100	100	100	216.03
重点大中型/亿吨	136.31	255.75	302.71	349.24	359.88	+223.57
占比/%	91.52	75.80	74.90	74.40	76.46	-15.06
其他/亿吨	12.62	81.65	101.45	120.20	110.79	+98.17
占比/%	8.48	24.20	25.10	25.6	23.54	+15.06

表8　2001年重点大中型企业高炉结构

高炉容积/m^3	>2000	2000～1000	1000～500	500～200	总　计
高炉容积范围/m^3	4350～2000	1800～1000	983～500	420～200	—
座　数	21	29	22	124	196
总容积/m^3	56064	36384	15547	40451	158446
产量/亿吨	45.01	25.02	12.05	35.04	117.13
占总产量比例/%	38.4	24.1	10.3	29.9	100

注：高炉小于200m^3未统计在内。

表9　2005年重点大中型企业高炉结构

高炉容积/m^3	>3000	3000～2000	2000～1000	1000～300	300～100	<100	总　计
高炉容积范围/m^3	4747～3200	2680～2000	1800～1000	983～300	294～100	—	—
座　数	9	33	48	260	75	12	437
总容积/m^3	33223	76838	62628	109671	12880	983	296223
产量/亿吨	26.74	61.86	50.42	96.51	14.14	1.08	250.75
占总产量比例/%	10.67	24.68	20.12	38.49	5.60	0.40	100

表10　2006年重点大中型企业高炉结构

高炉容积/m^3	>3000	3000～2000	2000～1000	1000～300	300～100	<100	总　计
高炉容积范围/m^3	4800～3200	2850～2000	1800～1000	973～300	294～100	—	—
座　数	12	39	60	278	86	—	475
总容积/m^3	44710	92708	78095	118700	14512	—	348725
产量/亿吨	35.99	74.63	67.87	104.46	15.96	—	293.91
占总产量比例/%	12.25	25.39	21.39	35.54	5.43	—	100

表11　2000～2008年进口矿和国产矿情况

年　份	2000	2001	2002	2003	2004	2005	2006	2007	2008
进口铁矿石/亿吨	69.9	92.0	111.1	145	208	275.22	326.30	383.09	443.66
国内铁矿石，原矿石/亿吨	222.25	217.01	232.61	262.72	311.31	426.23	588.17	707.07	824.01

大多数国内铁矿石是贫矿必须进行选矿。2004年以来进口铁矿石价格上涨刺激国内铁矿石产量增加。在过去几年中，“反浮选磁选分离工艺”的选矿技术在中国得到发

展，这个工艺可得到含67% ~69% Fe和3% ~4% SiO_2 的铁精矿。这种精矿粉必须在球团厂制成球团矿，估计中国的炉料结构将逐渐变为烧结 + 球团 + 块矿的结构。实际上中国球团的产量正在增长，见表12。

表12 2000 ~ 2008年中国烧结、球团、焦炭产量

年份	2000	2001	2002	2003	2004	2005	2006	2007	2008
烧结/亿吨	166.78	192.76	226.00	270.44	204.46	369.23	429.77	523.50	—
球团/亿吨	13.60	17.69	26.20	38.85	44.01	59.11	76.35	99.43	—
焦炭/亿吨	100.58	101.84	114.94	138.79	187.70	232.81	282.85	335.52	323.59

入炉原料的质量由于建设和新开工新的焦炉、烧结厂和球团厂得到改善。2000 ~ 2008年烧结、球团、焦炭平均指标见表13。

表13 2000 ~ 2008年烧结、球团、焦炭平均指标

年份		2001	2002	2003	2004	2005	2006	2007	2008
烧结	Fe/%	55.73	56.54	56.74	56.90	56.00	56.80	55.65	55.39
	CaO/SiO_2	1.76	1.83	1.94	1.93	1.94	1.94	1.884	1.858
	转鼓指数/%	66.42	83.72	71.83	73.24	83.77	75.75	76.02	76.59
球团	Fe/%	—	—	—	63.06	62.85	—	62.89	—
	耐压强度/N·球团$^{-1}$	—	—	—	2458	2389	—	2372	—
焦炭	灰分/%	12.22	12.42	12.61	12.76	12.77	12.54	12.52	13.03
	S/%	0.56	0.57	0.61	0.63	0.65	0.65	0.68	0.74
	M_{40}/%	82.06	81.10	81.25	81.40	81.82	82.94	83.16	83.12
	M_{10}/%	7.04	7.13	7.06	7.15	7.10	6.81	6.75	6.84

3.1.5 高炉技术进步

如前所述，进入21世纪后中国高炉数量的增长是铁产量增长的主要原因。2001 ~ 2008年重点大中型企业高炉技术指标变化见表14。

表14 2001 ~ 2008年重点大中型企业高炉技术指标对比

年份	2001	2002	2003	2004	2005	2006	2007	2008
利用系数/t·(m³·d)$^{-1}$	2.337	2.448	2.474	2.516	2.642	2.675	2.677	2.607
焦比/kg·t^{-1}	426	415	433	427	412	396	392	396
煤比/kg·t^{-1}	120	125	118	116	124	125	132	136
燃料比/kg·t^{-1}	546	540	551	543	536	531	529	532
品位/%	57.16	58.18	58.49	58.21	58.03	57.78	57.71	57.32
熟料比/%	92.03	91.53	92.41	93.02	91.45	92.21	92.49	92.68
风温/℃	1081	1066	1082	1074	1084	1100	1125	1133

一批新建高炉的投产是带动高炉水平进步的一个重要因素，一些大型高炉装备了现代化设备，如无料钟炉顶、高风温热风炉、槽下筛分、炉顶高压装备、喷煤装置等。大部分新建高炉都取得了好的成绩。

3.1.6　高炉长寿

20 世纪 80 年代高炉炉衬过度侵蚀存在的一系列问题影响高炉炉龄，这个情况到 90 年代得到改进。进入 21 世纪后，一些大型高炉不经过中修一代炉龄可达到 10 年甚至更长。宝钢 2 号高炉（4063m³）2006 年 8 月 31 日大修，一代炉龄 15 年零 2 个月，单位容积产铁 11613t/m³。武汉钢铁集团公司 5 号高炉（3200m³）2007 年 5 月 30 日大修，不经过中修（也不喷补），一代炉龄达到 15 年零 8 个月，单位容积产铁 11096.6t/m³。自 20 世纪 90 年代以来，许多 1000m³ 以上高炉采用了高炉长寿技术，预计更长的一代炉龄将会出现。

3.2　21 世纪中国炼铁面临的挑战

回顾目前中国高炉炼铁的整体情况后，我们可以看到中国钢铁工业存在不同水平共存的现象。技术装备从大于 4000m³ 到小于 200m³ 级别的不同级别的高炉共存，从清洁生产的钢厂到严重污染的小钢厂不同环保水平共存。这种现象将严重影响中国钢铁工业实行可持续发展政策并妨碍中国的工业化。如何应对这一共存的现象将是中国高炉炼铁面临的主要挑战。

3.2.1　高炉炼铁结构调整

2001 年、2005 年和 2006 年重点大中型企业高炉座数和单位产能见表 15。可以明显看出平均单座高炉产量远低于可接受的限度。

表 15　2001 年、2005 年、2006 年重点大中型企业高炉座数情况

年　份	高 炉 座 数					总座数	年产量/亿吨	平均单座高炉产量/亿吨·炉⁻¹
	>4000m³	4000～3000m³	3000～2000m³	2000～1000m³	总计>1000m³			
2001	3	1	17	29	50	196①	136.31	0.695
2005	4	5	33	48	90	437	255.75	0.585
2006	5	7	39	60	111	475	302.71	0.637

① 高炉小于 200m³ 未统计在内。

考虑到非重点企业的情况更糟，目前中国高炉炼铁结构与世界高炉炼铁合理结构差距很大。伴随大量小高炉的出现，一批小烧结厂、小焦炉也相继涌现，这种情况显示结构调整必须是包括高炉、烧结厂、焦炉、球团厂在内的整个中国高炉炼铁系统。然而高炉炼铁结构调整不仅是一个技术问题，还是一个与地方经济紧密相关的问题，这可能会需要较长的时间。

3.2.2　有效利用自然资源

自然资源短缺是限制中国钢铁工业发展的一个主要瓶颈，有效利用自然资源包括国内、国外资源将是中国钢铁工业的一个长期课题。进口铁矿石由于运输方便将用于沿海钢厂，国产矿采矿和选矿工艺的进步将会着重提高铁精矿的质量和回收效率。除了有效利用铁矿资源外，还要注重从钢厂回收含铁废料，例如废钢回收，钢厂尘泥的回收和重复利用等。

3.2.3　节约能源

中国钢铁工业能耗占全国总能耗的13%～14%，炼铁能耗占整个钢铁工业能耗的70%左右。2008年重点大中型企业高炉燃料比为532kg/t，其中焦比396kg/t，喷煤比136kg/t。中国高炉炼铁燃料比高于欧洲和日本，此外重点大中型企业之间差距也很大。另一方面2008年重点大中型企业铁产量不足全国铁产量总量的3/4。由于非重点企业目前尚无可信的数据，估计2008年中国高炉炼铁实际的焦比高于重点大中型企业平均值60～80kg/t。因此中国高炉炼铁节能空间很大，淘汰落后高炉是中国钢铁工业实现可持续发展的一个紧迫任务。

3.2.4　实现清洁生产

快速发展的中国钢铁工业对环境产生了强烈的冲击，特别是大量地方小钢厂的存在。大型城市钢厂的环保治理取得了显著的成绩，相当一部分城市钢厂已达到或接近清洁生产的要求。控制排放的进步见表16。

表16　2000～2007年重点大中型企业吨钢排放情况

年　份	2000	2001	2002	2003	2004	2005	2006	2007
吨钢耗新水/$m^3 \cdot t^{-1}$	25.24	18.81	15.58	13.73	11.62	8.60	6.71	5.61
排废水/$m^3 \cdot t^{-1}$	16.83	12.86	10.97	7.7	7.47	4.89	3.42	2.67
废气排放/$m^3 \cdot t^{-1}$	18678	15074	14973	16386	16098	16470	12558	11729
SO_2 排放/$kg \cdot t^{-1}$	6.09	4.6	4.0	3.21	3.2	2.77	1.82	1.55

中国政府已经强调中国钢厂要控制污染和限制废弃物排放。实行清洁生产将在今后持续很长一段时间。

3.3　中国炼铁前景预测

资源短缺和环保压力是中国钢铁工业发展的瓶颈，因此中国钢铁工业必须以国内市场为导向。进入21世纪第2个十年废钢供应将开始增加，对铁水的需求将会减少，铁产量开始下降。另一方面大约有1亿吨炼铁产能属于落后装备，其中包括一部分应废弃的装备，一部分落后的装备和一部分重度污染的装备。21世纪第1个十年后将是淘汰落后装备的最有利的时机。中国炼铁工业面对挑战，应采取如下措施：

（1）淘汰落后炼铁装备；

（2）执行“钢铁产业发展政策”；

（3）中国高炉炼铁结构调整；

（4）优化进口矿和国产矿供应链，优化高炉炉料结构；

（5）改善钢厂高炉部分的技术指标包括原料处理、烧结、球团、焦化和高炉操作；

（6）促进技术进步和优先引进节能和环保先进技术。

中国钢铁工业能否健康发展取决于我们在21世纪头20年如何应对挑战。

4　结束语

（1）刚刚过去的20世纪是钢铁工业极大发展的世纪。20世纪的发展经验告诉我们经济发展是钢铁工业发展的拉动力，技术进步是推动力，能源、资源和环境是钢铁工业发展的限制环节。

（2）钢铁工业永远不会是夕阳工业，21 世纪钢铁工业还将继续发展。钢铁材料仍然是人类社会最重要的材料。21 世纪预计全球工业化将需要 20 亿吨/年钢产量。

（3）21 世纪高炉炼铁仍将占据炼铁主导地位，但是进入 21 世纪第 2 个十年后世界铁钢比将会逐渐开始下降。节能、环保和炼铁工艺创新及高炉炼铁工艺的改进将是 21 世纪炼铁技术进步的发展趋势。

（4）中国炼铁工业的产量已经站在了新的历史的顶点，自然资源的短缺、不合理的高炉炼铁结构、能源消耗高和对环境的严重冲击是中国炼铁工业面临的挑战。中国钢铁工业必须以国内市场需求为导向，中国炼铁工业健康发展取决于我们如何应对这些挑战。

（5）经济全球化正在使全世界的钢厂形成一个集体。我们必须竭尽全力提高技术创新和为实现可持续发展而努力。

参 考 文 献

[1] Zhang Shourong, Yin Han. Technological Progress of China's Ironmaking after Its Annual Tonnage Surpassed 100 mtons in 1995[C]. The 3rd ICSTI Proceedings, Germany D. sseldorf, 2003: 44.

[2] Zhang Shourong, Yin Han. Challenges to China's Ironmaking Industry in the First Two Decades of 21st Century[C]. The 4th International Congress on the Science and Technology of Ironmaking Proceedings, Japan Osaka, 2006: 18.

[3] Zhang Shourong, Yin Han. The Current Situation and Existing Problems of Blast Furnace Ironmaking in China[C]. 2nd CSM-VDEh-Seminar on Metallurgical Fundamentals, Germany D. sseldorf, 2007.

[4] Zhang Shourong. Development Trends of the Iron and Steel Industry in the First Part of the 21st Century and the Challenges Facing China[J]. Macroeconomics, 2008, 1: 3.

2011 年欧洲炼铁技术考察报告*

摘　要　对欧洲较典型的荷兰艾默伊登 6、7 号高炉，德国蒂森克虏伯的汉堡 8、9 号高炉，施尔维根的 1、2 号高炉，以及杜伊斯堡的 DK 固体废物回收小高炉等进行了参观、考察和交流，总结分析了这些高炉的工艺装备及操作特点。

关键词　欧洲高炉；设备装备；布料特点；炉型

第六届欧洲炼铁炼焦国际会议于 2011 年 6 月 27 日 ~7 月 3 日在德国杜塞尔多夫举行。中国金属学会组团参加（共 18 人），张寿荣院士任团长。除参加会议外，中国金属学会还联系参观了欧洲效率很高的几个烧结厂、炼铁厂（高炉）。如荷兰艾默伊登及德国蒂森克虏伯的汉堡 8、9 号高炉，施维尔根的 1、2 号高炉，以及杜伊斯堡的 DK 固体废物回收利用厂（2 座小高炉）。同时还参观了阿联酋的阿布度拉气基直接还原厂及短流程生产工艺。

1　荷兰艾默伊登厂

1.1　烧结厂

3 台烧结机 $1\times90m^2+2\times132m^2$。采用烧结废气循环使用工艺——热风烧结，每年生产 430 万吨超高碱度烧结矿（二元碱度为 2.8 ~4.0），烧结矿含铁在 56% ~58%。烧结机料层厚度 400mm 左右；粒度组成：>10mm 占 54%，5 ~10mm 占 31%，平均 16mm。

1.2　焦化厂

有两个焦化厂，第一焦化厂 6 座焦炉，年产 110 万吨；第二焦化厂有 4 座焦炉，年产 90 万吨。全部采用水熄焦，焦炭灰分 9% ~9.5%，强度（*CSR*）为 62% ~66%。

1.3　高炉炼铁厂

两座高炉在生产，其基本情况见表 1。

表 1　荷兰艾默伊登厂两座高炉部分装备参数

项　目	6 号高炉	7 号高炉	项　目	6 号高炉	7 号高炉
炉缸直径/m	11	13.8	炉　顶	无钟	无钟
工作容积/m^3	2350	3775	产能/万吨	250	350
内容积/m^3	2700	4450	风温/℃	1170	1260
风口数	28	38	顶压/MPa	0.17	0.23
铁口数	3	3			

* 本文合作者：傅连春、杨佳龙。原发表于《炼铁》，2011(6):52 ~57。

1.3.1 入炉原料

40%左右超高碱度烧结矿+60%橄榄石球团矿，有时加少量块矿，入炉品位原则按65%控制。入炉渣比为180～230 kg/t，烧结矿碱度控制在2.8～4.0，烧结矿与球团矿中的SiO_2均很低，控制在3.5%～4.2%，目前3.5%。6号高炉2006～2007年，年均工作容积利用系数达到过3.5～3.6，创世界纪录。而7号高炉工作容积利用系数通常只有2.5～2.8。

1.3.2 6号高炉操作特点

采用高富氧、高煤比、开放中心的操作模式，实行中心加焦，中心加焦量按20%～30%控制。风量6000～6400m^3/min，风口ϕ135mm。建专用低纯度(O_2为95%)制氧站，最高富氧量达到50000m^3/h以上。在高富氧的同时，增加高炉喷吹煤比。在风中含氧35%～40%的情况下，喷煤比可控制在230～260kg/t。大喷煤情况下，维持鼓风湿分在10～15g/m^3，控制风口前的理论燃烧温度在2300℃以下。

高炉布料特点：维持计算炉喉焦炭层的厚度400～450mm，而矿层厚度维持在700mm左右；焦矿比：中心100%，沿炉喉半径方向上中间为25%左右，边缘区域为30%～40%。安装了红外摄像仪及打击点感应仪来定期测定料流轨迹的落点区域，以便准确把握布料器的工作情况。

中心加焦角度为11°，最大布料角度为51°。风中含氧35%～40%，喷煤比250kg/t，入炉焦比250～280kg/t，燃料比510kg/t左右。

1.4 开发炼铁新工艺

塔塔艾默伊登与西澳大利亚正联合开发新的熔融还原炼铁新工艺。该工艺是将旋风装置与Hismelt结合起来，经Hismelt产生的高温还原气导入旋风装置，迅速加热并还原铁矿粉，实现在强制流态的情况下瞬间还原铁矿粉。达到提高铁矿粉预还原度及温度，降低熔池直接还原压力，最终实现降低燃料消耗的目的。目前在艾默伊登建立了试验厂，产能为9t/h。试验厂已生产3天，现正在停产检修。

2 德国蒂森汉堡厂与施尔维根厂

目前，蒂森克虏伯公司在杜伊斯堡地区共有4座高炉生产，另外有1座OxyCup小高炉处理固体废料（见表2～表15）。

表2 德国蒂森施维尔根和汉堡厂高炉基本情况

项　目	施维尔根1号	施维尔根2号	汉堡8号	汉堡9号
建造时间	1973年	1993年10月	2007年12月	1962年
大修时间	2008年4月	1993年10月	2007年12月	1987年12月
最近炉龄日产量/t·d^{-1}	10000	12000	5600	4600
炉缸直径/m	13.10	14.9	10.30	10.05
工作容积/m^3	3775	4769	2120	1833
内容积/m^3	4407	5513	2500	2132
总容积/m^3	4770	6020	2732	2298

续表2

项　　目	施维尔根1号	施维尔根2号	汉堡8号	汉堡9号
风口数	40（内喷涂）	42（内喷涂）	28（内喷涂）	28（内喷涂）
风口直径（平均）/m	140	135	130	130
风口下斜/(°)	6	6	6	6
铁口数	4	4	1	1
铁口角度/(°)	3	3	9	9

表3　德国蒂森施维尔根和汉堡高炉设计参数及主要装备

项　　目	施维尔根1号	施维尔根2号	汉堡8号	汉堡9号
炉顶煤气量/$m^3 \cdot h^{-1}$	520000	585000	220000	220000
风压(最大)/MPa	0.55(绝对)	0.65(绝对)	0.45(绝对)	0.38(绝对)
顶压(最大)/MPa	0.33(绝对)	0.38(绝对)	0.28(绝对)	0.25(绝对)
煤气除尘	旋风+双文	旋风+双文	旋风+双文	旋风+双文
喷煤型式	Kuttner浓相	Kuttner浓相	Kuttner浓相	Kuttner浓相
煤粉粒度/%(mm)	80(<0.09)	80(<0.09)	80(<0.09)	80(<0.09)
炉顶上料	皮带,PW双罐	皮带,PW双罐	料车,PW串罐	料车,PW串罐
料罐体积/m^3	95	120	48	48
溜槽长度/m	4.0	4.5	3.0	3.0
出铁场/个	2	2	1	1
炉前除尘风量/$m^3 \cdot h^{-1}$	1400000	1200000	1300000	870000
余压发电/kW	14000	18000	0	5000

表4　德国蒂森施维尔根和汉堡高炉热风炉情况

项　　目	施维尔根1号	施维尔根2号	汉堡8号	汉堡9号
热风炉/座	3	3	3	3
独立燃烧室	是	是	不是	不是
是否双预热	是	是	是	是
可否混烧天然气	可	可		
最高顶温/℃	1350	1450	1380	1380
最高风温/℃	1270	1300	1220	1220

表5　德国蒂森施维尔根和汉堡高炉烧结厂基本装备

项　　目	施维尔根2号	施维尔根3号	施维尔根4号
建造及改造时间	1964年	1970年	1979年
利用系数/$t \cdot (m^2 \cdot d)^{-1}$	43	43	43
产能/Mt	2.2	6.475	3.6
烧结面积/m^2	150	444	250
长(宽)/m	50(3)	94.5(4.7)	67.6(3.7)

续表 5

项　目	施维尔根 2 号	施维尔根 3 号	施维尔根 4 号
烧结台车数	101	152	154
点火长度(面积)/m(m^2)	7.9(23.7)	14.5(68.2)	12(44.4)
平均点火温度/℃	1200	1200	1200
热筛(无破碎)	5×30	6×40	5×30
冷却面积(时间)/m^2(min)	150(70)	450(90)	240(60)
进出温度/℃	600~800(70~90)	600~800(70~90)	600~800(70~90)
冷破碎	无	有	有

表 6　德国蒂森施维尔根和汉堡高炉 2011 年 1~4 月生产指标

项　目	施维尔根 1 号高炉	施维尔根 2 号高炉	汉堡 8 号高炉	汉堡 9 号高炉
产量/$t \cdot m^{-1}$	287300	294400	153900	137700
工作容积利用系数(内容积系数)/$t \cdot (m^3 \cdot d)^{-1}$	2.556(2.189)	2.138(1.849)	2.645(2.243)	2.676(2.301)
作业率/%	98.2	97.7	99.1	99.5
矿耗(烧结矿+球团矿+块矿)/$kg \cdot t^{-1}$	1636(63.81%+22.86%+13.33%)	1628(63.94%+22.6%+13.46%)	1633(66.74%+18.92%+14.34%)	1640(64.76%+21.4%+13.84%)
碱(锌)负荷/$kg \cdot t^{-1}$	2.2(0.109)	2.61(0.092)	2.54(0.109)	3.03(0.093)
焦比(含小焦)/$kg \cdot t^{-1}$	346.5	345.4	326.5	341.8
小焦比/$kg \cdot t^{-1}$	71.5	61.9	85.5	81.8
小焦粒度/mm	10~35	10~35	10~35	10~35
煤比/$kg \cdot t^{-1}$	152	152.3	163.9	156.3
燃料比/$kg \cdot t^{-1}$	498.5	497.7	490.4	498.1

表 7　德国蒂森施维尔根和汉堡高炉 2011 年 1~4 月操作参数(鼓风)

项　目	施维尔根 1 号高炉	施维尔根 2 号高炉	汉堡 8 号高炉	汉堡 9 号高炉
风量(含氧)/$m^3 \cdot min^{-1}$	6653	6952	3568	3148
风压(绝对)/MPa	4.67	4.66	3.94	3.65
风耗(含氧)/$m^3 \cdot t^{-1}$	993	982	916	924
风温/℃	1096	1119	1113	1092
湿分(总)/$g \cdot m^{-3}$	11.5	17.6	10.9	10.0
热风压力/MPa	0.467	0.466	0.396	0.365
风中含 O_2/%	24.8	24.7	26.0	25.2
风速/$m \cdot s^{-1}$	205	217	209	202
理论燃烧温度/℃	2126	2133	2166	2142
更换风口/个	21	23	5	2

表 8　德国蒂森施维尔根和汉堡高炉 2011 年 1～4 月煤气控制参数

项　目	施维尔根 1 号高炉	施维尔根 2 号高炉	汉堡 8 号高炉	汉堡 9 号高炉
顶压(绝对)/MPa	0.295	0.299	0.273	0.225
顶温/℃	128	117	128	120
煤气量/$m^3 \cdot t^{-1}$	1511	1490	1461	1387
CO/%	24	23.7	24.9	23.7
CO_2/%	22.9	23.0	23.3	23.0
H_2/%	3.7	3.7	3.9	3.5
η_{CO}/%	48.8	49.2	48.3	49.2

表 9　德国蒂森施维尔根和汉堡高炉 2011 年 1～4 月炉渣成分

项　　目	施维尔根 1 号高炉	施维尔根 2 号高炉	汉堡 8 号高炉	汉堡 9 号高炉
渣量/$kg \cdot t^{-1}$	287	289	287	288
CaO/%	43	43.2	43.1	42.6
MgO/%	5.8	5.8	5.6	5.6
Al_2O_3/%	11.2	11.3	11.7	11.4
SiO_2/%	35.8	35.7	35.5	35.6
TiO_2/%	1.42	1.37	1.41	2.13
S/%	1.16	1.22	1.04	1.06
K_2O/%	0.40	0.38	0.41	0.48
$(CaO+MgO)/SiO_2$/%	1.36	1.37	1.37	1.35

表 10　德国蒂森施维尔根和汉堡高炉 2011 年 1～4 月生铁成分及铁水温度

项　　目	施维尔根 1 号高炉	施维尔根 2 号高炉	汉堡 8 号高炉	汉堡 9 号高炉
C/%	4.25	4.82	4.79	4.81
Si/%	0.41	0.46	0.37	0.48
Mn/%	0.29	0.30	0.30	0.30
P/%	0.069	0.071	0.074	0.073
S/%	0.035	0.032	0.034	0.034
Ti/%	0.065	0.075	0.062	0.115
铁水温度/℃	1502	1507	1504	1505

表 11　德国蒂森施维尔根和汉堡高炉焦炭质量(全部为湿熄焦平均粒度 45mm)

项　　目	施维尔根 1 号高炉	施维尔根 2 号高炉	汉堡 8 号高炉	汉堡 9 号高炉
水分/%	4.5	4.6	4.1	4.1
S/%	0.66	0.82	0.7	0.7
C/%	86.48	86.97	87.14	87.11
灰分/%	11.37	10.73	10.62	10.64
CSR/%	67.4	68.0	66.1	66.1

续表 11

项　　目	施维尔根 1 号高炉	施维尔根 2 号高炉	汉堡 8 号高炉	汉堡 9 号高炉
CRI/%	22.6	22.3	22.9	22.9
I40/%	54.7	54.1	55.3	55.4
I10/%	15.8	15.7	16.9	16.9
<40mm/%	35.8	36.2	16.2	27.2

表 12　德国蒂森施维尔根和汉堡高炉煤粉质量

项　　目	施维尔根 1 号高炉	施维尔根 2 号高炉	汉堡 8 号高炉	汉堡 9 号高炉
S/%	0.76	0.76	0.76	0.76
O/%	5.0	4.9	4.9	4.9
H/%	4.5	4.5	4.5	4.5
N/%	1.7	1.7	1.7	1.7
C/%	80.5	80.5	80.5	80.5
灰分/%	7.6	7.05	7.62	7.61
Na_2O/%	0.06	0.06	0.06	0.06
K_2O/%	0.16	0.16	0.16	0.16
挥发分/%	24.2	24.1	24.2	24.2
水分/%	1.1	1.1	1.1	1.1

表 13　德国蒂森施维尔根和汉堡高炉 444m² 烧结机的参数

项　目	数　值	项　目	数　值
焦炭消耗/$kg \cdot t^{-1}$	51	点火温度/℃	1194
点火焦炉煤气/m^3	6.2	燃烧用空气温度/℃	210
烧结厚度/mm	530	废气温度/℃	113
辅底料/mm	40	机速/$m \cdot min^{-1}$	4.84
炉料水分(最大)/%	5.9	烧结时间/min	20

表 14　德国蒂森施维尔根和汉堡高炉烧结矿成分及碱度

TFe/%	FeO/%	SiO_2/%	CaO/%	碱度	MgO/%	Al_2O_3/%	P/%	Mn/%	K_2O/%	Na_2O/%	Zn/%	S/%
56.5	6.67	5.36	11.19	2.09	1.28	1.27	0.037	0.303	0.05	0.025	0.006	0.020

表 15　德国蒂森施维尔根和汉堡高炉烧结矿质量指标　　(%)

指　标	>40mm	40 ~ 10	5 ~ 10	<5	$TI_{+6.3mm}$	$RDI_{-3.15mm}$
数　值	5.4	68.5	21.9	4.0	77.3	28

高炉操作上力求平衡,不过分追求高产能,追求整体最佳利润。高炉内容积利用系数按 1.9 ~2.3 调节。灵活调节布料模式,维持 49% 左右的高炉煤气利用率。根据渣量、风温、焦炭质量、喷煤效率等来综合确定合理喷煤比。目前,高炉煤比已从以前的 180 kg/t 左右降为 150kg/t 左右。根据资源条件调节入炉料结构,目前为 64% 高碱度烧结矿(TFe 56.5%,碱度 2.06,*TI* 77.3%,*RDI* 28%)+23% 球团矿 + 块矿,入炉 TFe 为 60% 左

右。使用焦炭全部为湿熄焦，*CSR* 为66% ~68%，10 ~35mm 的焦炭为小焦与矿石混合入炉，用量为60 ~85kg/t。

施维尔根2号高炉已连续生产18年，该高炉在炉腰区域装有铜冷却壁，炉缸喷水冷却。通常采用间隙式加钒钛矿护炉，加钒钛矿方式进行护炉有时从炉顶加入，有时从风口喷入。有3个风口设置单独喷枪（与喷煤枪对称），铁口来渣后开始喷吹，每次喷1罐（2t）；喷吹料中 TiO_2 含量可选（30%、50%、80%）；控制铁中[Ti]在0.1% ~0.15%。当冷却壁温度急升时，向软水系统加超低温井水进行降温，超低温井水的水温可达到6 ℃，软水的进水温度一般控制在35 ~36℃。

施维尔根的2座大型高炉设有4个可调进风风量风口。

蒂森克虏伯的施维尔根的1、2号大型高炉均采用偏低的标准风速，通常只有220m/s左右，并且高炉炉长认为是合理的。普遍维持较少风量，风耗只有950m^3/t。

高炉所使用风口的直径130 ~140mm，风口内侧衬耐火材料，风口长度680 mm，风口伸入炉内150mm左右。风口设计为双腔式，采用高纯铜制作，使用寿命最高达到1503天，正常为300 ~400天。

4000m^3级高炉矿焦批重分别为172t与30t；5000m^3级高炉矿焦批重分别为203t与34t。

高炉布料全部采用中心加焦模式，布料角度经常调整。4000m^3级高炉最大布料角度为9号角位48.4°，矿石的最小布料角度为3号角位36.1°，中心加焦角11.8°。焦炭30t，矿石172t，较典型的布料矩阵：$C_{22121214}^{98765431}O_{23334}^{87654}$。

蒂森公司的固体废料全部由1座小型高炉处理。

3　DK 高炉工艺处理固体废料

在 Duisburg-Hochfeld，欧盟固体废料，包括高炉转炉瓦斯泥、轧钢皮、部分电池等固体废料均由 DK 公司处理。

DK 公司是目前世界上最大的处理固体废料公司，处理钢铁厂废料有30多年的历史，受理250家成员企业的废料。2008年、2009年、2010年产值分别为1.14亿、46百万、92百万欧元。设有烧结厂、高炉炼铁厂、发电厂与铸铁机。

烧结厂建于1982年，年产能50万吨，有效烧结面积为60m^2。烧结所用原料有转炉泥、高炉瓦斯灰、瓦斯尘泥、轧钢屑、电池等固体废料及部分正常铁矿（见表16）。

表16　DK 烧结所用原料成分分析　　（%）

项　目	H_2O	Fe	Zn	C	S	CaO
转炉泥1	9.2	62.1	0.6	1.2	0.2	6.5
转炉泥2	0	43.3	11.6	0.8	0.05	14.2
高炉尘泥	34.3	22.9	3.7	34.7	1.4	3.5
轧钢屑	6.5	68.0	0.05	0.8	0.03	2.1
正常铁矿	7.5	66.3	0.01	0.04	0.01	0.02

通常用2座高炉进行废料的处理冶炼，目前只有1座高炉生产（高炉参数见表17）。

表 17　DK 高炉建造参数

项　　目	3 号高炉	4 号高炉
最近建造时间	2006	1998
风口数	12	9
炉缸直径/m	5.5	4.5
风量/$m^3 \cdot min^{-1}$	1083	833
喷　吹	油	无
工作容积/m^3	580	460
日产量/t	1000	500
状　态	在产	停产

高炉几乎采用常压操作，冶炼铸造铁，生铁［Si］在 1.5% ~2.8%，高炉采用最原始的料罐上料，较强烈发展边缘与中心进行操作。煤气利用率差，煤气 CO 为 30%，CO_2 为 13%，η_{CO}为 30% 左右；入炉焦比 630kg/t，煤比 70kg/t，燃料比在 700kg/t 以上。铁水采用加苏打进行铁罐脱 S。出来的铁含［S］为 0.1% 左右，脱 S 后为 0.05% 左右。生铁吊运到铸铁机进行铸块。

DK 高炉入炉料的碱金属及 Zn 负荷与正常高炉料的碱金属及 Zn 负荷的比较见表 18。

表 18　DK 高炉入炉料与正常高炉料的碱金属及 Zn 负荷的比较

项　　目	DK3 号高炉	正常高炉
碱负荷/$kg \cdot t^{-1}$	8.5	2.6
Zn 负荷/$kg \cdot t^{-1}$	38	0.1

大部分的锌富集在瓦斯灰、瓦斯泥中，Zn 含量达到 60% ~70%。

瓦斯泥中的富锌物成分见表 19，每年处理的电池量见表 20，历年来处理的锌量见表 21。

表 19　DK 高炉瓦斯泥中的富锌物成分　（%）

项　目	数　值	项　目	数　值
Zn	65 ~68	F	<1.0
Pb	1 ~2	Cl	<1.0
C	<2	Na	<0.1
Fe	<1.5	K	<0.15

表 20　DK 高炉每年处理的电池量

年　份	2005	2006	2007	2008	2009	2010
电池量/$t \cdot a^{-1}$	1700	1600	1800	2100	1600	1700

高炉生铁成分完全能满足铸造生铁需要，［Si］2.5% ~3.0%；［Mn］0.5% ~1.0%；［P］0.012%；［S］0.04%；［C］3.5% ~4.2%。

表 21 DK 高炉每年处理的锌量

年 份	1997	1998	1999	2000	2001	2002	2003	2005	2006	2007	2008	2010
锌量/$t \cdot a^{-1}$	5000	6000	7700	8100	7600	9200	9000	8200	8100	9600	8900	8700

4 阿联酋阿布扎比气基直接还原工厂

阿联酋阿布扎比气基直接还原厂是目前世界上单体生产能力最高的直接还原铁生产厂。该公司采用 NANIELI-CORUS 提供的 Energiron 工艺流程。

阿布扎比气基直接还原厂生产热/冷装 DRI，设计产能 160 万吨/年。该厂 2009 年 10 月 17 日投产，2009 年 10 月 31 日完成综合调试。产能 200t/h，金属化率 94%，产品含碳 2.4%，天然气消耗 10.6335GJ/t，电耗 22kW · h/t，水耗 1.5t/t；球团矿消耗量 1.38t/t。

气基直接还原工艺的主要设备有：球团矿的运输，直接还原塔，冷却塔，CO_2 吸收塔，工艺气体加热器，蒸汽重整器，气力输送系统。

该工艺的特点是：

（1）以成熟的 HYL-Ⅲ工艺为基础，在还原气体适用性方面作了改进，在其专有的气体重整技术支持下，可以适用天然气、煤气化气体、焦炉煤气、熔融气化炉煤气等。因而有 Energiron Ⅲ和 Energiron ZR 两种工艺，前者是传统的利用外加的蒸汽重整炉对天然气进行重整，后者是利用达涅利的在竖炉内直接氧气重整技术。Emirates Steel 使用的还是天然气为基的 Energiron Ⅲ工艺。Energiron ZR 工艺目前在埃及和美国柯纽在建，其中美国柯纽是最大的单体设备，设计年产 250 万吨/年。

（2）还原废气脱除 CO_2 和 H_2O 后循环利用，除了加热器以外，还原设备本身没有尾气。脱除 CO_2 的工艺采用化工中成熟的 $CH_3N\text{-}(CH_2CH_2OH)_2$ 溶液吸附法，CO_2 可以加以利用。同时，该脱除设备还可去除 SO_2，从而可以增加使用高硫铁矿的比例。

（3）竖炉炉顶气体压力 54.9kPa，料柱压差平均 6.8kPa，料柱压差在生产过程有波动。还原温度 930 ℃，还原气体 H_2 含量 50% 以上，不同的气体来源，H_2 含量是波动的，同时气体消耗也是不一样的。目前，Emirates Steel 实际操作的气体消耗大约是 11.80 GJ/t（根据班报：天然气热值（标态）约 36987. 9kJ/m^3）。

（4）原料方面，以块矿和球团矿为原料，Emirates Steel 使用的是球团矿，要求品位越高越好；球团矿 Fe^{2+} 含量不超过 1%；对碱金属含量有一定控制，Na_2O + K_2O 总量不超过 0.1%；对还原膨胀、还原速率、还原粉化都有技术要求，球团矿粒度 9 ~ 16mm。对大粒级和粉矿都有也有严格要求，如小于 9.5mm 粒级不超过 1%，大于 15.9mm 粒级不超过 5%。为了提高球团矿使用效率，筛网最小尺寸 3.2 mm。球团矿抗压强度大于 2000N/个（粒度 10 ~ 16mm）。

（5）产品方面，平均金属化率 93%，碳含量 2 % ~4 %。参观期间，现场生产数据平均值如下：金属铁 85.00% ~ 87.49%，TFe 90.04% ~ 91.87%，金属化率 94.24% ~95.77%，碳含量 1.994% ~2.66%，硫含量 0.0118% ~0.0134%，FeO 含量 5.09% ~6.75%。

关于我国炼铁高炉的长寿问题*

1 武钢高炉长寿技术发展的回顾

1.1 问题出现[1]

武汉钢铁公司是新中国成立后我国兴建的第一座大型钢铁联合企业，属于“一五”期间苏联援建的156项工业项目之一。钢厂部分由苏联列宁格勒黑色冶金设计院（Гипромец）提供设计。武钢1号高炉于1957年开始施工，1958年9月13日点火投产。1号高炉容积1386m³，是我国第一座1000m³以上的大型高炉。当时我国没有大型高炉的操作经验，是全面学习苏联的高炉技术。武钢1号高炉的投产总的来看是成功的。1959年7月，武钢2号高炉投产。1961年下半年，1号高炉炉腹冷却板（铸钢）出现烧坏漏水现象。1962年以后，冷却板烧坏块数增多。1964年6月，武钢2号高炉发生了炉缸烧穿事故，不得已在1965年大修。那一时期，高炉的炉体寿命问题成为武钢高炉工作者面临的重大问题之一。

2号高炉烧穿的主要原因是当时对高炉设计的修改不当。武钢高炉的原设计是炭砖、高铝砖综合炉缸、炉底。炉底厚度5.6m，底部采用通风冷却。这一结构是苏联在总结分析库钢（库兹涅茨克钢铁公司）高炉炉缸烧穿教训的基础上提出的，在当时属于较好的设计方案。武钢1号高炉按照此设计建设，未出现问题。武钢2号高炉的设计，却将炭砖、高铝砖综合炉底，改成了全高铝砖炉缸、炉底。修改设计是为了节省投资，因为当时炭砖的价格高出高铝砖数倍。当时已知道这一修改在技术上是倒退，但上级决定后下级只能服从。2号高炉炉缸烧穿后，对大型高炉炉缸、炉底不能采用全高铝砖的认识得以明确。1965年，2号高炉进行大修，全部按照苏联原设计施工。

1号高炉炉身冷却板开始烧坏后，只是被动地加强检查，防止大量漏水，并采取炉壳加强喷水冷却等措施，没有主动地分析原因，采取对策。1966年“文化大革命”后，武钢高炉长期停产、封炉和低冶炼强度操作，炉身冷却设备烧坏的问题被掩盖了。当时的主要矛盾是钢厂如何求得正常生产，高炉寿命问题顾不上研究。“文革”期间建设了武钢3号高炉，全部按照苏联设计的1513m³高炉施工，主要设备是苏联按照1513m³高炉标准设计提供的。

1.2 寻求长寿技术措施[2]

1970年，国家提出要结束钢铁工业十年徘徊，湖北省领导提出要在武钢建设当时最大的2500m³级高炉。20世纪50年代至70年代前期，是20世纪世界钢铁工业的第

---

* 原发表于《2012年全国炼铁生产技术会议暨炼铁学术年会论文集》，2012：11～16。

一个高速增长期。高炉大型化发展迅速，在高炉设计、结构方面出现许多新进展。在 $2500mm^3$ 级4号高炉的建设过程中，武钢希望能借鉴国外经验，使高炉寿命延长。4号高炉建设中采取了两项较大的技术措施：高炉炉底采用炭砖薄炉底和高炉炉腹以上全部采用汽化冷却。2号高炉发生炉缸烧穿事故后，对大型高炉炉底、炉缸必须采用炭砖，在武钢已取得共识。苏联设计的炭砖、高铝砖综合炉底采用的是局部风冷系统。炉底减薄后，为保持炉底炭砖表面温度低于1150℃，风冷的冷却强度显然是不够的，必须采用水冷，以保持较高的冷却强度。为此，在冷却水管的布置和结构方面，采取了保证措施。武钢4号高炉是我国第一座采用全炭砖水冷薄炉底的大型高炉。在4号高炉建设以前，大型高炉的炉底厚度为5.6m。4号高炉的炉底厚度为3.1m，比原设计减薄2.5m。继4号高炉之后，武钢新建的 $3200m^3$ 高炉及老高炉大修时全部将炉底改为全炭砖水冷薄炉底。最近几年，炉底厚度进一步减薄至2.8m。这项技术已在全国推广。

4号高炉第一代炉身汽化冷却系统基本上是照搬苏联的型式。苏联高炉最早采用汽化冷却技术，当时已发表了许多文章，并已向西方国家转让汽化冷却技术。我国的研究工作做得很少，只能照搬、照抄苏联的做法。4号高炉投产之初的两年，汽化冷却系统运行正常。三年之后，汽化冷却的冷却壁出现烧坏现象。汽化冷却系统出现漏水后，因检漏困难，对高炉操作影响很大。随着时间的推移，冷却系统漏水日趋严重，4号高炉不得已将汽化冷却改为全部工业水冷却。高炉汽化冷却技术以失败告终。

20世纪70至80年代，武钢高炉在冷却结构方面及风口以上耐火材料材质方面进行过改进试验工作，但未取得显著效果。从70年代末期起，开始对高炉炉体侵蚀进行系统的研究，期望通过对侵蚀机理的了解，找出延长高炉寿命的途径。

1.3 对高炉长寿问题认识的深化[3]

1978年10月16日，1958年9月13日开炉的武钢1号高炉停炉大修。按日历时间计算，高炉大修周期超过20年。实际上由于三年困难时期减产和“文革”中的减产、停产，高炉一代工作时间为18年1个月。这一代中间，经过3次中修。当时武钢1号高炉属于国内一代大修炉龄最长的大型高炉。为了解高炉和热风炉炉体破损状况，利用大修机会对高炉、热风炉剩余的炉衬、残留的渣铁、冷却设备、炉体结构进行详细的测量、取样和检验。1号高炉大修破损调查使武钢的炼铁工程技术人员开始认识到碱金属和煤气的碳沉积作用对高炉炉衬破坏的严重性，铁水侵入炭砖的危害以及高炉炉体结构和冷却系统存在的严重缺陷。对热风炉结构的缺陷也有了明确的认识。对当时使用的耐火材料的性能以及存在的缺陷，同时有了较为清晰的理解。1978年武钢1号高炉大修的炉体破损调查，为武钢开展高炉炉体侵蚀机理研究打下了基础，为高炉长寿寻找方向提供了支撑。

武钢1号高炉破损调查取得的成果，使武钢的炼铁工程技术人员认识到高炉炉体破损调查的重要性。其后，凡高炉大修或中修，都要组织炉体破损调查，并对调查结果进行分析研究。

多次炉体破损调查研究使武钢的炼铁工程技术人员认识到，没有哪一项独立技术能够确保高炉实现长寿。高炉长寿的必要条件包括：（1）合理的炉体结构，包括冷却型式、结构等，属于设计问题；（2）耐火材料质量、结构和冷却设备质量；（3）建设时工程施工的质量；（4）高炉操作对炉体的维护状况。只有以上各方面的必要条件具备，高炉才能真正实现长寿。在实践中体会到，对高炉寿命的定义也应当加以明确。长期以来把包括炉底、炉缸的全部更换作为大修，而把保留炉底和风口以下炉衬的各种规模的修理均作为中修。炉底、炉缸炉衬更换的工作量往往是比较小的，而炉底、炉缸炉衬更换以外的工作量往往大得多。90 年代以来，技术进步使高炉炉身寿命得以延长。国际钢铁界普遍的概念中高炉一代寿命往往指一代（炉身不中修）的高炉炉衬的寿命。高炉长寿的目标，应当是高炉一代不中修达到的寿命周期。以此来衡量，我国高炉一代寿命与国际先进水平差距很大。钢铁工业要走向可持续发展，实现高炉长寿是高炉炼铁走向可持续发展的第一步。高炉大修不仅停产损失铁和钢的年产量，而且大修要消耗大量耐火材料和备品备件，并产生大量废弃物。那种认为高炉仅追求高容积利用系数，不怕高炉寿命短的观点是错误的。武钢高炉炼铁应当做到高炉一代炉龄（不中修）达到10 年以上，应努力争取一代炉龄（不中修）12～15 年。在多次高炉炉体侵蚀机理研究的基础上，认为高炉要获得长寿，必须在以下几方面取得实质性进展：

（1）高炉结构合理化。首先是冷却结构的合理化，使高炉在一代寿命中操作炉型保持稳定。高炉操作炉型稳定是高炉一代保持高产、优质、低耗和长寿的基础。武钢采取的是从炉底到炉喉全冷却壁型式，对冷却壁的结构、材质和制造工艺进行优化和改进，提升其可靠性。

（2）用软水密闭循环冷却系统取代工业水冷却系统。实践已充分证明，工业水冷却系统不能保证高炉长寿。4 号高炉建设时汽化冷却系统采用了软水，但当时对汽化冷却的理解十分肤浅，不恰当地对待热量回收，采取自然循环系统。对软水处理不完备，使高炉汽化冷却以失败而告终。从失败的教训中使武钢的炼铁工程技术人员认识到，高炉的冷却系统必须是强制循环系统，而且在循环系统中必须防止汽泡的产生。在此认识的基础上，借鉴了 PW 公司的技术，采用软水密闭循环冷却系统。

（3）提升高炉耐火材料的质量。高炉不同部位的工作条件不同，炉衬侵蚀的机理不同，对耐火材料质量的要求也不同。为此，武钢与耐火材料制造厂家联合开发出高导热率的微孔炭砖、微孔刚玉砖、微孔铝炭砖及可塑性耐火材料。武钢的高炉不仅炉底砖衬厚度由 5.6m 减薄至 2.8m，炉缸砖衬厚度也减至 1.0m 左右。炉身在镶砖冷却壁内壁已不再砌砖衬，镶砖冷却壁所镶砌的砖也提高了质量等级。提升耐火材料质量的目的是尽量在整个炉役中使耐火材料的侵蚀减少到最低限度。

（4）提升高炉操作的灵活性。高炉操作直接影响高炉一代炉龄寿命，关键因素是高炉内煤气流调节和炉温及造渣制度控制。武钢高炉炉顶装料设备原来采用马基式双钟炉顶，调节灵活性差。20 世纪 90 年代开始用无料钟炉顶取代马基式双钟炉顶，使高炉内煤气流处于可控状态。与此同时，完善了高炉的监测计器、仪表，除砖衬和冷却壁温度外，增加了炉体热负荷监测，使高炉炉体侵蚀处于受控状态。

这些认识都是在长期实践中逐渐形成的。如前所述，任何一项独立技术都不可能解决高炉长寿问题。必须把这些技术集成在一座高炉上，才能形成完整的高炉长寿技术。

1.4 高炉长寿技术的实践——武钢3200m³高炉的建设[4]

1986 年，武钢实现了钢、铁年产量超过 400 万吨的目标，一米七系统超过了设计能力。政府决定，将武钢的生产能力由年产钢、铁各 400 万吨扩大到钢、铁各 700 万吨。为此要扩大炼铁生产能力，新建大型高炉 1 座。利用这一机会，武钢决定新建 $3200m^3$ 大型高炉 1 座，引进和采用当时国际一流的先进炼铁技术，自主集成，将上述高炉长寿技术集成在一座高炉上，使高炉在无中修的前提下，一代炉龄寿命 12 年以上，成为我国最长寿的高炉。为满足建设这座高炉要求，武钢自主组织球墨铸铁冷却壁的制造工艺、高导热率炭砖的制造等技术开发工作。当时该高炉采用的先进技术有：

（1）PW 式无料钟炉顶。在该高炉建设之前，我国高炉大都采用双钟式炉顶（原为马基式炉顶）。宝钢引进日本技术，采用以钟式炉顶为基础的钟阀式炉顶。为提升炉顶布料调节煤气流的灵活性，$3200m^3$ 高炉采用 PW 式无料钟炉顶。当时引进的新一代无料钟炉顶，炉顶压力可以提高到 0.25MPa，齿轮箱采用水冷代替氮气，是国际上最先进的。

（2）引进荷戈文陶瓷燃烧器，建成我国第一组（4 座）1200℃高风温热风炉。

（3）建成当时国内最大的煤粉喷吹系统，小时喷吹量 32t/h。

（4）采用武钢式水冷炭砖薄炉底，炉底总厚度 3100mm。

（5）采用自立式冷却壁炉身结构。炉身球墨铸铁冷却壁是武钢自主开发的，平均抗拉强度 395MPa，平均延伸率为 22%。炉身砖衬减薄至 375mm 的一层砖。

（6）采用 PW 式的软水密闭循环冷却系统。该系统由三部分组成：炉体冷却壁密闭循环冷却系统，水压 0.781MPa；风口（包括二套）及热风炉热风阀密闭循环冷却系统，水压 1.03MPa；炉底水冷管密闭循环冷却系统，水压 0.43MPa。与冷却系统配套，设有炉体、炉底温度监测和冷却壁热负荷监测系统。

（7）采用环形出铁场，4 个铁口均匀分布，有利于保护炉缸和改善炉前工作环境。

（8）采用 INBA 炉渣粒化装置。

（9）炉前出铁场采用静电除尘器，改善工作环境。

（10）高炉炉顶煤气采用 TRT，利用余压发电。

$3200m^3$ 高炉于 1991 年 10 月 19 日送风投产。投产后的实践表明，高炉长寿技术的集成是成功的。高炉炉体冷却系统运行正常，没有出现以往高炉发生的损坏现象。1996 年 4 号高炉大修，采用了 $3200m^3$ 高炉的长寿技术，使 4 号高炉出现了新面貌。2000 年 1 号高炉大修，将高炉容积由 $1386m^3$ 扩大到 $2200m^3$，采用已有的长寿技术并有所改进，炉身下部和炉腰用铜冷却壁替代球墨铸铁冷却壁，炉身取消了砖衬，软水密闭循环系统改为串联式的两个系统。2004 年投产的 $3200m^3$ 级 6 号高炉全部移植了 1 号高炉的长寿技术，投产后情况正常。2006 年投产的 7 号高炉在 6 号高炉长寿技术的基础上，炉缸采用铸铜冷却壁，将炉缸炭砖减薄至 1000 ~ 1100mm，炉底厚度减薄至 2800mm。这两座高炉开炉后一周左右日产量就达到设计指标，月平均利用系数达到 $2.6 \sim 2.8t/(m^3 \cdot d)$，炉体砖衬及冷却设备运行正常。6 号高炉、7 号高炉的实践表明，两座高炉采用的长寿技术经得起高炉强化冶炼的考验。2007 年 5 号高炉大修，全部采用 7 号高炉已应用的长寿技术，也取得了良好效果。5 号高炉大修后的日产水平，比大修前提高 1000t/d 以上。

1.5 高炉实现长寿是系统工程，长寿技术是综合技术[5]

高炉长寿是高炉本身设计、建设、运行、管理的最终结果的集中表现之一。从更广泛的范围看，是钢铁厂炼铁系统综合水平最重要表现之一。高炉是否长寿不是哪一个工序所能决定的，也不是哪一项独立技术所能决定的。高炉长寿是事关钢铁厂炼铁系统全局的系统工程。只有把高炉长寿当作一个系统来对待，才能使高炉实现长寿。高炉长寿技术是诸多有关高炉长寿综合技术的集成。钢铁工业要实现可持续发展，高炉长寿是钢铁工业迈向绿色化的起点。

2 高炉长寿技术展望

2.1 高炉长寿的涵义

为什么高炉要长寿？初看是一个老生常谈的问题。如果进一步思考，似乎人们对这个问题的认识并不一致。

高炉长寿从长远观点看应当是钢铁工业走向可持续发展的一项重要措施，以减少资源、能源消耗，减轻地球环境负荷为目标。在这一点上容易取得共识，而对达到什么程度的高炉才能算长寿，钢铁界的认识并不一致。

高炉长寿是为钢铁工业走向可持续发展服务的。高炉长寿应包含以下目标：

（1）高炉一代寿命（不中修）在 20 年以上。

（2）高炉的一代炉龄是在高效率生产的状态下度过的，一代寿命内平均容积利用系数在 2.0t/(m^3·d)以上，一代寿命单位炉容产铁量在 15000t/m^3 以上。

（3）高炉大修的工期缩短到钢铁联合企业可以承受的范围之内，例如两个月之内。大修后在短期内生产达到正常水平，例如 7～10 天。使钢铁厂成为高效率的钢铁企业。

高炉长寿技术的核心是高炉一代构建一个合理操作炉型的永久性炉衬，使高炉一代寿命达到上述目标。如能达到上述目标，高炉座数可以最少，能源消耗可能最低，运行效率可能最高。

我国高炉现在的长寿水平与上述目标差距很大。国际上炼铁高炉寿命也未达到上述目标，见表 1 和表 2[6]。

表 1 国内部分 2000m^3 以上高炉寿命指标

厂名炉号	炉容/m^3	炉　役	服役/年	一代产铁总量/万吨	单位炉容产铁/t·m^{-3}	一代利用系数/t·(m^3·d)$^{-1}$
武钢 5 号	3200	1991.10.19～2007.5.30	15.63	3550.92	11097	1.95
宝钢 1 号	4063	1985.9.15～1996.4.2	10.55	3229.7	7949	2.06
宝钢 2 号	4063	1991.6.29～2006.9.1	15.17	4718	11612	2.097
宝钢 3 号	4350	1994.9.20 至今	14.2	统计至 2008 年底		
鞍钢 10 号	2580	1995.2.12 至今	13.8	统计至 2008 年底		
首钢 1 号	2536	1994.8.9 至今	14.3	统计至 2008 年底		
首钢 3 号	2536	1993.6.2 至今	15.5	统计至 2008 年底		

表 2　国外某些大型高炉的寿命指标

厂名炉号	炉容/m^3	炉　役	服役/年	一代产铁总量/万吨	单位炉容产铁 /$t \cdot m^{-3}$	一代利用系数 /$t \cdot (m^3 \cdot d)^{-1}$
大分 2 号	5245	1988. 12. 12 ~2004. 2. 26	15. 22	6202. 82	11826	2. 13
千叶 6 号	4500	1977. 7. 17 ~1998. 3. 27	20. 75	6023	13385	1. 77
仓敷 2 号	2857	1979. 3. 20 ~2003. 8. 29	24. 42	4457	15600	1. 75
光阳 1 号	3800	1987. 4 ~2002. 3. 5	15	4300	11316	2. 07
光阳 2 号	3800	1988. 7 ~2005. 3. 14	16. 67	5151	13555	2. 23
霍戈文 6 号	2678	1986 ~2002	16	3400	12696	2. 17
霍戈文 7 号	4450	1991 ~2006	15. 14	4910	11034	2. 0
汉博恩 9 号	2132	1988 ~2006	18	3200	15000	2. 28
迪林根 5 号	2631	1985. 12. 17 ~1997. 5. 16	11. 4	2040	7754	1. 86

为了钢铁工业的可持续发展，高炉长寿技术应当为实现上述目标服务。

2. 2　21 世纪钢铁工业发展趋向[7,8]

从当前世界科学、工程、技术发展水平看，钢、铁仍然是人类社会 21 世纪使用的最主要的材料——使用范围最广，使用数量最大的结构材料和功能材料。世界钢铁工业将继续发展。

刚刚过去的 20 世纪是世界钢铁工业大发展的世纪，钢铁产量由 1900 年的 2850 万吨增长到 2000 年的 8. 4 亿吨，增长超过 28 倍。二次世界大战后，欧、美、前苏联及东欧各国以及日本的战后重建对钢铁需求的拉动，20 世纪 50 年代至 70 年代末期，世界钢铁工业出现了第一个高速增长期，钢年产量由不到 2 亿吨增至 7 亿吨以上。20 世纪末，由于中国等发展中国家进入工业化基础设施大规模建设阶段对钢铁需求的拉动，出现了第二个高速增长期，钢年产量由不足 8 亿吨增长到 2007 年的 13. 4 亿吨，目前仍处于高速增长期内。如果印度的工业化高峰不能持续，世界钢铁工业将保持在年产 13 亿吨的平台上。印度工业化将把全世界的钢年产量提升到 15 亿吨平台。全球进入工业化之后，世界钢年产量有可能达到 20 亿吨。

世界钢产量的增加，将使社会钢、铁积蓄量增加，由铁矿石提供的产钢量的比例下降，世界铁钢比将下降。世界生铁产量的增长速度会低于粗钢产量的增长速度。从长远发展看，世界生铁产量大致等于世界粗钢产量的 60%。假如世界钢年产量为 20 亿吨，则世界生铁年产量大约为 12 亿吨。世界钢铁工业的规模还有相当大的发展空间。

然而，由于不同地区、国家工业化的程度不同，经济状况的差别，21 世纪钢铁工业将呈现不同的发展态势。工业发达国家在工程技术方面仍将处于领先地位，技术创新能力强，在产品和工艺技术上，仍将引领钢铁工业发展潮流。由于经济结构的变化，钢铁的需求量减少以及环境负荷的压力，使这些国家在世界钢产量中的份额将下降。发展中国家和进入工业化阶段的国家将成为 21 世纪钢铁工业增长的主流。经济增长和大规模基础设施建设是这些国家钢铁工业规模扩大的动力。地球资源和能源的有限性和地球环境负荷的约束，使钢铁工业在发展过程中艰难地走向绿色化。

由于资源条件、社会需求和经济发展阶段的不同，21 世纪钢铁企业将发展为不同的类型：以供应大规模通用普通钢材为主的地区性钢厂和以供应高技术附加值为主的跨地区大型钢铁联合企业是不同类型钢厂的主要代表。前一种类型钢厂的优势是其产品的经济性。钢铁可以成为人类社会使用的主要材料的重要原因是其价格低廉，大量以较低的价格供应普通钢材是地区性钢厂的优势。高技术附加值产品往往制造工艺复杂，技术装备投入高，管理要求严格，形成经济规模条件苛刻，需要集中在技术开发能力强的跨地区大型钢铁联合企业中生产。在上述两大类钢厂之外，还有生产专用钢材品种的钢厂和既大量生产普通钢材又生产部分专用钢材的地区性钢厂。地域条件、社会需求和经济发展的多样性，将决定 21 世纪钢铁企业发展模式的多样性。然而，节约资源和能源，减轻地球的环境负荷，则是各种模式钢厂必须履行的基本准则。实现钢铁工业可持续发展将是 21 世纪的奋斗目标。

2.3 我国高炉炼铁的前景[9,10]

长期以来，由于我国社会钢铁积蓄量少，我国钢铁工业的铁钢比大致维持在 1.0 左右。在我国钢年产量超过 1 亿吨以前，世界钢铁工业的铁钢比大致为 0.65 左右。世界钢铁工业进入第二个高速增长期后，由于我国在世界总产量份额增加，2000 年世界铁钢比达 0.685，2003 年达 0.727，2007 年达 0.756，同年我国铁钢比为 0.959。预计 2015 年后我国铁钢比将开始下降。我国不仅转炉炼钢使用铁水，连一向国际上用废钢的电炉炼钢在我国也用铁水代替废钢，从而造成我国钢铁工业的铁钢比高。

我国生铁产量的规模如此之大，减少高炉座数，实现高炉大型化，延长高炉一代炉龄比对其他产钢国更为重要。我国炼铁高炉一向炉容小，座数多。在近 10 年中，地方县乡小钢厂无序发展，重点统计单位产量的比例愈来愈低。究竟我国有多少座高炉，至今没有可靠的统计数字，许多人认为在 1000 座以上。重点统计单位的生铁产量占全国总产量的 3/4，这些企业的高炉座数早已超过 400 座。连重点统计单位的单座高炉的产量水平也是比较低的，见表 3。

表 3　2001 年、2005 年、2006 年我国重点统计单位高炉结构及单炉产量

年份	生铁产量/万吨		≥2000m³ 高炉			2000~1000m³ 高炉			<1000m³ 高炉		
	全国	重点统计单位	座数	总容积/m³	占总产能比率/%	座数	总容积/m³	占总产能比率/%	座数	总容积/m³	占总产能比率/%
2001	14893	13631	21	56064	38.4	29	36384	21.4	146	55998	40.2
2005	33741	25575	42	110061	35.35	48	62628	20.12	347	123534	44.53
2006	40416	30271	51	134718	37.64	60	78095	21.39	364	133212	40.97

日本生铁年产量目前大致为 7000 万吨，用 28~29 座高炉生产，平均单座高炉年产在 200 万吨以上。即使中国的高炉单座平均达到年产 200 万吨，以 2006~2008 年的产量水平，也要有 200 座高炉生产。如此多的高炉，对地球环境仍是沉重的负担。我国高炉的大型化和高炉长寿技术应用和推广已是我国钢铁工业走向新型化工业道路的必然选择。经过多年的实践，大型高炉的长寿技术，在我国从理论到实践上已经形成。我国已能够依靠自己的技术力量，使大型高炉实现一代（不中修）炉龄达到 20 年以

上。现在的问题在于认真应用和推广。对于幅员辽阔、人口众多、经济环境差别大的我国，高炉全部实现大型化是困难的。这就要求钢铁工业实现结构重组，使钢厂的数量减少，同时把大型高炉的长寿技术在中型高炉上推广应用。对于非高炉炼铁要予以重视，以便用非高炉炼铁工艺取代部分中型高炉以减轻钢铁工业的环境负荷。总之，对高炉长寿技术，必须从钢铁工业可持续发展的高度予以重视。

参 考 文 献

[1] 彭承系，刘海欣．高炉炉缸维护调查研究报告[J]. 武钢技术，1965(1)．

[2] 武钢炼铁厂研究室．4 号高炉炉底剩余厚度的计算[J]. 武钢技术，1975(2)．

[3] 彭承系．1 号高炉第一代大修破损调查及长寿原因分析[J]. 武钢技术，1979(增刊).

[4] 张寿荣．武钢新 3 号高炉的建设及所采用的技术[J]. 炼铁，1993(5)．

[5] Zhang Shourong. A Study Concerning Blast Furnace Life and Erosion of Furnace Lining at Wuhan Iron and Steel Co. [C]. McMaster Symposium，1982.

[6] 项钟庸，王筱留，等．高炉设计（炼铁工艺设计理论与实践）．北京：冶金工业出版社，2007.

[7] 张寿荣．21 世纪的钢铁工业及对我国钢铁工业的挑战[J]. 天津冶金，2001(1)：5 ~ 15.

[8] 张寿荣．关于 21 世纪我国钢铁工业的若干思考[J]. 炼钢，2002，18(2)：5 ~ 10.

[9] 张寿荣．我国钢铁工业发展的潜在危机[J]. 中国冶金，2004，14(1)：1 ~ 5.

[10] 张寿荣．可持续发展战略与我国钢铁工业的结构调整[J]. 冶金经济与管理，2004，30(1)：1 ~ 5.

进入21世纪后中国炼铁工业的发展及存在的问题*

摘　要　20世纪最后10年内，中国钢铁工业步入快速发展阶段，进入21世纪后其增速更加惊人。2000年钢产量1.2848亿吨（铁产量1.3049亿吨），2008年钢产量增加到5.0031亿吨（铁产量4.6928亿吨），这意味着8年内年钢产量增加了2.89倍。尽管2008年发生了世界金融危机，但中国政府及时采取刺激经济增长的政策，中国钢铁工业保持了增长趋势，2010年钢产量6.2665亿吨（铁产量5.9001亿吨）。通过分析中国炼铁领域在过去10年的发展情况以及未来可能遇到的困难，认为中国炼铁工业将面临资源紧缺、结构不合理、能耗过高及环境负担重的挑战，中国炼铁工业的健康发展依赖于我们如何处理所面临的挑战。

关键词　中国炼铁工业；发展；21世纪；存在的问题

20世纪初，中国是钢材进口国，1949年中华人民共和国成立时，中国钢产量为15.8万吨。20世纪70年代末以来，中国政府将工业化放到首要位置，并致力于发展钢铁工业。但由于国内市场对钢材的急需，使得中国在20世纪成为重要的钢材进口国。然而，自20世纪最后10年来，中国钢铁工业已进入快速发展阶段，1995年铁产量超过1亿吨（1.0529亿吨），1996年钢产量达到1.0035亿吨。进入21世纪后，生铁与粗钢双双得到快速发展。钢铁工业的快速发展，使得国内钢材市场在2005年达到供需平衡，2007年的中国成为钢材出口国。

为了应对2008年的世界金融危机，中国政府实施了一系列的刺激经济增长的措施，投资总额增加4万亿元，这样导致了国内市场对钢材的需求大增，这又促使了中国钢铁工业的进一步发展。

中国钢铁工业的快速发展，有力地支撑着中国经济的快速增长，并且成为中国经济发展的支柱。另外，中国钢铁工业的快速发展也带来了许多问题，需要认真对待与解决。

1　中国炼铁产业现状

1.1　中国钢铁产量的快速增长

1996年以来，中国就成了世界产钢的主导国家，中国钢铁产量的快速增长促其成为世界最大的产钢国，如图1所示。

从图1可看出，中国钢铁工业在21世纪初开始繁荣。20世纪的最后10年中国平均钢产量增加583万吨/年，但从2000年到2010年间平均增加4529万吨/年。下列三个因素促使了中国钢铁工业的高速发展：中国经济的高速发展，推动市场对钢材的需

* 原发表于《炼铁》，2012(1)：1～6。

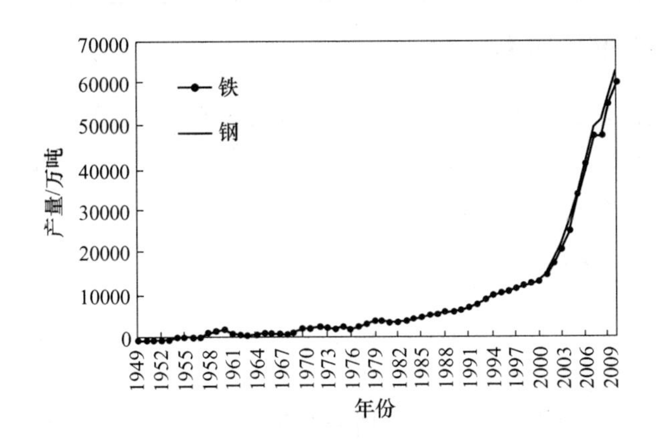

图 1　中国平均钢铁产量的变化

求增加；钢铁工业固定资产投资的增长，推动产能扩大（见表 1）；技术进步是钢铁工业发展的推动力。

表 1　1986～2010 年中国钢铁工业固定投资情况　（亿元）

年　份	1986～1990	1991～1995	1996～2000	2001～2005	2006	2007	2008	2009	2010
固定资产投资	658.21	1728.33	2153.76	7147.38	2246.5	2616.71	3920.8	4442.5	4365.58

从表 1 可见，2001～2005 年间的投资是 7147.38 亿元，是此前 15 年投资的 1.57 倍（1986～2000 年），2006～2010 年的总投资是 2001～2005 年总投资的 2.46 倍。显然，持续的投资增加是钢铁工业产能扩张的推动力。年产钢量从 100.35Mt/a 增加到 220.12Mt/a，用了 7 年时间（1996～2003 年）；增加到 349.36Mt/a，只用 2 年时间（2003～2005 年）；增加到 418.78Mt/a 只用了 1 年时间（2005～2006 年）；增加到 500.31Mt/a，用了 2 年时间（2006～2008 年）；增加到 626.65Mt/a，用了 2 年时间（2008～2010 年），年产铁量也保持着同样的增产节奏。中国钢铁工业的快速增长，改变了中国钢产量在世界钢产量的份额。表 2 列出了世界与中国铁、钢产量的变化情况。

表 2　世界与中国的铁、钢产量

年　份		2000	2001	2002	2003	2004	2005	2006	2007	2008	2009	2010①
世界/Mt	钢	848.93	851.07	904.17	969.92	1071.51	1144.09	1247.18	1346.13	1329.02	1224.02	1413.59
	铁	576.16	586.86	611.09	669.89	735.57	799.75	879.84	961.40	935.41	908.16	1031.02
中国/Mt	钢	128.48	148.92	182.25	220.12	272.80	349.36	418.78	489.24	500.31	567.84	626.65
	铁	130.49	145.40	170.79	202.31	251.85	330.40	404.16	469.44	469.28	543.74	590.21
中国所占份额/%	钢	15.13	17.50	20.16	22.69	25.46	30.53	33.57	36.34	37.64	46.39	44.33
	铁	22.65	24.78	27.95	30.20	34.23	41.31	45.94	48.83	50.17	59.87	57.24

① 来自世界钢协。

中国生铁产量占世界生铁产量的 60% 左右，中国的需求对世界原料市场产生了重大冲击，导致了铁矿石料价格的上涨。

1.2 中国钢铁产能的区域重构

地方生铁产能的增长，导致了中国生铁产量的快速增加。2010 年中国的 34 个行政区内有 31 个行政区都有炼铁装备，17 个行政区具有超过 10Mt/a 的生铁产能，其中最大产铁区域——河北在 2010 年生产了 137.05Mt 生铁。

1.3 新的炼铁装备建成投产，高炉数量增加

国有企业投资增加，尤其是地方政府投资增加，促使了中国生铁产能以最快的快速增加。大量的高炉建成并投产，同时炼焦、烧结、造球设备也建成，以满足新建高炉的生产需要。2001 年以来，中国钢企划分为重点统计企业与其他企业，国有与地方综合钢企均属重点统计企业，其他钢企包括私营及农村小型企业。表 3 给出了自 2001 年以来中国炼铁产能发展情况。

表 3 2001 年以来中国炼铁产能变化情况

年 份	2001	2002	2003	2004	2005	2006	2007	2008	2009	2010
铁产量/Mt	145.40	170.79	202.31	251.85	330.40	404.16	469.44	469.28	543.74	590.21
与上年相比的增加比率/%		17.46	18.46	24.49	31.19	22.32	16.15	-0.03	15.87	8.55
重点统计企业/Mt	118.80	136.80	156.27	198.14	255.75	302.71	349.24	385.47	444.37	508.34
重点统计企业产量份额/%	81.71	80.10	77.24	78.67	77.41	74.90	74.40	82.14	81.72	86.13
其他企业/Mt	26.60	33.99	46.04	53.71	74.65	101.45	120.20	83.81	99.37	81.87
其他企业产量份额/%	18.29	19.90	22.76	21.33	24.20	25.10	25.60	17.86	18.28	13.87

从表 3 可知，自 2004 年以来重点统计企业产量份额在下降，其他企业产量份额在上升。2006 ~ 2007 年间，重点统计企业产量份额降到 3/4 以下，这就意味着有大量小型高炉投产运行。由于其他钢企的数据不完整，我们可以用重点统计企业为参考来回顾高炉炼铁的发展情况。表 4 列出了 2001 ~ 2010 年重点统计企业高炉构成。

表 4 2001 ~ 2010 年重点统计企业的高炉构成

年 份	>3000m³		3000 ~ 2000m³		2000 ~ 1000m³	
	数量/座	产能/万吨·年⁻¹	数量/座	产能/万吨·年⁻¹	数量/座	产能/万吨·年⁻¹
2001	4	1199	17	2906	29	2575
2005	9	2563	33	6001	48	5168
2006	12	3551	38	7009	52	5632
2007	16	4715	40	7432	64	6971
2008	19	5630	46	8589	89	9870
2009	30	9943	66	13810	116	12000
2010	35	11712	74	16726	146	16349

续表 4

年 份	>1000m³		1000~300m³		300~100m³	
	数量/座	产能/万吨·年⁻¹	数量/座	产能/万吨·年⁻¹	数量/座	产能/万吨·年⁻¹
2001	50	6680	153	6084	72	993
2005	90	13732	260	12952	75	1670
2006	102	15992	322	15972	57	1215
2007	120	19118	309	15982	41	926
2008	155	24089	332	17552	27	679
2009	212	35753				
2010	260	44787				

表4中，因2008年以后小型高炉数据不完整未采用，只采用了内容积1000m^3以上的数据。显然，高炉数量及其容积的增加是导致生铁产量增加的主要原因。

在建造高炉的同时，也建造了大量的炼焦设备并投入使用。预计到2010年，中国将拥有12座7.63m焦炉、15座7m焦炉、3座6.25m焦炉、148座6m焦炉、64座5~5.5m焦炉、713座4.3m焦炉、520座更小的焦炉。2010年焦炭产量达387.57Mt，其中1/3焦炭来自钢铁企业。同时，烧结设备（台车烧结面积35~600m^2）也相应建造，预计2010内有625台烧结机在生产。此间，球团设备也相应增加，2010年有189座竖炉、131座回转窑、3台带式焙烧机在生产球团矿。

1.4 炉料供应改善

高炉产能的快速增加，导致对铁矿石需求的增加，国内大部分铁矿是贫矿，必须进行精选。1980年代开始，中国钢铁工业同时依赖国产与进口矿。进入21世纪后，中国进口铁矿石急剧增加（见表5）。

表5 2000~2010年中国进口铁矿石量及国产铁矿量 (Mt)

年 份	2000	2001	2002	2003	2004	2005	2006	2008	2009	2010
进口铁矿	69.90	92.00	111.10	145.00	208.00	275.22	326.30	443.66	627.78	618.64
国产矿（原矿）	222.25	217.01	232.61	262.72	311.31	426.23	588.17	808.05	880.17	1071.55

随着进口铁矿量的增加，进口矿价的急升促使国产矿产量的提高。除原矿产量增加外，中国选矿技术也取得了长足进步。成功开发出了反浮选磁选综合技术，这项技术可将铁精矿含铁提高到67%~69%，并将SiO_2含量降低到3%~4%。这项工艺技术已应用到一些选矿厂，其细磨的精矿粉用于生产球团矿。预计中国高炉炼铁的炉料结构将逐步变为烧结矿+球团矿+块矿，实际上，中国球团矿产量已在不断上升（见表6）。

表6 2000~2010年中国烧结矿、球团矿及焦炭产量 (Mt)

年 份	2000	2001	2002	2003	2004	2005	2006	2007	2008	2009	2010
烧结矿	166.78	192.76	226.00	270.44	204.46	369.23	429.77	523.50	559.90	622.30	633.00
球团矿	13.60	17.69	26.20	38.85	44.01	59.11	76.35	99.43	100.30	106.20	110.60
焦 炭	100.58	101.84	114.94	138.79	187.70	232.81	282.85	335.52	315.90	345.02	387.57

由于新建的焦炉、烧结厂、球团厂的相继投产，高炉入炉料的质量也相应得到改善。表7列出了2001～2010年烧结矿、球团矿及焦炭质量的平均指标。

表7　2001～2010年烧结矿、球团矿、焦炭的平均指标

年　份		2001	2002	2003	2004	2005	2006	2007	2008	2009	2010
烧结矿	TFe/%	55.73	56.54	56.74	56.90	56.00	56.80	55.65	55.97	55.39	55.53
	CaO/SiO_2	1.76	1.83	1.94	1.93	1.94	1.94	1.884	1.834	1.858	1.91
	转鼓指数/%	66.42	83.72	71.83	73.24	83.77	75.75	76.02	77.44	76.59	78.77
球团矿	TFe/%				63.06	62.85		62.89		62.95	62.65
	抗压强度/N·个$^{-1}$				2458	2389		2372		2449.9	2726.1
焦炭	灰分/%	12.22	12.42	12.61	12.76	12.77	12.54	12.52	12.50	13.03	12.66
	S/%	0.56	0.57	0.61	0.63	0.65	0.65	0.68	0.71	0.74	0.72
	M_{40}/%	82.06	81.10	81.25	81.40	81.82	82.94	83.16	84.02	83.12	84.58
	M_{10}/%	7.04	7.13	7.06	7.15	7.10	6.81	6.75	6.83	6.84	6.68

进口铁矿石在中国炼铁发展中发挥了重要作用。2001年用进口铁矿石生产出的生铁约占39%，到2005年这个份额增加到50%，2010年又增加到62%。尽管中国国内铁矿石产量增加很快，但是由于其品位低，铁精矿的增产速度不能满足生铁产量增加的需要。预计世界铁产量将在21世纪的第二个10年内降低。届时铁矿石供给状况将有所改善。

1.5　高炉操作进步

如上文所述，进入21世纪，高炉数量增加是中国生铁产量增加的主要原因。在过去的10年中，操作技术进步促使新建装备的快速达产也是生铁增加的一个重要因素。新高炉的建造与试车，促使了炼铁技术进步。因为，其中一些大型高炉装备了现代设备，如无钟炉顶、高温热风炉、槽下过筛、高压炉顶设备、喷煤设施等。大部分新建高炉运行状态良好。表8列出了2001～2010年间重点统计企业的高炉技术指标的变化情况。

表8　2001～2010年重点统计企业高炉技术指标的比较

年　份	2001	2002	2003	2004	2005	2006	2007	2008	2009	2010
利用系统/t·$(m^3·d)^{-1}$	2.337	2.448	2.474	2.516	2.642	2.675	2.677	2.61	2.62	2.59
焦比/kg·t^{-1}	426	415	433	427	412	396	392	396	374	369
煤比/kg·t^{-1}	120	125	118	116	124	125	132	136	145	149
燃料比/kg·t^{-1}	546	540	551	543	536	531	529	522	510	511
入炉品位/%	57.16	58.18	58.49	58.21	58.03	57.78	57.71	57.32	57.62	57.41
（烧结矿+球团矿）/%	92.03	91.53	92.41	93.02	91.45	92.21	92.49	92.68	91.38	91.69
风温/℃	1081	1066	1082	1074	1084	1100	1125	1133	1158	1160

2001～2009年的技术指标中，利用系数改善最明显，入炉品位增加及高炉操作技术改进对高炉指标的改善起到促进作用。此外，小型高炉比例的增加也是指标改善的

重要原因。小型高炉的特征是高度低。容积与炉缸面积比小，当炉缸单位面积冶炼强度与大型高炉相同时，与大型高炉相比，小型高炉的有效容积利用系数高，同时燃料比也高。此外，自2006年以来，部分大型高炉（≥3000m^3）表现出色，但是厂与厂之间的大型高炉运行差别明显。

1.6 高炉寿命延长

1980年代高炉内衬的过度侵蚀是影响高炉寿命的重要因素，1990年代后这种情况有所改观。进入21世纪以来，数个大型高炉在没有中修的情况下，其寿命延长到10年以上。宝钢4063m^{3}的高炉于2006年8月31日停炉，其第一代炉役寿命达到15年零2个月，单位内容积产铁量达到11613t/m^3。内容积为3200m^{3}的武钢5号高炉于2007年5月30日停炉。该炉在没有进行中修与炉墙喷补的情况下稳定生产了15年零8个月，单位内容积产铁量达11096.6t/m^3。1990年以来，一些大于1000m^{3}的高炉已采用了高炉长寿技术。因此，可以预见，未来高炉可实现长寿生产。

2 21世纪的第二个10年内影响高炉炼铁工业发展的因素

中国钢铁工业发展的三种推动力：一是中国经济的快速发展导致对钢材需求的快速增加；二是中国固定资产投资增加，促使钢铁工业产能扩大；三是高炉炼铁本身的技术进步。这三种推动力的交互作用，导致了钢铁工业在某种程度上的无序发展。总体环顾中国高炉炼铁现状，我们会发现，中国炼铁工业处于多层次并存的局面，即：不同技术水平并存（当代技术与过时技术）；不同高炉产能并存（从≥5000m^{3}到≤300m^{3}高炉）；不同环保水平并存（从洁净到严重污染）。这种并存状况，将不利于中国钢铁工业的可持续发展。此外，我们必须认真对待诸如自然资源短缺及对地球环境影响等限制环节。

2.1 国内自然资源短缺

由于中国缺乏废钢，含铁资源主要来自铁矿石。自20世纪下半叶以来，中国炼铁工业同时依靠国产与进口矿进行生产。进入21世纪后，中国钢产量的快速增加导致进口海外矿石量的飙升（见表5）。过去的10年来，进口矿所产生铁量占总生铁量的60%以上，国内铁矿资源不能满足中国钢铁工业发展的巨大需要，这种状况将持续到21世纪的第二个10年。

2.2 现有装备产能过剩

2000～2010年中国国内实际表观钢材消耗情况见表9。

表9 中国国内市场实际表观钢材消费量及钢材产量 (Mt)

年 份	2000	2001	2002	2003	2004	2005	2006	2007	2008	2009	2010
消费量	127.22	158.88	191.43	242.41	280.30	333.09	367.76	411.59	429.55	535.09	567.75
钢材产量	117.47	146.41	172.39	212.20	265.23	327.79	392.26	457.36	473.35	542.06	593.88

从表9可知，到2006年钢材表观消费量一直比钢材产量要高。这也解释了为什么

自20世纪初以来中国一直进口钢材。但是2008年中国钢材产量超过国内市场表观消费量43.8Mt，这就意味着中国钢铁工业总体产能超过了国内市场需求。由于源自美国的世界金融危机爆发，中国政府采取一系列措施来刺激经济增长，其中主要是增加固定资产投资规模。刺激的结果是每年增加1.0亿~1.3亿吨的钢材表观消费能力。钢铁工业产能的迅速扩张加剧了这一领域的产能过剩。

从表9可知，2007~2008年由于供给过剩，铁与钢的增产速度也相应降低。2009年以后，由于实施了一系列的刺激措施增速重新回升。从2001~2010年重点统计钢企产量增加3.58倍，而其他钢企产量增加了6.8倍。这就说明，这期间建造了大量装备落后的高炉，并投入使用。

2.3 能耗水平过高

在20世纪最后10年，中国钢铁工业能耗水平占我国全部能耗的10%以下。进入21世纪钢铁工业能耗明显增加，2010年的能耗增加到2000年能耗的3倍（如图2所示）。中国经济不能承受钢铁工业的高能耗，其发展是不可持续的。中国重点统计企业的能耗低于其他企业。例如2008年重点统计企业的高炉燃料比是532kg/t，其中焦比396kg/t，煤比136kg/t。将这些数据视为中国炼铁工业的吨铁燃料消耗，我们会发现每年将会有5000万吨焦炭缺失。由此可见，其他企业的实际焦比将远远高于重点统计企业的焦比。

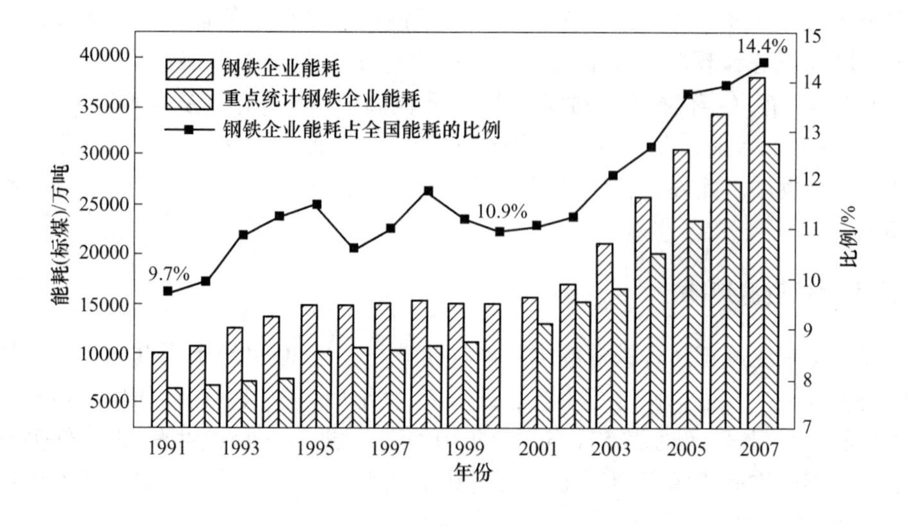

图2　中国钢铁工业能耗及其占总能耗的比例

2.4 对全球环境的严重影响

重点统计钢铁企业的技术进步已持续地降低主要污染物排放。从图3可见，SO_2排放量、废水中的COD、排放粉尘量及烟气中的粉尘明显减少，此间，废物排放量从2.21亿吨减少到1.44亿吨，新水消耗量降低到5.09t/t钢。

但是总体来看，SO_2排放并未减少，相反从2000年的0.753Mt增加到2008年1.607Mt，从2000年到2008年除废水排放量减少外，冶金企业的排污量占整个工业排污量的比例并未明显减少。此间，粉尘及SO_2排放量还明显增加（如图4所示）。

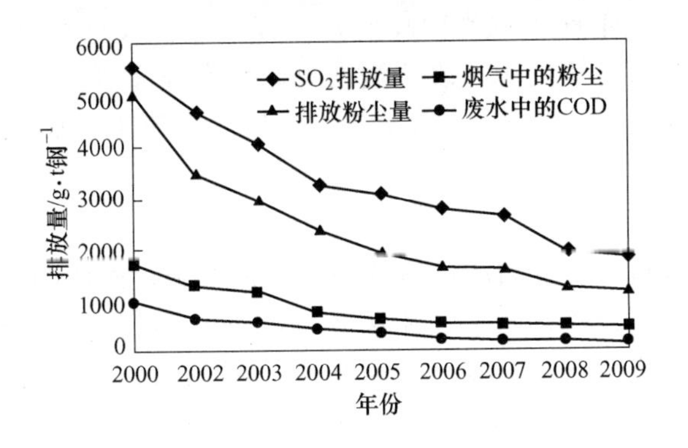

图3　重点统计钢铁企业主要污染物排放量的变化

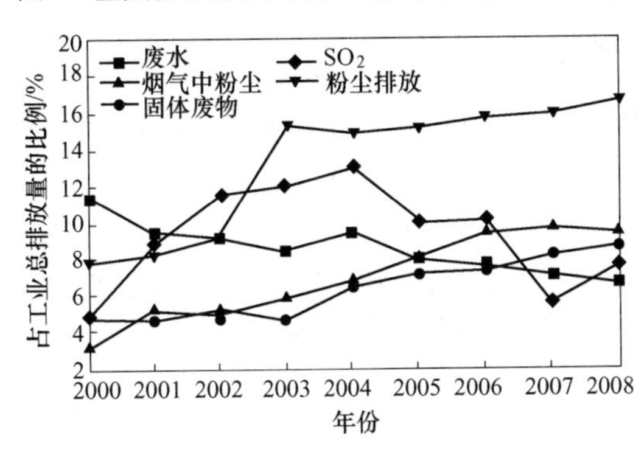

图4　冶金企业排污量占整个工业企业排污量的比例

总之，中国钢铁工业的环保水平远远落后于发达国家的冶金工业，并已成为中国经济发展的重要短板。

3　中国炼铁工业的展望

21世纪第二个10年内，中国经济在工业化过程中将持续发展，中国钢铁工业仍将是工业化发展的支柱。由于中国已成为世界最大产钢国，中国钢铁产量在21世纪的第二个10年内仍将保持高位运行。但增速将降低，到2020年后期中国钢铁工业将出现负增长。当铁钢比开始下降时，中国生铁产量将随之减少。自然资源、能源及环境保护方面的约束，仍将是21世纪中国钢铁工业发展的限制环节。

3.1　中国钢铁工业必须走以内需为主道路

资源与能源短缺将制约中国成为钢材的出口国。中国钢铁工业的任务是在尽可能降低自然资源与能源消耗的前提下，保持中国经济的持续发展。中国没有必要成为钢材出口国，中国钢铁工业必须满足国内需要。

3.2　转变经济增长模式

过去20年，中国钢铁工业集中力量增加产能来满足经济发展对钢材的需要，目标是建更多的装备来增加钢铁产量，但忽视了技术经济因素。换言之，采用了一种粗放

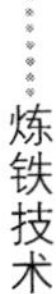

的经济发展模式。中国钢铁工业当前任务是：淘汰落后设备与技术，改进钢材质量，经济合理地消耗能源与自然资源，改造钢铁企业并实现清洁生产。目前，最首要的任务是将经济发展模式从粗放型向集约型转变，并以此为基础处理存在的各种问题。

3.3 淘汰落后装备

几年前，政府就制定政策淘汰落后的炼铁炼钢设施，淘汰的标准主要依据是装备的产能大小。实践表明，淘汰落后技术装备的标准并不充分与完整，除设备产能外，能耗、污染物排放应该补充到标准的框架中去。中国钢铁工业的落后产能装备因领域不同而不同，高炉大约有1/4，原料造块（烧结、球团）大约有1/3，炼焦大约有1/2。炼铁系统重构是一项紧迫的任务，包含炼焦、球团生产、烧结生产及高炉炼铁。

3.4 采用、普及节能环保新技术

前已述及不同层次的节能与环保技术共存状况，已对中国炼铁工业产生严重影响，炼铁高炉燃料消耗差别巨大。例如，一些先进高炉维持480～500kg/t的燃料比，而落后高炉通常为560～580kg/t。在排放控制及环保方面也存在同样的情况。因此，采用并普及先进且适用的节能与环保技术，对中国炼铁工业发展至关重要。中国炼铁工业的良性发展，取决于我们如何解决目前存在的问题。

中国炼铁技术60年的发展*

摘　要　回顾了中国60多年来炼铁技术的发展历程。中国炼铁工业的发展可分为奠定基础、学习国外先进技术和自主创新3个阶段。分析了中国进入21世纪以来，在资源、能耗、环境等方面存在的问题，探讨了中国炼铁工业未来的发展。

关键词　高炉炼铁；技术路线；发展阶段；节能环保

从1949年中华人民共和国成立到20世纪80年代初，是中国炼铁工业奠定基础的阶段。解放前的旧中国，钢铁工业十分落后，1949年新中国成立时，中国钢年产量只有15.8万吨，生铁年产量仅为25万吨。经过3年的生产恢复，1952年中国的钢、铁、材产量都创造了新纪录。20世纪50年代中期以前，中国炼铁主要学习前苏联技术，其间扩建了鞍钢，新建了武钢、包钢。在"大跃进"年代，本钢总结出高炉高产经验，提出了"以原料为基础，以风为纲，提高冶炼强度与降低焦比并举"的操作方针，中国炼铁技术开始进入探索进程。60年代初的国民经济调整期，大批高炉停产，生产中的高炉则维持低冶炼强度操作。1963~1966年，中国自主开发了高炉喷吹煤粉、重油以及钒钛磁铁矿冶炼等技术，技术经济指标达到新中国建立以来的最好水平。"文革"时期中国钢铁工业受到沉重打击，出现"10年徘徊"的局面。经过解放后约30年的曲折发展，中国初步奠定了钢铁工业的基础，1980年中国生铁产量达到3802万吨。

以1985年投产的宝钢一期工程为标志，20世纪80年代起中国炼铁进入学习国外先进技术阶段。"文革"结束后，党的十一届三中全会拨乱反正，以经济建设为中心，实施改革开放政策，引进国际先进技术，使中国钢铁工业进入发展新阶段。以宝钢建设为契机，消化吸收宝钢引进的炼铁技术并移植推广，对促进中国炼铁系统的技术进步起了很大的推动作用。从此中国炼铁进入学习国外先进技术阶段。20世纪80~90年代，中国钢铁企业进行了大规模的扩建和技术改造，采用先进的技术装备，在原燃料质量改进和高炉操作方面也有很大进步，高炉技术经济指标有很大改善。1994年，中国生铁产量达到9740.9万吨，成为世界第一产铁大国。1996年以来，中国钢铁产量一直保持世界首位。

进入21世纪，中国炼铁技术发展进入自主创新阶段。近十几年来，中国钢铁工业以更高的速度发展。2013年，中国钢产量为7.79亿吨，占世界钢产量的48.5%；生铁产量为7.0897亿吨，占世界生铁总产量的61.1%。这一时期，以中国自主创新设计建设的京唐5500m^{3}高炉为标志，中国炼铁技术进入自主创新阶段。近年中国钢铁产能过剩，企业经营困难，盈利水平急剧下滑。在市场、资源、环境的多重压力下，中国的钢铁工业正面临结构调整、压缩过剩产能的严峻挑战和考验。本文扼要回顾60年来中国炼铁技术的发展历程，结合现状探讨今后中国炼铁技术的发展趋势。

---

* 本文合作者：于仲洁。原发表于《钢铁》，2014(7)：8~14。

1 中国炼铁技术发展的几个阶段

图1所示为1949年以来中国钢铁产量的变化，曲线的斜率明显反映了上述3个阶段的差别。炼铁技术的发展和生铁产量的变化是同步的，下面回顾3个不同阶段中国炼铁技术的发展历程[1~3]。

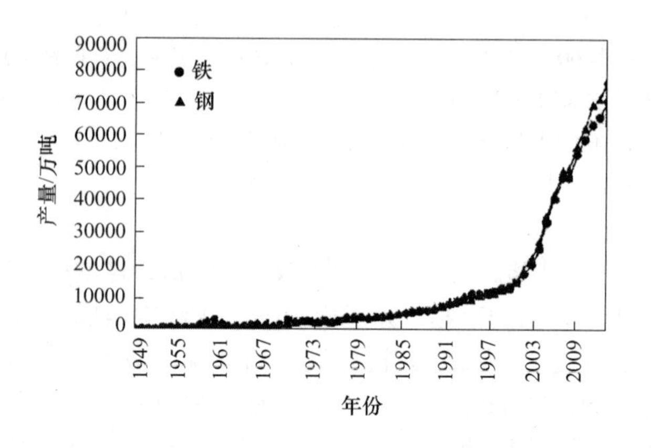

图1 1949~2013年中国钢铁产量变化

1.1 奠定基础阶段

从1949年到20世纪80年代初，是中国炼铁工业奠定基础阶段。这30多年间，又可分为以下几个时期：恢复生产时期、学习前苏联技术时期、“大跃进”时期、国民经济调整时期、独立发展时期和“文革”时期。

1.1.1 恢复生产时期

解放初期中国钢铁工业主要分布在东北和华北地区，主要钢铁厂有鞍钢公司、本钢公司、石景山铁厂、太原钢铁厂和阳泉铁厂。当时全国300m^3以上的高炉只有16座，其中鞍钢9座、本钢4座、石钢2座、太钢1座，最大的一座是鞍钢的9号高炉(容积944m^3)。鞍钢6座、本钢2座800m^3以上高炉的机电设备全部被前苏联军队拆走，留下的均属于20世纪20年代的老装备，旧中国留下的钢铁工业是一个陈旧落后、残缺不全的烂摊子。

1948年底，东北地区解放，1949年起东北地区的钢铁厂开始恢复生产。由于装备较先进的高炉车间机组和机电设备已被拆走，只能恢复前苏联军队未拆走的装备陈旧的高炉。当时物资、器材匮乏，恢复生产困难很大。在广大工人、技术人员积极努力奋斗下，到1949年底，鞍钢和本钢未被拆走的5座高炉全部恢复了生产。1949年华北地区解放后，石钢和太钢的高炉也开始恢复生产。在恢复高炉生产初期，东北地区的炼铁厂采用的是日本所沿用的操作技术，风量少，风温低，焦比高。恢复生产不久，东北地区开展了创生产新纪录运动。1951年，东北高炉生产超过了日本统治下的最高纪录，然而水平仍然很低，利用系数约为0.9~1.0t/(m^3·d)，焦比高达1.0kg/t，炼钢生铁中硅质量分数超过1.0%，均落后于当时高炉炼铁的国际水平。经过解放后3年的生产恢复，1952年中国生产钢135万吨，生铁193万吨，钢材113万吨，创造了中国钢铁工业的新纪录。

1.1.2 学习前苏联技术时期

1953 年开始的发展国民经济的“第一个五年计划”，将发展钢铁工业放在重要位置。在前苏联帮助下设计的 156 个建设项目中，鞍山钢铁公司扩建和现代化、武汉钢铁公司和包头钢铁公司的建设是 3 项重点工程，这些项目全部采用了前苏联技术。

20 世纪 40 年代后期，前苏联的炼铁技术国际领先。前苏联巴甫洛夫院士总结了欧美高炉炼铁理论和实践的经验，将炼铁理论系统化，并领导科研小组，在前苏联高炉上进行了许多研究工作。1950 年，前苏联生铁产量为 1920 万吨，居世界第二位，占世界生产总铁量的 15%。20 世纪 50 年代前苏联技术开始传入中国，鞍钢在学习前苏联技术方面起了带头作用。需要特别提及的是，蔡博同志在学习和传播前苏联炼铁技术方面起了决定性的作用。他结合鞍钢实际，推广前苏联炼铁经验，首先用自熔性烧结矿解决了鞍山细精矿的造块问题，否定了鞍山细精矿只能生产方团矿的结论。在此基础上，成功解决了冶炼 Si 质量分数为 0.9% 以下的炼钢生铁问题。炉顶调剂法（上部调剂）的推广为高炉提高冶炼强度和降低焦比提供了有力的手段。1953 年，由前苏联设计并供应部分装备的第一座自动化高炉在鞍钢投产。1956 年，第一座高压高炉在鞍钢投产。同年，前苏联设计的第二座容积 900m^3 级高炉在本溪第二炼铁厂投产。前苏联炼铁技术的推广，使中国高炉炼铁水平大大提高，一批高炉的利用系数超过 1.4t/(m^3·d)，有的超过 1.5t/(m^3·d)，焦比降至 800kg/t 以下，有的在 700kg/t 以下，风温达到 900～1000℃。1958 年，前苏联援建的武钢、包钢相继投产。这一时期，学习前苏联技术是当时中国炼铁技术的主流。

1.1.3 “大跃进”时期

1958 年，本钢第一炼铁厂 2 座 300m^3 级高炉（1 号 333m^3，2 号 329m^3）创造了高产经验，主要技术措施有：烧结矿过筛，筛除小于 5mm 粉末；焦炭分级入炉；提高烧结矿铁分；提高高炉压差，增加风量；改变装料制度，增加批重；扩大风口直径等。采用这些措施后，高炉利用系数由 1.3～1.4t/(m^3·d)提高到 2.2～2.4t/(m^3·d)。本钢的高炉操作经验在中国炼铁界引起了很大震动，当时正值全国“大跃进”高潮，本钢第一炼铁厂高炉提高利用系数的实践对全国炼铁厂既是推动也是压力。本钢总结的“以原料为基础，以风为纲，提高冶炼强度与降低焦比并举”成为指导中国炼铁的技术方针。本钢的实践使高炉工作者开拓了思路，开始感到不能只靠照搬前苏联经验，要学会自主创新。在“大跃进”年代，浮夸风流行，使中国钢铁工业损失严重，但就中国炼铁技术发展而言，当时本钢高炉工作者的实践对解放技术思想是有贡献的。

1.1.4 国民经济调整时期

“大跃进”的建设规模超过国力承受能力，违背了经济规律，破坏了生产力。1961 年起，中国开始对国民经济进行调整，钢铁工业由“大上”转为“大下”，相当多的炼铁厂停产减产。1960 年，全国生铁产量 2716 万吨，1961 年下降到 1281 万吨，1962 年降到 805 万吨，1963 年进一步降到 741 万吨。与“大跃进”时期关注高炉强化冶炼技术不同，在国民经济调整时期，低冶炼强度操作成为中国高炉工作者重点研究的新课题。这一时期，对高炉慢风操作制度、鼓风动能调节规律等开展研究，加深了对高炉低冶炼强度冶炼规律的认识，为稳定操作积累了经验。

1.1.5 独立发展时期

经历了全面学习前苏联技术和“大跃进”时期的高冶炼强度、高利用系数操作，以及国民经济调整时期的低冶炼强度操作，打开了中国炼铁科技人员的思路。大家认识到不能完全照搬前苏联的经验，必须独立自主发展中国的炼铁技术。当时中国石油工业开发取得重大成就，甩掉了“贫油国”的帽子，重油供应开始充裕。1963 年，鞍钢高炉试验喷吹重油取得成功，此后在全国重点炼铁厂推广。1964 年，首钢高炉喷吹煤粉试验成功，高炉喷煤技术在一部分炼铁厂得到推广。当时在欧美的钢铁企业中掌握了高炉喷煤技术的只有 Armco 的 Ashland 工厂。到 1966 年，中国重点钢铁企业的高炉已基本普及了重油喷吹。1965 年，在大量试验研究的基础上，中国成功解决了攀枝花钒钛磁铁矿的高炉冶炼问题，在炉渣中 TiO_2 质量分数为 25% ~30% 的条件下实现了高炉正常操作，使中国丰富的钒钛磁铁矿的开发成为现实。在新中国成立后十几年炼铁实践基础上，中国高炉炼铁技术开始独立发展。虽然国民经济调整时期中国的生铁产量因大批高炉下马而降低，到 1966 年中国高炉技术经济指标却达到了新中国建立以来的最好水平，重点企业的炼铁焦比降至 558kg/t，当时仅次于日本，居世界第二位，某些大量喷吹的高炉焦比降至 400kg/t 左右，属于当时的国际领先水平。

1.1.6 “文革”时期

“文革”时期中国国民经济发展停滞，钢铁工业受到沉重打击。运动初期，一部分钢铁厂被迫减产、停产，其后随着运动时起时伏，钢铁产量时降时升，徘徊不前。“文化大革命”的 10 年间，中国自行设计建设了 2500m^3 级高炉和梅山铁厂等炼铁厂，采用中国自主开发的钒钛磁铁矿冶炼工艺设计建设了攀枝花钢铁公司高炉。总体来说，由于“文革”的干扰，这一时期中国钢铁生产起伏不定，形成了钢铁工业“十年徘徊”的局面。

1.2 学习国外先进技术阶段

1.2.1 宝钢炼铁技术引进

“文革”结束后，党的十一届三中全会拨乱反正，明确了以经济建设为中心，实施改革开放政策，由此中国钢铁工业进入发展的新阶段。从 1978 年起，中国陆续引进了欧美和日本的当代先进工艺技术。1985 年建成投产的宝钢 1 号高炉是中国炼铁进入学习国外先进技术阶段的重要标志。宝钢一期工程的原料场、烧结、焦化、高炉以日本新日铁大分、君津等厂为样板，成套引进，国产化率只有 12%。二期工程由国内设计，设备以国产设备为主，国产化率达到 85% 以上，于 1991 年建成投产。三期工程在 1994 年前后陆续建成投产。在宝钢建设的各个阶段，积极采用世界上成熟、先进的技术，炼铁技术装备保持了高水平。例如，在宝钢一期建设中，1 号高炉采用的是钟阀式 + 导料板的炉顶结构，炉体采用密集式铜冷却板冷却，并采用高顶压、高风温、富氧喷吹（最初是重油，第二代改为喷吹煤粉）、脱湿鼓风等先进技术。6m 焦炉采用的是新日铁 M 型焦炉的二次粉碎、成型焦、干熄焦等先进工业技术。在二期建设中，2 号高炉采用了更先进的串罐式无料钟炉顶，炉身上部增设冷却壁，实现炉体全冷却，采用能喷吹强爆炸性烟煤的煤粉喷吹技术。烧结料层厚度由 500mm 提高到 600mm，以改善烧结矿质量和节能降耗。在三期建设中，3 号高炉引进了新日铁冷却壁技术，炉体采用全冷却壁冷却等。

在引进技术的基础上，宝钢经历了学习、消化、吸收、创新阶段。随着时间推移，宝钢追踪世界炼铁技术发展趋势，不断进行技术改造，与世界炼铁技术装备发展同步前进。另外，根据资源供应情况的变化，开发用好新资源的技术，保证了高炉原燃料的高质量。例如，烧结开发了提高厚料层度、低硅烧结、提高低价褐铁矿配比的新技术；炼焦为适应煤源变化，开发新煤源并保持焦炭质量，开发了配煤炼焦新技术；1号高炉第一代大修后改喷煤粉，2号和3号高炉采用喷煤，煤比按照200kg/t设计并在生产中实现，大幅度降低焦比；根据冷却设备损坏严重的情况，增加微型冷却器，延长高炉寿命等。宝钢投产后的近30年里，在高煤比、高风温、低燃料比、高炉长寿等方面长期保持了国内一流水平[4~7]。

1.2.2 武钢3200m^{3}高炉建设

20世纪80年代引进国外炼铁先进技术的另一个案例是1991年建成投产的容积3200m^{3}的武钢新3号高炉（现称5号高炉）。1974～1981年间，国家批准建设了武钢1700mm轧机工程项目。此项目建成投产后，只有60年代末期水平的武钢铁前工序不能满足引进的炼钢、轧钢工序的生产要求，为此武钢以建设新3号高炉为中心对铁前工序进行了系统的技术改造[8,9]。

20世纪80年代以前，中国自主设计建设的最大高炉是1970年投产的武钢4号高炉（2516m^3）。新3号高炉的设计原则是立足于武钢当时的原燃料条件（焦炭强度低、灰分高，铁矿石铁分低，渣量大），对引进的先进技术装备和国内成熟的新技术进行技术集成，以弥补原燃料质量的不足。该高炉的设计目标是利用系数达到2.0t/(m^3·d)以上，焦比为450kg/t以下，一代炉役寿命（不中修）达到10年以上。

武钢新3号高炉引进的国外新技术装备主要有：PW无料钟炉顶、软水密闭循环系统、INBA水渣系统、环形吊车等炉前设备、热风炉矩形陶瓷燃烧器、煤气余压发电（TRT）装置、出铁场干式除尘、电动鼓风机、PLC数据采集及计算机自动控制系统等。为了实现长寿目标，设计时采用了武钢开发的水冷炭砖薄炉底、球墨铸铁冷却壁、磷酸浸渍黏土砖等技术，炉体冷却采用全冷却壁结构。武钢新3号高炉1991年10月投产，从第一代生产实践来看，高炉实现了设计目标，寿命达到15年零8个月，一代炉役单位炉容产铁11096m^3。

1.2.3 引进技术的消化吸收和企业技术改造

消化吸收宝钢引进的炼铁技术，实行国产化并移植推广，对促进中国炼铁系统的技术进步起了很大的推动作用。从1980年到1995年，中国生铁产量净增6727万吨，其间新建的钢铁企业只有宝钢、天津无缝和沙钢，钢铁产量大幅度增加主要归因于已有钢铁企业的大规模扩建和技术改造。很多企业新建、改建一批大高炉，采用了先进的技术装备，如无钟炉顶、软水密闭循环冷却系统、改进炉体结构和材质、先进的检测设备与过程控制系统等。在改善原料质量方面，高品位的进口矿用量增加，一些企业新建了混匀料场，对烧结机进行技术改造，烧结矿品位、转鼓强度等质量指标有很大改善。大批6m以上焦炉的建设和炼焦配煤技术进步，明显改善了焦炭质量，特别是焦炭的强度指标。在入炉铁分提高、焦炭质量改进、成熟喷煤安全技术的广泛采用后，高炉喷煤技术快速推广，喷煤量大幅增加。这些技术进步措施大大改善了高炉生产的技术经济指标。

1.3 自主创新阶段

进入21世纪以来，中国钢铁产量以更高的速度增长（图1）。2013年中国生铁产量达到7.0897亿吨，已占世界总产量的61.1%。这一时期有3个因素促使了中国钢铁工业的高速发展：中国经济的高速发展推动市场对钢材的需求增加，为中国钢铁工业高速发展提供了机遇；钢铁工业固定资产投资的增长，为推动钢铁产能迅速扩大提供了物质基础；技术进步是钢铁工业高速发展的推动力。

1.3.1 大批新炼铁装备建成投产，设备大型化、现代化加速

中国钢铁工业的固定资产投资，1986～1990年的5年间为658.21亿元，年均131.6亿元，2001～2005年间年均为1429.4亿元，2006年后增长更快，2009年达到峰值为4442.5亿元。大量投资既包括新建的一批钢铁厂，又包括原有钢厂的产能扩大和质量提升。在此期间，国产冶金技术装备大型化、现代化加速，建设了京唐5500m^3、沙钢5800m^3高炉和十几座4000m^3级的大型高炉；建设了京唐550m^2、太钢600m^2等大型烧结机；建设了年产能力500万吨/年的鄂州链箅机—回转窑球团生产线、年产能力400万吨/年的京唐带式焙烧机球团生产线，建设了大批7m和7.63m大型焦炉和干熄焦装置，很多大型装备达到了国际先进水平。

1.3.2 京唐5500m^3高炉的设计建设

冶金技术装备的大型化和现代化，是这一时期钢铁工业发展的特点，而首钢京唐2座5500m^3高炉的设计建设则是中国炼铁技术进入自主创新阶段的重要标志。首钢京唐1号高炉2009年5月21日投产，2号高炉2010年6月26日投产，这2座5500m^3高炉的主要技术经济指标是按照国际先进水平设计的：利用系数为2.3t/(m^3·d)，焦比为290kg/t，煤比为200kg/t，燃料比为490kg/t，风温为1300℃，煤气含尘量为5mg/m^3，一代炉役寿命为25年等。与此前国内已建成的3000～4000m^3级的大型高炉相比，京唐5500m^3高炉设计采用了68项自主创新和集成创新的先进技术，主要有：（1）设计风温1300℃的卡卢金顶燃式热风炉；（2）全干法煤气除尘系统；（3）大型铁水包车"一包到底"的铁水运输技术等。在高炉长寿技术方面，为了优化炉型设计和炉缸炉底结构，采用了全冷却炉体结构，并采用优质冷却壁和耐火材料及合理的冷却制度，配置完善的检测系统和高炉专家系统等；在上料布料系统，采用无中转站、胶带机直接上料工艺、烧结矿分级入炉工艺、焦丁矿丁回收工艺、并罐炉顶布料工艺，以优化布料控制；在喷煤、渣铁处理、煤气净化等系统，也采用了先进实用、成熟可靠的新技术。在采用先进技术装备的同时，京唐高炉认真贯彻精料方针，设计入炉铁质量分数61%，渣量为250kg/t，对焦炭质量也有很高要求。为了保证原燃料质量，配套建设了550m^2烧结机、年产能力400万吨/年的带式焙烧机球团生产线、7.63m焦炉和干熄焦装置。京唐2座高炉投产以来的生产实践表明，中国炼铁技术领域自主创新和集成创新的先进技术在京唐公司的应用是成功的[10～12]。

1.3.3 炼铁系统的技术进步

进入21世纪以来，除了技术装备的大型化、现代化以外，中国炼铁系统的技术进步还表现在以下方面：

（1）原燃料质量改善。从2001年到2013年，中国进口铁矿石数量由6990万吨增

加到81315万吨，对提高高炉入炉铁分起了重要作用。在国产铁矿石产量增加的同时，随着反浮选磁选综合选矿技术的开发成功，铁精矿中铁质量分数提高到67%～69%，SiO_2质量分数降低到3%～4%，促进了中国球团矿生产，改善了高炉的炉料结构。大型烧结机、大型链箅机—回转窑和带式焙烧机球团生产线、6m以上大型焦炉和干熄焦等装备的采用，对烧结矿、球团矿、焦炭的质量指标改善起了重要作用。由表1可以看出，2001～2013年，除了烧结矿铁分在2002～2006年间最高，2007年以来有所降低外，烧结矿、球团矿和焦炭的主要质量指标均在稳步改善（表1）。

表1　2001～2013年重点钢铁企业高炉原燃料质量指标

年　份		2001	2002	2003	2004	2005	2006	2007	2008	2009	2010	2011	2012	2013
烧结矿	Fe/%	55.73	56.54	56.74	56.90	56.00	56.80	55.65	55.97	55.39	55.53	55.20	54.78	54.38
	CaO/SiO_2	1.76	1.83	1.94	1.93	1.94	1.94	1.884	1.834	1.858	1.91	1.87	1.89	1.89
	转鼓指数/%	66.42	83.72	71.83	73.24	83.77	75.75	76.02	77.44	76.59	78.77	78.71	78.98	79.69
球团	Fe/%				63.06	62.85		62.89		62.95	62.65			
	强度/N·球$^{-1}$				2458	1389		2372		2449.9	2726.1			
焦炭	灰分/%	12.22	12.42	12.61	12.76	12.77	12.54	12.52	12.50	13.03	12.66	12.69	12.53	12.47
	S/%	0.56	0.57	0.61	0.63	0.65	0.65	0.68	0.71	0.74	0.72	0.76	0.77	0.77
	M_{40}/%	82.06	81.80	81.25	81.40	81.82	82.94	83.16	84.02	83.12	84.58	84.47	85.94	86.46
	M_{10}/%	7.04	7.13	7.06	7.15	7.10	6.81	6.75	6.83	6.84	6.68	6.58	6.49	6.32

（2）高炉操作技术进步。20世纪90年代中期中国成为世界第一钢铁大国，进入21世纪后中国的钢铁产量继续急剧增加，使资源环境问题日渐突出。中国高炉工作者总结的“高效、低耗、优质、长寿、环保”的操作理念成为指导高炉生产的技术方针。这一期间炼铁技术装备的大型化、现代化加速，无料钟炉顶、高温热风炉、烧结矿槽下过筛和分级入炉、高压炉顶设备、富氧喷煤设施得到了广泛采用。与此同时，高炉原燃料质量水平有了明显改善。此外，大批新建高炉顺利开炉，高炉快速达产技术有很大进步。在上述因素的共同作用下，中国高炉的主要生产指标持续提高（表2）。

表2　2001～2013年重点钢铁企业高炉生产指标

生产指标	2001	2002	2003	2004	2005	2006	2007	2008	2009	2010	2011	2012	2013
利用系数/t·$(m^3·d)^{-1}$	2.337	2.448	2.474	2.516	2.642	2.675	2.677	2.61	2.62	2.59	2.53	2.51	2.46
焦比/kg·t^{-1}	426	415	433	427	412	396	392	396	374	369	374	363	362
煤比/kg·t^{-1}	120	125	118	116	124	125	132	136	145	149	148	151	149
焦比+煤比①/kg·t^{-1}	546	540	551	543	536	521	524	532	519	518	522	514	511
入炉铁分/%	57.16	58.18	58.49	58.21	58.03	57.78	57.71	57.32	57.62	57.41	57.56	56.73	56.35
烧结+球团/%	92.03	91.51	92.41	93.02	91.45	92.21	92.49	92.68	91.38	91.69	92.25	91.38	
风温/℃	1081	1066	1082	1074	1084	1100	1125	1133	1158	1160	1179	1184	1169

① 近年较多高炉使用焦丁，但有些企业未统计焦丁数据，使历年燃料比数据不便比较。

（3）高炉寿命延长。20 世纪 80 年代，高炉内衬过度侵蚀是影响高炉寿命的重要因素。90 年代以后，中国高炉长寿技术发展较快，高炉寿命过短的情况有所改变，出现了不少长寿高炉[13,14]。例如，2007 年停炉的有效容积为 3200m^3 的武钢 5 号高炉（一代炉役 15 年 8 个月，单位炉容产铁 11096t/m^3）、2007 年 12 月停炉的有效容积为 2100m^3 的首钢 4 号高炉（一代炉役 15 年 7 个月，单位炉容产铁 12560t/m^3）、2010 年 12 月停炉的有效容积为 2536m^3 的首钢 1 号高炉（一代炉役 15 年 7 个月，单位炉容产铁 13328t/m^3）、2010 年 12 月停炉的有效容积为 2536m^3 的首钢 3 号高炉（一代炉役 17 年 7 个月，单位炉容产铁 13991t/m^3）、2013 年 8 月停炉的有效容积为 4350m^3 的宝钢 3 号高炉（一代炉役 18 年 11 个月，单位炉容产铁 15700t/m^3）等。90 年代以来，中国大批 1000m^3 以上的高炉广泛采用了中国自主开发的高炉长寿技术，均取得较好的效果。

2　中国高炉炼铁存在问题和未来展望

2.1　存在的问题

如前所述，进入 21 世纪以来有 3 个因素促使中国钢铁工业高速发展，近年中国的钢铁产量已经过剩。环顾中国的高炉炼铁工业，现正处于先进与落后多层次并存的局面[15~20]，即不同技术水平（当代技术与过时技术）并存、不同炉容（从 5000m^3 到不大于 400m^3）并存、不同环保水平（从洁净生产到严重污染）并存。这种多层次并存的状况，不利于中国钢铁工业的可持续发展和实现科学技术现代化，必须认真对待。

2.1.1　国内自然资源短缺

由于中国缺少废钢，含铁资源主要来自铁矿石。自 20 世纪 80 年代开始，中国炼铁工业同时依靠国产铁矿石与进口铁矿石。进入 21 世纪以来，中国进口铁矿石量飙升，2010 年用进口铁矿石生产的生铁产量占了中国生铁总产量的 62%。最近几年中国进口铁矿石量还在继续增长，2013 年增加到 81315 万吨。毫无疑问，中国钢铁工业依赖进口铁矿石的局面在未来 10 年将会继续存在。至于煤炭资源，随着中国经济的发展，进入 21 世纪以后中国逐渐由以前的煤炭出口大国向煤炭进口大国转化。2009 年中国煤炭产量为 29.73 亿吨，占世界总产量的 46%，但进口煤炭量达到 1.26 亿吨，首次超过出口，中国首次成为煤炭净进口国。随着钢铁工业对炼焦煤数量和品种的需求增加，炼焦煤进口的势头预计在未来 10 年也将持续。自然资源瓶颈的制约是中国钢铁工业面临的重大难题。

2.1.2　能耗水平过高

在 20 世纪最后 10 年里，中国钢铁工业能耗约占中国全部能耗的 10%。进入 21 世纪，钢铁工业能耗明显增加，2010 年的能耗约为 2000 年能耗的 3 倍，所占中国总能耗的比例跃升至 14.4%，且呈继续升高的趋势。钢铁工业高能耗生产的现状影响着中国经济的可持续发展。

从中国炼铁工业来看，虽然进入 21 世纪以来高炉燃料比变化总趋势是降低的，但改善幅度有限。表 2 所列 2001 ~ 2013 年间重点钢铁企业的焦比 + 煤比数据，表面看来基本是逐年降低，但这与未包括焦丁数据有关。21 世纪前几年，中国只有部分钢铁企业的高炉使用焦丁，焦比 + 煤比基本等于燃料比。近年中国高炉使用焦丁已很普遍，而有的企业的统计数据中却未列出，使焦比＋煤比与燃料比的差距增大。以2013年重点钢铁企业的高炉数据为例，有数十家企业的高炉未统计焦丁用量，平均焦丁量为35.6kg/t，加上焦比、煤比，燃料比为547kg/t。就重点钢铁企业高炉的焦丁用量而言，各企业差别也很大，变化范围约为23～67kg/t。中国高炉的燃料比与国外先进高炉相比大约高出50～80kg/t。

2.1.3 对环境的严重影响

进入21世纪以来，随着钢铁工业的技术进步，中国重点钢铁企业的吨钢污染物排放指标，包括粉尘、SO_2、废水中COD、新水耗量等都呈降低趋势。但是由于钢铁产量持续增长，污染物的排放总量却是不减反增。中国钢铁工业的环保水平远远低于发达国家的冶金工业，它对环境的严重影响已成为中国经济发展的重要短板。中国环保部门对钢铁工业污染物排放的标准要求越来越高，而且近年环保标准升档的速度不断加快。例如，从2015年起，环保部门将对钢铁企业的粉尘排放、烧结烟气脱硫等实施更加严格的控制标准。这不仅增加企业生产的环保成本，而且直接将企业置于社会舆论的监督之下，对企业的生产经营带来更大的压力。

2.2 未来发展的展望

21世纪第二个10年内，中国经济在工业化过程中将持续发展，钢铁工业仍将是工业化发展的支柱。中国从1996年以来一直是世界第一钢铁大国，预计21世纪第二个10年钢铁工业仍将高位运行，但增速将会降低，并在其后期出现负增长。随着社会废钢量增多，在炼钢工序的铁钢比开始下降时，中国的生铁产量将随之减少。自然资源、能源及环境保护方面的约束，仍将是中国钢铁工业发展的限制性环节。因此，中国钢铁工业未来的发展必须重视以下几个问题：

（1）必须走以内需为主的道路。资源与能源的短缺将制约中国成为钢材出口国，中国钢铁工业的任务是在尽可能降低自然资源与能源消耗的前提下，保持中国经济的持续发展。

（2）转变经济增长模式。中国钢铁工业虽然从产量来看早已是世界第一钢铁大国，但从钢材质量水平、能耗水平、环保水平等方面分析，距离钢铁强国还有不少差距，仍处于粗放经营范畴。从粗放经营向集约型经济转变，是中国钢铁工业今后的另一项重要任务。

（3）淘汰落后设备。虽然进入21世纪以来，中国冶金设备的大型化、现代化进步很快，但设备落后、污染严重、能耗水平高的小高炉、小烧结机、竖炉球团、小焦炉还大量存在。在钢铁工业结构调整过程中，以污染水平、能耗水平为标准淘汰落后的冶金设备应是重要任务。

（4）采用和普及节能环保新技术。中国不同层次的节能环保技术共存，导致中国高炉炼铁的燃料比水平和环保水平远低于国际先进水平。采用和普及节能环保新技术，是中国炼铁工业良性发展不可忽视的因素。

参考文献

[1] 张寿荣，银汉．我国炼铁工业的回顾与展望[J]．炼铁，1995，14(2):9.

[2] 张寿荣．当代高炉炼铁发展趋向及我们的对策[J]．钢铁，1996，31(5):1.
[3] 张寿荣．试论我国解放后炼铁技术路线[J]．金属学报，1997，33(1):22.
[4] 陆熔，李维国，陶荣尧．宝钢炼铁 20 年的回顾及展望[J]．炼铁，2005，24(增刊):2.
[5] 朱仁良，陈永明．宝钢高炉操业技术的进步[J]．炼铁，2005，24(增刊):9.
[6] 张龙来，金觉生，居勤章．宝钢大型高炉长寿生产实践[J]．炼铁，2010，29(2):23.
[7] 王天球，俞樟勇．宝钢 1 号高炉自主集成国产化设备的生产实践[J]．炼铁，2011，30(3):33.
[8] Zhang Shourong, Yin Han, Yu Zhongjie. Construction and Commissioning of New No. 3 Blast Furnace at WISCO[C]. The 6th Japan-China Symposium on Science and Technology of Iron and Steel, Chiba, 1992: 56.
[9] 张寿荣．武钢 3200m^3 高炉的建设[J]．炼铁，2001，20(增刊):2.
[10] Zhang Fuming, Qian Shichong, Zhang Jian, et al. Design of 5500m^3 Blast Furnace at Shougang[C]. The 5th International Congress on the Science and Technology of Ironmaking, Shanghai, 2009: 1029.
[11] 王涛，张卫东，任立军，等．首钢京唐公司 1 号高炉工艺技术特点[J]．炼铁，2010，29(1):6.
[12] 张卫东，魏红旗．首钢京唐公司 1 号高炉低燃料比生产实践[J]．炼铁，2010，29(6):1.
[13] 张寿荣，于仲洁．武钢高炉长寿技术[M]．北京：冶金工业出版社，2009.
[14] 张福明，程素森．现代高炉长寿技术[M]．北京：冶金工业出版社，2012.
[15] 张寿荣．试论进入 21 世纪我国高炉炼铁技术方针[J]．中国冶金，2002，12(5):1.
[16] 张寿荣．试论进入 21 世纪我国高炉炼铁技术方针(续)[J]．中国冶金，2002，12(6):5.
[17] 张寿荣，银汉．中国高炉炼铁的现状和存在的问题[J]．钢铁，2007，42(9):1.
[18] Zhang Shourong. The Current Situation and Challenges to Chinese Ironmaking in the 21st Century[C]. The 12th Japan-China Symposium on Science and Technology of Iron and Steel, Nagoya, 2010: 273.
[19] 张寿荣．构建可持续发展的高炉炼铁技术是 21 世纪我国钢铁界的重要任务[J]．炼铁，2012，31(1):1.
[20] Yu Zhongjie, Li Weiguo, Yang Jialong. Technological Progress of Chinese Ironmaking in Recent Years[C]. The 13th Japan-China Symposium on Science and Technology of Iron and Steel, Beijing, 2013: 25.

中国炼铁的过去、现在与展望*

摘　要　重点回顾了中国炼铁技术的发展历程，并对其进行了展望。在中国历史上，钢铁生产是一个薄弱的产业，1949 年中国的钢产量是 15.8 万吨，不到世界钢产量的 0.1%。中国经济的快速成长，促进了中国钢铁工业的发展。1950 年代以来，建设了许多新钢厂和新高炉，1996 年中国的铁产量和钢产量都超过了 1 亿吨。中国钢铁工业的繁荣，在 21 世纪初已经显现。老钢厂安装了大型的现代化炼铁和炼钢设备，与钢铁工业有关的先进技术也广泛引进。所有这些努力，都促进了中国钢铁工业的发展。中国的钢铁工业已经是世界上最大，大约占世界铁和钢的产量的 1/2 的份额。2014 年，在中国有 18 家钢厂的炼铁生产能力超过了 1000 万吨。

关键词　趋势；中国炼铁；21 世纪第二个 10 年

本文是在 2015 年美国钢铁年会（AISTech 2015）和第七届世界炼铁科技大会（ICSTI 2015）上宣读的一篇报告[1]。现应《炼铁》杂志的要求，特翻译成中文，以飨国内读者。

1　概述

1949 年中华人民共和国成立的这一年，中国的钢产量是 15.8 万吨，铁产量是 25 万吨。旧中国是一个欠发达的农业国，钢的年产量历史最高纪录是 1943 年的 92.3 万吨。新中国成立以后，优先进行了工业化，钢铁工业是建设的重点。20 世纪 50 年代，钢产量已经超过了历史水平。

20 世纪 50 年代，中国钢铁工业以前苏联作为样板，重建了鞍钢，并新建了武钢和包钢等联合钢厂。50 年代后期，高炉炼铁取得了技术突破——高炉利用系数超过了 $2.0t/(m^3 \cdot d)$，开辟了技术进步的新天地。60 年代，高炉风口喷吹（重油、煤粉等）技术得到了发展，钒钛磁铁矿的使用已经开始。在“文化大革命”时期，中国的钢铁工业受到了严重的干扰。“文化大革命”停止以后，经济活动在 20 世纪 80 年代初恢复了正常。

20 世纪 80 年代宝钢的建设，标志着中国钢铁工业步入了学习国外先进技术的阶段。宝钢是 80 年代整体引进的一家现代化钢厂，是钢铁工业学习先进技术的一个转折点。从 80 年代到 90 年代，对老厂进行了大规模的扩张和改造，同时吸收了先进的技术装备和改善了原料的供给，高炉炼铁的技术指标显著提高。1994 年，中国的铁产量达到了 9740 万吨，中国成为世界最大产铁国。

进入 21 世纪以来，中国的炼铁技术已进入自主创新阶段。2013 年，中国的钢产量是 7.79 亿吨，占世界钢产量的比例是 48.5%；铁产量是 7.089 亿吨，占世界铁产量的

* 本文合作者：毕学工。原发表于《炼铁》，2015(5)：1～6。

比例是61.1%。由于中国钢铁工业产能已经过剩，为此需要进行结构调整和改造。

2 中国炼铁发展的几个阶段

1949~2014年的中国铁产量和钢产量的变化如图1所示。炼铁发展的趋势可分为三个阶段，即创建期、学习引进技术期和自主创新期。

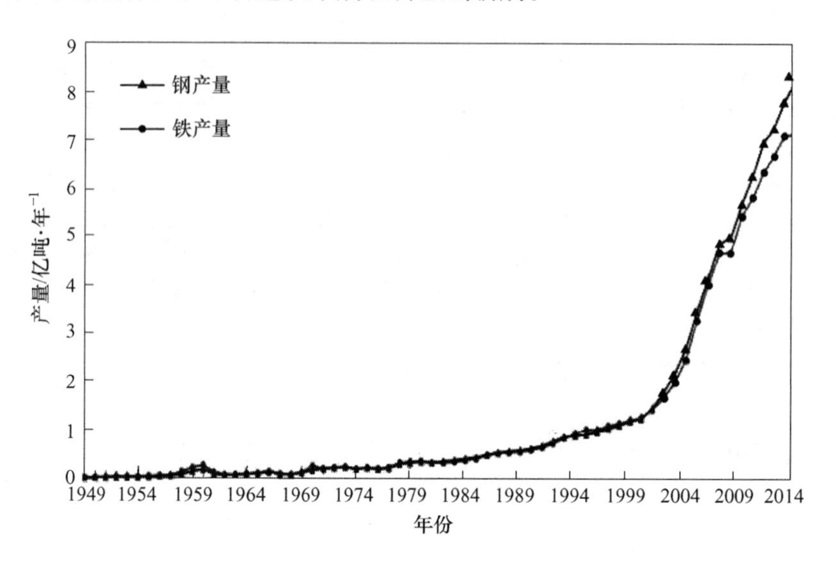

图1 中国铁产量和钢产量的变化

2.1 创建期

20世纪50年代早期，中国的钢铁厂主要集中在中国的东北部和北部，例如鞍钢、本钢、石景山钢厂和太钢。由于当时东北地区钢厂的许多设备被拆除运到了前苏联，所以只有16座有效容积大于300m^3的高炉在生产。在旧中国，铁和钢的生产是一个落后而薄弱的产业。经过3年的恢复，老钢厂恢复了生产。1952年，粗钢135万吨，铁193万吨，轧材113万吨，但是技术指标仍然很低，高炉的利用系数大约0.9~1.0t/(m^3·d)，焦比大约1000kg/t。

发展国民经济的第一个五年计划，将工业化作为优先，并将钢铁工业作为工业化的重点。在苏联的帮助下，为推进工业化开始了156个项目的建设，鞍钢的扩建及现代化、武钢和包钢的建设都位列其中。来自苏联的钢铁工业技术得到了广泛地引进和运用。例如，自熔性烧结矿技术解决了鞍山细粒精矿的造块问题，在高炉中生产炼钢生铁([Si]≤0.9%)，炉顶布料技术等。引进技术改善了高炉的指标，并降低了焦比。1953年，中国第一座自动控制高炉在鞍钢投产。1956年，第一座高顶压高炉在鞍钢投产。所有这些努力，改进了中国高炉的技术指标。许多高炉利用系数达到了1.4，有一些超过了1.5，焦比降低到800kg/t甚至700kg/t。这期间，应用苏联的技术是主流。

1958年，本钢2座有效容积为333m^3和329m^3的高炉创造了高利用系数操作法。采用烧结矿过筛和焦炭分级的技术，并提高了烧结原料的含铁品位，增加了风量，加大了风口直径，优化了布料顺序。因此，这2座高炉的利用系数从1.3~1.4t/(m^3·d)

提高到了 2.2 ~ 2.4t/(m^3·d)。本钢的高利用系数操作法对中国炼铁的影响深远。本钢的"以原料为基础，以风为纲，降低焦比与提高冶炼强度并举"的炼铁技术思想，成为中国炼铁的指导方针，中国的钢铁厂不能只局限于追随苏联，而必须进行创新。

恰逢"大跃进"时期，本钢的经验促进了中国炼铁的发展，生产中出现了一系列的突破。不幸的是，有时候也出现了浮夸和吹牛。

"大跃进"时期的大规模建设，对国民经济造成了严重的压力，中国不得不将"大跃进"转变为国民经济调整，铁和钢的产量减少，不少钢厂关闭，许多高炉被迫减产而采用慢风操作。

经历了"大跃进"和国民经济调整，中国的高炉工作者明白了基于自身条件独立发展炼铁技术这个道理。1963 年，高炉喷吹重油技术在鞍钢实现。1964 年，高炉喷吹煤粉技术在首钢获得成功。钒钛磁铁矿的应用问题，在攀钢通过高炉流程得到了解决。1966 年，中国的高炉技术指标超过了历史纪录。

"文化大革命"严重地干扰了中国的经济，但是并没有毁灭中国钢铁工业的基础。到 1970 年代末期，已经奠定了中国钢铁工业发展的基础。

2.2 学习引进技术期

"文化大革命"结束以后，中国经济进入了发展的一个新纪元，从国外引进了先进技术。1985 年，宝钢一期建成投产，新日铁的现代炼铁技术也被包括在宝钢项目之中。引进、消化和应用引进的现代技术，是中国钢铁工业的主要趋势。老钢厂的现代化和改建，通过这些引进技术的应用得到了很大促进，例如阀式炉顶装料设备、外燃式热风炉、NSC 炼焦炉、干熄焦、厚料层烧结技术、配煤技术等。宝钢炼铁技术的推广和应用，不仅加强了中国老钢厂的改造和现代化，而且改善了老钢厂的生产指标，在整体上提升了中国钢铁工业。

从 20 世纪 80 年代到 90 年代，中国钢铁工业不但从日本，还从全世界引进了先进技术。武钢新 3 号高炉的建设是一个典型。引进技术包括：PW 无钟炉顶装料设备，闭路循环纯水冷却系统，INBA 水渣处理系统，环形出铁场天车，热风炉陶瓷燃烧器，炉顶压力回收透平机，出铁场干式除尘系统，以及高炉自动装料系统。还采用了国内开发的技术：全冷却壁冷却高炉结构，水冷薄炭砖炉底和全铸铁冷却壁。这座高炉的有效容积是 3200m^3，于 1991 年 10 月点火送风，并于 2007 年 6 月停炉大修，无中修炉龄 15 年 8 个月，单位炉容产铁量为 11096t/m^3。

2.3 自主创新期

进入 21 世纪以后，中国钢产量的增加速度明显提高（如图 1 所示）。这是因为中国经济工业化的高速发展，促进了中国市场上对钢铁产品的巨大需求，并创造了增加钢铁产量的机会。钢铁工业的投资加大了中国钢铁生产的能力。技术进步是发展的驱动力。

(1) 许多现代化钢厂的建设和投产。从 20 世纪末期开始，钢铁工业的投资一直在增加。许多钢厂都建在农村，老钢厂改造和扩建建设了几百座高炉，其中 30 多座高炉的有效容积大于 2500m^3，几座高炉为 5000 ~ 5800m^3。伴随着大高炉的建设，大烧结机

（烧结面积达到 550～600m^2）和大型焦炉也在农村建设起来。在这些新建装备之中，许多都采用了新技术。

首钢京唐 5500m^3 新高炉的建设，标志着中国的炼铁工业已经步入自主创新时期。2 座 5500m^3 高炉配套了 1300℃高风温的顶燃式热风炉，干式煤气除尘系统和长寿技术（>20 年）。采用的新技术包括：全冷却壁结构，烧结矿炉料分级，并罐式布料装置，自动布料系统和煤粉喷吹装置。每座高炉的设计日产量是 12650t/d，燃料比 490kg/t（焦比 290kg/t，煤比 200kg/t）。这 2 座高炉分别于 2009 年 5 月 21 日和 2010 年 6 月 26 日投产，投产后生产正常，超过了设计能力。

（2）炼铁技术进步。1）炉料进步。进口铁矿石的数量从 2001 年的 6990 万吨已经增加到 2013 年的 8.1315 亿吨，在提升原料供应方面起到了重要作用。磁选-反浮选过程的开发，克服了硅质铁矿石选矿的难题，使精矿的 TFe 提高到 62%～67%，SiO_2 降低到 3%～4%，促进了球团矿的生产，并改善了高炉的炉料结构，使中国炼铁的原料供应进入 21 世纪以后有了明显改进（见表 1）。2）高炉指标进步。伴随着炼铁产能的扩张和原料供应的改善，“高效率、低消耗、高质量、长寿与环保”政策被作为中国炼铁的指导原则，在高炉指标、炼铁设施的投产与维护方面都取得了进步。多方面努力的综合结果，中国高炉的技术指标从 2001 年开始一直在改善（见表 2）。3）延长高炉一代炉龄。直到 80 年代，高炉炉衬的过度侵蚀一直是中国炼铁的一个重要短板。而 80 年代以后，在延长高炉一代炉龄方面取得了重要进展。90 年代以后，出现了好几座长寿的大型高炉：2007 年停炉的武钢 5 号高炉（3200m^3）创造了 15 年 8 个月的一代炉龄；2010 年停炉的首钢 1 号高炉（2536m^3）创造了 15 年 7 个月的一代炉龄，单位炉容产铁 13328t/m^3；2010 年停炉的首钢 3 号高炉（2536m^3）创造了 17 年 7 个月的一代炉龄；2013 年停炉的宝钢 3 号高炉（4350m^3）创造了 18 年 11 个月的一代炉龄，单位炉容产铁 15700t/m^3。

表 1　中国高炉炼铁烧结矿、球团矿和焦炭的质量参数

年　份	烧结矿			球团矿		焦　炭			
	TFe/%	R_2	*TI*/%	TFe/%	抗压强度/N·球$^{-1}$	A_d/%	S/%	M_{40}/%	M_{10}/%
2002	56.54	1.83	83.72			12.42	0.57	81.10	7.13
2003	56.74	1.94	71.83			12.61	0.61	81.25	7.06
2004	56.90	1.93	73.24	63.06	2458	12.76	0.63	81.40	7.15
2005	56.00	1.94	83.77	62.85	2389	12.77	0.65	81.82	7.10
2006	56.80	1.94	75.75			12.54	0.65	82.94	6.81
2007	55.65	1.884	76.02	62.89	2372	12.52	0.68	83.16	6.75
2008	55.97	1.834	77.44			12.50	0.71	84.02	6.83
2009	55.39	1.858	76.59	62.95	2449	13.03	0.74	83.12	6.84
2010	55.53	1.91	78.77	62.95	2726	12.66	0.72	84.58	6.68
2011	55.20	1.87	78.71			12.69	0.76	84.47	6.58
2012	54.78	1.89	78.98			12.53	0.77	85.94	6.49
2013	54.38	1.89	76.69			12.47	0.77	86.46	6.32

表 2　中国重点企业高炉的技术指标

年　份	利用系数 /t·(m³·d)⁻¹	焦比 /kg·t⁻¹	煤比 /kg·t⁻¹	燃料比 /kg·t⁻¹	TFe/%	烧结矿+球团矿/%	风温/℃
2002	2.448	415	125	540	58.18	91.53	1066
2003	2.474	433	118	551	58.49	92.41	1082
2004	2.510	427	116	543	58.21	93.02	1074
2005	2.642	412	124	536	58.03	91.45	1084
2006	2.675	396	125	521	57.78	92.21	1100
2007	2.677	392	132	524	57.71	92.49	1125
2008	2.61	396	136	532	57.32	92.68	1133
2009	2.62	374	145	519	57.62	91.38	1158
2010	2.59	369	149	518	57.41	91.69	1160
2011	2.53	374	148	522	57.56	92.25	1179
2012	2.51	363	151	514	56.73	91.38	1184
2013	2.46	362	149	511	56.35		1169

3　中国炼铁存在的问题

中国经济的快速增长刺激了国内市场上对钢铁产品的巨大需求，因而导致了21世纪中国钢铁产量的突然大幅度上升。中国钢铁工业的年产量，已经超过了中国的表观钢需求量。钢铁工业产能过剩，已成为中国经济的一个最重要的问题。此外，不同层次钢铁厂并存的问题是另一个瓶颈，例如不同技术层次的并存，不同容积高炉的并存，以及不同环保条件的并存等。中国钢铁工业必须面对的挑战如下所述：

（1）自然资源不足。因为缺少废钢，中国钢铁工业的铁资源必然主要是铁矿石。进入21世纪以来，每年进口的铁矿石已经从6990万吨增加到了8.1315亿吨，在铁矿石总消耗量中的比例超过了70%。这种情形在可预见的将来仍将继续。中国一直是世界最大的煤炭生产国。2009年中国的煤炭产量达到了29.73亿吨，占世界煤炭产量的比例为46%。但这一年中国仍然进口1.26亿吨煤炭，而且进口煤炭的趋势将持续。自然资源的不足，将是未来的一个最重要的弱点。

（2）不同层次钢铁厂的并存。20世纪80年代以来，钢铁工业的发展一直是中国工业化的最优先问题。许多钢厂建在农村，其中相当一部分是先进的大型联合企业，不少是大中型钢厂，但也有一些是小型钢厂。不同技术层次钢铁厂的并存，一直是中国钢铁工业发展的一个障碍。中国炼铁高炉的构成见表3。

表 3　中国炼铁高炉的构成

年份	>3000m³		3000~2000m³		2000~1000m³		>1000m³的总和		1000~300m³		300~100m³		合　计	
	数量/座	能力/万吨·年⁻¹	数量/座	能力/万吨·年⁻¹	数量/座	能力/万吨·年⁻¹	数量/座	能力/万吨·年⁻¹	数量/座	能力/万吨·年⁻¹	数量/座	能力/万吨·年⁻¹	数量/座	能力/万吨·年⁻¹
2001	4	1199	17	2906	29	2575	50	6680	153	6084	72	993	290	13877
2005	9	2563	33	6001	48	5168	90	13732	260	12952	75	1670	437	28487
2006	12	3551	38	7009	52	5632	102	15992	322	15972	57	1215	490	33460

续表 3

年份	>3000m³		3000～2000m³		2000～1000m³		>1000m³ 的总和		1000～300m³		300～100m³		合 计	
	数量/座	能力/万吨·年⁻¹	数量/座	能力/万吨·年⁻¹	数量/座	能力/万吨·年⁻¹	数量/座	能力/万吨·年⁻¹	数量/座	能力/万吨·年⁻¹	数量/座	能力/万吨·年⁻¹	数量/座	能力/万吨·年⁻¹
2007	16	4715	40	7432	64	6971	120	19118	309	15982	41	926	483	38086
2008	19	5630	46	8589	89	9870	155	24089	332	17552	27	679	513	42320
2009	30	9943	66	13810	116	12000	212	35753						
2010	35	11712	74	16726	146	16349	260	44787						

（3）化石能源的高消耗。在 20 世纪的最后 10 年，钢铁工业的能耗占中国能耗的大约 10%。自从进入了 21 世纪，钢铁工业的能耗比例一直在上升，2010 年所占比例达到了 14.4%，且保持一个上升趋势。如表 2 所示，焦比和煤比的数据显示了一个下降的趋势，但是在有些钢铁厂，装入高炉的焦丁的数量没有被包括在内。估计焦丁的数量大约 20～30kg/t，而中国炼铁的燃料比大约是 530～540kg/t。与国际燃料消耗相比，中国炼铁的燃料消耗是高的。

（4）对自然环境的严重影响。由于钢铁工业的技术进步，以及炼铁设备的现代化和改造，炼铁工业的单位废弃物和污染物的排放量，自 20 世纪的最后 10 年以来在一定程度上一直是减少的（如图 2 所示）。但是，因为炼铁产量的迅速增加，废弃物和污染物的排放总量却没有减少。相反地，进入 21 世纪以来粉尘排放量却显著增加（如图 3 所示）。

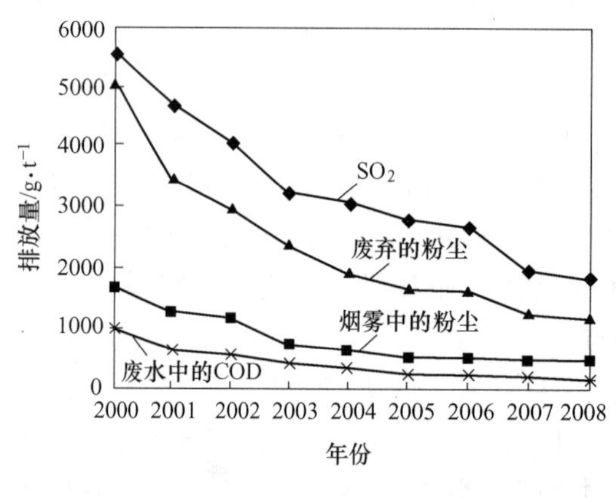

图 2　中国重点钢厂主要污染物吨钢排放量的变化

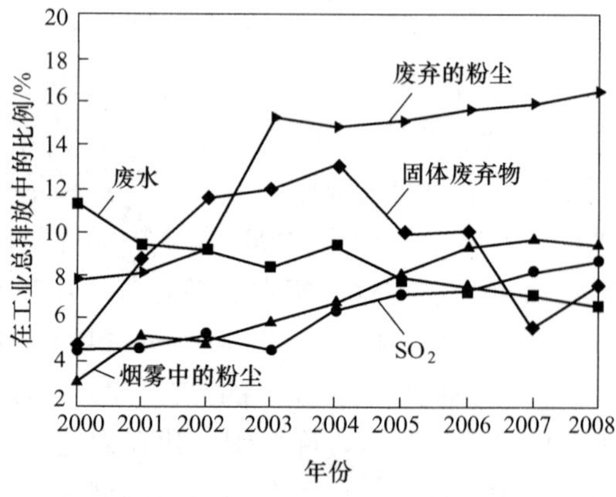

图 3　钢铁冶金和轧制的污染物排放在中国工业总排放中所占的比例

4　中国炼铁的展望

在 21 世纪的第二个 10 年，中国的经济仍将处于工业化的过程之中，钢铁工业仍将是经济发展的一个重要支柱。自 1996 年以来，中国一直是头号产钢国，预计中国在可预见的将来会保持其第一名的地位，产量可能仍将保持在高的水平上，但是增长速度将放慢。随着废钢供应的增加，炼钢的铁钢比将下降，中国的铁产量将逐渐减少。但无论如何，天然气资源的短缺将是中国炼铁一个长期的重要限制性因素。

（1）中国的铁产量将保持高位。因为缺少废钢供应，中国钢铁工业的铁钢比是世界上最高的（见表 4）。估计在可预见的将来，中国每年的铁产量将保持在 7 亿吨的水平。

表 4　中国铁钢比的变化

年　份	铁/亿吨	钢/亿吨	铁钢比/%
2002	1.7079	1.8225	93.7
2003	2.0231	2.2012	91.9
2004	2.5185	2.7280	92.3
2005	3.3040	3.4936	94.6
2006	4.0416	4.1878	96.5
2007	4.6944	4.8924	96.0
2008	4.6928	5.0031	93.8
2009	5.4374	5.6784	95.8
2010	5.8075	6.2751	92.5
2011	6.3448	6.9481	91.3
2012	6.5790	7.1654	91.8
2013	7.0897	7.7904	91.0
2014	7.1160	8.2270	86.5

（2）重组与现代化是中国炼铁的紧迫任务。如表 3 中所示，中国的高炉太多了。根据中国市场的现在条件，大量需求的有两类钢产品，即建筑用钢和制造业用钢。因此，中国的钢厂也将分为两类。大量的中型和小型钢厂主要供应建筑用长材，而大型联合钢厂主要供应扁平材和高端产品。基于以上思想，地方钢厂将主要分布在农村，而大型联合钢厂可能根据区域的钢产品需求来建设。为了节能和环保，钢铁厂的数量必须大量削减。在重组的过程中，落后、过时的技术必须抛弃，而先进的现代技术和装备应该采用，来代替落后的技术和装备。除了建设用现代化技术装备起来的新钢厂以外，大量老钢厂的改造和现代化应当是中国钢铁工业升级的主流。

中国钢铁工业已经占世界炼铁能力份额的一半以上。中国钢铁工业的技术水平影响到全世界的钢铁工业。采用可得到的钢铁工业的先进技术，改善操作和提升钢铁产品是中国钢铁工业的紧迫任务。

（3）加强原料供应链。由于缺少高质量铁矿的储存，1980 年代以来中国钢铁工业一直依赖于进口矿。铁矿石进口到中国的数量，已占世界市场铁矿石总周转量的 70%。中国钢铁工业的铁矿石供应必须加强。

（4）能耗的经济性和减轻对全球环境的影响。虽然在能耗和废弃物排放方面有改进，但因为钢产量迅速增加，与 2000 年比较，2012 年的单位能耗虽然下降了 42%，总能耗反而增加了 2.3 倍。必须优先考虑减少原料的消耗，必须采取更多的措施降低能耗和保护环境。中国钢铁工业的能耗和新水消耗量与污染物排放量见表 5。

表 5　中国钢铁工业的能耗和新水消耗置与污染物排放量

年　份	能耗(标准)/$kg \cdot t^{-1}$	新水消耗量/$m^3 \cdot t^{-1}$	SO_2 排放量/$kg \cdot t^{-1}$	COD 排放量/$g \cdot t^{-1}$
2005	694	8.6	2.83	246
2010	599.5	4.1	1.70	76
2012	600.5	3.87	1.56	46
2013	592	3.5	1.38	40

在21世纪的头20年，中国的经济将仍处在工业化的过程中，钢铁工业必须保持高的生产能力，并将保持工业化支柱的地位。通过全球钢铁工业的共同努力，我们期待着在可预见的将来，看到一个强大的、丰富多彩的中国钢铁工业。

参考文献

[1] Zhang Shourong, Bi Xuegong. The Past, the Present and the Prospects of Ironmaking in China[C]. American Iron and Steel Institute, AISTech 2015 Proceedings, Cleveland, 2015: 1472 ~ 1480.

中国大型高炉生产现状分析及展望*

摘　要　$4000m^3$以上大型高炉是高炉炼铁先进技术的集中体现，相对于容积小的高炉，大型高炉单位炉容投资少、能耗低、环境负荷低、劳动生产率高。2000年以来，随着钢铁需求的迅猛增加，一批$4000m^3$以上大型高炉在中国相继投入运行，在炼铁工作者的不懈努力下，大型高炉的操作管理取得了突出的成绩和效果。通过分析中国$4000m^3$以上大型高炉的生产现状，对存在的问题提出了改进建议，并对炼铁今后的发展进行了展望，希望对中国高炉炼铁的发展有一定促进作用。

关键词　大型高炉；生产现状；生产技术指标；装备

$4000m^3$以上大型高炉是高炉炼铁先进技术的集中体现，相对于容积小的高炉，大型高炉单位炉容投资少、能耗低、环境负荷低、劳动生产率高。2000年以来，随着钢铁需求的迅猛增加，一批$4000m^3$以上大型高炉在中国相继投入运行。近年来，通过炼铁工作者的不懈努力，中国在大型高炉生产管理和操控技术等方面取得了突出的成绩和效果。本文通过对中国$4000m^3$以上大型高炉的装备水平、原燃料指标及技术经济指标等方面进行分析，对存在的问题提出了改进建议，并对炼铁的发展进行了展望，希望对中国高炉炼铁发展有一定的借鉴意义。

1　中国大型高炉生产现状

1.1　装备水平

2000年以来，以首钢京唐$5500m^3$高炉为代表的一批大型高炉在国内相继投入运行[1~5]。截至2016年，$4000m^3$以上大型高炉达到22座，高炉的大型化和自主创新成为这一阶段高炉炼铁发展的最主要特点。随着高炉操作和管理理念的不断改进，装备水平也取得了突飞猛进的发展，炉顶料面监控、水温差在线检测、炉缸侵蚀模型、风口监控及煤气在线检测等先进技术不断得到推广应用，传统意义上的高炉“黑匣子”逐步向“透明化”方向发展，一大批国产高炉的设备设施已经达到国际领先水平[6]。

然而，与西欧、日本等钢铁工业发达的国家和地区相比，中国在高炉大型化方面还有很大的差距。据统计，2015年中国拥有炼铁高炉近1500座，平均炉容仅$770m^3$；但是，1990年至2008年，西欧高炉平均炉容由$1690m^3$扩大到$2063m^3$，日本高炉平均炉容由$1558m^3$扩大到$4157m^3$。

1.2　技术经济指标

近年来，中国大型高炉的操作管理水平不断提高，指标逐步优化。2015年，中国

* 本文合作者：姜曦。原发表于《钢铁》，2017(2)。

4000m³ 以上高炉的平均利用系数为 2.07t/(m³·d)，高于日本同期同级别大型高炉 1.93t/(m³·d)的利用系数。这反映出中国大型高炉的操作管理及顺行程度已经达到了国际先进水平，但是，从另一方面也反映出中国高炉操作上更追求产量，这可能是受钢铁需求大幅增加以及长期以来形成的产量至上操作思路的影响。2015 年，中国 4000m³ 以上高炉的平均燃料比为 510.74kg/t，平均焦比为 345.4kg/t，平均煤比为 156.18kg/t。平均焦比较前 4 年增加了 5.52kg/t，但是平均工序能耗却比 4 年前降了 12.47kg/t，达到了 380.99kg/t。这反映出中国大型高炉在操作管理上更加科学，更加注重适宜煤比和能耗的控制。2016 年上半年，中国大高炉的焦比较 2015 年增加了 2kg/t，吨铁能耗则基本持平。焦比增加的原因主要还是受新投产高炉焦比高的影响[7]。中国 20 座 4000m³ 以上大高炉 2016 年上半年生产技术指标见表 1。

表 1　中国 20 座 4000m³ 级以上大高炉 2016 年上半年生产技术指标

指　标	平均值	指　标	平均值	指　标	平均值
利用系数/t·(m³·d)⁻¹	2.085	焦比/kg·t⁻¹	349.4	煤比/kg·t⁻¹	159.76
燃料比/kg·t⁻¹	517.1	吨铁能耗/kg·t⁻¹	384.70	煤气利用率/%	48.21
富氧率/%	3.36	风压/kPa	404.62	顶压/kPa	172.32
煤粉灰分/%	9.37	煤粉挥发分/%	18.33	焦炭灰分/%	11.94
焦炭硫质量分数/%	0.69	焦炭粒径/mm	51.06	铁料粒径/mm	20.72
吨铁渣量/kg·t⁻¹	297.73	二元碱度	1.18	铁水硫质量分数/%	0.42
铁水温度/℃	1502.6	铁水硫质量分数/%	0.0307	一级品率/%	74.73

近两年，随着企业经营压力的增大，成本意识在高炉日常操作管理中逐步占主导地位，大型高炉也开始逐步尝试所谓的“经济配料”，这导致了原燃料保障能力下降，大型高炉的波动及失常也屡见不鲜，技术经济指标波动加剧。事实上，大型高炉在各个企业的经营管理以及生产组织中都处于核心地位，炉况一旦出现波动，将对整个公司的经营绩效和生产组织造成严重影响，对高炉长寿也势必造成严重影响。稳定顺行是高炉最大的效益，大型高炉尤其如此。高炉长寿创造的效益在日常操作管理中往往很容易被忽视，因此，必须坚持对大型高炉至关重要的“精料方针”。操作者在努力降低铁水成本的过程中应更加注重炉况的长期稳定顺行及长期效益，在大型高炉的具体操作及管理方面应更加精细，用精益化的思路管理和操作大型高炉。

1.3　原燃料指标

焦炭质量的优劣对高炉生产的稳定顺行、技术经济指标、产品质量和高炉长寿至关重要，对大型高炉影响更大。焦炭质量的评价包括化学成分、灰分、粒度、转鼓强度和高温冶金性能。2015 年，中国大型高炉焦炭平均碳质量分数为 86.53%，平均灰分为 11.95%，平均粒度为 50.91mm，平均 M_{40} 为 88.98%，焦炭平均粒径比前 4 年减小 1.04mm；2016 年 1~6 月，焦炭的平均灰分为 11.94%，硫质量分数为 0.69%，平均粒度为 51.06mm，平均 M_{40} 为 89.67%。焦炭平均粒度比 2015 年增加 2.6mm，M_{40} 增加 1%，这说明各企业更重视焦炭质量的改善和提升。

煤粉质量对高炉喷煤操作的稳定顺行和煤焦置换效果均有重要影响。对喷吹煤粉质量的总体要求是有害元素少、灰分低、热值高、输送性能好、反应性和燃烧性高，而反应性和燃烧性与煤的挥发分成正比。2015 年，中国大型高炉的煤粉灰分平均为 9.37%，比 4 年前有所上升，挥发分为 18.33%；2016 年 1～6 月，大高炉的煤粉灰分平均为 9.37%，挥发分为 18.33%。

由于钢铁产量大幅度增长，优质的铁矿石资源日趋紧张，而且质量和性能呈逐步下降趋势。中国自产的铁矿石品位较低，大部分高品位铁矿石需要从国外进口，2015 年中国的铁矿石对外依存度已达到 84%。大型高炉要求吨铁渣量小于 300kg/t、炉料成分稳定、粒度均匀、粉末少，冶金性能良好及炉料结构合理。烧结矿作为高炉的主要含铁炉料在欧洲和亚洲盛行，而球团矿作为主要炉料则在北美更普遍。2015 年，中国大型高炉的炉料结构为 70.85% 的高碱度烧结矿 +20.9% 的球团矿 +8.25% 的块矿，烧结矿占主导地位，因此，对烧结矿质量的管理是大型高炉精料管理的主要内容。2015 年，中国大型高炉入炉铁料的平均含铁品位为 59.01%，铁料的平均粒径分为 20.97mm，铁料的平均粒径较 4 年前增加了 0.8mm。2016 年 1～6 月，大高炉烧结矿、球团矿及块矿的平均比例为 71.46%、19.68% 和 8.86%。与 2015 年相比，烧结矿的比例不变，球团矿的比例降低了 1.5%，块矿的比例得到一定提高[8]。

受市场的影响，中国大型高炉的炉料结构、品种和质量标准也在不断调整，但仍需继续坚持精料技术。

1.4 主要控制参数

高炉实施低硅冶炼可达到高产、稳产、优质、低耗的目标，还可降低生铁成本。同时低硅低硫铁水可以降低炼钢渣量，提高铁的收得率，缩短冶炼时间，对开发新钢种、冶炼高级洁净钢、提高转炉生产能力及降低成本有重要意义。对于低硅冶炼的高炉，应该在保证铁水温度的情况下，尽量降低高炉生铁中的硅质量分数。2015 年，中国大型高炉铁水的硅质量分数平均值为 0.43%，比 4 年前降低了 0.01%；平均铁水温度为 1503.11℃，比 4 年前也降低了 1.36℃。2016 年 1～6 月，大高炉铁水的硅质量分数平均值为 0.42%，平均铁水温度为 1502.6℃。铁水温度下降幅度不大。

高炉生铁一级品率是指硫质量分数不超过 0.03% 的生铁占所有生铁的比例。2015 年，中国大型高炉的硫质量分数和一级品率的平均值分别为 0.029% 和 76.35%，铁水一级品率比 4 年前降低了 2%；2016 年 1～6 月，大高炉铁水的硫质量分数和一级品率、生铁的硫质量分数和一级品率的平均值分别为 0.031% 和 74.73%，仍然呈下降趋势，这主要是受经济配料及使用低品质矿的影响。

中国大型高炉的吨铁渣量有所降低。2015 年，中国大型高炉的平均吨铁渣量为 301.02kg/t，二元碱度为 1.19，除宝钢 4 座高炉以外，吨铁渣量都在 300kg/t 以上。2016 年 1～6 月，平均吨铁渣量为 297.73kg/t，二元碱度为 1.18，大高炉的吨铁渣量比 2015 年降低了 3kg/t。与国外的大型高炉相比，中国的吨铁渣量仍然偏高。

煤气利用率与高炉的吨铁燃料比有着直接的关系。2015 年，中国大型高炉的平均煤气利用率为 48.72%。2016 年 1～6 月，平均煤气利用率为 48.21%，燃料比为 517.1kg/t。宝钢几座高炉的煤气利用率均高于 50%，其燃料比也低于 500kg/t。

2　对目前中国大型高炉生产存在问题的改进建议

（1）大型高炉的发展必须基于一定的条件和基础，大型高炉需要比中小高炉拥有更加优质的原燃料、高效的管理和综合操作技术。当前大型高炉对优质原燃料的需求越来越多，而可供使用的优质资源越来越少，这份大型高炉的稳定顺行带来巨大的挑战[9,10]。

（2）大型高炉对外围生产条件的变化非常敏感，一旦出现问题，对公司整个生产组织及经营绩效将产生严重影响，因此，要求对大型高炉的操作管理更加精细，举全公司之力提高外围保障能力，确保大型高炉的安全稳定运行。

（3）作为电炉炼钢主要原料的废钢积蓄量较少，废钢积蓄量和使用率有待提高。中国钢铁冶炼的主流程为铁前（烧结/球团）→炼铁(高炉)→炼钢(转炉)。钢铁工业的能耗总量占全国能耗消费总量的15%，占全国工业能源消费总量的23%，而全国炼铁系统能耗占整个钢铁行业总能耗的70%左右。因此，大型高炉仍要把节能降耗当作首要任务来抓[11,12]。

（4）风温带入的热量占高炉冶炼热收入的将近20%。在现有高炉的冶炼条件下，风温提高100℃即可降低燃料比约8kg/t。这几年，中国高炉风温已经有了长足的进步，但是不同层次的起因发展并不平衡。2015年，中国大型高炉的平均风温为1211℃，个别高炉的风温仍然低于1200℃。因此，要继续推广高风温技术。高风温是节能减排的重要措施，是提高煤粉燃烧率的重要影响因素，对高炉稳定顺行及炉缸活跃性具有重要的意义。

3　对高炉炼铁的展望

（1）钢铁工业由大转强，增加产业集中度，因地制宜发展大高炉应是方向。大型高炉是炼铁先进技术的集中体现，中国大于4000m^{3}的大型高炉数量为22座，生产的铁水产量仅占中国铁水总产量的5.5%。随着供给侧改革和去产能的深入进行以及环保压力的越来越大，增加产业集中度，因地制宜发展大型高炉是促进中国钢铁工业转型升级的必经之路。虽然目前中国铁矿石等原燃料资源对外依存度较高，但随着钢铁企业国际化程度的提高，资源保障不断提升，因此，高炉大型化仍有发展空间。

（2）抓住历史机遇，推动中国钢铁工业实现“由大变强”。2015~2016年，中国钢铁产能出现下降趋势。2016年2月，国务院又印发了《关于钢铁行业化解过剩产能实现脱困发展的意见》，提出未来5年中国单位国内生产总值能耗和二氧化碳将力争分别下降15%和18%，再压减粗钢产能1亿~1.5亿吨。全国性的压减钢铁产能必然对钢铁产业格局产生重要影响，这是压力也是机遇，钢铁企业要充分利用这一历史机遇，大力开展高炉的优化升级改造，推动中国钢铁工业“由大变强”的转变。钢铁企业要实现“由大向强”的转变，必须在技术力量及人才储备等方面真正向世界一流企业看齐，全面实施以技术创新为核心的创新驱动战略，加快工业化和信息化深度融合，把数字化、网络化、智能化、绿色化作为提升产业竞争力的技术基点，重塑钢铁业的技术体系、生产模式、产业形态和价值链，利用信息化技术手段，向智能制造迈进，以实现低成本与差异化以及资源的高效综合利用。

参 考 文 献

[1] 张寿荣. 进入21世纪后中国炼铁工业的发展及存在的问题[J]. 炼铁, 2012, 31(1): 1~7.
[2] 张寿荣, 毕学工. 中国炼铁的过去、现在与展望[J]. 炼铁, 2015, 34(5): 1~7.
[3] 李宏伟. 首钢京唐1号高炉降低压差冶炼实践[J]. 钢铁, 2016, 51(7): 15.
[4] 胡水生, 郭艳男. 首钢京唐1号高炉操作炉型管理实践[J]. 中国冶金, 2016, 26(7): 43.
[5] 张贺顺, 任全烜, 郭艳永, 等. 首钢京唐公司炼铁低成本冶炼实践[J]. 中国冶金, 2015, 25(9): 27.
[6] 殷瑞钰. 钢铁制造跨入新流程时代[J]. 中国经济和信息化, 2013(12): 18~19.
[7] Zhou D D, Cheng S S, Wang Y S, et al. Production and Development of Large Blast Furnaces from 2011 to 2014 in China[J]. ISIJ International, 2015, 55(12): 2519~2524.
[8] 姜曦, 周东东. 近年来中国大型高炉生产指标浅析[J]. 炼铁, 2016, 35(3): 10~14.
[9] Naito M, Takeda K, Matsui Y. Ironmaking Technology for the Last 100 Years: Deployment to Advanced Technologies from Introduction of Technological Know-how, and Evolution to Next-generation Process [J]. ISIJ International, 2015, 55(1): 7~35.
[10] 王筱留. 钢铁冶金学（炼铁部分）[M]. 3版. 北京: 冶金工业出版社, 2013: 12.
[11] 李新创. 新常态下中国钢铁企业转型创新发展[J]. 国土资源情报, 2015(10): 15.
[12] 张春霞, 王海风, 张寿荣, 等. 中国钢铁工业绿色发展工程科技战略及对策[J]. 钢铁, 2015(10): 1~7.

A Study Concerning Blast Furnace Life and Erosion of Furnace Lining at Wuhan Iron and Steel Company*

There are four blast furnaces in Wuhan Iron and Steel Company. No. 1 blast furnace with an inner volume of 1386m^3 was blown in on September 13, 1958 and was blown out on October 16, 1978. Because of instability of production circumstances, No. 1 furnace had been banked 12 times (the longest banking lasted 264 days), it's actual operating time was 6601 days, roughly corresponding to 18.1 years, and it's production couldn't be kept at a higher level for a longer period. But in it's first campaign, No. 1 blast furnace produced 9429641 tons of iron, corresonding to 6804 tons of iron per m^3 of furnace volume, and set a new record for blast furnace life at WISCO.

The profile design of No. 1 blast furnace is shown in Fig. 1. It had a complex bottom of carbon block on the periphery with alumina brick in the interior. The hearth was lined with carbon block to a height of 2 meters and the remaining part was lined with alumina brick. It had a thin-wall bosh. Above the mantle, the belly and the lower shaft were lined with 17 rows of carbon block. Above the carbon block, chamotte brick was used for the area from the upper shaft to the furnace top.

After No. 1 furnace was blown out, in the course of dismantling, samples were taken along the height of the furnace and examined. Investigations and laboratory tests were carried out to ascertain what were the main factors affecting blast furnace life and to what degree they influenced the erosion of the furnace lining. The erosion of No. 1 furnace was compared with other blast furnaces at WISCO. The furnace profile after being blown out is shown in Fig. 2. The results of our study are described in the following pages.

1 Factors Deciding Blast Furnace Life

According to our study the factors which play an important role in extending furnace life are as follows.

1.1 Suitable furnace design

The design of No. 1 blast furnace was different from the prevailing design in the 1950's, during which carbon blocks were usually used on the upper part of the furnace bottom, and ceramic bricks were used on the lower part. On the contrary, carbon blocks were used on the periphery

* Reprinted from *Optimization of Blast Furnace Lining Life*, 1982: 130 ~ 143.

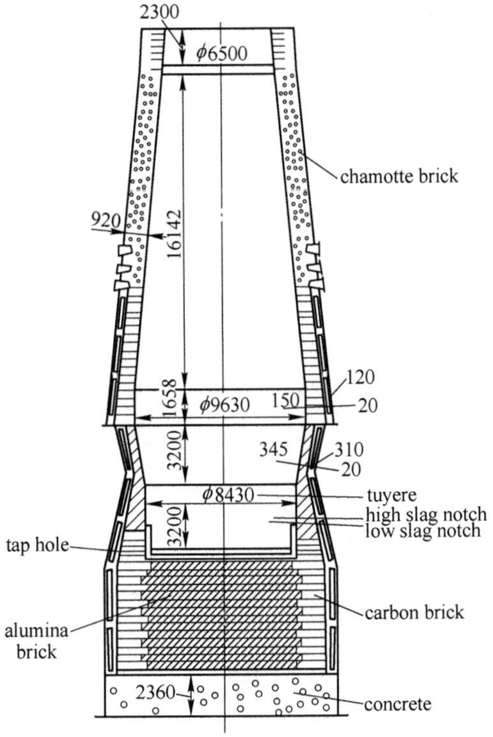

Fig. 1 The designed profile of No. 1 BF

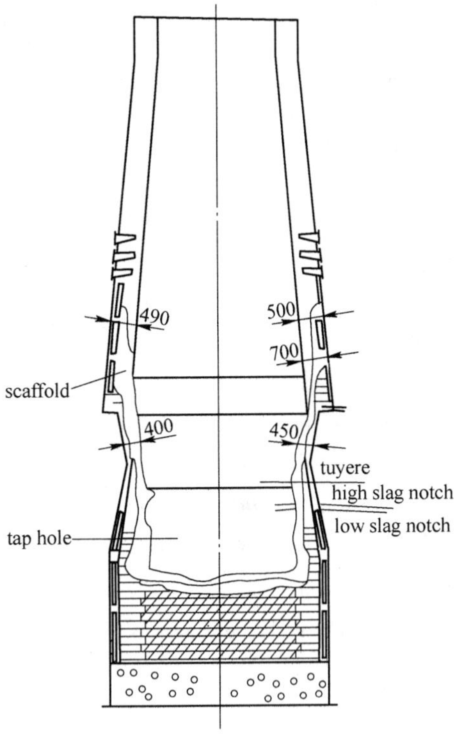

Fig. 2 Profile of No. 1 BF after blow-out

of the furnace bottom in the design of No. 1 furnace. Because carbon block has higher thermal conductivity, intense cooling of the furnace hearth could help the formation of scaffolds and keep the hearth from breakout. As shown in Fig. 2, the erosion of the bottom of No. 1 blast furnace was not severe, the depth of peneration of the salamander was about 1. 6m(roughly corresponding to one third of the thickness of the furnace bottom), and the erosion line was nearly flat. This is evidence for the conclusion that a complex carbon bottom with an alumina plug is more advantageous than the prevailing designs in the 1950' s. Suitable furnace design is essential in achieving a longer furnace life.

1. 2 Better refractories

The chemical compositions and physical characteristics of carbon blocks and firebricks used for No. 1 blast furnace are illustrated in Table 1.

Table 1 The chemical compositions and physical characteristics of carbon blocks and firebricks used for No. 1 blast furnace

Materials	Chemical Composition/%			Refractoriness/℃	Porosity /%	Compressive Strength/kg · cm^{-2}	Softening Point/℃
	Al_2O_3	C	Ash				
Carbon brick	—	92	8	—	24	250	—
Alumina brick	55. 79 ~ 56. 17	—	—	1790	14. 9 ~ 15. 6	2050 ~ 2206	1530 ~ 1560
Chamotte brick	45. 74 ~ 46. 46	—	—	1750 ~ 1770	14. 0 ~ 15. 8	1010 ~ 1530	1520 ~ 1530

Alumina bricks used for the bottom, hearth and bosh were ground to ensure uniformity and accuracy of their size (not over 0. 5mm). The anthracitous carbon block was machined and preset so as to ensure its preciseness not over 1mm.

1. 3 Excellent brickwork

The mortar joints were restricted to less than 0. 5mm for alumina bricks and 1. 0 ~ 1. 5mm for carbon blocks, which guaranteed the bottom impervious to molten iron. The erosion line of the bottom in No. 1 furnace was at the level of the tenth row, and the alumina bricks below it fused into one dense mass. Even though alumina bricks under the fused layer changed into greyish black, deformation did not occur. Penetration of molten iron into mortar joints or flotation of bottom brick had not been found in the course of dismantling. However, in other blast furnaces at WISCO these phenomena were found occasionally. Fig. 3 shows the penetrated iron filling up the mortar joint in the bottom of No. 2 blast furnace. Fig. 4 shows the flotation of alumina brick in No. 2 blast furnace. The discovery of newly formed mullite by microscopic examination in the mortar joint from the fused layer samples in No. 1 furnace shows that under high temperature over a long period the mortar was readily converted into mullite (Fig. 5). This is why the erosion of the furnace bottom was only 1. 6m and the erosion line was nearly flat.

Fig. 3 Penetration of molten iron mortar joint(No. 2 BF)

Fig. 4 Flotation of alumina bricks of furnace bottom(No. 2 BF)

Fig. 5 Formation of mullite in mortar joint(No. 1 BF)

1. 4 Good attention to preservation of furnace lining

No. 1 blast furnace made foundry iron at the beginning of its first campaign. The tonnage of foundry iron was about one fifth of its total production. Since 1965, the use of cleaning agents (fluorspar etc.) had been restricted, and the peripheral gas flow had been controlled to avoid overheating the furnace wall.

2 The Phenomenon of Penetration of Molten Iron into Carbon Block

Oxides of alkalis and zinc occurred in the lining of the furnace shaft, hearth and bottom, whereas metallic iron or iron carbides occurred in the lining of the furnace hearth and bottom. The contents of alkalis, zinc and iron along the height of the hearth and bottom are shown in Fig. 6.

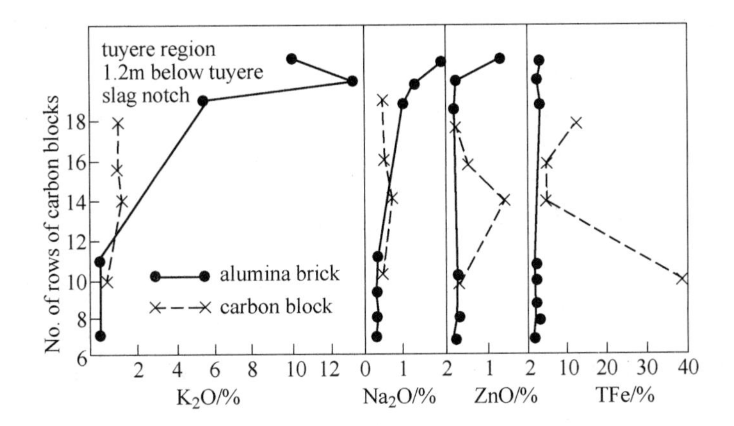

Fig. 6 Changes in alkalis, zinc and iron contents along the height of hearth and bottom at No. 1 BF

As shown in Fig. 6, the iron content in the carbon block below the taphole level increased as the distance to the taphole level increased, and reached a maximum value, 40. 37% by weight at the level of bottom erosion. Microscopic examination shows that the iron in the carbon blocks of the furnace bottom reveals a network distribution(see Fig. 7) , whereas the penetrated iron in the carbon blocks of the furnace hearth appears as dispersed nodules (see Fig. 8). Chemical analysis of penetrated iron in the carbon block at the erosion line level is as follows(Table 2).

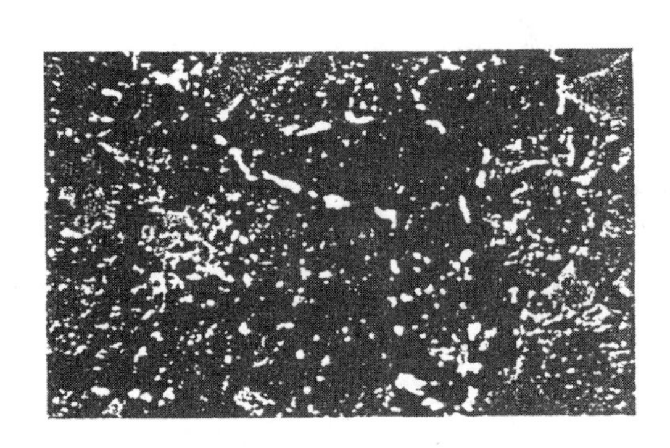

Fig. 7 Network forming iron in carbon block

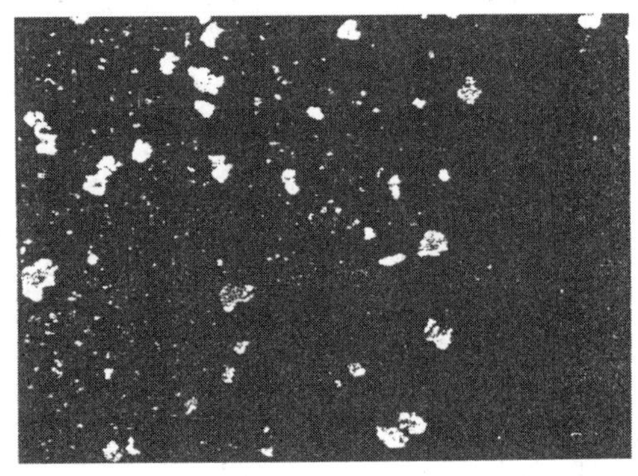

Fig. 8 Dispersed iron nodules in carbon block

Table 2 Chemical analysis of penetrated iron in the carbon block at the erosion line level (%)

C	Si	Mn	P	S	Cu	V	Sn
6.40	0.258	0.125	0.425	0.15	0.083	0.03	0.021

Molten iron possesses good fluidity at a temperature ranging from 1300℃ to 1350℃, and it readily penetrates into the pores of carbon block and appears as dispersed nodules in the carbon block of the furnace hearth. At the furnace bottom level, molten iron exerts higher side pressure upon the carbon block and fills almost all of the pores and fissures in the working surface of carbon block after a long period of operation. The penetrated iron reacting with carbon and so forming Fe_2C or FeC, widens the pores and fissures, destroys the working surface of carbon block and results in "excessive erosion" to the furnace bottom.

3 The Circular Cracking of Carbon Block

Circular cracking occurred in No. 1 blast furnace as well as other carbon block blast furnaces at WISCO. Fig. 9 illustrates the circular cracks which occurred in No. 1 blast furnace. Circular cracking of carbon block at WISCO is characterized by the following features:

(1) Cracks are parallel to the cooling staves.

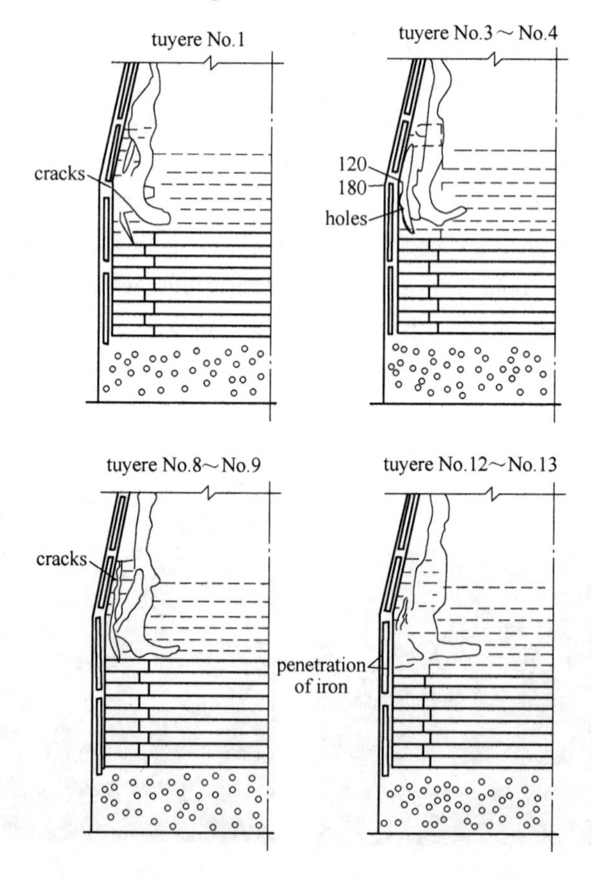

Fig. 9 Cracks of carbon blocks, holes and penetration of iron in the hearth and bottom of No. 1 BF

(2) Cracks through many rows of carbon blocks are wider in the upper rows and are filled with slag, iron or carbon powder rich in alkaline compounds, and they become narrower and narrower in the lower rows without any intrusion.

(3) The extension of circular cracking is coincident with the depth of erosion of the furnace bottom.

According to our observation, the circular cracking is caused by the stress produced in the course of thermal expansion. The carbon block has a lower expansion coefficient, which limits the expansion of alumina brick when the furnace lining is heated up, so that the stress caused by the difference of expansion results in a rupture of the carbon block.

As shown in Fig. 10, the cracking of carbon block below No. 1 tuyere of No. 1 blast furnace confirmed our supposition. Cracks were less than 2mm in width, free of contamination and without any intrusion. It is obvious when the bottom lining was heated up, alumina brick expanded more because of its higher coefficient of thermal expansion. As a result of difference in expansion, alumina brick tended to move upwards, but the carbon block of the 9th row limited such motion of alumina brick. As the expansion force of alumina brick got to be strong enough to break, cracking took place and extended upwards until the expansion force was completely relieved. This is why circular cracking occurred in each blast furnace with a complex bottom at WISCO.

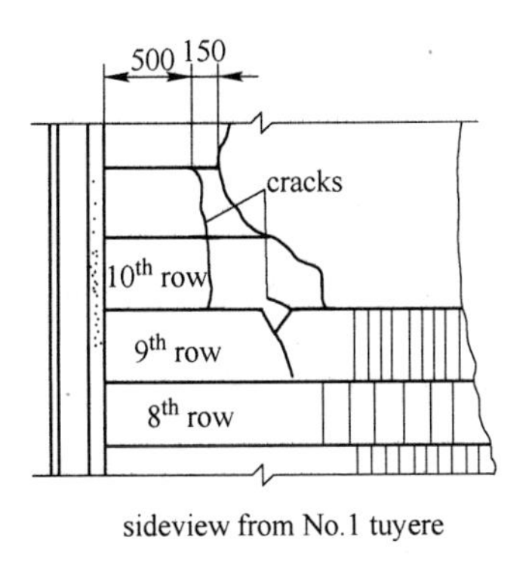

sideview from No.1 tuyere

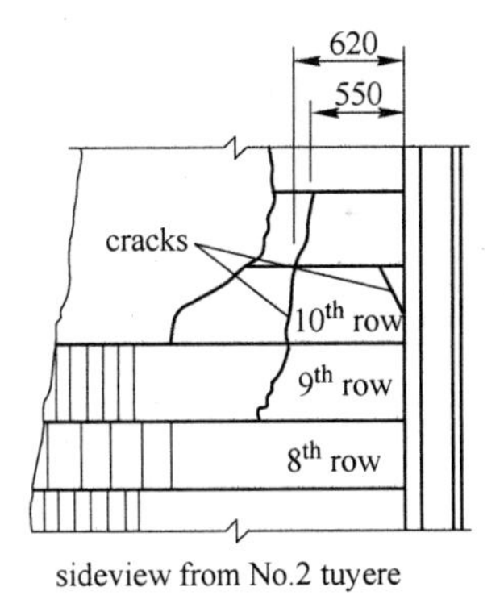

sideview from No.2 tuyere

Fig. 10 Cracks of carbon blocks below No. 1 tuyere of No. 1 BF

4 Effect of Alkalis and Zinc on Furnace Lining

Alkalis and zinc exist in every part of the furnace lining, i. e. , in carbon block, in firebrick, and in scaffold. As shown in Fig. 11, the alkalis and zinc differed greatly from each other in their contents in the scaffold along the height of blast furnace No. 1. Even on the same level, their contents differed greatly from the working surface to the interior of the lining. Microscopic examination of the used brick showed alkalis and zinc reacted on firebrick and formed a new compound. Alkali-attack reduced the refractoriness of firebrick and disaggregated the structure of the brick body. The attack of alkalis and zinc migrated from the hot working surface to cold end of the brick.

Theoretically, zinc and zinc oxide don' t seem to react to alumino-siliceous bricks at the temperature in the stack. Why did zinc oxide containing minerals exist in the used bricks? (Fig. 11) Laboratory tests showed that ZnO doesn' t react to alumina brick in a reducing gas atmosphere of blast furnace bosh gas composition in a temperature field of 900℃ to 1000℃, but it does react to firebrick in the presence of alkalis, and deposition of carbon took place in both cases. The chemical compositions of used bricks in the shaft showed that there is a close correlation between amount of deposited carbon and K_2O, Na_2O, ZnO (Fig. 12). Our study proved that together with zinc and zinc oxide, alaklis is most probably the main factor disrupting the blast furnace lining.

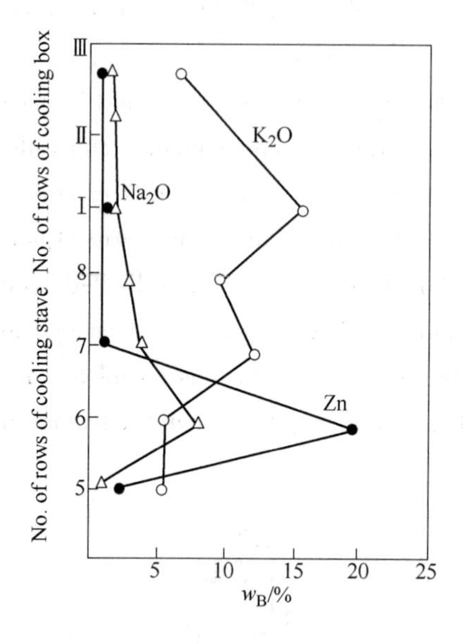

Fig. 11 Contents of K, Na and Zn in scaffold along the height of the furnace

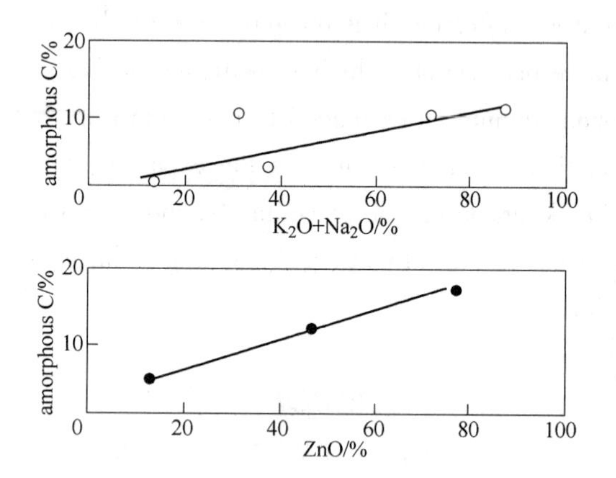

Fig. 12 Relation between the amount of amorphous carbon and K_2O, Na_2O and ZnO

According to our observation, the destructive reaction of alaklis and zinc to blast furnace lining goes on in two ways:

(1) Alkalis, or zinc in the presence of alkalis, react to firebrick and form new compounds with firebrick, thus disaggregate firebrick from the hot working surface to the interior of the brick body.

(2) Vapour containing alkalis and zinc passes through mortar joints, enters pores of firebrick (or carbon block) and interacts with CO in the blast furnace gas under suitable temperature conditions as follows:

$$4/3K + 2CO = 2/3K_2CO_3 + 4/3C$$

$$2K + CO = K_2O + C$$

$$Zn + CO = ZnO + C$$

The fact that in certain regions the alkali content of the intermediate part of the lining is higher than that of the hot surface, indicates the penetrating effect of alkaline vapour. This is no less destructive than direct attack on the hot surface.

The formation of carbonates or oxides of alkalis and zinc as well as the deposition of carbon is accompanied by an increase in volume. This makes the pores swell and damages the texture of the brick body. This is considered to be one of the main causes of disruption of the shaft lining of blast furnaces at WISCO. Investigation showed that alkalis attack on alumino-siliceous brick is more serious than on carbon block, whereas the penetration of molten iron destroys the carbon block to a greater degree. It is well known that no refractory material could be completely free from the erosion of potassium under the conditions existing in the blast furnace lower shaft and bosh. In addition to the improvement of quality of refractory materials, the better solution seems to use a system of cooling capable of lowering the refractory' s hot face temperature below the temperature limit of reaction.

5 Estimation of Erosion of Furnace Lining

In order to control the erosion of the furnace lining, a mathematical method on the basis of heat transmission was worked out to calculate the residual thickness of bottom or hearth wall.

5.1 Calculation of residual thickness of furnace bottom

The construction of bottom of No. 1 blast furnace is shown in Fig. 13.

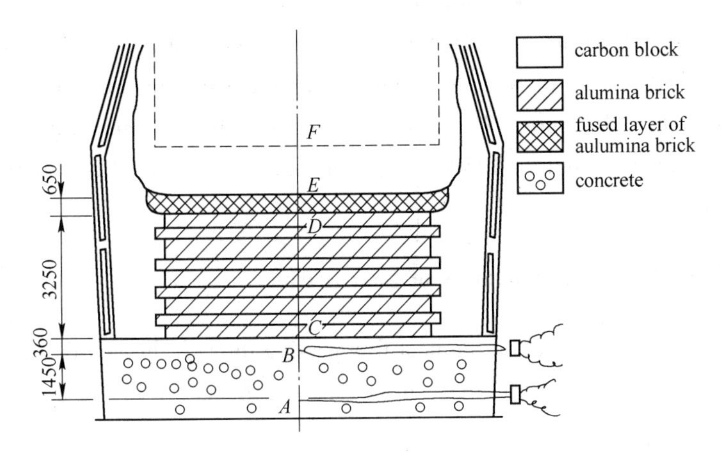

Fig. 13 Schematic diagram of erosion of blast furnace bottom

When erosion of a furnace bottom is stabilized, the heat transmission from hearth to bottom lining may be considered to be one-dimensional and can be expressed by the equation:

$$q = \lambda \frac{\Delta t}{\Delta Z}$$

where q ——heat flux passing along Z axis, kJ/(m^2 · h);

λ ——coefficient of heat conductivity of bottom lining, kJ/(m · h · ℃);

$\frac{\Delta t}{\Delta Z}$ ——temperature gradient along Z axis, ℃/m.

For No. 1 blast furnace, $\overline{AB} = 1.45$m, $\overline{BC} = 0.36$m, $\overline{CF} = 5.6$m and temperature measured at points A and B equals 192℃ and 570℃, respectively.

Heat flux through refractory cement can be calculated by:

$$q = \frac{t_B - t_A}{\frac{\overline{AB}}{\lambda_1}} = \frac{570 - 192}{\frac{1.45}{4.2}} = 1089\text{kJ/(m}^2 \cdot \text{h)}$$

Temperature at point C, $t_C = t_B + q\dfrac{\overline{BC}}{\lambda_1} = 664$℃

The residual thickness can be calculated if the temperature of erosion line and coefficient of heat conductivity of alumina brick are known.

Take $t_B = 1250$℃ and $\lambda_2 = 7.54\text{kJ/(m} \cdot \text{h} \cdot ℃)$

Residual thickness of furnace bottom $Z = \dfrac{t_B - t_C}{q}\lambda_2 = 4.06\text{m}$

The depth of penetration of salamander = (5.6 − 4.06) m = 1.54m ≈ 1.6m

The calculated result is coincident with the practical erosion pattern.

Instead of the widely used 1150℃, a temperature of 1250℃ is taken as the temperature of the erosion line, which is considered to be the solidification point of molten iron. The temperature of the erosion line could not entirely be the solidification point of molten iron, because erosion of the furnace bottom does not depend upon the solidification of molten iron at all. According to our observation, the temperature of the salamander tapped from the furnace bottom is about 1330 ~ 1380℃, and the temperature of the erosion line may be 100℃ lower than its average value; therefore, 1250℃ is considered to be the temperature of the erosion line. If 1150℃ is taken to replace 1250℃, then the calculated residual thickness is 3.36m and not coincident with practice.

5.2 Estimation of residual thickness of hearth wall

There is a close correlation between the heat flux passing through the hearth wall and the residual thickness of carbon block of the blast furnace hearth. As shown in Fig. 14, heat-load on the hearth wall is proportional to the residual thickness of the hearth lining. When erosion of the blast furnace hearth is stabilized, the heat transmission through the carbon block may be considered to be one-dimensional and described as follows.

Under steady state, $\dfrac{d^2T}{dX^2} = 0$

where T ——temperature of any moving point P in carbon block, ℃;

X ——distance from hot end to P, m.

The boundary conditions are:

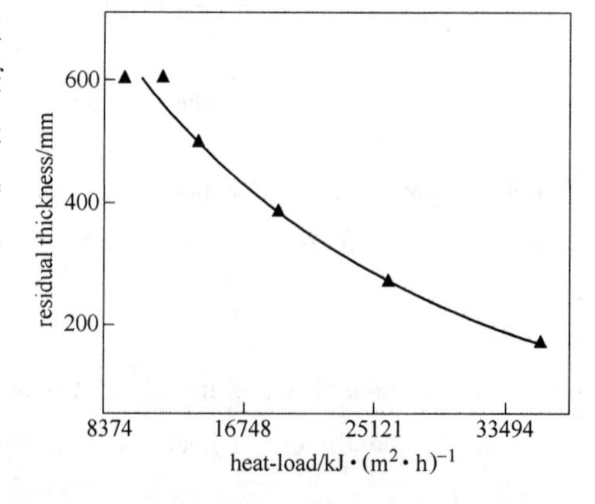

Fig. 14 Relation between heat-load and residual thickness

(1) at $X = 0$, $T = T_m$

(2) at cold end the continuity of heat flux

at $X = W_0$,
$$-\lambda \frac{dT}{dX} = h_r(T - T_C)$$

After integration, then

$$X_E = \frac{T_m \quad T_E}{T_m - T_C}\left(\frac{\lambda}{h_r} + W_0\right)$$

where X——X_E on the erosion line, m;

T_m ——temperature of molten iron, ℃;

T_E ——temperature of erosion line, ℃;

T_C ——temperature of cold end of hearth wall, ℃;

λ ——coefficient of heat conductivity of hearth wall, kJ/(m · h · ℃);

h_r ——radial heat transfer coefficient hearth wall to cooling staves, kJ/(m^2 · h · ℃);

W_0 ——original thickness of hearth wall.

By measuring the heat-load on the cooling staves of the blast furnace hearth, we can estimate the erosion of the hearth wall.

6 Summary

(1) In order to achieve a longer blast furnace life, we must have:

1) a suitable blast furnace design;

2) better refractory materials;

3) excellent brickwork;

4) good attention to preservation of furnace lining.

(2) The penetration of molten iron is the main cause of disruption of carbon block in the furnace bottom. Reduction in porosity of carbon block is the best solution to this problem.

(3) The circular cracking of the complex bottom is caused by the difference in thermal expansion between carbon block and alumina brick.

(4) The attack of alkalis together with zinc and zinc oxide is the main cause of the failure of the blast furnace lining, especially the shaft. In addition to improvement of refractory materials, the solution seems to be to design a cooling system capable of maintaining the hot surface of the lining below the temperature of alkali reaction.

(5) It is possible to estimate the residual thickness of blast furnace hearth and bottom and to control the erosion of furnace lining.

Acknowledgments

Thanks are due to my colleagues in WISCO who took part in the research work on blast furnace erosion and to Engineers Peng Chengxi, Yu Zhongjie, Xu Chanzhi, Liu Haixin and others who helped the author in preparing this paper.

The Past, Present and Future of Ironmaking in WISCO*

1 Introduction

The history of ironmaking in WISCO started from the blowing-in of No. 1 blast furnace (hearth diameter 8.2m, inner volume $1386m^3$) on September 13th 1958. After that, other three blast furnaces were put into operation in 1959, 1969 and 1970 respectively. All of the four furnaces have a total inner volume of $6951m^3$.

Coke is produced in six coke oven batteries with a total capacity of 2.7 million tons per year.

The blast furnace burden consists of about 80% sinter and 20% lump ores. Sinter is supplied by No. 1 Sintering Plant (four strands with $75m^2$ each) and No. 3 Sintering Plant (four strands with $90m^2$ each). The total capacity of the both is approximately 5.5 million tons sinter per year.

At present the ironmaking plant has an annual capacity of 4.0 million tons and it is expected it will amount to 6.0 million tons in the future.

In this paper a brief review of the development of ironmaking technology in Wuhan Iron and Steel Co. is summarized.

2 Difficulties and Problems Occurred during the Period from 1958 to 1977

The main difficulties occurred in this period were the insufficient supply and poor quality of raw materials which resulted from:

(1) The tempo of construction of sintering plant could not keep pace with that of blast furnaces. For instance, No. 1 Sintering Shop did not complete its construction after No. 2 blast furnace was blown-in and the start-up of No. 3 Sintering Shop was three years later than the blowing-in of No. 4 blast furnace (see Table 1). Owing to the shortage of sinter, the blast furnaces had to be fed with raw ores of low grade which brought about a lot of operational troubles to furnaces.

(2) For lack of blending facilities in ore storage yard, the chemistry of raw materials fluctuated seriously in this period which resulted in the fluctuation of sinter quality as well as the blast

---

* Copartner: Yu Zhongjie. Reprinted from 1985 The 1st International Symposium on Ironmaking Technology in China, 1985.

furnace burden and broke down frequently the stability of blast furnace operation.

(3) Because of unreasonable design, discal coolers in the No. 1 Sintering Shop were not effective and could not cool the sinter to normal temperature. Operators were obliged to spray water onto belt conveyers which led to a high percentage of sinter fines. In addition, there was no screening apparatus for sinter under the stockhouse. Therefore, the burden charged into the furnaces contained a large amount of fines.

As a result of poor permeability of the burden, it was very difficult for the blast furnaces to accept a higher blowing rate and the intensity of combustion of coke of blast furnaces was relatively low which resulted in the phenomenon of accumulation in the hearth.

Table 1 Specification of ironmaking and sintering facilities in WISCO

No.	Blast Furnaces (1st campaign)			No. 1 Sintering Shop			No. 3 Sintering Shop		
	Inner Vol. /m^3	Hearth Dia. /m	Blown-in	Strands No.	Area /m^2	Start-up	Strands No.	Area /m^2	Start-up
1	1386	8.2	Sep. 1958	1	75	Aug. 1959	1	90	Dec. 1972
2	1436①	8.4	July. 1959	2	75	Aug. 1959	2	90	Dec. 1972
3	1513	8.6	Apr. 1969	3	75	Aug. 1959	3	90	June. 1973
4	2516	10.8	Sep. 1970	4	75	Aug. 1959	4	90	June. 1973

① Since 1982, No. 2 BF has enlarged its volume to 1536m^3 after its second relining.

2.1 The phenomenon of accumulation in the hearth

In the early sixties, the intensity of combustion of coke dropped from 1.0 to below 0.6t/(m^3 · d) because of shortage of raw materials. Since then, the phenomenon of accumulation was observed on the No. 1 and No. 2 blast furnaces. In this period unsmooth furnace performance, increase of numbers of burnt tuyeres and insufficiency of sensible heat of hot metal became essential characteristics for the furnaces. Over a long-term investigation the following results were obtained[1].

(1) As shown in Fig. 1, the depth of penetration of the raceway (D) bears on relation to the kinetic energy of the tuyere blast (E), but the value D is nearly proportional to a functional expression [2]:

$$\left(\frac{Q^2 \cdot T_b}{A \cdot P_b \cdot W \cdot H \cdot N}\right)^{0.5}$$

where Q ——blast volume, m^3/min;

T_b ——blast temperature, ℃;

A ——total blowing area of tuyeres, m^2;

P_b ——blast pressure, kg/cm^2;

W ——bulk density of the burden, kg/m^3;

H ——the height of the burden column above the tuyere level;

N ——tuyere numbers.

It is obvious that $Q^2 \cdot T_b/(A \cdot N)$ and $P_b \cdot W \cdot H$ represent the momentum of blast (M) and the resistance of the burden column (R), respectively, we can express the relationship between D^2 and M/R as follows: $D^2 = K(M/R)$ (K —— proportional coefficient).

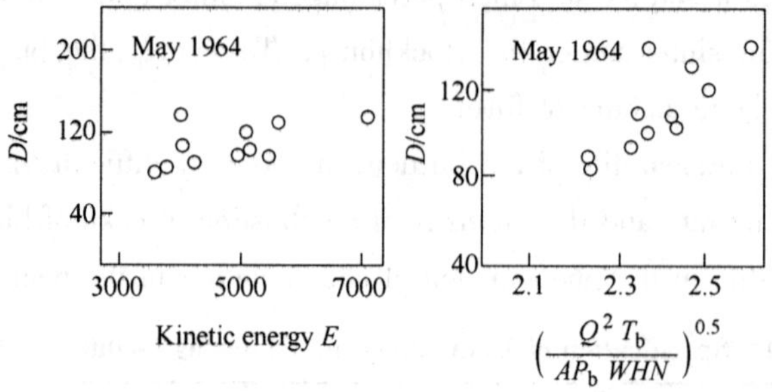

Fig. 1 Relation between the depth of raceway (D) and kinetic energy of tuyere blast (E) and $\left(\frac{Q^2 T_b}{AP_b WHN}\right)^{0.5}$

(2) Operational methods to increase M and to decrease R.

Smaller tuyere area, smaller burden batch-weight and reverse filling were the principle operational methods to maintain smooth and stable performance for the furnaces at that time.

Fig. 2 is typical example which shows the effects of changing the filling sequence from CSSC↓ to 3 CSSC↓ + 2CCSS↓ on the gas distribution in both top and hearth. On November 19th

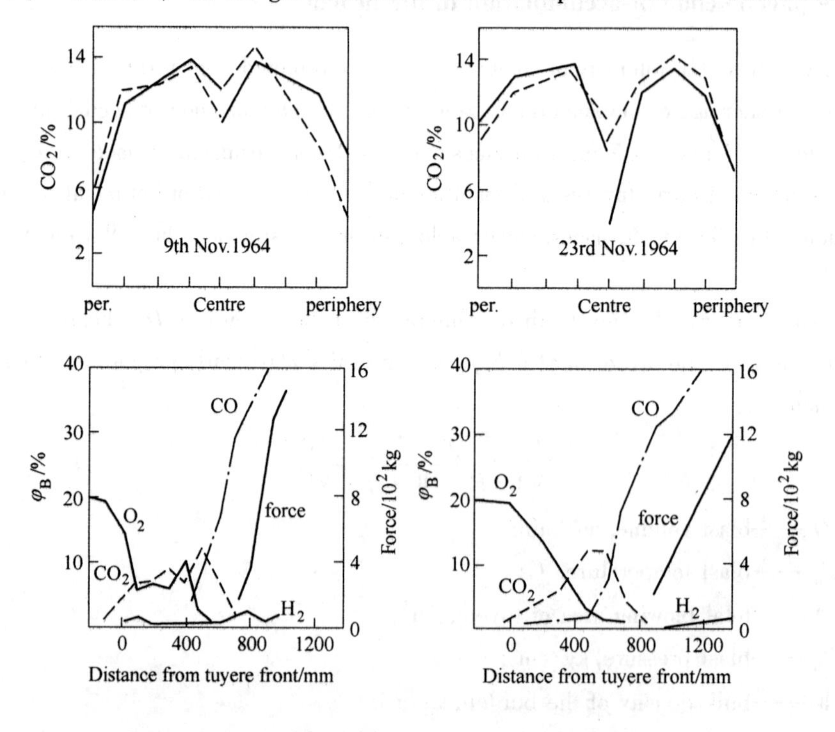

Fig. 2 Effects of changing filling sequence on the distribution of gass composition in the top and the hearth

1964, No. 1 BF was in poor operation with the feature of a weak central gas flow. After changing the filling sequence, the patterns of the gas distribution improved obviously and blast volume increased by 200m^3/min.

(3) The acceptable blowing rate is depended on the permeability of the burden.

When a high-permeability burden is used, blast furnaces can accept a higher blowing rate and have a higher blast momentum. In this case operational methods which refrain the peripheral gas flow but make better utilization of energy of the gas (such as increasing burden batch-weight, loading the periphery with more ironbearing material, etc.) are acceptable.

In a word, the main reason for the accumulation in the hearth in this period was the poor permeability of the burden which resulted from the poor sinter quality (too weak, too much fines and small-sized).

2.2 Anomalies in the distribution of the sinter burden

Another problem which caused low productivity for the furnaces was the anomalies in the sinter distribution.

As given in Fig. 3, the patterns of the gas distribution during that period differed from those

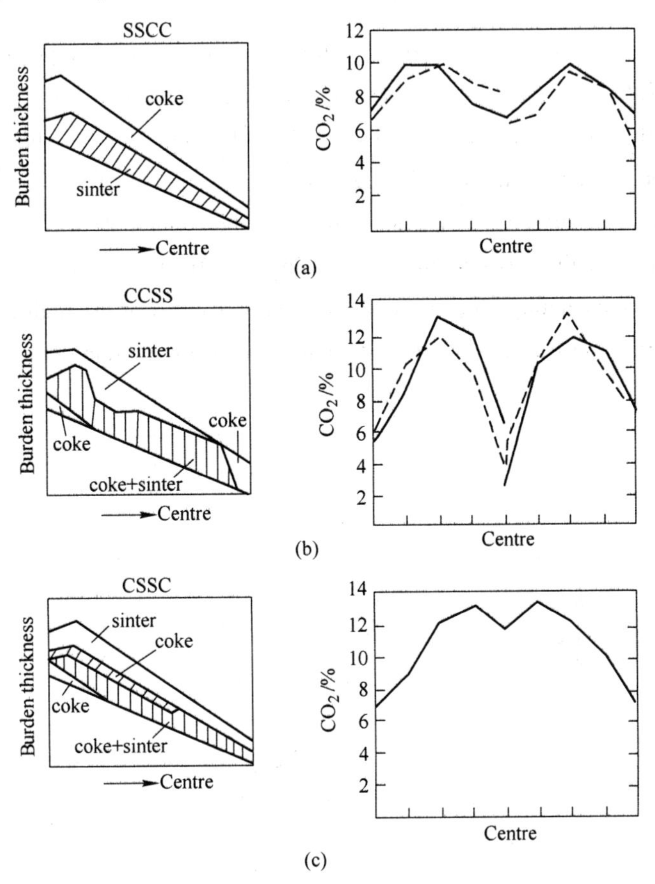

Fig. 3 Gas distribution curves and vertical-section of blast furnace burden in different charging sequences when small-sized sinter is used

based on the conventional operations. For example, the regular filling (SSCC↓) gave a weak central gas flow and a slightly weak peripheral gas flow; the reverse filling (CCSS↓) brought about strong gas flow at both centre and periphery. The anomalies made it difficult to select a suitable charging method which could maintain the smoothness of furnace operation. For the purpose of solving this problem we made a series of investigations, such as measuring the profile of stockline, the speed of stock movement, the distribution of the throat temperature and the composition of the burden, etc. The measurements were carried out on actual blast furnaces as well as a full-scale top model.

The firsthand observations proved that the anomalies are caused by the unique behavior of small-sized sinter. When the sinter is charged into the furnace top, the phenomenon of anomalies in the sinter distribution appears. During this period, the sinter contained 20% ~ 25% fines (<5mm) and its average diameter was 13 ~ 15mm. In this condition, the only way to operate the furnace was to use a charging programme of reverse filling and smaller batch-weight.

2.3 Adoption of high magnesia slag

In WISCO, local ores, both fines and concentrates, contain a high percentage of alumina (Al_2O_3 1.5% ~ 2.5%). As a result, blast furnace slag contains 14% ~ 15% Al_2O_3 which brings about a high viscosity and a low capacity of desulfurization to the slag. Based on the laboratory experiments carried out over a long period, a proper measure to solve the problem taken in 1972 was to increase the magnesia content of slag. Dolomite was added into the sinter mix. As compared with the original sinter containing 2% MgO, the sinter containing 3.5% ~ 4.0% MgO is better in quality, for instance, the tumbler index of the high magnesia sinter increases by 2% ~ 3% and the sinter fines (<5mm) after JIS reduction decreases by 3%[3] (see Fig. 4).

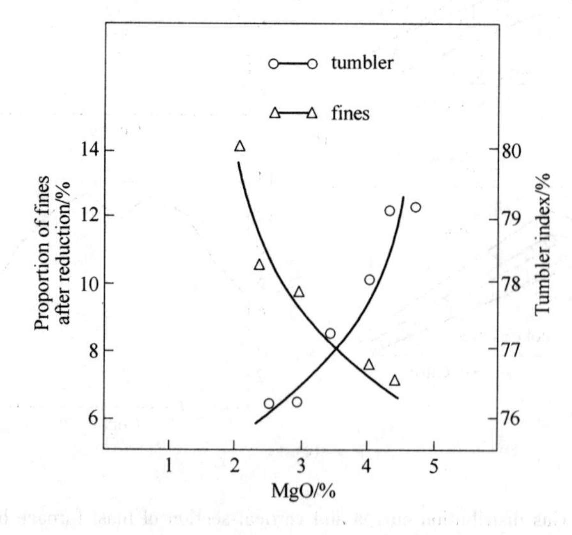

Fig. 4 Relationship between the MgO content of sinter and its strength indexes

Owing to the adoption of the high magnesia sinter, the MgO content of the slag has increased from less than 6% (before 1972) to 10% ~ 12%.

In comparison to the slag containing 6% MgO the high magnesia slag (MgO 10% ~ 12%) has better metallurgical properties, such as better fluidity, higher desulfurizing capacity and better stability (Fig. 5 and Fig. 6). As shown in Fig. 6, Oelsen Indexes of the high MgO slag are nearly double those of the slag containing 6% MgO.

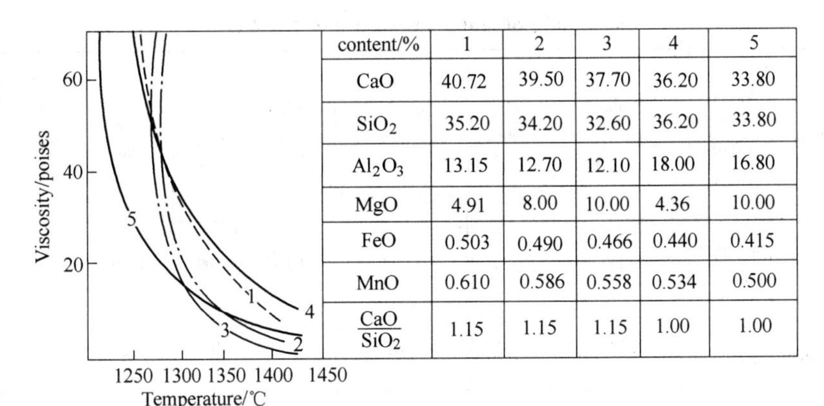

content/%	1	2	3	4	5
CaO	40.72	39.50	37.70	36.20	33.80
SiO_2	35.20	34.20	32.60	36.20	33.80
Al_2O_3	13.15	12.70	12.10	18.00	16.80
MgO	4.91	8.00	10.00	4.36	10.00
FeO	0.503	0.490	0.466	0.440	0.415
MnO	0.610	0.586	0.558	0.534	0.500
$\frac{CaO}{SiO_2}$	1.15	1.15	1.15	1.00	1.00

Fig. 5 Viscosity-temperature curves of slag with different MgO content and basicity

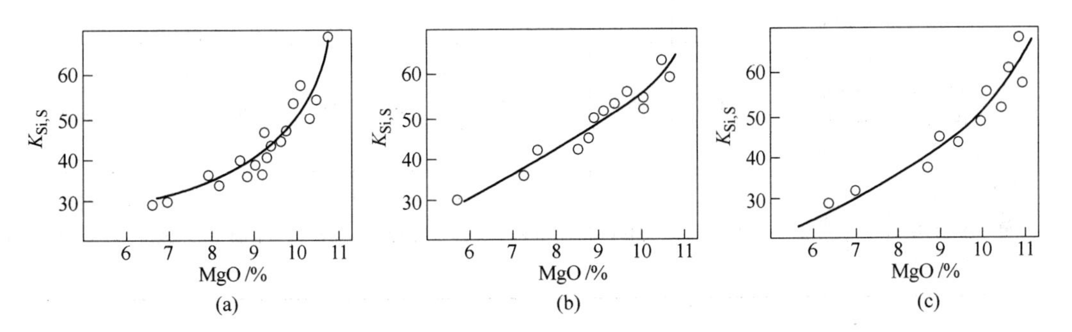

Fig. 6 Effect of MgO content in the slag on $K_{Si,S}$ index

(a) CaO/SiO_2 = 1.00 ~ 1.01; (b) CaO/SiO_2 = 1.03 ~ 1.04; (c) CaO/SiO_2 = 1.06 ~ 1.07

In general, the productivity of the furnaces during this period remained low because of the aforementioned problems.

3 Improvement of Ironmaking from 1978 to 1985

Since 1979 on the basis of practice and research work a series of technical measures have been taken to improve the production both in sintering plants and ironmaking plant.

3.1 Implementation of underbin screening of sinter

At the end of 1977, during the relining of No. 3 blast furnace conventional charging system with scale cars was replaced by belt conveyers and electronic weighing hoppers. This modification made the installation of underbin screening devices for sinter possible. Several months later similar modification took place at No. 4 BF. The operational results of No. 3 and No. 4 blast furnaces showed that a decrease of the content of sinter fines (>5mm) by 1% led to an increase of iron production by 2.30% ~2.36% and a decrease of coke rate by 0.33 ~0.46[4] (see Table 2). By the end of 1982, the modifications of charging systems of the rest furnaces were completed during their relinings.

Table 2 Operating results before and after underbin screening of sinter at No. 3 and No. 4 BF

Blast Furnaces No.	Period	Operating Conditions	Productivity /t·(m³·d)⁻¹	Coke rate /kg·t⁻¹	Intensity of coke combustion /t·(m³·d)⁻¹	Blast volume /m³·min⁻¹	Blast temp. /℃	Top pressure /kg·cm⁻²	Oil rate /kg·t⁻¹	[Si]/%
3	1st ~13th Oct. 1977	no sinter screening	1.445	587.2	0.852	2.835	1001	1.19	53.4	0.426
	21st ~31st Oct. 1977	sinter screening	1.775	568.0	1.045	3175	1081	1.27	38.6	0.431
4	Nov. 1975	no sinter screening oil injection	1.120	551.5	0.634	2881	1059	0.89	42.7	0.893
	1st ~23rd Dec. 1977	sinter screening no oil injection	1.284	623.7	0.827	3504	969	1.01	—	0.834
	24th Dec. 1977 ~ 9th Jan. 1978	sinter screening oil injection	1.448	551.1	0.846	2893	999	1.04	28.5	0.680

3.2 Application of Australian ores and high-basicity sinter

In 1978, Australian ores, both fines and lumps, were introduced to sinter mix and blast furnace burden and have been a component of iron bearing materials ever since. Consequently, the slag volume of the furnaces was obviously reduced which is beneficial to the permeability of the burden column.

Because the sinter produced from 1959 to 1979 had a low basicity (1.2 ~1.3), it was necessary to charge limestone into blast furnace burden to maintain the slag basicity within an adequate range. Since 1980, high-basicity sinter (CaO/SiO_2 = 1.5 ~1.6) has been produced in sinter plant at WISCO which has made it possible to abolish the adding of limestone to the blast furnace burden for adjusting the slag basicity.

At the ore storage yard, since 1978 Australian ore fines (less than 6mm) has been screened out from Australian lump ore. In 1981, first reclaimer started its blending operation which has eliminated the fluctuation of the chemical composition of ore fines and has been an effective measure to improve the sinter chemistry.

3.3 Improvement of sinter quality

As has been mentioned above, sinter cooling was a serious problem to No. 1 Sintering Plant. In 1978, a few of technical modifications were completed in the No. 1 Sintering Plant. They included[5]:

(1) Replacing the unsuccesful discal coolers with strand-coolers;

(2) Adding hot-vibration screens for screening of hot sinter fed on strand coolers;

(3) Adding new dedusting devices to the cooling system.

Owing to the modifications, the hot sinter can be cooled effectively to a temperature below 100℃ and therefore, no water spray on the belt conveyers is needed. Besides, the air pollution control in this sintering plant has been improved to a certain extent.

In 1984, new screening station for sinter sizing and hearth layer facilities were installed in the No. 3 Sintering Shop with the modification of igniting furnace, pallets and dust electro-precipitators and the thickness of sintering bed was increased from 380mm to 420 ~ 450mm. Practice proved that the modifications not only saved the energy for sintering but also improved the quality of sinter in the condition of a large proportion of concentrates in the sinter mix. According to the operational data, the mean particle size of sinter after modification increases to 20.67mm, corresponding to an increase of 4 ~ 5mm as compared with that prior to the modification.

3.4 Progress of blast furnace technology

During 1977 to 1984, all of the four blast furnaces were rebuilt with the adoption of modern technology, such as underbin screening of sinter, all carbon hearth lining with water-cooled bottom, coal injection, etc. Apart from these, special attention was also paid on research work which involved extending blast furnace shaft life[6], improving the utilization of chemical energy of the gas[1], increasing the capacity of removing alkalies by the slag[7], etc.

3.4.1 All carbon hearth lining with water-cooled bottom

In September 1970, No. 4 blast furnace with an inner volume of 2516m^3 which was the largest blast furnace in China at that time was put into operation. The hearth and bottom of this furnace were lined with carbon blocks with water-cooling underhearth (Fig. 7). During its first campaign from 1970 to July 1984, No. 4 blast furnace produced 13.0 million tons of hot metal. The other three blast furnaces in WISCO, not alike to the No. 4 BF, all adopted the design of carbon hearth with ceramic plug during their first campaign. Practice has showed that the bottom design of the No. 4 blast furnace is preferable to the traditional because it can reach a longer campaign life without serious danger. During 1977 to 1982, No. 1, No. 2 and No. 3 blast furnaces were rebuilt with this design during their relining.

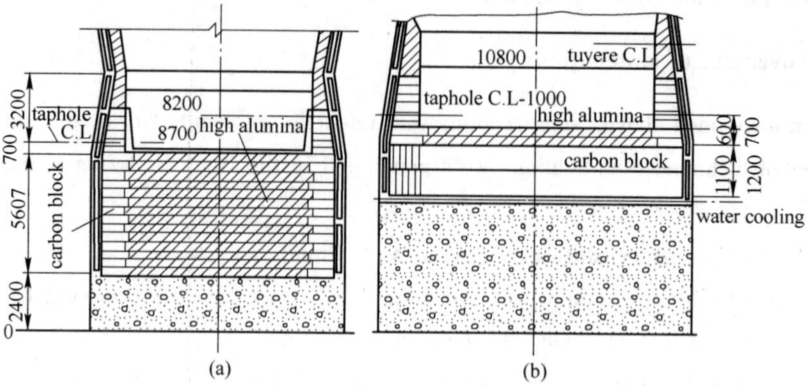

Fig. 7 Comparison of hearth and bottom design of No. 1 and No. 4 BF in WISCO

(a) No. 1 BF(1st campaign 1958 ~ 1978 1386m³); (b) No. 4 BF(1st campaign 1970 ~ 1984 2516m³)

3.4.2 Extending blast furnace shaft life

The life of blast furnace shaft has become the most important factor to achieve a longer furnace campaign life in WISCO as the hearth and bottom lining has prolonged to a great extent. During the last two decades a series of investigations on shaft coolers, shaft bricks, and operational factors have been carried out. The major developments in this field included:

(1) Adoption of brick embedded staves instead of box coolers in the shaft and Γ-type stave for the upper row of staves to support the brick (see Fig. 8).

(2) Reserving the mantle at bosh parallel to support the lining of the shaft.

(3) Adopting carbon brick in the shaft lining instead of chamotte or alumina brick so as to cool the shaft lining to a temperature at which the reaction between the refractory and alkaline compounds should be restricted.

As a result, the shaft life in WISCO has extended from 3 ~ 4 years to 5 ~ 6 years in recent years. For further extension of the shaft life we are considering the following suggestions in accordance with the condition in WISCO:

(1) Increasing the height of shaft stave cooling to 2/3 of the total shaft height (now it is

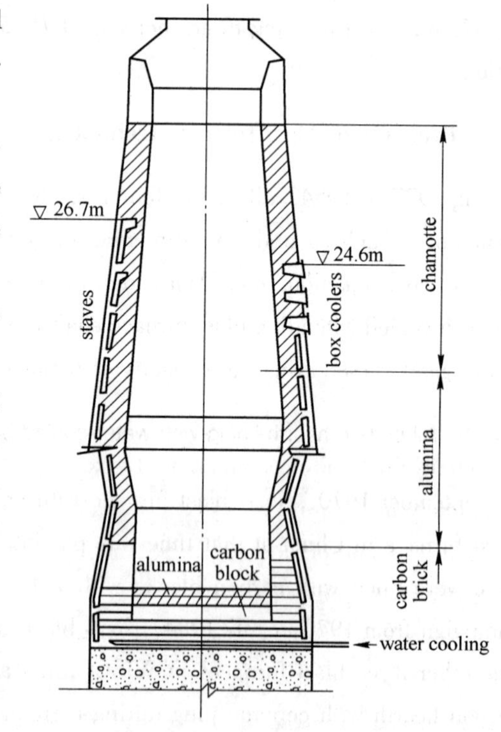

Fig. 8 Transition of the shaft design of No. 1 BF

Right—2nd campaign (1978);

Left—Intermediate repairs (1983)

about 1/2).

(2) Installing the nose-type stave to support the lining of the lower shaft combined with the use of Γ -type stave for the upper row of the shaft.

(3) Employing carbon brick shaft lining at present and self-bound SiC brick or semi-graphite brick in the near future if possible.

(4) Controlling the cooling intensity of the shaft and monitoring the wear of the lining to maintain a proper operating profile, etc.

3.4.3 Improvement of utilization of chemical energy of furnace shaft gas

As proved by practice, in order to get a lower fuel rate it is a key point to select proper charging programme, such as charging batch-weight, the stockline, filling sequences, according to the charateristics of the burden so as to reach a better utilization of the gas energy. The first consideration in selecting charging programme is the characteristics of burden materials. In WISCO, small charging batch-weight and reverse filling had been the major features for the furnaces before 1978. With this charging programme the furnaces were smooth in operation but had a low degree of utilization of the gas energy. The CO_2 content in the top gas varied from 13% to 15% and the fuel rate varied form 580 to 600kg/t.

Since 1978, the adoption of underbin screening of sinter has greatly improved the size composition of the burden as well as the permeability of the stock column. In accompany with the improvement of burden permeability, the charging programme has gradually changed to the layer filling and larger batch weight which has resulted in a better utilization of furnace gas and a lower fuel rate. At present, the coke rate is about 470 ~ 490 kg/t with a slag volume of 550kg/t.

3.4.4 Investigation concerning the behavior of alkalis in blast furnace

Several years ago we found that our sinter contained a high content of alkalis ($K_2O + Na_2O$ about 0.4%, the total input about 7 ~ 8kg/t) which had brought about a lot of operating troubles to the furnaces:

(1) Recycling and accumulation of alkali compounds in the furnace which may be one cause of accretion on the furnace wall.

(2) Degradation of sinter or pellet particles which decrease the permeability of stock column and result in irregularities of furnace performance.

(3) Attack on refractories which result in faster erosion of furnace lining.

In order to obtain a better performance of the blast furnace it is necessary to prevent the accumulation of alkalis in the blast furnace. For this purpose, measures should be taken to increase the capacity of alkali removal from the blast furnace.

Investigation showed that most of alkaline compounds could be removed from the blast furnace by slag, especially the low basicity (CaO/SiO_2) and high MgO slag (see Table 3).

Table 3 Balance of Alkalis on No. 3 BF (WISCO, Oct. 15th 1980)

Materials	Input				Output				
	Consum-ption /kg·t^{-1}	K_2O /%	Na_2O /%	K_2O+Na_2O /kg·t^{-1}	Products	Rates /kg·t^{-1}	K_2O /%	Na_2O /%	K_2O+Na_2O /kg·t^{-1}
Sinter	1561. 4	0. 25	0. 13	5. 93	slag	471	1. 06	0. 48	7. 25
Aust-ralian ore	124. 2	0. 025	0. 078	0. 13	Dust	24. 3	0. 44	0. 14	0. 14
Hainan ore	88. 7	0. 12	0. 036	0. 14	Wasts water from scrubber	7778	0. 008	0. 0018	0. 76
Coke	513. 0	0. 135	0. 135	1. 38					
Coal Injected	48. 6	0. 350	0. 245	0. 29					
Total				7. 84					8. 15

Fig. 9 shows the relationship between CaO/SiO_2 and alkali percentage in the slag for the No. 3 blast furnace in WISCO. It can be seen that as CaO/SiO_2 increases from 1. 05 to 1. 15 the alkali percentage in the slag decreases by about 30%.

Fig. 10 and Fig. 11 indicate the effects of CaO/SiO_2 and replacing CaO by MgO on the rate of alkali volatilization, respectively[8]. It is obvious that the high MgO slag with relatively low basicity (CaO/SiO_2) is not only profitable for alkali removal but also for smelting low silicon hot metal.

Table 4 summarizes the transition of ironmaking and sintering progress in WISCO during the last two decades.

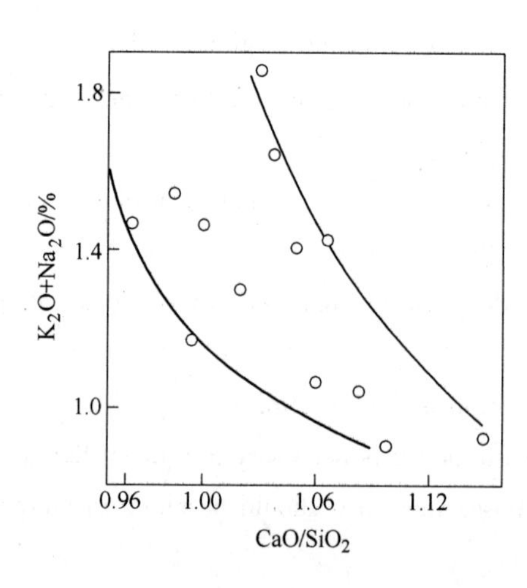

Fig. 9 Relation between CaO/SiO_2 and alkali content in the slag at No. 3 BF in WISCO

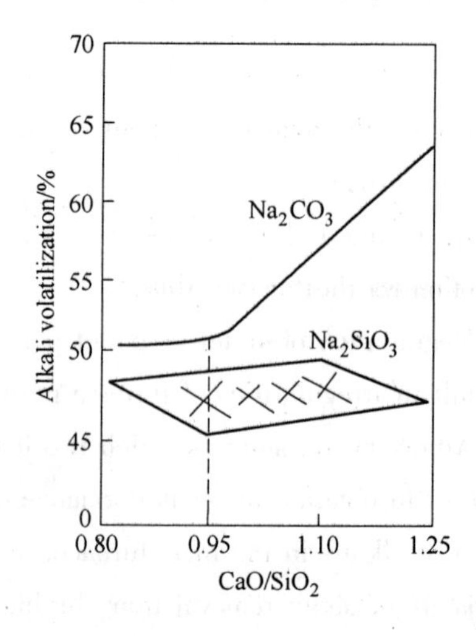

Fig. 10 Effect of CaO/SiO_2 on the rate of alkali volatilization

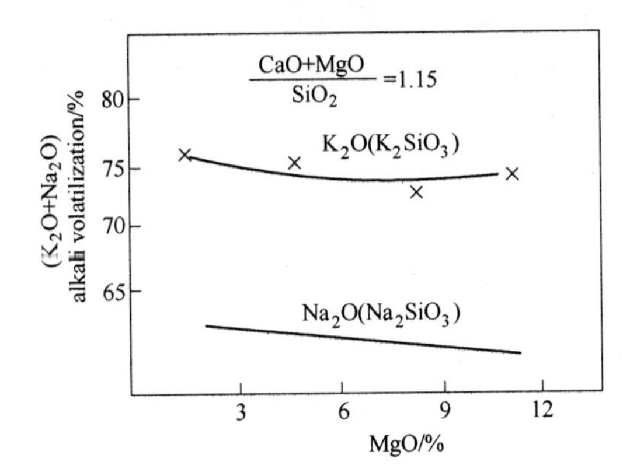

Fig. 11 Effect of replacing CaO by MgO on the rate of alkali volatilization

Table 4 Transition of ironmaking and sintering progress in WISCO during the last two decades

Items	Period	Transition
	1965 ~ 1985	Adoption of non-aqueous taphole mud
Ironmaking	1972 ~ 1985	Adoption of high MgO slag (10% ~12%)
	1966 ~ 1980	Oil injection period
	1972 ~ 1976	Trial coal injection
	1977 ~ 1985	Coal injection production
	1978 ~ 1985	Introduction of Australian ores
	1970 ~ 1985	Adoption of all carbon hearth lining with under-hearth cooling
	1977 ~ 1985	Adoption of underbin screening of sinter
	1976 ~ 1985	Adoption of improved stave (No. 3 BF)
Sintering	1972 ~ 1985	Adoption of high MgO sinter (2.5% ~4.0%)
	1980 ~ 1985	Adoption of high sintering bed
	1980 ~ 1985	Increasing sinter basicity to 1.6
	1984 ~ 1985	Adoption of hearth layer facilities

4 Future Development of Ironmaking in WISCO

In comparison with ironmaking practice prevailing both home and abroad the shortcomings in WISCO are as follows:

(1) The ironbearing material still remains to be poor quality, for instance, small-sized sinter (average size 15 ~ 16mm), low grade of iron content (TFe 51% ~52%), high slag volume (about 550kg/t), etc.

(2) The condition of coal injection is unsatisfactory, i. e, low coal injection rate (about 40kg/t), high ash content of pulverized coal (22% ~24%) and low replacement ratio of injected coal (nearly 0.7).

(3) Short campaign life of the shaft (4 ~5 years).

(4) Low blast temperature (usually less than 1100℃).

(5) Low level of instrumentation and automation of blast furnace process control.

(6) Insufficiency of environmental pollution control.

In the Seventh Five Year Plan, we will put our great efforts to overcome the aforementioned shortcomings.

4.1 Improving the quality of ironbearing materials

Up to now, the sinter produced at two sintering shops has common shortcomings, i. e. low mechanical strength, small-sized and severe fluctuation in its chemistry. These are caused mainly because of the lack of effective blending facilities for the sinter mix before its sintering. For this reason we have paid more attention to the modification of the ore storage yard put forward a programme of modification by stages.

According to the programme, all of the ironbearing materials, except magnetic concentrates, will be blended at thc storage yard and then transported to the sintering plant in a single mix and the ironmaking plant by belt conveyers. It is believed that the quality of sinter and the uniformity of chemistry of the burden will be greatly improved.

For further increasing of sinter production we are planning to set up a new No. 2 Sintering Shop equipped with a strand of 264m^2. As for the existing sintering Shop, modern technology and equipment, such as improved ignltors, hearth layer facilities and product-sinter sizing, will also be implemented during their revamping or rebuilding.

4.2 Technical modification of blast furnaces

As mentioned above, we are now facing a task to increase the ironmaking capacity from 4. 0 million tons in 1985 to 6. 0 million tons in the near future. The main measure to reach this objective is to set up a new No. 3 blast furnace with an inner volume of 3200m^3. This furnace, according to our plan, will adopt modern, reliable technology and equipment both home and abroad. The improvements will include: installation of bell-less top with belt feeding system; adoption of a computerized control system of blast furnace process together with modern sensors and instruments; introduction of a closed-loop circuit system with demineralized or clarified water for stave cooling, etc. Moreover, energy-saving devices, such as TRT system and stove waste-gas heat recovery system, will also be considered.

The technological improvement with regard to the construction of the new No. 3 blast furnace will involve high top pressure, high blast temperature, high coal injection rate taking into account of technical and economical factors.

When the aforementioned modifications realize, the new No. 3 blast furnace will reach an annual capacity of 2. 24 million tons of hot metal. After that, the other three blast furnaces will be rebuilt with the adoption of the abovementioned modern technology and equipment. At that time the ironmaking plant in WISCO will reach an annual capacity of 6. 0 million tons.

In the course of increasing blast furnace production we must pay more attention to solving the problem of environmental pollution. We believe with full confidence that all the above objectives will be certainly realized in the near future.

References

[1] Zhang Shourong. The Influence of Raw Materials on the Blast Furnace Operation[J]. Iron and Steel, 1980, 15(4):47 ~53.

[2] J. J. Poveromo, et al. Ironmaking Proceedings, 1975, 34: 383.

[3] Fan Zhekuang, Xue Xuewen, Yu Zhongjie. Research and Practice of Improving the Quality of Hot Metal from the Blast Furnaces[J]. Iron and Steel (CSM), 1983, 18(11):1 ~6.

[4] Zhang Shourong. WISCO Technology, 1979(1):19 ~33.

[5] Teng Lianjie. Iron and Steel (CSM), 1980, 15(4):66 ~67.

[6] Zhang Shourong, Zhang Shijue. WISCO Technology, 1984(3):61 ~71.

[7] Zhang Shourong. Effect of Alkali and Maintenance of Preper Operating-profile of Blast Furnaces[J]. Iron and Steel (CSM), 1981, 16(7):43 ~49.

[8] Zhou Shizhuo, et al. Formation of Accretion in the Blast Furnaces in Baotou Iron and Steel Co. and Alkali Removal by Slag. 1980.

Practical Experieces in all Carbon Blast Furnace Bottom with Underhearth Water Cooling at Wuhan Iron and Steel Company*

Abstract The conception of all-carbon bottom with underhearth water cooling reviewed in this paper. The operational practice showed the superiority of all-carbon water-cooled bottom over complex bottom: longer campaign life, saving in bottom refractories, easy of construction and lower heat load on hearth staves, etc. All-carbon water-cooled bottom had been widely adopted as typical design of blast furnace bottom at WISCO.

Neat brickwork is important for approaching a longer campaign life. In the late stage of the furnace campaign some carbon blocks may be floated up provided carbon block joints were oversized. In order to ensure a safer operation, it is necessary to pay more attention to monitoring of bottom cooling conditions and take measures punctually to intensify the cooling efficiency. For more longer campaign life, further improvements concerning refractories, water cooling system and instrumentation must be considered.

1 The Conception of All-carbon Bottom with Underhearth Water Cooling

There were three blast furnaces in operation at Wuhan Iron and Steel Co. before 1970 and the complex bottom composed of carbon block on periphery with alumina brick in interior was adopted as the prevailing design for these blast furnaces. In 1964, No. 2 blast furnace which was built in 1959 with all-alumina brick bottom had suffered from a sudden hearth breakout and was obliged to be blown out in 1965. During the course of dismantling of No. 2 blast furnace, investigations were made to observe the wear of hearth and bottom and hearth scaffold samples were taken for examination. It was found that the alumina bricks of bottom had been floated up or deformed to a certain extent. On the contrary, however, the working surface of hearth lining was covered with a layer of strong scaffold composed of graphite, coke fines, slag and metallic iron nodules. It was evident that the hearth lining with sufficient cooling could keep it from erosion and could form a layer of scaffold which acted as the furnace lining in direct contact with molten slag and metal. Based on the concept, when No. 4 blast furnace with an inner volume of $2516m^3$ was constructed in 1970, it was decided to adopt the design of all-carbon bottom with water cooling under hearth to prolong the campaign life of the new blast furnace.

The upper part of the bottom of No. 4 BF was lined with two layers of alumina 400mm thick each, and two layers of carbon block, 1200mm and 1100mm thick respectively, were laid beneath

---

* Copartner: Yu Zhongjie. Reprinted from 1987 The 4th Sino-Japanese Academic Conference on Steel, 1987.

the alumina brick layers. The total thickness of the bottom was 3. 1m. Parallel water cooling pipes by which the bottom was cooled were installed beneath the bottom lining (See Fig. 1).

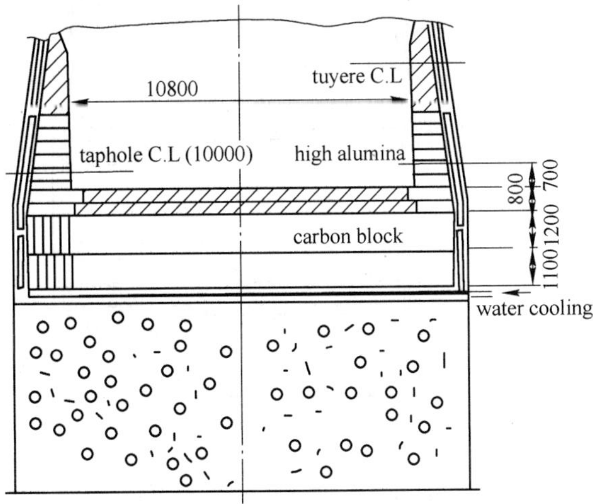

Fig. 1　Designed Profile of No. 4 BF

No. 4 BF was blown in on September 30th, 1970 and was blown out in July, 1984. Even though No. 4 BF had undergone three times of intermediate repairs, its first campaign lasted for 13 years and 10 months and produced nearly 13 Mt pig iron, corresponding to 5141 tons per m^3 of inner volume. The design of carbon block for No. 4 BF had been proven to be successful. Since 1977 the design of carbon bottom with underhearth water cooling has been widely adopted on other blast furnaces as the typical design of furnace bottom in WISCO(See Table 1).

Table 1　Characteristics of blast furnaces at WISCO

No. BF	1st campaign			2nd campaign		
	Blown-in	Volume/m^3	bricks	Blown-in	Volume/m^3	bricks
1	Sep. 1958	1386	Ⅰ	Dee. 1978	1386	Ⅲ
2	July. 1959	1436	Ⅱ	Aug. 1965	1436	Ⅰ
3	Apr. 1969	1513	Ⅰ	Nov. 1977	1513	Ⅲ
4	Sep. 1970	2516	Ⅲ	Oct. 1984	2516	Ⅲ

Remarks: Ⅰ—Complex bottom; Ⅱ—Alumina brick bottom; Ⅲ—Carbon bottom with underhearth water cooling.

2　Comparison of Different Designs of Blast Furnace Bottom

Fig. 2 shows the profile of No. 1 BF adopted in its first campaign (from 1958 to 1978). The total thickness of furnace bottom was 5607mm without cooling.

The chemical compositions and physical characteristics of carbon block and alumina brick used for No. 1 BF and No. 4 BF are given in Table 2 and Table 3, respectively.

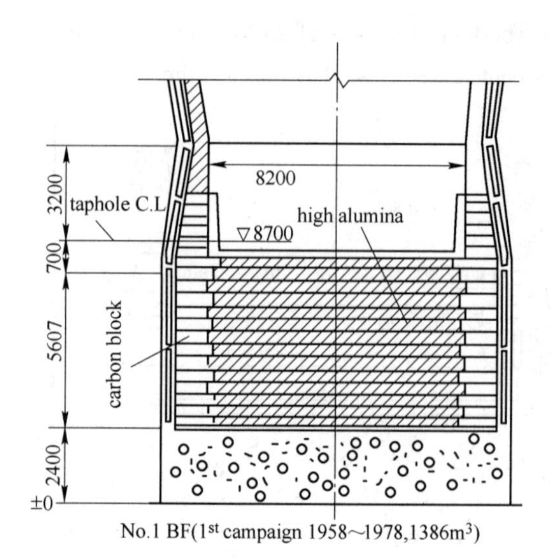

Fig. 2 Designed Profile of No. 1 BF

Table 2 Chemical compositions and physical characteristics of bottom refractory used for No. 1 BF (1st Campaign)

Refractory	Chemical composition/%			Refractori-ness/℃	Porosity /℃	Compressive strength/MPa	Softening point underload/℃
	Al_2O_3	C	Ash				
Carbon block	—	92	8	—	24	24. 5	—
Alumina	55. 79 ~ 56. 17	—	—	1790	14. 9 ~ 15. 6	201 ~ 216	1530 ~ 1560

Table 3 Chemical compositions and physical properties of carbon blocks used for No. 4 BF (1st campaign)

Carbon block	Ash/%	Specific density /$g \cdot cm^{-3}$	Bulk Spec. density /$g \cdot cm^{-3}$	Porosity /%	Compressive strength /MPa	Remarks
Middle ash	8. 92 ~ 10. 10	1. 83 ~ 1. 86	1. 52 ~ 1. 55	15. 30 ~ 18. 78	35. 70 ~ 37. 66	
Low ash	1	2. 04 ~ 2. 05	1. 55 ~ 1. 60	24	34. 32	A small amount was used for lower layer of bottom

In the course of construction of No. 1 BF, strict supervision was carried out to insure the quality of brickwork and the mortar joints for the bottom were restricted to be less than 0. 5mm for alumina bricks and 1. 0 ~ 1. 5mm for carbon blocks respectively, which guaranteed the bottom impermeable to molten metal.

No. 4 BF was the first large scale blast furnace adopting the design of all carbon bottom with underhearth water cooling in China. For the prevention of bottom breakout two measures were taken:

(1) The carbon blocks of the bottom were laid vertically to improve the thermal conductivity of furnace bottom.

(2) Carbon blocks of the upper layer were machined to form locksteps on the vertical surfaces in order to insure them not to be floated up by molten metal.

The philosophy of design of all-carbon water-cooled blast furnace bottom is different from that of complex furnace bottom as follows:

(1) The idea of complex bottom is the thicker the bottom refractory the safer the blast furnace operation, therefore, the thickness of bottom of No. 1 BF is 5607mm i. e., 2500mm thicker than that of No. 4 BF.

(2) The concept of all-carbon water-cooled blast furnace bottom is that the life of refractory depends on sufficient cooling and the erosion of molten melt on refractory could be restricted within a certain limit with adequate cooling, by making good use of the high thermal conductivity of carbon blocks, the all-carbon water-cooled bottom could be more thinner and longer-lived than the complex bottom.

Though the brickwork of No. 4 BF at the bottom area was not as good as expected, the blast furnace had a campaign life of 13. 8 years, this fact showed the superiority of all-carbon water-cooled bottom over complex bottom.

According to observations after dismantling of No. 4 BF the erosion line around the bottom was flat. There was a possibility that some carbon blocks in the upper row floated up in the latest stage of the first campaign. Owing to the high intensity of bottom water cooling, the low row of carbon blocks was kept in good condition.

3 Advantages of the All-carbon Water-cooled Bottom

Besides longer campaign life, the all-carbon water-cooled blast furnace bottom has other advantages.

3.1 Economizing in refractories

The bottom of No. 4 BF had a thickness of 3. 1m, which was thinner than previous 5. 6m thick bottom on No. 1 BF which was built up in accordance with the complex bottom design. As compared with complex bottom No. 4 BF had saved a great amount of bottom refractories (See Table 4).

Table 4 Comparison of calculated amount of bottom refractories in accordance with two designs for No. 4 blast furnace

Design	All-carbon bottom (3. 1mm) (actual)		Complex bottom (5. 6m) (assumed)	
	Carbon block	Alumina brick	Carbon block	Alumina brick
Amount of refractory/m^3	398	73. 6	446	405

3.2 Easy of construction

When No. 1 BF was built in 1958, before the laying down of bottom it took three months to grind, machine and preset alumina bricks used for the bottom and it took one week for laying down one row of bottom brick. For No. 4 BF, only seven days were spent to lay down the carbon blocks because the construction work for the bottom was mainly completed mechanically and the working circumstances has been greatly improved as well.

3.3 Releasing the heat load on cooling staves of the bottom

Practice at WISCO showed that maximum heat load on hearth and bottom cooling staves was lower than that of No. 1 BF or No. 2 BF which were built in accordance with the complex bottom design (See Table 5).

Table 5 Maximum heat load and salamander temperature for different furnace bottoms

Bottom type	No. BF	Maximum heat load on cooling staves/kJ · $(m^2 \cdot h)^{-1}$		Tapping temp. of salamander/℃
		Hearth	Upper bottom	
Complex	No. 1 BF	37291	29958	1290
	No. 2 BF	51118	54889	1366
All-carbon	No. 4 BF	27025	26346	1240

The difference may be caused by the following factors:

The central part of the complex bottom are alumina bricks which have low thermal conductivity, the heat of hearth(including molten melt and incandescent coke) is mainly transmitted by cooling staves along radial direction. Whereas for all-carbon water-cooled bottom furnace like No. 4 BF heat in the hearth could be transmitted to a certain extent in axial direction by underhearth water cooling. This releases the heat load on cooling staves of underhearth side wall and results in lower temperature difference of cooling water around hearth area. In coincident with these phenomena No. 4 BF had a lower tapping temperature of salamander than those of No. 1 BF or No. 2 BF(See Table 5).

4 Investigations of Eroded Furnace Lining after Blowing-out of No. 4 BF

4.1 Characteristics of erosion of the hearth and bottom

The contour of eroded lining of No. 4 BF is shown in Fig. 3. The depth of erosion of furnace bottom was 2000mm(including two rows of alumina bricks and the upper layer of carbon block) and the remaining surface of bottom was nearly flat.

"Excessive erosion" was found on the side wall of furnace bottom and severe erosion area was around the corner of the hearth and bottom.

No leakage of underhearth cooling pipes was found during dismantling only about 1mm thick corrosion layer covering the outer surface of cooling pipes. The inner surface of the pipes was covered with scale composed of Fe_2O_3 (59.6%), FeO (17.72%) and a few of CaO and MgO (1.41%).

Similar to most of carbon hearth furnaces a circular (circumferential) cracking of carbon block in the hearth occurred in many rows and was filled with high K_2O slag (K_2O 0.7% ~ 2.7%) and carbon. According to chemical analyses and microscopic examinations the impurity in the hearth cracks appeared to be amorphous carbon, pottasium carbonate and a few amount of gehlenite with ZnO. This is related to the high alkalis contents of furnace burden at WISCO (usually $K_2O + Na_2O$ 7 ~ 9kg/t).

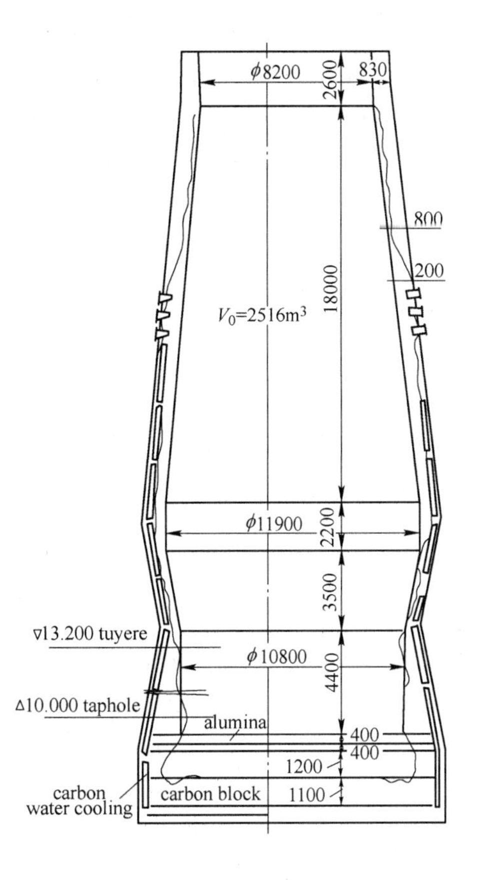

Fig. 3 Eroded Lining of No. 4 BF

4.2 Erosion model of all-carbon furnace bottom

In 1982, a sharp increase of heat load of cooling pipes of No. 4 BF bottom occurred, which was considered to be a signal of floatation of some carbon blocks on the upper row of the bottom. Consequently, it was decided to blow out the furnace as early as possible to ensure safer operation. Before blowing-out the remaining depth of the furnace bottom was predicted according to Paschkis' method based on a thermal erosion model[1,2]. However, we found that the actual erosion depth of the bottom was more deeper than that determined by this model. Besides, the erosion surface was flat and just at the level of interface of the two rows of bottom block. As pointed out by J. F. Elliott, the thermal erosion model is not appropriate when carbon is the refractory in the hearth[3]. The carbon refractory might be eroded by metal penetrating between grains of the refractory in the region near the refractory-metal interface so that the particles or grains of the carbon block could be lifted out. This description seems to be acceptable because it was coincident with the phenomina of the carbon bottom erosion that has been mentioned above.

5 Operational Experience on All-carbon Water-cooled Bottom

5.1 Monitoring the condition of bottom and hearth

The following methods were used to monitor the condition of furnace bottom:

(1) Measuring the heat load of underhearth water cooling pipes.

(2) Measuring the heat load of cooling staves in hearth and bottom.

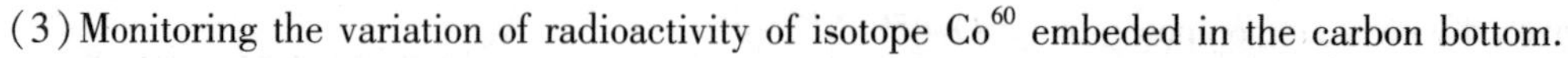

(3) Monitoring the variation of radioactivity of isotope Co^{60} embeded in the carbon bottom.

(4) Measuring the temperature of bottom shell while furnace is in stoppage, shut down the cooling water feed and measure the temperature of shell along bottom height.

All the above mentioned methods are aiming at monitoring the erosion of bottom lining. By comprehensive analysis of the data obtained from above measurements, the operators are able to control the working condition of furnace bottom.

5.2 Maintaining proper cooling of bottom

Proper cooling is the key point for realizing a safe operation and a longer campaign life. The temperature difference of outlet and inlet water for each set of underhearth cooling pipe should be measured every day. In case of sharp increase of temperature difference, quantity of cooling water must be increased to intensify the cooling intensity so as to reduce the heat load to normal level.

5.3 Preventing harmful effects of alkalis

(1) Increasing MgO content of slag to 9% ~ 12% and lowering slag basicity (CaO/SiO_2) to 1.00 ~ 1.03 so as to raise the capacity of alkalis removal of slag.

(2) Decreasing silicon content of hot metal.

The lower the silicon content of hot metal, the higher the alkaline content of slag. The silicon content of iron produced by No. 4 BF was lower than other furnaces in WISCO. This made it possible to remove more alkalis from the furnace than the others.

(3) Controlling the temperature of shaft zone by means of proper filling methods to reduce the accumulation of alkalis in the furnace.

Investigations show that we have made a success in lowering alkalis accumulation along the height of No. 4 BF. For instance, alkalis-accumulation zone for No. 1 BF and No. 2 BF was at the level of lower part of the shaft (maximum K_2O content was 31% and 40.4%, respectively). However, alkalis-accumulation zone for No. 4 BF was at the hearth (maximum K_2O content 25.7%), which showed a lower degree of alkalis accumulation in this furnace.

6 Future Improvement

In order to match the goal of a 15 year campaign life of large scale blast furnace, the following improvements are necessary.

(1) Improvement of quality of refractories.

First of all the quality of carbon block must be improved: i. e. increasing thermal conductivity, decreasing porosity minimizing the size of pores so as to reduce iron impregnation index of carbon block.

(2) Improvement quality of cooling water.

A closed loop circuited pure water system should be used to replace the conventional industrial water for furnace bottom and hearth to prevent clogging and choking of cooling pipes.

(3) Improvement of instrumentation.

The monitoring devices for furnace bottom should be automated and computerized to insure quick feedback of information concerning condition of furnace bottom.

7 Conclusions

(1) The design of all-carbon bottom with underhearth water cooling made a success on No. 4 BF at WISCO. In comparison with the design of complex bottom, it has obvious advantages, such as longer campaign life, saving in bottom refractories, easy of construction and lower heat load on hearth staves, etc. The all-carbon water-cooled bottom had been widely adopted on all of the furnaces at WISCO.

(2) Neat brickwork is important for approaching a longer campaign life. In the late stage of the furnace campaign some carbon blocks might be lifted out provided carbon block joints were oversized.

(3) In order to insure a safer operation, it is necessary to pay more attention to monitoring bottom cooling conditions and take measures punctually to intensify the cooling efficiency as well.

(4) For more longer campaign life, further improvements concerning refractories, water cooling system and instrumentation are necessary.

References

[1] V. Paschkis, et al. Iron and Steel Engineer, 1954: 53 ~ 66.

[2] V. Paschkis, et al. Iron and Steel Engineer, 1956: 116 ~ 122.

[3] Szekely. Blast Furnace Technology (Science and Practice), 1972: 171 ~ 1200.

Maintenance of Furnace Hearth and Bottom Linging by Using Titania-bearing Material*

Abstract After the adoption of carbon block, the accident of breakout of blast furnace hearth and bottom has been greatly decreased, but many blast furnaces have suffered from the penetration of molten iron into carbon block which resulted in over-heating of hearth staves and under certain conditions accidents of breakout were not seldom. When this happened, blast furnaces should be converted into foundry iron smelting which brought about high coke rate and low productivity. In the past several years, we started the experiment of adding TiO_2-bearing material into blast furnace burden and reached desirable results. Two or three weeks after the using of TiO_2-bearing material the heat load of the over-heated cooling staves started to release and after two of three months, the heat load of these cooling staves became stable. The using of TiO_2-bearing material as an additive for the maintenance of blast furnace hearth and bottom has become the normal practice in WISCO.

1 Introduction

There were three blast furnaces in operation at Wuhan Iron and Steel Co. before 1970 and the complex bottom composed of carbon block on periphery with alumina brick plug in interior was adopted as the prevailing design for these furnaces. In 1964, No. 2 blast furnace which was built in 1959 with all-alumina brick bottom had suffered from a sudden hearth breakout and was obliged to be relined in 1965.

In order to prolong blast furnace campaign life, we adopted the design of all-carbon bottom with underhearth water cooling for No. 4 blast furnace and put it into operation in September, 1970. Table 1 shows the characteristics of blast furnaces at WISCO.

Practice and investigation in WISCO have proven that all-carbon bottom with underhearth water cooling is better than the complex bottom from point of view of safe operation. Accordingly, the other three blast furnaces in WISCO had been revamped to this dsign during their relining (see Table 1).

Table 1 Characteristics of blast furnaces at WISCO

BF No.	1st campaign		2nd campaign		3rd campaign	
	Blown-in	Inner volume/m³	Blown-in	Inner volume/m³	Blown-in	Inner volume/m³
No. 1	Sep. 1958	1386①	Dec. 1978	1386③		
No. 2	July 1959	1436②	Aug. 1965	1436①	June 1982	1536③

* Copartner: Yu Zhongjie. Reprinted from 1988 Ironmaking Conference Proceedings, 1988: 537 ~ 542.

Continued 1

BF No.	1st campaign		2nd campaign		3rd campaign	
	Blown-in	Inner volume/m^3	Blown-in	Inner volume/m^3	Blown-in	Inner volume/m^3
No. 3	Apr. 1969	1513①	Nov. 1977	1513③		
No. 4	Sep. 1978	2516③	Oct. 1984	2516③		

① Complex bottom;

② Alumina brick bottom;

③ Carbon bottom with underhearth water cooling.

In the final stage of blast furnace campaign life, many blast furnaces have still suffered from the penetration of molten iron into carbon block which resulted in overheating of hearth staves. For example, No. 3 blast furnace had been in an emergent situation in September, 1984 as a number of hearth staves had rather high heat load after seven year' s service in its second campaign. Sometimes, maximum heat load of the staves reached $15800W/m^2$ which significantly exceeded the safety limit (according to the regulations the heat load must be less than $8140W/m^2$ or $29308kJ/(m^2 \cdot h)$ for blast furnace hearth staves in WISCO).

In order to release the over-heated cooling staves a series of conventional measures were taken, such as pickling the stave pipes, feeding over-heated staves with high pressure cooling water and blocking the tuyeres just above the over-heated area. As a result, the maximum heat load of the staves dropped to a certain extent, but still higher than normal. It seemed that the conventional measures were not effective enough. For this reason the experiment of adding TiO_2-bearing material into blast furnace burden was carried out on No. 3 blast furnace in March 1985.

2 Experiment on No. 3 Blast Furnace

The TiO_2-bearing material used in the experiment was Panzhihua lump ilmenite containing about 10% TiO_2 and 0.3% V_2O_5. The chemical composition of the TiO_2-bearing material is given in Table 2.

Table 2 Chemical composition of TiO_2 bearing matering (%)

TiO_2	TFe	FeO	SiO_2	CaO	MgO	S	V_2O_5
10.50	32.29	21.84	20.20	6.43	6.21	0.605	0.315

According to the dosage of the TiO_2-bearing material in blast furnace burden, the experiment is divided into five stages. Operating parameters relevant to the experiment for each stage are given in Table 3.

Fig. 1 illustrates the variation of maximum heat load of hearth staves with the adding of different amount of TiO_2-bearing material into the burden. It can be seen from Fig. 1 that the maximum heat load of hearth staves during March 11 ~ 20 period was just below the safety limit, but suddenly raised to about $9900W/m^2$ on March 21. After the adding of TiO_2-bearing material by

10.3kg/t the maximum heat load of the staves gradually reduced. Two weeks later, it decreased to a normal level and remained stable even though the dosage of TiO_2-bearing material in the burden had reduced to 4.1kg/t.

Table 3 Changes in TiO_2-bearing material dosage and variation of maximum heat load of staves on No. 3 BF

Period	Date	Days lasted	TiO_2 /$kg \cdot t^{-1}$	Maximum heat load /$W \cdot m^{-2}$	[Si]/%	[Ti]/%	CaO/SiO_2	(FeO) /%	(TiO_2) /%
normal heat load	Mar. 11 ~ 20 1985	10	0	7852	0.600		1.01	0.69	
high heat load	Mar. 21 ~ 26	6	0	9865	0.580		1.01	0.70	
Stage A	Mar. 27 ~ 31	5	10.3	9194	0.589	0.132	1.01	1.04	1.83
Stage B	Apr. 1 ~ 4	4	10.3	8326	0.618	0.140	1.01	1.19	2.05
	Apr. 5 ~ 14	10	8.2	8089	0.576		1.03	0.98	
	Apr. 15 ~ 22	8	4.1	7458	0.580		1.03	0.94	
Stage C	Apr. 23 ~ 30	8	2.0	7576	0.564	0.079	1.03	0.94	1.15
Stage D	May 1 ~ 10	10	3.3	7971	0.571		1.03	0.75	
	May 11 ~ 22	12	4.8	7537	0.528	0.106	1.02	0.90	1.61
	May 23 ~ 31	9	4.8	6945	0.530	0.067	1.02	0.92	0.95
Stage E	Jun. 1 ~ 22	22	4.8	6195	0.622	0.060	1.02	0.74	1.11
	Jul. 9 1985 to Aug. 1986	390	0	Normal	0.616		1.02	0.71	

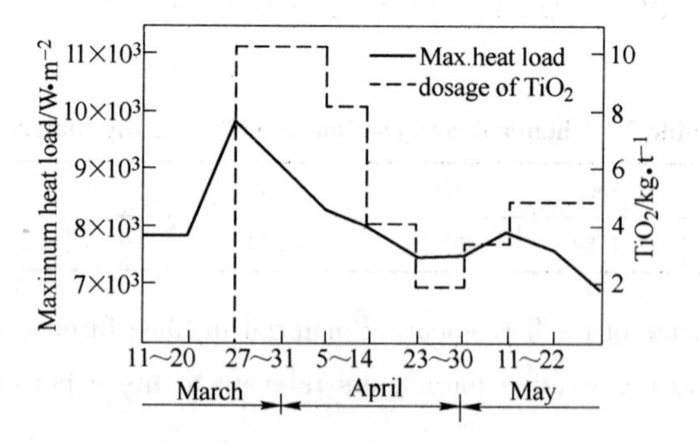

Fig. 1 Transition of maximum heat load of hearth staves and the dosage of TiO_2-bearing material in the burden

Because the experiment reached desirable results, we decided to eliminate the TiO_2-bearing material from the burden in Stage E. This stage lasted for more than a year until the maximum heat load rose again on Aug. 25, 1986.

3 Experiments on No. 2 BF and No. 4 BF

In Feb. 1986, No. 2 blast furnace had suffered from a sharp rising of heat load of a few hearth staves. The maximum heat load of staves reached 11267W/m^2, i. e. it exceeded the safety limit by 38. 4%. Since March 9, 1986, the TiO_2 bearing material with a dosage of 9. 7kg/t was added into the burden. Two days later, the maximum heat load decreased to 7570W/m^2 and remained stable. The course of the experiment on No. 2 BF is shown in Table 4.

Table 4 Changes in TiO_2-bearing material dosage with maximum heat load of staves on No. 2 BF

Date	TiO_2 /kg · t^{-1}	Max heat load /W · m^{-2}	Hot metal temp. /℃	[Si]/%	[Ti]/%	[S]/%	(FeO) /%	(TiO_2) /%	CaO/SiO
Mar. 5 1986	0	11267	1472	0. 492		0. 025	0. 63		1. 01
Mar. 101987	9. 7		1493	0. 613		0. 017	0. 72		1. 04
Mar. 111987	9. 7	7570	1432	0. 514		0. 017	0. 79		1. 03
Mar. 121987	9. 7	6915	1479	0. 584	0. 127	0. 018	0. 72		1. 02
Mar. 13 ~ 16 1987	9. 7	<8140	1481	0. 545	0. 157	0. 019	0. 70	1. 848	1. 04
Mar. 17 ~ 21 1987	5. 5	<8140	1470	0. 526	0. 124	0. 019	0. 85	1. 500	1. 01
Mar. 29 ~ Apr. 251987	6. 7	<8140	1477	0. 541		0. 019	0. 69		1. 02

On No. 4 BF the experiment was started on May 29 1986, just one and a half years after the blowing-in of its second campaign. Before that the bottom temperature abruptly rose from less than 400℃ to 510℃, meanwhile, heat loss transmitted from underhearth by cooling water had risen from 2444W/m^2 to 3611W/m^2. On June 6 1986, the TiO_2-bearing material was added into the blast furnace burden with a dosage of 7. 2kg/t. Ten days later, the underhearth heat loss reduced by 15% and the bottom temperature went down. Two weeks after the using of TiO_2-bearing material, both the bottom temperature and bottom heat loss became stable. Consequently, the TiO_2-bearing material was added to the No. 4 blast furnace burden for 66 days and then eliminated. The bottom temperature has remained stable up to now even though no TiO_2-bearing material has been added since then. Experimental course on No. 4 BF is shown in Table 5.

Table 5　Changes in TiO_2-bearing material dosage with maximum bottom heat loss on No. 4 BF

Date	TiO_2/kg · t^{-1}	Bottom heat load /W · m^{-2}	Bottom temp. /℃	Period/days
May 3, 1986	0	2453		
May 27, 1986	0	3664	510	
Jun. 8, 1986	7. 2	3111	470	10
Jun. 14, 1986	7. 2	2612	460	17
Jun. 28, 1986	7. 2	2055	410	31
Jun. 28 to Sep. 2, 1986	3. 0	2666	300 ~ 400	disconnected

4　Discussions of Experimental and Operating Results

Experimental and operating results on the three blast furnaces have proven that the over-heating of individual hearth staves can be released by adding TiO_2-bearing material into the burden. Desirable results have been achieved since the use of TiO_2-bearing material in combination with other operating improvements. Table 6 shows the comparison of operating results for the three blast furnaces before and after the adding of TiO_2-bearing material. It can be seen from Table 6 that the productivity increased by 7. 9% ~ 11. 5% and the fuel rate reduced by 7 ~ 23kg/t, respectively. In addition, low silicon, low sulfur hot metal can be easily produced under the condition of high TiO_2 content in blast furnace slag (no more than 1. 85%).

Table 6　Comparison of operating results before and after the use of TiO_2-bearing material

No. BF	Period	Date	TFe in the burden/%	Productivity /t · $(m^3 · d)^{-1}$	Fuel rate① /kg · t^{-1}	[Si]/%	[S]/%
No. 2 BF	No TiO_2 adding	1986	53. 49	1. 772	508. 6	0. 639	0. 022
	Adding TiO_2	Apr. 1987	53. 78	1. 957	501. 2	0. 518	0. 020
No. 3 BF	No TiO_2 adding	1984	52. 77	1. 645	546. 6	0. 613	0. 021
	Adding TiO_2	Jan. ~ Mar. 1987	53. 26	1. 776	523. 0	0. 511	0. 021
No. 4 BF	No TiO_2 adding	1985	53. 16	1. 512	533. 0	0. 653	0. 021
	Adding TiO_2	Jan. ~ Mar. 1987	54. 21	1. 656	538. 3	0. 590	0. 023

① The fuel rate equals to coke rate plus coal rate multiplied by the replacement ratio of coal to coke.

5　Titanium Balance in No. 3 Blast Furnace

Based on the operating data, chemical composition of burden materials and the chemical analyses of metal and slag of No. 3 BF during the experiment, the titanium balance in the blast furnace is calculated and given in Table 7.

Table 7 Titanium balance of No. 3 BF(March, 1987)

CaO/SiO_2	[Ti]/%	(Ti)/%	Titanium input/$kg \cdot t^{-1}$	Titanium output/$kg \cdot t^{-1}$	Difference /$kg \cdot t^{-1}$
0.89	0.094	1.890	9.27 ~ 8.28	10.92	-1.65 to -2.64
0.90	0.190	1.565	ditto	10.17	-0.9 to -1.89
1.05	0.210	0.929	ditto	7.01	2.26 to 1.25
1.12	0.167	0.880	ditto	6.32	2.95 to 1.94
1.17	0.213	0.850	ditto	6.62	2.65 to 1.64

The fluctuation of titanium input was kept within a range of 1kg/t (from 8.28kg/t to 9.27kg/t), but the titanium output obviously fluctuated from 10.92kg/t to 6.32kg/t as the slag basicity, hot metal temperature and other operating variables changed. It seemed that low slag basicity intensified the removal of more titanium from the blast furnace and could be harmful to the protection of blast furnace hearth and bottom lining from erosion.

6 Explanation to the Results

In recent years, the method of adding TiO_2-bearing material into the burden has become a common practice in many ironmaking plants in China. Many researchers have paid attention to the mechanism of positive results of TiO_2-bearing material in the protection of blast furnace hearth and bottom lining. Some investigations are focused on analysing and examining the samples taken from the relined furnaces in which the TiO_2-bearing materials are fed. Meanwhile, some laboratory investigations are to make synthetic titanium compounds (TiC and TiN, etc.) and to study the behavior of these compounds, simulating their forming conditions and measuring their solubility in hot metal at different temperatures.

The above-mentioned research work has given us some idea for the explanation of the behavior of TiO_2-bearing materials in the blast furnace. As well known, titania in blast furnace slag is reduced by carbon into TiC and TiN at high temperatures. Both of them are high melting-point compounds and their solubility in molten iron decreases with temperature. Because there is a temperature gradient between slag-metal interface and bottom salamander surface, TiC and TiN can be accumulated on eroded surface of lining and form a film which protects the blast furnace lining from molten iron penetration.

Mineralogical investigations with electron-microprobe indicate that titanium compounds accumulated in bottom salamander are predominately composed of Ti(N, C) with a high content of nitride. In some cases, however, Ti(C, N) containing more carbide is observed. Depending upon different conditions of operation and raw materials charged, the two compounds can convert one into another. It is considered that Ti(N, C) or Ti(C, N) plays an important role in the protection of blast furnace hearth and bottom lining.

7 Summary

In recent years, the method of adding TiO_2-bearing material into blast furnace burden has become a common practice in many ironmaking plants in China. Practice in WISCO showed that the over-heating of a few hearth staves could be released by adding TiO_2-bearing material into the blast furnace burden. For blast furnaces which are in the final stage of campaign life, the prolongation of blast furnace bottom life is possible if proper amount of TiO_2-bearing material is used in combination with the improvement of blast furnace operations.

In WISCO, the proper dosage of adding TiO_2-bearing material was about 10kg/t for the first stage of protection of the hearth and bottom lining. After the heat load of over-heated staves decreased to normal level and remained stable, the dosage was then reduced to 5 ~ 7kg/t. By keeping this dosage, no change of heat load took place. As a result, the productivity increased by nearly 8% and the fuel rate reduced by 7 ~ 23kg/t for different blast furnaces in WISCO.

Technological Progress of Ironmaking in Wuhan Iron and Steel Company*

Abstract Owing to the progress of ironmaking system, including ore beneficiation, burden preparations, sintering etc, the annual output of hot metal in WISCO has exceeded its designed capacity. According to a development plan, a modern $3200m^3$ blast furnace is now under construction and expected to start-up in 1990. The transition of technological processes and the main features of the modern blast furnace are outlined in this paper.

1 Introduction

There are four blast furnaces with a total inner volume of $6951m^3$ in WISCO. The designed capacity of the four blast furnaces is 4. 0 million tons per year. Before the 1980' s, these furnaces were fed with self-fluxed sinter(CaO/SiO_2 = 1. 2 ~ 1. 3) which had low strength and contained nearly 20% fines(minus 5mm). Owing to the poor permeability of the burden, it was very difficult to operate the blast furnaces smoothly and efficiently. Therefore, a series of technological modifications aimed at increasing blast furnace productivity and decreasing coke rate have been taken since 1978. Because of the technological modifications of ironmaking system the annual output of hot metal in WISCO increased from 3. 443 million tons in 1980 to 4. 458 milliom tons in 1987.

2 Improvement of Ore Dressing Process

2. 1 Increasing the iron content of concentrates

A serious problem of ironmaking in WISCO has been caused by insufficient supply of own iron ores. In recent years the proportion of iron-bearing material produced by WISCO' s ore mines only accounts for 37% of its total requirement. The iron ore base of WISCO is located in Daye Area where mainly concentrates are produced. The original design of ore dressing process in Daye Mine had been a floatation process which provided a "mixed concentrate" containing 50% ~52% Fe. This kind of concentrate could not meet the demand of sintering because of its low permeability and high percentage of gangue material. During 1981 ~ 1984, the floatation process was improved by adding intensified separators. Consequently, the mixed concentrate was classified into two kinds of concentrate, i. e. the high-iron concentrate having Fe over 63% and low-iron concentrate with 38% ~43% Fe. These improvements have brought about an increase

* Reprinted from 1989 Ironmaking Conference Proceedings, 1989: 361 ~367.

of comprehensive iron content of concentrates by 3%, corresponding to a reduction of ore tailings transportation by 70000 ~ 100000 tons per year.

2.2 Decreasing the sulfur content of concentrates

Days ores exploited in the late 1970's contained pyrite (FeS) which was tightly bonded with magnetite, leading to a high sulfur concent of concentrates. For example, the sulfur concent of Daye concentrates produced in 1978 was up to 0.70% to 1.08%. Because of completion of intensified magnetic separation in 1980, the sulfur content of concentrates drastically dropped to 0.20% ~ 0.40%. Later a regrinding and reseperating process was put into operation which caused a further decrease of sulfur content of concentrates by 0.1% ~ 0.3%. As a result, the sulfur input of blast furnace burden was reduced from 6 ~ 9kg/t in the 1970's to about 5kg/t in the 1980's.

3 Technological modifications of ore yard

Before the 1980's the ore yard along the Yangtze River bank was only equipped with loading and unloading facilities, therefore, it was only used as a site to stock raw materials. In order to improve the quality of blast furnace burden, two measures were taken in 1980:

(1) Installing vibrating screens to sieve out ore fines (minus 8mm) from lump ores.

(2) Equipping stockers and reclimers to blend ore fines.

Since then, all lump ores have been screened on the ore yard before its transportation and a portion of ore fines can be blended. As a result, the percentage of ore fines charged into the blast furnaces was reduced by 5% ~ 7% and the fluctuation of iron content of ore fines cut down by 1.0% ~ 6.5% (See Table 1).

Table 1 Results of sieving and blending ores

Ores	Before screening		After screening		Max. difference of Fe content	
	Size/mm	%	Size/mm	%	Before screening	After screening
Australian	<6	10	<6	5	5.58	4.59
Hainan	<10	12	<10	6	10.05	8.93
Mixed domestic	<10	15	<10	8	17.22	10.78

4 Technological Improvements of Sintering Process

By the end of 1988, there are two sintering shops in operation in WISCO. No. 1 Sintering Shop and No. 3 Sintering Shop was put into operation in 1959 and 1973, respectively.

4.1 Improvements of cooling system in No. 1 sintering shop

Sinter cooling in No. 1 Sintering Shop had been a severe problem during 1959 ~ 1978 because the cooling disks were not effective. In that period, sinter was cooled by spraying water onto product belts which led to the following defects:

(1) Sinter fines (minus 5mm) usually amounted to 20% or more.

(2) Dust content of ambient air at the shop exceeded the national standard by several times.

(3) Product belts had a short life (less than 20 days).

In the years 1978 ~ 1980, some technological improvements were carried out:

(1) Replacing low-efficiency cooling disks with cooling strands.

(2) Controlling the upper limit of sinter size by crushing over-sized sinter chunk.

(3) Installing hot-vibrating screens to sieve out fines from sinter product.

(4) Adding electro-precipitators to cut down the dust released from the shop to the atmosphere.

After the adoption of these measures, 0 ~ 5mm sinter fines charged into the blast furnaces drastically decreased from 18.90% to 10.31% (See Table 2). Since 1985, the percentage of 0 ~ 5mm fines has been decreased to about 6% (Table 3). In addition the belt service life prolonged and enviromental condition at the shop significantly improved.

Table 2 Effect of technological improvements in No. 1 sintering shop

Period	Average size composition/%				
	>40mm	40 ~ 25mm	25 ~ 10mm	10 ~ 5mm	>5mm
Before improvement	8.85	10.10	33.35	28.80	18.90
After improvement	11.28	5.18	44.44	28.76	10.31

Table 3 Evolution of sinter fines (0 ~ 5mm) **charged into the blast furnaces** (No. 1 sintering shop)

Year	1978	1979	1980	1981	1982	1983	1984	1985	1986	1987
<5mm/%	21.91	21.16	19.96	14.55	6.74	10.20	7.31	6.51	5.56	6.10

4.2 Installation of hearth-layer system in No. 3 sintering shop

In 1984, the hearth-layer system was installed on two sets of sintering machine in No. 3 Sintering Shop and put into operation. In this system sinter chunk over 50mm after cooling is curshed with double toothed-roll crushers. The fraction of 25 ~ 50mm sinter is transported to secondary screening station where 10 ~ 25mm fraction is selected and used as the hearth-layer feeding.

Practice showed that the hearth-layer system played a significant role in improving sinter strength and size composition. As shown in Table 4, 0 ~ 5mm fines charged into the blast furnaces decreased by 2.13% and 10 ~ 40mm fraction increased by 6.57%. The mean sinter size increased from 15.02mm in 1984 to 16.97mm in 1985. Mineralogical examinations proved that calcium ferrite with good crystallinity existed in the sinter matrix which gives the sinter a higher strength (see Table 5).

Table 4 Effect of hearth-layer system in No. 3 sintering shop

Period	Sinter size/%					Mean size/mm
	>40mm	40 ~ 25mm	25 ~ 10mm	10 ~ 5mm	>5mm	
Without hearth-layer (1984)	5.00	6.86	40.77	37.61	8.82	15.02
With hearth-layer (1985)	8.74	8.43	45.77	30.35	6.69	16.97

Table 5 Mineralogical composition of sinter with and without hearth-layer

Sample	Fe_3O_4	Fe_2O_3	$CaO \cdot Fe_2O_3$	C. F. S	C. F. S_2	C_2S	glass
Without hearth-layer	55 ~ 60	5 ~ 6	20 ~ 21	8 ~ 9	2 ~ 3	2 ~ 3	2 ~ 3
With hearth-layer	55 ~ 60	5 ~ 6	22 ~ 23	< 1	2 ~ 3	< 1	11 ~ 12

Remarks: C—CaO, F—FeO, S—SiO_2.

As the hearth-layer sizing sinter was used in No. 3 BF and No. 4 BF, blast furnace performance was remarkably improved. For example, the daily production of No. 3 BF (1513m^3) increased by 143. 2 tons (5. 5%) and coke rate decreased by 7. 3kg/t.

4. 3 Production of high basicity sinter

Before 1980, self-fluxed sinter with basicity 1. 2 ~ 1. 3 was produced as typical. Laboratory research made by WISCO' s engineers had proven that the bonding matrix composed of glass and $CaO \cdot FeO \cdot SiO_2$ made the sinter weak in strength and high in sinter fines. As sinter basicity (CaO/SiO_2) increased from 1. 31 to 2. 20, the total amount of glass and $CaO \cdot FeO \cdot SiO_2$ was reduced from 25. 30% to 20. 64% and $CaO \cdot Fe_2O_3$ increased from 12. 7% to 31. 6%. These changes of mineralogical composition are beneficial to the improvement of sinter quality.

Based on the laboratory research work, the basicity of sinter was increased to 1. 5 ~ 1. 7 or higher in 1980. Commercial experiment carried out in No. 1 Sintering Shop showed that the tumbler index increased by 3% ~ 4%, 0 ~ 5mm sinter fines decreased by 1% ~ 4% and 0 ~ 10mm fraction was cut down by 5% ~ 7%. As for blast furnace, desirable results were also achieved. Daily production for the different blast furnaces increased by 8. 9% ~ 11. 6% and correlated fuel rate was reduced by 15kg/t. Since then, the blast furnace burden in WISCO consisting of nearly 80% high basicity sinter and 20% lump ores is known as typical.

4. 4 Adoption of high-bed sintering

In 1970' s, sintering bed in the sinter plant was 250 ~ 280mm and FeO content of sinter very high (19% ~ 20%). Since 1980, sintering bed has been gradually increased to 380 ~ 420mm on average. In No. 3 Sintering Shop, the bed for two sets of sintering machine was 510mm in 1985. As a result, the tumbler index increased by 0. 5% ~ 1. 0%, fuel rate and FeO content decreased by 6% and 2% ~ 3%, respectively. In combination with other measures the FeO content of sinter in WISCO has decreased gradually to about 10% in recent years.

5 Modifications of Blast Furnace Technology

5. 1 Installation of under-bin screening of sinter

In order to improve the permeability of the burden under-bin screening system for all four blast furnaces were installed during their relining periods from 1977 to 1982. After the adoption of under-bin screening, sinter fines (minus 5mm) charged into the blast furnaces was reduced from about 20% before 1980 to about 6% in recent years. Correspondingly, the mean size of sinter increased from 13.6mm to over 18mm (See Fig. 1).

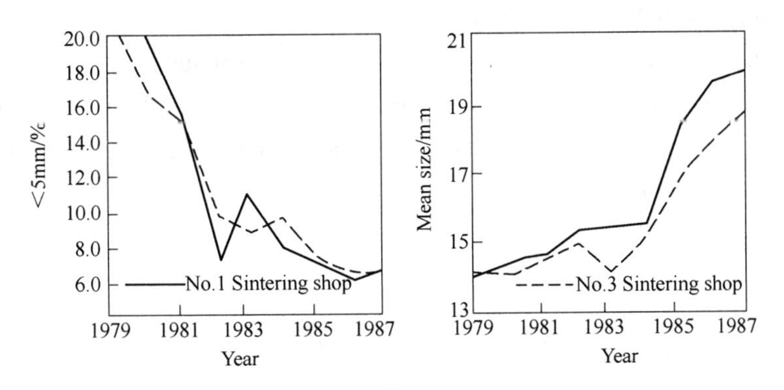

Fig. 1 Sinter fines charged into the furnaces and mean sinter size during 1979 ~ 1987(WISCO)

5.2 Improvement of blast furnace construction

In WISCO, on the basis of the experience of No. 4 BF, all carbon hearth and bottom lining with underhearth water cooling has become a typical design, which makes it possible for the blast furnaces to reach a longer campaign life. But unfortunately, the blast furnaces are fed with a rather high alkalis burden (7 ~ 8kg/t) that seriously affects the shaft life. For the sake of prolonging shaft life, the following measures have been taken:

(1) Adoption of brick-embeded staves instead of box coolers in the shaft and Γ-type stave for the upper row of staves to support the brick.

(2) Reserving the mantle at bosh parallel to support the lining of the shaft.

(3) Adopting carbon brick in the shaft instead of chamotte or alumina brick so as to cool the shaft lining to a temperature at which the reaction between to refractory and alkaline compounds should be restricted.

(4) Monitoring the wear of the shaft lining by means of multi-thermocouples and controlling gas and burden distribution to maintain a proper operating profile.

Thanks to these improvements the shaft life of blast furnace in WISCO has extended from 3 ~ 4 years to 5 ~ 6 years.

5.3 Adoption of high magnesia slag

In WISCO, local iron ores, both fines and concentrates, contain a high percentage of alumina (Al_2O_3 1.5% ~ 2.5%) and blast furnace slag contains 14% ~ 15% Al_2O_3 which brings about high viscosity and low desulfurizing capability. Based on the results of laboratory experiments carried out over a long period, a proper measure to solve this problem was to increase the MgO content of slag. Therefore, dolomite was added into the sinter mix in 1972. Owing to the adoption of dolomite as a portion of sinter flux, the MgO content of sinter increased form 2% to 3.0% ~ 3.5% and the MgO content of slag correspondingly increased from less than 6% to

10% ~12%. As compared with the sinter with 2% MgO the sinter containing 3.5% MgO is better in mechanical properties. For instance, the tumble index of the high MgO sinter increased by 2% ~3% and the RDI decreased by 3%.

In addition, the high MgO slag (10% ~12%) has better metallurgical properties in comparison with the slag containing 6% MgO. The high MgO slag is good in fluidity as well as in desulfurizing capability. As shown in Fig. 2, the Oelsen Index of the high MgO slag nearly doubles that of slag containing 6% MgO.

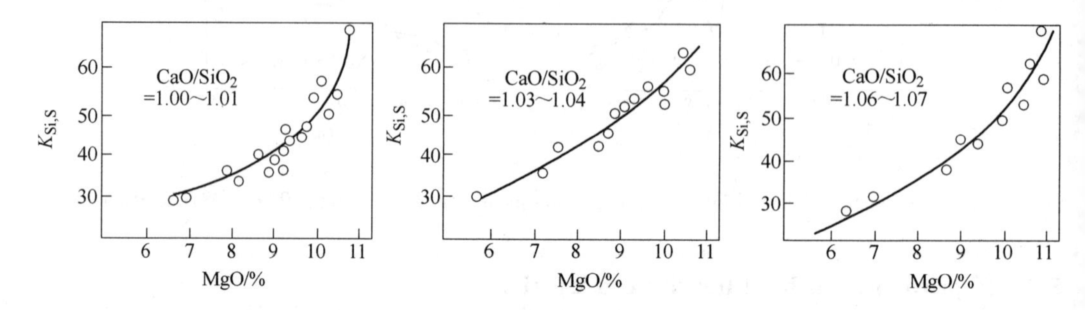

Fig. 2 Effect of MgO content in the slag on $K_{Si,S}$ index (Oelsen Index)

5.4 Taking measures to overcome difficulties caused by high alkalis burden

The alkalis content of sinter used in WISCO is about 0.4% ($K_2O + Na_2O$) and the total alkalis of the burden amounts to 7 ~8kg/t. Because of the high alkalis burden the degradation of sinter and coke takes place after absorption of alkalis. Besides, blast furnace lining, especially bosh and shaft is easily damaged. All these factors seriously influence blast furnace performance.

In order to obtain a better performance for the blast furnace measures should be taken to increase the capability of alkalis removal from the blast furnace. Investigation shows that most alkaline compounds could be removed from the blast furnace by slag, especially the low basicity (CaO/SiO_2) and high MgO slag.

Fig. 3 gives the relationship between CaO/SiO_2 and alkalis percentage in the slag for the No. 3 BF in WISCO. It can be seen that as CaO/SiO_2 increases from 1.05 to 1.15 the alkalis percentage in the slag decreases by about 0.3%.

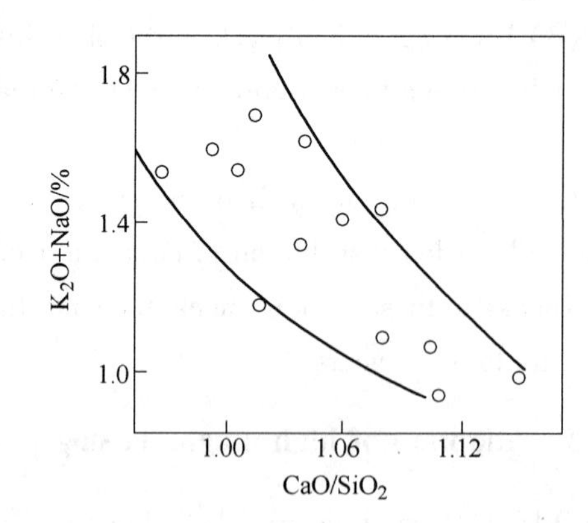

Fig. 3 Relation between CaO/SiO_2 and alkalis content in the slag on No. 3 BF in WISCO

According to the above-mentioned relationship and laboratory research work, an effective measure to remove alkalis from the blast furnace by replacing a portion of CaO with MgO has been taken as normal. The slag basicity has been decreased from 1.07 in 1978 to 1.00 ~1.03 in recent years. In combination with other improvements of technology, stable performance of blast furnace could be maintained in WISCO.

6 Future Development of Ironmaking in WISCO

Owing to the technological modifications of ironmaking system, both blast furnace production and fuel rate significantly improved. With the same blast furnace inner volume, the ironmaking production of WISCO is increased from 3. 443 Mt in 1980 to 4. 457 Mt in 1987(see Table 6).

Table 6 Evolution of operating indexes for blast furnaces of WISCO during 1980 ~ 1987

Year	Annual produ. /Mt	Productivity $/t \cdot (m^3 \cdot d)^{-1}$	Coke rate $/kg \cdot t^{-1}$	Fuel rate① $/kg \cdot t^{-1}$	Blast temp. /℃	Top pres. /kPa	[Si] /%	[S] /%	Fe in burden /%	Ash in coke /%
1980	3. 443	1. 387	538	583. 4	1060	114. 7	0. 750	0. 024	56. 42	12. 65
1981	2. 858	1. 314	555	587. 4	1038	95. 1	0. 703	0. 023	53. 46	13. 15
1982	3. 049	1. 365	541	560. 9	984	111. 8	0. 677	0. 022	53: 08	13. 28
1983	3. 288	1. 436	535	564. 3	1012	114. 7	0. 572	0. 023	52. 61	13. 59
1984	3. 447	1. 529	523	555. 9	1035	120. 6	0. 646	0. 021	52. 77	13. 49
1985	4. 064	1. 639	487	531. 7	1050	113. 8	0. 658	0. 021	52. 94	13. 49
1986	4. 225	1. 667	485. 5	522. 3	1047	123. 6	0. 616	0. 022	53. 22	13. 46
1987	4. 458	1. 779	489. 1	524. 0	1032	127. 0	0. 508	0. 022	54. 09	13. 45

① This figure is equal to coke rate plus 0. 7 × coal injection.

In WISCO, the capacity of iron making has been far less than those of steelmaking and rolling. According to the development plan, a modern blast furnace with an inner volume of $3200m^3$ is now under construction and expected to be put into operation in 1990. The designed data of the furnace are given in Table 7.

Table 7 Designed data of the $3200m^3$ blast furnace of WISCO

Annual production/Mt	Productivity $/t \cdot (m^3 \cdot d)^{-1}$		Coke rate $/kg \cdot t^{-1}$	Coal injection $/kg \cdot t^{-1}$	
	Ave.	Max.		Ave.	Max.
2. 24	2. 0	2. 5	420	100	120
Blast temp. /℃	**Sinter in the burden/%**		**Slag rate $/kg \cdot t^{-1}$**	**Top pressure/MPa**	
				Ave.	Max.
about 1200	80 ~ 90		about 470	0. 196	0. 245

As compared with the existing blast furnace in WISCO, this modern blast furnace has the following features:

(1) Adopting PW bell-less top to replace the double-bell top to prolong blast furnace life and improve the burden and gas distribution.

(2) Introducing a circular casthouse design from the USSR to release manual labour of furnace crew.

(3) Using TRT and EP(dry-type dedusting) introduced from Japan to recover more top pressure energy of top gas.

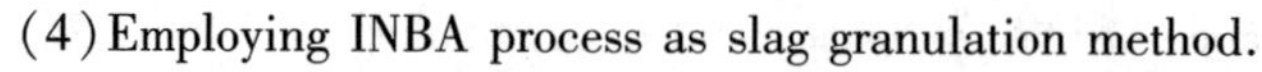

(4) Employing INBA process as slag granulation method.

(5) Equipping more and accurate monitoring instruments and sensors and computerized-controll system to obtain a better performance of blast furnace.

(6) Taking measures in stave design, refractory option, etc. to prolong blast furnace campaign life.

(7) Increasing blast temperature by means of adopting the design of Hoogovens hot stove, etc.

We hope that these modern technologies will be useful for the new blast furnace to reach its designed indexes.

7 Summary

In the past decade, a series of technological measures in the burden preparation, sintering and ironmaking have been taken, which brought about considerable progress of operating results of ironmaking.

Based on practical experiences at WISCO the following points of view are recommended:

(1) Ironmaking is a system composed of blending and screening, coking, sintering and blast furnace performance, therefore, ironmaking must be considered as a whole. Technical and technological improvements should be concentrated not only to blast furnace but also to sintering, coking, especially to ore preparation.

(2) Most of technological improvements as a common rule is transformed to modification and innovation of equipments. Therefore, sufficient attention must be paid to the improvements of equipments of ore preparation, coking, sintering and blast furnace.

(3) Adoption of new technique and new technology is a decisive factor in improving ironmaking. The leader of iron and steel works should pay more attention to research and investigation work concerning ironmaking.

The Development of China's Ironmaking Technology in Past Decade*

Abstract During 1978 ~ 1988, with a limited increase of blast furnace inner volume, the production of ironmaking in China was increased by 21.30 Mt. This achievement is mainly attributed to the result of improvements in blast furnace burden quality, equipment as well as technology.

The average iron content of the burden for the key ironmaking plants increased from 52.8% in 1978 to 54.0% in 1988. Sinter quality was obviously improved because of increasing sinter basicity and bed depth as well as adding lime into the sinter mix.

Technological improvements of ironmaking process included: installing under-bin screening devices; controlling of proper lining profile in lower shaft and bosh; decreasing silicon content in hot metal; increasing coal injection rate; taking measures to reduce the harmful effect of alkalies on blast furnace operation; adding TiO_2-bearing material into the burden as a measure for maintaining hearth and bottom lining; employing the bell-less top to replace the doube-bell top; recovering the sensible heat of hot stove waste gas; installing TRT devices; improving the cast-house equipment, etc. The above mentioned improvements and future development of ironmaking process in China are described in this paper.

1 Introduction

After ten years delay from 1966 to 1976, the iron and steel industry in China was full of vitality and rapidly developed during 1978 ~ 1988. In 1978, China's iron output was 34.87 Mt and it went up to 56.17 Mt in 1988.

It should be pointed out that the increase of the iron output was gained with a limited increase of total inner volume of blast furnaces. Therefore, this achievement was mainly attributed to improvements in the quality of the burden, equipment as well as in ironmaking technology.

The average productivity (P.), coke rate (C. R) and fuel rate (F. R) of blast furnaces for the key ironmaking plants are shown in Table 1. Table 2 gives operating parameters and results of blast furnaces in some ironmaking plants.

Table 1 Productivity, coke rate and equivalent fuel rate for the key ironmaking plants

Year	1978	1979	1980	1981	1982	1983	1984	1985	1986	1987	1988
P/t · (m^3 · d)$^{-1}$	1.429	1.487	1.555	1.471	1.547	1.591	1.649	1.688	1.739	1.789	1.793
CR/kg · t^{-1}	562	553	539	540	538	535	524	519	513	506	507
FR/kg · t^{-1}	622	605	591	588	586	585	582	581	570	562	563

Remarks: P—Productivity, CR—Coke Rate, FR—Fuel Rate.

* Copartner: Xu Juliang. Reprinted from The Fifth China-Japan Symposium Science and Technology of Iron and Steel, Shanghai, 1989: 1 ~ 8.

Table 2 Operating parameters and results of blast furnaces in some plants (1988)

Plant	Anshan	Benxi	Shoudu	Wuhan	Maanshan	Meishan	Baoshan	Panzhihua
Productivity/$t \cdot (m^3 \cdot d)^{-1}$	1.775	1.830	2.225	1.792	2.214	1.864	2.163	1.798
FRE①/$kg \cdot t^{-1}$	558	553	512	533	548	517	495	624
Coke rate/$kg \cdot t^{-1}$	490	512	414	496	495	465	434	618
Coal rate/$kg \cdot t^{-1}$	72	65	130.9	58	75	64.1	—	9.1
Oil rate/$kg \cdot t^{-1}$	8			1.1			45.6	
Blast temp/℃	1039	990	1003	1023	953	1093	1197	919
Oxygen/%			1921				1411	
Top pressure/kPa	81.86	75	120	129	18	110.65	211.6	
TFe in burden/%	54.11	57.81	58.05	54.32	52.73	54.23	57.82	46.16
Sinter + Pellet/%	97.4	97.5	99.87	77.5	90.37	83.2	88.55	92.54
Ash in coke/%	14.15	14.45	12.53	13.65	14.1	13.38	12.02	13.62
Sulfur in coke/%	0.71	0.70	0.81	0.52	0.64	0.69	0.47	0.48
Si/%	0.616	0.608	0.414	0.500	0.490	0.549	0.570	
S/%	0.029	0.039	0.022	0.021		0.022	0.021	
$\frac{CO_2}{CO_2 + CO}$/%	40.19	42.82	41.3	41.57		44.26	49.84	

① FRE = CR + coal injection rate × replacement ratio of coal to coke.

2 Improvements of Quality of Raw Materials

2.1 Increasing Fe content of the burden

During 1978 ~ 1980, the grade of concentrates obviously increased owing to adoption of re-grinding and re-screening technologies in most of ore dressing plants. The average grade of concentrates produced by the key ore mines was increased from 61.12% in 1978 to 62.88% in 1980. A certain amount of high grade imported iron ores has been used by some ironmaking and sintering plants since 1978. Thanks to these measures, the average iron content of the blast furnace burden for the key ironmaking plants was increased from 52.8% in 1978 to 54.0% in 1988.

2.2 Improvement of sinter quality

Because sinter takes a high proportion of 80% ~ 90% in the blast furnace burden in China, its quality plays an important role in increasing blast furnace operation efficiency. In the past decade the following measures of improving sinter quality were taken:

(1) Improving blast furnace burden composition. Before 1978, self-fluxed sinter (CaO/SiO_2 = 1.2 ~ 1.3) was produced by most of sintering plants. Because it was low in strength, an alternative of rationalizing the burden composition has been adopted by feeding the blast furnaces high basicity sinter (CaO/SiO_2 = 1.6 ~ 1.8) together with acid iron-bearing materials (lump ores or

acid pellets). As a result, blast furnace performance has been obviously improved due to good metallurgical properties of the high basicity sinter and complete elimination of flux in blast furnace burden.

(2) Increasing the bed depth. Before the late 70' s, the bed depth was about 230mm and high strand speed operation was typical in most of sintering plants. Since 1979, the bed depth has been increased to more than 400mm.

(3) Adding lime to substitute a portion of flux in the sinter mix.

(4) Installing the hearth-layer system to existing sinter plants. The first hearth-layer system in China was adopted at the sintering plant of Maanshan Iron and Steel Co. (MISCO) in 1977. After that this technology has been employed by 24 sintering strands. The sinter produced by the hearth-layer system has distinct advantages compared with ordinary ones. Mineralogical examinations showed that the sinter has good strength and reducibility because of containing a higer portion of $CaO \cdot Fe_2O_3$ or $2CaO \cdot Fe_2O_3$ in the sinter matrix.

Owing to the above mentioned measures, the FeO content of sinter has been decreased from 17.26% in 1978 to 10.14% in 1988 and the drum index (the percentage of over 5mm sinter) raised from 78.22% to 81.23% in the same period (see Table 3).

Table 3 Characteristics of sinter produced by the key sinter plants

Year	1978	1979	1980	1981	1982	1983	1984	1985	1986	1987	1988
BD/mm	237	268	290	305	308	325	339	359	380	383	406
FR/kg · t^{-1}	89.23	82.49	75	73	73	70	70	69	66	64	63
CaO/SiO_2	1.27	1.37	1.42	1.46	1.49	1.52	1.53	1.52	1.54	1.57	1.59
FeO/%	17.62	15.84	13.93	13.45	12.76	12.67	11.7	11.26	10.52	10.58	10.14
DI/%	78.22	78.72	78.91	80.48	80.6	81.02	81.21	81.5	81.59	81.85	81.23

Remarks: BD—Bed Depth, FR—Fuel Rate, DI—Drum Index.

2.3 Development of shaft furnace pelletizing

As mentioned above, pellet has been used as acid iron-bearing materials in the blast furnace burden to match the high basicity sinter. At present, pellet is mainly produced by the shaft furnaces with grate areas ranging from 5.5m^2 to 16.0m^2 in China. 8m^2 shaft furnace being considered as the typical design, is capable of producing 300000 tons of pellet annually for one furnace. In September 1987, the largest shaft furnace for pelletizing in China was put into operation in Benxi Iron and Steel Co. The designed annual capacity of the shaft furnace is 500000 tons of pellet with sizes of 6 ~ 16mm and a basicity of 0.015.

2.4 Adoption of under-bin screening of sinter in ironmaking plants

Before 1980, there was no under-bin screening of sinter for most of blast furnaces in China. In 1987 blast furnaces equipped with the sinter screening system accounted for 60% of the total. Thanks to this measure, sinter fines minus 5mm charged into the blast furnace was reduced by 10% ~15%. Practice showed that a decrease of the sinter fines by 10% led to an increase of blast furnace productivity by 6% ~8% and a decrease of coke rate by 0.5% in most of ironmaking plants.

3 Progress of Blast Furnace Technology

3.1 Controlling gas distribution in the blast furnace

For blast furnaces fed with low strength and high fines sinter, M-type CO_2 curves had been considered as typical before 1980's. Owing to a strong peripheral gas flow, the blast furnaces were usually operated with higher coke rate and shorter life for the lower shaft and bosh. As the quality of the blast furnace burden improved, blast furnace operations in most ironmaking plants were considerably changed. These changes were: an increase of the batch weight, adoption of layer charging sequence ($O_2 \downarrow C_2 \downarrow$), control of temperature and heat load of blast furnace lining, etc. As a result, top gas utilization was obviously increased (see Table 2).

In order to decrease coke rate a method of sinter charging with medium coke (10 ~15mm) was adopted on a commercial scale in some 100 ~300m^3 blast furnaces. Practice showed that the replacement ratio of medium coke to metallurgical coke was usually 0.8 ~1.0.

3.2 Decreasing silicon content in hot metal

Decreasing the silicon content of hot metal is beneficial to both ironmaking and steelmaking. In the past decade, the silicon content was considerably decreased in some ironmaking plants (see Fig. 1).

Main measures taken for decreasing the silicon content of hot metal are described as follows:

(1) Improving the quality of the burden: such as increasing the ratio of sinter and pellet in the burden; stabilizing the chemical compositions of the burden by means of sinter mix blending; adopting under-bin screening of sinter to improve the permeability of the burden, etc.

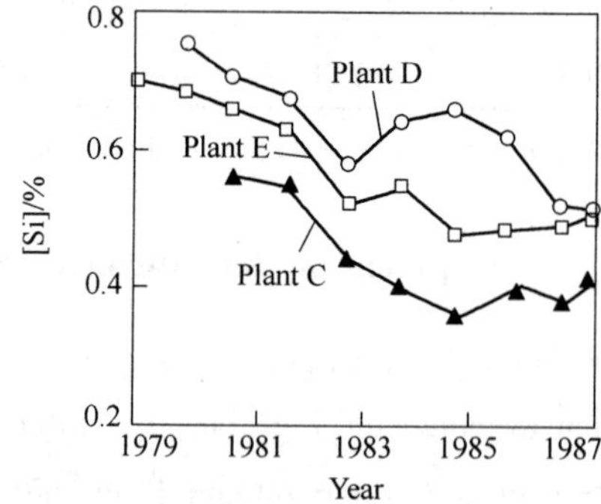

Fig. 1 Transition of silicon content of hot metal in some ironmaking plants

(2) Controlling gas distribution in the blast furnace to obtain an active condition for the hearth reactions.

(3) Increasing MgO content of slag. In the past, the MgO content of slag for most ironmaking plants was less than 6%. Because the slag had low desulfurization capability, it was difficult to produce low sulfur, low silicon hot metal. Operating experiences proved that increasing the MgO content of the slag adequately was favourable to achieving better performance of blast furnace operation and producing low sulfur, low silicon hot metal. Table 4 gives an

example of increasing the MgO content of the slag on the quality of hot metal in Wuhan Iron and Steel Co.

Table 4 Comparison of composition of hot metal before and after adopting high-MgO slag in WISCO

Period	No. BF	CaO/SiO_2	$\frac{CaO+MgO}{SiO_2}$	(MgO)/%	(S)/%	[Si]/%	[S]/%	(S)/[S]
Nov. 1996	No. 1BF	1.15	1.29	5.01	0.97	0.658	0.036	27.0
Nov. 1978	No. 4BF	1.06	1.35	9.67	1.11	0.427	0.019	58.4

(4) Diminishing the fluctuating of silicon content of hot metal. In recent years, "Standardized Operation", which is meant to control operating parameters within suitable ranges, has been widely adopted in most ironmaking plants. Practice shows that stable blast furnace performance and lower derivation of silicon content of hot metal can be achieved by the standardized operations.

3.3 Increasing coal rate

The second oil shock occured in the late 70's forced blast furnaces in the world to convert oil injection into other kinds of fuels. In China, the number of blast furnaces equipped with coal injection facilities increased from 34 in 1978 to 49 in 1987. In 1987, there were 12 blast furnaces with coal rate of more than 100kg/t among which No. 4 BF of Shoudu Iron and Steel Co. reached an average coal rate of 145.5kg/t.

During 1986 ~ 1987, commercial experiment with high oxygen enrichment and high coal injection rate were carried out on No. 2 BF of Anshan Iron and Steel Co. ($900m^3$ in inner volume, Table 5). The experiment was divided into six periods in which oxygen enrichments and coal injection rates were different. The maximum oxygen content in the blast reached 28.59% and the coal injection rate went up to 170.02kg/t. The experiment proved that adjusting the tuyere area and controlling the peripheral gas flow adequately were necessary to make the reaction in the hearth active as well as to achieve smooth blast furnace performance. Practice in AISCO showed that increasing oxygen volume by 1% led to an increase of production by 2.5% ~ 3.0% and a reduction of coke rate by 0.5%. These operations have been considered to be an effective measure to cut down coke rate in this company as well as in the country.

Table 5 Results of commercial experiment with high oxygen enrichments and high coal injection rate on No. 2 BF of AISCO (1986 ~ 1987)

Period	Base	Ⅰ	Ⅱ	Ⅲ	Ⅳ	Ⅴ	Ⅵ
Date	1/8 ~ 24/8 1986	26/8 ~ 20/9 1986	21/10 ~ 4/11 1986	11/11 ~ 7/12 1986	9/12 ~ 16/12 1986	17/12 ~ 22/12 1986	12/6 ~ 16/6 1987
Days	24	25	15	23	8	6	5
O_2/%	21.0	23.4	24.7	26.3	27.0	27.5	28.59

Continued 5

Period		Base	I	Ⅱ	Ⅲ	Ⅳ	V	Ⅵ
Productivity /t·$(m^3 \cdot d)^{-1}$		2. 038	2. 182 ~ 2. 191	2. 231 ~ 2. 257	2. 340 ~ 2. 450	2. 223 ~ 2. 332	2. 375 ~ 2. 474	2. 340 ~ 2. 286
Coke rate/kg·t^{-1}		510	478	472	446	444	437	431. 5
Coal rate/kg·t^{-1}		73	98	110	138	165	154	170. 02
TFe/%		54. 03	54. 18	54. 17	53. 17	52. 52	52. 42	53. 88
Ash/%	in coke	14. 06	14. 29	14. 53	14. 50	14. 29	14. 22	13. 60
	in coal	15. 43	14. 78	15. 77	15. 14	15. 80	15. 46	14. 88
Blast temp. /℃		1017	1051	1015	1061	1077	1085	1090
CO_2 in top gas/%		15. 8	16. 9	17. 0	17. 6	17. 5	17. 5	17. 8
Replacement rate			0. 836	0. 809	0. 849	0. 727	0. 844	0. 693

3. 4 Controlling the harmful effect of alkalies on blast furnace operations

In China, quite a few blast furnaces are fed with hig alkalies burden. The alkalies input of the burden is usually 10 ~ 20kg/t. In these plants, some measures have been taken to control the harmful effect of alkalies. The measures can be summarized as follows:

(1) Decreasing the input of alkalies of the burden. An effective method of decreasing the alkalies content of iron ores is to adopt ore washing in ore dressing process (for instance, in Bayi Steel Works, Xinjiang Province). For some ironmaking plants, however, decreasing the alkalies input of the burden is realized by blending high-alkalies ores with low-alkalies ones.

(2) Decreasing slag basicity to increase its alkalies removal capability from the blast furnace. Operating practice has proven that decreasing slag basicity (CaO/SiO_2) and increasing the MgO content adequately can bring about the increase of alkalies removal from the blast furnace (see Fig. 2 and Fig. 3). In case of sulfur content in hot metal exceeding the specification owing to lowering slag basicity, the hot metal needs to be treated with desulfurization facilities.

(3) Maintaining smooth blast furnace performance. The better the blast furnace performance

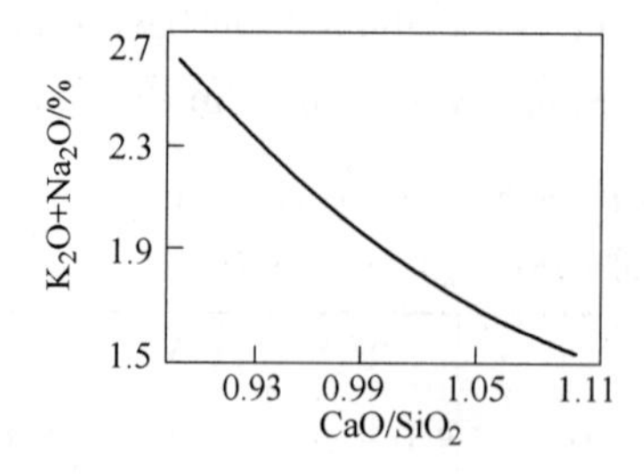

Fig. 2 Relationship between the alkalies content and CaO/SiO_2 in Slag
(No. 2 BF, Baotou Iron and Steel Co.)

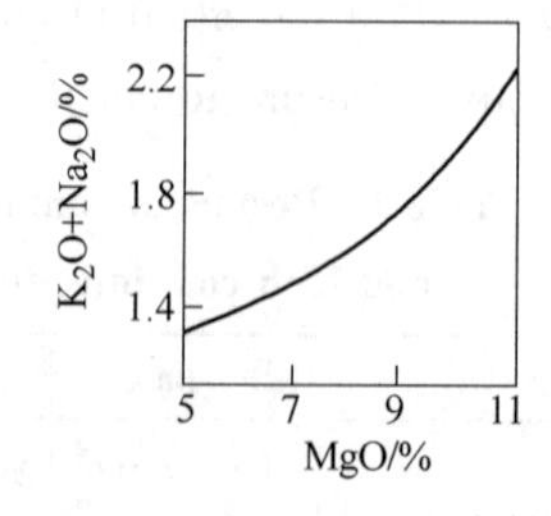

Fig. 3 Relationship between the alkalies content and MgO in slag
(No. 2 BF, Xuanhua Ironmaking Works)

is, the more the amount of alkalies removed from the blast furnace. If unsmooth blast furnace performance is caused by an irregular profile, common practice is to decrease slag basicity or to clean the furnace lining by feeding special doses (manganese ores or fluorspar) or blank coke.

(4) Adopting alkalies-resistant refractory to prolong blast furnace lining life.

3.5 Employing TiO_2-bearing materials to prolong blast furnace lining life

In recent years, a great number of blast furnaces have seriously suffered from hearth and bottom lining erosion (Xiangtan Iron and Steel Co., Wuhan Iron and Steel Co., etc.). Practice showed that adding TiO_2-bearing materials into the burden by TiO_2 (5 ~ 15kg/t) to keep [Ti] content within a range of 0.08% ~ 0.15% was able to prevent the hearth and bottom lining from further erosion. For example, No. 3 BF of WISCO, which was blown in 1976 and has been fed with TiO_2-bearing materials to maintain the hearth and bottom lining since 1985, is still operated successfully (monthly productivity was about 1.85 in Apr. 1989). Furthermore, the mechanism of protecting the hearth and bottom lining by means of TiO_2-bearing materials in the burden has also been investigated. Mineralogical investigations with electro-microprobe indicate that titanium compounds accumulated in bottom salamander are predominately composed of Ti(N, C) with a high content of nitride. In some cases, however, Ti(C, N) containing more carbide is observed. Depending upon different conditions of operation and raw materials charged, the two compounds can convert one into another. It is considered that Ti(N, C) or Ti(C, N) plays an important role in the protection of the hearth and bottom lining.

4 Improvements of Ironmaking Equipment

4.1 Adoption of bell-less top

The first bell-less top was adopted in Shoudu Iron and Steel Co. in 1979. At present, there are nine bell-less top blast furnace in operation. It is expected that other eight blast furnaces with bell-less top will be built in the next three years.

4.2 Taking measures to prolong lower shaft life

In order to prolong lower shaft lining life, SiC brick was used on a few blast furnaces in combination with the improvements of design of cooling staves. In addition, demineralized water closed-loop circulation system was also practiced on a trial scale. It is estimated that the shaft lining life can be extended by more than two years due to these measures.

4.3 Development of energy-saving equipments

The recovery of sensible heat of hot stove waste gas just started in recent years in our country. In 1987, there were 15 blast furnaces equipped with this system. The heat-exchanger being adopted covered a variety of heat tubes: ordinary type, separate type, catalytic type, etc. The heat recovered was used for heating the combustion air and gas. As a result, hot blast temperature can be increased by 40 ~ 60℃. In order to recover top gas energy, TRT equipment have been installed on three blast furnaces in recent years.

4.4 Adoption of pebble stoves and bag filters

Pebble stoves specially designed for small blast furnaces with inner volume below 185m^3 have been adopted in some mini-ironmaking plants. With this design, the investment may be lower than that of internal chamber design and hot blast temperature can be reached more than 900℃ due to its higher heat exchange efficiency.

Because the conventional process of top gas cleaning always suffers from the waste water treatment, bag filters have been employed on 10 blast furnaces of which nine are 200 ~ 300m^3 and one is 1200m^3.

4.5 Improvement of designs of tuyere and hot blast valve

Short service life for tuyeres and hot blast valves had been a severe problem affecting the availability of blast furnace operations. In recent year the service life of hot blast valve has been extended from half an year to about 3 years or longer due to an improved design. The improved hot blast valve is now produced at some specialized machinary plants and widely adopted by most of ironmaking plants.

It was a common practice before 1980's that hundreds of tuyeres were damaged each years for one blast furnace in some ironmaking plants (Baotou Iron and Steel Co., Wuhan Iron and Steel Co., etc.). Improper design of the tuyere, such as low velocity of cooling water in tuyere channel, unsatisfactory copper quality were important factors of tuyere damage. Since the early 1980's, tuyere design has been improved, therefore, its service life has remarkably prolonged. No serious problem for tuyere damage has arisen ever since.

4.6 Improvements of casthouse equipments

A series of improvements of casthouse equipment have been accomplished on some blast furnaces rebuilt or newly constructed in recent years. These improvements included: adopting slag granulation system, increasing the taphole number from one to two or more, employing tilting spout, low-body hydraulic mud gun and multi-function taphole drill, etc.

The quality of taphole clay and trough refractory was also improved by using SiC and corundum materials. As a result, the service life for the main through reached about 60000 tons or more. Besides, the method of openning taphole with inserted rod was used at a few ironmaking plants which provided a better condition for taphole maintenace.

5 Future Research and Development

In the past decade considerable progress in ironmaking technology and equipment was made in China and the iron output increased year by year. Even though, ironmaking in China is now facing some problems, such as the shortage of energy supply, difficulties of transportation, etc. In the years to come special attention should be paid on decreasing coke rate together with increasing iron output and improving hot metal quality. Therefore, the following measures should be emphasized:

(1) Improving the quality of the blast furnace burden, especially sinter quality, such as its strength, size composition, chemical composition, etc.

(2) Prolonging blast furnace campaign life to over 8 years.

(3) Increasing coal injection rate from about 60kg/t at present to 100 ~ 150kg/t together with oxygen enrichment and higher blast temperature.

(4) Decreasing sulfur content in hot metal to meet the need of steelmaking.

Construction and Commissioning of New No. 3 Blast Furnace at WISCO*

Abstract New No. 3 Blast Furnace Project is one of the significant parts of WISCO's expansion program during the Seventh Five-Year Plan(1986 ~ 1990) aimed at increasing the ironmaking capacity from 4.0 Mt to 7.0 Mt. The New No. 3 BF design was made according to operational experiences of No. 4 BF(2516m^3) and the characteristics of local blast furnace burden materials. In order to enhance the efficiency of blast furnace operations, the following modern technologies and/or equipments have been adopted: Paul Wurth bell less top, INBA slag granulation system, closed circuit of demineralized cooling water, internal combustion chamber hot stoves, circular casthouse, dry gas cleaning system, electrostatic precipitator for the casthouse dedusting, hierarchical computerized control system, etc. In addition, high quality refractories, such as SiC, micropore carbon block and phosphoric acid-impregnated chamotte brick, were employed to prolong the blast furnace lining life.

The construction of New No. 3 BF lasted for over three years, from June 1988 to September 1991. On October 19, 1991, the New No. 3 BF was put into operation. In this paper the design, construction and commissioning of New No. 3 BF are outlined.

In 1985, the annual iron and steel production at WISCO reached 3.98 Mt and 4.06 Mt, respectively, however, the steel productivity was still insufficient to cope with the existing rolling capacity. Therefore, and expansion project entitled *Double Seven Million Tons of Iron and Steel* aiming at matching the rolling capacity was proposed in 1986. The expansion project is composed of the construction of the New No. 3 Blast Furnace as the first step and the construction of No. 3 Steelmaking Plant a few years later. The design of New No. 3 BF started in 1987 and its construction was carried out during the period of June 1988 and September 1991. In October 1991, the New No. 3 BF was blown in. The construction and commissioning of the new blast furnace are described as follows.

1 Philosophy of Construction of the New No. 3 BF

1.1 Fundamental factors influencing the construction of new No. 3 BF

(1) The capacity of the new blast furnace should have an annual tonnage of 2.2Mt to 2.3 Mt of pig iron to meet the final target of 7.0 Mt of pig iron (The existing blast furnaces have 4.7Mt to 4.8 Mt annual capacity).

---

* Copartner: Yin Han, Yu Zhongjie. Reprinted from the Sixth Japan-China Symposium on Science and Technology of Iron and Steel, China, 1992: 56 ~ 68.

(2) Raw materials for the new blast furnace will be supplied mainly by domestic suppliers that means low iron content of iron ore, high ash content of coke, higher slag volume and even higher ash content of injection coal.

(3) The site of construction of the new blast furnace is restricted in a spare space adjacent to the left side of existing No. 4 BF, a compact general layout of the new furnace system is required.

(4) The existing largest volume blast furnaces using domestic raw materials in China belong to 2500m^3 rank. The operational experience of No. 4 BF(2516m^3) should be taken as reference.

(5) New technologies and advanced technologies should be considered in priority to prolong the furnace life, reduce the fuel consumption and improve the enviromental control so as to reach better operational results.

1.2 Philosophy of new furnace designing

Owing to the limited space of construction site, only one blast furnace could be built adjacent to existing No. 4 BF. Assuming the productivity index is 2.0, the inner volume of the furnace is approximately 3140 ~ 3280m^3. In order to coincide with the property of local raw materials, the height of the new furnace should be similar to existing No. 4 BF.

New technologies for prolonging the furnace lining life should be adopted and a campaign life of 10 years (which corresponds to a total iron output of 7000t/m^3 inner volume) is expected.

Low fuel consumption is the most important goal of furnace operation. PW bell less top and high blast temperature hot stoves are favourable.

In order to save the space for casthouse, a circular casthouse is preferable to the rectangular type.

For the sake of pollution control, dry gas cleaning system and TRT are adopted for blast furnace gas treatment, and electric precipitators are used for dust collection in casthoues, in stockhouse and underbin belt conveyers.

We hope that we will be able to overcome the shortcomings of domestic raw materials by combining new technologies both home and abroad and the New No. 3 BF could get good operational results.

2 The Production Indexes and Design of Furnace Proper

We assume the inner volume of the New No. 3 furnace to be 3200m^3 and the productivity index to be 2.0, then the annual capacity is 2.24 million tons of pig iron.

2.1 Production indexes

The production indexes of the new furnace are shown in Table 1.

Table 1 Production indexes of new No. 3 BF at WISCO

Annual production	2. 24Mt
Inner volume/m^3	3200
Productivity/t · (m^3 · d)$^{-1}$	2. 0(max. 2. 5)
Coke rate/kg · t^{-1}	450
Coal injection rate/kg · t^{-1}	100 ~ 120
Blast temperature/℃	1200
Sinter in the burden/%	80 ~ 85
Slag rate/kg · t^{-1}	470 ~ 480
Top pressure/MPa	0. 196(max. 0. 245)

2. 2 Profile of the new furnace

As is well known, high quality burden materials, especially coke is a decisive factor for designing large scale blast furnace. Based on the experience gained from the operation of No. 4 BF (2516m^3), we are sure the coke of WISCO is qualified to be used in 3000m^3 class blast furnace. Another factor is the low iron content of domestic iron ore which results in the high slag volume of New No. 3 BF(470 ~ 480kg/t) and deteriorates the permeability of the burden column. Therefore, the effective height of the new blast furnace must be similar to the existing No. 4 BF. We took 30. 6m to be the effective height of the new furnace which is 600mm taller than the No. 4 BF. The comparison of profile of New No. 3 BF with former USSR design is shown in Table 2.

Table 2 Comparison of profile for 3200m^3 blast furnaces

Indexes		WISCO design		Former USSR design	
		No. 4 BF	New No. 3 BF	Typical design	No. 6 BF Novolipetsic
Inner volume/m^3		2516	3200	3200	3200
Diameter/mm	hearth(d)	10800	12200	12000	12000
	bosh parallel(D)	11900	13400	13100	13300
	throat(d_1)	8200	9000	8900	8900
Hight/mm	effective(H_e)	30000	30600	32130	32200
	bottom to taphole(h_0)	700	1900	1185	1200
	hearth(h_1)	3700	4800	3900	4600
	bosh(h_2)	3500	3500	3400	3400
	bosh parallel(h_3)	2200	2000	2300	1900
	stack(h_4)	18000	17900	19600	20000
	throat(h_5)	2600	2400	2990	2300
Angle	bosh(β)	81°04′25″	80°16′20″	80°49′	79°10′37″
	stack(α)	84°07′54″	82°59′36″	83°53′	83°43′22″
Ratio	H_e/D	2. 52	2. 283	2. 453	2. 421
Tuyere number	28	32	28	32	
Tap hole number	2	4	3	4	
Cinder notch number	—	—	2	—	

2.3 Measures to prolong campaign life

As mentioned above we expect the New No. 3 BF might have a campaign life over ten years, corresponding to a campaign productivity of 7000t pig iron/m^3 inner volume or more. The following measures were taken:

(1) Improving the quality of lining refractory.

(2) Adopting all stave cooling construction with newly developed ductile cast iron staves.

(3) Applying closed circuit cooling system with demineralized water.

2.4 Construction of furnace proper

As shown in Fig. 1, New No. 3 BF is free standing type without mantle and supporting columns. The furnace shell was made of HSLA steel with a maximum thickness of 85mm and was fabricated by metallic structure factory in WISCO. The steel plate was supplied by plate mill of WISCO.

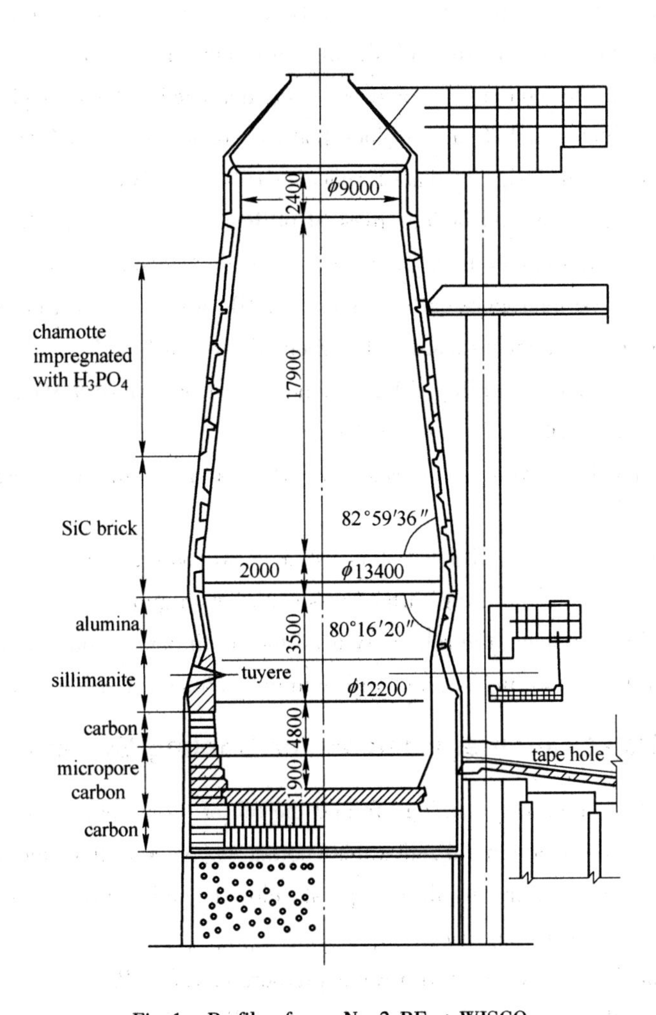

Fig. 1 Profile of new No. 3 BF at WISCO

From the furnace bottom to the upper stack just below the wearing plates against the furnace shell, there are 17 rows of cooling staves which was developed by research institute of WISCO exclusively in mid 1980' s. The construction of cooling staves are shown in Fig. 2. Staves were made of ductile iron which had an average tensile strength of 395. 5MPa and an average ductility of 22. 1%, corresponding to JIS QT40-20 and their characteristics were similar in configuration and mechanical property to third generation cooling stave of NSC.

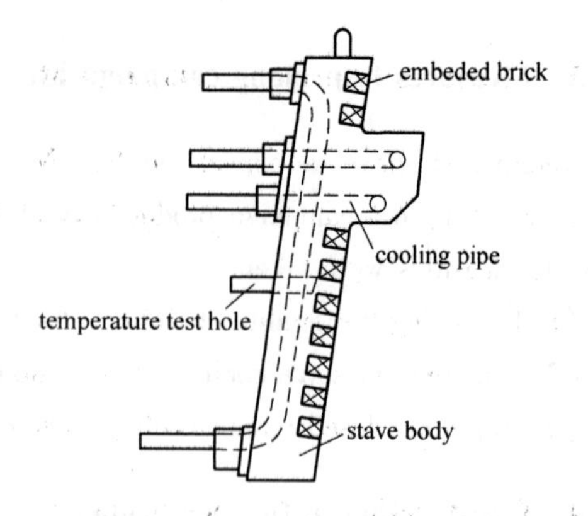

Fig. 2 Cooling stave design

2. 5 Furnace lining

The lower bottom consists of two rows of vertically laid carbon block (1200mm each) and the upper bottom is composed of two rows of alumina brick (400mm each) and the total thickness of bottom is 3200mm. The bottom is cooled with demineralized water through cooling pipes beneath carbon block. Water cooled carbon block bottom was developed by WISCO in early 1970' s and had become a typical design of blast furnace in 1980' s at WISCO.

The hearth wall was composed of four rows of ordinary carbon block (400mm each) above the taphole level, seven rows of micropore carbon block (4 rows of 600mm and 3 rows of 400mm) beneath it. The micropore carbon block AM-102 was imported from SAVOIE and possessed of the following characteristics: fixed carbon 87. 4%, ash 12%, bulk density 1. 56, apparent porosity 17. 5%, permeability 20m Da, porosity (over 1μm) 3%, average pore size 0. 4μm, thermal conductivity 12W/(m · ℃).

The refractory for the tuyere zone was sillimanite and for the bosh was alumina brick (575mm thick).

The lining for bosh parallel and lower stack adjacent to cooling staves was Si_3N_4 bonded SiC brick (575mm thick) and the working surface was coated with gunning refractory (55 ~ 70mm).

For the mid and upper stack, the refractory used for the lining was phosphoric acid impregnated chamotte brick (575mm thick) coated with gunning refractory (about 60mm).

3 Closed Circuit Demineralized Water Cooling System

On purpose to prolong the furnace lining life and the life of water cooling elements such as tuyeres, valves, closed circuit demineralized water cooling system was first adopted in New No. 3 BF. Based on different requirements three separate closed demineralized water cooling circuits were arranged as follows (see Fig. 3):

(1) A circuit for the stave cooling with water pressure of 7. 81MPa and flowrate of 4416m³/h.

(2) A circuit for the tuyere and hot blast valve cooling with water pressure 1. 03MPa and

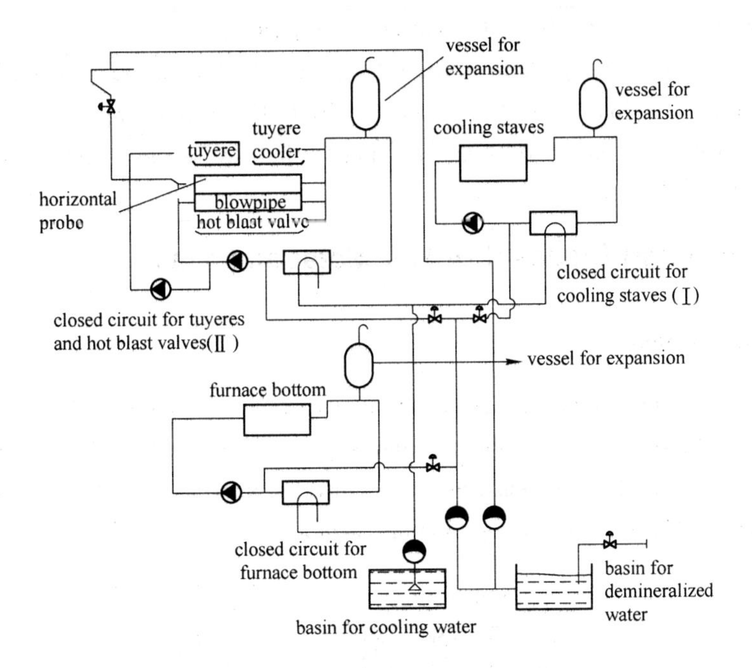

Fig. 3 Closed circuit demineralized water cooling system

1.05MPa respectively and a total flowrate of 2640m^3/h.

(3) A circuit for the underhearth cooling with water pressure of 0.43MPa and flowrate of 440m^3/h.

The consumption of demineralized water for the three closed circuits accounts for 0.3% ~ 0.5% of the total flowrate, that means less than 35m^3/h.

4 Furnace Top

Mckee double-bell furnace top has been typical design for the existing blast furnaces at WISCO. Top pressure usually maintains a level of 0.13 ~ 0.14MPa. In order to reach a top pressure higher than 0.2MPa and a high flexibility of burden distribution control, PW belless top with two parallel hoppers was adopted (see Fig. 4).

The main reason for adopting the parallel hopper type is because of the lack of experience in operation and maintenance for the bell less top. The bell less top possesses the following features and functions:

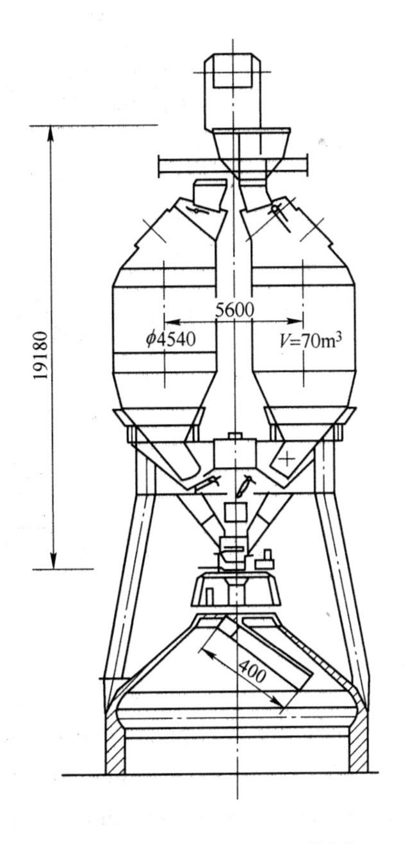

Fig. 4 PW bellless top with parallel hoppers

(1) The gearbox is cooled with water instead of nitrogen.

(2) The rotating discharging chute is 4.0m long with 11 tilting angles (16° ~ 53°).

(3) The burden distribution mode is controled by PLC which is capable of accomplishing functions of distributing burden materials by rings, spiral, by segment and/or fixed point by manual control.

5 Casthouse and Disposal of Hot Metal and Slag

5.1 Circular casthouse

For the sake of releasing the manual labour of furnace crew and improving the working environment for the new blast furnace, a circular casthouse was first adopted in China with reference to the design of No. 6 BF at Novolipetsic Steel, the former USSR. The layout of circular casthouse is shown in Fig. 5. The diameter of the circular casthouse is 80m.

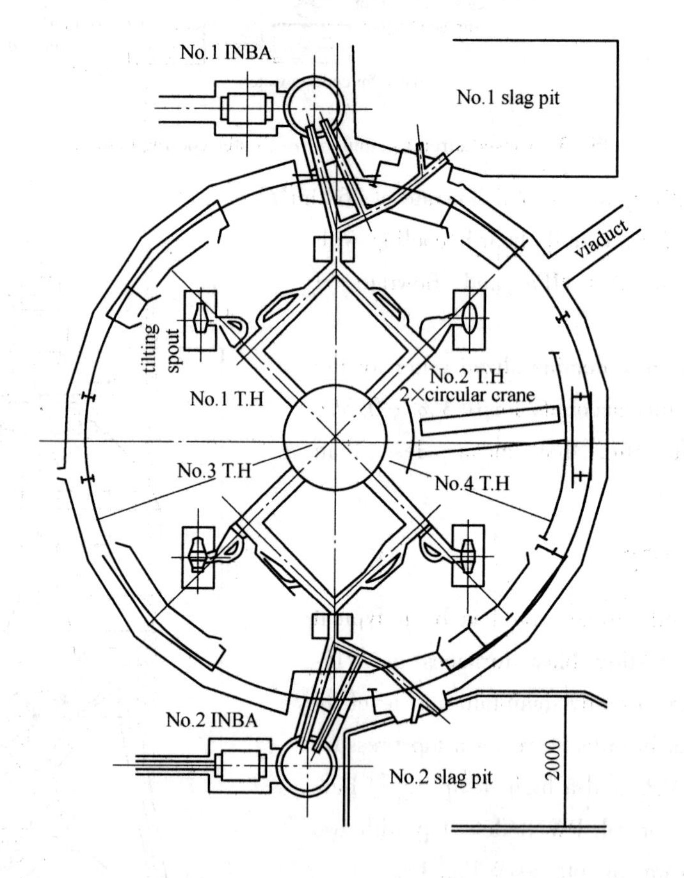

Fig. 5 Circular casthouse layout

The main features of the circular casthouse and its comparison with a rectangular one are listed in Table 3. It can be seen that the circular casthouse is characterized by a less casthouse area and shorter iron and slag runners. In particular, it is only equipped with two overhead circular cranes (20t/5t + 5t), but for the rectangular casthouse more powerful cranes are needed. The circular cranes can move along two circular rails around the furnace or along the radius direction and can reach about 98% of working area of the casthouse. Trucks and cars are allowed to drive onto the casthouse floor through viaduct.

Table 3 Comparison of circular casthouse with rectangular casthouse

Blast furnace site	New No. 3 BF WISCO	No. 1 BF Baoshan Steel
Inner volume/m^3	3200	4063
Daily production/$t \cdot d^{-1}$	8000(Max)	10000
Casthouse type	Circular	Rectangular
No. of tapholes	4	4
Cinder notch	no	no
No. of tuyeres	32	40
Casthouse ares/m^2	5026	9400
Trough type	Fixed	Exchangeable
length/m	12.25 + 5.5	16
Iron runner/m	96	160
Slag runner/m	140	295
Cranes	Overhead circular cranes 2 × (20t/5t + 5t)	Overhead cranes 2 × 110t/35t 2 × 35t/5t
		Monorail cranes 2 × 5t
		Cantilever cranes 4 × 12t(air-operated) 4 × 2t(electric) 6 × 2t(manual)

5.2 Disposal of hot metal

There are four tap holes. Each tap hole has separate iron trough, skimmer, runner and tilting spout. This tapping system is suitable for both torpedo car and/or open ladle. As a normal practice, two tap holes are in operaion, one tap hole stand-by and one in maintenance.

5.3 Slag granulation system

At first we considered to utilize the existing granulating pool of the No. 4 BF. However, practice had showed that it is impossible to double the granulating capacity of the existing facility. Practice of Rasa process at No. 1 BF. Baoshan Steel Co. showed this process is not satisfactory because of low availability and high cost of maintenance. Therefore, INBA technology developed by Paul Wurth. Luxembourg was adopted.

There are two sets of INBA slag granulation devices. One set is able to afford two tap holes. The general flow chart of INBA system is shown in Fig. 6 and its main features of design are given in Table 4.

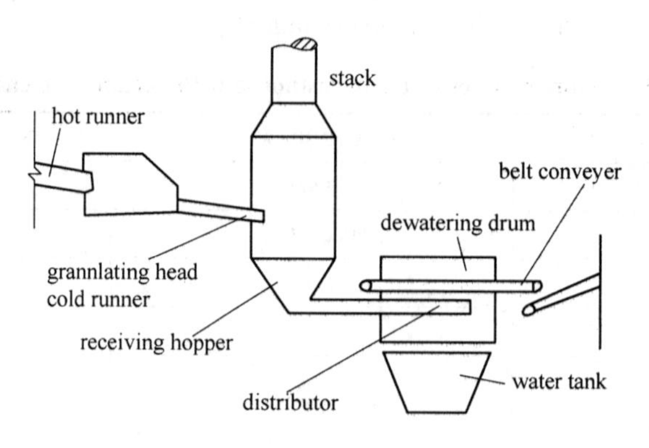

Fig. 6　INBA granulation layout

Table 4　Specification of INBA system adopted at WISCO

Slag ratio/t · t^{-1}		0. 48 ~ 0. 55
Slag flow rate/t · min^{-1}	average	3
	max	8
Uninterrupted granulating time/t · min^{-1}		103
Water consumption for granulating/t · t^{-1}		5. 2 ~ 10
Availability/%		97

For each INBA set there is one slag pit. In case the INBA system can not work or the slag flowrate exceeds 8t/min, the furnace crew can make flushing direcdy to the dry slag pit, to ensure the removal of molten slag from the hearth.

6　Cold Blast and Hot Blast System

6. 1　Electric blower

Due to difficulties in supplying setam needed for the new turboblower from the existing power plant, we decided to adopt electric blowers. Two blowers AG 120/16 L6, each with a maximum capacity of 7710m^3/min(including 800m^3/min for equalizing pressure during hot stove changing) and a maximum outlet pressure of 0. 47MPa were introduced from GHH, Germany. One blower is capable to supply the blast needed for the new blast furnace, and the another can be a stand-by blower of new furnace or deliver wind to existing No. 4 BF.

6. 2　Hot Stove with internal combustion chamber

In domestic market of China, the investment for constructing internal combustion chamber hot stove is less expensive, i. e, about 20% less than that of external combustion chamber type. Another factor is the site of construction was restricted in given space. After comparison between the two designs we selected internal combustion chamber hot stove together with imported Hoogovens ceramic burner assembly (see Fig. 7).

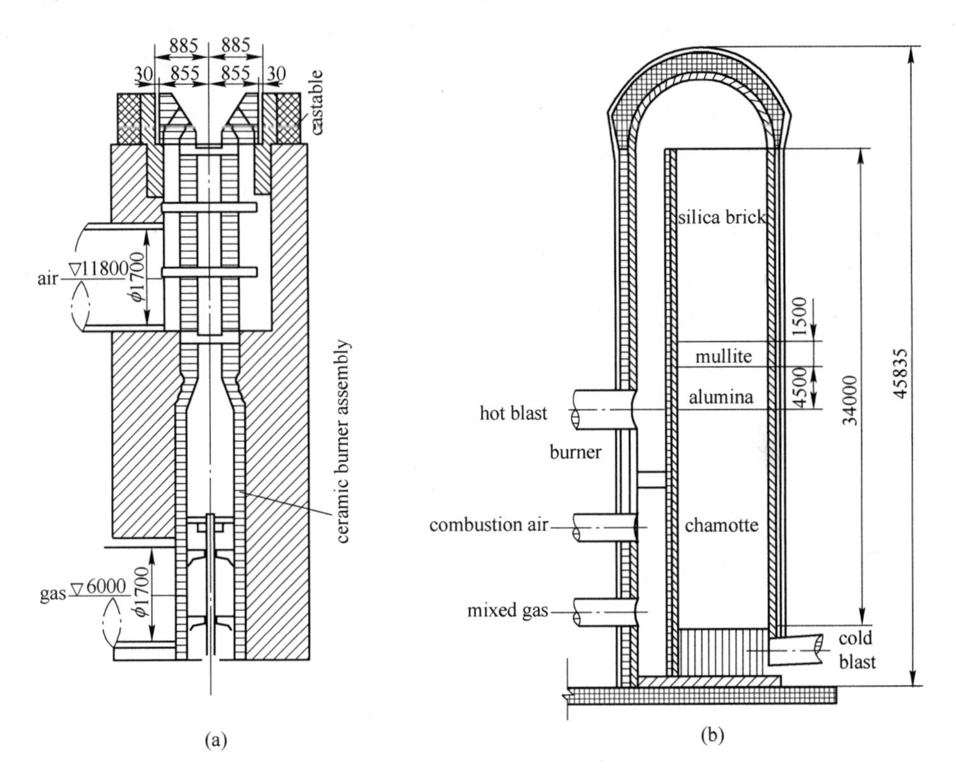

Fig. 7 Internal combustion chamber hot stove

The following measures were taken to ensure the hot blast temperature above 1200℃ level:

(1) Using mix gas composed of 10% coke oven gas and 90% BF gas.

(2) Preheating both combustion air and BF gas to a temperature of 133℃ by recovering the sensible heat of hot stove waste gas with separate thermal tube recuperators.

(3) Operating the four hot stoves with staggered parallel system.

(4) Adopting eye type combustion chamber and rectangular ceramic burner to increase the beating surface of stove checkers and to reach uniform mixing and complete combustion of gas air mix.

7 Dry Gass Cleaning System

Due to the restriction of site of construction it was difficult to arrange a general layout of conventional wet gas cleaning system for the New No. 3 BF. Moreover, wet gas cleaning process always has the unavoidable problem of secondary pollution. And the third, more electricity could be recovered through dry gas cleaning system rather than wet cleaning system.

A feasibility study was made to compare the advantages and the disadvantages of BDC and EP process. The result of feasibility study was as follows:

(1) As compared with BDC process, EP has a lower pressure drop. This is beneficial for both

furnace performance and TRT.

(2) EP process usually needs less cost of maintenance.

(3) EP process allows a higher gas temperature (about 250℃) than that for BDC process (about 100℃).

(4) In combination with EP process. the electricity generated from TRT is estimated to be 30% more than that for the conventional wet gas cleaning system.

The dry EP and TRT were introduced from Mitsubishi Heavy Industry, NKK and Mitsui Shipbuilding Co, respectively. The flow chart of dry gas cleaning at New No. 3 BF is given in Fig. 8. In the blown-in period or in case of furnace stoppage or emergency, a stand-by wet gas cleaning device (first stage Venturi) is available to ensure cleanliness of BF gas delivered to the consumers.

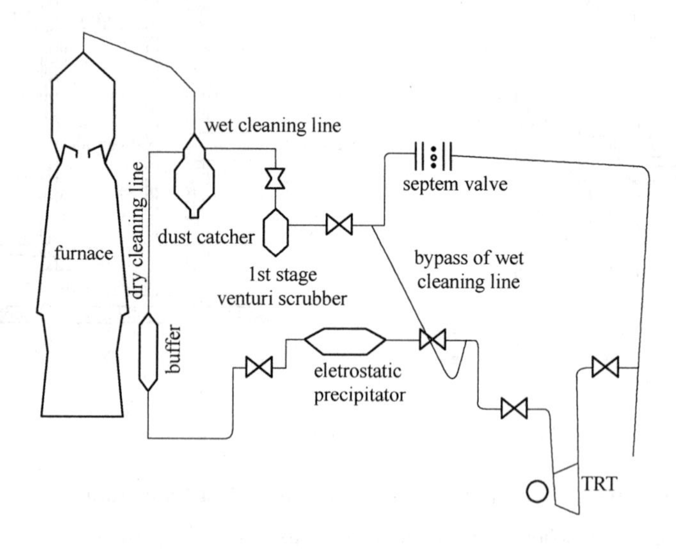

Fig. 8 Layout of dry type EP and TRT system

8 Coal Injection

The New No. 3 BF was designed to have a PCI rate of 100 ~ 120kg/t. Run-of-mine coal (anthracite) is transported to the ball mill station where it is pulverized to <200 mesh powder. The coal injection station is double hopper type similar to the existing blast furnaces. The coal grinding and injection operations are controlled by a micro-computer system.

9 Instrumentation and Automation

Besides conventional sensors supplementary devices were equipped to monitor the performance of charging. BL top, blast furnace operation, such as infra-red camera, horizontal sampling probe, flowrate and temperature measurement in cooling staves, leakage detector of tuyeres and so on.

The automation of New No. 3 BF is a hierarchical system based on PLC, microprocessor, minicomputer and Solar computer (see Fig. 9). The first level is composed of seven PLC of S5-

150u series for controlling individual facility operations such as raw material transportation, weighing, burden preparation, bell less top operation, INBA control, hot stove performance and alarm status judgement, a TDC-3000 Microprocessor system for operational data collecting and processing and a Solarmini-computer for processing the data of infra-red camera measurements. The second level consisting of a SOLAR computer(SPS5/70) fulfills functions of process monitoring, process controlling. Data collecting and processing, process simulation, CRT display and report printing. The operating parameters are interpreted in the form of more than 400 trend changing curves shown on colour screens.

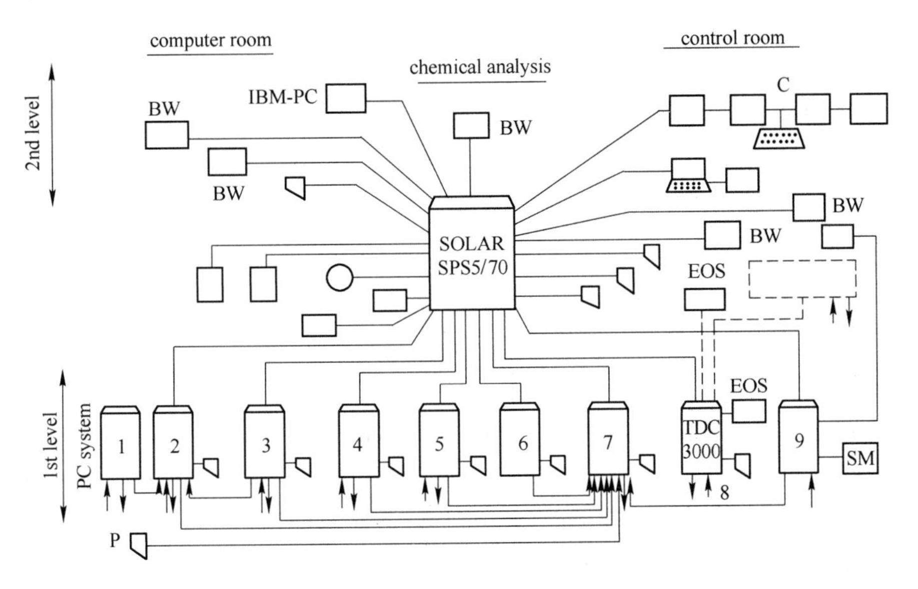

Fig. 9 Hierarchical computerized control system PLC

1 ~ 7—operating status of facilities

TDC 3000—operating data collecting and processing

BW—black-white terminal of colour display EOS operating station

10 Measures of Pollution Control

In addition to the environmental protection facilities mentioned above, according to the governmental environmental regulations, the emission of dust and/or fume must be in accordance with national standard. EP and bag filters were equipped for stockhouse, belt coveyers, screens and weighing hoppers. Electric precipitators were first used at New No. 3 BF for dedusting in casthouse.

11 Construction and Commissioning of the New No. 3 BF

The construction of the New No. 3 BF started in June 1988 and lasted for over three years. The drying of hot stoves and the blast furnace lining were commenced in March and July 1991, respectively. The filling of blast furnace with blowing-in burden began in September 1991 and was interrupted for a few days due to troubles of computer control system. From October 16, 1991 the filling returned to normal after solving the problems in the computer system. During the course of charging measurements in determining burden materials profile, sinter size distribution, sinter coke mixing status and materials flow path were carried out.

To protect the bottom lining from damage by abrasion and impact of the materials, granulated slag was first charged onto the bottom under the center line of tuyeres. The hearth was filled with log. The blowing-in burden materials were charged into the blast furnace by seven sections and designed to meet the following requirements:

Stockline	1.0m
Sinter in the iron-bearing burden	80%
Coke rate(total blowing-in burden)	3.2t/t
Coke rate(normal burden)	1.0t/t
Slag basicity(CaO/SiO_2)	0.95
Al_2O_3	<15%
MgO	>8%
[Mn]	0.7%
[Si]	3.0%

The New No. 3 BF was blown-in on October 19, 1991 at 10:41 am with all tuyeres(ϕ130mm × 12 + ϕ100mm × 8 + ϕ80mm × 12). When the blast velocity at tuyeres exceeded 190m/s, small size tuyeres were gradually changed with larger ones. The first tapping began at 4:54 next day morning, i. e. about 19 hours after blowing-in. The [Si] contents of first four tappings were 1.49%, 1.88%, 2.48% and 3.05% and [S] content was very low(<0.03%).

During blowing period, maximum [Si] content was 3.95% and slag basicity (CaO/SiO_2) varied from 0.98 ~ 0.99, a little higher than expected. This was mainly attributed to equipment troubles encountered in this period. For instance, the charging system, INBA system, electric mud guns were abnormal that resulted in frequent checking operations for the blast furnace. Some instruments did not provide necessary information for guiding blast furnace operations as well. In addition, the operational personnel were unfamiliar with such a modern blast furnace in mastering its equipment and operations.

12 Concluding Remarks

The construction of New No. 3 BF is aimed to increase WISCO' s annual ironmaking capacity to 7.0 Mt by adopting modern equipment and technologies. Unfortunately, this furnace won' t be able to reach its nominal capacity for quite a long period. This can be attributed to many reasons. First of all, some key facilities and instruments have been abnormal since its blowing in that resulted in a relatively low availability for the blast furnace. Besides, the technical and operating personnel require a period of time to familiar with the modern equipment and technologies introduced from abroad. Another factor influencing the New No. 3 BF production has been insufficient supply of coke before the commissioning of No. 7 Coke Ovens at the Cokemaking

Plant.

As a whole, however, the construction and commissioning of the New No. 3 BF can be considered a meaningful attempt so as to keep pace with the world-wide trend of blast furnace iron-making technical progress and rapidly developed blast furnace equipment and technologies in recent years. We believe that the New No. 3 BF will reach its goal after the completion of the No. 7 Coke Ovens in the second half of 1992.

A Review of China's Ironmaking Industry in the Past Two Decades*

Abstract In the past two decades, China's iron production has increased from 25 Mt to more than 100 Mt. This paper describes the features of ironmaking industry in China, existing shortcomings and prospect in 21st century.

The history of ironmaking technology in China might be traced back to 500 B. C. , but substantial beginning of ironmaking industry commenced only in the late 19 century. In 1890, the construction of the first state-owned ironmaking plant was started and the first blast furnace was blown in in 1894. Owing to unstability of political circumstances and the disablity of government, the Chinese ironmaking industry had been staggered for nearly 60 years. In 1949, when People's Republic of China was founded, the annual production of iron was 250000 tons and steel was only 158000 tons(see Table 1). As compared to industrialized nations of the same time, Chinese steel industry was a fragile, backward and out-of-date industry.

Table 1 Iron and steel production in China before the founding of People's Republic of China (1895 to 1948 in 10^4 tons)

Year	Steel	Iron	Year	Steel	Iron	Year	Steel	Iron
1895	0. 14	0. 56	1913	4. 3	26. 8	1931	1. 5	47. 1
1896		1. 1	1914	5. 6	30. 0	1932	2. 0	54. 8
1897		2. 3	1915	4. 8	33. 7	1933	3. 0	60. 9
1898		2. 2	1916	4. 5	37. 0	1934	5. 0	65. 6
1899		2. 4	1917	4. 3	35. 8	1935	25. 7	78. 7
1900		2. 6	1918	5. 7	32. 9	1936	41. 4	81. 0
1901		2. 9	1919	3. 5	40. 8	1937	55. 6	95. 9
1902		1. 6	1920	6. 8	43. 0	1938	58. 6	104. 8
1903		3. 9	1921	7. 7	39. 9	1939	52. 7	112. 7
1904		3. 9	1922	3. 0	40. 2	1940	53. 4	118. 3
1905		3. 2	1923	3. 0	34. 1	1941	57. 6	153. 1
1906		5. 1	1924	3. 0	36. 1	1942	78. 0	178. 7
1907	0. 8	6. 2	1925	3. 0	36. 4	1943	92. 3	130. 1
1908	2. 3	6. 6	1926	3. 0	40. 7	1944	45. 3	127. 4
1909	3. 9	7. 4	1927	3. 0	43. 7	1945	6. 0	19. 0
1910	5. 0	11. 9	1928	3. 0	47. 7	1946	6. 0	14. 0
1911	3. 9	8. 3	1929	2. 0	43. 6	1947	7. 0	14. 4
1912	0. 3	17. 8	1930	1. 5	49. 8	1948	7. 6	14. 7

* Copartner: Yin Han. Reprinted from 1998 ICSTI/Ironmaking Conference Proceeding, 1998: 219 ~ 228.

After 3 years of restoration, in 1952, 1. 93Mt of pig iron, 1. 35 Mt of crude steel, and 1. 13 Mt of rolled finished product were produced in China and set a record in Chinese iron and steel industry. Chinese government has given priority to iron and steel industry in the course of industrialization. In the 1st Five Year Plan, the government had been planning the construction of three iron and steel production basis, i. e. expansion and modernization of Anshan Iron and Steel Company, construction of Wuhan Iron and Steel Company as well as construction of Baotou Iron and Steel company. In 1957 the annual steel prodution reached 553 Mt and iron production reached 5. 94 Mt. In 1958 the government decided to build provincial iron and steel works in half of the provinces where construction of steel industry were feasible. But in 1959, the campaign entitled "Great Leap Forward"was launched all over the country. This resulted in overloading on national economy, and an adjustment was needed for recovery of economy. In 1966, the Cultural Revolution spread throughout the country. The disturbance of Cultural Revolution had made the national economy out of order for more than 10 years. The result of this unstability was the cause of fluctuation of iron and steel production lasting for more than 10 years.

The ending of Cultural Revolution paved the way for the development of Chinese iron and steel industry. The steady growth of Chinese economy has been demanding increasing supply of iron and steel products and made room for the rapid growth of China' s iron and steel industry. The annual production of pig iron, crude steel and finished rolled products from 1949 to 1996 are illustrated in Fig. 1.

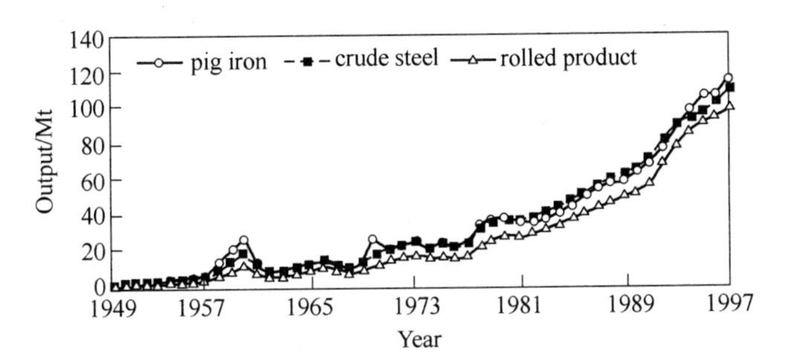

Fig. 1 Transition of iron and steel production after the founding of People' s Republic of China (1949 to 1996)

The rapid growth of steel industry in the past two decades has made China one of the biggest iron and steel producer in the world. This transition of the share of China' s steel industry in the world steel production is listed in Table 2. Before 1960' s, iron and steel works were mainly located in northeastern and north part of China, even the newly built iron and steel works were located where the supply of iron ore were available. After 1970' s, the construction of steel works has mainly depended on the requirement of local economy. This change has brought about rationalization of the distribution of iron and steel works in China. Table 3 shows the changes of steel production in different regions.

Table 2 The share of China's steel industry in the world steel production

Year	Crude steel production in China/Mt	Position of Chinese steel production	Share of Chinese steel production in world/%
1949	0.158	26	0.1
1957	5.35	9	1.83
1965	12.23	8	2.66
1978	31.78	5	4.42
1980	37.12	5	5.16
1985	46.79	4	6.50
1986	52.21	4	7.31
1989	61.59	4	6.58
1991	71.00	4	9.67
1992	80.93	4	11.37
1994	92.61	3	12.76
1995	95.36	2	13.02
1996	100.2	1	13.32

Table 3 Shares of steel production in different regions

Region \ Period		1949	1950 ~ 1952	1953 ~ 1957	1958 ~ 1962	1963 ~ 1965	1966 ~ 1970	1971 ~ 1975	1976 ~ 1980	1981 ~ 1985	1986 ~ 1990	1991 ~ 1995
Northern	10^4t	2.6	47.6	273.9	817.2	389.3	1192	2341	3036	4329	6439	10490
	%	16.6	15.8	16.4	14.6	13.2	18.1	20.4	20.6	21.3	21.8	24.4
North-eastern	10^4t	11.4	221.1	1039	2814	1403	2655	3846	4360	5139	6561	7776
	%	72.6	73.5	62.4	50.3	47.6	40.4	33.5	29.5	25.3	22.2	18.1
Eastern	10^4t	0.8	15.0	174.4	1050	671.3	1644	2870	3710	5017	8078	12498
	%	5.1	5.0	10.5	18.8	22.8	24.9	25.0	25.1	24.7	27.3	29.1
Mid-southern	10^4t	—	7.1	55.0	454.6	319.3	755	1563	2036	3310	4948	6774
	%	—	2.4	3.3	8.1	10.8	11.5	13.6	13.8	16.3	16.7	15.8
South-western	10^4t	0.9	9.8	119.9	415.3	151.7	280	700.7	1317	2079	2279	4082
	%	5.8	3.3	7.2	7.4	5.1	4.3	6.1	8.9	10.2	7.7	9.5
North-western	10^4t	—	0.1	4.4	37.8	13.5	51.1	173.7	300.5	419.5	770.6	1328
	%	—	0.3	0.3	0.7	0.5	0.8	1.5	2.0	2.1	2.6	3.1
Whole-country	10^4t	15.7	300.7	1667	5589	2949	6577	11494	14759	20293	29578	42948
	%	100.0	100.0	100.0	100.0	100.0	100.0	100.0	100.0	100.0	100.0	100.0

As illustrated in Table 3, the steel production of northeastern region had been in lead of all the regions until the period 1980 to 1985. The rapid growth of steel production in other regions, especially the eastern region, has made the distribution of iron and steel production even. The past two decades had been a decisive period in the development of China's iron and steel industry. A review of China's ironmaking industry in past two decades might be useful for the future development of Chinese steel industry. The location of ironmaking plants with annual capacity over 1.0 Mt in 1996 are shown in Fig. 2.

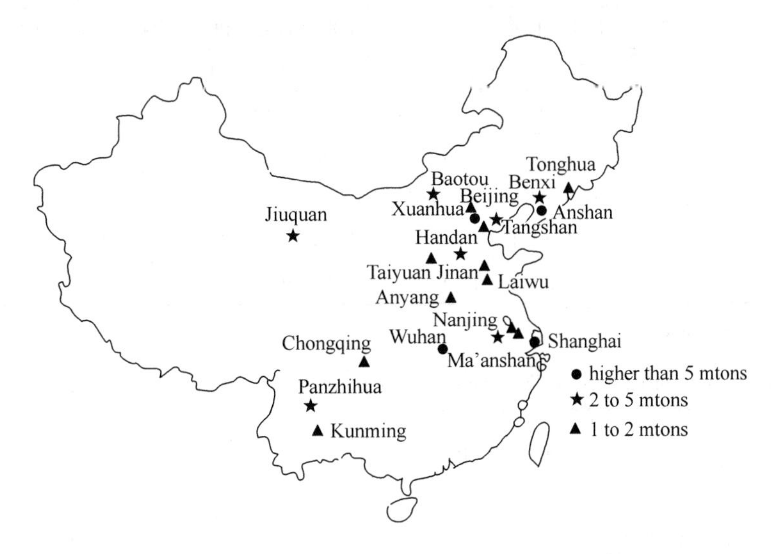

Fig. 2 Distribution of Ironmaking plants with capacity higher than 1Mt in China (based on tonnage of 1996)

1 Factors Influencing the Rapid Growth of Iron Production in China

From 1980 to 1996, the annual iron production in China increased from 38.02 Mt to 105.31 Mt, the net increase was 67.29 Mt corresponding to an increase rate of 4.2Mt/year. In which the annual iron production increase in state-owned metallurgical system accounted for 52.10 Mt (77%), while the increase outside the state-owned metallurgical system was 15.19 Mt(23%), which was produced by numerous small and mini blast furnaces in the countryside managed by local farmers.

Factor influencing the rapid growth of iron production were as follows.

1.1 Increasing of blast furnace volume

The state-owned ironmaking plants in China are usually classified according to administrative structure into 3 categories, ie the 1st level-key ironmaking enterprises, 2nd level-provincial ironmaking enterprises and 3rd level-country ironmaking plants. From 1980 to 1996, the total increase of blast furnace volume in state-owned metallurgical system was 72010m^3, in which the increase in 1st level was 43163m^3, the increase in 2nd level was 20050m^3 and the increase in 3rd level was 8797m^3. The increase of blast furnace volume and iron production from 1980 to 1996 are listed in Table 4. Numbers of blast furnaces classified according to inner volume in three levels are listed in Table 5.

Table 4 Increase of BF volume and iron production from 1980 to 1996

Items	Metallurgical system								Outside metall. system		Whole China	
	1st level		2nd level		3rd level		Total					
	1980	1996	1980	1996	1980	1996	1980	1996	1980	1996	1980	1996
No. of BFs	62	90	115	160	564	315	741	565	N/A	N/A	N/A	N/A
BF Vol. /m^3	62023	95186	19711	39761	9404	18201	81138	153148	N/A	N/A	N/A	N/A
Share in total Vol. /%	64. 1	62. 1	24. 3	26. 0	11. 6	11. 9	100. 0	100. 0				
Aver. BF volume/m^3	839	1058	171	249	17	58	109	271	N/A	N/A	N/A	N/A
Annual production/Mt	27. 83	55. 13	7. 49	25. 96	2. 27	8. 598	37. 59	89. 69	0. 43	15. 6	38. 0	105. 0
Share in total prod. /%	74. 0	61. 5	20. 0	28. 9	6. 0	9. 6	100. 0	100. 0				

Remarks: N/A not available.

Table 5 Classification of Chinese blast furnaces according to inner volume in 1996

Classification of BF inner Vol. /m^3		≥3000	2000 ~ 2999	1000 ~ 1999	500 ~ 999	100 ~ 499	50 ~ 99	<50	Total
1st level	No. of BFs	4	11	28	15	26	5	1	90
	in Vol. /m^3	15678	26328	35218	10716	6833	370	45	95186
2nd level	No. of BFs	—	—	—	—	—	—	—	—
	in Vol. /m^3	—	—	1260	2080	32610	811	—	39761
3rd level	No. of BFs	—	—	—	—	73	93	149	315
	in Vol. /m^3	—	—	—	—	8904	5774	3523	18201
whole metal system	No. of BFs	4	11	29	23	239	109	150	565
	in Vol. /m^3	15676	26328	36478	15796	48347	6955	3568	153148

As illustrated in Table 4 the blast furnace inner volume of ironmaking plants had increased from 81138m^3 in 1980 to 153148m^3 in 1996. That means the increase of blast furnace volume accounted for 1. 88 times, in which in 1st level was 183 times, in the 2nd level was 2. 02 times, while in the 3rd level was 1. 94 times, the increase of blast furnace volume has played an important rule in the rapid growth of iron production in China.

In Table 5, it is obvious that the blast furnace in China are relatively small. In 565 blast furnaces, there are only 43 blast furnaces with inner volume bigger than 1000m^3, their total inner volume is 78482m^3, accounts for 51. 24% of total inner volume, still, a tendency towards scale-up of blast furnace inner volume is existing as shown in Table 4.

1. 2 Improvement of blast furnace burden materials

From 1980 to 1996, the iron ore production had increased from 112. 58 Mt to 249. 55 Mt, while imported iron ore increased from 7. 25 Mt to 47 Mt. In the same period, sinter production had increased from 57. 60 Mt to 140. 10 Mt, pellet production had increased from 2. 42 Mt to 18 Mt and coke production had increased from 43. 43 Mt to 75. 69 Mt.

In this period there had been significant improvement of quality of blast furnace burden materials. From 1980 to 1996, iron content of iron-bearing material had raised from 53.74% to 55.01% for 1st level and from 51.75% to 54.19% for 2nd level, and ash of coke had decreased from 13.77% to 13.33%. The composition of ironbearing burden material had transformed from self-fluxing sinter to high basicity sinter plus pellet and/or acid lump ore. Percentage of agglomerates (sinter and/or pellet) in burden had increased from 88.37% to 90.07% for 1st level and from 81.47% to 86.27% for 2nd level.

In this period, a lot of sintering machines with hearth area of $90m^2$, $105m^2$, $130m^2$, $180m^2$, $260m^2$, $300m^2$ and $450m^2$ were built in ironmaking enterprises of 1st level and 2nd level. Most of the newly bulit sintering machines were equipped with blending yards, sinter cooling, sizing and hearth layer system, dedusting system, instrumentation and automation. Table 6 shows the changes of sinter production in 1st and 2nd levels from 1980 to 1996.

Table 6 Changes of sinter production from 1980 to 1996

Items		In 1st level		In 2nd level	
		1980	1996	1980	1996
Annual production/Mt		43.50	87.69	14.10	39.85
Sinter chemistry	Fe/%	52	53.34	N/A	52.5
	FeO/%	13.91	N/A	N/A	N/A
	CaO/SiO_2	1.42	1.7	N/A	1.63
Drum test index/%		N/A	78.91	N/A	74.67
Solid fuel consumption/$kg \cdot t^{-1}$		98	62	N/A	70
Productivity/$t \cdot (m^2 \cdot d)^{-1}$		N/A	1.34	N/A	1.56
Avaiability/%		N/A	80.72	N/A	84.78

Remarks: N/A not available.

In this period 21 sets of coke oven batteries with height of 6m were built and put into operation corresponding to an annual coke-making capacity of 10 Mt.

1.3 Progress of blast furnace technology

Since 1980 in the course of modernization and expansion of existing ironmaking plants, many blast furnaces with inner volume of $750m^3$, $1200 \sim 1350m^3$, $2200m^3$, $2500m^3$ and $3200m^3$ were built or rebuilt with adoption of modern technologies, such as high top pressure, high temperature, oxygen enrichment, coal injection as well as prolongation of blast furnace campaign life. In Baoshan Iron and Steel Corporation, blast furnaces with inner volume from $4063m^3$ to $4350m^3$ were built and equipped with modern technologies imported from Japan.

In 1980, there were 36 blast furnaces equipped with high top pressure devices, maximum top pressure was 130 ~ 140kPa, average top pressure usually maintained at 60 ~ 80kPa In 1996, in 1st level, there were 50 blast furnaces equipped with high top pressure devices, a few large blast furnaces operated at 200 ~ 250kPa top pressure. In 2nd level, there were 9 blast furnaces with top pressure of 50 ~ 100kPa, 80 blast furnaces with inner volume $300m^3$ were maintaining 30kPa top pressure for making the good use of Venturi gas cleaning.

In 1980, there was only one blast furnace equipped with bell less top. In 1996, the number of belless top blast furnaces increased to 32 and in 11 blast furnaces equipped with TRT installations.

Since 1980, hot stoves of 67 blast furnaces were built or rebuilt, and adopted technologies of external combustion chamber, top combustion as well as Hoogovens. These hot stoves could afford blast temperature of 1050 ~ 1200℃.

In 1980, only a few blast furnaces of 1st level adopted coal injection, average coal injection rate was 39kg/t and limited to anthracite. In 1996, there were 49 ironmaking plants, 161 blast furnaces adopted coal injection, the average coal injection rate of 1st level blast furnaces was 72kg/t, and there were 10 blast furnaces had injection rate of 120 ~ 150kg/t. The average coal injection rate of 2nd level blast furnaces was 41kg/t.

The comparison of blast furnace performance of 1980 and 1996 are listed in Table 7.

Table 7　Comparison of BF performance parameters 1980 and 1996

Items	1st level		2nd level		3rd level	
	1980	1996	1980	1996	1980	1996
Productivity/$t \cdot (m^3 \cdot d)^{-1}$	1.555	1.749	1.45	2.029	N/A	1.82
Coke rate/$kg \cdot t^{-1}$	539	495	654	572	N/A	729
Coal rate/$kg \cdot t^{-1}$	39.7	72	N/A	41	N/A	—
Fe in burden/%	53.74	55.01	51.57	54.19	N/A	52.67
Agglomerate in burden/%	88.37	90.07	81.47	86.27	N/A	80.39
Blast temperature/℃	978	1018	881	960	N/A	880

Remarks: N/A not available.

In the above mentioned factors, the increase of blast furnace volume resulted in an increase of 64.05% of ironmaking capacity, and the improvement of raw materials together with the technological progress of ironmaking brought about an increase of annual iron production by 35.95%.

2　Problems Affecting the Competitiveness of Chinese Ironmaking Industry

2.1　Domestic iron resources could not meet the requirement for the development of Chinese ironmaking industry

Since 1976, China has started to import iron ore from Australia, Brazil, India and South Africa. The iron ore consumption of Chinese steel industry is listed in Table 8.

Table 8 Iron ore consumption of Chinese steel industry

Year	Iron ore consumption/10^4t	Domestic iron ore production/10^4t	Iron ore imported/10^4t	Share of imported ore/10^4t	Output of crude steel/10^4t
1980	11983. 4	11258	725. 4	6. 1	3712
1981	10752. 6	10459	333. 6	3. 1	3560
1982	11077. 2	10732	345. 2	3. 1	3716
1983	11777. 5	11339	438. 5	3. 7	4002
1984	13491. 0	12894	597. 0	4. 4	4384
1985	14746. 4	13735	1011. 4	6. 9	4679
1986	16145. 5	14945	1200. 5	7. 4	5221
1987	17325. 8	16143	1209. 8	7. 0	5628
1988	17845. 6	16770	1075. 6	6. 0	5943
1989	18426. 4	17185	1241. 4	6. 7	6159
1990	19353. 1	17934	1419. 1	7. 3	6535
1991	20959. 5	19056	1903. 5	9. 1	7100
1992	23493. 2	20976	2517. 2	10. 7	8093
1993	25674. 0	22635	3039. 0	11. 8	8954
1994	29102. 0	25368	3734. 0	12. 8	9261
1995	30307. 0	26192	4115. 0	13. 8	9536

In 1996, the iron production in China was 105. 31 Mt and the imported iron ore was 47 Mt. The iron produced from imported iron ore was approximately 30 Mt.

The iron resources in China are mainly lean iron ores, the average iron content is about 34%, and nearly more than 90% of Chinese iron ore resources has to be beneficiated, some of them are composite ores and the iron content of the concentrate is relatively low. Because the use of imported iron ore has increased the iron content of blast furnace burden, it is obvious that the use of two resources of iron ores, both domestic and imported will be a must for Chinese ironmaking industry. But due to the low iron content of domestic iron ores, the iron content of blast furnace burden for Chinese ironmaking industry could not match that of Japan, Europe and America. It will be a challenge for China' s ironmaking industry to make good use of both domestic and imported iron ores to produce high quality sinter and pellet with relatively lower iron content. In order to reach higher coal injection ratio, it is a challenge to produce high strength coke by technological improvement with domestic coal as well.

2. 2 Co-existence of ironmaking plants of different technological levels

As stated above, there are only 44 blast furnaces with inner volume bigger than 1000m^3 in total 565 blast furnaces in state-owned metallurgical system. The total inner volume of the 44 blast furnaces is 78482m^3 and the average inner volume is 1784m^3. The iron production of the 44 blast furnaces accounted for 44% of total iron production, that means 56% of total iron production was afforded by blast furnaces less than 1000m^3 in 1996.

The 44 blast furnaces bigger than 1000m^3 are equipped with different technological levels, only 13 blast furnaces are equipped with technologies of 80' s, and 13 blast furnace with technologies of 70' s. Therefore, the average parameters of performance of blast furnaces bigger than 1000m^3 could not match the international level (as shown in Table 9).

Table 9 Operating parameters of blast furnaces >1000m^3 in 1996

Productivity/t · (m^3 · d)$^{-1}$	1.742
Coke ratio/kg · t^{-1}	484
Coal ratio/kg · t^{-1}	70.2
Slag ratio/kg · t^{-1}	467
Agglomerate in burden/%	90.16
Ore consumption/kg · t^{-1}	1752
Fe of burden/%	55.33
Availability/%	96.41
Blast temperature/℃	1038
Blast pressure/kPa	251
Top pressure/kPa	125
O_2 enrichment/%	0.8
Si in hot metal/%	0.531
S in hot metal/%	0.027
CO_2 in top gas/%	17.8
$\frac{CO_2}{(CO+CO_2)}$/%	42.41

From Table 9, it is clear that the operating parameters of existing blast furnaces bigger than 1000m^3 are not competitive from the international standard' s point of view. Restructuring and modernization of existing ironmaking plants in China will be a huge and hard task for the improvement of competitiveness of China' s ironmaking industry.

3 Prospect

Steel will still be the most important structural material in 21st century. The steel production all over the world will be continuously increasing in the on-coming century, and the steel production of China will increase even faster, because China is a developing country with huge population. In 21st century the share of steel made from recycling of steel scrap will be increasing, still the most of steel will be made from hot metal of blast furnaces. In the next century blast furnace ironmaking will be an important industry as it has been in 20th century. Smelting reduction and other ironmaking processes could not replace blast furnaces in the foreseeable future.

The disdvantages of China' s ironmaking industry are existence of a large number of small and mini blast furnaces, high material consumption, low productivity and pollution to environment. For strengthening the competitiveness of Chinese steel industry, restructuring, modification and modernization will be a must for China' s ironmaking industry.

Restructuring. Those iron plants are unable to compete and make profit in domestic market will be closed. It is impossible to operate several hundreds of small and mimi blast furnaces in the 21st century. Existing ironmaking plants will be reorganized according to availability of natural resources and features of local economy.

Modification and modernization of ironmaking industry. New and advanced technologies should be adopted to reduce the consumption, increase productivity and improve availability and environment control of existing ironmaking plants. The goal of modification and modernization of China' s ironmaking industry in the foreseeable future is to build a framework of sustainable development for Chinese steel industry in 21st century.

Problems Relating to High Coal Rate Injection into Blast Furnaces and the Prospects of Ironmaking Technology*

Coal injection into the blast furnace is an old concept but it was not developed in large scale until the first oil crisis. The main motivation was to counteract cost increase caused by oil prices soaring. This technique developed very fast during the 1980s.

The increasing demand on environmental protection and the shortage of coking coals have been stimulating further development of PCI technique. Coal injection decreases the extent of dependence of the blast furnace upon coke. Among all ironmaking processes up to now the blast furnace process is the biggest in unit production, the lowest in energy consumption, the highest in efficiency and the best in pig iron quality, being incomparable to all other processes. Its drawback, however, is that it has to rely on high quality coke. One of the reasons why came out so many smelting reduction processes and why have they been studied experimentally in large scales is to omit the cokemaking process. In the present, the coal injection rate of 200kg/t in the blast furnace has been reached, which suggests more than 40% of coke can be replaced with pulverized coal and the reliance of the blast furnace on the cokemaking process has been greatly reduced. As a result, the competitiveness of the blast furnace ironmaking has been improved.

The coal injection technique of the blast furnace began as early as in the early 1960' s in China but PCI rates, however, never reached 200kg/t until the mid-1990' s. In 1998, the Bao Steel succeeded for the first time in the sustaining of coal injection rates at 200kg/t level in one of its blast furnaces and then dissminated throughout the company. The coal injection rate in average reached as high as 207kg/t and coke rate 293kg/t in the Bao Steel 1999, refer to Table 1. The practice in the Bao Steel has presented us interesting enlightenment. The problems relating to high coal rate injection and the upper limit of coal rate were discussed and the prospect of ironmaking technology was forecast in this paper.

Table 1 Operational results of blast furnaces in the Bao Steel 1999

No. of BF	Productivity① /t·$(m^3 \cdot d)^{-1}$	Coke rate /kg·t^{-1}	Coal rate /kg·t^{-1}	TFe in burden/%	Avail ability /%	Top gas CO_2/%	Blast temp. /℃
1	2.264	263.72	237.95	60.20	98.07	22.7	1245
2	2.197	324.81	174.69	59.91	97.63	22.3	1232
3	2.305	292.27	206.70	60.39	98.03	22.7	1246

① The productivity is calculated using the inner volume of the blast furnace.

* Copartner: Bi Xuegong. Reprinted from 2001 Ironmaking Conference Proceedings, 2001: 495 ~ 507.

1 Problems Relating to High Coal Rate Injection

1.1 Quality of burden materials

Two industrial experiments of coal injection into the blast furnaces were carried out in China during the last decade in order to obtain a practical experience of long-term operation at a PCI rate of 150kg/t to 200kg/t but both did not realize their purposes. The blast furnaces in the Bao Steel, however, successfully remained the PCI rates over 200kg/t in 1998. Why has the Bao Steel succeeded and why could not all the previous tests achieve their expected aims?

It can been seen in Table 2 that the differences between these three steel works are mainly in iron content of ores and coke quality. Higher quality of raw materials and fuels apparently would improve the stock permeability in the lower furnace. There has been an argument whether the flooding phenomenon or the fluidization problem in the lower part of the blast furnace is the restriction of furnace regular operation. However, it can be expected that in most cases none of them would practically take place because they would force more gas move through those areas with better permeability and thus probably cause channeling problem before their critical conditions are finally reached. The flooding problem has been considered in this paper to analyze the effects of raw materials and coke quality on furnace production.

Table 2 Raw materials quality of the Bao Steel in 1998 and other two steelworks during the high PCI rates tests

Works	Iron ores				Fuels				
	Types	TFe/%	FeO/%	SiO_2/%	Types	Ash/%	M_{40}/%	M_{10}/%	CSR/%
Baotou	Sinter	50.66	10.81	6.21	Coke	13.39	77.4	7.7	—
	Pellets	61.50	2.12	7.80	Coal	10.31			
	Lump	48.73	7.01	8.68					
Anshan	Sinter	52.97	10.45		Coke	13.30	>82①	<5.6	56.1
Bao	Sinter	58.5	6.48	4.60	Coke	11.52	89.0	<5	69.54
	Pellets	65.93		2.51	Coal	about8.0			
	Lumps	63.36		4.73					

① This index is DI_{15}^{150} because the upper limit of coke size used in the test was 40mm.

Beer and Heynert[1] determined the flooding limit in the blast furnace and expressed it approximately by the following equation:

$$\log f_f = -0.559, \ \log f_r = -1.519 \quad (1)$$

where f_f and f_r is the flooding factor and fluid flow ratio, respectively and calculated as below:

$$f_f = (\omega^2 F_s / g\varepsilon^3)(\rho_g/\rho_l)\eta^{0.2} \quad (2)$$

$$f_r = (L/G)(\rho_g/\rho_l)\eta^{0.5} \quad (3)$$

where ω ——Superficial velocity of bosh gas, m/s;

F_s——Specific surface area of coke particle, m^2/m^3;

g——Gravity acceleration, 9.81 m/s^2;

ε——Fractional void of coke packed bed;

ρ_g——Density of gas, kg/m^3;

ρ_l——Density of bosh slag, kg/m^3;

η——Viscosity of bosh slag, 0.001 Pa · s;

L——Superficial mass flow rate of bosh slag, $kg/(m^2 \cdot h)$;

G——Superficial mass flow rate of bosh gas, $kg/(m^2 \cdot h)$.

The critical condition when a flooding takes place in the lower blast furnace is derived from Equation(1) and expressed as follows:

$$f_f \times f_r \approx 10^{-3} \tag{4}$$

This equation implies that a hanging would occur when the above product is over 10^{-3}. Assuming that the furnace productivity is governed by this equation, a calculation study has been made in order to clarify the influence of slag volume, slag viscosity, fractional void of coke bed and coke size on the maximum production of the furnace. The calculations were based on the normal operational conditions of Blast Furnace No. 3 of the Bao Steel, see Table 3. The coal type used in the calculations was a kind of bituminous coal with 34.36% of volatile matter content. The calculated results were plotted in Fig. 1 to Fig. 4. In the calculation, when slag volume is varied, the effect of slag volume on coke rate was also considered, that is coke rate would increase by 20kg/t with an increase in slag volume by 100kg/t. Moreover, when coke size was changed in calculation, the influence of coke size on fractional void of coke bed was also considered. The relation between coke size, d_p, and fractional void is given in Equation(5) [2]:

$$\varepsilon = 0.153\log d_p + 0.724 \tag{5}$$

Table 3　Conditions for the computational study of maximum productivity governed by flooding phenomenon

Inner volume/m^3	4350	Direct reduction degree	0.38
Productivity/$t \cdot (m^3 \cdot d)^{-1}$	2.185	Chemical composition of fuels/%:	
Coke rate/$kg \cdot t^{-1}$	260	Fixed carbon　H_2　N_2　Volatile	
Coal rate/$kg \cdot t^{-1}$	250	Coke　88.0　0.04　0.14　1.0	
Blast temperature/℃	1250	Jincheng Coal 79.69　4.1　0.77　13.81	
Blast moisture/$g \cdot m^{-3}$	20	Shenfu Coal 59.13　6.8　1.01　34.36	
Oxygen enrichment/%	1.5	Slag viscosity/mPa · s	300
Slag volume/$kg \cdot t^{-1}$	260	Fractional void(−)	0.455382
Hot metal composition/%: Si　Mn　S		Coke size/m	0.035
0.45　0.3　0.02		Coke rate for all coke operation/$kg \cdot t^{-1}$	487

It can be seen from these figures that the maximum productivity of the blast furnace would increase with decreased slag volume and slag viscosity and increased fractional void and coke

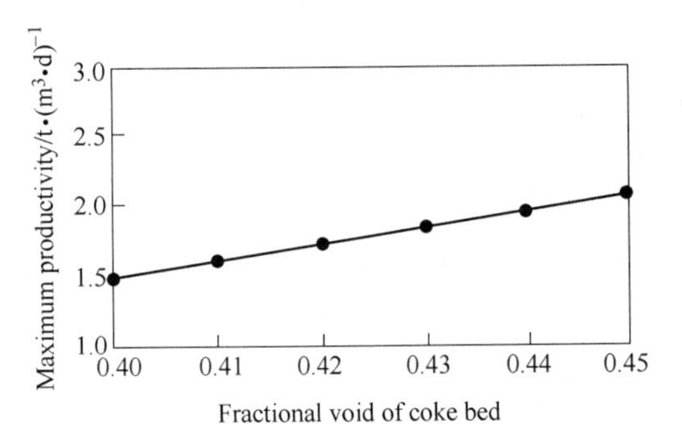

Fig. 1 Effect of slag volume on maximum productivity

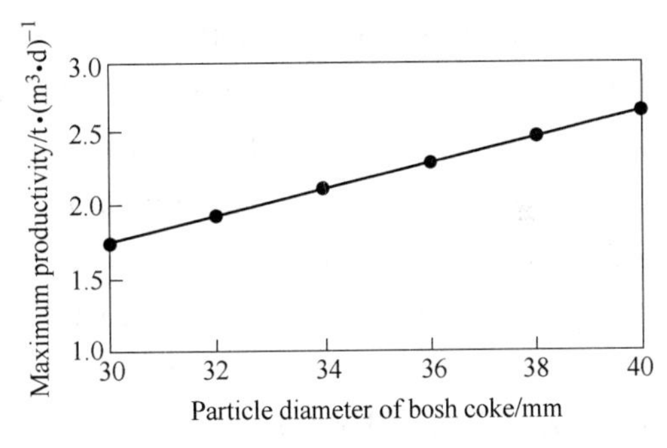

Fig. 2 Effect of slag viscosity on maximum productivity

Fig. 3 Effect of fractional void of coke bed on maximum productivity

Fig. 4 Effect of coke size in the bosh on maximum productivity

size in the furnace bosh. At higher coal injection rates, the size of coke in the furnace bosh would decrease to a greater extent compared to lower PCI rates because of a longer residual time of coke within the furnace and greater damaging effects on it. Moreover, the increase in coke breeze and unburnt coal would not only bring about a decreased fractional void of the coke bed but also an increased slag viscosity. All these factors would limit the intensifying of the blast furnace at higher coal injection rates. It is obvious from this calculation study that high quality raw materials, that is high iron content ores and high quality coke in particular, are the essential factor determining the level of PCI rate of the blast furnace.

1.2 Heat compensation and the theoretical flame temperature

It is necessary to make heat compensation in the tuyere zone for maintaining a smooth running when auxiliary fuels are injected into the blast furnace. The measures of heat compensation are high blast temperature and oxygen enrichment. Over a long period of time, the way to judge if heat compensation is needed is the calculation of the theoretical flame temperature. The conventional calculation method[3] and the statistical expression used in the Nippon Steel of Japan (see Equation (6)) have been used to determine the theoretical flame temperatures under the present conditions of the Bao Steel. It was found, however, that the calculated temperatures by

these two methods were all lower than the range commonly accepted. This would suggest that greater heat compensations were needed. However, the blast furnaces in the Bao Steel are running well without any difficulty. It can be considered from this fact that the present methods are not suitable for the calculation of the flame temperature under higher amounts of coal injection.

$$T_f = 1524.0 + 60R_{O_2} + 0.84T_b - 2.7R_{coal} - 6.3M_b \quad (6)$$

where T_f——The theoretical flame temperature, ℃;

R_{O_2}——Oxygen enrichment rate, %;

T_b——Blast temperature, ℃;

R_{coal}——Coal injection rate, kg/t;

M_b——Moisture content in blast, g/m^3.

A new method of the theoretical flame temperature calculation has been proposed by taking the following points into account:

(1) The sensible heat of pulverized coal is added into the total heat input.

(2) The heat concerning blast moisture is calculated according to the water – gas reaction in stead of the water thermal decomposition reaction.

(3) The incomplete combustion of coal in the raceway has been taken into account for the determination of the heat released by coal powder under the raceway conditions.

$$H_b + H_{coal} + H_{coke} + RHCO_{coke} + RHCO_{coal} - RH_{coal} - RH_{H_2O} = H_g \quad (7)$$

where H_b——Sensible heat of blast, kJ/t;

H_{coal}——Sensible heat of injected coal, kJ/t;

H_{coke}——Sensible heat of burnt coke, kJ/t;

$RHCO_{coke}$——Combustion heat of coke to CO, kJ/t;

$RHCO_{coal}$——Combustion heat of coal to CO, kJ/t;

RH_{coal}——Decomposition heat of injected coal, kJ/t;

RH_{H_2O}——Reaction heat of moisture in blast with carbon in coke, kJ/t;

H_g——Sensible heat of raceway gas, kJ/t.

The sensible heat of blast is calculated based on the sensible heat of dry blast and moisture that were estimated by using the data in Reference[4] and the sensible heat of coke burnt in the raceway is calculated as follows:

$$H_{coke} = W_C h_{coke} \quad (8)$$

where W_C——Amount of carbon in the burnt coke, kg/t;

h_{coke}——Specific enthalpy of carbon in burnt coke, kJ/kg.

The coke temperature at the tuyere level is taken as 1538℃ (2800℉) and the specific enthalpy 2563kJ/kg after Pehlke[5]. The heat released by coke and coal combustion are determined by Equations (9) and (10):

$$HRCO_{coke} = W_{coke} C_{coke} \times 9797.112 \quad (9)$$

$$HRCO_{coal} = W_{coal} hr_{coal} \quad (10)$$

where W_{coal}——Amount of injected coal, kg/t;

W_{coke}——Amount of burnt coke, kg/t;

C_{coke}——Fixed carbon content in coke, %;

hr_{coal}——Released heat of coal at a given combustion rate under the tuyere condition, kJ/kg;

9797.112——Combustion heat of carbon to CO, kJ/kg.

The amount of coke burnt in the raceway and the released heat of coal are related to the combustion degree by the following equations:

$$W_{coke} = [W_C - W_{coal}(CR_{coal}/100)C_{coal}]/C_{coke} \quad (11)$$

$$hr_{coal} = Q_{coal}CR_{coal} - RH_{coal} \quad (12)$$

$$W_C = V_b O_{2b}(24/22.4) \quad (13)$$

where W_C——Amount of carbon burnt in the tuyere zone, kg/t;

CR_{coal}——Combustion degree of coal, %;

C_{coal}——Fixed carbon content in coal, %;

Q_{coal}——Released heat of coal under the raceway condition per one percent of combustion degree, kJ/kg;

O_{2b}——Oxygen content in blast, %.

The practical released heat of coal under the raceway condition is obtained by subtracting from the measured lower combustion heat the formation heat of CO_2 from CO and H_2O from H_2 leading to:

$$Q_{coal} = [Q_L - 23668C_{coal} - (13448H_{2coal}/9 + RH_{coal})]/100 \quad (14)$$

where Q_L——Measured lower combustion heat of coal, kJ/kg;

H_{2coal}——Hydrogen content in coal, %.

The reaction heat concerning the moisture in blast is determined as follows:

$$RH_{H_2O} = 135652(V_b M_b/18000) \quad (15)$$

where 135652——Heat of water-gas reaction, kJ/kg.

The sensible heat of raceway gas is calculated with Equation (16) and the specific heat of its components at different temperatures is estimated using the data in Reference[6].

$$H_g = V_g Cp_g T_f \quad (16)$$

where V_g——Raceway gas volume, m^3/t;

Cp_g——Specific heat of raceway gas, kJ/m^3.

Calculations of the flame temperature were made with this new method at different coal combustion efficiencies and the results were presented in Fig. 5. A calculation study was conducted for varied blast temperature, blast moisture, Oxygen enrichment and PCI rate with all these three methods. Most of the conditions for calculating the flame temperature have already been given in Table 3 and the rest are given in Table 4. The temperature and specific heat of coal is taken as 100℃ and 1.30kJ/(kg·K), respectively. The calculated result for Jincheng coal with a lower volatile content were shown in Fig. 6 to Fig. 9. The calculated results for Shenfu Coal with a higher volatile content were shown in Fig. 10 to Fig. 13.

Table 4 Some conditions for a calculation study of the flame temperature

Coals	Lower combustion heat /kJ · kg^{-1}	Decomposition heat /kJ · kg^{-1}	Combustion degree /%
Jincheng	7491.08	240	70
Shenfu	6643.39	200	80

Fig. 5 shows that the flame temperature decreases with increasing coal combusting degree and it is lower for a coal with a higher volatile content than that for a coal with a lower volatile content at same combustion degree. The flame temperatures of a higher volatile coal would be even lower because its combustion degrees are usually higher than a lower volatile coal. In this calculation, the difference is about 50℃.

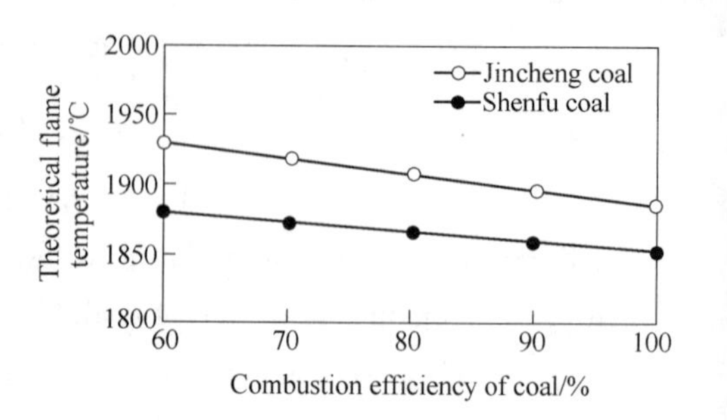

Fig. 5 Effect of coal combustion efficiency on T_f for different coals

It can be seen in Fig. 6 to Fig. 13 that the flame temperatures obtained with this new method are all higher than those with the conventional method, 70 ~ 110℃ higher for a higher volatile coal and 110 ~ 160℃ higher for a lower volatile coal in comparison with the conventional method. Compared to the results obtained with the NSC regressive equation, the flame temperatures are all higher at different blast temperatures but lower as blast moisture is less than 10g/m^3 for Jincheng Coal and 20g/m^3 for Shenfu Coal. The biggest differences between the new method and the NSC regressive equation occur for varying PCI rate, that is the results obtained with the new method are more than 300℃ lower without coal injection and about 100℃ higher at 300kg/t of coal those under which the NSC regressive equation was established.

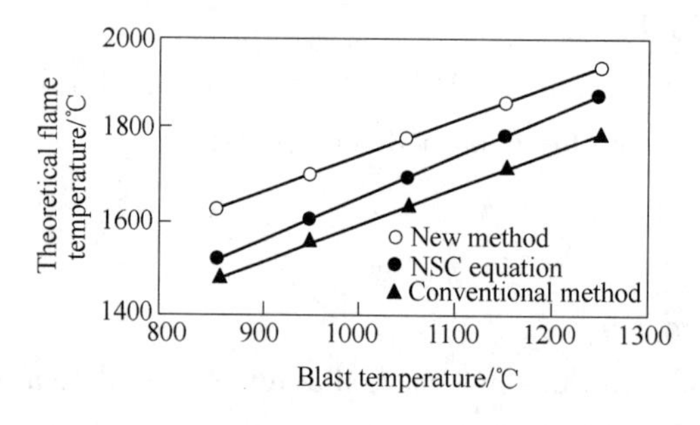

Fig. 6 Effect of blast temperature on T_f for Jincheng Coal

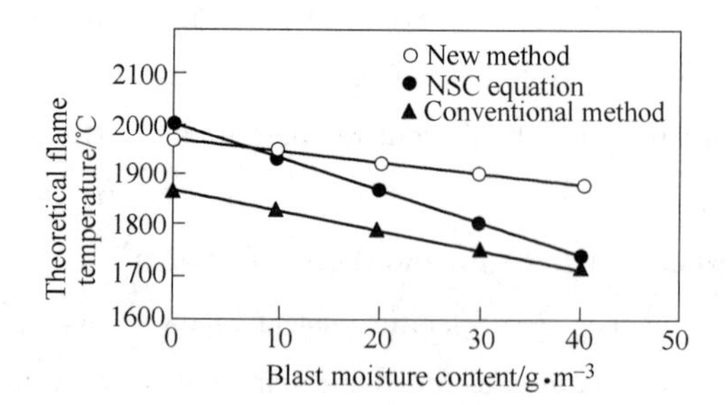

Fig. 7 Effect of blast moisture content on T_f for Jincheng Coal

It is noticeable that the flame temperatures under the present operational conditions of the blast furnaces in the Bao Steel are still lower than 2000℃ even with the new method. This suggests that high coal rates injection does not necessitate such high flame temperature as commonly believed or that more modifications of calculation method of the theoretical flame temperature

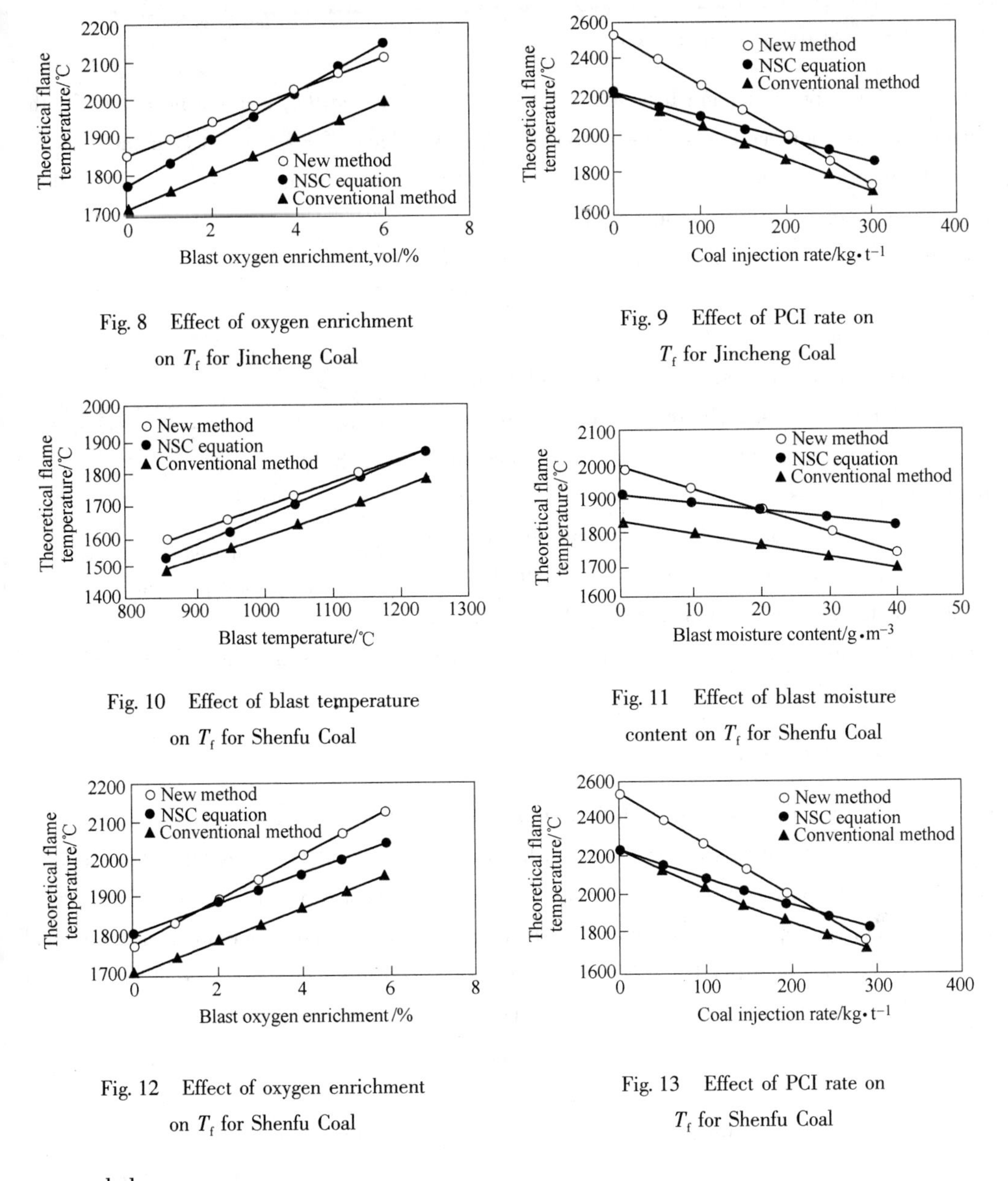

Fig. 8 Effect of oxygen enrichment on T_f for Jincheng Coal

Fig. 9 Effect of PCI rate on T_f for Jincheng Coal

Fig. 10 Effect of blast temperature on T_f for Shenfu Coal

Fig. 11 Effect of blast moisture content on T_f for Shenfu Coal

Fig. 12 Effect of oxygen enrichment on T_f for Shenfu Coal

Fig. 13 Effect of PCI rate on T_f for Shenfu Coal

are needed.

It is of course still necessary to maintain the flame temperature at a reasonable level. The effect of an increase in blast temperature on the flame temperature is greater than that in oxygen enrichment according to this calculation study. The cost for an increase of 100℃ in blast temperature is only half the cost for an increase of 1% in oxygen enrichment according to the present prices but, by contract, the benefit of the increase in blast temperature is 70% greater than that of the increase in oxygen enrichment. The experience of the Bao Steel has proven that 1.5% to 2.0% of oxygen enrichment is reasonable at PCI rates more than 200kg/t and blast temperatures over 1200℃. The essential means for heat compensation in the tuyere zone is the increase in blast temperature.

1.3 Effects of oxygen enrichment

Many industrial practices and research works have demonstrated that it is not necessary for the injected coal to burn completely in the raceway. The key factor for a high PCI operation is not then the complete combustion of pulverized coal. Oxygen enrichment has some effect on heat compensation in the tuyere zone but this effect is less than that of blast temperature. Its main effect lies in the reduction of the bosh gas volume that would thus release the restriction of flooding phenomenon on blast furnace operation. Some calculations were made at different oxygen enrichment rates and obtained results are illustrated in Fig. 14. It is clear from this figure that the maximum productivity increases with increasing oxygen enrichment under the critical flooding condition. The effect of oxygen enrichment differs slightly for coals with different volatile contents, that is an increase of 1% in oxygen enrichment would increase the maximum productivity by 1.63% for a lower volatile coal while 1.65% for a higher volatile coal.

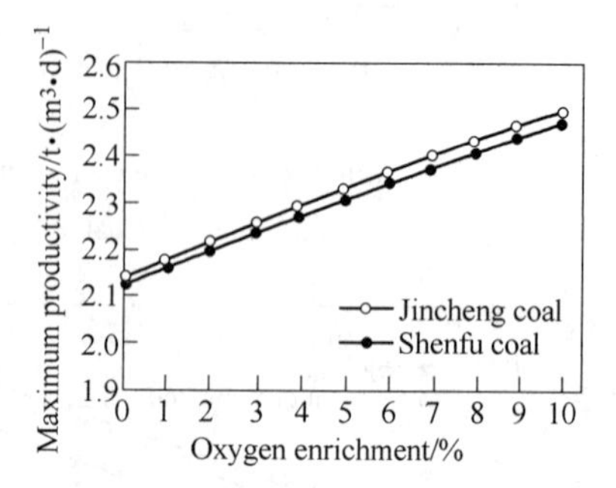

Fig. 14 Effect of oxygen enrichment on maximum productivity

1.4 Gas distribution control

Constant concerns have been given to the problem of heat losses and gas flow resistance during the development of pulverized coal injection technology. Industrial practices have demonstrated that even at extremely high coal rates exceeding 200kg/t it is still possible to maintain the heat losses through cooling water at almost the same level as for all coke operation or lower coal rates[7]. It has also confirmed that it is practical to keep the gas flow resistance of the stock at reasonable levels at very high coal rates[7,8]. The key measure of maintaining low heat losses and low gas flow resistance at ultra high coal rates is a close control of gas distribution. In the Bao Steel, special attention has been paid to maintaining a balance between furnace smooth running and heat losses, furnace wall protection and scaffolding avoidance when appropriate burden charging patterns are formulated at different levels of coal injection rates. The patterns have been chosen in such a way that the periphery is loosened to a certain extent and the ratio between peripheral gas flow and central gas flow keeps at an appropriate level. Furthermore, too strong central gas flows have to be avoided in order to maintain higher top gas CO utilization. The blasting conditions are selected to maintain a reasonably strong central gas flow and avoid the formation of a sluggish area in the lower part of the furnace[9,10].

1.5 Selection of coal for injection

The quality of coal injected into the blast furnace becomes more important at higher PCI rates since the coal accounts for approximately half the total fuel supplied to the furnace. As a matter of fact, coal quality has become one of the key items in raw materials quality control. Besides such common requirements on coal quality as Hardgrove index, fineness, etc. , the ash content in coal should be paid a special attention to because lower ash contents will decrease slag volume and increase the replacement ratio.

The pratice of blending anthracitic coal with bituminous coal has been becoming more common not only because it can decrease the danger of explosion in the injection system but also because it can increase the combustion efficiency of coal in the tuyere zone and thus the replacement ratio. The volatile content in the mixed coal is normally controlled in the range of 15% to 25%.

1.6 Reliability of the injection system

The importance of regular supply of coal into the blast furnace is obvious because even a sudden stop of coal supply for a short-term would lead to a catastrophic consequence in the operation of very high PCI rates. In order to ensure a high reliability of the coal injection system, an improvement in all items of the system design has to be made. For example, the oxygen and CO contents in some key points must be closely monitored and controlled to prevent and dust explosion risk even when coal with higher volatile matter is processed. The storage silo of pulverized coal between the grinding plant and the injection system must provide a sufficient capacity for a safe operation of the blast furnace and meet the demand of a change from PCI to all coke operation just in case no pulverized coal can be produced. Measures should be taken to prolong the working life of injection lances. The ceramic lined lances can work for more than six months now in the Bao Steel. Some efforts also should be made to monitor and control possible blockage of injection lances and in the conveying lines.

2 The Upper Limit of Coal Injection into the Blast Furnace

The roles of coke in the blast furnace process mainly lie in the following three respects, that is supply of reducing agents, main heat supplier and improving the stock permeability. The pulverized coal injected into the furnace can only replace parts of these functions. The accomplishment of some reduction reactions, in addition to carburization effect, has to rely on coke. There must be a relatively clean coke packed bed for liquid slag and metal to flow down through the dripping zone and the furnace hearth. This function can not be fulfilled by coal. It can be estimated on these grounds that the lower limit of coke rate of the blast furnace is approximately 220kg to 250kg per ton of hot metal for steel making. The upper limit of coal injection accounts for some 50% to 55% of fuel rates. This proportion has epoch-making significance to the ironmaking area.

3 The Future of Ironmaking Technology

The blast furnace process is going to keep its dominant position in the ironmaking technology in foreseeable future by further cutting down the demand of metallurgical coke and coking coals. To realize this goal, pulverized coal injection at high rates is obviously the main means. The technique of increasing the use of noncoking coals in the coking processes and of formed coke production has been put special attention to many novel coking processes are under development such as the Non-Recovery Coke Oven Process in the U. S. and the Jumbo coke-making process in Germany aiming at the reduction of pollutant emission. Constant bringing forth new ideas in the technology will form the blast furnace ironmaking process of the 21st century. The Japanese government has recently launched a research project in order to cut down almost half of the raw coal consumption of the blast furnace from about 800kg/t to 450kg/t[11]. The competitiveness of the blast furnace will be greatly enhanced after this project succeeds against other alternative ironmaking processes.

The proportion of electric arc furnace steels in the total steel production of the world is going to rise year by year. The capacity of supplying scrap is the bottle neck of the development of EAF steel. Therefore, substitutes of scrap are going to develop remarkably. However, the development of DRI and HBI will not be too fast especially in many areas such as China due to the shortage of natural gas and high quality coal suitable for direct reduction. The smelting reduction processes, though will develop more greatly, can not replace the blast furnace ironmaking in respect of production scale, quality and efficiency in particular. The best record of energy consumption of COREX, the only commercialized smelting reduction process so far, is 933kg of fuel rate and $501m^3$ of oxygen gas per ton of hot metal[12].

The technology of DRI and HBI are going to develop step by step and some novel technologies would come out, with coal-based and hydrogen-based DRI processes being going to develop faster. The smelting reduction processes will develop to some extents under special conditions of raw materials and market requirement. If simply considering the economy of liquid metallic iron extraction from iron ores, the smelting reduction can not compete with the blast furnace process. It is possible to gain a new vitality, however, if the smelting reduction process can combine with other industries.

The world steel industry in the 21st century will further develop progressively with up-and down fluctuations. For the ironmaking technology, the blast furnace ironmaking will still be the main stream. The DRI technology and the smelting reduction process will both develop under certain conditions. The general situation will be the co-existence of manifold processes with the blast furnace being the main stream.

References

[1] H. Beer, G. Heynert, Stahl u. Eisen, 84, 1964: 1353.

[2] T. Yamata, et al. Technical Report of the Kawasaki Steel (in Japanese). 1974(6): 16.

[3] L. Cheng. Blast Furnace Technology and Calculation[M]. Beijing: Metallurgical Industry Press, 1991: 230.

[4] Northeastern University. Blast Furnace Ironmaking[M]. Second edition. Beijing: Metallurgical Industry Press, 1978: 117.

[5] Robert D. Pehlke. Unit Processes of Extractive Metallurgy[M]. Americal Elsevier Publishing Company Inc., Second edition, 1975: 320.

[6] Eu. F. Wegmann. A Reference Book for Blast Furnace Operators[M]. Translated by V. Afanasyev. Mir Publishers, 1984:38.

[7] L. Bonte, R. Vervenne, F. Stas, et al. Process Control Techniques for the Realization of High Hot Metal Quality, High Productivity and High Pulverized Coal Injection at the Sidmar Blast Furnaces[C]. 1998 ICS-TI/Ironmaking Conference Proceedings, Toronto, 1998:257 ~ 278.

[8] K. Guo. Technical Progress of Blast Furnace PCI at Baoshan I & S Group Co[J]. Ironmaking, 1998, 17(6):14 ~ 18.

[9] R. Zhu, W. Li. Technical Progress of Blast Furnace Operation at Baosteel[C]. 1999 CSM Annual Meeting Proceedings, Beijing, 1999:86 ~ 90.

[10] K. Guo, Z. Li. Perfecting Burden Production Technique, Strongly Enhancing Pulverized Coal Injection Rate [C]. Asia Steel International Conference-2000 Proceedings (Volume B: Ironmaking), Beijing, 2000: 17 ~ 21.

[11] K. Ichii. Recent Progress of Ironmaking Technology in Japan[C]. Asia Steel International Conference-2000 Proceedings (Volume B: Ironmaking), Beijing, 2000:356 ~ 357.

[12] J. K. Tandon, L. K. Mitra, Ram Sigh, et al. Operation Success of COREX Technology at Jin Dal Vijayanagar Steel Ltd. (India)[C]. Asia Steel International Conference-2000 Proceedings (Volume B: Ironmaking), Beijing, 2000:140 ~ 149.

Experience for Prolongation of Blast Furnace Campaign Life at Wuhan Iron and Steel Corporation*

1 Introduction

Wuhan Iron and Steel Corporation (WISCO) is the first integrated steelwork built in 50' s after the funding of People' s Republic of China. According to the basic design, the construction of ironmaking area is composed of two phases. In the first phase, it consists of two blast furnaces with inner volume of 1386m^3 each, four strands of sintering machines with 75m^2 each and four coking batteries. The annual tonnage of 1st phase is 1.47 Mt of pig iron. After the completion of 2nd phase, the expected annual capacity will be 3.0 Mt of pig iron and 3.0 Mt of crude steel.

The blast furnace No. 1 was blown in on September 13, 1958 at WISCO symbolizing the launching of the new integrated steelworks, and BF No. 2 was blown in on July 13, 1959. In 1960, burnt cooling plates occurred at BF No 1. In 1964 a breakout of furnace hearth happened at BF No. 2, and an overhaul and relining had been taken place in 1965. The damage of cooling plates and cooling boxes was very serious in 60' s as well. In 1970 when BF No. 4 was constructed, the technology of evaporated cooling staves was adopted and the complex ceramic bottom was replaced by thinner carbon block bottom with water cooling underneath. Since 1970, studies concerning the erosion of furnace lining and the damage of cooling elements had been carried out. Based on the results of studies, modification of the structure of furnace proper had been adopted during furnace relining. Experiences of modification during relining and performance have been making us realized that the prolongation of blast furnace campaign life is never a single technique, as a mater of fact, it is a system of comprehensive technologies. According to this idea, a new blast furnace with inner volume of 3200m^3 was constructed and was blown in on October 19, 1991. The 3200m^3 BF No. 5 has been performing smoothly for more than 10 years without any shaft repair, it is estimated that, the campaign life of BF No. 5 will be 15 yeas. The technology for prolongation of blast furnace campaign life has disseminated and has been utilized in the reconstruction of BF No. 4 and BF No. 1.

2 Problems Encountered Since 1960' s

2.1 Damage of throat armour

The troat armour adopted for BF No. 1 and BF No. 2 was box-type. In 1961, 3 years after the

* Reprinted from 2002 Ironmaking Conference Proceeding, 2002: 105 ~ 120.

blown-in of BF No. 1, the damage of throat armour was discovered, and a stoppage for the replacement of worn-out armours was carried out in 1962. In 1970, a new longitudinal throat armour was used in the construction of BF No. 4. The comparison of the new type throat armour with the conventional one is shown in Fig. 1.

Since the adoption of longitudinal throat armour, there was no damage happened.

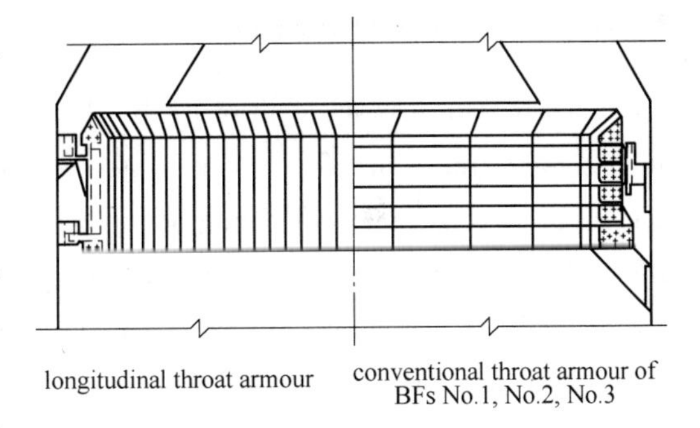

Fig. 1 The comparison of longitudinal throat armour with conventional one

2.2 Breakout of furnace hearth

On June 2, 1962, a breakout of hearth happened at BF No. 2. The main reason brought about the accident was the poor design of blast furnace lining. The lining for hearth and bottom of BF No. 1 was a complex structure of carbon blocks at periphery with alumina brick plug. But for BF No. 2, it was an alumina hearth and bottom. The comparison of furnace hearth and bottom design is shown in Fig. 2.

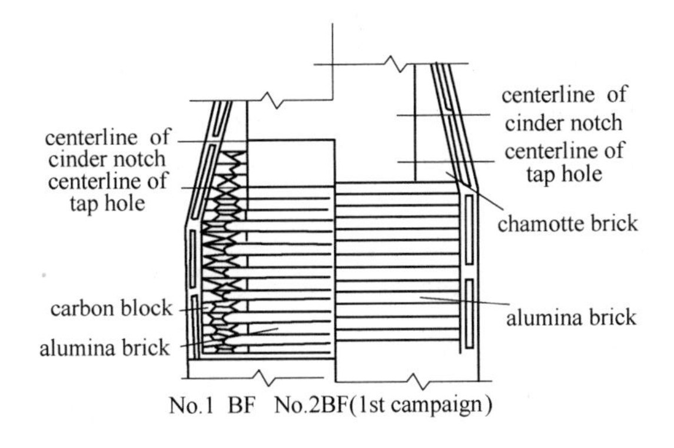

Fig. 2 The comparison of hearth and bottom design for BF No. 1 and No. 2

The capability of alumina brick to withstand erosion of molten iron and slag is poor as compared to carbon block. This was the main cause of the breakout of BF No. 2. Because of the hearth breakout, BF No. 2 was obliged to be blown out on May 30, 1965 and made the shortest campaign life record at WISCO.

In spite of the blast furnaces had carbon hearth and complex bottom with carbon blocks in periphery, except 1st campaign of BF No. 2, hot spots on hearth wall had happened in 1960' s to 1980' s. Investigation showed that the intrusion of hot metal into carbon block is the main cause of hot spot on furnace hearth wall. The feeding of titania bearing material to blast furnace burden has been proved to be an effective measure to deal with the problem of hot spot on furnace hearth wall.

2.3 Worn-out shaft of furnace

The original design of lower shaft of BF No. 1 and BF No. 2 was that the upper half of the shaft without cooling, there are four rows of steel cooling plates above mantle, above the cooling plates, there are eight tows of cooling boxes in lower shaft. One and half years after the blown-in of BF No. 1, burn-out of cooling plates happened, and burn-out of cooling boxes happened two years later. BF No. 1 was obliged to rely upon water spray on shaft shell until the intermediate repair on November 16, 1965. After the intermediate repair, similar condition occurred and the second intermediate repair took place on March 5, 1970.

In the second intermediate repair of BF No. 1, the cooling system of shaft was modified as follows: only one row of cooling plates on mantle was maintained, above the cooling plate 3 rows of cooling staves were installed to replace 3 rows of cooling plate and 5 rows of cooling boxes, and carbon blocks were used inside cooling staves instead of chamotte bricks, on the staves 3 rows cooling boxes were left. This structure had a longer life. During the period 1970' s to 1980' s, BF No. 1, BF No. 2 and BF No. 3 had changed their cooling system of shaft to cooling staves and cooling boxes type, but the burnt-out of the cooling boxes and cooling staves occurred and completely relying on water spray on shaft shell at the end of the campaign life. In 1983, BF No. 1 adopted all cooling stave structure with upper row of Γ-type cooling staves to replace cooling boxes. Because it had proven that the cooling boxes were not effective for supporting the above brickwork. Since then, the use of cooling boxes had been abolished in the successive relining of BF No. 3 and BF No. 2. The transition of blast furnace shaft structure of BF No. 1 is shown in Fig. 3.

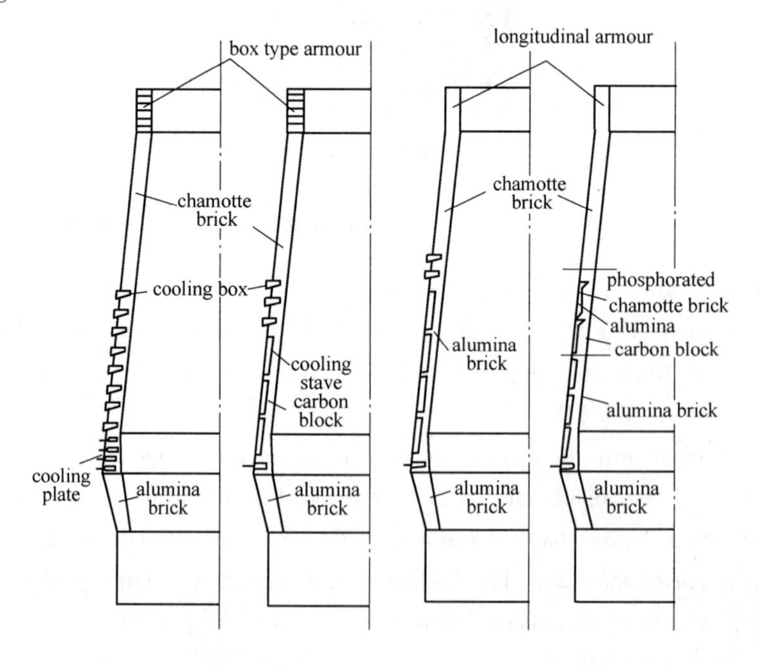

Fig. 3 The transition of blast furnace shaft structure of BF No. 1 at WISCO

As intent of extending shaft life of blast furnace, evaporated cooling system was adopted in the construction of BF No. 4 with inner volume of 2516m^3 and 10. 8m hearth diameter. BF No. 4 was blown in on September 30, 1970, but leakage of evaporated cooling system was discovered one and half years later, and was obliged to carry out an intermediate repair in 1974 to replace shaft cooling staves. After this repair, the evaporated cooling system did not work normally as expected, more than 30 tubes of evaporated cooling staves were burnt out in 1975, and BF No. 4 had to rely on strong water spray cooling on furnace shell until the second intermediate repair in 1977. Because of the failure of evaporated cooling, BF No. 4 was converted to conventional water cooling in 1977. The transition of blast furnace campaign life of BF No. 1, BF No. 2, BF No. 3 and BF No. 4 at WISCO are listed in Table 1 to Table 4.

Table 1 Transition of blast furnace campaign life of BF No. 1 at WISCO

inner volume /m^3	campaign	Overhaul or repair			Classification	Item
		Date of beginning	Date of ending	Duration		
1386	1st	Sep. 13, 1958	—	—	Blown-in	Starting of 1st campaign
		Jun. 19, 1962	Jul. 9, 1962	20 days	Intermediate repair	Replacing damaged throat armour
		Nov. 16, 1965	Dec. 15, 1965	29 days	Intermediate repair	Relining of brickwork above tuyere level
		Mar. 5, 1970	Apr. 9, 1970	35 days	Intermediate repair	Relining of shaft, modification of cooling system of shaft
		Oct. 16, 1978	Dec. 16, 1978	61 days	Blown-out and overhaul	Installation of longitudinal throat armour. Life of hearth and bottom lining 20 years and 33 days
1386	2nd	Dec. 16 1978	—	—	Blown-in	Starting of 2st campaign
		Oct. 16, 1983	Dec. 17, 1983	43 days	Intermediate repair	Relining of shaft, Installation of Γ-type cooling staves
		Dec. 10, 1987	Jun. 6, 1988	26 days	Intermediate repair	Relining of shaft
		Apr. 18, 1991	May 18, 1991	30 days	Intermediate repair	Relining of brickwork above tuyere level Application of carbon-alumina in lower shaft
		Feb. 16, 1994	Oct. 16, 1995	20 months	Stoppage due to shortage of coke	Relining of brickwork above tuyere level
		May 14, 1999	May 22, 2001	24 months	Blown-out of overhaul and modification	Enlargement of inner volume to 2200m^3 Installation of all stave cooling system (2 rows of copper staves) with close-circuited soft water cooling. Installation of bell less top and expert automation system. Life of hearth and bottom lining 20 years and 13 days

Table 2 Transition of blast furnace campaign life of BF No. 2 at WISCO

inner volume /m^3	campaign	Overhaul or repair			Classification	Item
		Date of beginning	Date of ending	Duration		
1436	1st	Jul. 13, 1959	—	—	Blown-in	Starting of 1st campaign
		Oct. 30, 1963	Feb. 13, 1964	105 days	Intermediate repair	Relining of brickwork above tuyere level
		May 30, 1965	Aug. 30 1965	93 days	Blown-out and overhaul	Restoration of complex bottom of carbon block with alumina plug. Life of hearth and bottom 5 years and 321 days
1536	2nd	Aug. 30, 1965	—	—	Blown-in	Starting of 2nd campaign
		May 26, 1971	Jun. 23, 1971	28 days	Intermediate repair	Installation of longitudinal throat armour relining of brickwork above cinder notch level
		Apr. 8, 1978	May 13, 1978	25 days	Intermediate repair	Adoption of stave and cooling box shaft cooling system, relining above tuyere level
		Mar. 13, 1979	May 24, 1979	71 days	Intermediate repair	Relining above cooling staves
		Aug. 8, 1981	Jun. 15, 1982	301 days	Blown -out and overhaul	Adoption of all carbon bottoms with water cooling underneath Conversion into free-standing structure. Campaign life (hearth and bottom) 15 years and 343 days
1536	3rd	Jun. 15, 1982	—	—	Blown-in	Starting of 3rd campaign
		Mar. 16, 1985	Apr. 19, 1985	34 days	Intermediate repair	Relining above tuyere level
		Nov. 13, 1991	Dec. 16, 1991	33 days	Intermediate repair	Adoption of all stave cooling with Γ-type staves
		Mar. 30, 1998	Oct. 13, 1999	561 days	Blown-out for overhaul and modification	Installation of belless top, application of micro pore carbon blocks in furnace hearth. Modification of hot stoves. Life of 3rd campaign 17 years and 120 days
1536	4th	Oct. 13, 1999	—	—	Blown-in	Starting of 4th campaign

Table 3 Transition of blast furnace campaign life of BF No. 3 at WISCO

Inner volume /m³	campaign	Overhaul or repair			Classification	Item
		Date of beginning	Date of ending	Duration		
1513	1st	Apr. 8, 1969	—	—	Blown-in	Starting of 1st campaign
		Nov. 20, 1976	Jan. 10, 1977	202 days	Blown-out for overhaul and modification	Installation of longitudinal armour. Adoption of all stave cooling with Γ-type staves, all carbon bottoms with water cooling underneath. Life of 1st campaign 7 years and 226 days
1513	2nd	Jun. 10, 1977	—	—	Blown-in	Starting of 2nd campaign
		Dec. 8, 1982	Apr. 1983	114 days	Intermediate repair	Relining of shaft brickwork. Relining of partition wall of hot stoves
		Dec. 25, 1991	Jun. 25, 1993	18 months	Blown-out of overhaul and modification	Thickness of bottom reduced to 2. 8m, application of SiC bricks in lower shaft. Life of 2nd campaign 14 years and 198 days
1513	3rd	Jun. 25, 1993	—	—	Blown-in	Staring of 3rd campaign
		Jan. 22, 1999	Apr. 16, 1999	84 days	Intermediate repair	Relining of shaft
		Jun. 25, 2001	—	—	Stoppage	Control of production level of ironmaking

Table 4 Transition of blast furnace campaign life of BF No. 4 at WISCO

Inner volume /m³	Campaign	Overhaul or repair			Classification	Item
		Date of beginning	Date of ending	Duration		
2516	1st	Sep. 30, 1970	—	—	Blown-in	Starting of 1st campaign
		Feb. 17, 1974	Oct. 16, 1974	231 days	Intermediate repair	Replacement of all evaporated cooling staves. Relining of shaft
		Oct. 5, 1977	Nov. 9, 1977	35 days	Intermediate repair	Conversion to water cooling of shaft, replacement of all evaporated cooling staves. Relining of shaft
		Apr. 10, 1981	May 14, 1981	34 days	Intermediate repair	Stripping of shaft lining occurred. Relining of shaft
		Jul. 11, 1984	Nov. 1, 1984	114 days	Blown-out for overhaul and modification	Adoption of all-stave cooling structure, spraying of castable on shell before lining. Application of SiC brick in lower shaft. Life of 1st campaign 13 years and 284 days

Continued 4

Inner volume /m³	Campaign	Overhaul or repair			Classification	Item
		Date of beginning	Date of ending	Duration		
2516	2nd	Nov. 1, 1984	—	—	Blown-in	Starting of 2nd campaign
		Dec. 10, 1988	Jan. 16, 1989	37 days	Intermediate repair	Intensification of cooling staves for belly and bosh
		Jul. 27, 1993	Sep. 5, 1993	40 days	Intermediate repair	Application of malleable cast iron staves for bosh and belly
		May 2, 1996	Sep. 28, 1996	149 days	Blown-out for overhaul and modification	Application of technologies for extending furnace campaign life at BF No. 5
2516	3rd	Sep. 28, 1996	—	—	Blown-in	Starting of 3rd campaign

In Table 1 to Table 4, it is obvious that the shortest service life of blast furnace shaft was 2 years and the longest service life was 8 years with strong water spray cooling on shaft shell at the end.

3 Endeavours for Prolongation of Blast Furnace Campaign Life

In order to overcome the difficulties encountered since 1960's, efforts had been made to extending furnace campaign life, such as:

3.1 Application of thinner carbon bottom with water cooling underneath

The thickness of complex bottom of BF No. 1 was 5.6m. Practice had proven that carbon block is much better than alumina brick. The erosion of hot metal to furnace bottom is restricted to its solidification line which depends on the intensity of cooling. Carbon block has better heat conductivity, theoretically speaking, if the cooling intensity kept strong enough, the solidification surface if determined by the equilibrium of heat supply from hot metal and the heat exhaust by the cooling water, and the erosion of furnace bottom might be kept constant. Based on this idea, in the construction of BF No. 4, a new type of all-carbon-bottom with depth of 3.2m was adopted; the sketch of all carbon water cooled bottom of BF No. 4 is shown in Fig. 4.

The performance of all carbon water cooled bottom had been recognized satisfactory and BF No. 3, BF No. 1 and BF No. 2 adopted the design successively in their overhauls.

3.2 Application of longitudinal throat armour

Observation released that box-type throat armour were damaged by stress from thermal expansion. The deformation of throat armour had resulted in uneven distribution of burden material

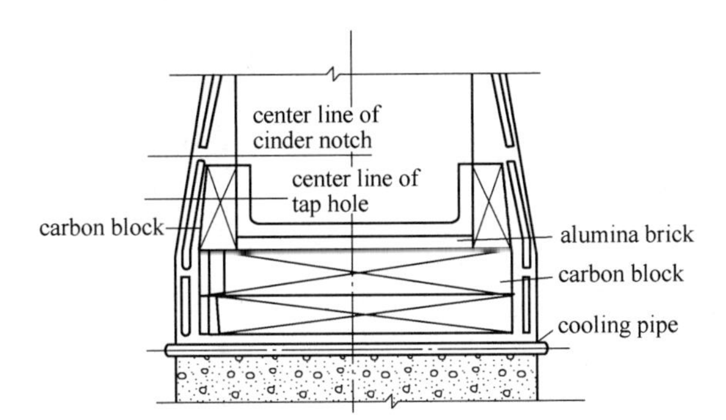

Fig. 4 Sketch of all carbon water cooled bottom of BF No. 4

and increase of coke rate. Longitudinal throat armour were firstly installed in BF No. 4 in 1970 and revealed satisfactory result BF No. 2, BF No. 3, BF No. 1 adopted longitudinal throat armour successfully in their relining.

3.3 Adoption of evaporated cooling system for furnace shaft

In order to extend lining life of shaft, an attempt was made to adopt evaporated cooling system in the construction of BF No. 4. But the attempt was a failure as stated above, and the evaporated cooling was converted to water cooling in 1977.

3.4 Studies concerning the erosion of blast furnace lining during overhauls and intermediated repairs

Since 1978, investigations about erosion of blast furnace lining had been carried out in overhauls and intermediate repairs of BF No. 1, BF No. 2, BF No. 4, and BF No. 3. Samples were taken from different regions of blast furnaces. Investigations showed that alkalies and zinc play very important role in the erosion of furnace lining. It is well shown that alkalies attack alumina brick and carbon block at temperature 900 ~ 1000℃, but theoretical speaking, zinc does not react with alumina brick at this temperature range. Laboratory test showed that if alkalies exist, zinc does not react with alumina brick at 900 ~ 1000℃, and brings out carbon deposit if under an atmosphere similar to blast furnace bosh gas, as shown in Fig. 5. An example of distribution of K_2O, Na_2O and ZnO along furnace height above tuyere level is shown in Fig. 6.

Observations showed that alkalies and zinc attack blast furnace lining mainly in two ways:

(1) Alkalies and zinc in vapor state react with alumina brick, form new compounds and deteriorate brick from hot surface to interior.

(2) Alkaline and zinc vapor penetrate into pores of firebrick or carbon block through mortar between bricks, and react with CO in ascending gas under adequate temperature as follows:

$$4/3K + 2CO = 2/3K_2CO_3 + 4/3C \text{ (amorphous)}$$

$$2K + CO = K_2O + C \text{ (amorphous)}$$

$$Zn + CO = ZnO + C \text{ (amorphous)}$$

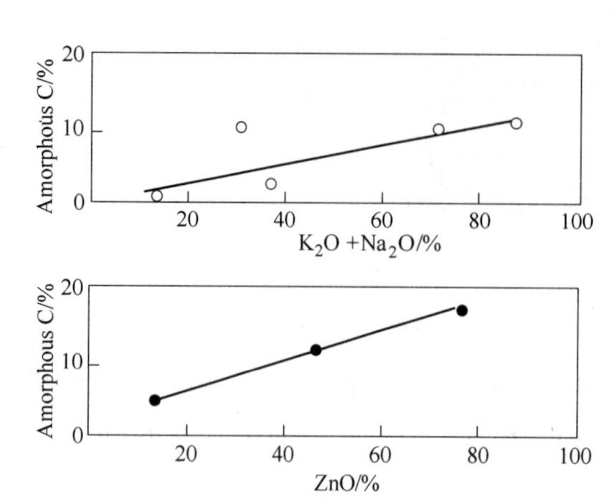

Fig. 5 Relationship between amorphous carbon and K_2O_3, Na_2O and ZnO under bosh gas atmosphere

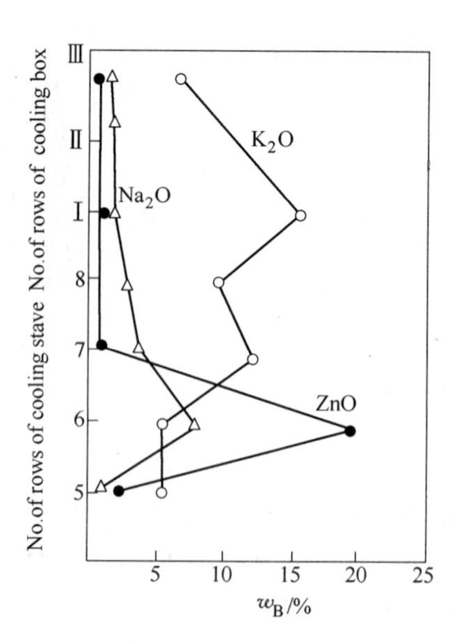

Fig. 6 Distribution of K_2O, Na_2O and ZnO along furnace height above tuyere level

The formation of new compounds and carbon deposit accompanies with increase of volume and results in damage of bricks. The alkalies contents in interior of brick are sometimes higher than that of surface of bricks, this fact shows that the swelling effect induced by alkalies and zinc is more serious than their attack to hot surface for the damage of blast furnace lining.

In furnace hearth and bottom, the effect of alkalies observed was somewhat different as compared to that above tuyere level. Fig. 7 shows the distribution of K_2O, Na_2O, ZnO and metallic iron along the height of blast furnace bottom and hearth in the samples taken in BF No. 1. The iron content in carbon blocks starts to increase above tap hole level, and reaches 40.37% at the erosion line. This phenomenon reveals that hot metal under temperature 1300 ~ 1350℃ penetrates easily into the pores of carbon blocks and reacts with the carbon in carbon block forming

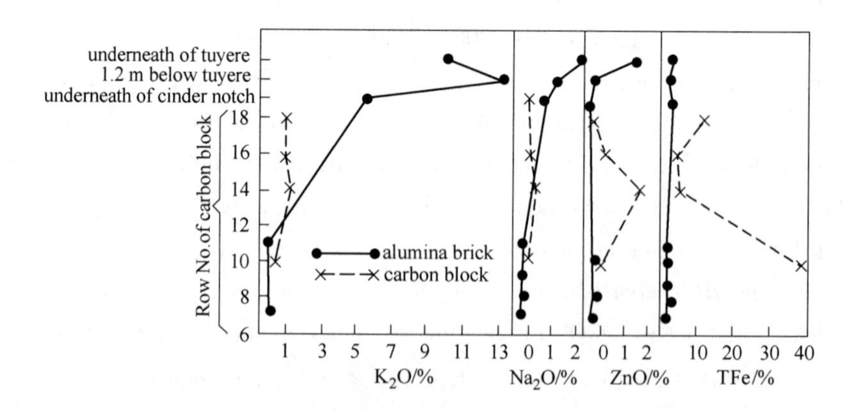

Fig. 7 Distribution of K_2O, Na_2O, ZnO and metallic iron along the height of blast furnace bottom and hearth of BF No. 1

Fe_2C or FeC and deteriorates carbon blocks.

3.5 Studies relating to the effect of alkalies on the property of refractory materials

Laboratory tests had been made to study the resistance of firebricks to alkaline attack. Table 5 shows the test results for firebricks.

SiC brick possesses better resistance to alkaline attack. Recent studies showed that Si_3N_4 brick is much better than SiC brick. Similar tests were carried out for carbon blocks. The results of tests are listed in Table 6.

Table 5 Test results of firebricks to alkaline attack

Item	Decrease of crushing strength after test/%	Swelling in volume after test/%	Appearances of specimen after test
Phosphorated chamotte brick	166.6	7.03	Smooth surface, no crack, depth of carbon deposition 1mm
Self bound SiC brick	20.1	6.40	Appearance of crack
Chamotte brick from Shandong	39.0	11.48	Rough surface, depth of carbon deposition 8mm
Alumina brick from Tangshan	41.0	7.78	Loose surface, crack on edges, black fracture

Table 6 Test results of firebricks to alkaline attack

Carbon blocks from	Crushing strength/MPa		Change /%	Coefficient of heat conductivity/W · (m^2 · K)$^{-1}$		Apparent porosity/%	Ash/%
	As received	After alkalies attack		300℃	500℃		
Jilin	23.83	10.62	-55.3	4.95	5.64	15.0	8.24
Lanzhou	45.51	22.11	-51.4	—	—	11.35	—
Guizhou	27.26	20.99	-23.3	5.8	7.07	13.15	7.3
Baosteel	32.33	33.25	-12.95	14.4	17.20	16.68	4.25

Carbon blocks used in Baosteel were imported, the rest were domestic products. Their resistance to alkalies attack should be improved, their porosity should be reduced, and the size of pores should be minimized.

3.6 Studies for the quality improvement of cooling staves

Investigation showed that the leakage of cooling staves were inevitably carburized in the course of foundry, lost their elasticity, and became easily subject to crack induced by thermal shock. The ductility of iron stave is poor, crack of stave usually accompanies with crack of water tube. The quality improvement of cooling staves consists of:

(1) Prevention of carburization in the course of iron foundry.

(2) Improvement of ductility and thermal conductivity of cast staves.

(3) Rationalization of the structure of cooling staves.

In 1988, a new type cooling stave with 20% elongation and 34.8W/(m^2 · K) coefficient heat conductivity was produced at WISCO.

4 An Attempt to Integrate Technologies for Extending Blast Furnace Campaign Life—the Construction of 3200m³ BF No. 5 at WISCO

Investigation and practice had realized that the prolongation of blast furnace campaign life is a comprehensive technology composed of blast furnace design, technology for manufacturing of cooling elements, technology for water cooling, quality control of refractory materials and blast furnace performance. An attempt was launched to extend blast furnace campaign life to 10 years or even longer without an intermediate repair in the construction of 3200m³ BF No. 5 at WISCO from the end of 1980' s to the beginning of 1990' s. The technologies adopted were as follows.

4.1 All carbon block bottom with water cooling underneath

The type of all carbon bottom was similar to BF No. 4 as shown in Fig. 1, but the upper level of bottom was 1900mm below centerline of tap hole. The carbon bottom was composed of 2 layers of carbon blocks of 1200mm long laid vertically and 2 layers of carbon blocks laid horizontally underneath with a total height of 3200mm, and above the bottom, 7 layers of micropore carbon block were applied.

4.2 All stave blast furnace proper structure

All stave cooling system was applied for BF No. 5. Inside the furnace shell, 17 rows cooling staves were attached to the furnace shell from the bottom to throat. From 1st row to 5th row, there were single-layer cooling tube cast iron plain staves. Form row 5 to row 11 there were double-layer cooling tube brick-embeded cast iron staves. From row 12 to row 16 there were single-layer cooling tube brick embedded cast iron staves. Row 17 was cast iron staves used as extension of longitudinal throat armour. Fig. 8 is the sketch of cooling staves of shaft.

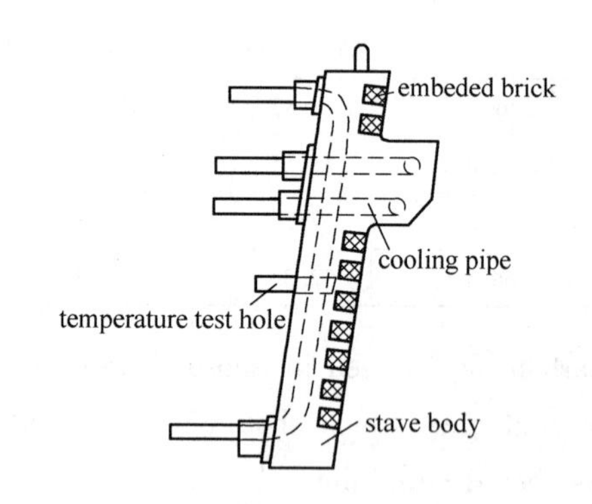

Fig. 8 The sketch of cooling staves for shaft

4.3 Adequate selection of refractory materials for shaft lining

As mentioned above, 7 rows of micropore carbon blocks were applied in the lower 7 rows of furnace hearth, Si_3N_4 bound SiC bricks were used for the lower shaft and phosphorated chamotte bricks for the upper shaft. In addition to the routine analysis, test for resistance to alkaline attack were carried out for all of the refractories for furnace lining. The structure of furnace proper is shown in Fig. 9.

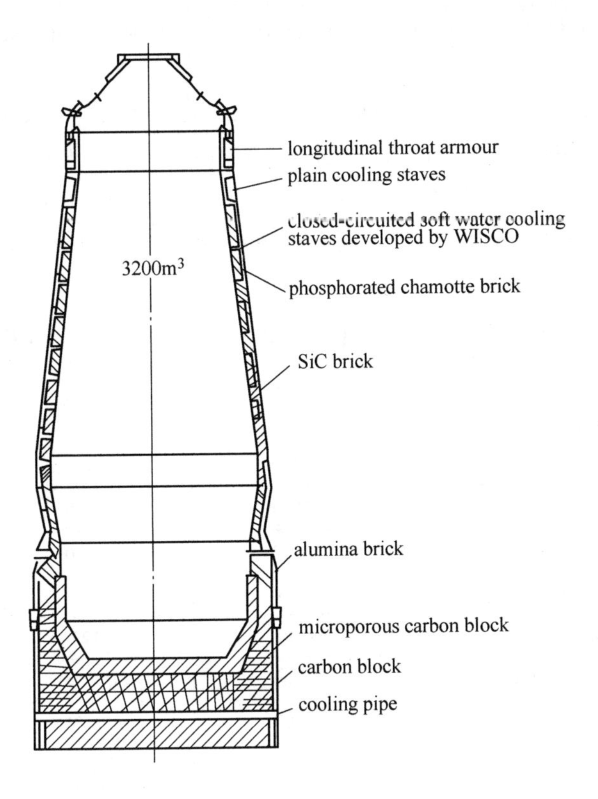

Fig. 9 The sketch of furnace proper of 3200m^3 BF No. 5

4.4 Completely close-circuited water cooling system

In order to guarantee the reliability of the cooling system, a completely close-circuited water cooling system was applied which was composed of 3 sub-systems:

(1) Close-circuited system for staves of furnace proper with water pressure 0.78MPa and volume 4416m^3/h.

(2) Close-circuited system for furnace bottom with water pressure 0.43MPa and volume 440m^3/h.

(3) Close-circuited system for tuyere and tuyere coolers and hot blast valves of hot stoves with water pressure 1.03 MPa and volume 2640m^3/h.

The temperature of close-circuited soft water was controlled by tabular recuperators.

The consumption of soft water was designed to be less than 0.3% to 0.5% of the circuited water.

4.5 PW bell less furnace top

In order to control the heat flux on furnace lining, PW type bell less top was applied to control the burden distribution in furnace top. The flexibility of PW bell less top had been well known.

In addition to the above mentioned technology, improvement in cast house such as: even distribution of four top holes and INBA granulation devices were applied to insure better drainage of hot metal and liquid slag which had been known as an important measure for hearth protection.

$3200m^3$ BF No. 5 was blown in on October 19, 1991, and has worked uninterruptedly for more than 10 years without any intermediated repair, even castable spraying. BF No. 5 has produced 21.5 mtons of pig iron till the end of October 2001, corresponding to $6720t/m^3$ BF No. 5 now is in a good condition, and has been performing smoothly. Table 7 lists the technological parameters in recent 3 years.

Table 7 Technological parameters of BF No. 5 at WISCO

Year		1998	1999	2000
Aver. daily production/$t \cdot d^{-1}$		7004.5	6911.4	6991.8
Productivity/$t \cdot (m^3 \cdot d)^{-1}$		2.189	2.160	2.185
Coke rate/$kg \cdot t^{-1}$		412.9	405.9	398.7
Coal rate/$kg \cdot t^{-1}$		108.2	120.0	122.1
Blast volume/$m^3 \cdot min^{-1}$		6224	6274	6283
Blast temp. /℃		1130	1125	1102
Hot blast pressure/MPa		0.361	0.364	0.357
Top pressure/MPa		0.207	0.210	0.208
Top gas temp. /℃		168	185	184
Pig iron	Si/%	0.572	0.548	0.520
	S/%	0.016	0.016	0.019
Slag CaO/SiO_2		1.09	1.09	1.08

Based on the present condition, the 1st campaign life of BF No. 5 may be extended to 15 years, i. e. 5 years longer than designed target, and the total tonnage of iron production may reach 34 mtons, corresponding to $10625t/m^3$ inner volume.

The success achieved in the attempt for extending blast furnace campaign life at BF No. 5 has promoted the dissemination of the experience of BF No. 5 to other blast furnaces at WISCO. In 1996, BF No. 4 adopted the above mentioned technologies in its overhaul BF No. 4 was blown in on September 28, 1996, and has been working uninterruptedly without any intermediate repair. BF No. 1 adopted the above mentioned technologies and made some improvement, such as the application of new generation cast iron cooling staves and copper staves, the modification of close-circuited water cooling system. A campaign life longer than 15 years is expected to the 3rd campaign of BF No. 1.

5 Concluding Remarks

(1) The prolongation of blast furnace campaign life is the most important step for the ironmaking industry world wide to implement the policy of sustainable development in 21st century. Because overhaul and intermediate repair consume a lot of materials, energy and manpower. Longer blast furnace campaign life affords the possibility for reducing the consumption, in-

creasing the productivity and decreasing environmental burden.

(2) Practice at WISCO has proven that it is possible to extend the blast furnace campaign life to 10 ~ 15 years or even longer without any intermediate repair. The key to the success is the implementation of the comprehensive technology for extending blast furnace campaign life.

References

[1] Zhang Shourong. A Study Concerning Blast Furnace Life and Erosion of Blast Furnace Lining at Wuhan Iron and Steel Company [C]. McMaster Symposium No. 10 Optimization of Blast Furnace Lining Life, 1982: 130 ~ 143.

[2] Zhang Shourong. Forty Years of Ironmaking at WISCO [M]. Wuhan: Huazhong University of Science Technology Press, 1998: 296 ~ 301, 337 ~ 343, 380 ~ 385, 428 ~ 432.

Technological Progress of China's Ironmaking Industry*

In 1995, the iron production in China reached 105.29 Mt and China's steel industry entered the period of rapid growth. The vast demand for steel products in domestic market has been the driving force for the rapid growth. As compared to 1995, in 2001 China's iron production increased by 43.64 Mt, in which the share offered by increase of blast furnaces volume was 18.2% and the share offered by technological progress was 81.8%. The ironmaking in China has been facing the challenges in the restructuring of blast furnaces, the reduction of energy consumption and environmental protection for sustainable development.

Since 1980, the steel industry in China has stepped into a new stage of rapid growth. In 1995, the iron production in China was 105.29 Mt, and the steel production was 95.36 Mt. In 2001, iron production in China reached 148.93 Mt, and steel production was 151.67 Mt and took the lead in world iron production as shown in Fig. 1 and Table 1.

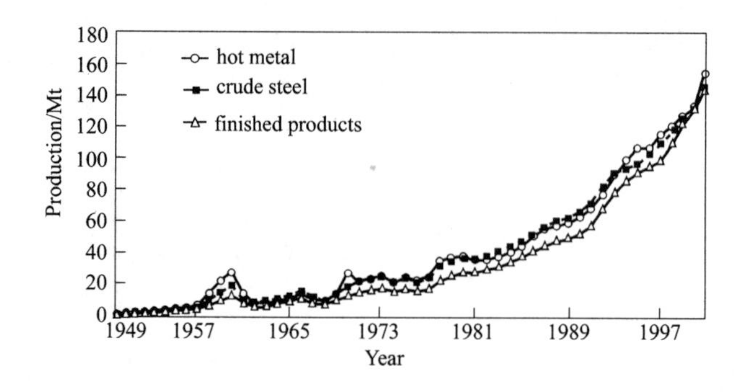

Fig. 1 The transition of China's iron and steel production in 20th century

Table 1 The records of maximum iron production in several countries

Countries	Year	Maximum production/Mt	
		Crude steel	Hot metal
USA	1973	136.08	94.10
Japan	1974	117.13	92.70
Former USSR	1987	161.93	114.00
China	2001	151.67	148.93

As compared to 1995, the iron production in 2001 increased by 43.65 Mt with a rate of growth of 7.27 Mt/a, and the steel production in 2001 increased by 56.31 Mt with a rate of

* Copartner: Yin Han. Reprinted from *Stahl und Eisen*, 2003, 123(6/7): 57 ~ 61.

growth of 9. 39 Mt/a. As compared to 2000, the steel production in 2001 increased by 18% and the iron production increased by 14%.

1 Factors Promoting the Rapid Growth of China's Ironmaking Industry

1.1 Vast demand for steel products in domestic market as driving force for rapid growth

The gross domestic product of China was 5773. 3 billion RMB Yuan in 2000 and 9593. 3 RMB Yuan in 1995, had increased to 8940. 4 billion RMB Yuan in 2001, which corresponds to 166. 25% of 1995. The investment of social fixed assets in China was 1944. 5 billion RMB Yuan in 1995 and increased to 3689. 8 billion RMB Yuan in 2001. That means 189. 7% of 1995. The iron production in China had increased from 105. 29 Mt to 148. 93 Mt during the period from 1995 to 2001, with an increase rate of 41. 4%. The transition of the changes of iron production, gross domestic product (GDP) and investment of fixed assets from 1995 to 2001 is shown in Fig. 2.

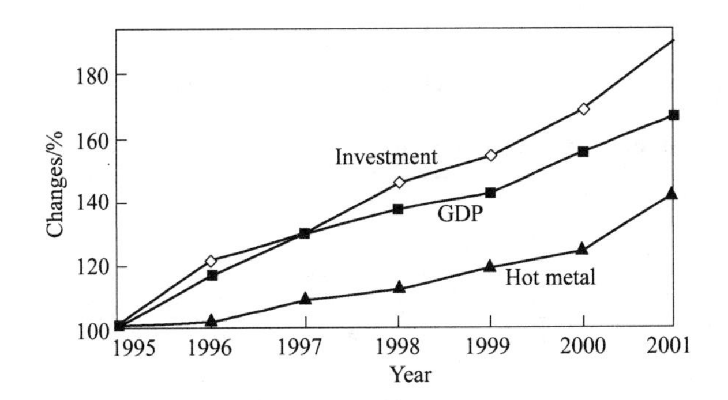

Fig. 2 Changes of iron production, GDP and investment of social assets from 1995 to 2001

The ratios of iron production to GDP and to investment of social fixed assets from 1995 to 2001 are listed in Table 2. The trend of variations has been slightly decreasing. It is obvious that the rapid growth of China's industry has been driven by the rapid growth of Chinese economy.

Table 2 China's iron production and the ratio of iron production to GDP and investment of fixed assets from 1995 to 2001

Year	1995	1996	1997	1998	1998	2000	2001
Hot metal production/Mt	105. 29	107. 21	115. 11	118. 52	125. 33	131. 01	155. 54
Ratio of hot metal production to GDP /kg · (10^4 RMB Yuan)$^{-1}$	182. 3	158. 1	153. 9	148. 9	152. 8	146. 5	155. 2
Ratio of hot metal production to investment /kg · (10^4 RMB Yuan)$^{-1}$	541. 5	453. 1	454. 9	416. 6	419. 7	400. 0	403. 6

1.2 Increase of blast furnace volume

Steelworks in China used to be classified into three different levels, i. e. state-owned key steelworks, provincial steelworks and country-side steelworks. From 1995 to 2001, the total iron production in China increased by 43.63 Mt, in which the iron production of both the state-owned key steelworks and provincial steelworks increased by 49.48 Mt, whereas the iron production in country-side steelworks decreased by 5.64 Mt (from 18.46 Mt to 12.62 Mt) which was resulted from diminishing backward mini blast furnaces, as listed in Table 3.

Table 3 China's hot metal production in 1995 and 2001

Year	1995			2001	
Total hot metal production/Mt	105.29			148.93	
Classification of enterprises	State-key	Provincial	The rest	State-key and provincial	The rest
Hot metal production/Mt	54.54	32.29	18.46	136.31	12.62
Share in total production/%	51.8	30.7	17.5	91.5	8.5

According to the result of industrial survey carried out in 1995, there were about 3000 mini blast furnaces in country-side. In the past six years, most of the mini blast furnaces were abolished, which resulted in a decrease of 5.64 Mt in iron production in 2001. On the contrary, the number of blast furnaces in state and provincial steelworks has been increasing, Table 4.

Table 4 Main change of blast furnace ironmaking in China from 1995 to 2001

Year	1995			2001		
Classification of enterprises	State key	Provincial	Subtotal	State key	Provincial	Subtotal
Number of BFs	82	162	242	84	176	260
Inner volume of BFs/m^3	95013	39643	134656	102769	51050	153819
Average inner volume/m^3	1159	248	556	1223	290	592

The increase of iron production in China was 41.4% from 1995 to 2001; the extent of increase for state-owned key and provincial steel works was 56.9%. During this period, the total inner volume of blast furnaces of key and provincial steelworks increased by 19163m^3 (from 134656m^3 to 153819m^3), the degree of increase was 14.2%, including 8.2% for key steelworks and 28.8% for provincial steelworks. The growth of iron production from the increase of blast furnace inner volume was 4.47 Mt for key steelworks and 9.29 Mt for provincial steelworks. In this period, a decrease of iron production of 5.84 Mt resulted from close-down of mini blast furnaces. The net increase of iron production in this period was 7.93 Mt owing to the increase of blast furnace inner volume, and accounted for 18.2% of the total growth of iron production.

1.3 Technological progress of ironmaking

Technological parameters of ironmaking in China have been greatly improved since 1995 as shown in Table 5.

Table 5　The comparison of technological parameters of Chinese ironmaking from 1995 to 2001

Year Classification of enterprises	1995 Key	Provincial	2001 Key and prov.
Productivity/t · $(m^3 \cdot d)^{-1}$	1.736	1.921	2.337
Coke rate/kg · t^{-1}	508	585	423
Coal rate/kg · t^{-1}	58.5	22.5	124
Reductant rate/kg · t^{-1}	566.5	607.5	547
w(Fe) of burden/%	54.86	54.11	57.28
sinter + pellet/%	90.58	85.82	91.67
Blast temperature/℃	1023	939	1061

In 2001, the average productivity of blast furnaces and the coal injection rate were kept at world average level, but the reductant rate is about 8% ~9% higher than world average. The improvement of quality of burden materials has played an important role in the past six years, Table 6 and Table 7. The increase of imported iron ore has played an important role in the improvement of quality of burden material for Chinese ironmaking in the past six years, because imported iron ore has a higher iron content than Chinese domestic iron ores. The amount of imported iron ore has raised from 41.12 Mt in 1995 to 92.30 Mt in 2001. The improvement of ore dressing technology in domestic iron ore mines has raised the iron content of concentrate, for example, in Gongchangling, the Fe content of concentrate has been raised to 68.8% through a complex process of magnetic separation and floatation. In many steelworks, blending and screening facilities for iron ore in ore yards and sinter screening facilities under stock house were installed. Blast furnace burden composed of high basicity sinter and acid materials-pellet and/or lump ore-has been prevailing throughout most of Chinese steel-works. The construction of new sinter plants and the modification of existing sinter plants have upgraded the sinter quality. The decrease of ash of coking coal and the construction of coke batteries as well as the revamping of existing coke batteries have improved the quality of coke. In 2000, the average iron content of blast furnace burden increased from 54.86% in 1995 to 55.94% for key steelworks and from 54.11% in 1995 to 57.02% for provincial steelworks, and the slag volume of blast furnace decreased to 402.7kg/t hot metal for key steelworks and to 362.3kg/t hot metal for provincial steelworks.

Table 6　Main parameters of sinter quality from 1995 to 2001

Classification of enterprises	Parameters	1995	1996	1997	1998	1999	2000	2001
State owned key steelworks	Drum index/%	—	73.87	—	—	74.99	68.54	71.62
	CaO/SiO_2	—	1.7	—	—	1.97	1.7	1.76
	Fe/%	—	53.24	53.49	53.92	54.71	55.47	56.07
Provincial steelworks	Drum index/%	75.23	74.67	—	—	73.50	Figures of 2000 and 2001 are the average of two categories	
	CaO/SiO_2	1.75	1.63	—	—	1.75		
	Fe/%	52.03	52.3	52.78	53.38	54.63		

Table 7 Main parameters of coke quality from 1995 to 2001

Classification of enterprises	Parameters	1995	1996	1997	1998	1999	2000	2001
State owned key steelworks	M_{40}/%	—	82.8	—	82.67	76.96	81.79	82.06
	M_{10}/%	—	7.45	—	7.22	7.53	7.12	7.04
	Ash/%	13.43	13.33	—	13.09	12.58	12.19	12.22
	S/%	0.64	—	—	0.60	0.56	0.55	0.56
Provincial steelworks	M_{40}/%	75.36	77.43	—	80.30	81.22	Figures of 2000 and 2001 are the average of two categories	
	M_{10}/%	8.88	8.36	—	7.71	7.42		
	Ash/%	14.35	14.11	—	13.34	12.62		
	S/%	0.62	0.64	—	0.68	—		

The improvement of quality of burden materials makes room for the improvement of blast furnace performance. In 1999, the average productivity of blast furnaces in key and provincial steel works surpassed 2.0t/(m^3 · d). In 2001, the average productivity reached 2.337 t/(m^3 · d), and only in 4 of the 53 steelworks, their productivity index of blast furnaces was less than 2.0t/(m^3 · d). Owing to the decrease of slag volume, the coal injection rate has been raised in the past six years. In 1995, the average coal injection rate in state-owned key steel works was 58.5kg/t hot metal and 22.5kg/t hot metal for provincial steel works. In 2000, the average coal injection rate reached 100kg/t hot metal for 53 key steel works. In 2001, the average coal injection rate reached 124kg/t hot metal and only10 of 53 without coal injection. Since 1990, Bao Steel has kept a coal injection rate above 200kg/t hot metal with a coke rate of less than 300kg/t. In the past six years, quite a few new blast furnaces have been built in key and provincial steel works, and existing blast furnaces have upgraded their technological facilities. As a result, improved blast furnace performance has been afforded by more devices.

In this period quite a lot of blast furnace performance technologies appeared. Such as:

(1) Technology for control of burden materials on furnace top and the regulation of gas flow in blast furnace.

(2) Technology for low sinter hot metal production.

(3) Technology for high coal injection rate with low oxygen enrichment.

(4) Technology for maintaining proper blast furnace operating profile, etc.

All of these technologies have significantly improved the performance of Chinese blast furnace ironmaking. The transition of ironmaking parameters from 1995 to 2001 are listed in Table 8.

The increase of annual iron production due to technological progress of ironmaking was 35.71 million t in 2001 as compared to 1995 and accounted for 81.8% of the total increase of iron production, in which about two thirds were from the quality improvement of burden materials.

Table 8 Transition of blast furnace ironmaking parameters from 1995 to 2001

Year	1995		1996		1999		2000		2001	
Classification	Key	Prov.	Key	Prov.	Key	Prov.	Key	Prov.	Key	Prov.
Productivity/t · $(m^3 \cdot d)^{-1}$	1.736	1.92	1.749	2.029	1.993	2.415	2.059	2.526	2.152	2.774
Coke rate/kg · t^{-1}	508	585	495	576	426	489	412	465	423	476
Coal rate/kg · t^{-1}	58.5	22.5	72	40.4	114	87.5	125.7	92.3	121.6	102.9
Reductant rate/kg · t^{-1}	567	608	567	616	540	577	538	557	545	579
Hot blast temp. /℃	1023	939	1018	960	1075	995	1062	996	1067	1003
sinter + pellet/%	90.58	85.82	90.07	86.27	87.83	88.88	88.45	92.34	90.34	91.59
Fe in burden/%	54.86	54.11	55.01	54.19	54.88	56.10	55.94	57.02	56.35	57.65
Slag volume/kg · t^{-1}	—	—	480	—	—	—	402.8	362.3	—	—

2 Restructuring of Blast Furnaces of China's Ironmaking Industry

In 1995, a nationwide industrial survey was carried out throughout China. The structure of blast furnace ironmaking in 1995 is summarised in Table 9.

The task for the restructuring of blast furnace ironmaking was forwarded in 1998. The restructuring of blast furnace ironmaking is not only a problem of technology, but also a problem relating to local economy, the structure of enterprise, the direction of investment and the condition of funding. The process of restructuring might be slow. Until 2001, the structure of blast furnace ironmaking is illustrated in Table 10.

Table 9 The structure of blast furnace ironmaking in China in 1995

BF volume/m^3	>2000	2000 ~ 1000	1000 ~ 500	500 ~ 200	<200	Total
Rang of BF volume/m^3	4350 ~ 2000	1800 ~ 1000	983 ~ 544	380 ~ 203	1758	—
Number of BFs①	18	29	23	106	3052	3228
Total volume of BFs/m^3	49064	36907	16047	33078	131692	266788
Average volume of BFs/m^3	2726	1273	698	312	43	83
Share in total capacity/%	26.4	19.8	8.6	17.8	27.4	100.0

① Including closed down BFs.

Table 10 The structure of China's blast furnace ironmaking in 2001

BF volume/m^3	>2000	2000 ~ 1000	1000 ~ 500	500 ~ 200	Total
Rang of BF volume/m^3	4350 ~ 2000	1800 ~ 1000	983 ~ 500	420 ~ 200	—
Number of BFs①	21	29	22	124	196
Total volume of BFs/m^3	56064	36384	15547	40451	148446
Average volume of BFs/m^3	2670	1255	707	326	757
Calculated capacity/Mt · a^{-1}	45013	25029	12052	35039	122.33
Calculated productivity/t · $(m^3 \cdot d)^{-1}$	2.3	2.3	2.3	2.5	—
Share in total capacity/%	37	24	10	29	100.0

① Data for BF <200m^3 not available.

In the past six years, a few new blast furnaces with inner volume bigger than 2000m^3 were built in several provincial steelworks to replace the existing smaller blast furnaces. Anshan Steel Corp. is planning to build two 3200m^3 blast furnaces to replace seven blast furnaces with capacities less than 1000m^3, the first one will be blown in at the beginning of 2003. The construction of several new blast furnaces with inner volume 1700 ~ 3200m^3 are underway in some provincial steelworks as well as key steelworks. After the completion of these new blast furnaces, the structure of China' s blast furnace ironmaking is shown in Table 11. Even after the completion of the new blast furnaces under construction in 2002, the average blast furnace volume will be less than 1000m^3, the capacity of blast furnaces less than 1000m^3 will be higher than 1/3 of total capacity. The restructuring of China' s blast furnace ironmaking will still need a long time to fulfill.

Table 11 Structure of China' s blast furnace ironmaking including furnaces under construction in 2002

Rank of BFs volume/m^3	4000	3000	2500	2000	1500	1000	750	300	Total
Range of BFs volume/m^3	4063 ~ 4350	3200	2500 ~ 2600	2000 ~ 2200	1350 ~ 1800	1070 ~ 1260	550 ~ 983	200 ~ 400	200 ~ 4350
Number of BFs	3	3	13	11	7	22	23	124	206
Total vol. of BFs/m^3	12476	9600	33188	23700	11112	25236	16397	40451	172060
Average vol. of BFs/m^3	4159	3200	2553	2155	1587	1147	709	326	836
Share in total capacity/%	6. 8	5. 2	18	12. 9	6	13. 7	8. 8	28. 6	100. 0

3 Challenges to China' s Blast Furnace Ironmaking in the 21st Century

Even though China has been the leading iron producer in the world, from the technological point of view, there are some disadvantages in China' s ironmaking industry, such as:

(1) The average reductant rate is 40 ~ 50kg/t higher than international level.

(2) The CO_2 emission per ton hot metal is approximately 10% higher than international level.

(3) The average productivity per blast furnace is much less than international practice.

(4) Blast furnace campaign life is much shorter than that of Japanese and European blast furnaces.

In the beginning of the 21st century, China is in the course of industrialization, the vast demand for steel products in domestic market makes room for the development of China' s steel industry, but a series of challenges have to be overcome.

3. 1 Environmental protection and the implementation of the policy of sustainable development

The first step to the implementation of sustainable development is to realize "clean production" in steelworks for steel industry. In China, a few steelworks have been certified by ISO 14000 standard, but in most Chinese steelworks, their conditions of pollution protection are far below the standard. According to rising of consciousness for environmental protection, the urban steelworks are going to face increasing demand for pollution control. Environmental problem will be an important factor influencing the survival of steelworks.

3.2 Increasingly serious competition in steel products market

At the end of 20th century, the world steel industry has become an industry of low profit. Quite a few steelworks are loosing money, even some are approaching bankruptcy. The core of competitiveness in steel product market is the competition of the ratio of price/property of steel product. Those steelworks which yield steel products with higher quality, lower price, better service and efficient management will win the competition.

3.3 Insufficiency of natural resources for Chinese ironmaking industry

China is rich in coal deposit, but the proportion of coking coal is low. As converted to metallic iron, the iron deposit of China ranks the number 9 in the world. For Chinese domestic iron ore, the main task is improvements of technology of beneficiation and process of pre-treatment. For imported iron ore, the main task is establishment of efficient logistic system for Chinese seel industry.

3.4 Enhancement of the overall quality of Chinese steel industry

Ironmaking being a component of steel industry, the enhancement of China' s ironmaking relies on the enhancement of the overall quality of Chinese steel industry. Aim is to push forward the restructuring of steel industry, including the restructuring of blast furnace, the restructuring of production process, the restructuring of management and the restructuring of enterprises. Also it is planned to carry out technological innovation, including new products, new process and new technique. The most important task for China' s steel industry is to continuously learn and innovate.

Practice for Extending Blast Furnace Campaign Life at Wuhan Iron and Steel Corporation*

Abstract One of the problems encountered in 60' s to 80' s of 20th century in China' s steel industry was short life of blast furnace shaft as well as the extensive erosion of blast furnace hearth. A series of research works had been carried out in order to extending blast furnace campaign life. The concept of R&D results was integrated in the construction of No. 5 BF at WISCO, and the No. 5 BF was blown in on October 1991. The blast furnace has been working smoothly more than 15 years without any medium repair even guniting. It is expected that the campaign life of No. 5 BF would be longer than 16 years with a production over $11000t/m^3$ inner volume. A new blast furnace with an inner volume of $3400m^3$ is under construction, it is designed with a campaign life of 20 years without any medium repair. The campaign life of blast furnaces in China has been extended in recent years.

1 Introduction

Wuhan Iron and Steel Corporation (WISCO) is the first integrated steelworks built after the founding of People' s Republic of China. In the first phase of construction, the ironmaking area is composed of two blast furnaces with inner volume of $1386m^3$ each, four strands of sintering machines with area of $75m^2$ each and four coking batteries. The annual tonnage of the 1st phase is 1. 47 mtons of pig iron. After the completion of the 2nd phase, the expected annual capacity will be 3. 0 mtons of pig iron and 3. 0 mtons of crude steel with four blast furnaces in ironmaking area.

The blast furnace No. 1 was blown in on September 13, 1958 at WISCO, symbolizing the launching of the new integrated steelworks. The No. 2 BF with an inner volume of $1436m^3$ was blown in on July 13, 1959. The BF No. 3 with an inner volume of $1513m^3$ was blown in on April, 1969, and BF No. 4 of inner volume of $2516m^3$ was blown in on September, 1970. In order to meet the increasing demand for steel products in Chinese domestic market, WISCO decided to expand the production capacity. BF No. 5 with an inner volume of $3200m^3$ was blown in on October, 1991 and BF No. 6 of the same capacity of BF No. 5 was blown in on June, 2004. In 2005, WISCO produced 10. 17 mtons of iron with five furnaces in operation and 10. 37 mtons of crude steel.

Since 1960' s, many problems occurred in the protection of furnace body. In 1961, the damage of throat amour was discovered at BF No. 1. In 1962, a breakout of hearth happened at BF

* Reprint from 34th Mcmaster Symposium on the Science and Technology of Ironmaking, 2006.

No. 2, and we were obliged to make an overhaul of BF No. 2 in 1965. The problem of extensive worn-out of shaft happened in all of the four furnaces (No. 1, 2, 3 and 4) from 1960' s to the mid of 1990' s, and frequent intermediate repairs to reline the shaft of blast furnaces were unavoidable. Table 1 listed the transition of campaign lives of BF No. 1, No. 2, No. 3 and No. 4 at WISCO.

Table 1 Transition of campaign lives of BF No. 1, 2, 3 and 4 at WISCO

BF	Campaign	Inner volume/m^3	Date of Blown-in	Date of Blown-out	Intermediate repairs	
					Times	Total duration of stoppage
No. 1	1st	1386	Sep. 13, 1958	Oct. 16, 1978	3	84days
	2nd	1386	Dec. 16, 1978	May 14, 1999	4	119days
	3rd	2200	May 22, 2001	—	—	—
No. 2	1st	1436	Jul. 13, 1959	May 30, 1965	1	105days
	2nd	1536	Aug. 30, 1965	Aug. 8, 1981	3	123days
	3rd	1536	Jun. 15, 1982	Mar. 30, 1998	2	67days
	4th	1536	Oct. 13, 1999	—	—	—
No. 3	1st	1513	Apr. 8, 1969	Nov. 20, 1976	—	—
	2nd	1513	Jun. 10, 1977	Dec. 25, 1991	1	114days
	3rd	1513	Jun. 25, 1993	—	2	204days
No. 4	1st	2516	Sep. 30, 1970	Jul. 11, 1984	3	300days
	2nd	2516	Nov. 1, 1984	May 2, 1996	2	77days
	3rd	2516	Sep. 28, 1996	—	—	—

The main reason of intermediate repair of blast furnaces was to reline the worn-out furnace shaft. The shortest service life of blast furnace shaft was 2 years and the longest service life was 8 years with strong water spray cooling on shaft at the end.

Since 1960s', efforts had been made to extend furnace campaign life. Since 1970s', investigation on the erosion of blast furnace lining had been carried out. Based on the results of investigations and practice, an attempt was launched to build a new 3200m^3 blast furnace with a campaign life of 10 years or even longer without any intermediate repair. The new 3200m^3 furnace, BF No. 5 was blown in on October 19, 1991. Fortunately, the attempt is successful. BF No. 5 has been working smoothly without any intermediate repair even guniting. The experience of BF No. 5 for extending blast furnace campaign life has been adopted in the overhauls of BF No. 4 (3rd campaign) and BF No. 1 (3rd campaign) as well as the construction of BF No. 6 with inner volume of 3200m^3. The campaign life of BF No. 5 is expected to be longer than 16 years with a production of over 11000t/m^3 inner volume.

2 Efforts for Extending Blast Furnace Campaign Life

Since the end of 1960' s, efforts for extending blast furnace campaign life had been made.

2.1 Application of thinner carbon bottom with water cooling underneath

The thickness of complex bottom of BF No. 1 was 5.6m. Practice had proven that the erosion of hot metal to furnace bottom is restricted to its solidification line which depends on the intensity of cooling. Theoretically speaking, if the cooling intensity kept strong enough, the solidification surface is determined by the equilibrium of heat supply from hot metal and the heat exhausted by the cooling water, and the erosion of furnace bottom might be kept stable. Carbon block has better heat conductivity as compared with alumina brick. Based on this idea, in 1970 a new type of water-cooled all-carbon-bottom with depth of 3.2m was adopted in the construction of BF No. 4. The sketch of water-cooled all-carbon-bottom of BF No. 4 is shown in Fig. 1.

The performance of water-cooled all-carbon-bottom had been recognized satisfactory, and the design of thin carbon bottom was adopted in all the BFs at WISCO.

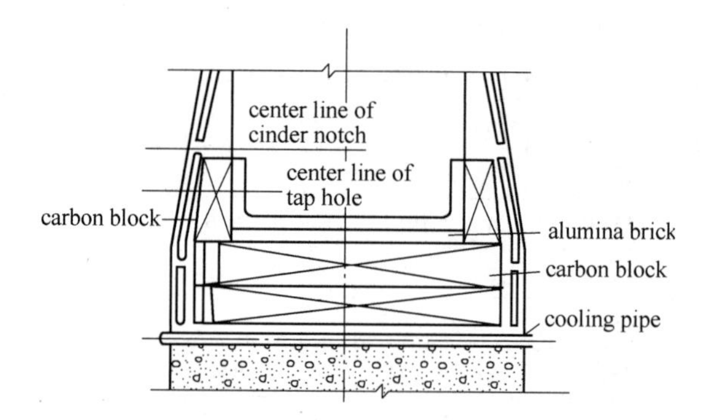

Fig. 1 Sketch of water-cooled all-carbon-bottom of BF No. 4

2.2 Application of longitudinal throat armour

Observations realized that box type throat armours were damaged easily by stress from thermal expansion. The deformation of throat armour result in uneven distribution of burden materials and increase of coke rate. Longitudinal throat armour plates were firstly installed in the construction of BF No. 4 in 1970 with satisfactory result, and were adopted in the relining and construction of blast furnaces at WISCO. The comparison of longitudinal throat armour plates with box-type armours is shown in Fig. 2.

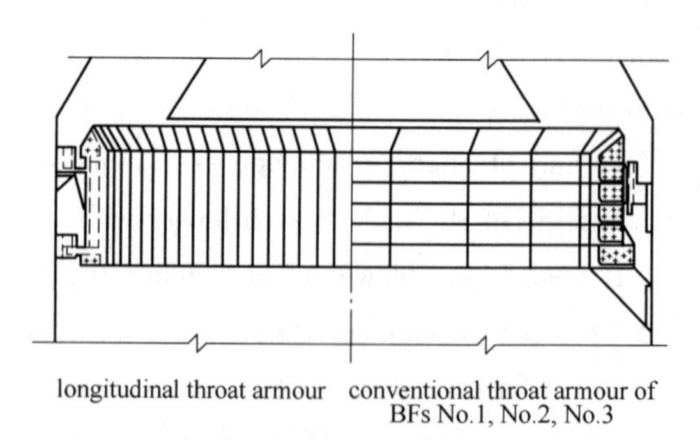

Fig. 2 The comparison of longitudinal throat armour plates with box-type armour

2.3 Adoption of stave cooling system for blast furnace shaft

The original design of shaft of BF No. 1, No. 2, and No. 3 was that the upper half of the shaft without cooling, for the lower shaft, there are four rows of steel cooling plates above mantel. Above the cooling plates, there are eight rows of cooling boxes. One and half years after the blown in of BF No. 1, burn-out of cooling plates happened, and burn-out of cooling boxes happened two years later. The similar situation happened to BF No. 2 and BF No. 3. The furnaces were obliged to rely upon water spray on shaft shell until the intermediate repairs. During the period 1970s' to 1980s', we changed the cooling system of plates and boxes to cooling staves, the condition had been improved, but extensive erosion of shaft still remained.

2.4 Investigation concerning the erosion of blast furnace lining

Since 1978, investigations relating to erosion of blast furnace lining had been carried out in overhauls and intermediate repairs of BF No. 1, No. 2, No. 3 and No. 4. Samples were taken from different regions of blast furnaces. Researches showed that alkalis and zinc play very important role in the damage of furnace lining. An example of distribution of K_2O, Na_2O and ZnO along furnace height above tuyere level is shown in Fig. 3.

It is well known that alkalis attack alumina brick and carbon block at temperature range 900 ~ 1000℃, but theoretically speaking, zinc does not react with alumina brick at this temperature range. Laboratory tests showed that if alkalis exist, zinc does react with alumina brick at 900 ~ 1000℃, and brings out carbon deposit if under an atmosphere similar to blast furnace bosh gas, as shown in Fig. 4.

Observations showed that alkalis and zinc attack blast furnace lining mainly in two ways:

(1) Alkalis and zinc in vapor state react with alumina brick, form new compounds and deteriorate brick from hot surface to interior.

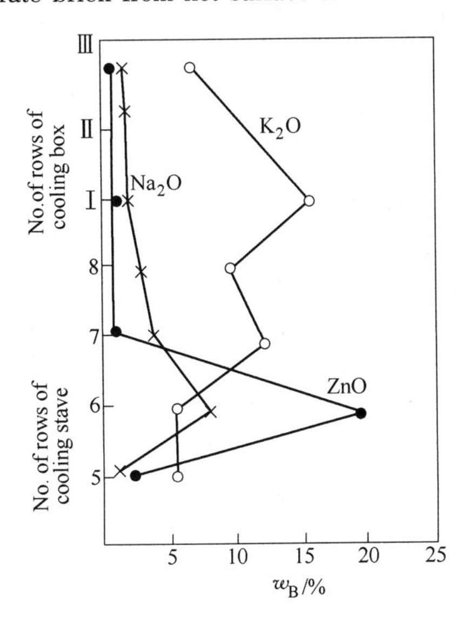

Fig. 3 Distribution of K_2O, Na_2O and ZnO along furnace height above tuyere level

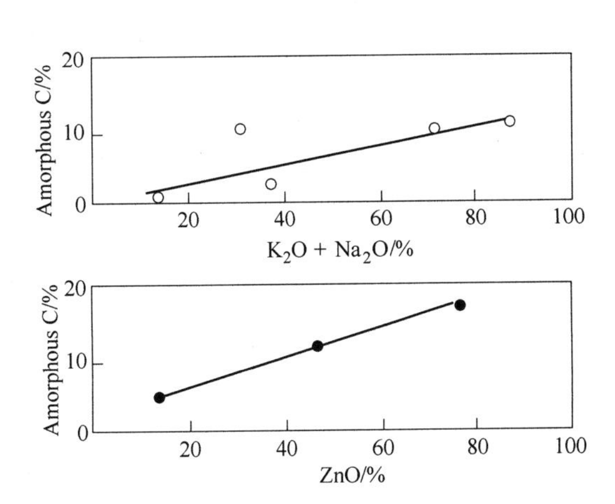

Fig. 4 Relationship between K_2O, Na_2O and ZnO and amorphous carbon at 1000℃ under bosh gas atmosphere

(2) Alkalis and zinc vapor penetrate into pores of firebrick or carbon block through mortar between bricks, and react with CO of ascending gas under adequate temperature as follows:

$$4/3K + 2CO = 2/3K_2CO_3 + 4/3C \text{ (amorphous)}$$

$$2K + CO = K_2O + C \text{ (amorphous)}$$

$$Zn + CO = ZnO + C \text{ (amorphous)}$$

The formation of new compounds and carbon deposit accompanies with increase of volume and results in damage of bricks. The alkalis contents in interior of brick are sometimes higher than that of surface of bricks; this fact shows that the swelling effect induced by alkalis and zinc is more serious than their attack to hot surface to the damage of blast furnace lining.

In furnace hearth and bottom, the effect of alkalis observed was somewhat different as compared to that above tuyere level. Fig. 5 shows the distribution of K_2O, Na_2O, ZnO and metallic iron along the height of blast furnace bottom and hearth in the samples taken in BF No. 1. The iron content in carbon blocks starts to increase below the tap hole level, and reaches 40. 37% at the erosion line (row 9). This phenomenon reveals that hot metal with temperature 1300 ~ 1350℃ penetrates easily into the pores of carbon blocks reacts with carbon in carbon block forming Fe_2C or FeC and deteriorates carbon blocks.

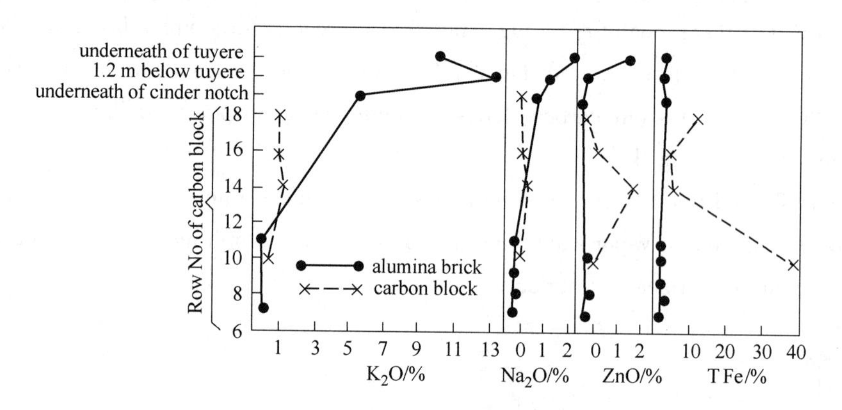

Fig. 5 The distribution of K_2O, Na_2O, ZnO and metallic iron along the height of blast furnace bottom and hearth of BF No. 1

Laboratory tests had been carried out to study the resistance of firebricks to alkaline attack. Table 2 lists the test results for firebricks.

Table 2 Test results of firebricks to alkaline attack

Item	Decrease of crushing strength after test/%	Swelling in volume after test/%	Appearances of specimen after test
Phosphorated chamotte brick	16. 6	7. 03	Smooth surface, no crack, depth of carbon deposition 1mm
Self bound SiC brick	20. 1	6. 40	Appearance of crack
Chamotte brick from Shandong	39. 0	11. 48	Rough surface, depth of carbon deposition 8mm
Alumina brick from Tangshan	41. 0	7. 78	Loose surface, crack on edges, black fracture

SiC bricks possess better resistance to alkaline attack. Recent studies showed that Si_3N_4 brick is much better than SiC brick.

Similar test were carried out for carbon blocks. The test results are listed in Table 3.

Carbon blocks used in Baosteel were imported. Test results showed that the quality of domestic carbon blocks must be upgraded, the resistance to alkalis should be improved, and porosity should be reduced, and the size of pores should be minimized.

Table 3 Data from tests for carbon blocks

Carbon blocks from	Crushing strength /MPa		Change /%	Coefficient of heat conductivity /W · (m² · K)⁻¹		Apparent porosity/%	Ash/%
	As received	After alkalis attack		300℃	500℃		
Jilin	23. 83	10. 62	-55. 30	4. 95	5. 64	15. 0	8. 24
Lanzhou	45. 51	22. 11	-51. 40	—	—	11. 35	—
Guizhou	27. 26	20. 99	-23. 3	5. 80	7. 07	13. 15	7. 30
Baosteel	32. 33	28. 14	-12. 95	14. 40	17. 20	16. 68	4. 25

3 The Construction of 3200m³ BF No. 5 at WISCO: An Attempt to Integrate the Technologies for Extending Blast Furnace Campaign Life

Investigations and practice had realized that the prolongation of blast furnace campaign life is a comprehensive technology composed of blast furnace design, technology for manufacturing of cooling elements, technology for water cooling, quality control of refractory materials and technology for blast furnace performance. An attempt was launched to extend blast furnace campaign life to 10 ~ 15 years or even longer without any intermediate repair in the construction of 3200m³ BF No. 5 at WISCO from the end of 1980s', to the beginning of 1990s'. The main technologies adopted were as follows:

3. 1 All carbon bottom with water cooling underneath

The type of all-carbon-bottom adopted in BF No. 5 was similar to BF No. 4 as shown in Fig. 1, but the upper level of bottom was 1900mm bellow the centerline of tap hole. The carbon bottom was composed of 2 layers of carbon blocks of 1200mm long laid vertically and 2 layers of carbon blocks laid horizontally underneath with a total height of 3200mm. Above the carbon bottom 7 rows of microporous carbon blocks were applied for hearth wall.

3. 2 All stave blast furnace proper structure

All stave cooling system was applied for BF No. 5. Inside the furnace shell, 17 rows of cooling staves were attached to the furnace shell from the bottom to throat. From 1st row to 5th row there were single-layer cooling tube cast iron plain staves. From 5th to 11row there were double-layer cooling-tube brick embedded cast iron staves. From row 12 to row 16 there were single-layer

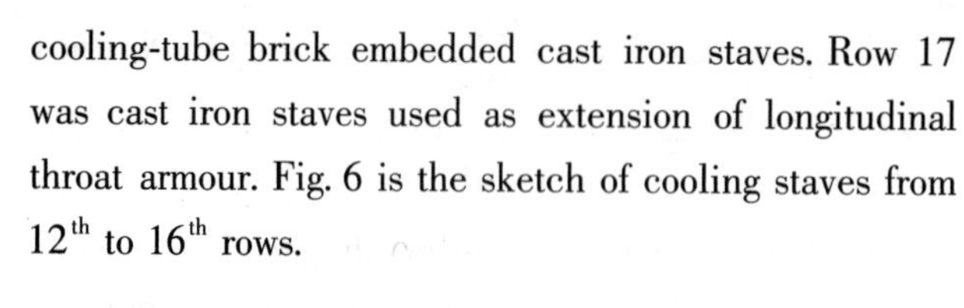
cooling-tube brick embedded cast iron staves. Row 17 was cast iron staves used as extension of longitudinal throat armour. Fig. 6 is the sketch of cooling staves from 12th to 16th rows.

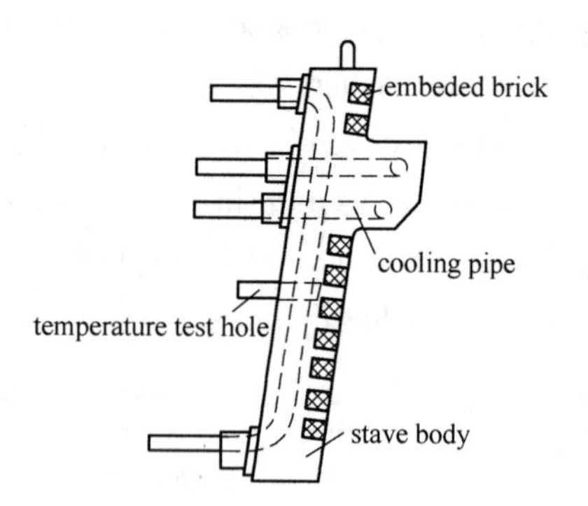

Fig. 6 The sketch of cooling staves for shaft

3.3 Adequate selection of refractory materials for shaft lining

As mentioned above, 7 rows of microporous carbon blocks were applied in the lower 7 rows of furnace hearth. Si_3N_4 bound SiC bricks were used for the lower shaft and phosphorated chamotte bricks for the upper shaft. The thickness of lining for shaft was 345mm. In addition to the routine analysis, tests for resistance to alkaline attack were carried out for all of the refractory for furnace lining. The structure of furnace proper is shown in Fig. 7.

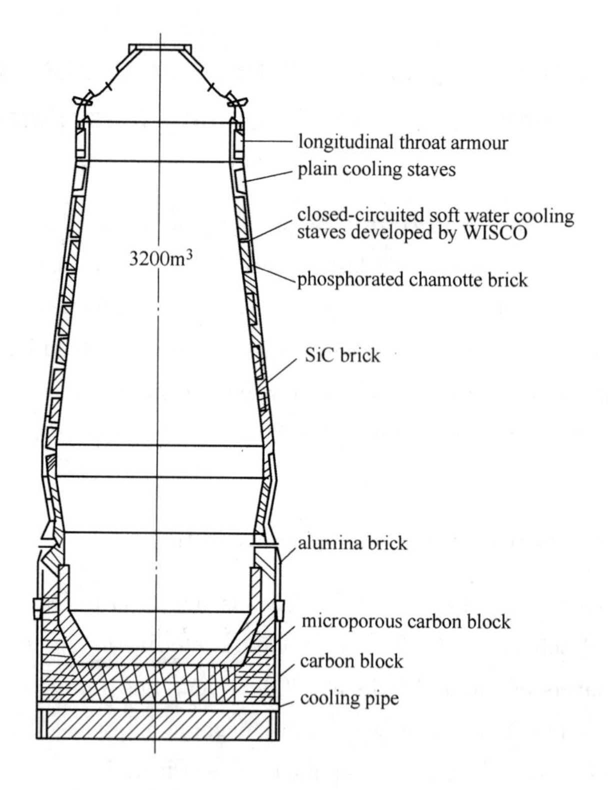

Fig. 7 The sketch of furnace proper of $3200m^3$ BF No. 5

3.4 Completely close-circuited water cooling system

In order to guarantee the reliability of the cooling system, in addition to the adoption of demineralized water, a completely close-circuited water cooling system was applied which was composed of 3 sub-systems:

(1) Close-circuited system for staves of furnace proper with water pressure 0.78MPa and volume 4416m^3/h.

(2) Close-circuited system for furnace bottom with water pressure 0.43MPa and volume 440m^3/h.

(3) Close-circuited system for tuyeres and tuyere coolers and hot blast valves of hot stoves with water pressure 1.03MPa and volume 2640m^3/h.

The temperature of close-circuited soft water was controlled by tabular recuperators. The consumption of soft water was designed to be less than 3‰ to 5‰ of the circuited water.

3.5 PW bellless top

In order to control the heat flux on furnace lining, PW type bellless top was applied to control the burden distribution in furnace top. The flexibility of PW bellless top had been well known.

In addition to the above mentioned technology, improvement in cast house such as even distribution of four tap holes and INBA granulation devices were applied to insure better drainage of hot metal and liquid slag which had been known as an important measure for hearth protection.

The quality of construction is an important factor influencing the prolongation of blast furnace campaign life, especially the quality of brickwork and structuring. Strict supervision had been implemented during the course of construction. Works had to be remade if the quality could not meet the technological requirement. This is one of the important measures to accomplish the expected targets.

3200m^3 BF No. 5 was blown in on October 19, 1991, and has worked continuously for 15 years without any intermediate repair, even castable spraying. BF No. 5 produced 32101533 tons of iron until January 31, 2006, corresponding to a production of 10031.73t/m^3 inner volume. BF No. 5 has been keeping in a good condition. Table 4 listed the technological parameters of BF No. 5 in recent 8 years.

Table 4 Technological parameters of BF No. 5 at WISCO (1998 ~ 2005)

Year	Aver. Daily production /$t \cdot d^{-1}$	Productivity /$t \cdot (m^3 \cdot d)^{-1}$	Coke rate /$kg \cdot t^{-1}$	Coal rate /$kg \cdot t^{-1}$	Blast volume /$m^3 \cdot min^{-1}$	Blast temp. /℃
1998	6716.6	2.099	412.9	108.2	6224	1130
1999	6627.3	2.071	405.9	120.0	6274	1125
2000	6705.2	2.095	398.7	122.1	6283	1102
2001	6840.1	2.138	396.1	123.3	6285	1104
2002	7095.5	2.217	386.7	124.1	6367	1107
2003	6798.3	2.124	376.2	136.2	6138	1104
2004	6487.2	2.027	378.2	131.1	6081	1097
2005	6869.7	2.147	361.6	151.4	6296	1096

Continued 4

Year	Hot blast pressure/MPa	Top pressure /MPa	Top gas temp. /℃	Pig iron		Slag
				[Si]/%	[S]/%	CaO/SiO_2
1998	0. 361	0. 207	168	0. 572	0. 016	1. 09
1999	0. 364	0. 210	185	0. 548	0. 016	1. 09
2000	0. 357	0. 208	184	0. 520	0. 019	1. 08
2001	0. 357	0. 204	210	0. 498	0. 021	1. 12
2002	0. 362	0. 208	205	0. 488	0. 022	1. 13
2003	0. 357	0. 204	201	0. 484	0. 021	1. 15
2004	0. 363	0. 204	219	0. 528	0. 023	1. 16
2005	0. 389	0. 216	222	0. 524	0. 025	1. 13

4 Dissemination and Improvement

The success achieved in the attempt for extending blast furnace campaign life at BF No. 5 has promoted the dissemination of the experience of BF No. 5 to other blast furnaces at WISCO. In 1996, BF No. 4 adopted the above mentioned technologies in its 3rd campaign. BF No. 4 was blown in on September 28, 1996, and has been working continuously without any intermediate repair.

The performance of BF No. 5 revealed that there were shortcomings also in the design of BF No. 5. Improvements had been made in the modification of BF No. 1 and construction of BF No. 6, mainly as follows:

(1) Lining for blast furnace shaft had been proven unnecessary in case of efficient stave cooling system for extending blast furnace campaign life. In the overhaul of BF No. 1, copper cooling staves with brick embedded were adopted in bosh, belly and lower shaft without shaft lining.

(2) In order to save the volume of close-circuited cooling water; the soft water cooling system was simplied to two sub-systems in the newly built water cooling systems:

1) Close-circuited system for staves of furnace proper with water pressure 0. 78MPa and volume 5100m^3/h, part of the outlet water is fed into the close-circuited system for tuyeres and tuyere coolers and hot blast valves of hot staves with water pressure 1. 03MPa and volume 2640m^3/h. That means the combination of original sub-systems into one system with a saving of recycled water of 2640m^3/h.

2) Close-circuited system for furnace bottom with water pressure 0. 43MPa and volume 440m^3/h.

The volume of recycled water in the newly built cooling system is about 1/3 less than that of BF No. 5.

(3) The penetration of liquid iron into the pores of carbon blocks and the deteriorative effects

of alkalis in carbon blocks had been proven to be the most important reasons for the damage of lining of blast furnace hearth and bottom. High grade microporous carbon block with high heat conductivity were applied in furnace hearth and bottom to replace the common carbon blocks. The thickness of bottom was reduced to 2800mm. Cast copper staves were applied to replace cast iron plain staves in the hearth area, and the thickness of hearth was reduced to 1200mm. It is expected that the surface of hearth wall might be kept lower than 1000℃ , and the lining might be permanent.

The quality of refractory for BF No. 7 was upgraded to a new level, especially for the property of carbon blocks, such as heat conductivity, size of pores and resistance to alkaline attack. The test results of carbon blocks are listed in Table 5.

Table 5 The test results of carbon blocks for BF No. 7

Items		Apparent Density /g · cm^{-3}	Open porosity/%	Compressive strength /MPa	Thermal conduct /W · (m · K)$^{-1}$	Ash content /%	Alkali test	Iron content /%	Proportion of pores /%
Supermicroporous carbon blocks	Imported	1. 70	16. 10	60. 30	17. 30	22. 30	Good	0. 20	2. 2 (≥1μm)
	Domestic	1. 69	17. 32	49. 19	19. 60	22. 90	Good	—	83. 37 (<1μm)
Graphitize blocks		1. 75	11. 81	33. 69	105. 26	0. 14	Good	<0. 01	—

The sketch of blast furnace proper of 3400m^3 BF No. 7 is shown in Fig. 8.

It is expected that the campaign life of BF No. 7 must be longer than BF No. 5 and it is possible for BF No. 7 gaining a campaign life longer than 20 years.

5 Concluding Remarks

(1) The prolongation of blast furnace campaign life is the most important step for the ironmaking industry worldwide to implement the policy of sustainable development in the 21st century. Because overhaul and intermediate repair consume a lot of materials, energy and manpower in addition to losses in production. Longer blast furnace campaign life affords the possibility for reducing the consumption, increasing the productivity and relieving the impact on environment.

(2) Practice at WISCO has proven that it is possible to extend the blast furnace campaign life to longer than 15 years without any intermediate repair. The key to success is that taking the problem of extending blast furnace campaign life as the implementation of a comprehensive technology composed of blast furnace design, technology for manufacturing of cooling elements, technology for water cooling, quality control of refractory materials, and blast furnace performance in addition to quality control of construction. There is no elixir of life for extending blast furnace campaign life.

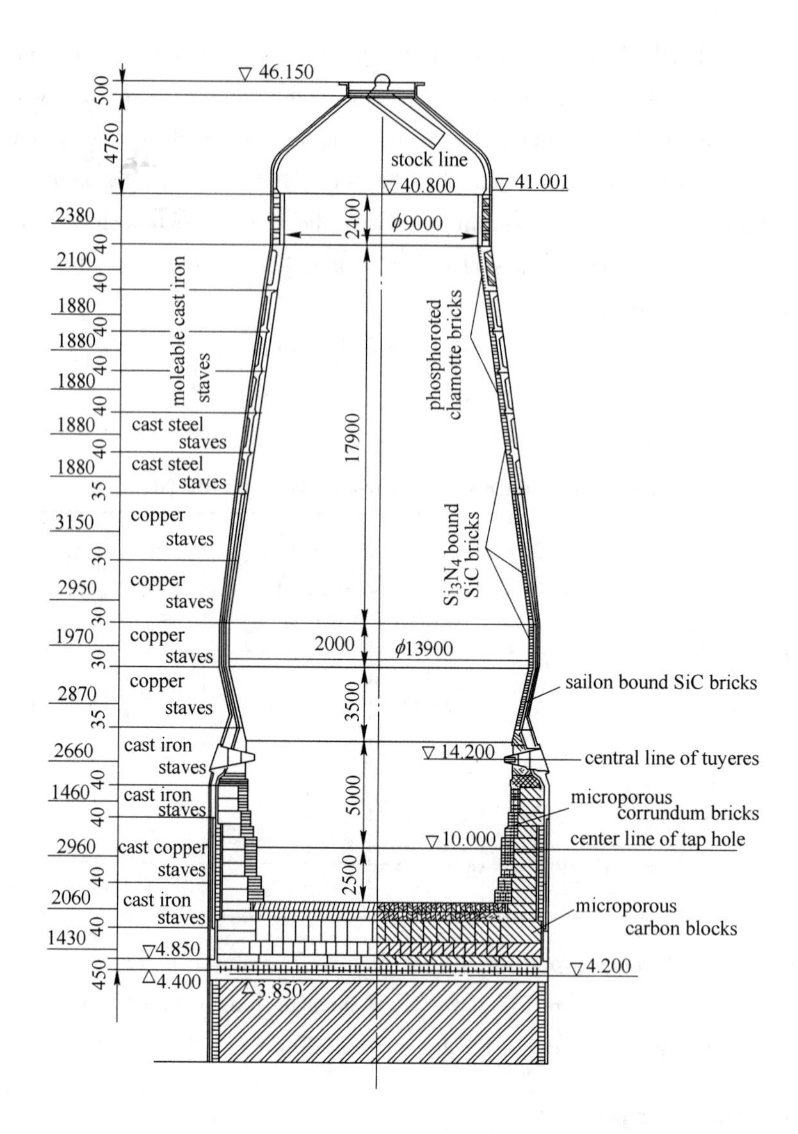

Fig. 8 The sketch of blast furnace proper of 3400m³ BF No. 7

References

[1] Zhang Shourong. A Study Concerning Blast Furnace Life and Erosion of Furnace Lining at Wuhan Iron and Steel Company[C]. McMaster Symposium No. 10 Optimization of Blast Furnace Lining Life, 1982: 130 ~ 143.

[2] Zhang Shourong. Forty Years of Ironmaking at WISCO[M]. Wuhan: Huazhong University of Science & Technology Press, 1998: 296 ~ 301, 337 ~ 343, 380 ~ 385, 428 ~ 432.

[3] Zhang Shourong. Experience for Prolongation of Blast Furnace Campaign Life at Wuhan Iron and Steel Corporation[C]. ISS 2002 Ironmaking Conference Proceedings, 2002: 105 ~ 120.

On the Concept of "Permanent Lining" for the Prolongation of Blast Furnace Campaign Life*

Abstract Based on the experience of extending blast furnace campaign life at Wuhan Iron & Steel Corporation, China, the author raised an idea of "permanent lining" for prolongation of blast furnace campaign life. The "permanent lining" of blast furnace is characterized as the lining of blast furnace could be kept stable in the whole campaign life of blast furnace as the campaign life extended to 20 years or even longer without an intermediate repair. This paper describes the principle for the build-up of "permanent lining" for blast furnace and the practice at Wuhan Iron & Steel Corporation.

1 Introduction

One of the problems that China' s ironmaking industry encountered in 1960' s was short campaign life of blast furnace resulted from extensive erosion of blast furnace shaft as well as blast furnace hearth. Since the adoption of carbon blocks in blast furnace hearth, the risk of hearth breakout has been lessened. But excessive erosion of furnace shaft had remained. Quite a few blast furnaces had to take intermediate repairs to reline their shaft every 3 or 5 years. The shortest service life of blast furnace shaft was 2 years and the longest service life was 8 years. Efforts have been made to extend service life of blast furnace shaft since the end of 1960' s. At Wuhan Iron and Steel Corporation (WISCO), investigation on the erosion of blast furnace lining has been carried out since the end of 1970' s. Investigations were carried out in each overhaul or intermediate repair of blast furnaces at WISCO since 1980' s. Based on the results of investigations, efforts have been made to extend blast furnace campaign life. On the basis of practice and investigation of two decades, the author realized that the prolongation of blast furnace campaign life is a system of comprehensive technologies. Based on this idea, an attempt was launched to build a new 3200m^3 blast furnace with a campaign life of 10 years or even longer without any intermediate repair. The new 3200m^3 furnace, BF No. 5 at WISCO was blown in on October 19, 1991, and has been working smoothly without any intermediate repair even guniting so far. The experience of BF No. 5 for extending blast furnace campaign life has been disseminated at WISCO and adopted in the overhauls of BF No. 4 (2516m^3, 3rd campaign) and BF No. 1 (2200m^3, 3rd campaign) as well as the construction of BFs No. 6 and No. 7 (3400m^3). The author deems that it is possible to achieve a blast furnace campaign life longer than 25 years if a stable lining (permanent lining) could be established.

---

* Reprinted from 2007 AITI Proceedings(USA), 2007.

2 The Mechanism of Erosion of Blast Furnace Lining

As a reactor of metallurgical process, the lining of blast furnace undergoes mechanical abrasion, damage of high temperature and attack of liquid slag and metal as well as gaseous compounds. The results of dissection of furnace lining during overhauls and intermediate repairs showed the most serious erosion of lining happened in the region of lower shaft, belly and bosh as well as the region of furnace hearth and bottom. After the application of improved throat armor plates, the mechanical erosion of upper shaft has been no more a problem affecting the campaign life of blast furnace.

2.1 The erosion of lower shaft, belly and bosh

In the region of lower shaft, belly and bosh, the chemical attack of liquid slag and gaseous compounds is more serious than mechanical abrasion. At high temperature liquid slag with high content of FeO erodes the hot surface of lining and makes the lining thinner. Alkalis and zinc in vapor state react with chamotte or alumina brick, from new compounds and deteriorate brick from surface to interior. Besides the attack to the hot surface of lining, alkaline and zinc vapor penetrate into pores of lining materials through mortar between bricks and react with CO and CO_2 of ascending gas under adequate temperature as follows:

$$2K + CO \longrightarrow K_2O + C\ (\text{amorphous})$$

$$Zn + CO \longrightarrow ZnO + C\ (\text{amorphous})$$

$$2K + CO + CO_2 \longrightarrow K_2CO_3 + C\ (\text{amorphous})$$

Fig. 1 shows the distribution of K_2O, Na_2O and ZnO in lining along furnace height above tuyere. Fig. 1 (a) lists the distribution in BF No. 1 in 1978 overhaul, and Fig. 1 (b) shows the result of BF No. 4 in 2006 overhaul. In Fig. 1 (a) the content of alkalis is higher than that in

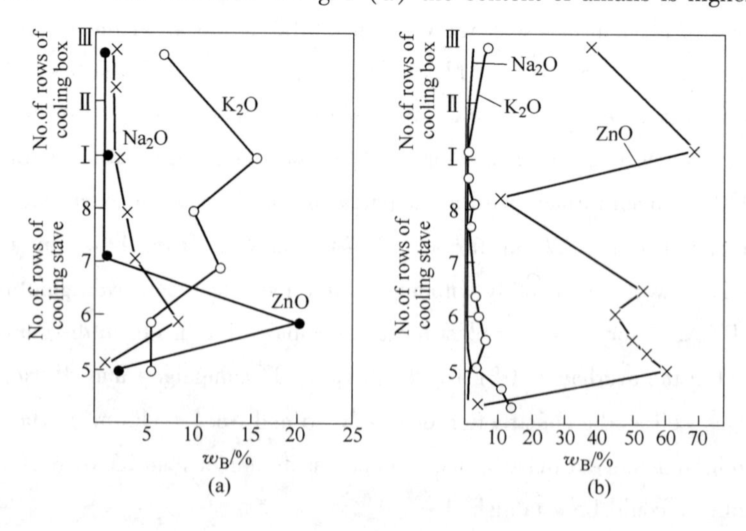

Fig. 1 Distribution of K_2O, Na_2O and ZnO along furnace height above tuyere level

(a) BF No. 1 1978 overhaul; (b) BF No. 4 2006 overhaul

Fig. 1 (b). This is because the change of alkalis input of burden materials decreased from 7 ~ 8kg/t hot metal to 3 ~ 4kg/t hot metal in the end of 1990s.

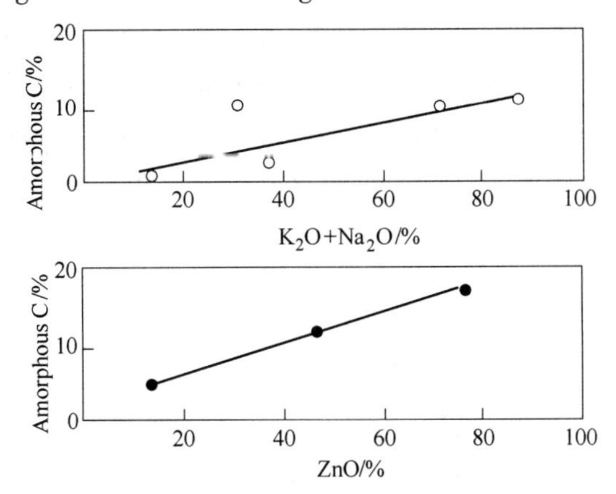

Fig. 2 Relationship between K_2O, Na_2O and ZnO and amorphous carbon at 1000℃ under bosh gas atmosphere

It is well known that alkalis attack alumina brick and carbon block at temperature range 900 ~ 1000℃, but theoretically speaking, zinc does not react with alumina brick at this temperature range. Laboratory tests showed that under an atmosphere similar to blast furnace bosh gas at temperature range 900 ~ 1000℃, zinc vapor reacts with bosh gas and brings out carbon deposit, similar to alkalis, as shown in Fig. 2

The formation of new compounds and carbon deposit accompanies with increase of volume and results in deterioration of interior structure of brick. Sometimes the spalling of upper shaft lining happened even though the erosion of hot surface of lining was not serious. This fact revealed that the swelling effect induced by alkalis and zinc was more serious than their attack to hot surface to the damage of blast furnace lining.

The distribution of heat flux of blast furnace lining along the height of furnace is characterized as shown in Fig. 3.

The region of lower shaft, belly and bosh is a region with high heat flux. The formation of cohesive zone and primary slag takes place in this region. The chemical attack of liquid slag with high FeO content is more serious than other parts of furnace shaft. However, if the intensity of cooling on furnace lining is strong enough, a solidified slag lager could be formed on the hot surface of lining and protect the lining from further erosion. Unstable blast furnace performance usually resulted in uneven distribution of gas flow and fluctuation of cohesive zone and damaged the solidified slag layer. The won-out lower shaft and belly or bosh usually is the cause of intermediate repair.

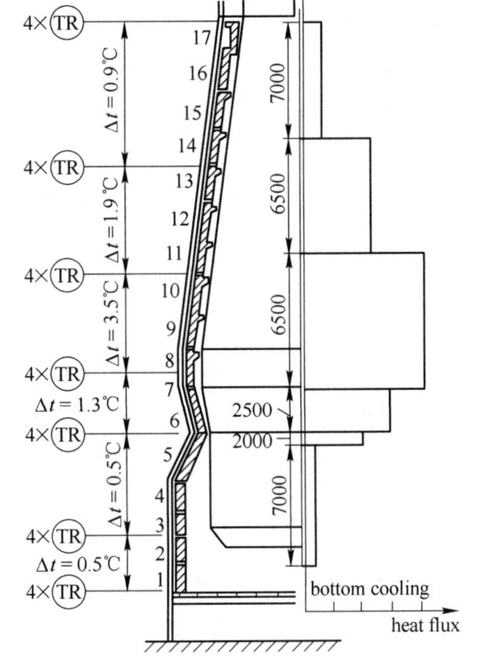

Fig. 3 The distribution of heat flux on lining along the height of blast furnace

2.2 The erosion of hearth and bottom

The adoption of carbon block for hearth and bottom lining has been prevailing for blast furnaces with inner volume larger than $1000m^3$ since 1970s', whereas alumina and corundum brick have applied in tuyere area. In the dissection of furnace lining in the overhaul of BF No. 1, it was discovered that the alkaline content in fire-brick is higher than the alkaline content in carbon block, and the iron content in carbon blocks starts to increase below the tap hole level, and reaches 40. 37% at the erosion line (carbon block row 9). See Fig. 4, this phenomenon reveals that hot metal with temperature 1300 ~ 1350℃ penetrates easily into the pores of carbon blocks, and reacts with carbon in carbon block forming Fe_2C or FeC and deteriorates carbon blocks.

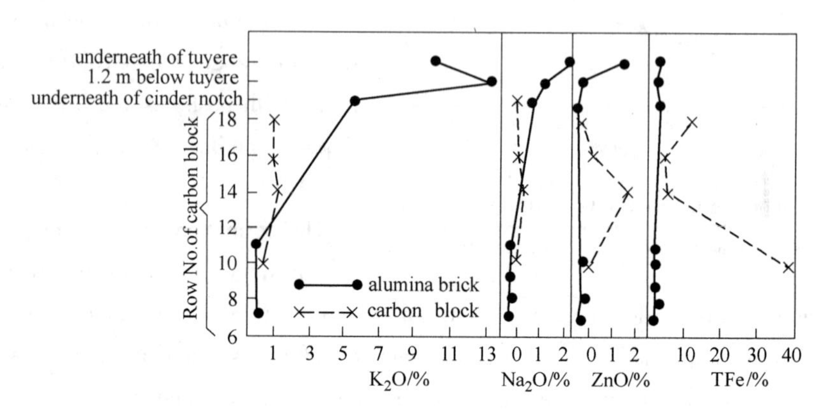

Fig. 4 The distribution of K_2O, Na_2O, ZnO and metallic iron along the height of blast furnace bottom and hearth of BF No. 1 (overhaul 1978)

The interior surface of alumina bricks under tuyere level is eroded and a mixed layer of slag and coke breeze adhered on the remained deteriorated bricks. The contents of alkalis, zinc and carbon in the mixed slag layer and remained brick are shown in Fig. 5.

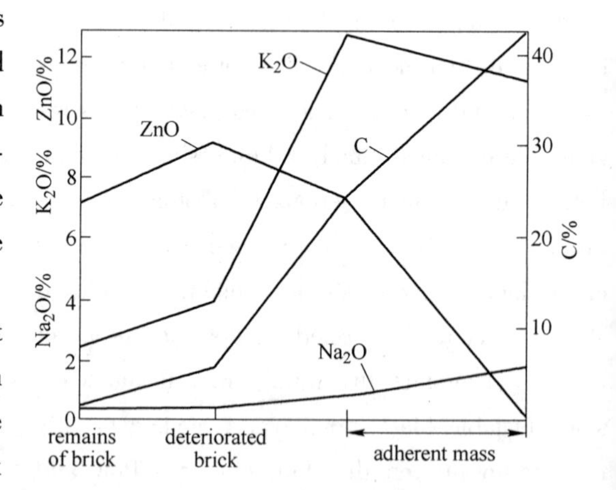

Fig. 5 The distrbution of K_2O, Na_2O, ZnO in tuyere zone of BF No. 3 (overhaul 1982)

The erosion of carbon blocks in blast furnace hearth and bottom is different with that of alumina brick of tuyere zone. The erosion of the hot surface of carbon block in hearth area is not serious, but there are cracks in every middle part of carbon block and forming an annular crack in the hearth carbon block lining. As shown in Table 1 and Fig. 6. The width of annular crack varies from <10mm to 300mm and spreading down to the level of bottom erosion line.

The erosion of carbon blocks in blast furnace hearth and bottom investigated in previous overhauls of blast furnace at WISCO was similar to the result of investigations of BF No. 4 in

2006. The schematic illustration of profiles of erosion of blast furnace hearth and bottom in overhauls of BF No. 4 WISCO in 1984 and 1996 is shown in Fig. 7.

The results of previous investigation showed that the erosion of blast furnace hearth and bottom was serious as compared to the result obtained in 2006. Because in the past two decades, improvement of quality of carbon blocks and the design of blast furnace proper took place, the cooling intensity in the area of blast furnace hearth and bottom has been strengthened. Therefore the erosion in the region of blast furnace hearth and bottom has been obviously lightened to a certain extent. But the mechanism of erosion remained the same.

Table 1 The situation of erosion of carbon blocks in furnace hearth and bottom of BF No. 4 in WISCO, overhaul 2006

Rows of carbon block	Position	Original length /mm	Length remained/mm		Annular crack		Average thickness of slag layer on hot sur-face/mm
			average	minimum	Average width/mm	Average distance to cooling staves/mm	
No. 1		1290	1264	1160	261	765	—
No. 2		1290	1183	1050	141	729	300
No. 3		1290	1182	1140	240	794	—
No. 4		1290	—	—	190	826	—
No. 5	Centerline of tap hole	1290	1220	1000	—	880	—
No. 6		1290	1290	1000	143	832	262
No. 7		1290	1287	1000	190	776	330
No. 8	Top of bottom lining	1440	1348	960	158	886	285
No. 9		1590	1169	850	152	701	274
No. 10	Erosion line of bottom	1740	1172	830	177	629	320
No. 11		1890	1053	660	0	716	533
No. 12		1640	1463	1060	0	536	—

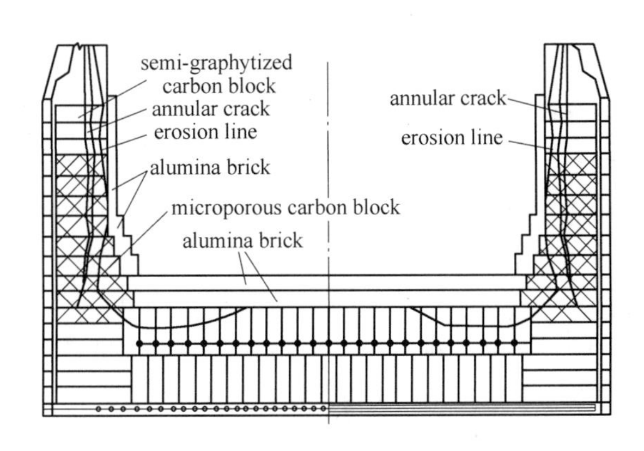

Fig. 6 The profile of erosion of furnace hearth and bottom of BF No. 4 WISCO, overhaul 2006

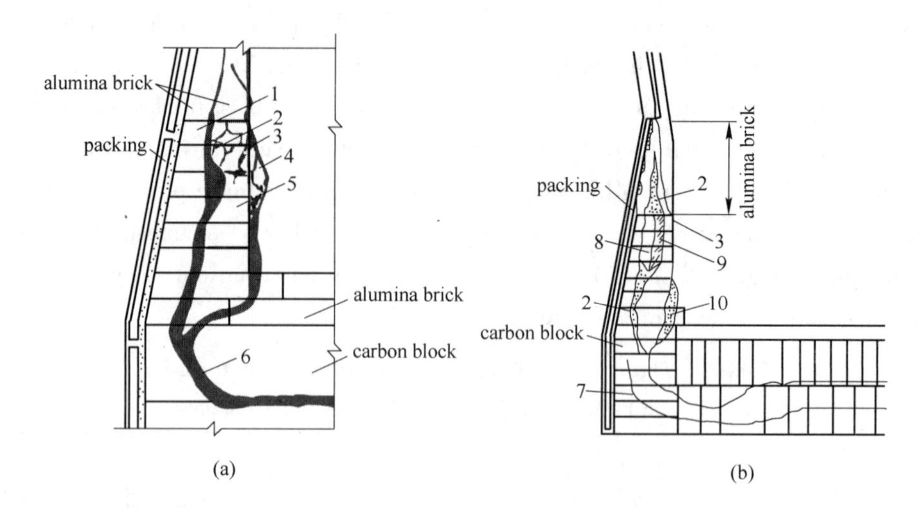

Fig. 7　Profiles of erosion of furnace hearth and bottom BF No. 4 WISCO in 1984 (a) and 1996 (b)
1—remain of carbon block; 2—annular crack; 3—erosion line; 4—adherent mass; 5—remain of carbon block; 6—iron skull; 7—fissure; 8—cavity; 9—solidfield slag and iron; 10—sediment

The existence of annular cracks in furnace hearth and bottom is detrimental to the blast furnace campaign life and sometimes results in the risk of breakout. The position of annular cracks in the middle of carbon blocks corresponds to the temperature range of 900 ~ 1000℃. As mentioned above, the vapor of alkalis and zinc penetrates into the pores of carbon blocks and reacts with ascending bosh gases, results in the formation of new compounds and carbon deposit with swelling of volume and deteriorate the structure of carbon blocks. The chemical analysis of samples taken from annular cracks of hearth carbon blocks from BF No. 4 WISCO in 2006 overhaul is listed in Table 2.

Table 2　Chemical analysis of carbon blocks in annular crack area

Number of rows	K_2O/%	Na_2O/%	ZnO/%	TFe/%	Ash/%
1	3. 17	0. 480	33. 64	0. 40	55. 02
2	1. 75	0. 420	2. 13	0. 55	32. 12
6	1. 49	0. 240	8. 47	0. 89	52. 50
7	1. 53	0. 032	6. 83	0. 92	24. 50
9	0. 89	0. 420	0. 19	19. 8	44. 50

The results of microscopic investigation evidenced the presence of penetration of zinc vapor into carbon blocks in annular cracks(see Fig. 8).

The adoption of micro-porous carbon blocks for lining of blast furnace hearth and bottom since 1990s greatly improved the resistance of carbon lining to penetration of liquid iron as well as vapor of alkalis and zinc. The intensification of cooling capacity on the lining of blast furnace hearth and bottom moved the isotherms of 900 ~ 1000℃ in hearth and bottom lining towards the hot surface and resulted in the lengthening of the distance of annular cracks to cooling staves of hearth and bottom. This might be the explanation about why the erosion of hearth and bottom observed in

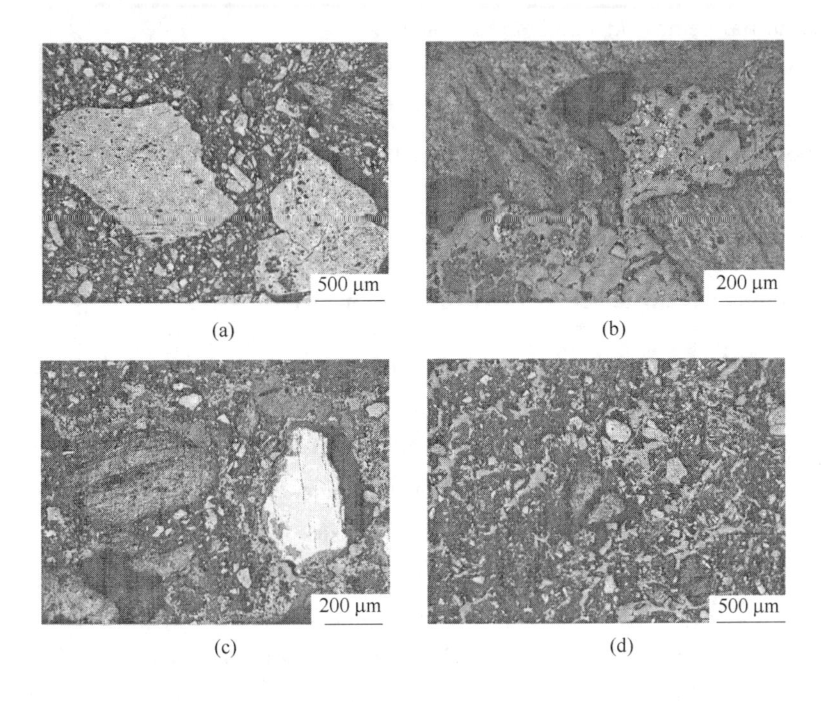

Fig. 8 The microscopic structure of carbon blocks in blast furnace hearth and bottom in BF No. 4 2006 overhaul

(a) 1st row semi-graphitized carbon block; (b) from annular crack 2nd row semi-graphitized carbon block; (c) from annular crack 8th row microporous carbon block; (d) from annular crack 9th row microporous carbon block

the overhaul of BF No. 4 in 2006 had been lessened than in previous overhauls.

3 The Concept of Permanent Lining for Blast Furnace

The short campaign life of blast furnace results in the waste of materials, manpower as well as capital, and lead to decrease of blast furnace production, increase of coke consumption as well as the imbalance of production. For sustainability of blast ironmaking technology, many blast furnace men have been looking for a solution for extending blast furnace campaign life since the mid 20th century. Based on the investigation of erosion mechanism of blast furnace lining, many improvements had been carried out in the overhauls, new construction and relining of blast furnace at WISCO. The author realized that the solution to the problem of prolongation of blast furnace campaign life is to establish a permanent lining for blast furnace which could be maintaining stable in the whole campaign life of blast furnace.

The "permanent lining" of blast furnace is characterized as the lining of blast furnace could be kept stable in the whole campaign life of blast furnace, as the campaign life extended to 20 years or even longer without any intermediate repair. The "permanent lining" enables the blast furnace works efficiently and economically in the whole campaign, and prevents the blast furnace from worn-out lining or breakout of hearth (bottom).

Based on the understanding of erosion mechanism of blast furnace lining, the measures taken for building up the permanent lining are as follows:

(1) Improvement of structure of blast furnace proper;

(2) Intensification of cooling capacity on furnace lining;

(3) Adoption of high quality refractories of highly resistant to erosion;

(4) Upgrading the quality of construction;

(5) Optimization of blast furnace performance.

3.1 Improvement of structure of blast furnace proper

The prerequisite for permanent lining of blast furnace is the hot surface of lining must be kept below 1000℃. Therefore, the cooling system of blast furnace must be strong enough, the heat conductivity of refractory materials must be high, and the thickness of lining must be thin enough. Since the end of 1980s', all stave cooling system was adopted at WISCO for the construction of blast furnace, i. e. from the bottom cooling staves extend upwards to the wearing plate of throat. Since 1990', the cast iron cooling staves were replaced by spheroidal-graphite cast iron staves, and from 2000 copper staves were applied for lower shaft, belly and bosh. In 2005, cast copper cooling staves were applied to the region of lower hearth (tap hole level) in the construction of BF No. 7 at WISCO. The structure of cooling stave changed from plain stave to brick embedded staves for shaft, belly and bosh, as shown in Fig. 9.

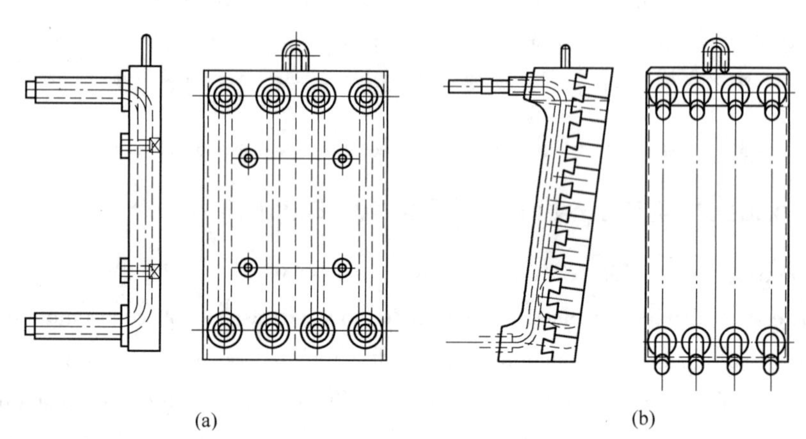

(a) (b)

Fig. 9 The evolutions of cooling stave structure

(a) plain cooling staves; (b) brick embedded cooling staves

The thickness of lining was 900mm to 1200mm before 1980's for shaft and belly, and 1200mm to 1500mm for hearth. The thickness of furnace bottom was 5600mm before 1970s'. Since 1970, the thickness of bottom lining was reduced to 3200mm with water cooling underneath. In the construction of BF No. 5, the thickness of lining of shaft, belly and bosh was reduced to 375mm. In the modification of BF No. 1 in 2000, with the adoption of brick embedded cooling staves, rebuilt or newly built blast furnace have abolished the brickwork for shaft and belly, In the construction of BF No. 7 in 2005, the thickness of blast furnace bottom was further reduced to 2800mm.

3.2 Intensification of cooling capacity on furnace lining

Demineralized water has been applied for blast furnace cooling since the construction of BF No. 5 in 1990. The cooling pipes in cooling staves were enlarged to ϕ70mm × 6mm, and velocity of water flow in cooling pipes was increased to 1.5 ~ 2.0m/s. After the adoption of copper cooling stave, the water passage in copper stave has been changed from circular to ellipsoid cross section to intensify the cooling capacity of stave without increase the volume of cooling water. The cooling system for blast furnace and its hot stoves is fully close-circuited. The consumption of fresh water is limited to $<0.03\%$.

3.3 Adoption of high quality refractories of highly resistant to erosion

Since entering the 21st century, there is no brickwork of shaft and belly for newly built or rebuilt blast furnace. The bricks used for embedded cooling staves were microporous corundum and silicon carbide brick. For hearth and bottom of blast furnace, semi-graphitized carbon blocks and microporous carbon blocks were adopted. All of the carbon blocks used possess high heat conductivity, namely 20W/(m · K). With a length of carbon block for hearth wall, the cooling staves are capable of withstanding heat flux of 18000kcal/(m^2 · h) (or 20934W/(m^2 · K)) and maintaining the temperature of hot surface less than 1000℃.

3.4 Upgrading the quality of construction

The quality of construction is a decisive factor for the success of an engineering project. Strict supervision and inspection are necessary for the construction of a blast furnace with permanent lining.

3.5 Optimization of blast furnace performance

The most important factor for maintaining an efficient performance of blast furnace is to control the distribution of gas flow in blast furnace. The central gas flow should be kept stable, and the peripheral gas flow should be kept even and moderate in order to control the starting of cohesive zone within the region of lower shaft.

4 Implementation of the Concept of "Permanent Lining" at WISCO

An attempt was launched aiming at to extend the blast furnace campaign life to 10 ~ 15 years without any intermediate repair in the construction of 3200m^3 BF No. 5 at WISCO from the end of 1980s' to the beginning 1990s'. The essential technologies adopted for BF No. 5 were as follows:

(1) All carbon bottoms with water cooling underneath. The carbon bottom was composed of 2 layers of carbon blocks of 1200mm long laid vertically and 2 layers of carbon blocks laid horizontally underneath with a total height of 3200mm. Cooling pipes were under the carbon bottom. Above the carbon bottom 7 rows of microporous carbon blocks were applied for hearth

wall.

(2) All stave cooling blast furnace proper stucture. In the furnace shell, 17 rows of cooling staves were attached to furnace shell from the bottom to throat. From 1st row to 4th rows there were plain cast iron staves. From 5th to 16th rows there were brick embedded spheroidal graphite cast iron cooling staves. Row 17 was cast iron stave used as extension of longitudinal throat armor.

(3) Completely close-circuited water cooling system. In order to guarantee the reliability of the cooling system, in addition to the adoption of demineralized water, a completely close-circuited water cooling system was applied which was composed of 3 sub-system:

1) Close-circuited system for furnace cooling staves with water pressure 0.78MPa and volume $4416m^3/h$.

2) Close-circuited system for furnace bottom with water pressure 0.43MPa and volume $440m^3/h$.

3) Close-circuited system for tuyeres and tuyere coolers and hot blast valves of hot staves with water pressure 1.03MPa and volume $2640m^3/h$.

The temperature of close-circuited soft water was controlled by tabular recuperators.

(4) PW bell less top. In order to control the heat flux on furnace lining, PW type bell less top was applied to control the burden distribution in furnace top. The flexibility of PW bell less top had been well known.

(5) In addition to the above mentioned technology, improvement in cast house has been made, such as circular cast house, even distribution of four tap holes in cast house and the application of INBA devices of slag granulation to insure better drainage of hot metal and liquid slag which had been known as an important measure for hearth protection.

BF No. 5 was blown in on October 19, 1991, and has been working continuously for more than 15 years without any intermediate repair, even guniting. BF No. 5 produced 34481968 tons of iron until end of 2006, corresponding to a production of $10775t/m^3$ inner volume. BF No. 5 has been keeping in a good condition. Table 3 lists the technological parameters of BF No. 5 in recent 9 years.

Table 3 Technological parameters of BF No. 5 at WISCO (1998 ~ 2006)

Year	Aver. Daily production/$t \cdot d^{-1}$	Productivity /$t \cdot (m^3 \cdot d)^{-1}$	Coke rate /$kg \cdot t^{-1}$	Coal rate /$kg \cdot t^{-1}$	Blast volume /$m^3 \cdot min^{-1}$	Blast temp. /℃
1998	6716.6	2.099	412.9	108.2	6224	1130
1999	6627.3	2.071	405.9	120.0	6274	1125
2000	6705.2	2.095	398.7	122.1	6283	1102
2001	6840.1	2.138	396.1	123.3	6285	1104
2002	7095.5	2.217	387.7	124.1	6367	1107
2003	6798.3	2.124	376.2	136.2	6138	1104

Continued 3

Year	Aver. Daily production/t · d^{-1}	Productivity /t · (m^3 · d)$^{-1}$	Coke rate /kg · t^{-1}	Coal rate /kg · t^{-1}	Blast volume /m^3 · min^{-1}	Blast temp. /℃
2004	6489. 2	2. 027	378. 2	131. 1	6081	1017
2005	6869. 7	2. 147	361. 6	151. 4	6296	1096
2006	7075. 1	2. 211	318. 7	178. 9	6333	1115

Year	Hot blast pressure/MPa	Top pressure /MPa	Top gas temp. /℃	Pig iron		Slag
				[Si]/%	[S]/%	CaO/SiO_2
1998	0. 361	0. 207	168	0. 572	0. 016	1. 09
1999	0. 364	0. 210	185	0. 548	0. 016	1. 09
2000	0. 357	0. 208	184	0. 520	0. 019	1. 08
2001	0. 357	0. 204	210	0. 498	0. 021	1. 12
2002	0. 362	0. 208	205	0. 488	0. 022	1. 13
2003	0. 357	0. 204	201	0. 484	0. 021	1. 15
2004	0. 363	0. 204	219	0. 528	0. 023	1. 16
2005	0. 389	0. 216	222	0. 524	0. 025	1. 13
2006	0. 390	0. 217	222	0. 467	0. 022	1. 15

The practice of BF No. 5 revealed that there is room for further improvement to approach the goal of permanent lining. Since the end of last century, improvements had been made mainly as follows:

(1) Lining for blast furnace shaft had been proven unnecessary in case of efficient stave cooling system for extending blast furnace campaign life. Since 2000, copper cooling staves with brick embedded were adopted in bosh, belly and lower shaft without lining in the overhaul of BF No. 1 and the construction of BFs No. 6 and No. 7.

(2) In order to save the volume of close-circuited cooling water, the water cooling system was simplified to two sub-systems in the newly built water cooling system after 2000. The volume of recycling water in the newly built cooling system is about 1/3 less than that of BF No. 5.

(3) The penetration of liquid iron into the pores of carbon block and the deteriorative effects of alkalis in carbon blocks had been proven to be the most important reasons for the damage of lining of blast furnace hearth and bottom. In the construction of BF No. 7 at WISCO, high grade microporous carbon block with high heat conductivity were applied in furnace hearth and bottom to replace the common carbon blocks. Cast copper staves were applied to replace cast iron staves in the hearth area. The thickness of bottom was reduced to 2800mm and the thickness of heath carbon blocks was reduced to 1200 ~ 1000mm, It is expected that the hot surface of hearth wall might be kept lower than 1000℃, and the lining might be permanent. The sketch of BF No. 7 is shown in Fig. 10.

BF No. 7 at WISCO was blown in on June 18, 2006, and reached the designed nominal daily productivity in 6 days. The monthly technological parameters of BF No. 7 after blown-in are listed in Table 4.

Table 4 Monthly technological parameters of BF No. 7 at WISCO

(July to December, 2006)

Month	Aver. Daily production /t·d^{-1}	Productivity /t·(m^3·d)$^{-1}$	Coke rate /kg·t^{-1}	Coal rate /kg·t^{-1}	Blast volume /m^3·min^{-1}	Blast temp. /℃
July	7478.0	2.199	385	174	5999	1147
August	7372.8	2.168	351	194	6067	1175
September	7898.3	2.323	337	194	6213	1197
October	7233.0	2.127	355	191	5963	1193
November	7703.7	2.266	338	187	6215	1163
December	7612.4	2.239	329	184	6014	1176

Month	Hot blast pressure/MPa	Top pressure /MPa	Top gas temp. /℃	Pig iron		Slag CaO/SiO$_2$
				[Si]/%	[S]/%	
July	0.375	0.210	211	0.459	0.023	1.14
August	0.369	0.207	216	0.404	0.022	1.16
September	0.401	0.226	232	0.408	0.027	1.14
October	0.385	0.223	192	0.466	0.023	1.16
November	0.392	0.226	204	0.408	0.024	1.16
December	0.381	0.222	182	0.449	0.022	1.15

After the blown-in of BF No. 7, the temperature of copper cooling staves in hearth area had been risen quickly from room temperature to higher than 50℃ in July, 2006, but the temperature has began to drop in August continuously as shown in Fig. 11.

As estimated according to the heat flux of hearth area, the temperature of hot surface of carbon blocks in furnace hearth might be below 500℃. That means adherent solidified mass had been formed on the hot surface of carbon block.

5 Concluding Remarks

(1) The prolongation of blast furnace campaign life is one of the most important step for the ironmaking industry worldwide to implement the policy of sustainable development in the 21st century. The solution to the problem of extending blast furnace campaign life is to establish a permanent lining for ironmaking blast furnace. The set-up of a permanent lining is the implementation of comprehensive technologies composed of blast furnace design, technology for water cooling, technology for manufacturing of cooling elements, quality control of refractory materials, and blast furnace performance in addition to quality control of construction.

(2) The author deems that a blast furnace campaign life of 20 ~ 25 years is realistic from view point of technology. It is necessary for us to consider how could the auxiliary units in blast furnace area match the long campaign life of 20 ~ 25 years, such as hot stove, gas cleaning facilities, pipelines and metallic structure. To modify the auxiliary units to suit the extended campaign life of 20 ~ 25 years remains the task of future.

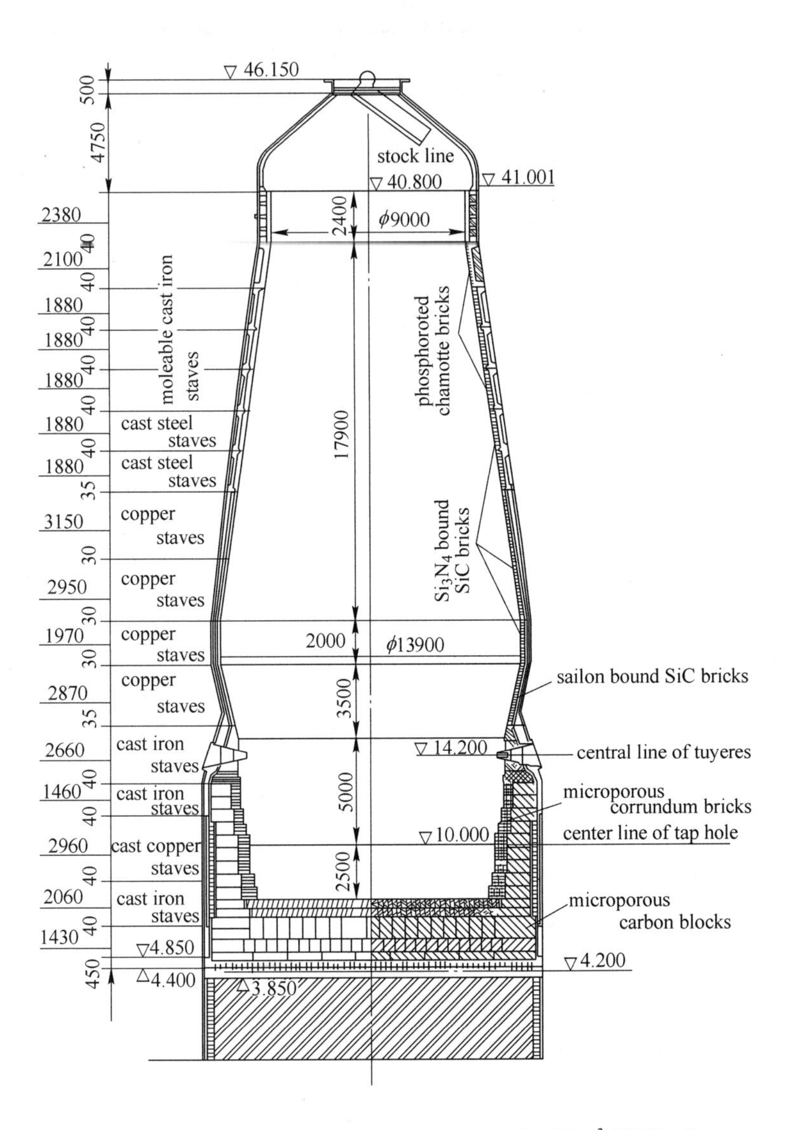

Fig. 10 The sketch of blast furnace proper of $3400m^3$ BF No. 7

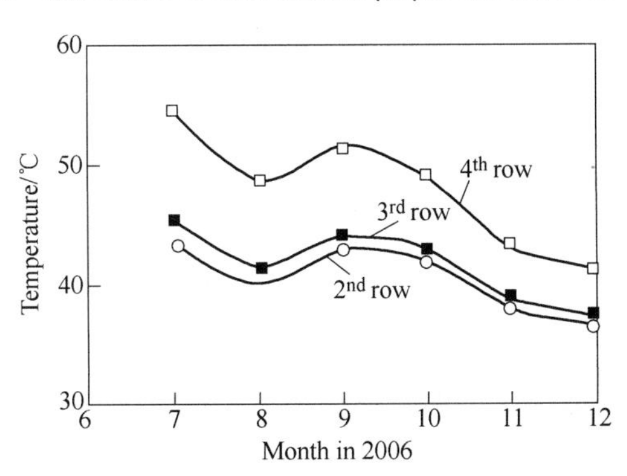

Fig. 11 Monthly average temperature of copper cooling staves in hearth area of BF No. 7 (WISCO)

战略思考

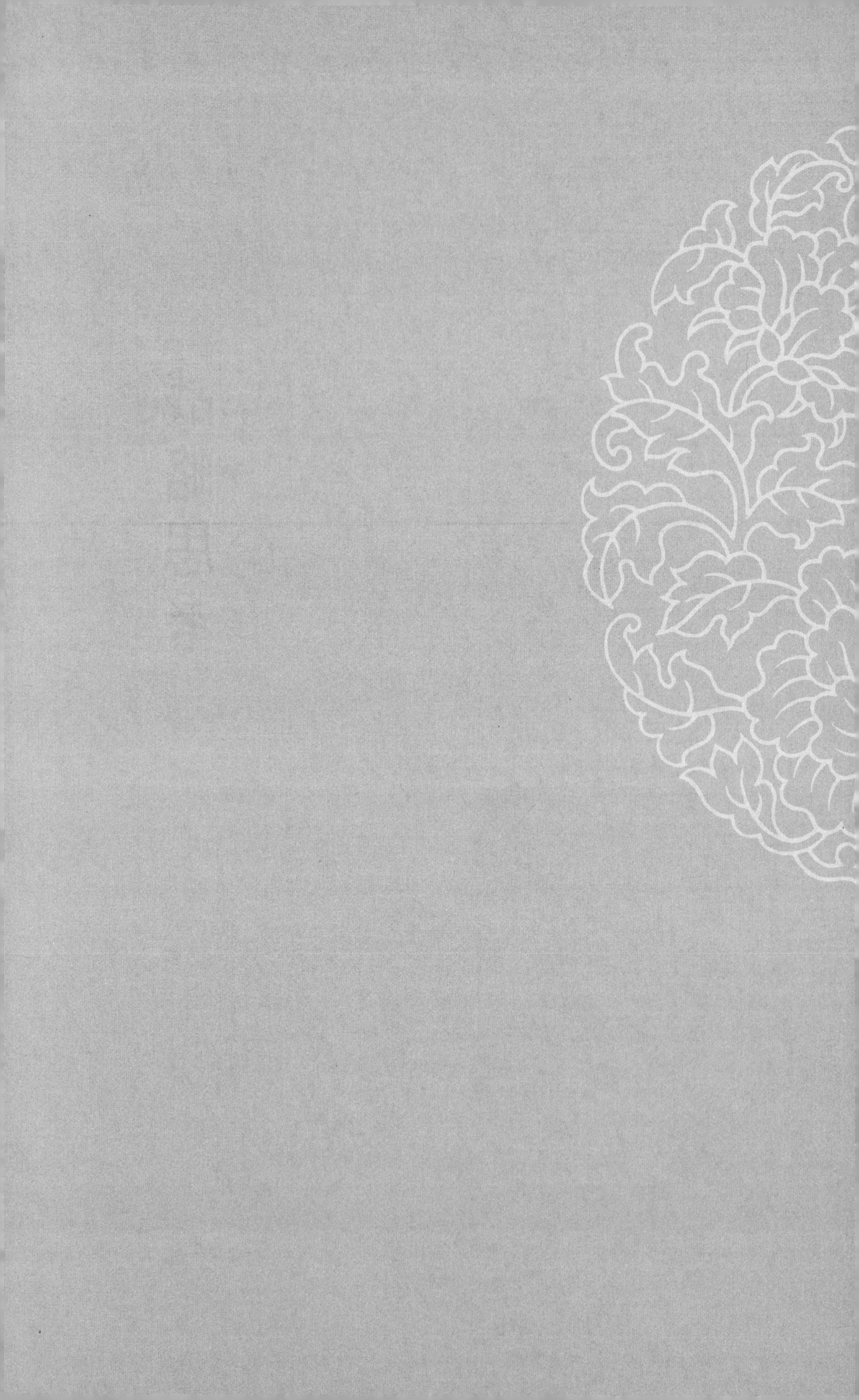

挖潜、革新、改造是当前发展我国钢铁工业的正确途径*

1 美国、日本、前苏联的钢铁工业发展道路

为了便于讨论，首先对国际上钢铁产量最多的国家的钢铁工业发展道路加以分析。

目前世界各国中钢产量在1亿吨以上的有美国、日本与前苏联3个国家。美国从1890年起在世界各国中钢产量一直领先，1953年钢产量达到10125万吨，1973年达到13680万吨。以后其领先地位让位于苏联而退居第二。美国在1953～1973年的20年中钢产量增长3555万吨，平均每年增长177.75万吨。美国钢产量的增长主要靠老厂改造得来。第二次世界大战后新建的大厂只有美国钢铁公司的费尔莱斯厂和伯利恒钢铁公司的伯恩斯港厂，两厂合计钢产量不超过800万吨，可见美国在第二次世界大战后的钢产量增长基本上靠老厂增产。美国的大钢厂多是有40年以上历史的老厂，如格里厂系1908年投产，雀点厂1889年投产，印第安纳港厂1902年投产，拉卡沃纳厂1922年投产等。这些老厂在过去的20多年中逐步进行了改造，使美国钢铁工业实现了现代化。

钢产量增长速度最快的是日本。日本钢产量1943年为765万吨。第二次世界大战后，1946年日本钢产量下降到55万吨。1953年日本钢产量恢复到1943年的最高水平，为766万吨。1960年日本钢产量达到2213万吨。到1973年日本钢产量达到11932万吨，13年中增长9719万吨，平均每年增长747.6万吨，其中有4年增长在1000万吨以上，1967年增长最多，近1500万吨。日本钢铁生产的增长主要靠建设新厂。20世纪50年代开始投产的有千叶厂和广畑厂。20世纪60年代开始建设并投产的有君津厂、名古屋厂、堺厂、福山厂、水岛厂、加古川厂和鹿岛厂等。20世纪70年代投产的有大分厂、扇岛厂。目前日本年产500万吨的钢铁厂除了上述新建厂外，还有3座老厂，即八幡厂、和歌山厂和室兰厂。如以日本钢年产量2213万吨的1960年为界，则1960年前投产的老厂有八幡、室兰、和歌山、千叶、广畑等厂，其生产能力为2915万吨，占这些大厂总生产能力的24.8%。20世纪60年代投产的大厂的生产能力为7620万吨，占大厂总生产能力65%。从以上统计数字可以看出日本钢铁发展的总趋向。然而必须指出，即使在以新建大钢铁厂为主的日本，老厂的改造、挖潜仍占相当大的比重，二次世界大战前的老厂的生产能力在战后30年间翻了近三番。

再看苏联的情况。十月革命前1913年钢产量最高为479万吨。十月革命后1929年恢复到485万吨。1940年达到1900万吨。由于第二次世界大战的影响使钢产量下降，到1949年才重新上升到2330万吨。1954年达到4143万吨。1967年突破1亿吨，达到

* 原发表于《武钢技术》，1980，18(3)：1～6。

10233 万吨。1978 年钢产量最高达到 15140 万吨，1979 年反而下降。苏联钢产量增长幅度，1949~1954 年间平均每年增长 362.6 万吨，1954~1967 年平均每年增长467.7万吨，1967~1978 年平均每年增长 447 万吨。在苏联目前年产 500 万吨钢以上的钢厂中，绝大部分是第二次世界大战结束前建的，20 世纪 50 年代以后新建的钢铁厂只有 3 家：切列波维茨钢铁厂、卡拉干达钢铁厂和西西伯利亚钢铁厂。20 世纪 60 年代起苏联没有再新建钢铁基地，而致力于老厂的改造和扩建。如苏联最大的马格尼托哥尔斯克钢铁公司，20 世纪 30 年代建设时规模为年产钢 250 万吨，20 世纪 50 年代后期规模扩大到 600 万吨，到 1975 年规模超过 1500 万吨，20 世纪 80 年代计划发展到年产钢 2000 万吨。再如苏联第二大厂克里沃洛格钢铁厂，20 世纪 30 年代建设时规模为年产钢 150 万吨，而到 1975 年规模发展到年产钢 1200 万吨，计划 20 世纪 80 年代规模扩大到 2400 万吨。在苏联年产钢 500 万吨以上的钢铁厂中，20 世纪 50 年代后期新建厂的生产能力只占总生产能力的 19.7%。由此可见老厂的改造扩建在苏联钢铁工业发展中所起的重要作用。

上面概括地举出美、日、苏联钢铁工业发展的情况，从中可以看出这 3 个国家发展钢铁工业所采取的不同途径。一种是以新建大型钢铁厂为主，如日本；一种是以老厂改造或扩建为主，如美国与苏联。

为什么这 3 个国家发展钢铁工业采取不同的做法？这必须从它们原有的经济基础和不同的经济条件来找答案。

日本在第二次世界大战前钢铁工业基础比较薄弱。在国际资本的支持下战后日本开始了经济恢复与发展。这时单靠老厂增产远不能满足要求，于是开始建设新厂。日本国内缺乏发展钢铁工业的资源，日本钢铁工业只能靠进口原料加工。为了使日本钢铁工业的产品在国际上有竞争能力，日本采取了广泛引进先进技术、提高设备利用率、降低生产成本的方针。在这种条件下，日本用 20 多年中连续建设了多个大型的技术先进的临海钢铁厂。随着经济基础的日趋雄厚，老厂旧设备愈来愈显得不经济，因此，从 20 世纪 60 年代后期起，日本于建设新厂的同时开始了老厂的改造。日本的老厂改造基本上是把旧设备拆除重建，如平炉全部拆掉了改成氧气转炉，1000m^3 以下的高炉所余无几。因此，设备大型化、生产高效率、能源低消耗、环境污染少和生产指标先进就成了日本钢铁工业的特点。

美国钢铁工业的生产能力在第二次世界大战结束前年产就超过了 8000 万吨。20 世纪 50 年代钢产量年产超过 1 亿吨。由于钢铁工业已有相当大的规模，就没有必要大规模建设新厂来增加生产能力，因此美国近 30 年来新厂建设少。为了提高钢铁产品的竞争能力而着眼于老厂的改造。美国老厂改造的方针与日本不同，不是拆掉重建，而是将对产品质量与成本起重大作用的新技术、新工艺安插到旧设备中去，大幅度地提高了原有设备的效率。因此，美国目前钢铁工业的主力仍是具有 40 年历史的老厂。

十月革命前苏俄钢铁工业基础也较薄弱。十月革命后，20 世纪 20 年代末到 40 年代，新建了一大批钢铁厂，如马格尼托哥尔斯克、库茨涅茨克、克里沃洛格、扎波罗什、新利别茨克、亚速、新塔吉尔等厂。这些厂的建设使苏联钢的生产规模达到年产 2000 万吨。20 世纪 50 年代苏联又开始建设新厂，但 60 年代以后着眼于老厂的扩建和改造。在老厂内增建新的氧气转炉、新的大型高炉、烧结机、现代化的轧钢机，同时对现有设备加以改造。20 世纪 60 年代以后，苏联没有建新的大型钢铁厂，但老厂的规模普遍增大。因此目前苏联平炉钢仍占相当大的比重，许多老设备仍在生产着。以高炉为例，在苏联 14 座大型钢铁厂中仍有 300m^3 以下的高炉在生产。

2 根据各国具体条件采取不同的发展钢铁工业的道路

上面举出的事例，说明了世界上最大的 3 个产钢国各自根据本国具体条件采取不同的发展钢铁工业的道路。不会有人因为他们采取不同的发展道路而否认其钢铁工业的现代化。由此可见，实现钢铁工业现代化可以有各种不同的做法。重要的问题在于必须从本国具体条件出发，根据自己的经济特点，找出适合自己的花钱少见效快的实现现代化的道路。

目前我国钢铁工业已具有相当规模，虽然技术装备较为落后，但从设备数量和地理布局上看，都远比第二次世界大战后的日本或苏联雄厚得多，大致相当于苏联 20 世纪 50 年代前期的水平。有了这样的基础就没有必要仿效日本把主要精力放在建设新厂上，而应当首先把发挥现有钢铁企业潜力作为发展我国钢铁工业的主攻方向。这样做所需投资少，见效快。所以在增建新生产能力时，应当首先着眼于老厂的扩建和改造，这比开辟新的钢铁基地要有利得多。

可能有人提出这样的问题：我国钢铁工业技术装备仍处于20 世纪50 年代水平，把现有钢铁工业的挖潜、革新、改造作为主攻方向，保留这么多旧设备，怎能使我国钢铁工业现代化？提出这类问题的人是把设备大型化和高度自动化作为现代化的唯一标准了。如果以此作为标准来衡量，那么苏联和美国的一大批大钢铁企业都不算现代化了。由此可以引出结论，苏联和美国的钢铁工业尚未实现现代化。显然不会有人同意这个结论。事实上，前苏联和美国相当多的大企业仍然保留着相当数量的20 世纪50 年代装备水平的设备，以下举例说明。

马格尼托哥尔斯克钢铁公司是苏联最大的钢铁企业。该公司共有高炉 12 座：1 ~4 号高炉均不足 1200m^3（1179m^3、1170m^3、1180m^3、1181m^3）；5 ~7 号高炉为1300m^3 级；8 号高炉为1500m^3；9 ~11 号高炉 2000m^3 级，12 号高炉为 2700m^3 级。炼钢设备有平炉 35 座（其中一部分为双床氧气平炉），氧气转炉 380t 的 3 座。如果按大型化的标准要求，该公司的高炉起码要拆除一半。而按日本的标准则平炉要全部拆掉改转炉。克里沃洛格钢铁厂是苏联第二大厂，炼铁设备：高炉 9 座，1 ~4 号高炉均为 1719m^3；5 ~7 号高炉均为 2000m^3；8 号高炉 2700m^3；9 号高炉为 5026m^3。炼钢设备：平炉车间平炉 5 座；转炉车间氧气转炉 55t 的 4 座、100t 的 3 座、130t 的转炉 3 座。按设备大型化的要求克里沃洛格公司相当一部分设备是不合格的。下塔吉尔钢铁公司年产钢 640 万吨，炼铁设备：下塔吉尔公司高炉 2 座，炉容为 269m^3 及 271m^3；新塔吉尔公司高炉 6 座，炉容分别为 1060m^3、1100m^3、1063m^3、1300m^3、1300m^3 和 2700m^3。炼钢设备：平炉 18 座，110t 的氧气转炉 3 座。显然下塔吉尔公司的设备大部分不符合大型化的要求。再看 20 世纪 50 年代以后建的厂。切列波维茨钢铁厂年产钢 640 万吨，其炼铁设备：高炉 4 座，炉容分别为 1500m^3、1730m^3（原为 1033m^3 大修时扩大）、2000m^3、2700m^3；炼钢设备：400t 的转炉 2 座、100t 的电炉 3 座。切列波维茨厂的设备相当一部分也不符合大型化要求。

美国钢铁公司格里厂是美国的大厂，年产钢能力900万吨。炼铁设备：800m^3级高炉5座，1200～1500m^3的高炉7座，2835m^3的高炉1座（1974年投产，所指容积均为工作容积）。炼钢设备：原有平炉3座，200t的底吹氧气转炉3座。伯利恒钢铁公司雀点厂也是美国的大厂，年产钢能力700万吨。炼铁设备：炉缸直径为7.75m的高炉2座、炉缸直径为8.35m的高炉2座、炉缸直径为8.5m的高炉4座、炉缸直径为9.1m的高炉2座。炼钢设备：380t的氧气平炉7座、200t顶吹氧气转炉2座。美国的这2个大厂的设备大部分也不合大型化要求。

从上面举的例子可以得出以下结论：设备大型化、高速化、连续化和自动化不是衡量钢铁工业现代化的唯一尺度，只不过是现代化工厂的特征之一。衡量一个国家的钢铁工业是否现代化，最基本的要看钢铁工业的产品在质量、数量上能否满足现代工业、农业、国防和科学技术发展的需要以及产品在国际上有无竞争能力。日本的钢铁工业就做到了这两点，苏联和美国的钢铁工业也做到了这两点。因此它们的钢铁工业都是现代化的。

日、美、苏发展钢铁工业采用不同的方针，其根本原因在于各自经济条件不同。如前所述，日本原来钢铁工业基础薄弱，技术装备陈旧，要增加钢铁产量必须建新厂。日本缺铁矿少煤矿，原料基本靠进口，日本的钢铁工业实质上是原料加工工业。加之日本地少人口稠密，建厂靠填海造地，只有采用大型的技术和先进的设备才能使加工费用最低，这是促使日本沿海建现代化大型钢铁厂的基本原因。战后日本在美国的援助和政府对钢铁工业的资助下用于钢铁工业的投资比较多，因而有足够的财力建大钢铁厂。美国原来钢铁工业已有相当大的规模，抛开已有的钢铁厂另建新厂是不经济的。美国的钢铁工业原料资源丰富，大部分可以自给。这种情况下只要在原有钢铁厂的生产流程中引进一些新工艺、新设备，就可以使产品满足现代化的需求，并使其具有国际市场的竞争能力。苏联的矿石、煤和能源全部自给，人工费用低，并且新增生产能力满足不了对钢铁需要的增长，故不可能废弃旧设备。建新厂与老厂扩建相比，投资多，见效慢。因此苏联在近20年中把投资集中于老厂的扩建，如在老厂中增加巨型高炉、氧气转炉和新型轧机等。与此同时，老设备仍在生产，有的进行了技术改造，有的仍未改造。因为这样做在前苏联的条件下是经济而见效快的。

从上面的分析可以看出，实现钢铁工业现代化必须从各国的具体条件出发，不可能有放之四海而皆准的唯一途径。到底哪一种办法好，要用两种尺度衡量：一是产品尺度，看它的质量、数量和在国际市场上的竞争能力；一是经济尺度，看哪种办法投资少，见效快。

3　采取适合我国国情的钢铁工业发展道路

我国钢铁工业要在20年内实现现代化，首要的问题是采取切合我国具体情况的工作方针和技术政策。外国的经验只能借鉴，决不能照搬照抄。

我国钢铁工业主体设备的数量并不算少。以高炉为例，容积在200m^3以上的高炉有105座，其中200～300m^3者60座，540～1000$m^3$17座，1000～2500m^3以上28座，总容积约7万立方米。200m^3以下高炉总容积约为1万立方米。全国高炉总容积约为8万立方米，大致相当于日本现存74座高炉总容积的1/2。1973～1974年日本开动了

58～60座高炉，生铁达到年产9000万吨以上，满足了年产钢1.19亿吨的需要。以我国现有高炉的容积，通过挖潜、革新、改造达到4000万～4500万吨生铁的年产量是完全可能的。与1979年实际生产水平相比，大约有600万～1000万吨生铁年产量的潜力可挖。根据1978年的查定全国年产钢能力为3500万吨，其中平炉钢占34.1%，电炉钢占21.2%，转炉钢占44.7%，在转炉钢中约有2/3为氧气转炉钢。如果平炉大部用氧，转炉全部用氧，则挖出500～1000万吨钢的年产量也是可能的。

为什么我国钢铁工业设备利用率低？钢铁厂各生产环节不配套是一个主要原因。矿山生产能力与冶炼需要很不适应。在我国重点钢铁企业中铁矿石能自给自足的只有少数几家，相当多的企业是“缺粮户”。在中、小型企业中搞半无米之炊或无米之炊的则更多，如某些厂焦炭不足，某些厂选矿、烧结能力不足而使用低品位的生矿。在原料准备方面不配套的现象更严重，有矿石中和设施的厂寥寥无几。精料方针喊了20多年，在全国钢铁厂中却只有少部分实现了精料，而大部分则是粗料。凡是实现了精料的都取得了良好的生产效果，获得较好的技术指标。行之有效的生产工艺和先进技术没有得到广泛、迅速地采用，是我国钢铁工业设备利用率低的第二个原因。如矿石中和、烧结机铺底料、烧结矿冷却、烧结矿入炉前的筛分和整粒、高压炉顶操作、高风温、大量喷煤粉、氧气炼钢、连铸、吹氩工艺、炉外精炼、真空处理等推广不快。对计器监测和自动控制重视不够是使技术操作水平提不高、设备利用率低、产品质量差的第三个原因。而管理水平低则是使这种落后面貌改变慢的根源。如果上述问题得到解决，现有企业的生产水平就能大大提高。

现有钢铁厂挖潜、革新、改造，增加生产能力所花的投资比建同样生产能力的新厂花的投资要少得多。武汉钢铁设计院银汉同志曾对我国1000m^{3}以上高炉挖潜问题进行了分析。现有1000m^{3}以上高炉总容积为37350m^3，如在精料、高压、高温、喷吹等方面加以配套和改造，就可以增产生铁600万吨/年，所需投资只6亿元左右。而建同样生产能力的新厂则投资要在10亿元以上。如全用国外设备，则投资又要高出数倍。以武钢为例，老厂共投资21亿元，而新建1700系统工程，共投资38亿元。今年的生产水平是铁340万吨、钢300万吨。如将双400万吨配套工程（包括矿石中和场、制氧机等）和“一米七”系统未完工程建完，投资近8亿元，则可达到钢、铁年产各400万吨以上的能力。如再建5号高炉系统工程，炼钢厂进行改造，新建若干成品轧机，则武钢年生产能力可达钢、铁各600万吨，并生产许多新品种钢材，投资约需25亿元。经过这些改造和扩建花33亿元左右投资，武钢可以实现代化，钢产量翻一番，产品质量达到国际水平。这比再建1座年产300万吨钢的现代化新厂投资要少得多。目前我国农、轻、重各方面都要建设，国家不可能把大量投资都花在钢铁工业上。把重点放在现有企业的挖潜、改造和扩建上，是发展我国钢铁工业和实现现代化的正确途径。

这里主张重点着眼于现有钢铁厂只是对冶金厂而言，并不包括矿山。矿山建设落后是我国发展钢铁工业的一大矛盾。我国煤、矿资源丰富，本来是经济优势，然而目前我国铁矿石不能自给，捧着金饭碗找饭吃。我国需要把金属矿山的建设真正重视起来，引进先进技术，在铁矿石蕴藏量大的地区，建起若干个年产量2000万～5000万吨的矿山。在选矿方面也要引进先进技术，建大选矿厂。如果再不对矿山开发予以充分重视，我国铁矿石产量不仅不能增长，反而会下降，将会拖钢铁工业发展的后腿。

除了资源丰富外，我国的另一经济优势是人口众多，劳动力资源充足。在采用和引进先进技术时必须考虑这一特点，否则这一优势将变成负担。采用先进技术必须以经济效果的尺度加以衡量。我们不应为先进技术而搞先进技术，更不能盲目地追求世界之“最”。往往采用某些中间技术对我国目前情况反而是投资少，见效快，收益多的。对已引进的新技术要组织足够的力量研究、消化和仿造。在这方面靠企业的力量常常是不够的，有时还要几个工业部共同合作。全盘引进国外设备和材料应当加以反对，因为花钱太多。凡是国内能制造且质量达到要求的就不应引进。而对于那些国内一时制造不了的东西则应毫不犹豫地引进，这时重复引进的现象是不可避免的。对于新技术、新设备局部引进的办法是可取的。罗马尼亚大高炉采用无钟炉顶只引进了60多吨设备，其余自己制造。他们的经验应当借鉴。总之，必须从我国的实际情况出发，以产品和经济效果两个尺度加以衡量，选择最适当的作法。这方面不能照搬照抄，也不能搞“一刀切”。

4　几点建议

综上所述，建议如下：

（1）把现有钢铁企业的挖潜、革新、改造作为发展我国钢铁工业实现现代化的正确方针。

（2）为贯彻这一方针必须坚定不移地进行经济管理体制的改革，首先是扩大企业自主权，用经济办法管理企业来调动职工积极性。为改变基本建设长期存在的投资效果生产能力形成慢的现象，建议对基本管理体制进行改革，将甲、乙、丙三方分别向上级机关负责的办法改为由企业包干向上级负责，设计、施工由企业委托的办法。如不进行这些改革，就不可能加快钢铁工业发展速度。

（3）切实解决挖潜、革新、改造的资金来源问题，否则挖、革、改就成了空话。

（4）组织力量专门从事挖、革、改的设计、设备制造与施工。组织足够力量进行引进设备的消化和仿造工作。

（5）为加快发展速度必须从实际情况出发，全面规划，抓住重点，推动全盘。对一个企业是如此，对一个地区也是如此。

“六五”期间武钢低合金钢的发展*

“六五”期间，武汉钢铁（集团）公司在企业整顿改革中，依靠技术进步和认真贯彻加快发展低合金钢的政策，在国家科委、冶金部的领导下，通过技术人员和广大职工的积极努力，及各院、校、所、厂的大力协作，在发展低合金钢生产和新品种的研制中，取得了一定成绩。

1　概况

“六五”期间，武钢在低合金钢产量、质量和品种上都有较大的发展，共生产和试生产 48 个低合金钢品种，总产量 800823t。1981 年武钢低合金钢产量为 86100t，其后逐年提高，1985 年产量达到 232383t，为 1981 年产量的2. 7倍。“六五”期间，特别是 1982 年以后，武钢低合金钢的品种增加较快，共新研制了 24 个新钢种，占“六五”期间生产的低合金钢品种 50%。在这 24 个新产品中，属国家科委下达攻关课题项目的钢种 9 个，已全部按进度完成攻关课题的各项任务，其中 7 个品种已经鉴定转产；属冶金部下达的 8 个试制品种，已鉴定转产 5 个；武钢根据使用单位需要，自定的 7 个试制品种，也已经鉴定转产6 个。

“六五”期间，我们开发转产的各类低合金钢，在技术性能和适用性方面都达到国内同类产品的先进水平，有的赶上和超过了国外同类产品水平。“六五”期间，在开发的低合金钢新产品中，武钢有 5 项获国家经委新产品奖，有 2 项获冶金部重大科技成果奖，有 3 项获冶金部优质产品证书。

2　“六五”期间武钢发展低合金钢生产的做法

2.1　发挥“一米七”轧机系统三厂一车间的优势，扩大低合金钢生产

自 1982 年“一米七”轧机系统三厂一车间生产转入正常后，在进行企业整顿、加强设备管理和消化掌握引进先进技术的同时，我们根据武钢和国内资源特点，以国家急需、需求量大、社会经济效益显著的品种为重点，利用武钢“一米七”轧机系统三厂一车间的设备、工艺特点和优势，大力组织了低合金钢的生产和研制工作。“六五”期间，武钢“一米七”轧机生产了大量优质冷、热连轧板，共有低合金钢等八大类别产品，填补了国内钢材生产中的很多空白。特别在完成国家科委下达的 4 项攻关课题（耐候钢板、石油管线钢带、高强度造船钢板和裂纹敏感性低的钢板）的研制任务中，发挥了“一米七”轧机优势，挖掘老厂设备潜力，扩大了低合金钢板材品种规格，使武钢初步形成品种比较齐全、规格系列化的板材基地。

* 本文合作者：张钊。原发表于《武钢技术》，1986，24(3)：1～4。

“六五”期间，武钢已经生产出船体钢、桥梁钢、容器钢、管线钢、锅炉钢、集装箱用钢、汽车用钢和耐蚀钢（包括耐大气、耐海水、耐弱酸、耐锌液腐蚀）等类低合金钢板材，基本上满足了国家的需要，并且取得了显著的社会经济效益。例如，武钢生产的铁路客车用耐大气腐蚀钢 WSPA 及货车用耐大气腐蚀钢 09CuPTiRE，可使客车大修周期由 5 ~6 年提高到 18 年，货车大修周期由 4 ~5 年提高到 12 年。到 1985 年底，我们已向铁路部门提供厚度为 2 ~12mm 的 WSPA 热轧板卷超过 9100t，制造了各类铁路客车 800 辆；已提供了厚度为 2 ~16mm 的 09CuPTiRE 热轧钢板超过 13100t，制造各类铁路货车超过 1200 辆。铁道部计划 1986 年用耐候钢造车 6830 辆，武钢一定积极组织耐候钢的生产，为完成我国铁路车辆用钢更新换代的光荣任务而努力。

2.2 严格按照国际标准要求生产和研制低合金钢

随着工业技术的发展，在使用单位对低合金钢的性能和质量要求日益提高的形势下，我们根据市场需要，在生产和开发低合金钢时，首先参照同类产品的国际标准制定技术条件，然后制订相应钢种的企业内控成分、工艺流程和专用生产技术规程。各生产厂根据钢种的工艺要求，制订较为详尽的操作要点和规定，并通过岗位经济责任进行落实，从而保证了钢材质量和各项性能符合要求。例如，适应国家能源开发的需要，我们承担了石油管线钢的研制任务。为了保证钢的质量和性能达到国外同类产品水平，我们参照国际 API 标准，确定了武钢企业标准。武钢企业标准高于国际 API 标准，如 API 标准规定 S 不大于 0.050%，我们企业标准规定 S 不大于 0.025%。实际通过内控生产出的石油管线钢 S 为 0.004% ~0.015%，充分保证了石油管线钢的韧性。

1983 年以来，我公司试制了 2190t 石油管线钢，供给宝鸡石油钢管厂等单位，制作了 ϕ377mm ×8mm、ϕ529mm ×8mm、ϕ720mm ×8mm 的钢管，各项性能均达到 API 标准要求，完全满足石油、天然气输送管线用钢的要求。

2.3 采用先进技术，开发新的工艺流程，发展低合金钢连铸技术

武钢“一米七”轧机系统三厂一车间具有 20 世纪 70 年代装备水平。设有铁水脱硫、钢水吹氩、RH 真空处理以及轧机新技术。根据这一情况，1982 年起，我们便将低合金钢的生产和开发的重点，转移到“一米七”轧机系统方面，使它的优势在低合金钢生产、开发新品种上发挥更大作用。

在国家科委下达的 4 项攻关课题带动下，在低合金钢生产、研制中，我们根据不同要求采用了铁水 KR 脱硫、钢包吹氩、真空处理、连铸技术、控制轧制、层流冷却等新技术。这使我们在原来的平炉、模铸、初轧、轧板生产低合金钢工艺流程之外，又开辟了新的工艺流程：铁水 KR 脱硫、转炉复合吹炼、钢包吹氩或真空处理、连铸到热轧或连铸到轧板。武钢研制和生产的钢种 WSPA、09CuPTiRE、WX60、WX65、高强度船板、采油平台钢和 CF60 钢等都是通过新开辟的工艺流程生产的。实践证明，新的工艺流程是成功的。

根据武钢设备特点和国际炼钢新技术、新工艺的发展趋势，以及四化建设对低合金钢质量的要求越来越高，我们认识到必须大力开发低合金钢连铸生产的技术。所以 1982 年以来，组织了连铸生产低合金钢的技术攻关，着重建立了连铸机的维护管理制

度，解决了连铸保护渣、连铸二次冷却配水、连铸轻压下工艺、低合金钢的最佳矫直温度、低合金钢铸坯的冷却和热送、热装等技术问题，从而扩大了连铸低合金钢生产的品种及数量，并提高了成材率，增加了企业的经济效益。

在“六五”期间，我们用连铸工艺生产的低合金钢品种有 19 个，总产量约 38 万吨，占“六五”期间武钢低合金钢总产量的 47%。

2.4 着眼于社会效益，以发展的观点大力开发低合金钢新品种

低合金钢材具有较高的社会经济效益。用低合金钢代替普通碳素钢制造同样设备和建筑结构，可以节约钢材 10% ~20%。因此，在国家加快发展低合金钢政策指引下，我们认识到，武钢拥有 20 世纪 70 年代水平“一米七”系统三厂一车间及其前工序的新技术，应该为满足国民经济发展需要，为发展低合金钢生产多作贡献。我们克服了怕开发低合金钢难度大、周期长、冶炼命中率低、废品多、生产成本高和影响本企业经济效益的顾虑，抵制了前一阶段社会上出现“一切向钱看”的不正之风和错误做法，积极、坚定不移地按公司的低合金钢发展计划，组织新产品试制工作。例如，1985 年，新产品试制量近 5000t，其中为完成国家科委攻关课题任务就签订了 2688t 钢材的新产品试制合同，从而保证了攻关课题任务按期完成。

2.5 实行一贯管理，科研、生产、技术形成“一条龙”，促进低合金钢生产

为加快低合金钢生产与开发的步伐，根据企业管理现代化要求和低合金钢开发特点，我们将低合金钢的科研、试生产、转产及组织大批量生产纳入了生产计划、建立产品质量保证体系以及创优等方面工作中，实行一贯管理，形成从科研到生产“一条龙”。在执行中以各专用钢种为体系，由公司技术部牵头，将钢研所、生产部、技术监督部门和生产厂组织起来，按照公司总工程师拟定的统一计划开展工作。为保证新品种试制按计划进行，将低合金钢的生产和试制计划，列入公司下达的月生产作业计划中，并纳入经济责任制，对各生产厂及部门进行考核。由于采取了这些管理办法，加上参与低合金钢生产、开发“一条龙”系统的各部门的努力，从 1983 年以来，每年下达的低合金钢试制任务，大都在上半年即可完成，彻底改变了过去新品种试制计划完不成的局面。由于低合金钢生产、试制任务完成的好坏直接纳入了公司对各厂的经济责任制考核办法，所以各生产厂均能认真地贯彻技术操作规程和按计划完成试制任务。

3 “六五”期间发展低合金钢的几点体会

“六五”期间武钢低合金钢生产和科技攻关任务相当繁重，我们按计划高质量地完成了国家科委下达的 4 项课题任务。通过这几年的工作，我们体会到：

（1）必须坚定不移地贯彻执行党的十一届三中全会以来的路线、方针、政策，充分发挥知识分子的作用，才能开创低合金钢生产的新局面，完成各项攻关课题任务。“六五”期间国家科委和冶金部组织的工厂、院校、科研单位的联合攻关是正确的。在攻关过程中，各单位发挥了各自的长处，为完成课题任务密切合作，保证了高质量地完成任务，促进了低合金钢生产技术的发展。

（2）必须认真贯彻全国低合金钢会议精神和国家发展低合金钢政策，把发展低合

金钢与企业的技术进步、技术改造计划结合起来，方能不断扩大低合金钢生产，提高质量，提高产品水平，发展新品种，增加企业和社会的经济效益。

（3）必须认真贯彻经济责任制，用经济责任制推动科技攻关和低合金钢的生产开发。我们由于将低合金钢生产、试制纳入公司的年、季、月生产计划，并进行考核，促进了低合金钢的发展。同时，制定了每个品种的实验室工作、工业试制、试生产、鉴定转产、转产后创优的通盘统一计划，并以“一条龙”的管理形式，做到了科研、技术、生产、质量保证各项工作一齐抓。结果使低合金钢生产和开发工作，统一纳入全面质量管理的轨道。

（4）必须依靠技术进步和技术改造，采用国际先进标准，积极应用新工艺、新设备，方能促进低合金钢生产技术的发展，不断增加新品种，填补国内空白，赶上国际先进水平。

4 “七五”奋斗目标和规划

按照公司“七五”规划，“七五”期间发展低合金钢的重点是继续发挥1700系统的优势，进一步挖掘“老三轧”潜力，大力采用新技术新工艺，以能源、交通、轻工、建筑用钢为重点，进一步完善武钢低合金钢材品种，形成钢种系列并发展专用低合金钢钢材。

（1）在现有低合金钢材基础上，要着重研究，开发高牌号低合金钢材，使武钢成为可以生产多种牌号、品种规格系列化的低合金钢材板基地。

（2）初步规划，低合金钢材产量在1990年达到40万吨以上，比1985年增加1倍，低合金钢材的年平均增长率约10%。对现有的低合金钢材，进一步整顿和开发，要在强度级别、品种规格方面形成系列。

（3）“七五”期间计划研制51个低合金钢钢号，其中45个要达到鉴定转产水平，同时还要发展控轧钢材及单元和多元微合金化钢材。为使“七五”期间的低合金钢品种发展规划能如期实现，准备进一步抓好低合金钢生产与试制工作的科研、试生产、转产和创优的一贯体制，以实现生产与技术的统一，近期与长远的结合。对技术复杂的重点低合金钢材，要着重抓好实验室工作。发展低合金钢品种一定从武钢现有技术装备和工艺特点出发，使试制后的低合金钢能很快形成生产能力。不能形成生产能力的品种，原则上不进行开发。

“七五”期间将积极地参加由国家科委和冶金部组织各项重点产品的技术攻关，为发展我国低合金钢生产贡献力量。

在低合金钢品种开发顺序上，本着先易后难，力争近期有所突破，以尽快完成公司的品种发展计划。

为了推动低合金钢生产和开发工作，将进一步加强品种开发的管理工作，继续完善经济责任制，建立健全新产品开发的各项规章制度。

“六五”期间武钢在低合金钢生产和开发方面，虽取得一定成绩，但还存在着钢材品种数量与国家要求不相适应、钢材牌号规格仍未形成系列化这两个主要问题。我们将努力工作，力争在“七五”末期解决。

武钢30年的技术进步*

摘　要　武钢自1号高炉于1958年9月投产以来已经历了30年。在过去30年曲折的道路上，武钢在工艺技术、产品产量和质量以及效益上都取得了显著的进步。本文回顾了这一期间的技术发展过程。

武钢自1号高炉1958年9月13日投产30年来，经历了"大跃进"、三年国民经济困难和调整时期以及十年动乱三个阶段。随着政治形势的变化，武钢生产波动起伏，直到"六五"初期，武钢的生产一直未能摆脱不稳定的被动局面。此外，武钢生产长期波动还有以下技术上的原因：

（1）武钢的总体设计是成功的，就当时的技术水平，是合理的而且是留有余地的，但还存在一些具体的技术问题：大冶铁山混合精矿的选矿流程不完善，一部分精矿含铜、含硫高；缺乏原料的混匀和配矿设施，中间储存能力小，对精料方针没有认识；烧结矿冷却工艺和设备都不过关，使烧结厂生产长期被动和高炉生产水平长期落后；环保问题没有得到解决，带来许多长期难以解决的问题；最终产品过于单一，只有中厚板和大型材，相当一部分要以初轧坯形式出售。

（2）实践证明武钢1号高炉系统的工程建设是成功的，然而从武钢总体部署看，重冶炼轻两头（矿山及成材厂），重主体轻辅助，在进度安排上缺乏系统观念。与高炉配套的烧结车间和平炉车间滞后投产，使烧结、生铁与钢的生产严重不平衡；初轧厂和成材厂的建设与平炉的投产也不同步，因而武钢自1958年投产以来，连年亏损，直到1962年才扭亏为盈；冶炼设备建设速度远高于原料系统及矿山建设速度；公用辅助设施落后于主体厂的建设。

（3）1974年引进具有20世纪70年代先进水平的"一米七"轧机系统，1980年试生产，1985年达到核定设计能力，1986年全面超过设计能力。但是，"一米七"轧机系统的要求与武钢20世纪50～60年代建起的设备不适应成为突出矛盾，不得不对老厂进行一系列的技术改造。

十一届三中全会后，武钢由乱到治并走上了良性循环、健康发展的道路。现在，武钢已成为我国最大的板材生产基地，按国际标准和国际先进标准生产的产品产量已超过75%，相当一部分产品的质量已达到国际先进国家同类产品的水平。武钢一些技术经济指标已在国内领先。以下分两个阶段概述武钢30年来的技术进步。

1　引进"一米七"轧机前的技术进步（1958～1973）

至1974年引进1700 mm轧机系统以前，这一时期的矿石以武钢自产矿为主，含

* 原发表于《钢铁》，1988，23(10)：1～4。

铜、硫高；烧结矿冷却工艺不过关，被迫打水冷却，烧结矿强度低，粉末多；二烧车间球团工艺不过关，不能正常生产；平炉用煤气作燃料；成材厂只有型材和中厚板，大量生产钢坯。这一阶段的技术进步主要围绕以下课题：

（1）含铜钢的开发。按当时的观点，含铜量高对钢的性能有不利影响，因此要求钢中 Cu≤0.40%。为查明铜在钢中的行为及其对钢性能的影响，开展了含铜钢的研究，开发出含铜钢系列，这在我国是首创。含铜钢的开发从理论上和实践上提高了我国含铜低合金钢的水平。

（2）烧结矿冷却攻关。由于一烧车间冷却盘原设计极不合理，1970 年曾提出扒掉冷却盘，但未成功，直到 1978 年第二次改造为带式冷却机取得成功才彻底改变了一烧车间的面貌。

（3）高炉布料规律的研究。由于烧结矿粉末多，平均粒径小，给高炉生产带来一系列困难。为了解决其中之一布料规律反常进行了一系列研究，以此结果指导高炉操作。

（4）带式烧结机生产球团工艺攻关。由于对球团工艺了解不透，二烧车间球团设计不成功。虽经多次攻关仍不能正常生产。研究证明，武钢鄂东精矿不宜生产球团矿，1980 年 3 月决定将二烧球团车间停产并改建为烧结车间。

（5）炼焦配煤的研究。对中南、华东和华北炼焦用煤作系统的调查研究，以获得满足大型高炉需要的冶金焦。

（6）高炉高氧化镁渣的研究与推广。为适应武钢原料特点，提高高炉渣中氧化镁质量分数改善炉渣性能以获得低硫低硅铁水，并以此为基础在烧结料中加入白云石，取得了良好的效果。现在使用高氧化镁渣已成为武钢高炉正常的操作制度。

（7）平炉改为重油平炉。平炉原设计使用焦炉与高炉混合煤气作燃料，冶炼时间长。为缩短冶炼时间，1965 年起使用重油，冶炼时间缩短 1～2h。

（8）大型厂轧机改造。为扩大大型厂型钢的品种，在轧机总布置不变的条件下对轧机进行改造，将大型厂品种范围扩大到可生产 43kg 重轨，满足了国家急需。

（9）高炉长寿的研究。1958 年投产的 1 号高炉是国内第 1 座长寿高炉。为研究长寿原因，1978 年利用大修机会进行了系统的研究。随着高炉容积扩大，高炉长寿已成为炼铁工艺重点课题。这项工作仍在继续进行中。

2 引进“一米七”轧机以后的技术进步（1974～1988）

引进“一米七”轧机系统以后，突出的矛盾是两个不适应，即老厂前步工序的生产条件与“一米七”轧机不适应；技术和管理水平与“一米七”系统 20 世纪 70 年代技术要求不适应。为此，进行了大量的引进技术消化和老厂技术改造工作。这一阶段重点技术进步项目如下：

（1）选矿工艺的进步。由于选矿工艺原设计不过关，铁精矿 S 高、Cu 高、Fe 低。为保证满足 1700mm 系统所需的冶炼低硫铁水的要求，大冶铁矿改革选矿工艺流程，程潮铁矿采用细筛再磨工艺，各矿不断改进浮选工艺，降低铁精矿 S，并提高了有色金属及贵金属的回收率。

（2）大冶铁矿东露天矿扩帮工程。为延长东露天矿已达到的年产水平，改变了原设计，进行东露天矿扩帮。现在这项工程已开始发挥效益。

（3）工业港的建设和发展。武钢原设计无混匀料场，只在武东有1个矿石堆场。1700mm轧机系统工程占用了武东矿石堆场场地，将矿石堆场迁至工业港。1977年因要使用进口澳矿，开始在工业港建卸矿码头。1980年起开始在工业港设块矿筛分及粉矿混匀设施并扩建卸矿码头及钢坯码头。从1982年起入高炉的块矿均经过筛分，大部分矿经工业港中和后进烧结厂。现正在进行工业港技术改造工程，工程投产后工业港将成为现代化的原料加工厂。

（4）一烧车间冷却系统改造。1970年一烧车间拆去了苏联设计的冷却盘，但冷却问题仍未解决，烧结矿靠打水冷却，皮带寿命只有20余天。1978年起将一烧车间2台烧结机改为采用2台$126m^2$带式冷却机，取得良好效果，冷却后烧结矿温度可降至100℃，完全取消了打水，烧皮带问题也获得解决。1980年将4台烧结机全部改完。改造后烧结矿的粒度组成大为改善。

（5）高碱度烧结矿的生产及高炉合理炉料结构的研究。为改善烧结矿强度，20世纪70年代即进行了加MgO及提高碱度的研究。研究表明，烧结矿碱度对其强度影响很大。当碱度CaO/SiO_2在1.0~1.3范围时强度最低。将碱度从1.3起提高，碱度愈高强度愈高。1980年以前高炉所有的烧结矿碱度在1.3左右，正处于强度最低区。为改善烧结矿强度，1980年在一烧车间和2座高炉上进行高碱度烧结矿生产性试验，取得良好效果。使用高碱度烧结矿及块矿两种料搭配，高炉取消石灰石入炉，促使焦比降低。试验成功后即在烧结厂全面推广，并将高碱度烧结矿与块矿（或部分酸性球团）搭配并取消石灰石入炉作为高炉的正常炉料结构。

（6）三烧车间整粒系统技术改造。为改善烧结矿粒度组成并提高强度，1984年利用大修机会在三烧车间增设成品整粒系统，将5mm粉末作为返矿，5~12mm粒级作为铺底料，将台车料层厚度加高到500mm。改造后烧结矿强度和粒度大为改善、且产量提高，为高炉提高生产水平创造了条件。

（7）焦炉大修改造。由于“文革”期间焦炉多次被迫减产，到20世纪70年代末，焦炉炉体状况严重恶化，不得不进行大修，并进行改造。采用了双集气管、汽化冷却、水冷炉盖、高压氨水喷射装煤等。大修后改善了焦炉热工制度，提高了焦炭质量。同时对回收系统和酚水处理进行了改造，改善了环境条件。

（8）高炉槽下烧结矿过筛。由于烧结矿含粉量多，高炉料柱透气性差，导致高炉冶炼强度低、焦比高。为使生铁产量和铁水质量满足后道工序要求，对高炉沟下进行了改造，1号、2号、3号高炉取消矿石称量车，改为皮带机并在4座高炉增加了槽下过筛设施。在改造前入炉烧结矿小于5mm粉末比率为15%~20%，过筛后减至10%以下。随着烧结厂技术改造的实现，入炉烧结矿小于5mm粉末比率一般为5%~7%。高炉产量大幅度提高，目前利用系数已达到$1.8t/(m^3 \cdot d)$水平。

（9）高炉内碱金属行为的研究。武钢矿山精矿中碱金属含量高，每吨铁矿石碱金属量在7~9kg。20世纪70年代后期，逐步弄清其在高炉内的行为。现在采用高氧化镁渣，低碱度的造渣制度以有利于炉渣排碱，减少碱的危害，同时还可得到低硫、低硅铁水。

（10）平炉改吹氧。“一米七”轧机系统需要$C<0.12\%$的低碳钢。在“一米七”

系统建成前只有1座吹氧平炉。由于耐火材料不适应，吹氧平炉寿命短。在“一米七”系统建成后为适应冶炼低碳钢需要，将7座平炉逐步改造为吹氧平炉，原8座平炉改造后成为6座顶吹氧平炉。同时改造了炉体结构、耐火材料质量和平炉操作管理。与重油平炉相比，吹氧平炉产量增加1倍，且热效率提高，能耗降低。现在平炉钢质量已基本适应“一米七”轧机需要。

（11）平炉除尘。“六五”期间着手治理吹氧平炉带来红色浓烟对环境的污染。先采用喷淋法降温，电除尘收尘。从1号平炉改造开始采用余热锅炉代替喷淋。到今年5号平炉大修，6座吹氧平炉的电除尘器已装完。

（12）转炉复合吹炼工艺。二炼钢厂转炉原设计为LD转炉。20世纪70年代后期国际上出现顶底复合吹炼工艺。1984年武钢与武汉钢铁设计研究院合作开发了转炉顶底复吹工艺，底吹采用氩气，取得延长炉龄、提高金属收得率、减少钢中气体含量、减小合金及脱氧剂消耗等良好效果。

（13）铁水预处理及钢水精炼工艺。为生产低硫钢，在转炉前工序增设了KR脱硫装置，可将铁水硫脱至S在0.005%以下。在转炉后增设RH脱气装置，可将钢水中氢脱至4×10^{-6}以下，氮脱至30×10^{-6}以下，碳脱至50×10^{-6}以下并可进行合金微调。

（14）全连铸及连铸坯热送工艺。1985年二炼钢厂在完善了一系列相关技术之后实现了全连铸，并彻底拆除了模铸设施，成为我国第1座全连铸的炼钢厂。同年又完成了连铸坯热送试验并转入正常生产。这对提高钢材质量和热轧机的产量起了重要作用。

（15）硅钢生产工艺的改进。硅钢生产技术是从日本引进的。在消化掌握专利的基础上开发了新的工艺并根据武钢的条件自行开发了低硅电工钢。

（16）炼钢耐火材料的技术进步。炼钢和铸锭以及连铸工艺的进步离不开耐火材料的技术进步。“一米七”轧机系统投产后在滑板、水口，镁炭砖、复吹透气元件、活性石灰、镁砖、补炉材料等方面都有明显改进，保证了生产水平的提高和钢材质量的改进。

（17）炼钢品种质量的进步。为适应“一米七”轧机系统需要，对已有钢种改善质量，并生产“一米七”轧机需要而武钢以往不生产的钢种。为此对平炉和转炉冶炼、铸锭和连铸工艺进行了长期大量的技术攻关。与此同时，为满足国家需要开发了新产品系列，如耐大气腐蚀车辆用钢、高压油气管线钢、采油平台钢、CF钢、工程机械用钢、高强度汽车深冲钢以及军工用钢等。

（18）轧钢工艺的技术进步。3座老轧钢厂改进了设备并采用新工艺以提高产品质量。“一米七”系统则在消化掌握引进技术的基础上对原设备、工艺加以改进。

（19）能源系统的技术进步。包括提高供电可靠性和供电质量的技术进步，供水系统改善水质的技术进步，废水处理系统的技术进步，供氧、氩、氮、空气系统的技术进步，节能和利用余热的技术进步等。

（20）设备系统的技术进步。包括机电设备的技术改造，自动化及计算机的采用，设备维护管理推行TPM等等。

30年来武钢虽经过曲折的历程，但终于走上了生产良性循环、健康发展的道路。1985年武钢钢、铁年产能力和“一米七”轧机系统各厂均已达到设计水平，1986年全面超设计。到 1986 年上半年武钢上缴利税已偿还国家对“一米七”轧机系统的全部投资。1987 年武钢主要技术经济指标除资金利税率外均已达到国家一级企业以上水平。

3 展望未来

在全国现有的钢铁企业中，武钢具有较强的发展潜力。根据国家要求武钢到 1993 年要形成钢铁双 700 万吨规模。武钢已于 1988 年初完成双 700 万吨扩建的可行性研究。研究结果表明，武钢扩建规划是合理的，效益是好的。

武钢双 700 万吨规模形成要到 1993 年。因此须考虑改造后武钢产品的质量和竞争力必须赶上国际 20 世纪 90 年代先进水平。为达此目的除抓好新建项目如 5 号高炉、三炼钢厂、二冷轧厂外，还必须对已有各厂进行技术改造使其赶上 20 世纪 90 年代水平。武钢作为新中国建设的第 1 座大型钢铁联合企业进入国际先进行列是指日可待的。

Progress of Technology at Wuhan Iron and Steel Company in Past Three Decades

Abstract The history of Wuhan Iron and Steel Company (WISCO) started in September 1958 when No. 1 blast furnace was put into operation. In the past three decades WISCO has stepped over a zigzag route and made remarkable progress in technology, output, quality as well as economic results. The technological progress during this period is reviewed in this paper.

关于我国钢铁工业的发展战略*

摘　要　从分析我国钢铁工业现状和国际钢铁工业发展趋向的前提条件出发，提出我国钢铁工业科技发展战略应以调整产品结构和提高产品质量为中心，根据矿石资源分布确定各企业发展规模，并以现有企业的技术改造作为总的建设方针，注意不同层次企业的改造应有所区别，强调了2000年前我国钢铁工业发展战略从本质上讲是钢铁工业的“合理化”。

今年是新中国成立40周年。经过全国人民特别是钢铁战线广大职工的努力，我国已由一个钢铁工业极端落后的国家变成世界第四产钢大国。在欢庆国庆40周年之际，回顾过去，展望将来，思考我国钢铁工业发展战略大有必要，作者不揣冒昧，略陈一管之见，希望能起到抛砖引玉的作用，使大家都来关心我国钢铁工业的发展。

1　钢铁工业不是“夕阳工业”

20世纪80年代以来，西方国家钢铁工业出现不景气现象，钢铁工业是“夕阳工业”之说盛行一时。究竟钢铁工业是不是“夕阳工业”？看一看近几年国际钢铁工业的发展就清楚了。

1988年世界钢产量达到7.8亿吨，超过了历史上钢产量的最高水平，即1979年的7.47亿吨，增长了4.4%。钢铁工业经历了10年萧条又回升到一个新水平，足以证明钢铁工业不是“夕阳工业”。

但是“夕阳工业”的说法并不是凭空臆造的。看看各国钢产量的变化就清楚了。从1979年到1988年整个工业国的钢产量由4.4亿吨减至3.9亿吨，其中美国由1.23亿吨减至0.9亿吨，日本由1.11亿吨减至1.05亿吨，欧洲共同体由1.53亿吨减至1.37亿吨。难怪西方工业国家认为钢铁工业是“夕阳工业”了。

然而社会主义国家和发展中国家情况完全不同。在这10年间，社会主义国家的钢产量由2.49亿吨增至2.92亿吨，整个发展中国家的钢产量由0.54亿吨增至0.96亿吨。这些增长表明世界经济发展对钢的需求趋向。由于发展中国家钢铁工业的发展和工业国家劳动力成本的增加，西方国家正在进行钢铁工业的结构调整，所以西方国家钢产量下降。然而就全世界范围来看，钢铁工业仍然是发展中的产业。因为到目前为止尚没有找到能够完全取代钢铁的另一种材料。至少在可以预见的20～30年内钢铁工业不是“夕阳工业”。

2　发展战略的前提条件

研究我国钢铁工业发展战略必须考虑以下因素。

---

* 原发表于《炼铁》，1989(5)：12～16。

2.1 钢材需求大于供给

由于我国是一个人口众多的发展中国家，在今后相当长一段时期内，我国国内市场仍然是需求大于供给。虽然我国是世界第四产钢大国，但人均产钢量不仅大大低于工业发达国家和某些发展中国家（表1），而且低于世界人均水平。即使在20世纪90年代内我国钢产量能以每年递增300万吨的速度发展，到2000年仍将是需大于供，钢材短缺。

表1 1988年主要产钢国人均产量

国 名	总产量/Mt	人均产量/kg
苏 联	163.00	582
日 本	105.60	800
美 国	90.09	369
中 国	59.12	54
联邦德国	41.02	662
巴 西	24.65	197
意大利	23.67	411
法 国	19.10	347
英 国	18.95	332
韩 国	19.11	455

2.2 铁矿石不能自足

我国缺少贮量大的富铁矿石资源。已经开采或查明尚未开采的铁矿多为贫矿，大部分为地下矿，开采条件差，且相当一部分为与其他有色金属或矿物共生的复合矿床，必须经选矿才能用于冶炼。按目前的采矿量，大约每年可提供4500万吨的金属量。现有矿山能力随着开采将逐步减少或消失，而矿山投入不足，维持后续能力相当费力，要想采矿能力大幅度增长尤其困难。我国钢铁工业发展必须依靠国内、国外两种资源，钢产量的增长必须依靠进口矿石已成定局。

2.3 能源供应紧张

能源供应的增长不能满足钢铁工业增长的需要。到2000年钢的年产量要增加3000万吨，按现在国内先进钢铁企业的平均吨钢综合能耗1.2t标准煤来估算，每年需增加3600万吨标准煤，而且大部分是炼焦用煤，这个任务显然是十分艰巨的。

2.4 现有大部分钢铁企业水平低

现有钢铁工业已有相当规模。去年我国钢产量超过5900万吨，实际设备能力超过6000万吨。我国虽有国际20世纪70~80年代技术装备的钢铁厂，但大部分设备与工艺水平属于20世纪50~60年代水平。与当代其他产钢大国相比，产品质量水平低，消耗水平高，产品结构不够合理，管理落后，其结果是劳动生产率低，西方工业发达国家吨钢需要6~7个工时，而我国目前水平约为130个工时。武钢全员劳动生产率虽在国内处于领先地位，吨钢也需要大约70个工时，由此可见差距很大。

2.5 国际钢铁工业发展趋向

当前国际钢铁工业发展的趋向如下：

（1）由于工业发达国家工人工资高，工资在产品成本中所占比例大，钢铁产品成本日益提高。据资料报道，目前日本1t钢材的成本已升高到530~540美元。为提高其生产厂家的效益和竞争能力，工业发达国家转向生产高级产品（高附加值产品），控制大路产品。

（2）基于本身生产建设发展的需要，社会主义国家、第三世界及新兴工业国家钢铁工业加速发展，有些钢铁企业采用国际20世纪70~80年代的新技术，使这些企业有较强竞争力，在大路产品方面部分取代了工业发达国家。

（3）由于澳大利亚、巴西等国大规模露天铁矿山的开采，使铁矿石开采趋向集中化和国际化，这些铁矿山成了国际铁矿石供应基地。

（4）由于新技术、新工艺的出现，工业先进国家的钢铁工业向连续化、一体化、计算机控制方向发展。从发展趋势预测，未来的炼焦、烧结和高炉工序将被熔融还原所取代，而初轧和热轧工序将为近终形连铸（Near Net Shape Casting）工艺所取代，钢铁工业正在酝酿着新的工艺技术革命。

3 钢铁工业科技发展战略必须以调整产品结构和提高产品质量为中心

如上所述，我国目前不仅钢材短缺，而且铁矿石和能源供应以及建设资金均感不足。在这种条件下必须提高钢铁工业发展的有效性。

目前国内市场总的来讲是钢材短缺。如果对不同的品种加以分析对比则可以发现，对不同品种钢材需求的程度差别很大。如建筑用钢材在投资规模压缩之后供求关系趋向缓和。但有的品种如冷轧板、镀锌板、冷轧硅钢片、镀锡板、石油管等仍需大量依赖进口。表2为1980年以来钢材进口情况。

表2 历年来钢材进口数量的变化

年份	进口钢材总量/万吨	各品种进口量/万吨			中厚板/万吨	板材总计/万吨	板材占进口钢材总量的比例/%
		薄板	硅钢片	带钢			
1980	500.64	132.50	4.06	13.62	28.55	183.73	36.70
1981	331.85	123.60	0.25	13.16	30.14	167.21	50.39
1982	393.78	168.43	5.91	15.54	79.12	269.00	68.31
1983	977.93	289.54	6.02	20.34	224.61	540.51	55.27
1984	1331.45	272.22	13.93	22.38	293.64	602.17	45.30
1985	1963.49	272.88	11.57	16.25	285.51	586.21	29.86
1986	1742.23	323.14	10.60	21.79	279.03	634.52	36.42
1987	1232.40	313.35	18.85	23.17	173.58	528.95	42.92

由表2可见，自1984年之后，尽管钢材进口量波动大，但板、带材（包括冷轧硅钢片）进口量却稳定在500万~600万吨之间。这一事实说明，这部分进口钢材主要是用于加工企业生产用料，需求量比较稳定。同时也证明我国钢铁企业这些品种钢材的生产能力远远不能满足国内需求。其主要原因是钢材品种结构不适应和产品质量低。为提高钢铁工业发展的有效性，必须优先考虑增加国家急需的品种，并把提高产品实物质量放在首位，使其达到进口钢材的实物质量水平，这样就能使相同数量的钢材发挥更大的效益，并能提高紧俏钢材品种的自给率。在钢材不能全部自给的情况下，增加紧俏品种钢材的自给率就等于节约外汇。

4 根据矿石资源分布确定各企业的发展规模

由于我国铁矿石不能自给，钢铁工业的发展必须利用国内铁矿石及进口铁矿石两种资源。因此我国钢铁工业的布局，不能仅仅考虑地理的或经济区域发展的需要，而要更多地考虑铁矿石资源的供给条件。钢铁企业的布局及规模，应主要根据企业取得这两种铁矿石资源的合理性和经济性。新的钢铁企业的布局必须把这一基本条件作为选择厂址的重要前提。我国钢铁工业已有相当规模，且分布较广，而其中一部分企业矿石资源条件差，但要关闭现有某些钢铁厂也是不可行的。这里要强调的是，这些已有钢铁厂的发展和扩大规模必须首先考虑矿石资源这一基本条件。只有能经济合理地获得国内铁矿石资源或具有获得进口铁矿石资源的有利条件的钢铁企业才有扩大规模的可行性。

5 钢铁工业发展战略应以现有企业的技术改造为总方针，技术改造应当是不同层次的技术改造

国内外实践已证明，钢铁工业发展战略应以现有企业的技术改造为总方针。我国钢铁工业已具有相当规模，以现有企业的技术改造为总方针才能做到投资少，见效快。问题是现有钢铁企业的技术改造采用什么样的战略，才能使钢铁工业的发展在总体上最经济最合理。

我国现有工业企业的技术装备水平和产品等级是多层次的。从类似作坊式手工操作的小企业，到高度自动化装备先进的达到20世纪70~80年代国际先进水平的大企业，各个大中小工厂同时并存。工业企业技术装备水平的多层次决定了它们对钢铁产品的需求必然也是多层次的。对那些技术装备先进的工厂，为适应其新技术发展和增加制成品出口的需要，必然要求一部分钢铁产品的质量和品种达到当代国际的先进水平。对以国内市场为对象的钢铁产品，有的是要求按国际标准交货，有的则只要求按合格品交货。在我国目前工业企业技术水平多层次的条件下，没有必要要求钢铁产品全部达到国际先进实物质量水平，这样要求是脱离现实的。但必须有一批企业能生产出可以与进口钢材质量相同的高质量的钢铁产品，而且在数量品种上基本满足国内的需要。根据国内钢铁产品需求的多层次，必须根据各钢铁企业的情况加以合理分工。有的企业的产品必须达到国际同类产品实物质量水平，有的企业必须按国际标准组织生产，有的企业按国家标准组织生产。根据各企业产品层次的不同，进行不同层次的技术改造。就一个企业内部，技术改造也应当采用不同层次的技术和装备，也不应当

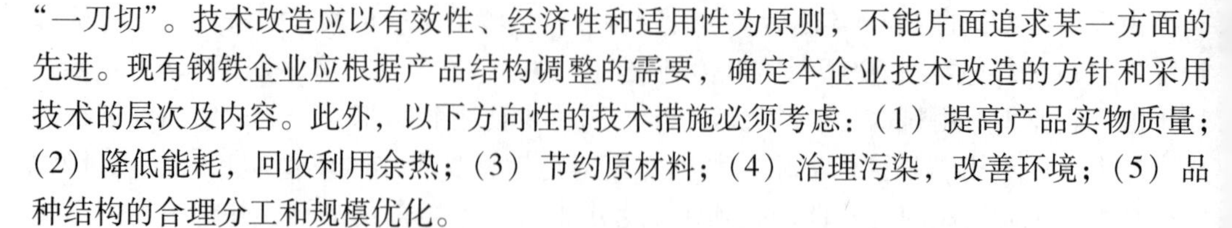

“一刀切”。技术改造应以有效性、经济性和适用性为原则，不能片面追求某一方面的先进。现有钢铁企业应根据产品结构调整的需要，确定本企业技术改造的方针和采用技术的层次及内容。此外，以下方向性的技术措施必须考虑：（1）提高产品实物质量；（2）降低能耗，回收利用余热；（3）节约原材料；（4）治理污染，改善环境；（5）品种结构的合理分工和规模优化。

6　2000 年前钢铁工业发展战略从本质上讲是钢铁工业“合理化”的发展战略

目前国内市场表现为钢铁供给远远低于需求，似乎增加钢铁产品的数量是压倒一切的。但进一步研究则发现，品种、质量的不适应激发了供需的矛盾。只有从调整品种结构和提高质量入手才能从根本上缓和供求矛盾。我们应当借鉴苏联的教训。虽然苏联是世界第一产钢大国，人均占有钢量居世界前列，但仍要从钢产量少得多的西欧国家和日本进口钢材，原因是品种质量不适应。目前我国在物力、财力都不足的情况下发展钢铁工业，必须以不断提高有效性为目标。为实现这一目标，钢铁工业发展战略从本质上讲是钢铁工业“合理化”的发展战略。以“合理化”作为发展战略的核心，才能使今后对钢铁工业的投入取得高产出。具体来讲即：（1）产品结构与产品实物质量的合理化；（2）技术改造与采用不同层次技术的合理化；（3）国内与国际资源综合利用的合理化；（4）钢铁工业布局与各钢铁企业发展规模的合理化。

武钢“八五”技术进步的新起点*

摘　要　论述了武钢5号高炉的建设和投产，是武钢整个“八五”技术进步的新起点，指出必须进一步完善以质量为核心的生产管理体系。

关键词　5号高炉；技术进步；质量；管理

武钢1号、2号高炉、一烧车间，一炼焦、二炼焦均建成于20世纪50年代，技术装备属于20世纪50年代苏联先进水平。其后又建成3号、4号高炉、三烧车间、三炼焦，加上20世纪80年代为适应“一米七”轧机系统对前工序的一系列改造，目前炼铁系统总体技术装备也只能算是20世纪70年代前期国际水平。在20世纪90年代，武钢要努力使产品实物质量和重点技术经济指标进入国际20世纪90年代先进水平，必须使武钢总体技术装备达到20世纪80年代末和20世纪90年代初的国际先进水平。最近建成投产的5号高炉是武钢为跨入20世纪90年代国际先进水平努力的第一步，标志着武钢“八五”技术进步的序幕已经拉开，已从新的起点开始向前迈进了。

5号高炉方案构思时考虑了以下问题：

（1）使用国产原料高炉大型化问题。目前使用国产原料容积最大的高炉为2500m^{3}级。使用国产原料的高炉能否扩大到3000m^{3}以上并借助新技术达到国际水平的操作指标？这个问题要通过实践做出回答。

（2）高炉长寿问题。用国产材料建造的大型高炉，使用国产原料生产能否不经过中修一代寿命达到10年以上？这个问题迄今为止尚未解决。

（3）高炉工序节能问题。使用国产原燃料的高炉能否在高产稳产的条件下达到国际先进高炉相同水平的工序能耗？能否最大限度地利用高炉余压回收能量？

5号高炉的设计方案总思路就在于试图回答上述3个问题。高炉采用第4代无钟炉顶、采用内燃式高风温热风炉、采用烧结矿入炉前过筛、采用软水冷却全密闭循环、采用第三代高炉冷却壁、采用高炉煤气干式除尘及TRT发电，就是为了利用这些新技术，使这些新技术发挥作用，通过实践来回答上述3个问题。环形出铁场的采用和用INBA法炉前炉渣粒化则是为了为今后大型高炉改善炉前作用条件的一个尝试。

上述3个问题能否如我们所期望的那样解决，关键在于我们能否真正消化掌握这些新技术。消化掌握这些新技术不仅仅是5号高炉职工的事，而是所有与5号高炉系统有关的全体同志的共同责任。为了消化掌握这些新技术，必须下决心认真学习，脚踏实地地实践，并在实践中不断总结提高，才能做到掌握运用自如。在这方面没有捷径可走。这些新技术代表着高炉炼铁技术20世纪90年代的发展趋向。我们掌握了这些新技术，就有条件把它们根据不同条件移植到现有的4座老高炉上去，提高武钢高炉

* 原发表于《钢铁研究》，1992，20(1):3~4。

总体的技术装备水平。当然由于公司财力和其他条件的限制不可能将所有老高炉都达到5号高炉同样的技术装备水平，而必须分层次地加以提高。尽管如此，高炉总体水平毕竟要提高到国际20世纪80年代水平，其生产水平和生铁质量水平可以保证武钢最终产品达到20世纪90年代国际水平。从这个意义上讲，5号高炉的建成投产确实是高炉技术进步的新起点。

为适应5号高炉的投产，1991年上半年已进行了三烧车间二系列环冷机和铺底料的改造。1992年还要进行三烧车间一系列环冷机的改造。新的具有20世纪80年代初期水平的7号焦炉正在建设之中，1992年下半年将投产。这对烧结和焦化来讲都属于提高总体水平的技术进步。“八五”后期还要着手建460m^{2}烧结机的四烧车间和与7号焦炉同样规模的8号焦炉及采用无水铵和脱硫脱氰工艺和第二回收车间。这些装备均属于20世纪80年代国际水平。由此可见，5号高炉的建成投产不单是高炉的而是整个炼铁系统的技术进步的新起点。

5号高炉在7号焦炉投产后将达到设计生产水平，生铁产量将达到年产550万吨以上。在三炼钢厂未投产前，将要依靠现有钢厂挖潜来适应铁水供应的增加。目前已开始的二炼钢厂转炉扩容将在1992年上半年完成。为提高钢的质量，无论是一炼钢厂或二炼钢厂都要展开一系列技术攻关和工艺改进。“八五”期间建设的三炼钢厂，将采用当代炼钢适用新技术。三炼钢厂建成后，武钢钢质将会提高一大步，对武钢钢材质量赶上国际20世纪90年代水平将起决定性作用。由此可见，5号高炉的建成不仅是炼铁系统的，而且是武钢整个“八五”技术进步的新起点。

使上面的设想变成现实，首先要把这个起点开好。古人有云：千里之行，始于足下。把第一步走好对今后的发展有决定性作用。5号高炉首先要把设备管好，操作好，在此前提下，下大力气消化吸收新技术，掌握其规律，我们要通过消化掌握新技术，在各专业领域培养一批专家；其次，我们要组织好技术改造工程，使这些技术改造工程技术先进，质量优良，一次投产成功，早日达到设计水平；第三，我们要在更广泛的范围内开展3个层次的技术攻关活动，使现有工艺不断完善，技术水平不断提高、产品质量不断改进；第四，我们要根据国民经济发展需要加强技术开发，开发国家急需的新产品，开发优化流程降低人力物力消耗的新工艺。这些工作做好了，上面的设想就一定会变成现实。

上述工作能否做好，除了大力推动技术进步外还必须依靠管理进步。科学技术是生产力，而发展生产力必须改善生产关系，企业管理必须适应技术进步的发展。现代化的20世纪90年代的生产技术要求现代化的企业管理。因此我们必须进一步完善以质量为核心的生产经营管理体系，精简机构，实行集中管理并向一级管理过渡，建立现代化大型企业的管理机制。要建立促进技术和激励科学技术较快地转化为生产力的管理机制，以保证上述工作的顺利进行。

在企业技术进步的诸因素中，人的因素是第一位的。如何不断提高职工队伍的素质适应武钢技术进步不断前进的需要，是上述任务能否完成的关键。为此必须把公司劳动人事制度的改革和培训制度的完善结合起来。我们的事业需要有一批高水平的技术工人、一批精明强干的生产管理人员、设备管理人员、质量管理人员、一批实践经验和理论知识丰富的各专业的专家，他们是推动武钢技术进步的骨干力量。这批力量必须由我们自己造就和培养。为此必须使公司的培训教育工作彻底转到以满足生产发展和技术进步需要的轨道上来，对工人、管理人员、技术人员都要建立起系统的培训制度，同时要结合企业发展实施继续工程教育。只要我们能有一支高素质的职工队伍，武钢在20世纪90年代进入国际钢铁企业先进行列的目标是一定能够实现的。

The New Starting Point of Technical Progress in the 8th Five-year Plan at WISCO

Abstract This paper discusses the construction and operation of WISCO' s No. 5 blast furnace. It is the new starting point of technical progress of all 8th five-year plan of Wuhan Iron and Steel Company. This paper has pointed out that we must further perfect the system of production management, in which the quality is taking as the central tasks.

Key words No. 5 new blast furnace; technical progress; quality; management

美国纽柯公司薄板坯连铸连轧工艺新流程*

1 纽柯第一个薄板坯连铸连轧钢厂

Crawfordsville 厂是世界上第一个用薄板坯连铸技术生产热轧卷的钢厂，位于印第安纳州 Crawfordsville 地区。1987 年开始在这里建厂，到 1989 年建成投产。它的设计依据是德国西马克（SMS）公司在 Baschhuelten 的 1 个试验厂所做的试验结果。该试验厂有 1 座 25t 的电炉和 1 套薄板坯连铸试验机，因为厂房小，坯子拉到厂房尽头也不过 12 ~ 13t，所以这个电炉实际只装 12 ~ 13t，浇铸时间最长为 6min，共试验了 500 炉。在试验中不断改进了钢的质量和连铸机结构。Crawfordsville 厂设计年产薄板能力为 80 万吨。由小型试验的结果一下子就扩大到 80 万吨工业生产规模，这个步子是迈得很大的。下面介绍这个厂的工艺设备和生产情况。

1.1 工艺流程和设备概况

该厂炼钢车间有 2 台 150t 交流电弧炉，变压器功率为 65MW。电炉是偏心式的。这种 150t 超高功率偏心电炉中国现在还没有，在世界上也是比较大的。每座电炉配 1 座 LF 精炼炉、LF 炉的变压器功率为 16MW。2 座 LF 的中间设 1 台真空脱气装置。LF 内装有 ABB 电磁搅拌，钢水在钢罐里自行搅动。现在，他们生产的每一炉钢都经过 LF 处理，但很少进行真空处理。在此，LF 对连铸机正常生产起着重要的作用。

连铸机只有 1 台，宽度为 1320mm，铸坯厚度为 50mm，钢水的运输走向和连铸机出坯方向成 90°。

连铸坯出来以后，经过 1 个 160m 长的隧道式炉，进行均热处理。前 60m 是加热，升温目标按不同钢种确定，一般是 1100℃左右，后面 100m 是均热，均热出来以后就直接进精轧机。精轧机也是 SMS 公司制造的，是 4 机架连轧机。这台连轧机装有液压压下 AGC 和板型控制装置，最后 1 架是 CVC 轧机，就是辊子带凸度的串辊式轧机，其出侧是层流冷却。钢板冷却后用 2 台卷取机之一卷取成卷。热轧卷出厂前还经过 1 台热平整机，这台平整机是利用旧设备由 SMS 公司改造的。

冷轧工厂的酸洗作业线是新的，采用盐酸酸洗，也有废盐酸回收装置。

冷轧机是 1 套单机架 4 辊可逆式轧机。这台轧机是利用奥钢联的旧设备，由 SMS 公司改造而成的现代化单机架冷轧机，增加了厚度、板型、自动控制手段。现在，这台可逆式冷轧机 1 年可生产 50 万吨冷轧板，最薄可以达到 0. 5mm，最厚是 1. 5mm，平均厚度是 0. 8 ~ 1. 2mm，轧出来的钢板可供汽车制造用。

退火设备是跟我们从奥地利 Ebner 公司引进的那种全氢式罩式炉一样，12 组罩式

* 原发表于《武钢技术》,1994,32(8):3 ~ 11。

炉，共有 24 个炉座，14 个冷却罩，年退火能力可以达到 50 万吨。

平整机和剪切机，都是利用奥钢联的旧设备加以改造而成的。

冷轧厂有 1 条热镀锌线，是新的，由 SMS 公司设计制造，是在投产后加的。现在，这个厂也能生产镀锌板了。

1.2 投产后出现过的问题及其解决办法

Crawfordsville 厂于 1987 年 11 月破土动工，经过 18 个月的基建和生产准备，于 1989 年 6 月 5 日出第一炉钢，又经过 2 个月的连接和调试，到 8 月份全线联通。投产初期，还有德国人在场，他们最担心的问题一个是连铸机的可靠性，薄板坯连铸行不行？试验得出的参数是不是能真正适应工业生产？第二个问题是采用隧道式炉退火，以前没有先例，加热段 60m，保温段 100m，在炉内停留的时间才 20min，是否能满足均热的要求？隧道式炉前后工序配套是否合适？第三个问题是隧道式炉出来的薄板坯保证热轧机的连续操作有没有问题？因为当初设计的唯一依据就是那 500 炉试验得出的参数，投产后实际出现问题是难免的。综合起来，投产后出现的问题如下：

（1）浸入式水口的形状、寿命及堵塞问题。他们用的浸入式水口原来在试验工厂用没有问题，因为浇钢时间最长只有 6min，但现在浇 1 炉钢接近 50min。问题就出来了。水口的侵蚀快，寿命也短，铸 1 炉钢要换 1 个长水口。另外，还发生堵塞，搞不好就被氧化铝堵住，钢水流不出来，连铸连不起来了。

（2）结晶器漏钢问题，开始漏得很严重。

（3）钢水质量问题。究竟钢水质量要怎样才能满足这套工艺的要求？开始也走了很多弯路。

（4）热轧与隧道式炉及连铸机匹配问题，开始生产时各部分故障多。

（5）热轧产品的质量问题。层裂、花纹裂、边裂都发生过，所以，刚投产时，可以说是问题成堆。针对存在的问题，他们做了下列技术改进。

1.2.1 浸入式水口的改进

他们的浇注系统中间包容量 17t，浇注用塞棒控制，液面控制采用钴 60 液面控制仪，控制质量非常好。纽柯两个厂都用钴 60 液面控制仪。实际上现在国外用这 1 种比较普遍，但我们中国不用，因它带放射性。我们只用电磁式的、激光式的。因为他们的结晶器是特殊的，最后的产品只有 50mm 厚，像一般的结晶器水口就装不进去，所以要用特殊的水口。开始时采用试验厂的水口，这种水口当浇注速度快时，旁边的钢流就不稳定，而且出口处损坏特别快，只能用 1 炉就得换新的。后来他们做了水模试验，对水口进行了改进。新水口由于底下的尺寸扩大，出口处流速减慢，所以能适应快速浇注的要求。另一方面是改进了水口的材质。开始用熔融石英，后来改用铝碳锆质，而且在接近结晶器的地方加上 1 个氧化锆环，延长了水口使用寿命。现在的水口使用寿命最长的纪录是 11h，可用 10 炉以上，这就很不错了。

1.2.2 结晶器的改进

他们的结晶器上面宽，下面窄。出口是 1320mm 宽的一个长条，上部是斜的，呈漏斗形，而中间一段是半弧形的。这个结晶器要是出事故，钢水凝结在里头，那是没有办法拿出来的。原来的结晶器是铜质的，容易漏钢，后来他们将材质改为钢和铬的合金。现在的结晶器和原来的比较，形状基本相同，但材质改动很大。结晶器里头水流的通道也改了。现在结晶器的使用情况比开始时强一些。

1.2.3 钢水质量的改进

因连铸机拉速快，设计速度是5～6m/min，钢水的凝固速度和保护渣在结晶器钢水表面的均匀分布，对连铸都会产生重大影响。为了解决连铸过程中的问题，他们从设备的结构、材质、钢水质量和连铸机操作参数等方面都进行了研究、改进。在钢水质量方面采取的措施如下：

（1）钢水温度控制。他们发现，每一个钢种都有一个最适宜的温度范围，叫做最佳温度窗口（Optimal temperature window）。一般的浇注温度范围就是比它的凝固线高30～45℃的范围，就是根据钢水的成分，保证钢水过热度30～45℃。在这个温度之内不容易出问题，能够连续拉，也不易漏。所以，他们对什么钢号必须在什么温度浇注限制比较严。而将钢水调整到所需温度，是在LF炉里一次完成的。我去看时，他们规定的温度范围是1620～1640℃，实际上两个LF炉内的温度都在这个范围之内，证明他们确实就控制得这么严。

（2）均匀性。他们的钢水加合金元素都是在脱氧以后加到LF里的。加什么，加多少，都搞得很准确。加以合金以后用电磁搅拌30～40min，让里面的钢水成分均匀。

（3）夹杂物。将Ca-Si粉包芯线或Ca-Si粉加在LF炉里头，要求钢水中Ca^{2+}的质量浓度达到20×10^{-6}以上，以保证将钢中的硫化物夹杂都去掉。另一个就是对结晶器液面用钴60测量，要求保证液面波动在±1.5mm之内。如果液面波动控制不稳定，渣子就卷进去了，所以，这一条要求很严格。液面高度测量和塞棒是连锁自动的，塞棒可根据液面自动调节钢流大小。这是保证夹渣减少的很重要一条措施。看来，我们二炼钢厂要搞汽车板、高深冲易拉罐板，不采用这1条措施是不行的。

（4）S。规定的S上限不大于0.01%。钢水从电炉出来以后，一般S在0.02%左右，他们在LF中喷粉，处理到0.01%以下。

（5）C。根据经验，他们提出极限C范围（Critical carbon range）是0.065%～0.150%。在这个范围内容易漏钢。低于0.065%或高于0.150%都不容易漏。所以，现在他们生产的钢种要不就是0.065%以下的，要不就是0.150%以上的，尽量避免生产C在0.07%～0.14%的钢。如果非生产不可，唯一的办法就是连铸减速。连铸的正常速度可以达到5m/min多，甚至接近6m/min，这时要减速一半，只能拉3m/min。所以，他们就不愿意生产C在这个范围的钢。现在生产要求延性好的钢材，像冷轧板、深冲板、涂层板都是C0.065%以下的低合金钢。如果要生产管线，就把C定为0.150%。

（6）Al。Al的问题是降低AlN_2。

以上是他们这几年在生产中总结出来的对钢水质量的要求和采取的措施。这样，才使薄板坯连铸达到正常生产。

1.2.4 保护渣

保护渣出什么问题呢？一个是由于结晶器是漏斗形的，在窄面易结壳，结果把浸入式水口周围都结住了；再一个问题是渣子在上面结成串，英文叫Roping，就是渣子结成一串一串的，飘浮在钢水表面上。我们这里也有渣子黏黏糊糊的表面，只是由于结晶器宽，不明显罢了。保护渣一结壳或结串，它在结晶器中的润滑作用就没有了，所以很容易漏。解决结壳和成串黏连的问题，采取的措施是调整保护渣成分和铸机工作参数。对每一个钢号都找出用什么样的保护渣、浇注温度多少、铸速多少。保护渣有两种：一种叫低碳渣、颗粒大，碱度 0.8，对低碳钢好用，铸速可以超过 5m/min，表面质量也很好。可是，当钢水 C 大于 0.15% 时就不行了，铸坯上就有裂纹。这时他们就改用结晶渣。这种渣颗粒大，碱度为 1.25。用这种渣铸速可以达到 4.3m/min。铸机的另一工作参数是结晶器的振荡。振荡频率是加快的，振幅 6mm，每 1m 振 60 次。比如说拉速 4m/min，就是 1min 振 240 次。用这样的办法保证连铸坯的质量。

1.2.5　二冷水

开始设计的二冷水喷得很均匀，但效果反而不好，边缘容易裂。最后他们发现，边缘温度应该比中心高，中心温度应低。结果他们调整了喷水，使边缘温度升高，同时控制边缘中心温差小于35℃，达到了减少裂纹的目的。

1.2.6　氧化铁皮问题

薄板坯经过隧道式炉以后，表面产生一层氧化铁皮。这层氧化铁皮没有我们加热炉出来的钢坯氧化铁皮厚，很薄很硬，容易掉，因为均热时间短、冷却快。后来他们将高压水加大到 28MPa，达到更有效的清除氧化铁皮的目的。

1.2.7　连轧机的匹配问题

原设计的 4 架连轧机负荷大，见图 1。特别是开头，由于压下量过大，边部容易裂，所以后来加了 1 个第 5 架。我去看的时候已经是 5 架了。

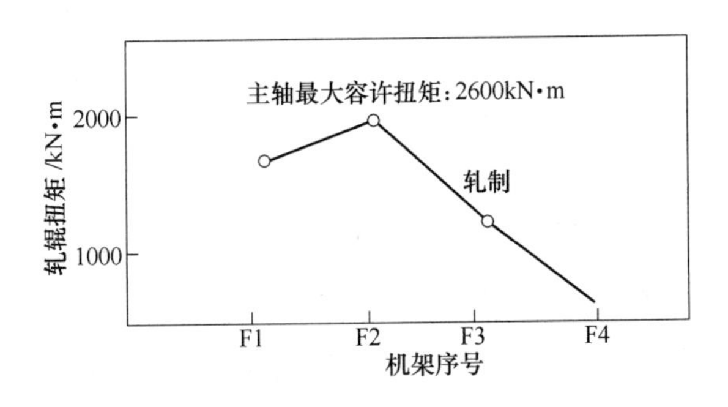

图 1　原设计的 4 机架连轧机负荷分析

1.3　产品质量水平

图 2 是投产后产量增长的情况。从 1989 年 8 月份全线投产。到 1990 年 4 月份达到合同能力的 50%。达到合同规定的生产能力是在 1990 年 11 月，比合同规定的生产时间提前了。从图 2 可以看出，一开始因遇到很多困难，产量上升很慢，随着一个个问题的解决，产量就上来了，现在，已经超过了设计水平。

再就是看质量问题。图 3 表明，1991 年第一季度废品率约 20%，经过努力，到 1992 年一季度降到 8%，现在不到 2%，他们计算废品率的方法是按 1 炉出多少钢做基数，把坯子废、钢质废、轧机废加在一起都算废品而算出废品率的。如出 100t 钢，坯子废 4t，钢质废 2t，轧机废 1t，那么按他们的算法加在一起是废 7t，废品率就是7%。

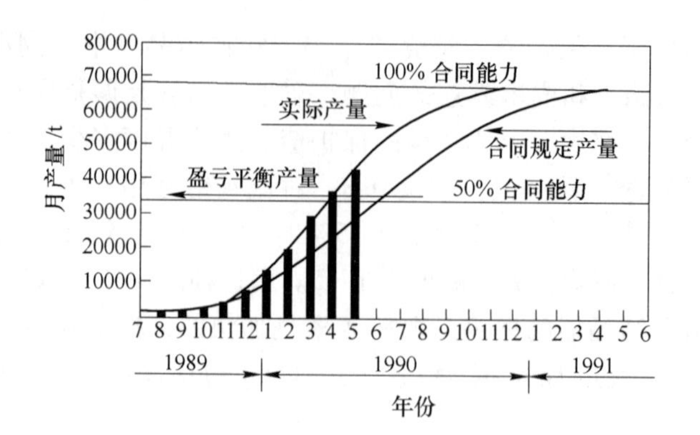

图 2　Crawfordsville 厂薄板坯连铸产量增长情况

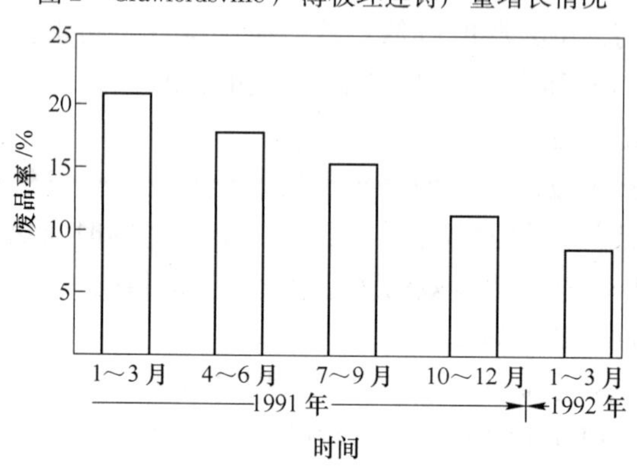

图 3　Crawfordsville 厂产品质量

按这样计算的废品率只有 2%，说明他们在提高质量方面做了很大努力。

现在，这个厂生产的钢材品种有汽车钢板、深冲钢板、结构钢、低合金钢、API 管线钢板、镀层用钢板等，还生产镀锌板。当然，还没有达到最好水平，例如还没有生产 IF 钢，真空处理设备现在用的也很少。

2　纽柯第二个薄板坯连铸连轧工厂（Hickman 厂）的情况

在第一个厂生产正常以后，纽柯就决定在阿肯色州 Hickman 建第二个薄板坯连铸连轧工厂。这个厂和第 1 个厂的主要区别有 3 个：

（1）第一个厂完全靠陆路运输（铁路、公路），而第二个厂建在密西西比河边，可利用水运的优势，原料进厂和成品出厂有 85% 靠水运，陆运只占 15%。

（2）第一个厂是超高功率交流电炉，而 Hickman 厂是直流电炉。有 150t 直流电炉 2 座。当今能制造直流电炉的国家世界上只有德国和法国。日本和美国还没有掌握这项专利技术，所以，他们的直流电炉都是向德国或法国买的。纽柯是向德国买的。这种 150t 直流电炉，是最新的也是北美最大的直流电炉。

（3）第一个厂原设计的热轧机是 4 架，后来才改为 5 架，而第二个厂的热轧机一开始就是 6 架。连铸坯和热轧机的宽度也改为 1550mm。

这个厂整个占地面积有 17km^2，相当于武钢厂区面积的 60%。他们把那一大片地都买了，发展余地很大。

2.1 主要设备、设施

2.1.1 码头

码头为岸壁式，吊车伸到江中，用来卸废钢、装钢卷的吊车有 2 台，每台年装卸能力 200 万吨。这个厂不设废钢堆场，有 185 辆敞车，25 辆平板车，还有 4 台内燃机车，废钢来了以后都装在这 210 辆车中，用车当仓库，以后直接送到炼钢车间。为什么要用车当仓库呢？他们说车是自己的，存在车上不用花钱，而如果设堆场，一卸一装每吨废钢要花 3 ~4 美元装卸费，不卸车就可以省下这笔钱，厂内铁路有 26km，主要是运废钢和钢卷。密西西比河没有长江宽，可是运输量比长江大得多。1 个拖头带10 ~20 个驳船，驳子不大，是 1400t 的，但串在一起就是 2 万 ~3 万吨，运输量很大。钢卷装船也在这个地方。码头上定员只有 3 个人，2 个人管 2 台吊车。下面还有 1 个人指挥。如果装钢卷，那就从运输队临时找 3 个人来。

2.1.2 炼钢

炼钢用 150t 直流电炉，变压器功率 80MW，由德国 MAN GHH 设计制造。全车间有 2 座电炉、2 个 LF 炉、1 个真空处理装置。废钢用大罐装，第 1 罐装 100t，第 2 罐装 60 多吨。罐吊在顶上，一下装进电炉。钢水经 LF 炉处理后由厂房中间进连铸机。

电炉上部的盖子是可以活动的，炉圈用水冷却，偏心出钢，底部电极寿命很长。

这个电炉还有两点与 Crawfordsville 厂不一样：一个是设氧油烧嘴，废钢装进去以后，要用油把废钢烧化，使熔化加快；另外还有一个超声氧枪带喷碳粉装置，因为是泡沫渣冶炼，所以要加碳粉以生成泡沫渣。电炉出钢量虽然是 150t，可是实际上每次只出 120 ~130t，还有 20 ~30t 留在炉内，接着装废钢，这样可以加速废钢熔化。现在炼一炉钢的时间是 70min，因为有 2 座电炉，不需要那么急。实际最快可以达到 60min，即 1h 炼 1 炉钢。就是说，这样 1 座电炉 1 天可出 24 炉，将近 3000t 钢。与 Crawfordsvile 厂一样，加合金、脱硫、调温、保温、吹氩搅拌、喂丝都在 LF 炉里进行，真空设备没怎么用。

2.1.3 连铸

Hickman 厂的连铸机比 Crawfordsville 厂的宽，中间包量大，是 30t，而那个是 17t。冶金长度是 6.5m，也就是到 6.5m 铸坯整个凝固了。漏钢问题到现在还没有完全解决。操作工人讲 1 个月最多漏 128 次，现在已大大减少，1 个月只漏 1 ~3 次。有时拉速达到 5m/min，甚至 5.6m/min 也不漏钢，但有时拉得慢还漏钢，现在还没有找到漏钢的真正的原因。当然，他们这套设备是 1992 年投产的，时间还不太长。

这个厂的隧道式炉长 210m，并且精轧机前还有 1 台切头剪。我去看时，切头剪没有用，他们说是备用的，如果连铸机出的坯断面不齐才剪断。目前只有 1 台卷取机（Crawfordsville 厂是 2 台），预留的 1 台还没有装。

2.2 建设及达产情况

Hickman 厂破土动工时间是 1991 年 5 月 11 日，到 1992 年 6 月 22 日开始炼钢。从破土动工到出钢相隔 11 个月。第 1 炉钢是 6 月 22 日开始炼，晚上出钢，炼完以后就放到 LF 炉里去了。可能是连铸机还没有搞好，到 24 日下午 2 点钟才开始浇铸，在 LF 炉里放置的时间有1天多。铸出来的坯是50mm×1470mm×16470mm。就是说，LF炉保温能力确实很强。

轧钢是1992年8月14日投产，也就是破土动工后15个月出热轧卷。所以，这个厂建设速度比第一个厂还快，而且设计能力还比第一个厂大。1992年8月份投产，到1993年元月开始盈利了。这个厂达产比较快，得益于第一个厂的经验。例如，刚才我讲的水口问题、结晶器问题等等，都是在第一个厂摸出了经验，到建第二个厂时就用上了，在这些方面没有走弯路。我是6月底去的，5月份他们就产出钢卷10万吨，实际上已经超过设计生产能力。原设计年产80万吨，实际已达到120万吨。我问他们："今年能赚多少钱?"他们说："我们向公司报的是200万美元。"在美国各大钢铁公司普遍赔钱的情况下，这就很不错了。

3 从纽柯的实践看薄板坯连铸连轧新工艺的优越性

3.1 投资省

Crawfordsville厂总投资是2.7亿美元，设计能力是年产80万吨。如果按此计算，1t钢卷的投资是337.5美元。这个数值比世界上以投资省著称的韩国光阳厂还低，光阳大概合吨钢500美元。中国宝钢当初投资300亿元人民币，那时美元对人民币还是1∶2.8，以600万吨产量计，吨钢投资合5000元人民币，若按1∶5折算，相当于1000美元，比光阳还贵1倍。所以，纽柯按原设计计算吨钢337.5美元的投资已经是全世界最低的了。后来，他们又加了镀锌线，投资2500万美元。去年（1992年）实际生产能力为120万吨，其中生产热轧板60万吨，热轧酸洗卷10万吨和冷轧卷（包括热镀锌卷）50万吨，把这2500万美元算到总投资中去，1t钢的投资是246美元，比原设计还低，确实是世界上最低的。这个厂现在正在建第二台连铸机带隧道炉。第二台连铸机建成后再并到热轧机上来，因为现在的热轧机有富余能力，5个机架年产200万吨钢卷根本没有问题。第二条连铸线要花多少钱呢？连铸机加上隧道炉大概是4000万美元，加到原来的投资当中去，按年产200万吨产量算，1t钢投资只有167.5美元。Hickman厂因为建得较晚，物价上涨了些，另外，设备是新的，所以整个投资3.4亿美元，另加生产准备费花了3500万美元，合计3.75亿美元。按现在的实际能力120万吨算，1t钢卷投资312.5美元。扩建第二条连铸生产线及隧道式炉，投资预计4000万美元。要是按建成后产量达到240万吨计算，吨钢投资约173美元。一个生产热轧卷的厂，吨钢投资达到这样低的水平，如果采用原来的工艺，国际上谁也做不到。所以，投资省是新工艺的一个很明显的优势，是老工艺没法比的。

3.2 建设快

Crawfordsville厂从破土到出钢是18个月，到出热轧卷是20个月，这已经是很快的了。像光阳的炼钢厂，建设也比较快，共28个月，但比起Crawfordsville厂来可就慢多了。至于Hickman厂，从破土到出钢只有13个月，到出热轧卷只有15个月，比光阳更快得多。原因很简单，新工艺流程短，设备量少，再一个原因是纽柯实行一种一贯制工作法。例如，在Hickman厂建设时，总负责人就是这个厂的厂长（General manager），从这个厂的设计到施工到生产准备直到投产，都是他负责，决定权都在他那里，有关问题作决定特别快，办事效率也高。

3.3 劳动生产率高

Crawfordsville 厂共有职工 449 人，按现在年产 100 万吨算，人均 2227t。像浦项是 800 吨/(人·年)，算是比较高的。日本一般是 600 吨/(人·年)，欧洲各厂是 500 ~ 600 吨/(人·年)，而中国宝钢现在是 200 吨/(人·年)。所以，纽柯第一个厂劳动生产率是宝钢的 11 倍。现在已经达到的 1t 热轧卷的工时是 0.6 个工时，而国际上一般都是 5 ~ 5.5 个工时，所以纽柯生产 1t 热轧卷所耗工时只相当于别的企业的 1/10。冷轧卷的工时也是 0.6。冷轧加热轧一起才 1.2 个工时。第一个厂扩建以后，增加一条连铸线，再增加 40 个人，就可以达到年产 200 万吨。那时的劳动生产率是 4089 吨/(人·年)，相当于现在浦项钢铁公司的 5 倍。Hickman 厂只有 300 人，现在已达到 120 万吨/年，人均劳动生产率是 4090 吨/(人·年)。扩建以后再增加 80 人，就可以达到年产 240 万吨，到那时人均劳动生产率将是 6316 吨/(人·年)，相当于现在日本水平的 10 倍。

3.4 消耗低

因为采用了新工艺、新设备，如直流电弧炉电极和耐火材料的消耗都很少，另外火花发生少、噪声小、维修费用低，加上人工费用低，所以钢材成本降低。现在热轧卷出厂成本为 250 美元/吨，比美国其他钢厂低 50 ~ 80 美元/吨。目前，美国热轧卷市场大概是 320 ~ 330 美元/吨，别的钢厂卖 300 美元/吨要赔钱，但纽柯卖 300 美元/吨，就可赚 50 美元/吨，要是卖到 320 美元/吨，就可赚 70 美元/吨。就是说，别人卖不了的价格，他卖了还赚钱，因为他成本低。

以上述各点看，新工艺在投资、建设速度、劳动生产率、成本等方面都是老工艺没法比的。

4 纽柯的管理思想和发展战略

4.1 纽柯的历史

纽柯全称是美国核工业公司（Nuclear Corporation of America），20 世纪 50 年代后期由 Reo MotorCars 公司改组而成，原来是搞核工业的仪表、电子设备之类产品的。当初亏损很大，到 20 世纪 60 年代初期已面临破产。在最困难的时候，现任董事长就职。他一上任就对公司进行了大刀阔斧的改组和重建，改变经营方向，转产钢结构、钢梁。1966 年将总部由亚利桑那州迁到北卡罗来纳州，集中力量在两个方面：钢结构和钢材。搞了钢厂以后，公司的名字还叫 NUCOR。

纽柯有 8 种类型的工厂，分布在美国各地。在这些厂中，除了薄板坯连铸工厂以外，还有 1 个 H 型钢厂，是电炉炼钢连铸，也是短流程。这个型钢厂是和日本人合资办的，名字叫 Yamato。这个厂现在年产 100 万吨型钢，它的特点是方坯连铸机出坯后直接轧制。Yamato 厂的 H 型钢出来以后，美国所有钢铁公司的 H 型钢厂（除了阿姆柯一家外）都关门了，因为它比别的厂的成本低得多，别的厂竞争不过它。唯一仍在生产的只有阿姆柯的一个厂，原因是 Yamato 生产能力还小，还不能全部满足市场需求。现在，它在扩建，准备搞 150 万吨，到时候阿姆柯的这个厂恐怕也得关门了。此外，还有生产钢球的厂等，现在，全美国用的钢球都是纽柯生产的。纽柯去年的总销售额是 17 亿美元。

4.2 纽柯的管理思想

纽柯的管理思想大致有四点：

（1）非集权化方针，给各总厂以更多的自主权。公司共有 8 个总厂，各总厂都自主经营。除了总方针由公司决定以外，各厂设计-基建-生产-销售都由各厂自定，实行一贯制的管理。

（2）管理者和工人保持有效的交流和沟通。纽柯的经理在公司没有专车，经理的生活福利待遇和工人一样。他们的说法是，这样做有利于经理和工人进行思想交流。再就是纽柯所属各厂的厂长都没有专职秘书，这叫作避免官僚化。

（3）他们还有一套调动职工积极性的方法、措施，包括奖励制度、福利、职工子弟上学补贴等。所以，工人的积极性高、主动愿意多干活。

（4）他们还强调协作精神（A Team Work Spirit），就是日本人讲的团队精神。

这套管理思想确实体现在企业中，所以工作效率高。

4.3 精简管理机构，减少层次

纽柯的机构非常精简，公司管理层次从董事长到工人实际上只有 5 个层次：董事长/总裁；副总裁/常务副总裁/总厂厂长；部门部长（车间主任）；作业长/专业工长；工人。

各个厂是四层管理。厂长和各个部门的负责人都只设正职，不设副职。如果要出差，就临时从下一级管理人员找一个人代理他的工作。

4.4 定员精干，工作效率高

纽柯全公司共有职工 5500 人。设在北卡罗来纳州的公司总部只有 22 人，包括董事长、总经理和管理人员在内。公司总部管长远发展规划和年度财务计划等全局性问题。各厂生产和经营由各厂自主管理。各厂的定员也很精干。两个薄板坯连铸工厂的具体劳动定员情况见表 1。

表 1　Crawfordsville 厂及 Hickman 厂定员　（人）

厂　名	炼钢和连铸	热轧与冷轧	工程与维修	运输与输出	管理与销售	合　计
Crawfordsville 厂	112	126	126	15	70	449
Hickman 厂	80	40	80	60	40	300

比较而言，工程与维修人员所占的比例较大，两个厂分别为 126 人（119 人 +7 人）和 80 人。这是因为美国的纽柯与日本钢铁公司不同，他们没有协力单位，所以设

备的检修完全靠自己。此外，质量管理的人员也较多，Crawfordsville 厂就有专职质量管理人员 29 人，这是为了保证产品质量。

4.5 与实现目标挂钩的奖励制度

他们的奖励制度有一个特点，就是和实现目标挂钩，而且兑现快。职工工资的 40%，即 8 美元/时是基本工资，不变动；另外还有超过 10 美元/时工资是浮动的。这浮动工资和质量、产量挂钩，浮动系数采取最高和最低可以相差 1 倍以上。工人是一周发一次工资，不是月工资制，奖励和目标挂钩兑现快，所以工人对他们的劳动成果很关心，愿意多干活，把工作做好，出高质量产品。对干部、领导人员、高级管理人员的奖励另有一套办法。看来美国人对奖励是很有研究的。

4.6 敢于采用最新技术

再一个很显著的特点是在采用新技术上有远见、有决心。采用薄板坯连铸连轧工艺和小方坯连铸生产 H 型钢工艺，都是别人没有用过的，他们敢于冒风险，而且一抓到底，克服困难和挫折，终于取得了成功。这表明他们有长期战略眼光。

4.7 纽柯的发展目标

纽柯发展的目标是，1994 年上半年完成 Crawfordsville 和 Hickman 这两个厂的续建工程，使这两个厂的生产能力加在一起达到年产热轧板 400 万吨。型材、线材、螺丝钢现有生产能力加在一起超过 200 万吨。现在，Yamato 厂的 H 型钢正在扩建，建成后，线材、棒材、型材加在一起是 300 万吨，再加热轧板 400 万吨，所以，到 1994 年底，这个公司的钢材产量就是 700 万吨规模。去年产钢量是 430 万吨，在美国各钢铁企业中排在第 5 位，比阿姆柯还多，达到 700 万吨后，那就把 LTV 都甩在后面了。该公司董事长提出的目标是到 2000 年达到产钢 1000 万吨。实际上他们只需再建 2 条薄板坯连铸生产线，搞个 300 万吨，就达到 1000 万吨。为了补充扩大生产规模所需废钢的缺口，他们已计划投资 5000 万 ~6000 万美元建 1 个碳化铁厂。纽柯的远景目标是发展成为美国第一大钢铁公司，到生产1000 万吨钢的时候，估计人员也就 6000 来人。

5 纽柯实践的启示

（1）“科学技术是第一生产力”，这是千真万确的。因为新、旧工艺对比，旧工艺怎么也没法和新工艺竞争。新工艺胜过常规工艺，不是百分之几十，而是成倍地翻番。所以，我们搞经济建设一定要依靠技术进步，尽可能采用新技术。只靠“铺摊子”，是解决不了问题的。

（2）无论什么事，看准了的就大胆干，不要怕困难，不要怕受挫折。Crawfordsville 厂投产初期生产中的故障接连不断。在那个时候，大家都担心这种世界上谁也没有用过的新工艺究竟行不行，但公司的领导人没有动摇，他们请德国人和美国好多研究所的人到他们那里去帮助攻关，终于使这些问题一个个得到了解决。生产正常了，效益上升了，大家的信心也就更足了。看起来，应用科学技术这个第一生产力，还要解放思想，大胆地干。没有敢于克服困难、敢于创新的精神，事情就办不了。

（3）企业管理。纽柯公司人员很少，机构设置精简，除了工艺流程短以外，调动每个人的积极性，发挥人的潜力，也是重要的一条。他们把日本人倡导的协作精神学来了。另外还结合本国国情，搞了一些日本人没有的东西。如日本企业上下级关系是上级说了下级必须服从，没有商量的余地。韩国也是这样，带有军事化性质，领导怎么说法，下面怎么办。在美国就不是这样，而是上下交流、平等协商的关系。我们经常讲企业要以人为本，美国人的这一做法，也是以人为本的一种体现吧！这一点我们应当研究。当然不是照搬，而是结合我国国情，研究调动人的积极性的方法。

（4）钢铁企业技术革命的序幕已拉开，迎接21世纪，关键在于跟上技术革命的步伐。从20世纪60年代以来，国际钢铁界搞沿海建厂，搞大型化、高速化，大大提高了劳动生产率和产品质量，和20世纪50年代以前比，有了很大的进步。现在看起来，钢铁工业又出现了新的技术革命的苗头。进入21世纪后，现在的这一套工艺将要被新的工艺所代替。现在正处在钢铁工业技术革命的转变开始时期。我们中国的钢铁工业怎样进入21世纪，怎样迎接新的技术革命，确实是一个需要研究的大问题。

当前国际钢铁工业的发展趋势*

摘　要　介绍了20世纪90年代以来世界钢铁工业不景气的情况下，为适应市场变化，国际上各钢铁企业采取了与以往不同的战略和经营策略。特别是发展小钢厂、改造后工序、改进劳动组织和工资制度、分流主体、开展多种经营等，成为当前国际钢铁工业发展的总趋势。这对我国钢铁工业的发展或许具有一定指导意义。

关键词　钢铁工业；发展趋势；世界

笔者应邀去加拿大参加了一年一度的国际钢铁生产讨论会，并对加拿大两大钢铁企业 Stelco 和 Dofasco 进行了参观访问。这次会议研究了国际钢铁工业中企业的经营战略、策略的急剧变化，介绍了经验，交流了钢铁工业的发展战略。

1　当前国际钢铁工业的发展趋势

20世纪80年代后期以来，即1988～1989年国际钢铁工业出现新的增长，全世界钢产量达到7.8亿吨的最高水平。但到1990年以后，由于世界经济发展速度减慢，市场钢材需求减少，钢铁产品卖不出去，因此钢铁工业产量又开始下降。许多国家钢铁工业不景气，一部分钢厂亏损。在这种情况下，为适应市场变化，各个企业采用了与以往不同的战略。主要是讲企业的经营策略。各家有各家的做法，目的在于如何从亏损到盈利，如何渡过困难，如何采取新技术，如何提高质量，这是世界钢铁工业的普遍趋势。

下面根据在加拿大国际钢铁会议上大家讨论的情况及对加拿大两大钢铁企业 Stelco 和 Dofasco 的考察结果，将当前国际钢铁工业的发展归纳为三种趋势。

1.1　小钢厂发展，大钢厂缩小规模、精简人员

以北美为代表，小钢厂发展很快，其产量在美国占钢产量的比例已接近40%，小钢厂的规模越来越大，数量越来越多，而大钢厂在缩小规模。

小钢厂发展如此快，主要是采取了新工艺、新流程，采用薄板坯连铸，取消了热连轧机的精轧，后面直接连接精轧轧制出成品。这种新工艺，流程短，成本低。而大钢厂为了提高竞争能力，就必须关停落后设备，裁减人员。北美特别是美国钢铁工业通过和日本合作，用日本的技术，与日本人合营，和日本人一起向银行贷款，改造后部工序，改造炼钢，增加二次精炼，上连铸机，后面上镀层线，改造轧钢厂等。缩小规模，减少人员。用这些办法来提高产品质量，生产高附加值产品。

“小钢厂”也不是以前的概念，现在最大的小钢厂年产量达到400万吨，小钢厂的产

---

* 原发表于《钢铁》，1995，30(1):81～85。

品也不是只出棒、线、型材，它也出板材。这就意味着原来被大型钢铁企业所垄断的热轧板、冷轧板都让小钢厂给突破了，而且突破以后其成本比大钢厂低得很多（表1）。

表1　小钢厂（Minimill）与主要国家或地区联合钢厂成本比较　（美元）

国家和地区	原料成本	其他材料	人工费	总生产费	工序成本			
					炼钢以上	开坯	热轧	冷轧和间接费用
NUCOR	120	143	46	309	191	208	250	309
美　国	142	174	152	468	203	246	316	468
日　本	141	189	145	475	202	235	310	475
联邦德国	162	190	179	531	229	271	360	531
韩　国	153	156	67	376	193	222	271	376
中国台湾	164	173	77	414	199	228	290	414

NUCOR是美国最有名的小钢厂，建立薄板坯连铸生产线在世界上是第一家。它的炼钢原料费用比别人便宜，人工费及工序之间的成本也低。NUCOR的至热轧工序成本为250美元/吨，而美国其他厂为316美元/吨，日本310美元/吨，联邦德国360美元/吨，韩国浦项271美元/吨，中国台湾290美元/吨。NUCOR产品成本如此低，所以它的热轧板卷在市场上每吨售价280多美元还赚钱，而美国其他厂每吨卖到300美元还赔钱，无法同它竞争。

其次，大钢厂都在缩小规模（表2）。如美钢联原来的规模年产量1690万吨，1991年只产955万吨；Armco原来是个相当不错的厂，560万吨的规模，1991年只生产280万吨。欧洲也如此，如克虏伯生产能力521万吨，1991年只有393万吨。英国钢公司原来约有10个厂，现在只保留了几家，其余的厂都关闭了，因为这些厂设备太旧，无法维持下去，所以原来1710万吨的规模，现在缩减到1294万吨。

表2　北美、西欧大型钢铁联合企业规模普遍缩小

公　司	粗钢生产能力/万吨	1991年实际产量/万吨
美钢联	1690	955
LTV	880	694
伯利恒	1520	909
国家钢公司	580	476
Armco	560	280
Dofasco	450	352
Stelco	520	336
克虏伯	521	393
英国钢公司	1710	1294
Cockril Sambre	540	440
霍戈文	773	494
Kiockner	594	335
瑞典钢公司	310	290

美钢联1980年有16万人，到1990年减到5万人。吨钢工时原来是14个，现在减到4.8个。由于精减人员，提高劳动生产率，人工费用由原来占销售收入的35%减少到25%。设备更新后，不仅劳动生产率提高，质量也提高了，交货也及时了。1990年财政年度销售收入是50亿英镑，利润是2.54亿英镑，约占销售额的5%。其实，国际上钢铁工业的利润率就是这个水平，税后利润率不超过10%。

1.2 改进劳动组织和工资制度，减少人员，降低成本

在此举一例，即加拿大Daofasco厂如何改进劳动组织。他们在企业中减员方面下了很大功夫。上计算机搞自动化也是为了减人。减人的目的就是为了减少工资成本。Dafasco的经营情况在加拿大还是比较好的，其冷轧厂有1条4号酸洗线，他们改进酸洗线劳动组织，改进整个冷轧厂的机构，达到减人、提高劳动生产率的目的。结果工人工资增加了，工资在成本中占的比例还降低了。其酸洗车间1个班共16人，11个操作人员，2个开吊车，还有3个检查质量，原来用定岗位的方法，开吊车的就只开吊车，操作焊机的光搞焊接。现在不同了，1个操作人员可以顶好几个岗位，都变成多面手。这样就将原来的16个人减少到13个人。这13个人各岗位的工作都学会了，实际可以顶几个岗位，因此按高工资岗位加工资。虽然每个人的工资都提高了，但因减了3个人，总的工资投入比以前还少。

另外，随着劳动组织改革，把管理体制也改了，这就是减少层次，原来的管理层次是：对于操作人员，有8个管理层次；对于检查人员，有7个管理层次；对于吊车司机，有6个管理层次。比如，对于操作班，从经理、副经理、冷轧部部长、冷轧工场长、酸洗线总工长、工长、副工长到值班工长，共8个层次。原来的系统改了以后，减少了中间层次。上面是主管副经理、冷轧部部长、冷轧工场长，下面是1个管操作的工程师。他是酸洗车间的总工长，实际上他这个人就管三部分人：酸洗线工长、操作工程师、操作班。

这个冷轧厂精简机构和人员试行9个月后，得到如下效果：管理机构由8个层次减少到4个层次；劳动力减少25%；单位产品成本降低5%；产量增加10%；产品返工或降级率减少25%；安全、伤害事故减少50%；缺勤天数减少42%；改革后人人关心集体，热爱工作。

所以，改革劳动组织，实际上就是减少层次，推广多面手，形成多功能，提高劳动生产率。

1.3 搞多种经营求发展

在亚洲，特别是在日本，主要的发展倾向是搞多种经营。日本各大钢铁公司如新日铁、日本钢管、住友、神户都在搞多种经营。多种经营的内涵就是把钢铁工业在企业中的比例逐渐缩小。不是说增加人员来搞多种经营，而是总人员不变，主体人员减少，从主体下来的人去搞多种经营。日本企业有个特点，就是终身雇佣制，企业一般不辞退职工。他们采取的办法是把搞钢铁减下来的人员转到其他经营上去。日本钢管公司把多种经营称为第三次创业。第一次创业是1912年，日本钢管公司建立；第二次创业是从第二次世界大战的废墟上恢复，等于重新创业；第三次创业是从1989年起，

除了搞钢铁以外，还搞多种经营，就是把钢铁企业的经营范围扩展到其他领域。现在日本钢管公司搞了4项其他经营即城市建设、电子、新材料、生物技术。第三次创业实质是在钢铁生产提高质量、增加品种、降低消耗、减少人员的同时，发展多种经营，提高劳动生产率，增强本身的竞争能力。1989年日本钢管公司提出第三次创业时，钢铁方面的销售收入占76%，工程收入占21%，高新材料占2%，城市建设占1%。按新的长期发展战略设想，到2000年钢铁方面收入只占50%，工程占25%，城市建设占12.5%，电子、新材料、生物技术占12.5%。这个战略并不是钢铁减产，而是钢铁保持已有规模，发展其他产业的战略。

钢铁工业发展多种经营也是一种趋势，在日本非常明显，欧洲某些大钢铁公司也在这样做。

2 几点看法

从当前国际钢铁工业发展情况看，笔者认为钢铁工业新技术革命已经初见端倪。从发展趋势看，21世纪的钢铁工业必然是新工艺代替老工艺。老工艺就是常规的大钢铁企业，包括大高炉、转炉、连铸、热轧、冷轧、冷轧后表面处理。这种流程的钢铁企业规模很大，都在600万吨、700万吨甚至1000万吨以上，都是大型设备。这种建厂模式，看来在21世纪将要被新流程所代替。这种情况与20世纪50年代平炉在全世界居统治地位的情况类似。当时全世界都在搞平炉，而奥地利出现了氧气转炉，至于转炉，开始并未被普遍接受，而日本引进之后钢铁工业发展很快，钢的质量也很好，后来全世界都走了这条路。而平炉现已被淘汰，日本早已没有平炉，美国最后的平炉也于1991年底拆除。加拿大Stelco的平炉是世界上水平最高的平炉。1座平炉年产80万~90万吨钢，操作指标也是全世界最先进的。这座平炉于几年前关停，而他们自己则认为平炉停晚了。所以现在看起来，新的工艺代替老的钢铁生产流程的事，不久即会实现。也就是钢铁工业的新技术革命已经看到苗头，下一步就是新流程要代替传统的老流程。

另一方面，新的管理思想要代替老的管理思想。老的管理思想实际上即“科学管理”思想，就是泰勒制。看来新的管理思想终究要代替搞了多年的“科学管理”思想，因为只有这样，企业才能真正发挥潜力，才能提高劳动生产率，才能把产品质量搞好。

从北美和西欧的情况看，有以下几点值得我们认真研究：

第一，钢铁工业到底怎样迎接下一步的新技术革命。现在国际上钢铁工业供需之间已达到平衡，对质量要求越来越高，人工成本越来越贵。在这种情况下，新流程非代替旧流程不可。就像转炉一定要代替平炉，连铸一定要代替铸锭和初轧一样，将来薄板坯连铸和直接浇注热轧板卷肯定要代替现在的连铸-热轧工艺，直接还原、熔融还原肯定要代替高炉、烧结、焦化这套工艺。在这种情况下，我国钢铁工业下一步到底如何发展，是照现在这个模式发展，重复走大型钢铁联合企业的大设备大投资的老路，还是走新工艺新流程的路需要研究。如果技术决策和技术发展趋势走了弯路，那将是极大的浪费。在新技术革命面前，尽管采用最先进的旧技术，最后也要被淘汰。所以，怎样在当前钢铁新技术发展中选择技术方针，这确实是个需要认真研究的重要问题。

第二，管理工作。现在企业管理工作的发展趋势是新的管理思想代替“科学管理”

思想。我们的管理如何更快地走过“科学管理”阶段，按现代管理的思路进一步改进管理工作，是个很大问题。因为管理工作搞得好不好，不仅影响着一个企业的成本，还影响着发展速度。官僚机构，官僚体制，层次过多，这种情况不能适应现代化大生产高效率的需要。现在的这套管理方法，是和工业化初期的技术水平配套的，和工业化程度达到当代高水平则是不相匹配的。这个问题需要研究。

第三，老设备改造。我国现在已有的钢铁企业几乎都有老设备，这些老设备究竟怎样改造，笔者认为芬兰的做法为我们提供了一个思路。他们对老设备的改造，花的钱不是很多，不是推倒重来，而是在原来的基础上搞的。改造以后水平也很高，不光是说上了多少台计算机，而是劳动生产率、产品质量都很高。比如，1 座 $1033m^3$ 高炉，日产生铁 3000t，炉前只有 3 个人，操作室及热风炉 2 个人。这套设备是苏联设计建造的，他们只是做了一些改造。老设备改造怎么搞法，拆掉重建新的，这当然简单，但不一定最经济。最好是从本企业的实际出发，因地制宜地进行技术改造。这就要求在普遍提高职工素质的基础上，充分发挥他们的积极性、创造性。

3 结语

总的来说，从国外的情况看，一个国家要搞工业化，如果方向对头，大概需要 20 ~ 30 年时间。芬兰是 20 世纪 60 年代起步，不到 30 年就发展到现在这个水平。韩国钢铁工业是 20 世纪 60 年代末开始搞的，发展到现在这个水平只花了 20 多年。根据这个情况，中国的钢铁工业现代化，要是方向对头，方法对头，思想也对头，不走弯路，发展起来还是会很快的。

台湾科学研究及钢铁工业概况*

1 前言

两岸钢铁、材料科技产业学术会议于1994年1月17～18日2天在台湾举行。这是两岸——中国大陆和台湾第一次正式的学术交流会议。早在1992年就计划召开，后来因台湾方面在给大陆代表办通行证的问题上遇到麻烦，拖到今年1月份才开会。参加这次会议的大陆方面代表以中国科学院院长周光召为团长，全团成员24人，会议地点在台北国际会议中心。会后，参观了台北的“中央研究院”（以下简称中研院）、新竹的工业技术研究院和高雄的“中国钢铁公司”（以下简称“台湾中钢”），原来还准备参观台湾的“交通大学”和“清华大学”，因时间来不及，没有去成。1月23日离开台北返回大陆，连去带回只有8天。因台湾方面安排的时间非常紧凑，连上街走走的时间都没有，出门全部乘车，参观也都是坐在车上看看，所以看得很粗，只能算是跑马看花，现在只能简单介绍一些表面情况。

2 台湾的科学研究工作

2.1 “中央研究院”

这是台湾的最高科学研究机构。该院是1928年国民党政府在南京成立的。第一任院长是蔡元培，大家知道，蔡元培是很有名的学者。实际上，当时的中央研究院属下只有3个机构，就是上海的理化实业研究所、广州中山大学内的历史语言研究所和南京的自然历史博物馆。经过抗战，直到解放前夕，国民党的中央研究院的规模是很小的。目前台湾中研院大部分研究所是20世纪60年代以后成立的，就是说，国民党到台湾后，从20世纪60年代起才开始重视研究工作，并逐步建立起一些研究机构。

2.1.1 中研院机构设置

现在的台湾中研院有研究所和办事处等共25个机构（图1）。研究机构19个所分为数理科学、生命科学、人文科学3类。

（1）数理科学类。设有7个研究所，其中的数学研究所、物理研究所、化学研究所由原上海数理研究所发展而来。其余地球科学研究所等4所都是以后建立的。这里需要说明的是，台湾使用的好些名词和我们不一样，图中的“资讯科学研究所”就是我们所说的“信息科学研究所”的意思。这从它的英文名称（Institute of Information Science）看就很清楚了。

（2）生命科学类。“生命科学”我们叫“生物科学”。这一类下设植物研究所、动

---

* 原发表于《武钢技术》，1995，33(3):3～16。

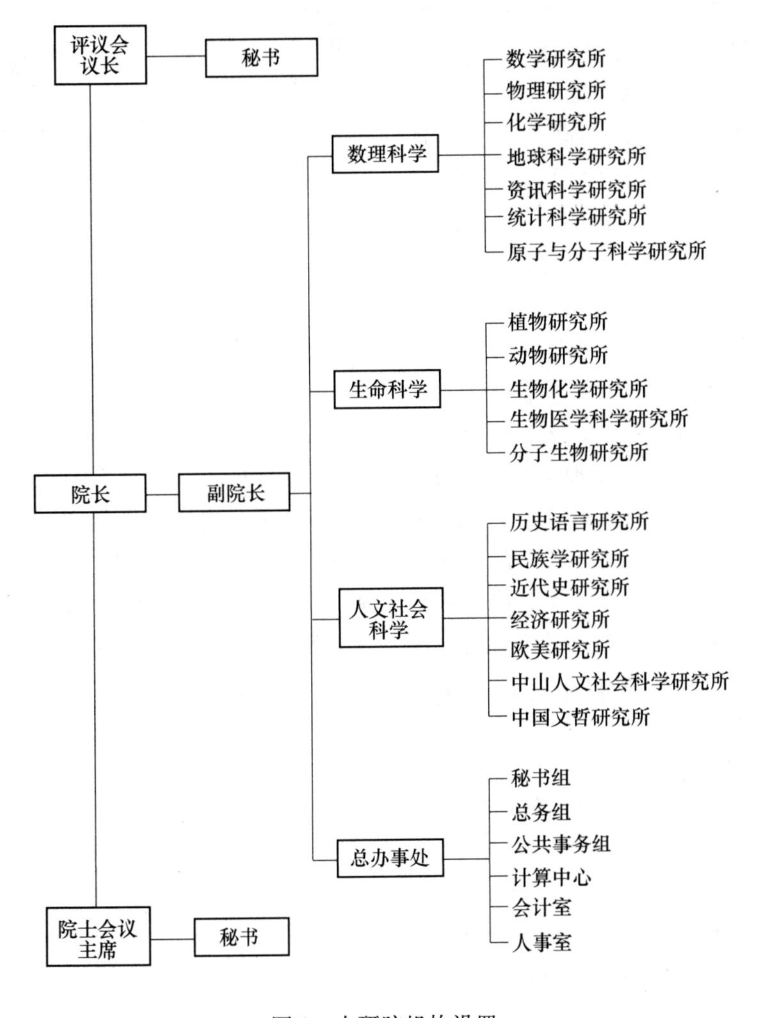

图 1　中研院机构设置

物研究所，其前身就是原南京的自然历史博物馆。其余的生物化学研究所、生物医学科学研究所、分子生物研究所是以后新成立的。

（3）人文社会科学类。下设 7 个研究所，其中的历史语言研究所，前身就是原广州的历史语言研究所，其余民族学研究所、近代史研究所、经济研究所、欧美研究所、中山人文社会科学研究所、中国文哲研究所等都是在台湾成立的。

从以上研究所的设置可知，台湾的中研院是自然科学和社会科学都在一起，与我们的中科院只搞自然科学不搞社会科学不一样。

另外，还有 1 个总办事处。它主要履行管理和后勤服务职能，实际是 1 个很大的计算机中心。

2.1.2　中研院管理体制

中研院上层领导机构由院长、评议会和院士会议组成。名义上三者平行，实际是评议会和院士会议监督下的院长负责制。评议会是决策机构，议长是从正、副院长和院士中选举产生的。院士会议是所有院士参加的会议，对全院工作提意见，在一定程度上对院长的工作起参谋、监督的作用。评议会的决策要通过院长组织实施，但院长可以办也可以不办，所以，实际上还是院长负责制。院长下设副院长，还有1个与副院长平行的学术咨询总会，其下设各所（处）学术咨询委员会，这纯粹是咨询机构，下面是各研究所和办事机构。政府只任命院长，院士和评议会的议长都是选的，院士会议主席也是选的。中研院组织领导系统见图2。

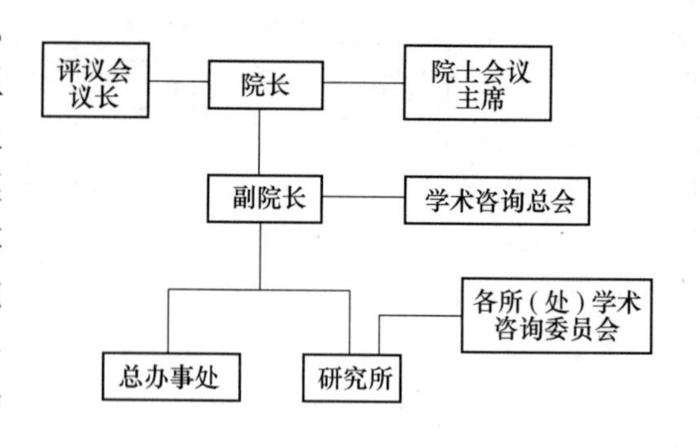

图2　中研院组织领导系统

2.1.3　中研院人员组成

中研院全体员工共2500人，真正的研究人员只有687人。名义上，中研院有院士138人。有意思的是，这些院士大部分不在台湾，真正在台湾的只有30人。有99名院士在国外，主要是在美国。这些在国外的院士只是有时回来看一看，指导指导。还有，现在大陆的原中研院院士，像搞原子物理的赵中尧等9位著名科学家，也仍保留着院士的名义，所以台湾的中研院在大陆的院士有9名（表1）。

表1　台湾中研院院士现有人数表（1992年6月）　（人）

组　别	台　湾	国　外	大　陆	合　计
数理组	5	55	4	64
生物组	14	24	5	43
人文组	11	20	0	31
合　计	30	99	9	138

2.1.4　中研院与中科院的不同点

台湾的中央研究院对国外用的是拉丁名称，叫做Academia Sinica。我们的中国科学院对外也是这个名词。也像“清华大学”“交通大学”一样，海峡两岸都有。所以，这次开会周光召团长做报告时就说，我们这两家实际上拉丁名字是1个，应当加强交流。这样一讲，大家都笑了。不过，名称虽然相同，实际是有区别的。两家的不同点有这么几条：

（1）中研院包括人文科学，实际上就是社会科学；而中科院只搞自然科学，不包括社会科学。

（2）中研院专门搞基础理论研究，不搞应用研究；而中科院是理论研究和应用研究都搞。因为不搞应用研究，台湾的产业界说：“中研院没有用，它搞的东西和我们没有关系。”

（3）中研院规模比中科院小得多，中科院合在一起有10万多人，中研院只有2500人。

（4）就理论研究的深度而言，台湾岛内在自然科学研究，如材料、航空航天等方面不如我们，中研院成就大的是在社会科学方面。自然科学方面大部分成就是国外院士在外国取得的。例如，台湾今年的科学奖是发给袁家骝。大家知道，袁家骝是吴健雄的丈夫，他们二人都是著名美籍华裔物理学家。袁家骝一年最多回台湾一、二个月，他的研究工作其实都是在美国做的。我们开会的时候，正逢给袁家骝发奖。中研院把这些已入外国籍的华裔科学家都算作它的院士，有了成就给他们发奖，这些人研究的成果都算它的成果。这样一来，它的自然科学成果还有获诺贝尔奖的，如李远哲获诺贝尔奖的成果，也算作中研院的成果。李是美籍华裔科学家，现在受聘担任台湾中研院院长，但李在台湾还是拿的美国护照。很有意思，中研院的院长竟是一个美国人。他们就是用这套办法与散居在世界各国的华裔科学家都拉上关系的。其实，有的人平常根本不去台湾，只在开院士会议时才去一趟。据说上次开院士会议时，曾准备请我们这边的 9 个院士去，后来因故未去成。

中研院在台北。我们去的那天是李远哲向我们介绍情况。本来想到各研究所去参观一下的，后来因大家问他一些问题，耽搁了一些时间，到参观时天已经晚了，又下着雨，他说，你们坐车转一圈就算了。所以，我们参观时看到的都是房子，没进屋，转一圈就走了，里头的设备都没有看到。

2.2 工业技术研究院

除了中央研究院以外，全台湾性的研究机构还有一个工业技术研究院，工业技术研究院是 1973 年成立的。这时国民党已经重视经济建设了。他们把原属“经济部”的联合工业研究所、联合矿业研究所、金属工业研究所合并，成立一个工业技术研究院。这个研究院不是官方机构，叫“社团法人”，是民间的，有法人代表、有董事会，地点在新竹市。新竹是一个中等城市，位于台北市以南，那里有个新竹科学工业园区，相当于我们搞的高新技术开发区。“清华大学”“交通大学”也都设在那里。

2.2.1 工业技术研究院的性质

这个研究院的性质有这么几条：

（1）以从事应用研究，加速提升工业技术为宗旨，就是以加速工业发展，提高工业技术水平为目的。

（2）民间组织，讲求工业效益与社会效益。

（3）执行中长期“国家”应用研究，以包容性、前瞻性、尖端性为重点。政府提供经费，其成果转移为非独占性。此类研究不低于全院 50%。凡是政府给的钱搞出来的项目，其成果转移收入全部归政府。研究内容是全台湾性的。

（4）执行近期研究，以改良产品与工艺为重点，与产业界合作，此类研究不低于全院 30%。这一条指的是研究院与工厂订合同，项目由工厂提出，搞成了由工厂给院方多少钱，成果交给工厂。

（5）研究成果以公平、公开原则，以多种方式推广到产业界。

（6）辅导中小企业，有些项目搞完后，厂里掌握不了，研究院派人去指导，帮助企业掌握技术，达到正常生产。

（7）为社会培训工业技术人才，应社会的需要，举办各种实用技术培训班，给中小企业培训人才。

（8）执行实验生产以确保技术的工业化。

总的看来，这个研究院和工业界的关系很密切，特别是对中小企业帮助很大。台湾中小企业多，它们的技术进步，与这个研究院有很大的关系。例如，台湾的微电子工业发展是比较快的，生产的个人计算机在国际市场上占有很大比重，和这个研究院有很大的关系。再像自行车、摩托车行业，都靠该院提供新技术得到发展，台湾的摩托车速度快、有些材料就是这个研究院开发的，所以，该院所做的工作，确实有助于提高台湾的工业水平。

2.2.2　工业技术研究院机构设置沿革

1973 年 7 月工业技术研究院初创，当时成立的研究机构有矿业研究所、联合工业研究所、金属技术研究所 3 个；

1974 年 9 月增设电子中心；

1977 年 7 月增设精密工具中心；

1979 年 4 月将电子中心改为电子工业研究所；

1981 年 1 月增设能源研究所；

1982 年 7 月将金属技术研究所改为机械工业研究所，同时成立工业材料研究所；

1983 年 7 月将矿业所与能源所合并，改为能源矿业研究所，同时将联合工业研究所改为化工研究所；

1985 年 8 月增设量测中心；

1987 年 4 月增设光电中心，到 1990 年 1 月将该中心改为光电研究所；

1987 年 6 月增设污染防治专案组，到 1989 年 6 月升格为污染防治中心；

1988 年 7 月增设工业安全卫生专案组，到 1990 年 8 月改为工卫中心；

1990 年 7 月增设电脑通讯研究所；

1990 年 9 月增设航太专案组，到 1991 年改为航太中心。

经过逐步增设与调整，现在的工业技术研究院下设研究机构 11 个，即：电子工业研究所、光电工业研究所、电脑与通讯工业研究所、测量技术发展中心、化学工业研究所、能源与资源研究所、机械工业研究所、工业材料研究所、污染防治技术发展中心、工业安全卫生技术发展中心、航空与太空工业技术发展中心。此外，还有一些办事机构。

2.2.3　工业技术研究院现在的组织系统

工业技术研究院现行组织系统如图 3 所示。

现任院长林垂宙，这次邀请和接待我们的主要是他。董事长张忠谋是前任院长。常务董事有李国鼎等 6 人，董事有辜振甫等 8 人。总的说来，董事会都是由原来在国民党中当过比较大的官而现在退居二线的那些人组成的。李国鼎已 80 岁了，是国民党资政；肖万长年纪倒不大，现在还是“经济部”的一个头头；辜振甫是海基会会长、海峡两岸“汪辜会谈”的台方牵头人。还有 2 个副院长，1 个管电子工业部；另 1 个管其他工业的应用技术研究。

在各研究所中，和钢铁工业有关的只有工业材料研究所。因钢铁工业属于基础材料工业，所以他们把它归到材料研究所。这个所我们去看了一下，它的研究课题大部分也是与钢铁无关的新材料，唯一属于钢铁方面的是 1 个不锈钢带钢连铸，别的项目没有搞。

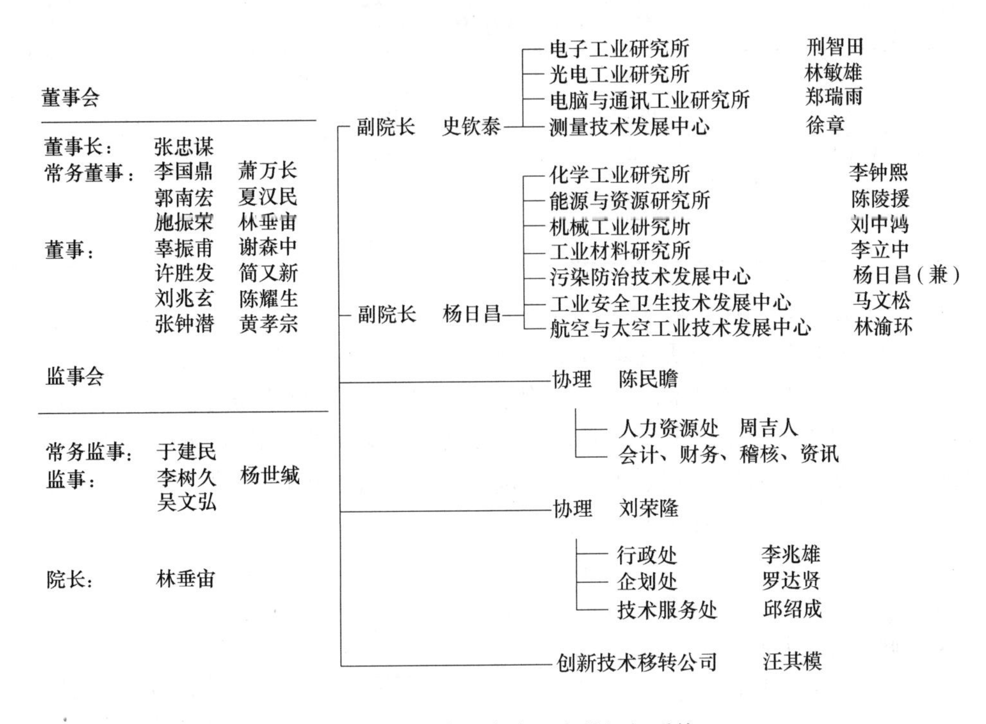

图3 工业技术研究院现在的组织系统

2.2.4 工业技术研究院人员结构

近年来该院的人员结构见表2。

表2 工业技术研究院近年人力结构

人力结构	各年人数/人		
	1990年	1991年	1992年
博 士	271	351	427
硕 士	1504	1751	1999
学 士	1628	1597	1584
专 科	882	994	1050
高中以下	802	741	717
合 计	5087	5434	5777

1992年全院有员工5777人，其中硕士1999人，学士1584人，博士427人。人员学历层次比较高，而且是有学位的多，有学位的人大部分是在美国留学的，而且有些人是在美国工作了几年以后才回来的，例如材料研究所的所长李立中，他是留美博士，原在美国IBM公司任职，搞计算机用的材料，工作了7~8年后才回台湾的。这个人原来给我写了好多次信，我以为他年纪很大了，这次去一看，却是很年轻的，今年才48岁。像这样在美国念完书拿了博士学位，工作了7~8年以后回来成了这个研究院骨干的人还不少。

2.2.5 工业技术研究院经费来源与近年决算

该院经费有两大来源：一是政府专案计划拨款；二是技术合作与服务收入。近年来经费决算情况见表3。

表3　工业技术研究院近年经费

项　目	各年经费/亿台币		
	1990年	1991年	1992年
政府专案计划	42	61	81
技术合作与服务	30	34	36
合　计	72	95	117

从表3看出，这个研究院近年来经费投入增加很快。这说明，台湾的经济发展到一定程度后，不搞科学技术研究不行了。1992年研究经费是117亿元新台币，25～26元台币合1美元，相当于4亿多美元。他们的工业要在国际上竞争，不搞科研开发，不提高产品质量水平、不降低消耗就没有竞争力，所以舍得花钱搞研究。1993年经费决算还没有出来，但肯定会超过117亿元新台币。在经费方面条件比我们的研究所好一些。因为有了钱，开展研究工作也就比较方便了。

2.2.6　工业技术研究院的经济效益

图4是工业技术研究院资金周转过程和产生经济效益的途径。处在图中央位置的是政府。政府管理部门叫“经济部”，台湾没有分设各工业部，就只设1个“经济部”，统管工业。“经济部”拨出经费给工业技术研究院。工业技术研究院的成果转让后赚来的钱交给政府。就是说，政府投资的研究项目，收益归政府。成果转让给工业界后，工业界把盈利以交税形式缴纳给政府，外销赚钱还要交所得税、营业税。工业技术研究院对企业的效益：一是增强竞争能力；二是加速成长发展。对整个产业界而言，是改变产业结构，建立新兴产业，支持传统产业升级。

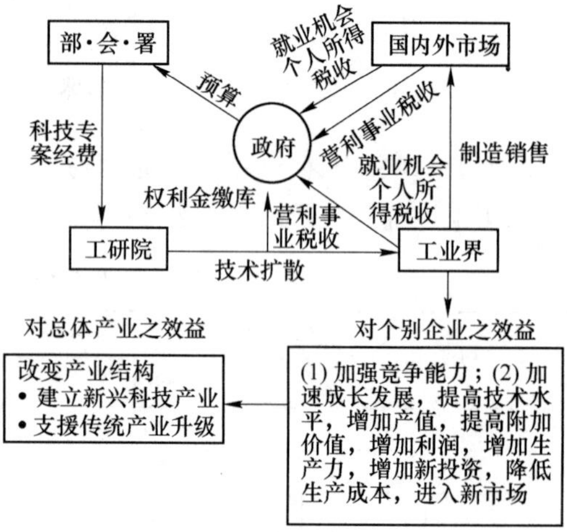

图4　工业技术研究院的经济效益

2.2.7　工业技术研究院的信念

他们所说的“信念”，就是“宗旨”或“信条”的意思，共包括6项内容，就是创新（Innovation）、团队（Teamwork即集体精神）、互重（Respect）、敬业（Industriousnees）、奉献（Dedication）、卓越（Excellence）。把这几个名词的英文第1个字母按顺序排列起来是ITRIDE，工业技术研究院的象征性英文略称就是这个ITRIDE，但他们写的标语是“ITRI第一”，意思是“我这个工业技术研究院是第一的”。看起来这个工业技术研究院效益比较好，每年出的成果总有几百项专利，在台湾的工业发展中，这个研究院确实起了很大作用。

2.3　大学中的研究所

台湾的交大、清华、台大（在台北）、成功大学（在台南）等都设有研究所。这些大学的研究所多从事理论研究，我们没有去看。

2.4 企业的研究机构

大企业，如台湾中钢公司，有研究机构，但小企业没有。关于台湾中钢的研究机构后面还要讲到。

总的看来，台湾的科研工作，是随着经济的发展而发展起来的。其特点是以市场需求为导向，在提高台湾产品在国际市场的竞争力方面确实发挥了作用。研究经费比较充足，人员的知识、年龄结构比较合理，但是，和西方发达国家相比，力量还显得不足。1993年6月我到美国伊利诺伊大学开会，看了他们那个大学的研究所，感到比我们中科院的研究所还强。装备太先进了！他们真舍得花钱！不然，大学里为什么能出那么多获得诺贝尔奖的成果呢。台湾和他们比较起来，就显得差多了，投资显然还不足。不过，这几年台湾各大学的科研投资也在增加。

3 台湾的钢铁工业

3.1 台湾钢铁工业概况

台湾的钢铁工业是由拆船工业起步的。开始搞建设的时候迫切需要钢材，但原来台湾没有钢铁工业，只得靠拆船。利用其废钢铁搞炼钢，轧些线、型材之类，逐步发展成小钢厂，所以至今台湾小钢厂很多。中钢是1977年投产的，直到这时，台湾才有第一家一贯制钢铁企业，就像我们这样的钢铁联合企业一样。到现在也还只有这么一家，别的都不是联合企业，都是小规模的。台湾现有钢铁企业共419家。

3.1.1 钢铁工业在制造业中的地位

1992年台湾钢铁业员工总数6万人，年产值2300亿元台币（不到1000亿美元），而整个制造业年产值达到48935亿元台币，钢铁工业产值在台湾制造业总产值中还只占4.7%，人员只占整个制造业从业人员的2.5%，这个比例是很小的。

3.1.2 炼钢设备产能结构

据台湾钢铁公会提供的资料（表4）。台湾炼钢设备能力是：台湾中钢有氧气转炉5座，年生产能力565.2万吨；电炉钢厂有38家，有电炉54座，年生产能力617.3万吨。整个年产钢能力为1182.5万吨。

表4 台湾钢铁业炼钢设备产能结构（1992年）

类别	厂数/个	炉别	座数/座	总容量/t	年产能/万吨	比例/%
一贯作业炼钢厂	1	氧气转炉	5	980	565.2	47.8
电炉炼钢厂	38	电弧炉	54	1211	617.3	52.2
合计	39	—	59	2191	1182.5	100.0

注：1. 本表所列电炉为6~50t容量电炉；
2. 连续铸造设备率为94%。

3.1.3 台湾钢铁产品结构

据钢铁公会1992年统计，台湾钢材产量为1828万吨，钢材中棒材（线材）833万吨，钢板799万吨，特殊钢53万吨，型钢52万吨，钢管81万吨，见表5。

表5　台湾钢铁产品结构（1992年）

项　目	产量/万吨	比例/%
棒　线	833	45.57
钢板片	799	43.70
特殊钢	53	2.90
型　钢	62	3.40
管状钢	81	4.43
合　计	1828	100.00

以上3个统计表都是钢铁公会提供的，台湾的公会等于行业协会，将来负责和大陆钢铁界交流的就是这个钢铁公会。

3.1.4　台湾钢铁工业的上、中、下游体系

台湾钢铁业中有一个习惯的说法，炼钢以上叫上游，一次材叫中游，二次材和最终产品叫下游。中钢提供的上、中、下游体系图（图5）对台湾钢铁工业和相关产业的联系反映得很清楚。图5中电炉钢厂写的是22家，实际是38家，共54座电炉。一

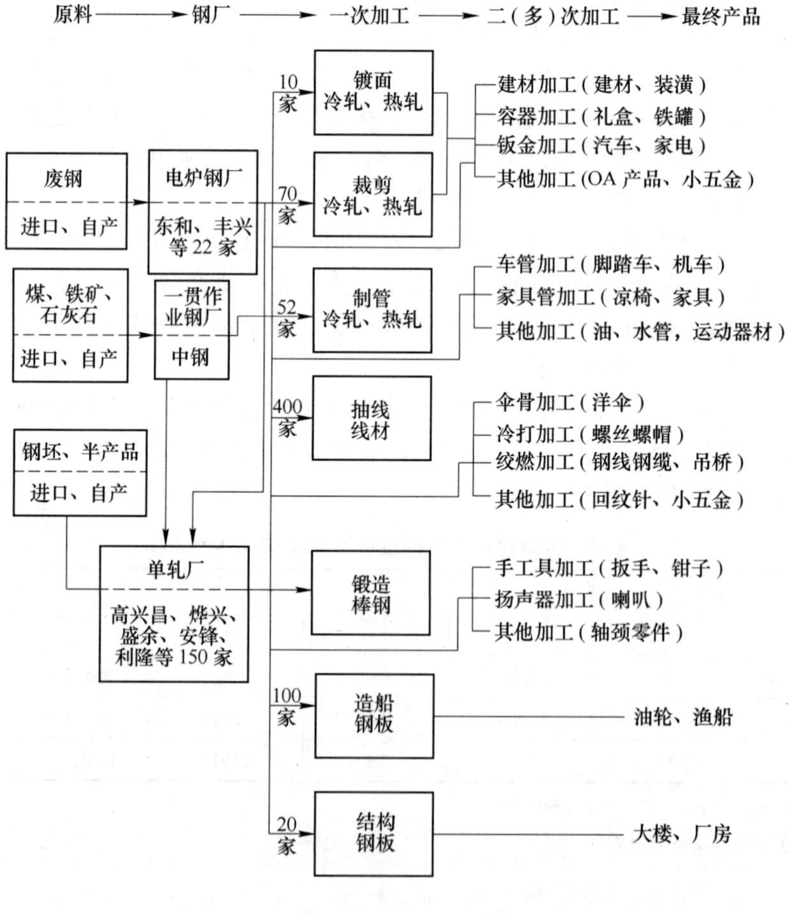

图5　台湾钢铁工业上、中、下游体系图

贯作业钢厂只有中钢一家。另外还有单轧厂 150 家。一次加工产品有镀面（即涂层）板、冷热轧板卷、钢管、线材、棒材、造船板、钢结构等；二次加工包括建材加工等 14 类，最后形成最终产品。

3.1.5　台湾钢铁工业的市场供需情况

据台湾经建会的统计和预测（图6），台湾的钢铁工业一直是供不应求，并且这种供求差距有逐渐扩大的趋势。1993 年全台湾粗钢产量超过 1100 万吨，需求量超过 2000 万吨。估计到 2000 年，台湾钢材需求量大概是 3000 万吨，到那时台湾钢材产量可能达到 2000 万吨，还差 1000 万吨，不足部分必须依靠进口。

总的看来，台湾钢铁工业有这样几个特点：（1）轧钢能力大于炼钢能力，炼钢能力中转炉钢厂和小电炉厂各占约一半；（2）因既无矿又无煤，资源缺乏，钢铁原料除石灰石、蛇纹石可部分自给外，都靠进口，台湾中钢炼钢一半靠进口矿，另一半靠进口废钢，另外有 1/3 的钢材靠进口钢锭、钢坯和一次材生产；（3）钢铁工业的装备水平除了中钢后建，比较先进以外，相当一部分原来建的厂技术不先进，特别是原来的一些生产线材、型材的小轧钢厂，都不先进。

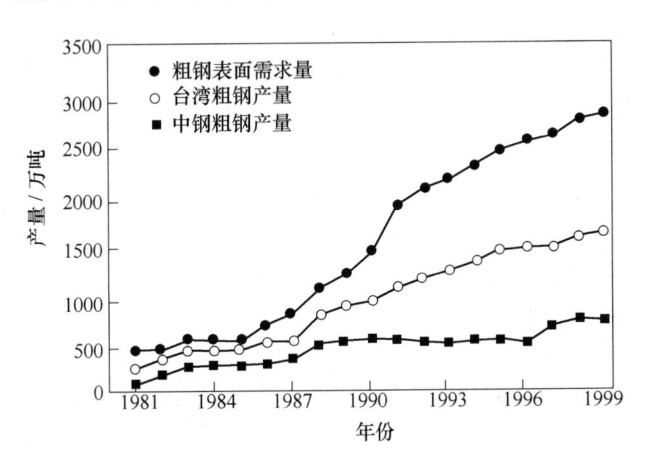

图 6　台湾粗钢产量与需求量比较

（1993 年后表面需求量 5% 成长率粗估；资料来源为经建会，1993 年提供）

3.2　台湾中钢公司概况

台湾中钢总公司设在台北，厂区建在高雄。我们到厂区参观就两小时，中午到的，下午参观两小时。第二天，上午开座谈会，主要是他们向我们提问题，因为大陆钢产量这么高，他们认为我们有经验；中午吃饭，下午就回台北了。时间很紧，看不过来，要把台湾中钢的设备看清楚，起码也要花两天时间。台湾中钢厂区面积不大，一共才 5.6km^2，厂房布置很紧凑，厂区绿化和卫生搞得很好，设备也比较先进。按原来设计建厂后，他们自己又做了改造，整个生产水平也比较好。这是总的印象，下面根据他们的介绍和提供的资料，归纳成以下几个方面。

3.2.1　台湾中钢建立的过程

1971 年 11 月 2 日成立，总公司设在台北。

1973 年 8 月 8 日聘请美国 UEC 公司担任工程服务与咨询，负责台湾中钢设计的公司原来大陆有各种说法，这次我去了才搞清楚，是美国 UEC 公司，这家公司在我们一炼钢厂改造时还到武钢来过。

1974 年 9 月 1 日一期工程开工。

1977 年 12 月 16 日一期工程完工，形成 150 万吨/年的能力。

1977 年 12 月 17 日台湾中钢投资的“中国钢铁结构股份有限公司”成立（该公司现为台湾第二大钢结构公司）。

1978 年 7 月 1 日二期工程开工。

1982 年 6 月 30 日二期工程完成，形成 325 万吨/年的生产能力。

1984 年 7 月 1 日三期工程开工。

1985 年 2 月 22 日接管台湾铝业公司。台铝原来是国民党政府办的一个企业，在投产后，因台湾没有炼铝的原料，电又贵，炼铝老赔钱，最后只得交给台湾中钢经营，所以，现在台湾中钢进入了铝品业务。台湾中钢接过来以后，不搞炼铝了，只搞铝加工，即进口铝锭，加工铝产品。

1988 年 4 月 30 日三期工程完成，形成 565.2 万吨/年的生产能力。

1989 年 2 月 3 日台湾中钢投资的中钢碳素化学股份有限公司成立。

1991 年 5 月 25 日台湾中钢投资的中联炉石处理资源化股份公司成立，利用矿渣、水渣生产建筑材料等。

从以上情况看，现在台湾中钢下属的公司涉及钢结构、铝制品、碳素化学、建材等行业，就是说它也搞多样化经营，而且早就开始了。

3.2.2　台湾中钢主体设备及工艺流程

台湾中钢主要生产设备见表 6。

表 6　台湾中钢主要生产设备概要

工　场	设备及数量
炼焦工场	6m 39 个炼焦室 2 座，6m 49 个炼焦室 2 座，7.3m 50 个炼焦室 2 座
烧结工场	烧结面积 $150m^2$ 1 台，烧结面积 $280m^2$ 1 台，烧结面积 $367m^2$ 1 台
高炉工场	全容积 $2434m^3$ 1 座，全容积 $2850m^3$ 1 座，全容积 $3400m^3$ 1 座
转炉工场	盐基性顶部吹氧式转炉 160t 3 座，盐基性顶部吹氧式转炉 250t 2 座
连铸工场	3 台大钢坯连铸机每座 4 流，3 台扁钢坯连铸机每座 2 流
钢板工场	1 台四重往复式轧机
小钢坯工场	二重往复式粗轧机及垂直—水平轧机各 1 台
条钢工场	6 台粗轧机，4 台中轧机，6 台精轧机，10 台线材精轧机
线材工场	7 台粗轧机，8 台中轧机，10 台精轧机
条线工场	4 台粗轧机，6 台中轧机，8 台精轧机
热轧工场	3/4 连续式热轧钢带工场
冷轧工场	5 台串列式轧延机
酸洗冷轧工场	连续式酸洗—冷轧流程，6 重 4 座串列式轧延机
连续退火线	连续式清洗、退火、调质、精整 2 条
电气镀锌线	6 座可溶性阳极电镀槽

台湾中钢依赖进口原料，有码头 5 座，总岸线长度 148m，水深 16m。矿石主要来自澳大利亚、巴西，煤来自澳大利亚、加拿大，熔剂除自产外，尚从日本进口。焦炉 6 座，其中 6m 的 4 座，7.3m 的 2 座，6m 焦炉与武钢 7 号焦炉一样。7.3m 焦炉因没去看，不知道用的是哪国技术。烧结机是 1 台机对 1 座高炉。焦炉、烧结机与高炉配有干熄焦发电、余热发电和余压发电。3 座高炉均有喷煤设备。1 号、2 号高炉喷煤量为 80 kg/t，3 号高炉为 150kg/t。转炉分设在 2 座炼钢厂；一炼钢有 160t 转炉 3 座，配大方坯连铸机（4 流，他们说的 4 股即 4 流）3 台，方坯断面 220mm×280mm。经开坯后供棒材和线材轧机，并出售一部分小方坯；二炼钢厂有 250t 转炉 2 座，配有板坯连铸机（双流）5 台，断面为(150～270)mm×(950～1580)mm，有液面自动控制、自动加保护渣、气雾冷却设备。这种连铸机我去看了，是 IHI（石川岛播磨）制造的。板坯供热轧厂及轧板厂，热轧厂为 3/4 连轧机，设计能力为 340 万吨/年，有加热炉 4 座，现有实际年产量达到 360 万～370 万吨。轧板厂是美国 Mesta 公司设计的，能力是 40 万吨。现在经过改造，达到 80 万吨/年生产能力，并且增设了加速冷却装置，可生产高强度低合金厚板。这个厂他们让我们去看。实际上这是一个投产比较早的厂，比较老，为什么让我们去看？主要是他们改造得比较好，加了液压 AGC，又加了快速冷却，使产量翻了 1 番。他们原来是在美钢联实习的，改造完了以后，使中厚板成材率达到 94%，美钢联反过来向他们学习，他们对此很引以为自豪。有 2 套冷连轧机，1 套为 5 机架连轧机，1 套为 4 机架 6 辊连轧机。一冷轧产品宽 1200mm，厚 0.2～3.2mm，年产 87 万吨；二冷轧产品宽 1500mm，厚 0.4～3.2mm，年产 100 万吨。为适应市场需要，生产的钢板一般不厚，最厚的一般只有 0.6～0.8mm。退火设备有 2 组：一组是罩式炉退火；另一组是连续退火。2 个冷轧厂产量加在一起接近 200 万吨/年，冷轧能力不小，热轧产品 360 万～370 万吨中，有一半以上变成冷轧产品。有电镀锌线、彩涂线和镀锡线，但现在镀锡线没有生产，因国际市场不需要，只生产镀锡用原板。冷轧产品还有 IF 钢和电工钢，但他们生产的电工钢不是硅钢，是一种叫 Motor Lamination Steel 的钢。另外，台湾中钢利用焦炉、高炉、转炉煤气和余热，余压发电，有动力一厂和动力二厂两个发电厂，自有发电能力很强，达到 35 万千瓦，基本自给，所以台湾中钢外购电量比例很小。

此外，还有一个新工艺让我们去看了，就是单面电镀锌，即一面镀锌，一面是光板。这是买的日本川崎重工业公司的设备，两、三年前才建成的。和宝钢的双面镀锌不一样，宝钢双面镀锌镀层比较薄，而中钢的单面镀锌镀得很厚，这套设备是专门为汽车厂服务的。大陆现在还没有这样的镀锌生产线。

总的看来，台湾中钢的整套设备都还是比较新的。

3.2.3 台湾中钢的管理

到 1993 年底止，台湾中钢职工全员人数 9580 人，其中生产人员 6700 人。没有协力单位，设备维修都靠自己。企业面向市场，完全按订货合同组织生产，用户需要什么就生产什么。为了使产品具有竞争力，他们很重视质量，公司每月开 1 次质量会。为了使生产经营水平逐步提高，公司开展“五年标杆活动”，就是每 5 年定 1 个奋斗目标。现在执行的是，到 1995 年实现公司全员劳动生产率 720 吨/(人·年)，销售收入 700 亿元台币/年，劳动成本不增加。1993 年实际劳动生产率已接近 720 吨/(人·年)，销售收入大概是640多亿元台币。另外，他们对目标管理很重视，每年都提出目标，他们也和日本一样，搞自主管理和提案活动，去年完成自主管理项目6920项，取得经济效益22亿元台币。对重大项目成立专案小组，就是相当于我们的课题组的组织，加强管理因为煤和油等都是进口的，他们对节能很重视，生产管理、设备维护管理和销售管理已建立了计算机系统。在日常生产中，跟外国实行的办法一样，把有关数据输入计算机，每个班组生产什么，产量、质量、消耗达到什么指标，都用计算机显示出来。设备维护系统也是计算机管理，跟西方国家的办法一样。

台湾中钢的管理机构比较精干。公司的领导体系是：董事长→总经理→副总经理→副经理→厂处长。董事长、总经理、副总经理都只有1个。副经理有7人，每人主管1个方面，7个副经理都由副总经理负责。生产单位设厂，相当于日本的部。厂以下为工场，相当于车间。例如，炼铁厂包括烧结工场和炼铁工场；轧钢厂分轧钢一厂、轧钢二厂。他们的领导是65岁退休，现在领导班子比较年轻，都是台湾中钢建厂时进厂的骨干，就是在国外留学并工作过几年的技术人员，或在台湾中钢参加工作后，再送到国外去学习几年的那些人。现任董事长叫王钟渝，50岁出头；总经理姓陈，也是50岁左右，现在的公司领导都是50岁上下的一批人。因为厂少，管理人员也少。

科研机构在投产前成立了研究发展处，1987年又成立新产品研究发展处。去年的科研经费是10亿元台币，即接近4000万美元，占销售额的1.7%～1.8%。去年销售收入是640亿元台币。研究人员共有830人，包括现场研究人员560人，钢铝品种研究160人，新材料研究110人。高质量钢材产品1993年占45%，1994年计划达到48%。产品出口量占总产品量的20%，其中销往日本的占55%，其余销往东南亚和别的地方。在国际市场上，要是产品质量不好，是卖不出去的，所以，他们很重视科研开发。

他们的环保投资占总投资的12%～14%，所以，他们的厂区环保搞得比较好，很干净。我们参观时走得很快，看到厂房之间都种有花草树木。产品外观、包装都搞得很好，跟日本的差不多。台湾中钢的劳动生产率达到700吨/(人·年)，比日本有的企业还高。提出2000年的目标是：销售收入达到35亿美元，这一水平能进世界500家大型企业行列；劳动生产率的目标是900吨/(人·年)。计划再行扩建，增加1座高炉，250t转炉工场再增加1座转炉，使钢产量达到800万吨/年，吨钢能耗达到2.47×10^{7}kJ。

台湾中钢的经营理念，或者说经营方针，是8个字：创新（Innovation）、品质（Quality）、服务（Service）、成本（Competitive Cost）。在实际工作中。他们确实体现了这样的经营方针。

3.2.4　台湾中钢的经销手段——中卫体系

我认为，台湾中钢管理方面特别值得研究的是它的经营销售手段，建立所谓“中心卫星体系”（简称“中卫体系”）。大陆现在还没有人研究这个。去年台湾中钢销售额超过600亿元台币，其中盈利超过100亿元台币，所以台湾中钢人说他们是世界（当然是指“西方世界”）盈利最高的钢铁企业，其利润接近销售收入的20%。近年来西方国家的钢铁企业大多数都赔钱，但台湾中钢多年来一直赚钱。利润占销售收入的比例高有好几个原因：一个是它的劳动生产率高、成本低；另一条是他们在经销方面有一套好办法，这就是“中卫体系”。通过这一体系，把用户全“绑”在一起，它的市场别人进不去。

（1）中卫体系分类。中卫体系实际上不是中钢提出来的，而是“经济部”提出的。中卫体系分为以下三类：

1）向后整合（Backward Integration），就是以生产最终产品者为中心厂，以原料供应者为卫星厂。

2）向前整合（Forward Integration），就是以原料供应者为中心厂，以最终产品生产者为卫星厂。

3）专业贸易商及整厂输出。

（2）推动中卫体系的理念和目标。台湾中钢推动中卫体系的理念和目标如下：

1）台湾中钢进口原料，生产高级钢材供下游厂加工，始终坚持“先有下游客户，再有中钢”的概念，视下游厂为台湾中钢生产线的延伸，以下游厂的利益为依归，“互惠互利”“唇齿相依”的“实质血肉结一体，共存共荣求发展”为目标。这是他们的原话，其基本意思就是为下游厂服务好。

2）希望经由“提升经营管理层次”“健全产销结构”的方式，来辅导下游厂改善个别与整体的企业素质，提升产品品质及国际市场竞争力，以建立更为巩固的金字塔形产销体系。

3）除推销下游厂产品外，并推销上下游两者良好的企业形象及文化，以期共同建立钢铁工业的整体形象。

（3）上下游体系推动要点。上下游体系推动要点主要有两条：一条是健全产销结构；一条是提升企业体质，就是提高企业素质。具体事项见图7。

（4）推动上下游体系的具体做法及绩效。台湾中钢推动上下游体系的具体做法如下：

1）建立上下游体系推展计划，成立专案小组，建立上下游体系服务中心。

2）设立对上下游厂家优惠措施。

3）通过教育研习、自主管理活动、专案辅导、代验服务等辅导下游厂改善产销品质、财务管理。

4）成立产品应用实验室，协助下游产品研究发展，及时供应下游厂适用钢材。

5）推动建立专业行销公司，鼓励下游厂统一对外接单，避免削价竞争。

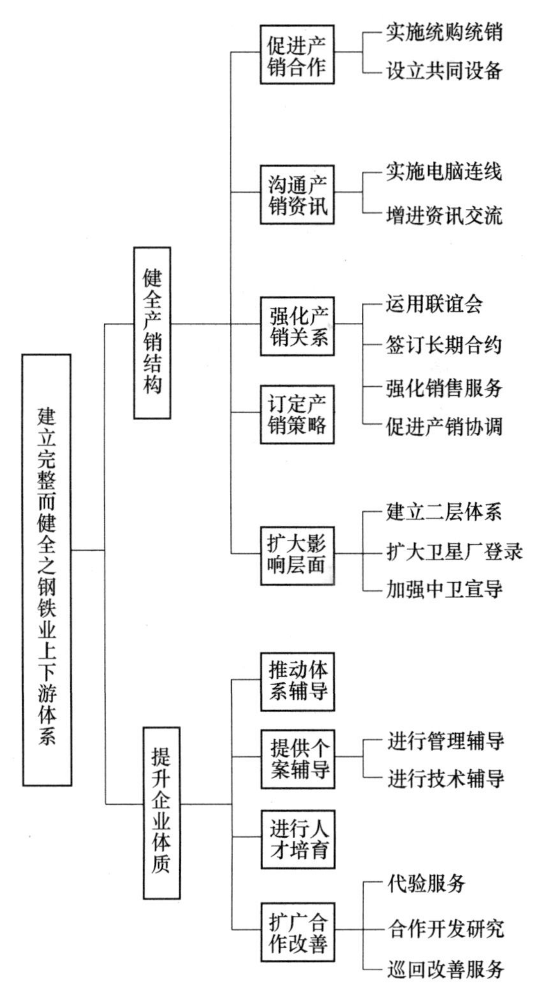

图7　钢铁上下游体系推动要项

6）协助成立第二层次中卫体系。

7）推动钢铁上下游电脑连线，建立信息系统。

8）举办“上下游体系联谊会”。

9）举办“体系巡回服务”，主动拜访下游，协助解决问题。

台湾中钢于1984年成立以中钢为中心的上下游体系，现已有9大下游产业，包括螺丝螺帽、手工具、钢线钢缆、钢管、钢结构、裁剪、扬声器、焊条、造船。一共有98家参加体系运作。这98家客户如按厂家算，虽只占整个台湾中钢客户的12%，采购量却占台湾中钢内销量的66%。所以在市场竞争中，纳入体系的这66%的销售额是靠得住的。因为它服务得好，满足下游厂的需要，这些厂总是要买台湾中钢的钢材，所以台湾中钢产品不愁销售。台湾是搞自由贸易的，没有许可证和关税壁垒，哪国的钢材都可以进口。若没有这套办法，市场就不能巩固。关于这方面的经验，我们在国内市场竞争中应当研究研究。我们搞了很多经营开发项目，但就是没有搞销售开发，现在国内有好些厂和我们合作，是因为我们现在还没有“复关”，如何迎接“复关”的挑战，真正使武钢的产品占领市场，这是必须认真研究的课题，所以，台湾中钢的这套做法，对我们有借鉴作用。

看了以后，觉得台湾中钢在生产和经营方面都是很动了些脑筋的，年年盈利，就是这些工作的结果。他们现在的劳动生产率已达到700吨/(人·年)的水平，到2000年钢产量将达到800万吨，人员将不会增加，还是9000多人，那时的劳动生产率将是900吨/(人·年)。这个水平是很有竞争力的。

面临国际市场挑战的我国钢铁工业*

摘　要　在简述我国钢铁工业快速发展的前提下，分析了面临国际市场挑战的我国钢铁业存在的主要问题，提出了适应世界冶金技术最新进展的技术改造等对策。

关键词　钢铁工业；市场竞争；发展对策

随着我国经济发展到现在的水平，继续设置贸易壁垒已经弊大于利，加入世界贸易组织已成大势所趋。参加世贸组织就意味着国外产品要享受国民待遇，就是和本国产品一样的待遇，所有进口商品的关税国际上一般只是3%～5%，而且像许可证等非关税壁垒都要取消，到那时候，中国的钢铁工业就要真正面对国际市场。从受到贸易保护到参与国际市场竞争，这对于我国钢铁工业来说是一个重大的转变。面对国际市场，中国钢铁工业怎么办？这就是本文要叙述的问题。

1　我国钢铁工业发展速度举世瞩目

我国钢产量由1980年的3712万吨增至1994年的9220万吨，进入世界第2位，花了14年时间，平均每年增产钢392万吨，是这一时期世界上钢铁工业发展最快的国家。就世界范围来讲，自20世纪70年代后期以来，全世界钢的总产量徘徊在7.0亿～7.8亿吨之间。

实际上从20世纪80年代到90年代，西方资本主义国家钢产量已经从最高水平上掉下来：日本最高产量是1.2亿吨，现在是0.9亿～1亿吨这个范围；美国最高产量曾达到过1.2亿吨，可现在是0.9亿～1亿吨之间，有时还不到9000万吨；欧洲共同体1985年是1.35亿吨，1994年1.38亿吨，变化不大。下降最多的是前苏联和东欧国家，而增长快的是中国、韩国、亚洲和中东地区。从世界范围来看，由于不同国家、不同地区政治经济情况千差万别，钢产量有的衰减、有的稳定、有的增长，但全世界总体波动不大。

那么，钢铁工业发展的前景到底怎样呢？大家知道，人类社会发展到今天，经历了新石器时代、青铜时代和铁器时代。到今天为止，钢铁仍然是人类制造生产、生活工具的主要材料，尽管近年来开发出了许多种性能优良的新材料，但到现在为止，还没有哪一种新材料在用途、价格等方面能同钢竞争。而且由于受地球资源的限制，选其他的材料非常困难，而铁是地球上蕴藏最丰富、最容易得到的物质，且可以回收。所以到21世纪主要的材料还将是钢铁。过去一段时间，曾经认为钢铁工业是夕阳工业，正在走向衰退。这种观点主要是受了未来学派的影响。在这方面，美国人吃了亏的。他们曾经认为钢铁工业是夕阳产业，舍不得花钱去更新设备、开发新技术，光搞新兴产业，结果钢铁工业技术落后，在同日本的竞争中失败了，弄得所有的钢铁厂、

* 原发表于《上海金属》，1997，19(1)：1～12。

汽车厂全亏本。最后他们终于头脑清醒了，赶快抓基础产业、抓制造业，所以这几年美国的汽车、钢铁又都发展了。美国的汽车产量去年又超过了日本。就是说，花了20年的时间才又翻了身。所以，一个错误的观点往往会影响整个工业，它的后遗症是很厉害的，造成的损失很大。21世纪由于发展中国家的经济都将不断发展，全世界对钢材的需求量仍将是增长的。如果按0.9%的增长率来计算，那么到2001年，全世界钢材需求量大概是8.1亿吨，所以，钢铁工业还是很有作为的，尤其我国钢铁工业发展的前景仍是十分美好的。

2　我国是钢铁大国，但不是钢铁强国

1994年我国产钢9290万吨，仅次于日本居世界第2位，而生铁产量则居世界第1位。钢铁生产达到这样的规模，堪称世界钢铁大国，但仍然存在着许多问题和不足，以致还远不是钢铁强国。

2.1　产品结构（品种、质量）不能满足本国经济发展的需要

1984~1986年期间，笔者在欧洲和日本看到法国、德国、日本等都在向前苏联出口钢材，尽管当时苏联粗钢产量达1.6亿吨，居世界第1位。那是因为苏联位于寒带地区，西伯利亚用的超低温用钢材，如高压油管、天然气输送管和桥梁、车辆用钢等，它都不能生产，每年都得进口。这说明什么问题呢？这说明苏联虽然是钢铁大国，但不是强国，所以还是离不开别国的钢材产品。现在我国产钢是9000多万吨，我们也有很多东西不能生产，特别是某些关键的钢材品种不能生产，或质量、数量不能满足要求。比如，井深不到3000m的石油管可以自给，但超过3000m的得靠进口；高压锅炉管也靠进口；汽车用钢我们现在能自给自足的是卡车、载重汽车用钢，国产小轿车用钢板质量、品种都不行；发电站锅炉用钢，我们自己不能满足需求。我们建原子能电站，它的高压锅炉的管道是80~100mm厚的不锈钢管，要从法国进口。大变压器、大电机用硅钢国内只有武钢生产，根本不能满足需求。宝钢现在仅满足桑塔纳汽车用钢就有相当大的困难，更不用说提供新一代的汽车板了。还有某些家电用钢、船舰用钢，我们也不能生产。所以，我国产钢9000万吨，还要进口钢材。这种情况和苏联是相类似的，主要是产品结构还不完备，品种、质量不能满足要求。表1是1995年1~7月份我国钢材进出口情况。该年上半年是中国钢铁厂日子最不好过的时候，产品销售很困难，都希望能出口，能生产的坚决不进口，可1~7月份还是进口超过700万吨钢材，主要是进口棒材（低合金钢或合金钢棒材）、特殊要求的型材、板材，还有异型材，这些非进口不可，自己满足不了。在国内钢材已经滞销的情况下，7个月进口超过700万吨，1年就超过1000万吨，所以我们的钢材进口比例也不算小，自给率不行。

表1　1995年我国钢材进出口量

品　种	出口/万吨		进口/万吨	
	1995年1~7月	1994年1~7月	1995年1~7月	1994年1~7月
棒　材	45	37	269	562
型　材	26	7	36	99

续表 1

品　种	出口/万吨		进口/万吨	
	1995 年 1 ~ 7 月	1994 年 1 ~ 7 月	1995 年 1 ~ 7 月	1994 年 1 ~ 7 月
板　材	234	14	368	496
异型材	14	11	41	86
合　计	347	85	736	1281

2.2　技术经济指标落后

（1）能耗。我国钢铁生产能耗高，不管是炼铁焦比和其他工序能耗都远高于国际先进水平，结果我国吨钢的综合能耗达到 1.5t 标准煤，而日本吨钢的综合能耗还不到 700kg 标准煤，就是说中国产 1t 钢所用的能源相当于日本的 2 倍多，所以这项指标相当落后。

（2）物耗。我国钢铁生产各工序材料消耗高，钢的成材率低。日本全国平均成材率已经达到 95%，而我国武钢是比较好的，才 86.7%，全国重点企业平均计算大概是 82% ~83%，和日本比差距很大。日本 1973 年最高产钢 1.2 亿吨，当时钢的成材率是 80% 左右，因此那时候日本生产的钢材还没有它现在产钢 9000 万吨时这么多。现在多生产的钢材都是靠提高成材率得来的。可见，提高成材率对增产钢材潜力是很大的。

（3）劳动生产率。日本的钢铁厂全员劳动生产率一般是产钢 500 吨/(人・年)，欧洲的很多厂也是产钢 400 ~500 吨/(人・年)，中国平均是 20 吨/(人・年)。武钢 12 万人，产钢 500 万吨，人均劳动生产率是 40 吨/(人・年)，比全国平均水平高。宝钢全员是 3 万多人，去年年产钢超过 600 万吨，人均产钢超过 200t，是全国最高的。实际上，劳动生产率的差距是我们和西方国家差距之中最大的。

（4）设备寿命、作业率。我们现在的设备寿命、作业率也比别人低，以高炉为例，我国高炉一般每 2 ~3 年就要停炉中修，而国际上高炉炉役的标准水平是：20 世纪 80 年代连续生产 8 ~10 年，现在是 15 ~20 年。日本 1 座高炉已连续生产了 17 年，现在还在继续生产。我们在这方面的差距也是很明显的。

2.3　环境污染严重

不仅指标，环保方面的差距也大。烟尘、废气、废渣、废水严重污染环境，尤其是我国还有大量的小焦炉、小高炉，是以环境污染作代价来取得铁的。

2.4　我国钢铁工业的特点是多层次并存

我们炼铁的高炉是大中小并存（表 2），炼钢是平炉和转炉并存，在转炉中也是大中小并存（表 3）。炉容 952m^3 级的较大高炉产铁量仅占全国生铁总产量的 56.5%，而大于 120t 转炉的能力还占不到 50%。

表2　我国高炉不同层次并存状况（1992年）

分　类	高炉数/座	总容积/m^3	平均炉容/m^3	1991年产量/万吨	1992年产量/万吨	1993年产量/万吨
第1层次	80	76163	952	4143	4628	4937
第2层次	129	29472	228	1565	1779	2361
第3层次	324	12528	39	1017	1182	1432
合　计	533	118163		6720	7689	8730

表3　不同层次的氧气转炉并存局面

转炉吨位/t	转炉座数/座	总吨位/t	所占比例/%
>120	14	2520	49.5
50	12	600	11.8
20～40	41	1003	19.7
15～19	46	697	13.7
<15	43	270	5.3

这种大中小并存的状况，实际上是不同技术层次的反映。目前，在我国真正代表20世纪80～90年代水平的大型高炉、大型转炉还为数不多，大多数中小型高炉和转炉只达到国际上20世纪60～70年代水平，有的甚至还基本上停留在20世纪40～50年代水平。

轧钢技术装备也是多层次并存。我国有热宽带轧机89套，但真正具有20世纪60年代末、70年代初以上水平的只有5套。线材轧机106套，属于20世纪70年代以后水平的只有13套。在无缝钢管轧机中，真正的连轧机组只有3套。

由于各层次技术、装备水平不同，生产指标也不一样。这里仅举高炉生产为例（表4），我国3个层次高炉生产指标除利用系数1项不相上下以外，其余指标都是第1层次优于第2、3层次，尤其是其中最重要的1项——焦比，大高炉比中小高炉要优越得多。我国钢铁生产技术经济指标落后，在很大程度上是同这种3个层次并存的局面分不开的。

表4　1992年不同层次高炉操作指标

分　类	利用系数/$t\cdot(m^3\cdot d)^{-1}$	焦比/$kg\cdot t^{-1}$	炉料Fe/%	熟料率/%	喷煤量/$kg\cdot t^{-1}$	喷煤高炉数/座
第1层次	1.830	510.3	54.40	89.20	50.5	60
第2层次	1.841	595.0	52.50	81.13	26.0	58
第3层次	1.840	717.0	51.29	70.30		

出现多层次并存的原因在于我国钢铁工业实行大中小并举，以老厂改造为主的方针。在过去的14年间，我国钢产量增长了5438万吨，相当于8个宝钢的产量。如果建新厂，则需投资2597亿元。而实际上从1976年到1992年为止，整个钢铁工业的基建总投资为829.24亿元，更新改造总投资722.43亿元，共计1551.67亿元，约为全部建新厂投资的60%。而且即使全部建新厂，我国钢铁工业也只能有60%的能力是现代化

的。用一分为二的观点看，要高速发展钢铁工业，只能走老厂改造的路。但必须看到其不足之处，认真对待。也就是说，第一步只能达到钢铁大国，要真正变成一个钢铁强国，我们下一步的技术改造任务还很重。

3 我国钢铁工业面临的挑战

我国钢铁工业总体上能耗高、消耗大、产品质量差、劳动生产率低。可是，我们虽然有这些弱点，这些年为什么还能发展呢？主要原因有四个：（1）国内经济发展快，市场需求量大，这对钢铁工业是一个很大的推动力；（2）原燃料价格低，比如煤，我国原来是超过100元/吨，而国际市场上的炼焦煤一般超过60美元/吨，这是发展钢铁工业的一个很有利的因素；（3）劳动力成本低（工资低）。例如在20世纪80年代以前，武钢的成本中，劳动力成本不到4%，而工业发达国家，像日本、欧洲、美国，炼1t钢的工资成本是100多美元，占20%～30%，现在武钢职工工资增加了，大概占总成本的8%，和国际上比，工资还是低水平；（4）国家政策保护，主要是实行进口许可证制度和增收关税。

今后这四个方面的因素将发生如下变化：

（1）国内市场对钢材的需求将向高档化发展。我国原来的工业比较落后，机电设备不需要用高档的钢材制造。但是，国内市场也是会发生变化的，因技术进步与增加出口的需要，质量达到国际水平的高档钢材的需求将大幅度增加，而低档钢材的需求量将减少，出现高档钢材紧缺与低档钢材滞销并存的局面。所以，今后并不需要普遍增产各类钢材，而是紧缺的增产，滞销的减产。

（2）原燃料价格便宜的局面目前已部分消失，能源价格低的局面也将不复存在。因为我国贫矿多、富矿少，采3t矿石才能选1t精矿，而其他国家，像澳大利亚、巴西的矿石品位高，露天矿开采出就能用，不需要选矿。所以，我国矿山的劳动生产率比有些国家低得多。例如巴西的一个矿山公司，年产矿超过1200万吨，人员一共只有1400人（包括生产、销售、各地办事处人员），生产人员不到1100人，1人1年生产超过1万吨矿石，劳动生产率非常高，而武钢矿山总人数是2.8万人，1年开采出来的矿石能生产精矿300万吨，按巴西的标准，矿山最多只需400人。这个比例悬殊太大，所以，我们的矿石成本非升高不可，下一步原燃料便宜的局面就要消失。

（3）劳动力成本低的情况也将逐步消失。现在，我国职工的工资在逐年提高，而我国劳动生产率低，所以随着工资的增长，劳动力费用在产品成本中的比重将会逐步升高。

（4）国家政策保护的优势即将消失。从我国经济发展与改革开放的形势看，参加世界贸易组织是大势所趋。到那时，许可证制度和关税壁垒将逐步取消。尽管参加世贸组织以后，对幼稚的民族工业还可以有一定年限的保护期，但我国年产钢超过9000万吨，就不是幼稚工业了。所以，到那时，我国钢铁工业将直接参与国际市场竞争，如不采取有力措施，将有部分工厂面临倒闭，弄不好甚至可能部分行业全线崩溃，现在必须充分认识到形势的严峻性。

从总体上看，我国钢铁工业将面临以下几个方面的挑战。

3.1 新的工艺技术革命的挑战

自从20世纪初世界上出现钢铁联合企业以来，钢铁工业的发展就世界范围讲已经历了两个阶段，目前正在走向第三个阶段。

第一阶段是20世纪早期的钢铁联合企业，即20世纪30~40年代以及50年代初钢铁联合企业的基本工艺流程：高炉（小）—平炉—铸锭—初轧开坯—轧钢。到“二战”结束后，世界经济开始复苏，各钢铁企业不断进行技术开发，力图以增加设备能力、连续生产、提高速度为手段，达到大批量生产的目的。20世纪50年代以后，世界钢铁工业出现了两个革命性的变化：一是氧气转炉的出现，它使炼钢工艺无论是生产率还是产品质量都上了一个大的台阶；另一个就是连续铸造的出现，使钢铁工业成材率提高了10%以上。这两项技术革命使世界钢铁工业的发展进入了第二阶段，出现了现代化的大型钢铁联合企业。其特点是设备大型化、连续化、高速化，氧气转炉代替了平炉，连铸代替了铸锭初轧开坯，同时使用了计算机。20世纪60年代以后，世界钢铁工业发展很快，也是和这套新工艺的形成分不开的。最明显的例子是日本。日本在第二次世界大战以前年产钢量才700万吨，“二战”后钢铁厂遭到破坏，20世纪50年代钢铁工业正处在恢复中，起步低，技术水平也不高。奥地利开发的氧气转炉技术实际上在20世纪50年代就已经成熟，开始向外出售这项新技术。他们首先到中国推销他们的专利，当时我国正在学苏联的平炉，没买这项技术。而日本人则买了，并且很快在全国推广。连铸技术苏联在20世纪50年代就进行了研究，但真正工业化搞得最早的是联邦德国。后来日本人也引进了连铸技术。所以，氧气转炉和连铸技术是使日本钢铁工业很快发展起来的两个关键技术。

下一步的趋势，除了继续进行技术改进，使工艺过程进一步完善化以外，正在酝酿着两个革命性的技术进步：一个是将高炉、烧结和焦化综合为一个工序，即熔融还原；另一个是把连铸和热轧合在一起，形成一种叫做“近终形铸造”的新工艺。这是当前钢铁工业新工艺技术革命的两大特点。

3.1.1　熔融还原和直接还原工艺

对于炼钢以前部分，将烧结、焦化、高炉综合为一个工序——熔融还原。

目前，世界各国正在进行试验研究的熔融还原方法很多，较出名的有十几种，国际上认为比较重要的有六种：

（1）COREX法。这是奥地利的专利，是在德国人研究的基础上搞成的。1980年完成方案研究，1985年前后建立了1套年产6万吨的试验装置，1990年在南非建成1套年产30万吨的工业生产设备，现在在建的是为韩国浦项公司设计的1套年产80万吨的生产装置。COREX法的工艺流程如图1所示。

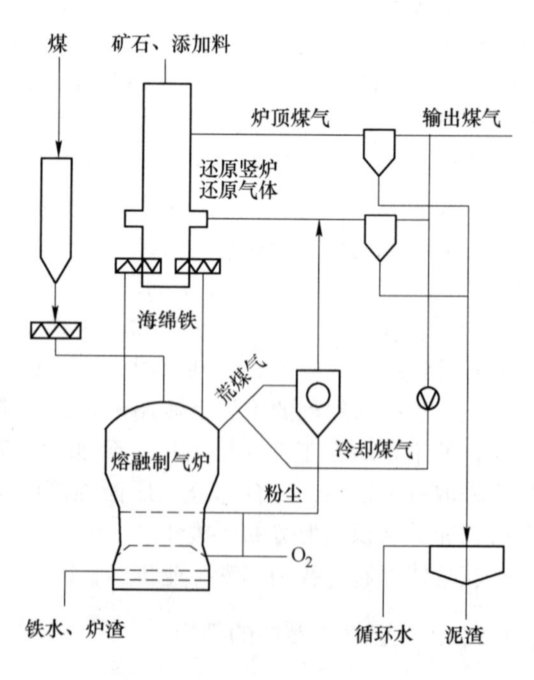

图1　COREX法流程图

（2）Hismelt法，又叫CRA-Midrex法。于1982年建立了1个10t的试验装置，1990年建立了1套年产10万吨的试验装置。

（3）DIOS法。1987年前日本1家公司发起研究，以后参加研究的共有8家钢铁公司，并得到日本政府的资助。1988年建立了1个5t的反应器，进行试验研究，1993年达到年产15万吨规模。

（4）CCF法。这是目前在欧洲由意大利、荷兰、英国等国家合作研究的项目之一，参加的公司有埃尔瓦公司、霍戈文公司、英国钢铁公司等。现已完成方案研究，计划于1995~1997年建立2套每小时生产5t熔融还原铁的试验装置。

（5）JUPITER法。也是目前在欧洲研究的一种方法，由德国蒂森公司和法国索拉克公司联合进行研究。现已完成方案研究，计划于1997年建立1套年产30万吨的示范装置。

（6）美国的AISI-DOE法。这是一种直接炼钢法，是由美国钢铁学会与美国能源部合作投资1亿美元进行开发的。于1986~1990年确定方案，从1990年起用每小时生产5~10t的试验装置进行试验，计划在1995年以后进行进一步的研究。

在各种熔融还原方法中，进展最快的是COREX法，目前在南非建立的1套年产30万吨的装置已经用于工业生产，其他熔融还原法还没有达到工业生产的程度，而且生产的铁水含硫高，炼钢前必须进行脱硫处理。在南非建立的COREX装置的生产指标见表5。

表5　COREX法的生产指标

项目	铁水成分/%				铁水温度/℃	吨铁渣量/kg	作业率/%	吨铁原料消耗				
	C	Si	P	S				矿石/kg	煤/kg	$C_{固}$/kg	熔剂/kg	氧/m^3
指标	4.15	0.30	0.15	0.043	1498	380	94	1506	1180	670	439	609

从表5看，COREX法生产的产品——铁水的成分和温度都和高炉差不多。但是，COREX法生产1t铁水需耗煤1180kg，耗氧气609m^3，消耗太高。而高炉现在炼1t铁的燃料消耗，一般是500kg左右，而且高炉生产能力大，1座大型高炉日产量可达到1万吨，这些是COREX法目前无法比拟的。以往认为，COREX法与高炉法相比，最大的优点就是不需要焦炭，只用煤。但也不是什么样的煤都行，它对煤的品种、质量有要求。而且要求用好的块矿，由于无那么多的好块矿，到最后天然块矿不够用时只能用人造块矿，所以烧结、球团工艺还是省不了。

此外，为了达到缩短工艺流程的同样目的，还在对各种直接还原工艺进行研究开发。现行的直接还原工艺有煤基直接还原和气体直接还原两类。目前世界上应用直接还原法最成功，生产规模最大的是Midrex法用天然气还原的工艺。其他还有回转窑法、竖炉法、热压团块法等。用这些方法生产海绵铁或金属化球团。再一个就是美国纽柯公司计划在特利尼达建立的生产Fe_3C的工厂，也是属于直接还原一类的。它的产品含碳6%~7%。这种Fe_3C准备用来代替废钢。

尽管到目前为止，还没有任何一种方法能够取代高炉，但熔融还原、直接还原工艺仍然是很有吸引力的，国际钢铁界都把它看作应付面临挑战的手段，花大力气进行着广泛、深入的研究开发。将来的目标是用直接还原或熔融还原工艺取代高炉炼铁，缩短钢铁生产流程。这一目标的实现将是钢铁生产中一次革命性的飞跃。

今后，熔融还原或直接还原工艺能否取代高炉，实现以煤（或还原气）和矿石直接炼铁，达到取消焦炉和烧结机、球团设备、缩短工艺流程的目的，还有待于对这些新工艺的进一步开发。熔融还原、直接还原工艺要取代高炉，燃料消耗必须降低、产品质量和产量必须提高，而要做到这点，今后必须有新的技术突破。另一方面，高炉工艺本身也还在进一步完善化。总之，在面临挑战的形势下，炼铁方面存在着寻找一条可替代高炉的工艺路线和使高炉工艺本身进一步完善化两条路线的竞争，竞争的结果将取决于这两条工艺路线今后各自的技术进步。

3.1.2　近终形铸造

炼钢以后的部分，下一步的革新是要把铸锭—初轧开坯—热轧粗轧—热轧精轧这些工序综合为一个工序，叫做“近终形铸造”（图2）。

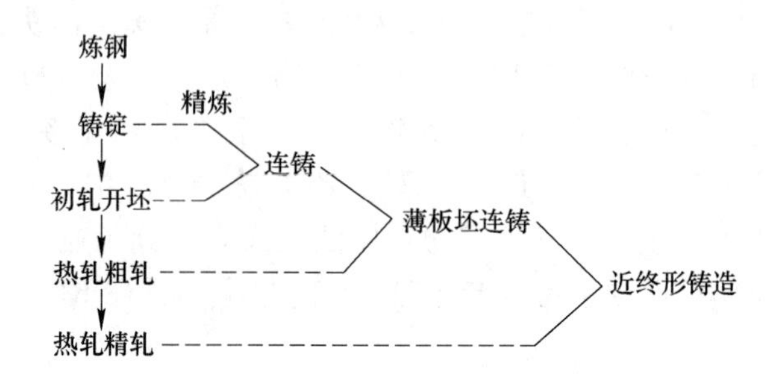

图2　炼钢以后各工序的综合

现在，连铸已在世界范围内得到推广。薄板坯连铸在美国的纽柯公司取得了很大的成功，并在北美得到迅速发展。近终形铸造还处在试验研究阶段。

薄板坯连铸现在推行的有两套工艺。一个是CSP流程，铸出来的是50mm厚的薄板坯，经过均热炉，进精轧机，直接轧制成钢卷；另一个是ISP流程，铸出来的板坯先经过热轧机（HRM），然后经过感应加热炉、钢卷箱，再进连轧机轧制成钢卷。实际上，现在发展最快的是CSP，美国纽柯公司就是采用的这套工艺。

还有一种工艺，叫带钢铸造（Strip Casting），通过连铸直接获得带钢。不过，这种工艺仍处于实验阶段。其工艺流程是将钢水从中间包往下浇注，通过两个大的水冷辊子的挤压形成带钢。用这种工艺铸普通钢是不经济的。表6将连铸、薄板坯连铸、带钢连铸进行了比较。

表6　连铸、薄板坯连铸、带钢连铸的比较（吨钢计）

工　艺	生产成本	建设投资费用		中间库存	生产周期	管理费用
		按绝对总额	按每吨产品			
常规钢厂（以生产热轧带钢为基数）	100	100	100	大	3周	高
薄板坯连铸（CSP工艺）	90～110	27～33	45～55	无	<1周	低
带钢连铸工艺	110～165	9～11	65～120	无	<1周	低

注：质量、品种与规格在这里属不可比项目。

从表6可见，带钢连铸的生产成本很高。建设投资费用按每吨产品计算，带钢连铸也并不比现在的常规连铸工艺便宜，只有薄板坯连铸单位产品基建投资最低，只是常规钢厂的45%～55%。就生产周期和管理费用来讲，薄板坯连铸和带钢连铸都比常规工艺强。但这个表只是就目前情况从经济上作的分析，带钢连铸今后能否推广，还要看以后进一步的技术开发。

总的说来，在上述连铸连轧新工艺中，目前发展最快的是薄板坯连铸连轧新工艺(CSP)。美国纽柯公司按这套新工艺建立的两个薄板坯连铸连轧工厂已在正常生产，并且年产热轧板突破400万吨规模。由于缩短了工艺流程，与常规工艺相比，这种新工艺显示出了巨大的优越性：投资省、建设速度快、劳动生产率高、成本低。表7是纽柯采用的电炉短流程工艺与国内外常规钢铁企业劳动生产率状况的比较。

表7　部分钢铁企业劳动生产率状况

企业名称	劳动生产率 /吨·(人·年)$^{-1}$	吨钢工时 /人·(吨·时)$^{-1}$	吨钢工资 /美元
国外现代钢铁企业（平均）	400～600	4～5	100～125
NUCOR公司（电炉短流程）	2000～4000	0.6	<20
中国钢铁行业（平均）	20～40	50～100	300～500（人民币）

从表7可见，纽柯公司全员劳动生产率是2000～4000吨/(人·年)，吨钢工时消耗仅0.6人·时，吨钢工资成本小于20美元/吨。这么高的劳动生产率，这么低的工时消耗、这么低的工资成本，不仅我国钢铁行业望尘莫及，即使国外的现代钢铁企业，也相差悬殊。这就是说，新工艺的优越性，是传统工艺没法比的，不优先采用新技术、新工艺，在国际市场的竞争中就要遭到失败。

在美国，习惯上将电炉炼钢的小钢厂叫做Minimill。由于纽柯的成功，引起了世界各国对这种短流程小钢厂的重视，在北美争相发展这种Minimill已经成为一种时尚。而且由于纽柯的产量已超过400万吨，使原来的Minimill的含义有了改变。现在的Minimill不再是小钢厂的含义，而是专指采用电炉炼钢的短流程钢厂。在推广应用的过程中，薄板坯连铸技术本身也得到进一步的发展。原来的薄板坯连铸工艺生产的钢材品种有限，有些钢材品种还不能生产，比如生产出来的汽车板只能供一般汽车用。现在，对薄板坯连铸工艺生产的钢材品种、质量正在作进一步的技术开发。1995年7月，美国纽柯公司Crawfordsville厂用薄板坯连铸工艺生产不锈钢（含钛的409不锈钢），生产了50炉，结果还不错。计划年生产409不锈钢2.5万吨，1996年生产10万吨。由于国内外对不锈钢的需求都在增长，估计全球每年409需求量将达到40万～50万吨，所以生产这种产品是很有发展前途的。该公司相信，用薄板坯连铸工艺生产不锈钢板，成本将比其他厂家低得多，虽然目前产品质量还有一些缺陷，但用薄板坯连铸工艺生产的不锈钢板结晶组织更细，今后产品质量有希望进一步提高。为了生产409钢，该公司已在Crawfordsville装了AOD炉。该公司下一步的计划是生产400系列的其他钢种。

从上述世界钢铁工业发展的三个阶段看，就世界范围而言，目前正处于第二阶段，并出了新的技术革命的苗头，正在酝酿着向第三阶段过渡。而我国钢铁工业是多层次并存的局面，除少数大型骨干企业已进入第二阶段以外，大多数企业实际上还处在第一阶段向第二阶段过渡的时期。为什么我国钢铁工业技术经济指标落后，为什么有的企业日子难过？根本原因就在于技术落后。在当今国际市场竞争中，是技术进步决定一切，人员素质决定一切。不加速对先进、成熟工艺的采用、掌握，不加速对新工艺的开发，将来我国钢铁工业在国际市场上就没有竞争力。

3.2 资源不足的挑战

我国钢铁工业已达到年产钢1亿吨左右的规模，要支撑这样庞大的钢铁工业，我国自然资源的蕴藏量相对说来是不足的。下面对与发展钢铁工业密切相关的几项主要资源的状况进行分析。

3.2.1 铁矿石资源

表8是世界铁矿石资源分布情况。

表8 世界铁矿石资源（折算为金属量）（亿吨）

全世界	苏联	澳大利亚	巴西	加拿大	印度	南非	美国	中国	瑞典
1032.24	254	205	114	99.5	76	67	59	35	24

注：本表数据来自美国矿山局1988年公布的数据。

从表8可知，同苏联、澳大利亚、巴西、加拿大、印度、南非、美国等国家相比，中国的铁矿石资源相对贫乏，但目前我国钢铁产量却超过了这些国家，所以进口铁矿石是不可避免的。要进口矿石，就要花费大量外汇，要有外汇，就必须有一部分钢铁产品出口，而我国钢铁产品要打入国际市场，不依靠技术进步是不行的。

3.2.2 能源资源

中国主要的能源资源的情况是：煤炭地质储量为986.3万亿吨，其中相当于世界能源委员会定义的探明储量约占30%，探明可采储量为114.5万亿吨；石油资源量为615亿~940亿吨，天然气资源为38万亿~60万亿立方米，世界能源委员会的估计分别为32.6亿吨及1.127万亿立方米。表9是我国能源需求预测。

表9 我国能源需求预测

年份	总量/Mt	煤/Mt	油/Mt	气/m^3	水能/GW	核能/GW	生物质量/Mt
1990	1256	1055	155	215×10^6	36		267
2000	1670	1400	200	350×10^6	72	2.7	250
2010	2260	1770	260	1200×10^6	110	20.0	309
2020	2794	2100	320	1600×10^6	180	40.0	367

根据这个预测，到2000年，我国煤的需求量是14亿吨，这有可能达到；油是2亿吨，这不可能达到。实际上，到2000年除了煤有可能满足需求外，其他的像油、气等都不够。所以，能源不足将是我国钢铁工业发展的限制性环节。

3.2.3 水资源

根据多年的统计资料，我国人均占有水资源仅为世界平均水平的25%，居世界第108位，实际上属于缺水国家。而且我国水资源分布不均匀，南方多、北方少，北方为14.4%，南方为81.0%。在北方广大地区，人民生活用水都感到困难。随着人口的增加，水资源将更趋紧张。这也是发展钢铁工业的一个不利因素。

3.2.4 其他资源

在土地、耕地、森林、草原面积和淡水资源等关系到国计民生的几项主要自然资源的人均占有量方面，我国都远远低于世界平均水平。因此，如何最有效地开发利用和保护我国有限的自然资源，是摆在我们面前的迫切任务。长期以来，我们靠高投入、高消耗、多污染来换取经济发展的高速度。现在这种粗放型的发展方式再也不能继续下去了，必须转变到集约化的发展方式上来。

3.3 市场经济对传统管理方法、管理思想的挑战

我国工业企业产品质量差、技术进步缓慢、效率低下、人浮于事、机构臃肿等现象，都是与计划经济体制有关的。这种经济体制，完全不能适应今后参与国际市场竞争的需要。长期以来，我国学习苏联的计划经济，已经形成一套完整的体系，现在要建立社会主义市场经济，由于牵涉到管理体制和思想观念的转变，所以决不可能很顺利，也决非短时期内可以完成，必须花力气、花时间。

科学技术是第一生产力，要发挥第一生产力的作用，管理体制、管理方法、管理人员的素质必须与生产力相适应，否则就会成为障碍。建立与社会主义市场经济和现代生产力相适应的新的管理体制，采用新的管理方法和提高管理人员的素质，是我们今后必须长期坚持奋斗的目标。

4 我们的对策

自从党的十一届三中全会以来，我们国家经济增长特别快，钢铁工业的发展举世瞩目，这些成绩是伟大的。但是，我们同时也应看到不足之处，特别是在怎样和国际市场相适应的问题上，要改变现状，迎接挑战。最根本的是把我国的钢铁工业由粗放型（高投入、高消耗、低质量）、追求规模、速度的发展方式，转移到集约型（低投入、低消耗、高质量）的追求质量效益的发展道路上来，把钢铁工业的经济增长转移到依靠科学技术进步和提高全员素质的轨道上来。我国钢铁工业发展的资源虽然不足，但并不是不能发展。日本地方小、人口多、资源贫乏，但它能成为资本主义世界第二经济大国，靠的是先进技术和先进的管理。在现代经济的发展中，科学技术和人员素质是决定一切的。为了实现这一转移，应重点抓好以下方面工作：

（1）抓好现有钢铁企业的技术改造，实行企业改组和产品结构的调整。对企业产品结构的调整要从市场需求出发，使产品结构与市场结构相适应。考虑到我国国民经济的层次性，产品质量可以分成不同档次，分别满足不同的市场需求。但是，其中一部分企业的产品结构和实物质量必须达到国际先进水平，能够参与国际市场竞争，出口创汇；另一方面，满足国内市场对高档产品的需求。在国内市场上，钢铁产品（包括高档产品在内）的自给率要达到95%以上，我国钢铁工业才算真正强大起来了。只有国内需求量不大的产品才可以不生产，靠进口作必要的补充。其他企业的产品结构也必须适应国内市场的需求。国内市场也是在不断变化的，随着工业化的进展，对高档产品的需求将越来越多，所以一切企业都要不断调整产品结构，提高产品质量。根据目前情况，要调整产品结构，要求对企业进行改组和技术改造。要根据产品结构要求，对工艺流程进行分析，找出薄弱环节，确定改造内容，据此制订切实可行的技术

改造计划。

（2）大力采用新技术，加速技术进步。对国内外成熟的新技术、新工艺，要大力推广、引进，并在此基础上进一步开发、创新，以提高产品质量，降低消耗，改善技术经济指标。如矿石处理技术，精料技术，高炉喷煤技术、长寿技术，炼钢工艺优化技术，高纯净钢冶炼技术，全连铸技术，轧钢工艺连续化技术等，应优先采用。这些先进技术的普遍推广，将使我国钢铁工业向现代化迈进一大步。

（3）加强企业管理。重点抓好质量管理和设备管理。质量管理是企业管理的核心，只有给用户提供优质的产品和服务，才能占领市场，取得较大的经济效益。设备管理也很重要，不使设备经常处于完好状态，企业就不能维持正常生产。现代化、自动化的设备对管理的要求更高。要建立有效的产品质量保证体系和设备管理体系，使设备处于完好，充分保证质量要求的状态。

（4）增大科技投入，加强科研开发。科学技术是第一生产力，科技投资是最有效的投资。工业发达国家，像日本，每年用于研究开发的投资占销售收入的3%以上，各钢铁企业都设有完善的研究开发体系。随着企业经济实力的增长，我国企业要逐步加大对科技开发的人力、物力、财力投入，建立健全的研究开发体系，使企业真正成为应用研究和开发的主体。

（5）加强职工教育，提高人员素质。要加强对企业职工的培训和工程技术人员的继续工程教育，建立企业内的终身教育体系，把提高全员素质作为迎接市场挑战的第一位措施。市场竞争是产品的竞争，而产品的竞争又是科学技术的竞争，科学技术的竞争归根到底是人才的竞争。企业以人为本，抓好了人员素质的提高，就是抓住了根本，就能够在以后的市场竞争中立于不败之地。

Chinese Iron & Steel Industry Being Faced with the Challenges from International Markets

Abstract On the brief introduction of rapid growth of Chinese iron and steel industry in 80s' and early 90s', the exiting shortcoming of Chinese iron and steel industry being faced with the challenges from international markets was analyzed. The countermeasure suitable to the new development of world metallurgical technology was pointed out, for instance, the technical transformation policy.

Key words iron and steel industry; market competition; countermeasures

世纪之交的钢铁工业新技术*

摘　要　认为21世纪的钢铁工业的技术发展趋向为钢铁工业新流程的开发与钢铁传统工艺完善化的竞争，21世纪将是钢铁工业重组的世纪。

关键词　世纪之交；钢铁工业；新技术

21世纪的曙光即将来临，作为材料工业支柱的钢铁工业仍将继续发挥其在结构材料中不可替代的作用。为了探讨进入21世纪时世界钢铁工业发展的总趋势，本文想就以下问题做一简要分析，即钢铁工业新流程的开发；钢铁传统工艺的完善；钢铁工业技术进步两个趋向的竞争。

1　钢铁工业新流程的开发

1.1　炼钢前工序的新流程开发

总的来讲，钢铁工艺流程发展的趋向是简约化。因为流程简化后，必然可以节约能源消耗，减少劳动力，特别是能大幅度降低钢铁总成本中工资成本的份额。因而，西方国家，包括日本和欧美，各行各业都在想方设法地裁员，以降低工资成本，增强企业的竞争力。在这些国家的钢材总成本中，工资成本约占30%。而对这个问题，我国的某些企业存在着截然不同的看法，片面地认为：人越多，企业级别越高，地位越高。这些看法显然是落后的。

炼钢前工序的新流程的开发，总的思路是将造块（包括烧结和球团）、焦化、高炉3个工序综合为1个工序，即熔融还原工艺。取消炼焦和造块，直接用矿粉和煤生产铁水。为此，许多厂家和研究机构投入了大量的人力、财力，做了许多实验进行开发。图1所示即为缩短炼钢以前工艺流程的思路。

铁矿粉　铁矿块　炼焦煤
造块
炼焦
其余熔融还原流程
COREX法
高炉
铁水
炼钢

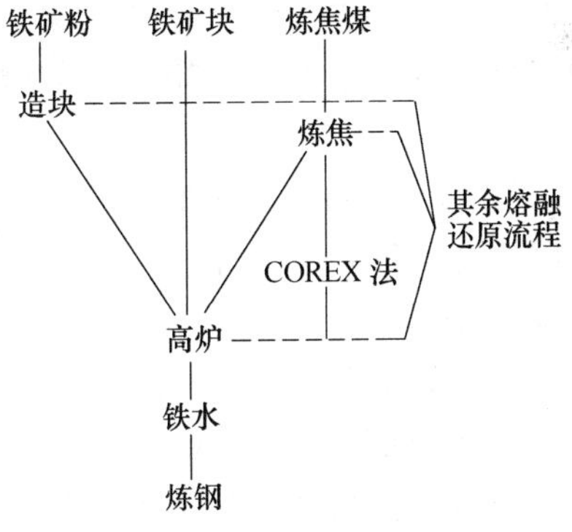

图1　缩短炼钢以前工艺流程的思路

但到目前为止，唯一能取消焦炉且实现工业化生产的工艺就是COREX法。该法并不能取消造块，且必须使用质量好的块矿或球团矿。因此，真正实现工业化且将造块、焦炉、高炉三者融合在一起的工艺还没有真正成熟。

取消焦炉的主要原因是：炼焦是钢铁工业最大的污染源，其产生的煤气和含氰、

* 原发表于《世界科技研究与发展》，1997，19(2)：21～29。

酚废水中含有大量致癌物质。现今，世界各国的环保法规越来越严格，人民群众的环保意识也越来越强烈。就全球范围讲，焦炉日趋老化。在未来的10～15年内，一半以上的现在生产的焦炉将大修，而大修费用在满足环保要求的条件下是非常昂贵的。因而，考虑取消焦炉是必然的趋势。

钢铁工业的另外一个污染大户是烧结工艺。尽管这些年来，烧结环保措施取得了相当好的成效，但到目前为止，烧结仍是钢铁工业的第二大污染源。其排放的SO_2、氧氮化物NO_x以及生产过程中的粉尘，对环境的污染均非常严重。因此，烧结工艺的取消也是大势所趋。

将三个工序合为一体，不仅从根本上解决了环境污染问题，还能大大减少劳动力，降低工资成本，提高企业的竞争力。

目前，世界各国正在进行试验研究的熔融还原方法很多。COREX法是目前唯一实现了工业化的熔融还原工艺。该法是奥地利的专利，是在德国人研究的基础上完成的。1980年完成方案研究，1985年前后建立了1套年产6万吨的试验装置。1989年，在南非伊斯科尔公司建成1套C-1000的工业生产设备，1995年该设备年产已达34万吨，达到设计能力。目前，设计者已将C-1000的规模扩大到C-2000。韩国的浦项、韩宝公司以及印度等国都已向奥钢联订货。韩国浦项公司的1套年产80万吨的C-2000的COREX装置已于1995年9月投产。

Hismelt法又叫CRA-Midrex法。该法主要是由澳大利亚开发的。1982年建立了一套10t的试验装置，1990年建成一套年产10万吨的试验装置。但该法近期内实现工业化的可能性不大。

DIOS法是从英文Direct Iron Ore Smelting缩写来的，即铁矿直接熔融。该法是由日本8家钢铁公司联合开发的，并得到日本政府约1亿美元的投资。1988年建成了1套5t的反应器，进行试验研究，1993年进行的半工业试验装置达到日产500t的规模。原曾提出建成1套日产5000t的装置，但实验结果证明其经济性太差，该项目可能要推迟。

CCF法和Jupiter法都是由欧洲开发的项目。CCF法最初是由意大利、荷兰、英国等国家合作研究的项目之一，有许多公司参与了研究。但目前只剩下霍戈文公司还在开发。Jupiter法是由德国蒂森公司和法国索拉克公司联合进行研究的，原计划于1997年建立1套年产30万吨的示范装置，现已搁置。

AISI-DOE（American Iron and Steel Institute Department of Energy）法是由美国钢铁学会与美国能源部合作投资1亿多美元进行开发的。其最初的目的是直接炼钢，该思路比熔融还原还要超前。但试验结果表明，直接从矿石炼钢是不可行的。作为熔融还原，试验也已做完，报告据说已出来，但未公开。目前，霍戈文公司准备购买AISI-DOE法的许可，将其与CCF法相结合，希望能有所创新。

综上所述，短期内DIOS、AISI-DOE等熔融还原方法要实现工业化是不可能的，许多技术问题目前还不能解决，且经济上也不合算。唯一实现工业化生产的熔融还原方法只有COREX法。

从所用原料的差别来讲，COREX法必须使用块矿或球团矿，而Hismelt和DIOS可以使用粉矿。而且，三种方法对煤的品种、质量都有要求，并不是什么煤都能用。从生产的产品来看，只有 COREX 法生产的铁水的成分和温度与高炉的水平接近。而其他两种方法生产的铁水 S 太高，根本无法用于炼钢。从操作上看，三种方法均对气化介质和后燃烧率有要求。另外，到目前为止，只有 COREX 法成功地用于工业化生产，其他两种还处于试验阶段。

在 1996 年秋季的日本钢铁协会的年会上，韩国浦项的代表谈到，该公司新投产的 C-2000 规模的 COREX 法生产工艺已经达到其产量的设计能力，即日产 2000t 铁水，但仍存在许多问题。其中最难解决的问题是煤耗太高，而且离不开焦炭，必须添加 15% 左右的焦炭。由此看来，C-2000 的规模就遇到如此棘手的问题，那么将其规模扩大到 C-5000、C-6000 的可能性是很小的。因而，传统的高炉工艺流程仍具有极强的生命力，在相当长的时期内，它不可能被熔融还原工艺所取代。

图 2 所示为 COREX 法的流程简图。炼铁工艺的核心是铁矿石还原的过程。在高炉中，矿石的还原熔化是个连续的过程，为保护炉内的透气性，需要具有一定粒度、强度和还原性的焦炭。而 COREX 法的思路是将其分为上、下两部分，上部是矿石还原的过程，下部是还原后的熔化过程。在还原竖炉内，还原气体将块矿或球团矿还原成金属铁或接近于金属铁，经过两个给料器，下到熔融制气炉中。在熔融炉中，氧气与煤粉燃烧反应生成大量的热及还原性气体，高温将金属铁熔化，而还原性气体一部分经除尘后返回还原竖炉，另一部分再经冷却，以作它用。这样既保证还原过程有一定的透气性，又可以直接使用煤粉。

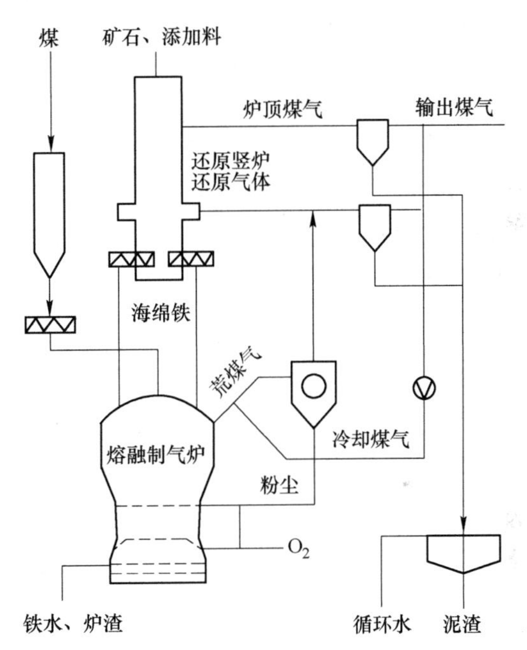

图 2　COREX 法的流程图

表 1 是 1994 年南非伊斯科尔公司的 COREX 装置的生产指标。由表 1 可知，COREX 法生产的铁水质量与高炉相近。其中 S 比高炉高；渣量 380kg/t 与高炉水平相差不大；作业率为 94%，比原来设想的好，而比高炉稍低。但是，COREX 法生产 1t 铁水需耗煤 1180kg，耗氧气 609m^3，消耗太高。而高炉生产 1t 铁的燃料消耗，目前一般在 500kg 左右，而且高炉生产能力大，1 座大型高炉日产量可达到 1 万吨以上，这些都是 COREX 法目前无法比拟的，由于 COREX 法生产的还原性煤气有富余，为加强该工艺的经济性，由于节能的考虑，现在也出现了将直接还原与熔融还原相结合的流程，即用熔融还原法（COREX）产生的还原性气体进行直接还原生产海绵铁，然后再利用煤气发电或制氧。这种思路既可行又新颖。表 2 是目前已投产或在建的 COREX 装置的一览表。

表1 COREX法的生产指标

铁水成分/%				铁水温度/℃	渣量/kg·t^{-1}	作业率/%	原材料消耗/kg·t^{-1}				
C	Si	P	S				矿石	煤	$C_{固}$	熔剂	氧/m^3·t^{-1}
4.15	0.30	0.15	0.043	1498	380	94	1506	1180	670	439	609

表2 已投产的COREX装置及在建新装置

国 家	公司名称	装置规格	建成年份	年生产能力/万吨	备 注
南 非	伊斯科尔公司	C-1000	1989	30	C-1000×1
韩 国	浦项公司	C-2000	1995	70	C-2000×1
	东国钢公司	C-2000	计划1999	160	C-2000×2
	韩宝公司	C-2000	计划1997	150	C-2000×2
印 度	京德勤	C-2000	计划1999	64	C-2000×1

1.2 炼钢后工序的新流程开发

图3所示为缩短炼钢以后工艺流程的思路。连铸是成功地将铸锭与初轧开坯合为一体的工艺，并已在世界范围内得到普遍推广。炼钢以后的工序，下一步的革新思路主要有两种：薄板坯连铸和近终形铸造。

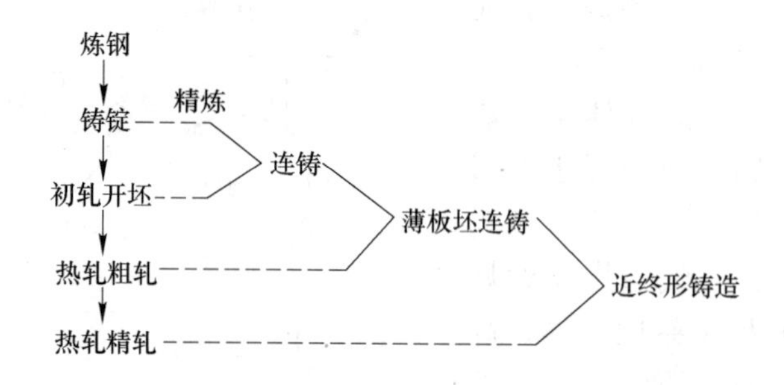

图3 炼钢以后各工序的综合

薄板坯连铸是将热轧机的粗轧与连铸相结合的工艺，它铸出来的板坯和经过粗轧的板坯一样薄。薄板坯连铸缩短了工艺流程，与常规工艺相比，这种工艺显示出了巨大的优越性，如投资省、能耗低、建设速度快、劳动生产率高等。因而该工艺目前在世界上发展迅速。表3所示为已投产与在建的不同工艺薄板坯连铸装置。其中，CSP（紧凑式带钢生产工艺）流程是由施罗曼西马克公司开发的，该工艺工业化后效果极好，因而进展很快，是世界上处于主流地位的薄板坯连铸工艺。

ISP流程是由曼内斯曼德马克公司开发的，其第一套工业化装置于1991年在意大利建成，但使用效果不尽如人意，达产速度很慢。

Conroll流程实际上是奥钢联开发的一种工艺。第一套工业化装置设在瑞典，达产速度也很慢，效果不好。TSP流程是由美国的Tippins公司与韩国三星公司开发的工艺，在前三者基础上做了一些改进并结合了炉卷轧机，属后起之秀。

CSP流程与ISP流程的主要区别在于：CSP流程铸出来的是50mm厚的薄板坯，经均热炉，进精轧机，直接轧制成钢卷；ISP流程铸出来的板坯均80mm厚，经热轧机

HRM、感应加热炉、钢卷箱，再进连轧机轧成钢卷。实际上，目前发展最快的是 CSP 流程，包括美国纽柯在内的许多公司都采用了这套装置，中国也已准备在珠江建一座 CSP 流程工厂。

表 3　已投产的与在建的不同工艺薄板坯连铸装置

工　艺	国　家	公司名称	建成年份	生产规模 /万吨·年$^{-1}$	板坯规格 /mm
CSP	美　国	纽柯 Crawfordsville	1989	80	50 × (900 ~ 1350)
		Hickman	1992	100	50 × (1295 ~ 1560)
		加拉廷	1995	100	50 × (1000 ~ 1560)
		Dynamlcs Steel	计划 1996	100	40 ~ 80
	意大利	伊尔瓦	1993	75	50 × (1000 ~ 1560)
	西班牙	Aceria Compacta	1993	90	50 × (1000 ~ 1560)
	墨西哥	希尔萨	1994	75	50 × (740 ~ 1350)
	韩　国	韩宝	1995	100	50 × (800 ~ 1560)
	印　度	日-德罗伊斯帕特	计划 1996	120	50 × (900 ~ 1560)
ISP	意大利	阿尔维迪	1992	50	40 × (650 ~ 1560)
	土耳其	丘库罗瓦	1995	150	(60 ~ 80) × (650 ~ 1330)
	韩　国	浦项光阳厂	计划 1996	100	75 × (900 ~ 1350)
	加拿大	Ipasco	计划 1996	95	150 × (1220 ~ 2440)
Conroll	瑞　典	阿沃斯塔	1988		(80 ~ 200) × (660 ~ 2100)
	美　国	Armco	1995	75	(76 ~ 127) × 1270
TSP	美　国	Worldclass Processing	计划 1997	100	
	捷　克	新哥特瓦尔德	计划 1997	100	

图 4 所示为两种主要的薄板坯连铸工艺 CSP 流程与 ISP 流程的比较。

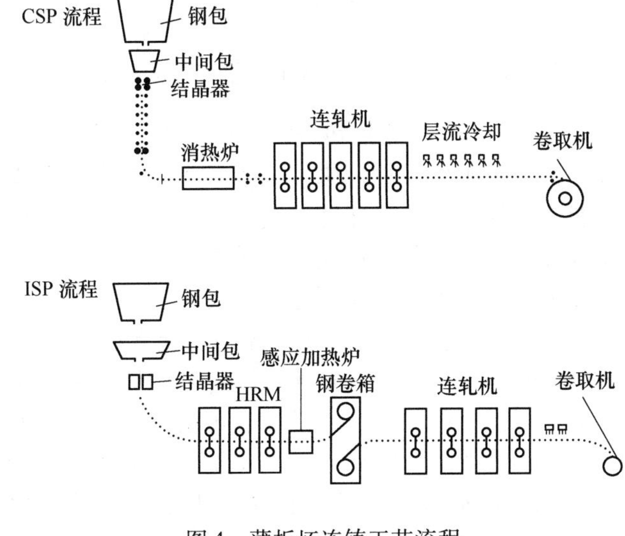

图 4　薄板坯连铸工艺流程

近终形铸造的初衷是希望通过连铸直接获得带钢，因而也有人称之为带钢连铸。图5所示为两种思路的近终形铸造工艺的示意图。一种想法是：通过结晶器后铸出来的板坯不是很薄，约在10mm以下，经均热炉后再经1个机架的精轧机轧制到5mm以下(图5(a))；另一种思路则完全不同，就是将钢水不经过结晶器直接从中间包往下浇注，通过2个大的水冷辊子的挤压形成带钢(图5(b))。后一种思路的实验装置已经取得成功。其第一座工业化的生产装置将于1998年9月在日本新日铁的光厂投产。光厂专门生产不锈钢，不生产普通钢。图6所示为新日铁光厂的世界上首套双辊带钢连铸机的示意图。该装置的设计能力为年产不锈钢带40万吨，产品规格是厚度为2～5mm，宽度为760～1330mm的热轧卷。

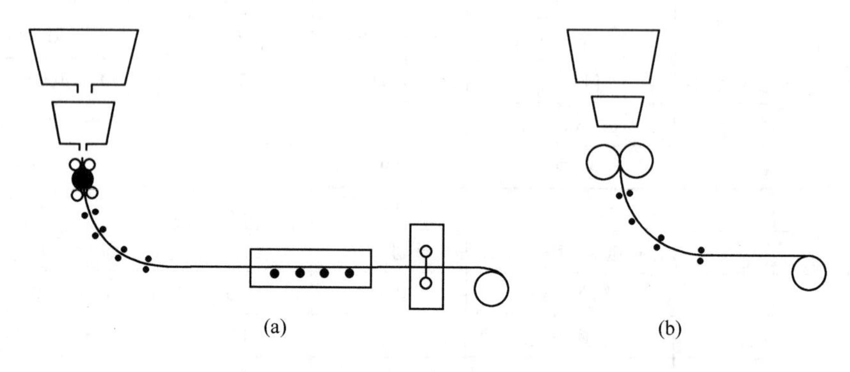

图5　带钢连铸工艺示意图

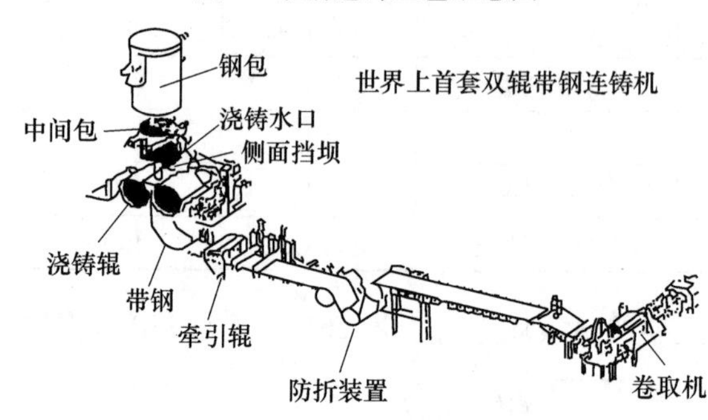

图6　新日铁光厂的双辊带钢连铸装置

表4是将连铸、薄板坯连铸、带钢连铸进行比较的结果。

从表4中可以看出，相对于常规钢厂来说，薄板坯连铸由于减少了工序，降低了能耗，其生产成本可能比较低，而带钢连铸因对设备材质的要求严格，所以生产成本是很高的。从建设投资费用方面看，按每吨产品计算，带钢连铸也不比现在的常规连铸工艺便宜。只有薄板坯连铸单位产品基建投资最低。只是常规钢厂的45%～55%。就生产周期和管理费用来讲，薄板坯连铸和带钢连铸都比常规工艺强，且均中间库存。所以，上述3个工艺比较的结果，看起来是薄板坯连铸的综合效果更好。但必须注意到，成本、管理等项目是可比的，而质量、品种、规格却是不可比的因素。薄板坯连铸生产普通钢材具有一定的优势，但很多品种、规格的高级产品，如高档汽车用钢等，它不能生产。目前，只有常规钢厂能生产高档产品。因而，上述3种工艺均有其优缺点，不能一概而论。

表4　连铸、薄板坯连铸、带钢连铸的比较（质量、品种与规格是不可比的）

工　艺	生产成本	建设投资费用		中间库存	生产周期	管理费用
		按绝对总额	按每吨产品			
常规钢厂（生产热轧带钢以此为基数）	100	100	100	大	3周	高
薄板坯连铸（CSP工艺）	90～110	27～33	45～55	无	<1周	低
带钢连铸工艺	110～165	9～11	65～120	无	<1周	低

1.3　对新流程目前开发情况的评价

综上所述，炼钢以前新工艺流程的进展不如炼钢后工序新流程的发展快。后者不仅工业化速度快，而且取得的成效也是众所周知的。造成这种差别的原因其实也很简单。对于炼钢以前工序来说，需要解决的问题是如何将造块、炼焦、高炉炼铁3个完全不同的工艺统一起来，其难度是非常大的。而对炼钢以后的工序来说，主要问题是如何缩短钢水加工的程序，整个流程的唯一对象是钢水，因而其难度相对较低。

对于新流程开发的两个热点来说，炼钢以后工序的发展比较成熟，其中薄板坯连铸的发展速度很快，预计到1998年，全世界薄板坯的生产能力将达到3800万吨（其中不包括中国珠江在建的CSP装置的生产能力）。表5所示为薄板坯连铸机的发展情况。带钢连铸今后能否推广，还要看以后进一步的技术开发。对于炼钢以前工序的新流程，在质量、经济性方面也需要进一步开发。

表5　薄板坯连铸机发展情况（不包括日本）　　　　（万吨）

国家和地区	1989年末		1994年末		1995～1998年计划		合　计	
	台数	年生产能力	台数	年生产能力	台数	年生产能力	台数	年生产能力
美　国	1	80	4	380	7	622	11	1002
欧　洲			2	125	5	696	7	821
亚　洲					15	1760	15	1760
其　他					4	251	4	251
合　计	1	80	6	505	31	3829	37	3834
国家数	1		3		16		18	

2　钢铁传统工艺流程的完善化

为迎接新流程的挑战，使自身具有更完善技术、更强大的生命力，传统工艺流程同样也取得了举世瞩目的进步。

2.1　炼钢以前工艺的完善化

炼钢以前工序的完善化首先表现在高炉的改进。目前，就世界范围来讲，高炉的发展趋势之一是高炉的大型化，高炉座数减少而单产则不断提高。

例如，德国蒂森钢公司将 Ruhrot 的 3 座小高炉关闭，于 1993 年 10 月在 Schwelgen（施韦尔根）建了 1 座有效容积为 4765m^3 的 2 号高炉；Saltzgilter 在 1993 年 10 月将 4 座小高炉合并为 1 座有效容积为 2530m^3 的高炉；BHP 关小高炉，新建 1 座 3045m^3 级的高炉。表 6 所示为美国、日本等国家高炉大型化情况一览表。由表 6 可知，虽然高炉的座数在不断减少，但单产生铁量却在不断提高。从 1973 年到 1993 年这 20 年间，美国每座高炉由年产 59 万吨增加到 100 多万吨，日本则由年产超过 130 万吨增加到 200 万吨。欧洲从 1987 年到 1993 年，每座高炉年产由 100 万吨也增加到了 150 万吨。

表 6　高炉大型化、座数减少、单产提高

国家和地区	年　份	高炉座数	生铁产量/万吨
美　国	1973	170	10100
	1993	49	5900
日　本	1973	69	9000
	1993	33	7300
欧　洲	1987	95	10900
	1993	72	10800

但是，中国的国情有其特殊性。我国高炉的总容积虽然有所增加，但 3 个层次的格局依旧，即大、中、小高炉并存，且小高炉所占比例较高。据 1994 年的统计资料，我国地方小高炉超过 4000 座，每年生产约 2000 万吨的生铁，占我国生铁总产量的 20%，每座小高炉年产为 5000t 左右。而对国家重点企业和地方企业来讲，高炉的大型化确实是在不断进步。

高炉大型化后，不仅可以提高效率，降低原燃料消耗，而且可大大节约人力资源，降低产品的生产成本。

炼铁技术的另一个发展趋势是喷煤技术的大发展。

由于炼焦煤资源在全球范围内都非常紧缺，且对焦炉环保的要求越来越严格，因而大力发展喷吹煤粉是个国际性趋势。目前，世界上平均喷煤量达到 100kg/t 的高炉很多，达到 200kg/t 的高炉也不少。例如：英国钢铁公司的维多利亚皇后号高炉，该高炉缸直径为 6~7m，通过在该高炉做大量喷煤实验，得到一系列数据，然后进行线性回归得到图 7。由图可知，最低焦比为 280kg/t，相应煤比为 210kg/t，加起来燃料比不到

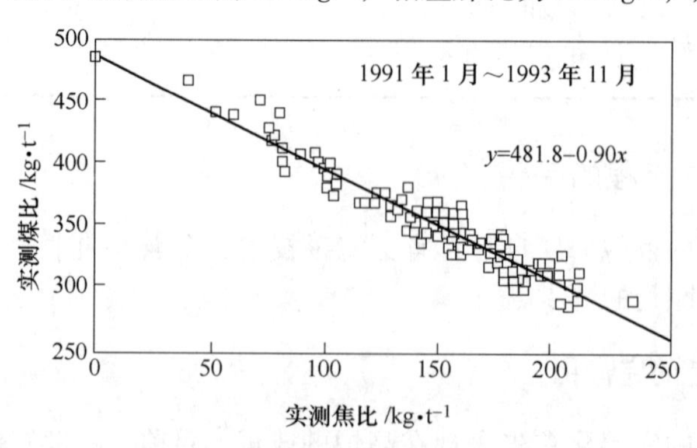

图 7　维多利亚皇后号高炉实测置换比

500kg/t。而且，该高炉不仅喷煤最高，焦比低，操作的稳定性也非常好。可见，喷煤不仅前途光明，而且喷吹的煤与焦炭的比例有可能达到1∶1。如果喷煤发展了，则高炉炼铁工艺将会具有相当大的生命力。

我国是发展喷煤较早的国家之一，但现在的喷煤技术和水平却远远落后于西欧、日本等发达国家，造成这种结局的原因是多方面的，其中一条很重要的因素是没有解决精料问题。在我国炼铁界，过去流行着一种“富氧大喷吹”的提法，这个观点不仅不全面，且导致概念模糊，似乎只要富氧，喷煤就可以大大增加。实际上，不抓好精料技术和高风温，喷煤比是不可能提高的。

精料技术的进步对炼铁工序总体的发展具有举足轻重的作用。必须提到的一点是，由于发展喷煤的需要，高炉对精料的要求越来越高。虽然目前原燃料资源的质量越来越差，但烧结矿、球团矿、焦炭的质量却越来越好，其中的关键就是狠抓了精料的技术进步。

2.2 炼钢工艺的完善化

在世界范围内，钢材的品种呈不断增加的趋势，同时钢材质量也进一步提高。日本钢铁界21世纪的口号是：将钢材的强度提高1倍。去年，北美、西欧、日本和韩国的30多家钢铁厂联合成立了一个专门研究汽车用钢的委员会，旨在设计、研究减轻汽车重量，这对汽车用钢提出了新要求。为进一步满足市场对汽车重量轻、油耗省的要求，新一代汽车板必须强度高，冲压性能好，某些部件要求强度达到600~800MPa。日本的大跨度斜桥用钢绳的强度现在已达到1800MPa，而我国比较好的船板强度为360MPa，武钢5号高炉炉壳用钢板强度是500MPa。可见，我国的钢材质量与国际先进水平相比存在相当大的差距，并且还有许多关键的钢材品种不能生产，如高压锅炉用厚板、高压锅炉管、轿车用汽车板、齿轮钢、模具钢等。

由于对钢材质量的要求越来越高，这几年涌现出了许多新工艺，而且对传统工艺也进行了较大的改进，以便进一步提高质量降低成本。现在欧洲的电炉炼钢厂已经开始用铁水做原料了，其目的有两点：一是铁水干净、杂质少；二是节约能源。但是，用铁水作电炉炼钢的原料也要解决许多技术问题，例如：如何提高电炉炼钢的脱碳能力、如何兑铁水等。

就全球范围来讲，电炉钢所占的比例呈增长的趋势。1988年，世界上电炉钢的总产量为1.8036亿吨，1993年为2.2463亿吨。在欧洲，电炉炼钢的发展很受重视，有的厂家已准备关闭转炉，而以电炉取代之。现在，电炉钢占世界钢产量的30%左右，预计到21世纪该比例将达到45%。尽管电炉的发展速度很快，但由于废钢量有限，电炉的发展也不是无限增长的。

目前，炼钢技术发展进步了，其原料组成也呈现多元化的倾向。除了传统原料铁水、废钢外，由于直接还原的快速发展，热压块铁（HBI）、Fe_3C、海绵铁等也成为炼钢原料的重要来源。

2.3 炼钢以后工艺的完善化

连铸工艺改进的主要目的是：提高铸坯的质量；提高拉速，以实现高速连铸。提高铸坯质量的途径很多，如钢水二次精炼、钢水温度调整、中间包、结晶器的改进、电磁搅拌、冷却等。上述各方面，冶金工作者已经作了大量研究和改进，但仍存在着很大的开发潜力，这也是我们的研究人员今后的任务。提高拉速也是必然的发展趋势，拉速越高，单产越多，生产效率相应也有所增长。关键的问题，如何在高拉速的条件下，保证不漏钢，且铸坯质量不仅不降低还有所改善，同样这也是今后的研究热点。

为进一步降低能耗，许多厂家采用了钢坯热送热装工艺，但直接轧制的比例并不高，该比值最高的只能达到60% ~70%。世界上第一个实现直接轧制的厂家是日本钢管公司。

这几年，热轧工艺改进的步伐也相当大，如板型控制技术、控冷技术、无头轧制技术等的采用，大大增加了传统工艺的竞争力。下面举一个事例，说明传统的热轧工艺的流程。日本川崎钢铁公司的千叶三热轧厂轧机是1995 年投产的最新型轧机，采用了无头轧制技术，成材率大为提高。下面对该流程的特点进行探讨。

首先，日本人从实践经验中得出实现全部直接轧制的可能性很渺茫的结论，因而仍旧建设了3 座加热炉。温度较高的板坯送入较短的3 号加热炉，温度较低的板坯送入长的1 号、2 号加热炉。然后，板坯经 HSB、PRS 进入连轧机的第一个机架。PRS 是定宽轧机，其能力1 次可轧进 300mm。由于采用定宽轧机，连铸机不用换断面，因而产量较高。

该厂的热连轧工艺也有所改进，传统的热轧机只有 R_2 机架是往复轧机，生产效率低。而在千叶的三热轧，R_2、R_3 全是往复轧机，生产效率显著提高。

另外，该厂对其钢卷箱部分也进行了改进，将感应焊应用于实践，在世界上第一家实现热轧机无头轧制。

千叶厂三热轧精轧机用的是交叉辊控制技术，磨辊实现了自动化。

经过上述改进后，该工艺流程的竞争力与薄板坯连铸工艺相比毫不逊色。而且，后者不能生产的品种，前者却能生产。目前，川崎钢铁公司的产品全是高附加值、高质量的品种。另外，冷轧工艺也进行了许多技术改进，因篇幅关系，这里不详细叙述了。

3 钢铁工艺技术进步的两大趋向的竞争

如前所述，钢铁工业技术进步的两大趋向是：新工艺流程的开发；传统工艺流程的完善化。

新工艺流程的核心是将现有工序集成简化，提高钢铁工业的劳动生产率。自 20 世纪 80 年代中期以后，国外的钢铁联合企业，如新日铁、欧洲的蒂森、韩国的浦项等，其劳动生产率为 500 ~600 吨/(人·年)，相当于产 1t 钢需 3 ~4 个人时。美国纽柯的新钢厂投产后，其劳动生产率提高到 2000 吨/(人·年)(1993 年数据，相当吨钢 1 个人时)，而使生产成本大为降低。这个数据代表了新建小钢厂的新工艺的水平。尽管新钢厂发展很快，占领了一部分板材市场，但由于它不能生产某些质量要求高的品种钢材，因而它不可能取代原有的传统工艺。另外，新工艺也还存在着许多问题没有解决。如熔融还原工艺，其目的是想取消焦炉和造块。但到目前为止，唯一实现工业化的熔融还原工艺 COREX 法也只能取消焦炉，且能耗高、规模小，不足以与高炉工艺流程相抗衡。

同时，在与小钢厂的激烈竞争中，大钢厂取得了显著的技术进步，使其劳动生产率大幅度提高，消耗进一步降低，完全可以和新兴的小钢厂相竞争。如日本川崎钢铁公司的千叶厂，年产钢能力已达360万吨，产品为镀锌板、镀锡板、不锈钢、电工钢、汽车板等，劳动生产率为1000吨/(人·年)。新日铁君津厂年产830万吨钢，其品种虽不如千叶有那么高的附加值，但劳动生产率已超过1000吨/(人·年)。

新兴小钢厂的飞速发展受废钢供应量和品种质量的限制。随着小钢厂数目的增多，必然导致国际市场废钢价格的上涨，其成本优势就会削弱。因而，新工艺流程的开发还远未完成，必须持续不断地进行研究开发。如解决电炉原料单一化的问题，大力发展直接还原等。

20世纪是钢铁工业飞速发展的世纪。1900年，全世界钢产量为2850万吨/年，到1973年突破了7亿吨/年，是1900年的25倍。20世纪80年代以来在7.0亿~7.8亿吨/年的水平徘徊，估计到2000年将接近8亿吨/年，这种成几十倍增长的速度是惊人的。由于资源和需求的制约，进入到21世纪的钢铁工业不可能再出现如此快速增长的趋势。我个人认为，21世纪将是钢铁工业重组和各种工艺共存的世纪。重新改组（restructuring）包括工艺重组和企业重组。以上的论述多侧重于工艺重组。欧洲企业重组的例子也很多。德国的蒂森钢公司与克虏伯公司对两家的工厂进行重组，蒂森公司的不锈钢交给了克虏伯公司，克虏伯的电工钢交给了蒂森。目的是通过专业化增强竞争力。Arbed集团通过类似的方式进行重组，卢森堡的Arbed专产型材、比利时的Sidmar专产板材，民主德国的EKO成了Arbed集团的成员，重组打破了国家的界限。法国的USINOR、SACILLOR两家大公司合并，组成了板材部、型材部、不锈钢部，各部互相拥有独立的科研机构，增加了竞争力。企业重组的好处是：工艺简化，生产水平提高，人员减少，企业竞争力增强，重组后的Arbed集团只剩7000多人，年产1100万吨钢。而蒂森集团只剩39000人，钢铁收入不到企业总收入40%，其余收入来自于机械制造、贸易等行业。

钢铁工业流程也要经受重组。这一重组在欧洲和北美已经开始。在我国，不久的将来也会出现。

图8所示为预测的进入21世纪的钢铁工艺流程。由图所示可知，炼钢以前的工序是传统高炉与直接还原、熔融还原并存的局面，其中高炉流程占主流，而且工艺技术上还在不断进步。炼钢以后的工序是传统工艺、薄板坯连铸、带钢连铸三者并存。

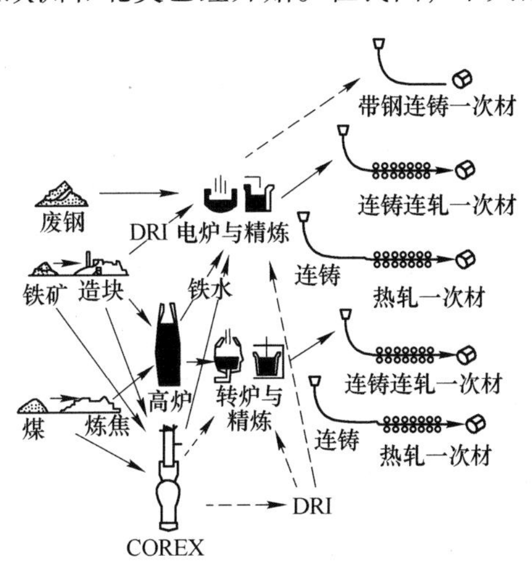

图8　进入21世纪的钢铁工艺流程

钢铁工业是国民经济的支柱产业，也是工艺技术竞争激烈的行业。21世纪的钢铁工业是新旧工艺互相竞争，钢铁工业重组的时期。中国作为产钢大国，但还不是产钢强国，必须认真研究，采取相应的对策，否则中国钢铁行业在国际竞争中就会面临十分不利的局面。我国钢铁工业已有相当大的固定资产存量，当前要使这些固定资产转化成有效的、能适应21世纪国际市场竞争的有用的资产，而不要使其继续成为国家的包袱。工作重点应放在如何通过技术进步，不断完善传统工艺，对现有企业通过技术改造和重组实现合理化，而不是盲目追随新流程。传统工艺完善化后，其竞争潜力仍是巨大的。

总的说来，我国钢铁工业的前景是光明的，道路是曲折的，需要冶金行业的全体人员同心协力，共同奋斗，才能开创美好的未来！

Steel Industry at Turn of the Century

Abstract The technological development in the oncoming 21st century is recognized as the competition between two trends: the development of new processes for iron and steel making and the perfection of conventional iron and steel technology. The 21st century will be a century of restructing for steel industry.

Key words oncoming century; steel industry; new technology

21世纪的钢铁工业及对我国钢铁工业的挑战*

20世纪已经过去，人类进入了新的纪元，对走过的路进行回顾，对未来进行预测是十分必要的。我国建国50年来，钢铁工业取得了举世瞩目的成就。1949年全国钢铁产量为15.8万吨，而1999年达到了1.23亿吨，居世界第一位。尽管我国钢铁工业在数量上的增长非常迅速，但在技术方向上我们走过一些弯路，有过深刻的历史教训。例如，在采用转炉方面，由于拒绝采用这项新专利，继续建设平炉，导致现在我国还在淘汰平炉。另外，在连铸技术的推广应用方面，我国也走了不少弯路。目前，我国的连铸比约为76%，若这项工作抓得早，连铸比可能早已达到80%～90%。

综上所述，对过去进行总结，找出经验和教训，同时对科学技术的发展趋势进行预测是非常必要的，这样才能使我们的思想更解放，不做与发展规律相违背的决策，从而为国家减少经济损失，少走不必要的弯路。

1　20世纪是钢铁工业大发展的世纪

1.1　20世纪钢铁工业产量大幅度增长

20世纪，钢铁工业得到空前的发展。1900年，世界钢产量为2850万吨，到1973年世界钢产量就超过了7亿吨，1997年则达到了7.99亿吨。如果不出现1997～1998年亚洲金融危机对钢铁生产增幅的影响，预计到2000年，全世界钢产量可能超过8亿吨，约为1900年产量的28倍。图1为20世纪世界粗钢产量和我国粗钢产量发展过程的对比情况。从图1中可知，20世纪钢铁工业发展的总态势是持续增长的。50年代以前，对钢铁工业发展影响较大的是两次世界大战以及两次大战间的世界性的资本主义经济危机。第二次世界大战结束后，经济进入恢复发展阶段，世界钢产量迅速增长。

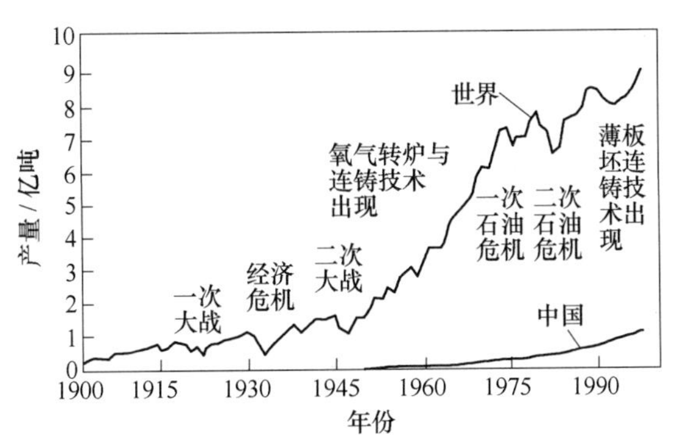

图1　20世纪世界和我国粗钢产量的发展过程

* 原发表于《天津冶金》，2001(1):5～15。

50 年代以后，随着氧气转炉与连铸技术的开发和逐步推广应用以及和平时期大规模建设造成的钢铁需求量的急增，世界钢铁工业发生了翻天覆地的变化，这个时期的增长速度相当惊人。70 年代末及 80 年代发生的两次石油危机都造成世界钢产量下降并使整个资本主义经济萎缩。这段时间世界钢产量在 7 亿吨左右徘徊。80 年代末 90 年代初薄板坯连铸技术的出现，引发了一系列钢铁生产新工艺的开发，并再次推动了钢铁工业的发展。从图 1 中，我们还可以看出我国钢铁工业真正发展是在 1978 年党的十一届三中全会以后。

尽管总体来说，世界钢铁工业的发展呈上升的态势，但具体到不同的国家，情况又有所不同。工业发达国家 20 世纪前期增长速度很快，70 年代达到高峰，其后由于这些国家的基础设施基本上都到位了，因此钢的需求量有所下降并逐渐趋于稳定。发展中国家，如拉丁美洲、亚洲国家钢产量呈持续增长的态势。苏联和东欧集团以前是封闭的社会主义集团，军事工业发达，钢产量的增长较快，但自该集团解体后，钢产量大幅下降。当然，各国钢铁工业发展的不均衡是其处于不同工业化阶段的反映。

1.2 科学技术进步和工艺革命推动了钢铁工业的大发展

19 世纪末至 20 世纪初，早期的钢铁联合企业（包括原料加工、炼铁、炼钢和轧钢）已经开始出现。最早的钢铁联合企业是美国钢铁公司，它成立于 1882 年，是 20 世纪前期众所周知的钢铁大王。接着，德国的蒂森钢铁公司、美国伯利桓钢铁公司和加拿大钢铁公司分别于 1890 年、1891 年和 1895 年成立，它们均属 19 世纪末期建设的第一代钢铁联合企业。20 世纪初，几乎所有工业化国家，包括十月革命后的苏联都建立了钢铁联合企业。钢铁联合企业在 20 世纪钢铁工业发展中起了不可替代的作用。

20 世纪中叶，氧气转炉炼钢和连续铸钢技术的出现，加上设备的大型化、生产的连续化和高速化以及计算机为中心的自动化技术，构成了当代大型联合企业的技术基础，推动了钢铁工业的高速发展。这时钢铁联合企业的特征是由高炉、氧气转炉、连铸、热连轧机、冷连轧机、连续热处理以及计算机应用等设备组成。从 20 世纪 60 年代末到 70 年代涌现出了一批以上述技术为基础的现代化大型联合企业。例如，日本的几家大型钢铁公司、欧洲、美洲的大型钢铁公司都属于这种流程。我国的宝钢以及经过技术改造后的武钢等企业也属于这种类型。

在钢铁联合企业火爆的 20 世纪 60 年代，美国出现了一种以废钢作原料、用电炉炼钢、然后经连铸、轧成长材的新型小钢厂（Mini mill）。由于其流程短、投资少、成本低、灵活性强，因而市场竞争力强，发展速度相当快。因而，到了 20 世纪 70 年代，这种小型的 Mini mill 钢厂基本上垄断了美国钢材的长材市场，而大型的钢铁联合企业主要生产板材。

1989 年，第一台薄板坯连铸连轧生产线在美国纽柯的克劳福什维尔建成。随着美国出现了一批以薄板坯连铸连轧为核心的小钢厂，这种短流程钢厂的投资较低、劳动生产率非常高，吨钢成本比常规大型钢铁联合企业便宜 40 ~ 80 美元，迫使传统钢厂不得不改进工艺、降低成本。短流程钢厂强劲的生命力改变着钢铁工业的格局，也受到了全世界的瞩目。这样，小钢厂也逐渐占领部分板材市场。目前，全世界采用薄板坯连铸连轧的小钢厂的板材年产量已超过了 3000 万吨。除了美国，韩国、印度、欧洲的蒂森和霍戈文公司也都在建薄板坯连铸连轧设备，加拿大的阿尔戈马公司与蒂森公司的生产线已经分别在 1997 年、1998 年建成投产。小钢厂的出现不仅占领了大型钢铁公司的一部分板材市场，更推动了传统钢铁工艺的技术进步。

20 世纪 50 ~ 70 年代，世界钢铁工业主要致力于规模和产量。1975 年，在利马举行的国际钢铁会议上，人们预测到 2000 年世界钢产量将达到 14 亿 ~ 17.5 亿吨，还估计从 1975 ~ 1985 年世界钢产量将在 1974 年的基础上增加 2.4 亿吨，达到 9.4 亿吨。其后不久发生的石油危机不仅使这些目标未能实现，而且使人们认识到必须从单纯追求规模和数量转向提高质量、降低消耗、降低成本。为在国际市场的竞争中立于不败之地，必须增加品种，使钢材更具竞争力。随着人类环保意识的增强，钢铁工业必须与地球环境和睦相处，走可持续发展的道路。20 世纪后期，钢产量总的增加幅度不大，但品种、质量上了大台阶。20 世纪 90 年代，800kg 钢的使用价值相当于 70 年代的 1t 钢，甚至更多。钢中不纯元素的评价单位由 70 年代的 0.01% 缩小至目前的 0.0001%，洁净钢中要求不纯元素的质量分数之和小于 0.01%。生产 1t 钢的综合能耗由 70 年代的 1t 标煤降至 90 年代的 700kg 标煤，设备利用率大幅度提高。70 年代发达国家的劳动生产率为 100 ~ 150 吨/(人·年)，目前提高到 500 ~ 800 吨/(人·年)，小钢厂 Mini mill 更达到1000 ~ 2000 吨/(人·年)。

1.3　20 世纪 70 年代以来钢材价格基本稳定

技术进步使钢铁生产的消耗进一步降低，自 20 世纪 70 年代以来，钢铁产品的价格基本保持稳定，而其他工业品的价格大多成倍增长，这也是钢铁在材料工业中竞争力强的原因之一。进入 90 年代，机械产品和汽车的价格为 70 年代初价格的 2 倍多，一般的民用品价格也上涨了半倍多，而唯独钢材的价格和 70 年代初期相比基本保持不变。正是钢铁工业不断的技术进步保证了钢材价格的平稳及其强劲的市场竞争力，这也正是有色金属如铜、铝等和其他诸如陶瓷、工程塑料等非金属材料无法与之抗衡的原因。

综上所述，20 世纪的钢铁工业不仅产量增长惊人、规模效益显著，而且技术进步和工艺革命推动了钢铁材料质量的改善、品种的多样化并使价格保持稳定，这些都是许多产业望尘莫及的。所以说，20 世纪是钢铁工业大发展的世纪。

2　钢材仍将是 21 世纪可预见的最主要的结构材料

2.1　21 世纪世界经济将走向知识经济，工业经济仍将不断发展

20 世纪 80 年代初，一位美国记者写了一本名为《第三次浪潮》的书，书中提到第一次浪潮是农业革命，第二次浪潮是工业革命，第三次浪潮是信息革命。他认为，在信息革命时代，传统的工业经济会逐渐衰退，而信息产业将成为世界的主要产业，并提出了所谓“夕阳工业”的说法。显然这种观点具有一定的片面性。

人类社会的发展经历了漫长的历史过程，经济上可以分成三个阶段，即农业经济时代、工业经济时代和知识经济时代。21 世纪是知识经济时代，尽管目前信息产业发展迅猛，但并不等于农业经济和工业经济萎缩不前。全世界有近 50 亿人口生活在发展中国家和欠发达国家，21 世纪粮食和各种工业品需求量肯定会继续增长，农业经济和

工业经济必须继续发展才能满足人类的需求，但在整个经济增长中所占的比重由于知识经济的高速发展而有所下降。因此，人类走向经济时代，并不意味着传统工业发展的停滞，而是将以更快的速度、更优的质量持续发展，这样才能满足人类日益增长的物质和精神需求。高新技术也会进入农业和工业经济，进一步促进农业和工业的发展。

综上所述，对制造业来讲，21 世纪只有夕阳工艺，绝无夕阳工业；只有夕阳企业，绝无夕阳产业。

2.2 从世界资源条件上看钢铁工业

在世界金属资源中，铁矿是在地壳中的蕴藏量大、分布广且采矿条件最好。表 1 为世界主要结构材料的产量，表 2 为 1989 年美国矿山局公布的世界铁资源储量按金属量排序的情况。

表 1 主要结构材料的世界产量 （万吨）

材 料	粗钢（1997 年）	铝（1994 年）	粗铜（1994 年）	水泥（1996 年）	塑料（1995 年）
产 量	79900	2574	1149	150760	11959

表 2 世界铁资源储量按金属量排序表 （亿吨）

全世界	苏 联	澳大利亚	巴 西	加拿大	印 度	南 非	美 国	中 国	瑞 典
1032.24	254	205	114	99.5	76	67	59	35	24

注：系 1989 年美国矿山局公布数字。

从表 1 中可知，金属材料中，粗钢的产量最高，其他如铝、铜都不能与之相比。

尽管非金属材料水泥的产量高达十几亿吨，可是水泥只能抗压，抗拉和抗折性能极差，也无法与钢材相比。

表 2 表明，中国铁矿石储量在世界上排名第九，与我国粗钢产量居世界首位的地位不相称，因此，我国每年必须进口大量铁矿石。信息产业中大量使用的 SiO_2 材料，在地球上的储量非常丰富，可是它不适合作结构材料，只能作电子元件。

因此，在人类居住的地球上，钢材是主要的结构材料，这是由地壳的构成决定的，是其他材料无法比拟的。

2.3 从可回收利用上看钢铁工业

材料的回收利用对人类的生存和发展非常重要。如果我们生产的材料都不能回收利用，那么地球将成为一个巨大的垃圾场。表 3 为主要材料的回收利用情况。

表 3 主要材料的回收利用率 （%）

材 料	钢 铁	玻 璃	纸	铝	塑 料
回收率	55	45	35	27	10

从表 3 中可知当前人类所使用的各种材料的回收率都不高，而且像塑料这样的材料，使用后大都不能降解，会造成严重的白色污染。相比之下，钢铁的可回收利用程度最高，使用后即使锈蚀也不会污染环境。因此，钢铁业是比其他材料工业更易于形成适应可持续发展战略的产业。

2.4 从性能和价格上看钢铁工业

表4为一些材料的价格与比强度之比的数据。由此可知，钢材是目前价格与性能比最便宜的材料。水泥虽然便宜，但性能不全面。碳纤维虽然比强度极高，但价格也非常昂贵。比较来看，性能又好、价格又适宜的，只有钢材。而且，随着科学技术的进步，钢材性能将会更加完善，其廉价的优势也将日益突出。

表4　一些材料的价格与强度比值

材　料	钢	铝合金	水泥	陶瓷	碳纤维	聚丙烯
比强度	5.2	11.1	0.8	97.4	160.9	3.9
价格/比强度	1.0	3.9	0.4	4.0	5.2	3.8

注：比强度是强度/质量密度（强度单位 kg/mm^3）；陶瓷与水泥为抗压强度；价格为1981年日本市场价。

2.5 从世界经济发展需要看钢铁工业

目前，发达国家总人口只有10多亿，全世界还有近50亿人口生活在发展中国家或欠发达国家。在21世纪，这些国家的经济都要发展，都要加强基础设施建设。发达国家为维持一定的工业生产水平也需要钢铁。21世纪的钢铁消费量仍将是增长的，而且要持续相当长时间。

2.6 从可持续发展看钢铁工业

除了可回收利用程度较高以外，钢材本身是对环境造成污染最少的材料之一。随着科学技术的进步，钢铁副产品的利用程度、废弃物的处理以及对大气、水等环境污染的治理都将更快地得到解决。钢铁工业目前整治的重点是焦化废气、废水。废渣现在大部分已利用了，将来会全部利用。焦化废气和废水的问题也会得到很好处理。这样钢铁工业将成为长期与地球和睦相处的产业。

综合上述六个方面的分析，可以肯定钢铁工业不仅不是“夕阳工业”，而且在21世纪还将继续发展和进步，钢铁仍是人类所使用的最主要的结构材料和产量最大的功能材料。

3 进入21世纪钢铁工业的技术进步

20世纪80年代以来，钢铁工业技术进步的主流是缩短流程、减少工序、降低消耗、降低成本、提高质量、提高效率，使钢铁工业彻底摆脱粗放式的经营方式，进一步实现集约化。为实现这一目标，人们从两个方面进行了努力：一是寻找可以替代传统工艺的新工艺流程的研究开发，如薄板坯连铸连轧、熔融还原、带钢铸造等；另一方面则是现有工艺和技术装备的完善化，如高炉大量喷煤、转炉溅渣护炉、热轧的无头轧制、连续退火等。新流程开发的核心就是将传统工艺流程合并，使工序更少、消耗更低、劳动生产率更高。在新流程的开发上，许多国家如美国、日本的政府都投入了大量的人力、财力。与此同时，传统工艺流程也在通过技术进步不断地自我完善，

21 世纪的钢铁工业将是这两大趋势之间的竞争，并在竞争中互相借鉴、互相渗透。

3.1 钢铁生产新工艺流程的开发

新工艺流程开发的目的是寻找替代现有工艺的新流程，使流程更短、工序更少、能耗更低、劳动生产率更高，从而降低成本。

3.1.1 炼钢以前新工艺流程的开发

炼钢前工序的新工艺流程的开发，也可以说是非高炉炼铁工艺流程的开发，其基本思路是将造块（烧结或球团）工序、炼焦工序和高炉炼铁工序合并，直接用铁矿粉和煤生产铁水，这也就是通常所说的熔融还原（Smelting Reduction）；或是用燃料（气体或煤）将铁矿石直接还原成金属铁，即直接还原。当然，不论是熔融还原，还是直接还原，其最终目的是代替高炉。但是，高炉炼铁是目前效率最高、能耗最低、生产规模最大的流程，只要解决好过于依赖焦炭和环境污染的问题，其竞争力是非常强大的。

图 2 为炼铁工艺汇总图，该图充分表明了炼铁工艺的多样化。在众多的直接还原生产金属铁的流程中，相当多的已经工业化，但其单体设备的产量较低。而真正能工业化冶炼出铁水的除高炉外只有 COREX 法。事实上，COREX 法只是将炼焦和高炉合在一起，并没有取消造块。据统计，直接还原铁的产量 2000 年可能达到 4000 万吨，2010 年有可能达到 7000 万吨。

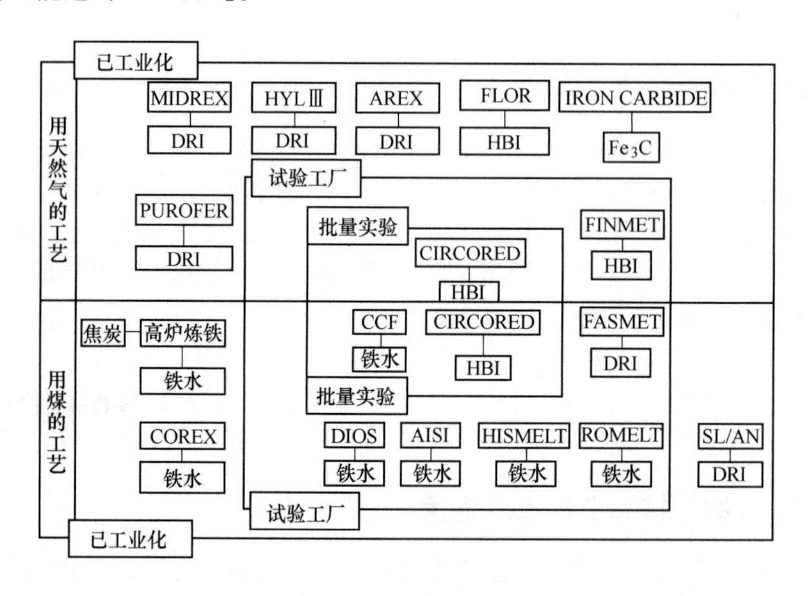

图 2　炼铁工艺汇总图

表 5 为已建和在建的 Corex 装置的概况，如果表中的计划都能实现，则其总生产能力将达到 560 万吨。与世界高炉炼铁年产 5 亿吨以上的产能相比，非高炉炼铁的产能较低。由此可见，21 世纪铁的主要来源仍是通过高炉冶炼而成。1996 年，一位美国人在《钢铁工业生存战略》发表文章，提出以后不要再建高炉，这种说法显然是荒谬的，经不起推敲的。目前世界上新的高炉仍在建设。

表 5　已建和在建的 COREX 装置一览表

国　家	公　司	规　格	数　量	建成年份	生产能力/万吨
南　非	ISCOR	C-1000	1	1989	30
	SALDANHA	C-2000	2	1998	150
韩　国	浦项	C-2000	1	1995	70
	韩宝	C-2000	2	计划 1997	150
印　度	JINDAL	C-2000	2	计划 1999	160

3.1.2　炼钢后工序的新工艺流程的开发

20 世纪 60 年代出现的连铸技术的实质是模铸与初轧开坯的集成。这一新工艺不仅提高了生产效率，降低了成本，而且使钢材的成材率提高了 10%，从而推动了整个钢铁工业的技术进步。

1989 年问世的薄板坯连铸连轧新工艺是将热轧粗轧与连铸相结合的工艺，它铸出来的板坯和经过热轧粗轧的板坯一样薄。10 年间，薄板坯连铸连轧工艺得到迅速发展，据目前已公布的有关资料统计，已投产和在建的有 30 多条这类工艺生产线。我国的珠江钢厂已于 1998 年建成第一套薄板坯连铸连轧装置，计划在建的还有包钢和邯郸钢厂各 1 套。估计到 2010 年，约有 50% 的热轧卷将由薄板坯连铸连轧生产。该工艺快速发展的原因主要是投资省、能耗低、成本低、劳动生产率高、推广快。图 3 ~ 图 5 为薄板坯连铸连轧与传统热轧在投资、劳动生产率和能耗方面的比较。据 SMS 统计，薄板坯连铸连轧工艺的投资仅为传统工艺的 58%，能耗低 50%，维修费用为传统的 39%，成材率比传统的高1.8%。

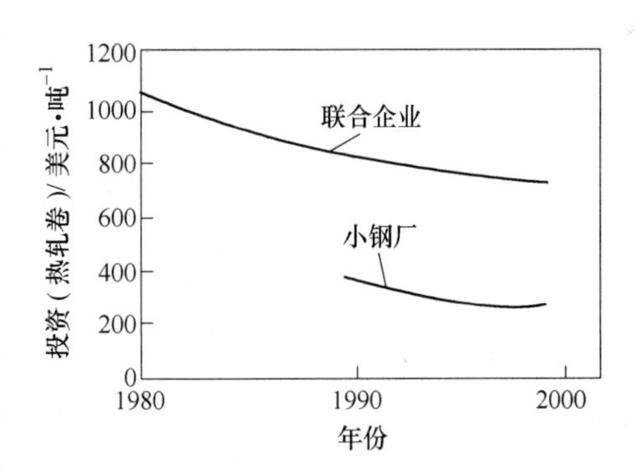

图 3　薄板坯连铸连轧与传统热轧工艺的投资比较

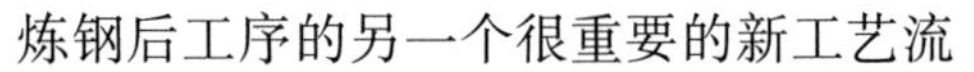

炼钢后工序的另一个很重要的新工艺流程，是日本和欧洲开发的将薄板坯连铸连轧与精轧合并而成的薄带连铸，也称带钢铸造。该工艺的原理是直接将钢水浇铸成 2 ~ 5mm 厚的热轧带卷。图 6 所示即为新日铁制铁所的世界上首套双辊带钢连铸机的示意图。该装置的设计能力为年产不锈钢带 40 万吨，产品规格：厚度为 2 ~ 5mm，宽度为 700 ~ 1330mm 的热轧卷。目前已投产。由于用传统方法生产不锈钢的工艺很复杂，而这种工艺因省去连铸、热轧，成本较低，所以用其生产不锈钢、合金钢等特殊钢非常划算，但用其生产普碳钢因设备投资、维护费用较高而不经济。

3.1.3　对新工艺开发的评价

总的来说，炼钢前工序新流程的开发没有取得突破性进展，而炼钢后工序新工艺开发的成效非常突出，估计在 21 世纪将有突破性进展，到 2020 年相当一部分传统热轧工艺将为新工艺所替代。这种趋势在美国非常明显。目前，美国很少再建新的传统热轧厂，但 Mini mill 小钢厂却如雨后春笋般涌现。对于炼钢以前工序的新流程，只有在

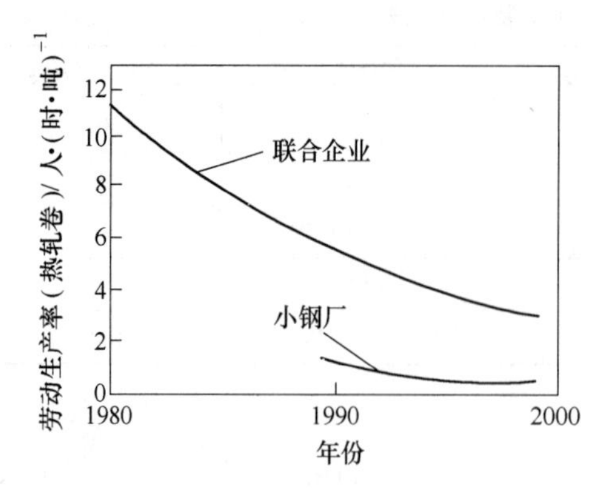

图 4　薄板坯连铸连轧与传统热轧工艺劳动生产率比较

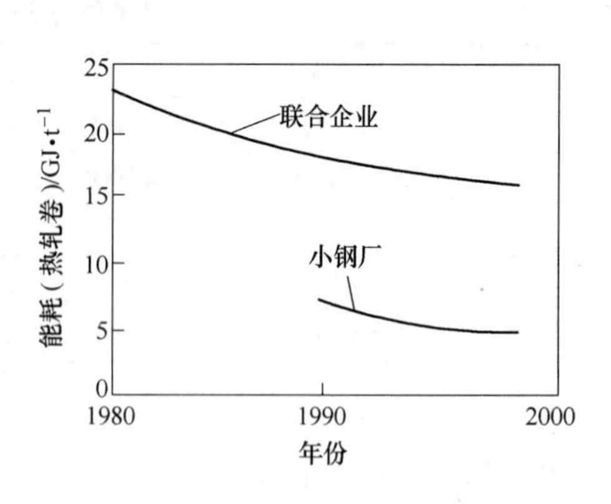

图 5　薄板坯连铸连轧与传统热轧工艺能耗比较

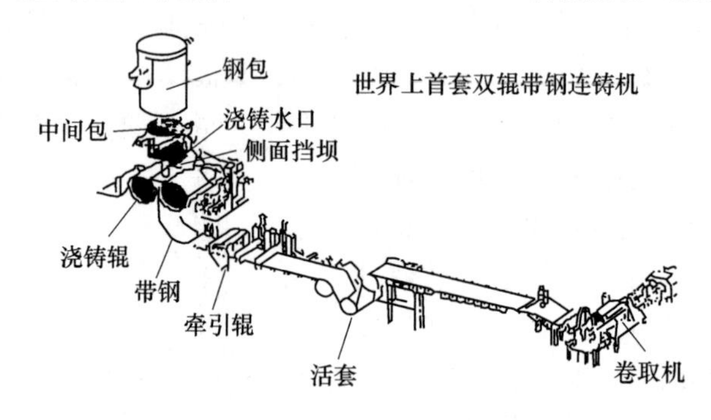

图 6　日本 NSC 薄带连铸工艺示意图

特定条件下并具有高质量、高经济性时才会有所发展，但不可能替代高炉。

3.2　钢铁工业传统工艺流程的完善化

薄板坯连铸连轧工艺出现后，Mini mill 小钢厂夺取了传统钢厂的部分板材市场，迫使传统工艺为提高市场竞争力不得不加快技术进步的步伐。20 世纪 90 年代是传统工艺技术进步发展最快的 10 年。表 6 为钢铁工业传统工艺流程主要工序技术进步的发展趋势。这些年，我国钢铁传统工艺的技术进步也取得了很大的进展，但发展很不平衡。我国各大钢厂的共同特点是自己开发的技术所占比例不高。

表 6　钢铁传统工艺流程主要工序技术进步趋向

项　目	主 要 内 容
精料技术	矿石性能趋向变差的情况下，使烧结矿与球团的质量不下降；在焦煤比例减少的条件下提高焦炭质量寻求新的炼焦方法，提供好焦炭而不污染环境；减少每吨铁的渣量；延长焦炉寿命的技术
高炉降低焦比技术	富氧大量喷煤技术，目前某些高炉喷煤量已达总燃料比的 40%；富氧喷天然气技术；高风温技术；布料控制技术
高炉长寿技术	由于高炉大型化，1 个企业拥有的高炉数越来越少，高炉长寿成为迫切要求；炉体结构设计的改进；高炉冷却设备的改进；耐火材料的改进；高炉维护技术

续表 6

项　目	主 要 内 容
清洁钢生产技术	铁水预处理技术；超低碳钢冶炼技术；炉外精炼技术；清洁钢连铸技术
延长转炉炉龄技术	溅渣护炉技术，炉役可达 15000 炉以上
电炉技术进步	超高功率（直流及交流）；吹氧，吹煤粉；装入铁水；废钢预热
连铸技术进步	以提高质量为核心的工艺改进；提高拉速
新钢种开发	作为结构材料，新钢种具有更好的力学性能，作为功能材料，大幅度提高性能
热轧技术进步	钢坯直接轧制，热装热送；热连轧机板型控制（如 CPSC、CVC、RB）；热轧无头轧制；薄（小于 1.7mm）及超薄（小于 1.2mm）带钢热轧技术型钢及棒材直通轧制
冷轧技术进步	连轧机冷轧带钢无头轧制；冷轧板型控制；连续退火及全氢退火
涂层技术进步	超光滑热镀锌及合金化镀锌；用热轧带钢代替冷轧带钢镀锌；有机涂层板的多品种化
信息技术用于钢铁工业	生产过程自动控制；生产管理的全计算机系统控制；能源优化自动化管理系统；用信息提高劳动生产率

从表 6 可以看出，传统工艺技术进步的潜力也是巨大的。在 1998 年 3 月举行的第二次世界炼铁大会上，欧洲的比利时冶金研究中心（CRM）提出，高炉喷煤的操作目标是风温 1250℃、焦比 219kg/t、煤比 250kg/t、渣量 155kg/t。上述数据是用数模算出来的，尽管实际原料可能达不到该计算的要求，但仍可得出高炉的生存和发展寿命还很长、发展潜力巨大的结论。

实际上，新工艺的开发与传统工艺的完善是既互相竞争，又互相渗透，既互相借鉴，又互相促进。现在薄板坯连铸连轧已进入大型联合企业，与大转炉相结合。新工艺除了关键技术是独立开发的外，其他技术都脱胎于传统技术。我估计，这种局面在 21 世纪上半叶将有更深入而广泛的发展，直到形成 21 世纪新一代的钢铁工业。

4　21 世纪钢铁工业的发展趋向

21 世纪钢铁工业发展的大致趋向如下：

（1）21 世纪钢铁工业将继续增长，钢铁工业发展的重点将向发展中国家转移。

世界各地区经济发展是不平衡的，因而钢铁工业的发展趋向也不同。由于钢铁工业属于技术密集、劳动密集、资本密集、污染较重的行业，因此处于后工业期的发达国家将来只生产高附加值的钢材，其他低档钢材依靠进口，而发展中国家正处于工业化期，各项基础设施的建设急需大量钢材，必须大力发展钢铁工业，才能满足其国内外的需求。21 世纪世界钢铁工业的重点将向发展中国家转移。可见，对中国钢铁工业来说，21 世纪是机遇与挑战并存。关于产量预测的方法，我个人认为均法、GNP 法等计算的结果与实际情况相差较大。例如，1975 年在利马召开了一次世界钢铁发展状况的研讨会，会上提到 2000 年粗钢产量将达到 14.0 亿 ~ 17.5 亿吨，比目前的实际产量大了许多。实际上，产量的影响因素很多，如图 7 ~ 图 9 所示，每个国家都有自己独特的增长曲线，不同的国家增长曲线是不同的。通常的规律是工业化期间，该国钢铁产量达到峰值，然后逐渐趋于稳定。21 世纪，各发达国家将进入后工业期，而发展中国家将进入工业化阶段，尽管它们处于不同的发展期，但世界钢铁生产总的态势仍是增长的，当然这种增长是一种波动中的增长。我认为，在考虑了钢材利用率的增长因素的情况下，世界钢铁产量总的增长曲线应是各国增长曲线的叠加。图7～图9分别为20世纪西方主要产钢国家及中国、韩国历年钢产量的变化情况。从图9可知，中国和韩国的钢产量正处于上升期。我估计，中国钢产量的增长将持续到2020年或2030年，然后下降，继而趋于稳定。2010年全世界的钢产量预计在8.5亿～9.0亿吨间，2020年会达到9亿吨以上。21世纪最主要的结构材料和产量最大的功能材料毫无疑问仍将是钢铁。

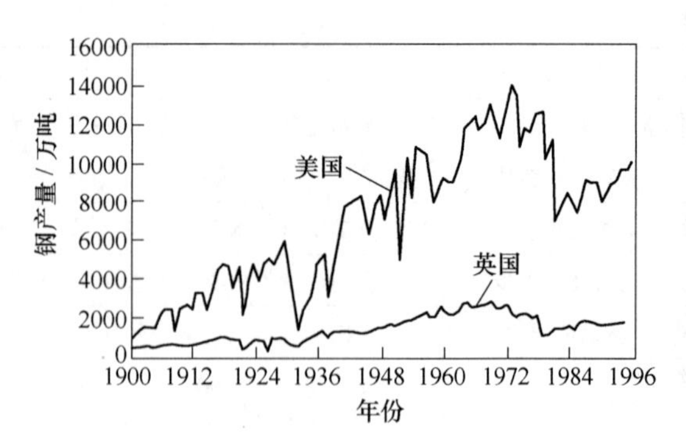

图7　20世纪美国和英国历年钢产量的变化

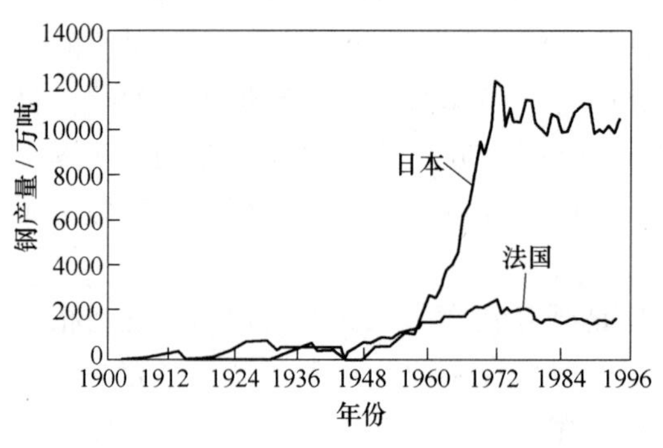

图8　20世纪日本和法国历年钢产量的变化

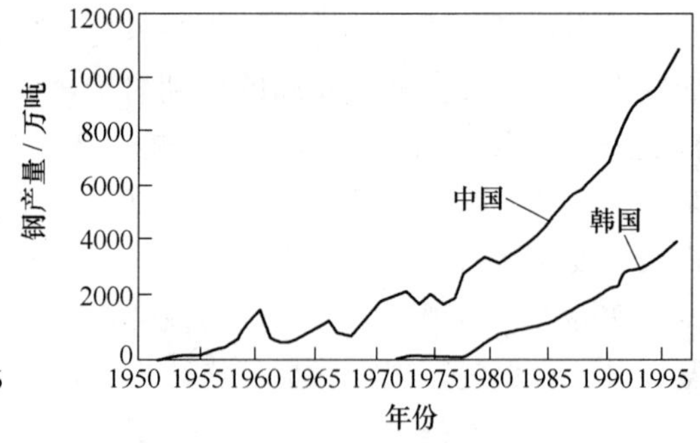

图9　20世纪后半期中国和韩国历年钢产量的变化

（2）钢铁工厂将趋向专业化，万能型、特大型联合企业将减少，钢铁产品的发展将更多地依赖地区经济。

现代化的钢铁企业通常都采用连铸，而连铸机是非常专业化的，一台设备不可能既生产板坯又生产方坯，这就决定了新型现代化钢厂将趋于专业化。

另外，生产厂家一般要负担产品的运输费，因此，地区经济的发展对运费乃至钢材的成本有至关重要的作用，从而使钢铁产品的发展将更多地依赖地区经济。

（3）钢铁工业的集团公司将趋向集中，集团的工厂趋向分散，集团间的兼并将促进钢铁工业的国际化。

新日铁这样的大集团公司在北海道的室兰和釜石还有两个产量所占比例较低的工厂，据其领导层透露，这样做的主要原因是为了当地生产当地销，运费低、成本低、利润较高。

蒂森和克虏伯这两大钢铁巨头的合并也是众所周知的。

（4）钢铁工业内部激烈的竞争，钢铁与其他材料的竞争，驱使钢铁工业更多地依赖科技进步。进入21世纪，钢铁工业的技术进步仍体现为新工艺流程的开发与现有工艺的完善化两大趋势的竞争，并在竞争中互相渗透、互相融合、互相促进。高新技术将对钢铁工业的技术进步起促进作用。

（5）废钢循环利用比例不断提高。但在21世纪前半期，金属铁主要是由铁矿石提供的，高炉炼铁仍是炼铁工艺的主流。

（6）电炉钢的比例将逐步增长，由于废钢的短缺而出现了多种废钢代用品（SSS）。SSS是Steel Scrap Substitute，主要是指DRI、HBI和铁水等。

（7）薄板坯连铸进入大型联合企业，替代传统连铸，Mini mill小钢厂的部分工艺与传统钢厂融合，形成新一代大型联合企业。新一代大型联合企业的工艺流程中，传统连铸与薄板坯连铸连轧将共存。

（8）进入21世纪将是多种工艺并存，高炉炼铁与非高炉炼铁并存，转炉与电炉并存，传统流程与短流程并存，大型钢铁联合企业与Mini mill小钢厂并存。

预测的21世纪的钢铁工艺流程，炼钢前工序是传统高炉与直接还原，熔融还原并存的局面。炼钢后工序是传统工艺、薄板坯连铸、带钢连铸三者并存。

（9）钢铁产品将出现替代趋势，部分传统产品被淘汰。

图10为钢铁产品品种替代的趋势图。对型材来说，热轧产品越来越少而冷轧产品越来越多。原因是相当一部分热轧生产的品种，冷轧也能生产，且尺寸更精确、能耗低、成本也低。对板材而言，今后的趋向是热轧品种、规格越来越多，而冷轧供货范围越来越小。例如在美洲，热轧已能轧厚度1mm甚至1mm以下的钢板，热轧已部分取代了冷轧，对表面质量没有特殊要求的品种可不经过冷轧。冷轧薄板中，涂层钢板的比例越来越高，因为涂层钢板的使用寿命长。中厚板中，比较薄的不需要很宽的中厚板几乎都是热连轧机生产的，而且热连轧生产的中厚板比中厚板轧机生产的精度高、成材率高、能耗也低。对管材来说，由于焊接质量的提高，使无缝钢管所占的比例减少，连大型的石油钻井管也将采用焊接管。这样，无缝钢管在管材中的比例会逐渐缩小。

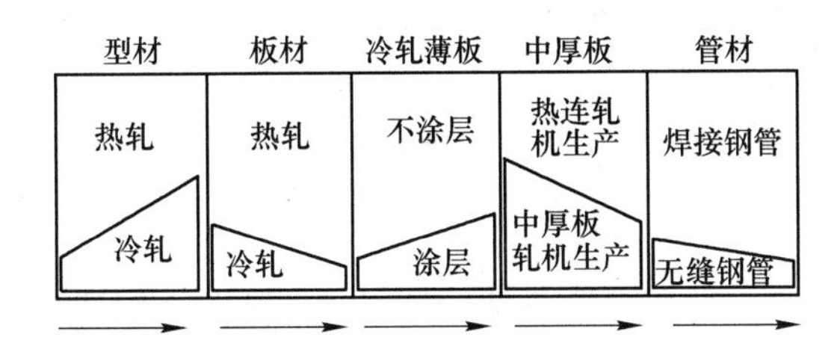

图10　钢铁产品品种替代的趋势

（10）实施可持续发展战略是钢铁工业科技进步的强大动力，是21世纪研究和开发的大课题。

废钢的循环利用、炼焦工艺的革命、钢铁副产品和废弃物的利用和处理，如何使钢铁工业与地球和睦相处，更好地节约能源，进一步提高劳动生产率、开发新流程，减少单位工业产值的钢材消耗等都是我们急待解决的问题。

总之，21世纪钢铁工业竞争的策略是全面集约化，以更少的人力、物力消耗生产出适应全球经济发展需要且与环境友好的钢铁材料。21世纪是钢铁工业重构与重组的世纪。

5 我国钢铁工业面临的挑战

5.1 我国钢铁工业总体上属于粗放型

建国以来，特别是十一届三中全会以来，我国钢铁工业得到了迅猛地发展。尽管1996年全国钢产量超过了1亿吨而成为世界第一产钢大国，但远非钢铁强国，其表现主要有：

（1）部分生产难度大的钢材不能全部自给，每年必须进口800万~900万吨钢材。

（2）我国钢材在国际市场上的竞争力不强，在世界钢铁贸易中所占份额不到1%。

（3）我国钢铁工业技术装备达到国际先进水平的不到20%，技术经济指标落后，质量水平不高，劳动生产率低，虽然我国劳动者工资水平低，但并未使钢铁产品在国际市场竞争中占据价格优势。

总而言之，我国钢铁工业竞争力不强的根本原因在于其工业总体上属于粗放型，具体体现在以下三个方面：

（1）起点低。我国钢铁工业的起点是日本在东北留下的钢铁厂和旧中国留下的一些小钢厂。工业技术的起点是中苏友好时代，苏联援建的156个项目。“大办钢铁”时代，钢铁工业只有数量上的扩张。20世纪60年代起，我国才独立自主开发了一批技术；70年代武钢引进了“一米七”轧机；80年代，宝钢整套消化、吸收日本的技术设备，虽然工业规模发展很快，但总体上看我国钢铁工业技术水平较低，技术装备呈现多层次并存的状态，相当一部分属于被淘汰的范围。

（2）工业布局不合理。自从“大办钢铁”以来，我国钢铁工业布局发生了很大的变化，产品配置逐渐向市场经济靠近。但是，当时的指导思想是追求规模和数量，因而建成了一批低水平重复建设项目，造成目前低水平的结构性供大于求。钢铁工业长期重产量，忽视质量；重规模，忽视效益；重投入，忽视产出；重眼前，忽视长远。

（3）在发展工程中，对科学技术进步重视不够，对世界发展趋势研究不够。科学技术是第一生产力的作用未能充分发挥，对新技术的发展方向把握不准，对新技术的采用犹豫不决，使我们走了不少弯路，拉大了与国际水平的差距。

5.2 21世纪我国钢铁工业面对严峻挑战的同时也面临空前的机遇

（1）由于世界经济的全球化，我国钢铁工业不得不参与国际竞争。

改革开放以来，我国钢材市场基本上已与国际市场接轨，国外钢材进入中国市场事实上已难以控制。1997年我国市场钢材的降价与国际市场的影响是密不可分的。国内的钢铁厂家不得不参与国际竞争。在加入WTO以后这种状况进一步加剧。

（2）我国正处于工业化过程中，钢材的需求量是增长的，但我国钢铁产品能否占领国内市场则取决于其市场竞争力。

我国国内钢材市场是滞销与短缺并存。对大路货，竞争的核心是价格；对生产难度大的产品，关键是质量和价格。加入WTO后，对钢材价格的压力将普遍增加，而对高附加值产品，质量则是取胜的法宝。如果我国的钢铁企业在竞争中不能取得主动权，那么将失去一部分国内市场，一部分钢厂将被迫关闭。钢铁企业在竞争中的失败，将造成工人失业、国家经济下滑等问题。

（3）我国钢铁工业必须立足于国内、国外两类资源。我们的钢材必须出口才能购进资源，否则就无法维持正常生产。我国钢材出口比例必须不断增长且在世界贸易中所占份额必须不断增长。

（4）众所周知，钢铁工业属资金密集、能源消耗高、环保压力大的微利行业。工业发达国家的钢材需求下降，世界钢铁工业的重心将向发展中国家转移。

5.3 我国钢铁工业要迎接21世纪的挑战，关键在于实现从粗放型向集约型转变

为使我国钢铁工业具备足够的国际市场竞争力，除了企业改革外，必须从以下五个方面着手来提高总体技术水平：

（1）淘汰落后的工艺与技术。制定政策，凡属效率低、能源高、质量差、污染严重的工艺技术装备，坚决限期淘汰。

（2）推广先进工艺与新技术。组织技术攻关，使钢铁工业主要技术经济指标和产品实物质量赶上国际先进水平。

（3）制定政策，指导钢铁企业的技术改造，使工艺流程合理化并杜绝重复建设。钢铁企业的技术改造必须符合世界钢铁工业的发展趋势。

（4）对国民经济所需重点品种予以资金支持，完善工艺技术装备并加强技术攻关，使量大面广的高附加值产品立足国内生产，并不断开发新品种。21世纪，我国钢材出口量应在国际钢材贸易总量中达到3%～5%的比例。

（5）对影响钢铁工业长远发展的前沿技术组织研究开发与攻关。

关于21世纪我国钢铁工业的若干思考*

摘　要　就有关21世纪我国钢铁工业发展的问题，如发展前景、炼钢、连铸及钢材品种质量发展趋向等问题进行了讨论，并指出我国钢铁工业迎接21世纪国际市场挑战的对策是增强总体竞争力。

关键词　钢铁工业；21世纪；发展趋势

伴随着21世纪的到来，人类社会将面临着世界经济走向全球化和科学技术进步迅猛发展、日新月异的新形势。对我国来讲是挑战与机遇并存。抓住机遇，则可以实现中华民族的伟大复兴。作为我国的钢铁工作者必须认识面临形势的严峻性，认真研究如何在21世纪国际市场的竞争中谋生存、求发展、后来居上。下面就与21世纪我国钢铁工业有关的六个问题提出一点看法。这六个问题是：

（1）21世纪我国钢铁工业面临的形势；

（2）钢铁工业是不是“夕阳工业”；

（3）炼钢工艺的趋向；

（4）连铸发展趋势；

（5）钢材质量品种发展趋势；

（6）迎接21世纪挑战的对策是提高总体竞争力，关键是发挥创新和科技进步的推动力作用。

这里所讲的观点纯属个人看法，不一定正确，请同志们批评指正。

1　21世纪钢铁工业面临的形势

在世界范围内，钢铁工业已是相当成熟的传统制造业。自进入铁器时代以来，钢铁一直是人类社会所使用的最重要的材料。2000年全世界钢产量估计为8.43亿吨，这个数据是通过63个国家的统计资料计算出来的。其他金属材料如铝，最高年产量不超过2500万吨。非金属材中，产量最高的是水泥，年产量约为15亿吨，但水泥只能抗压，抗拉与抗折性能差，而且对环境造成的污染远大于钢铁，应用范围有很大局限性。高分子材料中，塑料年产量在1亿吨左右，比钢铁应用规模小得多。

近100年来，钢铁工业的科学技术进步得到了前所未有的发展，钢铁制造技术已相当成熟。与此同时钢铁工业的利润率越来越小，钢铁工业已成为微利行业。材料工业中，新材料因其具有新的性能，技术尚不成熟，市场上价位很高，利润相应也较高。例如，非晶态磁性材料尽管在工艺、质量上仍存在许多问题，由于其铁损特别低，其他材料达不到，市场价1t卖十几万元，而高牌号的取向硅钢的价格1t不足2万元。

* 原发表于《炼钢》，2002，18(2)：5～10。

20 世纪 70 年代以前，钢铁、石油、汽车是世界资本主义经济的主要支柱产业。到今天，除了汽车和石油仍在全球经济中保持较高的份额外，钢铁早已风光不再。表 1 示出了 1999 年《财富》500 强中钢铁生产企业的基本状况。表中，蒂森—克虏伯公司因其钢铁所占比例小于机械，被归入工业机械类。美国钢铁公司于 20 世纪 80 年代投资石油工业，目前该公司石油炼制占的份额超过了钢铁，被归入石油炼制类。尽管上述两家公司没归入钢铁工业，但它们仍是老牌的钢铁企业。

由表 1 可知，钢铁企业进入世界 500 强非常难。真正排名最高的钢铁企业是新日铁，销售收入是 240 亿美元，在 500 强中居于 170 位。排名最后的是浦项，居 460 位，销售收入是 106 亿美元。也就是说，钢铁企业要想进入 500 强，销售收入最少需 100 亿美元，而武钢和宝钢的销售收入加起来不过 400 亿人民币。从利润方面来说，钢铁企业的利润普遍较低，除了利润最高的浦项公司外，蒂森等公司利润在 1% 以下，有 5 家公司亏损。上述情况表明，钢铁行业已成为微利行业。

表 1　1999 年《财富》500 强中钢铁企业盈亏情况

行　业	企　业	位　次	营业额/百万美元	利润/百万美元	利润率/%
金属材料	新日铁	170	24074.5	100.3	0.42
	日本钢管	304	15136.4	-412.5	-2.72
	法国 USINOR	325	14531.4	-189.9	-1.30
	住　友	387	12789.8	-1303.4	-10.19
	英国钢铁公司	417	11794.9	-514.0	-4.36
	Arbed 钢铁公司	437	11362.7	77.2	0.68
	川　崎	439	11292.7	111.6	0.99
	神　户	442	11248.8	-476.8	-4.24
	浦　项	460	10683.8	1307.5	12.23
工业机械	蒂森-克虏伯公司	99	32798.0	293.8	0.89
石油炼制	美国钢铁 USX	147	25610.0	698.0	2.72

钢铁工业成为微利行业的主要原因是从 20 世纪 70 年代起钢材价格基本保持稳定，而其他工业品的价格均上涨。90 年代后期，钢材价格趋向下降。70 年代以来钢铁工业技术进步迅速，消耗下降，效率增加，劳动生产率提高，其结果是生产成本降低。经济学告诉人们，产品的价格是由其社会平均成本决定的。技术进步使钢材的社会平均成本降低。由于长期以来各国重视对钢铁工业的投资，钢铁生产能力大于需求。在激烈的国际市场竞争中，钢铁价格只能在社会平均成本水平上徘徊。目前，全球粗钢生产能力约为 10 亿吨，而 2000 年的钢产量是历史最高纪录，突破 8 亿吨。设备利用率不过 80%。这种情况下竞争力不强的企业将会不断被淘汰。

科学技术革命推动钢铁工业在产品、工艺和设备上不断更新换代。在激烈的市场竞争中，企业落后了就要被淘汰。钢铁工业还面临着其他材料行业的挑战和保护环境以实施可持续发展战略的巨大压力。铝工业的发展一直受到其价格较高的制约，如果技术进步能使铝的市场价格降低 30%，将对钢铁行业造成巨大的冲击，甚至会影响钢铁行业的生存和发展。统计资料表明，20 世纪 90 年代初期，热轧卷的价格约为 320 美元/吨，波动范围为 10%，到 90 年代末期，国外许多厂家热轧卷每吨仅卖 200 多美元。欧洲钢铁界希望在 21 世纪初期该产品的价格能稳定在吨钢 260 美元 ± 10% 左右。价格下滑幅度如此之大，主要原因就是连铸、薄板坯连铸连轧等新技术的应用使钢铁生产成本显著降低，钢铁材料的市场竞争力长盛不衰。

21 世纪我国钢铁工业将面临加入 WTO 和日趋激烈的国际市场竞争，此外，我国钢铁工业面临着更为艰巨的结构调整与重组的任务。说形势严峻、危机与机遇并存不是危言耸听。

2 钢铁工业是不是“夕阳工业”？

对于钢铁工业是不是“夕阳工业”的说法，美国科学院和美国工程院在 20 世纪 80 年代后期对此作过专门研究，还出版了一本名为《材料和人类》（Materials and Mankind）的书。现在已没有人提“夕阳工业”了。人类社会的每一点进步都和材料科学技术和工程的进步密不可分。人类社会不断发展，物质资料的生产将不断增长。钢铁仍是 21 世纪人类所使用的最主要的材料。这是因为：

（1）地球资源中，铁矿石蕴藏量大，易于获取和加工成金属。

（2）所有材料中，钢材的性能与价格比最佳，钢材价格自 20 世纪 70 年代以来长期保持稳定。

（3）可回收利用程度高，有利于实施可持续发展战略。这一点非常重要，高分子材料正是因为难于降解，限制了它的进一步发展。

21 世纪钢铁工业将继续发展。不仅产量会继续增加，品种和质量水平也将迈上新台阶，以使钢材的使用寿命延长，国民经济单位产值耗用的钢材量减少。新工艺、新技术将不断涌现。为适应国际市场竞争的需要，我国钢铁工业必将经历结构调整和重组，其内容包括：

产品结构的调整和重组，我国钢材的产品结构与国民经济的需要是不适应的，高质量、高附加值产品的自给率低，而大路货又供大于求；地理分布的结构调整和重组，由于运费贵，将来大部分的钢铁厂都是区域性的，那种“一家钢厂包打天下”式的工厂实际上是不可能存在的；工艺结构的更新换代和重组，落后的工艺和工序要淘汰，如淘汰平炉，淘汰模铸等；最后是企业结构的重组，这是上述调整的落脚点。

21 世纪全世界钢产量将在波动中增长。我国是最大的发展中国家，钢材的需求量大，我国钢产量的增长要高于全世界的增长速度，到 2010 年将达到 1.5 亿 ~ 1.6 亿吨。由此可见，全世界的钢铁工业决非“夕阳工业”，而中国的钢铁工业更不是“夕阳工业”。

3 炼钢工艺的趋向

图 1 为 1988 年以来世界不同炼钢方法所占的产量比例的变化。由图可知，平炉钢的产量逐年减少，转炉钢和电炉钢的产量均稳中有升。

进入 21 世纪，平炉炼钢将进入历史博物馆，估计到 2010 年，将淘汰所有的平炉，目前淘汰平炉最慢的是独联体，其次是东欧。氧气转炉炼钢与电炉炼钢将是炼钢工艺

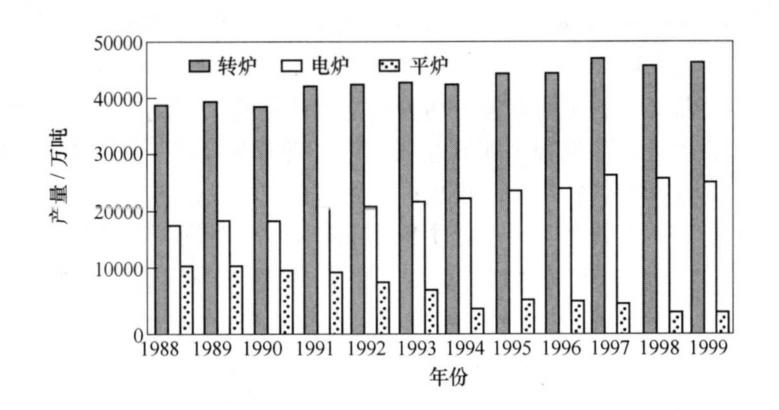

图 1　世界不同炼钢方法所占的产量比例

的主体。

在全世界范围内，作为短流程组成部分的电炉炼钢，因建设投资少、综合能耗低、成本低、环境负荷小，其比例增大。目前全世界电炉钢所占的比例不到40%。由于各国资源条件存在差异，电炉钢的发展受到废钢供应与电力供应的制约，不同国家电炉钢所占比例的差别很大。工业发达国家，如美国，工业化时间长，社会废钢积蓄量充足，电炉钢比例较高。发展中国家，如中国，社会废钢积蓄量少，电炉钢所占比例小于15%。另外，发展中国家电价较高也制约了电炉的进一步发展。例如，美国的电价为我国电价的一半。对发展中国家而言，随着钢产量的增加，电炉钢比例呈下降的趋势。

20 世纪中期以前，电炉专门用来冶炼质量要求高的钢种，而现在作为短流程的组成部分，电炉主要生产大路品种的钢。对性能要求高，如杂质少、气体含量少的品种则转由高炉—转炉流程生产。这一特征将基本保持下去。由于废钢积蓄量不足，还会出现高炉—电炉流程，用高炉铁水替代废钢。欧洲已涌现了相当多的高炉—电炉流程，美国和中国也已开始出现。

对炼钢来讲，整个工艺的发展趋势是：无论转炉炼钢或电炉炼钢，工艺发展均趋向功能分工。20 世纪 80 年代以前，脱硫、脱磷、脱碳、脱硅均在转炉中完成。80 年代以后，转炉的功能主要是脱碳和升温，电炉的功能主要是熔化、升温，铁水脱硫与脱磷交给铁水预处理，成分调整与精炼脱气以及钢水温度调整主要由炉外精炼（或二次精炼）完成。目前，炼钢工艺实际上是由铁水预处理、炼钢和炉外精炼 3 个部分组成，也就是说，由于对钢清洁度和生产效率的要求不断提高，必须把从铁水预处理到炉外精炼看作炼钢工艺的一个整体。

因此，21 世纪世界钢产量将在起伏中增长，转炉炼钢和电炉炼钢并存，且以转炉炼钢为主的局面将维持相当长时间。由于废钢积蓄量有限，电炉钢产量不可能超过转炉。

4　连铸发展趋势

20 世纪后期在钢铁制造工艺科技进步中影响最大、涉及钢铁技术发展进程最全面、最富有创新意义的，突出表现为凝固过程的基础研究和工艺技术装备的开发。在此以

前，研究开发的焦点集中在炼钢的物理化学过程上。自20世纪70年代以后，凝固技术的地位显得越来越重要。

从总体上看，提高钢铁工业竞争力的关键是钢铁制造工艺流程的集约化。主要手段之一是以缩短钢铁制造工艺流程来获取经济效益。把炼钢铸锭与初轧开坯集成，就是连铸；薄板坯连铸是连铸和热轧粗轧的集成；而目前正在开发的带钢铸造则是将钢水直接铸成钢带。从科学和技术的角度看，通过上述凝固技术和凝固工艺的进步，实现了钢铁生产过程的集约化。由此看来，连续铸锭是20世纪后半期钢铁工业的重大技术进步之一，而薄板坯连铸连轧技术与带钢铸造则是炼钢凝固工艺集约化的进一步发展。

最近几年，我国钢铁工业技术进步较快，全国连铸比已达84%，重点企业约为87%，接近世界平均水平。世界先进国家的连铸比达到95%以上。全球范围内，炼钢连铸比还将进一步提高，但不可能达到100%，预计为98%左右，因为某些特殊品种钢材，无法用连铸机生产，必须保留少量模铸。但对某个地区或某个工厂而言，完全可以通过全连铸来实现企业效益的最大化。将来可能出现全部采用薄板坯连铸的企业，甚至是完全的带钢铸造工厂。

进入21世纪，对生产长材的钢厂来说，需求量大的品种将走向连铸连轧，例如，美国原来有几家H型钢厂，自从纽柯的连铸连轧H型钢厂投产后，因无法与其成本低廉的优势竞争，陆续关闭了；对生产板材的钢厂而言，大部分钢厂将发展连铸连轧工艺，预计到2010年全世界将有40%～50%的常规热连轧机和常规连铸机被薄板坯连铸连轧工艺所替代。

当然，为适应某些特殊钢种的需要，常规热连轧仍将存在。带钢铸造技术将在不锈钢和其他合金钢生产中得到应用。21世纪初期将是常规连铸工艺、薄板坯连铸连轧工艺与带钢铸造工艺并存，且是连铸连轧工艺大发展的时代。

5　钢材质量品种的发展趋势

20世纪60年代以来钢材质量有了很大的改进。钢的纯净度不断提高，有害杂质减少。钢材品种增加，性能大幅度提高，单位产品用钢量减少。图2为20世纪中期以来钢质量的改进状况。

图2表明，自20世纪60年代以来，钢中有害杂质如N、S、P等的质量分数越来越低，目前质量要求高的钢种，杂质总的质量分数通常小于0.01%，甚至有人认为应达到小于0.008%的水平，而且有人研究达到0.002%的可能性。

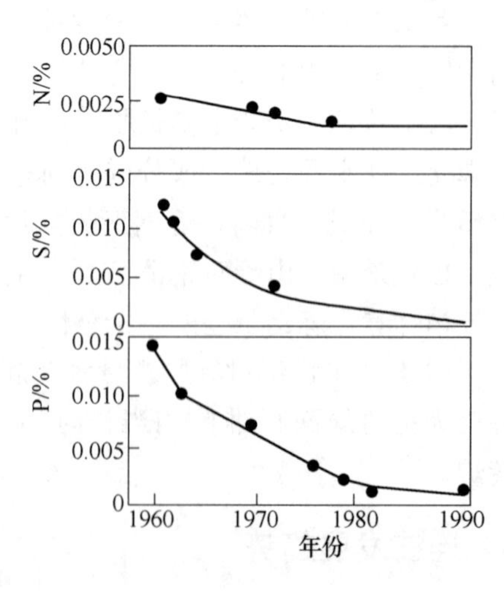

图2　20世纪中期以来钢中N、S、P的变化

20世纪60年代以来，汽车用钢的发展是钢材品种质量进步的一个典型例子。早期的汽车用钢主要是冷轧板，随着石油危机的爆发，对汽车钢板质量的要求越来越严格，省油和减重变得越来越重要，于是出现了高强度的汽车板。90年代，30多家西方大钢铁企业成立了一个名为超轻

型车体 ULSAB（ultra-light steel automobile body）的组织，其宗旨是将一台汽车的重量减轻 700kg，从而达到省油的目的。

21 世纪全球经济将继续增长，对钢材的需求也将继续增长。20 世纪世界钢产量由 1900 年的 2850 万吨增至 2000 年的 8.43 亿吨，增长超过 28 倍。21 世纪不可能再有这样的发展速度，因为这样的速度是地球的资源与环境所不能承受的，钢铁工业的进一步发展需在可持续发展的原则指导下进行。为此，必须通过提高钢的质量、开发新品种、减少单位（产品、工程、GNP）用钢量、减轻地球环境负荷来满足全球经济发展的需要。

20 世纪中期以来钢质量的改进：20 世纪 60 年代以来，要求钢中有害杂质的质量分数越来越低。20 世纪 90 年代以来对某些钢种要求杂质总的质量分数 $C + Mn + Si + P + S + O + N \leqslant 0.01\%$。

普遍提高钢材的强度、韧性、加工性能和使用寿命，将是 21 世纪钢铁工业的主要奋斗目标之一。其经济意义是减少使用钢材的重量，降低单位制品的重量，达到节能和减少自然资源消耗的目的。其主要方向是以改善钢材的组织结构为手段，减少钢材中合金的含量，发挥钢材本身的潜力。这与以前为提高钢材的强度完全靠加合金的作法显然不同。日本对钢材晶粒度与抗拉强度间的关系所做的研究表明，通过细化晶粒，可成倍地提高钢材的强度，如将晶粒细化到1μm，抗拉强度可达 700MPa。另外，少加合金可减轻地球的环境负荷，降低钢材生产成本。当然，细化晶粒并不是一件容易的事，很多国家，如中国、日本、韩国等都为此正在做大量的工作。

总之，为使钢材的强度和使用寿命比现有水平提高 1 倍，必须在 21 世纪开发出一系列控制钢材织构的技术和工艺。为实现钢材质量的进一步提高，开发出新品种，除上述凝固工艺外，轧钢工艺和技术装备的创新也是今后钢铁工业技术进步的重点。

6 迎接 21 世纪挑战的对策是提高总体竞争力

2000 年，美国的钢材消费量为 1.2 亿吨，国民生产总值为 10 万亿美元。2000 年我国钢产量为 1.2 亿吨，进口量不到 2000 万吨，钢材消费量不到 1.4 亿吨，国民生产总值大致为美国的 1/10，约 1 万亿美元。由此看来，我国具有世界最大的钢铁消费市场，但我国 21 世纪的钢材市场并不一定属于我国的钢铁企业。因为加入 WTO 后，对已相当成熟的钢铁工业来说，我国的钢材市场将完全与国际市场接轨，不可能受到如农业和汽车业那样的保护。努力提高我国钢铁工业的总体竞争力是唯一的出路。

如图 3 所示，美国 WSD（World Steel Dynamics）公布的资料表明，钢材（包括热轧卷和冷轧板）成本最低的是韩国和巴西。

由图 3 可见，我国钢材成本不仅高于韩国、巴西，还高于中国台湾。美国许多钢厂严重亏损，有的濒临破产，处境艰难。美国钢材成本较高是其钢铁工业竞争力不强的主要原因。

我国钢铁企业的情况也并不能令人放心。当国际钢材价格处于正常水平时，国内钢材市场上我国自产的普通钢材处于优势地位，高附加值、高难度钢材不能完全自给，必须依赖进品。国内钢材自给率可达 92% ~94%。我国普通钢材与钢坯出口

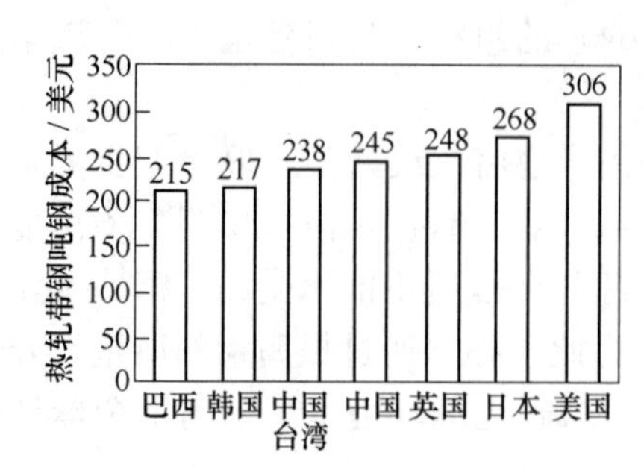

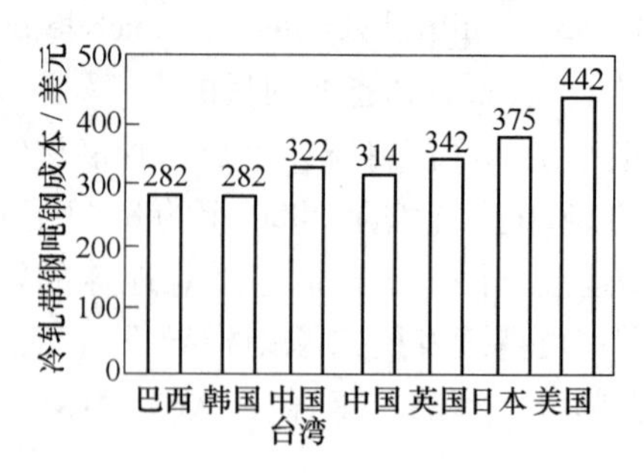

图 3　世界主要产钢国家和地区冷热轧带钢的生产成本

有较大的发展空间，这时我国钢铁企业大都赢利。我国 2000 年的钢材市场正是这种状况。

当国际市场不景气时，国内钢材市场价格走低。国际钢材市场需求低迷，出口减少，我国钢铁企业处境十分艰难，相当一部分企业微利或亏损。这种情况下，我国仍需进口不能自给的钢材品种，1997～1999 年就属于这种情况。

由此可见，我国钢铁工业的总体竞争力是不强的。因韩国的生产成本远低于我国，所以，我国钢铁工业第一的竞争对手是韩国。我国在高附加值钢材方面竞争不过日本。我国在高附加值钢材与普通钢材方面都竞争不过韩国。

提高我国钢铁工业的竞争力的重点是：普遍提高我国钢材的质量水平，增加高附加值产品，降低消耗、降低成本。当然，这一切都必须依靠科技进步和创新。

我国钢铁工业提高竞争力必须从结构调整入手。首先要淘汰落后，同时在企业体制上要有所创新。工艺技术方面也要在消化掌握国际先进工艺的基础上不断创新。为使我国钢铁工业在国际竞争中立于不败之地，还必须拥有自主知识产权的专有技术。科技进步和创新永远是我国钢铁工业快速发展的动力。在 21 世纪，通过结构重组和技术创新，我国应努力创造出具有中国特色的新一代钢铁工业。

对我国钢铁工业来讲，21 世纪面临的挑战主要在两大方面：第一，必须努力提高总体竞争力，才能在激烈的国际市场竞争中立于不败之地；第二，必须减轻钢铁工业的环境负荷，使钢铁工业实现清洁生产，并进而向绿色制造迈进。总体竞争力不仅仅包含产品的质量、品种、产品的适用性和用户服务，更重要的是价格与性能之比。因为钢材的消费量在 21 世纪内仍将是增长的，钢材是人类社会主要材料之一，钢铁工业又属于微利行业。如何提高钢材的性能，减少钢材用量，进而减轻环境负荷，降低消耗，降低成本，是提高我国钢铁工业总体竞争力的关键。从钢铁工业的发展趋势看，必须使钢铁工业逐步走向可持续发展轨道，因此创建绿色制造的钢铁工业是必由之路。在进入 21 世纪的时候，把我国钢铁工业实现清洁生产作为第一阶段的目标是必要的。清洁生产不能仅仅靠末端治理来实现，因为仅靠末端治理是钢铁工业的成本难以承受的。清洁生产必须从源头做起，这就涉及到工艺创新，流程创新，品种创新以及副产品、排出物的再资源化，钢铁工艺流程与其他产业的综合与集成。总而言之，清洁生产必须依靠科学技术进步和创新。抓住清洁生产，必将推动 21 世纪钢铁工业的巨大进步。

Consideration about Problems Relating to Development of China's Steel Industry in the 21st Century

Abstract The present paper discusses problems relating to the development of China's steel industry in the 21st century such as its prospect, trends of steelmaking and continuous casting, and the quality and species of finished steel products and points out that the key countermeasures for China's steel industry to the challenge in the international market are enhancement of comprehensive competiveness.

Key words steel industry; 21st century; trend of development

20世纪中国钢铁工业的崛起*

摘　要　中国在世界上有漫长的钢铁制造史，但直到中华人民共和国成立才结束了钢铁工业落后的历史。在过去的半个世纪里，中国努力发展钢铁工业。描述了中国钢铁工业的经历和在20世纪后20年中国钢铁工业的崛起。

关键词　崛起；中国；钢铁工业

1　引言

中国炼钢技术的历史可以追溯到公元前500年。钢铁工具（如犁、锄头、镰刀）的使用提高了农业经济的生产率，推动了在第一个千年前就形成中国中央政权的壮举。但不幸的是，钢铁工业的真正开始仅仅是在19世纪末期。在1890年，第一家国有钢铁工厂破土动工，而第一座高炉开炉是在1894年。由于政治环境的动荡以及封建官僚政府的不稳定，其后的半个多世纪的中国钢铁工业步履艰难。在1949年中华人民共和国成立时，当时的铁年产量是25万吨，而钢的年产量仅为15.8万吨（表1）。与同期工业发达国家相比，中国的钢铁工业是脆弱的、落后的和技术过时的产业。

表1　中华人民共和国成立前中国的钢铁产量（1895～1948年）　　（万吨）

年　份	钢产量	铁产量	年　份	钢产量	铁产量	年　份	钢产量	铁产量
1895	0.14	0.56	1913	4.3	26.8	1931	1.5	47.1
1896		1.1	1914	5.6	30.0	1932	2.0	54.8
1897		2.3	1915	4.8	33.7	1933	3.0	60.9
1898		2.2	1916	4.5	37.0	1934	5.0	65.6
1899		2.4	1917	4.3	35.8	1935	25.7	78.7
1900		2.6	1918	5.7	32.9	1936	41.4	81.0
1901		2.9	1919	3.5	40.8	1937	55.6	95.6
1902		1.6	1920	6.8	43.0	1938	58.6	104.8
1903		3.9	1921	7.7	39.9	1939	52.7	112.7
1904		3.9	1922	3.0	40.2	1940	53.4	118.3
1905		3.2	1923	3.0	34.1	1941	57.6	153.1
1906		5.1	1924	3.0	36.1	1942	78.0	178.7
1907	0.8	6.2	1925	3.0	36.4	1943	92.3	130.1
1908	2.3	6.6	1926	3.0	40.7	1944	45.3	127.4
1909	3.9	7.4	1927	3.0	43.7	1945	6.0	19.0
1910	5.0	11.9	1928	3.0	47.7	1946	6.0	14.0
1911	5.9	8.3	1929	2.0	43.6	1947	7.0	14.4
1912	0.3	17.8	1930	1.5	49.8	1948	7.0	14.7

* 原发表于《世界科技研究与发展》，2002，24(3):9～12。

经过3年的重建，在1952年，中国生产了193万吨生铁，135万吨粗钢，113万吨钢材，创造了中国钢铁工业历史纪录。中国政府在工业化过程中优先发展钢铁工业。在第一个五年计划中，政府计划建立三个钢铁生产基地，即鞍山钢铁公司的扩展和现代化，武汉钢铁公司和包头钢铁公司的建设。1957年钢的年产量达到553万吨，铁的年产量达到594万吨，中国钢的产量占世界份额从1949年的0.1%上升到1957年的1.83%。在50年代，通过执行建设新的钢铁工厂和重建已有的钢铁工厂的策略，中国制造工业有能力提供容积1000m³高炉，500t平炉和年产300万吨初轧机成套设备。1958年，政府决定在约全国一半的具备条件的省份建立省级钢铁厂。但是在1959年，全国发起“大跃进”运动。结果加重了国家经济负担。经过调整，中国的钢产量在1965年达到1223万吨，居世界第8位（1949年为第26位），操作技术参数均有明显的提高，一些参数如高炉的利用系数，入炉焦比达到世界水平。不幸的是，1966年，“文化大革命”席卷全国。“文化大革命”使国家的经济濒临崩溃的边缘，结果导致钢铁产量起伏不定，造成中国的钢铁工业徘徊20年。

2　中国钢铁工业的崛起

“文化大革命”的结束为中国钢铁工业发展铺平了道路。中国经济的稳步发展要求增加钢铁产品的供应，为中国钢铁工业的快速发展提供了空间。从1949年到2001年，生铁、粗钢和钢材的年产量如图1所示。稳定的增长从20世纪80年代初开始，到2000年后仍然保持增长的趋势。

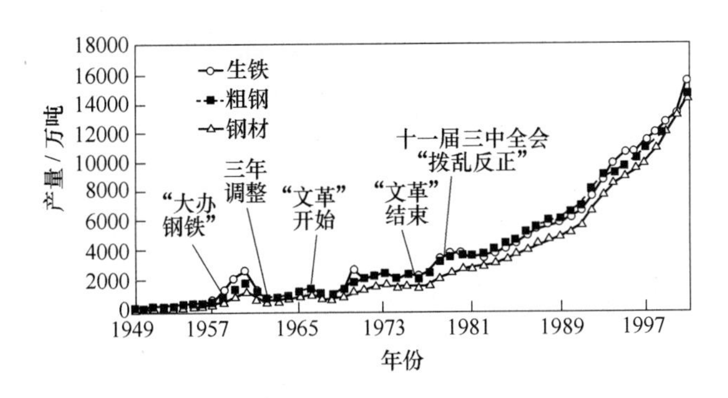

图1　中华人民共和国成立以后钢铁年产量的演变（1949～2001年）

2.1　世界上最大的钢铁生产国

过去20年钢铁工业的快速发展使中国成为世界上最大产钢国之一。1996年，中国钢产量超过1亿吨，成为世界第一产钢大国。从1996年开始，中国的钢产量保持持续增长，2000年达到1.276亿吨，2001年达到1.4893亿吨。从1949年至今中国钢铁工业在世界钢铁产量中所占的份额如表2所示。

2000年有36个钢铁工厂年产量超过100万吨，其中4个工厂年产量超过600万吨。7个工厂年产量为300万～600万吨，25个工厂年产量为100万～300万吨，如表3所示。

表 2　中国钢铁工业在世界钢铁产量中所占份额

年　份	中国的粗钢产量/Mt	中国钢产量的排名	中国钢产量在世界上所占份额/%
1949	0.158	26	0.10
1957	5.350	9	1.83
1965	12.230	8	2.66
1978	31.780	5	4.42
1980	37.120	5	5.16
1985	46.790	4	6.50
1986	52.210	4	7.31
1989	61.590	4	6.58
1991	71.000	4	9.67
1992	80.930	4	11.37
1994	92.610	3	12.76
1995	95.360	2	13.02
1996	100.250	1	13.32
2000	127.600	1	15.13
2001	148.920	1	18～19①

① 估计值。

表 3　2000 年中国年产 100 万吨以上的钢厂　　（万吨）

超过 600 万吨钢厂年产量

钢　厂	宝山钢铁公司	鞍山钢铁公司	首都钢铁公司	武汉钢铁公司
产　量	1772.2	881.2	833.2	665.1

300 万～600 万吨钢厂年产量

钢　厂	本　溪	包　头	马鞍山	攀枝花	唐　山	邯　郸	济　南
产　量	422.3	392.4	392.2	359.5	319.5	315.0	303.0

100 万～300 万吨钢厂年产量

钢厂	华菱	安阳	太原	莱芜	酒钢	天铁	昆明	南京	新余	重庆	通化	沙钢	水城
产量	284.0	243.4	242.8	214.0	192.6	190.0	185.2	177.6	164.8	162.4	152.2	147.3	147.2
钢厂	韶关	杭州	广州	宣化	三明	八一	鄂城	承德	柳州	天钢	石家庄	青岛	
产量	135.0	126.6	121.2	120.7	117.1	114.6	111.3	105.0	104.3	102.7	102.3	100.1	

中国的粗钢产量从 1990 年的 6535 万吨增加到 2000 年的 12760 万吨，意味着在 10 年里钢产量增加了近 1 倍。上述 36 个钢厂的钢产量为 1.049 亿吨，占总产量的 82.46%。在这 36 个钢厂中，仅 2 个建于 1980 年以后，其钢产量在 2000 年为 1277 万吨，占总量的 12.71%。这就意味着中国钢铁工业的崛起主要依靠的是 20 世纪 70 年代以前建成的钢铁厂的扩建和技术改造。到 2001 年，全国年产量超过 100 万吨的钢厂增至 42 家，其中年产 100 万～300 万吨的钢厂增至 31 家，比 2000 年多了 6 家。

2.2 中国钢铁产业地理分布的合理化

1950 年，中国的钢厂主要集中在东北和华北地区。此种分布格局主要是由自然资源导向型的建设决定的。由于中国沿海和南方地区对钢产品要求的迅速增加，中国的钢铁业转向为市场导向型机制。2000 年，钢产量中华东地区所占份额为第一位，华北地区为第二位，中南为第三，东北为第四（表 4）。2001 年，几乎所有的省（除西藏外）都有自己的地方钢厂。这意味着中国钢铁产业的地区分布已趋于合理。

表 4　中国钢产量地区分布的变迁　（%）

年　份	1950	1970	1980	1990	1998	2000
华　北	12.72	19.96	21.51	22.69	26.10	25.82
东　北	82.83	37.32	26.44	20.89	14.30	14.16
华　东	1.95	23.70	24.74	27.57	31.60	31.91
中　南	0.90	13.57	15.05	16.64	15.80	15.95
西　南	1.61	4.51	10.34	9.38	8.80	8.93
西　北	0	0.94	1.91	2.82	3.40	3.34

2.3 工艺技术装备的技术进步

现代科技的采用，先进设备的引进，加速了中国钢铁工业的发展，例如：

（1）取消了平炉炼钢和模铸开坯，采用了氧气转炉和连续铸钢，加速了钢产量的发展。2001 年，钢产量为 1.4892 亿吨，其中，连铸坯为 1.336 亿吨，占总量的 89.71%。我国连铸比已高于世界平均水平。

（2）钢材的成材率显著增加。1990 年，钢的平均成材率是 83.2%，而 2000 年为 92.8%，增加了 9.6%。

（3）能量能耗降低。1990 年，平均吨钢综合能耗为 1201kg，2000 年减少到 898kg，降低了 1/4。

（4）攀枝花钒钛复合矿和包头含氟复合矿开发了新的选矿工艺，加速了两家钢厂的发展，使其年产量超过 300 万吨，且攀枝花钢铁公司也成为世界三大钒生产者之一。

（5）通过革新，相当数量的省级钢厂为了长远目标建立了“高炉—氧气转炉—连续铸钢—轧材”生产线，形成了中国式的小型钢厂。

（6）应用喷煤技术。2000 年，高炉的平均喷煤比为 118kg/t Fe，在宝钢，平均喷煤比为 203kg/t Fe，平均焦比为 294kg/t Fe，在世界钢铁企业中领先。

技术进步在中国钢铁工业的迅猛发展中起着重要的作用。

2.4 中国的钢铁工业已成为中国经济重要的支柱产业

从 2000 年以来，中国钢铁工业的销售额增加到 3500 亿元（人民币）。国内的钢产品支持了机械加工、汽车制造、造船、运输、矿产和建筑。在 20 世纪末，钢产品自给率达到90% ~92%。

3 中国钢铁工业展望

作者的研究表明，在工业化过程中，一个国家对钢的需求有一个最低值。当人均GDP在1000 ~ 10000美元时，人均钢产量应不少于100 ~ 110kg/人。根据此研究，中国钢铁的最低需求量预计见表5。

表5 21世纪支持我国经济增长的最低钢产量

年份	GNP/美元·人$^{-1}$（1990年价格）	增长率/%	人口/亿人	粮食/kg·人$^{-1}$	按不同人均估计钢产量/亿吨	
					100kg	110kg
1990	443	10.0	11.4	375	实际	0.62
2000	760	7.2	13.0	372	1.30	1.43
2010	1275	6.6	14.1	375	1.41	1.55
2020	2125	4.9	15.1	378	1.51	1.66
2030	3000	4.0	16.0	380	1.60	1.76

根据估计，中国在2010年钢的需求量不应低于1.6亿吨，并且至少30年内维持一个高水平。在中国，钢铁工业不是夕阳工业。

机遇和挑战永远并存。在21世纪，国际市场的竞争更加激烈。面对国际市场的挑战，唯一的办法是增强中国钢铁工业的竞争力。为增强中国的竞争能力迫切需要进行中国的工业结构调整，这是一项基本任务。技术进步是钢铁工业现代化的动力。在过去的20年，世界水平先进技术的引进、消化、传播和应用在中国钢铁工业的迅猛发展中发挥了重要的作用。在21世纪，中国钢铁工业竞争力的增强必须依靠更深远的科技创新。

中国钢铁工业在21世纪的前途是光明的，挑战是严峻的，任务是困难的，为光明的前途奋斗是钢铁工业全体从业人员的共同任务。

The Uprise of China's Steel Industry in the 20th Century

Abstract China has a long history of steelmaking in the world, but its steel industry was poor until the founding of People's Republic of China. In the past half century, China has endeavored to develop steel industry. This paper describes the experiences of China's steel industry and the uprise of steel production in the last decade of 20th century.

Key words uprise; China; steel industry

钢铁工业的过去、现在和未来*

摘　要　以科技进步为依托，回顾钢铁工业的发展里程；面对新世纪钢铁工业的挑战，提出先进制造技术化和绿色制造化的钢铁工业可持续发展方向与对策。

关键词　钢铁工业；科技进步；可持续发展

1　形成产业前的钢铁工艺

地球的历史约有46亿年。人类的历史约有100万年。人类的文明史约有1万年。人类区别于其他动物的主要因素之一是使用工具。人类经历了石器时代、青铜时代，尔后进入铁器时代。考古发现最早的铁器是从埃及的金字塔石头缝里掘出的。据考证，它属于公元2900年前的文物，属于陨铁。在埃及和中东还发掘出史前的铁器。史前的人们怎样从矿石中炼出铁，尚未发现文字记载。关于冶炼过程描述的第一个发现是古埃及公元前1500年古墓墙上的壁画。我国已出土的铁器最早可追溯到公元前600年，战国时期（公元前403年~公元前222年）铁器的使用已相当普遍。

在钢铁冶金发展史上，古代人从自然界得到的是含碳低的熟铁（wrought iron）而不是生铁。按现在的分类方法，熟铁属于钢的范畴。从这个意义上讲，人们先冶炼出“钢”，而在许多年之后才冶炼出生铁。

古代人掌握了从矿石冶炼“熟铁”的技术，所用的燃料和还原剂是木炭。熟铁太软，不能用于制作器具。古代人掌握了熟铁渗碳的技术，用渗碳的熟铁制造器具。随着冶炼炉容量的扩大，炉体高度增加，于是出现了竖炉。14世纪欧洲出现了竖炉（stuchofen）。由于竖炉炉内的温度高，因此冶炼出的不是熔融状态的熟铁而是铁水，铁水凝固后就是生铁。铁水可以铸成器具，或重新冶炼成具有韧性和延展性的钢。

生铁的出现，扩大了生产能力，降低了成本。但生铁脆，不能加工，必须重炼成“熟铁”。搅钢炉是应用较广的方法之一。17世纪英国的手工业发展迅速，促进了钢铁工艺的发展。1615年英国有800多家炼铁和锻铁作坊，其中有300座高炉，平均每周产铁15t。这些高炉都用木炭为冶炼燃料。为烧木炭，需大量砍伐森林。为保护森林，英国许多采用木炭的高炉不得不停产。铁厂主不得不寻求代替木炭的燃料。焦炭的出现，无烟煤与木炭的混用，都发生在18世纪。焦炭的应用为钢铁工业的发展提供了物质基础。早期的高炉使用的是冷风。1828年，James Neilsen在苏格兰的高炉上进行了加热鼓风试验，此后高炉开始使用热风，从而大幅度地提高了生产能力。我国是掌握冶炼技术的世界文明古国之一，秦朝时期已在主要产铁地区设置了铁官。详细记载我国古代冶铁技术的书有明代宋应星著《天工开物》。此书于1637年首次出版，当时我

* 原发表于《武汉科技大学学报》（自然科学版），2002，25(5):331~334。

国冶铁技术处于世界领先地位。

纵观古代世界钢铁工艺的发展历程，直到19世纪初，虽然钢铁工艺已有了长足的进步，但尚不足以形成钢铁产品的规模生产。此时工业革命已经开始，需要一种能够大规模生产的廉价的结构材料来支持工业、交通、运输业的发展。然而当时能够生产的生铁，由于太脆，不能满足要求，而“熟铁”由于不能大批量生产，故也无法满足要求。无奈之下，铁路的轨道只好木制，上面包上一层铁皮；船舶、建筑物、大部分桥梁，甚至容器都是木制的。工业革命企盼着大规模钢铁工业生产的诞生。

2 科技进步与钢铁工业的发展

2.1 炼钢工艺技术革命

1850~1860年间，英国的Henry Bessemer在Sheffield试验成功一种向铁水表面吹空气的炼钢方法，这一工艺被称为贝氏炼钢法。Bessemer开创的炼钢工艺技术革命为钢铁工业的形成奠定了基础。转炉生产一炉钢的时间只需数十分钟，且钢水可以直接铸成钢锭，炼钢过程不需要外加燃料。显而易见，贝氏炼钢法较传统的钢铁冶炼方法优越。但是贝氏炼钢法也有其缺点，如去硫去磷能力差，钢水中气体含量高；钢的质量不如搅钢炉（puddling furnace），阻碍了贝氏炼钢法的推广。1856年英国工程师Siemens建成了世界上第一座工业化的平炉。其后，法国的Pierre-Emile Martin取得Siemens的专利权，对其加以改进，开发出用废钢和生铁作原材料，用煤气作燃料的炼钢方法，称之为Siemens-Martin法，即平炉炼钢法。由于其钢质优于Bessemer法，因此1867年在巴黎博览会上获得金奖。

1875年英国的S. G. Thomas与P. G. Gilchrist发明了转炉中使用碱性炉衬和碱性炉渣的炼钢方法，使高磷生铁可以用来炼钢。其后碱性炉衬和碱性炉渣也用于平炉，使平炉炼钢有很大的发展，并成为19世纪末至20世纪中叶占主导地位的炼钢工艺。此时期电炉炼钢也有发展，它主要用于冶炼合金钢。

2.2 钢铁工业的形成

自1880年碱性炼钢法出现，搅钢生产工艺被淘汰。以液态炼钢工艺为核心（包括Bessemer法、Thomas法及Siemens-Martin法）形成高炉—炼钢—铸锭—开坯—轧钢—热处理的钢材生产流程。与以前的工艺相比，规模大，成本低，质量好。这一工艺流程适应了当时社会对钢材用量和质量的需求，因而钢铁产量大幅增长，工厂增多，从业人员增加，钢铁生产形成规模产业——钢铁工业。19世纪后期，美国由于矿石和焦炭质量好，Bessemer法发展很快，因而成为第一产钢大国。全世界钢产量在1908年达到5000万吨。第一次世界大战后，1927年全世界钢产量超过1亿吨。20世纪30年代的经济危机使全球钢产量下降到1亿吨以下，但经济危机后又恢复到1亿吨以上。

2.3 20世纪50年代以来钢铁工业的科技进步

进入20世纪50年代，制氧工艺改进，氧气成本下降，为氧气炼钢创造了条件。

1950 年奥地利的 Voest 钢厂在 30t 转炉上成功地开发出氧气转炉炼钢的 LD 法，并与瑞士的 BOT 以专利方式在全世界推广。与其他炼钢方法相比，LD 法钢的含碳量控制范围宽，可以有效地脱磷，可以使转炉大型化。钢中含氮量低，可以少用废钢，使废钢带入的有害杂质减少，使钢质提高，因而在全世界得到推广。日本和欧洲 50 年代钢产量的增长与氧气转炉的普及是分不开的。

二次世界大战后，炼铁高炉继续趋向大型化，日本与苏联在这方面领先。1959 年，日本最大的高炉是广畑 1 号高炉，其内容积为 1603m^3。1976 年，大分厂 5070m^3 的 2 号高炉投产。70 年代，苏联也在克里沃罗格和切列波维茨建起了 5000m^3 高炉。大型化提高了高炉生产水平和劳动生产率，并降低了消耗。高炉一般都采用高压操作。现在全世界所有的大型高炉都采用高压操作，一般炉顶压力保持在 0.2 ~ 0.25MPa。随着热风炉结构的改进和热风炉耐火材料质量的提高，大部分高炉风温提高到 1100℃ 水平，相当多的高炉风温超过 1200℃。这对风口燃料喷吹和焦比降低发挥了重要作用。采用高炉风口喷吹燃料，可以降低焦比，有利顺行，促进高炉增产。石油危机后，由于燃料油价高，因此高炉由喷油转向喷煤粉。90 年代，大部分高炉都采用了喷煤粉技术，相当一部分大型高炉喷煤比达到 200kg/t 左右，焦比降至 300kg/t 左右。铁矿石预处理方面的技术进步主要包括选矿、造块、整粒及合理炉料结构的确立。烧结工艺的改进使烧结矿的冶金性能提高；矿石整粒和混匀技术的采用使炼铁原料的成分稳定，减少波动；原料预处理技术进步使高炉冶炼的渣量减少，焦比降低，为冶炼强化创造了基础。

1940 年，德国 Mannesmann 公司在 Huckingen 厂进行连续铸钢工业试验。1949 年，Dr. Junghans 连续铸钢操作取得成功。50 年代以后，连续铸钢技术取得了显著发展。1970 年日本大分制铁所成为第一家全连铸钢厂。现在大多数主要产钢国连铸比超过 90%。连铸技术使钢水的收得率和成材率提高近 10%，并降低了消耗，这对促进世界钢铁工业高速发展起了重要作用。1989 年，SMS 公司开发的薄板坯连铸连轧生产线在美国 Nucor 公司的 Crawfordsville 厂投产。由于该工艺投资省，劳动生产率高，能耗低，生产成本远远低于常规热轧工艺，因而受到广泛重视。到 2001 年底，薄板坯连铸连轧工艺总的生产能力可能已达 5500 万吨/年，超过全球热轧机总量的 1/6。

实践证明，钢铁生产大型化、连续化、高效化有赖于科学技术的进步。高新技术为钢铁工业装备了新的检测手段、控制手段和计算机控制系统，使钢铁的品种和质量不断改进和提高，使钢铁在材料工业中的竞争力不断增强。

3 20 世纪中国钢铁工业的崛起

中国炼钢史可以追溯到公元前 5 世纪之前，但钢铁工业的出现是在 19 世纪末期。1890 年，清政府开办的第一座钢铁厂——汉阳钢铁厂开始建设。1894 年该厂的 1 号高炉正式点火开炉。尔后在我国的东北、华北、华东、中南、西南等地陆续建起了若干钢铁厂。1949 年，中华人民共和国成立时全国的生铁产量仅为 25 万吨，钢产量为 15.8 万吨，与当时发达国家相比，中国的钢铁工业只是一个装备落后、技术过时的弱小产业。新中国的建立，标志着中国钢铁工业落后的状况即将终结。1965 年，中国钢的年产量增至1223万吨，跃居世界第8位。"文革"的结束为中国钢铁工业的发展铺平了道路；国民经济的持续增长为钢铁工业的快速增长提供了空间。进入20世纪80年代，中国钢铁工业步入了快速发展时期。经过连续20年的快速发展，中国现已成为世界产钢大国。1996年，中国产钢达10002万吨，成为世界第一产钢大国。1996年以后，中国钢产量持续增长，2000年达到12760万吨，2001年达到14892万吨。2001年，年产钢超过100万吨的厂家增至42家，其中年产钢600万吨的为4家；300万~600万吨的为7家；100万~300万吨的为31家。由于采用转炉和连铸炼钢，淘汰了平炉和模铸，因而促进了钢铁工业的发展。2001年在全年14892万吨钢产量中，连铸坯产量为13360万吨，占89.71%。由于新技术的应用，因而能耗不断降低，1990年吨钢综合能耗为1.201t标煤，到2000年降至0.898t标煤。一些地方长线钢材生产厂建成高炉—转炉—连铸—轧钢生产线，形成中国式的Minimill。由于高炉喷煤技术的发展，使得喷煤比大大提高，2000年全国平均喷煤比已达118kg/t Fe，其中宝山钢铁公司平均喷煤比达203kg/t Fe，处于国际先进水平。技术进步对中国钢铁工业快速发展发挥了重要作用。2000年中国钢铁工业的销售收入为3500亿元，2001年则超过3700亿元。中国钢铁工业支持了机械电器制造、汽车、造船、运输、采掘和建筑等产业。20世纪末，我国钢材自给率已达到90%~92%，钢铁工业成为中国经济发展的支柱产业之一。

4　21世纪钢铁工业面临的挑战

4.1　钢铁工业内部及制造诸行业之间的竞争

20世纪前，钢铁、石油、汽车是诸产业中的大王。20世纪中期以来，钢铁工业的领先地位让位于汽车和石油。2001年《财富》500强中名列第一位的是全球最大的商业企业沃尔玛，而全球最大的钢铁企业Thyssen-Krupp公司屈居第104名。虽然《财富》500强中企业名次的变化并不代表全球市场竞争的全貌，但可看出其竞争激烈程度之一斑。

科学技术进步使钢铁产品成本总的趋势下降，在市场供大于求的情况下尤为显著。最近几年，钢铁产品销售利润率愈来愈低，2000年为1.407%，已达到行业微利的程度，不少企业实际处于亏损。由于钢铁企业在资源条件、技术装备、劳动力成本、管理及技术创新能力等方面千差万别，因而在竞争日趋激烈的全球化国际市场上，其竞争必然是优胜劣汰。就材料工业内部而言，钢铁与其他金属材料、非金属材料和高分子材料的竞争也是十分激烈的。但是，直至目前，钢铁制品仍是世界上最主要的结构材料和产量最大的功能材料，其原因就在于其性能价格比具有绝对优势。

4.2　面临减轻环境负荷和实施可持续发展战略的严峻挑战

长期以来，钢铁工业是资源消耗大户、污染排放大户。近年来，经过全世界钢铁界的努力，已经出现了一批清洁钢铁工厂。但从总体上看，由钢铁工业造成的地球环境负荷在所有产业中仍属于较高的。如何减轻地球环境的负荷，将钢铁工业逐步纳入可持续发展的轨道，将是21世纪世界钢铁工业面临的严峻课题。

5 21 世纪钢铁工业的去向

20 世纪是钢铁工业大发展的世纪，但 20 世纪后半叶钢铁工业的优势地位日趋衰退。钢铁工业是不是“夕阳产业”？我的回答是：否！所谓优势衰退，只是钢铁工业已不再处于“元帅”地位，但它在人类社会发展进步中仍是重要的支撑产业。人类区别于其他动物的决定性因素是人学会了使用工具，而“工具”是由“材料”制成的。人类历史划分为石器时代、青铜时代、铁器时代，就足以说明材料在人类文明发展史上的重要作用。我们可以断言，钢铁材料作为人类社会使用的最主要的结构材料和产量最大的功能材料这种格局在 21 世纪前半叶不会有大的改变。其依据是：（1）铁是地壳中含量较多的元素之一，地壳中含量最多的元素是氧（以氧化物存在）、硅和铝，而氧不能作为结构材料使用；硅太脆，不可能代替铁；铝可以作为结构材料，但由于铝和氧亲和力强，其提炼比铁困难，所以从地壳构成看，钢铁材料的重要性不会改变，除非科学技术出现新的突破。（2）钢铁材料的性能价格比最好，是所有材料中的首选。（3）钢铁材料易于回收利用，有利于实现可持续发展。21 世纪全球经济必将继续发展。在科学技术进步的推动下，人类社会对钢铁材料的需求亦将继续增长。二次世界大战后，全球经济发展迅速，尔后的十多年间，一部分发达国家进入后工业化阶段，一部分国家进入工业化过程，尚有一些国家未步入工业化。完成基础设施建设的国家，钢材需求量下降；处于工业化过程的国家，钢材需求量增长；总的趋势使全球钢产量在波动中增长。到 2030 年，世界人口达到 85 亿时，全球钢产量至少达 10 亿吨。由此可见，钢铁工业在 21 世纪绝非“夕阳工业”。另一方面，21 世纪钢铁工业虽然将继续增长，但面临的挑战也是空前严峻的。应对挑战的实质是两大课题：“如何进一步提高钢铁工业竞争力”“如何减轻钢铁工业对地球环境的负荷，将钢铁工业建成为对地球环境友好，以实施可持续发展战略”。

5.1 钢铁工业的先进制造技术化

长期以来，人们习惯于把机械电器设备制造业作为制造业，钢铁冶炼不算作制造业。近年来，人们认为，凡加工生产商品的都属于制造业。按此定义，21 世纪的钢铁工业也必须开发新工艺、新产品和新装备，将钢铁生产过程进一步集成优化，将各个工序逐步改进为用信息技术支撑的全自动的工序单元。只有这样做，才能进一步提高效率，改善质量，降低消耗，降低成本，提高钢铁工业的总体竞争力。目前能基本达到这一水平的工序仅局限于某些轧钢工序，并且与机电制造业相比，在产品质量控制上，还有差距。显而易见，21 世纪钢铁工业在与其他材料工业的竞争中要想取得优势，必须在先进制造技术化方面取得突破。

5.2 钢铁工业的绿色制造化

地球环境恶化是 21 世纪人类社会面临的最大威胁。为改变这一状况，全球钢铁工业在减轻环境负荷方面所面临的压力必然愈来愈大。对全球钢铁工业来讲，要减轻地球环境负荷，必须实施污染的末端治理与源头治理并举的方针，并把治理重点由末端移至源头。排放无害化是环境保护的最低要求。制造过程中排放物的再资源化、再能源化及减少排放，是实现钢铁工业绿色制造的重点。

Past, Present and Future of the Iron and Steel Industry

Abstract This paper presents a review of the development of the iron and steel industry. In the face of challenges for the new century iron and steel industry, it proposes that science and technology be relied on and technical manufacture and green manufacture be targeted for the sustainable development of the industry.

Key words iron and steel industry; scientific and technological progress; sustainable development

钢铁工业绿色化问题*

摘　要　分析中国钢铁工业发展背景和近20年的节能环保进程，借鉴国际钢铁企业的环保历程并对比国内外钢铁企业的主要排放指标水平。从绿色制造的概念出发，研究提出钢铁工业绿色化的定义和内涵。钢铁工业的绿色化生产不仅仅是清洁生产，还体现了生态工业和循环经济3R（Reduce、Reuse、Recycle）的思想，具体体现在资源能源、生产过程、产品绿色度和钢铁工业与相关行业及社会的关系等4个方面。由此提出中国钢铁工业绿色化的对策和从3个层次上实施绿色化的重点技术。

关键词　钢铁工业；绿色制造；钢铁工业绿色化；清洁生产

1　前言

近10年来，中国钢铁生产高速发展，自1996年起连续6年突破1亿吨，产量居世界第一位，取得了举世瞩目的成就。1990年到2000年的10年间，我国钢产量增长1倍，由6535万吨增长到12850万吨。但总的能源消耗只增加了31.2%，吨钢可比能耗下降了37%，吨钢新水耗量下降了50%，吨钢废水排放量下降了58%，年排尘量下降了29%[1,2]。可见，钢铁工业近10年来在节能、降耗和减污方面取得了显著的成绩。

但是，一直以来，我国钢铁工业的资源、能源消耗量大，排放量大，对资源和环境破坏严重，甚至超过了环境的承载能力。

2001年钢铁工业的能耗约占全国能耗的9.9%，排放的废水和废气约占工业排放总量的14%，固体废物约占工业废物总量的16%。以2001年我国钢产量计算，资源、能源消耗和排放总量十分惊人（表1）。

表1　2001年中国钢铁工业资源、能源消耗和排放情况（计算值）[1]　（亿吨）

矿石剥采量	原　煤	能耗①	新　水	CO_2	SO_x	废　渣	尾　矿	粉　尘
4.93	1.5	1.32	37.2	3.6	0.0104	0.173	1.40	0.011

① 单位为亿吨标准煤。

21世纪钢铁工业面临的环境压力将越来越大，对中国尤其严重。因此，中国钢铁工业面临发展和环境的矛盾，如何解决资源紧缺、能源浪费和环境污染三大问题是当务之急。

2　中国钢铁工业的发展背景和节能、环保进展

2.1　中国钢铁工业的发展背景

（1）钢铁工业是资源、能源消耗大户：

* 本文合作者：殷瑞钰、张春霞、齐渊洪、许海川、程相利、陆钟武、蔡九菊、杜涛、郦秀萍、张欣。原发表于《钢铁》，2003，38(增刊)：135～138。

1）冶金资源相对贫乏（图1）、铁矿石品位低。

2）水资源严重匮乏。

（2）产品消费特点：长材多（约60%），平材少（40%左右）。

（3）生产流程长、废钢资源缺乏和电炉钢比例低。

（4）中国钢厂在环境保护方面未能避免走发达国家走过的老路，仍然是先发展后治理。从半个世纪以来我国钢铁工业的发展历程看，基本上是“大量开采—大量生产—大量排放”的生产模式。

（5）我国钢铁企业的布局特点是靠近城市。

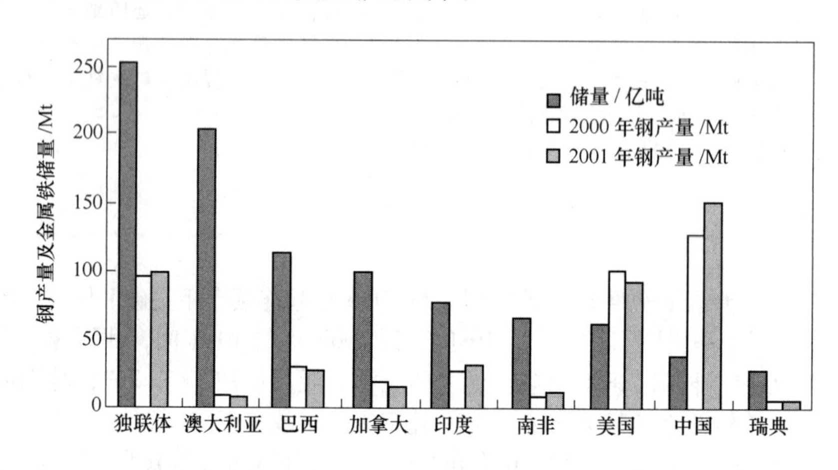

图1　世界主要国家的铁矿石储量与钢产量

2.2　中国钢铁工业节能、环保进展

20世纪90年代以来我国钢铁工业吨钢能耗大幅度下降，主要归功于结构调整使生产工艺流程优化（表2）。特别是重点发展连铸技术、高炉喷煤技术、高炉长寿技术、棒/线材轧机成套国产化技术、以流程结构调整为主的综合节能技术和转炉溅渣护炉技术6项关键共性技术的集成应用。淘汰了平炉、化铁炉、初轧/开坯、横列式轧机等一大批落后设备，采用了一大批新的节能环保技术，如转炉煤气回收、干熄焦（CDQ）、高炉炉顶余压发电（TRT）、低热值燃料蓄热式燃烧技术等新技术，为未来实施钢铁工业的绿色化战略奠定了一定的基础。

表2　1990～1999年中国钢铁工业节能量及构成

序　号	类　别	节能量(标煤)/万吨	节能构成/%
1	优化钢铁生产流程	1871.6	40.7
2	采用节能技术和装备	871.1	18.9
3	钢铁生产辅料等改善	706.5	15.4
4	能源管理及其他	1149.5	25.0
合　计		4598.7	100.0

但是，中国钢铁工业环境保护的水平与国际先进水平仍有差距（表3）。

表3 中国钢铁工业与世界主要产钢国家部分环境指标比较[2~7]

厂名	吨钢新水耗量 /m^3	工业水循环率 /%	吨钢排放量 /$kg \cdot t^{-1}$				厂区每月降尘 /$t \cdot km^{-2}$	吨钢可比能耗（标煤）/$kg \cdot t^{-1}$	
			SO_x	NO_x	CO_2	灰尘		1999	2002
法国尤西诺（1998）	6.80		1.65			1.49			
奥钢联林茨钢厂（1999）	3.20		0.60			0.30			
德国蒂森-克虏伯公司（1998）						0.50			
芬兰罗德洛基钢铁Raahe厂（1999）		>95.0	1.60	1.12	1800		7.50		
日本新日铁（2001）			0.40	0.60			2.43		655②
美国（1998）				1.43	2180				
宝钢（2002）	5.29	97.5	2.94	2.16	2124	0.70②	13.80②	731	656
首钢（2001）	8.30	95.6	1.65	2.33	2593①	1.13	19.70	885	842②
中国平均（88家企业）（1999）	28.79	85.3	6.00	7.20	2430	7.88	43.53	833	715

① 由吨钢可比能耗推算；

② 为2001年的数据。

3 关于钢铁工业绿色化

3.1 绿色制造

绿色制造的概念在20世纪80年代首先由产品制造业提出，并在这些行业进行了较多的研究，同时扩展到流程制造业。美国制造工程师学会（SME）的绿色制造蓝皮书定义绿色制造是一个综合考虑资源、能源消耗和环境影响的现代制造模式，目标是使产品从设计、制造、包装、运输和使用到报废处理的整个生命周期对环境负面影响最小，资源利用率最高，并使企业的经济效益、环境效益和社会效益协调优化[8]。绿色制造实质上是人类社会可持续发展战略在现代制造业中的体现。

3.2 钢铁工业绿色化的内涵

钢铁工业绿色化是绿色制造概念在钢铁工业中的具体体现。它不仅仅是清洁生产，还体现了生态工业的思想和循环经济的思想（3R）——“减量化（Reduce）、再利用（Reuse）、再循环（Recycle）”，具体体现在以下几个方面：

（1）原料：少用铁矿石及其他天然矿物资源，多用再生资源，少用不可再生能源和开发新能源，少用新水和淡水资源。

（2）生产过程：充分利用资源、能源；少排放废弃物、污染物和含毒物质；不用有毒物质。

（3）产品：产品的环境负荷低，少污染或不污染环境；提高产品的使用寿命和使用效率；降低产品及其制品对环境的污染负荷；产品报废后易于回收和循环利用。

（4）与其他行业和社会的关系：向社会提供余热和副产品；消纳社会废弃物，如废钢、废塑料等；有效地与其他工业形成工业生态链。

未来的钢铁企业除具有生产钢铁产品的传统功能外，还将具有能源转换功能和社会废弃物处理功能[2]。

（1）冶金材料生产功能：新一代生产流程的构建，新一代钢厂模式的确立，新一代钢铁材料的开发。

（2）能源转换功能：生产清洁能源，如低硫煤气、富氢煤气、富 CO 煤气——用于发电或作为化工原料；甚至探索转化为氢气；为社会提供热水和蒸汽等。

（3）处理大宗社会废弃物：处理社会废钢、废塑料、废轮胎和焚烧垃圾，为社区集中处理废水等。

3.3 钢铁工业绿色化的目标

钢铁工业绿色化的目标应是资源利用合理化、废弃物产生少量化、对环境无污染或少污染，最终形成社会工业生态链的一环。

4 钢铁工业绿色化的对策

中国钢铁工业能否真正成为具有生态性质的绿色化制造工业，关键在于是否有适合我国国情的绿色化对策。根据我国钢铁工业及其环境的实际现状和特点，本研究提出了使中国钢铁工业沿着绿色化方向发展的主要对策：

（1）优化钢铁制造流程。

（2）提高资源和能源使用效率，降低吨钢水耗。

（3）控制钢铁制造过程的排放。

（4）对排放物进行再资源化、再能源化和无害化处理。

（5）提高钢铁产品的绿色度：单位产品的环境负荷小，产品的使用寿命长和使用效率高，钢材及其制品对环境的污染负荷小，钢材及其制品的可再生性好。

（6）与相关行业形成工业生态链并发挥社会友好功能。

（7）制定和完善绿色化的方针政策。

5 中国钢铁工业绿色化重点技术

钢铁工业绿色化对策的重要依托是绿色化技术，只有采用绿色化技术，才能保证绿色化对策的实施，最终实现绿色化的战略目标。本报告建议从 3 个层次实施绿色化重点技术：

（1）普及、推广一批成熟的节能环保技术：如干熄焦（CDQ）、高炉炉顶余压发电（TRT）、高炉煤气发电、转炉煤气回收、蓄热式清洁燃烧、铸坯热装热送、高效连铸和近终形连铸、高炉喷煤、高炉长寿、转炉溅渣护炉和钢渣的再资源化等技术。

（2）投资开发一批有效的绿色化技术：高炉喷吹废塑料或焦炉处理废塑料、烧结烟气脱硫、煤基连箅机回转窑和尾矿处理等技术。

（3）探索研究一批未来的绿色化技术：熔融还原炼铁技术及新能源开发、新型焦炉技术和处理废旧轮胎、垃圾焚烧炉等与社会友好的废弃物处理技术。

在此基础上进一步集成为钢铁生产企业的绿色化制造流程。

6 结论

21 世纪钢铁工业的发展面临着减轻地球环境负荷的严峻挑战，必须进行功能的转变。

从钢铁企业的社会、经济定位来看，未来钢铁厂生产流程应该有 3 种功能：钢铁产品制造功能，能源转换功能，社会废弃物处理功能。

中国钢铁工业的绿色化必须从抓好流程结构调整入手，从 3 个层次上实施绿色化重点技术，并集成为钢铁企业绿色化制造流程，以保证实现上述功能的转变，积极推动我国钢铁工业的清洁生产和绿色化进程。

参 考 文 献

[1] 殷瑞钰，张寿荣，陆钟武，等. 绿色制造与钢铁工业[R]. 中国工程院咨询报告，2002.

[2] 张春霞，齐渊洪，刘广林. 钢铁制造流程中环境污染负荷影响的分析评价[J]. 北京科学大学学报，2000，20(增刊):1 ~4.

[3] 刘军. 以科技为先导，管理为基础，搞好节能环保，促进钢铁工业可持续发展[C]. 中国金属学会，2001 年冶金能源环保技术会议论文集，济南，2001：28 ~34.

[4] 殷瑞钰，蔡九菊. 钢厂生产流程与大气排放[J]. 钢铁，1999，34(5):61 ~65.

[5] Gebert W，Lehner J (VAI-Linz) . Profit from Environmental Solutions[C]. ETC2001 Environmental Technology Conference，Beijing，2001.

[6] Rautaruukki. Steel and the Environment 2000[C]. RAUTARUUKKI STEEL，2000：20 ~23.

[7] Environmental Report 2001. NIPPON Steel：39.

[8] Mclogk S A. Green Manufacturing. Society of Manufacturing Engineers，USA，1996.

可持续发展战略与我国钢铁工业的结构调整*

我国已经加入 WTO，作为国民经济支柱产业的钢铁工业将面临国际市场竞争的严峻挑战，如何将钢铁工业的发展纳入可持续发展基本国策的轨道，是每一位钢铁工作者必须深思熟虑的问题。

改革开放 20 多年来，我国经济发展势头迅猛。尽管我国地大物博，但由于人口基数大，自然资源相对贫乏，再加上正处于工业化过程之中，因此在实施可持续发展战略时，面临着工业国家没有经历过的困难。大部分工业发达国家都是“先污染、后治理”，如美国在人均 GNP 达到 11000 美元、日本在人均 GNP 达到 4000 美元时，大量投入资金进行环保治理。而我国目前人均 GNP 在 800 美元左右，不可能在环保方面投入大量资金。在这种背景下，发展经济是主题，如何在发展经济中实施可持续发展战略是我们面临的一大课题。

21 世纪的世界钢铁工业将不断发展壮大，钢产量会持续增长。为了不再增加地球的环境负荷，钢铁工业必须努力减少资源消耗，对流程中的排出物进行无害化、再资源化处理。只有做到对人类社会无公害，实现清洁生产，钢铁工业才能成为绿色的先进制造业，才能永葆青春的活力。

1　我国钢铁工业是资源消耗大户，也是排放大户

众所周知，钢铁工业不仅要消耗大量的资源，还要排放大量的废弃物。粗略估计，如我国年产钢 1.4 亿吨，消耗铁矿石约 3.2 亿吨（其中国内开采 2.4 亿吨，进口 0.8 亿吨）。焦炭年产 1 亿吨，耗煤 1.4 亿吨，喷煤粉等年耗煤 0.2 亿吨，共耗煤约 1.6 亿吨。废钢年消耗量在 0.2 亿吨左右。不计其他原材料，每吨钢消耗固态资源约 4t。生产出来的固体产物除 1.4 亿吨钢外，尚有 0.9 亿吨的渣、废弃物和粉尘。另外，钢铁工业每年消耗的新水约为 50 亿吨。排出的废水、废气中含有大量的有害物质。表 1 所示为我国污染较重的几种主要制造业万元产值排放的废弃物的数量比较。

表 1　我国主要工业废水、废气排放量对比

产业名称	工业废水 /吨·万元$^{-1}$	工业废气 /万立方米·万元$^{-1}$	工业固体废弃物 /千克·万元$^{-1}$
造纸及纸制品业	190.20	11779.9	43.1
石油加工业	79.38	25629.4	
电力蒸汽生产供应业	252.34	175262.5	
炼焦煤气及煤制品业	274.41	23032.6	

---

* 原发表于《冶金经济与管理》，2004(1)：14～16。

续表1

产业名称	工业废水/吨·万元$^{-1}$	工业废气/万立方米·万元$^{-1}$	工业固体废弃物/千克·万元$^{-1}$
化学工业	122.28	16718.8	14.8
化学纤维工业	19.41	10014.0	
建材及其他非金属矿物制品业	13.08	24568.5	
黑色金属冶炼及压延加工业	121.45	19669.1	10.3

注：据《江苏统计年鉴1996》。

由表1可见，炼焦工业对环境造成的污染最严重，钢铁工业的废水和废气排放量在我国各产业中均居前5名。因此，钢铁工业要想贯彻、落实可持续发展战略，必须把各种排放量尽可能地减少。

我国正处于工业化进程中，钢产量不仅不可能下降，还要以一定的增长速度适度增长。那么，钢铁工业唯一的出路只能是努力减少单位钢产量的废弃物排放量，将环境负荷降至最低限度。

2 21世纪钢材仍将是人类社会使用的最主要的材料，我国钢产量将继续增长

20世纪80年代以来，由于国民经济快速增长拉动了市场需求，我国钢产量进入了快速增长期。但我国在21世纪究竟需要多少钢，各种观点并不一致。有许多估计值，差别颇大。通过对这一问题的研究与分析，可见各国人均钢产量差别悬殊。某些工业发达国家如加拿大、韩国、日本，人均钢产量接近1000kg，但世界最发达的美国、德国、英国、法国却在300~500kg之间。发展中国家人均GNP由1000美元增至4000~5000美元时，人均钢产量有一个最低值，大致在100~110kg左右，可以认为这是迈入中等发达国家的门槛。

世界各国钢铁工业的发展情况千差万别，但差别中有共性。在工业化过程中，各国钢铁工业都会经历增长期、高产期和稳定期3个阶段，但增长期的长短、高产期的高峰和持续时间随国情而异。工业发达国家如美国、英国的高产期大致延续20~30年；日本的钢铁工业在“二战”后飞速发展，进入90年代以后，逐渐稳定下来；而法国因“二战”期间被德国占领，钢铁工业的发展在这段时间几乎停滞。我国和韩国目前正处于增长期。另外，我国地域辽阔，各地区的发展极不平衡，在实现完全工业化的进程中，钢铁工业估计可持续30~50年的高产期。

那么，是否有其他材料可以替代钢铁？

铁器时代以来，特别是工业革命以来，钢铁一直是人类使用的主要结构材料和产量最高的功能材料，人类的每一点进步都与钢铁工业的发展紧密相联。从20世纪60~70年代起，高技术先进材料的不断涌现，使钢铁在材料中的地位受到了严重的挑战。但到目前为止，在所有的新材料中，还没有哪一种新材料在资源、可回收利用程度、

价格、适用性及性能与价格比诸方面能同钢铁竞争。

从地球资源条件看，铁是地球上蕴藏最丰富、最容易得到的物质。在世界上发现的200种矿产中，已探明的铁矿石金属储量在1000亿吨以上，现在每年从矿石中炼出的铁不到6亿吨。现在已探明的储量可以开采到22世纪。从可回收利用程度看，钢铁是最高的。钢铁和塑料、陶瓷等相比，具有良好的循环再生能力。随着电炉炼钢技术的不断进步和完善，将来几乎所有的钢铁制品废弃物最终将返回钢厂再生。

从价格看，钢铁价格远低于其他材料制品。丰富的矿产资源，先进的制造技术和大批量生产，使钢铁具有较其他结构材料优越的成本和价格。我国1kg钢铁的价格相当于一瓶矿泉水的零售价格。自20世纪70年代以来，钢铁没有像其他工业产品一样，价格增至70年代初期的1.5~2.0倍，基本保持在比较稳定的范围内；到90年代则趋于下降，20世纪末，钢材的价格水平比70年代下降60~80美元/吨。新的钢铁技术的出现和发展，将进一步降低钢铁生产成本，提高生产效率，钢铁的价格优势将更加显著。

从环保来看，钢铁是与环境相对友好的材料。目前，多数原材料生产工业属于污染大户，相对而言，钢铁的环境协调性更好些。钢铁及其副产品可以再生，即使是炉渣、炉尘也可以收集二次利用制造水泥及其他建筑材料，废钢可回收利用于炼钢；相对而言，废弃塑料的处理仍是一个有待解决的难题，而陶瓷、复合材料等基本不能再生。钢铁的生态安全性好，可以通过自然降解回归自然，成为动物、植物所需的微量元素，而塑料降解的问题尚未完全解决。

从使用性能来看，钢铁具有优异的使用性能。钢铁具有较陶瓷优越的塑性和韧性，又没有塑料难于弥补的低温脆化和高温软化的缺点。钢铁还能通过合金化、冷热加工和热处理等方法大幅度地改变其性能，发展成为多品种、系列化产品，其优良的强度、塑性、韧性、疲劳性能及耐热、耐蚀、耐磨和电磁等性能，可满足机械、冶金、矿山、建筑、运输、海洋及化工等行业的不同需求。和结构陶瓷及复合材料相比，钢铁仍是满足各种结构材料强韧性需求的最佳选择。

可以肯定，21世纪钢铁将继续是人类社会使用的最主要材料。我国钢铁工业将由于我国经济增长的拉动，达到一个较高的水平，并将保持较长的时间（30~50年）。我国钢铁工业不可能走发达国家工业化过程中走过的老路，人均钢产量达到500~1000kg，但会保持在100~150kg的起码水平，随着人口的增长而增长。

3 钢铁工业的不同工艺流程对环境负荷的影响

众所周知，钢铁工业存在着多种工艺流程。不同工艺流程所消耗的资源量是完全不同的，排放物也有很大差别，对环境负荷造成的影响也各有千秋。

目前世界上被普遍接受的两种流程分别是高炉—转炉流程和废钢—电炉流程。这两种流程在综合能耗方面存在着显著的差距。通常我国的高炉—转炉流程钢厂的综合能耗为吨钢700~1000kg标煤（2000年的实际数据），而一般的废钢—电炉流程钢厂则多在吨钢400~600kg标煤。另外，因高炉—转炉流程消耗大量的矿石和煤，与此相应，排出的固体与气体也较多。

从工序上看，炼钢氧气转炉与平炉相比，能源、耐火材料、熔剂消耗均较少，排出物也大为降低。由于取消了初轧开坯工艺，连续铸钢比模铸工艺的钢水收得率显著提高，材料和能源消耗大幅度降低，从而减轻了环境的负荷。上述这些都是显而易见的，也是业内人士已达成的共识。

温室气体 CO_2 的排放是影响地球环境的重要因素之一，而钢铁工业中 CO_2 气体的排放量大，是加重环境负荷的重要原因之一。这方面的研究工作我国作得较少，而日本对此做过非常系统、细致的研究。日本钢铁工业中，CO_2 排放量最大的是高炉炼铁，其次是轧钢和制管，再次是烧结。与烧结相比，球团对环境的负荷较轻。第四位的是炼焦。对单项工序而言，CO_2 排放量最大的是铁合金，其次是高炉，再次是炼焦，第四位是烧结。从日本高炉—转炉炼钢和废钢—电炉炼钢两种工艺吨钢 CO_2 的对比情况看，废钢—电炉炼钢对环境污染较高炉—转炉炼钢轻得多。无论采用何种工艺，特钢的 CO_2 的排放量均大于普钢。从日本钢厂不同资源 CO_2 排放量占总排放量的比例看，石油燃料和电力所造的 CO_2 排放量较少，而非石油燃料，即矿物燃料造成的 CO_2 排放量占总排放量的比例高达80%。

由此可表明，钢铁工业不同流程的环境负荷差别相当大，因而工艺流程的合理化与优化至关重要。

4 钢铁工业实施可持续发展战略的阶段论

日本1990年钢铁工业 CO_2 排放量占日本全国工业 CO_2 排放量的14%。我国钢铁工业 CO_2 排放量在工业各产业中位居第五位，钢铁工业消耗的煤占全国煤炭产量的10%～11%，能源消耗占全国总能源消耗的7%～9%。由此可见，作为资源和能源消耗大户的钢铁工业要实施可持续发展战略将是一个相当长的过程。

我国钢铁工业的特点是生产规模大、中、小并存，既有年产1000万吨以上的大型钢厂，还有21家百万吨级的中型钢厂，更有数目众多的小型企业；工艺技术装备上先进与落后并存；产品水平是高档与低劣并存。实施可持续发展战略的任务不仅十分艰巨而且相当复杂。

20世纪中期，工业发达国家工业的高速发展对自然环境造成的不良影响日益明显，纷纷开始对排放进行治理，即进行末端治理，使排放物尽量无害化。一些国家制定了严格的法规来约束和监督工业排放。钢铁工业经过末端治理后，对自然环境的危害大大减轻，在某些国家和地区出现了许多综合环保法规要求的清洁工厂。

以下从3个方面来阐述钢铁工业可持续发展必须经历的3个阶段：

首先，在末端治理前，即20世纪50～60年代，在该阶段钢铁生产过程中产生的废渣、废气、废水、粉尘都没有经过任何处理，钢铁厂不仅工作环境恶劣，而且对环境造成的污染不容忽视。

其次，对末端治理后的钢铁厂经过处理后，在生产钢材产品的同时，各种废弃物得到综合利用，如炉渣用来制作建筑材料，各种余热、余能用来发电等。这样的钢铁厂不仅满足了苛刻的环保要求，而且节约了能源，从而努力成为名副其实的清洁工厂。目前世界上先进的钢铁生产厂正处于这一阶段。尽管末端治理为钢铁工业注入新的活力，但是仍然存在着设备投资大等缺点。环保设施不仅需要投入大量的资金，而且运行费用不菲。另一方面，环保治理获得的副产品的经济收益往往较低，因而随环保法规的日趋严格和人们环境意识的提高，靠末端治理解决钢厂环保问题对钢厂的成本将是沉重的负担。

再次，就是人们的目光从末端治理转向源头治理，即从工艺改进和技术创新上找出路，在生产过程中减少以至消除污染源，从而构建绿色钢铁制造工艺，使钢铁工业走向可持续发展道路。通过对钢铁工业制造流程的优化、集成与创新，使资源和能源的消耗达到最低，从源头上减轻环境负荷，与此同时，对末端产生的各种排放物再资源化、再能源化，并进行无害化处理。

钢铁工业下一步的目标就是走绿色钢铁工业的道路。

5 我国钢铁工业结构调整是实施可持续发展战略最关键最紧迫的第一步

我国钢铁工业的发展不平衡。在企业规模上是大、中、小并存；在工艺技术上是先进与落后并存；在产品质量上是高档与低劣并存。目前我国正处于实现工业化的过程中，发展是主题，尽管钢铁工业在改革开放后取得了举世瞩目的成就，但前面的路仍是任重道远。当然，我们不能走工业发达国家先污染后治理的老路，更不能停止发展，投入大量资金来搞末端治理。

我国钢铁工业实现可持续发展需要长期的不懈努力。我个人认为，该过程大体可分为 3 个阶段：第一阶段，以结构调整为中心，在钢产量增长的同时，实现钢铁工厂排放无害化；第二阶段，构建我国绿色钢铁制造工业；第三阶段，构建可持续发展的我国钢铁工业。

由此可见，结构调整是我国钢铁工业走向可持续发展的第一步，也是最关键的一步。具体来说，首先要淘汰落后，对能耗高、产品质量低、环境污染严重的落后工艺与设备必须彻底淘汰。其次，要对不同工艺流程进行调整，以使其更趋于合理化与优化。众所周知，我国高炉、转炉、电炉数量之多在世界上是绝无仅有的，对此进行重组和合理化改造是势在必行的。

另外，不同工艺流程的环境负荷差别非常显著，如电炉流程与高炉—转炉流程相比，能耗较低、环境负荷较低。但由于我国是典型的发展中国家，社会废钢积蓄量较少，而钢产量正处于增长期，因而电炉钢的比例不仅不会增长反而要降低。对其他工序而言，球团矿比烧结矿的环境负荷低，连铸连轧比模铸开坯和多火成材环境负荷低。

综上所述，从具体国情出发，进行工艺结构调整是搞好我国钢铁工业结构调整的基础。其余如产品结构调整、企业结构调整都必须与工艺结构调整的合理化与优化相结合。在结构调整中必须大胆采用新技术，这样才能实现我国钢铁工业由粗放型向集约型的转变。

在结构调整的同时，还应对钢铁工业的排放物进行末端治理。通过调整结构、应用新技术、节能降耗，从源头上减少排放物的数量及有害物，从而减轻了钢铁企业末端治理的压力并为其创造一定的经济效益。这种双管齐下的做法可使我国钢铁工业在增长过程中大大减少环境污染。这样，经过 10 ~ 15 年的努力，我国钢铁工业的环境质量将显著改善，并将出现一批清洁工厂。再经过 10 ~ 15 年的奋斗，我国将出现一批绿色钢铁制造工厂。

由此可见，结构调整是我国钢铁工业走向可持续发展最关键的一步。

需要明确指出的是，这里讲的结构调整是在总量控制下的调整。目前社会上有一种倾向值得注意，即不少钢厂利用结构调整的机会盲目扩大生产规模。尽管总体来看，我国钢产量水平还要提高，但增长的速度必须得到有效控制，以达到生产规模与市场需求的基本平衡。这也是任何产业发展都必须遵循的客观规律。例如，我国家电行业竞相压价形成恶性竞争，严重影响了行业的发展后劲，其根本原因在于生产规模远大于市场需求。我国钢铁工业的结构调整必须从其他行业的沉痛教训中吸收经验，避免重蹈覆辙。

我国钢铁工业发展的潜在危机*

摘　要　20世纪90年代以来我国钢铁工业的发展总体上是健康的。目前钢铁工业在建规模超过国民经济发展需求和资源、能源、环境的承受能力是最大的潜在危机。提出防止危机的出路。

关键词　钢铁工业；发展；潜在危机

1　20世纪90年代以来我国钢铁工业的发展总体上是健康的

1996年我国钢的年产量超过1亿吨，其后我国钢铁工业进入快车道。预计2003年钢产量将超过2亿吨。1980～2002年钢材消费、第二产业、建筑业增长对比见表1，固定资产投资增长情况见表2。

表1　1980～2002年钢材消费、第二产业、建筑业增长对比（1990年不变价）

年　份	钢材消费		第二产业增加值		建筑业增加值	
	数量/亿元	增长率/%	数量/亿元	增长率/%	数量/亿元	增长率/%
1980	2800	100.00	3119	100.0	372	100.00
2002	19622	700.00	32796	1051.49	2666	716.66

表2　1980～2002年固定资产投资增长情况（1990年不变价）

年份	钢材消费/万吨	增长率/%	固定资产投资		建筑安装工程投资		住宅投资		交通邮电投资	
			亿元	增长率/%	亿元	增长率/%	亿元	增长率/%	亿元	增长率/%
1981	2500	100.00	1612	100.0	1157	100.00	496	100.00	112	100.00
2002	19622	784.88	21607	1340.4	13180	1139.2	4970	1002.0	3889	3472.3

1.1　我国钢铁工业与国际水平总体上的差距在缩小

技术经济指标、能耗、设备利用率、质量、品种环境保护等与国外的差距在缩小。

1.2　钢铁工业支撑了我国工业化进程和经济的快速增长

表3示出1996～2002年我国钢材生产量变化。设想如果我国钢铁生产水平维持在1亿吨/年，则现在的经济增长是不可能实现的。每年进口9000万吨钢材是不现实的。

---

* 原发表于《中国冶金》，2004，14(1)：1～5。

表 3　1996～2002 年我国钢材生产量变化　　（万吨）

年　份	中厚板		薄　板		镀锌板		彩涂板	
	生产量	消费量	生产量	消费量	生产量	消费量	生产量	消费量
1996	1133.3	—	1244.9	—	—	—	—	—
2002	2564	1674	2245	3937	260	583	120	229

1.3　我国钢铁工业仍存在一些问题

在发展过程中，我国钢铁工业仍然存在一些问题，与国际水平仍有较大差距，但总体上是健康的。对存在的问题要进行具体分析，例如我国钢材的板带比问题。

我国钢材的板带比没有达到发达国家水平。其主要原因之一是经济发展的阶段处于基础设施大规模建设期，长材需求量大；原因之二是板材项目大部分要政府批准，手续慢，项目实施慢，实质上是投资力度不足。实际上板材也有不小的增长幅度。

从能耗方面看，我国钢铁工业比国际先进水平落后。我国钢铁产品结构尚不能够充分满足国民经济需求，某些技术含量高的产品的质量水平与国际先进水平比仍有较大差距。迄今为止，我国钢铁工业的技术装备仍是先进与落后并存，结构调整任务十分繁重，研发与自主创新能力亟待加强。但总体上看，我国钢铁工业的发展是健康的。

2　在建规模超越需求和资源、能源、环境的承载能力是最大的潜在危机

对我国今后钢的需求，许多专家作过多种预测。笔者认为，我国属于铁矿石资源不足的国家，应力求以尽可能少的钢产量支撑我国的工业化进程。目前我国钢产量尚在增长期。随着 GDP 的增长，单位 GDP 的耗钢量将降至 70 千克/万元 GDP 以下。20 世纪 70 年代西方先进工业化国家用钢高峰期时人均耗钢量在 160～170 千克/(人·年)。单位 GDP 耗钢量近 500 千克/万美元。到 2000 年降至约 100 千克/万美元。我国 1986 年单位 GDP 耗钢量大于 500 千克/万美元。到 90 年代后期降至约 150 千克/万美元。近几年的回升主要受国债的拉动（图 1、图 2）。

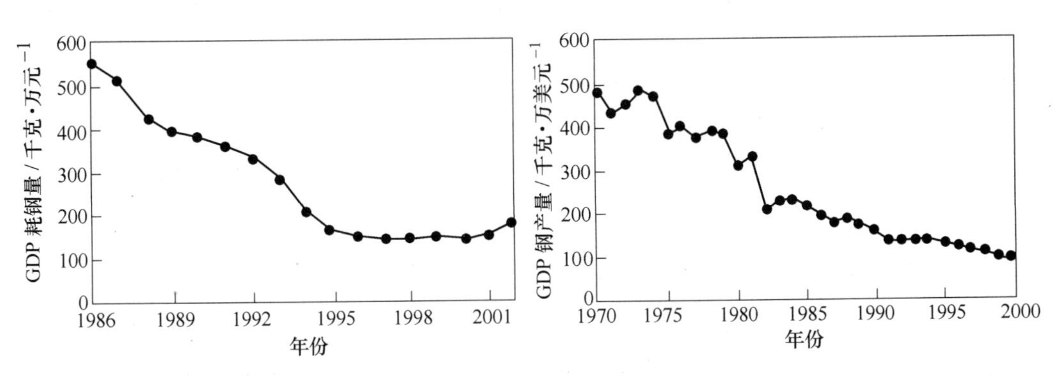

图 1　中国 1986 年以来每万元 GDP 钢产量的变化

图 2　美国 1970～2000 年每万美元 GDP 钢产量的变化

我们应力求以 160 千克/(人·年) 的人均耗钢量完成我国的工业化过程。按此预测，我国的钢产量大致应保持在（2.4±0.2）亿吨水平。由此可见，我国钢产量还有

发展空间。

但是目前出现的“建钢厂过热”远超出发展空间的允许程度。这将导致以下问题。

2.1 在建规模与需求的矛盾

根据中国钢铁协会预测的结果，折合成对钢的需求量2005年为2.7亿吨，2010年为3.3亿吨。据钢铁协会的产能调研，2005年全国炼钢能力将达3.66亿吨，2010年全国炼钢产能将达4.45亿吨，远大于预测的需求。

2.2 资源、能源、环境的限制因素

中国钢铁协会预测2005年原矿产量为2.9亿吨，2010年为3.3亿吨。按此推算2005年进口铁矿石量为1.82亿吨（比2002年增加7000万吨），2010年进口量为3.42亿吨（比2002年增加2.3亿吨），这是不可能的。

能源方面，炼焦用主焦煤与肥煤的缺口2005年为2000万~4000万吨，2010年为4000万~6000万吨。

水资源方面，据钢铁协会报告，2002年吨钢新水耗量为15.05m^3，吨钢新水耗量必须降到10m^3才能满足2.7亿吨钢产量，吨钢新水耗量必须降到8.1m^3才能满足3.0亿吨钢产量。如果考虑到我国水资源的地区不均衡性（表4），水资源的短缺尤其严峻。必须指出，我国目前水资源利用率已达60%，远超过一般的40%。

表4 我国水资源状况

项 目	水资源总量/亿立方米	人均水资源/立方米·人$^{-1}$
全 国	27460	2410
东北地区	1503	1530
华北地区	1690	556
西北地区	2240	2788
西南地区	12750	5722
东南地区	9620	2135

华北与东北钢产量占全国的41.5%，而水资源只占11.6%。

我国钢铁企业大部分处于两控区内。现在的环境负荷已相当沉重。如不加强治理，减少排放，环境负荷将严重超载。

2.3 新一轮的钢铁热在技术发展上不是前进而是倒退

在企业规模上，炼铁能力增长中，会员企业增长35%，而非会员企业增长78%。炼钢能力增长中，会员企业增长35%，非会员企业增长122%，企业产能更加分散。

在炼铁能力的增长中，300~500m^3高炉占1/3。在炼钢能力的增长中，小于100t的转炉占48%，100~200t的转炉占38%。单体设备能力不是扩大，而是缩小。这与结构调整的方向背道而驰。

市场经济对经济发展有巨大的拉动力，但市场经济不是万能的。放任市场经济会

对经济发展带来灾难。资本总是流向利润率最高的行业，这是形成目前钢铁建设热的根本原因。

无序的完全自发的市场经济不仅不能促进生产力的发展，反而会对生产力造成严重的破坏。

3 历史教训

2001 年出现了大上钢铁建设项目的苗头。2002 年建新钢厂的势头越来越猛，大型钢厂的建设项目陆续上马。这情况使人们回想起 20 世纪 70 年代国际上出现的“建钢厂热”。二次大战后，1947 年全世界产钢 1.35 亿吨，到 1974 年世界产钢量超过了 7 亿吨。这时全世界对钢铁工业的前景极为乐观。

1975 年，在秘鲁利马召开的会议上，人们提出，在 1974 年的基础上到 1985 年，钢增产 2.4 亿吨达到 9.4 亿吨。而且预测到 2000 年世界钢产量将达到 14 亿～17.5 亿吨。这一乐观估计在欧洲、日本、北美掀起抢建大规模钢厂的热潮。

但不幸的是，石油危机及其后的经济萧条使这一乐观设想落空。不少建设被迫中断。这一规模扩张使全球钢铁业不景气延续到 20 世纪 80 年代以后。到 2000 年才达到 8.4 亿吨，其全球钢产量 9.4 亿吨的设想比当初乐观估计晚了 15 年也未能实现。

20 世纪 70 年代，国际上的“建钢厂热”根源在于对钢铁工业前景过于乐观的估计。50 年代开始的钢铁工业高速发展给该行业带来丰厚的利润，促使人们头脑过热，用外推法的思维模式对前景估计过分乐观，完全忽略限制性因素和可能出现的问题。

人们完全没有意识到大规模基础设施建设完成之后，市场对钢的需求将会下降，更没有想到限制性因素将发挥巨大作用。从表 5 可以看出，与原预计完全相反，70 年代后期以来，工业发达国家钢产量没有大幅增长，反而大幅下降。虽然发展中国家钢产量增长幅度越过了 1975 年利马会议的预期，全球钢产量只能在波动中缓慢增长，见表 6。

表 5　1974 年、1980 年、1992 年和 2001 年工业发达国家的钢产量　　（万吨）

年　份	1974	1980	1992	2001
美　国	13680.2	10145.5	8432.2	8971.1
日　本	11932.2	11139.3	9832.2	10286.3
德　国	5323.2	4383.8	3871.1	4480.1
英　国	2659.4	1122.7	1605.0	1357.1
法　国	2702.1	2317.6	1790.4	1935.1
意大利	2380.4	2650.1	2490.4	2646.1
西班牙	1150.2	1264.3	1229.5	1671.9
比利时	1662.7	1233.2	1033.0	1078.1
加拿大	1362.3	1590.1	1393.3	1510.6
合　计	42812.7	35846.6	30088.3	25836.4

表6　1974年、1980年、1992年和2001年发展中国家及地区的钢产量　（万吨）

年　份	1974年	1980年	1992年	2001年
中　国	2111.9	3712.1	8003.7	14139
巴　西	751.5	1530.9	2389.9	2672
韩　国	194.7	855.8	2805.4	4385
印　度	706.9	951.4	1811.7	2729
中国台湾	59.7	341.7	1070.5	1707
墨西哥	513.8	715.6	843.6	1349
阿根廷	235.3	268.7	266.1	410
委内瑞拉	105.8	197.5	339.6	396
土耳其	159.0	253.6	1025.4	1508
沙　特			182.3	338
伊　朗	56.7	120.0	293.7	692
埃　及	50.0	80.0	140.0	380
合　计	4945.3	9027.3	19171.8	30702

历史教训提醒我们：头脑要冷静下来多想想已经存在的和即将显现的限制性因素。例如矿石资源问题，大批新建厂都要靠进口矿，如此大量的进口矿从哪里来？怎样进来？再如生态环境如何保护？

我国钢铁工业必须发展才能支撑我国的工业化进程，但发展的规模应以满足最低需求量为准。我国钢材的自给率保持90%水平应当是合理的，进口部分钢材是可行的。但我国钢产量水平太低，每年进口5000万吨以上的钢材必将引起钢材市场的混乱，并将延缓我国的工业化进程。钢厂建设过热最终造成固定资产投资浪费，生产过剩，从而导致我国钢铁工业全行业的危机。

从20世纪70年代国际钢铁工业的历史教训，可以预感我国钢铁工业如出现危机，将干扰我国的工业化进程。我国钢铁工业发展的拉动因素及限制性因素见图3。

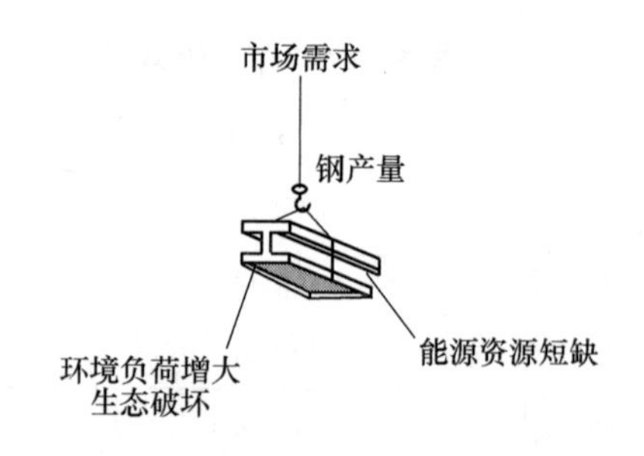

图3　我国钢铁工业发展的拉动因素与限制性因素

4　防止危机的出路

4.1　明确我国钢铁工业的任务

我国钢铁工业的任务是用较少的人均钢产量实现我国的工业化（表7）。

表7　1960～1970年某些国家工业化进程中世界人口与人均钢产量的变化

年份	世界人口/亿人	世界钢产量/万吨	部分国家工业化进程时人口/亿人						6国人口合计/亿人	6国占世界比率/%	世界人均钢产量/千克·人·年$^{-1}$
			苏联	美国	日本	联邦德国	法国	英国			
1960	30.39	34660	2.14	1.81	0.93	0.53	0.46	0.52	6.39	0.21	114.05
1961	30.80	35120	2.18	1.84	0.94	0.54	0.46	0.53	6.49	0.21	114.03
1962	31.36	36020	2.22	1.87	0.95	0.55	0.47	0.53	6.59	0.21	114.86
1963	32.06	38660	2.25	1.89	0.97	0.55	0.48	0.54	6.68	0.21	120.59
1964	32.77	43790	2.28	1.92	0.98	0.56	0.48	0.54	6.76	0.21	133.63
1965	33.46	45890	2.31	1.94	0.99	0.57	0.49	0.54	6.84	0.20	137.15
1966	34.16	47560	2.34	1.97	1.00	0.57	0.49	0.54	6.91	0.20	139.23
1967	34.86	49320	2.36	1.99	1.01	0.58	0.50	0.55	6.99	0.20	141.48
1968	35.58	52870	2.38	2.01	1.02	0.58	0.50	0.55	7.04	0.20	148.59
1969	36.32	57230	2.41	2.03	1.03	0.59	0.50	0.55	7.11	0.20	157.57
1970	37.08	59720	2.43	2.05	1.04	0.59	0.51	0.55	7.17	0.19	161.06

1995～2001年世界人均钢产量见图4。我国2000年钢产量为100千克/人，应当力求在增加60千克/人的条件下完成工业化进程。21世纪支撑我国经济增长的最低钢产量见表8。

我国钢铁工业应是内需主导型。由于资源短缺，我国钢铁工业不可能是出口主导型。

表8　21世纪支撑我国经济增长的最低钢产量

年份	人均GDP/美元（1990年价）	人口/亿人	按不同人均年钢产量计算最低钢产量/亿吨					
			按100千克/人	按110千克/人	按120千克/人	按140千克/人	按150千克/人	按160千克/人
1990	443	11.4	1.14					
2000	760	12.6	1.26	1.39	1.52			
2010	1700	14.0	1.40	1.55	1.69	1.97	2.11	2.27
2020	3200	15.1	1.51	1.66	1.81	2.11	2.26	2.42

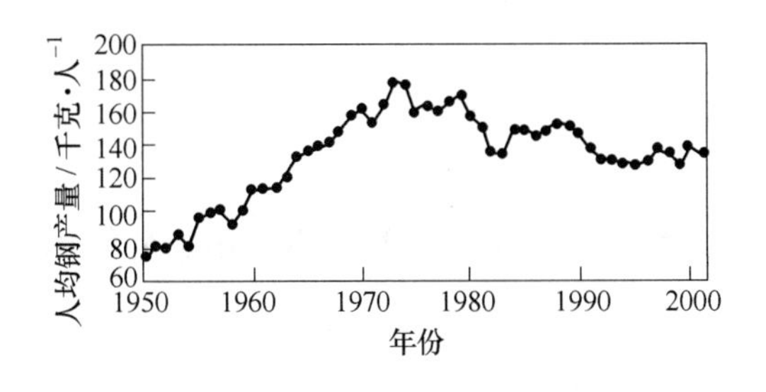

图4　1950～2001年世界人均钢产量

4.2　以调整求发展走新型工业化道路

我国钢铁工业还有相当大的发展空间。发展空间主要不在数量和规模，而是提高质量，增加品种，降低物耗，减轻环境负荷，走制造绿色化道路，即走新型工业化道路（图5）。

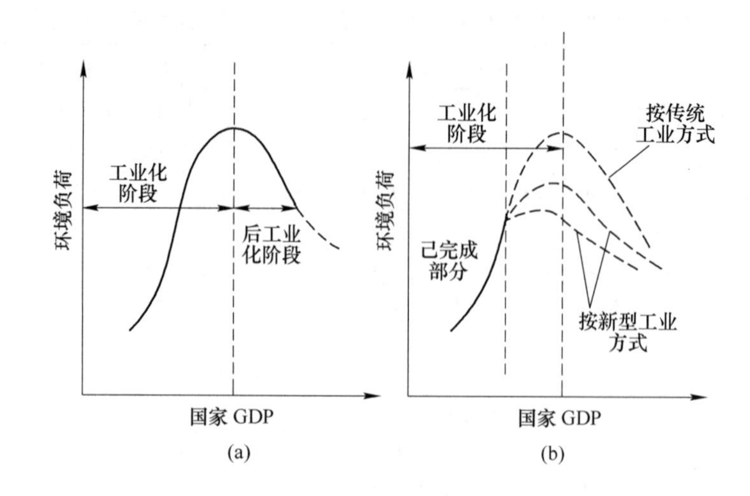

图5　工业化进程的对比

（a）工业化国家已经历的传统工业化；（b）发展中国家实现新型工业化的可能性

4.3　从宏观上控制新一轮钢铁热

从投资方向和产业政策上引导钢铁工业走新型工业化道路。

4.4　长期利用国际资源是缓解资源矛盾的重点

我国钢铁工业发展必须依靠国外与国内两类资源，国家必须采取政策措施。

我国钢铁工业还有相当的发展空间。数量、规模只是发展空间的一部分，而当数量规模达到一定程度后，将不是主要内容。质量，经济效益，降低资源、能源消耗，减轻地球环境负荷，实现可持续发展，将是我国钢铁工业今后巨大的发展空间。

以较少的能源、资源消耗，较小的钢产量规模，高效的产品，较低的地球环境负荷支撑我国的工业化过程，是我国钢铁工业的历史责任。对目前已出现的“在建规模过大”的潜在危机必须予以高度重视。

老子云：“福兮祸之所伏。”今天钢铁工业盈利丰厚，资金大量涌入，蕴藏着潜在的危机。希望能够化解潜在危机，以防止其干扰我国的新型工业化进程。

Latent Crisis of Developing Chinese Steel Industry

Abstract　The development of Chinese steel industry since 90' s of 20th century has been healthy on the whole, but problems do exist. Now the production capacity of steel plants under construction surpasses the demand of national economy, and is far beyond the supply limits of natural resources, energy and makes environmental protection very difficult and it is the serious latent crisis for Chinese steel industry. The countermeasures are proposed.

Key words　steel industry; development; latent crisis

薄板坯连铸连轧技术在我国的确大有可为*

摘　要　对我国薄板坯连铸连轧技术2002年以后的发展进行分析，认为今后将有更大的发展前景，并提出开发新一代薄板坯连铸连轧生产线的设想。

关键词　我国；薄板坯连铸连轧技术

1　薄板坯连铸连轧技术在我国发展速度快于估计

2002年春，在薄板坯连铸连轧技术第一次交流会上，我曾提出“薄板坯连铸连轧技术在我国大有可为”的观点。两年来的实践证明，其发展速度远快于预计。

1.1　规划中的7条生产线全部建成投产

2002年在广州召开第一次技术交流会时，只有CSP捆绑的珠江、邯郸与包头3条线和鞍钢自主集成的ASP共4条生产线投产。到2003年年底，2002年在建的3条线全部投产。已建成7条线的总设计生产能力为1442万吨，与世界生产能力第一位的美国持平。其中5条线的生产能力在2003年达794.18万吨。

1.2　2001年以来投产的生产线的达产速度快于国外同类生产线

邯钢薄板坯连铸连轧生产线1999年12月投产，2000年达到设计生产能力，是所有已投产的CSP生产线中达产最快的。包钢的薄板坯连铸连轧生产线是我国第一套双流CSP生产线，2002年8月投产，2003年超过了设计生产量，比邯钢更快，是国际上达产速度最快的。

1.3　2003年已投产的5条线为所在企业创造了可观效益

已投产5条生产线2003年的生产指标见表1。

表1　2003年我国薄板坯连铸连轧生产指标

厂　名	连铸机流数	铸坯规格/mm×mm	2003年轧材产量/万吨	钢水成材率/%	钢材合格率/%
珠　钢	单　流	(1000～1350)×50	112.50	98.20	99.00
邯　钢	单　流	(900～1680)×70	153.26	97.56	98.43
包　钢	双　流	(1250～1500)×67 (1250～1500)×50	251.81	98.85	99.13
鞍　钢	单　流	(960～1520)×(100～130)	220.85	95.82	99.81
唐　钢	单　流	(950～1680)×(70～85)	55.76	87.22	99.47

* 原发表于《炼钢》,2004,20(6):1～2。

2　充分发挥已投产7条生产线的潜力是当务之急

2.1　现有的生产线存在巨大潜力

已投产的5条生产线技术操作指标的差别很大。表2技术操作指标中有一些不具备可比性，但相当一部分是可比的，如作业率、连浇炉数、燃料消耗等。另一方面，与设计技术操作指标对比，还有一些指标未达到。差距就意味着潜力。

表2　2003年我国薄板坯连铸连轧生产技术操作指标

厂　名	拉坯速度 /m·min^{-1}	铸机作业率/%	平均连浇炉数	平均连浇时间/min	漏钢次数	漏钢率/%	加热炉燃耗 /kg·t^{-1}	轧机作业率/%
珠　钢	4.5~5.8	83.00	7.73	550.00	—	0.300	20.00	65.00
邯　钢	3.8	68.60	8.45	336.60	65	0.480	26.80	74.77
包　钢	4.8~5.0	81.40	15.44	569.40	52	0.411	—	80.60
鞍　钢	2.1~2.4	86.70	15.90	—	11	0.066	38.77	84.30
唐　钢	3.79	33.56	5.92	337.20	30	0.770	67.80	32.50

2.2　以提高平均连浇炉数为中心提高生产线的利用率

发挥薄板坯连铸连轧技术潜力的关键之一在于发挥连浇的优势。抓连浇炉数的增加就必须解决铸机漏钢和提高整个作业线作业率的问题，从而提高生产线的效率。

2.3　增加薄规格产品的比例，发挥薄板坯连铸连轧工艺的独特优势

薄板坯连铸连轧工艺是由薄板坯连铸机与常规宽热带连轧机的精轧机组集成而来的。连轧机组的能力与常规热带连轧机相当，而薄板坯铸机能力低于连轧机组。常规热连轧机生产薄规格产品的不利点是单位时间内产量大幅度下降，而这正是薄板坯连铸连轧生产线的固有特性。生产薄规格热轧板是薄板坯连铸连轧技术的独特优势。近几年我国进口热轧板中大都属于薄规格产品，特别是厚度在2mm以下的薄板。发挥薄板坯连铸连轧技术的独特优势将大大促进我国钢铁产品结构的调整。

2.4　掌握消化新工艺，提高我国薄板坯连铸连轧整体技术水平

对新工艺决不能满足于掌握操作技术，达到并超过设计能力，还必须做到自主设计、制造，并有所改进与提高。我们应努力使我国的薄板坯连铸连轧生产线成为效率最高且最经济的生产线。

3 我国薄板坯连铸连轧技术还有很大发展空间

预计到2010年后，我国板材年产量将达1.1亿~1.3亿吨。其中需要中厚板轧机生产的中厚板约在2000万吨/年水平。需要由热连轧机生产的板材，约在0.9亿~1.1亿吨之间。到2003年底，我国热连轧机生产能力为4708万吨/年（其中常规热连轧机为3126万吨/年，薄板坯连铸连轧1442万吨/年，炉卷140万吨/年）。在建热连轧机生产能力3850万吨/年（其中常规热连轧机2450万吨/年，薄板坯连铸连轧1400万吨/年），尚有1000万~3000万吨/年的规模扩大空间。从发展观点看，今后常规热连轧机与薄板坯连铸连轧生产能力之比应在1∶1或6∶4之间。则我国这一规模发展空间将主要由薄板坯连铸连轧技术来填补。

其技术发展空间如前所述，薄板坯连铸连轧技术是新开发的薄板坯连铸技术与常规热连轧机组的集成。集成技术属于生产要素的一种新的组合，新的组合就会产生新的生产力，从而产出新的贡献，同时提供今后潜力开发的空间。薄板坯连铸连轧技术提供的发展空间有：

（1）利用轧机能力余量大的潜力，开发薄规格热轧板生产技术，替代部分冷轧产品。

（2）利用薄板坯温度均匀的潜力，开发生产平直度高的产品。

（3）利用薄板坯冷却速度快的优势，开发生产强度更高的普碳钢和部分应用广泛的不锈钢和硅钢。

4 在消化、研究已有技术的基础上开发新一代薄板坯连铸连轧生产线

4.1 铸机与轧机的匹配问题

新一代薄板坯连铸连轧生产线必须做到铸机与轧机能力匹配，使其都能发挥潜力。一方面要通过增加薄板坯的厚度提高铸机的产量，另一方面要通过增加薄规格热轧薄板的比例来发挥连轧机的潜力。这两方面都有一系列技术问题要解决。初步设想，新一代薄板坯连铸连轧生产线达到一条年产300万吨平均厚度3.0mm以下的热轧薄板是可能的。

4.2 连轧机组的配置问题

薄板坯连铸连轧生产线要不要配粗轧机，如何配置？轧机中间要不要加强冷却段？轧机机型如何配置对提高板型精度最有利？都是必须深入研究的问题。

4.3 开发目标

目标之一是提高薄板坯连铸连轧生产线的生产能力，效率，扩展产品覆盖范围，使其与大转炉匹配，达到年产300万吨，成为大、中型钢厂的主力轧机。

目标之二是增加薄板坯厚度至100~130mm，用以缓解常规热连轧机轧制厚度规格产品时精轧机能力不足的瓶颈，使中板坯连铸连轧机组的能力提高到400万~450万吨/年，取代部分常规热连轧机。

薄板坯连铸连轧技术不可能也没有必要完全取代常规热连轧机。两类轧机进行合理的分工是必要的，对钢铁工业实现生产集约化也是十分有利的。

Technology of Thin Slab Casting and Rolling is Worthy of Doing Indeed

Abstract This paper analyzes the development of thin slab casting and rolling technology since 2002. It is recognized that there will be a bright prospect for this technology. The possibility of the development of a new generation of thin slab casting and rolling technology is put forward.

Key words in China; technology of thin slab casting and rolling

钢铁工业与技术创新*

摘　要　论述钢铁工业与技术创新的关系，提出我国新一代钢铁制造流程的优化问题，指明钢铁工业技术创新的方向和目标，并强调要用新型工业化道路的思维应对21世纪我国钢铁工业的挑战。

关键词　钢铁工业；技术创新；目标；方向

钢铁工业的产业与发展离不开创新，而现代钢铁工业的飞速进步更是与技术创新息息相关。下面，阐述钢铁工业与技术创新的关系及技术创新在钢铁工业进一步发展中的重要作用。

1　技术创新是钢铁制造技术发展的核心

1.1　技术创新促进了钢铁工业的诞生

钢铁工业的产生和发展离不开技术创新，纵观飞速发展的现代钢铁工业，更是与技术创新息息相关。转炉炼钢法的出现和其后的1880年碱性平炉炼钢法的创新逐步淘汰了搅钢炉工艺，使钢的生产能力大幅度提高，并以液态炼钢工艺为核心，形成了高炉→炼钢→铸锭→开坯→轧钢→热处理等工艺组成的钢铁制造生产流程。此流程适时地满足了当时社会对钢铁产品的需求，支撑了工业革命启动的人类社会的工业化进程(当时这一进程出现在欧洲和北美)。随着钢铁生产能力的大幅度增长，钢铁厂数量增多，从业人员增加，使得以手工作坊为主的钢铁冶炼技艺形成了产业，即诞生了钢铁工业。

工业革命发源地的英国在19世纪钢产量处于领先地位。1871年，英国钢年产量为33.4万吨，德国为25.1万吨，法国为8.6万吨，美国仅为7.4万吨。炼钢工艺技术革命后，英国产钢大国地位受到挑战。美国因具有矿石、焦炭资源优势和迅速推广贝氏炼钢法，则到1890年钢产量已超过英国成为世界第一产钢国。德国也超过英国居第二。

1.2　技术创新推动了20世纪全球钢铁工业的大发展

碱性平炉炼钢工艺在20世纪得到推广，成为炼钢的主导工艺，特别是在美国发展更快。美国1900年钢产量为1035.2万吨，占世界总产量的36.6%。电力的出现使蒸汽机被电动机取代，这一创新加速了钢铁工业的发展。1906年，全世界钢产量超过5000万吨，1927年超过1亿吨。尽管20世纪30年代的经济危机使全球钢产量下降到1亿吨以下，但危机后钢产量又恢复到1亿吨以上。

* 原发表于《中国冶金》,2005,15(5):1~6。

经济发展到钢铁的需求发生显著变化。“二战”以后，随着汽车工业的发展，住宅、高速公路、港口、机场等基础设施建设，农业机械化，家用电器的应用推广，石油天然气输送管道的建设以及机械化、自动化技术的推广应用，对性能好、价格低的结构材料和功能材料的需求越来越迫切。与其他材料相比，钢材因在质量、性能和价格上最合适，为人类社会实现工业化的首选材料，故其成为发展的重点。

同时，全球出现了许多高品位的铁矿石供应基地，使铁矿石的供应趋向国际化，进而为钢铁工业的大发展提供了物质保证，并使铁矿石资源贫乏的国家能够依靠科技进步而成为主要产钢国。

20世纪中期以来出现的钢铁制造技术创新推动了钢铁工业的大发展。从50年代开始钢铁工业以空前的速度（年均1900万吨）增长，1973年全球钢产量超过7亿吨。其后，由于石油危机及全球性经济萧条等原因，使钢产量下降并起伏波动，但总趋势还是增长，到2000年全球钢产量超过8亿吨。在20世纪的100年中，世界钢产量增加28倍，可认为20世纪是钢铁工业大发展的世纪。这个大发展的推动力就是技术创新。

1.2.1 氧气转炉炼钢技术推动了钢铁工业大发展

进入20世纪50年代，制氧工业的进步使氧气机产能大幅度提高，氧气成本下降，氧气炼钢的条件日趋成熟。1950年，奥地利的Voest Alpine（奥钢联）公司在30t转炉上成功开发出氧气转炉炼钢的LD法，并与瑞士的BOT联合以专利方式向全世界推广。50~70年代，日本、欧洲钢产量的快速增长与氧气转炉的普及密不可分。氧气转炉的推广和平炉炼钢的淘汰对我国80年代后钢铁工业的崛起起了重要推动作用。

1.2.2 高炉炼铁的技术创新

“二战”以后，高炉进一步大型化的趋势越来越明显，特别是日本与苏联。1959年，日本最大的高炉是广畑1号高炉，内容积为1603m^3。1976年日本大分厂内容积为5070m^3的2号高炉投产，10多年中高炉容积扩大了近3倍。70年代前期，苏联也在克里沃罗格和切列维茨建了5000m^3级高炉；欧洲则利用建5000m^3级高炉来淘汰1000m^3级高炉。高炉大型化提高了高炉生产水平和劳动生产率并降低了消耗。

高压操作是20世纪40年代出现的高炉炼铁技术创新，首先在美国和苏联应用推广。它提高了炉顶压力而促使高炉增产，并进一步推动了高炉的大型化。

20世纪50年代，高炉风温一般在600~800℃，900℃以上就算是高风温。随着热风炉结构的技术创新和耐火材料的更新换代，90年代高炉风温水平一般超过1100℃，相当多的高炉超过了1200℃，这为高炉风口喷吹燃料和降低焦比创造了条件。

高炉风口喷吹燃料是20世纪50年代以后的重要技术创新。最初，从风口喷吹重油来替代焦炭，获得良好效果。石油危机后，风口喷吹煤粉得到大发展，可以做到置换焦炭用量的40%。20世纪末，风口喷吹剂趋向多元化。

1.2.3 炼铁原料加工的技术创新

大型铁矿山的开发和铁矿资源的全球化，提高了炼铁原料的品位。选矿工艺和加工、混匀、整粒技术的进步，烧结及球团工艺技术的改进，提高了炼铁原料的质量。许多地区的高炉根据具体条件，寻找出合理的炉料结构，为高炉强化冶炼奠定物质基础。

焦炭是炼铁高炉的发热剂、还原剂和料柱支撑骨架。焦炭质量对高炉炼铁的能力、效率和经济性具有决定性作用。炼焦工艺技术创新对20世纪钢铁工业的大发展发挥了巨大作用。

1.2.4 连续铸钢和薄板坯连铸连轧的技术创新

连续铸钢是钢水凝固技术的重大创新。将原来的钢水铸锭和初轧开坯集成为一个工序，提高了收得率、缩短了加工周期、节约了能源。20世纪50年代连铸技术首先在德国实现工业化，60年代后显著发展。1970年，日本大分厂建成世界第一座全连铸钢厂。70年代以来世界钢铁工业的发展和我国90年代后钢铁工业的崛起，连铸技术都发挥了重要作用。

1989年，SMS公司开发的薄板坯连铸连轧生产线在美国Nucor公司的Crowfordsville厂投产。这是继连铸之后凝固技术的又一重大创新。该技术因具有建设投资省、生产效率高、能耗低和生产成本低于常规热连轧机而受到广泛关注。迄今为止，全世界薄板坯连铸连轧年总生产能力已超过6000万吨，我国建成能力已超过1300万吨。

1.2.5 信息化和自动化等高新技术的应用

设备大型化、连续化、高效化必须依靠信息化和自动化。此外，高新技术为钢铁工业提供了新的检测手段、控制手段和计算机控制系统。钢铁产品的质量大幅度提高，新品种不断涌现，消耗逐年降低，劳动生产力空前提高，使钢铁在材料工业中的竞争力不断增强。

钢铁工业的发展史，从技术层面上讲，就是钢铁制造工艺的技术创新史。

2 技术创新是推动经济发展的重要手段

创新是经济发展的动力，而技术创新则是创新的主要内容，也是推动经济发展的重要手段。熊彼德（Joseph Schumpeter）认为“生产意味着把我们所能支配的原材料和力量组合起来”，“我们所说的发展，可定义为执行新的组合”，“新组合”概念内容包括：（1）采用一种新的产品，即是消费者还不熟悉的产品，或是一种产品具有一种新的特性；（2）采用一种新的生产方法，此法不需建立在科学新发现的基础上，且也可存在于商业上处理一种产品的新方式；（3）开辟一个新的市场，即是有关国家的某一制造部门以前不曾进入的市场，不管这个市场以前是否存在过；（4）掠取或控制原材料或半成品一种新的供应来源，也不问这种来源是已经存在，还是第一次制造出来的；（5）实现任何一种工业的新的组合，如造成一种垄断地位，或打破一种垄断地位。按这五种情况，对照钢铁工业历史上的重要技术创新，基本上可找到位置。然而必须指出，这里所讲的创新决不局限于技术创新，而是指生产要素的“新组合”，技术创新是其重要组成部分。

熊彼德讲的创新并不需要建立在新的科学发现基础之上。例如，转炉的理论基础是铁水中杂质的氧化生成热足以保证精炼需要并生成液态钢水。这些理论知识是在转炉出现前物理化学教科书中已有的，并不属于新的科学发现。所以，人们不能完全热衷于原创性科学研究，否则技术创新就会走进死胡同。由此可得出结论：创新不仅仅属于技术范畴，而是属于更广的经济范畴。可见，作为创新主要内容的技术创新也只有在经济发展中才会有用武之地。

另外，从经济角度分析，钢铁工业是我国国民经济的支柱产业，而钢铁工业的发展又必须以科技进步、技术创新为依托。也就是说，通过技术创新这一科学技术手段，促进钢铁工业的发展，进而达到加速经济发展的目的。事实也是如此。20 世纪是世界钢铁工业大发展的世纪，也是中国钢铁工业崛起的世纪。到 90 年代我国经济走上快车道，2000 年实现人均 GDP 800 美元的目标。经济快速发展的需求拉动，为钢铁工业的崛起提供了广阔的发展空间，同时也为技术创新提供了可施展的舞台。

据文献介绍，我国第二产业增加值、建筑业增长率与固定资产投资的增长率均高于钢材消费量的增长率。2002 年的钢材消费量为 1980 年的 7 倍，而对于第二产业来说，2002 年比 1980 年增长 10.5 倍，建筑业的同比增加值为 7.2 倍。2002 年钢材消费量为 1981 年的 7.8 倍，固定资产投资则为 1981 年的 13.4 倍，固定资产投资的增加率高于钢材消费量的增长，表明经济发展为钢铁工业提供了巨大的发展空间，同时也表明钢铁工业的发展是健康的。

21 世纪我国钢铁工业面临着空前的发展机遇。先期工业化国家的实践证明，在进入工业化进程后，钢产量开始增长，其后达到高峰期，并保持若干年。在国家基础设施建设完成后，进入工业化阶段，其后钢产量水平降低，并进入稳定期。我国正处于工业化过程中，大规模基础设施和生产能力建设正在进行中，已进入钢产量的高峰期，这段时期将要持续到 2020 年前后。

长期以来，我国人均钢产量低于世界平均水平，到 2002 年才超过世界平均值，达到 141kg。在今后的工业化进程中进行大规模基础设施建设阶段，肯定要超过世界平均水平，达到 20 世纪 70 年代曾达到过的 160 ~ 180kg。按当时人口计算，我国支撑工业化的最低钢产量见表 1。

表 1　21 世纪支撑我国实现工业化的最低钢产量

年　份	人均 GDP /美元·人$^{-1}$（1990 年价）	增长率 /%	人口 /亿人	按不同人均年消费量计算最低钢产量/亿吨					实际钢产量 /亿吨
				100kg	110kg	140kg	160kg	180kg	
1990	443	10	11.4	1.14					0.62
2000	760	7.2	12.7	1.27	1.39				1.26
2001					1.41	1.79			1.51
2002					1.42	1.81			1.81
2005						1.82	2.08	2.34	
2010	2125		14.1				2.26	2.54	
2020	3200		15.1				2.48	2.72	

我国钢铁工业的发展空间决不局限于规模与数量。2003 年，我国钢产量已达2.2亿吨，但钢材进口量仍高达 3700 万吨，其中 90% 是板材。这说明我国钢铁工业的产品结构与国民经济发展的需求有相当大的不适应。

按品种分类，2003 年我国型材和线材出口与进口相抵后，已是净出口。管材已基本平衡。而板材则是世界上最大的进口国，尤其是高技术含量板材，包括薄规格热轧板、冷轧板、镀锌板和冷轧硅钢片等。说明结构调整是我国钢铁工业最大的发展空间。

一个国家在工业化进程中钢产量的高峰期要持续几十年。高峰期的长短与该国人口、地理条件有关，这适用于具有完整工业化体系的国家如美国、日本、德国、法国、英国等国。估计我国完成大规模工业化建设需要60亿吨钢的积累产量。

到2003年我国钢的累计产量为25亿吨。也就是说，我国还要再生产累计35亿吨的钢产量方可基本完成大规模工业化进程，估计高峰期还将持续16~18年。换句话说，我国将在2020年前后钢产量进入稳定期。可见，我国钢铁工业21世纪发展的机遇是空前的。

同时应清醒看到，21世纪我国钢铁工业也面临严重挑战。市场需求提供的发展空间虽对钢铁工业的发展起到拉动作用，但是发展的支撑条件是资源、能源和环境，而资源、能源和环境即是发展的支撑又是发展的制约因素。钢铁工业所需的矿产资源主要包括铁矿、锰矿、铬矿等。我国是黑色矿产资源相对贫乏的国家。我国铁矿石可采经济储量为115亿吨，由于含铁品位低，金属铁储量在世界上排第9位。按年产钢1亿吨计算，我国现有储量可采年限为30年，远低于世界铁矿石可采年限的150年。对年产2亿吨钢的中国，铁矿石供应不足是对钢铁工业最严重的挑战。

我国所需铁矿石的50%以上要依赖进口。在资源全球化的今天虽然是可行的，但国际铁矿石的获得也存在一系列的困难和问题。目前全球铁矿石年产量大致在10亿吨（包括中国）左右。我国钢产量增加迅速打破了过去20年来的供需平衡。进入21世纪，我国钢年产量是以3000万~4000万吨的进度增长，年需增加铁矿使用量5000万~7000万吨。

即使国外大矿山具有丰富的资源，要增加如此大的产矿能力也并非易事。况且，即使矿山有了生产能力，还要增加一系列的运输能力，包括陆运、海运和装卸能力。由于中国进口矿增加，导致2003年以来铁矿石和海运价格大幅度攀升。铁矿石短缺是中国钢铁工业面临的一大挑战。

我国钢铁工业所需的主要能源是煤。我国煤资源虽然储量不少，但炼焦煤储量较低。近年来，我国焦炭出口增加，已成为世界第一焦炭出口国，使我国钢铁工业用煤日趋紧张。从2003年起，我国许多钢厂的焦炭质量下降，有的钢厂为保证焦炭质量从国外进口炼焦用煤。预测到2005年以后，我国每年炼焦煤的供应缺口将达到2000万~4000万吨。

水资源短缺是我国钢铁工业发展的又一重要制约因素。我国属于贫水国家，人均淡水资源占有量低于世界平均水平。我国年平均降水量为世界平均值的77.07%，亚洲平均值的87.57%。我国水资源分布不均，南方多，北方少，华北和东北的水资源只占全国的11.62%，而该地区的钢产量却占全国的41.5%。

此外，生态环境压力相当大。钢铁工业对地球生态环境的压力主要是制造过程中的废弃物和排放污染物造成的。长期以来，我国发展工业重生产轻环保，实行的是先污染后治理的老办法，致使环境治理欠账严重。实际上，我国钢铁工业的发展在一定程度上是以牺牲环境为代价的。近年来，我国钢铁企业对环境重视程度大为提高，已出现了一些清洁工厂，但从总体上看，我国钢铁工业仍是排放大户和环境污染大户。

城市化发展进程对钢铁企业生态环境的要求不断提高。今后将出现钢铁企业由于环境压力而不得不缩小规模、搬迁，甚至关停的局面。如何面对改善生态环境的挑战，是事关钢铁企业生存和钢铁工业可持续发展的关键问题。

实现我国国民经济发展第三步战略目标，全面建设小康社会，我国钢铁工业必须发展。但资源、能源的限制因素和环境问题提出了严峻的挑战。我国钢铁工业不可能走过去工业化国家走过的老路，必须寻找以最低钢产量支撑我国工业化进程的新路。用较少的能源、资源消耗和较少的环境负荷来支撑我国 GDP 到 2020 年翻两番的目标。

我国 2000 年钢产量为 1.26 亿吨，以此为基础，到 2020 年钢产量翻一番到一番半，即 2.5 亿 ~ 3.0 亿吨能源消耗总量在 2000 年基础上增加约 50%（吨钢综合能耗约 650kg 煤），以此支撑 GDP 翻两番。因此，钢铁工业必须以新型工业化道路来应对目前面临的挑战。按目前的状况，当 GDP 翻两番时，如果钢产量也翻两番，至 2020 年我国将产钢 5 亿吨，这是全球资源、能源和环境所不能承受的。

21 世纪是我国钢铁工业战略发展的机遇期，是产品结构调整的机遇期。也是我国从产钢大国转变为世界一流的钢铁强国的机遇期。因此，我国必须抓住机遇，大力推进技术进步和技术创新。

3 钢铁工业技术创新的方向与目标

3.1 21 世纪我国钢铁工业技术创新的方向

钢铁工业属于典型的流程制造业。与机电制造业的区别在于上工序的输出（产出）是下工序的输入（原料）。从原料到成品的工序是串联式的。任何一个工序出现的问题都会反映到最终产品上。

制造流程对钢铁工业具有决定性的作用，既影响企业产品的质量、成本和效率等市场竞争力因素，又影响企业的资源、能源等可供性因素，更影响企业的排放、环境负荷等工业生态、可持续发展有关的因素。

钢铁工业要走新型工业化道路应对目前面临的挑战，必须首先从钢铁制造流程上下功夫，把构建新一代钢铁制造流程作为 21 世纪钢铁工业科学技术发展的战略问题来对待。新一代钢铁制造流程要做到：（1）用较低的单位 GDP 钢产量来支撑我国完成工业化过程，就必须提高钢的质量，增加新品种，提高钢的使用效能；（2）用较低的能源、资源消耗生产出我国工业化所需的最低钢产量，就必须提高能源、资源的使用效率，使我国钢铁制造流程实现由粗放型向集约型的转变；（3）在我国工业化进程中，钢铁工业的环境负荷不应因产量增加而加大，必须努力实现钢铁厂排放无害化，排放物的再资源化，循环利用，减少排放量并向构建工业生态链方向发展。

新一代钢铁制造流程不是脱离现有的科学技术成就另起炉灶，而是在现有先进工艺流程基础上优化与新工艺集成的产物。新一代钢铁制造流程是在已有的先进制造流程基础上产生的，开发新的工艺技术和更为先进的界面技术，通过工序与装备的优化组合集成，使新构筑的流程实现新的功能。新一代钢铁制造流程的创新主要体现在以下 3 个方面。

3.1.1 新工艺新技术的开发

这里所说的新工艺新技术包括：（1）高比例非黏结性煤炼焦新工艺，干熄焦或少水熄焦技术；（2）大型煤基链箅机—回转窑球团制造技术；（3）新一代钢铁材料的开发；（4）高炉综合强化技术；（5）超洁净钢冶炼技术；（6）轧钢的控制轧制，冷却、尺寸精度及性能控制和预测技术； （7）能源高效利用、转换与回收的集成技术；（8）综合节水技术；（9）钢铁工业污染物或废弃物的再资源化、再能源化及物质循环关键技术；（10）电炉高效冶炼与节能技术。

3.1.2 与流程优化相匹配的界面技术

与流程优化相匹配的界面技术包括：（1）高炉结构与炼钢结构匹配的优化（包括高炉炉容、座数与炼钢炉容、座数，连铸机规格、台数）；（2）铁水全量预处理的调控集成技术；（3）连铸坯热装、直接轧制和半无头轧制匹配技术。

3.1.3 先进技术的集成与流程的优化

先进技术的集成与流程的优化涉及到：（1）现有企业流程的合理化与优化；（2）已有先进技术与新开发工艺的集成构建新流程；（3）新一代薄板坯连铸机自主开发、设计、制造的集成技术；（4）冷、热薄板连轧机自主设计制造的集成技术；（5）制造流程优化集成、多维物质流运行与信息化、智能化控制技术。各项技术创新都是以实现产业化为前提的。从长远发展考虑，还要进行前沿技术研究，如集成熔融还原与薄带连铸形成新的短流程生产线、钢厂与发电厂的联产集成、钢厂与氢的制取和利用等。

3.2 钢铁工业技术创新的目标

通过2004～2020年的努力，我国钢铁工业将完成由粗放型向集约型的转变，并在若干新技术领域具有自主知识产权，相当多的技术经济指标将达到当时国际一流水平，并能完成支撑我国实现工业化的使命。此外，我国钢铁工业还将自主解决板带材的制造工艺技术和装备问题，基本解决我国高技术含量板材及其深加工产品的供需平衡问题。钢铁工业技术创新主要目标有：（1）在2000年的基础上，钢铁工业总体再节能15%～20%，节水70%；（2）在2000年的基础上，钢的利用率再提高10%～20%；（3）实现钢铁工业的清洁生产，实现排放无害化。大型钢铁企业和大部分中型钢铁企业达到钢铁制造绿色化，为钢铁企业向可持续发展转型创造条件。

4 结论

（1）钢铁工业发展的历史就是技术创新不断深入发展的历史。技术创新促进了钢铁工业的形成，推动了20世纪钢铁工业的大发展。

（2）创新是经济发展的动力。创新是"实行生产要素的新组合"。技术创新是创新的主要内容。但创新决不局限于技术创新，还包括制度创新和管理创新等。因此，创新不局限技术范畴而属于经济范畴，创新的目的是发展经济。

（3）我国正处于工业化的大规模基础设施建设阶段，钢铁工业面临空前的发展机遇。由于我国人口众多，资源与能源短缺，环境负荷沉重，造成了钢铁工业发展的制约因素。如何应对制约因素，是严峻的挑战。

（4）必须用新型工业化道路的思维来应对21世纪我国钢铁工业面临的挑战，即构建我国新一代钢铁制造流程。钢铁工业创新的总目标是：以2000年为基础，以产量翻一番到一番半（年产钢2.5亿～3.0亿吨），能耗增加50%（吨钢综合能耗650kg煤），环境负荷基本不增加，来支撑我国GDP 2020年翻两番的目标。

（5）钢铁工业是典型的流程制造业，新一代钢铁流程是在新技术的开发和已有先进技术与优化界面技术的基础上集成产生的。单项新技术的开发是创新，优化集成也是创新。用高技术，特别是信息技术来提升钢铁工业是创新的重要内容。

Steel Industry and Technological Innovation

Abstract In this paper, the relationship between the development of steel industry and technological innovation is discussed. The establishment of an optimized process flow for new generation iron and steel production as well as the tendency and the targets of technological innovation are put forward. The author emphasizes: the concept of new pattern of industrialization is the basic principle in dealing the challenges faced in the 21st century.

Key words steel industry; technological innovation; target; tendency

从引进消化走向自主集成创新*

——武钢投产50年的技术回顾

摘　要　通过对武钢投产50年的技术回顾，提出武钢投产50年来经过的引进消化前苏联技术阶段、自主发展阶段、引进消化国际先进技术阶段和走向自主集成创新4个阶段，并指出我国工业基础落后、重复引进多、重引进轻消化的现状，及我国工程技术目前发展的重点在于自主集成创新和自主研发。

关键词　武钢；技术引进；自主集成创新；消化吸收

我国是世界最早掌握冶铁技术的文明古国之一。秦汉时期就设立“铁官”。湖北大冶从宋朝起就是炼钢制造兵器的中心。1893年投产的汉阳铁厂是我国第1座钢铁联合企业。汉阳铁厂应当属于世界上建设最早的钢铁联合企业之一。全世界第1座钢铁联合企业（Integrated steelworks）美钢联的南芝加哥厂1882年投产。德国的蒂森1890年投产。美国的伯利恒1891年投产。加拿大钢铁公司（Stelco）1895年投产。汉阳铁厂与日本的八幡属于同时投产的钢厂。汉阳铁厂投产当时引起世人注目。由于政治腐败，汉阳铁厂以倒闭告终。汉阳铁厂的造轨厂是我国第1座产钢轨的工厂，抗战期间迁至重庆。

新中国成立后，第1个五年计划期间决定建设3个钢铁基地：鞍钢、武钢、包钢。鞍钢属于老厂扩建改造，武钢、包钢属于新建。武钢是新中国成立后我国新建投产的第1座钢铁联合企业。

1　引进消化前苏联技术阶段

半封建半殖民地的旧中国，工业十分落后。钢铁工业主要在日本占领下的东北。日本投降后，东北的鞍钢、本钢停产。华北、华东、西南地区有小型钢铁厂。1949年建国时，全国钢产量仅为15.8万吨。

“一五”期间计划建设的3个钢铁基地均属于当时苏联援建的“156项”的内容。由苏联提供设计、技术和主要设备。武钢设计规模为一期产钢150万吨，二期增加150万吨，最终规模为300万吨。一期主要技术装备包括：4.3m焦炉4座，75m^{2}烧结机4台，1386m^{3}高炉2座，250t平炉2座，500t平炉4座，1150mm初轧机1套，650/800mm大型轧机1套和2800mm中板轧机1套。这些技术装备是当时苏联所能提供的最新的技术，与当时我国的钢铁厂相比，技术上提高了一个台阶。武钢的生产技术骨干队伍是从鞍钢成建制调过来的，对从苏联引进的新技术装备不熟悉，必须组织学习和培训。当时的有利条件是，除设计图纸和资料外，苏联还提供了设备制造图纸。当

* 原发表于《武钢技术》，2008(4)：5~8，37。

时的冶金部、机械部组织了重大装备的国产化工作。到 20 世纪 60 年代初，“调整、充实、巩固、提高”之后，我国已具备了 1000m^3 大型高炉全套设备、4.3m 焦炉、500t 平炉和 1150mm 初轧机的制造能力。

在生产操作方面，由于受资金限制，武钢各生产厂不能按工序顺序要求建成投产。如设计的高炉炉料是100%自熔性烧结矿，而烧结厂建设和投产比高炉晚 1 年多。1 号、2 号高炉投产时不得不全部使用块矿开炉。炼钢厂平炉投产比高炉晚 1 年多。初轧厂投产比平炉又晚 1 年。投产进度与工艺流程要求不一致，使生产难以达到设计规定能力。

武钢投产不久，大跃进、大办钢铁席卷全国。1961 年开始国家进行全面经济调整，武钢的生产规模压缩至一期工程设计能力的一半。1965 年，国家经济形势好转，武钢开始提升生产水平。1966 年上半年，武钢 2 座高炉达到设计一期的生产能力，从 1958 年 9 月 13 日 1 号高炉点火时算起，武钢一期工程达产经历了 7 年半。然而好景不长，1966 年夏季开始的文化大革命，使武钢生产陷入停产半停产，生产处于不正常状态。

2 自主发展阶段

虽然前苏联为武钢提供的设计是当时苏联所能提供的最新技术，然而由于当时技术水平的限制，留有许多未解决的技术难题。如：

（1）大冶铁矿的选矿技术不过关，氧化矿精矿含铁量低，含铜量高，生铁中铜的质量分数有时高达 0.3% ~0.5%，而不得不开发含铜钢。

（2）烧结矿冷却技术不过关，烧坏运送皮带，被迫向烧结矿打水冷却，使烧结矿粉化，粒度小于 5mm 部分有时高达 20% ~30%。

（3）不设铁矿石混匀场，矿石用火车直供烧结机和高炉，成分波动大。

（4）高炉炉身寿命短、冷却器破损严重，不得不中修炉身砖衬。

（5）平炉用煤气做燃料，冶炼周期长，炉顶寿命短。

20 世纪 60 年代初，前苏联中断了技术援助，撤回专家。武钢投产后出现的技术难题，包括设计遗留的技术难题，必须依靠自己的力量解决。尽管有文化大革命的干扰，仍取得了显著效果。如：

（1）改进大冶铁矿氧化矿浮选工艺，降低了铁精矿的铜含量，提高了铁含量，提高了铜精矿产量，解决了高炉生铁含铜高的问题。

（2）弄清了武钢烧结矿布料反常的原因，为武钢高炉炉顶调剂提供了依据。

（3）用带式冷却机取代冷却盘，解决了烧结矿冷却的难题，提高了入炉烧结矿质量。

（4）实施烧结矿入炉前槽下过筛，改善炉料透气性，为提高高炉冶炼强度创造条件。

（5）利用库存 1513m^3 高炉主要设备，建成当时我国最大的 2516m^3 高炉（国内第 1 座 2000m^3 以上高炉）。

（6）确立高氧化镁渣是武钢高炉的基本造渣制度。

（7）采用风口喷吹技术，20 世纪 60 年代进行喷沥青试验，以后改为喷重油，80 年代改为喷煤粉。

（8）开展高炉炉体破损调查和高炉长寿的探索。

（9）进行高碱度烧结矿试验，将高碱度烧结矿配酸性块矿确立为武钢高炉炉料的基本结构。

（10）将平炉由烧混合煤气改为重油平炉，缩短冶炼时间。

（11）将大型厂轧机由 650/800mm 改为 760/800mm，扩大产品范围。

3 引进消化国际先进技术阶段

经过自主发展，武钢生产水平逐步提高，但技术层次上依然是国际 20 世纪 50 ~ 60 年代水平。由于技术装备落后，20 世纪 60 ~ 70 年代，我国所需要的高质量的冷轧、热轧薄板、镀锌、镀锡板及冷轧硅钢全部依赖进口。国家决定引进国外先进装备，由国内生产，减少对国外的依赖。1974 年国家决定引进 1700mm 轧机系统并建在武钢。1700mm 轧机系统包括：热轧带钢厂、冷轧带钢厂、冷轧硅钢片厂和连铸车间。1700mm 轧机系统的产品是国家急需而当时又不能生产的。1978 年部分生产线试车，1980 年 1700mm 轧机系统全部进入试生产，1981 年接受国家验收。

1700mm 轧机系统的建设，实质上是在武钢原有生产系统炼钢工序之后加了 1 个 20 世纪 70 年代国际先进水平的连铸和轧钢的后工序，见图 1。

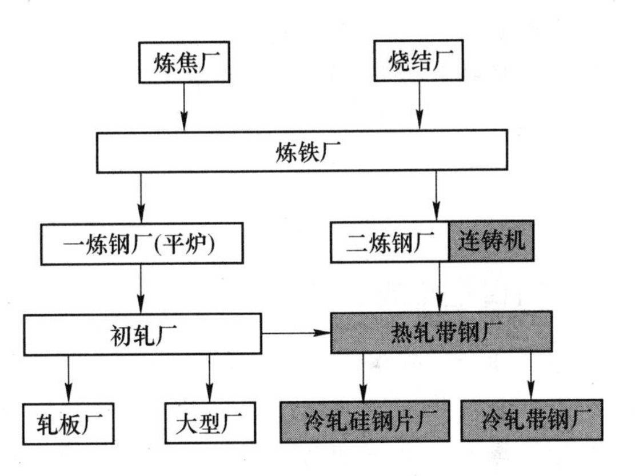

图 1　1700mm 轧机建成时的武钢生产流程
（阴影部分为新系统）

新系统与武钢老系统，在技术水平上差距大约 20 年。这一差距使 1700mm 轧机系统投产后出现了一系列的“不适应”其中最重要的是前工序的半成品不适应新系统的要求。具体讲，老厂炼的钢，不能满足 1700mm 轧机系统要求。废品率高达 10%，武钢生产极度被动。

在困境中，武钢确定将掌握和发挥 1700mm 轧机系统潜力为中心，一方面抓引进技术的消化、吸收和国产化，一方面抓老系统的技术改造（重点对前工序和能源介质系统的改造），加强职工教育培训和推行全面质量管理。重点技术进步项目有：

（1）选矿采用细筛再磨工艺，磁选、浮选结合，降低精矿含硫量，提高含铁量。

（2）大冶铁矿东露天采场扩帮工程，增加可采储量。

（3）在工业港建设矿石混匀料场。

（4）改进烧结机整粒系统，增加铺底料设施。

（5）大修炉体损坏的焦炉。

（6）改造平炉为吹氧平炉，以适应冶炼低碳钢，并采用电除尘器改进平炉烟气除尘。

（7）能源系统的改造，使电、水、煤气、空气、氧、氮、氩的质量满足 1700mm 轧机的要求。

在解决新、老系统“不适应”的同时，在1700mm轧机引进技术的基础上进行了创新。重点创新内容有：

（1）二炼钢厂转炉为LD转炉，为满足冶炼低碳钢需要，1984年自主开发顶底复合吹炼工艺。

（2）转炉增设铁水预处理及钢水精炼工艺，引进KR脱硫装置，使铁水［S］降至0.005%以下，引进RH钢水精炼装置，使钢水中［H］脱至4×10^{-6}以下，［C］30×10^{-6}以下。

（3）二炼钢厂1985年实现全连铸（原设计连铸比80%），是国内第1座全连铸炼钢厂，同时实现连铸坯热送热装。

（4）硅钢工艺改进——原引进专利，取向硅钢为模铸，1984年改为全连铸，并自行开发专利未引进的硅钢品种。

（5）开发引进品种以外的国内需求的新钢种。

（6）炼钢、连铸所需耐火材料的国产化。

1985年，武钢钢、铁年生产能力和1700mm轧机系统各厂均达到设计水平。1986年全面超设计产量水平。到1986年上半年武钢上缴利税已相当于国家对1700mm轧机系统的全部投资。1700mm轧机系统属于20世纪70年代的先进水平。国际钢铁工业技术发展很快，尽管努力追赶，仍落后于国际先进水平。1992年武钢决定第2次引进硅钢专利。1996年建设成的三炼钢厂和其后的二热轧厂和二冷轧厂，均引进了国外新开发的技术。

4 走向自主集成创新

在1700mm轧机系统超设计能力后，国家决定将武钢的规模由年产钢、铁各400万吨扩大到年产钢、铁各700万吨。当时有2种做法可选：将已有装备摆积木式的叠加或是采用最先进的技术装备。最后的决策是建$3200m^3$高炉1座和250t转炉钢厂1座。三炼钢厂属于利用外资项目。$3200m^3$高炉则采用引进国际有关炼铁的单项先进技术，由武钢自行集成。该高炉采用的单项技术有：无钟炉顶、内燃式热风炉陶瓷燃烧器、软水全密闭循环系统、环形出铁场、炉顶余压煤气发电（TRT）、高炉煤气干法除尘、炉前电除尘、炉渣炉前粒化装置（INBA）、电动交流变频鼓风机、高炉炉况监控计算机系统等。上述技术中炉前电除尘是武钢自行开发的，其他则是从6个国家的8家公司引进的。设计的目标是：年产铁量224万吨，一代利用系数2.0t/(m^3·d)，一代炉龄寿命10~12年，焦比450kg/t，喷煤比100~120kg/t。这些指标在当时属于国际先进水平。该高炉（现为5号高炉）于1991年10月19日点火投产，投产后的实践证明，武钢的自主集成是成功的。

$3200m^3$高炉投产带动了武钢炼铁系统的技术改造。工业港供烧结厂与炼铁厂的矿石全部改为皮带机运输。焦化厂开始建设6.0m高的焦炉，该焦炉是在引进日本的6m焦炉的基础上国产化的。建设$440m^2$烧结机，该烧结机是在引进日本的$450m^2$烧结机的基础上国产化的。对4座$90m^2$烧结机进行改造，改为$360m^2$烧结机1台。这些改造项目的完成，使炼铁前工序出现了新面貌。

在$3200m^3$高炉引进技术集成取得预期效果的基础上，在武钢1996年以后大修的高炉上这些技术得到推广。1996 年 4 号高炉大修，采用这些技术，使高炉面貌焕然一新。2000 年 1 号高炉大修，采用这些技术，并加以改进，取消了炉身砌砖，炉身采用铜冷却壁，使高炉长寿水平进一步提高，并将高炉容积由原来的 1386m³ 扩大为 2200m³，取得良好效果。

1 号高炉大修投产不久，3200m³ 高炉投产 10 年，未曾中修（连喷补也未有过），炉体仍十分完好，当时估计，一代寿命有可能超过 15 年。综合分析研究后认为：将已掌握的先进技术综合运用，大胆改进，将其集成起来，就有可能创造出具有武钢特色的一代寿命（不中修）20 年以上，一代每立方米容积产铁量 14000t 以上，一代（按日历时间）容积利用系数 2.0t/(m³·d)以上，既长寿又高产的大型高炉。以这个目标为方向，利用武钢规模扩大到钢 1500 万吨/年的机会，建设了 7 号高炉。除原已采用的技术外，7 号高炉采用烧结矿分级入炉，炉身全部不砌砖，炉缸盛铁渣区改用铸铜冷却壁，炉底厚度减薄至 2800mm，炉缸炭砖壁厚减至 1000～1200mm。为缩短大修施工工期，增设实施模块安装的装置。7 号高炉的预期目标是一代炉龄寿命（不中修）超过 20 年，大修（工期 60 天以内）后即可恢复正常生产的高效率高炉，符合钢铁工业可持续发展大方向的大型高炉。

为检验自主集成的效果，2007 年 7 号高炉进行了强化冶炼试验，取得月平均日产生铁 9000t 的好成绩。这一水平属于国际领先水平，也证明这一自主集成是成功的。

冷轧硅钢技术是 1974 年从日本引进的专利技术。武钢硅钢厂工程项目 1981 年交工经国家验收。1982 年引进专利技术考核合格。经过消化和局部改进，到 1985 年冷轧硅钢片产量达到设计指标年产 7 万吨。其后进行开发和部分改造，无取向硅钢生产能力有所提高，但取向硅钢研发进展较慢。进入 20 世纪 90 年代，考虑与日本的差距继续拉大，1992 年第 2 次引进日本技术（主要是取向硅钢生产技术）。经过消化引进技术，武钢取向硅钢年产量由一期引进时设计 2.8 万吨增至 12 万吨以上。进入 21 世纪，我国经济高速发展，对取向硅钢需求量大增，武钢打算新建第 2 座和第 3 座硅钢厂。当时希望能与日本企业合作，受到婉言拒绝，武钢不得不依靠国内力量，自主集成。一些国内不能提供或功能达不到要求的设备，采取单项引进的办法，建设第 2、第 3 冷轧硅钢厂。工艺流程由武钢确定。涉及专利技术的关键设备，武钢与国内制造厂共同在原引进技术的基础上自行开发制造。目前，第 2 硅钢厂已投产，第 3 硅钢厂在建设中，2009 年将全部投产。新建硅钢厂的生产线陆续投入，2005 年以后武钢冷轧硅钢产量增加较快（见图 2）。

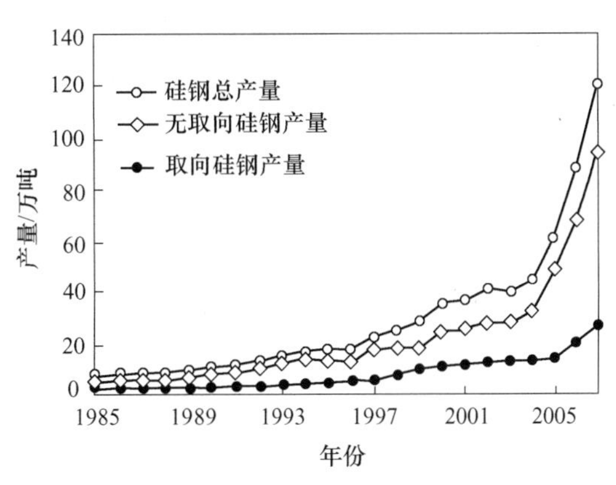

图 2　1985～2007 年武钢冷轧硅钢产量

硅钢新型高温退火环形炉的开发可以作为引进消化再创新的例子。第 1 次引进硅钢专利技术，取向硅钢高温退火用的是罩式炉，耗电量高、产量低。第 2 次引进硅钢技术，引进环形炉替代罩式炉，产量提高，能耗降低。21 世纪硅钢扩建工程中，武钢在原引进技术基础上将罩式炉加以改造，提高了功能，实现了国产化（见表1）。

表1 武钢环形炉改进前后指标的对比

项　目	退火能力	年产量/万吨	投资额/亿人民币·台$^{-1}$	吨钢卷耗焦炉煤气量/$m^3 \cdot t^{-1}$
原引进环形炉	50 台平装 100 钢卷	7	5.5	167
国产化的环形炉	50 台平装 120 钢卷	9	2.2	104

武钢硅钢发展的目标为年产量大于160万吨，其中取向钢大于40万吨，HiB大于20万吨，成为世界重要的硅钢生产基地。第2和第3硅钢厂的建设是武钢自主集成创新的一个例子。

5 结语

武钢的50年从技术层面上讲就是引进消化先进技术并走向自主集成创新的历程。武钢已从原规划的铁、钢各300万吨/年，发展到2008年的铁、钢各1400万吨/年，并将继续发展。武钢在某些钢铁工艺技术上已进入国际先进行列。武钢及我国钢铁工业的发展经历，使我们体会到：

（1）我国工业基础落后，为较快地实现工业化，引进国际先进技术是必要的。实践证明，中国近20年钢铁工业的快速发展，主要的技术支撑是消化引进的先进技术。

（2）我国重复引进多，主要原因在于重引进，轻消化吸收与国产化。消化、吸收投入少，不愿承担国产化的风险，是一项技术多次重复引进的原因。

（3）当前，我国从国外引进先进技术日趋困难，今后我国工程技术的发展应当将自主集成创新和自主研发和集成作为技术创新的重点。

钢铁冶金工程的演化过程与规律*

摘　要　本文概述了钢铁冶金工程的演化过程，并对其演化、规律进行了归纳。钢铁是现代社会使用的主要的材料之一。我国在公元前600年进入铁器时代，长期的经验积累使钢铁冶炼成为一门技艺；随着人类社会经济的发展，钢铁冶炼演变为农牧业外的手工冶炼作坊；工业革命拉动了社会对钢铁需求的增长，与此同时带来的技术创新促进了钢铁工业的诞生，形成了钢铁冶金工程；在20世纪全球经济快速增长中，在技术创新推动下，钢铁工业获得空前的大发展。在21世纪，钢铁仍然是人类社会使用的重要材料，钢铁工业将继续发展。人类社会的历史，总体上讲，就是人类为自身生存、发展的需要而谋求经济发展的演变过程，钢铁冶金工程的演化是人类对利用、使用和制造工具的演变过程中一个组成部分。

关键词　铁器时代；冶铁技艺；工业革命；钢铁工业；工程演化

1　引言

人类与其他动物的主要区别在于能使用和制造工具，这是人类得以发展和创造出人类文明的重要前提。人类祖先要使用工具就要寻找制造工具的材料，首先是石头，然后是青铜，最后是铁。人类社会发展阶段划分为旧石器时代，新石器时代，青铜时代和铁器时代，就是以制造工具的主要材料为依据的。

考古研究认为，公元前2900年就已冶炼出金属铁（埃及金字塔中发现的），但至今未发现有古代文献的记载。关于冶炼过程的第一个描述是埃及公元前1500年古墓墙上的壁画。我国约在公元前1500年进入青铜时代，公元前600年进入铁器时代。铁以其在地球上特有的赋存状况和物理化学性能优势，在人类文明形成过程中，成为人类社会所使用的最主要的材料，而且在可预见的未来中不会改变。钢铁工业已成为支撑人类社会文明的基础产业。

工业革命以来，人类社会所使用的材料总体上可以分为两大类：金属材料与非金属材料。在金属材料中也可以分为两大类：钢铁与非铁金属材料。由于自然赋存条件的不同，以及钢铁材料本身固有的特性，目前人类社会使用量最大，使用面最广的材料是钢铁。不同金属材料的制造工艺是千差万别的，本文仅对钢铁冶金工程的发展过程加以回顾、分析。

2　长期的经验积累使钢铁冶炼成为一门技艺

金属铁在地球上是不能自然赋存的。人类如何从矿石中得到第一批金属铁，至今仍是个谜。但可以肯定的是古人从富铁的氧化物，如富铁矿中得到铁（有人说是从陨石中得到的）。由于工艺简陋，不可能达到金属铁融化的温度，首先冶炼出的不是液态

* 原发表于《工程研究——跨学科视野中的工程》，2010(3)：251～263。

金属，而是还原并软化了的、含有渣的金属铁的混合物。由于当时知识的限制，冶炼过程的温度低，从铁矿石中还原出的金属铁不能大量吸收碳，含碳量低的铁熔点较高，因而处于半熔融状态，相对而言由氧化物、硅酸盐等形成的渣熔点低于金属铁而处于液态。实际上，当时由富铁矿经还原得到的是半熔融状态的金属铁和液体渣的混合物，人们经过反复锻打把渣挤压出去得到含碳低的熟铁。按现代的分类，熟铁属于钢的范畴。因此可以认为，在人类文明史上，人类先冶炼出“钢”，许多年之后才冶炼出现代意义上的生铁。

据考古学者的研究，早期的冶炼炉是熔融洞，用石块砌筑并涂上泥衬，用风箱送风（见图1）。风箱是人力驱动的，使用的燃料和还原剂是木炭。熟铁太软，不能制造器具，古代人创造了熟铁渗碳的技术，使熟铁转变为具有所需强度、硬度和韧性的钢。

图1　早期炼铁熔融洞[1]

由于送风设备的机械化，送风能力增大，使冶炼炉容增大，炉体高度的增加，冶炼炉演变成立式炉。随着炉容增大，热效率提高，竖炉内温度升高，冶炼出的不是熔融状态的熟铁而是液态铁水。由于温度升高，铁液熔池发生了增碳过程，铁水中的含碳量提高，铁水凝固后得到生铁。生铁流动性好可以铸成器具。14世纪欧洲出现了竖炉，这种竖炉是近代高炉的前身，如图2所示。

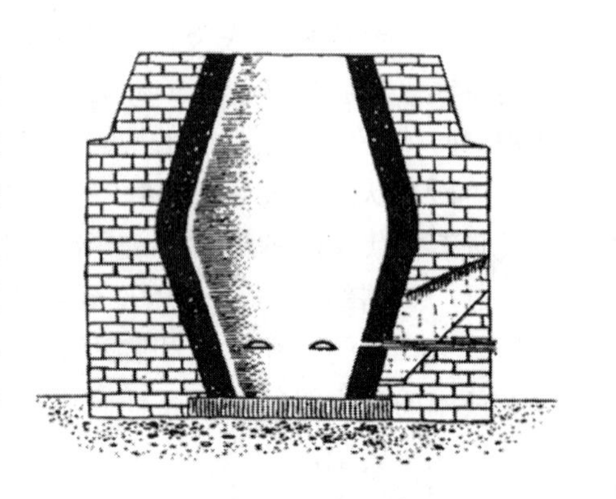

图2　竖炉的结构[1]

生铁与熟铁不同，可以直接铸成器具，虽硬但质脆，不具备韧性和延展性，可加工性差。要得到具备韧性和延展性的钢，必须使生铁中的碳降低并除去含有的杂质。办法是将生铁中含有的碳元素氧化，并降到所需要的含碳量，从而使生铁转变为钢。西方采用的炼钢工艺是用搅钢炉将生铁炼成熟铁（含碳量很低的一种“钢”），然后再用渗碳工艺得到不同性能的钢。欧洲大量采用坩埚炉渗碳，见图3及图4。

我国是最早掌握冶铁技艺的世界文明古国之一。秦朝时期已在主要产铁地区设置铁官，可见当时已形成了一定规模的手工作坊性的产业，当时我国的冶铁技术处于世界领先地位。详细记载我国古代冶铁技艺的书有宋应星著的《天工开物》（此书初刊于1637年）。该书对当时铁、钢冶炼过程均有详细的描述。图5为该书描述钢铁冶炼工艺的插图。我国古代用的装备与西方不同，但基本原理是相同的：即先从铁矿石中冶炼出生铁（铁水），把铁水中的碳氧化掉一部分得到钢（或熟铁）。

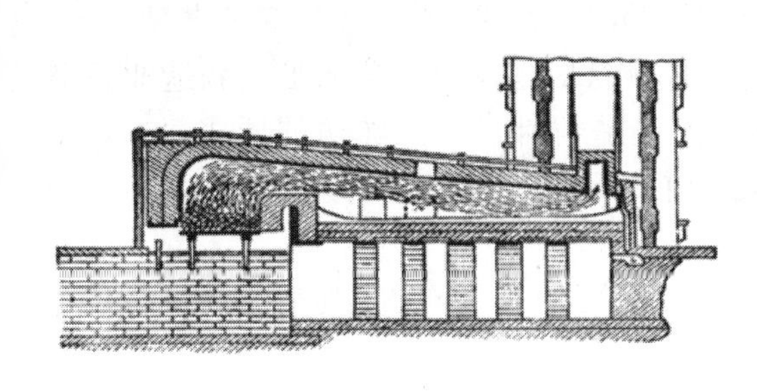

图 3　搅钢炉的简图[2]

图 4　坩锅炉熔炼作坊的断面图[2]

初刻本插图九七，生熟炼铁炉

图 5　《天工开物》中的炼铁炉[3]

随着冶铁工艺的不断改进，钢、铁产量规模不断扩大，长期经验的积累，使钢铁冶炼和加工成为一门技艺。无论在西方或东方，钢铁冶炼加工均以一定规模的冶铁手工作坊的形式成为农牧业之外手工业的重要组成部分。

3　工业革命及其带来的技术创新促进了现代钢铁工业的诞生

进入 18 世纪，欧洲的工业革命已经开始。蒸汽机的出现，带动了纺织、铁路、轮船等的发展，当时，需要大量生产钢铁来支持工业、交通、运输业的发展。当时铁路的轨道是木制的，上面包一层铁皮，船舶、建筑物、大部分桥梁都是木制的，甚至容器也是木制的。工业革命带来的经济增长期盼着现代钢铁工业的诞生。现代钢铁工业的演化经历漫长的历史过程，其中充满着技术创新和旧技术的淘汰，同时也充满着工程系统的集成和演进。就技术创新而言，既有渐进性的改进，又有突变性的发明，与此同时，相应落后的工艺装备被淘汰出局。就工程系统的集成而言，也经历了“万能化”的钢厂到以“专业化”生产的钢厂，钢厂的生产流程发生了重构性的演进。进入新世纪以来，随着循环经济等概念的发展，钢厂的功能拓展也提到学界和产业界的日程上来。总的看来，钢铁工业已经历了丰富多彩的演化，并且将继续演变进化着。

钢铁工业属于流程制造业。流程制造业的功能是把自然资源加工成制造业所需的材料。工业革命前，无论流程制造业和加工制造业都以手工作坊的形式存在。工业革命促使所有的制造业和手工作坊演化为门类不同的工业，即现在称之为的传统制造业。

下面将对若干在形成钢铁工业的演化过程中重要的技术创新和工程系统的集成作简要的描述：

3.1 焦炭高炉替代木炭高炉[1]

18 世纪以前炼铁作坊的高炉使用的燃料是木炭，当时英国作为产铁大国不得不大量砍伐森林来烧制木炭，从而产生了不少问题。进入 18 世纪，英国政府下令禁止砍伐森林烧木炭，使许多高炉停产。英国人试用煤代替木炭炼铁，但效果不理想。直到 1718 年英国人 A. 达比（A. Darby）在什罗普郡（Shropshire）的 Coalbrookdale 厂的高炉上成功地用焦炭全部取代了木炭。由于 A. 达比为了保持个人利益，此项技术在 1771 年以后才得以推广，但这一技术创新为其后炼铁高炉进一步发展提供了重要的物质基础。

3.2 高炉炼铁由冷风改为热风[1]

早期的炼铁高炉使用的是冷风，当时的高炉冬天产量高，夏天产量低。有人错误地认为冷风比热风好，却忽视了冬天空气湿度低，利于提高燃烧温度的特点。直到 1828 年，J. B. 尼尔森（J. B. Neilson）在苏格兰的高炉上进行了加热鼓风试验成功后，使高炉炼铁由冷风改为热风，这一技术创新为高炉提高生产力、降低能源消耗提供了重要的技术支撑。

3.3 工业革命经济增长的需求促进了炼钢工艺第一次技术革命

工业革命的市场需求对炼钢工艺在提高生产力上有新的要求。1850 年至 1860 年间英国人 H. 贝塞麦（H. Bessemer）根据化学热力学计算方法，推算出在使用铁水炼钢时，向铁水中吹入空气，一方面可以去除铁水中碳和其他杂质，同时其所产生的热量足以使得到的钢水处于高温的流动状态。贝塞麦提出了用转炉替代搅钢炉的设想，并进行了多次试验，最终在谢菲尔德（Sheffield）取得成功。贝塞麦的技术创新使炼钢工艺的生产力上了一个大台阶，开创了炼钢史上第一次重大的工艺技术革命，为大规模的现代钢铁工业的形成奠定了基础。这一工艺被称为贝氏炼钢法，如图 6 所示。

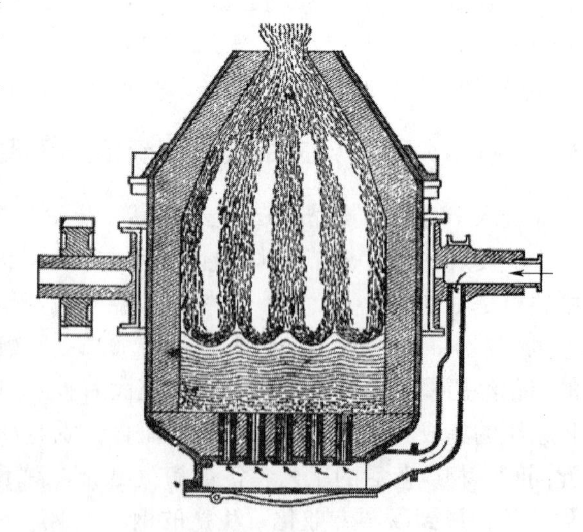

图 6　吹炼时，贝塞麦转炉的断面图[2]

由于当时搅钢炉一炉的产量只有500磅，生产一炉钢要6~7个小时，而贝塞麦转炉一炉钢数以吨计，冶炼一炉钢只要数十分钟，适应了工业化大规模生产对钢的市场需求。贝塞麦转炉的钢水可以直接铸成钢锭，同时此法的炼钢过程不需要外加燃料，生产效率高，成本相对低，并适合于规模化生产，贝塞麦转炉迅速得到推广。

贝塞麦法也显示出其缺点，主要是不能脱除硫、磷等钢中有害元素，钢水中气体含量高，钢的质量不如搅钢炉的熟铁。其后，1855年，英国工程师W. 西门子（W. Siemens）发明了以蓄热室加热燃烧用煤气和空气，使燃烧后获得高温的技术，采用此项技术可将废钢和生铁融化成液态进行精炼，燃烧废气将热量传给蓄热室，如此反复循环，可以成为一种以生铁和废钢为原料的炼钢方法，这就是近代炼钢平炉的雏形。法国人皮埃尔·艾米莉·马丁（Pierre-Emile Martin）取得西门子的专利权后加以改进，1864年西门子-马丁炼钢法（平炉炼钢法）出现，其钢质优于贝氏炼钢法。

由于在起始阶段平炉和转炉使用的耐火材料都是酸性的，因而都难以脱除钢中的有害杂质（硫、磷），1875年英国的S. G. 托马斯（S. G. Thomas）和P. G. 吉尔吉里斯特（P. G. Gelchrist）在发明了碱性耐火砖的基础上，发展出称为托马斯转炉炼钢法，由于托马斯炼钢法采用碱性炉衬和碱性炉渣，这样钢中的有害杂质——硫和磷就可以脱除，钢的质量明显提高，并可以利用欧洲的高磷铁矿资源。其后平炉也改用了碱性炉衬和碱性炉渣，由此，碱性平炉炼钢工艺得到大发展，由于平炉易于扩大炉子吨位并大量利用社会废钢资源，逐步成为19世纪后期和20世纪中期占统治地位的炼钢工艺。图7为当时碱性平炉的简图。

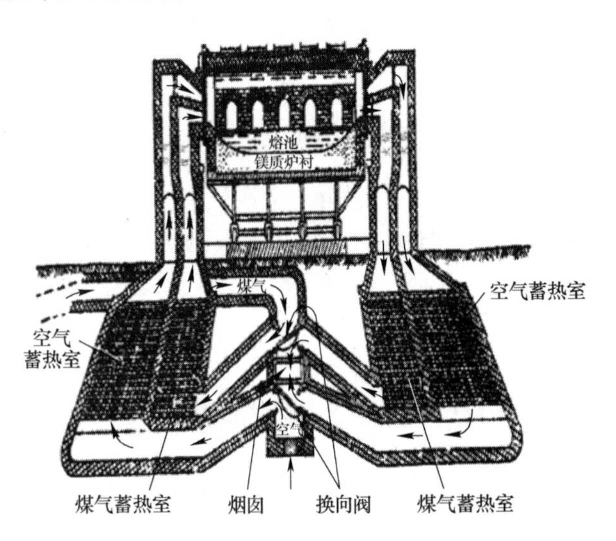

图7　碱性平炉的简图[2]

在炼钢工艺革命过程中，冶金物理化学过程的理论研究的深化发挥了重要作用。除了上述贝塞麦炼钢法是在物理化学原理指导下出现的，碱性转炉、碱性平炉的演化也都是在冶金物理化学理论的指导下完成的。在这方面，物理化学家的贡献功不可没。

3.4 钢材加工技术的改进

搅钢炉炼出的是熟铁，经过渗碳/增碳提高强度后使用。当时对熟铁的加工成型方法是用锻锤加工成所需的形状。焦炭高炉代替木炭高炉后，加上高炉使用热风代替冷风，生铁产量增加，搅钢炉产量增加，使钢加工材料应用范围扩大，并开始出现以钢材替代木材和石材的格局。1779 年英国建成第一座铁桥（Ironbridge，桥长 59.8 米，桥高 13.7 米，桥重 378.5 吨）。1839 年 J. 内史密斯（J. Nasmyth）发明了蒸汽机锻锤，大幅度提高了加工钢材的能力，钢材的市场供应能力增大，使得建筑物、工作机械、动力机械、运输机械的部件由木质变为钢（铁）制。

为了适应更大规模生产钢材，轧钢机开始出现，蒸汽机、电动机的出现，轧机的动力增加，使得热压力加工的轧机出现，随后轧钢机替代锻锤成了钢材加工的主要设备。轧机由两辊式演变为三辊式，并出现了初轧/开坯轧机，棒材、线材、型钢轧机，大型/轨梁轧机，中/厚板轧机，薄板轧机，无缝钢管等多种轧机。在轧钢工艺上逐步由可逆轧制进化为半连续轧制、连续轧制。轧钢技术进步，使钢轨、棒、线、板和型材的批量生产成为现实。1876 年用贝氏钢建造的美国第一座悬索桥——布鲁克林大桥建成。其后，英国用平炉钢建造了福布斯（Forbs）桥。1877 年英国用厚钢板建造军舰。管材以及棒材、线材、型钢、钢轨、厚板、薄板的加工技术进步使钢铁成为人类社会主要的结构材料。19 世纪确立了线材和带材的连续轧钢工艺。进入 20 世纪以后，连续轧钢技术在宽幅薄板轧机上的应用实现了工业化。1923 年在美国建成了第一套热轧薄板连轧机。连轧机的出现一方面为钢铁企业的大型化创造了条件，同时为汽车工业、机械制造业、电器制造业以及制罐业的发展提供了可能。

3.5 钢铁工业的诞生——工程的演变与集成化

自 1880 年碱性平炉炼钢法出现后，由于生产规模大，原料适应性好，得到快速发展，钢的生产能力大幅度提高，搅钢炉工艺逐渐被淘汰。以液态炼钢工艺为核心，形成了高炉—平炉炼钢—铸锭—开坯—轧钢—热处理等工艺集成的近代钢材生产流程，从而出现了钢铁联合企业。与以前的钢铁生产手工作坊相比，该流程不仅生产规模大，成本低，而且产品质量好。最重要的是，这一工艺流程适时地满足了当时社会经济发展对钢铁产品的需求，支撑了人类社会的工业化进程（当时这一进程主要出现在欧洲和北美）。

随着钢铁生产能力的大幅度提高，钢铁厂数量增多，从业人员增加，使在手工作坊为主的钢铁冶炼技艺的基础上形成了产业——近代钢铁工业。可见，工业革命促进了近代钢铁工业，特别是钢铁联合企业的诞生。

电炉炼钢法的出现比空气转炉晚。1878 年 W. 西门子进行过电炉炼钢法试验，电炉法的应用首先在电解铝方面。1899 年，法国电弧炉炼钢获得成功，法国 Creugot 公司在施耐德（Schneider）的普拉格（La Prag）电炉炼钢厂建成。从钢铁工业的形成过程看，电炉炼钢厂的出现是在第一代钢铁联合企业诞生之后。

19 世纪，工业发源地的英国在钢产量在世界领先。1871 年，英国钢年产量为 33.4

万吨，德国为25.1万吨，法国为8.6万吨，美国为7.4万吨。炼钢工艺技术革命后，美国由于拥有矿石、焦炭资源优势，贝氏炼钢法得到迅速推广，1890年，美国钢产量超过英国成为第一产钢国，德国超过英国居第二。碱性平炉出现后，取代了贝氏炼钢法。19世纪末出现了世界上第一代钢铁联合企业，如：美国钢铁公司（1882年），德国的蒂森钢铁公司（1890年），日本八幡制铁所（1891年），美国伯利恒钢铁公司（1892年），加拿大钢铁公司（1895年）。我国第一个钢铁联合企业汉冶萍公司，1890年开始建设，从欧洲引进当时的先进技术，1894年投产，时间也并不晚，但由于清政府的腐败，这座钢厂在民国初期就倒闭了。部分设备在抗日战争初期拆迁到重庆建了钢厂。现在汉阳的遗址已不存在。

4 技术创新推动了20世纪以来的钢铁工业大发展

碱性平炉炼钢工艺的开发成功和推广，使其成为炼钢的主导工艺，特别是在美国。1900年全世界钢产量是2850万吨，其中美国钢产量为1035.2万吨，占世界产量的36.3%。电力的出现使蒸汽机被电动机取代。这一创新加速了钢铁工业的发展。世界钢产量1906年超过5000万吨。第一次世界大战后，1927年全世界钢产量超过1亿吨。尽管20世纪30年代的经济危机使全球钢产量下降到1亿吨以下，但危机后钢产量又恢复到1亿吨以上。

二次大战后，战后重建和经济发展对钢铁的需求发生了显著的变化。二战之前，钢铁主要用于机械、铁路、运输、造船、军工等方面。二战以后，随着汽车工业的发展，住宅、高速公路、港口、机场等基础设施的建设，农业机械化、家用电器的应用推广，石油天然气输送管道的建设以及机械化、自动化技术的推广应用，对性能好、价格低的结构材料和功能材料的需求越来越迫切。由此钢铁制品进入所有的制造业和工程领域，并大量进入居民家庭。与其他材料相比，钢材在质量、性能和性价比上都是最佳的，与其他金属材料相比，铁资源的蕴含量较为丰富，钢铁成了人类社会实现工业化的首选材料，从而成为发展的重点。

二次大战后，在全球范围内，出现了许多高品位的铁矿石供应基地（例如巴西、澳大利亚等），加上远洋运输技术和能力快速增长，使铁矿石的供应趋向国际化，进而为钢铁工业的大发展提供了物质基础，并使铁矿石资源贫乏的国家（例如日本、韩国等）能够依靠科技进步和沿海港口的优势，逐步成为主要产钢国。

20世纪以来世界钢产量的演变见图8[4]。

20世纪中期以来出现的钢铁制造技术创新推动了钢铁工业的大发展，钢铁工业成为世界性的重要产业。由图8可见，20世纪以来世界钢铁工业出现了两次高速增长期。第一次高速增长期，从50年代开始到70年代初，世界钢年产量由2亿吨增至7亿吨。第二次高速增长期，由20世纪末开始，钢产量由2000年的8.43亿吨升至2007年的13.4亿吨，目前仍在持续之中。两次高速增长期都是世界经济增长需求的拉动力和技术进步的推动力的结果，如表1所示。

20世纪以来，2000年的钢产量比1900年增长超过28倍，2008年的钢产量比2000年又超过60%，2009年的经济危机使全球钢产量下降，仍为2000年产量的140%。把20世纪称为钢铁工业大发展的世纪是符合实际情况的。

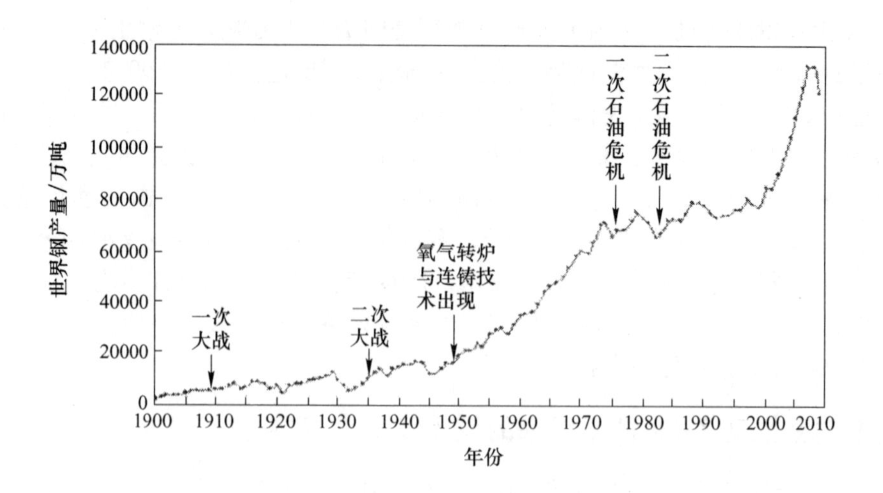

图 8　20 世纪以来世界钢产量的演变

表 1　1950 年以来世界钢铁工业两次高速增长期的拉动力和推动力[4]

阶　段	第一次高速增长期	第二次高速增长期
主体拉动力	美、欧发达国家以及日本、苏联及东欧社会主义国家，二次世界大战后的恢复重建和工业化	发展中国家（主要是中国）及新兴工业国家的工业化和大规模基础设施建设
持续时间	20 世纪 50 年代中期至 1973 年	20 世纪与 21 世纪之交开始，目前仍在持续中
推动力	工业发达国家的自有技术创新	从发达国家引进的技术和装备
涉及人口	7 亿 ~8 亿	约 14 亿
增长速度	约 1900 万吨/年	近 6000 万吨/年

4.1　氧气转炉炼钢技术推动了钢铁工业大发展

20 世纪 40 年代瑞士的 R. 杜勒（Robert Dürer）教授等对氧气转炉炼钢进行了研究，但由于当时的技术限制氧气价格太贵而不能实现工业化。进入 50 年代，制氧工业的进步使氧气机产能大幅提高，氧气成本下降，氧气炼钢的条件趋于成熟。1952 年奥地利的 VOESTALPINE 公司在林茨钢厂成功开发出 30 吨的氧气转炉炼钢法，即 LD（Linz-Donawitz）法，并与瑞士的 BOT 联合以专利方式向全世界推广。

与其他炼钢工艺相比，LD 法热效率高，控制钢含碳量的能力强，冶炼周期短，能够实现设备大型化。此外，使用高纯氧使钢中含［N］量低，废钢使用比例较平炉为低，废钢带入的有害杂质少，提高了钢的质量，从而使氧气转炉炼钢技术在全世界得到迅速发展。第一次钢铁高速增长期，日本、欧洲钢产量的快速增长与氧气转炉的普及密不可分。我国 20 世纪 80 年代以后钢铁工业的崛起，氧气转炉的推广和平炉炼钢的淘汰起了重要作用。

4.2　高炉炼铁的技术创新

二次世界大战以后，高炉大型化的趋势明显，特别在日本与苏联。1959 年日本最大的高炉是户畑1号高炉，内容积为1603m³；1976年日本大分厂内容积为5070m³ 的2号高炉投产，10多年时间内，高炉容积扩大了近3倍。20世纪70年代前期，苏联也在克里沃罗格和切列波维茨建了5000m³ 级高炉。欧洲也以建3000～5000m³ 级高炉来淘汰1000m³ 级高炉。高炉大型化提高了高炉生产水平和劳动生产率并降低了能耗。

高压操作是20世纪40年代出现的高炉炼铁技术创新。首先在美国和苏联应用，以后全世界推广。提高炉顶压力促进了高炉增产，并推进高炉大型化。

20世纪50年代高炉风温一般在600～800℃之间，900℃以上就算是高风温。随着热风炉结构的技术创新和耐火材料的更新换代，20世纪90年代高炉风温水平一般超过了1100℃，相当多的高炉超过了1200℃，这为高炉风口喷吹燃料和降低焦比创造了条件。

高炉风口喷吹燃料是20世纪50年代以后的重要技术创新。最初，从风口喷吹重油来替代焦炭，效果良好。石油危机后，由于油价高涨，为降低炼铁成本，风口喷吹煤粉大发展，并可以做到置换焦炭用量的40%左右。20世纪后期，风口喷吹剂趋向多元化，同时富氧鼓风也得到发展。高炉的生产成本和生产效率不断得到改善。

4.3 炼铁原料准备的技术创新

国际大型富铁矿山的开发和铁矿资源的全球化，促进了炼铁原料品位的提高。选矿工艺技术进步，加工、混匀、整粒技术进步，烧结及球团工艺技术改进，提高了炼铁原料的质量水平。许多地区的高炉根据具体条件，寻找出合理的炉料结构，为高炉强化冶炼提供了物质基础。

焦炭是炼铁高炉的发热剂、还原剂和料柱支撑骨架。焦炭质量对高炉炼铁的生产能力、效率和经济性具有决定性作用。炼焦工艺的技术创新，焦炭质量的提高，对20世纪钢铁工业的大发展发挥了巨大作用。

4.4 钢铁制造工序的解析与集成

第二次世界大战后，全球经济增长对钢铁工业提出新的需求，是世界钢铁工业出现高速增长的拉动力。需求增长促进了技术创新。除了工序本身的技术创新，对钢铁制造工序之间的链接与组成的合理化与优化也出现了创新，结果是提升了钢铁制造流程的效率与产品的质量，其主要表现形式是工序的集成与解析。

工序集成的目的是缩短钢铁制造流程，以提高效率和求较低物耗与能耗。连铸技术的出现是一个典型。连铸技术的实质是炼钢铸锭与初轧机开坯的集成。这一集成的主要成果是钢材成材率大幅提升（平均不低于10%）和能耗降低，同时将万能式大型钢厂转化为专业化钢厂，使钢铁制造流程走向以连铸为中心的格局。

流程工业技术进步的核心是优化流程，并不仅仅是缩短流程。连铸技术属于缩短了制造流程。社会经济增长对钢材产品的质量、品种要求不断提高，单独靠缩短流程不可能予以满足，从而促成了炼钢工艺的解析与分工。第一代钢铁工业的流程是高炉将铁水送到炼钢，炼钢的功能是把铁水炼成钢水并铸成钢锭。炼钢炉的功能是：脱碳、脱硫、脱磷，升温并调整钢水成分，使其达到成品要求。随着钢材质量要求的不断提高，炼钢炉实现功能的难度越来越大。其解决问题的出路是功能的解析与分工。现代化的炼钢工序已解析为：铁水预处理解决脱硫问题→脱磷转炉脱磷并稳定地产出低磷低硫铁水→转炉脱碳升温→二次精炼技术完成脱氧和成分调整，生产出符合连铸工序和成品要求的优质钢水。炼钢工序功能的解析与分工，提高了生产效率，钢水质量和降低了消耗，使钢铁制造工艺流程的优化前进了一大步。

4.5 电炉流程的兴起

长期以来，钢铁产品中金属铁的来源是铁矿石。随着世界钢产量的增长，社会废钢积蓄量增加。进入20世纪下半叶，在美国、意大利和瑞典等国，通过大型超高功率电炉，偏心炉底出钢、强化用氧和喷吹燃料等技术的开发成功和集成，使得电炉炼钢过程由4h缩短到1h左右，由此引起了大型超高功率电炉—钢包精炼炉—连铸机构成的现代电炉炼钢流程，推动了电炉炼钢厂的数量增加。电炉炼钢不用铁水，只使用固态料，主要是废钢。电炉炼钢厂主要生产合金钢，特殊钢和铁合金。电炉钢比例很低，直到20世纪60年代，美国的电炉钢产量比才达到10%，其他国家则更低。随着世界钢产量的增长，社会废钢积蓄量的增加，电炉钢规模增加。20世纪70年代以后，电炉钢由以生产合金钢、特殊钢为主转向生产长材（主要为了使用废钢降低成本）。薄板坯连铸连轧工艺的出现，动因之一就是为了寻找一种以废钢为原料，用电炉工艺低成本生产板材的工艺流程。电炉钢的生产规模主要取决于废钢资源的多少。进入21世纪，欧盟电炉钢产量很大，超过8000万吨/年，占其总钢产量40%以上；美国电炉钢产量超过5000万吨/年，占其总钢产量50%以上；日本电炉钢产量大约3000万吨/年，约占总钢产量的25%～30%。我国近年来电炉钢产量也不少，2010年将超过6000万吨，但占总钢产量的比例只有10%左右。随着中国社会废钢积蓄量的增大，今后电炉钢的比例将上升。从节能降耗出发，今后应尽量扩大废钢的循环利用，电炉钢将会发展，而电炉工艺也将成为第二个钢铁制造的主流工艺流程。

4.6 连续铸钢的技术创新

连续铸钢是钢水凝固技术的重大创新。将原来的钢水铸锭和初轧开坯集成为一个工序，提高了收得率、缩短了加工周期、节约了能源。20世纪40年代连铸技术首先在德国实现工业化，50年代以后取得显著发展。1970年日本大分制铁所建成世界第一座全连铸钢厂。20世纪70年代以来的世界钢铁工业的发展和我国90年代以后钢铁工业的崛起，连铸技术都发挥了重要作用。

连铸不仅有效地取代了原来的模铸、初轧/开坯轧机，而且对钢厂生产过程中上下游工艺、装备乃至钢厂的总平面图、物流系统都发生了重大的、结构性的影响。在工艺技术上，连铸加速了大型碱性平炉的淘汰，加速了初轧/开坯轧机的淘汰；同时，推动了炉外精炼，各类连轧机，以及铸坯热送热装等节能工艺的发展，钢材收得率提高了12%～15%，吨钢能耗大幅度降低，市场竞争力明显提高。与此同时，全连铸钢厂的出现，使得钢铁联合企业的产品结构由原来与初轧/开坯对应的“万能化”生产转变为“专业化”生产，从而推动了大型钢铁联合企业的结构调整。

4.7 薄板坯连铸连轧技术创新

1989年，德国SMS公司开发的薄板坯连铸连轧生产线在美国纽柯（Nucor）公司的克劳福斯维尔（Crowfordsville）厂投产，这是继连铸之后凝固技术又一重大创新。由于该技术具有建设投资省，劳动生产率高，能耗低，生产成本低于常规热连轧机而受到广泛关注。迄今为止，全世界薄板坯连铸连轧总生产能力已超过1亿1千万吨，我国已建成的能力已超过3500万吨/年。薄板坯连铸连轧技术为规模较大的钢厂生产薄板产品，提供了一种新的解决方案。

4.8 连续轧制技术的持续发展

20世纪，连续轧制技术不断地得到了发展，使生产效率、钢材的成材率、钢材的尺寸精度和板型，特别是连轧工艺与控轧控冷技术相结合，使得钢材的质量明显提高，并开发了许多高级的钢材品种。现在热宽带钢轧机的年生产能力已达350万~550万吨/年，薄板坯过薄连轧作业线年产能力达到200万~300万吨/年，高速线材能力已达60万~70万吨/年，棒材连轧机能力已达60万~100万吨/年。最近有些国家在开发薄带铸造。从国际市场需求和条件的多样性出发，今后的发展应是常规热连轧，薄板坯连铸连轧等多工艺并存。

4.9 信息化、自动化等高新技术的应用

设备大型化、连续化、高效化必须依靠信息化和自动化。高新技术为钢铁工业提供了新的检测手段、控制手段和计算机调控系统，使钢厂的生产效率进一步提高，成本降低，钢铁产品的质量大幅度提高，新品种不断涌现，资源、能源消耗逐年降低，劳动生产力空前提高，从而使钢铁在材料工业中的竞争力不断增强。

由计算机技术、网络技术、通讯技术等组成的信息技术，已经在钢铁工业得到较好的应用和开发，不仅已在工艺装置控制、产品质量保证、新产品开发、各类经济、技术管理等方面得到应用，而且将在新一代钢厂全流程控制、能量流控制、环保控制等方面进一步得到开发应用。

5 钢铁生产工艺技术的演变和钢厂的升级换代

回顾18世纪以来的钢铁工业的发展史，是社会经济发展需求拉动的结果，而从技术层面上讲，则是钢铁制造工艺的技术创新史和钢铁制造流程的集成演进史。

作为一个重要的基础产业，钢铁厂的组织形式也经历了一个长期的演化过程。自钢铁冶炼形成一门技艺起，就出现了以冶炼为中心的手工作坊。工业革命后，钢铁制造流程中各工序随着生产规模的扩大，形成不同工序钢铁制造工厂。工业革命带来的技术创新，形成了以液态炼钢工艺为核心，从高炉炼铁→平炉炼钢→模式铸锭→初轧开坯→分品种轧钢→热处理、到成品的钢材制造流程。19世纪末出现了第一代钢铁联合企业。第一代钢铁联合企业各工序之间，除了炼铁与炼钢工序的直接连接，其他工序之间并非连续的，而是间歇的，工序之间靠仓库缓冲。钢材制造过程中经过多次降温和升温。第一代钢铁联合企业大多靠近原料产地建设，产品往往是多品种并存。第二次世界大战后，随着澳洲、南美洲的大富铁矿基地的被发现，以及海运业的发展，使世界铁矿石资源走向国际化，铁矿石资源贫乏的国家也可以发展钢铁工业。氧气转炉炼钢技术和连续铸钢技术的出现，淘汰了模式铸锭和初轧开坯，使炼钢与轧钢工艺

直接连接，而连轧机计算机自动控制的实现，使钢铁制造流程的生产规模大幅度扩大，流程缩短，形成了第二代钢铁联合企业。第二代钢铁联合企业中，一部分是新建的临海钢铁企业，一部分是第一代钢铁联合企业改造、扩建后形成的。年产量 100 万吨以上就可以算得上第一代钢铁联合企业，而第二代钢铁联合企业的规模基本上在年产 500 万吨以上，有的接近 1000 万吨。薄板坯连铸连轧技术的出现，使钢铁厂的流程进一步缩短。第二代钢铁联合企业以连铸工序为核心，使钢铁制造工艺能耗降低，实现高效化，同时使产品走向“专业化”。随着全球工业化的发展，钢铁工业的功能除了生产钢铁产品外还要保护地球环境，从而必须节约能源，减少排放。钢铁企业由以供应钢铁产品为主要功能，向供应市场需求的钢铁产品及副产品、能源转换和消纳社会废弃物以及地球环境友好三项功能转变。目前正处于第二代钢铁企业向新一代（第三代）钢厂演化的初始阶段。

我国钢铁工业由于国情，资源的条件，人口众多，地域辽阔，钢铁工业的规模不可能小，人均年耗粗钢量将在 300 千克/人以上。我国钢铁企业将逐步形成两大类钢厂：区域性钢厂与跨区域钢厂。区域性钢厂以满足区域内的钢铁材料需求，而跨区域钢厂则以生产高技术附加值和全国性需求的钢材为主。由于我国铁矿石对外依赖性高，跨区域钢厂将主要设在沿海沿江地区。这种格局将在 21 世纪前期形成。

当然，在一些后工业化社会的国家，由于大量社会折旧废钢的出现和相对价廉的电能供应，以废钢和直接还原铁为原料的电炉流程（所谓短流程）以其成本低、生产效率高、资源与环境负荷小等优势，而得到发展。

21 世纪钢铁材料仍将是人类社会所使用的主要材料。为适应地球环境与资源能源条件约束，钢铁企业必须依据地域条件的不同，多种形式并存。总体上必须走绿色制造的道路，新一代钢铁企业的形成必须依靠科学技术进步和不断地研究、探索开发，这将是一个更为深刻的演化过程。

6 几点启示

（1）人类社会的发展始终是受经济需求拉动的。

最初是人类为了自身生存和繁衍的需求而不得不进行生产活动，向自然界索取，利用地球的资源。也正由于学会了利用，使用和制造工具，使人类从其他动物中区别开来，最终形成人类社会。人类社会的历史，从总体上看，就是人类为自身生存、发展的需要而谋求经济发展的演变过程。其间，人类对利用、使用和制造工具方式方法的演变，发挥了重大的作用。钢铁作为人类社会所使用的主要材料，参与了这个演变过程。随着人类社会需求的不断增长，对自然界物质运动规律的认识不断加深，钢铁材料制造成为一种技艺。在工业革命的推动下，钢铁制造由手工作坊演变为近代钢铁工业，而钢铁制造技术由技艺演变并优化、集成为钢铁冶金工程，进化为现代钢铁工业。进入 20 世纪，钢铁工业已成为世界上的最重要的产业之一。

从历史过程看，钢铁制造经历了手工业作坊→近代钢铁业→现代钢铁业的演变过程。钢铁工业属于流程制造业。可以认为，传统制造业基本上都经历了钢铁工业相似的发展过程，这个工程是长期的工程演化过程的典型之一。

（2）钢铁工业的演变过程是人类社会发展过程中诸多“选择”过程之一。

首先是人类社会发展需求对制造工具材料的选择，最终把钢铁作为首选材料。其次是对钢铁制造工艺的选择。这个选择过程是漫长而复杂的，包括无数的工艺改进、技术创新和科学实验。选择的结果是构成了钢铁冶金工程和现代钢铁产业。这个“选择”过程仍在进行之中，选择的主体是人类社会的“人”。

（3）工业革命以来的实践表明：人类社会经济发展对钢铁需求的增长是钢铁工业增长的拉动力；技术进步是钢铁工业发展的推动力，而地球资源、能源、环境的约束是钢铁工业发展的限制力。

这一格局，在21世纪内不会改变。见图9。

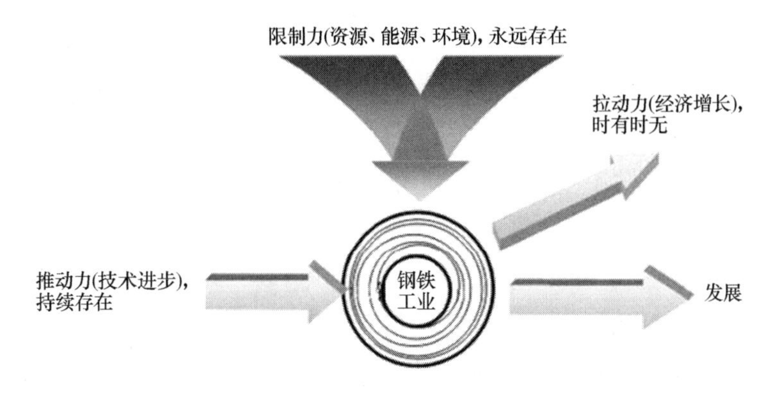

图9　影响钢铁工业发展的三种力量[4]

随着世界钢铁生产规模的扩大，以及自然、社会和谐因素的凸显，限制力将进一步增强。工程是伴随着人类文明的形成过程出现的。而工业的形成则是由工业革命促成的。大多数工业由技艺为核心的手工作坊演变为以技术为核心的工业。技术的形成经历了科学知识的积累、技术创新和无数实验和实践。技术的形成实质上是以人为核心对生产制造方法的选择过程。同样，工程的形成和演化也是以人为核心的选择过程。这是工程演化与生物演化的基本区别之一。

（4）工程的发展是人们为满足人类社会的需要，对利用自然的方式不断进化，对自然规律认识不断深化的过程。

从感性经验积累逐渐提升到利用自然科学理论解释，并进入到可以利用科学理论指导实践的程度。工程的发展体现着人类对自然界不断深化的认识过程，也可以认为是以人为核心的选择过程。这个选择过程的判定标准不是人的主观偏好，而是工程实践的结果。与科学理论探索不同，工程方案不是唯一的，选择的结果是在多方案和比较的基础上生产的。

（5）工程的发展进程往往伴随着人们对客观规律认识不断加深，并螺旋上升的过程。

以炼钢物理化学原理为例，搅钢炉以渣中的FeO为杂质氧化剂，靠外加燃料供热。而空气转炉则是以空气中的氧为杂质氧化剂，以氧化产生的热量供热，不靠外加燃料。空气转炉演化为平炉，氧化剂又回归为渣中的FeO，热量要靠外加燃料，实质是向搅钢炉的原理的回归。氧气转炉则是由平炉向空气转炉原理高一个层次的回归。炼钢工艺的发展过程实质上是一个液态下炼钢工艺流程螺旋上升的过程，见图10。

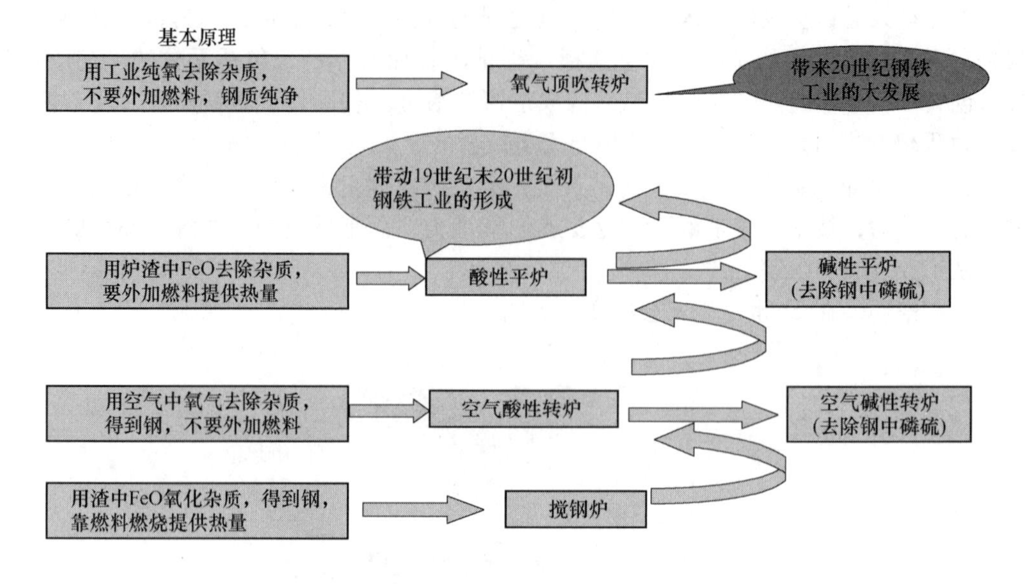

图 10　炼钢工艺的演化过程

（6）技术是形成工程的主要支撑，工程、产业的发展要依靠技术进步。

产业的形成要靠社会经济需求的拉动。没有社会经济发展需求，任何技术都不能形成产业。产业的形成和发展都要靠技术进步的推动。任何一项大的工程都是在工程理念的引导下开展的。工程的成功需要正确的工程理念，而工程理念随着包括技术在内的客观条件的变化而演化。思考工程演化过程将会对工程实践发挥指导作用。

（7）工程是对诸多相关的，异质的、技术的集成和构建。

无论是已有的技术还是新技术，只有在工程的总体集成过程中有效地“嵌入”工程系统中去，才能得到有效应用和发展，并对工程系统的结构调整、产业升级发挥推动作用。有时，工程系统的总体集成需求，也会引导、诱发技术的发明和创新。

参 考 文 献

[1] Richetts J A. A Short Story of Ironmaking[C]. 1998 ICSTI/Ironmaking Conference Proceeding, Toronto: ISS Publication, 1998: 3 ~ 40.

[2] Stoughton B. The Metallurgy of Iron and Steel[M]. 4th ed. New York: McGraw Hill, 1938: 27 ~ 49.

[3] 宋应星. 天工开物：五金第十四[M]. 长沙：岳麓书社，2002：334.

[4] Zhang Shourong, Yin Han. The Trends of Ironmaking Industry and Challenges to Chinese Blast Furnace Ironmaking in the 21st Century[C]. The 5th International Congress on the Science and Technology of Ironmaking, Shanghai, 2009: 1 ~ 13.

中国钢铁工业绿色发展工程科技战略及对策*

摘　要　针对中国钢铁工业绿色发展问题进行研究，在分析绿色发展、循环发展、低碳发展的概念及其相互关系的基础上，提出了钢铁工业绿色发展的科学内涵。基于对当前中国钢铁工业绿色发展的现状和面临挑战的分析，研究预测了未来中国钢铁工业的能源消费总量和污染物排放总量的峰值；提出了2020年钢铁工业绿色发展的目标和钢铁工业发挥三大功能、与其他行业及社会构建生态链接的设想；筛选和凝练出“十三五”钢铁工业绿色发展的三大引领性重大工程、三类关键技术35个和5个示范带动项目；最后提出了中国钢铁工业绿色发展的措施及政策建议。

关键词　中国钢铁工业；绿色发展；峰值；情景分析；工程科技；战略对策

绿色发展源于环境保护领域，是资源承载能力和环境容量约束下的可持续发展[1,2]，是培育新的经济增长点、保护生态环境活动的总和。广义的绿色发展包括存量经济的绿色化改造和发展绿色经济两方面，覆盖了国民经济的空间布局、生产方式、产业结构和消费模式，也是“转方式、调结构”的重要方式。狭义的工业绿色发展包括绿色生产制造过程、产品绿色化、节能减排、清洁生产、企业绿色化等。

循环经济是以“3R”为基本原则，在一定条件下将物质、能量、时间、空间、资金等“五要素”有效地整合在一起。循环经济是有循环成本的、有资金流动增值内涵、利于形成“资源—产品—废弃物—资源再生”的再生循环发展模式，是实现经济效益、社会效益和环境效益协同发展的经济模式[3]。

低碳发展源自气候变化领域，本质是能源与发展战略调整，核心是能源技术创新、碳汇技术的发展和制度创新以降低单位GDP的碳强度，避免温室气体浓度升高影响人类的生存和发展。低碳发展的着眼点是未来几十年的国际竞争力和低碳技术市场，具体体现在能源效率提高、能源结构优化以及消费行为的理性化[4]。

绿色发展、循环发展和低碳发展相辅相成，相互促进，构成一个有机整体。绿色化是发展的新要求和产业的转型主线，循环发展是提高资源效率的途径，低碳发展是能源战略调整的目标。从内涵看，绿色发展更为宽泛，涵盖循环发展和低碳发展的核心内容，循环发展、低碳发展则是绿色发展的重要路径和形式，因此，可以用绿色化来统一表述。

本研究所指的钢铁工业与国际上的概念一致，主要是钢铁生产企业，即主要包括焦炭、球团、烧结、直接还原铁、高炉炼铁、转炉炼钢、电炉炼钢、炉外处理（含铁水预处理与钢水精炼）、连铸、热轧、冷轧、深加工以及配套系统等。不包括铁合金、耐火材料和炭素等。

---

*　本文合作者：张春霞、王海风、殷瑞钰。原发表于《钢铁》，2015(10)：1～7。中华人民共和国工业和信息化部与中国工程院重大咨询项目资助项目（2013-ZD-3）；国家自然科学基金资助项目（51234003）。

1 钢铁工业绿色发展的内涵

钢铁工业是典型的流程制造业[5]。流程制造业往往是指原料经过一系列以改变其物理、化学性质为目的的加工-变性处理，获得具有特定物理、化学性质或特定用途产品的工业。流程制造业有时为突出其物料流在工艺过程中不断进行加工—变性、变形的特点，也可称为流程工业。流程工业的工艺流程中各工序（装置）加工、操作的形式是多样化的，包括了化学的变化、物理的变化等，其作业方式则包括了连续化、准连续化和间歇化等形式[5]。

对钢铁制造流程动态运行的物理本质研究可以清晰地推论出：在未来可持续发展过程中，钢厂的制造流程（特别是高炉-转炉长流程）将主要发挥三大功能（图1）[5,6]，即：钢铁产品制造功能、能源转换功能、废弃物（企业的、社会的）消纳-处理和再资源化功能。

图1　钢厂生产流程功能的演变趋向

钢铁工业绿色发展，指按照循环经济的基本原则，以清洁生产为基础，重点抓好资源高效利用和节能减排，全面实现钢铁产品制造、能源转换、废弃物处理—消纳和再资源化等三大功能、具有低碳特点，能与其他行业和社会实现生态链接，从而实现良好的经济、环境和社会效益的发展模式。

2 钢铁工业绿色发展现状和挑战

2.1 钢铁工业绿色发展现状

自2000年以来，中国粗钢产量快速增加，2014年中国粗钢产量达8.22亿吨，约占世界粗钢产量的49.5%。2012年，中国钢铁工业总能耗约占全国的13.2%，新水消耗约35亿吨，约占全国工业新水量的3%。

（1）钢铁产品制造功能。钢材质量明显改善，基本满足经济发展和产业结构调整的需要；工艺技术装备水平显著提升，主要技术经济指标取得明显进步（表1）[5,7,8]，具有目前世界最现代化、最大型冶金装备，主要工序主体装备的本地化率达90%以上[9]。吨钢新水消耗由2000年的25.24t/t降至2013年的3.5t/t（图2）。

表1　2000～2013年中国钢铁工业技术经济指标变化

年　份	吨钢综合能耗 /t・t⁻¹	高炉喷吹煤粉 /kg・t⁻¹	高炉入炉焦比 /kg・t⁻¹	高炉利用系数 /t・(m³・d)⁻¹	转炉炉龄 /炉	连铸比/%	重点钢铁企业综合成材率/%
2000	0.920	117	437	2.15	3500	86.97	92.48
2001	0.876	122	422	2.34	3526	89.44	94.01
2002	0.815	126	417	2.46	4386	93.03	94.19
2003	0.770	118	430	2.47	4631	96.19	94.92
2004	0.761	116	427	2.52	5218	98.35	94.98
2005	0.741	120	412	2.64	5647	97.51	95.61
2006	0.645	134	397	2.71	6824	98.53	95.45
2007	0.628	136	396	2.74	8558	98.69	95.32
2008	0.627	134	400	2.63	9233	98.85	95.3
2009	0.615	145	374	2.62	9435	99.38	96.08
2010	0.599	149	369	2.59	10427	99.47	96.1
2011	0.600	148	376	2.63	11882	99.39	96.04
2012	0.601	151	363	2.51	11564	99.55	96.21
2013	0.592	149	363	2.46	7363	99.67	96.3

注：2000～2005年电力折算系数为0.404kg(/kW・h)；2006～2013年电力折算系数为0.1229kg/(kW・h)。

（2）能源转换功能。2000年以来，一些节能技术迅速普及，如TRT、CDQ等（图3）[10,11]，煤气高效、高值利用，自发电比例提高，能源中心逐步建设，界面模式优化及与物质流协同运行的能量流网络优化开始得到重视，使吨钢综合能耗不断下降。2012年重点钢铁企业的吨钢综合能耗比2000年下降约27%（表1），缩小了与国际先进水平的差距。

（3）废弃物处理—消纳和再资源化功能。中国重点钢铁企业主要污染物排放强度逐年降低。与2000年相比，2013年吨钢烟粉尘排放量、SO_2排放量和吨钢化学需氧量

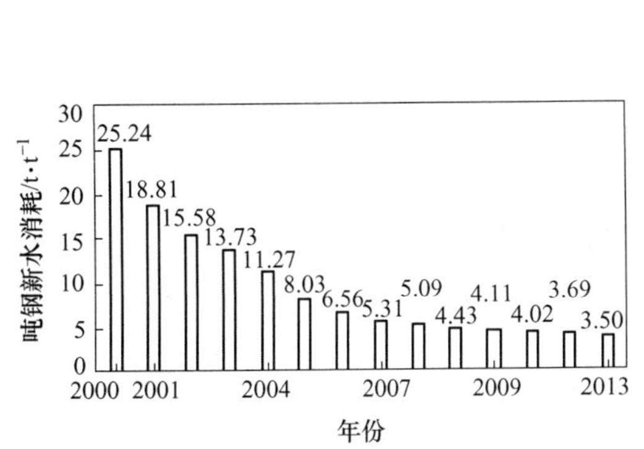

图2　2000～2013年中国重点钢铁企业吨钢新水消耗量的变化

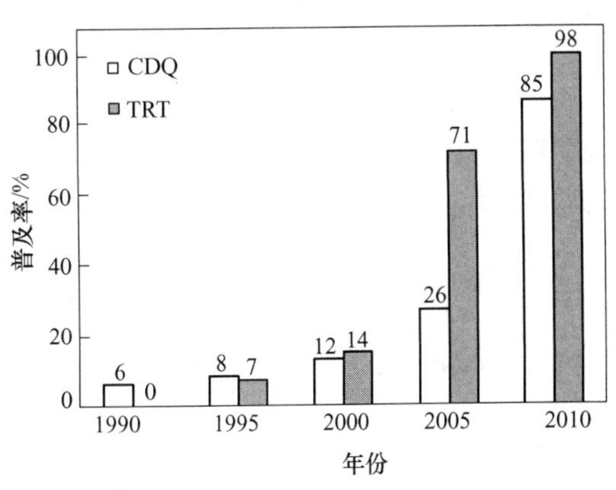

图3　1990～2010年中国钢铁工业CDQ和TRT的普及率变化

排放量分别降低了88.8%、77.3%和96.8%；钢铁工业固体废弃物利用率提高；钢铁行业与石化、化工、建材、电力等其他行业建立起生态链接，部分钢铁企业开始利用城市中水（表2），并利用钢厂低温余热为社区供暖。

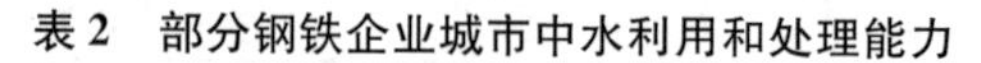

表2 部分钢铁企业城市中水利用和处理能力

钢厂名称	处理能力/t·d^{-1}	钢厂名称	处理能力/t·d^{-1}
唐钢	36000	济钢	7000
太钢	24000	宁钢	39000

2.2 中国钢铁工业绿色发展面临挑战

（1）产业规模大、粗钢产量增速快。虽然吨钢综合能耗逐年下降，但由于粗钢产量增加太快，使得钢铁工业的能源消耗总量和污染物排放总量居高不下。与2000年相比，2012年中国吨钢能耗下降约27%，但是粗钢产量却增加了4.69倍，因此，钢铁工业的总能耗却比2000年增加了2.33倍，CO_2排放总量增加了2.39倍。

（2）钢铁工业绿色发展的自主开发和科技创新能力有待加强。目前中国钢铁企业普遍采用的干熄焦（CDQ）技术、煤调湿（CMC）技术、高炉炉顶余压发电（TRT）技术、燃气蒸汽联合循环发电（CCPP）技术等的原始技术源均来自国外，下一步提高能效的技术需要中国自主开发；多种污染物协同控制技术急待自主开发，如烧结烟气同步除尘、脱硫、脱硝和脱除重金属和二噁英等的协同控制技术等。

（3）钢铁企业间节能减排进展不平衡。一些先进的钢铁企业的装备、工艺技术以及能效等已达到或接近世界先进水平；但一些企业仍有落后装备、工艺技术，这些企业的能耗高、污染重，也严重影响了中国钢铁工业整体水平的提高。同时，由于环保执法不公平等造成企业间的不平等竞争。

（4）钢铁产品净出口量大，资源、能源浪费、环境负荷沉重。2005年起中国成为钢材净出口国，目前是世界最大钢材出口国，大量出口给中国带来巨大的资源、能源消耗和大量的污染排放。以2013年计，中国净出口钢铁产品折合粗钢约4938万吨，相当于多消耗成品铁矿石约7901万吨、多消耗能源约3802万吨、多消耗新水约1.7亿吨、多排放SO_2约6.8万吨，多排放烟粉尘约3.5万吨。

（5）钢厂“环保搬迁”存在误区。钢厂搬迁一般需3~5年，投资巨大，会严重影响老厂的盈利水平；环境方面，大、小城市的居民在环境要求上应是平等的，不能以“搬迁”而转移污染。

3 中国钢铁工业绿色发展峰值预测和2020年的战略目标

3.1 中国钢铁工业绿色发展峰值预测

钢铁工业绿色发展峰值指钢铁工业的能源消耗总量和主要污染物排放总量达到峰值且开始出现下降的点。

本峰值分析有3个前提条件：钢铁行业结构调整和淘汰落后产能的目标实现；环保执法及污染物总量控制落实到位；提高能效和环境污染协同控制的技术支撑到位。

某年的能源消耗总量（或污染物排放总量）计算公式如式（1）所示。

$$某年能源消耗总量(或污染物排放总量) = 某年吨钢能耗(或吨钢污染物排放量) \times 某年粗钢产量 \quad (1)$$

未来中国钢材需求已进入峰值平台区（2014～2018年），随后缓慢下降[12]。

在GDP增速6%～8%和钢材进出口平衡条件下，能源消耗总量出现的峰值基本与钢产量的峰值同步，大约出现在2016年前后；烟粉尘、SO_2、NO_x 和COD等主要污染物排放总量的峰值将出现在2014年左右（图4）。

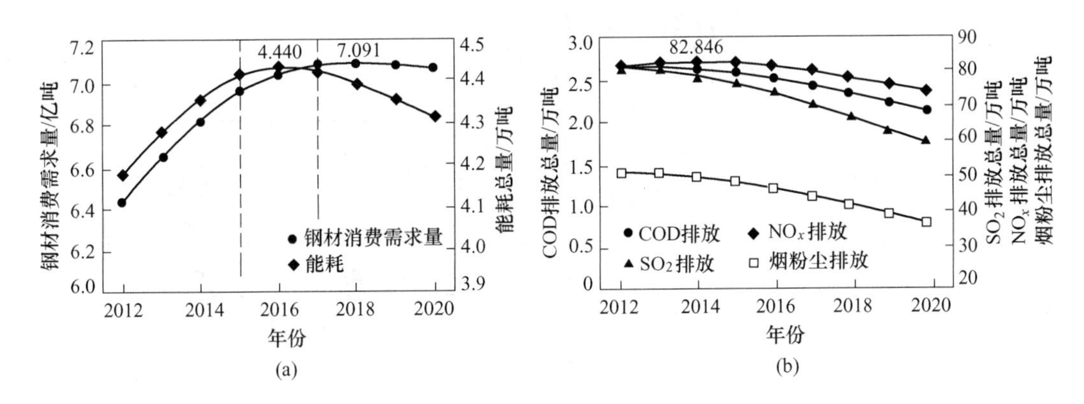

图4　方案1条件下中国钢铁工业能源消耗总量和主要污染物排放总量等峰值分析

（a）钢材消费需求量和能耗总量拐点；（b）主要污染物排放总量拐点

3.2　中国钢铁工业绿色发展战略目标

2020年中国钢铁工业绿色发展战略目标如下：

（1）有效控制钢铁工业的总规模，并使钢铁行业能源消耗总量和主要污染物排放总量得到遏制。

（2）钢铁工业能耗强度和污染物排放强度进一步下降，达到国际先进水平。

（3）形成具有中国自主知识产权的钢铁工业绿色发展的技术支撑体系，促进钢厂具备三大功能并实现动态—有序和连续—紧凑运行。

（4）钢铁工业必须与社会协调发展，钢铁行业与其他行业及社会实施生态链接取得突破（图5）。

（5）绿色钢材质量普遍提高。

为此还提出2020年中国钢铁工业主要量化的能源、环保指标（表3）以及与石化/化工、建材、有色、农业，以及和社会实现深度和规模化链接的设想。

到2020年，钢铁行业与其他行业及社会的生态链接将重点突破如下几个方面：

（1）与化工行业链接。冶金煤气资源化，发展一碳化工，制氢气（湛江炼化一体工程示范）、甲醇、LNG等。

（2）与建材行业链接。利用冶金渣余热直接生产建筑材料，脱硫等副产物的高效利用。

（3）与农业行业链接。冶金渣生产土壤调理剂实现工业示范。

（4）与有色行业链接。初步建立钢厂尘泥提锌、提铅、提钒等流程。

（5）与社会行业链接。利用城市中水及钢厂低温余热给社区供热等。

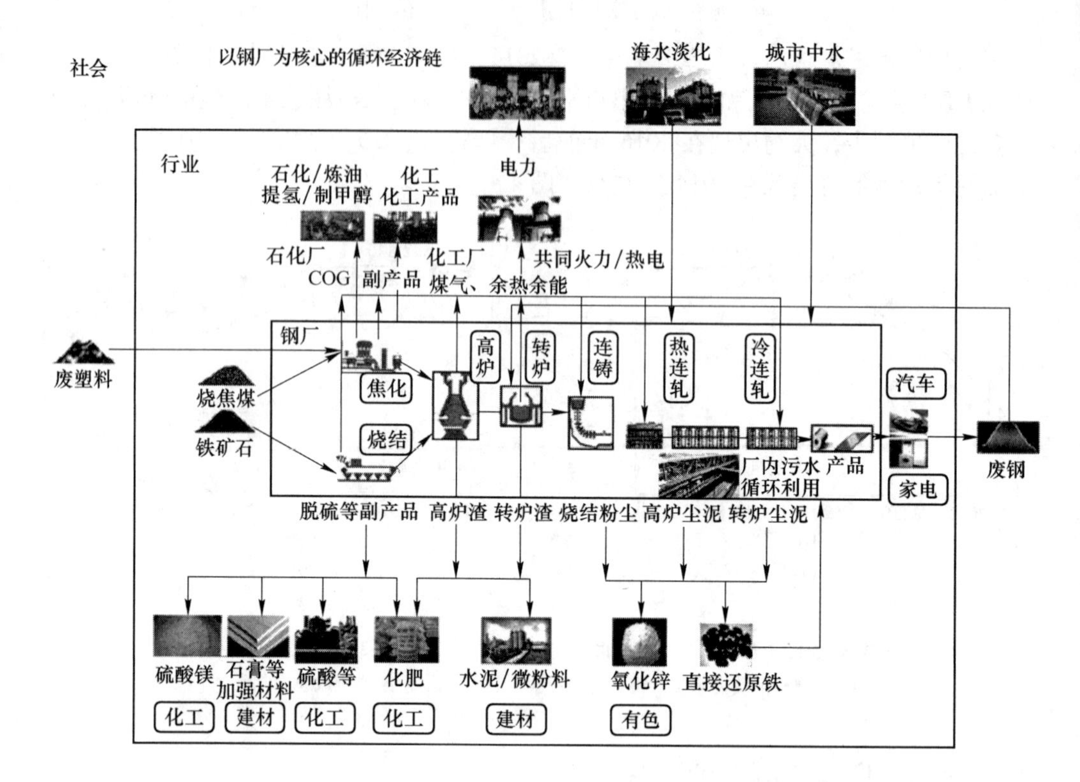

图 5　钢铁与其他行业及社会的生态链接设想

表 3　2020 年中国钢铁工业绿色化发展目标

类　别	项　　目	2020 年目标	
		全行业	重点区域
能　源	吨钢综合能耗/$kg \cdot t^{-1}$	≤580	
	余热资源回收利用率/%	>50	
	吨钢 CO_2 排放量/%	比 2010 年下降 10% ~15%	
资　源	废钢综合单耗/$kg \cdot t^{-1}$	≥220	
	利用城市中水，占企业补充新水量/%	>20（北方缺水地区 >30）	
	冶炼渣综合利用率/%	>98	
	吨钢新水消耗/$m^3 \cdot t^{-1}$	≤3.5	
环　保	吨钢 SO_2 排放/$kg \cdot t^{-1}$	0.8	0.6
	吨钢 NO_x 排放/$kg \cdot t^{-1}$	1	0.8
	吨钢 COD 排放/$kg \cdot t^{-1}$	28	
	吨钢烟粉尘排放/$kg \cdot t^{-1}$	0.5	

注：重点区域主要指京津冀、长三角等地区。

4 实现钢铁工业绿色发展的工程科技战略

在“发展理念创新，产业结构调整，科技创新驱动，政策法规保证”的战略思路指导下，以钢铁制造流程“三大功能”为引导，为促进钢铁产业转型升级、可持续化发展和核心竞争力的提高，提出重点推广、完善后推广和前沿探索三类技术共35个（表4）。在此基础上，凝练出三大引领性重大工程（表5）：节能环保系统集成优化工程；绿色产业生态链接工程；信息化和智能化提升改造工程，并提出了5个示范带动项目。

表4 钢铁工业绿色发展重要关键技术

项 目	钢铁产品制造功能	能源转换功能	废弃物处理—消纳和再资源化功能
重点推广技术	（1）高效率低成本洁净钢生产系统技术（含少渣冶炼）； （2）新一代控轧控冷技术； （3）高炉长寿技术	（1）高温高压干熄焦技术； （2）能源中心及优化调控技术； （3）烧结矿显热回收利用技术； （4）富氧燃烧技术和蓄热式燃烧技术； （5）焦化工序负压蒸馏技术	（1）城市中水和钢厂废水联合再生回用集成技术； （2）煤气干法除尘； （3）封闭料场技术； （4）钢渣高效处理利用技术； （5）冶金煤气集成转化和资源化高效利用技术
完善后推广技术	（1）适应劣质矿粉原料的成块技术优化； （2）经济炼焦配煤技术； （3）绿色耐蚀钢、不锈钢等绿色钢材应用技术； （4）转炉多用废钢新工艺	（1）界面匹配及动态运行技术； （2）烟气除尘和余热回收一体化技术（如烧结、转炉、电炉等）； （3）烧结机节能减排及防漏技术； （4）炼焦煤调湿技术（CMC）； （5）钢厂中、低温余热利用技术	（1）烧结烟气污染物协同控制技术； （2）焦化酚氰废水治理及资源化利用技术； （3）含铁、锌尘集中处理高效利用技术； （4）焦炉烟道气脱硫脱硝技术
前沿探索技术	（1）换热式两段焦炉； （2）高效、清洁的全废钢电炉冶炼新工艺	（1）竖罐式烧结矿显热回收利用技术； （2）钢厂物质流和能量流协同优化技术及能源流网络集成技术； （3）焦炉荒煤气余热回收技术； （4）钢厂利用可再生能源技术	（1）高炉渣和转炉渣余热高效回收和资源化利用技术； （2）高效率、低成本 CO_2 捕集、回收、存储和利用技术； （3）钢铁企业颗粒物的测定技术和排放规律研究

表5 中国钢铁工业绿色发展引领性重大工程和示范带动项目

引领性重大工程	示范带动项目
节能环保系统集成优化工程	烧结烟气净化余热回收高效一体化示范项目； 具有分布式能源特征的绿色、低碳焦化企业示范项目
绿色产业生态链接工程	构建钢厂焦炉煤气制氢与石化行业的循环经济生态链，建设沿海钢铁—石化基地循环经济示范项目（广东湛江东海岛）； 与城市共生钢铁企业示范项目（城市钢厂利用城市中水及钢厂低温余热给社区供热）
信息化、智能化提升改造工程	钢厂物质流和能量流、信息流协同优化示范项目

5 钢铁工业绿色发展的措施及政策建议

为促进钢铁企业的绿色化转型发展，对行业/企业层面提出5项措施建议：增强钢厂社会责任感，加强行业自律和协调；完善企业科技创新体系，用先进的绿色化技术提升改造现有装备；完善并规范钢铁行业及企业能源和环保等方面的监测、统计等基础管理体系；重视从全生命周期提高钢材绿色化使用效率和使用寿命、降低钢材消耗量，实现全社会节能减排；引导和宣传绿色钢材消费模式，加强对各阶层的宣传。

对国家/政府层面提出如下 6 项政策建议：

（1）总量控制。研究以结构调整、产业升级为主线的合理需求和总量控制问题，提出全局性的钢铁工业绿色发展规划；淘汰不符合国家环保排放标准、能源消耗限额标准和产品标准的落后产能、落后工艺、落后产品等。

（2）严格环保执法、建立公平竞争平台。严格执行环保标准和相应法规，公平执法；完善污染物总量控制和排放许可制度：根据各地区的生态环境承载能力，科学制定和分配排放总量，扩大排放权交易市场。

（3）完善绿色发展科技创新体系。对从事行业共性关键技术的研发力量应持续给予资金支持；促进研发成果到产业化、工程化的转化；完善激励机制，促进企业真正成为绿色发展技术创新的主体；协调科技部、发改委、工信部和环保部等部门的力量，重视行业间及与社会生态链接的关键技术开发和示范项目的引导性投入。

（4）内需为主，调整钢材出口政策。不能以出口导向作为化解产能过剩的出路。严格限制高耗能和低附加值产品出口，不鼓励大量中档产品出口；对技术含量高的钢材出口，以动态管理调整出口目录；鼓励加工成高端制成品或机电产品间接出口；鼓励到国外建钢厂，就近生产、销售。

（5）鼓励废钢资源利用。促使社会废钢形成回收—分类—加工配送—利用的完整体系。对符合准入条件的废钢加工配送企业给予增值税即征即退 60% 的减免政策；鼓励资源性产品（废船、废旧汽车、废旧家电等）进口，简化进口管理程序，在零关税基础上，进口废钢的增值税降低到 8% ~10%。

（6）慎重对待钢厂“环保搬迁”。引导社会管理者和钢铁企业管理者接受三个功能的理念，促进钢厂具备三大功能、与社会友好，把环境治理好作为现有钢厂原地生产的首要前提，若不能达标，即减产或关停，通过其他转型使职工得到妥善安置。是否需搬迁、再建新厂，应纳入全国钢铁行业的整体布局中统一考虑，并充分论证、严格审批。

参考文献

[1] 杨朝飞，里杰兰德. 中国绿色经济发展机制和政策创新研究综合报告[M]. 北京：中国环境科学出版社，2012.

[2] 中国环境与发展国际合作委员会. 中国经济发展方式的绿色转型[M]. 北京：中国环境科学出版社，2012.

[3] 殷瑞钰，金涌，张寿荣，等. 流程工业与循环经济[R]. 北京：中国工程院咨询项目报告，2007.

[4] 殷瑞钰. 过程工程与低碳经济[R]. 北京：中国工程院咨询项目报告，2011.

[5] 殷瑞钰. 冶金流程工程学[M]. 2 版. 北京：冶金工业出版社，2009.

[6] 殷瑞钰，张春霞. 钢铁企业功能拓展是实现循环经济的有效途径[J]. 钢铁，2005，40(7)：1.

[7] 中国钢铁工业五十年数字汇编编辑委员会. 中国钢铁工业五十年数字汇编[M]. 北京：冶金工业

出版社，2003.
[8] 中国钢铁工业年鉴编辑委员会．中国钢铁工业年鉴[M]．北京：冶金工业出版社，2014.
[9] 中国金属学会，中国钢铁工业协会．2011～2020年中国钢铁工业科学与技术发展指南[M]．北京：冶金工业出版社，2012.
[10] Zhang Chunxia, Zheng Wenhua, Zhou Jicheng, et al. Development and Application of Energy-saving Technologics cdq and TRT in Chinese Steel Industry[C]. 3rd CSM-VDEh Metallurgical Seminar, Beijing, 2011: 89.
[11] Zhang Chunxia, Zhou Jicheng, Shangguan Fangqin, et al. Progress and Developing Trend of Energy Saving and Emission Reduction for Chinese Steel Industry since the 21st Century[C]. The Iron and Steel Institute of Japan, The 12th Japan-China Symposium on Science and Technology of Iron and Steel, Nogoya, 2010: 101.
[12] 殷瑞钰，张寿荣，干勇，等．黑色金属矿产资源的可持续开发和综合利用[R]．北京：中国工程院咨询项目报告，2014.

中国钢铁企业固体废弃物资源化处理模式和发展方向*

摘　要　论述了中国钢铁企业可持续发展的建设理念和绿色环保的新特点，讨论了钢铁厂从焦化、球团、烧结、炼铁、炼钢和轧钢及配套系统全工序产生的固废产物种类和相关冶金特性，研究不同种类固废产物的处理模式。重点针对工程堆放和外销类固体废弃资源，深入探讨“含有害元素除尘灰处理方式”“危险废弃物处置”和“冶金渣高温转换与余热回收方式”的难题，并围绕这些难题创造性地提出了钢铁企业固废产物大平台处理的总体技术发展路线，希望能为今后中国的钢铁企业固体废弃物实现“零排放”起到促进作用。

关键词　钢铁企业；固体废弃物；再利用；零排放

钢铁工业是国民经济的基础产业，也是高消耗、高排放行业，整个产业链最大排放是钢铁生产过程产生的固体废弃物。2015 年，中国粗钢产量 8.04 亿吨，以每吨钢产生固体废弃物 600～800kg 估算，全年共产生固体废弃物 4.8 亿～6.4 亿吨，主要构成为冶炼过程形成的炉渣、含铁尘泥、烧结脱硫产物等，仅冶金渣就超过 2 亿吨[1]。固体废弃物占用大量的土地资源，污染周边环境，为此，提高钢铁流程固体废弃物资源化高附加值利用是钢铁企业必须解决的重大问题。

近年来，中国先后建成数家先进长流程大型钢铁厂，大幅增强了中国钢铁生产技术综合实力。钢铁厂侧重打造多元化功能，提升“钢铁产品制造”“钢铁生产能源转换”和“钢铁废弃物消纳—处理和资源化”的多平台综合能力[2]。紧紧围绕“节能减排、发展循环经济、建立节约型企业、实现资源再利用、保护生态环境、打造绿色钢铁”的指导方针，努力探索冶金固体废弃物资源化处理的新途径[3]。

本文以年粗钢生产规模 900 万吨的钢铁厂为研究对象，阐述其绿色环保发展特点，分析钢铁生产全流程，包括焦化、球团、烧结、炼铁、炼钢和轧钢及配套系统工序的固废种类和冶金特性。针对不同类型的固体废弃物，重点研究抓好资源高效处理的技术手段与措施，结合生产实践指出包括“有害元素除尘灰处理”“危险废弃物处置”“冶金渣高温转换与余热回收方式”等有待进一步优化解决的问题，并勾勒出打造固体废弃物处理大平台的工作路线。

1　中国钢铁企业绿色发展新特点

中国是全球最大的钢铁生产国和消费国，2016 年中国粗钢产量 8.08 亿吨，占世界粗钢总产量 49.6%。支撑中国大规模钢铁生产的主要是以“高炉、转炉”为主的长流程钢铁企业。中国钢产量中约 90% 采用长流程生产[4]。

近年中国陆续投产了一批先进长流程生产工艺的钢铁厂，包括鞍钢鲅鱼圈钢铁厂、

＊ 本文合作者：张卫东。原发表于《钢铁》，2017(4)。

首钢京唐曹妃甸钢铁厂、宝钢股份湛江钢铁厂等，这些厂在规划建设之初就规避了以往钢铁厂“工程投资高、生产成本高、能耗高、碳排放高”的被动局面，侧重打造“节能减排、可持续发展”的新特点。

2010 年，首钢京唐钢铁联合有限责任公司一期工程竣工，建有 7.63m 大型焦炉、550m^2烧结机、504m^3 球团带式焙烧机、5500m^3 超大型高炉、300t 大型转炉及连铸、冷热轧产线等先进装备。建设期间，坚持以“减量化、再利用、资源化”为原则，加大对余热、余压、余气、废水、含铁物质和固体废弃物的循环利用[5]。投产后，该厂吨钢综合能耗、吨钢耗新水、吨钢粉尘排放量等指标均达到世界一流水平。宝钢股份湛江钢铁基地项目优先考虑减少资源、能源消耗和污染物排放，尽可能在企业内部实现固体废弃物资源化利用，兼顾资源再循环利用，实现了“高效率、低消耗和低排放”[6]。

中国“十三五”期间将继续加快处理钢铁工业大宗固体废弃物的发展步伐，国务院发布的《“十三五”节能减排综合工作方案》中明确了节能减排工作的主要目标和重点任务，并要求钢铁行业把“绿色发展、循环发展、低碳发展、两化融合”作为实施途径，大力发展循环经济，拓宽钢铁生产流程中固体废弃物协同处置渠道[7]。由此，要全面实现中国钢铁工业绿色发展仍面临挑战，固体废弃物再利用和全量处理是需要重点解决的课题。

2 中国钢铁企业固体废弃物资源化处理模式探讨

2.1 固体废弃物产生情况与特性分析

以年粗钢生产规模约 900 万吨的某长流程钢铁厂为研究对象，统计得出伴随钢铁生产各工序年形成固体废弃物约 608.5 万吨，主要为“含铁类固废产物”“含碳类固废产物”和“其他类固废产物”3 类。

2.1.1 含铁类固体废弃物

图 1 和图 2 分别为主要含铁类固体废弃物细分情况和产量分布，合计产生 26 种约

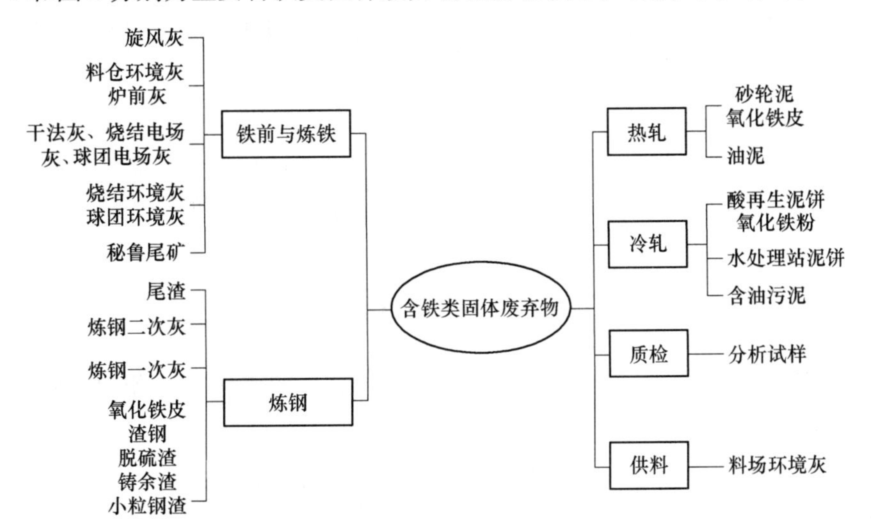

图 1 钢铁生产工序主要含铁类固废细分情况

253万吨，吨钢产生量约280kg。其中，铁前与炼铁工序产生9种，占总质量的29.8%；炼钢工序产生8种，占总重的58.5%、轧钢和其他工序产生9种，占总质量的11.7%。

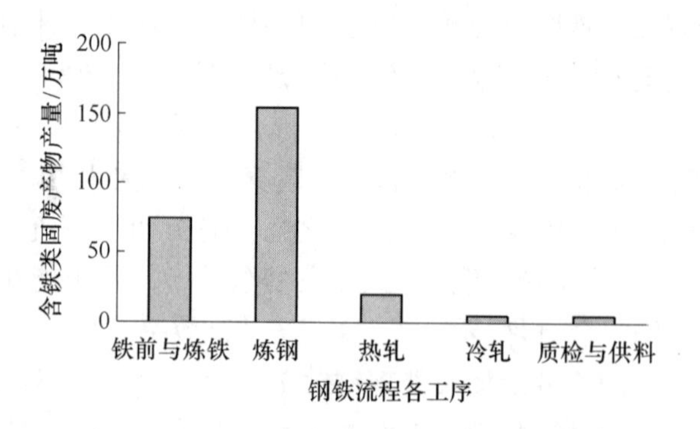

图2　钢铁生产工序含铁类固废产物年产量分布

三种含铁类固废产主要化学成分见表1，产物含较高铁锰等元素，利用价值很大。

表1　三种含铁类固体废弃物主要化学成分　　（%）

种　类	TFe	Fe_2O_3	FeO	SiO_2	Al_2O_3	CaO	MgO	MnO
旋风灰	54.62	66.45	10.42	4.91	3.21	1.74	0.32	0.12
烧结除尘灰	47.6	64.89	2.8	6.35	2.9	14.2	3.05	0.23
转炉脱磷钢渣	13.64	3.83	12.52	15.25	3.55	39.66	3.02	6.08
种　类	TiO_2	K_2O	Na_2O	PbO	ZnO	Cl	P_2O_5	其他
旋风灰	0.08	0.15	0.16	0.02	0.31	0.59	0.05	11.46
烧结除尘灰	0.09	0.3	0.06	0	0.03	0.28	0.06	4.74
转炉脱磷钢渣	2.03	0.36	0.30	—	0.014	—	6.85	5.65

2.1.2　含碳类固体废弃物

图3为各工序含碳类固体废弃物细分情况，包括筛下焦末、焦化环境灰、生化污泥和焦油渣。

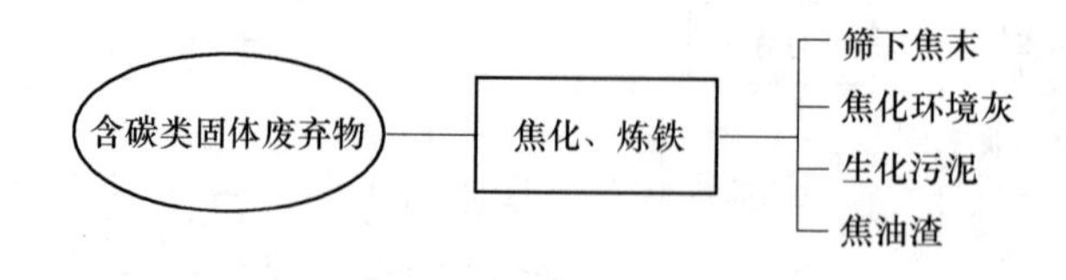

图3　钢铁生产工序主要含碳类固体废弃物细分情况

表2是各种含碳类固体废弃物年产生量，总计约55.5万吨，相当于吨钢产生量65kg，筛下焦末占比达87.5%，主要作为烧结燃料使用。

表2　钢铁生产工序含碳类固体废弃物年产生量　　（万吨）

种　类	焦化环境灰	生化污泥	焦油渣	筛下焦末
产生量	5.7	0.8	0.4	48.6

典型含碳类固体废弃物主要化学成分见表3，碳质量分数较高，适合回收利用。

表3　典型含碳类固废产物主要化学成分　（%）

来　源	取样点	C_d（固定碳）	A_d（灰分）	V_{daf}（挥发分）	St,d（硫）
煤料场	C7	49.39	16.32	34.29	0.77
	C8	81.48	13.91	4.61	0.82
	C9	67.28	11.78	20.94	0.72
焦　化	粉碎除尘	65.68	7.87	26.45	0.81
	预粉碎除尘	64.39	8.58	27.03	0.73
	焦侧除尘	86.55	12.45	1	0.87
	C104除尘	86.25	12.7	1.05	0.78
	干熄除尘	84.98	13.68	1.34	0.81
	干熄本体	87.77	11.19	1.04	0.72

2.1.3　其他类固体废弃物

其他类固废年产生量约300万吨，主要包括：炼铁工序产生的脱硫灰、高炉渣，配套电厂产生的粉煤灰及炉渣，废弃耐火砖和冷轧工序锌渣等，其中高炉渣占比约90%，目前水淬高炉渣细磨成超细粉用于建筑工程。

2.2　固体废弃物资源化再利用实践

钢厂是生态工业链中重要的一环，而固体废弃物再利用是钢铁厂重新获取资源的重要渠道之一[8]。钢厂结合自身技术工艺特性，选择经济合理的再利用策略，确定内部循环使用路径。对于暂时不能处理的固体废弃物采用工程堆存或外销的处理模式。

2.2.1　钢铁流程内部循环使用

图4为主流程清洁生产内循环设计路径，综合考虑各种固体废弃物的冶金性能、产生量与炼铁—炼钢工序相匹配等因素，尽量利用不同过程的排放物、废弃物和剩余能量进行过程间体系设计。

含铁类固体废弃物中，约有133.5万吨在钢厂内循环使用，占总产生量的52.9%，具体如下：

（1）铁前和炼铁工序：矿料场、球团料场、厂际间转运站和高炉产生的除尘灰由吸排车运送到矿料场，配入混匀矿使用。烧结厂内部除尘灰由管道输送进入烧结灰仓搭配使用，球团环境灰进入球团灰仓自循环使用。

各类粉尘灰耗用是处理难点，2011年韩国浦项钢铁公司粉尘排放量为0.11kg/t钢，同期中国重点企业达0.99kg/t钢[9]，差异明显。为此在粉尘灰产出量高的铁前和炼铁工序大量增加小仓，把厂内产生量多而且种类各异的灰尘配入钢铁流程中使用。

（2）炼钢工序：炼钢一次灰应用于冷固球团造球后供炼钢使用，炼钢产生的氧化铁皮、脱硫渣进入混匀矿或炼钢回用，渣钢和铸余钢作为废钢回用，小粒钢渣配入混匀矿使用。

（3）轧钢工序：热轧氧化铁皮运到矿料场配入混匀矿，用于烧结。热轧油泥干燥

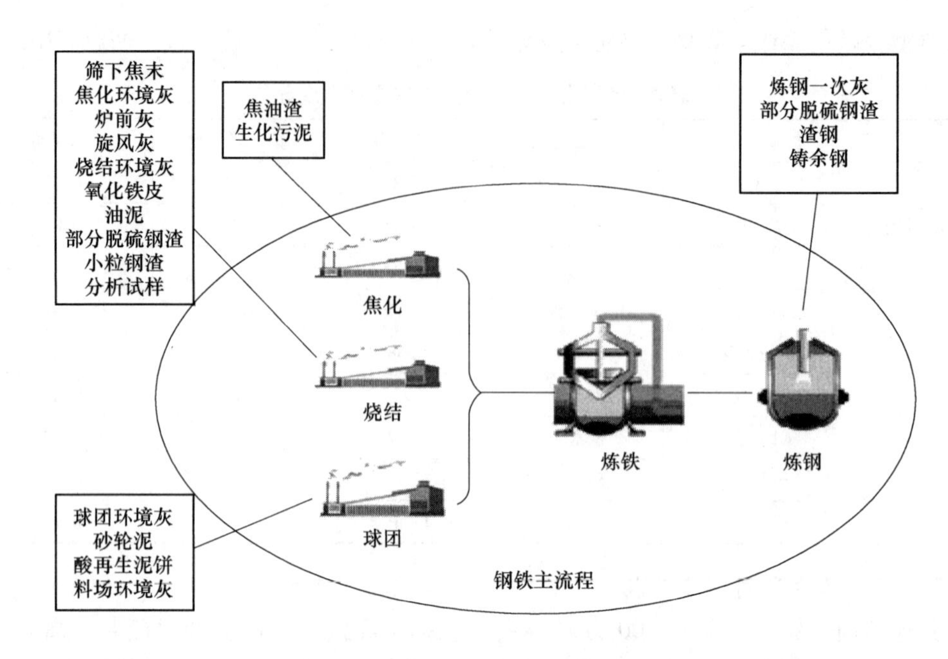

图 4　钢铁主流程清洁生产内循环路径

后铁含量 50% ~60% 且粒度较细，供球团使用。冷轧酸再生泥饼直接在球团配用。

含碳类固体废弃物已实现钢厂 100% 内部循环。筛下焦末供烧结使用，焦化环境灰、焦化生化池的焦油渣和焦化生化污泥配入型煤，实现了无害化回用。

2.2.2　工程堆存或外销

针对目前不能处理的固体废弃物，钢厂采用工程堆存或外销的处理方式。每年约有 92 万吨炼钢渣闷渣提取渣钢后的尾渣需要堆存，成为钢厂急需解决的难题。

其他类固废产物基本采用外销方式，包括高炉渣、冷轧的氧化铁粉等。每年约有 27 万吨的含铁类固体废弃物外销。

3　固废资源化利用存在问题的探讨

3.1　含有害元素的除尘灰处理方式

钢厂每年产生含钾、钠、锌等有害元素的固体废弃物约 8.5 万吨，表 4 是两种典型产物的检测成分。

表 4　两种含有害元素固废产物的主要成分　(%)

种　类	TFe	Fe_2O_3	FeO	SiO_2	Al_2O_3	CaO	MgO	MnO
干法灰	35.61	37.97	11.61	2.26	1.51	0.94	0.22	0.07
烧结电场除尘灰	18.17	23.77	1.97	1.12	0.55	3.77	0.44	—
种　类	TiO_2	K_2O	Na_2O	PbO	ZnO	Cl	P_2O_5	其他
干法灰	0.04	0.65	0.59	0.48	2.65	2.9	0.03	38.09
烧结电场除尘灰	0	25.87	3.6	1.45	0.22	22.06	0.02	15.15

含钾、钠、锌、铅等有害元素的固体废弃物在高炉中循环富集对生产危害极大，

造成高炉悬料、结瘤、炉况不顺等恶劣影响。实践证明，含锌超过 2.0% 以上的除尘灰循环利用会明显增加高炉的锌负荷，影响高炉稳定生产[10]。部分企业为了控制锌负荷而配置转底炉生产线来处理含锌尘泥，但是处理费用高，有必要探寻更优更经济的处理方法。

3.2 危险废弃物处置方式

钢厂每年产生约 5000t 的含油垃圾、含油污泥等危险废弃产物，其处理费用贵。中国危险废弃物处理处在初级阶段，处理能力存在较大缺口[11]。为降低钢厂处理成本，结合钢厂危险废弃物产量大的特点，建议在政府相关部门指导监管下由钢铁厂设立集中危险废物处置加工中心。这样，既能满足钢厂内部危险废物处置要求，又能完成对周边园区和社会的危险废物集中处置，扩充钢厂的城市垃圾处理功能。钢厂应积极争取国家政策支撑和相关措施鼓励，参与城市垃圾处理工作。

3.3 冶金渣高温转换与余热利用方式

炼铁和炼钢工序产生大量的高温渣，包括高炉渣、脱硫渣、脱碳渣、精炼渣等。这些渣冶金性质不同，均采用水冷处理，消耗了大量的水资源，还造成热能浪费。以高炉渣为例，2015 年全国高炉炉渣产量约 2.51 亿吨，其热量可折算为 1367 万吨标煤，再利用潜力巨大[12]。以冶金渣高温转换与余热利用为标志的新型处理方法将是固体废弃物节能的重要发展方向之一。

4 建设钢铁厂固废产物处理大平台的思考

钢厂的固体废弃物种类繁多、特性各异、产生量差异很大。固废集中管理和新技术的研发创新是实现固废资源化高效利用的有效手段。有鉴于此，提出了搭建钢铁企业固废处理大平台的构想，如图 5 所示。

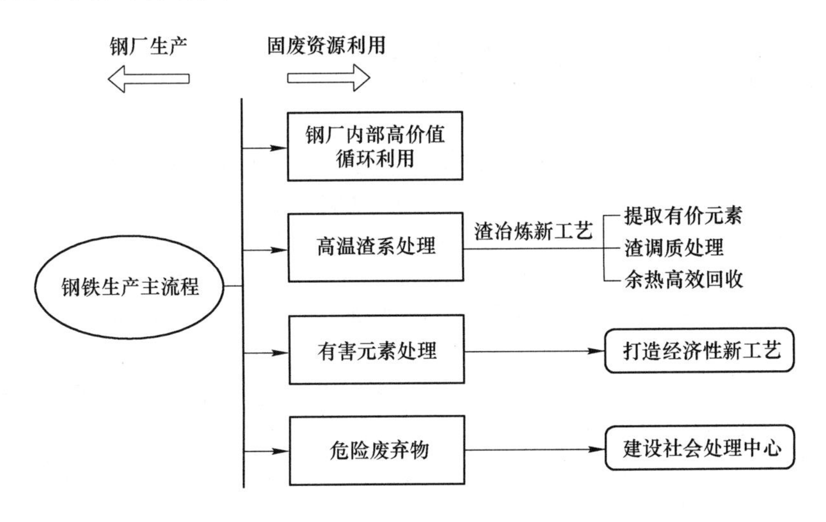

图 5　钢铁厂固废资源化处理工作路线图

钢铁厂固废处理向四个方向开展工作，分别是：

（1）持续推进钢铁厂内部固体废弃物高价值循环再利用，通过优化物料走向和技术研发等多种措施，提高产物的自消纳率。

（2）充分利用高温渣系中富含有价元素和热能的特点，开发新型的“渣冶炼”工艺技术，对高温渣中金属 Fe、P 和 Mn 等元素进行提取，通过渣系调质生产高附加值产品。

（3）针对含钾、钠、锌、铅等有害元素的灰类产物，需进行系统的基础研究，研发经济性新工艺以替代投资运行成本高的转底炉工艺。

（4）危险废弃产物属于钢铁厂固废处理的薄弱环节，通过建设钢厂处置中心，既处理钢厂内部的危险固废，又兼容社会垃圾的处置功能。

通过以上固体废弃物综合处置路线，实现环境治理和资源综合利用相结合，打造“零排放”的钢铁厂。

5 结语

（1）中国钢铁企业的发展，在提升企业核心竞争力的同时，形成了“节能减排、可持续发展”的新特点，正逐步成为清洁生产、绿色制造的实践者。

（2）通过分析钢铁生产流程固体废弃物的冶金特性，结合钢铁厂各工序的工艺特点，采用科学和经济的固体废弃物处理策略，将钢厂多种固废进行最大化消纳，重新获取资源再利用。

（3）从清洁生产的角度出发，应集中打造固废资源利用大平台，加强基础研发，解决固废产物处置难题，使钢铁厂成为环境友好的生态工业中的重要组成部分。

参 考 文 献

[1] 于先坤，杨洪，华绍广．冶金固废资源化利用现状及法制[J]．金属矿山，2015，464(2)：177.

[2] 殷瑞钰．钢厂模式与工业生态链——钢铁工业的未来发展模式[J]．中国冶金，2003，73(12)：18.

[3] 张寿荣．钢铁工业与技术创新[J]．中国冶金，2005，15(5)：1.

[4] 柳克勋，王林森．长流程钢铁企业发展循环经济的模式[J]．再生资源与循环经济，2009，2(7)：1.

[5] 张福明，钱世崇，殷瑞钰．钢铁厂流程结构优化与高炉大型化[J]．钢铁，2012，47(7)：1.

[6] 宝钢集团．宝钢2013年社会责任报告[R]．上海，2013.

[7] 国务院办公厅．关于印发“十三五”节能减排综合工作方案的通知[EB/OL]．http://www.gov.cn/zhengce/content/2017-01/05/content_5156789.htm，2017-01-05.

[8] 殷瑞钰，金涌，张寿荣，等．流程工业与循环经济[R]．北京：中国工程院咨询项目报告，2007.

[9] 李小玲，孙文强，蔡九菊．典型钢铁企业物能消耗与烟粉尘排放分析[J]．东北大学学报（自然科学版），2016，37(3)：352.

[10] 祁成林，张建良，林重春，等．有害元素对高炉炉缸侧壁碳砖的侵蚀[J]．北京科技大学学报，2011，33(4)：492.

[11] 贺艳妮，方文杰．探析危险固废处置和管理[J]．环保科技，2016，27(3)：252.

[12] 张寿荣，姜曦．中国大型高炉生产现状分析及展望[J]．钢铁，2017，52(2)：1.

Matching the Large-scale Modern Units

Abstract Because of the existing facilities of Wuhan Iron and Steel Co. were built in the end of 1950' s and the beginning of 1960' s, many difficulties were encountered after the start-up of the new 1700mm rolling mills. The steel produced by open-hearths as well as the utility could not meet the quality reqirements of new 1700mm rolling mills. Since 1980, measures were taken to modify the existing facilities and some installations aiming at improving the quality of raw materials. At the same time, improvements of management and training of productive personnel were carried out. After six years, the 1700mm rolling mills reached and surpassed the designed levels of productivity and the quality of the finished products could match with the imported steel products of developed nations. This paper describes the progress of mastering the large-scale modern 1700mm rolling mills in WISCO.

1 Introduction

Wuhan Iron and Steel Corporation is the first integrated iron and steel works built after the founding of People' s Republic of China. Its designed capacity was 3 million tons of crude steel and its construction was divided into two stages. The first stage consisted of two blast furnaces each with an inner volume of 1386m^3, four coke batteries, four strands of sintering machines, six open hearth furnaces, one set of blooming and slabbing mill, one heavy section mill and one heavy-medium plate mill. In spite of the ground breaking took place in 1956 and the No. 1 blast furnace was blown in on September 13th, 1958 the completion of first stage lasted to the middle of 1966. After 1969 two blast furnaces, two open hearth furnaces, two sintering plants and two coke batteries were constructed. The main production facilities in 1976 are shown in Table 1.

Table 1 The main production facilities of WISCO in 1976

Item		Specification	Year of commissioning
Coke batteries	No. 1	65 ovens (21.6m^3 each, height 4.3m, width 0.407m)	1958
	No. 2	65 ovens (21.6m^3 each, height 4.3m, width 0.407m)	1958
	No. 3	65 ovens (21.6m^3 each, height 4.3m, width 0.407m)	1959
	No. 4	65 ovens (21.6m^3 each, height 4.3m, width 0.407m)	1960
	No. 5	65 ovens (21.6m^3 each, height 4.3m, width 0.407m)	1960
	No. 6	65 ovens (21.6m^3 each, height 4.3m, width 0.407m)	1977

Continued 1

Item		Specification	Year of commissioning
No. 1 sintering plant		$75m^2 \times 4$	1959
No. 2 pelletizing plant		$135m^2 \times 2$	1970
No. 3 sintering plant		$90m^2 \times 4$	1973
Blast furnace	No. 1	$1386m^2$	1958
	No. 2	$1436m^2$	1959
	No. 3	$1513m^2$	1969
	No. 4	$2516m^2$	1970
Open hearth	No. 1	250t	1959
	No. 2	250t	1959
	No. 3	500t	1959
	No. 4	500t	1960
	No. 5	500t	1960
	No. 6	500t	1960
	No. 7	500t	1969
	No. 8	500t	1973
Blooming and slabbing mill		1150mm	1960
Heavy section mill		800/760/650mm	1963
Heavy-medium plate mill		2800mm	1966

In Table 1, it is obvious that the main production facilities could not match each other, the iron-making capacity was larger than steel-making and the capacity of steel-making was much higher than steel-rolling. As a result of the unbalance the finished products of WISCO were limited within the range of sections and medium-heavy plates and semi-finished products such as pig iron and billet were sold in domestic market. Because the main production facilities were equipped with the technology of fifties or early sixties, the steel products were not fine qualified as compared to the products of advanced nations. In order to meet the domestic demands for steel products of high quality, especially thin gauged flat products the Chinese Government decided to introduce modern large-scale strip rolling mills to increase the share of flat product in domestic steel production. WISCO was taken as the choice of site of installation of the new rolling mills. The decision was based on the following considerations:

(1) Geographical convenience. Wuhan is in the middle of China, both railway and Yangtze River pass through Wuhan city.

(2) It is more economical to install the rolling mills in an existing steel works like WISCO than construct at a green land.

(3) Insufficiency of rolling capacity of WISCO.

The new rolling mills were composed of one hot strip mill, one cold rolling mill and one silicon sheet plant which were called as 1700mm rolling mill system at that time. The construction of 1700mm rolling mill system started at 1976 and the commissioning began at 1979, since then WISCO entered into a new era of production.

2 Difficulties Encountered

The 1700mm rolling mill system differs from the original facilities built before 1970' s in three aspects: higher productivity, higher precision of products and higher level of automation. The main features of 1700mm rolling mills are shown in Table 2.

Table 2 Main features of 1700mm rolling mills

Item	Characteristics	Main products	Designed capacity/t
Hot rolling mill	Barrel length 1700mm, 3/4 roughing, 7 stand tandem finishing, speed of exist 23m/s, thickness of products 1.2 ~ 12.7mm	Carbon steel, low alloy steel, silicon steel, coil, plate, strip	3010000
Cold rolling mill	Barrel length 1700mm, Pickling line 240m/min, 5 stand tandem mill 1800m/min, thickness of products 0.23 ~ 3.0mm hot-dip galvanizing line 150m/min, tinning line 300m/min	Plain carbon steel, deep-drawing steel, galvanized sheet, tin plate	1000000
Sicicon sheet mill	Two sets of Zemzimir rolling mills, pickling line, annealing tines, batch annealing furnaces	Oriented and non-oriented silicon sheet	70000

The No. 2 Steelmaking Plant consisting of three top-blown oxygen converters and three strand continuous casters supplied by Concast was built simultaneously with 1700mm rolling mills in order to increase the steelmaking capacity of WISCO to an annual tonnage of 4 million tons.

As compared to original facilities the significant features of 1700mm rolling mill system (three "Hs") demand a high quality of steel. That means the steel supplied to 1700mm rolling mills must have a higher cleanliness, i. e. the sulfur, phosphorus, hydrogen, nitrogen and non-metallic inclusions in steel should be as low as possible and a relatively lower carbon content. The original upstream plants could not match this requirement, because the iron ores contained higher sulfur and fluctuated vigorously in iron content, so that the blast furnaces could not produce low sulfur, low silicon hot metal and it was very difficult for the conventional open hearths to smelt low carbon steel. Besides, there were difficulties in enviromental factors, such as the water quality, gas quality and the quality of power supply could not meet the requirement of new rolling mill system. These unfitnesses brought about many troubles to the 1700mm system.

Modern technology needs modern management, otherwise the advanced technology could not reveal progressiveness. The management style of WISCO at the beginning of 80' s was principally based on the experience of sixties and could not meet the requirement of new rolling mills. This unfitness had been a barrier in the way to mastering the modern technology. At the same time, the technical level of personnel both workers and staffs owing to the unfamilarity had become one of the unfitnesses in the early eighties.

Facing the difficulties mentioned above what was WISCO' s choice? There were two possible selections: The first choice was to give up endeavour and retreat to the technical level of existing plants and the second choice was to reconstruct the existing plants to fit the modern large-scale units. WISCO selected the later and strive forward against difficulties.

3 Modifications and Revampings of Existing Facilities

In the early 80' s, the unfitness of existing facilities with the 1700mm rolling mill system had brought about a few problems in steel quality and grade, as well as in steel quantity. Accordingly, emphasis was laid on the modifications and revampings of existing facilities. During the "Sixth Five-Year Plan" period more than 90 items of advanced and suitable technology were adopted in the main production line, i. e. in ore dressing, sintering, coking, ironmaking, steelmaking, and rolling process, and made remarkable progress.

3.1 The improvement of ore dressing process

3.1.1 Decreasing the sulfur content of concentrates

Daye ores exploited in the late 1970' s contained pyrite(FeS) which is bonded with magnetite, leading to a high sulfur content of concentrates. For example, in 1978 the sulfur content of Daye ores concentrates varied from 0.7% to 1.08%. Because of the completion of intensified magnetic separation in 1980, the sulfur content of concentrates dramatically dropped to 0.28% ~ 0.40%. Later, a regrinding and reseparating process was put into operation which caused a further decrease of sulfur content of concentrates by 0.1% ~0.3%. As a result, the sulfur input of blast furnace burden was reduced from 6 ~9kg/t in the 1970' s to about 5kg/t in 1980' s.

3.1.2 Increasing the iron content of concentrates

According to the original design the ore dressing process for nonmagnetic iron ores in Daye Mine was a floatation process which produced a mixed concentrate with 50% ~52% Fe content. This kind of concentrate could not meet the demand of sintering, because of its low permeability and high gaugue material. During 1981 ~1984 the floatation process was improved by adding high-intensified separator, consequently, the mixed concentrates were classified into over 63% and low-iron concentrate with 40% ~46% Fe. This improvement resulted in an increase of comprehensive iron content of concentrates by 3%, corresponding to a reduction of ore tailing transportation by 70000 ~ 100000 tons per year.

3.2 The development of water transportation and extension of ore stockyard

Before 1978, the ore stockyard along the Yangtze River bank was used only for the storage of iron ores and was equipped with only railroad loading and unloading devices. During 1978 ~ 1985, five wharves (No. 3 to No. 7) for discharging of coal, flux and imported ores were constructed. In the years 1985 ~1986, other two wharves built for the transportation of slabs from Baoshan Iron and Steel Works were completed. These modifications made it easy to reach a total water transportation capacity of 5.32 million tons in 1986.

In order to improve the quality of iron bearing materials, stocker and reclaimer for blending ore fines and vibrating screens for sieving lump ores were installed at ore stockyard in 1980. Since then, ore fines less than 8mm transported from the ore stockyard reduced by 5% ~7% and the fluctuation of iron contents of ore fines were cut down by 1.0% ~6.5% (see Table 3).

Table 3 Results of sieving and blending of ores

Ores	Before screening		After screening		Max. difference of Fe content	
	size/mm	rate/%	size/mm	rate/%	before screen/%	after screen/%
Australian	<6	10	<5	5	5.58	4.59
Hainan	<10	12	<10	6	10.05	8.93
Mixed domestic	<10	15	<10	8	17.22	10.78

3.3 The modification of sintering plant

3.3.1 The improvements of cooling system in No. 1 sintering shop

Sinter cooling in No. 1 sintering shop was a severe problem during 1959 ~ 1978. In that period, sinter was cooled by spraying water onto product belts which brought about the following defects:

(1) Sinter fines minus 5mm usually amounted to 20% or more.

(2) Dust content of ambient air at the shop exceeded the national standard by several times.

(3) Product conveyer belt had a short service life (not more than 20 days).

From 1978 to 1980 some technological improvements were carried out:

(1) Replacing low-efficiency cooling disks by cooling strands.

(2) Controlling the upper limit of sinter size by crushing over-sized sinter chunk.

(3) Installing hot-vibrating screens to sieve out fines from sinter product.

(4) Adding electro-precipitators to cut down the dust released from the shop to the atmosphere.

Owing to these measures, sinter fine minus 5mm reduced by approximately 1%, the belt service life prolonged and environmental condition at the shop significantly improved.

3.3.2 The installation of hearth-layer system in No. 3 sintering shop

In October 1984, the hearth-layer system was installed on two sets of sintering machine in No. 3 Sinter Shop and was put into production, in this system sinter chunk over 50mm after cooling is cracked with double toothed-roll crushers. The fraction of 20 ~ 50mm sinter is transported to secondary screen station where the 10 ~ 20mm fraction is selected and used as the hearth-layer feeding.

Practice showed that the hearth-layer system played a significant role in improving sinter size composition. As shown in Table 4, 10 ~ 40mm sinter increaced by about 6%, the fines minus 5mm reduced by 2%, its mean size raised by nearly 2mm. Mineralogical examinations proved that calcium ferrite with good crystallinity existed in the sinter matrix which give the sinter higher strength.

As the hearth-layer sizing sinter was used on No. 3 BF and No. 4 BF, the blast furnace performance was remarkably improved. For instance, the daily production of No. 3 BF increaced by 143.2 tons (5.5%) and coke rate decreased by 7.3kg/t.

Table 4 The Effect of hearth-layer sizing on sinter size composition and strength

Period	Condition	Size composition/%					Mean size/mm	Screening index <5mm/%
		>40mm	40 ~ 25mm	25 ~ 10mm	10 ~ 5mm	<5mm		
Jan. ~ Oct. 1984	Without hearth-layer sizing	5.00	6.86	40.77	37.61	8.82	15.02	6.5
1985	After hearth-layer sizing	8.74	8.43	45.77	30.35	6.69	16.97	4.1

3.3.3 The production of high basicity sinter

Before 1980, self-fluxed sinter with basicity 1.2 ~ 1.3 was produced as typical. Because the sinter had low strength and high percentage of fines, the permeability of blast furnace burden was very poor, which led to unsmooth and unefficient furnace performance.

Based on laboratory research work, it is necessary to raise sinter basicity from 1.2 ~ 1.3 to 1.5 ~ 1.7 or higher so as to improve sinter strength and size composition. In 1980, commercial experiments on high basicity sinter was carried out in No. 1 sintering shop. Experimental results showed that the tumbler index was raised by 3% ~4%, sinter fines minus 5mm was reduced by 1% ~4%, and the fraction below 10mm was cut down by 5% ~7%. As for blast furnace operation, desirable results were also obtained. Daily production for the different blast furnaces increased by 8.9% ~ 11.6% and corrected fuel rate reduced by about 15kg/t. Since then, the blast furnace burden in WISCO has been composed of nearly 80% high basicity sinter and 20% lump ores.

3.4 The revamping of coke oven batteries

As shown in Table 1, five coke batteries (No. 1 to No. 5) were in operation before 1977. Because these five batteries suffered from maloperation in the period 1967 to 1976 and had to be overhauled. From 1978 revamping of coke batteries was implemented with technical modifications in oven configuration, oven-heating system, mechanization and automation and pollution control. As a result of improvement of coke oven batteries, coke quality has been kept at a better level since 1978 (see Table 5).

Table 5 Coke quality during 1978 ~ 1987

Year	Ash/%	S/%	M_{40}/%	M_{10}/%
1978	13.05	0.71	78.10	7.30
1979	13.20	0.67	78.55	7.10
1980	12.80	0.66	79.17	6.71

Continued 5

Year	Ash/%	S/%	M_{40}/%	M_{10}/%
1981	12.87	0.65	79.90	6.60
1982	13.26	0.67	80.50	7.20
1983	13.21	0.73	79.86	7.20
1984	13.49	0.65	78.90	7.30
1985	13.49	0.64	78.92	7.45
1986	13.46	0.64	80.13	7.32
1987	13.45	0.61	79.52	7.41

3.5 Modifications of blast furnace technology

3.5.1 Installation of under-bin screening of sinter

In order to improve the permeability of the burden under-bin screening system for all four blast furnaces were installed during their relining periods from 1977 to 1982. After under-bin screening, sinter fines minus 5mm fed to the furnaces was reduced from 20% to 5.56% ~ 8.27% and the mean size of sinter correspondingly increaced from 13.0mm to 17.0 ~ 18.6mm.

Operating results showed that a decrease of sinter fines by 1% led to an increase of hot metal production by 2.30% and a reduction of coke rate by 0.33% ~ 0.46%.

3.5.2 Improvement of blast furnace construction

In WISCO on the basis of the experience of the practice of No. 4 BF all carbon hearth and bottom lining with underhearth water cooling has become the typical design, which makes it possible for the blast furnaces to reach a longer campaign life. But unfortunately, the blast furnaces are fed with a rather high alkalis burden (7 ~ 8kg/t) that drastically affects the shaft life. For the sake of prolonging shaft life, the following measures have been taken:

(1) Adoption of brick-embeded staves instead of box coolers in the shaft and Γ-type stave for the upper row of staves to support the brick.

(2) Reserving the mantle at bosh parallel to support the lining of the shaft.

(3) Adopting the carbon brick in the shaft lining instand of chamotte or alumina brick so as to cool the shaft lining to a temperature at which the reaction between the refractory and alkaline compunds should be restricted.

(4) Monitoring the wear of the shaft lining by means of mulity-thermocouple to maintain a proper operating profile.

As a result, the shaft life in WISCO has extended from 3 ~ 4 years to 5 ~ 6 years in recent years.

3.5.3 Adoption of high magnesia slag

In WISCO, local ores, both fines and concentrates, contain a high percentage of alumina (Al_2O_3

1.5% ~2.5%) and the blast furnace slag contains 14% ~15% Al_2O_3 which brings about a high viscosity and a low capability of desulfurization. Based on the results of laboratory experiments carried out over a long period, a proper measure to solve this problem was to increace the MgO content of slag and dolomite was added into the sinter mix in 1972. Owing to the adoption of dolomite as a portion of sinter flux, the MgO content of sinter increased from <2% before 1972 to 3.0% ~3.5% and the MgO content of slag correspondingly increased from less than 6% to 10% ~12%. As compared with the original sinter containing MgO 2% the sinter quality containing MgO 3.5% is better, for instance, the tumbler index of the high MgO sinter increases by 2% ~ 3% and the sinter fines (<5mm) after JIS reduction decreases by 3%.

In addition, the high MgO slag (10% ~12%) has better metallurgical properties in comparision with the slag containing MgO 6%. The high MgO slag is good in fluidity as well as in desulfurizing capacity. Indexes of the high MgO slag are nearly double those of slag containing MgO 2%.

3.6 Reconstruction of open hearth furnaces and improvement of open hearth technology

In WISCO, No. 2 Steelmaking Plant composed of three LD converters each with a nominal capacity of 50 tons was put into operation in 1977. Even though, open hearth furnaces still take a higher share of total steel output as compared with the converters. It is natural that making full use of the open hearth furnaces plays an important role in meeting the need of the 1700mm rolling mills.

3.6.1 Adoption of the top oxygen blowing

The 1700mm rolling mills need mainly low carbon steel (C <0.12%) which is difficult to be smelted in existing conventional open hearth furnaces.

Top oxygen blowing experiment started on No. 7 open hearth furnace in 1973 as the first attempt in WISCO. The smelting cycle after oxygen blowing was reduced in half. But unfortunately it was impossible to adopt this technology on a commercial scale at that time because of the insufficient supply of oxygen and the unreasonable design of open hearth construction. In order to get acquainted with experiences of oxygen blowing, No. 8 open hearth furnace was revamped into the top oxygen-blown one with double-lances in 1974.

Since 1973, a series of experiments have been carried out in a wide field, such as improving of open hearth construction, adjusting of open hearth heating system, selecting of proper lance-position, improving of slag composition, controlling smelting process by the use of C-T coordinate curves, cleaning open hearth fume to control environmental pollution, etc. In addition, other improvements to match the high productivity of the top oxygen-blown open hearth furnaces have also been realized, such as improving of sliding gate system, adoption of top teeming, improving of mold mortar, ladle lining, runner lining, taphole refractory, and so on.

Thanks to the above-mentioned improvements and the starting up of two sets of air separating facilities with a capacity of $10000m^3/h$ each in 1982, No. 1, No. 3, No. 7 and No. 8 open hearth furnaces have been successively modified into tri-lance top oxygen-blown ones since 1983. Up to now, there are only six top oxygen-blown open hearth furnaces instead of original eight furnaces in WISCO. The output of open hearth steel, however, has been kept at a annual increasing rate of 0. 2 million tons during 1983 ~ 1987. A comparision of operating data before and after the improvements of the open hearth furnaces in WISCO is given in Table 6.

Table 6 Comparision of operating results before and after open hearth furnace improvements

O. H Furnace	Smelting cycle/h		Annual output/Mt			
	No. 3	No. 7	No. 1	No. 3	No. 7	No. 8
Heavy oil-burned	12. 02	16. 00	0. 177	0. 255	0. 242	0. 230
Oxygen-blown	6. 20	6. 45	0. 500	0. 500	0. 501	0. 504
Difference	-5. 82	-9. 55	+0. 323	+0. 245	+0. 259	+0. 274

3. 6. 2 Standarization of smelting and teeming practice

As shown in Table 6, the adoption of top oxygen blowing led to the acceleration of open hearth process. In this case it is necessary to make smelting and teeming practice to be standarized.

3. 6. 2. 1 Standarization of smelting

The standarization of smelting in the No. 1 Steelmaking Plant mainly deals with oxygen-supplied system and the adoption of C-T coordinate curve to control smelting process.

In the early stage of oxygen blowing, a higher oxygen pressure of about $8kg/cm^3$ and lower oxygen flow rate ($5000 \sim 5500m^3/h$) featured the smelting process, which made the roof to be eroded easily by slag splash. Since 1981 the oxygen pressure has been dropped to $6kg/cm^3$ and the oxygen consumption increased to $7500m^3/h$. These changes have proven to be beneficial to both the roof life and the smelting process. Since 1986, a variable oxygen flow rate operation has been adopted, which increased the utilization of oxygen and brought a better uniformity of the hearth temperature distribution.

In order to control the final carbon content of steel and to adjust operating parameters in the smelting process, C-T coordinate curves have been adopted after a series of research work and commercial experiments. As a result, the smelting cycle has been kept within a stable range and the steel quality can satisfactorily meet the demand of the 1700mm rolling mills.

3. 6. 2. 2 Standarization of teeming

Since 1973, the following technological improvements in teeming have been made:

Adopting sliding gate to replace rod-stopper, using of insulating assembly in killed steel, mold powder and shinkhole-proof agents to increase yield of slab, adopting top teeming, new mold design and good mold mortar to improve steel quality.

In addition, teeming speed and teeming temperature has also been standarized and adopted in operating practice.

3. 7 Improvements in BOF plant

As compared with No. 1 Steelmaking Plant, No. 2 Steelmaking Plant has many advantages which can be described as follows.

3.7.1 Desulfurization of hot metal

In order to make low sulfur steel, especially high grade silicon sheets, a set of KR desulfurization device with an annual capacity of 0.5 million tons was employed in No. 2 Steelmaking Plant. After KR treatment, the sulfur content of hot metal can be reduced below 0.005%.

3.7.2 Combined blowing of converters

The converters in No. 2 Steelmaking Plant are originally designed as top oxygen-blown ones. Since 1984, a combined blowing technology, composed of top oxygen blowing and bottom argon stirring, has been developed and adopted in all the three converters. As a reault, the campaign life of converters increased by about 200 heats, ferrous metal consumption decreased by 13.33kg/t, ferro-alloy and aluminium consumption reduced by 0.84kg/t, etc. In addition, steel quality has also been improved.

3.7.3 RH degasing treatment

In the 1700mm rolling mills, most rolled products are low carbon, low sulfur or low alloy ones. By means of RH treatment, [H],[N],[C] in steel can be decreased to $<4\times10^{-6}$, $<30\times10^{-6}$, and $<50\times10^{-6}$, respectively. Besides, subtle alloying adjustment can be implemented by this device as well.

3.7.4 All continuous casting operation

The designed continuous casting ratio for No. 2 Steelmaking Plant is only 80%. For the purpose to increase steel product yield and to meet the demand of the 1700mm rolling mills for heavy coils, great efforts were made to develop all continuous casting operation. In 1985, 100% continuous casting operation was realized after the completion of a series of related technology. Since then, mold casting has been abolished and No. 2 Steelmaking Plant of WISCO has become the first 100% continuous casting steelmaking plant in China.

3.7.5 Hot charging of slabs

Hot charging of slabs is an effective way for energy saving in rolling processes. Before 1985, only the silicon steel slab was hot charged by using of insulating transportation cars into the heating furnaces of hot rolling mill. After the accomplishment of all continuous casting operation in No. 2 Steelmaking Plant, both the output and quality of slabs reached a desirable level, which made it possible to adopt hot charging of slabs for carbon steel. Since 1986, hot charging of slabs has become a common practice in the rolling process of WISCO. In 1987, total hot charging slabs amounted to 1.16 million tons, hot charging ratio was 73.08% and the average hot charging temperature reached 436℃. As a result, annual heavy oil saving totaled 1188 tons.

3.8 Improvement of slabbing mill

In order to meet the demand of the 1700mm rolling mills for a high quality slabs, flame scarfers have been installed and put into operation in the blomming mill plant and No. 2 Steelmaking Plant simultaneously. In addition, manual scarfing of slabs has also been implemented.

3.9 Improvement of the quality of utility

Modern computerized technology adopted in the 1700mm rolling mill system needs a high quality of utility as well. For example, a stable frequency of main power (50 ±0.5 Hz) is essential to the computerized rolling operation, otherwise, the computer will out of order. Some countermeasures to improve the quality of utility are as follows:

Installing frequency stabilizer and voltage stabilizer in main power circuit.

Adopting desulfurizing and denaphthalening facilities to purify coke oven gas used for the 1700mm rolling mill system.

Using soft water closed-loop circuit to increase cooling effeciency for high heat load facilities, etc.

4 Improvement of Management

Until now, only technological improvements in the upstream processes of the 1700mm rolling mills are mentioned. But, it does not mean that management in a modern integrated steel complex is insignificant or negligible. In fact, a series of managerial improvements in WISCO have also been made accompanied with the above-mentioned technological improvements.

4.1 Reorganization of departments

The reorganization of management departments is mainly aimed at strengthening production commanding system of WISCO. The production commanding system consists of Planning Dep., Production Dep., Technology Dep. Automation Dep., Mechanical and Electrical Equipment Dep., Mines Dep., etc. Vice-president, engineer general or engineer general assistant were appointed by the president as one of directors of the above-mentioned department. Practice shows that the reorganization of management departments is effective for the conditions in WISCO.

4.2 Reinforcement of equipment maintenance management

In the early stage of the 1700mm rolling mills operation, severe problems in management of imported equipment maintenance had been encountered, which forced us to pay special attention to reinforcing management of equipment maintenance. It includes: setting up standards for equipment check and maintenance, checking and maintaining equipment with fixed schedule, ensuring the supply of spare parts, etc.

Owing to the reinforcement of equipment maintenance management, the 1700mm rolling mills have surpassed their nominal capacities and have been setting new production records year after year.

4.3 Promotion of TQC

In order to enhance managerial level and improve the quality of products, Total Quality Control (TQC) has been adopted for many years in WISCO. Recent development of TQC in WISCO is to put quality on the first place of management and to build up a corresponding assurance system for quality control.

It is expected that TQC will pay a more effective role in improving steel products quality as well as in enhancing activeness of enterprises management.

4.4 Training of personnel

For the purpose of mastering modern technology, hundreds of engineers and workers as well as management staff had been sent abroad before the 1700mm rolling mill system went into operation. These efforts made it possible for WISCO to start the new rolling mills according to schedule.

After the starting-up of the 1700mm rolling mill system, more attention has been laid on continuous engineering education for engineers, workers and management staff. It is undoubtful that training of personnel plays an important role in continuous development of production and technology of WISCO.

4.5 Improvement of rewarding system

As economic reforms proceed, the improvement of rewarding system in WISCO is becoming more and more significant to enhance employee' s activeness. In recent years, economic responsibility system has been adopted and developed in WISCO. In this system an employee' s income is basically dependent upon his or her contributions of work and everyone has personal post responsibility. The equalitarianism in income distribution has been broken down by the adoption of this system and personnel of WISCO are full of vigour in reaching their production and management objectives.

5 Results of Efforts

As a result of series of technical modifications, technological and managerial improvements, the difficulties encountered in the course of mastering the new rolling mill system had been overcome and the productivity of WISCO has been improved gradually year after year. In 1986 all the three new rolling mills surpassed the designed capacity the comparision of actual operating data with the designed figures is listed in Table 7.

The quality of products has been greatly improved at the same time. The standards of products adopted are basically equal to international standards, so that the quality of finished products could match the imported steel products.

The profit made by WISCO in 1987 was triple that of 1980 and the profit and taxes rendered also tripled. The total profit and taxes rendered from 1980 to 1986 were equal to the total investment of the 1700mm rolling mill system. This fact proved that the "1700mm Project" is successful.

Table 7 Operating data of new facilities

Item	Hot rolling mill annual capacity/t	Yield /%	Oil consum. /kg · t^{-1}	Electric consum. /kW · t^{-1}	Cold rolling mill annual capacity/t	Yield /%	Silicon sheet plant annual capacity/t	Yield /%
Designed	3010000	94. 00	50	108	1000000	83. 68	70000	71. 79
1980	883200	94. 76	69	181	263000	86. 90	12800	82. 65
1981	1312000	94. 93	60	169	453700	86. 94	21100	79. 59
1982	1511000	95. 50	51	159	50360	84. 14	23600	79. 08
1983	1807000	96. 72	51	146	591000	87. 51	33200	82. 76
1984	2187000	96. 68	50	137	752400	89. 92	59700	82. 47
1985	2635000	97. 12	45	116	900700	90. 55	70800	82. 83
1986	3215000	97. 65	43	109	1001000	90. 60	80000	81. 77
1987	3317000	97. 99	39	105	1050000	90. 86	89800	81. 85

6 Conclusion

(1) Science and technique are important productive forces. To adopt advanced technique is the necessary measure for developing countries to catch up with and surpass the advanced world level. Introducing of modern large-scale units from developed nations is one of the important way in adopting advanced technique in iron and steel industry.

(2) How to match the modern advanced unit is one serious problem to the steel works that already introduced modern facilities. Malperformance may not only make no profit but destroy the advanced units. These steelworks must devote their attention to the training of personnel and improvement of management aiming at mastering advanced technology.

(3) In case of introduction of modern units into existing steelworks, it is necessary to pay sufficient attention to the "unfitnesses" of existing plants, namely, the unfitnesses of existing technology and equipment, the unfitnesses of productive personnel and the unfitnesses of managerial performance. Modification of the existing facilities is the only way of overcoming the unfitnesses of technology and equipment.

(4) WISCO' s experience proved that transplantation of advanced technique and technology to existing plants is one of the most economical way of developing iron and steel industry rather than built a new one in greenfield for a developing country like China.

On the Trends of Restructuring of China's Steel Industry Beyond 2000 *

Abstract China's steel industry has made significant progress in the past two decades, and has been the first leading steel producer in the world since 1996. But still, the steel production could not fully meet the demand for steel products in domestic market, and the competitiveness of China's steel industry is not strong enough as compared to the steel industry in industrialized countries. The restructuring will be a must for China's steel industry. This paper describes the concept and trends of reconstructuring of China's steel industry in the 21st century.

Key words China; steel industry; trend; restructuring; 21st century

1 Introduction

China's steel industry has made significant progress in the past two decades. In 1996, China's steel production reached 101.2Mt, since then China has been the first leading steel producer in the world. In 1999, China's steel industry produced 125.3Mt pig iron, 123.7Mt crude steel and 119.5Mt finished steel products, see Fig. 1.

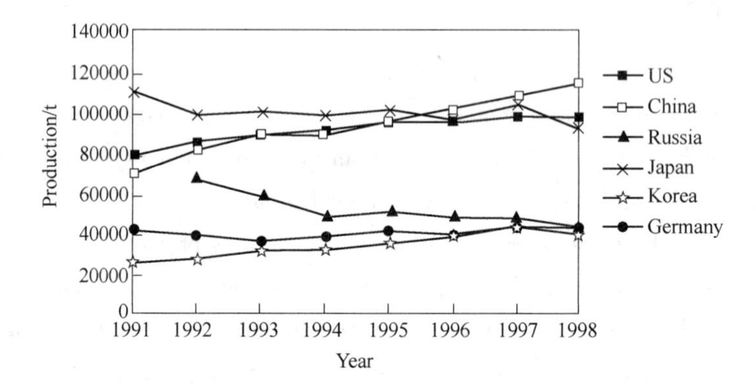

Fig. 1 The leading steel producers in the world since 1991

Because China is a developing country with huge population, however, the rapid growth of steel industry could not meet the increasing demand of domestic market for steel products, especially for high-value-added steel products. From the point of view of steel producer, furthermore the China's steel industry is not as competitive as expected because of the higher consumption of raw materials and energy, lower efficiency and productivity and pollution to the environment. The existing drawbacks have been resulted mainly from that the structure of China'

---

* Reprint from Proceedings of ICETS 2000-ISAM, 2000: 1091 ~ 1099.

s steel industry could not well accommodate to the current development of science and technology in steel industry as well as the development of Chinese economy. A restructuring will be a must for China' s steel industry in the 21st century.

2 Transition of China' s Steel Industry Geographical Distribution in the Past Half Century

In 1949, the total steel production in China was merely 157 thousand tons, and concentrated in northeastern and northern region, as shown in Table 1.

Table 1 The share of steel production in different region of China

Year	Northern		Northeastern		Eastern		Mid-southern		Southwestern		Northwestern		Whole country	
	10^4t	%	10^4t	%	10^4t	%	10^4t	%	10^4t	%	10^4t	%	10^4t	%
1949	2. 6	16. 6	11. 4	72. 6	0. 8	5. 1	—	—	0. 9	5. 8	—	—	15. 7	100
1950 ~ 1952	47. 6	15. 8	221. 1	73. 5	15. 0	5. 0	7. 1	24	9. 8	33	0. 1	0. 3	300. 7	100
1953 ~ 1957	273. 6	16. 4	1039. 8	62. 4	174. 4	10. 5	55. 0	3. 3	119. 9	7. 2	4. 4	0. 3	1667. 4	100
1958 ~ 1962	817. 2	14. 6	2813. 6	50. 3	1050. 2	18. 8	454. 6	8. 1	415. 3	7. 4	37. 8	0. 7	5588. 7	100
1963 ~ 1965	389. 3	13. 2	1430. 9	47. 6	671. 3	22. 8	319. 3	10. 8	151. 7	5. 1	13. 5	0. 5	2949. 0	100
1966 ~ 1970	1192. 1	18. 1	2655. 0	40. 4	1664. 1	24. 9	755. 0	11. 5	280. 3	4. 3	51. 1	0. 8	6577. 6	100
1971 ~ 1975	2340. 5	20. 4	3846. 0	33. 5	2870. 4	25. 0	1562. 9	13. 6	7000. 7	6. 1	173. 7	1. 5	11494. 2	100
1976 ~ 1980	3035. 7	20. 6	4360. 3	29. 5	3710. 2	25. 1	2036. 3	13. 8	1316. 5	8. 9	300. 5	2. 0	14754. 5	100
1981 ~ 1985	4328. 6	21. 3	5138. 7	25. 3	5016. 5	24. 7	3310. 0	16. 3	2079. 8	10. 2	419. 5	2. 1	20293. 4	100
1986 ~ 1990	6439. 6	21. 8	6561. 2	22. 2	8078. 3	27. 3	4947. 9	16. 7	2279. 8	7. 7	770. 6	2. 6	29577. 5	100
1991 ~ 1995	10490. 4	24. 4	7775. 5	18. 1	12498. 2	29. 1	6773. 8	15. 8	4082. 0	9. 5	1327. 8	3. 1	42947. 8	100
1996 ~ 1998	8527. 1	26. 2	5144. 5	15. 8	10043. 7	30. 9	4984. 6	15. 3	2868. 5	8. 8	1093. 0	3. 4	32473. 6	100

In the past 50 years, the geographical distribution of China' s steel industry has been greatly changed. In spite of there has been significant increase of tonnage in every region of China, but the share of each region has undergone a process of redistribution. The share of steel production in eastern region has increased from 5. 0% to 30. 9% and in the mid-southern region from 2. 4% to 15. 3%. On the contrary, the share of steel production in northeastern region has decreased from 73. 5% to 15. 85% (see Table 1). These changes showed the construction of steel plants has shifted from natural resource based to marketplace based.

Until the end of 70' s, the development of China' s steel industry had relied solely upon domestic natural resources. In 1978, the import of Australian ore started, the users of imported iron ores were the coastal steel plants and steel works along Yangtze River. In 1997, the imported iron ores amounted to 55Mt and played an important role in supporting the rapid growth of China' s steel industry. The globalization of natural resources, i. e. the utilization of both domestic and imported natural resources has become one of the guidelines in developing China' s steel industry.

At the end of 50's, a lot of provincial steel works were set up besides the construction of state-owned steel enterprises. In the past two decades, both provincial steel works and state-owned steel companies have grown up rapidly. In 1999, there were 4 steel companies with annual capacity over 6Mt, in which Bao Steel over 10Mt/a, there were 7 steel companies with annual capacity ranging from 3 to 5Mt and 27 steel works with annual tonnage from 1 to 3Mt.

3 The Technological Facilities of China's Steel Industry

According to the Industrial Survey accomplished in 1995, the present situation of technological facilities of China's steel industry is shown in Table 2.

Table 2 Technological conditions of main productive facilities of China's steel industry by 1995

Items	Number of units					Nominal annual capacity/10^4t
	At world levels	Domestic advanced levels	Domestic average levels	Backward(including idled units)	Total	
Blast furnace	16	16	157	3038	3227	12648
Sintering machine	16	30	131	240	417	13405
Coke battery	7	46	106	482	641	7499
Open hearth	—	25	24	41	90	1478
EAF	7	46	442	284	3343	3043
BOF	12	28	98	154	292	6946
Caster	16	132	75	12	235	5386
Blooming/slabbing	3	13	89	98	203	5712
Section mill	7	39	361	3266	3672	6418
Plate mill	1	7	13	6	27	1234
Hot strip mill	2	7	24	12	45	1327
Cold strip mill	4	18	90	56	168	711
Seamless tube mill	5	12	32	26	75	376

As illustrated in Table 2, it is clear that the number of productive facilities of China's steel industry is too big, and the average capacity per unit is too small. Furthermore, the share of tonnage yielded by the units equipped with advanced technology is low. These features resulted in lower productivity and efficiency, high material consumption and more pollution to the environment as compared to the industrialized countries. Table 3 shows some technological parameters of China's steel industry in 1999. As compared to the parameters of ironmaking and steelmaking in industrialized countries, the coke rate was higher, the fuel rate (i. e. coke rate plus coal rate) was 540 ~ 566kg/t, whereas in industrialized countries it is usually in the region of 510 ~ 490kg/t. The blast temperature was about 100 ~ 150℃ lower as compared with the world level. The continuous casting ratio of steelmaking was 15% ~ 20% lower than current performance.

Table 3　Some technological parameters of steel industry in 1999

Items	Blast furnace ironmaking				BOF steelmaking			CC Ratio /%
	Productivity $/t\cdot(m^3\cdot d)^{-1}$	Coke rate $/kg\cdot t^{-1}$	Coke rate $/kg\cdot t^{-1}$	Blast temp. /℃	Productivity $/t\cdot(m^3\cdot d)^{-1}$	Metallic consum. $/kg\cdot t^{-1}$	lining life /heats	
Key steel enterprises	1993	426	114	1075	27.91	1101	2715	7572
Provincial steel works	2412	489	77	995	53.08	1098	1531	

The present situation does not only reflect the effect of backward technological facilities, but also implicates the inadequateness even unreasonableness of technological processes. The existence of numerous mini-blast furnaces with out-of-date equipment, the conservation of some big open hearth furnaces with ingot-casting, the lack of hot metal treatment and secondary metallurgy for steelmaking and the incomplete instrumentation and automation for process control are the essential disadvantages which have brought about low efficiency, high consumption and some poor quality products to China' s steel industry. Therefore, a restructuring for China' s steel industry will be a must in order to improve its competitiveness in the 21st century.

4　The Guidelines for the Restructuring of China' s Steel Industry

The core of the restructuring of China' s steel industry is to improve and strengthen its competiveness in world market in the 21st century. The guidelines for the restructuring consist of:

(1) Close down and dismiss out-of-date and backward plants and facilities.

(2) Based on a thorough understanding about regional market, clarify the orientation of development of steel products of every steelworks in order to avoid the overbalance of demands and supply of some products in regional market.

(3) Based on the orientation of product development, rationalize and optimize the technological process flow of each steelworks by restructuring and modernizing the existing plants.

5　The Restructuring of China' s Steel Products

One major aspect reflecting the unreasonableness of China' s steel industry has been the structure of Chinese steel products. Fig. 2 ~ Fig. 7 demonstrate the transition of the production and consumption of long steel products, flat steel products and steel tubes since 1980.

The characteristics of the structure of Chinese steel products are as follows:

(1) The shares of long products have been decreasing from 70% to 60% in production and from 60% to 55% in consumption. This decrease was resulted from the reduction of heavy and medium section.

(2) The shares of flat products have been increasing from 23% to 32% in production and from 26% to 35% in consumption. This was resulted from the increase of steel sheets and

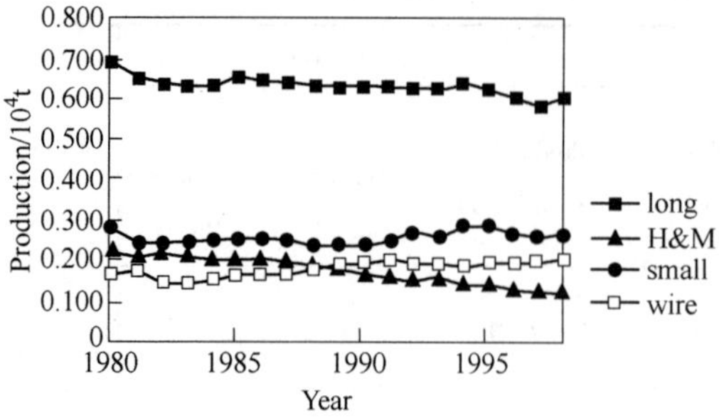

Fig. 2　The transition of production of Chinese long steel products

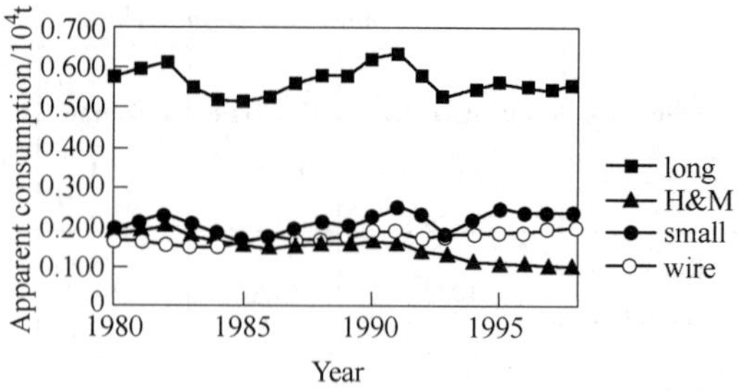

Fig. 3　The transition of apparent consumption of Chinese long steel products

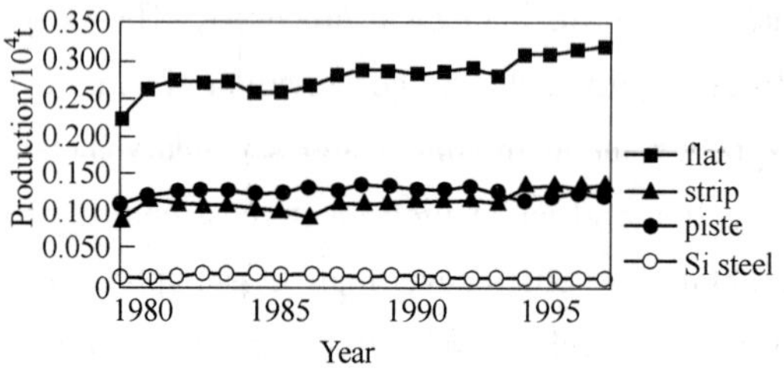

Fig. 4　The transition of production of Chinese flat steel products

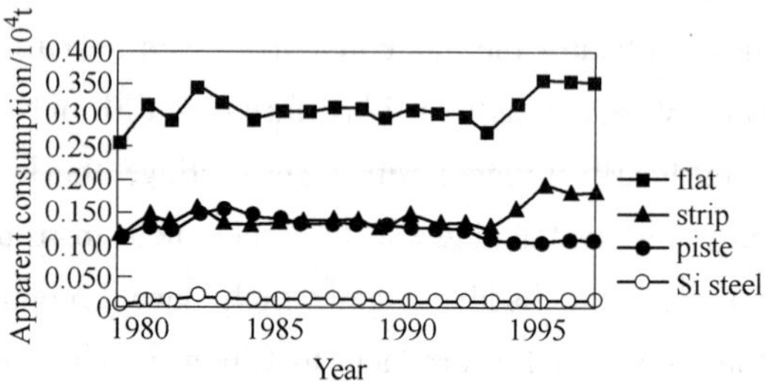

Fig. 5　The transition of apparent consumption of Chinese flat steel products

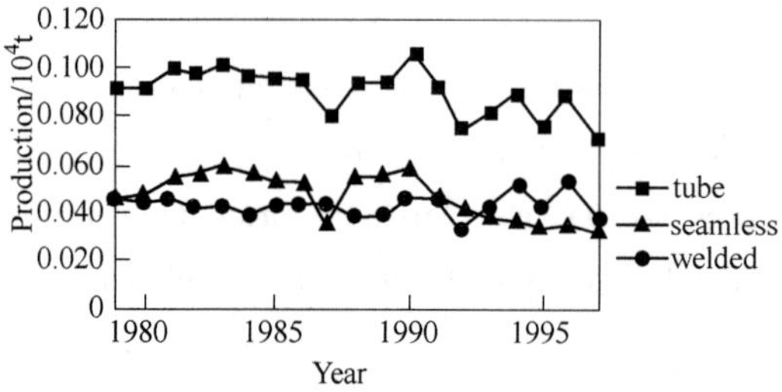

Fig. 6　The transition of production of Chinese steel tubes

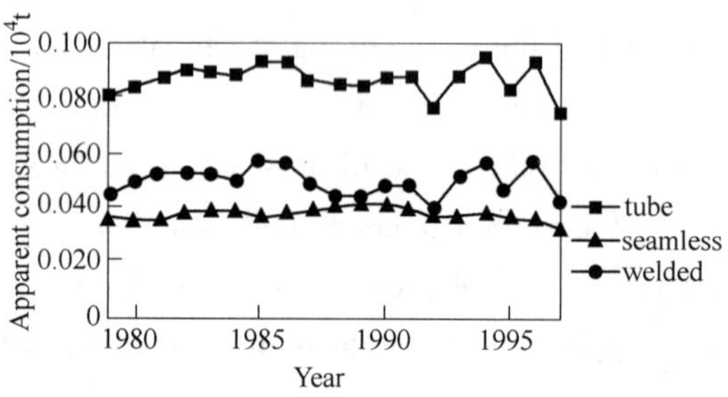

Fig. 7　The transition of apparent consumption of Chinese steel tubes

strips. The percentage of increase in consumption was higher than that of increase in production, this means an increase of imported flat products.

(3) The share of seamless tube has been slowing down. Table 4 shows the changes of productions and apparent consumption of steel flat products in 1998 and 1999. It is obvious that the demand of Chinese domestic market for steel flat products is growing, and the degree of insufficiency of domestic production is increasing.

It is clear that the deficiency of steel flat products is mainly resulted from the insufficiency of cold rolled coil, hot rolled coil, galvanized sheet and color coated sheet, in short, the insufficient capacity of China' s steel industry for producing high-value-added flat products.

Table 4 **Changes of productions and apparent consumption of steel flat products in China** (1998 and 1999) (10^4t/a)

Year	Item	Total sum	Hot coil	Cold coil	Hot narrow strip	Cold narrow strip	Galvanized sheet	Tin plate	Color coated sheet
1998	Production	3520.2	939.8	565.3	442.0	94.9	80.7	50.0	25.0
	App. cons.	4234.6	1097.0	983.5	442.5	142.7	177.1	74.5	54.8
	Difference	-714.4	-157.2	-418.2	-0.5	-47.8	-96.4	-24.5	-29.8
1999	Production	3956.6	1023.2	687.7	567.4	82.4	149.0	85.4	32.0
	App. cons.	5057.6	1201.3	1353.1	567.4	134.2	296.1	105.8	84.1
	Difference	-1101	-178.1	-665.4	0	-51.8	-147.1	-20.4	-52.1

6 The Restructuring of Technological Process of China's Steel Industry

6.1 Blast furnace ironmaking

Blast furnace ironmaking has predominated in China's steel industry since 1950's. Because the starting point for the establishment of China's steel industry was at a low level and prevalence of mass movement in economic construction from the end of 1950's to 1960's, many small (even mini-) blast furnaces were built in many provinces of China. The present situation of blast furnace ironmaking is listed in Table 5.

Table 5 Present situations of blast furnaces in China

Ranks of BF/m^3	Range of BF inner volume/m^3	Numbers of BF	Sum of BF volume/m^3	Aver. volume of BF/m^3	Annual capacity /t · a^{-1}	Share in overall capacity/%
>2000	4350 ~ 2000	18	49064	2726	34340000	26.4
2000 ~ 1000	1800 ~ 1000	29	36907	1273	25830000	19.8
1000 ~ 500	983 ~ 544	23	16047	698	11230000	8.6
500 ~ 200	380 ~ 203	106	33078	312	23150000	17.8
200 ~ 100	175 ~ 100	52	6092	117	4260000	3.3
<100	94 ~ 8	3000	125600	42	3144000	24.1
Sum		3228	266788	83	130250000	100

The guidelines of the restructuring of blast furnace ironmaking should be:

(1) Give priority to the closedown of mini/small blast furnaces and take 300m^3 as the lowest limit of blast furnace volume.

(2) Modernize the existing blast furnaces in case of revamping and overhaul, and take the enlargement of blast furnace volume into account with the adoption of advanced technology. Based on the guidelines mentioned above, the estimated composition of blast furnace ironmaking after restructuring is illustrated in Table 6.

Table 6 Estimated structure of blast furnace ironmaking after modernization and rationalization

Ranks of BF/m³	Range of BF inner volume/m³	Numbers of BF	Sum of BF volume/m³	Aver. volume of BF/m³	Annual capacity /t · a⁻¹	Share in overall capacity/%
4000	4500	3	13500	4500	10400000	8.7
3000	2800 ~ 3500	6	18300	3050	14090000	11.8
2500	2500 ~ 2580	9	22960	2551	17680000	14.8
2000	1800 ~ 2250	9	18650	2072	14360000	12.0
1500	1350 ~ 1650	22	33250	1511	23280000	19.4
1000	900 ~ 1250	29	30350	1047	21250000	17.7
750	750	4	3000	750	2100000	1.8
300	300 ~ 280	64	23680	370	16580000	13.8
Sum		146	163690	1121	119740000	100

The number of blast furnaces may be reduced from 3228 to 146, the average furnace volume might be increased from $83m^3$ to $1121m^3$, and the share of annual capacity of blast furnaces with inner volume over $1000m^3$ may be raised from 46.2% to 84.4%. A blast furnace ironmaking structure like this estimation could be competitive in world market of 21st century.

6.2 Steelmaking

The annual steel production in China according to different process is shown in Table 7.

Table 7 Annual steel production of China in 1990's

Year	Crude steel/10^4t	Open hearth		Converter		Electric furnace		CC
		tonnage/10^4t	%	tonnage/10^4t	%	tonnage/10^4t	%	ratio/%
1991	7100	1309.2	18.4	4279.5	60.3	1500.4	21.1	26.50
1992	8093	1399.2	17.3	4916.0	60.7	1762.6	21.8	30.00
1993	8754	1444.6	16.1	5424.1	60.6	2075.3	23.2	34.00
1994	9261	1384.9	14.9	5889.9	63.6	1966.1	21.2	39.50
1995	9536	1308.4	13.7	6358.0	66.7	1811.0	19.0	46.40
1996	10124	1261.0	12.5	6947.5	68.6	1893.2	18.7	53.50
1997	10891	969.6	8.9	7984.1	73.3	1912.1	17.6	60.70
1998	11459	543.7	4.7	9074.8	79.2	1814.3	15.8	67.00
1999	12571	177.6	1.4	9834.1	79.5	1749.9	14.1	75.72

Open-hearth steelmaking will be completely abolished in 2000. The share of production of converter may increase to 83% ~ 85%. The share of electric furnace steel may maintain low and keep less than 20% in the near future.

This is a result of the shortage of steel scrap, especially clean steel scrap and high expense of electricity.

Based on the industrial survey 1995, the sizes and numbers of converters in steel plants are listed in Table 8.

Table 8 Sizes and numbers of converters for steelmaking (until 1995)

Size of converter/t	Number	Designed annual capacity/t
≥300	3	6490000
100 ~ 299	12	11760000
30 ~ 99	39	19590000
10 ~ 29	103	237400000

After 1995, a number of new BOF shops have been put into operation; the annual capacity of BOF steelmaking has kept going up enormously. The old open-hearth furnaces were dismantled; new BOF shops were built and commissioned instead. The share of BOF steel production is much higher than that of industrialized countries.

The main disadvantage of steelmaking, like blast furnace ironmaking in China, is the existence of a huge number of small converters. The restructuring of BOF steelmaking consist of the following items:

(1) Close down the backward and mini-units.

(2) Modernize the existing steel plants, enlarge the size of the vessels, adopt new technology and improve instrumentation and automation of steel plants.

(3) According to the quality requirements of final finished products, the steel plants will adopt hot metal pretreatment and different methods of secondary metallurgy.

The size of converters in BOF shops will be enlarged to the following extent:

Size of converters

150 ~ 250t/heat

100 ~ 120t/heat

Annual capacity of BOF shop

$>300\times10^4$t

$(100\sim300)\times10^4$t

$(50\sim100)\times10^4$t

The enlargement of furnace size and the supplement of secondary metallurgy in the production line of electric furnaces are important measures for the restructuring of electric furnace steelmaking. Besides, owing to the shortage of clean steel scrap, the use of hot metal must be taken into account in the course of restructuring.

The level of continuous casting ratio of steel plants in China has been increasing in 1990' s. But a large number of backward casters are still operating and are influencing the improvement of steel quality. The close down of backward casters is an urgent task. Through modernization, the majority of the existing casters would be capable of meeting the demand of processing high quality products.

6.3 Rolling

As shown in Table 2, the percentage of world level rolling facilities is quite low. The close down of backward rolling mills is an urgent task too. It is important to modernize and optimize the existing rolling mills. Besides, priority must be given to the construction of new flat product processing facilities in order to meet the increasing demand for high-value-added flat products.

Thin slab casting and rolling should enjoy the priority to be adopted as a new process. In addition to the low investment, low energy consumption and high productivity of the new process, it can produce light gauge hot rolled sheet down to 0.8 ~ 1.0mm which will replace parts of conventional cold rolled products. This advantage will make the new process more competitive. In the foreseeable future, the new process will supply most of the light gauge hot rolled products, the conventional hot strip rolling mill will produce medium or heavy gauge products, and a number of conventional hot strip rolling mills might be shut down.

For surface treated products, the most important measure is to construct modern galvanizing lines which are capable to process products for car manufacturing.

The success of optimization and rationalization of rolling facilities is resulted from a thorough study of local market, a correct orientation of development of plant products and a good combination of up-to-date technology with practical conditions.

7 The Restructuring of Steel Enterprises

As indicated above, the core of resturcturing of China's steel industry is to improve and strengthen its competitiveness. The structure of Chinese steel enterprises has to endeavor to fit in with the following requirements:

(1) Each steel enterprise has to concentrate to a specific variety of product in order to reach high-level quality, high efficiency and high productivity.

(2) Each steel enterprise has to take the transportation cost into account. Its development will basically depend upon the regional economic development and local demand for steel products.

(3) Steel plants may merge into huge steel corporation, but the capacity of each plant will remain unchanged or even less. The number of giant universal steel plants will not increase.

In the 21st century, China's steel works may develop in the following ways:

(1) Regional steel works. Its products are closely linked with the regional market demand for steel. The annual capacity of regional steel may range from 1 to 3 Mt. Fig. 8 and Fig. 9 shows the typical process flow of regional steel works.

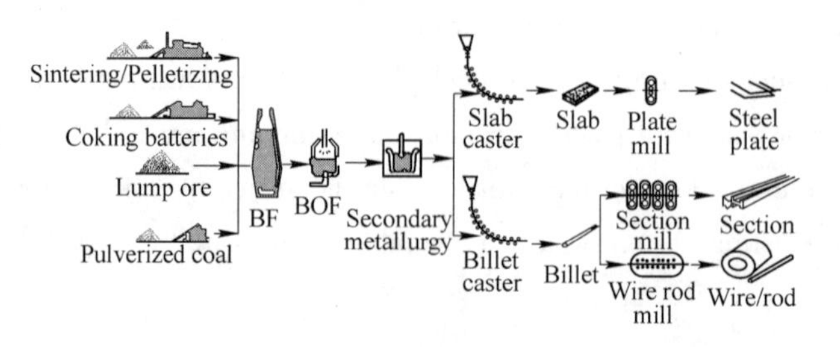

Fig. 8 Typical process of regional steelworks(1)

(2) China's minimill. This kind of steel works features small blast furnace, compact processing line and long products for local market, the annual capacity is usually 1Mt or less, see Fig. 10.

Sintering/Pelletizing
Coking batteries
Lump ore
Pulverized coal
BF
Pretreatment
BOF
Secondary metallurgy
Slab caster
Slab
Plate mill
Steel plate
Thin slab casting and rolling
Hot rolled coils

Fig. 9 Typical process of regional steelworks(2)

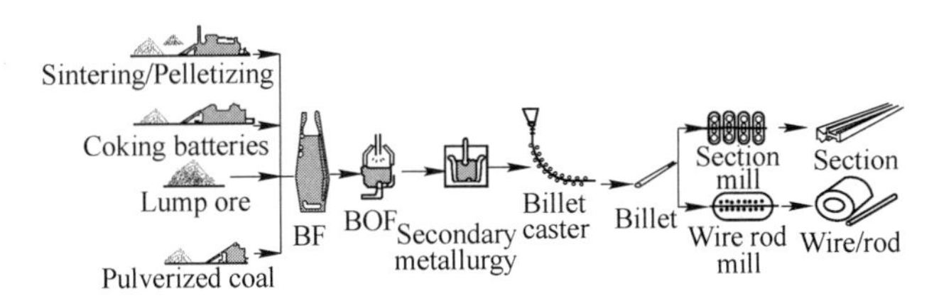

Fig. 10 Process flow of China' s minimill

(3) Trans-regional steel works. Its capacity is usually over 5Mt/a, even to 10Mt/a. Its products cover a wide variety and consist of high value-added products, see Fig. 11.

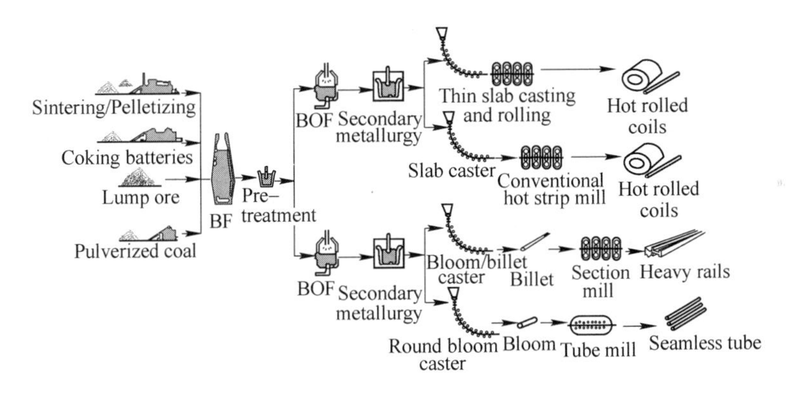

Fig. 11 Process flow of trans-regional steelworks

The reconstructuring of China' s steel industry is an urgent and important but very complicated task. The close-down of backward steelworks and facilities must enjoy the priority, not only because they effect the competitiveness of China' s steel industry, but also because they have been the producers of huge amount of pollutants. The restructuring of existing steelworks must coincide with the regional economic development. The orientation of each steelwork is fundamental for restructuring of China' s steel industry. The rationalization and optimization of process flow are the decisive factors for the success of the reconstructuring of China' s steel industry. More compact, more specialized, more flexible and more economical steelworks will be the winners in the 21st century.

科技管理

推行科学管理　狠抓技术进步*

1　1984 年公司工作回顾

自 1982 年下半年进行企业整顿以来，武钢的生产和各项工作发生了明显的变化。1983 年全面超额完成了生产计划，产品质量改善，废品大大减少，“一米七”轧机系统各厂生产水平大幅度增长。1984 年上半年，钢铁日产水平实现了双超万吨，生产、建设和各项工作的新水平不断涌现；全年国家下达计划可以全面超额完成，总产值、利润、劳动生产率及大部分主要产品的产量和质量、钢锭成材率、综合能耗等将创历史最好水平，连铸坯及新三轧的成材率将超过设计指标。可以说，1984 年是武钢开工 27 年生产形势最好的一年。这是全公司广大职工在上级党组织领导下认真贯彻十一届三中全会以来的党的方针、政策，团结奋斗的成果。

1985 年是“六五”计划的最后一年。按照规划，武钢钢、铁年产量应达到双 400 万吨水平，“一米七”轧机系统三厂和连铸车间应当达到核定的设计能力。达到这一目标，与 1984 年上半年钢铁双超万吨的水平相比，钢的日产水平将提高 9.9%，热轧厂的日产水平将提高 15.7%，冷轧厂的日产水平将提高 13.5%，硅钢片厂的日产水平将提高 34.6%。这是公司全体职工面临的光荣而艰巨的任务。

由于前期工作的原因，原规划双 400 万吨配套项目有相当一部分将不能按期完成，对 1985 年目标的实现带来不利影响。工业港进厂矿石的皮带运输将不能投产，给工业港至烧结厂的矿石运输带来很大压力。5 号焦炉大修要到 1985 年 6 月份才能恢复生产，1985 年上半年将面临焦炭严重不足的局面。现有的一、三烧结车间将承担保铁 400 万吨水平的任务，且一烧车间两台大修的工作推迟到 1985 年，烧结厂的任务也是十分繁重的。炼铁厂和一、二炼钢厂、各轧钢厂、矿山以及各辅助厂的配套也有部分推迟。此外，煤炭、油、电都要限量供应，有色金属、铁合金、耐火材料等供应也是比较紧张的。这对实现 1985 年的目标是不利因素。

但是我们必须看到我们所具备的有利因素：

（1）经过两年来的企业整顿和改革，从领导到职工群众精神面貌发生了很大变化，人心思上，大家迫切要求改变武钢的面貌，要求武钢跨入先进行列。

（2）经过设备大修，“双四百”配套和设备管理工作的加强，设备状况有了明显的好转，这是 1985 年创新水平的基本条件。

（3）经过两年来生产管理工作的加强，特别是 1984 年上半年钢铁日产双超万吨的实践，已经初步掌握了长期组织高产的管理方法。

如果我们能够组织广大职工发挥有利因素，用人的主观能动作用去克服不利因素，

---

* 原发表于《武钢技术》，1985，23(1)：1～3。

1985 年的奋斗目标是可以实现的。

基于以上认识，1985 年的生产技术工作的指导思想应当是：创水平、挖潜力、求效益。所谓创水平是指各单位都要创武钢开工以来的最好水平并达到双 400 万吨配套设计水平，在质量方面要创优夺牌，主要技术经济指标要赶超鞍钢。所谓挖潜力是指挖设备的潜力，能源的潜力，劳动力的潜力，节约原材料的潜力，努力做到投入要少，产出要多。所谓求效益就是降低成本，增加利润和上交利税，加速资金周转，提高劳动生产率。根据以上指导思想，武钢 1985 年生产技术工作的具体目标如下。

产量：铁、钢达到年产双 400 万吨水平；“一米七”轧机系统达到核定的设计能力。

质量：优质产品率确保 50% 以上，力争 55%；创优夺牌，国家质量将争三保二，部、省级优质产品力争 14 项以上；钢材合格率确保 99% 以上，力争 99.2%；钢锭和坯材废品在 1984 年基础上再减 3 万吨；钢锭坯综合成材率确保 84% 以上。

主要技术经济指标：力争 42 项超鞍钢。

能耗：吨钢综合能耗降至 1200kg 标准煤以下。

利润：确保比 1984 年净增 7% 以上。

劳动生产率：以 1984 年为基础提高 12% 以上，争取 15%。

技术进步：在实现二炼钢厂全连铸，提高平炉与转炉单产水平和提高平炉钢与转炉钢质量，发展硅钢生产新技术，发展新品种及提高成材率方面要有新的突破。

2　抓好 1985 年公司技术进步工作

实现了上述目标，可以说武钢“六五”期间完成了第一个跃进。而要实现这一跃进，则必须使科学管理与技术进步两个轮子一起转动。因此 1985 年必须下大力气推行科学管理，狠抓技术进步。

社会化大生产有其区别于小生产及工业化前期工业生产的固有特点。因此，要管理好社会化大生产，企业必须遵守社会化大生产的内在规律。武钢要发展，要以较快的速度前进，一方面必须按照社会主义原则和社会化大生产的内在规律进行企业改革，推行科学管理并逐步向现代化管理迈进；另一方面必须按照科学技术是生产力的指导思想，从武钢的现实条件出发，研究，学习，引进消化，开发国外行之有效的先进技术。没有科学管理的基础，任何先进技术也不能真正发挥作用。不抓技术进步，企业的生产水平就不能实现跃进。两者是相辅相成，互相促进，互相渗透。1985 年武钢要创出开工以来的历史最好水平，必须科学管理与技术进步一起抓。从总的方面看，在生产技术方面必须抓好以下工作：

（1）以全面计划管理为目标，编好 1985 年的生产经营计划并组织实施。

全面计划管理是社会主义企业科学管理的中心环节。在编制 1985 年计划中开始学习运用方针目标管理，进行指标分解，把全公司产、供、运、销、机、动、技术、质量、检修、财务、劳动统一进行综合平衡，上下左右结合，这是走向全面计划的第一步。1985 年的计划确定之后，必须以全面计划管理的原则组织实施。首先要将确保完成公司方针目标的分解指标落实到各单位，并作为经济责任制的考核指标，以经济责任制的落实保公司计划的完成。其次，不断地根据信息反馈，进行生产过程中的动态平衡，发现问题及时解决。第三，在执行过程中，以提高经济效益为目标，不断地研究最佳方案，不断挖潜，在投入不增加的前提下努力增加产出。我们应当努力在1985年执行全年生产经营计划中向全面计划管理多迈出几步。

（2）以抓好解决生产主要薄弱环节为中心，做好1985年的生产准备和生产组织工作。

1985年生产中主要薄弱环节是：原料、燃料、废钢、合金和有色金属供应紧张，能源紧张，四同步改造工程尚未全部完成（如3号平炉、5号焦炉及4号高炉未完工程）。随着生产水平的提高，公司内部运输压力很大，1984年部分大、中修移至1985年进行直接影响生产（如一烧车间两台烧结机大修，2号高炉中修，1号转炉大修等等），“一米七”轧机系统尚存在某些备品备件供应问题，设备缺陷问题需要解决，能源供应系统尚有某些薄弱环节需要克服。这些问题都要组织专门力量，指定专人负责，限期完成。1985年生产水平比1984年上半年综合提高约10%，在生产水平提高后也可能出现某些环节不相适应。因此要在组织生产的过程中不断地对生产过程中的问题予以总结分析，预见可能发生的矛盾，及早采取措施解决，使1985年的生产做到稳产高产，优质低耗，不断进步。

（3）组织力量抓好重点技术攻关和科研，推动公司技术进步。

1985年要在一些主要技术经济指标方面赶超鞍钢，要提高质量，要创优夺牌，要大力降低能耗及各种消耗，要在推广应用新技术某些方面有些突破，必须大力推动公司技术进步。公司已在上述各方面制订了计划。公司准备从中选出若干个可以带动全局或某个方面的项目作为重点攻关项目，如：井下采矿新技术，焦化污水处理，提高烧结矿质量，提高高炉利用系数与降低燃料比，提高平炉与转炉单产和炉龄，转炉复合吹炼，提高钢质，实现全连铸，提高成材率，提高钢材实物质量，硅钢生产新工艺与新产品的试制等等，以此推动全公司技术进步，使武钢在新技术的某些方面走在全国的前列。

（4）以加强全面质量管理为手段，健全质量保证体系，使产品质量提高到一个新水平。

全面质量管理方面，近几年来虽已做了大量工作，但全公司的质量保证体系尚未完全形成。1985年要使公司各级全面管理机构真正发挥作用，使公司各生产线都建立起以QC小组和质量保证点组成的质量保证体系，以此来确保公司产品质量稳定和提高。加强质量调度，加速信息反馈，建立质量管理的计算机系统，使质量调度及时掌握全公司各生产环节的质量动态，并把质量调度运用到硅钢的一贯管理及新产品试制管理中去。在1985年内我们要努力做到产品质量在生产线上处处把关，发生问题及时发现并采取措施，确保产品质量优良，稳定，不断提高，并向公司产品全面实行国际标准的目标迈进。

（5）以管好用好“一米七”轧机系统设备为基础，消化掌握引进技术，并学习采用最新技术，使武钢赶上20世纪80年代先进技术水平。

“一米七”系统工程引进大量国外20世纪70年代新技术，消化掌握引进的新技术对提高我国钢铁工业技术水平有重要意义。要掌握引进的新技术，必须首先把“一米七”设备管好用好，否则设备搞坏了掌握技术只能是一句空话。因此，首先要把国外设备管理的先进经验学到手。对每项引进的新技术要真正弄懂，掌握。由于国际技术发展快，更新换代快，“一米七”引进的部分设备已经落后，部分工艺已经改变。我们必须在掌握消化现有设备工艺的基础上有计划地更新改造换代，采用新工艺。对老厂来讲，更需要从我们的具体条件出发，采用国外新技术，使老厂焕发青春。对“六五”规划和“七五”规划期间公司的大修改造项目及新建项目，如二烧车间、新3号高炉、三炼钢厂、7号焦炉和四烧车间应当采用最新技术，使武钢的技术跨入20世纪80年代先进水平，为实现党的十二大确定的宏伟目标作出应有的贡献。

关于武钢“一米七”轧机系统的“四恢复”工作*

武钢“一米七”轧机系统共3个轧钢厂和1个连铸车间，从1978年年底开始试车到现在已经7年。若按1981年国家正式验收算起已经4年多了。这期间，我们走了弯路，在冶金部领导下，在兄弟单位如机械制造单位、施工单位以及各兄弟厂的专家们、有经验的同志们的帮助下，武钢基本上完成了“一米七”轧机系统的“四恢复”任务，已达到或超过核定设计能力。这次冶金部召开的引进设备管理经验交流会上，周部长对武钢工作作了过高的评价。我们认为，自己工作还做得很不够。

1　“四恢复”的提出

“四恢复”是在特定的历史条件下出现的问题，并不是引进设备的必经阶段。我们为什么要做“四恢复”呢？就是因为“一米七”建设是在“文化大革命”期间进行的，试车和投产是在“文化大革命”刚刚结束不久。在这特定历史条件下蕴藏着许多矛盾，投入生产就一一暴露出来了。具体体现在四个方面：

（1）在引进安装调试的过程中，出现了一批由于设计、制造、施工带来的严重缺陷所遗留的问题。如冷轧酸洗活套摆动门与提升器设计不合理，致使投产以后一直不正常。另外，还有不少是由于设计、施工、设备诸方面的原因所造成的，如地下渗水、厂房漏雨和热轧超过2600km电缆铺设混乱等。经检查发现这些电缆除动力电缆、高压电缆和操作电缆铺设紊乱外，还有一些盲电缆和根本就没有用的电缆，当时抢工期，把电缆铺上了，两头都没有接。又如热轧 R_3，从开工以来轴承温度高，是日本设备带来的毛病，无法调好。另外，由于当时外汇限制，节约投资，冷轧所有机组的主电室都无空调，头一个夏天就烧坏了插件板200多块，而且相当一部分受了严重的锈蚀。还有些设备由于验收不严，运转时发现是旧品、次品。再者，国内有些配套设备质量不高，也是由于当时的历史条件所造成，给“一米七”设备带来了不少问题。

（2）备品备件供不上。引进时，我们光买了设备，仅随机引进了一部分易损备件。而这些所谓易损备件，有一部分实际上是事故备件现在一时用不上，估计有些10年也用不完。另外，设备和备件没有图纸，国内制造很困难。再加上我国机械体制有大而全的问题，要他们做备件时，又提出要增添设备等许多条件。引进备件，当时又要经过中技公司，引进手续很复杂，备件订货单要提前1年提出来，一般要400天左右才能到货。另外，国外的备件，特别是电气备件和计算机备件更新换代非常快，开始我们能引进到的那些备件，现在国外有的已经淘汰了。像有些电气、计器仪表和计算机现在买都买不到。能买到的，价钱也要高十倍到几十倍，他们才给你重新做。

（3）设备管理工作不适应“一米七”设备的要求。因为我们原来的经验是管50年

* 原为在冶金部引进设备管理经验交流会上的发言，发表于《武钢技术》，1985，23(7):1~7。

代老厂的经验，新设备，老办法，根本不适应。而且人员素质、机构编制和人员配备都不适应现代化管理要求，再加上规章制度不健全，所以在“一米七”开工之初，出现的问题比较多。突出的问题是设备管理跟不上，老办法适应不了新设备。

（4）“文化大革命”的流毒对“一米七”轧机系统的管理和生产造成了很不好的影响。表现在无政府主义思潮，劳动纪律涣散，操作随随便便，人员责任心不强。在“文化大革命”中派去国外实习人员，当时强调政治条件，不计技术水平，所以有的从国外回来技术上不能胜任。到后来进行生产和维护时，实际上还得靠在家里参加安装、调试的这批人（当然，部分出国的同志是很起作用的）。这就给“一米七”在这个特定历史条件下造成了一些特殊的问题。大家非常担心。因为设备没有经常的维护制度和定修制度，见不到设备的本色了，很多地方漏油、漏水，脏得一塌糊涂；有些工人劳动纪律差，上班睡觉、抽烟，交接班不在现场而是在马路上；许多液压润滑设备、能源管网坏了不及时更换和修理，跑、冒、滴、漏现象非常严重。设备故障和事故相当多，特别是重复事故、操作事故和违章事故。像冷轧五机架作业线上的卷取机卷筒心轴和热轧平整作业线上的开卷机筒心轴都发生过违章操作弯曲事故。还有由于维护不良，累次烧坏油膜轴承。1983 年日本人在热轧厂做了个调查，说热轧厂因为润滑不良造成的事故占事故总数的80%，“一米七”轧机系统设备的外貌性能、精度和自动化程度也逐步下降。到 1982 年，因为管理不好，个别设备自动变为半自动，还有局部变为手动的就有 59 项。外国人来参观提了不少意见，特别是日本人专门给中央领导同志写报告，说武钢热轧厂若像现在这样搞下去，大概两三年就要变成一堆废铁。在这种情况下，各级领导非常重视，特别是中央领导同志和冶金部领导同志非常关心。国家花了 40 多亿元，建成的“一米七”轧机系统，全国人平均要拿 4 元钱，如果管不好的话，就负有不可推卸的责任。为此，在部领导帮助下，我们下决心对“一米七”轧机系统进行“四恢复”，即恢复设备的外貌、精度、系统功能和自动化程度。这就是“四恢复”的由来。但“四恢复”不是掌握引进设备必经的阶段，而是特殊历史条件造成的。

2　“四恢复”的经过和我们所抓的主要工作

“一米七”轧机系统的“四恢复”是在冶金部领导直接关怀和组织下完成的，大概分为三个阶段。

1982 年 10 月 ~1983 年 10 月为第一阶段。这阶段主要是进行缺陷的整改。共查出缺陷 613 项。公司同时提出“三大变”：一是改变精神面貌，当时“一米七”职工的精神面貌不好；二是改变劳动纪律状况，当时劳动纪律和责任制的落实都很差；三是改变设备面貌。当时我们想，必须改变精神面貌，才能落实责任制，只有落实责任制才能改变设备状况。将查出的 613 项缺陷，编入第一次“四恢复”整改规划，其中包括 21 项攻关项目。经过一年多的努力，在三厂一车间共清除垃圾 3000t，排除积水 $8000m^3$，清除地沟废油 350t，除锈刷漆面积 20 万平方米。到 1983 年 10 月份，废物、油池和到处积水的状况都得到了基本的解决，设备面貌有了很大的改观。我们提的沟见底、马达亮、设备见本色等一些表面上的整改要求达到了。

1983 年 10 月 ~1984 年 10 月为第二阶段。这一阶段从表面上的整改和一般缺陷的整改转到重点抓恢复设备精度、功能和自动化程度的整改。第一次613项完成551项，遗留62项未完。把这62项和新查出的共计408项，进行第二次整改。还对重大问题进行攻关，同时建立和完善了设备管理体制、设备管理制度和规程及设备维护检修岗位责任制的落实。对于设备缺陷，逐项分类，按难易程度和轻重缓急分别落实到厂、车间、班组和个人。到1984年10月底止，两次“四恢复”项目已经完成882项，占总数的91.97%；21个攻关项目完成16项，还剩5项，正在施工。

1984年10月至现在为第三阶段。这阶段是对“四恢复”进行扫尾，959项“四恢复”项目，除5项还在收尾外，整个工作算基本完成了。攻关项目绝大部分也搞完了。

（1）摆正设备工作和生产工作的关系。我们强调这么几个观点：一个是以设备为基础，以生产为中心的观点，组织生产必须以设备为基础；第二个观点是掌握、消化“一米七”必须以管好、用好“一米七”轧机系统的设备为中心的观点，如果设备管不好，掌握消化引进技术就是一句空话；第三个观点是用抓设备来促“一米七”生产的观点。在现代化生产当中，没有良好的设备就不可能正常生产，也不可能拿出具有市场竞争力的优质产品，也就不可能有良好的经济效益。不维护设备就违背了现代化生产的客观规律，拼设备就是杀鸡取蛋。我们采取的方针是做到“三个同时”：即在编制生产计划时，同时编制设备检修计划；布置生产任务时，同时布置设备工作任务；检查生产工作时，同时检查设备工作。再就是做到“四个为主”：即抓生产时以抓好设备为主；在抓设备管理时以抓好基础工作为主；在抓设备维修时以抓好设备操作为主；在抓设备检修时以抓好计划预修为主。这就是“三个同时”“四个为主”。解决问题我们采取现场解决的办法。从1983年初，每个星期六上午定期到现场开“轧钢片”例会，就现场存在的所有设备问题组织有关部门去解决。这次定的问题到下次开会检查，对搞得好的表扬，干得不好的批评，甚至扣奖。到现在为止，共开了95次轧钢片会，及时发现和解决了大量问题。

（2）在管理方面，适应新设备的要求抓了两项工作。一是设备运行状态的掌握和管理；二是以岗位责任制为中心建立各项规章制度，推行全员设备管理。我们认为，抓好设备的运行管理是减少设备故障停机时间和延长零部件使用寿命的重要手段。1982年成立了机电部（原是机电处），机电部是一个指挥部门，有权对各厂的设备管理工作进行具体指挥、具体调度和下达任务；而原来的机电处仅是一个职能部门。机电部的中心工作就是加强设备管理。整个“四恢复”的工作，都是以机电部为主来具体组织的。机电部的主要负责人和一批专业管理技术人员集中精力在现场进行调查研究，协助解决各种问题。在各厂的管理制度上也进行了一些改革。比如热轧厂开始是“操（作）检（查）合一”，不久就改成检修力量集中，在实践中又感到这办法弊端不少。去年该厂经过反复研究，把设备体制改为一级管理，厂长和几个助理直接领导区域工程师，直接指挥，取消了车间，把互相之间扯皮的现象都解决了，而且职责分明，取得比较好的效果。冷轧厂开始的时候，检修工作分得很细，机械是一个车间，液压润滑是一个车间，电气是一个车间，动力是一个车间，好多个车间。五机架试车的时候，哪家不到，就不能进行。所以，以往检修完试车就是个大难题，得厂长坐镇，派人一个个地去找。找来后，这个说不是我的毛病，那个说不是他的毛病，找来找去，轧机转不起来。管理体制分工过细不行。后来采取按区分片包干，这办法比以前强了。

根据“一米七”轧机系统的特点，我们进行了如上所述的一些改革。管理体制改革后，故障率不断减少，作业率状况有所好转。根据现在的情况看，这个管理体制还不够理想，还要改。我们还在想，怎么才能使其更适应这个现代化设备的特点。

在管理方面的另一个工作是搞全员管理，就是让生产工人也负担一部分设备管理的责任。过去生产工人光管操作，设备工人光管检修。检修的不太熟悉设备情况，而熟悉情况的生产工人设备坏了又不管。为此，我们搞全员设备管理，首先对设备工人和生产工人建立起“三规六制”。三规：即设备工艺技术操作规程、设备使用维护规程和安全规程。六制：即生产工人和维护工人的交接班制；设备点检和巡回检查制；设备分工岗位责任制；设备润滑管理制；事故管理和设备预修等6项制度。这些制度都以经济责任制的形式，层层分解落实到班组和个人；严格考核，并同奖惩挂钩。硅钢厂在这方面做得比较好，它把全员设备管理和全员质量管理作为厂的两个经营管理的支柱，纳入方针、目标管理PDCA循环中去。全厂1104台设备都定机、定人和定责分工管理，其中生产工人维护设备630台，占总数的57%。第二炼钢厂从1983年以后，特别是1984年，在设备管理上，尤其在执行设备预修制上有很大进步。连铸机以前作业率很低，主要是设备老坏，坏了以后换一次零配件花的时间很长。1983年底，我们就准备了一大批零备件，搞组立更换。同时，实行预修，先规定600炉修一次，根据实践，又把炉次延长。搞组立更换，检修时间缩短，检修周期延长漏钢等事故大大减少，今年3月以后连铸比达到100%。当然工艺上操作上有诀窍，但基础是设备实行了预修、组立更换和定期检查，所以连铸比高，作业率高。

由于在管理上做了上面两项工作，就逐渐能适应“一米七”设备的特点和需要了。

（3）采取各种措施解决备品备件供应问题。“一米七”的备件质量要求相当高。备件供应的解决办法我们尽量立足于国内制作。但我们的设备没有图纸，就组织测绘。测绘工作是在各个机械厂的大力支持下完成的。武钢和260多个厂签订了试制合同，先后组织和接待了全国各地将近1万多名同志到“一米七”轧机现场进行设备、备件的解体测绘。到现在为止，热轧厂备件的测绘任务已完成，其余各厂还没有完全完成。除了我们国内能做的备件外，还有一部分仍得靠引进。开始靠中技公司，后来我们组织了专门引进班子到国外采购。我们自己引进的速度比中技公司快得多，引进周期要缩短一半。因此，从去年年底，国家就给了武钢更大的权力。每年拨给一定数量的外汇要我们自行引进。现在，我们备件直接对外商，这当中要了解行情，询价后，加速确认，搞商务谈判，货比三家，哪家最便宜，哪家最快，这里有不少工作要做。另外，对国内备件也要区别对待，国内能做的，尽量国内做。但有些东西国内做比国外做贵得多，因为国内没有这种产品要试制，比如冷轧厂用的A_2V液压泵，光试制费就为引进价的33倍多，试制后用量也不多，这种情况就不如引进好。有些电气备件，国内质量过不了关，特别是计算机和仪表，还是只好买国外的。总的说来，就是国内打开渠道，国外想法组织引进。按重量算，去年国内供应的备品占51.4%。本公司内部旧品修复的占37.9%，国外引进的占10.7%。要是按价格算，大概国外占1/3。由于在这方面做了不少工作，所以保证了“一米七”备件的需要。油脂方面，“一米七”轧机系统用油是很多的，乳化油、轧制油、液压油，还有各种脂也是相当多的，我们也组织了试制。现在绝大部分是国内的，国外仍要引进一部分，因有些国内目前还制不出来。

（4）设备的攻关和改造。在“四恢复”过程中，在处理设备遗留问题上，我们从实际出发，抓了设备的攻关和改造。有三个原则：第一，在保留原装置的条件下，试行新方案，这样风险较小；第二，做模拟装置，先试试看，试好了再往上装；第三，由典型到一般，同类型项目先搞一个试验，试验成功再推广。根据这三个原则，我们从“四恢复”工作进行以来，已经完成了792个攻关和改造项目，其中冷轧厂160项，热轧厂263项，第二炼钢厂连铸190项，硅钢厂189项，通过改造，设备状况根本好转，保证了生产，下面举几个例子。

冷轧厂酸洗槽的提升器，投产以后因为受酸的侵蚀，不久就动不了；后来经过改造，好用了，而且抗腐蚀能力比较强。再就是酸洗的活套摆动门，开始不好使，大家讲是压缩空气有水，我们就花了一些钱，搞了个脱水装置，脱掉水后还是不行。后来冷轧厂几位厂长到联邦德国去考察，发现联邦德国没有一家用这种形式的。并获知联邦德国给委内瑞拉也设计了这种形式的摆动门，也不好使。后来查明这是联邦德国在国外搞的试验。它这一试验几乎把酸洗都试趴下来了。酸洗在最困难的时候，一个月只能洗3万~4万吨，五机架老待料停轧，严重地影响了生产。改造以后，现在酸洗能满足五机架的需要。热轧厂的6台除鳞泵也不好使，经改造后，完全恢复了正常运行。又如热轧厂R_3主电机轴承温度高，日本人调来调去无法调试好，临走的时候说这个东西他们也搞不了啦！这回，机电部和热轧厂的同志把它搞好了。再就是热轧电缆紊乱的问题，已经普查完，现正在涂防火涂料，下一步准备装防火报警设施，问题逐步予以解决。另外，硅钢厂剪切线的定尺剪根本不好使，是日方设计错误，后来，我们把它改了，也好用了。硅钢厂的氢气发生站电解槽，是最落后的工艺。槽子占地面积大，每年检修一个系列费劲得不得了，劳动条件非常坏。同样，德国人给冷轧的设计就非常简单。所以我们从1983年就决定改，现已改了2个系列，准备全部改掉日方给我们的这些落后东西。所以说，引进的设备总体来讲是先进的，但个别部分落后的也有。这可能有两种情况：一种是外方把没有经过充分考验过关的给送来了；另一种是他们粗制滥造和摊销陈旧设备。像硅钢厂的那个电解槽，我们分析是日方把淘汰设备卖给我们了。因此，对引进设备也存在着技术改造攻关问题。

（5）在提高人员素质、抓队伍的思想作风和提高操作水平上下功夫。因为“一米七”是建在“文化大革命”期间，进厂的工人80%是招的上山下乡知识青年。从这一批职工来看，主流是好的，但受了“文化大革命”的影响，无政府主义的流毒比较深，组织观念、纪律观念和责任心都比较差。而其中有一部分不愿学技术，文化又特别低，可以说是高中文凭，小学水平，个别人连26个英文字母也认不清。根据这个情况，我们一方面加强政治思想工作，抓劳动纪律；另一方面，我们进行人员调整，落实经济责任制，奖惩分明，从严要求，对事故实行“三不”放过。这样严要求以后，整个职工队伍的精神面貌有了大的变化，同时加强文化技术培训，职工的素质因此得到了显著的提高。

3 “四恢复”的效果

这后面有几个表（表1~表3），反映了“一米七”轧机系统三厂一车间的生产能力。今年连铸坯可以大大超过我们规定的目标，表上写的设计为120万吨，实际今年可达到160万吨，超过设计能力1/3。热轧，原来核定设计能力为251万吨。本来的设计能力是301万吨，那核定设计能力又是怎么出来的呢？就是根据日方的计算，因为他原来设计的是用连铸坯（大坯子），我们有一部分初轧坯子小，单重小，经核算觉得热轧 R_3、R_4 粗轧机马达能力小，压下量小，这样计算的结果，认为热轧的能力只有251万吨。这就是所谓核定能力。而现在，我们热轧厂每天还限电，让峰3h，日历作业率损失12.5%，按设计能力301万吨算，减去损失的日历作业率12.5%，那实际的能力就应是263万吨，也就是原设计的能力应为263万吨。我们原来订的今年奋斗目标是255万吨，估计今年可超过260万吨，也就是说，限了电以后，把限电的因素扣掉，达到301万吨的水平。冷轧厂原来设计是100万吨，后来，考虑卷重因素在内，也核定为82万吨，而今年可以达到90万吨。硅钢厂原来设计是7万吨，我们今年就可以超过7万吨，轧制量可以达到12万吨。产品合格率，实际上，外国人设计没有合格率这个指标，我们自己算合格率。外国人设计成材率，热轧厂的设计成材率是94.66%，我们去年就达到96.68%，超过了设计。冷轧厂的设计成材率是83.68%，去年达到89.9%。硅钢厂设计的成材率是71.97%，这里头有一个因素，原来设计的硅钢是用模铸，我们现改为连铸，现在我们的成材率是82.9%，超过了设计水平。计算机的故障情况，都比1982年以前大大地降低。能源消耗也比设计下降。有效作业率，把日常的检修、限电都抛掉，今年热轧厂前5个月的作业率大概是84%～85%，都算是达到了一定的水平。总体来讲，“一米七”轧机系统投产到现在经过“四恢复”以后，今年就已经达到了设计水平。从1981年，国家对“一米七”轧机系统正式验收交工算起到现在大约花了4年的时间，按1978年算是7年时间。国际上一般的情况看，一个新厂、新设备从投产到达到设计能力，一般是2～3年。武钢从交工验收算起大约推迟了2年时间。应当承认是走了弯路，而这个弯路是在特定的历史条件下造成的。但在冶金部的正确领导下，在兄弟单位、科研单位、教学单位、设计单位和机械制造单位的一些有经验的同志的大力协助和辛勤工作下，经过全体职工的共同努力，经过“四恢复”，现在已达到并超过了设计水平。

表1　1980～1985年产量　　(t)

指标名称	设计能力	实际产量					
		1980年	1981年	1982年	1983年	1984年	1985年目标
连铸坯	1200000	602235	721746	794131	925535	1276989	1500000
热轧材	2510000	883167	1312012	1523290	1806695	2187403	2550000
冷轧材	820000	262971	453690	503580	590980	752369	900000
其中：镀锌板	150000	69876	82687	99477	108273	120690	150000
镀锡板	100000	20524	28500	40071	40676	58637	40000
硅钢厂	70000	47866	63861	107550	122270	117132	125500
硅钢片	70000	12776	21138	23556	33226	59661	70500
其中：取向	28000	4856	10758	6672	10990	22346	28200
无取向	42000	7920	10380	16884	22236	37315	42300

表 2 产品合格率逐年提高 （%）

年 份	综合合格率			综合成材率		
	热轧	冷轧	硅钢	热轧	冷轧	硅钢
1980	98.83	93.33	93.02	93.77	86.90	86.95
1981	97.95	93.91	90.93	94.93	86.49	83.32
1982	98.21	93.40	95.55	94.47	87.46	86.16
1983	99.29	96.74	99.46	96.72	89.92	82.90
1984	99.26	97.51	99.36	96.68	89.90	82.35
1985①	99.26	97.66	99.37	96.70		

① 为目标值。热轧、冷轧、硅钢综合合格率无设计值，综合成材率设计值分别为 94.66%、83.68%、71.79%。

表 3 热轧厂有效作业率逐年提高

时 间	有效作业率/%	时 间	有效作业率/%
1979 年	64.44	1983 年	78.80
1980 年	70.72	1984 年	82.39
1981 年	67.18	1985 年 1～4 月	84.76
1982 年	71.21		

4 存在问题和今后努力方向

“四恢复”从总体上来说，虽然已经基本完成，但对于局部机组或者单位设备来说，仍然没有完全完成。这就需要我们继续努力，在“一米七”取得初步成绩的基础上，对设备管理体制进行改革，对管理基础工作进一步加强。备品备件的供应还要进一步做好，要更多地立足于国内。图纸工作还要加强，没有测绘完的，要迅速组织测绘完。特别是有些设备国外已经淘汰了，需要更新换代或者改代，尤其是计控仪表和计算机的更新换代工作迫切。热轧的计算机是 1978 年投产的，按规定 10 年，也就是到 1988 年应更新换代。计算机上有些辅助备件，现在已经买不到了。我们感到下一步的改代任务是很重的。现在新的技术革命在向我们提出严重的挑战，经济体制改革也要求我们解放思想，认真解决管理中的新情况和新问题。大家知道，设备的磨损包括两个方面：一是有形磨损，还有一方面是无形磨损。“四恢复”的工作主要是在有形磨损上做工作。下一步我们还面临整个“一米七”轧机系统的无形磨损，也就是说，设备逐渐会老化，技术会陈旧，需要赶上新的技术水平，所以说“四恢复”的任务基本完成，只能是一个起点。我们应当在这个基础上把“一米七”轧机系统的工作推到一个新的阶段。从掌握和消化引进技术阶段转入到赶上 20 世纪 80 年代水平，以及进一步进入 20 世纪 90 年代国际水平的阶段。我们准备在“七五”期间进一步搞好技术改造。采用新技术，把“一米七”轧机系统落后的部分逐渐改掉。希望在“七五”期间热轧厂的产量达到 360 万吨，超过设计 20%。硅钢厂达到 11 万吨，超过设计一半以上。连铸今年可达到 160 万吨，比我们原来估计的要好，还准备再进一步提高。冷轧厂准备在原板线建成以后，使生产能力超过设计 20%，达到 120 万吨。

提高质量降低消耗推动技术进步*

1 “六五”期间武钢生产的发展

“六五”期间，武钢生产有了新的发展。按“六五”规划规定，武钢在1985年末达到钢、铁年产各400万吨的水平（1985年计划钢产量为370万吨，铁为375万吨），“一米七”系统三厂一车间达到核定设计能力。二炼钢厂连铸和硅钢厂将超过设计能力，热轧厂和冷轧厂也将超过设计能力。1985年与1980年主要生产指标的比较见表1。

表1 1985年和1980年主要生产指标比较

年 份	1985	1980	设计能力
钢/万吨	396.7	277.7	400
连铸坯/万吨	160.8	60.2	120
铁/万吨	406.4	344.3	400
钢材/万吨	334.1	186.5	
产品优质品率/%	62.56	6.05	
热轧厂产量/万吨	263.5	88.3	（核定能力）251
冷轧厂产量/万吨	90.08	26.3	（核定能力）82
冷轧硅钢片/万吨	7.8	1.27	7

武钢前21年（1958~1979年）上缴国家的利税额相当于国家对武钢老厂的投资。“一米七”系统投产后的7年（预计从1980年到1986年上半年）时间，武钢上缴利税将超过国家对“一米七”系统的投资。1985年与1980年相比，钢产量增长了42.85%，工业总产值增长了72.4%，实现利税的增长幅度为205.8%，上缴利税的增长幅度为133%。总体来看，“六五”期间，武钢超额实现了规划目标，经济效益是良好的。

“六五”期间，武钢能够取得上述进步的主要原因，除政治和管理原因之外，还有如下原因：

（1）加强了老厂的技术改造，使其适应“一米七”轧机的需要，并有计划地推动技术进步，采用国际新技术，如：烧结机采用铺底料和厚料层、矿石混匀、高炉槽下烧结矿过筛、高炉煤炉喷吹、平炉用氧、转炉顶底复合吹炼、平炉钢包吹氩、全连铸、

* 原发表于《钢铁》，1986，26(9)：1~3。

钢水真空处理、连铸坯热送以及发展新钢种等等。技术进步和技术改造转化为生产力，推动了生产的发展。

（2）以管好、用好“一米七”系统设备为中心，消化和掌握引进新技术。1982 年开展了“一米七”系统三厂一车间设备的“四恢复”工作（即恢复到设计的精度、性能、自动化程度和外观）。在改善设备状况的同时，消化和掌握“一米七”系统引进技术。到 1985 年，连铸机与硅钢厂均超过了设计能力，热轧厂与冷轧厂也超过了核定的设计能力。

2 “七五”期间武钢的三大任务

2.1 使生产逐年稳定增长，效益稳定提高

武钢需要进一步发挥“一米七”轧机的潜力；必须继续进行技术改造，使钢铁达到年产双 600 万吨的生产能力；必须采用先进技术、提高产品质量，使武钢进入 20 世纪 80 年代的先进水平。

2.2 加速技术改造进度，保证武钢在“七五”后期及“八五”期间具有后劲

部分“六五”期间未能完成或尚未开工的大项目，如二烧车间改造、矿石场改造、增加原板作业线等必须努力在“七五”期间的前几年建成，以保证生产进一步发展。为使钢铁年产达到双 600 万吨，必须着手新建三炼钢厂、3 号高炉移地大修、增建四烧车间及 7 号焦炉等大的技术改造项目。

2.3 迎接两大挑战

当前，武钢面临的一大挑战是价格体系的调整。1985 年价格体系开始调整，预计“七五”期间将有更大调整，为使武钢产品成本不至升高过多，必须提高效率，降低消耗，消化调整因素。

武钢面临的另一大挑战是国内外新技术的挑战。

因此，“七五”期间，武钢必须一手抓现有设备的挖潜，一手抓技术改造。依靠技术进步对现有设备挖潜改造；对新建项目，必须采用 20 世纪 80 年代行之有效的新技术。

为满足武钢轧机发挥潜力后的需要，炼铁、炼钢能力都必须达到年产 600 万吨。现有炼铁、炼钢设备经挖潜改造后，冶炼能力虽比设计的 400 万吨可能有所提高，但与双 600 万吨的要求相差甚远。因此，武钢实现双 600 万吨规划的重点是扩大炼钢、炼铁能力。三炼钢厂必须采用 250t 的顶底复合吹炼转炉、铁水脱硫、RH真空处理，年产 250 万吨的 2600mm 双流连铸机，实现全连铸并采用板坯纵切，以适应热轧板坯热送的需要；新 3 号高炉必须采用新型无料钟炉顶、使用计算机判断炉况、炉顶余压发电、高炉全部操作实行计算机集中控制，使高炉工序能耗达到国际先进水平，生铁质量满足炼钢需要。在钢材产品的结构上，以现有轧机为基础，采取“扬长补短”的方针，发展国民经济急需的高效品种，在提高社会经济效益的同时，增加本企业的经济效益。初步设想是使武钢成为我国冷轧硅钢片厂的生产基地，对现有硅钢片厂进行技术改造，

专门生产高牌号取向及无取向硅钢片，质量要求达到新日铁广畑厂的水平。新建第二冷轧厂专门生产0.5mm以下的冷轧普板并生产低牌号冷轧硅钢片和镀锡板。现有冷轧厂增建0.3mm以下的原板生产线和彩色涂层生产线。现有大型厂除生产专门由武钢生产的型钢及重轨外，并在大型厂后部增建高速无扭曲线材轧机。轧板厂集中力量生产专用板、低合金板和优质板。

3 1986年的生产技术工作方针

1986年是武钢实现“七五”规划的第一年。在这一年中，生产技术应着重抓好以下五个方面的工作。

3.1 以提高品种质量和降低消耗为中心组织生产

由于1985年已达到双400万吨设计规模，今后增产的潜力不会像1985年那样大。因此，今后提高经济效益的途径将从产品的“量”的方面向质的方面转变。提高质量，增加高效品种，给企业带来经济效益。以武钢新发展的铁路用耐候钢为例，用耐候钢生产的车辆比用普碳钢生产的车辆，寿命提高1~2倍，生产1辆车的效益，相当于生产2~3辆普碳钢制车辆的效益。1986年，公司将要把平炉钢的合格率提高一步；“一米七”系统按国家标准组织生产，将产品优质品率提高到60%以上。在节能方面，要在吨钢能耗和万元产值能耗以及大部分工序能耗方面创国内第一流水平。

3.2 开展重点技术，推动全公司技术进步

根据1986年的生产经营目标，公司已确定并颁布了12项重点技术攻关项目，其中包括：地下采矿技术攻关、烧结矿质量攻关、4号高炉生产水平攻关、平炉用氧工艺攻关、铸锭工艺和钢锭质量攻关、转炉复合吹炼创国际水平攻关、全连铸工艺赶国际先进水平、热轧板坯热送技术攻关、冷轧厂生产超设计水平攻关、发展新品种形成22个钢材产品系列、提高成材率达到85.7%攻关、节能技术攻关等。

3.3 以全面质量管理为中心推行现代化管理

全面质量管理的基本思想是：质量管理全员的、全过程的，用工作质量保证产品质量。1985年7月份，公司决定：公司推行现代化管理是以全面质量管理为中心；1986年，经济责任制也将以建立全面质量管理的考核为中心。

3.4 以设备挖潜为中心，使“一米七”轧机系统全面超设计水平

1985年“一米七”轧机系统超过核定设计能力的根本原因，就在于设备状况得到改善。1986年热轧厂产量要超过300万吨，冷轧厂要超过100万吨。使“一米七”轧机系统全面超设计的关键，仍然是提高设备的作业率。

3.5 加速“六五”未完项目的建设和“七五”规划项目的前期准备

1986年技术改造的重点是：抓好矿石场进厂皮带通廊建设、二烧车间改造、彩色

涂层线建设、碎铁场搬迁和其他“六五”未完项目的建设。二炼钢厂2号真空处理装置、冷轧厂原板作业线的前期工作要加速准备，力求在1987年开工。3号高炉异地大修和新建三炼钢厂两个系统工程，重点是完成新3号高炉的初步设计和完成三炼钢厂厂址的重油库、一煤气加压站、耐火站等设计搬迁的设计工作。要求彩色涂层线在1987年二季度建成；矿石场进厂皮带通廊和二烧车间在1987年末建成。这些项目对保证“七五”规划后期的后劲和在“八五”期间实现双600万吨规划具有十分重要的意义。

坚持以质量为中心*

——关于1988年的生产技术工作

1　1987年工作回顾

1987年是武钢在超过设计400万吨水平后继续前进的一年。虽然1987年上半年因宝钢供坯量减少20万吨，对钢材产量有不小影响，由于全公司广大职工的努力，用铁、钢增产弥补了损失。1987年生铁、钢和钢材等主要产品产量均达到了预期目标。生铁产量为445.7万吨，比上年增加23.3万吨。钢产量为441.3万吨，比上年增加24.9万吨，其中平炉钢增加14.9万吨，转炉钢增加10万吨。钢材总产量为423万吨，比上年增加了17.9万吨，其中“一米七”三厂热轧厂增加10.2万吨，冷轧厂增加5万吨，硅钢片产量增加0.98万吨。1987年生铁、钢和钢材的产量都是武钢历史最好水平，相当一部分技术经济指标也创造了历史最好水平。

1987年在质量工作方面也取得显著进展。产品实物质量不断提高，在中质协组织的八大钢用户评议中武钢博得好评，产品质量和用户服务分别被评为第二名和第一名。4月份武钢推行全面质量管理，经冶金部、湖北省、武汉市联合验收合格，是钢铁企业验收的第一家。自1986年下半年武钢即着手按国际标准组织生产，1987年取得很大进展，全年按国际标准生产的钢材达到76.01%以上，远远高出全年奋斗目标。经过全面质量管理的推行和全面质量管理教育，各级领导质量意识普遍增强。二级厂创质量管理奖的积极性很高，除硅钢厂通过国家质量管理奖预评外，还有冷轧厂、大型厂、一炼钢厂、热轧厂等8个厂通过部、省、市级质量管理奖的复评和4个厂通过了预评。武钢4C船板和八、九码头工程分别获得国家优质产品和优质工程银牌奖，公司获金银牌总数达到12块。QC小组活动进一步发展，到1987年末QC小组总数已达到1778个，参加人数15000人，全年共获得国家级优秀QC小组2个；部级优秀QC小组8个；省级优秀QC小组8个；市级优秀QC小组15个。11月份国家经委表彰全国68家企业为推行全面质理管理效果显著的企业，武钢是其中之一。

能源和原材料消耗继续下降。吨钢综合能耗预计可达1190kg，比1986年下降48kg。吨钢可比能耗第一次降至1000kg以下，预计可达到988kg。平炉钢铁料消耗显著下降，预计可达1116kg。

由于产量增长、质量提高、消耗下降，1987年全公司经济效益比1986年又前进了一步，预计全年利税总额可达14.78亿元（不包括市区厂），比上年增长10%，全员劳动生产率预计可达3万元以上，资金利税率预计可达26.81%。

1987年初，公司工作会议提出的铁、钢、材和利税的指标和全公司达到国家一级

---

* 原发表于《武钢技术》，1988，26(1)：4～8。

企业的奋斗目标。现在看来除资金利税率因固定资产原值高而达不到一级标准外，其余均可达到一级水平。

1987 年能够取得上述进步主要是依靠了两方面的工作：一是以全面质量管理为中心推行科学管理和现代化管理；二是大力推动技术进步。不仅抓了公司重点科技攻关项目，还抓了产品质量攻关，新产品试制和转产以及群众性的技术革新和合理化建议活动。1987 年的工作再一次证明科学管理和技术进步确实是企业前进的两个轮子。

在回顾 1987 年的时候必须清醒地看到存在的问题，主要是：安全生产情况不好，无论人身或设备，生产事故都时有发生；资金利税率仍低于国家一级企业标准；产品实物质量和国际先进国家相比还有不小的差距。这些问题都要求我们努力解决。

2 企业的生产活动必须以质量为中心

上述问题的解决从根本上来讲，要靠企业提高素质。

企业素质包括技术装备素质、管理素质和人员素质。这些方面素质的水平集中表现为最终产品的质量。反过来讲，只有以质量为中心来提高企业技术装备素质、管理素质和人员素质，才能从根本上提高企业素质。离开了提高最终产品质量这个中心讲提高企业素质将会变成无的放矢。

社会主义企业区别于资本主义企业主要特征之一，是社会主义企业不单纯追求企业经济效益，而主要追求整个社会的经济效益。抓住了提高质量这个中心，就可以把企业经济效益与社会经济效益统一起来。特别目前我国工业产品需求大于供给的情况下，只有提高产品质量，延长使用寿命，提高产品的使用价值才能缓和供需矛盾，使供需关系走向良性循环。

我国现在实行对外开放的经济政策。增强我国出口创汇能力是对外开放政策的经济基础。要增加出口创汇能力必须提高产品质量。在国际市场上只有高质量的产品才有竞争力，没有竞争力的产品不可能出口创汇。出口创汇能力差就没有可能引进国外的先进工艺技术和装备。目前我国还有一部分材料和机电产品因国内不能满足要依靠进口。国务院一再提出要把依靠进口的材料和设备逐渐转变为立足于国内。国内产品替代进口的关键是产品质量问题。由此可见，只有提高产品质量，使其赶上国际水平才能增加出口创汇能力，才能减少机电产品的进口，才能更好地实行对外开放政策，加速经济发展。由此可见，只有不断地提高产品质量才能加快我国社会主义现代化进程。

综上所述，武钢要提高企业素质，要增加经济效益，要达到国家特级企业水平并赶上国际先进水平，必须把质量工作作为企业生产经营活动的中心。

3 以深化全面质量管理为中心推动企业管理

企业管理以质量为中心，必须深化全面质量管理，用全面质量管理推动企业管理。

全面质量管理的基本原理强调质量形成的全过程的管理；强调过程管理的全员性；强调工作质量决定产品质量；强调认识与实践过程的反复循环提高；强调数理统计方法的应用；这些原则和方法对企业管理的各方面都适用。

武钢自 1979 年开始学习应用全面质量管理。9 年来经历了学习模仿、推行探索和发展3个阶段并已取得实效，产品实物质量逐年提高，已初步形成从原料进厂到成品出厂售后服务的质量保证体系。下一步的工作是进一步健全和加强产品形成过程的质量保证体系，并将全面质量管理的基本原理运用到全公司各方面管理工作中去，形成全公司的质量保证体系（即石川馨所说的WCQC）。

为了推动这项工作，必须以全公司创国家质量管理奖为手段。通过创国家质量管理奖使公司各方面的工作都得到加强和提高。

对产品质量保证体系，必须进一步加强工序管理。要深化质量管理点，根据现代化工厂的特点建立综合型质量管理点。将“一条龙”管理的品种进一步扩大，逐步扩大到所有品种。加强生产线的信息传递和反馈，使上工序的主要数据及时传到下工序，下工序的问题及时反馈到上工序，并逐步实现计算机管理，以便及时分析原因、采取措施。在为主生产线直接服务的单位完善质量保证的子系统，除加强已建立的原燃料、包装材料和计控仪表子系统外，还要扩展到能源介质、油脂、耐火材料、合金材料等方面去。为不断加强产品质量保证体系，推行标准化是重要的一环，也是最重要的基础工作。要不断完善提高内控标准和工艺规程，并随着工艺技术进步和品种的发展不断更新。不断地推行标准化操作，使产品质量保证体系的各工序、各管理点和各岗位都实现标准化。

对主生产线和直接为主生产线服务的单位以外的部门和二级单位，他们的工作对产品质量无直接影响（如后勤、医疗、教育），但他们的工作对象是直接从事生产活动的职工。他们的工作质量直接影响从事生产活动职工的自身和家庭，直接影响职工的劳动积极性。对这些单位和部门推行全面质量管理则是强调用不断提高工作质量来保证良好的服务质量。

对公司的管理部门最主要的是发挥其质量职能，用不断提高工作质量来发挥其质量职能。

由此可见，公司深化全面质量管理必须加强两个质量保证体系：一个是以生产厂和直接为生产服务的单位组成的产品质量保证体系，另一个是以管理部门和非生产系统以及为全公司职工提供各方面服务的单位组成的工作质量保证体系。

中质协已对各类工业企业规定了创国家质量管理奖的评审条件。最近又对大型联合企业创国家质量管理奖评审条件提出了草案。我们各二级单位应按中质协评审条件要求加强各方面的工作，不断地对照分析、找差距、进行整改，使本单位的工作达到评审条件要求。

为了使生产单位以外各系统的创奖工作符合公司实际，公司已拟定了各系统的内部评审条件，各系统应按条件要求对照分析、找差距、不断整改，通过创奖提高工作质量。

公司准备组织一支全面质量管理的咨询诊断队伍，对各单位的推行全面质量管理的工作分期分批地进行咨询诊断，帮助各单位进行整改。

公司已有一批创国家、部、省、市质量管理奖的单位，通过评审诊断已有整改计划。这些整改项目必须在3月份以前完成。对于其他二级单位公司将分别组织咨询，提出整改计划。对于管理部门要首先明确质量职能，以发挥质量职能为中心完善工作质量保证体系。

初步设想，1988年4月份请中质协与部、省、市对全公司创国家质量管理奖进行咨询。在咨询的基础上提出整改计划，并力争二季度内整改完毕。7月份请部、省对武钢全公司质量管理创奖工作进行检查验收，争取一次合格，为明年申请国家质量管理奖预评创造条件。

创全公司质量管理奖不是目的，只是深化全面质量管理的手段和方法。我们深化全面质量管理的目的是提高企业素质。

4 以提高产品实物质量为中心，开展科技攻关，推动全公司技术进步

4.1 为推动全公司技术进步，公司已确定了1988年科技攻关项目

1988年科技攻关项目见表1。

表1 1988年重点科技攻关项目

序 号	项 目	提高质量	增加产量	降低消耗
1	地下采矿工艺攻关		○	
2	改善烧结矿质量技术攻关	○	○	
3	4号高炉生产技术创一流水平攻关	○	○	○
4	提高平炉生产、技术质量水平攻关	○	○	
5	改进模铸工艺技术水平攻关	○		
6	提高转炉炼钢生产技术水平攻关	○	○	○
7	扩大铁水预处理和钢水真空处理能力	○		
8	提高连铸坯质量攻关	○		
9	型钢生产工艺及质量改进攻关	○		○
10	中厚板提高质量攻关	○		
11	热轧厂生产技术质量攻关	○	○	
12	提高冷轧产品质量攻关	○		
13	冷轧硅钢生产技术质量攻关	○	○	○
14	新产品试制攻关	○	○	

在1988年14项重点攻关项目中，属于提高质量的项目有13项。为提高产品实物质量，使其赶上国际先进国家产品水平，必须抓好以下三个方面的工作：

（1）提高钢质：

1）标准落后是我国钢铁产品质量差的重要原因。国外厂家实际上实行的是远远严于国际标准的内控标准，而内控标准和工艺规程则是各厂家的know-how。我们必须研究改善严格内控标准，细化产品标准，缩小控制范围。使内控标准赶上国际先进水平。

2）有计划地组织质量攻关。针对产品质量上的关键问题组织研究人员和生产人员联合攻关，如1987年的15MnP攻关和20g攻关等。

3）消化掌握新技术。对引进的电磁搅拌和1988年即将投入使用的MARK法、TN喷粉等新技术要组织专门班子研究、消化、掌握。

4）进行新工艺开发。借鉴国外经验进行CAS法，一炼钢厂铁水预处理、IF钢、

洁净钢、钢水过滤的试验研究工作。

（2）提高轧钢工艺水平，提高最终产品的质量：

1）热轧厂要在改进板型上下大功夫。

2）冷轧厂酸洗要提高焊接质量，减少焊缝断带。

3）冷轧厂要提高厚度控制，提高产品精度，减少头尾厚度超差。

4）冷轧厂要改进退火质量，减少粘结和氧化。

5）镀锌板与镀锡板要减少二级品和废品，提高成材率。

6）彩涂板要使产品质量达到国外水平。

7）改进普冷涂油、包装、消灭锈蚀。

8）硅钢厂要努力使产品达到日本产品水平。

9）大型材要减少表面缺陷和尺寸超差。

10）中厚板要努力提高原品种合格率，改进表面质量，增加探伤板的产量。

11）钢材的包装需要进一步改进。

（3）坚持上工序为下工序提供优质服务，提高原材料和半成品的质量：

焦化、烧结两厂要提高焦炭和烧结矿的质量，为高炉高产低耗创条件；高炉要为炼钢提供低硫低硅铁水；平炉要为初轧提供优质钢锭；初轧厂要为成材厂提供表面良好的钢坯；二炼钢厂要为热轧厂提供优质连铸坯；矿山要为青山提供优质矿石；耐火厂要为炼钢厂提供优质耐火材料。提高产品质量必须从精料抓起。

4.2 在进行科技攻关和质量攻关的同时必须大力开展群众性的技术革新、合理化建议和 QC 小组活动

只有这样才能调动广大职工的积极性，使大多数职工投身到技术进步中去。QC 小组活动是群众参加管理的一种好形式，要将 QC 小组与班组建设相结合，与方针目标攻关相结合，使 QC 小组活动成为提高职工素质的手段。

4.3 进行科研体制改革的探索，使科学技术较快地转化为生产力

1988 年准备对钢研所和公司重点攻关项目试行课题承包。承包的目的在于使科研与生产密切结合，使科研成果尽快转化为生产力。这是新尝试，可能会出现许多问题，只有通过实践去解决。

总之，1988 年的生产技术工作可以概括为坚持一个中心——质量，转动两个轮子——以 TQC 为中心的管理和以提高产品实物质量为中心技术进步，向着国家质量管理奖和国家特级企业的目标前进！

建设“质量彻底优先”的企业文化*

1988 年是坚持以质量为中心的一年。自 1987 年公司提出“突出两个中心”以来，由于全公司广大职工的努力，1988 年无论以提高产品实物质量为中心的技术进步或以全面质量管理为中心的企业管理都取得了显著的进展。虽然自 1988 年 6 月份起煤炭、铁矿石供货欠交，运输不畅，电力供应紧张以致 12 月份不得不将 4 号高炉及初轧机等主体设备的检修提前，1988 年生产水平仍比 1987 年有明显增长。生铁、焦炭、烧结矿的产量因煤炭欠交 32.7 万吨，铁矿石欠交 85.5 万吨，基本维持 1987 年的水平，钢与钢材均比去年增长。1988 年平炉钢比 1987 年增长 0.10 万吨，转炉钢增长 7.06 万吨，钢材总量增长 28.83 万吨，热轧厂产量增长 12.03 万吨，冷轧厂增长 7.37 万吨。1988 年钢与钢材的产量都是历史最好水平。

1988 年数量方面的增长与过去几年相比，幅度是比较小的。一方面是外部原燃料、能源与运输等条件的制约；另一方面的原因则是主体设备大都超设计能力，新技术措施未能投入使用，数量增长的潜力不大。由于坚持以质量为中心，1988 年在质量工作方面取得显著进展。今年年初，中国质量协会组织八大钢铁公司产品质量第二次用户评议，武钢继 1987 年之后又博得好评，产品质量和用户服务分别被评为第一名和第二名。按国际标准组织生产的钢材产量比 1987 年有较大幅度增长，达到 83.10%，其中按国际先进标准组织生产的钢材产量比达到 71.70%，远高出全年的预定目标，居全国钢铁企业的首位。1988 年 3、4 月间武钢聘请中国质量协会的专家对武钢的全面质量管理工作进行了咨询，其后武钢根据咨询建议组织整改。5 月份冶金部、湖北省、武汉市联合对武钢申请国家二级企业进行评审确认合格，并对武钢以全面质量管理为中心的企业管理和升级工作予以充分肯定。9 月份部、省、市联合对武钢的全面质量管理工作进行检查评审，确认武钢已达到部、省级大型联合企业质量管理奖条件，武钢成为第一家获得部、省级大型联合企业质量管理奖的企业。这些活动进一步增强了各级领导的质量意识，二级单位创质量管理奖的积极性很高，除硅钢厂通过国家质量管理奖复评外，还有热轧厂、第二炼钢厂、初轧厂、炼铁厂、焦化厂、供水厂、机总厂等 14 个单位通过省、市级复评和预评。1988 年汽车大梁 T52L 获得国优金质奖，至此，公司金、银牌总数已达到 13 枚。QC 小组活动进一步发展，不仅限于主体厂和生产辅助厂，在后勤服务部门也开展起来，到 1988 年底 QC 小组总数已达 3352 个，参加人数 25930 人，全年共获得国家级优秀 QC 小组 2 个，部级优秀 QC 小组 11 个，省级优秀 QC 小组 10 个，市级优秀 QC 小组 20 个，QC 小组活动创造的价值达 6058.57 万元。

能源消耗继续下降，吨钢综合能耗实际已达 1169kg，比 1987 年降低 8kg，吨钢可比能耗达 969kg，比 1987 年下降 17kg。这是武钢历史最好水平，也是钢铁联合企业

* 原发表于《武钢技术》，1989，27(1)：1 ~5。

（包括矿山）的先进水平。

由于质量提高，消耗下降，虽然产量增长幅度不大，且有相当多的原材料涨价因素，1988 年全公司经济效益比 1987 年又有增长，全年税利总额预计可达 16.26 亿元（不包括市区厂），比上年增加 10.16%，全员劳动生产率可达 33432 元，继续在国内钢铁联合企业领先。1988 年初公司提出的铁、钢、材和利税的预定目标，除因外部条件影响不得不停主体设备检修而放弃铁与钢的奋斗目标外，钢材与利税目标均已完成，合同执行率连续 6 年保持 100%。

安全生产情况比 1987 年明显好转，达到历年来的最好水平。

1988 年的工作证明，坚持以质量为中心，科学管理和技术进步这两个推动企业前进的轮子就能更加协调地向前运转。

1　技术进步必须以提高产品实物质量为中心

社会主义企业区别于资本主义企业的基本特征之一，是社会主义企业不单纯追求企业经济效益，而主要追求整个社会的经济效益。只有提高产品实物质量才能把企业经济效益与社会经济效益统一起来。目前我国工业产品需大于供，只有提高产品实物质量，延长使用寿命，才能缓和供需矛盾，增加有效供给，为经济改革创造良好的环境。

公司组织了武钢产品实物质量与国外先进国家同类产品的对比调查。调查结果表明 1988 年下半年，虽然武钢一部分产品已达到或接近于国际先进水平，但相当多的产品与先进国家相比有明显的差距。因此 1989 年的技术进步必须以提高产品实物质量为目标。

为推动全公司技术进步，公司已确定了 1989 年科技攻关项目（表 1）。

表 1　1989 年重点科技攻关项目

序　号	项　　目	提高质量	增加产量	降低消耗
1	地下采矿工艺攻关		○	
2	提高焦炭质量技术攻关	○		
3	改善烧结矿质量技术攻关	○		
4	4 高炉生产创水平技术攻关	○	○	○
5	提高平炉生产技术和质量水平攻关	○	○	○
6	改进模铸工艺提高钢锭质量技术攻关	○		○
7	扩大铁水预处理能力，增加真空处理钢比例	○		
8	提高转炉生产技术水平攻关	○	○	○
9	提高连铸坯质量攻关	○		
10	提高初轧坯质量技术攻关	○		
11	提高型钢生产工艺及产品质量攻关	○	○	
12	提高中厚板质量攻关	○		
13	提高热轧宽带钢质量攻关	○		
14	提高冷轧产品实物质量攻关	○		
15	提高冷轧硅钢片质量与改进工艺攻关	○		○

从表 1 可以看出，1989 年的科技攻关是以提高质量为中心的。为提高产品实物质量，重点要抓好以下几方面的工作。

1.1 改进钢的质量

几年来钢的质量有改进，但与赶超国际先进水平还有不小差距。为改进质量，重点要抓好：

（1）改善平炉钢的质量。重点是用机械封顶的办法改善沸腾钢的质量，并充分发挥 MARK 法、MARS 法及 TN 喷粉装置的作用。

（2）加强工艺管理，发挥现有装备的作用，如 KR，复吹后搅吹氩，加铝机，真空装置及连铸机的技术效果，缩小成分内控范围提高转炉钢的质量。

（3）进行新工艺开发。如喂包敷线，IF 钢，钢水过滤等。

1.2 提高轧钢工艺水平

轧钢工艺远不能适应提高产品实物质量的要求，要在以下几个方面下功夫：

（1）改进热轧厂板型，满足冷轧及硅钢轧钢工艺需要。

（2）改进冷轧厂酸洗工艺，提高焊接质量，减少焊缝断带。

（3）改进五机架工艺，提高产品精度，减少头尾厚度超差。

（4）改进冷轧厂热处理工艺，提高性能合格率，减少黏结和氧化。

（5）改进镀锌与镀锡工艺，减少二级品和工艺废品，提高成材率，攻克小锌花和镀锌板平整技术关。

（6）提高硅钢片的尺寸精度，改善表面质量。

（7）改善冷轧产品的涂油和包装，改进标签，全面提高包装水平。

（8）提高大型材的尺寸精度，减少表面缺陷。

（9）提高中厚板热轧一次合格率，改进表面质量，增加探伤板的产量。

1.3 提高服务质量

坚持上工序为下工序提供优质服务，提高原、辅材料和半成品的质量。提高产品质量必须从精料抓起。

1.4 加强技术革新，探索科研体制改革

进行科技攻关和质量攻关的同时，大力开展群众性的技术革新、合理化建议和 QC 小组活动，使大多数职工投身到以提高质量为中心的技术进步中去。还要进行科研体制改革的探索，使科学技术较快地转化为生产力。

2 以全面质量管理为中心推动现代化管理

武钢推行全面质量管理 9 年来已取得实效，产品实物质量逐年提高，已初步形成从原料进厂到成品出厂售后服务的“一条龙”质量保证体系。这个产品形成过程的质量保证体系，已在保证产品实物质量方面发挥了重要作用。下一步的工作是健全和加强产品质量保证体系，并把全面质量管理的基本原理运用到公司各方面管理工作中去，

建成全公司的工作质量保证体系，从而形成全公司的以质量为核心的生产经营管理体系。为推动这项工作，全公司创大型联合企业国家质量管理奖将是一个有效的手段，通过创国家质量管理奖来加强和提高公司各方面的工作。

对产品质量保证体系，一是深化，二是延伸。对现有“一条龙”质量保证体系，要深化工序管理，强化工序管理特点，扩大和完善联合型管理点。对新产品开发保证体系，要加强市场需求调查和预测，加强新产品转产后的技术保证和服务。对售后服务要加强组织协调工作。对已初步建立的原燃料、材料、能源介质、计控等几个子体系要完善和加强，使这些子体系从实际需要出发建立起质量保证体系和工序管理点，并将其延伸到供应单位。要在本年内基本做到主要原燃料，材料包括耐火材料、油脂、合金材料、化工原料、包装材料，以及主要能源介质、主要备品备件都纳入质量保证子体系之中。“一条龙”质量保证体系还要延伸到公司各矿山，各矿山根据自身特点建立起相应的质量保证体系。

在公司管理部门及主生产线和直接为生产线服务的单位以外的部门和单位，要建立工作质量保证体系。对公司管理部门最主要的是发挥其质量职能，为此，首先要理顺其质量职能，按其职能建立起工作质量保证体系。在产品质量保证体系以外的单位和部门，其工作对象是直接从事生产活动的职工，他们的工作质量直接影响着从事生产活动职工的自身和家庭，直接影响着职工的积极性。对这些部门推行全面质量管理，则是建立有效的工作质量保证体系，用不断提高工作质量来提高服务质量。

总体来讲，本年内公司推行全面质量管理的主要任务是健全产品质量保证体系，建成工作质量保证体系。这两个质量保证体系完善了，全公司的以质量为核心的生产经营管理体系也就基本形成了。

上述两个质量保证体系的健全和完善必须以健全和完善的标准化体系为基础。标准化体系包括两大体系：一是技术标准体系，一是管理标准体系。目前公司内技术标准比较齐全，但在系统化方面尚未能完全适应提高产品实物质量的需要，必须加以完善。准备将全部工艺规程分为 A 标准与 B 标准两级管理并完善内控标准，提高内控标准水平。目前公司的管理标准尚不完备。首先要在理顺管理部门质量职能的基础上，将管理标准系统化。这个系统化不是将现有的各类管理办法和规定统统废止，而是按其质量职能根据精简效能的原则加以修订补充和完善。要努力做到使每项工作程序都达到标准化，事事有人负责，各管理部门职责明确，纵横协调，形成矩阵式的管理体制。无论技术标准或是管理标准都要落实到具体岗位，这就是工作标准。在技术标准、管理标准体系建立的同时，要完善现有的岗位规程和职责条例，使其形成各个岗位的工作标准。只有标准化体系完善了并且得到落实，公司的产品质量保证体系与工作质量保证体系才能充分发挥作用。

近几年来公司明确提出以全面质量管理为中心推行现代化管理，其涵义并不是用全面质量管理取代各项专业管理，而是将全面质量管理的基本思想、理论和方法用到各项专业管理中去。全面质量管理绝不仅仅是一种专业管理或是一种方法，它是系统性科学性十分强的一套现代化企业管理的思想体系。全面质量管理强调企业管理的系统性；强调质量形成全过程的管理；强调过程管理的全员性；强调工作质量决定产品质量；强调认识与实践过程的反复循环提高；强调数理统计方法的应用；强调开展群众性的质量小组活动发挥职工群众的智慧。这些原则和方法对企业管理的各方面都适用。近两年来它在公司全员设备管理、全员安全管理以及各后勤服务部门都已得到应用并初步取得成效。随着全面质量管理的不断深化，它在各专业管理方面的应用将会更加广泛和深入。

1989 年公司深化全面质量管理的工作计划已经颁发。公司准备按健全两个质量保证体系的总部署，从加强标准化和基础工作（计器计量、原始记录、QC 小组活动、职工教育、定置管理）入手，力争在本年内基本形成全公司以质量为核心的生产经营管理体系。为推动这项工作，准备在 4 月邀请中国质量协会对全公司进行咨询，然后根据咨询意见组织整改，10 月请中国质量协会对公司创大型联合企业创国家质量管理奖组织预评。创国家质量管理奖不是目的，而只是深化全面质量管理的手段和方法。我们深化全面质量管理是为了从根本上提高企业素质，增强企业活力。

3 建设“质量彻底优先”的企业文化

上述两个方面的工作，以提高产品实物质量为核心的技术进步和以全面质量为核心的企业管理，都是为了建成以质量为核心的生产经营管理体系。要使这样的体系充分发挥作用，除了依靠作为企业管理基础的标准化体系和完善的产品质量保证体系及工作质量保证体系之外，必须发挥武钢每个职工的积极性，把提高质量作为第一追求目标，使以质量为中心的思想渗透到企业各项工作中去。用一句话概括，就是要建设“质量彻底优先”的企业文化。

企业文化是20 世纪80 年代在商品经济高度发达的西方国家兴起的有关企业经营管理的新学说。企业文化是一种群体文化，是企业经营管理体系中最深层的东西，代表着企业的价值观、道德规范和行为准则，决定着企业的经营宗旨、经营方针、发展战略、组织形式、机构设置和规章制度。武钢要真正形成以质量为核心的生产经营管理体系，必须建设“质量彻底优先”的企业文化。

一个企业的企业文化不是自然产生的，而是要企业领导者加以引导和培育逐步形成的。首先企业的领导者必须把“质量彻底优先”的思想贯穿到企业的经营方针、发展战略、方针目标和各项规章制度以及奖惩激励机制中去。与此同时，对职工进行不同层次的教育，树立“质量彻底优先”的思想，使职工通过企业的生产经营活动和文化教育活动的潜移默化，受到熏陶和引导，逐步自觉地用“质量彻底优先”的思想支配企业群体的一切活动。

由此可见，建设“质量彻底优先”的企业文化，不能单纯靠行政手段和奖惩，而要启发职工群众积极参与的自觉性，要使职工主动地参加企业的改革、方针目标和发展战略的制定。企业各级领导得要把企业发展中的问题交给职工群众，鼓励职工献计献策，开展 QC 小组活动，使职工亲身体会到自己是企业的主人，而把自身的发展和企业的繁荣融为一体，“质量彻底优先”就成为全体职工的行为准则。在这方面领导者的表率作用是重要的。企业领导者要用个人的行动表明是企业文化的代表，在建设企业文化中起表率作用实际上是无声的命令。这样领导就不是站在建设企业文化之外，而是站在企业文化建设大军之中，对职工来说既是“严师”又是“益友”，是建设企业文化中的“亲密的伙伴”。这种全员参与的局面一旦形成，“质量彻底优先”的企业文化的建成是指日可待的。

总之，我们以质量为中心推进深化企业管理的最终目的，是建设“质量彻底优先”的企业文化。“质量彻底优先”的企业文化则要在不断深化全面质量管理的过程中才能形成。这是一个长期而艰苦努力的过程，也是武钢赶超国际先进企业的唯一途径。让我们共同努力，在新的一年里为建设“质量彻底优先”的企业文化作出更大的贡献。

以全面质量管理为中心　推行企业管理现代化 走质量效益型发展道路*

1　武钢全面质量管理概况

武钢这几年推行全面质量管理过程中，概括起来主要做了九个方面的工作：

第一项工作是抓质量意识，抓质量教育。我们是社会主义企业，在我们这个国家有8亿农民的条件下，要想自然而然地产生质量意识是相当困难的，它和资本主义国家市场情况不一样。现在，我们好多同志都说，西方市场观念如何如何，实际上有很大的不同，因为他们的市场，价值规律起作用，并且不是一个长期求大于供的市场，而我们国家的市场，根据国内许多专家预测，整个紧缺的市场状况总体来讲要持续很长时间，拿钢铁来说，到2000年也还是卖方市场，而不是买方市场。不可能做到市场上要什么有什么、随便挑，没有这个可能性。这样，生产者之间就没有竞争，要想生产者自发地产生竞争意识，质量意识，真正全心全意抓质量是非常难的。因此，现在在我们国营企业真正抓质量的关键还是企业领导层的质量意识和群体质量意识，只有靠对社会主义建设和发展的高度责任感，对社会主义发展方向的高度责任感才行。所以我们始终把加强领导层的质量意识和群体的质量意识作为一项重要的工作常抓不懈。

第二项工作是加强推行全面质量管理的领导。现代化管理是把企业管理当作一个整体的系统工程来对待，而企业的任何专业管理都是这个系统的一个组成部分，要想把企业管好，不用系统工程的观点看待企业管理，不可能在整体上取得高效益。我们以前经常出现这样的情况，如财务部门发的通知和物资部门的有冲突，为什么会冲突呢？因为从专业管理这个角度来看是对的，从总体上来看是不合适的，局部上是正确的，在总体上不一定正确，所以说运用系统工程来管理企业，把各个专业系统管理纳入整个企业系统管理，这是现代化管理的精髓。因此，我们从1988年开始把企业管理机构统一起来，原先我们是三个部门抓企业管理，一个是企业管理办公室，一个是全面质量管理办公室，一个是企业升级办公室。三个部门各有一套，企业管理办公室推行现代化管理，全面质量管理办公室也有自己的一套，升级办公室管升级指标，实际上这三套根本上是一回事，都是为了提高企业素质，三个部门的工作好多都是重复的，我们经过研究，决定三办合一，把三个办公室捏在一起，成立一个统一的全面质量管理办公室，既管升级又管推广现代化管理方法和手段的应用，属于企业管理的事都管，这样一来管理体制上就加强了，各个二级厂矿也成立了全面质量管理办公室，企业管理上的事情就统一起来了。我们这样解决了机构上的问题，这就是系统工程观点。

第三项工作是建立产品质量保证体系。保证体系是从原料进厂一直到产品的包装、

* 原发表于《大众企业管理》，1990(1):6~8。

装车，装了车还不算，这两年我们还延伸到售后服务，前面原料进厂，也延伸到包括供应我们原料厂家的质量保证能力的调查。我们从 1985 年开始抓这项工作，抓到现在，我们每个月自己抽查一次，一是查实物质量，一是查包装，到成品库随机抽查，抽出一包，打开取样，检查尺寸和理化性能，还有包装合不合格，每个月抽查一次，抽查好的就表扬，奖励，不行的就扣，月月查。特别是在市场紊乱的情况下，要保证产品质量没有这些手段那是不行的。

第四项工作是抓标准化，以标准化为重点抓基础工作。企业要想使产品质量好，关键要把标准体系建立起来。标准化体系实际上是两部分，一部分是技术标准，一部分是管理标准，技术标准包括产品标准、操作规程，原材料标准都包括在内。贯彻标准对于企业产品质量是非常重要的，也可以说是企业基础工作中最重要的一项基础工作。现在我们国家的标准属于国际标准或国际先进标准，这些标准都是商务标准，商务标准就是国际上通用的，大家都认可的商务的交货标准。交货标准是国际上进行商务交往的最低标准，产品实物质量不是这个标准，应该说比这个严格得多。而且在国外来讲他自己为了保证产品的质量，都有一套内控标准。内控标准是保密的，属于技术诀窍，你想要他的，要花钱买，不花钱不给你，因为他们靠内控标准来保证他的产品质量。应该说我们的产品质量离国际上内控标准还有相当大的差距，所以，每一个企业要想真正搞好质量必须有一套内控标准，没有一套内控标准，没法跟人家比。因此，我们这几年也在搞内控标准，我们的内控标准是调查外国产品的实物质量，解剖人家的产品订出来的。

第五项工作是抓质量职能，建立生产经营管理体系。推行全面质量管理以前，我们的机构设置在思路上不够清晰，通过这几年质量职能的研究，对机构的设置逐渐清楚了。机构的设置最主要的是先把职能理顺，重点是质量职能。为此，我们花了很长的时间，根据自己企业的特点，对机构的设置进行了研究，根据质量职能调整机构。原来我公司有 40 多个部、处、室，按质量职能的分配，把机构调整为 20 多个。没有质量职能的部门，就没有存在的价值，按此原则，该并的并，该合的合。另外，把每个部门的职能都按照国际标准质量保证体系的要求，重新分解、分配。质量职能理不顺，机构设置不适应，质量保证体系、生产经营管理体系，都搞不起来。

第六项工作是在抓管理工作时，必须同时抓技术进步。管理进步与技术进步两项工作，哪一项工作单打一都不行。抓全面质量管理时还要抓技术进步开发生产力，因为产品实际上是不断发展的。不开发新产品，不进行更新换代，将来就无法满足市场要求。我国现在彩电生产线不少，宝鸡显像管厂的显像管要用荫罩带钢，这种钢材像纸一样薄，通过它来产生彩色。现在日本生产这种钢，占世界产量 80%，西欧占 20%，美国不生产。在我们国内还没有哪一家厂能生产。现在新的彩色显像管与老的又不一样了，我们老的产品还没有做出来，人家新产品又出来了，所以说不进行技术开发、产品更新换代，是没有出路的。我们这几年在抓管理的同时，不断开发新产品，不断采用新技术，取得了一些成绩，与 20 世纪 80 年代的国际水平缩小了差距。

第七项工作是落实经济责任制的考核，必须符合企业的经营方向，要在经济责任制考核中突出质量否决权。过去在考核中奖金和基本工资是分开的，质量完不成只扣奖金 30% ~40%。从 1988 年开始，如果质量达不到要求扣工资总额的 30%，这工资总额的30%与奖金的30%悬殊可就大多了。工资总额的30%超过奖金的总数额，因为奖金只占工资总额的1/4。因此质量否决不仅把奖金否了，还把工资也搭进去了。我们把否决工资总额30%的钱用来给予质量搞得好的加奖。经济责任制考核一定要为质量服务，如果不为质量服务，质量责任就不落实，制定的规章制度、标准化也不能落实。要是没有配套的经济责任制来保证，来监督、考核，前面所讲的产品质量的稳定、内控标准的执行率，都不能落实。

第八项工作是把现代的各种管理方法和手段都运用到全面质量管理的体系中。我现在讲的全面质量管理不是原来单纯的产品质量管理，而是包括企业管理的各个方面。所以在推行全面质量管理中，方针目标、网络技术、A、B、C分类法等各种现代化管理方法都在广泛运用，现在的15种方法和手段都是必须用的。比如设备管理，我们运用全员设备管理（TPM）的理论和方法，把设备的使用、维护和检修实行全员的全过程的管理，就是从设备的操作、点检、定修这个全过程，按全面质量管理的理论思想建立设备运行保证体系，建立备品、备件保证体系，建立检修质量保证体系和设备点检、定修的保证体系。这几年武钢设备管理获得国家设备管理优秀单位，是和这套办法分不开的。安全工作也一样，安全也靠保证体系，哪个地方事故多，就要设管理点，事故要作事故因素分析，不分析就没有人管。这几年事故伤亡逐年减少是和这套办法分不开的，因为在危险的区域都建立了管理点。

第九项工作是抓QC小组活动。这是群众参加管理的一种有效方式。就我感觉，职工参加管理，职工当家作主，有两个含义，第一个含义是参政、议政。通过职工代表大会，职工行使重大问题的审议权、监督权和决定权，这是职工民主管理的一个方面。另一个含义就是要搞群众性的QC小组活动，使每一个职工都参加小组里的管理活动。总的来讲叫QC小组，在设备管理方面叫PM小组，另外，还有个叫自主管理小组。总之，用这些方法搞质量管理，找问题、攻难关。有的小组发展得也很宽，如焦化厂的食堂也成立了QC小组，食堂的QC小组的题目就是饭、菜怎样能使职工满意。医院也有QC小组，专题研究配药，配得好、配得省，怎样保证药物质量。所以，我们现在的QC小组，不但生产现场有，包括食堂、医院以及后勤服务部门、招待所都有QC小组。这样，一是调动了广大职工对质量关心的生产工作积极性，二是加快了班组建设，提高了职工素质。

2 质量效益企业的特征

质量效益型到底是个什么概念？一个企业只是为了企业自身的效益，把效益放到唯一的地位，不管产品质量、不管社会需求，我认为这不行。作为社会主义企业，不能给国家创造财富，年年赔钱，不讲效益也不行。社会主义企业生产的目的是最大限度满足人民的需要，这是社会主义企业和资本主义企业的根本不同点。讲西方的管理方法可以借鉴，但决不是说像美国的管理思想、管理道路都拿来模仿，把社会主义企业办得不讲质量和社会效益，光讲赚钱，这种企业和资本主义企业还有什么区别？因此，质量效益型的含义，就是要体现社会主义企业的道路，要体现社会主义企业的质量效益。要靠不断提高产品质量增长的需要，为国家积累财富。所以说，质量效益型实质上是以质量求效益，来满足社会主义最大的需要。我们认为，质量效益型企业就是以质量为中心，把提高质量和增加效益同步进行的，统一起来的一种经营思想。同时，我们讲效益是企业效益和社会效益的统一，不能光讲企业效益不讲社会效益。产品掺假可以给企业带来效益，但给社会带来不安全因素，卖假药影响人民身体健康，甚至还要死人，社会效益很坏，可是它的企业效益很好，这种效益不是我们所讲的质量效益型企业。

我们讲的质量效益型企业具有五个特征：

第一个特征：产品的实物质量是第一流的，而且要不断开发新产品来适应市场的需求，满足国家建设和生产发展的需要。因此，产品必须是一流的，不是第一流谈不上质量效益型企业。

第二个特征：产品应当有优化成本。所谓优化成本并不是成本越低越好，在钢铁企业中，有些产品要想上台阶就要增加投入，想出高质量的产品，又想不增加提高质量的投入是不现实的。我们现在搞了一些要求比较高的钢种，要经过铁水脱硫、钢水吹氩、真空处理好多工序，每道工序都要花钱。我们说的最优化成本，而不是最低成本，最优化的处理增加的投入应当是最低的。质量效益型企业的产品，在用户中应有信誉。

第三个特征：企业的生产工艺、装备和技术，应当是一流的。没有一流的工艺、技术和装备，好的东西是生产不出来的。能工巧匠能做出来的东西，价值很高，甚至是无价之宝，可是产量太低，要想大批量的生产，工艺水平、技术水平、装备水平上不来不行。而且不仅是第一流的，还要通过不断的技术进步和技术改造，使工艺、技术和装备永远保持第一流水平。生产与体育一样，如女排七连冠，想连冠不容易，因为没有新人，技术上不去。企业的工艺、技术和装备总是靠老的维持，不可能永远保持第一流水平，到一定的时候必然会被别人战败。

第四个特征：应当形成一个以质量为核心的生产经营管理体系。这个体系既要保证企业生产出高质量的产品，又能取得高效益，这个体系就是我们所提的质量效益型企业的现代化管理体系。

第五个特征：应当有一个体现质量“彻底优先”的企业文化。这个“企业文化”，要体现企业职工有很高的群体质量意识和高度的社会主义觉悟。而且要不断地提高职工队伍的文化技术素质，保持“企业文化”的发扬光大。

我们认为质量效益型企业必须具备上述五个特征。只要具备这五个特征，企业无论在什么情况下，在任何复杂的市场变化情况下，都能永远立于不败之地。现在我们正朝着这个方面努力，目前很多工作还没有达到这个水平。

坚持以质量求效益*

1989年是公司坚持以质量作为生产经营工作中心的第3个年头。尽管1989年的生产外部条件是十一届三中全会以来最困难的一年，但是公司在生产经营工作以及企业管理现代化方面仍然取得了进展。1988年下半年开始出现的煤炭、矿石供货欠交、运输不畅、电力紧张一直延续到1989年1~2月份。3月份外部条件有好转，4月份公司生产恢复到历史最好水平。5~6月份因出现全国性动乱，严重影响了煤炭供应和运输，一座高炉被迫封炉。1989年下半年煤、矿运、电外部条件逐步好转，但全年洗煤仍欠交60万吨、铁矿石仍欠交40万吨。在十分困难的情况下，1989年生产仍比1988年有所增长，钢产量增加0.3419万吨，钢材产量增加2.7725万吨，其中热轧材增加2.9219万吨，冷轧材增加2.8991万吨，硅钢片增加2.3235万吨。与钢材增长同步，1989年实现利税预计可达18亿元，比1988年增长10.4%。

1989年数量方面的增长与"七五"前几年相比幅度是较小的。其原因：一方面是外部条件的制约，另一方面则是主体设备大都超过设计能力，新的挖潜措施尚未完成投入使用或尚未发挥效益。1989年在质量工作方面取得明显进展，在按国际标准组织生产方面又有所提高。全年按国际标准组织生产的钢材产量达到88.87%，比1988年提高3.19%。其中按国际先进标准组织生产的钢材产量达到75.15%，比1988年提高1.22%，居全国钢铁企业的首位。1989年开始将提高产品质量的重点放在提高产品实物质量上，为此制订了相当于国际先进钢材产品的内部实物质量标准。按此标准检查，1989年达到此标准的钢材产量已达到10%，实现了1989年的预期目标。1989年公司聘请中质协的专家，以特大型工业企业国家质量管理奖条件为依据，对公司的全面质量管理工作进行咨询，其后公司根据咨询建议组织整改。10月，中质协国家质量管理奖评审组对武钢进行了全面评审，并认为武钢的质量管理工作已达到国家质量管理奖预评条件。11月，国家质量管理奖评审委员会一致通过武钢为特大型企业国家质量管理奖预评单位。同月，武钢通过了国家一级企业预评。公司各二级单位创质量管理奖的积极性很高，1989年又有18个二级单位通过省、市质量管理奖复评和预评。1989年到期应进行复评的国家级优质产品3项（取向硅钢银牌、镀锡板银牌、矿用工字钢银牌）全部通过评审。1989年11月，中质协用户委员会发表对26家钢铁企业进行第三次用户调查的结果，武钢在产品质量及服务质量方面均居首位。

QC小组活动进一步发展，活动面扩大，选题内容更加广泛，相当多的二级单位领导参与QC小组活动。到1989年底为止，公司QC小组总数已达5921个，建组率达到63.48%，参加人数已达46499人。全年获得国家级优秀QC小组称号的有10个，部级

---

* 原发表于《武钢技术》，1990，28(3):1~5。

优秀QC小组52个，省级优秀QC小组63个，市级优秀QC小组73个，QC小组当年创造的经济效益达12221万元。虽然1989年完成了全年创利税的总目标，但能源与部分原材料消耗上升。自1983年以来，公司的能源消耗是逐年下降的，1989年却出现相当大幅度的回升。其原因一方面是燃料质量下降（如洗煤灰分上升，结焦性能劣化），一方面则是生产不均衡所造成的。生产不均衡打破了生产的良性循环，使各种消耗上升，并使部分产品实物质量下降。由于1989年始终坚持以质量为中心，坚持依靠技术进步求效益，全年实现利税比1988年增长60.94%（预计）。初步估计，在新增利税中依靠技术进步增加的经济效益约占60%。这表明1989年武钢在创建质量效益型企业方面比1988年又向前迈进了一步。

1 创建质量效益型企业必须坚持技术进步

社会主义企业区别于资本主义企业的基本特征之一，是不能单纯追求企业经济效益，而必须把增加社会经济效益放在第一位。只有不断提高产品实物质量，才能把企业效益与社会经济效益统一起来。在当前的治理整顿中，只有提高产品实物质量，延长使用寿命，才能增加有效供给，为治理整顿创造条件。

质量效益型企业的特征之一，是产品实物质量必须是第一流的。而为生产第一流的产品，企业所采用的工艺和技术装备也必须是第一流的。只有坚持依靠技术进步才能使企业的工艺和技术装备保持第一流水平，才能生产出第一流实物质量的产品。开发新产品，必须不断降低能源和原材料消耗，提高收得率和设备利用率，提高劳动生产率，从而降低成本增加企业经济效益。只有依靠技术进步求效益的企业，才能够算得上质量效益型企业。

“六五”开始，武钢在消化“一米七”引进技术的同时抓了老厂的技术改造，在掌握引进技术的基础上不断开拓创新，并已经取得明显成效。但与国际先进企业相比，与国际新技术、新产品、新工艺发展的速度相比，武钢的差距很大。为使武钢建成社会主义的质量效益型企业，我们必须广泛而深入地推动技术进步，使1990年成为武钢建厂以来第一个技术进步的高潮年。

1989年11月进行的质量月活动，已经通过质量大检查查出了上千个妨碍产品质量提高、工作质量提高、有效利用率提高和消耗下降的问题点。这些问题点有的是要公司组织解决的，有的是要厂、矿和二级单位解决的，有的则是要靠QC小组或PM小组解决。解决问题点就是挖掘潜力。1990年公司技术进步准备分3个层次开展：第一个层次是关系到公司主要工序或主要产品的关键，第二个层次是关系本厂、本矿、本单位的主要问题，第三个层次则是群众性的QC（或PM）小组活动。第一个层次的技术进步由公司组织，第二个层次由各二级单位组织，第三个层次则是发动群众以QC小组活动的方式开展。对推动全公司的技术进步来讲，三个层次的技术进步是同等重要的。根据涉及面的大小，技术进步项目的难度和深度，公司则着重抓好第一个层次的技术进步。无论哪一个层次的技术进步，都必须抓重点。

1990年的技术进步要围绕以下关键问题开展：

（1）贯彻精料方针问题；

（2）提高烧结矿与焦炭质量问题；

（3）二烧车间达到设计水平问题；

（4）三烧车间改造问题；

（5）高炉稳定顺行、高产和降低焦比问题；

（6）掌握新 3 号高炉引进技术和做好生产准备工作问题；

（7）改进平炉冶炼及铸锭工艺提高平炉钢质量问题；

（8）掌握并发挥 TN、MA-RK 法效益问题；

（9）改进转炉复吹工艺降低冷轧料含碳量问题；

（10）发挥转炉炉外精炼装置作用问题；

（11）改进炼钢用耐火材料质量问题；

（12）改进初轧工艺提高钢坯质量和收得率问题；

（13）提高中厚板实物质量，多生产优质板、调质板问题；

（14）提高型材实物质量问题；

（15）改进热轧板形，提高热连轧产品精度和实物质量问题；

（16）减少冷轧断带率问题；

（17）提高冷轧产品实物质量问题，提高 08Al 超深冲板、镀锡板、镀锌板-彩涂板质量问题；

（18）掌握 HC 轧机引进技术，尽快达设计水平问题；

（19）提高硅钢片实物质量问题；

（20）完成新产品开发目标问题。

为适应开展三个层次技术进步的需要，公司要求科研部门深入生产第一线，机关服务到生产基层，并要求每一位工程技术人员都要直接参加一项技术进步工作，并以此作为工作考核的主要内容。

2 创建质量效益型企业必须不断完善以质量为核心的生产经营管理体系

1989 年在健全以质量为核心的生产经营管理体系方面主要做了以下工作：深化完善“一条龙”产品质量保证体系；根据理顺质量职能的要求调整公司机构；按钢材产品形成过程建立了质量环，并按技术改造、教育培训、生活服务、思想政治工作分别建立了质量环；按质量环进行质量职能分解并修订机关部处室的职责条例；重点加强了质量环中的某些环节，如新产品开发、用户服务、质量审核等。在建立质量体系的过程中，充分借鉴了 ISO-9000 系列国际标准并根据武钢实际加以具体化。经过这一年的工作，武钢的以质量为核心的生产经营管理体系初具轮廓。

但是，我们的工作只能说是勾画了一个轮廓，就像盖房子只搭了框架，还有大量工作要做。1990 年全面质量管理的工作从实质上讲就是两条：一是完善体系，二是加深基础。完善体系犹如砌墙和装修，否则只是框架不成其为房子。加强基础对房子的能否存在起着决定性作用。基础不牢，犹如沙丘上的楼阁，是不能久存的。

在体系建设方面，1990 年要进一步深化“一条龙”产品质量保证体系，增强其质量保证的有效性。根据质量环进一步落实质量职能，使每项职能都落实到责任部、处、室和个人，并理顺各部、处、室之间的关系。1990 年要进一步加强用户服务、市场调研、信息管理等系统。为使各项专业管理都能适应创建质量效益型企业的要求，公司要求各专业管理系统都能把全面质量管理基本理论运用到各项专业管理中去，建立起具有质量效益型特色的专业管理体系。

建立以质量为核心的经营管理体系，必须有质量导向的激励机制。首先要完善承包经济责任制，使经济责任制由数量导向和利润导向转变为品种质量和成本导向。要改革人事工资制度，建立技术水平、技能和实际贡献导向的人事工资制度和人力资源开发机制。

在加强基础工作方面，1990 年仍以标准化为重点。要在已建立的 A 标准的基础上修订 B 标准。根据落实质量职能的要求修订补充管理制度、办法和管理标准。与此同时要组成和加强班组基础工作的专门班子，坚持不懈地对班组工作检查督促并完善修订岗位作业标准。在加强标准化工作的同时，要进一步加强计器计量工作，加强原始记录工作，加强职工教育，推进定置管理，将安全文明生产提高到一个新水平。

在完善以质量为核心的生产经营管理体系的过程中，要十分强调全员参与的重要性和必要性。全面质量管理必须是全员参与的管理，因此必须加强全面质量管理的教育和培训，提高群体质量意识，特别是各级领导的质量意识。要使每一个职工把提高质量、学习和运用全面质量管理基本原理，发挥创造性变成个人的自觉的行动，那么基础工作就真正扎实了。

3 创建质量效益型企业必须创建“质量彻底优先”的企业文化

如前所述，建立以质量为核心的生产经营管理体系，要求每个职工能够自觉地把提高质量放在一切工作的首位，就必须创建“质量彻底优先”的武钢文化。

企业文化是群体文化，属于企业经营管理体系中最深层的东西，决定着企业的价值观、道德规范和行为准则。企业价值观、道德规范和行为准则是通过企业的经营宗旨、经营方针、发展战略、组织形式、机构设置和规章制度体现出来。由此可见，不创建“质量彻底优先”的企业文化就不可能建立质量效益型企业。

企业文化不是自然产生的，首先要求企业的领导得加以倡导和培育。这就要求把“质量彻底优先”的思想贯穿到企业的发展战略、经营方针、方针目标和各项规章制度以及人事工资制度中去。与此同时，对职工进行不同层次的教育，用“质量彻底优先”的思想教育职工，使职工通过企业的生产经营活动和文化教育活动的潜移默化受到熏陶，使“质量彻底优先”的思想支配企业群体的一切活动。

全面质量管理不能离开全员参与，必须调动广大职工的积极性。要使职工积极地参与企业的生产经营活动，鼓励职工献计献策，开展 QC 小组活动，使职工亲身体会到自己是企业的主人，把自身的发展和企业的繁荣融为一体，把以质量求效益，坚持社会主义方向变成职工自觉的行动，那么，“质量彻底优先”的武钢文化势必成为全体职工的行为准则。

公司提出创建质量效益型企业的战略方针，是从武钢自身条件、国内外钢铁企业发展的经验教训和我国社会主义建设的需要出发的。作为社会主义企业，武钢必须以满足我国社会主义建设和人民生活日益增长的需要为第一位的责任。作为企业，武钢必须为国家创效益。质量效益型企业的特征是以质量求效益。这里所说的质量，既包括产品质量也包括工作质量。以质量求效益能够把社会效益和企业效益统一起来，从而保证企业能够沿着社会主义的方向前进。以质量求效益，不依靠技术进步是不行的。因为只有不断地推动技术进步，才能不断提高产品质量，不断开发新产品、新技术、新工艺，使企业竞争活力充沛。以质量求效益，不建立并不断完善以质量为核心的生产经营管理体系是不行的。因为只有建立并不断完善这样的管理体系，才能不断提高企业管理素质和工作质量，保证企业实现以质量求效益的战略方针。以上两点的实现，都要依靠全体职工团结努力，则创建"质量彻底优先"的武钢文化是十分必要的。当然，实现以上战略目标是一个长期而艰苦的过程。只要我们坚定信心，奋发进取，一定能为武钢创造一个光辉的未来。

依靠技术进步以质量求效益*

1 “七五”工作的回顾

“六五”对武钢是重要的5年。经过“六五”期间的努力，武钢完成了企业整顿的任务，实现了钢、铁双400万吨目标，“一米七”轧机达到了设计水平。而“七五”则是武钢在实现生产良性循环、生产经营由被动转向主动之后，走向质量效益型发展道路的5年。1985年夏季，公司提出两个“转移”，即抓生产由以产量为中心转向以质量为中心，抓管理由以经济责任制为中心转向以全面质量管理为中心。这两个“转移”的提出，标志着武钢走上了以质量为中心的经营道路。1987年公司提出“两个突出”，即突出质量是武钢生产经营工作的中心，突出全面质量管理是武钢企业管理现代化的中心。从两个“转移”到两个“突出”，显示了武钢以质量为中心的经营思想的深化。1988年，武钢明确提出了“坚持社会主义方向，走质量效益型发展道路”的经营战略。

与以质量为中心经营思想深化的同时，武钢在消化掌握“一米七”系统引进技术的基础上开始创新，带动了总体工艺技术水平的提高，开发了一批具有国际水平的新产品，相当一部分工艺技术达到国际20世纪80年代水平，《“一米七”轧机系统新技术开发与创新》获国家科技进步特等奖。技术进步与管理进步促进了企业经济效益的提高，“七五”期间武钢利税以每年递增1亿元以上的速度增长。

然而，武钢走质量效益型发展道路并不是一帆风顺的，自1988年以来经受了三次大的冲击。

1988年，在全国经济过热的情况下，遇到了粗制滥造风的冲击。当时钢材走俏，废次材供不应求，废次材的市场价远高于计划内正品钢材的国拨价。有的企业为了多赚钱，拼命抢产量，粗制滥造。武钢没有跟着这股风跑，而是强调提高按国际标准生产的比例，强调提高产品的实物质量。1988年四季度，公司在质量月活动中开展了实物质量大检查，以自查为基础，采用下工序查上工序，主体查辅助，基层查机关的办法进行互查。这一年，武钢顶住了第一次冲击，“双标率”提高了10%以上，得到用户的好评。

第二次是1989年，遇到了求企业效益不顾合同信誉风的冲击。当时原燃料、电力、运输紧张，价格上涨，而钢材计划价格不变，使部分计划内钢材产品变为亏损。在这种情况下，有的企业为求自身效益，将计划内部分钢材不交国家合同而变为计划外钢材卖高价；有的企业抢在1989年4月份自销钢材限价规定公布之前将计划内钢材高价出售。武钢没有随波逐流，而是从国家的全局出发，克服重重困难，认真履行合

* 原发表于《武钢技术》，1991，29(1)：2～6。

同，尽量满足用户需要。虽然这一年武钢资金很困难，在多方面努力下，钢材合同执行率仍达到99%。

第三次冲击是1990年的钢材市场疲软，产品滞销。武钢面临的外部条件是产品由俏转滞，资金紧张，用户大量拖欠货款，三角债前清后欠，原燃料、运输、电力涨价。由于1989年的动乱及社会思潮的影响，使管理工作滑坡，基础工作、工艺纪律滑坡，导致产品实物质量滑坡。为迎战第三次冲击，公司分析了内、外部条件，决定调整当年的目标计划，调减某些产品的数量，调整产品结构，增加市场紧俏品种，同时下大力气抓基础工作，抓工艺纪律，以期扭转产品质量滑坡的被动局面。公司组织了7个技术攻关队，对产品质量、工艺技术、消耗等方面的技术问题进行攻关。各厂、矿也开展了技术进步活动。为尽快消除1989年社会思潮的影响，扭转被动局面，四季度开展了质量月活动。从10月份起在全公司职工中开展"揭、查、议、改"活动，即揭露产品实物质量、服务质量、工作质量中存在的问题；查造成问题的原因；议这些问题的危害；提出整改措施。12月份又对公司各厂、矿、部、处、室进行了质量管理奖的评审。这次评审，实质上是全公司的体系审核，也是对各单位管理工作的综合检查。由于采取了一系列措施，群体质量意识，特别是干部质量意识有了加强，产品质量下降的局面得到扭转，基本完成了调整后的目标计划，实现利税比1989年有所增长。但必须看到，形势仍然是严峻的：产品质量没有恢复到历史最好水平；均衡、稳定、良性循环的生产局面尚未形成；某些消耗指标尚未达到历史最佳水平。1988年以来的实践证明：只有坚持走质量效益型的发展道路，企业才能有较强的应变能力。另一方面，1990年的实践，也使我们看到武钢还未真正形成质量效益型企业，抵抗冲击的能力不强，应变能力不足，技术进步速度不快，产品质量水平不高。要使武钢真正形成社会主义质量效益型企业，还要作艰苦的努力。

2 "八五"的形势与任务

目前治理整顿的任务尚未完成，国民经济的困难时期尚未过去。钢材市场销售疲软状况不会很快改变。原燃料、材料、电力、运输涨价相继出现。由于钢材制成品出口的推动，用户对钢材品种质量的要求愈来愈高。"八五"期间，宝钢钢坯将停供，公司轧钢能力将得不到充分发挥。矿山露天采矿能力在消减，后继能力不足，矿石自给率逐月下降。炼焦能力不足限制了炼铁能力的利用。炼钢能力偏低限制了轧钢能力的发挥。这种生产环节的不平衡，在"八五"期间将持续存在。从这些内、外部不利因素看，"八五"将是武钢自20世纪80年代以来生产经营困难的5年，而1991年到1992年，则是5年中最困难的2年。

"八五"期间也有有利因素。"七五"期间的效益工程相当一部分已建成，如二烧车间、4号连铸机、2号RH、HC轧机、硅钢CA1和改大卷工程。还有一批即将建成的项目，如新3号高炉、4号热轧加热炉、工业港混匀料场、7号焦炉、热轧精轧机WRS改造、冷轧全氢罩式退火炉、热轧计算机更新等。经过努力，武钢拥有一批无形资产，即创建质量效益型企业以全面质量管理为中心推行企业管理现代化的经验。如果我们能够发挥以上效益工程——有形资产和企业管理方面的无形资产的作用，我们就能适应外部条件，克服内、外部不利因素，在困难中求得发展。

由此可见，“八五”期间武钢必须进一步依靠技术进步和管理进步。一方面，依靠技术进步发挥现有技术装备和效益工程的作用，完善质量体系建设，强化管理基础和基层建设，优化产品品种，提高产品实物质量，开发新产品替代进口产品，节能降耗，提高效率，以质量求效益，使武钢整体效益在“八五”期间逐年稳步增长。另一方面，要抓紧三炼钢厂建设和扩建硅钢厂增加取向硅钢的技术改造，使这两大工程和有关的技术改造项目能在“八五”期间完成，为进一步优化产品结构提高产品实物质量创造条件，使武钢在20世纪90年代能够赶上国际先进钢铁企业，为实现我国国民经济2000年的奋斗目标作出更多的贡献。

3 1991年武钢技术进步与管理进步的任务

1991年是十分困难的一年。要想在困难中求得发展，必须进一步依靠技术进步和管理进步。

3.1 突出品种质量，开展全公司3个层次的技术进步活动

3.1.1 继续组织技术攻关队，对重点技术项目开展攻关

1990年，公司组织了7个技术攻关队，对重点技术项目组织攻关。将近一年的实践证明，这种方式有利于组织各方面的力量加快工作进度。如高炉中心装焦，沸腾钢锭模挂绝热板浇镇静钢，转炉80t扩装，转炉噪声控渣，二烧车间降低能耗等都取得实效。1991年，组织公司级技术攻关队的做法还要继续下去。公司已经明确了1991年的重点技术攻关项目，这些攻关项目中，凡属需要几个单位配合完成的与现场生产密切相关的项目，都纳入攻关队的攻关内容。攻关队由公司领导任队长，部门领导和有关厂领导担任副队长，每个项目生产厂和研究部门都要有专人负责。为加快攻关进度，每个项目都要建立责任书，明确目标的进度要求。要建立技术攻关定期检查协调制度，及时解决攻关中存在的问题。总之，1991年要努力使公司级技术攻关队的水平跃上一个新台阶。

3.1.2 强化厂、矿一级的技术攻关活动

1990年，厂、矿一级技术攻关活动有所发展。有的单位开展得较好，如二炼钢厂、烧结厂，确实解决了一批生产中的问题，在生产上取得了实效。但相当一部分单位没有广泛开展起来，有的把技术攻关当成技措，上了一些与技术进步无关的项目，有些对提高产品质量、降低消耗关系密切的项目却没有组织攻关。这种状况必须扭转。公司进一步明确，技术进步是各单位负责生产技术领导的首要责任。公司将按此要求对各单位领导和工程技术人员进行考核，并纳入“双考”中去。

3.1.3 发动广大职工形成群众性技术进步高潮

公司每年收到合理化建议不少，QC小组与自主管理小组数目不少，但成果不高，取得成果后能巩固并转化为生产力的则更少。根据最近的调查，各级领导对群众技术进步活动的引导、支持、鼓励不足，是群众性技术进步不能形成高潮的原因之一。为引导职工积极参加合理化建议活动，公司拟于1991年初公布公司的合理化建议课题。各厂、矿也要结合本单位的实际，拟订本单位的合理化建议课题。公司将成立公司职工技术进步支援组织，帮助职工解决开展QC小组、PM小组、自主管理小组在活动中

遇到的困难，各二级单位也要建立相应的支援组织。在取得成果后要组织评定，并将成果纳入标准化，使成果巩固下来。

3.1.4　大力开展与推广新产品

虽然钢材市场总体上疲软，但部分钢材仍然畅销。由于国内产品在质量和数量上不能满足要求，一部分产品仍要依靠进口。武钢今后新产品开发的重点，一是进口钢材的替代，一是重大技术装备用钢材的试制。武钢新产品的开发，必须以20世纪80年代国际先进水平为起点。与加强新产品开发的同时，要加紧新产品鉴定转产后的推广工作。过去几年，由于产品分配体制的原因，新产品推广工作开展缓慢。从1991年起，在计划内钢材中要纳入一部分转产的新产品；对计划外钢材中要拿出一部分用来推广新产品，并根据市场状况，每季度进行一次调整。要努力使武钢的产品替代进口，在高档钢材市场中占有较大的份额。这样做才能使武钢的产品具有较强的竞争力，用较少的数量求得较高的效益。

3.1.5　组织好新3号高炉及效益工程的投产

新3号高炉集中了当代国际炼钢生产的新技术，将把武钢高炉技术装备提高到一个新水平。开好新3号高炉，对今后炼铁系统工艺技术跨进20世纪90年代具有重要意义。首先要做好新3号高炉的设备考核和调试，确保投产时万无一失；做好原燃料准备、技术准备和岗位人员的技术培训。准备工作不完成不得点火开炉。要从国内设备的实际出发，反复进行模拟操作，使问题暴露在点火之前，确保点火投产一次成功。对1991年建成的4号加热炉、工业港混匀料场，也要按同样的原则做好准备，使其顺利投产，尽早发挥效益。

3.2　突出基础，完善质量体系

1991年完善质量体系的总体目标，是健全以质量为核心的生产经营管理体系：

（1）强化“一条龙”产品质量保证体系，使产品质量恢复到历史最好水平。建立“一条龙”产品质量保证体系的思路是符合武钢实际的。1989年下半年产品质量滑坡，主要是放松了工艺纪律和工序管理，使“一条龙”的协调作用减弱。1991年要对“一条龙”进行有效性的诊断，调整工序管理点，落实工序管理三级责任制，提高工序控制的有效性。对“一条龙”管理制度进行补充修订，完善“一条龙”的管理。通过“一条龙”管理有效性的加强，在1991年内要使武钢全部钢材产品恢复到历史最好水平。

（2）理顺质量职能，健全质量体系。武钢质量体系经过近两年的工作，已经形成框架，即钢材形成过程的质量环和为此大环服务的4个小质量环。1991年的工作，主要是充实和完善这个框架，对质量环中的每一个过程，都要建立明确具体的办法、制度或标准，使每一项活动都有章可依，并逐步实现标准化。

（3）围绕落实质量职能，运用TQC基本原理，强化专业管理体系。根据质量职能的展开，各管理部门都要承担一定的质量职能。质量职能是管理部门的主要职责。专业部门除质量职能外，还有其他职责。专业部门的责任在于，通过专业管理有效地履行所担负的质量职责。为此必须运用全面质量管理的理论和方法，加强专业体系建设，使专业体系不断地改进。

（4）以标准化为中心强化管理基础。企业管理基础包括原始记录、信息管理、计器计量、现场管理等，但最核心的管理基础是标准化。各项管理基础工作最终都必须纳入标准化。1991 年标准化工作的重点是全面完成 B 标准的修订，基本完成岗位作业（工作）标准的修订工作，并将岗位标准贯彻落实。

（5）加强基础建设，推行 Line-staff 体制，促使技术进步。目前公司管理体制头重脚轻是一大弊端。为使各项工作落实到基层，必须充实和加强基层，加强基层建设。要通过试点逐步推行作业长制度。随着作业长制度的推行，实行 Line-staff 体制，使大部分工程技术人员投身于工艺改进和各层次的技术进步中去。这一管理体制的推行，必将大大促进全公司的技术进步。

3.3 由“从严求实”入手培养“质量优先”的武钢文化

企业走质量效益型发展道路，必须培养“质量优先”的企业文化。我们提出建立“质量优先”的武钢文化已有两年，对公司职工的价值观念和意识形态产生了积极影响。但 1989 年以来的冲击，使武钢各项工作受到严重影响，出现了产品质量滑坡。这说明“质量优先”的企业文化还没有深入人心。从一年多的情况看，“质量优先”的武钢文化，必须建立在“从严求实”的武钢人精神的基础上，才能在职工中扎根。为此必须明确指出，学习大庆“三老四严”的作风是武钢职工队伍建设的迫切任务。要把发扬“从严求实”的武钢人精神作为 1991 年思想工作的主旋律。“从严求实”的作风养成了，“质量优先”的武钢文化就会在职工中真正扎根。

工程管理的范畴及工程管理的重要性*

摘　要　从工程的内涵和工程进展过程论述了工程管理的重要性，指出了正确决策是工程建设成功的决定性因素，提出了建设社会主义市场经济过程中，我国工程管理面临的3个问题。

1　工程的内涵

关于工程的含义，《大英百科全书》1988年版指出："工程（Engineering）是应用科学原理使自然资源最佳地转化为结构、机械产品、系统和过程以造福人类的专门技术。工程是世界上最古老的专业之一。古代工程奇迹的例子不胜枚举，最著名的有古埃及的金字塔……。"

它是将自然科学原理应用到工农业生产部门中去而形成各学科的总称。如土木建筑工程、水利工程、冶金工程、机电工程、化学工程、海洋工程、生物工程等。这些学科是应用数学、物理学、化学、生物学等基础科学的原理，结合在科学试验及生产实践中所积累的技术经验而发展出来的。主要内容：对工程基地的勘测、设计、施工、原材料的选择研究，设备和产品的设计制造，工艺和施工方法的研究等。

工程是人类文明的重要组成部分。与古埃及的金字塔一样，我国的万里长城同样是人类历史上最伟大的工程之一。这些伟大工程的实现当然有相应的管理，但遗憾的是历史上没有留下记载。在国际上工程管理走上程序化是在20世纪20年代以后。

2　工程进展过程

一项工程的实施，不论采取何种体制及管理方式，必须经过3个阶段，即建设前期准备阶段、建设阶段和投产阶段。每个阶段都有一些必须做的工作。

2.1　工程项目的提出

无论计划经济体制或市场经济体制，工程项目的提出必须从宏观上看该项目是否符合国家和地区的社会经济发展的总体要求，是否符合市场需求，是否符合国家的产业政策，是否符合可持续发展与环境的要求，由此确定该项目能否提出立项。有时从宏观上看该项目有很强的必要性，但可行性与经济性不能确认，尚需补做工作。这一阶段的工作是比较粗略的，其花费占工程投资的0.2%～0.5%。

2.2　预可行性研究

从宏观上看提出的项目可能成立，但不能肯定能否对该项目进行投资，且进行可

* 原发表于《武汉理工大学学报》(信息与管理工程版)，2002，24(3):7～10。

行性研究的条件尚不充分，此时可进行预可行性研究，其花费占总投资的 0.25% ~ 0.5%。

2.3　可行性研究

这是工程进展过程中最关键的一步，决定该项目应该上马或不应该进行。在工程技术的深度上应达到原初步设计的水平。应有不同方案的比较论证、工艺技术合理性与先进性的分析。在技术经济方面要超过原初步设计水平。

可行性研究要满足以下要求：

（1）可作为工程项目建议决策的依据。

（2）可作为向银行申请贷款的依据。

（3）可作为向政府申请批准建设项目和与有关单位签订合同的依据。

（4）下一阶段工程基本设计的依据。

由于要求可行性研究尽可能如实地反映情况，它具有较高的可信度，其费用可占到工程总投资的1% ~3%。一般项目大致可在一年时间完成，大项目则往往在一年半以上。因在项目决策之前可行性研究的可靠性比时间更重要，一个大项目前期工作所花的时间有时比建设阶段的时间还要长。国外工程建设大量经验教训中得出的结论是，在主要条件未搞清以前就盲目建设是一种“赌棍行为”。

虽然在我国可行性研究已是工程建设必不可少的程序，但可行性研究的深度和质量往往达不到要求，导致某些工程项目决策失误，造成经济建设中的浪费。有时从局部利益出发，急于上项目，把可行性研究做成了“可批性研究”，尤其不可取。实事求是的科学态度是可行性研究的基本原则。

2.4　评审与决策

首先审查可行性研究是否符合项目建议书要求，所依据的数据和资料是否符合实际。决策的依据是可行性研究得出的结论，决策是否正确与可行性研究是否符合实际有很大关系。如果评审做得好，可以发现可行性研究中的问题，重新修改补充可行性研究或者否定予以推倒重来。做好评审工作十分重要。评审必须广开言路，实事求是，尊重科学，解放思想，决不能一切按长官意志办事。建国以来我国进行了大规模的工程建设，成绩很大，但错误的决策并不少见，错误的决策造成的损失是严重的。

2.5　基本设计与技术交流合同谈判

按建设程序，可行性研究报告经评审批准后即应进行基本设计。基本设计比计划经济体制下的设计更为具体详细。基本设计必须给出主要设施的具体布置和设备的主要技术参数，必须确定设备的选型和各机组的具体配置，必须与设备供应厂家进行详细的技术交流，并从中确定供应单位，才能获得基本设计所需要的资料和参数。技术交流合同谈判与基本设计是不可分割的。产权单位应当参加基本设计的全过程。基本设计的审定可以采用多种方式。

2.6　施工图设计

施工图设计的依据是基本设计。原则上是基本设计完成并经确认之后再开始施工设计，但基本设计的过程有时相当长，特别是大的工程项目。为了加快工程进度，施工图设计可以与基本设计部分交叉。

2.7 施工准备与施工

基本设计阶段即应着手选择施工单位，特别是大型项目。施工单位选定之后，施工准备工作即应开始，包括施工方案的制定、施工技术准备、机具准备、物资准备、组织准备和人员培训等。

施工与施工准备是交叉的。施工管理十分重要，一个大型项目的施工网络计划对施工进度、效率和效益影响很大。

2.8 设备调试与热负荷试车

试车先从单体设备运转开始，其后是机组，最后是生产线联合调试。工艺越复杂，试车程序越繁琐。包含机电设备的工程项目，一般先进行冷调试，最后是热负荷试车。由于信息技术和计算机的应用，一项大工程的调试和试车过程有时达到半年以上。

2.9 生产准备与投产

大工程项目经预可行性研究认为可以成立就应着手生产准备。生产准备包括物资准备、技术准备、组织准备和人员培训。可行性报告经批准后，生产准备工作应与设计、施工同步配合进行。实践证明，产权单位的生产人员参加工程项目越早，对该项目的建设和发挥效益越有利。

经热负荷试车确认该工程项目的建设已达到设计要求时方可投产。一项大工程的投产程序可能要延续半个月到一个月。一项大的系统工程有时投产后还要经过一定的试生产阶段，经确认达到设计要求后才能竣工验收。

从工程建设的进展过程看，工程管理涉及面广，即涉及自然科学，如地质、水文、气象、物理、化学和数学等，更涉及工程技术，如土木工程、冶金工程等，也包括系统科学和管理科学。搞好工程管理，要求具有扎实的自然科学基础、一定深度的工程技术知识和实践经验，同时要掌握系统的思维方法和一定的管理理论知识和实践经验。可以认为工程管理是建筑在多学科交叉基础上的学科。它与多学科的关系如图1所示。

图1　工程管理与多学科的关系

3 工程管理的重要性

我国正处于工业化过程中，估计我国工业化的完成要到21世纪中叶。“九五”期间我国全社会固定资产投资14万亿元，每年平均近3万亿元。进入21世纪，我国全社会固定资产投资规模还要扩大。建设规模如此之大，要求工程管理不断提高水平，提高投资效益，促进国民经济健康发展。

我国工程建设成绩很大，但出现的问题也不少。有的项目建成后形不成能力，产业结构趋同，投资过度，资源配置失当，经济效益下降。项目投资效益差，偿贷能力差，带来不良资产风险，工程项目管理混乱，质量差，超概算，拖工期。

工程建设背离可持续发展原则造成生态和环境的破坏，水体污染。1984 年水资源质量评价，在 700 条河流经 10 万千米河床中，受污染河段长（即水质在 4、5 类及超 5 类的河段）为 21.8%。1995 年水资源评价则达到 46.5%，增加 1 倍还多。大气污染严重，酸雨区面积扩大。城市垃圾堆积量累计已达到 65 亿吨，占地 85 万亩。

我国社会经济发展的第三战略是在 21 世纪进入中等发达国家行列。今后的经济建设规模还要扩大。如何在保持我国经济快速发展的过程中尽量减少上述的负面影响，对今后我国经济健康发展具有重大意义。经济健康发展，综合国力增加，抵御各种风险的能力加强，为我国社会经济发展创造了稳定的环境又会促进我国经济的发展。2002 年我国全社会固定资产投资将达到 4 万亿元。设想如果我国能减少失误或浪费而节约投资 1%，就可为国家创造 400 亿元的财富。

工程管理属于管理科学与工程的组成部分，具有管理科学的共性，更具有工程管理自身的特点和规律，不同于工商管理和企业管理，也不同于行政管理。长期以来，我国工程管理的做法是行政管理部门或产权部门组成一个工程指挥部，搭起一个临时性的班子负责该工程的管理。这个班子实际上是边干边学，等这个班子付了学费，长了知识以后，这个项目也差不多结束了，新项目再重新从头来。这也是我国工程管理科学性差，投资效益不高的重要原因之一。

4　正确决策是工程建设成功的决定性因素

正确决策对一项工程的成功，一个地区甚至一个国家的发展都是十分重要的，有时是决定性的。我国改革开放以来的实践证明，如果没有党的十一届三中全会确定的“一个中心两个基本点”的基本路线，就不可能取得我国经济建设今天举世瞩目的成就。对工程建设来讲，正确决策是项目成功的决定性因素（当然还有其他因素）。正确决策的关键，是项目建设前进行科学的、实事求是的可行性研究。可行性研究的主要内涵如图 2 所示。

可行性研究过程中必须实事求是，坚持科学态度，不能回避矛盾，不能从主观愿望对问题夸大或缩小，更不能搞“可批性”研究。为使可行性研究尽可能符合实际，必须注意以下问题：

（1）从市场需求出发是做好建设项目可行性研究的基本原则。市场需求是建设项目成立的依据，也是建设项目预期目标的归宿。不仅要看当前的需求，更要看中长期的需求预测，看有哪些潜在需求，还要看有无潜在的竞争对手。要把市场需求与地区经济发展，全国经济发展相联系。

（2）技术方案的可行性和先进性分析必须从实际出发。建设项目预期目标的实现可能有多种技术方案，可能有多种工艺流程。技术方案和工艺流程如何优化，如何使项目建成后在较长的时间内仍具有竞争力，是建设项目取得成功的关键因素。一切必须从实际出发，切忌照抄照搬。

（3）经济上的合理性是可行性研究的核心。技术上可行，经济上不一定可行。建设项目要发挥效益，效益差或不产生效益的项目就不能成立。经济分析包括投资概算，产品成本分析，资金回报预测和投资风险分析等。经济不可行的项目，即使技术上十

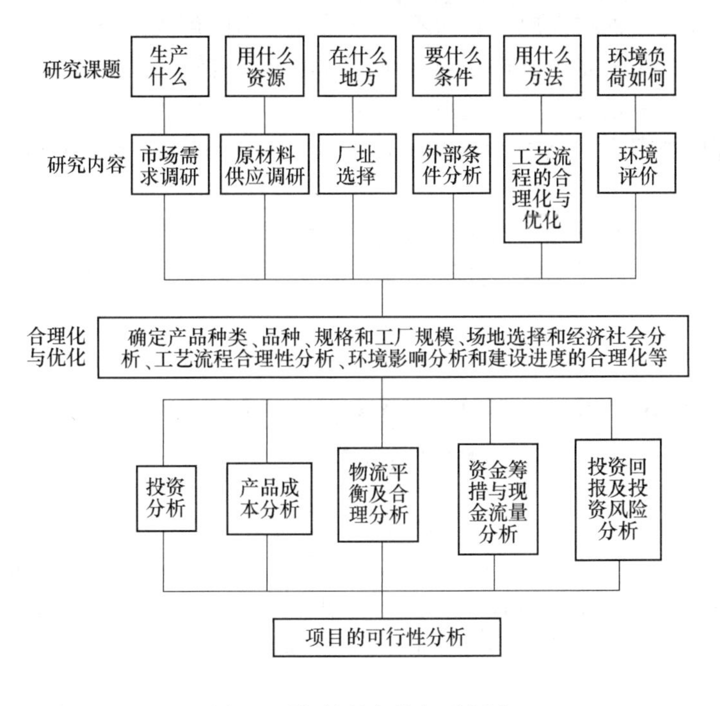

图 2　可行性研究的主要内涵

分先进也不可行。

（4）必须用动态方法进行财务分析。长期以来，工程项目投资往往讲的是静态投资，这在计划经济体制下是可行的。现在融资渠道的多样化带来融资成本、价格开放后，必须考虑价格指数，必须把项目建设过程中的资金流量的动态平衡给予高度重视。对项目建设实际起控制作用的是动态投资。

正确决策是工程项目成功的决定性因素，但非唯一性因素。工程项目的实施也十分重要。工程项目的决策十分正确，如果实施很差，管理混乱，浪费严重，质量低劣，也不可能取得良好的效益。因此建设项目的管理十分重要。但是如果决策失误，即使建设项目管理得很好，也避免不了失败。正确决策是决定性。

5　工程管理面临的问题

（1）建立科学的、博采众长的投资决策体制问题。我国工程咨询机构长期处于政府机构的从属地位，影响其咨询判断及建议的独立性及客观性。工程咨询的特点是综合性，不仅要综合诸多技术专业，同时又要将技术与经济和社会诸多因素综合，并用系统的观点对资本、人力等资源和科学技术进行优化配置，绝非单纯的技术问题。

为适应这一要求，咨询机构的结构要进行相应的转变。工程项目的大小和复杂程度不同，投资决策体制也应有区别，宏观管理的方式也应有区别。对重大工程项目的管理方式也应有区别。对重大工程项目的投资决策应纳入立法程序，对影响国民经济的重大工程应建立鼓励社会成员参与决策过程的制度。我国要借鉴各国的经验，博采众长，建立起具有我国特点的工程建设投资决策体制。

（2）建立具有我国特点并能与国际接轨的工程建设管理模式。我国建国初期采用甲、乙、丙三方的工程建设模式。随着计划经济体制向市场经济的转变，甲、乙、丙三方形式上虽在，在实际上模式已变，到目前为止，实质上大部分管理模式处于管理杂乱、责任不清、暗箱泛滥、效益不高的状态。根据项目特点，建立适合我国工程建设的不同管理模式已是当务之急。我国已加入 WTO，我国工程管理模式必须与国际接轨。

（3）提高我国工程管理队伍素质问题。工程管理是一门专业。要按专业要求建设工程管理专业队伍，包括现有人员的培训、学校教育如何适应工程建设需要和学科建设等。

Connotation of Engineering Management and its Significance

Abstract The significance of Engineering Management is discussed based on the connotation and development of engineering. It is pointed out that a right decision is the determinant factor for the success of engineering construction. Three problems that may arise in engineering management are presented during the establishment of China' s socialist market economy.

工程哲学管窥*

摘　要　工程与哲学有密切联系，工程具有其哲学思想基础。作为一种实践哲学，工程哲学是对工程实践活动及其成果进行抽象性的反思、总结和概括。现代炼钢工程的创新发展轨迹突出地表明工程具有其内在的哲学基础，表明工程活动中存在着否定之否定的发展规律。应该从对现实世界中工程案例的分析入手，从工程思维方式上进行哲学反思和理论总结，发展面向工程实践的工程哲学，提高人们的工程认识水平，更好地指导工程建设。

1　令人愕然的谈话

我从事工程工作至今已经50多年了。在前30年里，虽然我一直在钢铁工业的第一线工作，思考过许多问题，包括技术问题、管理问题、政策问题等，可是，我并没有自觉地意识到工程与哲学有什么联系。直到20世纪80年代，我才第一次听到有人明确地把工程与哲学联系起来，认为工程中有哲学。那时，我国的武钢“一米七”轧机工程正在如火如荼地进行之中。在我国冶金工业的发展历史中，武钢“一米七”轧机工程是一项规模空前的工程项目，通过这项引进、消化吸收和再创新的工程，我国钢铁工业的现代化水平提高了一大步。1990年，“武钢‘一米七’轧机系统新技术开发与创新”获得了国家科技进步特等奖。在这项工程的建设过程中，我们和许多著名的外国专家进行了技术层面的交流，在“不经意”之中，我们也进行了其他方面的思想交流。现在回忆起来，许多往事都历历在目。那时我和E. Legille先生的一次谈话给我留下了特别突出而深刻的印象。E. Legille先生是高炉无料钟炉顶技术的发明人之一。E. Legille先生来华时，在我和他进行有关技术的交流和讨论时，他告诉我，他的这项发明与传统的钟式高炉炉顶立足于不同的“哲学”（philosophy）。作为一个技术发明家和技术专家，他把工程与哲学联系在一起的说法，当时令我感到有些愕然。

Legille认为传统的钟式炉顶技术和无料钟炉顶技术体现了不同的哲学。他说，钟式炉顶的哲学是努力使炉料在炉顶均匀分布以求得高炉炉况顺行。可是，实际上，有许多因素使煤气流在高炉内分布不均匀。传统的钟式炉顶技术希望用炉料的均匀分布来应对煤气的不均匀分布，这种技术的效果是有局限的。如果采用无料钟炉顶技术，就既可以使炉料均匀分布，也可以使炉料不均匀分布。这种无料钟炉顶技术的哲学就是以炉料的不均匀分布来应对煤气的不均匀分布，结果反而是可以更有效地控制煤气流分布，保证高炉炉况顺行。

当时我国国内高炉都采用钟式炉顶。考虑到无料钟炉顶的优点，武汉钢铁公司在国内第一家引进了PW无料钟炉顶。在高炉生产技术上，从采用钟式炉顶技术到发明和使用无料钟炉顶技术，这是一个重要的技术创新和工程创新。从这个技术进步的过

* 原发表于《工程哲学》，2007，1：1～5。

程中，我们得到了一个发人深省的思想启发：工程技术中确实存在着哲学。

英文中的哲学（Philosophy）一词源自希腊语，Philosophia 就是“爱智慧”的意思。日本学者西周借用古汉语将其翻译为“哲学”。《辞海》（1999 年版）对哲学的释义是：“关于自然界、人类社会和人类思维及其发展的最一般规律的学问……哲学作为一种特设的思维方式，具有高度的概括性和抽象性，是对人处理和驾驭外部生活世界的认识，和世界活动成果进行的反思和总结、概括。”工程师是工程活动的实践者，一般地说，工程师往往更加关心工程实践中体现出来的生动活泼的哲学，关心工程活动中的哲学。根据以上认识，可以认为，工程哲学是对人类工程实践活动及其成果所进行抽象性的反思、总结和概括而形成的哲学分支。工程哲学应该是而且必须是理论联系实际的哲学。

2 从哲学观点看钢铁工业的技术创新

在钢铁制造技术的发展中，技术创新及其工程化起着决定性作用。从哲学观点看，每一项新技术的产生，都来自于人类对客观事物规律认识的提高。在第一次工业革命以前，钢铁制造技术属于一种技艺，钢铁的生产方式是以手工作坊方式进行生产。工业革命之后，工业、交通和运输业的发展迫切需要有一种能够进行大规模生产的廉价结构材料做支撑。在当时人类能够制造的材料中，由于其性能和价格方面的优势，钢成为了首选材料。可以说，正是第一次工业革命刺激了现代钢铁工业的诞生。

直到第一次工业革命前期，世界各国普遍采用的钢生产流程都是“生铁—熟铁—钢”的方式。在西方，用的是搅钢炉，中国用的是炒铁法。生铁中含有 5% 左右的碳、硅、锰、磷、硫等杂质，用矿粉中的氧化亚铁（FeO），在高温下形成高（FeO）渣，将其氧化，进入渣中。生产过程是在半熔融状态下进行的。每炉的生产量很低，远不能满足经济和社会的需求。

1850 年英国人贝塞麦（Henry Bessemer）根据当时已掌握的物理化学知识，计算出当向铁水内吹空气时，碳、硅、锰、磷、硫的氧化产生的热量足以保证化学反应的进行，并将铁熔体的温度升高，生产出液态钢水。1856 年 8 月，贝塞麦在英国科学振兴协会的年会上发表了题为“不用燃料制造熟铁和钢的方法”的论文。根据贝塞麦的新设想形成的转炉炼钢法于 1860 年在 Sheffield 试验成功。这就是贝塞麦炼钢法的诞生。其实，在贝塞麦之前，美国人凯利（William Kelly）在 1847 年就提出了相同的想法，并进行了有关试验。但是，凯利没有把工艺开发成功。由此可见，工程化在创新中具有突出的重要性。

贝氏炼钢法的发明和推广应用是钢铁产业中的重大创新和重大发展。贝氏炼钢法与搅钢法和炒铁法具有不同的“哲学”。搅钢法是用炉渣中的氧化亚铁去氧化生铁中的杂质，而为了使其处于熔融状态，又必须用燃料加热。而贝氏炼钢法则是用空气中的氧去氧化生铁中的杂质，其氧化过程中的放热足以保持反应进行，而不需外加燃料加热。运用搅钢法炼一炉钢需要花费 4 ~ 6h，每炉产量只有数百磅。运用贝氏法生产一炉钢则只需数十分钟，一炉可生产数十吨钢，且可以将钢水铸成钢锭。因此，贝氏法取代搅钢法是必然的趋势。

但是，贝氏炼钢法的缺点是脱磷脱硫能力差，钢中气体含量高，钢质不如搅钢炉好。英国工程师西门子（William Siemens）发明了平炉炼钢法的雏形，并结合法国人马丁（Pierre-Emile Martin）的专利，形成了西门子-马丁法，即平炉炼钢法。最初，平炉炼钢法所用的耐火材料是酸性的，去硫去磷效果都比较差。1880 年以后，平炉采用了碱性炉衬和碱性渣，形成了碱性平炉炼钢法。这一炼钢法随之成为全世界 19 世纪末至 20 世纪中叶占统治地位的炼钢工艺。

如果我们从一个更长期的时间尺度上分析和观察碱性平炉炼钢法的“哲学”，那么，可以看出：从一定意义上说，碱性平炉炼钢法的“哲学”在本质上是转炉向搅钢炉的回归。但这种“回归”是“螺旋型上升”的回归。在平炉炼钢法中，反应是在液态中进行，靠的是强化了加热能力，利用加热产生的废气余热，这就改进了原先的工艺，提高了加热效率。同时，利用碱性炉衬保证脱硫脱磷。平炉产出的钢要比搅钢炉的钢质量好。在这种情况下，搅钢炉退出了历史舞台，碱性平炉炼钢法登上了历史舞台。

碱性平炉出现后，以液态炼钢工艺为核心，形成了“高炉炼铁—炼钢—铸锭—开坯—轧钢—热处理”的钢材生产流程。该流程不仅生产规模大、成本低、产品质量好，最重要的是，适时满足了社会对钢材的需求，钢产量大幅增长，工厂数量增多，从业人员增加，使钢铁生产形成了一个庞大的产业——钢铁工业。

1930 年，奥地利的 Dürer 教授对转炉炼钢将空气改为纯氧的可能性进行了研究。从其哲学思想看，属于向贝氏转炉的回归。不过，由于使用了纯氧替代空气的做法，消除了贝氏转炉法的缺陷，从而将转炉炼钢提升到一个全新的水平。然而，由于当时制氧技术水平低，氧气的生产成本太高，致使此项技术未能工程化。直到 20 世纪 50 年代，随着制氧技术的创新，阿尔平（Voest Alpine）成功地在 30t 转炉上开发出了氧气转炉 LD 法。该法生产效率高，钢质好，在全世界迅速得到普遍推广。20 世纪后半期，世界钢产量的快速增长与氧气转炉炼钢法的应用与推广是密不可分的。

回顾过去一个多世纪炼钢技术的发展历程，我们清楚地看到炼钢“哲学”的演变，呈现出事物发展过程中的否定之否定，以及人们认识的螺旋上升过程。

其实，从钢铁工业其他领域的技术创新也可以看到相似的模式。例如，连续铸钢技术的实质，就是钢水铸锭与初轧开坯的集成，而薄板坯连铸技术则是连铸技术与热连轧初轧机组的集成。其“哲学”核心是钢铁制造流程集约化（缩短流程）。在高炉炼铁领域的技术创新中，如风口喷吹燃料，也是来源于一种哲学思想的改变。高炉实质上是气、固逆流的反应器。固态物质（矿石、焦炭、熔剂）由上向下流动，热气体（焦炭燃烧产物）由下向上流动，逆向物流的作用是固态物质变成铁水和熔渣。传统的办法是燃料由顶部加入，热风由下面的风口吹入。高炉喷吹燃料则是将部分燃料由下部的风口吹入。这一哲学思想的改变，使高炉炼铁技术从 20 世纪 60 年代起发生了重大变化。类似的例子还有许多。工程的历史发展和实践中确实充满着哲学。

3 工程哲学是一种实践哲学

工程是人类利用所掌握的自然规律以及所创造的技术，改变自然界并将自然界的资源转变成财富的社会活动。工程哲学的基本问题应该是分析和研究关于什么能做、什么不能做以及应该怎样做的问题。

建国以来，我国进行过并且正在继续进行着数不胜数的工程。改革开放以来，特别是20世纪90年代以来，我国工程建设的规模愈来愈大。在这些工程中，有成功的工程也有不成功或者失败的工程。其中的情况千差万别，原因又多种多样。无论是成功的经验还是失败的教训，我们都需要进行认真的分析和总结，不但需要注意从技术的角度、从管理的角度、从经济的角度进行分析和总结，而且需要注意从哲学的观点和角度进行分析和总结，需要从思维方式上对这些工程的成败加以反思和总结。这些分析和总结意义重大，可以帮助提高人们对工程的认识水平，进而更好地指导未来的工程建设。

我国历史上规模最大的工程当属三峡工程。在三峡工程启动前，曾经进行过长期的论证。在全国人大对三峡工程进行表决时，赞成者不超过70%。虽然三峡工程尚未最终完成，但就过去十几年的建设情况看，实际结果要优于预先的估计。当然，对于三峡工程的作用和影响，现在还不可能作出“最后”的和“完全”的评价。但对这样的工程活动，在现阶段已经有了从哲学角度进行反思和研究的必要。

三门峡工程是建国后我国建设的第一项重大水利工程。据说，当时大多数水利工作者和专家都同意三门峡水库建设方案，反对者只占极少数。实践已经证明，该项工程在许多方面都是失败的。从哲学的观点对三门峡工程案例进行反思和研究，不但具有重要的理论意义而且具有重要的现实意义。

再看钢铁工业。20世纪70年代，我国为结束“钢铁工业十年徘徊”，在全国范围内组织“结束徘徊，年产钢超2600万吨”会战，会战三次，也未能实现目标。改革开放以后，特别从20世纪90年代起，我国钢铁产量进入了快车道。进入21世纪，我国钢铁产量在3年内增加了1亿吨。与此同时，钢铁产业在资源、能源和环境方面也带来了一些负面影响。对于钢铁产业的发展历程，要不要从哲学的观点进行反思和总结呢？答案很清楚，在进行其他角度分析和研究的同时，也必须进行哲学角度的分析和研究。

在我国的钢铁产业中，鞍钢是我国最老最大的企业。20世纪80年代后期，鞍钢开始走下坡路，到90年代中期陷入空前困境。尽管鞍钢投入了不少资金，但其经营状况每况愈下。直到20世纪90年代后期，通过鞍钢的奋发努力，情况才有了转机。进入21世纪，鞍钢完全摆脱了被动，老企业焕发了青春。很显然，对于鞍钢的实践经验，也完全有必要从哲学的角度进行分析和总结。

我认为，作为“实践哲学”的一个重要组成部分，工程哲学的研究应该借鉴管理科学的经验，以工程实践为基础，从“工程案例研究”入手加以展开。这是十分必要的，因为只有立足实践、面向实践，工程哲学才能在我国实现新型工业化的过程中发挥应有的作用。

4 结论

工程是人类利用所掌握的自然规律以及所创造的经验和技术，改变自然界并将自然界的资源转变成人类财富的社会活动。工程与哲学具有密切的联系，工程具有其哲学思想基础，工程活动中的确存在着哲学。

作为一种实践哲学，工程哲学是对工程实践活动及其成果所进行抽象性的反思、总结和概括。工程哲学的基本问题就是要告诉人们什么能做、什么不能做以及应该怎样做的问题。现代炼钢工程的创新轨迹突出地表明了工程与哲学之间的联系，表明了工程活动中否定之否定的发展规律。工程哲学不但要研究工程技术中的辩证法问题，研究工程管理中的哲学问题，研究工程与社会的相互关系问题，而且要研究工程发展规律、工程思维方式问题等，工程哲学的研究内容是十分丰富的。

在研究工程哲学问题和发展我国的工程哲学时，我们需要特别重视对工程案例的哲学分析和研究，要从对现实世界中的工程案例分析——尤其是从我国建国以来的工程成败案例分析入手，从哲学和思维方式的高度对工程案例进行哲学分析和反思，把理论研究和对实际问题的分析结合起来。理论联系实际是工程哲学的灵魂。我们要沿着“理论联系实际”的大道前进，以“理论联系实际”的方法促进我国的工程哲学不断取得新的进展。

继续工程教育

始于教育　终于教育*

——从国际继续工程教育发展趋势看企业继续工程教育的重要性

1　继续工程教育受到日益广泛的重视

国际继续工程教育协会是1989年才成立的新学术团体，但发展很快，到目前已有会员（团体会员及个人会员）547个，遍及68个国家和地区，已初步形成世界性的网络。由此可见，继续工程教育的重要性已为各国的知识界所认识。

1.1　继续工程教育对经济发展的重要性

科学技术是经济发展的推动力已为全世界知识界普遍认识。在工业生产中，科学技术的实现者是工程技术人员、技术工人。他们的知识和技能的水平决定了企业、产业以至一个国家科学技术水平，从而决定了其经济发展水平。为加快经济发展必须不断地提高职工队伍（包括工程技术人员、技术工人）的技术水平。继续工程教育和职工培训对经济发展的作用，越来越显得重要了。欧洲委员会工业研究开发咨询委员会在1991年的报告中指出："以各层次技能的质和量为标志的教育和培训系统的产出，是一个国家工业生产率水平的首要决定因素。"根据某些美国经济学家的计算，企业竞争力的改善40%来自其所购进的设备、厂房和雇用的技术工人，而其竞争力改善的60%则取决于企业利用这些资源的方法。企业可以购买竞争力的40%，但其余的60%则必须通过教育才能发挥出来。

企业的竞争力取决于产品的质量、成本和劳动生产率的水平。归根结底，企业的竞争是技术水平的竞争。决定企业技术水平的是职工队伍技术素质，换句话说，企业的竞争是人才（人力资源）的竞争。而人才的培养必须靠持续地教育和培训。正因为继续工程教育对经济发展的作用如此重要，在全世界范围内日益受到人们的重视。

1.2　对终生教育的认识进一步深化

人们对终生教育的认识随着科学技术进步加快而不断深化。概括起来有以下几点：

（1）由于科学技术进步的日益加快，人们仅靠从正规学校里获得的知识已远远不能适应工作的需要，必须在工作中不断学习新知识进行知识更新，工作到老学习到老。只有依靠终生教育才能跟上当代科学技术发展的步伐。

（2）终生教育已经不仅仅是工程技术人员谋职和追求较高报酬以及在科学技术上取得较高成就的个人需要，而是一个企业、一个产业、一个国家提高其竞争力加速经

* 原发表于《中国公务员》，1994(1):32～33。

济发展必不可少的前提和手段。

（3）加速经济发展并在国际市场竞争中取胜，仅仅不断地进行技术更新、固定资产更新远远不够，还必须进行“人力才能的再生”，办法就是坚持不懈地开展终生教育并使其知识现代化。

2 继续工程教育的重点在企业

继续工程教育在美国主要有两个渠道：大学或学院的夜校是一种方式，另一种是公司建立自身的继续工程教育体系，或公司与大学合作建立继续工程教育系统。据统计，在250万美国大学生中，只有200万人是年龄18～21岁全日制的住校生。在美国个人的需求对继续工程教育起重要作用。近年来公司的重视起了很大的作用。在日本继续教育主要是根据公司的需求进行培训，公司在继续教育中起关键作用。以往美、欧的企业不为职工个人的教育承担费用。现在情况变了，许多企业，特别是一些大公司对职工的教育提出了明确的需要，并投入大量资金。如美国电报电话公司和摩托罗拉公司提出，每一名职工每年至少要接受40h的培训。通用汽车公司的人员介绍，该公司每年用于教育的投资为6亿美元，有专职教育人员300人。可见，企业已经成为继续工程教育的重点。

3 我国企业继续工程教育当前待解决的几个问题

改革开放以来我国继续工程教育发展很快，一部分企业继续工程教育取得显著成效，促进了企业技术进步并取得显著的经济效益，总得来看，继续工程教育发展快的企业大都属于以下类型：技术密集型产业（如航空、航天、国防科技）、引新技术的产业（如石化、化工、钢铁、汽车）和产品出口外向型企业。这些企业必须消化掌握新技术、新工艺，必须按国际市场的质量要求生产产品并开发新产品，否则企业就搞不好。这是这部分企业发展继续工程教育的内在动力。但是必须看到，我国目前继续工程教育在全国范围内发展很不平衡。相当多的企业继续工程教育还未被领导者重视，领导者只抓赚钱，不管职工素质提高，有的还把职工教育培训与生产对立起来，更谈不上对继续工程教育的激励机制了。这种情况如不改变，就不可能把企业工作的重点真正转到依靠技术进步和提高劳动者素质上来。改变这种企业继续工程教育发展不平衡的状况是当务之急。

3.1 提高对继续工程教育重要性的认识

首先要提高企业领导者对继续工程教育重要性的认识。当前重点要解决以下认识问题：

（1）把建立社会主义市场经济、企业转换经营机制与企业依靠科学技术进步统一起来。建立社会主义市场经济是为了改革我国的经济管理机制。企业转换经营机制是为了改革企业的管理体制，使企业成为自主经营的社会主义商品生产者。这两项改革是我国经济体制改革的重要组成部分，改革的目的是为解放生产力创造条件，换句话说这两项改革是为企业发展活力创造条件，至于企业活力能发挥到什么程度则取决于企业本身。要使企业领导者懂得，改革只是为企业的发展创造外部条件，企业能否搞好关键在企业自身。企业增强活动力必须依靠技术进步和管理进步两个轮子的推动，必须把企业工作的重点转移到依靠技术进步和提高劳动者素质上来。

（2）继续工程教育的重点在企业。国民经济发展重点在企业。科学技术转化为生产力必须通过企业的生产活动。企业是科学技术进步的主战场。据国外资料估计，在企业中就职的工程师占工程师总数的80%。我国在企业中工作的工程师超过了工程师总数的70%。从以上几方面看，必须把企业继续工程教育作为工作重点。

（3）必须用终生教育的观点进行企业职工队伍建设。由于科学技术高速发展，产品不断更新换代，企业不进步就要在竞争中失败。要使职工队伍素质跟上技术进步的步伐，就必须从终生教育的观点进行队伍建设，坚持继续工程教育，对企业工程技术人员不断地进行“知识技能的再生”，才能保持企业较强的竞争力。

3.2 抓好重点推动全局

推动企业继续工程教育仅靠一般性的号召、动员、组织是不够的。要想使企业的领导层重视继续工程教育最好的办法是抓企业之所急，使企业通过继续工程教育受益。根据企业实际情况，可以从以下方面入手：

（1）把“四新”即新技术、新工艺、新设备、新产品的引进与开发和继续工程教育结合起来。

（2）围绕急缺人才培养开展继续工程教育。企业由于发展需要急需某类人才，而从企业外部又不能得到，只能靠自行培养。这种培养与正规学校不同，必须采用速成方式，选择与此专业相近文化素质较高的工程技术人员进行强化培训。

（3）围绕知识补缺和更新开展继续工程教育。上述三个方面的工程做好了，企业领导者就会认识到企业开展继续工程教育的必要性和重要性，逐步树立起推动企业继续工程教育的自觉性。

根据终生教育的观点，一位大学毕业生从进工厂之日起一直到他退休的几十年中间都要接受继续工程教育。因此企业必须建立职工的继续工程教育制度，从入厂教育起到岗位培训，岗位变动，晋升以及企业技术进步所必须的知识扩充及更新，对不同类型人员不同岗位都应该明确要求和具体安排。这就要求企业必须建立一个与其管理体制相适应的继续工程教育体系。

要使继续工程教育充分发挥作用，必须将继续工程教育的工作渗入企业工作各个领域。在技术进步方面必须把技术攻关、新技术新设备引进，新产品开发与从事工作的工程技术人员的继续工程教育结合起来，把出成果出人才统一起来。在人事劳动管理方面必须把继续工程教育作为人力资源开发的重要组成部分。企业管理的现代化和先进管理方法的推广也必须从继续工程教育入手。如果企业的领导者对企业技术进步与继续工程教育的重要性提高到把技术进步作为企业发展战略的中心，把继续工程教育作为人力资源再生的手段，这个企业走向兴旺发达将是指日可待的。

国际继续工程教育发展趋势*

1 世界经济变化的影响

国际产业间的竞争越来越激烈。我们现在通常说的全世界500强企业，最多的是美国，其次是日本和欧洲。这是美国的《幸福》杂志统计评出的。1970年公布的500强企业到了1983年就有1/3被挤出去了，到1990年就仅仅剩了一半，而一些新的企业又跃进了500强。这就是说，国际上商业竞争、市场竞争很激烈，你搞得好就上去了，搞得不好，尽管你在500强世界大企业名内，几年之后不行就垮台了。大家知道，中国人在美国开的一个计算机公司——王安公司，在美国原来还算计算机前10强，因没搞好，前年宣布破产了，王安本人得癌症也去世了。外国的企业变化很大，搞得好就发展起来了，搞得不好最后破产了或者让人家兼并了。这说明，随着经济的发展，国际上竞争日趋激烈，特别是进入20世纪90年代，有些很有名而从来不赔钱的公司现在赔钱了。美国有名的福特汽车公司赔钱了，IBM还没有缓过劲来。

另一方面，世界经济趋向全球化。比如，欧洲共同体，前些时候欧洲实行统一市场，要通过“马约”把欧洲市场搞成一个整体。现在欧洲有欧洲货币单位，将来欧洲统一起来以后，整个欧洲经济作为一个整体，经济上一体化。现在哪一个国家都不能离开国际经济，都是世界经济的一个组成部分，哪个国家若想和国际上不来往、自己独立于世界经济之外，这不可能。国际关贸总协定，第一次世界大战后是一个很小的、民间的组织，可现在是影响非常大的大组织，这主要是因为经济全球化。因此，现在跨国公司特别多。

国际上的经济影响，对企业员工的要求越来越高，对企业管理人员的素质也都有要求，这也就是对继续教育有要求。这种经济影响可概括以下几点：

（1）竞争激烈，才干是竞争力的要素。企业竞争力有好多要素：产品质量、成本等，现在许多经济学家认为职工队伍的才干是竞争要素。质量品种，满足用户要求，这些都是企业竞争获胜的条件，要达到这些条件，就要依靠职工队伍的才干。

（2）企业竞争对职工素质提出更高的要求。因为有竞争，好多企业的产品就不可能卖得出去，竞争力强的销售就好。欧洲有大的航空公司22家，他们之间竞争很厉害。有的因营业不行、竞争力差就亏损、就关门。欧洲有12家大的汽车公司，据预测，将来最多剩6家，去年就已经出现这个趋势了。法国的雪铁龙公司和标志公司就已经合成一家了。

（3）技术发展迅速，提高技术的需要增长。这是因为知识的衰减期越来越短。

---

* 原发表于《继续教育》，1995(1)：18～21。

衰减期是指在学校学的知识在多少年内有效。20 世纪 30 年代的大学毕业生学的知识 20 年内还有用；现在就不行了，技术发展很快，学校学的知识过几年之后就落后了。而新的知识不知道，因而，知识的半衰期越来越短。据现在的统计，在某些高技术领域，知识的衰减每年达 15% ~20%，就是说，5 年知识就全更新了。这几年计算机的发展快得很，原来的水平、价格和现在的没法比。现在一台个人机的能力和容量比以前一台工业机的容量都大，价格也便宜很多。因为发展快，对岗位技能的要求也提高。因此，不断提高职工的操作技能，是保证企业竞争力的一个根本条件。

（4）生产重新组合。由于企业之间合并、兼并、新的产业出现，老的产业被淘汰，就业的难度增加，致使企业人员减少。荷兰的菲利浦电子公司，1990 ~1993 年减员 7.5 万人；德国的运输公司，1992 ~1993 年减员 5 万人；意大利运输公司减员 4.3 万人，英国的通讯公司 1992 ~1993 年减员 3.9 万人……提高劳动生产率的目的是竞争，这就是增加了就业的难度。

（5）企业的国际化及竞争的加剧，对企业人员就有更高的要求，其主要影响为：1）竞争增加，对管理和高科技研究工作提出更高的要求，就要学习能够保证成功的新的因素。2）工艺技术进步加快，需要高深的知识和技能、需要知识的更新、需要继续教育。3）新式的工作方式，要求增加管理工作的才能、通信的才能和各方面的才能；产业结构对人员的才能要求即公司对职工本身的、核心企业部分的能力及对职工本身技能范围怎么扩展的要求增加。4）国际化企业要求提高其人员的素质。5）对职工年龄有越来越大的要求。年龄增大，要求管理和领导能力也要增加。6）增加流动性。人员流动，要求其才能也要增加。

上述影响对人员素质的要求均有变化。由此可见，由于经济发展加快，企业技术提高，企业竞争加强，企业重组、国际化、全球化，对职工队伍水平的要求提高，这就必须加强职工的教育。

2　教育、培训的概念

我们有些方面，概念不统一。国外也是如此。（1）培训。这是针对岗位说的。就是在职培训、在岗培训。（2）教育。不针对任何岗位，不论什么工作都需要的知识，都需要的基本东西。增加这些知识叫教育。（3）操作能力。在你岗位上，你现在所需要达到的技术的要求。（4）战略能力。是对作为管理人员讲的。你不仅要看到今天，还要看到今后的需要，对管理人员来讲叫战略能力。（5）终生教育。一个人具有基本知识之后，根据其需要而继续不断地学习，直到他最后完全不做工作为止。在科学技术迅速发展的今天，要想有竞争力，要想能胜任自己的工作，就必须从一开始就一直在工作中不断地学习新的东西。所以，继续教育的基础就是终生教育。

现在，我们好多地方称继续教育是成人教育，这两者实际上不是一回事。大学生、研究生、硕士、博士……18 岁以上都叫成人。而且，成人教育带有补课性质。成人补课也是成人教育，成人教育是按年龄范围来讲的。在美国，指成人当中文化水平较低、需要有一种补课，扫盲性质的教育，这叫成人教育。不能把专业培训也叫成人教育。若如此，别人还以为你整天老搞补课、老扫盲似的。

3 几个国家近几年继续工程教育的发展情况

3.1 美国

大约20世纪80年代以前，美国的企业对职工教育重视程度和现在差距非常之远。美国人念书是自己出钱，企业不管。20世纪80年代以后情况就不同了，大企业都有自己的培训机构，而且力量非常强，很舍得花钱。美国电报电话公司提出：具有世界级的职工队伍、世界级的技能和世界级的竞争力。美国公司1991年全国投资，包括技术教育、职工培训的全部费用为2100亿美元。这比1991年美国中小学教育国家预算即联邦政府预算还多300亿美元。因此说，美国的企业对于培训的重视程度和前十几年大不一样。美国工人中，有些人的基本知识包括文化程度、写的能力和算的能力都不行，好多大公司都有补课。1991年，公司花在补课的费用为350亿美元，这是真正的成人教育。很多公司，特别是高技术的大公司这方面很舍得花钱。美国电报电话公司有职工317000人，年销售收入630亿美元。它的贝尔实验室是研究机构，有27000人，其中有4000个博士，得过7个诺贝尔奖。它的职工队伍的水平、文化素质比较高。公司设立了一个“雇员发展董事会”，专门指导职工培训，内容分为：（1）领导干部培训；（2）企业总经理、副总经理等执行、大管事者的培训；（3）对企业内部的培训；（4）计算机职业培训系统模型；（5）上大学的企业职工，学成后的学费资助；（6）合作培训支持小组，把职业培训和新技术的研究结合在一起；（7）能力的确认小组，经培训后确认其教育的效果和知识水平提高的程度。该指导委员会把整个公司的30多万职工的培训全部管起来。这些年电报电话公司在国际上竞争力很强，现在已经进入欧洲市场和全世界的市场。另外，该公司有强有力的培训机构并与大学、学院合作。学院根据企业的要求提供企业所需要的内容，和企业一道对职工进行培训。

总之，美国的企业对继续工程教育、职工队伍素质的提高是非常重视的，其发展趋势为：（1）终生教育的兴趣日益增加。企业从继续教育、职工培训和提高职工队伍素质中得到了好处。他们认为，在职工教育上投资1美元，几年后可以赚回3~7美元。因为职工素质提高了，新技术发展了，专利产品改进了，就可以赚更多的钱，所以兴趣越来越大。（2）有关管理和产品开发技术的培训，这是美国技术培训的重点。（3）更加重视职工队伍的补课。因为需要掌握新技术的老工人较多，其基本知识需要补充。另外，美国的普通教育差距大，有的地方中学是很好的，有的则不行。于是，万人以上的企业，就约有42%的人需要补课。通用公司专职补课人员300~400人，约有15万人需要补课。摩托罗拉公司每年补课费用为700万~1500万美元，因生产技术高，工人不能胜任。（4）培训的投资增加。摩托罗拉公司的培训费由职工工资总额的3.5%提高到6.8%，规定每个职工每年培训100h，整个培训费用为1000多万美元。（5）改进操作的培训比例增加。经常与别国的产品比较，找出差距，提高质量。（6）把培训与拿学分、取得学历相结合，企业与院校相结合。

3.2 日本

日本的工人和美国不一样。在美国，你不干就走，是流动的。日本的企业，工人进去之后是终身雇用，只要你不犯法，不违犯厂规，就不开除你，把终生教育制作为终身雇用制的组成部分。因此，一些大公司都有自己的培训机构。富士通有自己的技术学院、技术专科大学和工业技术学院。它的培训分几个层次：（1）所有的人；（2）科长；（3）股长；（4）新任股长；（5）后备股长；（6）作业长；（7）所有的中层工人；（8）所有新入厂的工人。各层次年龄多大、学多长时间、学什么内容都有明确的规定。因此，一个大学生来后，一直到各阶层，都有具体的、和职位、和终身雇用相适应的一整套东西要学习。

工人也一样。必须是高中毕业才能成为这些公司的新工人。也同样规定了各阶段的学习内容。工人最高可以当作业长，这是工人和干部的结合点，既可以是工人，又可以是干部。工人出身，当了作业长之后，若要再想继续晋升就必须上大学。企业里有大学，经大学培训后又可以再往上提升。比如，日电公司有自己的技术学院。日闻汽车公司则要求，除培训外，具有硕士学位和博士学位的人都必须到公司的中心实验室来工作，为期1~3年，以提高他们的理论水平。

日本政府对继续教育是很重视的。1990年政府颁布《促进终生继续教育法》，把终生教育用法律的形式固定下来。此外，政府还设立终生教育村，村里的所有居民都要参加终生教育。

现在，世界上工业发达国家，文盲率最低的是日本。这里所说的文盲，并不是一个字不认识，是说他自己不能写完整的文章，不能表达自己的思想，不能计算。

日本继续教育的发展趋势可概括为两点：（1）对管理人员的教育很强调，很重视，因为企业管理要现代化，要提高劳动生产率，企业管理人员的学习势必就要加强；（2）继续工程教育采用了新手段、新方法。美国和欧洲采用新手段都比较快，现在日本也赶上来了。

总的来看，在工业国家中，日本的继续工程教育、职工培训算是做得比较好的，因此，日本产品在市场上竞争力强。

3.3 欧洲的情况

总的说，欧洲各国都比较重视继续教育。由于竞争激烈，各国政府对继续教育、人员培训的重要性认识比较清楚。

芬兰，全国才500多万人，然而他们的教育投资是全国职工工资总额的3.5%，比美国还高。国际继续工程教育协会的秘书处设在芬兰，芬兰政府赞成设在那里，他的继续教育搞得也好，他也愿意干。这个秘书处的经费是芬兰政府给拨钱，其余收为数不多的会费。现在出杂志、出通讯，都是芬兰搞的。

北欧的瑞典、丹麦和德国都很重视培训。

欧洲共同体对继续工程教育也很重视。从20世纪80年代后期，搞了好多项目：（1）“欧洲共同体大学学生流动计划”，该项目专门培养各个大学里以供交流的学生，共同体出资1.9亿欧洲货币单位，合2亿美元；（2）“共同体在教育和技术培训方面的行动计划”，出资2.5亿欧洲货币单位；（3）“欧洲之间学外语的计划”，出资2亿欧洲货币单位。因为欧共体考虑到将来要成立统一的欧洲。

3.4 美国、日本和欧洲的继续教育比较

（1）在办学方面起主要作用者：欧洲是公司、共同体、大学和学院；美国是公司和个人，大学和学院；日本是公司。

（2）继续教育的主要项目：欧洲是岗位培训（重点是短期的）、全欧的合作项目（重点是操作能力及掌握战略和有关发展的能力）、成人教育、有关专题的教育；美国和日本与欧洲相比，在项目上、重点上、培训内容上和发展趋势上各有特点。

3.5 美国、德国、日本在工人培训方面对比

（1）从学校到工作岗位这阶段中的差别：

美国：完全看机会。有些雇主和学校有联系，从学校往外招人。

德国：对没大专学历者要经过实习培训。

日本：由人际关系定，看老板与学校关系。

（2）职业培训的差别：从范围和质量两方面看，在美国所有城区均可找到职业教育，可质量有的极差有的极好；在德国，一般都可以找到，质量比较好；在日本，培训学校的质量也比较好。

（3）由雇主安排的培训：从范围、质量和一般的原则看，三国也各不相同。

4 国际继续工程教育发展趋向

（1）国际经济走向全球化。1）欧洲共同体走向一体化，这是走向全球化的一个例子。2）跨国公司的比例，跨国公司的规模日益增加。3）公司国际间的联系日益加强。4）不了解国际形势就不可能在竞争中取胜，学习的必要性增强。5）货币走向通用化。现在国际上签合同，大部分是用美元为单位，以美元支付。欧洲所实行的是欧洲货币单位。非统一不可，这是发展趋势。6）语言。原来联合国规定用五种语言。现在据统计，国际上的合同70%以上用英文，电话通讯80%讲英语，出版60%是英文，因此，英语成了国际语言。

（2）世界进入知识时代。1）企业由劳动密集型向技术密集型转化，新技术企业人很少。当然外国也有几万人的企业，不过是指全世界加在一起算的。同样年产800万吨钢，我们鞍钢24万人，日本新日铁是1.5万人。2）人员少，技术密集，对人员素质要求就提高了。3）知识时代对继续教育是挑战，教育搞不好就跟不上；同时，也是发展机遇。

（3）标准的国际化。各国的贸易往来，都逐渐走向国际标准，即80标准。我国新出的809000就是国际上通用的企业管理国际标准。这也要求提高职工素质，加强继续教育。

（4）通讯网络正走向国际化，这对继续教育是促进，也是推动。现在好多地方都用电子通讯传递信息，如查阅别国图书馆的书和资料。你只要付钱，好多资料都可以得到。这对继续教育也就提出了新的要求。

（5）采用先进技术。美国有的企业和院校联合培训时，两者相距几百公里，学校用电视教室上课，学生在工厂里的电视教室听课，两地用电视可相互看见。通过视频

技术，学生可给教师提问题，教师讲解。现在远距离教学发展很快，好多材料都可依赖于计算机数据库。

（6）技术转让。不仅仅转让先进设备，更重要的是转让先进技术。单买设备不一定能发挥作用，最多也只能发挥40%；通过培训，提高操作人员的水平，把新技术掌握了，才能拿到那60%。因此，有的新厂投产，不一定能达到它应当达到的产量、质量和消耗水平。

（7）企业与学校的合作进一步加强，继续工程教育将成为企业技术进步的组成部分。

（8）继续工程教育受到愈来愈多的有识之士的重视。其投资占工资收入的比重：美国2.1%，芬兰3.5%，法国1.5%。

国际继续教育发展趋势*

1　国际经济环境变化对继续教育的影响

国际经济环境变化对继续教育的影响可以归纳为表1。

表1　国际经济环境变化对继续教育的影响

经济环境的变化	对职工技能开发的冲击
竞争加剧	·以能力为基础的竞争 ·对管理与人力资源开发的新要求 ·学习新的成功秘诀
科学技术快速发展	·工作岗位知识基础提高 ·技术能力要求提高 ·不断更新提高的需求增加 ·继续教育的要求提高
新的工作方式	·技能与工作能力要求提高 ·个人责任增加 ·更多地重视专业能力和专门技能而不是一般管理能力 ·人际关系和交流能力要求增加 ·工作中和工作同时的学习增加
产业重组	·公司重视核心层的职工，核心层以外的人怎么办? ·中小型企业技能开发需要与大型企业一样找出途径 ·拓展技术的需要
国际化	·交流与人际关系要求增加
不稳定性和干扰增加	·终生雇佣制趋向消失

从表1可以看出国际经济环境的变化对职工技能开发的冲击。第一个方面的影响是竞争加剧。以能力为基础的竞争，对管理与人力资源开发提出了新要求，管理能力只有通过继续教育才能提高。同时要学习新的成功秘诀，企业要想成功必须要有诀窍，而诀窍必须有创新。第二方面的影响是科学技术快速发展。随着科学技术的发展，产业由劳动密集型转向知识密集型，知识密集型产业工作岗位知识基础要求提高，要求知识基础水平高，现在很多企业都要了解高新技术，像IBM，摩托罗拉，甚至传统工业的要求也提高了，如钢铁工业现在所要的知识水平比一二十年前也有所提高，美国的几个钢厂在招新工人的时候，要求必须是大专毕业生。技术能力要求提高，知识不断更新提高的需求增加，继续教育的要求提高，促进了继续教育的发展。第三方面的影响是新的工作方式。企业之间的激烈竞争，导致企业组织形式和工作方式发生变化，对技能与工作能力要求提高，而个人责任增加，过去的企业结构是“宝塔型”，即层次

* 原发表于《继续教育》，1998(1):5~10。

型，上层少，越往下越多。现在则是扁平结构，就是把决策权一部分放在下面，对下面的要求提高，授权后必须能胜任工作，更多地重视专业能力和专门技能而不是一般管理能力，一般管理能力的人现在已不需要那么多了。人际关系和交流能力要求增加。工作中和工作同时的学习要求增加。第四方面的影响是产业重组。现在国际上产业重组的规模一年比一年大，仅 1996 年世界兼并的较大的案例就有 2 万多例、涉及近 1.1 多万亿美元的资产。产业重组，无论在美国或欧洲幅度都越来越大，企业兼并主要兼并核心层，公司重视核心层的职工，核心层以外的人兼并以后怎么办？中小型企业技能开发需要与大型企业一样找出途径而且技术需要拓展。第五个方面的影响是国际化。国际经济的发展产生了越来越多的跨国企业，一个大公司不仅仅在一个国家内，全世界都有分公司，国界已经不再是企业之间的界线，交流与人际关系要求增加。第六方面的影响是不稳定性和干扰增加。经济的不稳定性，带来了人员的流动性，终生雇佣制趋向消失，重新就业给继续教育带来了压力，也带来了机遇。企业没有竞争力就不能生存和发展，所以必须不断地接受继续教育。

2　有关继续教育的一些观点

2.1　知识半衰期的理论

这是 20 世纪 70 年代提出的关于继续教育重要性的最早说法。认为一个人的知识有一个衰减期。在学校学知识是常规教育，大学毕业后，要是不继续接受教育，知识就会逐渐衰减。这是因为人所学的知识随着科技的发展会逐渐变得没用，特别是现代技术发展快，很多知识变化很大，总是不断更新换代，没有继续教育，随着工作时间变长，衰减得越多，知识没有有效性。只有通过继续教育，知识才可以不断更新、不断积累增长（图 1）。

2.2　两种业务能力的观点

这是 20 世纪 80 年代提出的观念，认为一个人有两种工作能力，参加工作前是接受基础教育，目的是接受知识；工作以后则是需要操作能力，到了领导层后，除了操作能力外，还要有能够长远规划发展的能力。所以一个人参加工作以后既要有操作能力，又有要战略发展能力，这就需要通过不断学习来实现（图 2）。

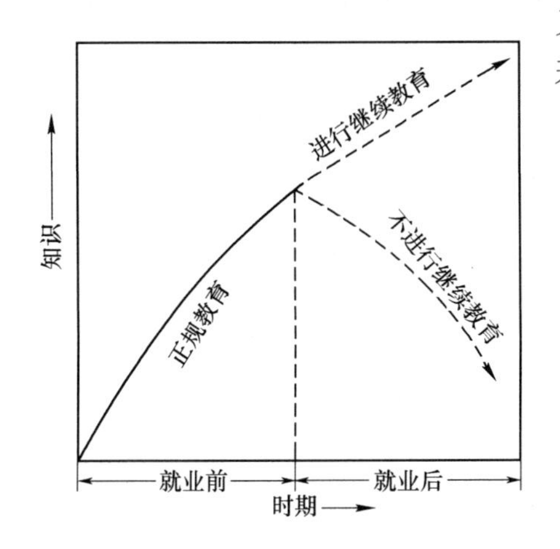

图 1　知识曲线图

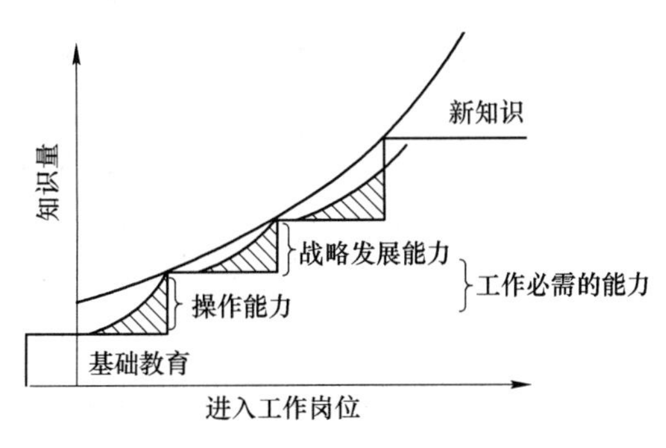

图 2　战略发展与操作能力图

2.3　人力再生的理论

这种观点认为，人不单是劳动力，而且是一种资源。人力资源随着国际经济形势的不断发展而消耗。20 世纪 90 年代初欧共体研究，现在的人 60% 以上要工作到 21 世纪，然而 21 世纪的技术还有 2/3 没有发明出来，所要掌握的知识现在的劳动者还不会、不懂，这是因为人力资源也有个消耗的过程，人力资源的再生要靠继续教育，把继续教育当作人力资源再生的手段来认识。

2.4　终生教育的提出

仅仅靠常规教育来适应现在社会的需要是远远不够的，必须要不断学习。从进学校学习到离开工作岗位都要学习。这个观点在不断深化，对一个人来讲教育是终生的，这正是继续教育要研究的问题。现在终生教育和早期的提法不一样，指的是从摇篮到墓地，退休后也要学习。

终生教育的定义可以表述如下：

“终生学习是人力资源开发的一种方法，这种方法是通过各种支持手段激发和促使个人有能力得到所需的知识、价值观、技能和对一些问题的了解，而且让他们在所有环境和情况下都能有信心、愉快、富有创造性地运用。”

这已不是早期继续教育的概念，而是理解为人力资源开发的一种手段。人力资源开发必须鼓励个人去学习，学习的目的是使人们有能力能够胜任工作，工作是愉快的，富有创造性的。

2.5　终生教育是一个连续的统一体

继续教育是一个连续的不可割裂的过程，是一个统一体，这个统一体包括五个环节：

（1）学前教育。目的是接触社会。

（2）学校基础教育。目的是做一个好公民。

（3）高中教育、职业教育。目的是为他（她）们找第一份工作。

（4）高等教育。目的是提高知识水平。

（5）继续教育。目的是适应社会和科技的发展。

这种说法是根据欧洲工业家协会最新出版的《面向学习型社会》一书。在书中把人的一生描述成一种“学习链”，见图 3。在这条链中，每一环都推动下一阶段的发展。

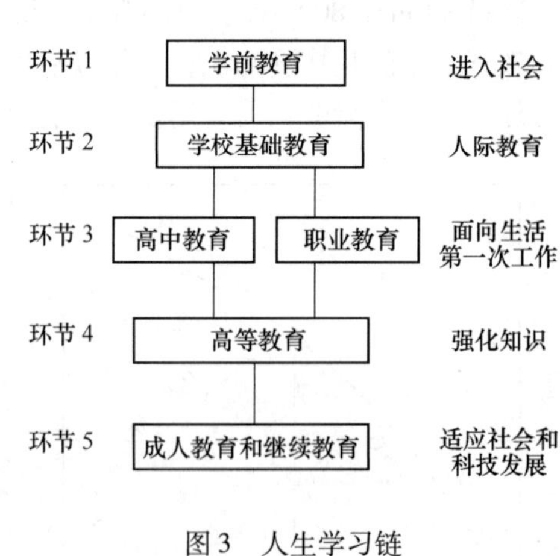

图 3　人生学习链

2.6　经济发展的关键是科学技术，而国家竞争力的关键是教育

第二次世界大战后经济发展的过程中，人们对科学技术作用的认识日益深刻，特

别是教育对科学技术发展的作用体会日益加深，这点从战后日本经济的发展就可以看出来（表2）。

表2　第二次世界大战后日本经济发展概况

项　目	工业化前期 （1945～1965年）	工业化中期 （1965～1985年）	高度工业化 （1985～）
人均国内生产总值	低	中等	高
劳动力成本	低	中等	高
基础设施	缺乏	提高	充分
需　求	逐渐出现	增加	饱和
工　业	劳动力密集	传统而保守	增加了高新的价值观
技术转让	来自国外，并有财政补贴	来自国外与自力更新	高技术研究和发展
竞争力的关键	学习模仿	革新	创造
动　力	培训与教育	终生教育	终生教育

日本的工业化过程和教育过程分不开，战后日本工业比较差，通过三四十年的努力，日本成为资本主义国家中第二个经济大国。从发展过程看，日本人是靠科学技术发展经济的，而靠科技关键在于教育。培训教育在企业中的作用是非常明显的，这和日本竞争力的提高是分不开的，同时也把人员素质的提高、劳动力的提高放在了重要位置上。

2.7　企业成为继续教育主体的趋势日益明显，继续教育已逐渐成为企业发展，R&D的组成部分

继续教育在于提高企业的竞争力。要想提高一个国家的经济实力，首先要提高产业界的经济实力。企业素质不提高，其他都是空的，而企业则要靠继续教育提高生产率，提高产品质量、降低生产成本，同时要想在世界上和其他国家竞争，必须靠继续教育提高企业素质。所以企业必须成为继续教育的主体，这是和经济发展及各国际市场的竞争分不开的。在这种情况下，国外已有相当多企业把继续教育当作企业发展、研究开发的组成部分。很多企业，特别是高新技术产业，强化继续教育，不只是单靠拨教育经费，而是把它和研究开发放在一起，研究开发经费里就包括教育经费。因为科学技术发展到今天，一项重要的研究开发不是哪一个专业能搞得了的，开发与创新是多学科的综合，必须把多学科的专业技术人员组织起来，要研究新问题就需要增加新知识，要增加新知识，这些人就必须不断学习新知识、接受新知识，所以很多企业的研究开发小组又是学习小组，一面搞研究开发，一面抓学习。我国有的企业正在摸索，但所占的比例少，投入也不够，像国外很多大的高新技术产业投资大部分都是把继续教育和研究开发放到一起去了。甚至在企业的管理、经营中也采用继续学习的方法。像IBM公司销售额经常保持500亿～600亿美元，但在20世纪90年代初期一度赔钱，欧洲IBM公司也亏，在这种情况下他们运用继续教育的形式分析原因，以期通过这个方式来改进工作。IBM欧洲公司找伦敦商学院和欧洲质量管理基金会联合对英国、芬兰、荷兰、德国的机械制造、纺织、化工、航空、医药等10个行业的663个企业的

管理操作水平进行了分析（图4）。

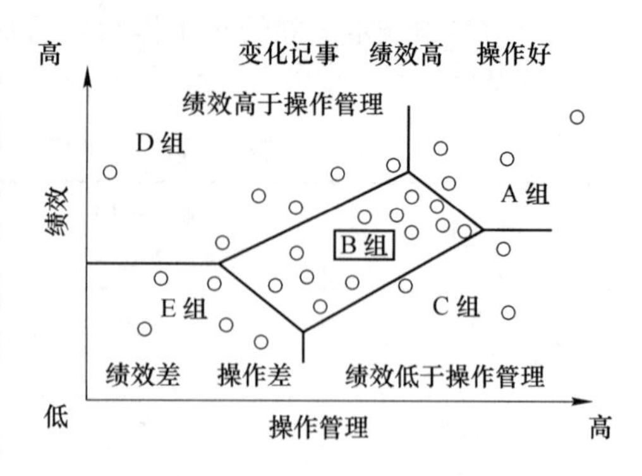

图4　663个企业管理操作水平图

他们按照实际经营效果、操作管理水平把663个企业分成五类：第一类属于管理好、经济效益好的类型，即已达到世界级优秀企业，约占2.1%；第二类人员素质、管理基础都很有潜力，但继续教育不好，对职工的训练不够，必须加强继续教育才可以在国际市场上有竞争力，这类企业约占46%；第三类属于经济效益、实际操作管理水平都很一般，属于产业界的平均水平，通过继续教育强化管理，能使之水平提高的企业约占19%；第四类占24.1%，其水平低于或接近生产界的平均水平，属于管理差、效益不好的企业，如不改进企业将破产倒闭；其余部分属于第五类，低于平均水平，其地位脆弱，经常处于威胁之中。由以上分析我们看出，经济效益、实际管理水平一般和较好的约占调研单位总数的76%。企业内部管理混乱经营效益很差，不整顿即将面临破产的单位占24%。IBM欧洲公司认为最重要的是管理和质量问题。他们采取的做法是把继续教育与质量管理相结合，以解决欧洲IBM的管理问题。对照美国国家质量管理奖——鲍德里奇奖的5个评选的主要标准自我检查，找出薄弱环节。鲍德里奇奖是以美国前商业部长鲍德里奇的名字命名的国家最高质量奖。此奖考察内容共分七项：（1）领导；（2）信息分析；（3）质量战略计划；（4）人力开发；（5）过程质量管理；（6）质量和操作结果；（7）用户对质量满意程度。七大类28个考察项目92个考察范围。IBM公司各部门主管集中后一起学习研究，研究IBM为什么不行？分析IBM与鲍德里奇奖要求之间的差距，通过信息分析、质量战略计划、人力开发等系统的改进提高并发挥作用最终达到质量和操作结果的提高。

IBM公司采取分组参照鲍德里奇奖标准自我打分的方法及欧洲质量管理基金会的办法，找差距找问题，改进以后，重新办班，再分组对照检查。几次反复之后，IBM欧洲公司的管理操作水平明显好转，得分有了显著提高。

IBM欧洲公司1991年得分429分（公司各部门自评为510分），1992年得分475分（公司各部门自评为540分），1993年得了581分（公司各部门自评575分），1994年得分638分（公司各部分自评605分）。按鲍德里奇奖的评分办法，工业平均分为501分；银奖626分；金奖要求高于820分。IBM公司通过这种把人员培训和业务相结合的教育培训方式在1993年以后开始盈利。用继续教育和企业改进质量管理的经营结合起来，这在国外大企业是比较典型的，所以现在继续教育不是单独讲课这种形式，而是把教、学和工作、开发与企业改进合在一起，继续教育是这个开发和改进过程的一个组成部分。这种趋向在国外大企业中是很明显的。

2.8　企业要永远立于不败之地就必须要比你的竞争对手学习得更好，即把企业建成一个学习型组织

《幸福》杂志每年都要评出全球500强企业，拿1970年和1990年相比，1970年的

500强到1990年将近一半消失了，仅仅20年就被淘汰了。这就给企业提出了一个问题，企业怎样才能永远立于不败之地？要想永远保持竞争力，就要不断地学习，不断地改进、提高，想永远取胜，就必须比竞争对手学得更好。谁学得好，谁的竞争力就强，谁就能永远立于不败之地，继续教育搞得好坏已经和企业的发展存亡紧紧联系到了一起。在这个观点的基础上，继而提出要把企业建成一个学习型组织。变成学习型组织，就必须重点做好以下六个方面转变工作：

（1）以注重工作任务为导向转向以工作结果为中心，不是看做什么工作，而是注重结果。

（2）关于管理方式，企业通常对员工、干部进行管理控制，而学习型组织对干部是授权，使他能够有主动性，有能力做好工作，把控制干部的管理方式变为要激发干部创造性，使他有更多能力来做好工作。

（3）由短期需要为基础的培训变为有计划的人力开发。

（4）由基本培训转向发展训练。

（5）对个人来讲，从强调一个人的能力变成以团队为核心，像日本人的团队活动，由个人变为小组。

（6）由局部观念转向整体观念。

以上六点就是一个企业由现在的一般企业转向学习型企业所必需的，概括起来就是：

（1）企业不断组织职工自觉的学习。

（2）企业不是用控制方式，而是靠激发员工积极性的方式激发员工的创造性。

（3）企业是不断创新、不断发展、不断更新技术的组织。

只要员工的积极性、创造性不断发挥，不断学习新的东西，企业就肯定有竞争力。对学习型组织，美国学者提出了以下定义：

“有组织的学习就是，该组织的成员通过找出变异的谬误及通过对机构行为理论的重构，改正这些错误，最终将其结果纳入该组织长远规划的过程。”（C. 阿哥瑞斯）

“学习型组织应该是这样一个组织：在这个组织中，人可以不断提高自己的能力，创造他所需要的结果，一个新式的、拓展式的思维方式在此产生，集体的思想灵感能够释放出，而且在这里，人们可以不断的学会一起学习。”（M. 桑治）

2.9　建立学习型组织所必须的五项修炼——终生教育必须成为个人的要求

建立学习型组织，这是一个复杂的问题。麻省理工学院彼得M. 桑治教授在其《第五项修炼》一书讲到，一个企业怎样建成一个学习型企业，要想建成这样一个企业必须要有这五种修炼，最关键的一种就是系统思考。

据彼得M. 桑治教授《第五项修炼》：

（1）个人超越。自己能够掌握自己，能掌握自己的目标、思想，能够控制自己，为自己的目标奋斗，全身心地投入。这点很不容易，首先领导层必须做到这一条。

（2）心智模式。一个人口里说的和心里想的往往不一样。只有心中所想和口里所说一致才可以做得更好。企业要想建成学习型企业，必须改进心智模式，使自己的心智模式适应要求。

（3）共同愿景。一个学习型的企业必须要有一个共同愿景，一个共同的发展设想。

（4）团组学习。团组的成员都能敞开思想，提出问题，讨论思考，互相启发，取得共识。

（5）系统思考。以上4项修炼工作靠最后的系统思考合理地组织起来，才能形成一个学习型组织，所以最后的也是最重要的。

在一个学习型组织里，首先领导层要做到这几条，除了领导层之外，还要每个人都能这样做，学习型组织里的个人学习非常重要，所以继续教育既是单位领导的事，也是政府的事，又是大学里要做的事，更是个人的事。个人要把继续教育看作是今后长远发展的依托，个人没有积极性不行。

2.10 终生教育的目的是建立学习型社会

1996年是欧洲终生教育年，在这一年里专门开会讨论了终生教育问题，最后进一步发展了终生教育理论，认为将来社会的发展方向是走向学习型社会。

学习型社会的五项特点：

（1）学习被当作是终生的一种持续不断的活动。

（2）学习者把自己的进步当作个人的责任。

（3）学习的评价是肯定成绩。

（4）个人能力和共同的价值观，团组活动与学习知识一样重要，学习是一种合作关系。

（5）学习是学生、家长、教师、雇主和社会之间共同的合作改进过程。

之后，欧洲终生教育促进学会又加了五点：

（1）每个人都把别人的学习当作自己的责任。

（2）不论男人、女人，还是残疾人、少数民族都有同等的学习机会。

（3）学习被认为是一种有创造性、有回报的、愉快的活动。

（4）学习是外向的、开放的，对别人的文化、传统、种族信仰都能理解、容忍、尊敬和接受。

（5）学习对个人、家庭、社会和世界同样受到重视。

建立学习型组织，这种组织发展的最后结果是建立一个学习型社会，在这个社会里所有的人都能和平相处，这是一种追求的理想。

3 国际继续教育发展趋向

根据目前趋向可以归纳为以下八点：

（1）国际经济走向全球化。

- ·欧洲共同体走向一体化
- ·跨国公司的比例增加，规模扩大
- ·公司国际间的联系日益加强，地理上、文化上的障碍走向消失
- ·不了解国际形势就不可能在竞争中取胜，学习的必要性增强
- ·货币走向通用化
- ·语言：英语成为国际语言

· 经济全球化推动了标准的国际化
· 国际化需要教育

(2) 国际经济正在竞争中实现重组。
· 新技术推动了产业重组
· 竞争推动了企业重组
· 重组需要继续教育

(3) 世界进入知识时代。
· 企业由劳动密集型向知识密集型转化
· 对劳动者的要求，对知识的要求，对才干的要求提高
· 知识时代对继续教育是挑战也是机遇

(4) 采用先进技术。
· 视频技术
· 计算机
· 数据库
· Internet Virtual Reality

(5) 技术转让不仅仅只引进装备，重要的是先进技术的掌握。

(6) 企业逐渐成为继续教育的主体。
· 企业与学校的合作逐渐加强
· 继续教育将成为企业技术进步的组成部分

(7) 继续教育已成为终生教育的重要组成部分。
· 终生教育是一个连续的统一体

(8) 建成一个学习型社会是今后的奋斗目标。

广泛而深入地推动继续教育*

——迎接21世纪挑战的重大措施

随着全球科学技术的高速发展，国际间的竞争进一步深化。国际间的竞争更多地表现为经济领域的竞争。1970年被《幸福》杂志列为全球500强的大企业，到1990年，只有一半仍然保留在《幸福》杂志1990年全球500强名单之内。在国际经济激烈的竞争中，有的企业发展了、壮大了，有的衰落了，有的被兼并了，有的被淘汰了。市场竞争的结果是优胜劣汰。1996年全球发生企业兼并案22729件，涉及交易总值11400亿美元，其中美国发生企业兼并案有10200件，交易总值6588亿美元，比1995年增加27%。当前无论在欧洲或美洲，产业界正在进行重组。对每一个企业来讲，都有一个如何生存的问题和如何在竞争中取得优势的问题。

我国工业界正处于由传统的计划经济向社会主义市场经济的过渡阶段。我国工业从工艺技术水平上看实质上是多层次并存。某些企业装备相当先进，达到国际20世纪80年代甚至90年代水平，但多数企业技术装备仍处于五六十年代水平，从总体上讲与国际水平有较大差距。为使我国产业界在国际市场竞争中能经受考验，获得与我国国际地位相适应的市场份额，必须使我国经济实现两个转变，由传统的计划经济体制向适应国际市场竞争的体制转变，和由粗放型经营模式向以内涵为主追求质量效益的集约型经营模式转变。在实现两个转变的过程中，必须依靠科学技术的作用和当代管理科学的作用。一方面要引进、消化、掌握当代先进的科学技术和管理经验，同时要对现有的企业进行技术改造，结构调整和企业重组，另一方面要从我国实际情况出发，进行技术开发和创新，缩短我国与国际先进水平的差距，进而创建出具有中国特色的工业现代化的模式。这个过程将要延续到21世纪中期，在我国这样13亿人口的发展中国家，自然资源相对贫乏，经济基础十分落后，实现工业、农业和科学技术的现代化是人类历史上前所未有的伟大事业。要实现这一目标必须调动各方面的积极因素，但起关键作用的是充分发挥我国人民的聪明才智。实现现代化要靠掌握现代科学技术的人。不断提高我国劳动者素质，使其满足我国现代化的需要对我国在21世纪实现第三步战略目标具有关键作用。

建设一支高素质的掌握现代科学技术的劳动者队伍主要靠继续教育。当代科学技术发展迅速，在某些领域，知识的衰减速度达到每年10%~20%，知识的半衰期已缩短到5年。一个人在高等学校里学到的知识，可能5年之后就会落后。高等学校的毕业生要工作39年才能退休。只有靠不间断的继续教育才能使一个人的知识不断更新，适应科学技术的快速发展，永远充满活力。

---

* 原发表于《继续教育》，1998(1):4。

改革开放以来，我国继续教育有很大发展，取得明显的成效。但总体上看，发展十分不平衡。放眼我国 21 世纪的宏伟目标，当前影响我国现代化进程的环节很多，但最重要的，起决定作用的则是劳动者的素质问题。这一问题的解决只能靠广泛而深入地推进继续教育。如果我们真正地投入大量人力物力抓了继续教育，我国社会主义现代化的进程就能够加速。反之，则可能妨碍我国 21 世纪第三步战略目标的实现。

深化继续教育适应知识经济需要*

21 世纪全球将进入知识经济时代。知识经济概括起来就是“以智力资源的占有与配置，以知识的生产、分配和使用为重要因素的经济”。这里讲的智力资源主要指知识和人才，知识主要指的是科学、技术。换句话说，知识经济就是以科学技术为第一生产力的经济。知识的占有、配置、生产和使用是知识经济的第一生产力要素。

20 世纪中期以来科学技术进步速度愈来愈快，其表现是理论研究成果越来越多，从理论研究到工程应用周期越来越短，技术创新成果层出不穷。20 世纪前期，从涡轮喷气机原理的建立到制造出涡轮喷气发动机经历了 29 年，从发现抗菌素到制出抗菌素花了 30 年。20 世纪中期以后，从提出集成电路的设计思想到研制出第一块集成电路板用了 7 年，而从提出光纤通信原理到工业规模制造光纤电缆则只用了 4 年。这说明基础研究与工程应用联系愈来愈紧密，转换周期愈来愈短，而知识更新的速度也越来越快。一个理工科的大学生（包括本科生和研究生）在大学里学到的知识，用不了几年就有一部分过时了，同时新知识又不断产生，要想使自己的知识能跟上时代，就得不断地进行知识更新。

知识经济要求“以知识的占有、配置、生产、分配和使用为第一生产力要素”，而知识的生产和更新速度又如此之快，对 21 世纪的人们来说，学习就成了与个人发展、就业和前途紧密相关的问题。学习不仅是常规学历教育的任务，学历教育之后人们仍要继续学习，以保证其知识不老化、取得个人的发展。

自从人类进入工业经济时代，教育思想已经经历了一次大的转变——建立现代国民教育制度。这在欧美发生于 19 世纪初，日本则发生在明治维新时期。我国由于清政府的闭关锁国，推行国民教育制度则是 19 世纪末的事。国民教育制度为工业经济发展、壮大以及建立现代化文明提供了庞大的人力资源。20 世纪 70 年代，由于科学技术加速，继续教育受到愈来愈多的国家和有识之士的重视，于是出现了教育思想第二次大的转变，即由现代国民教育制度向终身教育的转变。终身教育思想认为，一个人的学习过程并不限于学校里的学历教育，而是终身的，用西方的形象比喻是 From cradle to grave，即从摇篮到坟墓的全过程。就全世界范围讲，目前正处于教育思想第二次大转变的过程中。

第 5 次世界继续工程教育大会于 1992 年在芬兰赫尔辛基举行，到去年的第 7 次世界继续工程教育大会经历了 6 年。从大会发表的论文看，无论在认识上、继续教育的广度上、继续教育与科学技术的结合上，以及高科技在继续教育的应用上都有显著的提高，可以说在总体上上了一个新台阶。这足以说明教育思想第二次大转变的进程在不断加速。

---

* 原发表于《继续教育》，1999(1)：10。

我国继续教育虽然也取得进步，但与国际水平的差距不仅没有缩小，反而有拉大的趋势。为迎接21世纪知识经济时代的到来，我国必须深化继续教育。首先必须提高对终身教育的认识，把推行终身教育作为实现我国21世纪战略目标的关键措施来对待。在具体做法上，要多做实事，从具体实际出发，勇于创新，加大对终身教育的投入，讲求实效，使我国继续教育在实现第三步战略目标的过程中发挥重要的作用。

关于知识经济问题*

1 知识经济是一个发展阶段

知识经济是 OECD（经济合作与发展组织，O—organization，E—economic，C—co-operation，D—development）在 1996 年的一份年度报告中提出来的。提出之后引起全世界的普遍关注。知识经济，英文是 Knowledge Based Economy，直译就是以知识为基础的经济。1997 年以来，江泽民总书记多次谈到我们必须重视知识经济和它带来的挑战。国内报刊不断地发表文章，关于知识经济的书也出版了很多。

知识经济是从人类经济活动发展的历史过程提出来的。人类依靠狩猎维持生存进入农业经济是一大进步。农业经济延续时间很长。到 18 世纪，欧洲发生了工业革命，其后人类进入工业经济时代。在工业经济时代，科学技术进步愈来愈快，创造了人类历史上空前的生产率，物质生产愈来愈丰富，人类生活质量空前改善。从 20 世纪下半叶起，随着高科技的发展，科学技术（其表现形态是人们的知识）在生产力发展中的作用越来越大，在某些领域，其重要程度超过了资本（有形资产）。于是专家们预言：21 世纪将进入知识经济时代。知识经济是对人类社会发展过程中的农业经济与工业经济而言的，是一个发展阶段。

2 知识经济的涵义

概括起来说，知识经济是以智力资源的占有与配置，知识的生产、分配、传播、应用、转化为主要生产要素的经济。智力资源指的是知识和人才，而知识主要指的是科学技术。简而言之，知识经济就是科学技术为第一生产力的经济。

有人说，工业经济和农业经济都离不开知识。这话诚然不错，但知识所起的作用不一样。农业经济的生产力要素是土地和劳动力。当然农业生产也要有知识，但对生产力发展起关键作用的是土地和劳动力。几千年的农业社会，战争主要是为了争夺土地。为了获取劳动力，把被奴役国家的人民掠去当奴隶。工业经济的生产力要素是资源、资金和劳动力。工业经济需要更多的知识，但起决定性作用的是资源、资金和劳动力。19 世纪普法两国战争不断，其根源是争夺煤、铁资源。两次世界大战说到底是为了争夺资源。二次世界大战之后，中东局势长期动荡，其实质是控制石油资源的斗争。20 世纪后期崛起的高新技术产业，其对自然资源的依赖程度大大降低了，知识成了起决定性作用的生产力要素。例如信息产业的计算机芯片，其材料是硅片。硅石是到处都可以找到的。硅片的价格并不高，而制成最新的奔腾芯片，其售价可以高达上千美元。决定芯片价格的并不是硅片的价值，而是制造这种芯片的知识的价值。现在

---

* 原发表于《武汉冶金管理干部学院学报》，1999(2):5 ~7。

一个新上市的软件光盘售价可以高达数千美元，而制造光盘的材料只有几美元，软件的价值是由创造它的知识的价值决定的。高新技术产业的崛起，标志着知识经济初见端倪。知识经济是有别于传统的农业经济和工业经济的新兴经济。知识经济的兴起，预示着一个新时代的到来。

3 知识经济向经济学理论提出挑战

经济学市场经济的理论告诉我们，当需求大而供给少时商品价格就上涨，当供给大而需求少时价格就下降。在日常生活中，这种现象是司空见惯的。19 世纪末，产生的利润递减理论告诉我们，当一种新产品出现之后，由于产品数量少，掌握这种产品制造技术的人少，售价可能很高，有时达到惊人的程度，因而利润较高。由于生产这种产品的利润高，许多人向这种产品投入，产品的产量增加。随着产量的增加，售价逐渐下降，带来的是利润递减。等这种产品供求基本平衡或供大于求的时候，这种产品的售价只能相当于该产品的社会平均成本。这时约有半数的企业发生亏损。这种情况在市场经济中不知出现过多少次！当供大于求的面大到一定程度时，就会发生周期性的经济危机。20 世纪 90 年代初期，我国钢铁工业火爆，钢价格节节攀升，钢厂利润大增，钢铁投资踊跃。到目前，钢材部分供大于求，价格低迷，钢铁工业接近全行业亏损。用利润递减理论也是可以解释得通的。

高新技术产业出现后，发生另外一种情况，以计算机产业为例，当一种新产品刚问世时，售价很高。由于其性能比老一代产品优越很多，虽然贵仍然畅销。当更新的一代产品即将问世前，这个产品大幅度降价，直到新一代产品问世。新一代产品又是以高售价问世。于是出现了 Moore 法则：计算机芯片每 18 个月更新一代。由于制造芯片所用的材料十分便宜，芯片的价格取决于研究开发的投入。这部分投入在产品问世后高售价期间即可得到偿还。其后，由于销售量很大，虽然售价一再降低，而获得的利润仍在增长。这就是最近出现的利润递增理论。由于每代新产品功能都比老一代提高很多，需求仍然是旺盛的。高新技术产业发展快，这就是主要原因之一。美国经济这次景气持续时间之长是美国历史上所罕见的。许多经济学家分析原因，至今没有取得共识。然而，高新技术的快速发展是美国经济持续景气原因之一。

知识经济的出现，发生了用以往的经济学理论解释不清楚的问题。这对经济学理论是新的挑战。看来知识经济时代的经济学有待于重新认识，重新建立。知识是资源，是资本，是资产，这类资源如何评价，如何评估，都是有待解决的新课题。

4 进入知识经济时代与接受知识经济挑战是不同的概念

谈到知识经济，人们往往联想到何时进入知识经济时代的问题。前面讲到知识经济是一个发展阶段，进入知识经济是有基础条件的。首先，要有完备的基础设施，例如通信、交通、信息网络和雄厚的物质基础。我国实现工业化的任务远未完成，到具备进入知识经济时代还要做大量工作，很可能要到 21 世纪中期以后。然而，不具备进入知识经济的条件不等于不接受知识经济的挑战。知识经济的出现，一方面表现为高新技术产业的兴起，其在经济总量中份额增长；另一方面表现为高新技术向传统产业中渗透，予传统产业以新的活力。在知识经济时代，传统的农业经济和工业经济不仅不萎缩，而由于高新技术的渗透，进一步以更高的速度发展。在工业经济时代，农业生产发展得比农业经济时代快，农业产品比农业经济时代丰富得多，然而，由于工业经济的兴起和发展，农业在国民生产总值中所占的份额降低。在知识经济时代，农业与工业经济在国民生产总值中所占的份额将逐渐下降，但这种下降不是由于农业经济与工业经济的萎缩，而是由于知识经济的高速增长。由于高新技术的渗透和农业与工业的科学技术进步，知识经济时代的农业与工业将达到空前的高度，以满足全世界人类的物质需要。经济的全球化使不论何时进入知识经济的任何国家都不可避免地接受知识经济的挑战。

工业革命以来，由于各国经济与政治条件不同，农业经济向工业经济转轨的阻力以及接受科学技术观点快慢的差异，各国科学技术与工业经济发展速度不同，有的成了富国和强国，有的成了弱国和穷国。二次世界大战以后，特别是20世纪60年代以后，世界经济增长速度加快，其结果并没有缩小穷国与富国的差距，反而使贫富之间的差距加大。知识经济是科学技术密集型的经济。在发达国家知识密集型的经济愈来愈发展，这些产业属于高利润产业。为了追求更高的利润，这些国家把那些科技含量不高的产业，如劳动密集型产业、耗能高的产业、污染环境的产业向发展中国家转移。于是引起社会生产又一次重新分工。这种趋势已经显示出苗头。发达国家纺织品和制衣业已经萎缩，他们的纺织品基本靠进口。我国与墨西哥等成了纺织品出口大国。钢铁业也出现了类似情况。发达国家用的大路货从发展中国家进口，而高难度、高附加值的钢材向发展中国家出口。我国出口钢材的平均价格大致是不到300美元/吨。而进口钢材的买价往往是700美元/吨以上。到知识经济时代，这种重新分工将因科技水平的差异而进一步激化。有的专家预计，知识经济时代将出现一批“头脑”国家，他们出科技成果，出软件，出方案，出专利，出高科技产品，而制造业将转向发展中国家，这些国家将他们的软件、方案、专利变成工业产品，从而成为“手脚”国家。各国间贫富的差距将进一步拉大。从这个意义上讲，我们能不认真对待知识经济的挑战吗？

5 我们的出路

在17世纪，当时处于农业经济时代，我国的国民生产总值占全世界的1/3。工业革命发生在18世纪的欧洲。欧洲一批国家转入工业经济时代，到19世纪出现了一批经济强国。工业革命传播到美国，以后又传播到日本。日本明治维新以后也走上工业化的道路。当时，我国由于清政府的闭关锁国政策而失去了一次机遇，错过了工业化的机会，结果成了半封建半殖民地的封建国家。在知识经济时代即将来临之前，我们必须认真对待知识经济的挑战。应当看到挑战也是机遇。

目前，我国工业化的任务尚未完成。首先，必须加速基础设施建设，将农业经济与工业经济由粗放型经营转移到集约式经营的道路上来。实现这一转变，关键在于依靠科学技术进步与提高全体劳动者的素质；另一方面，必须加速发展高新技术产业。知识经济的资源是知识和人才，换句话说是人类的智慧。任何一个国家都不能对知识进行垄断或独占。本着有所为和有所不为的原则，我们完全有可能在高新技术产业的某些领域走在世界的前列。这是我国赶上工业发达国家的新机遇！在知识经济时代，在高新技术的推动下，工业经济本身也将发生巨大变化，出现新一代的工业经济，其特点是用更少的资源消耗，生产出满足人类需要的与地球环境友好相处的工业产品。

知识经济将进一步促进世界经济的全球化。国际经济竞争更加激烈，变成没有硝烟的战争。迎接这一挑战的办法就是：学习、学习、再学习。只有学习得最好的民族、企业和个人，才能取得最后的胜利。

21世纪中国继续教育面临的形势和任务*

经过改革开放的20余年，我国经济建设正处于工业化的中期，而且各地区发展极不平衡。进入21世纪，我国还有繁重的工业化任务必须完成，同时必须认真地对待知识经济对我国的挑战。为了不错过机遇，必须加速实现工业化的步伐，同时利用一切机会，在高新技术的某些领域，实现新的突破并用高新技术提升传统产业，以获得跨越式发展的可能性，缩小我国经济与西方发达国家的差距。只有这样，我国才能较快地实现经济发展的第三步战略目标。

1　实现第三步战略目标必须依靠科学技术进步和技术创新

要缩小经济实力与发达国家的差距，我国经济只有保持比发达国家更高的速度才能实现。我国国民生产总值目前已超过1万亿美元，在世界各国中名列第7位。但人均国民生产总值只相当于世界的平均值，仍然是很低的。日本国民生产总值已超过4万亿美元，其国民生产总值每增长1%，每年即可增加400亿美元。而我国每增长8%，只相当于每年增加800亿美元，与日本年增长2%相当。我国经济如不能实现快速发展，与发达国家的差距不仅不能缩小，反而会拉大。另一方面，我国经济的增长不能完全靠投资拉动，而必须靠提高科技在经济增长中的贡献率，即必须更多地依靠科学技术才能进步。

依靠科学技术进步，关键在于创新。只有实现创新，才能后来居上。二次世界大战后日本钢铁工业的快速发展就是后来居上的极好例子。二次大战前日本最高年产钢量只有600多万吨，在技术上落后于美国、德国、英国和法国。二次大战期间，日本钢铁工业遭受严重破坏。二次大战后，日本钢铁工业采用了两项重大的炼钢新技术：第一项是用氧气转炉炼钢替代当时占统治地位的平炉炼钢，提高了炼钢工艺的效率和材料消耗，改善了钢的质量，使钢的冶炼工艺出现了新面貌；第二项是用钢水的连续铸钢技术替代当时独一无二的钢水模铸等工艺，降低了消耗并为转炉炼钢发挥效益和大型化创设了条件。这两项重大新技术的发源地并非日本，但当这两项新技术出现时，钢铁界对此众说纷纭，日本钢铁界却大胆引进并采用，是有创新思维、敢于冒风险的。它正是以这两项新技术为基础，发展了钢铁工业，用了20年左右的时间成为产钢强国。没有钢铁制造工艺的技术创新，就不可能有日本钢铁工业的后来居上。

技术创新需要一种有利于技术创新的社会环境，需要有利于技术创新的组织结构和制度。对一个国家来讲，需要建立国家技术创新体系，包括组织机构、科研单位、大学和企业。其中，企业是技术创新的主体。

企业技术创新是一个系统。其中最重要的是企业的创新意愿，主要是企业领导的

---

* 原发表于《继续教育》，2001(1)；29~30。

创新意愿。只有企业领导有强烈的创新意愿，企业技术创新才能有动力，才能有创新投入能力和有效的创新管理能力，才能有技术开发能力，才能形成适应技术创新需要的生产制造能力，才能有高效的营销能力使技术创新产品在市场上取得足够的份额，使技术创新创造出新的经济效益。这六项因素组成企业的技术创新系统。建立强有力的企业技术创新系统是我国21世纪加快技术创新的重要条件。

2 科技进步和技术创新离不开继续教育

20世纪80年代以来，科技进步加速，新工艺、新技术不断涌现，技术更新速度加快，知识的半衰期越来越短。进入21世纪这方面将进一步加速，这对科学技术人员是严峻的挑战，同时对企业和企业的技术创新体系也是十分严峻的挑战。企业如不能经常推出为广大顾客接受的新产品，它将失去市场并被市场所抛弃。随着科技进步的加速，国际市场竞争将日趋激烈，创新能力强的企业将获得新发展，新兴的创新型企业将不断涌现，而在创新中落后的企业将被淘汰。

在知识经济时代，国家必须为科学技术人员建立知识更新的机制，以保证我国科学技术跟上世界科学技术前进的步伐，使我国科学技术水平处于国际的前列。同样，企业必须为工程技术人员和岗位操作人员建立知识更新体系，以保证企业工程技术跟上国际经济和工程技术的发展，使企业在国际竞争中立于不败之地。无论国家或企业的科技知识更新体系，都是继续教育的重要组成部分。由此可见，科技进步和技术创新都离不开继续教育。

3 为适应我国实现第三步战略目标的需要，必须实现国民教育制度向终身教育制度的转变

我国从19世纪末开始实行国民教育制度，其重点是学校教育。每位公民都有接受9~11年义务教育的权利，政府提供必要的条件，目的是培养适应工业化要求的有文化的劳动者。在义务教育的基础上，设有不同类型的高等教育机构，以培养工业化所需的各类专业人才。在工业化初、中期，科学技术发展不快，在学校学到的知识基本可以满足人们一生就业的需要。随着科学技术进步的不断加速，到20世纪后期，人们发现知识更新速度太快，以致原来熟悉的知识变得陈旧而无用，而不得不学习新出现的陌生知识才能适应工作需要，于是继续教育被提上了日程，且重要性与日俱增。

进入20世纪90年代，终身教育的观点在国际上得到广泛的认同。有人形象地描述终身教育是“人们从摇篮走向坟墓全过程都要接受教育”。终身教育包括学前教育、义务教育、职业教育、高等教育和就业过程中的继续教育。学校教育主要提供就业必需的知识和工作能力，培养基本的生存能力和与社会共处的能力，整个过程大致在18~23年。而人在就业以后必须接受的继续教育，整个过程大致为35~40年。随着科学技术进步的加速，继续教育对劳动者素质提高的作用会越来越明显。

20世纪后期的诸多实践表明，继续教育在科学研究和技术开发中的作用越来越重要，成为研究开发中的一个重要组成部分。技术开发项目以团队形式组成，而团队工作过程本身就是继续教育的过程。从这一点可以认为，国民教育制度支持并推动人类

社会走向工业化社会，而终身教育制度支持人类社会走向知识经济时代。为了在21世纪中期我国实现第三步战略目标，教育必须实现由国民教育制度向终身教育制度的转变。

4 建立终身教育制度面临的挑战

从教育发展历史的观点看，终身教育制度是在国民教育制度的基础上发展起来的。国民教育制度是终身教育制度的最基本组成部分，不可能出现跨越国民教育制度的终身教育。

4.1 普及义务教育的任务尚未完成

总的来看，城市好于乡村，边远贫困地区学龄儿童入学仍存在困难。我国成年人中文盲比率仍居高不下，这种情况对于广大劳动者素质的提高将是严重的障碍，对我国21世纪物质文明与精神文明建设都是制约因素。

4.2 高等教育改革任重道远

20世纪末，国内外对高等教育改革均十分重视，普遍认为目前的高等教育不能适应科学技术的高速发展。而我国高等教育有历史条件留下的特殊性：改革既复杂又艰巨。

4.3 继续教育发展极不平衡

20世纪80年代，我国在大学里建立继续教育学院，成立全国性的继续工程教育协会，并作为发起单位，促进了国际继续工程教育协会（IACEE）1989年在北京的成立。经过20多年的努力，我国继续教育有了很大发展。总体来讲，高新技术产业和传统产业中引进新技术多的企业继续教育发展较快，经济发达地区继续教育发展较快，但发展慢的地区仍占相当大的比重，有的地区对继续教育尚未予以重视。这种不平衡首先来自认识上的差距，特别是领导层认识上的差距。对劳动者，只分为工人队伍、干部队伍和专业人员队伍，对这支庞大的队伍考虑最多的是如何去管理，而没有把它看成是巨大资源。在知识经济时代，知识是生产力的要素，其重要性在某种情况下高于自然资源和资金。知识的生产源于人力资源的开发。继续教育是人力资源开发的重要措施。对继续教育认识上的差距，是造成发展不平衡的重要原因。

随着信息技术的快速发展，20世纪90年代以来，发达国家利用高新技术使继续教育的内容、水平和方法提高到一个新水平。我国与发达国家继续教育发展不平衡的差距还在继续拉大。

5 几点看法

（1）21世纪对于我国是一个难得的机遇，抓住这个机遇，将实现中华民族的振兴。同时，21世纪我们也将面临严峻的挑战——日趋激烈的国际竞争。为在激烈的国际竞争中立于不败之地，必须把继续教育作为提高我国竞争力的重要措施加以推进。

（2）科学技术进步和技术创新是21世纪我国实现第三步战略目标的动力。为加速科学技术进步和技术创新，我国的教育必须在21世纪实现由国民教育制度向终身教育制度的转变。

（3）教育改革是一个相当长的过程。为促进科学技术进步和技术创新，必须下大力气强化继续教育。在科学技术日新月异的21世纪，不强化现有科学技术和专业技术人员的继续教育，不对他们的知识及时更新，就不可能缩小我国与发达国家的差距。以产业结构调整为21世纪经济发展战略的主线，就必须使企业成为继续教育的主体，高等学校、科研开发机构与企业构成继续教育体系，才能使继续教育充分发挥人力资源开发的关键作用。